BOVINOCULTURA DE CORTE

- Volume I -

Alexandre Vaz Pires

FEALQ

Piracicaba, SP
2010

Bovinocultura de Corte

Direitos autorais para FEALQ - Fundação de Estudos Agrários Luiz de Queiroz
Av. Centenário n. 1080 - Bairro São Dimas
13.418-000
Fone: (19) 3417 6600
www.fealq.org.br/loja/livraria.asp
livros@fealq.org.br

Editor
Alexandre Vaz Pires

Revisão Linguística
Lygia Apparecida Guerreiro Nascimbem

CTP e Impressão
Melting Indústria Gráfica
www.meltingcolor.com.br

Dados internacionais de Catalogação na Publicação
DIVISÃO DE BIBLIOTECA E DOCUMENTAÇÃO - ESALQ/USP

Pires. Alexandre Vaz
Bo Bovinocultura de corte / Alexandre Vaz Pires. - - Piracicaba: FEALQ, 2010
v. I, 760 p. : ilust. color. 28 cm.

Bibliografia
ISBN: 978-85-7133-069-6

1. Bovinocultura de corte. I. Título II. Série

CDD 636.213
P667b

PREFÁCIO

Existe grande demanda de um livro que atenda à cadeia produtiva da bovinocultura de corte. Este livro contém textos técnico-científicos que objetivam atender o interesse da comunidade científica, de estudantes, de técnicos e de produtores. Pesquisadores, professores e técnicos autônomos das diversas áreas da bovinocultura de corte foram convidados a escrever sobre temas de real interesse para o desenvolvimento da atividade, resultando numa coleção de artigos de grande importância para o entendimento do processo de produção de bovinos de corte.

No delineamento do projeto houve preocupação de cobrir, da maneira mais completa possível, toda a cadeia produtiva da bovinocultura de corte, procurando, assim, preencher as possíveis lacunas nesta área de conhecimento, o que resultou numa obra com 13 seções (O Setor; Raças e Tipos; Instalações e Equipamentos; Cria e Recria; Nutrição; Pastagens; Reprodução; Cruzamentos; Genética; Sanidade; Carne; Economia e Gestão; Técnicas Especiais na Produção de Gado de Corte) e 72 capítulos.

Espera-se que a utilização correta e integrada das técnicas discutidas neste livro permita que se obtenham melhorias na produtividade, rentabilidade e qualidade da carne.

Provavelmente alguns conceitos discutidos nos textos não tenham aplicação imediata, mas considerou-se importante apresentá-los para caracterizar os rumos do desenvolvimento científico e mostrar que provavelmente novas técnicas poderão ser utilizadas no futuro.

Este projeto só foi viabilizado porque houve a colaboração de muitas pessoas. Agradecimentos devem ser dirigidos aos autores e coautores que contribuíram efetivamente para que esta obra se tornasse realidade.

Deve-se reconhecer o apoio decisivo das empresas Agropecuária CFM, Agropecuária Jacarezinho, AxelGen Inseminação Artificial, Alltech, BeckHauser, Bellmann Nutrição Animal, Burgi Consultoria Agropecuária, Carpa, Casale, CRV Lagoa, Dow AgroSciences, Elanco - Saúde Animal, Guabi, Gerdau, Multimix - Nutrição Animal, Nelore Lemgruber - Fazenda Mundo Novo e Connan, Nutron, Ourofino Saúde Animal, Pfizer - Saúde Animal, Phibro, PoliNutri - Nutrição Animal, RuralCon - Gestão Agropecuária que contribuíram financeiramente para a concretização deste projeto.

À Prof. Dra. Ivanete Susin pelo auxílio e sugestões na editoração e à Professora Lygia Guerreiro Nascimbem pelas correções gramaticais.

Piracicaba, SP junho de 2010

Alexandre Vaz Pires
Editor

SUMÁRIO

Volume I

Seção I - O Setor

Seção II - Raças e Tipos

Seção III - Instalações e Equipamentos

Seção IV - Cria e Recria

Seção V - Nutrição

Volume II

Seção IX - Genética

Patrocinadores

Seção I

O setor

CAPÍTULO 1

Evolução histórica da pecuária de corte no Brasil

Aristeu Mendes Peixoto
Prof. Catedrático Aposentado
Departamento de Zootecnia
ESALQ/USP. Piracicaba, SP
apeixoto@esalq.usp.br

Introdução

Os documentos históricos revelam que os descobridores não encontraram animais da espécie bovina no Continente americano. Foram obrigados, pois, a trazer da Península Ibérica o gado necessário às necessidades de trabalho no transporte de cargas e tração de carros, bem como à produção de leite e carne. Acredita-se que os primeiros bovinos foram aqui introduzidos por obra de Martim Afonso de Souza, donatário da Capitania de São Vicente, provenientes das ilhas dos Açores (seg. Simão de Vasconcelos, citação de Barbosa da Silva, 1947). A expansão desse núcleo inicial se fez principalmente para o Sul do País, mediante a atividade dos bandeirantes, atravessando Paraná e Santa Catarina e chegando ao Rio

Grande do Sul (Maldonado, 1917). Neste último Estado, segundo outros autores (Pinheiro Machado, 1944), foram ainda os jesuítas que trouxeram as primeiras levas de animais da Argentina para abastecer os povos das Missões, em meados do século XVII.

Outra introdução pioneira foi realizada pelo primeiro governador-geral Tomé de Souza, em 1550, com o gado trazido de Cabo Verde, o qual se espalhou pelas regiões centrais da Bahia e do Nordeste brasileiro (seg. Gandavo, 1620, citação de Maldonado). Representou importante papel na difusão a Torre D'Ávila, uma extensa sesmaria com 1.500 quilômetros quadrados de pastagens, adentrando o interior do País. Com o passar dos anos, os bovinos que partiram de São Vicente e da Bahia convergiram também para a região central do Brasil, povoando as áreas pastoris de Minas Gerais, Goiás e Mato Grosso, levados que foram pelos colonizadores para as zonas de mineração, por ocasião da descoberta de ouro, no século XVIII.

Esse gado importado, constituído por raças nativas da Espanha e Portugal, como Minhota, Mirandesa, Alentejana, Arouquesa e Trantagana, entre outras, adaptou-se bem ao novo ambiente, e veio formar os grandes rebanhos denominados de crioulos, de onde nasceram, por seleção, os tipos diversos mais tarde conhecidos por Caracu, Curraleiro, Mocho Nacional, China, Franqueiro e tantos outros de menor destaque.

Com referência ao gado zebu que representa hoje, indubitavelmente, o alicerce da pecuária de corte nacional, só foi introduzido bem mais tarde, no século XIX e, com mais frequência na primeira metade do século XX, segundo informa Santiago (1975), um grande estudioso das raças indianas. O primeiro núcleo de zebus puros no País foi estabelecido ao tempo do imperador Pedro 1º, em 1826, na Fazenda Real de Santa Cruz, nas proximidades do Rio de Janeiro e, naquela época, representava, quando muito, uma curiosidade zoológica. Todavia, do ponto de vista comercial, as primeiras importações registradas oficialmente pela firma Hagenbeck, segundo o referido autor, datam da segunda metade do século, entre 1878 a 1883, e destinadas a atender aos criatórios fluminenses. As raças zebuínas passaram por enormes vicissitudes, de início, até sofrendo campanhas difamatórias hoje consideradas ridículas e preconceituosas por parte dos criadores de gado europeu, antes que conseguissem se estabelecer como o gado de escolha para várias regiões tropicais do País, onde sua adaptação garantiu o sucesso da exploração em condições extensivas.

Fase de introdução do gado bovino

Segundo Domingues (1971), é possível admitir 3 fases no processo de introdução do gado bovino no Brasil:

1) **Colonial** (séculos XV a XVII);
2) **Antiga** (séculos XVIII e XIX);
3) **Contemporânea** (séculos XIX e XX).

Na primeira, como já mencionado, deu-se a entrada do gado da Península, trazido para as feitorias, os engenhos, as propriedades circunjacentes aos povoados e vilas, que foram fundadas pelas Capitanias e pelos Governos Gerais ao longo das costas litorâneas. Esse gado passou a ser ali criado sem nenhuma especialização de funções, e servia tanto para leite, como para carne e trabalho, além do couro, considerado o primeiro produto comercializado da pecuária brasileira (Pinheiro Machado, 1944). Não havia, pois, uma finalidade especifica na criação, sendo as raças exóticas ou as crioulas, aqui formadas, consideradas como mistas, com dupla ou tripla aptidão, conforme a região considerada.

Somente na 2ª fase, foram observadas algumas tentativas de seleção funcional para cada uma das aptidões, particularmente a leiteira, mediante a introdução do gado Turino, oriundo de Portugal, uma variedade menor que o Holandês, malhado de preto. O interesse pelo tipo de corte só surgiu mais tarde, quando ficaram conhecidos os primeiros processos capazes de conservar a carne, já na 3ª fase, durante a qual ocorreu a importação de raças especializadas da Inglaterra, do Continente europeu e do gado zebuíno da Índia.

Regiões produtoras

De início, como seria de se esperar, não existia uma definição sobre regiões produtoras porque não se tratava de animais especializados. Havia tão somente uma distinção sobre as principais regiões pastoris, uma vez que o regime de exploração praticado era o extensivo, ou seja, aquele baseado no aproveitamento do pasto como único alimento oferecido, com exceção para a época seca do ano, durante a qual alguma suplementação era fornecida aos animais sob pastejo. Apenas junto às grandes cidades esboçava-se um tipo de exploração destinado à produção de leite, para atender uma demanda maior da população.

Eram assim consideradas várias regiões pastoris – a Amazônica, a Nordestina, a Continental, esta compreendendo o Brasil Central Pecuário e o Pantanal Mato-grossense; a Meridional, inclui a Fronteira – todas elas determinadas pela conjugação do clima e da vegetação recobrindo o solo das áreas de criação e, ainda, por outros elementos dominantes, como a maior concentração de gado e o sistema de exploração utilizado. Nesse sentido, seria mais adequado falar na existência de diferentes rebanhos no País, com características algo diversas em relação a espécies e raças criadas, cujos índices de desempenho produtivo variavam de uma região para outra, como ainda hoje acontece.

Desenvolvimento da pecuária de corte

A pecuária bovina, em especial a de corte, tradicionalmente baseada na exploração quase que exclusiva de pastagens, experimentou certo crescimento com a expressiva expansão da fronteira agrícola e a inclusão de novas áreas. Porém passou a adquirir maior importância econômica, somente quando se verificou um aumento da proporção de novo sangue exótico, mediante a introdução das raças zebuínas no Brasil Central e as raças européias especializadas para corte na região Sul do País, em fins do século XIX e início do XX. Esse fato representou uma evolução, mas garantiu apenas um crescimento horizontal, uma espécie de aumento vegetativo que, aparentemente, não se traduziu numa melhora dos índices de produtividade, os quais se mantiveram, durante muito tempo, em níveis considerados irrisórios, em particular as taxas de abate e de desfrute, os pesos médios de carcaça e a disponibilidade de carne bovina por habitante/ano.

É verdade que, em decorrência da importação de novas raças, alguns avanços importantes foram verificados, como a introdução de novas plantas forrageiras, o aumento expressivo da proporção de pastagens cultivadas e maior controle sanitário dos rebanhos, principalmente. Como afirmou Simões Corrêa (1986), essa expansão da fronteira pecuária contribuiu para o crescimento do rebanho bovino, mas foi também responsável pela ampliação de áreas de criação extensiva e de baixo rendimento.

O grande desenvolvimento da pecuária, especialmente no Brasil Central, deveu-se exclusivamente, à introdução do sangue indiano, como bem relata Santiago (1975); *Touros zebus revigoraram os degenerados rebanhos crioulos e deram a necessária rusticidade aos bovinos de raças melhoradas da Europa, permitindo-lhes sobreviver e produzir razoavelmente nas condições do Brasil tropical.* Optou-se pelo cruzamento, quase sempre aplicado de forma um tanto desordenada, sem obediência a critérios adequados, o que contribuiu para o desaparecimento de muitas raças zebuínas introduzidas na época, portanto, não aproveitadas para esse melhoramento geral do gado.

Graças ao trabalho de criadores conscientes, ocorreu uma mudança radical com a criação do gado puro das raças Gir, Nelore e Guzerá, embora muitos criadores tenham persistido nos trabalhos de fixação de um novo tipo, por meio do cruzamento, dando origem ao Indubrasil, o primeiro grupo étnico zebu fixado no Brasil. É ainda Santiago quem afirma que *a reconstituição de cada uma daquelas três raças foi tarefa morosa e os resultados nem sempre satisfatórios.* Mas esse trabalho pioneiro resultou na formação de alguns núcleos de criação nos quais foi mantido, em relativo estado de pureza, o gado vindo da Índia e sua descendência. Situação algo semelhante ocorreu no Sul, onde prosperaram as cabanas de gado das raças europeias de corte, cuja importação passou a ser cada dia mais incrementada.

Produção de gado de corte a pasto

Desde os primórdios, o regime de criação a pasto predominou na exploração do gado de corte. Estima-se que as pastagens ocupem cerca de 76% da superfície utilizada pela agricultura como um todo, o que corresponde a 20% da área total do País (Faria *et alii*, 1997). As pastagens cultivadas, também ditas artificiais, que representavam, em 1986, perto de 42% daquele total (Peixoto, 1986), tiveram seu principal desenvolvimento graças às observações agrostológicas de natureza científica iniciadas por volta de 1930 (Otero, 1952) e, a partir de então, foram complementadas e intensificadas em todo o País pelo trabalho de pesquisa realizado por institutos especializados e universidades. Já os estudos experimentais sobre as práticas de utilização racional de pastagens ocorreram, posteriormente, a partir de 1950, em São Paulo. Esses resultados pioneiros representaram a semente que levou a ESALQ, campus de Piracicaba/USP, a desenvolver os Simpósios sobre Manejo da Pastagem, com início em 1973, continuando por mais de 30 anos com a promoção de 22 eventos sobre o assunto. Além de contribuir para o esclarecimento de inúmeras questões técnicas suscitadas pela divulgação de conceitos sem o necessário embasamento experimental e científico, os Simpósios tiveram o mérito de sistematizar informações pertinentes ao manejo da pastagem, ordenando e uniformizando a terminologia usual nos estudos e, assim, criando condições para o desenvolvimento de novas tecnologias por meio das pesquisas sobre o assunto em nosso meio.

O exemplo da ESALQ repetiu-se em outros locais do País, com desdobramentos significativos que permitiram a abordagem de muitos temas regionais, com a ampliação do conhecimento sobre qualidade de solos, adubação e calagem, níveis de produtividade, rotação de culturas, controle de plantas invasoras, uso de irrigação, e muitos outros ligados a novas técnicas de utilização racional dos campos de pastoreio.

Pode-se dizer que, nestes últimos 40 anos, os pastos cultivados sofreram expressiva modernização. Algumas estatísticas mais recentes podem corroborar essa informação. No Centro-Oeste, a área de pastagens artificiais, segundo dados do IBGE (2005), cresceu de 8,4 milhões para 45,3 milhões de hectares, entre 1970 e 1995, representando um incremento da ordem de 439%. Na região Sudeste, as áreas de pastagens alcançaram cerca de 10 milhões de hectares, sendo que, no período de 1999 a 2003, aproximadamente 500 mil hectares de pastos foram subtraídos para inserir culturas de grãos, fibras e de cana-de-açúcar. Todavia, isso não impediu o crescimento do rebanho de 12 para 14 milhões de cabeças, o que revela a introdução de novos conhecimentos e tecnologias importantes para intensificar o aproveitamento das pastagens como alimento forrageiro (Esteves *et alii*, 2005). Na Amazônia Legal, o processo de desenvolvimento regional resultou na conversão de 65 milhões de hectares de vegetação nativa para uso agropecuário, dos quais 80%, ou cerca de 52 milhões de hectares, foram ocupados por pastagens cultivadas (Valentim & Andrade, 2005).

Confinamento de gado de corte

A produção de bovinos de corte em confinamento constituiu-se, de início, em uma atividade restrita apenas a algumas regiões do País, tradicionalmente engajadas na engorda extensiva de pasto por intermédio do aproveitamento de animais após a recria. Numa análise da evolução da engorda em confinamento (Peixoto *et alii*, 1989), pode-se afirmar que o processo começou a ser utilizado mediante tentativas pioneiras de implantação, esporadicamente desenvolvidas em algumas propriedades nos idos de 1950-60, aproveitando-se de resíduos da exploração de culturas, como palhadas, pontas de cana, sabugos de milho e outros produtos ditos volumosos. As primeiras observações experimentais são devidas à Usina Central Paraná, em Porecatu, PR, que, entre 1957 e 1958, iniciou estudos sobre o desempenho de bovinos alimentados com rações à base de ponta de cana-de-açúcar ou de cana desfibrada, suplementadas com melaço e concentrados proteicos, trabalhos esses que contaram, posteriormente, com a participação do IBEC Research Institute (IRI) da Fundação Rockfeller.

Essas iniciativas isoladas foram repetidas em vários outros pontos do território nacional, em São Paulo, Minas Gerais, Goiás e Rio Grande do Sul, principalmente, por mais de 10 anos, sem conseguir grande repercussão. Entre 1975 e 1976, os técnicos do Instituto de Economia da Secretaria da Agricultura de São Paulo (Toyama *et alii*, 1976), estudando o sistema de produção utilizado pelas empresas que se dedicavam à pecuária de corte, verificaram que o confinamento era praticamente inexistente (0,01%). Entretanto, já em 1981, um levantamento realizado pela CATI, Coordenadoria de Assistência Técnica Integral (1984), revelou a existência de 164 núcleos de confinamento no Estado, correspondendo a 1,53% do efetivo de bois e novilhos para corte. Segundo dados da EMATER de Goiás (1986), o número de produtores de bovinos confinados cresceu, de 1980 a 1985, de forma muito expressiva, passando de 15 para 250, e a população de animais, de 4.795 para pouco mais de 70.000.

Em sua grande maioria, os núcleos de confinamento começaram a aumentar motivados pela especulação de preços do boi gordo durante a entressafra e, portanto, aproveitando a estação seca e fria do ano, época em que a oferta de carne bovina oriunda dos pastos é, quase sempre, muito pequena. Todavia, a grave situação da economia mundial determinada pela crise do petróleo e as mudanças na política da carne em âmbito internacional obrigaram à suspensão dos abates na entressafra, desestimulando o entusiasmo inicial pelo confinamento, e causando um retrocesso na produção como um todo. Atualmente, dentre os 40 milhões de cabeças abatidas por ano, apenas 2 a 2,5 milhões são provenientes de confinamento (Lanna & Almeida, 2005), o que representa tão somente 5,6% do total, em média.

De qualquer modo, a idéia permaneceu e parece ter despertado o interesse dos pecuaristas na aplicação de uma nova tecnologia que possibilitou menor idade de abate, maior produção por área e padronização do acabamento, ou seja, uma elevação da qualidade da carne. Para o País, o confinamento deve representar uma tecnificação para modernizar sua pecuária de corte, melhorando os baixos níveis de desempenho e da eficiência de produção.

Principais marcos históricos

Dentro da evolução apresentada pelos rebanhos no País e, em face da extensão territorial ocupada e das condições ecológicas e socioeconômicas vigentes em cada região produtora, torna-se evidente que a atividade pecuária revelou sempre características de um processo cíclico que acabou concorrendo para manter baixos rendimentos. Além disso, ela sofreu, ao longo dos anos, os efeitos negativos de políticas governamentais caracterizadas, quase sempre, pela improvisação e descontinuidade. Como assinala Simões Corrêa (1986): *medidas de apoio à produção são adotadas somente em épocas de crise de abastecimento, quando a escassez de carne ou de leite provoca tensões sociais. Tão logo o abastecimento se normalize esse apoio é retirado deixando o produtor entregue à própria sorte.*

Apesar disso, é inegável a constatação do crescimento significativo da pecuária de corte como atividade produtiva. As estatísticas revelam que, no início do século XVIII, a população bovina era de 1,5 milhões de cabeças (Pinheiro Machado, 1944), enquanto, ao final do século XX (1998), alcançou a importante cifra de 153 milhões (DBO Rural, Anuário da Pecuária de Corte, 1999). Essas mesmas fontes informam que, em 1930, o abate de bovinos produziu pouco mais de 750 mil toneladas de carne. Em 2006, chegou ao expressivo total de 8.950 mil toneladas equivalentes de carcaça, o que representou um aumento de 1.193% em 76 anos, segundo dados do Departamento de Agricultura dos Estados Unidos (USDA), publicados pela revista Agroanalysis (N° 10 de 2007).

O rebanho bovino brasileiro também continuou a crescer e, em 2006, atingiu cerca de 204,7 milhões de cabeças, com um abate de 45 milhões de reses, indicando uma taxa de desfrute de 21,7%, conforme dados do Fórum Nacional Permanente da Pecuária de Corte do

Conselho Nacional de Agricultura (Nogueira, 2007). Em 2004, o Brasil chegou a completar 24 meses sem acusar, aparentemente, qualquer foco de febre aftosa. O rebanho em área livre da doença atingiu a 161,6 milhões de cabeças, significando 84,5% do total, o que veio a representar um marco histórico digno de menção (Nogueira & Mustefaga, 2004).

As exportações brasileiras de carne bovina apresentaram crescimento de 51%, no primeiro trimestre de 2004, em relação ao mesmo período de 2003, alcançado 483 milhões de dólares, quando então o País superou a Argentina, sendo seus principais mercados: Alemanha, Chile, Egito, Itália, Holanda, Reino Unido e Rússia.

Entraves enfrentados

Em face do sistema de exploração extensiva, em regime praticamente exclusivo de pastos, e da composição racial dos rebanhos quase sempre formados de mestiços de baixo potencial produtivo, a pecuária de corte vê-se, às vezes, sujeita a flutuações em seu desempenho, gerando crises mais ou menos graves, conforme a prevalência e a intensidade dos fatores limitantes à atividade. Esses entraves, capazes de comprometer seriamente a produtividade, em uma apreciação geral, podem ser de natureza geográfica, climática, agrostológica, genética, sanitária e política (Villares, 1980).

É evidente que o País não chega a padecer da primeira limitação enumerada, a geográfica, pois conta com vasta extensão de terras, onde as pastagens nativas e cultivadas cobrem cerca de 177,7 milhões de hectares (Nascimento *et alii*, 2003), representando pouco mais de 21% da área territorial. Todavia, com a participação de novos fatores de desenvolvimento agrícola, a consequente valorização das terras e a expressão econômica alcançada pelas explorações alternativas, a pecuária de corte passou a sofrer forte pressão no sentido de se intensificar e tecnificar, a fim de promover um crescimento vertical, traduzido por aumento de produtividade.

Com referência aos entraves climáticos, o Brasil é um país que se estende em terras contínuas do Equador ao Trópico de Capricórnio, ultrapassando-o até a faixa considerada subtropical do globo e, como tal, submetido a diferentes tipos climáticos, nem sempre inteiramente adequados à exploração de bovinos. Por esse motivo, algumas introduções de raças exóticas, em particular as europeias, levaram a resultados menos favoráveis ou promissores, frustrando expectativas e provocando crises no andamento das atividades. Contrariamente, o gado indiano encontrou, na zona tropical do País, condições extremamente favoráveis ao desempenho de suas funções produtivas que a seleção orientada vem aperfeiçoando cada vez mais.

Quanto aos problemas agrostológicos, representam uma dificuldade de natureza mais qualitativa, que vem sendo contornada pela pesquisa em laboratórios e campos experimentais, por meio da identificação e seleção de inúmeras variedades e cultivares de gramíneas e leguminosas, principalmente, cuja introdução em áreas de pastagens conseguiu substituir as tradicionais plantas forrageiras de mais baixo valor nutritivo predominantes nos campos nativos. O aumento de pastos cultivados, a partir de 1970, foi responsável pela substituição dos capins gordura, colonião, guiné, angola, pelas espécies dos gêneros braquiária, setária e, mais recentemente, pelos novos cultivares de *Panicum maximum,* tais como tobiatã, tanzânia, centenário e mombaça. No caso particular das braquiárias que se adaptaram bem ao ecossistema de cerrados, a taxa de lotação inicial que, nas décadas de 1960 e 1970 era de 0,25 animal/ha, passou a 0,9-1,0 animal/ha, e o ganho de peso aumentou, em média, 2 a 3 vezes ao do pasto nativo (Macedo, 2002).

Os entraves de natureza genética representaram no passado um problema importante, quando a seleção praticada nos rebanhos era de todo empírica, carecendo de critérios científicos e funcionais. Todavia, mais recentemente, a aplicação de resultados obtidos nas provas de ganho de peso, tanto em âmbito oficial como particular, permitiram a identificação de germoplasmas, especialmente no gado zebuíno, capazes de aumentar a eficiência da seleção praticada, notadamente, em núcleos de criação de reprodutores. Também a maior difusão da inseminação artificial e de outras técnicas de reprodução assistida têm contribuído para um maior desenvolvimento dos trabalhos no setor de melhoramento genético.

As dificuldades de ordem sanitária, durante muito tempo, foram consideradas como as principais responsáveis pela alta mortalidade observada, mantendo índices de 9-10% até a desmama, 5-6% como valor médio para os rebanhos. Grandes também foram os prejuízos causados pelos ecto e endoparasitos e pelas doenças carenciais, determinando altos índices de condenação de carcaças. Atualmente, pode-se afirmar que, graças às medidas preconizadas e adotadas pelo Ministério de Agricultura, Pecuária e Abastecimento em quase todas as regiões produtoras, a situação higiênico-sanitária dos rebanhos está caminhando para níveis de controle mais adequados, embora não ainda inteiramente satisfatórios.

Finalmente, cabe acrescentar as crises provocadas pela ausência ou má aplicação de políticas de preços ou de crédito para a pecuária, em geral, de consequências tão nefastas quanto às de outros fatores descritos, assunto que deverá ser abordado com mais propriedade pelos autores ligados à área econômica.

Posição no mercado mundial de carne

É difícil precisar datas em face dos numerosos fatores conjunturais que influenciam a produção e o mercado de carne bovina. Em 1970, segundo estudos realizados pelos técnicos do Banco Mundial (Peixoto *et alii*, 1984), o Brasil foi apontado como o país que melhores condições reunia para produzir carne na década seguinte. Lamentavelmente, tal expectativa não se confirmou por várias razões de ordem técnica, econômica e política, que não cabem ser discutidas aqui, mas a pecuária de corte continuou crescendo, embora em níveis não tão satisfatórios.

Na década de 1970 a 1980 o rebanho bovino brasileiro expandiu-se chegando a 92,5 milhões de cabeças, o que já permitiu elevar a relação bovino por habitante para 0,87. Essa situação estava muito longe de assegurar autossuficiência na produção de carne e permitir a condição de regular exportador do produto, tal como acontecia com a Austrália (2,37) e Argentina (2,31), para citar apenas dois fortes exportadores. O consumo de carne era de apenas 20 kg habitante/ano. De fato, os grandes exportadores de carne bovina são os países que têm alta disponibilidade do produto em âmbito interno, por conseguinte, vendem para o mercado externo apenas os excedentes. O Brasil manteve a situação acima descrita nos anos de 1980 e início de 1990, quando as exportações chegaram a oscilar ao redor de 400 mil toneladas. Isso fazia do País apenas um fornecedor irregular ou esporádico do produto.

O grande salto no mercado internacional, ao que tudo faz crer, veio a ocorrer a partir de 1996, quando o Brasil iniciou um ciclo pecuário ascendente, coincidindo com a adoção de algumas medidas incentivadoras das atividades do setor (Nogueira Netto, 1997), entre outras:

1) Aplicação da Portaria N° 304 do Ministério da Agricultura, Pecuária e Abastecimento, estabelecendo a obrigatoriedade de classificação de carcaça;
2) Isenção do ICMS para as exportações;
3) Expressivo avanço no combate à febre aftosa na região Centro-Sul.

A partir de então, as exportações passaram a crescer, chegando, em 1998, a 6% de sua produção e, em 2006, a 25%, conforme dados preliminares da ABIEC. Além disso, a erradicação da febre aftosa nas principais zonas produtoras, a desvalorização cambial, a partir de 1999, e os problemas sanitários e econômicos enfrentados pelos concorrentes, respectivamente, pela União Europeia e Argentina, possibilitaram o incremento da participação do Brasil no mercado internacional. Atualmente, é o maior exportador de carne bovina do mundo, com previsões feitas pela FAO da ordem de 2.420 toneladas equivalentes de carcaça em 2007.

Referências bibliográficas

Barbosa da Silva, A.O. **O Zebu na Índia e no Brasil**. Rio de Janeiro, Impr. Borsoi, 1947.

CATI. **Caracterização da bovinocultura de corte no Estado de São Paulo**. Relatório do CTPA/DEXTRU. Campinas, 1984.

Cezar, I.M. Centro-Oeste Exportadora, região tem recordes de crescimento. In: **Revista Visão Agrícola**, nº 5. ESALQ/USP. Piracicaba, 2005.

Domingues, O. **Elementos de Zootecnia Tropical**. São Paulo. Livraria Nobel S/A. 1971.

EMATER. Setenta mil bois confinados por 250 produtores. In: **Revista A Granja**. Ano 42, nº 458. Porto Alegre. 1986.

Esteves, S.N. *et alii*. Sudeste, Desenvolvimento caracteriza agronegócio na região. In: **Revista Visão Agrícola**, nº 3. ESALQ/USP. Piracicaba, 2005.

Faria, V.P. *et alii*. Evolução do uso de pastagens para bovinos. In: **Anais do 13º Simpósio sobre Manejo da Pastagem**. FEALQ. Piracicaba, 1997.

Gandavo, P.M. **História da Província de Santa Cruz**. Rio de Janeiro, 1620.

Lanna, D.P.D. & Almeida, R. A terminação de bovinos em confinamento. In: **Revista Visão Agrícola**, nº 3. ESALQ/USP. Piracicaba, 2005.

Macedo, M.C.M. Integração, lavoura e pecuária: alternativa para sustentabilidade da produção animal. In: **Anais do 18º Simpósio sobre Manejo da Pastagem**. FEALQ. Piracicaba, 2001.

Maldonado, M. **Contribuição para o estudo do Gado Caracu**. Pocai & Companhia. São Paulo, 1917.

Nascimento Jr, D. *et alii*. A produção animal em pastagens no Brasil: uso do conhecimento técnico e resultados. In: **Anais do 20º Simpósio sobre Manejo da Pastagem**. FEALQ. Piracicaba, 2003.

Nogueira Netto, V.S. A bovinocultura brasileira em face do Mercosul. In: **Anais do 13º Simpósio sobre Manejo da Pastagem**. FEALQ. Piracicaba, 1997.

Nogueira, A.A. & Mustefaga, P.S. Mercado nacional e internacional de carne bovina. In: **Anais do 5º Simpósio sobre Bovinocultura de corte**. FEALQ. Piracicaba, 2001.

Nogueira, A.A. **Fórum Nacional Permanente da Pecuária de Corte**. C.N.A, 2007.

Otero, J.R. **Informações sobre algumas plantas forrageiras**. S.I.A. Ministério da Agricultura. Rio de Janeiro, 1952.

Peixoto, A.M. Índices de Produtividade da Pecuária de Corte. In: **Anais do 3º Simpósio sobre Manejo de Bovinos no Trópico**. UNESP. Botucatu, 1978.

Peixoto, A.M. *et alii* **Diagnóstico para definição de estratégias agroindustriais para cooperativas no complexo da produção animal: suínos e confinamento de bovinos**. Relatório de Pesquisa. FEALQ. Piracicaba, 1986.

Pinheiro Machado, D. **Zootecnia**. Vol II, Parte Especial. Livraria Globo. Porto Alegre, 1944.

Pitombo, L.H. Corte queria mais de 1998. Pecuária em números. In: **DBO Rural – Anuário da Pecuária de Corte**. Nº 219. São Paulo, 1999.

Santiago, A.A. **Os cruzamentos na Pecuária Bovina**. Instituto de Zootecnia. São Paulo, 1975.

Simões Corrêa, A. **Pecuária de Corte: Problemas e Perspectivas de Desenvolvimento**. CNP Gado de Corte/EMBRAPA. Campo Grande, 1986.

Toyama, N.K. *et alii*. A Pecuária Bovina de Corte no Estado de São Paulo. In: **Agricultura em São Paulo**, Ano 23, Tomo I e II. São Paulo, 1976.

Valentin, J.F. & Andrade, M.S. Amazônia: O desafio da pecuária extensiva sustentada. In: **Revista Visão Agrícola**, Nº 3. ESALQ/USP. Piracicaba, 2005.

Vasconcellos, S. **Crônica da Companhia de Jesus do Estado do Brasil**. Livro 1º, 2ª edição compilada por J.C.F. Pinheiro. In: Barbosa da Silva, 1947.

Villares, J.B. Entraves ao desempenho da pecuária bovina de corte: In: **Anais do 14º Simpósio sobre Manejo de Bovinos no Trópico**. UNESP. Botucatu, 1980.

CAPÍTULO 2

Desenvolvimento recente da pecuária de corte brasileira e suas perspectivas

Kepler Euclides Filho
Pesquisador da EMBRAPA Gado de Corte. Campo Grande, MS
Diretor Executivo da Embrapa
kepler.filho@embrapa.br

Valéria Pacheco Batista Euclides
Pesquisadora da EMBRAPA Gado de Corte. Campo Grande, MS
val@cnpg.embrapa.br

Introdução

A pecuária de corte brasileira consolidou-se, nos últimos cinco anos, como importante produtora de alimentos e inseriu-se no mercado internacional como ator competitivo. Nesse contexto, essa atividade transformou-se também em importante elemento na captação de divisas para o País, ao mesmo tempo em que sofre as pressões resultantes da posição ocupada. Apesar desse avanço, melhorias nos aspectos gerenciais e nos índices zootécnicos e econômicos se fazem necessários para garantir sua competitividade e consequente permanência como empreendimento economicamente atraente.

Além dessas dificuldades impostas pela globalização da economia, somam-se outras relacionadas com a maior exigência dos consumidores; o acirramento das disputas por mercado; as preocupações com o bem-estar animal, com a conservação ambiental; e com os aspectos sociais dos sistemas produtivos e demais segmentos da cadeia.

Adicionalmente, o envelhecimento da população brasileira e o maior esclarecimento com relação aos cuidados que devem ser dedicados à alimentação deverão ter reflexos profundos na economia nacional, influenciando, em particular, o setor agrícola pela demanda por alimentação de boa qualidade, além de requerimentos específicos que podem ser atendidos diretamente pela alimentação, evitando-se o uso de suplementação alimentar de qualquer espécie.

Ao aproximar as economias de diferentes partes do mundo, a abertura de mercado possibilitou não só a entrada de produtos oriundos dos mais diversos países, mas também passou a exigir, dos vários setores da economia nacional, maior competitividade como requisito para sua sobrevivência.

Mais recentemente, a produção de alimentos vê-se frente a outro desafio adicional, ou seja, produzir energia a partir da agricultura. Nesse particular, as cadeias da produção animal terão também sua contribuição pela transformação do sebo e da gordura animal em fonte alternativa de energia. No entanto, a conciliação dessas agriculturas irá exigir não só o aumento da eficiência de produção, mas também o desenvolvimento de novos conhecimentos e novas tecnologias capazes de atender a esses requisitos e possibilitar produção em harmonia com o ambiente. Nesse sentido, outra contribuição importante é a integração de sistemas de produção, particularmente os sistemas agropastoris, silvipastoris e agrosilvopastoris que têm, potencialmente, a capacidade de contribuir para a melhoria das características físico-quimícas do solo, podendo ainda ser coadjuvantes no processo de redução das pressões de ampliação da fronteira agrícola, pela maior intensificação da produção e pelo aumento da eficiência, além de possibilitarem maior competitividade pela melhor exploração da logística já instalada.

Para se ajustar a tais mudanças, a pecuária de corte brasileira tem procurado se estabelecer em novos patamares, afastando-se inexoravelmente, daquela atividade extrativista e transformando-se em empreendimento no qual a gestão torna-se elemento diferenciador. Nessas condições, aumenta-se o risco e diminui-se a margem de lucro. Dessa forma, qualquer tomada de decisão tem de ser muito bem avaliada. Outro aspecto de extrema importância nesse novo cenário e que tem influência direta nos sistemas produtivos é a preocupação com a sustentabilidade.

A falta de comprometimento com os recursos naturais, que sempre foram partes inerentes dessa atividade, muito contribuiu e ainda contribui para o desequilíbrio planta-solo-animal, com consequências desastrosas para o meio ambiente e para a própria atividade. Nesse aspecto, vale ressaltar a importância que vem sendo dada, nos fóruns mundiais e em diversos setores no Brasil, incluindo políticas públicas, à questão da preservação e da conservação do meio ambiente e da qualidade de vida. Outros dois aspectos merecedores de atenção, particularmente, do componente ciência e tecnologia, são relacionados com o possível papel que uma bovinocultura bem conduzida pode exercer como sistema importante no sequestro de carbono e na redução da emissão de metano.

Importância da bovinocultura de corte

A pecuária tem sido caracterizada como atividade não conservacionista, pouco eficiente no uso de recursos naturais e, ainda, como competidora com humanos e outros animais domésticos, tais como suínos e aves, mais eficientes no aproveitamento de grãos. Nesse particular, são importantes os dados de Oltjen e Beckett (1996), afirmando que somente 17% da energia requerida pelos animais domésticos são provenientes de grãos. Desse total, suínos e aves consomem, aproximadamente, 60% e respondem por 40% da energia alimentar de origem animal consumida pelo homem. Os ruminantes, por outro lado, consomem por volta de 37% dos grãos consumidos pelos animais domésticos e produzem mais de 60% da energia alimentar, oriunda da agricultura e consumida pela sociedade mundial. Esses autores concluíram que os ruminantes, além de serem úteis no processo de conversão de pastagens, resíduos agrícolas e diversos outros subprodutos em alimentos de qualidade, permitem o uso produtivo de áreas pobres e com tendência à erosão. Dessa forma, é possível inferir que muitos dos problemas imputados à pecuária de corte podem ser resultantes do uso impróprio de algumas tecnologias e do manejo inadequado do complexo solo-planta-animal, que podem ser considerados como três subsistemas que interagem entre si com forças importantes de causa e efeito.

A pecuária de corte é desenvolvida em todos os Estados brasileiros e representa importante atividade econômica com papel de destaque no equilíbrio da balança comercial do País. Acompanhando a melhoria da eficiência de produção observada nos últimos anos, verifica-se tendência de intensificação da atividade e uma transformação na importância das diferentes regiões produtoras do país, conforme pode ser verificado na **Tabela 1**. Em 1990, o rebanho da Região Centro-Oeste ultrapassava o da região Norte em mais de 200%. Quinze anos depois, a diferença entre essas duas regiões era de apenas 75%. Essa mudança na região Norte deu-se particularmente pela alta taxa de crescimento verificada nos Estados de Rondônia e Pará que cresceram cerca de 200% e 600%, respectivamente. No Centro-Oeste, o grande crescimento deu-se no Estado de Mato Grosso, que cresceu 200%, no Mato Grosso do Sul, no entanto, sofreu incremento de apenas 30%.

Essa mudança na geografia da produção é fruto do aumento dos custos da terra, principalmente, pela expansão da área cultivada com soja e milho, mas também com o crescimento observado na cultura da cana-de-açúcar com a revitalização da produção de álcool combustível. Pressões adicionais poderão existir com a manutenção de preços elevados de produtos básicos, como milho e soja no mercado mundial.

Acompanhando essas transformações, estão as indústrias frigoríficas que constroem, ampliam ou mesmo arrendam grandes empreendimentos no Centro-Oeste e no Norte, principalmente, em Rondônia (**Figura 1**). O Brasil possui hoje, aproximadamente, 100 frigoríficos exportadores, dos quais 70% estão localizados no Centro-Oeste e Sudeste. A Região Norte já representa mais de 10% das indústrias frigoríficas exportadoras (**Figura 1**). Além disso, os grandes frigoríficos vêm ampliando seus negócios por meio da aquisição de empresas em setores diversos e em outros países. Essa estratégia tem também contribuído para a menor vulnerabilidade em eventuais crises.

Tabela 1. Evolução do rebanho bovino, de 1990 a 2005, por unidade da federação (x 1000).

Regiões	1990	1995	2000	2005
Norte	13.317	19.183	24.518	41.489
RO	1.719	3.928	5.664	11.349
AC	400	471	1.033	2.313
AM	637	806	843	1.197
RR	-	282	480	507
PA	6.182	8.058	10.271	18.064
AP	70	93	83	97
TO	4.309	5.544	6.142	7.962
Nordeste	26.190	23.174	22.567	26.969
MA	3.900	4.162	4.094	6.449
PI	1.974	2.135	1.779	1.827
CE	2.621	2.266	2.206	2.299
RN	956	722	804	978
PB	1.345	1.054	953	1.053
PE	1.966	1.362	1.516	1.909
AL	891	834	779	985
SE	1.030	797	880	1.005
BA	11.505	9.841	9.557	10.463
Sudeste	36.323	37.168	36.852	38.944
MG	20.472	20.146	19.975	21.404
ES	1.665	1.968	1.825	2.027
RJ	1.924	1.905	1.959	2.093
SP	12.263	13.148	13.092	13.421
Sul	25.326	26.641	26.298	27.770
PR	8.617	9.389	9.646	10.153
SC	2.994	2.993	3.051	3.377
RS	13.715	14.259	13.601	14.240
Centro-Oeste	45.946	55.061	59.641	71.985
MS	19.164	22.292	22.205	24.504
MT	9.041	14.154	18.925	26.652
GO	17.635	18.942	18.399	20.727
DF	106	123	112	102
Brasil	147.102	161.228	169.876	207.157

Fonte: CNPC (2007).

Ressalta-se que a importância desse setor não se fundamenta somente na sua expansão e no aumento do volume de carne processada. A grande transformação tem-se verificado na melhoria da eficiência produtiva e no incremento da qualidade do produto ofertado. Conforme

Figura 1. Distribuição das plantas frigoríficas aptas à exportação de carne bovina para o exterior em 2007.

pode ser verificado na **Tabela 2**, de 1994 a 2007, a taxa de abate aumentou, aproximadamente, 36%, enquanto o número de animais abatidos cresceu mais de 70%. Nesse mesmo período, a produção de carne aumentou mais 70% e o rebanho nacional cresceu menos de 20%. Esses dados permitem ainda inferir-se sobre a qualidade do produto não só com base no incremento do volume exportado, mas principalmente pelo valor desse produto. Enquanto a exportação passou de 378 mil toneladas de equivalente carcaça, em 1994, para uma estimativa de 2.420 milhões de toneladas de equivalente carcaça, em 2007, representando aumento de, aproximadamente, 40%, o valor do produto exportado sofreu incremento de, aproximadamente, 94%. Ressalta-se que o valor da unidade aumentou 25%, passando de US$ 1.500,00 em 1994 para US$ 1.880,00 em 2007.

Apesar disso, a atividade pecuária tem sofrido grande descapitalização em razão dos baixos preços que têm caracterizado a atividade nos últimos anos, com consequente redução do número de matrizes e desestímulo a novos investimentos. Somente no último ano, percebe-se uma recuperação ainda que lenta e instável (**Figura 2**). O preço do boi gordo foi valorizado em 16,38% até setembro de 2007, enquanto o custo operacional total (COT) da atividade aumentou somente 8,88%. A análise dessa Figura permite ainda verificar-se que, enquanto o COT aumentou 43,82% desde 2003, o preço do boi gordo sofreu variação de apenas 4,5%/arroba no mesmo período. Essa tendência, entretanto, parece estar associada à outra mais ampla que sugere que a demanda por alimentos encontra-se, muito provavelmente, em uma espiral ascendente resultante da conjunção de alguns fatores, tais como:

a) melhoria do rendimento real de uma importante parcela da população mundial;

b) aumento do consumo de proteína animal, o que, por sua vez, requer maior oferta de grãos; e

Tabela 2. Balanço da pecuária de corte no Brasil.

	1994	1998	2002	2006	2007
Taxa de abate (%)	16,43	19,14	19,82	21,67	21,72
Abate (mi.)	26,0	30,2	35,5	44,4	45,0
Produção[1]	5.200,0	6.040,0	7.300,0	8.950,0	9.200,0
Consumo *per capita*[2]	32,6	35,8	36,6	36,6	36,7
Consumo interno[1]	5.017,5	5.797,4	6.394,7	6.780,0	6.880,0
Exportação[1]	378,4	377,6	1.006,0	2.200,0	2.420,0
Importação[1]	195,9	135,1	100,7	30,0	100,0
Exportação (US$ mi.)	573,4	588,5	1.107,3	3.800,0	4.552,0
Importação (US$ mi.)	230,5	220,0	84,0	63,0	210,0

[1]mil toneladas de equivalente carcaça, [2]quilogramas de equivalente carcaça, [3]estimativa. Fonte:adaptado de CNPC (Disponível em: <http://www.cnpc.org.br/site/Balanco.xls>. Acessado em 14/03/2008)

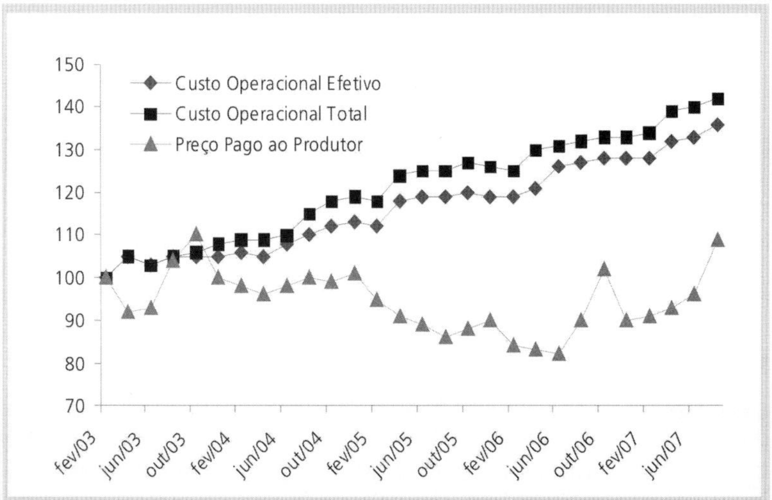

Figura 2. Custos de produção e valores pagos pela carne bovina de fevereiro de 2003 a setembro de 2007. Fevereiro de 2003 foi tomado como base igual a 100. Fonte: CNA e Cepea/Esalq-USP (Mustefaga, 2007).

c) fortalecimento da agricultura de energia, com reflexos importantes sobre o preço dos insumos, sobre a valorização da terra e com a destinação de grãos para a produção de energia. No caso da carne bovina, tal comportamento pode ser verificado tanto pelo consumo interno (**Tabela 2**) quanto pela participação do Brasil no mercado internacional (**Figura 3**).

Na **Figura 3**, além de poder ser observado o incremento ocorrido na exportação da carne bovina, merece atenção especial o incremento da exportação de carne *in natura* a despeito de toda celeuma acerca dos sistemas produtivos brasileiros. É também importante ressaltar que, mesmo com o câmbio desfavorável, o volume em dólar veio se valorizando ao longo do tempo. Esse fato, associado ao aumento da demanda, é uma demonstração da melhoria na percepção da qualidade do produto ofertado por parte do mercado comprador.

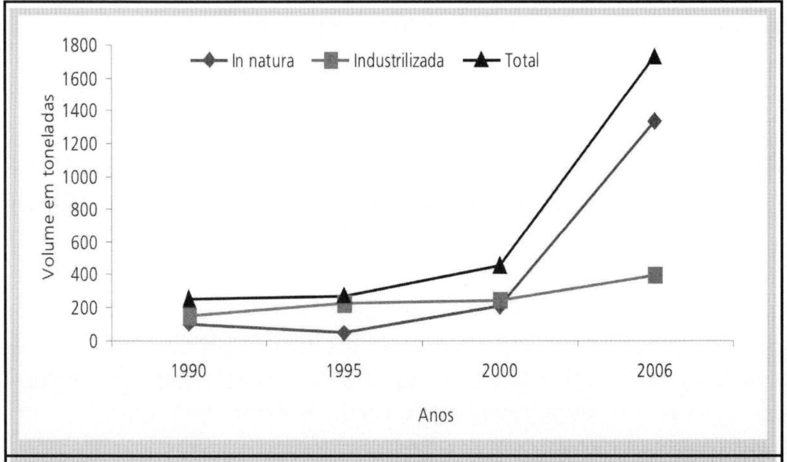

Figura 3. Exportações brasileiras de carne bovina de 1990 a 2006. Fonte: Adaptado da ABIEC (Disponível em: <http://www.abiec.org.br/faq.asp?cota=1>. Acessado em 08-01-2008).

Analisando-se o comportamento do mercado no longo prazo, a Organização para Cooperação e Desenvolvimento Econômico (OCDE) e a Food and Agriculture Organization (FAO) projetam incrementos importantes para a produção e para a exportação mundiais de carne, devendo, em 2016, a produção de carne bovina atingir 76 milhões de toneladas. Neste mesmo ano, segundo o *Food and Agricultural Policy Research Institute* (Fapri), as exportações mundiais de carne bovina serão lideradas por Brasil, Austrália, Argentina e Índia, países que concentrarão 84,5% das exportações mundiais desse produto. O Brasil será o maior exportador, com volume de 2,85 milhões de toneladas.

Outro aspecto relevante na cadeia produtiva da carne bovina é o crescente papel representado pelos supermercados como distribuidores de carnes. Essas grandes redes de distribuição são organizadas e, por terem contato direto com os consumidores em diferentes partes do mundo, estabelecem requerimentos universais que têm implicações diretas nos sistemas de produção. Esse segmento se fortalece principalmente como consequência de outras transformações que ocorrem na sociedade e que têm grande importância para a cadeia produtiva da carne bovina, podendo ser ressaltados: o envelhecimento da população brasileira que, juntamente com a mudança no hábito alimentar, influencia-rá o setor agrícola pela demanda por alimentos saudáveis e diferenciados; a transformação na composição da força de trabalho familiar, com crescente participação da mulher e dos filhos; o aumento da concorrência com outras carnes; a mudança no comportamento do consumidor com incremento da prática de refeição fora de casa; a exigência por produtos semiprontos; e o crescimento das cozinhas industriais.

Aspectos gerais da criação nas diversas regiões pecuárias do Brasil

A pecuária de corte é uma atividade de importância econômica desenvolvida em todos os Estados brasileiros e, portanto, é encontrada em todos os biomas. Essa característica faz com que exista grande variação nos sistemas de produção praticados. Assim, há sistemas considerados extensivos, em que os animais são manejados em pastagens nativas ou em pastagens cultivadas de baixa produtividade, com pouco uso de insumos, havendo também os denominados sistemas intensivos, que se caracterizam por pastagens de alta produtividade, sendo usada, ainda, a suplementação alimentar em pasto e o confinamento. Apesar dessa classificação ser resultado do uso de tecnologias e ferramentas de gestão, o manejo alimentar é um de seus componentes mais importantes. Como característica comum aos sistemas de produção de bovino de corte, tem-se o uso de pastagens. Todavia, qualquer que seja o nível de intensificação desses sistemas, o componente animal é, primordialmente, formado por genótipos zebuínos, com predominância da raça Nelore nas regiões Sudeste, Centro-Oeste, Norte e Nordeste. Os taurinos predominam na região Sul, onde se destacam as raças Hereford, Angus, Simental e Charolês.

Os sistemas de produção podem variar ainda no tocante às atividades por eles exercidas que são caracterizadas pelas fase de cria, recria e engorda que podem ser conduzidas de forma isolada ou combinadas. Hoje, considerando-se isoladamente as fases da pecuária de corte conduzidas na forma tradicional, em sistemas de produção considerados como representativos da média, pode-se concluir, após análises de benefício/custo, que a cria se constitui na atividade de menor rentabilidade, além de ser aquela que apresenta o maior risco. Todavia, é importante ressaltar que também é ela que sustenta toda a estrutura subsequente e, portanto, toda inversão que nela se fizer e resultar em aumento de eficiência, não só em sua consolidação, mas também em benefício de toda a cadeia produtiva da carne bovina.

No tocante à classificação do sistema com base no manejo alimentar, tem-se os sistemas extensivos, que se caracterizam pelo uso de pastagens como única fonte de alimentos, sendo suplementadas com o uso de formulações minerais para fazer frente à deficiência quase generalizada de sódio, fósforo, zinco, sódio, cobre, cobalto, iodo, enxofre e selênio. O sistema extensivo representa grande parte dos sistemas de produção de bovinos de corte no Brasil.

O que se observa no País é que os sistemas de produção variam com a região e usam de forma bastante eficiente as principais vantagens comparativas que cada uma delas oferece. Assim, com exceção da Região Sul, principalmente, do bioma Pampa; do bioma Caatinga e do bioma Pantanal, dos campos de Cerrados de Roraima e do Amapá; e dos campos inundáveis da ilha de Marajó, do Baixo Amazonas e do Maranhão, onde as pastagens nativas têm papel importante na alimentação dos bovinos, as pastagens cultivadas são o principal componente da dieta dos animais. Enquanto no bioma Pampa predominam as forrageiras subtropicais, nas demais regiões do país as forrageiras predominantemente utilizadas são tropicais. Dentre essas, destacam-se as cultivares dos gêneros *Brachiaria* e *Panicum*.

Os sistemas semi-intensivos, por sua vez, apesar de também serem fundamentados em pastagens, principalmente as cultivadas, caracterizam-se pelo uso do sal mineral acrescido de suplementos protéicos e/ou energéticos (**Capítulo 14**), particularmente, durante o período seco do ano. Outra opção nesse tipo de sistema é a utilização de pastos de inverno, nas condições em que essa for uma prática recomendável. Estima-se que 80% dos sistemas semi-intensivos praticados no país estão concentrados no Centro-Sul e em pequenos núcleos das Regiões Norte e Nordeste (**Tabela 3**). Segundo estimativas do Instituto FNP (ANUALPEC, 2007), cerca de 5,8% e 1,8% do total de animais abatidos foram terminados, respectivamente, com suplementação em regime de pasto e em pastagens de inverno (**Tabela 3**). Embora esses dados restrinjam-se a animais terminados, eles são bom indicativo da ocorrência de sistemas semi-intensivos nessas regiões.

Segundo Cezar *et al*. (2005), o uso de confinamento (**Capítulo 11**) é o componente que distingue os sistemas intensivos. Esse sistema é o mais exigente em gerência. Nesse caso, há mais investimentos em divisões de pastos que são melhor manejados. A suplementação alimentar é conduzida por melhor acompanhamento das pastagens. Há maior tendência de uso de concentrados para a suplementação e, para o rebanho de cria, é bastante difundida a prática de *creep feeding* que consiste na suplementação alimentar do bezerro, normalmente, a partir dos sessenta dias de idade. Essa suplementação é feita em instalação própria, construída de modo a impedir o acesso da vaca. Nesse sistema, a terminação é feita com uso do confinamento. Segundo estimativas do Instituto FNP (ANUALPEC, 2007), em 2006, 4,6% do total de animais abatidos no País foram terminados em regime de confinamento (**Tabela 4**). Ainda, 76% desses animais encontravam-se nas Regiões Centro-Oeste (GO, MT e MS) e Sudeste (SP e MG). Observa-se, também, que não houve incremento significativo na proporção de animais confinados em relação ao número total de animais abatidos, quando comparado à década anterior (**Tabela 4**).

A busca da sustentabilidade dos sistemas de produção de bovinos de corte é fundamental para fortalecer e ampliar a posição alcançada pela cadeia produtiva da carne bovina brasileira como provedora de proteína animal de qualidade para os mercados nacional e internacional. Além disso, a manutenção desse *status* requer dessa cadeia produtiva a capacidade de contribuir de forma efetiva para a melhoria da qualidade de vida do homem do campo de maneira responsável no aspecto sócio-ambiental e com viabilidade econômica para o empreendimento.

Caracterização do rebanho brasileiro

A população bovina de corte no Brasil é constituída, principalmente, por animais zebuínos de diversas raças, tendo na raça Nelore seu representante de maior expressão. Apesar de a maioria dos sistemas de produção de bovinos de corte ser formada por animais Zebu, os cruzamentos são uma importante estratégia de produção e, por isso, formam componente expressivo da produção de carne bovina no país. Aproximadamente 80% do rebanho são constituídos por animais Zebu de diversas raças ou por seus

Tabela 3. Estimativa de abate de animais terminados com uso de suplementos, em pastos de inverno e as relações com o total de animais abatidos no ano de 2006.

Estados	Abate total (cabeças)	Animais suplementados*		Animais pastos de inverno	
		cabeças	% abate total	cabeças	% abate total
MS	5.741.290	374.120	6,52	63.690	1,11
MT	4.056.997	366.600	9,03	58.500	1,44
GO	5.139.894	364.320	7,09	-	-
SP	5.628.783	356.190	6,32	14.400	0,26
MG	5.924.335	206.400	3,48	26.880	0,45
PR	2.999.692	161.280	5,38	98.050	3,27
TO	1.404.148	108.810	7,75	-	-
BA	2.349.055	98.880	4,21	-	-
RS	3.168.904	94.860	2,99	430.650	13,59
SC	980.870	-	-	91.180	9,30
Outros	10.730.708	233.700	2,18	66.640	0,62
Total	47.143.806	2.365.160	5,02	849.990	1,80

*Inclui todas as suplementações de mais de 0,5 kg de concentrado/cabeça/dia. Fonte: Adaptado do Instituto FNP (ANUALPEC, 2007).

Tabela 4. Estimativa de abate de animais terminados em confinamento e a relação com o total de animais abatidos no ano de 2006.

Estados	1999 Abate total (cabeças)	1999 Abate animais confinados cabeças	1999 Abate animais confinados % abate total	2006 Abate total (cabeças)	2006 Abate animais confinados cabeças	2006 Abate animais confinados % abate total
SP	4.931.054	440.000	8,92	5.628.783	550.160	9,78
GO	3.357.099	190.000	5,66	5.139.894	388.960	7,57
MT	2.745.266	165.000	6,01	4.056.997	289.520	7,14
MS	4.386.167	150.000	3,41	5.741.290	282.720	4,92
MG	4.187.113	165.000	3,94	5.924.335	146.940	2,48
BA	2.043.909	75.000	3,67	2.349.055	108.900	4,64
PR	2.675.840	90.000	3,36	2.999.692	85.540	2,85
RS	2.869.115	75.000	2,61	3.168.904	76.360	2,41
TO	984.721	50.000	5,08	1.404.148	60.900	4,38
SC	738.375	35.000	4,74	980.870	32.550	3,32
RJ	480.700	20.000	4,16	465.941	14.080	3,02
ES	375.758	10.000	2,66	633.003	12.180	1,92
Outros	9.039.302	105.000	1,16	8.650.894	132.240	1,53
Total	38.814.419	1.570.00	4,04	47.143.806	2.181.050	4,63

Fonte: Adaptado do Instituto FNP (ANUALPEC, 2007).

cruzamentos. Na **Tabela 5**, são apresentados os números de registros ocorridos entre 1939 e 2007 pela Associação Brasileira de Criadores de Zebu (ABCZ), entidade responsável pelos registros genealógicos no Brasil de todas as raças zebuínas.

O melhoramento animal (**Seção IX**), apesar de ter a fundamentação teórica desenvolvida há muitos anos, tem, recentemente, recebido grandes contribuições que são as principais responsáveis tanto pela expansão quanto pelos progressos genéticos que têm sido observados nas mais diferentes espécies de animais domésticos explorados comercialmente.

Tabela 5. Número de registros genealógicos de zebuínos de 1939 a 2007.

Raça	RGN[1]	RGD[2]
Sindi Mocha	73	121
Cangaian	74	113
Sindi	11.035	6.681
Gir Mocha	37.593	27.649
Brahman	40.777	31.312
Indubrasil	212.257	127.783
Tabapuã	241.729	140.114
Guzerá	302.242	149.669
Gir	557.551	326.512
Nelore Mocha	598.709	540.370
Nelore	5.957.959	2.901.827
Total	7.658.059	4.252.151

[1] RGN – registro genealógico de nascimento. [2] RGD – registro genealógico definitivo.Fonte: SUT/SAG – ABCZ (Josahkian, 2007).

Na área de bovinos de corte, houve importantes evoluções e avanços nas áreas de genética molecular, de simulação de sistemas e demais biotécnicas, além da melhoria da capacidade computacional e do desenvolvimento de modelos estatísticos. No entanto, tais contribuições somente serão efetivas se os aspectos sociais, culturais, éticos, comportamentais, ambientais e econômicos forem considerados no desenho de programas de seleção e de cruzamentos. Nessa ótica, o melhoramento genético de bovinos de corte vem assumindo importância cada vez maior com resultados comprovados não só pelo aumento do número de programas baseados em avaliação genética de diversos rebanhos, mas também na maior valorização dos animais portadores de estimativas de diferenças esperadas na progênie (DEPs).

Fundamentalmente, a melhoria genética se processa com base na escolha correta daqueles que participam, ou melhor, daqueles aos quais é dada a possibilidade de participar do processo de constituição da geração seguinte. Isso vale para a escolha dos indivíduos que produzirão filhos, ou mesmo para escolha de raças a serem usadas em programas de cruzamento (**Sessão VIII**). A primeira situação refere-se ao processo chamado seleção e é importante para melhoria de raças puras ou para cruzamentos. A segunda orienta e sinaliza o sucesso dos cruzamentos.

O melhoramento genético animal, no Brasil, vem recebendo contribuições desde o final do século dezenove, como discutido por Euclides Filho (1999), entretanto, a partir da década de 1950, fortalecem-se os estudos científicos e inicia-se a estruturação da base do conhecimento e a formação de maior número de pesquisadores, o que resultou nos consideráveis avanços verificados hoje. Complementando as informações básicas e o volume de parâmetros genéticos estimados, novas metodologias de avaliação genética foram incorporadas com melhoria da eficiência e redução de demanda computacional. Tudo isso permitiu a estruturação de diversos programas de avaliação genética das diferentes raças e grupos genéticos com resultados positivos sobre o desempenho. Além disso, importantes programas de cruzamentos têm sido implementados no País, o que tem permitido otimização de ganhos em determinadas situações, além de possibilitarem a complementaridade nos sistemas de produção e viabilizarem o atendimento a mercados específicos. Euclides Filho (1999) e Lobo *et al.* (2006) discutiram os vários programas de avaliação genética existentes no País, conforme **Tabela 6**.

Tais programas foram fortalecidos a partir de uma decisão do Ministério da Agricultura, Pecuária e Abastecimento (Mapa) que instituiu o Certificado Especial de Produção (Ceip). Além de ser um instrumento para a melhoria da qualidade genética do rebanho de corte nacional, esse certificado visa também possibilitar que criadores, isolados ou organizados em grupos, mesmo criadores de animais sem registro genealógico, ou mestiços, possam, desde que devidamente orientados e com um projeto aprovado pelo Mapa, emitir documento que garanta a qualidade genética de seus animais.

Tabela 6. Alguns programas de avaliação genética de bovinos de corte.

Programa	Raça	Número de rebanhos
ABCZ-Embrapa	Nelore	671
ABCZ-Embrapa	Gir	22
ABCZ-Embrapa	Guzerá	59
ABCZ-Embrapa	Tabapuã	50
ABCZ-Embrapa	Brahman	12
Aliança	Nelore	226
Conexão Delta G	Hereford e Braford	33
CFM	Nelore	3
PMGRN Nelore - Brasil	Nelore	352
PAINT	Nelore	110
Qualitas	Nelore	19
IZ	Nelore	1
PMGRB	Brahman	44
PMGRG	Guzerá	42
Progenel	Nelore	45
Natura	Angus e Brangus	136

Fonte: adaptado de Lobo *et al.* (2006).

Ressaltam-se, ainda, a evolução alcançada no tocante ao manejo sanitário do rebanho com obediência a calendários de vacinação e vermifugação adequados às diferentes regiões do País, bem como importante política de sanidade animal coordenada pelo Mapa com amplos programas para controle e erradicação de aftosa, brucelose e tuberculose, além de treinamentos em todo o País para identificação de animais com doenças raivosas. Somam-se a isso, avanços consideráveis no controle sanitário integrado.

Produção de gado de corte em pastagens

No Brasil, os sistemas de produção de carne bovina caracterizam-se pela dependência quase que exclusiva de pastagens (**Tabelas 3** e **4**) o que, apesar de fornecer vantagem comparativa no mercado internacional (**Figura 4**), uma vez que viabiliza custos de produção relativamente mais baixos e possibilita a capitalização de uma produção integrada de forma harmônica com o ambiente, requer maior inversão em manejo do rebanho e das pastagens e uso mais

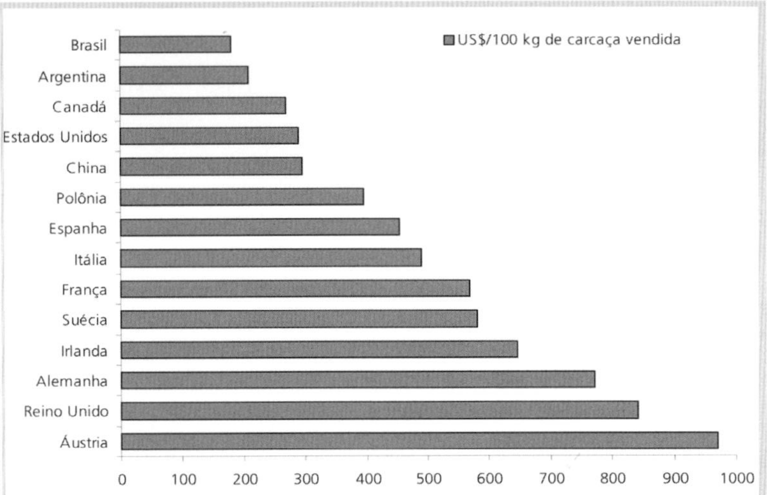

Figura 4. Valores máximos (US$/100 kg de carcaça vendida) em diferentes países com fazendas pesquisadas pela rede Benchmarck. Fonte: Adaptado de Cepea/CNA (2007).

intenso de tecnologias. Isso ocorre porque o uso exclusivo dessa fonte de alimentação tem, nesse momento em que as competitividades por preço e por qualidade de produto impõem mudanças no setor, apresentado-se bioeconomicamente inviável em muitas situações. Isso é agravado, principalmente pela forma como essas pastagens são manejadas.

As conquistas observadas nesse campo são decorrentes da combinação do lançamento de novas cultivares, nos últimos anos, adaptadas e muito mais produtivas com a melhor compreensão das relações solo-planta-animal, resultando na melhoria do manejo das pastagens. Nesse contexto, Da Silva e Nascimento Jr. (2007) afirmaram que, nos últimos anos, ocorreram grandes mudanças e avanço significativo na compreensão dessas relações, que foram determinantes para o correto uso dos pastos tropicais. Consequentemente, à medida que essas informações vão sendo incorporadas nos sistemas de produção, maior eficiência de produção de carne em pastos, é esperada. O resultado desse incremento de eficiência (**Tabela 2**) na produção é ainda mais relevante, se for considerado o desempenho da região denominada Brasil Central Pecuário. Comparando-se os dados da **Tabela 7** com aqueles apresentados na **Tabela 1**, verifica-se que a redução de área destinada às pastagens em Estados como Minas Gerais, São Paulo, Goiás, Paraná e Mato Grosso do Sul, que fazem parte do Brasil Central Pecuário, teve como contrapartida elevações substanciais do rebanho como resultado da melhoria da produtividade.

A produção dos animais em pasto é influenciada pela massa e pela qualidade de forragem que, por sua vez, são influenciadas pela espécie ou pela cultivar, pelas propriedades químicas e físicas do solo, pelo nível utilizado de fertilizantes, pelas condições climáticas, pela idade fisiológica e pelo manejo a que a forrageira é submetida (**Tabela 8**). A eficiência da utilização de forrageiras só poderá ser alcançada pelo entendimento desses fatores e pela sua manipula-

Tabela 7. Variação na área de pastagens entre 2001 e 2006, em milhões de hectares.

Local	2001	2002	2003	2004	2005	2006	Variação
BA	14,49	14,50	14,51	14,47	14,52	14,31	-1,21
GO	19,40	19,12	18,83	18,78	18,85	19,05	-1,80
MT	21,45	20,70	19,95	20,06	20,24	21,50	0,24
MS	21,81	21,54	21,27	21,09	21,47	21,52	-1,32
MG	25,35	25,18	25,01	23,79	24,50	24,37	-3,87
PA	7,46	7,49	7,52	8,00	8,11	8,39	12,41
PR	6,68	6,11	5,54	5,36	5,52	5,56	-16,71
RS	11,68	11,35	11,01	10,58	11,07	11,26	-3,62
RO	4,42	4,45	4,48	4,53	4,59	4,72	6,81
SP	10,11	9,99	9,88	9,61	9,85	8,78	-13,11
TO	11,08	11,05	11,03	10,98	11,24	11,39	2,78
Brasil	179,20	176,75	174,29	172,70	176,27	176,24	-1,54

Fonte: adaptado de Scot Consultoria (Venâncio, 2007).

Tabela 8. Produção animal (g/cabeça/dia), taxa de lotação (TL) e produtividade (kg/ha/ano)de pastos de gramíneas submetidos a manejos variados.

Gramíneas	Estabelecimento (kg/ha)	Manutenção (kg/ha)	Sistema de pastejo	TL (UA/ha)		(g/cabeça/dia)		(kg/ha /ano)	Referência
				Seca	Águas	Seca	Águas		
Tanzânia [FB]	400 da fórmula 0-20-20	50 de N (anualmente)A							
Marandu [FB]	50 microelementos	pós 2 anos: 500 gesso e	Contínuo	1,4	1,9	120	680	467	Euclides *et al*., 2001
B. decumbens [FB]		2.000 calcário		1,5	1,9	35	530	333	
				1,5	2,1	80	520	387	
Tanzânia [FA]	800 da fórmula 0-20-20	50 de N (anualmente)	Contínuo	1,8	2,3	100	700	579	Euclides *et al*., 2001
Marandu [FA]	50 microelementos	2º ano: 500 gesso e		1,7	2,2	551	570	475	
		2.000 calcário		1,8	2,3	50	565	467	
B. decumbens [FA]	2.700 calcário	50 N (anualmente)	Rotacionado	1,0	3,0	130	590	690	Euclides *et al*., 2008
Mombaça	500 fórmula 0-20-15	3º e 4º ano: 200 fórmula 0-20-20	(7x35d)	1,0	2,9	30	435	630	
Massai	50 microelementos	4º ano: 1.600 calcário							
Mombaça	2.000 calcário	Anualmente:	Rotacionado	1,9	4,7	383	474	596	Thiago *et al*., 2000
Marandu	400 de yorin e	250 fórmula 0-20-20	(2x30 d.)	2,0	5,0	409	455	623	
Cameroon	300 de superfosfato simples	150 N e 60 K		1,8	3,5	452	520	573	
Mombaça	Adubação para	Anualmente:	Rotacionado	—	5,3	—	680	491*	Corrêa *et al*., 2000
Marandu	P = 15ppm e V = 60%	1000 fórmula 20-05-20	(3x36 d.)	—	4,0	—	590	437*	
Tanzânia	Adubação para	Anualmente:	Rotacionado	—	5,8	—	680	803*	Corrêa *et al*., 2000
	P = 20ppm e V = 70%	1000 fórmula 20-05-20	(3x36 d.)	—	7,5	—	835	922*	
Tanzânia		1500 fórmula 20-05-20							
Tanzânia	Adubação para	Anualmente	Rotacionado	1,5	4,5	-	600*	900*	Euclides *et al*. 2003
	P=8 ppm V=50%	350 fórmula 0-20-20	(7x35 d.)						
		100 de N							
Tanzânia	Adubação para	Anualmente	Rotacionado	1,8	5,6	-	660	1172*	Euclides *et al*. 2003
	P=12 ppm V=70%	730 fórmula 0-20-20	(7x35 d.)						
		200 de N							
Xaraés	2.250 calcário	Anualmente: 80 de N,	Alternado	2,3	6,9	285	718	795	Euclides *et al*. 2005
Piatã	400 fórmula 0-20-20	60 de $P_2 0_5$, 60 de $K_2 0$	(28x28 d.)	1,8	5,2	350	782	715	
Marandu	50 microelementos			2,0	5,1	310	770	670	

* kg/ha/período das águas [FB] Nível de fertilização baixo [FA] Nível de fertilização alto

ção adequada, de modo a possibilitar tomadas de decisões objetivas de manejo de maneira a maximizar a produção animal. Assim, o conhecimento do potencial produtivo, em termos quantitativos e qualitativos das diversas espécies forrageiras, o estabelecimento do manejo adequado para cada uma delas e a busca de novas alternativas de utilização constituíram-se nos principais pilares geradores das novas tecnologias responsáveis por incrementos significativos da produção de bovinos em pastagens. Esses tópicos serão apresentados e discutidos, neste livro, na **Seção VI**.

O que se busca em uma forrageira é a capacidade de atender, pelo maior período possível, às demandas dos animais. No entanto, se por um lado as forrageiras variam em qualidade (**Capítulo 15**), por outro, os requerimentos nutricionais do animal também não são constantes durante sua vida, ou mesmo no decorrer do ano. Estes variam em razão de diversos fatores, como idade, estado fisiológico, sexo, grupo genético, peso e escore corporais (**Capítulo 12**). Assim, considerando-se sistemas de produção nos quais se buscam índices elevados de eficiência, somente em situações particulares, e por pouco tempo, essas forrageiras seriam capazes de possibilitar que animais de bom potencial genético tivessem suas exigências atendidas (**Tabela 8**).

A estacionalidade de produção de forragem, comum nas pastagens, especialmente naquelas de regiões tropicais, talvez seja uma das maiores limitações da sustentabilidade da produção ao longo do ano. É caracterizada por marcante redução na produção de forragem e, consequentemente, na produção animal durante o período seco do ano (**Tabela 8**). A intensificação da produção, eliminando ou diminuindo seu efeito, tem sido um desafio. Dentre as tecnologias que se dispõem para resolver o problema, podem-se citar: o manejo do pasto em sua capacidade suporte (**Capítulo 21**); o uso de irrigação nas condições em que essa prática for recomendável (**Capítulo 24**); a conservação de forragem (**Seção IV**, **Capítulo 4**); o uso de alimentação suplementar (**Capítulos 13, 14** e **16**); e as combinações dessas estratégias.

A análise dos dados de potencial produtivo, apresentados na literatura para os capins mais utilizados no Brasil, permite que esses sejam classificados em três grupos distintos: o de alto potencial, composto por gramíneas dos gêneros *Panicum* (tanzânia, mombaça, tobiatã, vencedor), *Cynodon* (estrela, coastcross e tiftons) e *Pennisetum* (cameroon, napier e anão); o de médio potencial, formado pelas gramíneas do gênero *Brachiaria* (ruziziensis, decumbens, marandu, xaraés e piatã) e *Andropogon* (planaltina e baeti); e o de baixo potencial, constituído pelas gramíneas do gênero *Brachiaria* (humidícola, tupi e dictyoneura cv. Llanero). Vale ressaltar, no entanto, que os capins de maior potencial são mais exigentes em fertilidade e em manejo. Além disso, essas plantas têm plasticidade fenotípica diferente de maneira a assegurar adaptação ao processo de colheita, gerando, dessa forma, flexibilidades de uso diferenciados.

Assim, além dos efeitos positivos de se evitar a monocultura, o planejamento forrageiro, que consiste em adequar a produção de forragem às exigências dos animais ao longo do ano, seria facilitado se pelo menos duas, de preferência mais, gramíneas de grupos distintos fossem utilizadas. Dessa forma, a diversificação de pastagens pode ser uma maneira simples de mudar os níveis de produção da fazenda, uma vez que a maioria das propriedades possui áreas que, por suas características, são indicadas para diferentes espécies forrageiras.

Recomenda-se que aquelas áreas que apresentam alta produtividade tenham seu uso concentrado na época de crescimento forrageiro mais intensivo, quer seja pelo pastejo direto, quer pela conservação de forragem (**Capítulo 15**, para permitir melhor aproveitamento da forragem produzida. Por outro lado, as forrageiras de potencial produtivo menor poderiam ser usadas estrategicamente durante as águas, para ajustar o manejo das áreas mais produtivas, e ainda aquelas apropriadas para o diferimento (**Capítulo 25**) poderiam ser vedadas no fim do verão para serem pastejadas durante a seca.

Uso estratégico de pastagens

Embora o pasto colhido via pastejo seja a fonte mais barata de alimento para os ruminantes, é importante destacar que, na maioria das regiões do Brasil, esse alimento somente se encontra adequado ao bom desempenho animal, em quantidade e qualidade nutricional, por cerca de seis meses do ano (**Tabela 8**). Como consequência, torna-se difícil projetar sistemas sustentáveis apenas baseados em pastejo da forragem acumulada durante esse período. Dessa maneira, a conservação do excedente de pasto e/ou o uso da suplementação concentrada devem fazer parte do sistema.

Isso implica em manipulação da taxa de lotação nas áreas pastejadas, aumentando, assim, a flexibilidade de controle do pasto e do processo de pastejo. A quantidade de forragem para o pastejo e para a conservação depende da natureza do empreendimento. Esse enfoque pode ser verificado em alguns exemplos de sistemas experimentais de produção que foram conduzidos por alguns anos com resultados promissores, como pode ser visto na **Tabela 9**. Esses resultados, com pequenos ajustes, podem ser adotados, em escala comercial, no Brasil Central Pecuário.

O diferimento de pastagens pode ser conduzido dentro de sistema intensivo, como evidenciado por Euclides *et al.* (2003). Esses autores observaram ser possível triplicar a capacidade de suporte da área, utilizando-se intensivamente, durante o período das águas, parte das pastagens mantidas com reposição anual de N-P-K, micronutrientes e calagem, em combinação com a produção e o pastejo de feno-em-pé, com a suplementação alimentar durante o período seco e com um biótipo animal adequado (Nelore, ½ Angus-Nelore e ½Braford-¼-Angus-¼ Nelore). Esse sistema, conduzido na Embrapa Gado de Corte, foi constituído por pastagens de três gramíneas, capim-tanzânia, capim-marandu e *B. decumbens*. Durante o período das águas, o capim-tanzânia foi utilizado intensivamente (28% da área), enquanto os pastos de braquiárias foram subutilizados, sendo vedados a partir de fevereiro. Durante o período seco, a utilização dos pastos foi revertida, enquanto, no capim-tanzânia, a taxa de lotação praticada foi diminuída; nas braquiárias, elas foram elevadas, sendo a dieta dos animais complementada por suplementação alimentar. Nesse sistema, os animais entram logo após a desmama e atingem o peso de abate entre 16 e 25 meses de idade (**Tabela 9**).

Após três ciclos de manejo, a adubação de N-P-K do pasto de capim-tanzânia foi aumentada, adotou-se o pastejo rotacionado flexível e os resultados encontram-se na **Tabela 9** (Euclides, 2007). É importante ter-se em mente que, à medida que se intensifica a utilização em determinada área de um sistema integrado de uso como esse, faz-se necessário aumentar a área destinada à produção de alimento reserva. No exemplo em pauta, ao se intensificar o pastejo do capim-tanzânia foi necessário incorporar mais 13 ha de braquiárias na área, de modo a manter o rebanho estável o ano todo, e a porcentagem da área ocupada com capim-tanzânia e pastos de braquiárias passou a ser de 22 e 78%, respectivamente.

Outra alternativa que pode ser adotada para manter taxas de lotação mais elevadas e mais estáveis, durante o ano, e que vem sendo utilizada de maneira crescente no País, é a conservação do excesso de forragem produzida durante o verão. Como exemplo, pode-se citar o sistema integrado de pastejo com o uso de silagem de capim que vem sendo utilizado na Embrapa Pecuária Sudeste (Corrêa *et al.*, 2001). Nesse caso, foram utilizadas pastagens de capim-tanzânia e de capim-coastcross, manejadas sob pastejo rotacionado. A taxa de lotação foi fixada em 4,0 UA/ha durante o ano todo (**Tabela 9**). À medida que ocorria sobra de forragem, parte dos piquetes era reservada para confecção de silagem. Os detalhes das confecções das silagens e suas características foram discutidas por Corrêa *et al.* (2001). Segundo esses autores, durante o período das águas, a alimentação consistia somente da forragem pastejada, enquanto, durante a seca, o pastejo era integrado com o uso de silagem e com suplementação de 500 g de farelo de soja. Isso possibilitou manter o sistema (recria-engorda) intensificado o ano todo com rebanho estável, e os animais, Canchim, acabados aos 20 meses de idade.

Uma alternativa que tem sido utilizada com sucesso na região Amazônica é o sistema integrado de pastagens, utilizando-se o grande potencial produtivo das forrageiras da várzea, na época seca, e as pastagens cultivadas de gramíneas do gênero *Brachiaria* na terra firme. Esse sistema, além de não provocar danos significativos ao meio ambiente, permite a terminação de bovinos de corte entre 400 a 450 kg de PV, com idade inferior a dois anos (Lourenço Jr. e Garcia, 2006).

Tabela 9. Produção animal em sistemas recria-engorda com utilização estratégicas de pastos combinados com suplementação alimentar.

Local	Gramíneas[1]	Área (ha)	Adubação kg/ha/ano	Manejo do pastejo Águas: Método pastejo	Manejo do pastejo Águas: TL (UA/ha)	Manejo Seca: TL (UA/ha)	Manejo Seca: Supl.	GMD (g/animal): águas	GMD (g/animal): seca	Idade ao abate(meses)
São Carlos, SP	Tanzânia[2]	8	1500 de	3x36	4,0	4,0	silagem + 500 g			
(Corrêa *et al*. 2001)	Coastcross[2]	14	20-05-20	64x24	4,0	4,0	de farelo de soja	880	440	20
Campo Grande, MS (Euclides *et al*., 2003)	Tanzânia	13,5	500 de0-20-20 + 1600 calcário + 150 de N	Rot. 7X35	5,0	1,8	0,5% do PV de conc.[4]	630	590	16 a 25
	Marandu Basilisk	22 12	50 de N[5]	Contínuo[3]	1,5	3,0	0,8% do PV de conc.[4]	550	560	
Campo Grande, MS (Euclides *et al*., 2007)	Tanzânia	13,5	500 de0-20-20 + 1600 calcário + 225 de N	Rot. flexível	5,4	1,5	0,6% do PV de conc.[4]	710	760	15 a 24
	Marandu Basilisk	30,5 16,5	50 de N[5]	Contínuo[2]	1,5	1,4	0,6% do PV de conc.[4]	580	670	

1. *Panicum maximum* cv. Tanzânia; Cynodon dactylon cv. Coastcross; *Brachiaria brizantha* cv. Marandu; *Brachiaria decumbens* cv. Basilisk. 2. Excesso de forragem ensilada, durante o período das águas. 3. Pastos diferidos – 1/3 da área primeira quinzena de fevereiro e 2/3 da área primeira quinzena de março. 4. Mistura balanceada de concentrado. 5. Adubação de manutenção 200 kg/ha da fórmula 0-20-20 a cada 3 anos.

Já, no semi-árido, o sistema CBL (*Caatinga-buffel-Leucena*), que consiste no uso estratégico de uma área de Caatinga, durante o período chuvoso, correspondente a 1/3 - 2/3 da área total do sistema, associada a uma área de capim-buffel e outra de *Leucena*. Nesse caso, a Caatinga é utilizada para o pastejo dos animais, no período de 2 a 4 meses, quando apresenta alta disponibilidade de forragem e, durante o período seco, utiliza-se a pastagem de capim-buffel, e os animais têm acesso ao banco de proteína de *Leucena*. No caso, a área de *Leucena* é subdividida em piquetes e manejada, utilizando-se lotação intermitente com acesso diário dos animais por um período de duas horas. A determinação da área destinada à produção de *Leucena* depende, além do tamanho da área de capim-buffel, do número de animais, da duração do período seco e da massa e do teor de proteína bruta da gramínea. Utilizando-se deste sistema, Guimarães Filho e Soares (1992) obtiveram novilhos com peso vivo médio de 420-450 kg aos 30-36 meses de idade. Os animais, no sistema tradicional (Caatinga mais palha, como base da alimentação), atingiriam, aos 36 meses de idade, o peso vivo médio de 270 kg. Além disso, segundo esses autores, há aumento na capacidade de suporte, podendo-se utilizar, pelo menos três vezes mais animais por unidade de área, quando comparado ao sistema tradicional.

Mesmo considerando-se um sistema de ciclo completo, ou seja, cria, recria e engorda, o manejo intensificado das pastagens possibilita incrementos substanciais na produção de carne/hectare (Vieira *et al.*, 2005). Nesse caso, as pastagens foram formadas por diferentes tipos de gramíneas, *B. brizantha*, *B. decumbens* e *Tanzânia* (**Tabela 10**). Todos os pastos receberam adubação de manutenção anualmente. Os machos, durante a recria, receberam suplementação alimentar durante o período seco e foram confinados no segundo período seco. Com esse manejo, foi possível produzir 101 quilos de equivalente carcaça/hectare/ano, o que representou, aproximadamente, incremento de 200% em relação à média brasileira. É importante ressaltar que, além dos resultados biológicos, esse sistema mostrou-se economicamente viável.

Dois pontos devem ser ressaltados neste trabalho (Vieira *et al.*, 2005). O primeiro diz respeito ao baixo desempenho (330 g/cabeça/dia) apresentado pelos bezerros desmamados, em pastos de capim-marandu, recebendo 1% do peso vivo de suplemento concentrado (**Tabela 10**). Apesar de o ganho de peso ter sido maior, quando comparado aos obtidos pelas bezerras desmamadas sem suplementação no mesmo pasto, eles foram inferiores aos obtidos (560g/cabeça/dia) por Euclides *et al.* (2003), em condições semelhantes de clima, solo e espécie forrageira, utilizando-se suplemento com a mesma formulação, no entanto, fornecido em menor quantidade (**Tabela 9**). A melhor eficiência da suplementação conseguida por Euclides *et al.* (2003) foi devida ao planejamento da oferta forrageira ao longo do ano. Nesse caso, o pasto de capim-marandu foi diferido no final do verão, e a disponibilidade de forragem não foi limitante, decrescendo de 4,3 para 2,2 t/ha de matéria seca (MS), do início para o fim do período seco. Já, na outra situação (Vieira *et al.*, 2005), o pasto de capim-marandu foi utilizado durante todo o ano, consequentemente a disponibilidade de forragem foi limitante, variando de 2,5 a 1,8 t/ha de matéria seca, do início para o final do período seco, mostrando a importância da disponibilidade de forragem sobre a eficiência da suplementação alimentar em pastos.

O segundo ponto refere-se à estratificação dos machos pelo peso à desmama em três classes (**Tabela 11**), mostrando que, mesmo recebendo suplementação, a maioria dos animais permaneceu nessa classificação inicial, e as classes de menores pesos apresentaram menores ganhos. Essa constatação sugere que essa pode ser uma estratégia auxiliar na definição do manejo alimentar e destino a ser dado aos animais, visando aumentar a eficiência econômica nos sistemas de produção mais intensivos. Esses autores ainda ressaltaram que o número de animais classificados como inferiores foi subestimado, uma vez que 16 bezerros já haviam sido descartados à desmama, por apresentarem pesos muito abaixo da média do lote e, ainda, 50% deles haviam nascido no terço final da estação de parição.

É importante ressaltar que, quando se objetivam altos níveis de produção por animal, tem-se como consequência a redução na flexibilidade do sistema de pastejo e o aumento na necessidade de suplementos e/ou a redução da

Tabela 10. Produção animal em sistemas cria-recria-engorda com utilização estratégicas de pastos combinados com suplementação alimentar.

Local	Gramíneas[1]	Área (ha)	Adubação Implantação (kg/ha/ano)	Método pastejo	Categoria	Período das águas		Período seco			Taxa de prenhez (%)
						TL (UA/ha)	GMD (g/animal)	Supl.[2] (UA/ha)	TL (g/animal)	GMD	
Campo Grande (Vieira *et al.* 2005)	*Brachiaria decumbens*	80	2.500 de calcário 500 de 5-20-20	Contínuo	Vacas	1,54	-	-	1,28	-	91,3
					Primíparas						68,8
	Brachiaria brizantha cv. *Marandu*	21	3.200 de calcário 500 de 5-20-20 100 de ureia[1]	Contínuo	Bezerros desmamados	0,95	-	1% PV	1,29	370	
					Bezerras desmamadas	-	550	-	1,29	10	
	Panicum *maximum* cv. Tanzânia	10	3.600 de calcário 500 de 5-20-20 100 de ureia[1]								
				Rotac. (6x35)	Novilhos e novilhas	2,80	550[3]				
					Nulíparas[4]			-	1,45		88,5

1. Adubação anual de manutenção. 2. Mistura balanceada de concentrado. 3. Novilhos confinados aos 20/21 meses de idade com peso vivo médio de 367 kg. 4. Novilhas de reposição foram para o pasto de Brachiaria decumbens aos 24 meses de idade com peso vivo médio de 300 kg, e a primeira parição foi aos 36 meses de

Tabela 11. Número de animais (Nº) no início do período seco e no final do período das águas, peso vivo inicial (PVI, kg), peso vivo final (PVF, kg) e ganho de peso no período (GPMP) de acordo com a classe.

Classes	Nº	Período seco			Período das águas			Total	
		PVI	PVF	GPMP	PVI	PVF	GPMP	GPMP	Nº1
Inferior	7	140	175	35	175	271	96	131	6
Intermediária	77	187	239	52	239	362	123	175	81
Superior	19	219	279	60	279	425	143	206	16
média		189	242	53	242	366	124	177	

[1]Nova reclassificação após o período das águas. Fonte: Vieira *et al.* (2005).

taxa de lotação como forma de equilibrar a demanda anual com a produção das pastagens. Sistemas de pastejo podem adaptar-se aos padrões de produção sazonal de forragem, mas as variações existentes entre anos são mais difíceis de ser ajustadas. À medida que aumentam as variações entre anos, há que se reduzir a intensificação do sistema de pastejo ou a dependência das pastagens como fonte principal de alimentos. Em situações em que a produção sazonal dos pastos não se ajusta aos requerimentos dos animais, outras alternativas têm de ser usadas. Para isso, pode-se modificar o ambiente, por meio de irrigação ou de fertilização, pode-se alterar a dependência direta da forragem, via manejo do pastejo e uso de suplementos ou, ainda, usar espécies forrageiras com distribuição sazonal diferentes, ou seja, a utilização de pastos de inverno nas condições em que essa for uma prática recomendável.

Simulação de sistemas de produção em pastos

As informações obtidas em experimentos ou em sistemas reais de produção por meio de monitoramento devem ser usadas para análise de simulação como forma de orientar a tomada de decisão. Independentemente da região e do sistema de produção, há demanda crescente para produzir de forma econômica, eficaz, eficiente e competitiva. Tal exigência engloba pelo menos duas tendências que são a de intensificação dos sistemas de produção e a melhor organização do setor. Isso não quer dizer, no entanto, que a intensificação será total, nem tampouco no mesmo nível nas diversas regiões. Além disso, ela não será um processo a ser desenvolvido somente nos sistemas de produção, mas sim uma necessidade que deverá permear os diversos segmentos componentes da cadeia produtiva.

O atendimento dessa demanda ampla de melhoria de eficiência será alcançado pelos sistemas de produção de gado de corte de diversas maneiras, dentre elas o desenvolvimento de sistemas especializados nas diferentes fases até a produção de carne com marca, passando pelo uso de animais de alto potencial genético (**Capítulos 4** e **37**) em sistemas envolvendo pastagens adubadas (**Capítulo 23**) e bem manejadas (**Capítulo 13**), suplementação alimentar em pasto (**Capítulo 2**) e confinamento (**Capítulo 11**). Nesse contexto, observa-se o fortalecimento dos sistemas integrados agricultura (**Capítulo 70**), sendo ainda visível o desenvolvimento de sistemas silvipastoris (**Capítulo 71**) e, mesmo, agrosilvipastoris. Nessa mesma ótica, deverá aumentar o número de estabelecimentos agropecuários em que a produção pecuária será conduzida com mais de uma espécie animal. Nesse ambiente, a especialização dos sistemas de produção deverá se fortalecer, permanecendo principalmente a cria e a recria-engorda com tendência a se transformarem em somente uma atividade em grande parte dos estabelecimentos. Qualquer que seja a situação, no entanto, o uso de tecnologias será responsável por incrementos importantes nos índices zootécnicos do rebanho (**Tabela 12**).

Nessa tabela, são apresentados índices de produção de sistemas alternativos simulados por Corrêa *et al.* (2003) com base no pressuposto de que a redução do ciclo de produção, com a terminação e o abate de animais, bem como início da vida reprodutiva ocorrendo com animais jovens, resultam em contribuição positiva para a maior eficiência bioeconômica dos sistemas de

Tabela 12. Resultados de alguns indicadores de sistemas de produção após análise de simulação de dez anos.

Indicadores	Unidade	Sistema tradicional	Sistemas alternativos					
			S1	S2	S3	S4	S5	S6
Rebanho total	Cabeça	1.625	2.505	2.531	2.617	1.948	1.958	2.015
Matrizes	Cabeça	667	1.191	1.062	1.101	903	804	829
Vendas	Cabeça	528	1.060	908	939	825	720	737
Produção de carne	kg/ha	67	134	117	120	109	96	96
Índice		100	200	175	179	163	143	143
Produção de PV1	%	149	293	260	268	223	199	204
Desfrute	%	32	37	33	33	36	32	32
Abate	%	21	36	31	31	37	32	32

[1]PV = Peso vivo. Fonte: Corrêa *et al.* (2003).

produção de bovinos de corte. Nesse contexto, sobressaem-se duas características que foram consideradas nas simulações, cujos resultados constam da **Tabela 12**. São elas a taxa de lotação e o peso à desmama. A primeira, por ser a característica que apresenta o maior impacto na produção de carne e, a segunda, por representar o potencial genético e o manejo alimentar do rebanho de cria. Outra alternativa importante considerada diz respeito ao uso de fêmeas jovens como fonte estratégica de produção de carne. Foi ainda considerado como alternativa fundamental na manutenção de taxas de ganho de peso, durante o período seco, o uso de suplementação alimentar. Nesse particular, usaram-se as alternativas de suplemento concentrado e sal proteinado. O uso combinado dessas alternativas constituiu os seis sistemas alternativos simulados. Foi ainda considerado um sistema de produção denominado de sistema tradicional. As demais variáveis dos sistemas foram mantidas constantes, sendo a área de pasto igual a 1.220 ha. Considerou-se, ainda, que os machos fossem desmamados com 200 kg e, as fêmeas, com 180 kg de peso vivo. As duas taxas de lotação usadas foram 1,8 UA/ha e 1,32 UA/ha. Essa segunda taxa de lotação foi obtida como resultado da ponderação das áreas de pasto de um sistema que usa 1 UA/ha na área ocupada pela fase de cria, e 1,8 UA/ha naquela ocupada pela recria e engorda.

Assim, o sistema 1 (S1) caracterizou-se por uma taxa de lotação de 1,8 UA/ha com os animais recebendo ração concentrada como suplemento alimentar durante os dois períodos secos considerados. O Sistema 2 (S2) diferenciou-se do S1 pelo uso de sal proteinado como suplemento alimentar durante o período seco. O Sistema 3 (S3), por outro lado, apesar de possuir taxa de lotação de 1,80 UA/ha e fornecer sal proteinado, durante os dois períodos secos para os machos, considerou o fornecimento de suplemento concentrado para as fêmeas durante o segundo período seco. No Sistema 4 (S4), a taxa de lotação foi de 1,32 UA/ha e foi fornecido suplemento concentrado. Todavia, nesse caso, as fêmeas não receberam suplementação durante a segunda seca. Ao contrário do S4, no Sistema 5 (S5), com a mesma taxa de lotação, a suplementação alimentar durante os dois períodos secos foi feita com sal proteínado para machos e fêmeas. O sistema 6 (S6), também com taxa de lotação de 1,32 UA/ha, caracterizou-se pela suplementação alimentar de machos com sal proteinado, durante os dois períodos secos, enquanto as fêmeas receberam sal proteínado na primeira seca e suplemento concentrado durante a segunda seca.

Apesar dos incrementos verificados na maioria dos indicadores para os diversos sistemas alternativos, comparados com o sistema tradicional, é importante ressaltar que a migração para quaisquer desses sistemas requer melhorias relacionadas com a qualidade de pessoal em geral e, em particular, da gerência e do acompanhamento técnico. Ressalta-se, ainda, que a adoção de quaisquer dessas alternativas tem de ser feita analisando-se cuidadosamente o mercado e considerando-se o aumento do risco envolvido. Merece ainda destaque a consideração de que o sistema denominado tradicional nessa análise possui indicadores superiores aos observados em um sistema representante da média brasileira, conforme pode ser verificado em Zimmer *et al.* (1998).

Beretta *et al.* (2002), com base em resultados de pesquisas, avaliaram, por intermédio de simulações, a produtividade e a eficiência biológica de sistemas de ciclo completo de produção de bovinos de corte no Rio Grande do Sul. Os sistemas foram classificados em: sistema tradicional (ST); sistema melhorado (SM); e sistema um ano (SU). Também foram consideradas as idades ao primeiro parto (IP) de 48, 36 ou 24 meses, respectivamente; e reduções na idade de abate (IA) para 36, 24 e 18 meses foram consideradas (**Tabela 13**).

O modelo foi dimensionado para uma área total de 1.000 ha, e a raça considerada foi Hereford. A estrutura do rebanho, em cada sistema, foi gerada a partir do fornecimento dos índices de natalidade e mortalidade, idade ao primeiro parto das novilhas de reposição e idade de abate dos machos, taxa de descarte de vacas e touros, e taxa de utilização de touros. Os índices foram diferenciados para cada sistema (Beretta *et al.*, 2002). Todos os sistemas mantiveram machos castrados, vendidos com um peso vivo médio ao abate de 380 kg, 440 kg e 450 kg aos 18, 24 ou mais de 24 meses, respectivamente. As vacas de descarte foram engordadas em pastagens melhoradas de junho a setembro, vendidas com 420 kg, exceto as do ST, as quais permaneceram até o outono seguinte para atingir os 420 kg. Em todos os sistemas, as bezerras em excesso foram vendidas ao desmame.

No modelo de simulação, o manejo alimentar foi definido mensalmente para cada uma das categorias do rebanho. A área necessária de cada recurso forrageiro (campo nativo, pastagem melhorada ou milheto) foi estimada a partir do balanço energético entre o aporte das forrageiras/hectare e a demanda das categorias que as utilizavam. As pastagens melhoradas temperadas, são misturas de *Lolium multiflorum*, *Trifolium repens* e *Lotus corniculatus*. Foi considerada a estratégia de as pastagens hibernais permanecerem fechadas, de meados de novembro até janeiro, para favorecer a ressemeadura das espécies introduzidas.

As principais inovações tecnológicas, consideradas determinantes das mudanças nos coeficientes técnicos da produção de gado de corte, foram:

a) o ajuste sazonal da taxa de lotação em campo nativo;
b) o manejo da condição corporal das vacas de cria ao longo do ciclo reprodutivo; e
c) a introdução de pastagens melhoradas de clima temperado e de clima tropical. A alimentação no ST foi exclusivamente em campo nativo.

Os índices de produtividade para cada um desses sistemas encontram-se na **Tabela 13**. À medida que os sistemas se intensificaram, houve redução da área total de pastejo destinada à atividade pecuária, e aumento da área relativa de pastagens nativas melhoradas em relação ao campo nativo. A área de pastejo diminuiu associada ao aumento das áreas de pastagens melhoradas. A redução da IP das novilhas para 36 meses e da IA dos machos para 36 meses exigiu 13,3% da área de pastejo formado por pastagens melhoradas. Já a redução da IA, em mais um ano, quase dobrou as exigências desse recurso forrageiro, atingindo 23,9% da área de pastejo. Quando as pastagens melhoradas foram destinadas às novilhas, para diminuir a IP para 24 meses ao invés de reduzir a IA, as mesmas passaram a ocupar 16,1% da área de pastejo. Proporção máxima de 26,6% foi registrada em sistemas com IP e IA aos 24 meses. A importância relativa das pastagens é maior na área destinada exclusivamente à fase de engorda em relação à fase de cria. Sistemas com IP, aos 36 meses, necessitaram de 4,9% da área de cria ocupados por pastagens melhoradas, enquanto aqueles com IP aos 24 meses tiveram de aumentar a área de pastagens para 9,6% da área de pastejo da cria. Já para a fase de engorda, quando a IA decresceu de 36 para 24 meses, a área de pastagens melhoradas aumentou em 17,7%; e quando a IA reduziu para 18 meses, a proporção de pastagens melhoradas foi de 45,7%, além de acrescentar o uso de pastagem cultivada de verão, sendo mínimo o uso do campo nativo. Esses resultados mostraram as maiores exigências alimentares associadas à melhoria do resultado produtivo de engorda em relação à cria (**Tabela 11**). Além disso, a melhoria simultânea dos índices reprodutivos e produtivos permitiu reduzir o custo energético, por quilo de PV, em 42,2% em relação ao ST.

Conservação ambiental

É importante ressaltar que o bom desempenho observado da bovinocultura veio acompanhado de problemas, dentre os quais se destaca a degradação ambiental com impactos negativos também nas dimensões sociais e econômicas, basicamente, resultantes da degradação das pastagens, e que têm como consequência a redução da produtividade. Vilela *et al.* (2005) afirmam que, apesar do bioma Cerrado ser a mais importante região produtora de carne bovina do Brasil, possui de 50% a 60% de suas pastagens cultivadas com algum grau de degradação.

Tal situação, além de resultar na insustentabilidade dos sistemas produtivos, contribui para o aumento da pressão sobre a expansão de fronteiras, o que, por sua vez, tem reflexos importantes sobre a área de ciência e tecnologia, pois estabelece novas demandas e exige esforços integrados da pesquisa. Como resposta a essa condição, o sistema de pesquisa brasileiro vem desenvolvendo uma série de tecnologias, podendo-se destacar um novo sistema de produção denominado *integração lavoura-pecuária* que consiste na integração de diversos sistemas produtivos em uma mesma área em consórcio, em rotação ou em sucessão. Esse sistema tem-se mostrado um instrumento viável não só por seus resultados econômicos, tanto para as atividades de produção de leite quanto de carne, mas também por ser uma alternativa importante na melhoria da fertilidade e da estrutura do solo, na redução da erosão, no aumento da produtividade, na diversificação dos sistemas produtivos e na redução das pressões sobre a expansão de fronteiras. Além disso, ele otimiza o uso do solo, possibilitando incremento da produção de grãos em áreas em que se cultivam pastagens, ao mesmo tempo em que aumenta a produtividade da pastagem, quer seja pela sua renovação, quer seja pelo aproveitamento da fertilização residual da lavoura de grãos. Tais características possibilitam, ainda, que esse sistema seja usado como instrumento para recuperação de áreas degradadas.

Por outro lado, é crescente a necessidade de se aumentar a competitividade do setor e, por isso, têm crescido os investimentos em sistemas de produção mais intensivos. Para esses sistemas de produção, principalmente aqueles em que há grande uso de grãos, é importante atentar-se para os possíveis desequilíbrios entre alguns elementos, particularmente, C, N, P, e K, uma vez que a estabilidade do complexo solo-planta-animal dependente da eficiência de uso desses elementos por parte dos dois subsistemas, solo-planta. Isso, segundo Tamminga (1996), é complicado pelo fato de a relação requerida, pelos animais, desses elementos ser diferente daquela que pode ser eficientemente usada pelos outros dois subsistemas. Tal desequilíbrio pode ainda resultar na contaminação do ar por dióxido de carbono, amônia e óxidos de nitrogênio, além de outros gases responsáveis pelo efeito estufa.

Tabela 13. Índices de produtividade, carga, taxa de lotação e eficiência biológica em sistemas pecuários de ciclo completo, diferindo na taxa de natalidade, idade ao primeiro parto e ao abate, de acordo com os sistemas: de um ano (SU); melhorado (SM) e tradicional (ST), área total igual a 1.000 ha.

Indicadores	**Unidade**	**Sistemas[1]**					
		SU		**SM**		**ST**	
Idade ao abate	Meses	18	24	36	24	36	54
PV total[2]	kg/ha SP[5]	145	143	111	128	96	64
PV (BD + VD)[3]	kg/ha SPC[6]	77	81	81	70	70	38
PV invernada	kg/ha SPE[7]	359	228	116	230	104	67
Taxa de lotação anual	UA/ha	0,92	0,86	0,75	0,81	0,70	0,62
Eficiência biológica global	Mcal EM/kg PV	35,1	36,0	41,7	38,2	46,0	60,6
CR de EM (ST=100)[4]	%	139	143	137	133	128	100

1. Sistemas SU, SM e ST, primeiro parto das novilhas aos 24, 36 e 48 meses. O SU e SM com taxa de natalidade de 80% e o ST de 50%. 2. PV, peso vivo. 3. BD, bezerro desmamado e VD, vaca de descarte. 4. CR, consumo relativo de energia metabolizável (EM). 5. SP, área de pastejo. 6. SPC, area de pastejo do rebanho de cria. 7. SPE área de pastejo relativo aos animais em engorda. Fonte: Beretta *et al.* (2002)

O manejo adequado dos pastos, usando-se de maneira apropriada o sistema de pastejo e o manejo do rebanho, são componentes fundamentais no sucesso da atividade. Nesse sentido, é importante atentar-se para todas as etapas no processo de produção, desde a identificação correta dos animais até a sua venda para outro sistema produtivo ou para o abate, passando pelos controles intermediários, envolvendo os cuidados sanitários, a alimentação, a reprodução (descarte de fêmeas, manejo de primíparas, escolha de reprodutores e/ou sêmen, testes andrológicos e ginecológicos, definição de estação de monta, época de desmama), e o acompanhamento periódico de desempenho de todas as categorias.

Alguns estudos, como o de Boddey *et al.* (2001), conduzidos com o objetivo de se estudar a capacidade de acumulação e de sequestro de carbono em pastagens de gramíneas tropicais bem manejadas, indicam que o manejo adequado à produção sustentável, resultando por consequência em vantagens econômicas, é capaz de acumular quantidades significativas desse elemento. Resultados vantajosos para pastagens de *Brachiaria decumbens* comparadas com áreas de vegetação nativa foram também evidenciados por Meireles (1990). Dessa forma, o uso de pastagens bem manejadas pode ser também uma opção para recuperação de áreas degradadas, contribuindo não só para os aspectos ambientais, mas também para melhoria da produção.

A introdução de espécies com alta capacidade produtiva ou com grande capacidade de fixação de carbono por meio de raízes profundas, também pode contribuir para o aumento de carbono no solo. Essa estratégia tem sido adotada no Brasil não só pela introdução de pastagens cultivadas, mas também por meio dos programas de integração lavoura-pecuária. O manejo adequado das pastagens pode, segundo Primavesi e Primavesi (2003), resultar em sistemas produtivos capazes de produzir ativo ambiental por meio do sequestro de gases de efeito estufa, pelo maior acúmulo de água e pela redução do calor.

Nesse sentido, outra área que precisa se fortalecer e ter sua participação ampliada é a de leguminosa, particularmente na situação em que o uso de fertilizantes nitrogenados no manejo dos pastos é condição para melhoria da produtividade e fortalecimento da competitividade. Além do aspecto econômico envolvido, a redução de N nas pastagens reduz o impacto ambiental, uma vez que altas doses de N não são compatíveis com as Boas Práticas Pecuárias, conforme afirmado por Frame *et al.* (1998). A importância da participação da leguminosa em sistemas consorciados com gramíneas foi também enfatizada por Valentim e Andrade (2004). Esses autores afirmaram que o uso eficiente dessa consorciação pode, no futuro, representar papel de grande relevância para a produção de bovinos, por ser capaz de assegurar crescimento econômico com conservação ambiental aos sistemas de produção.

Com relação à emissão de metano, Primavesi e Primavesi (2003) afirmaram que o manejo adequado das pastagens, de modo a permitir oferta de proteína bruta acima de 7% com menor teor de fibra, reduz a emissão desse gás por parte dos bovinos. Resultado semelhante, ainda segundo esses autores, pode ser obtido pela prática de se fornecer sal proteinado e suplementação alimentar com concentrado em pastos diferidos.

A organização como instrumento de competitividade

A despeito das possíveis vantagens financeiras para os produtores com a retomada dos preços dos alimentos, outras exigências impostas pelos consumidores sugerem que os atores que formam as cadeias da produção animal devem refletir sobre a necessidade e sobre os benefícios que adviriam da estruturação organizada de uma produção integrada, buscando a definição de objetivos e de metas que devem ser compartilhados, com a clara compreensão de que, no final, todos são parte de uma estrutura única. Esse enfoque, naturalmente, requer maior organização do setor primário, particularmente no tocante às cadeias produtivas de bovinos de carne e leite, de búfalos e da caprinovinocultura, uma vez que suínos e aves possuem cadeias produtivas melhor estruturadas.

Essa organização deve ser norteada não só para o aumento da eficiência, mas também para ofertar produtos diferenciados, com valor agregado e/ou destinado ao atendimento de diferentes nichos de mercado. Nesse sentido, a estruturação de marcas associadas a um sistema de rastreamento e à certificação e/ou a uma denominação de origem são elementos fundamentais. Nessa ótica, é importante que o segmento denominado de geração de conhecimento e tecnologia (Institutos e Centros de Pesquisa, Universidades etc.), os governos, os produtores rurais e os empresários do agronegócio tenham consciência do importante papel das cadeias produtivas e do potencial sinérgico resultante de suas interações nos denominados arranjos complexos (*clusters*), para o desenvolvimento local/regional e para a retroalimentação positiva dos diversos segmentos que compõem as várias cadeias produtivas e que se interagem de forma simbiótica. Usar as cadeias produtivas como plataforma para o desenvolvimento da ciência, da tecnologia e da inovação pode ser uma estratégia extremamente eficiente e eficaz, como ressaltado por Euclides Filho *et al.* (2002).

A visão holística e o enfoque sistêmico são considerados estratégias eficientes de se estabelecer atividades bem estruturadas e competitivas em diferentes campos da atividade econômica. No Brasil, particularmente no tocante à pecuária de corte, essa percepção vem se transformando em atitudes concretas, tanto por parte dos pesquisadores que perceberam a importância dessa visão para o desenvolvimento de propostas de pesquisa quanto do setor privado que entendeu que a prática da integração permite maior competitividade, amplia mercados e permite a agregação de valor aos produtos ofertados. Dessa forma, além da formação de grupos organizados de produtores para a defesa de interesses comuns, tem sido observada a estruturação de câmaras setoriais nos âmbitos federal e estadual e o surgimento das denominadas *Alianças Mercadológicas*, que nada mais são do que a integração organizada entre os diversos segmentos componentes da cadeia produtiva da carne bovina em que os vários atores compartilham interesses comuns, com objetivos e metas bem estabelecidos.

O norteador de todas essas mudanças passa a ser o consumidor final com suas demandas que, cada vez mais, centram-se na qualidade do alimento disponibilizado. Tal exigência por qualidade vem se fortalecendo entre os consumidores de todo o mundo, especialmente após diversos eventos que ocorreram em diferentes países, todos envolvendo aspectos sanitários dos rebanhos e/ou o manuseio inadequado da matéria-prima ou dos alimentos.

As alianças mercadológicas, por serem instrumentos que viabilizam a interação entre os vários segmentos da cadeia produtiva de forma organizada, têm como objetivo ofertar para o consumidor final produtos diferenciados, assegurando atributos de qualidade intrínseca e extrínseca ao longo de todo o processo de produção. Associado a isso, elas têm possibilitado o desenvolvimento de arranjos que, além do seu apelo mercadológico, são estratégias viáveis para a introdução das boas práticas de produção e para a estruturação de sistema de Análise de Perigo e Pontos Críticos de Controle (APPCC-Campo) que têm como principal característica a produção de alimentos de alta qualidade. O uso dessa estratégia tem possibilitado não só o atendimento da demanda por qualidade, mas tem também permitido que os vários segmentos compartilhem o adicional resultante da agregação de valor.

A experiência acumulada com essa estratégia possibilitou compreender que a sua implementação requer não só a atuação integrada e harmoniosa dos atores, incluindo o setor de pesquisa e desenvolvimento, mas que é também primordial a atenção com o treinamento/qualificação de pessoal. Nesse sentido, essas alianças são importantes para o fortalecimento do trinômio *pesquisa-qualificação-transferência*, contribuindo ainda para:

a) produzir alimentos de origem animal de qualidade, de forma sustentável (ambientalmente correta, socialmente justa e rentável);

b) integrar ações de prospecção de demandas para a pesquisa com soluções tecnológicas efetivas, ou seja, com transferência monitorada e avaliada, tendo a estrutura de cadeia produtiva como plataforma de transferência; e

c) viabilizar programas de qualificação de

pessoal, tanto de gerência quanto operacional.

Além de criarem oportunidades para os processos de pesquisa e desenvolvimento, essas alianças possibilitam ainda:

a) viabilizar o alinhamento das diversas dimensões que compõem o agronegócio da carne bovina, ao mesmo tempo em que criam compromissos;
b) integrar efetivamente os segmentos público e privado;
c) transferir tecnologia de forma efetiva;
d) identificar entraves e/ou oportunidades tecnológicas;
e) contribuir para diminuição do tempo entre o avanço do conhecimento, o desenvolvimento tecnológico e a sua inserção na cadeia produtiva;
f) viabilizar o estudo do perfil do consumidor, bem como seu monitoramento; e
g) possibilitar a inclusão de pequenos e médios rebanhos no mercado competitivo.

Desafios e perspectivas

O papel do consumidor

A sociedade moderna tem considerado o alimento como componente importante na manutenção da saúde e do bem-estar. Assim, conforme observado por Euclides Filho (2006), cresce a demanda não só pela qualidade do produto ofertado, mas também no que tange aos seus aspectos de conveniência; de acessibilidade; de higiene; de apresentação, incluindo a embalagem; de funcionalidade e de segurança do alimento consumido. Tais exigências são recrudescidas com a melhoria dos níveis de educação e de informação e com o aumento de renda. Além disso, as demandas relacionadas com o consumo de alimentos são fortemente influenciadas por vários outros fatores, destacando-se entre eles:

a) a taxa de crescimento da população;
b) a estrutura e tamanho da família;
c) o nível de educação;
d) a estrutura de emprego;
e) o nível de renda e sua distribuição; e
f) a etnia.

Com relação à taxa de crescimento, verifica-se sensível diminuição da taxa de natalidade, com a melhoria da renda, do nível de instrução e da qualidade de vida. Assim, tem sido registrado crescimento reduzido da população mundial, com decréscimos razoáveis nos países em desenvolvimento e reduções substanciais desses índices nos países desenvolvidos. Como resultado, tem-se o envelhecimento da população com suas implicações diretas sobre os requerimentos nutricionais e sobre o tipo de alimento demandado. Essa tendência é inexorável e se vê refletida, segundo Hughes (2005)[1], no crescimento mundial do contingente de pessoas com mais de sessenta anos. A taxa mundial de indivíduos, nessa faixa de idade, é de aproximadamente 14% da população, com países como a Alemanha, Itália e Japão com 29, 31 e 34%, respectivamente.

A estrutura e o tamanho da família também vêm se modificando, com tendências claras de redução no número de componentes e no aumento de pessoas vivendo sós. Nesse contexto, outro aspecto importante é o crescimento de casais jovens em que ambos trabalham. Esse padrão reflete diretamente sobre as demandas por alimentos, influenciando itens como tamanho da porção, a embalagem, a acessibilidade, a apresentação e a facilidade de preparo.

No tocante ao nível de educação, percebe-se claramente sua relação direta com o fortalecimento da importância de características relacionadas com aspectos de saúde que influenciam cada vez mais a escolha dos alimentos, crescendo a consciência da existência de alimentos bons e ruins e a valorização da aparência e da silhueta. No que diz respeito à estrutura de emprego, pelo menos duas características merecem destaque: a primeira é a redução do intervalo para o almoço e/ou a distância da residência; e a segunda é a tendência de eliminação de um local determinado para o desenvolvimento do trabalho, crescendo a realização das tarefas na

[1] Hughes (2005). Seminário Novus - Saint Louis - USA.

própria casa ou por *terceirizados* ou, ainda, por *free-lancer*. Esse novo tipo de empregado também impõe exigências no quesito alimentação, com preferência crescente para os itens rapidez e facilidade no preparo.

O nível de renda, por outro lado, ressalta aspectos diferentes da demanda por alimentos que implicam na necessidade de a cadeia agroalimentar ser capaz de oferecer produtos diferenciados, com alto valor agregado, e que possibilitem, por sua vez, a sensação do consumo sem culpa. Outro importante aspecto que vem se fortalecendo, nos últimos anos, é a influência étnica sobre o consumo de alimentos. O peso da etnia sobre a alimentação tem sido exacerbado, possivelmente, pela globalização que é responsável pela eliminação das fronteiras e contribui fortemente para a forte migração observada, quer seja dentro de um país, quer seja entre países. A distância das origens e a velocidade imposta pela vida moderna afastam as pessoas de hábitos e/ou de alimentos consumidos durante a infância. Nessas condições, os alimentos representam o retorno às origens e o fortalecimento da identidade, sendo ainda importantes coadjuvantes na redução do estresse. As dimensões culturais e religiosas são também elementos importantes na definição da composição alimentar da sociedade. Tais tendências sinalizam fortemente para que haja ação integrada entre os componentes da cadeia produtiva, além de indicarem claramente ações de pesquisa a serem implementadas.

Fortalecimento da organização focada na qualidade do produto final

O melhor conhecimento da cadeia produtiva da carne bovina por todos os segmentos que a compõe é importante para sua melhor organização, conforme ressaltou Euclides Filho (2004), ao discutir a importância da descrição detalhada dos processos componentes. A descrição dos insumos mais relevantes, bem como a enumeração dos produtos mais importantes, os principais clientes de cada processo, bem como os indicadores de resultados de cada um deles, de acordo com os clientes e com as suas expectativas, encontra-se em Euclides Filho *et al.* (2000).

Esse aprofundamento, além de possibilitar melhor conhecimento da cadeia produtiva e da interação entre seus segmentos, cria as condições necessárias para a implementação de um sistema de certificação, viabilizando ainda o desenvolvimento de pesquisas com esse foco. Assim, associado às *Boas Práticas de Produção Pecuária*, facilita o estabelecimento dos processos envolvidos na produção de carne e pode dar origem às normas para a *Produção Integrada de Carnes*.

A produção integrada é definida como sendo um sistema de exploração agrária que produz alimentos e outros produtos de alta qualidade mediante o uso dos recursos naturais e de mecanismos reguladores, para minimizar o uso de insumos e contaminantes e para assegurar produção sustentável com os objetivos de:

a) integrar os recursos naturais e os mecanismos de normalização das atividades da exploração agrária, visando minimizar o aporte de insumos procedentes do exterior da exploração;
b) assegurar produção sustentável de alimentos e outros produtos de alta qualidade mediante a utilização preferencial de tecnologias que respeitem o ambiente;
c) eliminar ou reduzir as fontes de contaminação geradas pelas atividades agropecuárias; e
d) manter as funções múltiplas da agricultura.

O sistema produzido é regido por alguns princípios que devem considerar:

a) a aplicação de forma holística, pois está baseado na formulação de normas que consideram as características próprias de cada ecossistema e a importância do bem-estar e da exploração racional dos recursos naturais;
b) a redução dos impactos indesejáveis e os custos externos à sociedade;
c) o equilíbrio dos ciclos de nutrientes, reforçando a diversidade biológica local, minimizando as perdas, propondo o manejo ótimo dos recursos naturais e das técnicas usadas no processo de produção,

d) o conhecimento e a motivação periódica sobre educação ambiental e produção integrada aos produtores,

e) o uso de métodos que fomentem o aumento e a conservação da fertilidade intrínseca do solo,

f) o uso de manejo integrado como a base de tomada de decisão,

g) a busca da qualidade da produção, levando-se em consideração os parâmetros ecológicos do sistema de produção e os de certificação de qualidade,

h) o bem-estar dos animais, considerando-se seus hábitos próprios e necessidades, e

i) a densidade animal compatível com os princípios de balanço de nutrientes e conservação ambiental.

Dois aspectos merecem destaque com relação ao aumento do consumo de carne bovina e à expansão de mercados. O primeiro é o aumento da exigência por parte do consumidor com relação à qualidade, e o segundo é o amento das exigências dos consumidores com relação à segurança dos alimentos. O atendimento desses pontos pode ser facilitado pelo desenvolvimento de marcas que, por sua vez, pode se constituir em estratégia viável para a implantação de programas integrados, via alianças estratégicas. Tais alianças, além de possibilitarem a introdução de boas práticas pecuárias e a estruturação do APPCC-Campo, podem viabilizar a implantação, de forma gradativa, de modelos de Sistema Pecuário de Produção Integrada (SPPI), baseados nos princípios e objetivos da produção integrada. O SPPI tem como principal característica a produção de alimentos de alta qualidade, usando, adequadamente, os recursos naturais e mecanismos reguladores para minimizar o uso de insumos e, especialmente, de contaminantes, de modo a assegurar produção sustentável.

Assim, o uso dessa estratégia possibilita o atendimento da demanda por qualidade assegurada, bem como permite que os diversos segmentos da cadeia produtiva da carne bovina compartilhem o adicional resultante da agregação de valor, exercitando, dessa forma, a prática do mercado justo. Ressalta-se que SPPIs permitem o atendimento aos diversos aspectos da qualidade, quais sejam, intrínseca, ecológica, ética e socioeconômica.

É importante ressaltar que, para isso, faz-se necessário o acompanhamento do produto durante todo o processo de produção. No caso da carne bovina, equivale a dizer que esse monitoramento tem de ser feito não só no sistema de produção, mas também na indústria e na distribuição, sendo ainda necessário o acompanhamento dos insumos. Esse acompanhamento resultará, ao final, na possibilidade de se ter a certificação do produto final. Esse rastreamento apresenta algumas oportunidades interessantes que são:

a) favorece a formação de alianças mercadológicas que, por sua vez, facilita o controle durante todo o processo, uniformiza conceitos, padroniza procedimentos e permite o estabelecimento de metas comuns;

b) contribui para o aumento do consumo da carne;

c) viabiliza a ampliação de mercados;

d) é uma estratégia para introdução de outras tecnologias na cadeia produtiva;

e) resulta em produtos com diferencial;

f) possibilita a agregação de valor;

g) possibilita o desenvolvimento de marca; e

h) permite melhorar e agregar valor ao couro.

Para melhor atender a esses objetivos globais é importante que se considere o segmento *geração de conhecimento e tecnologia* como componente da cadeia produtiva. Dessa forma, aumenta-se a interação desse segmento com os demais que compõem e possibilitam a identificação eficiente de seus principais entraves e de suas oportunidades mais relevantes. Essa interação pode ser fortalecida pela estruturação de parcerias estratégicas capazes de fortalecer e consolidar os processos de identificação de demandas, de estruturação e condução dos projetos de pesquisa, de viabilização da transferência tecnológica e da capacitação de pessoal sob a forma de alianças e parcerias estratégicas.

Outro aspecto relevante para o setor e complementar às Boas Práticas de Produção e aos princípios do Codex e, por consequência, relacionado com a qualidade do produto final, diz respeito ao rastreamento e à certificação (**Capítulo 62**). De acordo com o conceito moderno de produção de alimentos, é importante que se assegure seu rastreamento durante todo o processo produtivo, ou seja, da fazenda à mesa do consumidor. Essa tendência vem se transformando em demanda universal comandada por consumidores da União Europeia e de países da Ásia, especialmente, Japão e Coreia.

Como complemento a essas ações, outro aspecto a ser fortalecido diz respeito aos selos de qualidade, indicação geográfica, denominação de origem e certificação de qualidade. A adoção de quaisquer desses instrumentos facilita o acesso ao mercado, particularmente, para os pequenos e médios empreendimentos; amplia os benefícios das estratégias de *marketing* e possibilita a agregação de valor.

Desafios para pesquisa, desenvolvimento e inovação

Nesse enfoque, torna-se importante ressaltar os significativos progressos observados em diversas linhas de pesquisa das diferentes disciplinas, bem como apontar futuras ações que deverão nortear as atividades de C,T&I, salientando as que foram compiladas por Euclides Filho (1999), que analisou e discutiu as contribuições nas diversas áreas do conhecimento. Dentre elas destacam-se:

a) O indiscutível volume de conhecimentos e tecnologias disponível hoje no Brasil, geradas e/ou adaptadas, é suficiente para promover impacto substancial na produção de ruminantes e na competitividade dos diversos segmentos das cadeias produtivas das diferentes espécies;

b) Apesar desse importante estoque de informações e da indiscutível melhoria da produção e da produtividade observada em vários setores, nos últimos anos, há necessidade de um esforço integrado para que esses conhecimentos/tecnologias se incorporem de forma organizada às cadeias produtivas como condição *sine qua non* para sustentação e crescimento da produção de ruminantes no âmbito nacional, e para inserção do país no mercado mundial de produtos oriundos desses animais;

c) As prioridades de pesquisa, especialmente aquelas voltadas para o desenvolvimento tecnológico, devem ser estabelecidas dentro de uma visão global de agronegócio e da cadeia produtiva respectiva. Nesse sentido, a prospecção de demandas, o levantamento do perfil do consumidor e a avaliação de impactos das tecnologias geradas passam a desempenhar papéis fundamentais;

d) Os problemas dificilmente são de origem unidisciplinar, por isso a solução integrada será, na maioria das vezes, mais eficiente e eficaz. Governo, universidades, centros e institutos de pesquisa e setor privado precisam se conscientizar de que somente a ação articulada e solidária permitirá a reversão do quadro presente;

e) O conhecimento é fundamental ao avanço da ciência e ao progresso tecnológico. Por essa razão, o desenvolvimento científico deve ser atividade contínua e estar alinhado aos conceitos de necessidade e justiça social.

f) A inserção e a viabilização da pecuária de corte em pequena escala, seja de assentados, da agricultura familiar ou do pequeno empreendedor, precisam estar alinhadas com os mercados consumidores, gerando emprego e renda, ao mesmo tempo em que estão integradas ao desenvolvimento regional local;

g) Apesar das dificuldades enfrentadas pela economia nacional, a perspectiva para a agricultura brasileira é promissora, desde que o Brasil seja capaz de equacionar alguns problemas de ordem tecnológica. Para o segmento gado de corte, vários cenários analisados nos dois ou três últimos anos, têm indicado o grande potencial tanto de incremento de participação no mercado interno quanto no externo. É importante, no entanto, promover algumas adequações em grande parte dos sistemas de produção, para que haja contribuição de maior número de propriedades rurais nesse processo, principalmente, de pequenos e médios pecuaristas. Tais ajustes têm a função de possibilitar que essas propriedades incorporem as tecnologias necessárias ao avanço tecnológico imprescindível para tornar a atividade um negócio rentável e possibilitar sua integração de forma harmoniosa e equitativa na cadeia da carne bovina;

h) A eliminação do fantasma da aftosa no Brasil, considerando-se o custo de produção, associado a um *marketing* ecológico envolvendo conceitos modernos de consciência ambiental e produção de carne saudável, incluindo ausência de resíduos tóxicos e composição benéfica de ácidos graxos, contribuirá efetivamente para a inserção definitiva no mercado mundial dessa carne nobre;

i) Melhoria da efetividade do tratamento e controle de doenças dos animais e forrageiras por meio da nanotecnologia e biotecnologia avançada;

j) Alternativas de controle de doenças importantes, como aftosa, brucelose e tuberculose, por meio de vacinas, métodos de diagnóstico e outros;

k) Identificação e avaliação de marcadores moleculares para tolerância à ecto e endoparasitas;

l) Incorporação de novas técnicas, nos programas de melhoramento genético forrageiro, a exemplo de marcadores moleculares associados a características importantes e cultura de tecidos, incorporando os conhecimentos que vêm sendo alcançados em biologia celular e molecular, citogenética, genômica, proteômica etc. No entanto, é fundamental que o trabalho de melhoramento genético seja conduzido de forma integrada, não só com as disciplinas relacionadas diretamente com a avaliação das plantas, como fertilidade de solos, fitopatologia, controle de pragas e manejo, mas que essa interação se estenda para outras áreas, possibilitando um enfoque sistêmico. Nesse sentido, a avaliação com a inclusão de animais é crucial;

m) Novos conceitos relacionados com a ecofisiologia das plantas forrageiras e com a ecologia do pastejo devem ser incorporados aos processos de avaliação, bem como aos protocolos experimentais no futuro. Considerando-se que as forrageiras devem ser usadas como múltiplas opções, de modo a se ajustarem aos vários sistemas de produção e ao processo de pastejo, e que tal adaptação é resultante de suas formas e função, pode-se prever que a ecofisiologia desempenhará papel importante no desenvolvimento de novos métodos eficientes e ecologicamente corretos de manejo do pastejo;

n) No que diz respeito aos sistemas integrados, há que se aperfeiçoarem alguns aspectos, ressaltando-se o aprimoramento no uso de plantio direto de pastagens sobre palhada de lavouras, o aperfeiçoamento das plantadoras existentes para o plantio de sementes de gramíneas, a adequação de diferentes espécies de gramíneas forrageiras com relação à época de plantio, à arquitetura de planta, à produção de palhada e à facilidade ao uso do sistema de plantio direto. O monitoramento da qualidade física, química e biológica do solo, em razão da introdução de pastagens em lavouras e vice-versa, também precisa ser intensificado em diferentes ecossistemas, para validar sua importância quanto à sustentabilidade da produção agrícola;

o) Estudos sobre alimentação animal e manejo de pastos para redução das emissões de CH_4 e aumento da capacidade de sequestro de carbono.

A atuação da pesquisa, nesse contexto integrado, requer o estabelecimento de parcerias sólidas em pelo menos três importantes áreas, que são pesquisa, transferência tecnológica e ensino/treinamento/qualificação. Dessa forma, é possível fortalecer um modelo de pesquisa focado em inovação sem, contudo, inviabilizar o desenvolvimento científico.

Considerações finais

A inserção de tecnologias hoje disponíveis na cadeia produtiva da carne bovina poderia resultar em impacto substancial na produção de bovinos de corte e na competitividade dos diversos segmentos da cadeia produtiva da carne.

A cooperação por meio de alianças mercadológicas ou de forma ampliada, possibilitando a integração de sistemas de produção especializados nas diversas fases da pecuária deverá constituir-se em importante componente do sucesso do negócio.

O sucesso da pecuária de corte está intimamente relacionado com a viabilidade dessa atividade ser conduzida dentro de uma perspectiva global do agronegócio.

Grande parte do sucesso do empreendimento moderno está na dependência da adequação do trinômio genótipo-ambiente-mercado.

A necessária rentabilidade da atividade só será alcançada pelo estabelecimento de uma produção competitiva, ou seja, pela disponibilização de produtos de qualidade, com constância de oferta a preços adequados.

Há necessidade de que se cumpram/estabeleçam algumas diretrizes relacionadas com as ações de desenvolvimento, com a pesquisa e com decisões políticas, para que os benefícios de uma pecuária moderna possam ser mais amplamente usufruídos.

Nessa nova ótica, fica transparente a possibilidade real do estabelecimento de sistemas de produção intensificados, produtivos e rentáveis.

Referências bibliográficas

ANUALPEC – Anuário da pecuária brasileira. São Paulo:Instituto FNP, 2007. 368p.

Beretta, V.; Lobato, J.F.P.; Mileitz Neto, C.G. Produtividade e eficiência biológica de sistemas de produção de gado de corte de ciclo completo no Rio Grande de Sul. **Revista Brasileira de Zootecnia**, v.31, n.2, p.991-1001. 2002.

Boddey, M.R.; Alves, B.J.R.; Oliveira, O.C., Urguiaga, S. Potencial para acumulação e sequestro de carbono em pastagens de *Brachiaria*.In: LIMA, M.A. de; Cabral, O.M.R.; Miguez, J.D. (Ed.) **Mudanças climáticas globais e a agropecuária brasileira**. Jaguariúna: Embrapa Meio Ambiente, 2001. p. 213-229.

CEPEA/CNA. Brasil tem o menor custo na pecuária. In: Jornal dos Criadores, n. 59, p. 4, setembro-outubro de 2007.

Cezar, I.M.; Queiroz, H.P. de; S'thiago, L.R.; Garagorry, F.L.; Costa, F.P. **Sistemas de produção de gado de corte no Brasil: uma descrição com ênfase no regime alimentar no abate**. Campo Grande, MS: Embrapa Gado de Corte, 2005. 40 p. (Embrapa Gado de Corte. Documentos, 151).

Corrêa, E.S.; Costa, F.P.; Cezar, I.M.; Macedo, M.C.M.; Euclides Filho, K.; Euclides, V.P.B.; Zimmer, A.H. **Produção de carne de qualidade em pastagem: alternativas para o sistema físico da Embrapa Gado de Corte**. Campo Grande, MS: Embrapa Gado de Corte, 2003. 30 p. (Embrapa Gado de Corte. Documentos, 141).

Corrêa, L de A.; Pott, E.B.; Cordeiro, L. de A. **Integração de pastejo e uso de silagem de capim na produção de bovino de corte.** In: SIMPÓSIO DE PRODUÇÃO DE GADO DE CORTE, 2., 2001, Viçosa. Anais. Viçosa: UFV, 2001. p. 159-186.

Da Silva, S.C; Nascimento Junior, D. Avanços na pesquisa com plantas forrageiras tropicais em pastagens: características morfológicas e manejo do pastejo. **Revista Brasileira de Zootecnia**, v.36, p.121-138. 2007 (suplemento especial).

Euclides, V.P.B.; Macedo, M.C.M; Euclides Filho, K.; Costa, F.P. **Animal production under intensive systems formed by a combination of *Panicum maximum* cv. Tanzânia, *B. decumbens* and *B. brizantha*.** In: WORLD CONFERENCE ON ANIMAL PRODUCTION, 9., 2003, Porto Alegre. Proceedings. Porto Alegre: WAAP / UFRGS, 2003. CD-ROM.

Euclides, V.P.B.; Macedo, M.C.M.; Oliveira, M.P. **Animal production from tropical pastures renovated by subsoiling and fertilization in the cerrados of Brazil**. In: INTERNATIONAL GRASSLAND CONGRESS, 19., 2001, São Pedro, Brasil. Proceedings. Piracicaba: FEALQ, 2001. p. 841-842.

Euclides, V.P.B.; Macedo, M.C.M.; Valle, C.B. do; Flores, R.S.; Oliveira, M.P. de. Animal performance and productivity of new ecotypes of *Brachiaria brizantha* in Brazil.. In: INTERNATIONAL GRASSLAND CONGRESS, 20., 2005, Dublin. **Proceedings**. Wageningen: Wageningen Academic Publishers, 2005. p. 106.

Euclides, V.P.B. **Sistemas de produção intensivos, na região dos Cerrados**. Campo Grande: FUNDECT. 2007. (Relatório Técnico do projeto 3017.213.408.19092005) Disponível em: <htpp://www.fundect.ms.gov.br> Acesso em 12-2-2008.

Euclides, V.P.B.; Macedo, M.C.M.; Zimmer, A.H.; Jank, L.; Oliveira, M.P. Avaliação dos capins mombaça e massai sob pastejo. **Revista Brasileira de Zootecnia**, v.37, p.18-26, 2008.

Euclides Filho, K. **Retrospectiva e desafios da produção de ruminantes no Brasil**. In: REUNIÃO ANUAL DA SOCIEDADE BRASILEIRA DE ZOOTECNIA, 36., 1999, Porto Alegre. Anais. Porto Alegre:SBZ, 1999. p. 15-48.

Euclides Filho, K. **O enfoque de cadeia produtiva como estratégia para a produção sustentável de carne bovina**. In: REUNIÃO ANUAL DA SOCIEDADE BRASILEIRA DE ZOOTECNIA, 41., 2004, Campo Grande. Anais. Campo Grande:SBZ, 2004. p.205-212.

Euclides Filho, K. **Produção animal no bioma Cerrado: uma abordagem conceitual**. In: REUNIÃO ANUAL DA SOCIEDADE BRASILEIRA DE ZOOTECNIA, 43., 2006, João Pessoa. Anais. João Pessoa:SBZ, 2006. p.116-137.

Euclides Filho, K.; Corrêa, E.S.; Euclides, V.P.B. **Boas práticas de produção de bovinos de corte**. Campo Grande: Embrapa Gado de Corte, 2002. 25p. (Embrapa Gado de Corte. Documentos, 129).

Euclides Filho, K; Alencar, M.M.; Cezar, I.M.; Fávero, J.A.; Vasconcelos, Collares, R.S. **Cadeias produtivas como plataformas para o desenvolvimento da ciência, da tecnologia e da inovação**. Embrapa Gado de Corte: Campo Grande, MS. 133 p. 2000.

Frame, J.; Charlton, J.F.L., Ladlaw, A.S. **Temperate Forage Legumes**. Oxon: CAB International, 1998. 32 p.

Guimarães Filho, C.; Soares, J.G. **Sistema CBL para recria e engorda de bovinos no sertão pernambucano**. In: SIMPÓSIO NORDESTINO DE ALIMENTAÇÃO DE RUMINANTES, 4., Recife, 1992. Anais. Petrolina:EMBRAPA-CPATSA, 1992. p.173-191.

Lobo, R.B.; Barros, P.S.; Nomeli, J.; Vozzi, P.A.; Pimenta Filho, E. **Extensão da experiência dos programas de melhoramento do Nelore para outras raças e diferentes finalidades**. In: REUNIÃO ANUAL DA SOCIEDADE BRASILEIRA DE ZOOTECNIA, 43., João Pessoa, 2006. João Pessoa. Anais. João Pessoa:SBZ, 2006. p. 842-855.

Lourenço Júnior, J.B.; Garcia, A.R. **Produção animal no bioma amazônico: atualidades e perspectivas**. In: Lourenço Jr. e Garcia, 2006). In: REUNIÃO ANUAL DA SOCIEDADE BRASILEIRA DE ZOOTECNIA, 43., 2006, João Pessoa. Anais. João Pessoa:SBZ, 2006. p. 63-83.

Meireles, M.L. **Produção primária de pastagens de *Brachiaria decumbens***. Revista Ceres, v.37, n.209, p.16-24, 1990.

Mustefaga, P.S. Inicia recuperação de renda na atividade pecuária. Informativo técnico. **Revista Gleba**. Ano 52, n. 224, p.6-7, 2007. Disponível em: <http://www.cna.org.br/site/desvio.php?ag=0&origem=505&a= 19308>. Acessado em 11-3-2008.

Primavesi, O.; Primavesi, A.C. **Fundamentos ecológicos para o manejo efetivo do ambiente rural nos trópicos: Educação ambiental e produtividade com qualidade ambiental**. São Carlos: Embrapa. 2003. 84p Disponível em: <www.cppse. embrapa.br/servicos/publicacaogratuita/documentos/Documento33.pdf>. Acessado em 6-3-2008.

Josahkian, L.A. **O gado zebu e as oportunidades de crescimento da produção de carne**. 2007. Disponível: <http://64.233.169.104/search?q=cache:VuM3BX_ZQ8sJ:www.cnpc.org.br/pdf/ingles/024.pdf+%22SUT/SAG+%E2%80%93+ABCZ+%22&hl=pt-BR&ct=clnk&cd=1&gl=br>. Acessado em 11-3-2008.

Tamminga, S.A. A review on environmental impacts of nutritional strategies in ruminants. **Journal of Animal Science**, v.74, p. 112-3124, 1996.

Thiago, L.R.L. de S.; Silva, J.M. da. **Suplementação de bovinos em pastejo**. Campo Grande, MS: Embrapa Gado de Corte, 2000. 19 p. (Embrapa Gado de Corte. Circular Técnica, 27).

Valentim, J.F.; Andrade, C.M.S. **Perspectives of grass-legume pastures for sustainable animal production in the tropics**. In: REUNIÃO ANNUAL DA SOCIEDADE BRASILEIRA DE ZOOTECNIA, 41., 2004, Campo Grande. Anais. Campo Grande:SBZ, 2004. p.142-154.

Venâncio, R. Safra de mudanças para o boi e a cana. **Revista Panorama Rural**, p.42-47, dezembro de 2007.

Vieira, A.; Lobato, J.F.P.; Corrêa, E.S.; Torres Júnior, R.A. de A.; Costa, F.P.; Cexar, I.M. **Desempenho produtivo nas fases de cria e**

recria em um sistema de produção de gado de corte no Brasil Central. Campo Grande, MS: Embrapa Gado de Corte, 2005. 41 p. (Embrapa Gado de Corte. Boletim de Pesquisa e Desenvolvimento, 18).

Vilela, L.; Martha Júnior, G.B.; Barioni, L.G.; Barcellos, A.O.; Andrade, R.P. **Pasture degradation and long-term sustainability of beef cattle systems in the Brazilian Cerrado**. In: ANNUAL MEETING OF THE SOCIETY FOR CONSERVATION BIOLOGY, CAPACITY BULDING AND PRACTICE IN A GLOBALIZED WORLD, 19., 2005, Brasília, Brazil. 15-19 July 2005.

Zimmer, A.H.; Euclides Filho, K. **As pastagens e a pecuária de corte brasileira**. In: SIMPÓSIO INTERNACIONAL SOBRE PRODUÇÃO ANIMAL EM PASTEJO, 1997, Viçosa. Anais. Viçosa: UFV, 1997. p.349-379.

CAPÍTULO 3

Evolução do mercado brasileiro da carne bovina

Sergio De Zen
Professor Doutor da ESALQ/USP
Pesquisador do CEPEA/ESALQ/USP
Piracicaba, SP
sergdzen@esalq.usp.br

Geraldo Sant'Ana de C. Barros
Professor Titular da ESALQ/USP
Coordenador do CEPEA/ESALQ/USP
Piracicaba, SP
gscbarro@esalq.usp.br

Introdução

Historicamente, o Brasil tem sido um dos grandes produtores de carne bovina. Nos últimos 5 anos tornou-se o maior exportador mundial dessa carne. Segundo a FAO, 1 em cada 5 kg de carne bovina comercializada no mundo é brasileira. O volume exportado chega a 2.200 mil t, gerando recursos em torno de 4,4 bilhões de dólares. Isso representa cerca de 20% da produção nacional. O restante da produção é direcionado ao mercado interno. O volume total de recursos movimentado pela venda de carne bovina, no Brasil, ultrapassa a casa de 10 bilhões de dólares por ano.

De acordo com o IBGE, a atividade pecuária aparece em praticamente 75% das propriedades agrícolas brasileiras, constituindo-se numa das principais atividades do meio rural.

Como a produção estende-se, em média, por 3 anos, a atividade é fundamental para as empresas agrícolas do ponto de vista de patrimônio. Além disso, é componente essencial do fluxo de caixa das propriedades, gerando a liquidez necessária para viabilizar o conjunto das atividades nelas desenvolvidas.

No aspecto social, a pecuária de corte, dentro da porteira, gera cerca de 360 mil empregos diretos e milhares de empregos entre os fornecedores de insumos, que movimentam quase 2 bilhões de reais em insumos nacionais, produzindo mais de 1 milhão de empregos fora da porteira, segundo estimativas do CEPEA/CNA.

O objetivo final da cadeia, a produção de carne, é uma atividade que depende de todas as etapas do processo, sendo impossível o sucesso sem competência em todas as fases. No entanto, a venda dos animais para abate ainda é cercada por uma série de problemas que geram riscos e contrastam com o elevado grau de profissionalismo que tem cercado o sucesso da cadeia produtiva.

A relação comercial frigorífico-produtor é extremamente dinâmica e complexa, pois ocorre dentro de um ambiente rico em concorrência. Essa relação vem passando por uma série de modificações, nos últimos anos, em decorrência do aumento de exportações, que tem favorecido o desenvolvimento de grupos frigoríficos, com estruturas em diversas regiões e munidos de novas opções estratégicas. Aparentemente, esse processo resulta num aumento do poder de mercado dos frigoríficos.

A seguir, duas questões relativas ao financiamento dos frigoríficos. Primeiro, há a necessidade de recursos para o capital de giro, em boa parte obtida dos produtores. Tradicionalmente, as operações entre os produtores e frigoríficos envolvem transações com prazos em torno de 30 dias, período de crédito fornecido pelos produtores para os frigoríficos. As dimensões financeiras dessa transação são elevadas. Tomando como exemplo uma empresa que abate 1.000 animais por dia, em 30 dias acumula um passivo de R$ 1,054 milhão de reais junto aos produtores. Os 10 maiores grupos frigoríficos brasileiros têm condições de ultrapassar esse limite. Por aí pode-se avaliar o quão fundamental é o crédito do produtor para o capital de giro dessas empresas.

Por outro lado, há a questão de financiar os investimentos, pois é claro que essas empresas precisam crescer para poderem atender à crescente demanda internacional e ao mesmo tempo ao mercado nacional. O crescimento depende de recursos de terceiros. Existem duas principais fontes desses recursos: o BNDES e os bancos de investimentos, que oferecem créditos com custos proporcionais ao risco. No caso específico dos frigoríficos, as taxas são elevadas e podem pôr em risco o futuro dessas empresas.

A produção de carne no Brasil e no mundo, segue dois vetores. O primeiro vetor é o da segurança alimentar e, o segundo, da sustentabilidade. Neste capítulo serão analisados os principais fatores a que estão sujeitos esses vetores.

Produção

A produção pecuária, dentro da porteira, está condicionada ao retorno econômico que a atividade gera para o investidor. O produtor tem condições de controlar os custos, mas os preços são formados pelo equilíbrio entre a oferta e a demanda. Os produtores não têm condições de agir no processo de formação desses preços, constituindo-se em tomadores de preço.

Os preços da pecuária, em sua história, nem sempre representaram esse equilíbrio, pois, durante o longo período de inflação o boi se tornou uma reserva de valor. O equilíbrio entre oferta e demanda deve-se a fatores endógenos e exógenos ao segmento pecuário. Dentre os fatores internos do segmento, merecem destaque as condições climáticas, tecnológicas e a rentabilidade, como variáveis que influem na oferta; já a demanda é condicionada por fatores exógenos, como renda, exportações e credibilidade das empresas. Além de ser fonte de matéria-prima para atendimento do consumo humano, o boi é uma forma de ativo econômico que se presta como alternativa relativamente segura de reserva de valor.

Numa perspectiva histórica, em muitas ocasiões, esse segundo aspecto parece ter exercido papel tão ou mais importante do que o do atendimento das necessidades de consumo. Nos momentos de instabilidade política e/ou econômica, os agentes tendem a procurar ativos reais como forma de garantir o valor real de seus patrimônios. Entre esses ativos, o boi tem sido uma opção frequentemente escolhida. A elevada liquidez, o baixo custo de manutenção e a flexibilidade temporal na negociação explicam grande parte dessa escolha. No **Gráfico 1**, é ilustrada a importância de eventos políticos e econômicos na formação de preços do boi. Os preços médios apresentados - de 1954 a março de 2008 – foram deflacionados pelo Índice Geral de Preços da Fundação Getúlio Vargas – IGP-DI.

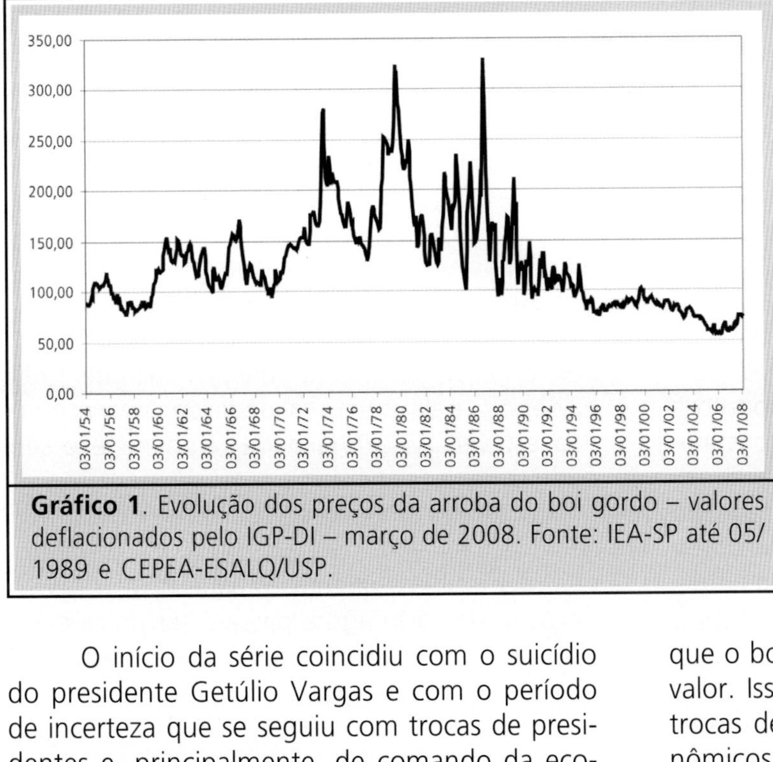

Gráfico 1. Evolução dos preços da arroba do boi gordo – valores deflacionados pelo IGP-DI – março de 2008. Fonte: IEA-SP até 05/1989 e CEPEA-ESALQ/USP.

O início da série coincidiu com o suicídio do presidente Getúlio Vargas e com o período de incerteza que se seguiu com trocas de presidentes e, principalmente, de comando da economia. Os preços captaram essas incertezas na forma de alta volatilidade, e somente voltaram à normalidade na gestão do presidente Juscelino Kubitschek. Com a estabilidade política, os preços voltaram a refletir os fundamentos microeconômicos (oferta e demanda fundamentalmente) de sua formação.

No período seguinte, porém, o mercado foi abalado com a eleição de Jânio Quadros seguido de novas turbulências relacionadas ao governo João Goulart, que culminou no Golpe de Estado de 1964. Nesse período, os preços atravessaram mais uma fase instável. O boi, efetivamente, foi uma garantia frente às oscilações da moeda nacional.

Até essa época, o setor da carne, no Brasil, era fortemente influenciado por empresas multinacionais que aqui operavam visando à exportação do produto industrializado para o mercado europeu. Os produtores mantinham pastagens nativas ou formadas por variedades pouco desenvolvidas. Regionalmente, a pecuária bovina concentrava-se, então, nos estados de São Paulo, Minas Gerais e Rio Grande do Sul. O cerrado ainda era um grande vazio: a pecuária era praticamente incipiente nos Estados do Centro-Oeste. Considerando-se o mercado relevante, nota-se que tanto a demanda (frigoríficos) quanto a oferta estavam concentradas regionalmente, e o único grande centro urbano de peso na formação dos preços era São Paulo.

Os governos militares começaram com uma política econômica restritiva que objetivava o equilíbrio fiscal e o controle da inflação. Os preços do boi retraíram-se e somente com a retomada do crescimento econômico, no fim dos anos 1960, é que os preços voltaram a crescer. Na década de 1970, os choques do petróleo, em 1973 e 1979, causaram insegurança e aceleração da inflação. Como consequência, resultou a valorização do boi.

Foi na década de 1980, porém, que o boi ganhou notoriedade como reserva de valor. Isso aconteceu, primeiro, pelas sucessivas trocas de moedas relacionadas aos planos econômicos e também pelas próprias taxas elevadas de inflação que visavam combater. As várias experiências heterodoxas, todas fracassadas, criaram grande incerteza e, praticamente, destruíram a moeda brasileira, mormente como reserva de valor.

Os preços do boi, caracterizados por grande volatilidade, tornaram-se atrativos para os gestores de fundos de investimento dos bancos, que passaram a incluir esse ativo (boi) nas suas carteiras. A inclusão do boi nessas carteiras, que combinavam outras formas de aplicações, produzia resultados interessantes para gerenciamento de riscos da economia. Aplicar em bois tratava-se de uma das raras alternativas confiáveis de preservar, numa forma líquida, a propriedade de valores num ambiente econômico marcado por congelamentos de preços e de salários e, inclusive, o até então inimaginável confisco dos depósitos bancários. Nesse clima propício à especulação, a atividade passou a ser atrativa pelas oscilações de preços, enquanto a produtividade e a eficiência ficavam em segundo plano.

Essa situação perdurou até 1994, quando o Plano Real teve sucesso no controle da inflação e a economia entrou no seu mais longo período de estabilidade. A formação dos preços do boi passou, então, a refletir basicamente o equilíbrio entre a oferta e a demanda: a especulação e a busca por reserva de valor deixam de ser objetivos dominantes. A estabilidade alcançada demandava esforço redobrado para conquista de competitividade e menor empenho na luta diária por ganhos financeiros especulativos. Entre 1994 e 1997, a indústria frigorífica passou por um período de instabilidade, com a falência de vários grupos e fechamento de diversas unidades. O mercado interno passou a crescer pouco, de forma que a sobrevivência do setor passou a depender do fornecimento do produto a custo que pudesse ser absorvido pelo consumidor, tipicamente apertado pela carência de recursos. Esse processo passou a ser capitaneado pelos supermercados que, segundo o censo de 1997/98 do IBGE, já respondiam por mais de 50% do comércio de carne. Criava-se, assim, uma nova relação entre os supermercados e seus fornecedores, com marcante dominância dos primeiros. Os frigoríficos não escaparam desses ajustamentos que culminavam, é claro, em pesada pressão sobre os produtores, elo mais fraco da cadeia.

Novo cenário somente se descortina em 1999, quando dois eventos exógenos ao setor favoreceram a pecuária nacional. Forçado pela fuga de capitais, o Brasil promove flutuação, que leva à desvalorização da moeda. Ao mesmo tempo, a crise iniciada na Europa com a doença da vaca louca abre para o País a oportunidade de tornar-se um grande exportador de carne bovina. Em 1998, o Brasil exportava 300 mil toneladas e, em 2004, remeteu ao exterior cerca de 1,2 milhão de toneladas, de acordo com os dados da Secex (Secretária de Comércio Exterior). Espantoso, porém, é que no mesmo período, o consumo interno tenha passado de 30 kg/habitante/ano para 35 kg/habitante/ano, segundo o IBGE, quebrando o velho paradigma de que, ao se exportar mais, restaria menor suprimento ao consumidor nacional.

Na verdade, o crescimento da demanda – externa e interna - deveria gerar uma explosão de preços, caso a oferta não tivesse crescido no mesmo ritmo. Os preços, contudo, limitaram-se a acompanhar a inflação, seguindo praticamente estáveis, como resultado de ganhos de produtividade dentro da propriedade. A idade de abate dos animais caiu de 5 anos para cerca de 30 meses, e o número de animais terminados por fêmea cresceu de 56% para cerca de 68%. Esses resultados foram obtidos com investimentos em manejo dos animais e das pastagens. A disponibilidade de informação e a construção de unidades frigoríficas nas novas regiões fizeram com que a atividade tivesse seus horizontes ampliados.

Ao longo dos anos, o comportamento cíclico dos preços foi quebrado. Em primeiro lugar, pela especulação nos turbulentos anos de 1980 e, depois, pela nova realidade de uma economia estável. A sazonalidade também teve seu padrão muito suavizado.

O novo comportamento da economia que se inicia em 1994, com a estabilidade econômica, sofre a última quebra em janeiro de 1999. A pecuária de corte agora passa a ser única e exclusivamente rentável pela sua eficiência produtiva.

Indicadores de produtividade

A produtividade da pecuária de corte vem crescendo em diversos indicadores, mas um dos pouco indicadores que permitem aferir esse crescimento é a produtividade do rebanho, ou seja, os quilos de carne produzidos por animal do rebanho. No **Gráfico 2**, é ilustrada a evolução da quantidade de quilos de carne produzidas por cabeça de bovinos no Brasil. O aumento de produtividade decorre de uma pressão cada vez maior pela eficiência dentro do processo produtivo. Dentre os indicadores que contribuem para essa situação estão os índices de mortalidade

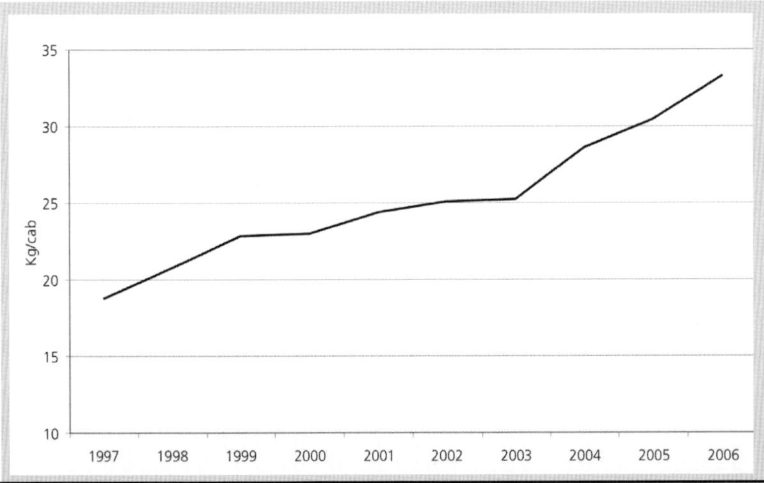

Gráfico 2. Evolução da Produtividade da Pecuária de Corte. Fonte: Pesquisa de abate e pesquisa pecuária municipal – IBGE.

ao longo da vida do animal, a taxa de prenhez das fêmeas, dentre outros, mas mostra uma evolução do manejo animal. A evolução desses indicadores é muito relevante do ponto de vista do rebanho, pois reduz substancialmente os estoques de animais, e, com isso, reduz os custos financeiros da produção pecuária. Esses custos sempre representaram um item pesado, pois o ciclo produtivo longo combinado com elevadas taxas de juros em muito contribuem para essa redução.

O processo de evolução da pecuária não é um processo homogêneo, que ocorre em todos os sistemas e todas as regiões do País ao mesmo tempo. Nos **Gráficos 3**, **4** e **5** estão apresentados 3 indicadores de produtividade para diferentes regiões brasileiras.

O **Gráfico 3** apresenta a produtividade medida em arrobas por hectare de 54 fazendas típicas de produção pecuária divididas nos estados de MS, MT, GO, PA, RO, TO, SP, MG e RS, em 4 diferentes sistemas de produção. O principal destaque é a enorme heterogeneidade da produtividade. Duas fazendas que apresentam os mais elevados níveis de produtividade, Guarapuava/PR e Assis/SP, representam o sistema de produção integrado, agricultura pecuária com suplementação dos animais entre junho e setembro. No outro extremo, estão as fazendas de Minas Gerais, nos municípios de Governador Valadares e Montes Claros. O primeiro situa-se numa região de pequena propriedade e em terras cuja declividade elevada dificulta o manejo; o segundo fica numa região de transição de vegetação e com um dos mais longos períodos de seca, quase 5 meses. Nessa região, no entanto, nos últimos 2 anos, tem sido notada uma modificação forte por parte dos produtores, pois antes de 2005 toda produção era comercializada com empresas de pequeno porte, cujo destino da produção era o Nordeste do Brasil e o consumo local. Em 2006, uma planta de um grande frigorífico exportador iniciou atividade na região e, consequentemente, trouxe consigo um novo ciclo de investimento na pecuária daquela região.

A combinação da produtividade de arrobas por hectare com a quantidade de unidades animais por hectare é um exercício importante para se ter uma visão mais ampla do sistema produtivo brasileiro.

A lotação média de 0,84 UA por hectare nessas fazendas típicas (**Gráfico 4**), demonstra que existe um longo caminho e um elevado potencial para um aumento de produção e produtividade da pecuária nacional. Isso somente pode ser atingido com o aumento de investimento em tecnologia e a disponibilidade de capital para o empresário rural, bem como os incentivos advindos do retorno econômico.

O processo econômico é, essencialmente, perverso com o produtor rural, pois as melhorias de produtividade não necessariamente resultam em uma melhoria da renda dos produtores. Uma parcela da renda do produtor é transferida a outros setores da economia, tanto a jusante quanto a montante, ou seja, tanto para os fornecedores de matéria-prima quanto para os consumidores.

O **Gráfico 5** contém a evolução dos custos de produção, dos preços da arroba e dos índices de preços que medem a inflação. Os custos de produção, calculados pela CEPEA/ESALQ – CNA, indicam um crescimento num ritmo mais elevado para a produção pecuária que a inflação, e que os preços da arroba crescem num ritmo mais lento que a inflação. O resultado disso é uma perda de margem para o produtor.

O COE (custo operacional efetivo) representa o desembolso do produtor rural, enquanto o

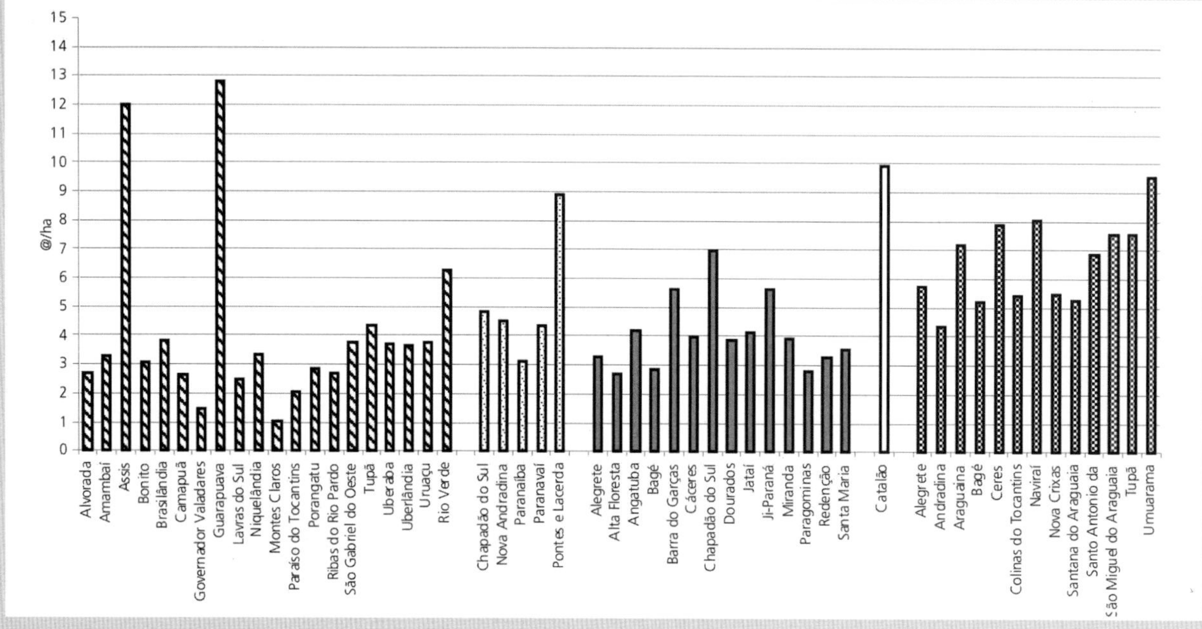

Gráfico 3. Arrobas produzidas por hectare. Fonte: CEPEA/ESALQ - CNA.

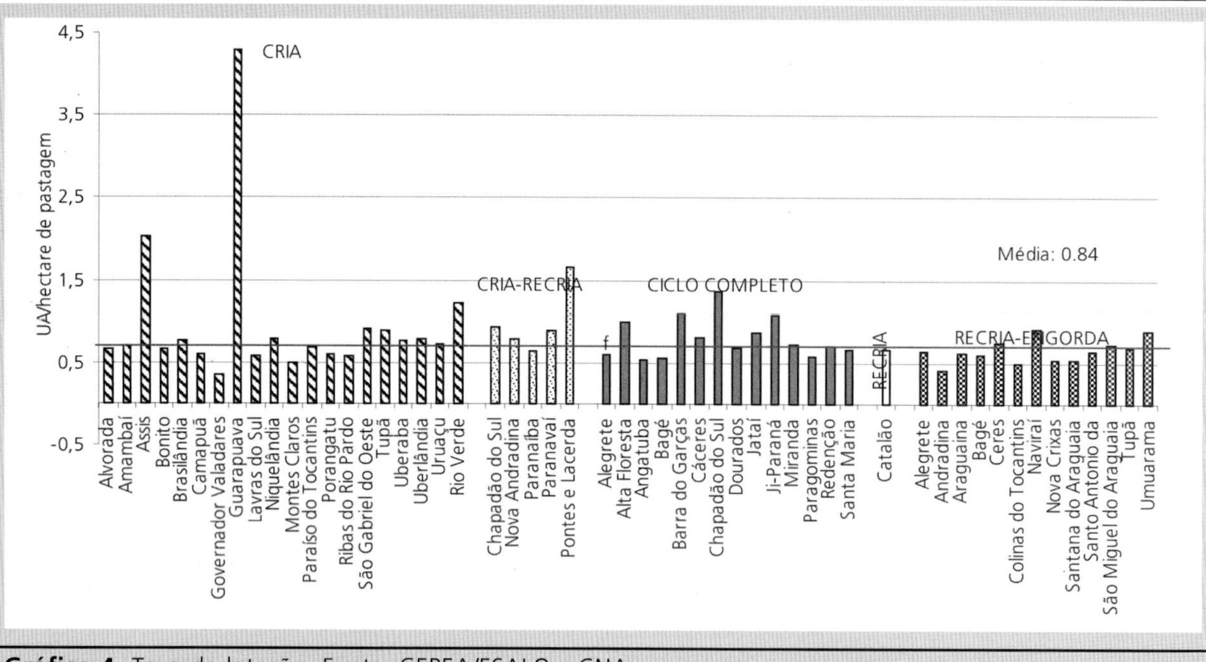

Gráfico 4. Taxa de lotação. Fonte: CEPEA/ESALQ - CNA.

COT (custo operacional total) representa o custo operacional mais as depreciações do rebanho, pastagem e benfeitorias. Quando o produtor consegue cobrir o COE, garante a sua manutenção na atividade no curto prazo, mas essa manutenção depende dele conseguir cobrir o COT que, na realidade, é a sua garantia.

Dentre os itens que mais pesam para o produtor rural estão o salário, insumos para pastagem e suplementação mineral. Dentre esses custos, é nos gastos com a mão de obra que, aparentemente, o produtor comete um erro histórico, pois indexam os salários no valor do mínimo. Em nenhuma das fazendas típicas os trabalhadores re-

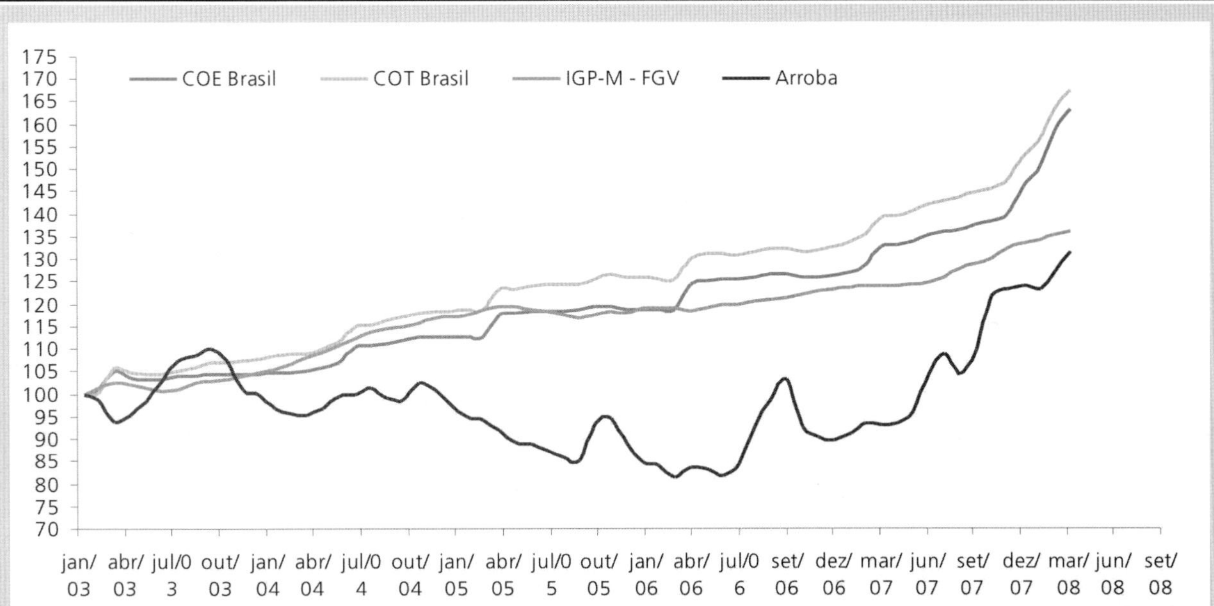

Gráfico 5. Evolução dos índices de Inflação (IGP-DI /FGV), Custo de Produção (COE- custo operacional, COT - custo operacional total / CEPEA/ESALQ) e Preços da Arroba (indicador ESALQ/BM&F). Base 100 fev-2003.

cebem um salário mínimo, mas sim de 2 a 5 salários mínimos. No passado, quando existia uma inflação elevada, esse tipo de indexação era normal e explicável. Ocorria o aumento de salário mínimo, que elevava o consumo de carne bovina e, consequentemente, um aumento de preços da arroba. Dessa forma, o produtor repassava o aumento para o consumidor e a participação dos salários no custo de produção mantinha-se equilibrada.

Com a estabilização econômica, a indexação deu lugar no mercado de trabalho ao pagamento com base na produtividade em quase todos os setores da economia, mas, na pecuária de corte, isso não ocorreu. Os empresários mantiveram os salários indexados no salário mínimo e, com os aumentos reais do indexador, o item salários, que em 2003 representava cerca de 13% nos custo de produção, saltou para cerca de 20% dos custos.

O salário, por si só, não é o responsável pelo aumento dos custos de produção, mas demonstra um dos principais desafios para a pecuária de corte e a evolução gerencial. O sistema de administração da atividade é complexo e dispendioso, mas cada vez mostra que é fundamental para o futuro da atividade.

Além disso, os insumos sofreram efeitos de eventos da economia, como a desvalorização cambial em 1999 que, se por um lado incentivou as exportações, por outro elevou os custos de produção com os impactos sobre os preços de insumos importados. Em outros momentos, o aquecimento do mercado de grãos elevou os custos de fertilizantes e corretivos, mas, no geral, o processo de elevação contínuo de custo reflete também a absorção de tecnologia, que eleva a produtividade.

A transferência de recursos da pecuária para outros setores da economia são evidentes quando os preços da arroba crescem em ritmo mais lento que os índices de inflação. Com isso os preços da carne, que pesam em torno de 20% dos dispêndios com alimentação no cálculo com a inflação, ajudam na redução desses índices, mas indicam que partes dos ganhos de produtividade da pecuária estão sendo transferidos a outros setores da economia.

Competitividade internacional

O Brasil, durante as últimas décadas, apresentou um fantástico crescimento de exportações de carne bovina que, em 1998, eram de cerca de 300 mil toneladas. Em 2008 o País exportou mais de 2 milhões de toneladas. Nesse período, o sistema produtivo da pecuária evoluiu e o parque industrial também.

O País está entre os mais competitivos na exportação de carne bovina dentro da porteira. A análise da competitividade da produção começa pelo estudo de como as unidades produtivas brasileiras se comportam de acordo com as fazendas produtoras de bezerro em países selecionados. As unidades produtivas são as fazendas típicas de cada País.

No **Gráfico 6** estão apresentados os custos de produção em 35 fazendas típicas de 18 países. As letras indicam os países (At – Áustria, DE – Alemanha, Fr – França, Es – Espanha, Ie – Irlanda, UK – Reino Unido, Se – Suécia, NO – Noruega, HU – Hungria, CA – Canadá, US – EUA, AR – Argentina, Br – Brasil, Co – Colômbia, CN - China, ID – Indonésia, AU – Austrália, ZA – África do Sul), e os números na frente das letras indicam o número de animais terminados em cada fazenda.

A barra escura representa os custos variáveis; a clara, os gastos com depreciação; e a azul-clara mais viva, os custos de oportunidade da terra, trabalho e capital. O círculo representa a receita apenas com a venda do bezerro; o traço, a venda dos bezerros, vacas de descarte, animais para uso em recria e raça; o losango representa os pagamentos dos governos (subsídios à produção).

O bezerro é o insumo fundamental de maior custo num boi gordo terminado, e os dados mostram que o Brasil e a Argentina têm os menores custos. A explicação para isso está nos sistemas de produção, que mostram ainda que os países europeus não têm condições de competir com os demais países. Nesses países, a política de subsídios ainda mantém os produtores, mas o investimento futuro na atividade é difícil de ser implementado.

Os custos de produção do boi gordo também refletem os elevados custos do restante do processo. O **Gráfico 7** apresenta a situação dos produtores, em 20 países, em 46 fazendas típicas. Nesse caso, as fazendas típicas do Brasil são as que apresentam menores custos de produção.

As imperfeições do mercado, com as restrições ao livre comércio, explicam as diferenças dos preços em níveis superiores daqueles esperados. Se os mercados funcionassem sem restrições comerciais, haveria um equilíbrio entre os preços dos diversos países. O custo, por seu lado, também se equilibraria em patamares diferentes daqueles observados.

De acordo com esses dados, o Brasil e a Ar-

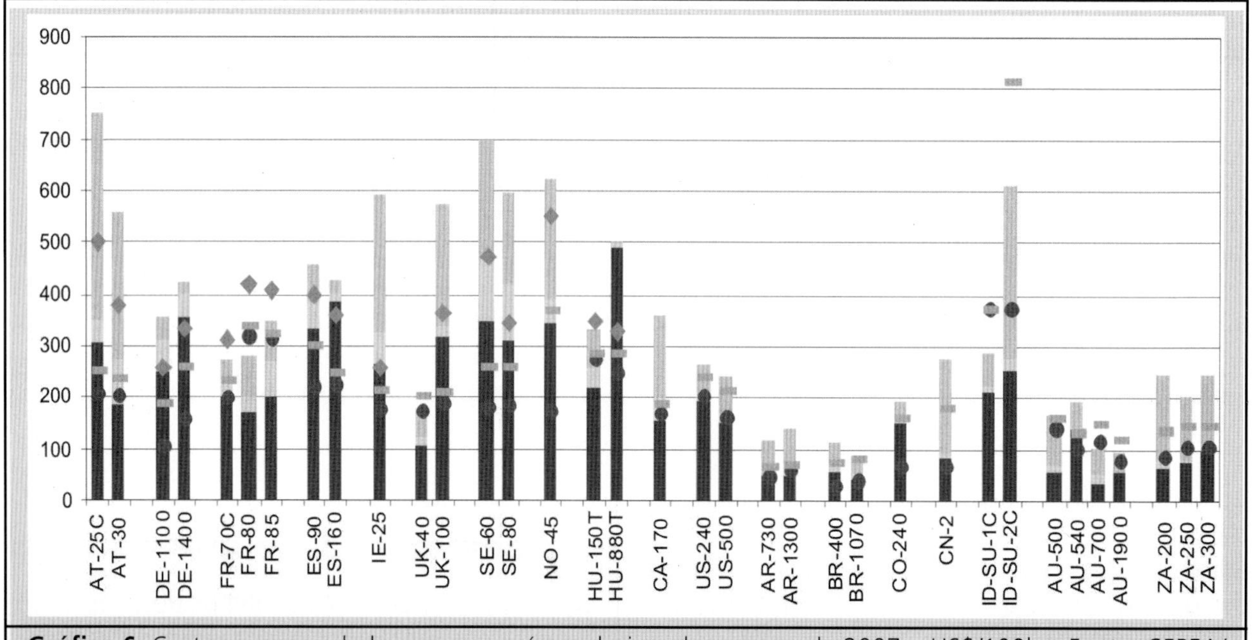

Gráfico 6. Custos e preços do bezerro em países selecionados no ano de 2007 – US$/100kg. Fonte: CEPEA/ESALQ – CNA.

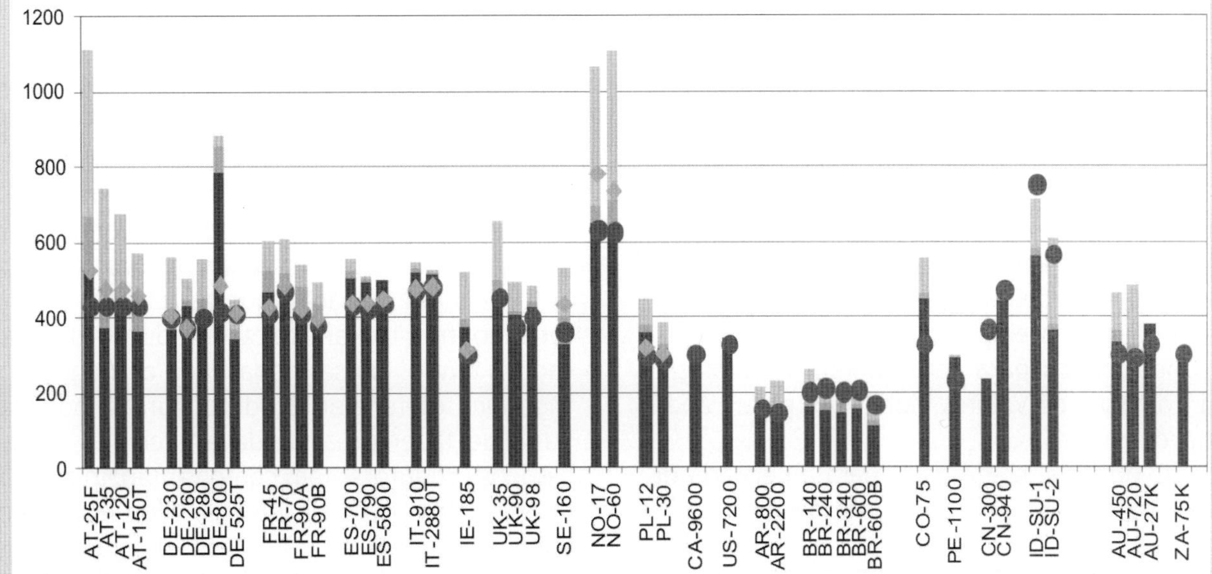

Gráfico 7. Custos e preços do boi gordo em países selecionados no ano de 2007 - US$/100kg. Fonte: CEPEA/ ESALQ - CNA

gentina receberiam preços mais elevados para a carne produzida e, consequentemente, os investimentos na atividade ganhariam força. Como resultado, haveria uma ganho de produtividade, e os novos níveis de preços teriam um novo equilíbrio de mercado. Os investimentos na pecuária de corte não se restringe ao investimento dentro da porteira, mas também ao investimento em tecnologia, novos insumos, variedades de pastagem, linhagem genética, etc. Enfim, a cadeia de valor da pecuária seria positivamente alterada.

Indústria

O que mudou na indústria nos últimos anos? O parque industrial brasileiro teve algumas fases distintas. A primeira etapa foi determinada por empresas internacionais que procuraram o Brasil como alternativa à carne Argentina, em especial para a produção de carne industrializada. Essa etapa foi responsável pela transição dos matadouros artesanais para os frigoríficos e ocorreu entre as décadas de 30 e 50. Depois essa empresa perdeu o interesse pelo País, com a Austrália ocupando o espaço de grande exportadora de carne e a autossuficiência da União Europeia.

A saída das empresas internacionais e a facilidade de recursos fizeram com que o parque industrial brasileiro passasse por um período de transformações, entre as décadas de 70 e 80, passando por grande instabilidade de mercado. As empresas nasciam e desapareciam em larga escala, deixando inadimplência espalhada entre os produtores rurais. No período inflacionário, poucas empresas mantiveram uma situação equilibrada. Com a chegada do Plano Real, em 1994, os frigoríficos passaram por um pesado ajuste, mostrando que não tinham sustentabilidade financeira. Entre 1994 e 1995, muitas empresas quebraram, deixando o mercado.

A etapa seguinte foi o início da redução dos problemas fiscais que fizeram parte do mercado da carne bovina. Alguns Estados, como o de São Paulo, adotaram o deferimento do ICMS nas transações do boi gordo e da vaca gorda. Com isso abriu-se o caminho para outros Estados seguirem a mesma regra. Na sequência, a indústria de carne deu conta de que precisava de escala e organização financeira, e somente com o crescimento isso poderia ser atingido. A indústria, então iniciou o processo de crescimento, primeiro com organização financeira que permite a contratação de empréstimos de bancos de investimentos, em especial o BNDES.

A **Tabela 1** apresenta os dados dos investimentos do BNDES no setor de alimentos, no qual se insere o investimento em frigoríficos. Os recursos do BNDES têm especial importância para as empresas, pois além do montante de recursos que o banco aloca, vem o indicativo de que a instituição tem condições para receber novos investimentos, abrindo caminho para que as empresas tenham maiores facilidades com os financiamentos de bancos internacionais. Na etapa seguinte, as empresas passaram pelos ajustes necessários para conseguirem autorização da Comissão de Valores Mobiliários para a abertura de capital.

O principal efeito disso para a pecuária de corte foi o crescimento e a internacionalização das empresas, que passou a ter o benefício da credibilidade das empresas, mas, por outro lado, as indústrias passaram a ter maior abrangência dos mercados, podendo direcionar as compras para cada unidade de acordo com as condições dos mercados locais. Isso causou uma assimetria de informação. O produtor rural tem acesso à informação local, enquanto o frigorífico tem acesso ao mercado em várias regiões.

Tabela 1. Fundos do BNDES - Indústria de alimentação.

	Apoio à exportação mil US$	Desembolso anual milhões de reais
1999	109.886,00	627,7
2000	194.148,00	1.203,7
2001	241.997,00	1.065,1
2002	437.217,00	1.693,9
2003	444.039,00	2.093,5
2004	324.383,00	1.793,2
2005	237.538,00	1.773,5
2006	176.520,00	2.396,4
2007	391.336,00	3.304,4
2008	165.332,00	4.368,8

Fonte: BNDES.

A outra inovação que as relações produtor-frigorífico tiveram foi a introdução do mercado a termo. Nessa modalidade de negócio, o frigorífico oferece ao produtor rural a possibilidade de fazer uma venda antecipada. Nesse caso, os produtores têm como vantagem a transferência dos riscos de preços, e os frigoríficos têm a vantagem de garantir o suprimento. Essas operações, na realidade, funcionam com a utilização do mercado futuro da BM&F; o produtor vende ao frigorífico, que fixa os preços, vendendo contratos futuros na BM&F.

O volume de animais comercializados na BM&F cresceu muito nos últimos anos, conforme pode ser observado nos dados apresentados na **Tabela 2**.

Conclusão

A cadeia produtiva da carne bovina brasileira é eficiente e sustentável. O País atingiu um

Tabela 2. Volume de animais de 17 arrobas comercializados na Bolsa de Mercadorias e Futuros – BM&F.

Mês	2003	2004	2005	2006	2007*
Janeiro	136.840	190.540	347.600	318.100	670.420
Fevereiro	169.080	170.540	355.940	236.200	622.100
Março	107.880	239.320	399.920	386.100	728.380
Abril	162.560	399.260	364.780	339.160	787.640
Maio	220.720	565.080	402.380	544.480	1.160.520
Junho	147.540	421.320	403.040	502.020	1.169.960
Julho	140.340	387.080	533.980	824.340	1.323.320
Agosto	205.300	442.100	680.440	981.320	2.956.920
Setembro	242.940	555.460	971.920	866.540	2.344.300
Outubro	301.620	325.580	787.040	1.563.660	1.061.480
Novembro	255.380	335.840	452.300	870.480	
Dezembro	195.380	481.920	431.260	532.600	
Total	**2.285.580**	**4.515.040**	**6.230.600**	**7.865.000**	**13.271.040**

*Acumulado até o dia 1 de outubro de 2007. Futuros - BM&F.

elevado nível de competitividade e tem boas condições de sustentabilidade. A produção, dentro da porteira, necessita de continuidade nos investimentos em tecnologia e disponibilidade de capital para que sejam feitos novos e contínuos investimentos para aumentar a produtividade dos fatores de produção. O Brasil destaca-se como um dos países com maior potencial de crescimento em produtividade e de oferta de carne bovina no planeta.

O aumento de produtividade eleva os riscos produtivos e, consequentemente, requer mecanismos eficazes de proteção de preços e produção. O sistema de integração de atividades (agricultura e pecuária) têm um grande potencial na proteção da renda da empresa como um todo. A empresa que dispõe de várias atividades não maximiza a renda, mas minimiza os riscos e acaba criando uma condição melhor de sutentabilidade.

Os sistemas de terminação que implicam em elevados investimentos, no período final do ciclo produtivo, demandam gerenciamento de riscos de preços mais eficientes. Os frigoríficos, por sua vez, demandam oferta constante e, cada vez mais exigem produtos padronizados. O resultado disso foi o desenvolvimento do mercado futuro brasileiro que desponta como o segundo maior do Brasil, com elevadas taxas de crescimento.

A combinação do desenvolvimento tecnológico, dentro da porteira, deu início a um ciclo virtuoso da pecuária de corte nacional, que deixa de ser olhada como reserva de valor e passa a ser uma atividade produtiva viável e sustentável.

Referências bibliográficas

Aguiar, D.R.D. **Formação de preços na Indústria Brasileira de soja - 1982/1989**. Piracicaba, 1990. (Mestrado - ESALQ/USP)

Bacchi, M.R.P. **Previsão de Preços de Bovino, Suíno e Frango com Modelos de Séries Temporais**. Piracicaba 1994. (Doutorado - Escola Superior de Agricultura "Luiz de Queiroz"/ USP)

Barros, G.S.C. Transmissão de preços pela central de abastecimento de São Paulo, Brasil. **Revista Brasileira de Economia**, v.44, n.1, p.5-20, 1990.

Barros, G.S.C. **Economia da comercialização agrícola**. Piracicaba: FEALQ, 1987. 306 p.

Barros, G.S.C. *et al.* Relatório de Pesquisa: Índice de Preços do Boi Gordo e do Bezzerro. 1994.

Canto, W.L. **Estudos econômicos** - Alimentos processados. Campinas. Brasil, 1986.

De Zen, S.Integração entre os mercados de boi gordo e carne bovina no Centro-Oeste e Sudeste do Brasil. XXXVII Congresso Brasileiro de Economia e Sociologia Rural, Foz do Iguaçu, 1999.

De Zen, S.; Barros, G.S.C. **Visão Agrícola**, v.6, p.115-119, 2006.

De Zen, S. Produtor e frigorífico, a simbiose necessária. **Agroanalysis**, v.25, n.6, 2005.

Deblitz, C. *et al.* **Agri Benchmark** – FAL, Braunschweig, Germany. Agri Benchmark Beef Report 2007.

Ferreira, A.H.B. Testes de Granger-causalidade para a balança comercial brasileira. **Revista Brasileira de Economia**, v.47, n.1, p.83-95, 1993.

Hasegawa, M.M. **O mercado de reposição da pecuária bovina de corte no Estado de São Paulo**. 1996. (Mestrado - ESALQ/USP).

Lattimore, R.G. An econometric study of the brazilian beff sector. **W. Lafayette**, 1974, 177p (Ph.D. Prudue University).

Mascolo, J.L. Um estudo econométrico da pecuária de corte na Brasil. **Revista Brasileira de Economia**, Rio de Janeiro, v.33. n.1, p.65-105, 1979.

Montemurro, L.E.P. **Fatores condicionantes do comportamento do setor pecuário no Uruguai,** 1979. (Mestrado - ESALQ/USP).

Muller, C.C. O ciclo do gado e as tentativas governamentais de controle do preço da carne. **Estudos Econômicos**, v.17, n.3, p.435-456, set/dez. 1987.

Peixoto, A.M. *et alii*. 1993. Bovinocultura de Corte: Fundamentos da Exploração Racional. In : PEIXOTO, A.M.; MOURA, J.C.; FARIA, V.P. **Bovinocultura de Corte**. 2ed. Piracicaba: FEALQ, 1993.

Zimmer, A.H. Pastagens para bovinos de corte. In: PEIXOTO, A.M.; MOURA, J.C.; FARIA, V.P. **Bovinocultura de Corte**. 2ed. Piracicaba: FEALQ, 1993. (Série atualização em zootecnia, 8).

Seção II

Raças e Tipos

CAPÍTULO 4

Raças de bovino de corte que interessam ao Brasil

Aristeu Mendes Peixoto
Prof. Catedrático Aposentado
Departamento de Zootecnia
ESALQ/USP. Piracicaba, SP
apeixoto@esalq.usp.br

Introdução

Dentre todos os países criadores do mundo, o Brasil talvez seja aquele que introduziu e experimentou maior número de raças bovinas desde os tempos da descoberta.

Além do gado que aqui se formou mediante adaptação e seleção natural e artificial das raças trazidas pelos descobridores, conhecido como gado nativo ou nacional (Caracu, Mocho Nacional, Curraleiro, Mantiqueira, Pantaneiro etc.), inúmeras outras etnias exóticas vieram a ser importadas, inicialmente as taurinas europeias (*Bos taurus*) e, posteriormente, as zebuínas indianas (*Bos indicus*), bem como as derivadas de cruzamentos entre aqueles dois troncos. Houve também a formação de novas raças brasileiras de corte e mistas

(Canchim, Indubrasil, Tabapuã, Ibagé, Pitangueiras), como tambem identificadas e aceitas pelos respectivos registros genealógicos diversas variedades ou sub-raças (Zebu mocho, Nelore mocho, Gir mocho, Caldeano etc.) que também contribuíram para aumentar e diversificar o elenco disponível.

Essa situação de ocorrência e manutenção de número tão elevado de raças bovinas através dos tempos, pode ser explicada por dois fatores, pelo menos, quais sejam, a enorme extensão territorial do País, que engloba várias regiões produtoras; e a grande diversidade climática, que exige a exploração de tipos bem adaptados às diferentes condições ambientais.

Muitas das raças bovinas importadas, como seria de esperar, não chegaram a prosperar na exploração comercial e, por razões várias, praticamente desapareceram do mercado. Outras, como as zebuínas, adentraram o País numa época em que muito pouco se conhecia sobre o gado indiano importado, e acabaram extintas na voragem dos cruzamentos desordenados feitos com o zebu nos primeiros anos de sua introdução na pecuária brasileira, e apenas deixaram vestígios de sua participação entre aquelas que permaneceram.

Com relação ao aproveitamento das raças de corte, pode-se afirmar que tanto na região Centro-Oeste como na Sudeste predominam as zebuínas e, no Sul, dominam as taurinas, notadamente as britânicas. Em ambos os casos, o grosso da exploração ocorre por meio do emprego de mestiços que se originam de cruzamentos quase sempre desordenados ou mal orientados, ficando a criação de reprodutores em segundo plano, com situação mais restrita e localizada.

Principais raças. De acordo com a maioria dos estudiosos, são em número de 24 as raças de corte que, atualmente, despertam mais interesse para a produção de carne no Brasil. Seria muito difícil apresentar, em apenas um capítulo deste livro, a descrição pormenorizada de cada uma delas, incluindo as variedades ou sub-raças reconhecidas. Por essa razão, tão somente será feita uma apreciação geral resumida, incluindo e destacando as origens, as principais características étnicas para fins de identificação e registro genealógico, e aspectos relacionados com o seu valor e aproveitamento no meio pecuário do País.

Existem ainda outras raças, aqui não mencionadas, conhecidas pelo Brasil afora, sob forma pura ou cruzada. Mas, segundo os especialistas, até agora não foram capazes de comprovar seu valor para as condições do País, ou ainda não tiveram tempo de fazê-lo e, portanto, deixaram de ser incluídas nesta obra.

Informações detalhadas sobre o assunto devem ser procuradas na bibliografia indicada ao final do capítulo.

Raças taurinas (*Bos taurus*)

Aberdeen-Angus

Origem e sdifusão: Originária do Nordeste da Escócia, muito antiga, deve-se ao cruzamento de tipos bovinos locais mochos, encontrados na região desde o tempo dos romanos. Raça cosmopolita por excelência e, dadas suas características de adaptação aos climas frios e temperados, acha-se hoje difundida em muitos países, onde tem sido explorada tanto em estado de pureza racial como em cruzamentos com raças e tipos locais. Fora de seu país de origem, contribuiu para a formação de algumas raças modernas como Brangus (Angus x Brahman), nos E.U.A., e Ibagé (Angus x Nelore), no Brasil.

Características étnicas: Os animais caracterizam-se por apresentar a morfologia do corpo bem próxima do modelo clássico dos bovinos de corte: tronco compacto, em forma de bloco ou paralelepípedo, de linhas laterais planas e paralelas, cabeça pequena, pescoço curto e grosso, revelando baixa estatura, porém, desenvolvimento muscular uniforme e bem distribuído, com grande equilíbrio entre o trem dianteiro e traseiro. São mochos, e qualquer vestígio de chifres já é motivo de desqualificação para fins de registro genealógico. A pelagem é de cor preta uniforme e brilhante, tolerando-se a ocorrência de pequena mancha branca no úbere, ou na região da virilha, nos machos. O espelho apresenta-se escuro, e as unhas são pretas. A pele revela espessura média, solta, elástica, untuosa, com pelos abundantes, inteiramente pretos, finos e sedosos, com tendência a ondular em algumas regiões.

Aptidões: Gado de grande precocidade como produtor de carne, apresentando rendimentos de carcaça muito elevados, devido principalmente ao esqueleto leve, que atingem 67%-70% em animais bem preparados. As carcaças são de qualificação superior, com predominância de cortes entreverados de gordura ou marmorizados. Os pesos dos animais adultos oscilam entre 900 kg nos machos e 700 kg nas fêmeas, em média, variando a estatura de 1,40m a 1,30m, respectivamente. Bom pastejador, o gado adapta-se bem a pastos duros e pobres de campos naturais de regiões frias. O leite não comporta exploração econômica, porque as vacas produzem apenas o suficiente para criar os bezerros. No cruzamento, revela grande prepotência e uniformidade, razão principal de sua preferência como raça-base de cruzamentos terminais para produção de carne em várias regiões do mundo.

Sinonímia: Polled-Angus, Scotch Polled-Angus, Angus, Angus Negro, Poleango.

Variedade: Red-Angus. Em alguns países, cria-se a variedade vermelha, cujos animais são considerados homozigotos recessivos para cor da pelagem nesse grupo racial. As características são idênticas às descritas para o Angus negro, todavia, algumas observações tendem a demonstrar maior adaptação da variedade vermelha aos climas tropicais.

Hereford

Origem e difusão: Originária do condado do mesmo nome, na Inglaterra, de formação mais ou menos antiga e mundialmente reconhecida pela característica cara branca, uma espécie de marca registrada da raça. De início, deve ter havido infusão de sangue de gado Flamengo de cara branca, importado do Flandres belga, e seu melhoramento para produção de carne somente começou em meados do século 18, graças ao trabalho de selecionadores ingleses, como Benjamim Tomkins, pai e filho. Embora não fosse tão popular quanto a Shorthorn, na própria Inglaterra e na Europa, a raça ficou bem conhecida pelas suas características de maior rusticidade, passando a ser criada em inúmeras regiões do mundo onde predominava a pecuária tipicamente extensiva, como E.U.A., Canadá, Argentina, Brasil, África do Sul e Austrália, países emergentes na produção de carne bovina no início do século 20.

Características étnicas: A pelagem típica é vermelho-malhada, sendo que a cor branca ocupa toda a cabeça e pode se estender pela borda superior do pescoço até a cernelha e, no inferior, por todo o ventre e as extremidades dos membros e da cauda. No restante do corpo, predomina a coloração vermelha dos pelos, com tonalidades mais claras ou escuras, desde o amarelado ao castanho. Essa curiosa pelagem deve-se à manifestação do gene S^H, constituinte de uma série alélica múltipla, bem estudada nos bovinos. Os chifres são amarelados ou branco-cera, frequentemente mais escuros nas pontas, de tamanho médio, saindo em geral para os lados e para baixo. O pescoço é curto e grosso, bem unido ao tronco, quase sem barbela. Corpo largo e profundo, revelando grande compacidade, com bom desenvolvimento torácico, de paletas e costados cheios, e com ancas e garupas amplas e bem musculadas. As coxas apresentam-se cheias, bem descidas, e nádegas arredondadas. Os membros são fortes, curtos, bem afastados e aprumados.

Aptidões: Os touros adultos chegam facilmente a 900 kg e, as vacas, a 550 kg, revelando grande dimorfismo sexual. Desde os primórdios, a seleção levou muito em conta as qualidades de rusticidade e precocidade, que popularizaram a raça e continuam a ser aperfeiçoadas até hoje. O rendimento de carcaça é alto, variando de 58%-68% nos novilhos bem preparados. A carne distingue-se pelo jaspeamento, isto é, com gordura intersticial bem distribuída e cortes de aspecto marmorizado. Atualmente, existe uma forte preferência por animais algo longilíneos, de corpo mais cilíndrico, que sempre se destacam nas criações a campo. Também, nos E.U.A., surgiu uma variedade mocha conhecida como Polled Hereford, de maior tamanho e esqueleto mais fino, já exportada para vários países. No Brasil, a criação do Hereford restringe-se às regiões pecuárias do Rio Grande do Sul, onde deve ter adentrado via Uruguai, predominando, em particular, nos municípios de Bagé, Alegrete, Livramento e Uruguaiana. As tentativas de introdução no Brasil Central e Centro-Oeste não alcançaram os resultados esperados, e os animais, mesmo quando cruzados, não conseguiram suplantar as vantagens do gado zebu. O Hereford contribuiu ainda para a formação de várias raças modernas de corte, à base de cruzamentos com o zebu, como as americanas Bradford e Beefmaster, e a australiana Belmont-Red.

Sinonímia: Vermelha-de-cara-branca, Cara-de-palhaço, Red-White Face, White-Face.

Shorthorn

Origem e difusão: Originária da Região Nordeste da Inglaterra, especialmente dos condados de York, Durhan e Northumberland, é considerada raça muito antiga, descendente dos bovinos primitivos criados pelos celtas. Seu melhoramento só veio a ocorrer em meados do século 18, mediante participação de alguns criadores ingleses e escoceses, que fizeram uso de consanguinidade estreita recomendada por Robert Bakewell, o pai da zootecnia moderna. Recebeu também influência de gado dos Países-Baixos devido à importação de reprodutores holandeses e flamengos. Merece destaque o fato de ser uma das poucas raças de corte que desenvolveu uma linhagem de dupla aptidão (carne e leite), contemporaneamente, conhecida como Shorthorn Leiteiro. Entre as raças aperfeiçoadas, provavelmente é a mais cosmopolita, estando presente em quase todos os países criadores do mundo, inclusive, participando da formação de vários tipos compostos, como Santa Gertrudis e Beefmaster, nos E.U.A., e Belmont-Red, na Austrália.

Características étnicas: A pelagem apresenta 3 tipos diferentes: vermelho, rosilho e branco. O primeiro, mais frequente, pode apresentar várias tonalidades, desde a amarelada à castanha; o rosilho resulta da combinação de pelos vermelhos e brancos, às vezes, entremeados de preto (ruão); o branco não é inteiramente uniforme, pois, encontram-se pelos vermelhos na orelha e ao redor do focinho. Os pelos são abundantes, macios, longos e com tendência a ondular. A cabeça é pequena, com fronte larga, perfil ligeiramente côncavo, dotada de chifres curtos, amarelos, que saem lateralmente à altura da marrafa e se dirigem para frente e para baixo. O pescoço apresenta-se curto e musculado, bem ligado ao tronco. O corpo é típico de gado de corte especializado, retaco, em forma de paralelepípedo. Tórax amplo, com costelas bem arqueadas, e a cernelha, o dorso, o lombo e a garupa são retos e largos, formando uma tábua na linha superior. As ancas são bem afastadas e niveladas. As coxas revelam-se retas, cheias, com nádegas bem descidas e musculadas. Os membros são curtos, finos e de aprumos corretos. O úbere é volumoso, de boa conformação e abundante tecido glandular.

Aptidões: O gado distingue-se pela grande precocidade e engorda rápida, todavia, os animais são muito exigentes, especialmente na primeira idade, e pouco rústicos nas condições tropicais. Os adultos pesam, em média, 700-900 kg nos machos e 500-600 kg nas fêmeas. Os novilhos, quando bem acabados, chegam a rendimentos de carcaça de 68% a 72%. A variedade Shorthorn Leiteira reúne um gado mais leve, sendo que a produção das vacas chega a atingir 6.000 kg de leite por lactação em rebanhos selecionados, com 3,4% de gordura. Duas outras variedades destacaram-se em sua historia: Shorthorn-Aberdeem, escocesa, e Red-Lincoln, inglesa, que são consideradas mais rústicas, embora menos aperfeiçoadas. No Brasil, a criação da raça remonta a fins do século 19, no Rio Grande do Sul, onde teve um certo desenvolvimento que depois perdeu importância em face da introdução de outras etnias de gado europeu mais adaptado às condições de exploração da região. Seu aproveitamento quase que se restringiu à produção de mestiços do tipo industrial para frigoríficos, sendo poucos os criadores de animais puros.

Sinonímia: Durham, Shorthorn de *pedigree*.

Devon

Origem e difusão: Originária da Inglaterra, dos condados de Devon, Cornwall e Sommerset, na Região Sudoeste da ilha, de formação muito antiga. Segundo as lendas, seus ancestrais mais remotos devem ter aportado trazidos pelos navegadores fenícios. Com o decorrer do tempo, dois tipos prevaleceram, o South Devon, com aptidão mista (carne e leite), e o North Devon, ou simplesmente Devon, de menor tamanho, especializado para carne. Fora de seu país de origem, a raça é pouco difundida na Europa continental, mas espalhou-se por outras regiões do mundo, onde se tornou conhecida por sua comprovada rusticidade nos E.U.A., Argentina, Uruguai, Brasil, África do Sul e Austrália, principalmente.

Características étnicas: A pelagem é uniforme, variando de vermelho-escuro ao claro, cor de rubi ou de cereja, razão pela qual os animais são chamados *red rubies* pelos criadores ingleses. Admitem-se algumas manchas brancas, pequenas, situadas geralmente no úbere, no escroto e na vassoura da cauda. A cabeça é pequena, com fronte larga, o perfil subcôncavo, e os chifres curtos, branco-amarelados, com típica cor de cera e pontas mais escuras. O corpo é grande, um tanto alongado, porém retangular, com forma de bloco, com costelas e ancas bem cobertas de boas massas musculares, como convém aos bovinos produtores de carne. Os membros, de médios a curtos, dão aos seus portadores a impressão de animais pequenos e pouco pesados.

Aptidões: O peso médio dos touros oscila entre 700-800 kg e, nas vacas, ao redor de 500 kg, sendo o dimorfismo sexual acentuado. O gado tem fama de grande rusticidade, por isso é geralmente recomendado para o melhoramento dos rebanhos criados em regiões de clima desfavorável e pastagens mais fracas. Diz a tradição que, em áreas onde se criam com dificuldade 2 Shorthorns, pode-se manter com êxito 3 Devons, portanto, 50% a mais. No Brasil, a raça é mais difundida no Rio Grande do Sul, onde a vaca Devon é considerada mãe de excelente habilidade maternal. Vem se expandindo razoavelmente em Santa Catarina, Paraná e São Paulo, sendo que, neste último Estado, foi aproveitada em cruzamentos com Gir e Nelore.

Sinonímia: Rubis do Oeste, Devon do Norte, North Devon, Sussex (variedade).

Charolês

Origem e difusão: Raça francesa, conhecida e explorada internacionalmente, tem seu nome derivado de Charolles, distrito do departamento de Saône-et-Loire, onde se iniciaram os trabalhos de seu melhoramento, em meados do século 18. O charolês se formou mediante o cruzamento de variedades locais antigas, descendentes de gado do tronco jurássico que habitava a região montanhosa do leste da França, seguido pela seleção de tipos mais aptos para desempenho de uma função tripla: produção de carne, leite e trabalho. Posteriormente, introduzido no departamento de Nivernais, desenvolveu-se como gado especializado para corte, em especial graças aos cruzamentos com reprodutores Shorthorn, variedade branca, importados da Inglaterra. Fora do seu país de origem, a raça passou a ser bem conhecida em outras nações da Europa Central e Ocidental, graças à sua notável capacidade de adaptação a ambientes diversos. Levadas para outros continentes, de início não se difundiu muito, não conseguindo superar as raças britânicas especializadas de corte. Com o passar dos anos, porém, ganhou importância ao ser introduzida em países tradicionalmente produtores de carne bovina (Inglaterra, E.U.A., Canadá, Argentina, Austrália), com vistas a melhorar a distribuição de gordura e reduzir seu teor na carcaça, para atender as novas preferências do mercado consumidor.

Características étnicas: A pelagem é de cor branco-amarelada ou creme, uniforme, formada de pelos finos, suaves, de comprimento médio, aspecto lanoso e encaracolado em algumas regiões do corpo. Os chifres são medianos, de coloração marfim, saindo lateralmente e curvando-se para cima, com pontas mais escuras. O tronco é grande e cilíndrico em forma típica de barril, onde se insere um pescoço curto e volumoso. A linha dorso-lombar revela-se larga e comprida, sobre um tórax profundo, de costelas bem separadas. A garupa é ampla, quadrada, e as nádegas convexas, bem descidas e musculadas. Membros relativamente curtos, com bons aprumos, e unhas de cor clara, branco-amarelada. A pele é rosada, sem pigmentação escura.

Aptidões*:* Os machos adultos chegam a pesar mais de 1.000 kg, e as fêmeas alcançam 800 kg. Os novilhos comuns apresentam rendimento de carcaça de 58 a 62% e, quando bem preparados, podem chegar a 70%. A produção de leite é medíocre, porém, em quantidades suficientes para criar os bezerros. Os bovinos charoleses aclimataram-se bem nos Estados sulinos do Brasil, competindo vantajosamente na região serrana com as raças britânicas especializadas, e revelando grande prepotência nos cruzamentos. A grande popularidade ficou demonstrada nas exposições de Esteio, RS, onde o número de charoleses inscritos sempre supera o dos outros bovinos de corte. O gado foi escolhido em vários países para a formação de novas raças, sendo mais conhecida a Charbray, nos E.U.A., e a Canchim, no Brasil. Existem ainda linhagens mochas, muito reputadas, tanto no Brasil, como na Argentina.

Blonde d'Aquitaine

Origem e difusão: Raça conhecida desde o princípio da era cristã, originou-se da fusão de três outras de origem francesa, segundo a FAO (1968), da região da Aquitania, no sudoeste da França com a Espanha: Garonaise, Quercy e Blonde de Pyrenees. A princípio, tidos como animais de trabalho, os bovinos garoneses passaram a ser selecionados como produtores de carne, em 1820, aproveitando-se da fusão mencionada e da introdução de touros Shorthorn importados da Inglaterra em 1860. Também se sabe que houve forte infusão de sangue de Limousin ou Limusino no final do século 19, de tal sorte que a Blonde d'Aquitaine, dos dias atuais, carrega a influência daquela famosa raça francesa.

Características étnicas: A coloração da pelagem, geralmente uniforme, é castanho-clara ou amarelada, às vezes com tonalidade vermelha, e as partes brancas dos membros geralmente cobertas de pelos mais claros. As mucosas e a pele, de grossura média, são rosadas. Os chifres medianos, amarelados, saindo lateralmente à marrafa, com pontas mais escuras voltadas para cima, nas fêmeas. A estrutura corporal é grande e a conformação considerada excelente, com linha dorso-lombar larga e comprida, e garupa ampla e nivelada.

Aptidões: Os touros são grandes, pesam cerca de 1.200 kg na idade adulta, e as vacas menores, com cerca de 700-800 kg. O rendimento de carcaça é compensador, acima de 60%, com carne muito apreciada. A produção de leite é baixa, cerca de 1.000 kg por lactação, com teor butiroso de 3,5 a 4,2%. No país de origem, a raça foi sempre selecionada com destaque para precocidade sexual, fertilidade e habilidade maternal. No Brasil, a raça Garonaise, aqui chamada de Garonesa, já era conhecida desde 1913, quando garantia bons produtos em cruzamentos com o Caracu, base da pecuária nacional na época, segundo informa Cotrim (1915). A Blonde d'Aquitaine voltou a ser introduzida no país, em 1972, no Rio Grande do Sul, e a partir daí novas importações permitiram estudos sobre o seu aproveitamento tanto na forma pura ou cruzada, em particular no Estado de São Paulo, pela Embrapa e o Instituto de Zootecnia. No Paraná, dois experimentos foram iniciados para a formação da raça sintética 3/8 Blonde x 5/8 Caracu, em 1994.

Limousin

Origem e difusão: Originária da região Centro-Oeste da França, a criação da raça remonta há mais de dois mil anos nas proximidades da cidade de Limoges, na antiga província de Limousin, caracterizada por solo pobre, rochoso e acidentado. Foi aperfeiçoada a partir de meados do século 19, adotando-se os mesmos métodos zootécnicos empregados para o gado Charolês, melhorando a qualidade das pastagens, e depois o peso e a precocidade, mediante cruzamentos com Shorthorn e, provavelmente, com Devon, seguidos por criteriosa seleção em busca de rusticidade para os produtos. De início, pouco se difundiu além das fronteiras da França, mas, atualmente, é bem conhecida em inúmeros países, inclusive no Brasil, onde recebeu a alcunha curiosa de zebu da Europa, em face de seu aproveitamento em cruzas com raças e tipos locais, em particular com o Caracu (que pertence ao mesmo tronco de origem *Bos taurus frontosus*), para obtenção de mestiços de 1ª geração.

Características étnicas: A pelagem é amarelo-laranja uniforme, com tonalidades mais claras próximo às aberturas naturais, no baixo-ventre e nas faces internas dos membros, constituída de pelos finos, com tendência a ondular. Os chifres são opistóceros, isto é, partem de trás da linha da marrafa, achatados e curvos, com as pontas para frente. A tendência atual é para o mochamento, aceito mesmo nos machos destinados à reprodução. Pescoço curto e musculoso, com ligeira barbela. O tronco é cilíndrico, longo e compacto, linha dorso-lombar reta e tórax profundo com costelas bem arqueadas. Úbere, quase sempre de tamanho pequeno. Os membros são de comprimento médio, de ossatura delicada e articulações fortes, bem aprumadas, com unhas amareladas.

Aptidões: Desde os primórdios, o Limousin veio a ser utilizado como gado misto, de dupla função, carne e trabalho, motivo pelo qual seu melhoramento e difusão foram muito lentos, e a produção de leite pouco desenvolvida. Por ocasião de sua introdução oficial no Brasil, em 1987, pelo governo de Minas Gerais, não entusiasmou muito os criadores, na época mais interessados no gado zebuíno indiano. Atualmente, constitui uma das raças europeias mais valorizadas no mercado de reprodutores, o que se deve às boas qualidades comprovadas em anos recentes, em particular, à rusticidade das vacas submetidas a condições extensivas de criação, com índices elevados de fertilidade, e também ao alto rendimento de carcaça que pode atingir a 68%, índice muito superior à média geral no país. Os animais adultos são considerados medianos dentro da espécie, porém, os touros alcançam facilmente 800-900 kg e, as fêmeas, 600-700 kg. O Limousin revela ainda predominância do trem posterior sobre o anterior, o que o diferencia das raças britânicas de corte quanto à conformação. Além disso, duas outras importantes características econômicas devem ser mencionadas: a longevidade das vacas que chegam a 14 anos, e a elevada eficiência de conversão dos alimentos comprovada pelos mestiços Limousin x Nelore, nas provas de ganho de peso, em São Paulo.

Sinonímia: Limousino, Limosino.

Chianina

Origem e difusão: Os primitivos ancestrais do gado Chianina já eram criados há mais de 2.500 anos pelos etruscos na Península Itálica, nos vales dos rios Tevere e Chiana, região que hoje corresponde à Toscana e Úmbria. Acredita-se que os animais tenham sofrido influência do gado zebu (*Bos indicus*), trazido do Oriente durante a migração dos povos arianos, mediante cruzamentos muito antigos, como provam algumas de suas características físicas: a pele, o focinho, os cílios, as aberturas naturais, os chifres e as unhas são de coloração preta. No Brasil, a raça foi introduzida em 1956 e, segundo Villares (1975), que se dedicou ao estudo de seu comportamento nos trópicos, as observações feitas em solo brasileiro contribuíram para sua difusão em outros países da América do Sul e do Norte, atraídos pelas características de crescimento rápido, altos rendimentos de carcaça, produção de carne magra, além de boa adaptação ao clima quente, totalmente diverso do país de origem.

Características étnicas: A pelagem é de cor branco-porcelana, tolerando-se a presença de áreas acinzentadas nas orelhas e partes anteriores do corpo. A pele apresenta-se bem pigmentada, flexível e solta, recoberta de pelos finos, lisos e sedosos. O tronco é cilíndrico, longo e profundo, revelando lombo musculoso e garupa larga, bem fornida. Úbere pouco desenvolvido, indicando escassa produção de leite.

Aptidões: Dentre os bovinos, é a raça que alcança maior porte com valor médio de altura, na cernelha, de 1,68 a 1,72m nos machos adultos, e 1,50 a 1,66m nas fêmeas, e o peso acusando crescimento rápido com maturidade tardia, qualidades essas capazes de exercer reflexos positivos sobre o desenvolvimento lento dos zebuínos. No cruzamento com Guzerá e Nelore, o Chianina ofereceu a vantagem de reduzir a idade de abate dos mestiços de 1ª geração para 30 a 33 meses, mantendo o peso vivo segundo a preferência do mercado. O rendimento de carcaça no país de origem varia de 54 a 61%, sendo a carne muito apreciada pela consistência, sabor e granulação fina, com gordura marmorizada, sem excesso.

Marchigiana

Origem e difusão: Uma das raças mais antigas selecionadas na Itália, a Marchigiana originou-se na região central de Marche (províncias de Ancona e Macerata) mediante o cruzamento de Chianina com tipos locais. Admite-se que na sua formação ainda contribuíram duas outras raças italianas: Romagnola e Maremanni.

É considerada de dupla aptidão no país de origem, carne e trabalho, mas a seleção praticada desenvolveu mais a produção de carne, função pela qual ficou conhecida no exterior.

Características étnicas: A pelagem é de cor cinzenta bem clara, por vezes quase branca, mais escura nas orelhas, ao redor dos olhos e na vassoura da cauda. Pele pigmentada, sendo negras a língua, o espelho e as mucosas das aberturas naturais. Os chifres são de comprimento médio, amarelos na base e escuros nas extremidades, em geral, dirigidos lateralmente. O dimorfismo sexual revela-se acentuado no pescoço que, nos machos, é grosso e pesado, com cangote evidente na idade adulta. O corpo é volumoso, de formas compactas e linha dorso-lombar reta, sobre tórax profundo de costelas bem arqueadas e afastadas. Os membros são relativamente curtos, bem recobertos de musculatura, em especial no quarto traseiro.

Aptidões: De acordo com French *et al.* (1968), os machos adultos pesam entre 1.100 -1220 kg e, as fêmeas, 630-680 kg. Os novilhos, quando bem alimentados, com 14 a 16 meses, chegam a pesar até 550 kg, com rendimento médio de carcaça de 60 a 62%. Os animais são de temperamento dócil, muito adaptados ao acabamento em regime confinado. Observações feitas em Araçatuba, SP, revelaram que novilhos F_1 Marchigiana x Guzerá e Marchigiana x Nelore acusaram rendimentos elevados de carcaça da ordem de 56 a 60% dentro de pesos de 350 kg, em média. Esses bons resultados determinaram uma difusão maior da raça nos Estados do Centro-Oeste e Norte do país.

Simental

Origem e difusão: Originária da Suíça, onde se formou no vale do rio Simmel, nos Alpes berneses no cantão de Berna, pela fusão de algumas variedades locais, tornando-se bem conhecida na Europa Central e Ocidental sob nomes diversos: Fleckvieh (Alemanha, Áustria, Romênia, e a antiga Iugoslávia), Pie Rouge de l'Est e Montbeliárd (França), Bernesa e Piezatta Rossa Friulana (Itália). A princípio, a raça foi selecionada no sentido de um tipo de tripla aptidão: carne, leite e trabalho. Posteriormente, ao final do século 19, a orientação que prevaleceu em seu melhoramento foi a de dupla função: carne e leite, quando passou a ser exportada para outros países não-europeus, em particular, África do Sul, Austrália, Canadá, México, Argentina, Chile, Peru e Brasil. A primeira introdução oficial em solo brasileiro ocorreu em 1911, por iniciativa do governo do Estado de São Paulo, exemplo seguido anos mais tarde pelo Ministério da Agricultura, que promoveu a distribuição de reprodutores em alguns Estados, notadamente, Minas Gerais e Espírito Santo, onde o Simental subsistiu graças ao cruzamento com o gado nativo azebuado com vistas à produção leiteira. A partir de 1972, novas importações sucederam-se, inicialmente, destinadas à Região Sul e, posteriormente, aos criadores de São Paulo e Mato Groso do Sul, tanto na forma de sêmen como de embriões.

Características étnicas: A pelagem é amarela ou vermelha malhada, com manchas brancas em distribuição bem típica. A cor branca aparece na cabeça, no ventre, nos membros e na vassoura da cauda e, excepcionalmente em regiões como espáduas e flancos. Os pelos são finos e curtos, às vezes crespos nos touros, e a pele rosada, não se admitindo pigmentação no espelho ou nas aberturas naturais. O corpo é grande, atarracado e pesado, com tórax redondo e profundo, revelando costelas arqueadas. O úbere tem bom tamanho, glanduloso, com tetas médias e separadas. Membros fortes de comprimento mediano, razoavelmente musculados, bem aprumados, com unhas amareladas.

Aptidões: Embora considerado um gado misto, em alguns países como Grã-Bretanha, Austrália, África do Sul e Canadá, a seleção de Simental foi mais dirigida, visando ao rendimento em carne. O Brasil, segundo as tendências atuais, parece se enquadrar nesse grupo. O peso dos animais varia de 750 kg nas vacas a 1.050 kg nos touros, em estado adulto. O rendimento de carcaça gira em torno de 62%. Os garrotes submetidos a provas de ganho de peso conseguiram aumentos entre 1,4 a 1,7 kg/dia, resultados que foram superados pelos mestiços com gado zebu, nas mesmas idades, quando explorados em regime de campo. Nas condições brasileiras, o Simental deu origem ao Simbrasil, formado pelo cruzamento com zebuínos Guzerá, Nelore, Indubrasil e Tabapuã, já reconhecido oficialmente como raça pelo Ministério da Agricultura em 1989, e criado em várias regiões do Centro-Oeste. Com referência à produção de leite do Simental, no país de origem as vacas alcançam, em média, 4.000-4.200 kg de leite por lactação, com 4,0% de gordura sob condições de pastejo. Em anos recentes, os criadores brasileiros demonstraram interesse pelo Simental sul-africano, considerado mais rústico e tolerante ao calor.

Raças zebuínas (*Bos indicus*)

Gir

Origem e difusão: Originária da Índia, desenvolveu-se na região serrana coberta por densas florestas ao sul da península de Kathiavar, na costa ocidental do país. Foi incluída no Grupo III da classificação de Joshi & Phillips (1954), onde constitui a raça base (ou tronco), cujos animais apresentam-se com características gerais de gado pequeno, portadores de chifres laterais, longos e retorcidos, perfil convexo ou ultraconvexo, com pelagem de cores e particularidades variáveis, do branco ao vermelho. Segundo Barbosa da Silva (1947), nenhum autor decidiu filiar o Gir a qualquer outro ramo do zebu do continente asiático. A grande maioria aceita essa raça como descendente do *Bibos sondaicus,* o bibovino conhecido por *banteng*, e prefere admitir que tenha sido introduzido por tribos australásias vindas da Indonésia e se espalhado por várias regiões ou províncias da Índia. A primeira importação oficial de Gir no Brasil deu-se por volta de 1890, com a entrada de um touro da raça, por intermédio de firma paulista, mas a grande leva de animais introduzidos da Índia somente veio a ocorrer nas primeiras três décadas do século 20, determinada, especialmente, pelas frequentes viagens de criadores brasileiros àquele país, segundo informa Santiago (1985).

Características étnicas: A pelagem admite vários tipos e particularidades, principalmente, nas seguintes cores:

a) vermelha, em todas suas tonalidades (do vermelho ao amarelo);
b) vermelha chitada;
c) chitada de vermelho, de roxo ou de preto;
d) amarela chitada ou chitada de amarelo;
e) moura de vermelho, de roxo ou de preto (cabeça e membros);
f) moura clara.

A pele deve ser preta ou escura, bem como o espelho nasal, porém, admite-se cor rósea no úbere e na região inguinal. O perfil é ultraconvexilíneo, com fronte larga e proeminente, e a marrafa bem jogada para trás. Os chifres são escuros, de secção elíptica, saindo para baixo e para trás, curvando-se um pouco para cima e para dentro nos animais velhos. Orelhas típicas de comprimento médio, pendentes, começando em forma de cartucho, abrindo-se gradualmente até a ponta, que é recurvada para a face (*gavião*). O tronco é de formato cilíndrico, com linhas convexilíneas, e boa cobertura muscular. Garupa larga, ampla, geralmente inclinada, revelando sacro saliente e inserção baixa da cauda, comprida e de vassoura preta. Cascos pretos, bem conformados e resistentes. O úbere é de tamanho mediano, mais desenvolvido na variedade leiteira, com tetas uniformemente distribuídas, mas com tendência a se tornarem grossas e pendulosas.

Aptidões: Embora não tenha sido a primeira raça zebuína introduzida, curiosamente, o Gir tornou-se a mais numerosa em pouco tempo, alcançando significativos números de registros na década de 1970 (Santiago, 1985). Acredita-se que a popularidade alcançada pelo Gir foi devida, principalmente, ao fato de ser um gado de dupla aptidão: carne e leite. Nos vários Estados onde foi criado, seu melhoramento seguiu 2 linhas de seleção, tanto que hoje se admite a existência de uma variedade leiteira, muito embora ainda não oficialmente reconhecida pela ABCZ (Associação Brasileira de Criadores de Zebu). Apesar disso, graças à sua importância, a variedade já foi incluída em dois programas de melhoramento genético da raça Gir, PMGRG e ABCGIL, endossados pela ABCZ, que conduzem provas de progênie com touros leiteiros. Mas sua destinação primeira foi, sem dúvida, a de produzir carne para o que apresenta conformação muito especial, segundo alguns estudiosos (Torres *et al.*, 1982): corpo longilíneo, de boa compacidade, desenvolvimento muscular uniforme e ossatura fina. A raça é considerada eumétrica, isto é, de peso mediano, ao redor de 700 kg a 800 kg nos machos, e 500 kg nas fêmeas, em estado adulto. Revela algumas deficiências que uma seleção criteriosa vem procurando melhorar, entre outras, o crescimento lento já evidenciado pelos resultados das provas de ganho de peso. Todavia, não se lhe pode negar o mérito de haver contribuído para formar o Indubrasil, que surgiu inicialmente na região do Triangulo Mineiro (MG), como resultado da fusão de várias raças de zebuínos introduzidas no país, com evidente predominância do Gir e do Guzerá. Com referência à aptidão leiteira, o interesse e a preferência dos criadores pelas vacas mestiças agiradas levaram ao aparecimento de novo agrupamento genético, a raça Girolanda criada em vários Estados brasileiros.

Guzerá

Origem e difusão: Guzerá foi o nome oficial aprovado pelo Ministério da Agricultura, em 1938, ao referendar o Regulamento de Registro Genealógico das Raças Indianas (Santiago, 1984), para designar o grupamento zootécnico de zebuínos descendentes das raças Gujarat e Kankrej e de outras afins que não foram perfeitamente definidas na época das primeiras introduções. Elas fazem parte do Gupo I da classificação de Joshi & Phillips (1954), o chamado gado branco-cinza do Norte, onde o Kankrej é considerada a raça básica (tronco). As primeiras importações datam de 1882 e 1887 por iniciativa de criadores do Rio de Janeiro. Mas foi a partir de 1910 que grandes levas foram desembarcadas e destinadas aos criadores mineiros que se encarregaram da difusão da raça para outras regiões.

Características étnicas: Com base no padrão aprovado pelo Registro Genealógico da ABCZ (1988), o Guzerá apresenta cabeça de fronte moderadamente larga, de perfil subcôncavo a retilíneo, dotada de chifres bem desenvolvidos e dirigidos para cima em forma de lira ou torquês. O pescoço é curto e grosso, com barbela bífida sob o queixo, solta, e flexível, com reentrância característica no terço médio. Tórax amplo e profundo, costelas compridas e bem arqueadas. A região dorso-lombar apresenta-se reta, tendendo para a horizontal, bem musculada e harmoniosamente ligada à garupa, está bem revestida de músculos e ancas afastadas. Membros de comprimento médio, aprumados e de ossatura forte, providos de unhas pretas resistentes. A pelagem varia de cinza-claro a escuro, em tonalidade uniforme, com os terços anterior e posterior mais enegrecidos. Os pelos são finos, curtos e sedosos, sendo a pele de cor preta ou escura, bem como o espelho nasal e a vassoura da cauda.

Aptidões: Na Índia, a raça (Gujarat ou Kankrej) foi criada durante muito tempo, exclusivamente, para a produção de bois de trabalho pesado, e ainda obtenção de esterco para lavouras ou combustível doméstico. Ao contrário, no Brasil sempre se fez uso do Guzerá para produzir carne e, secundariamente, leite, sendo que, de início, foi bastante aproveitada em cruzamentos com o gado comum ou crioulo, com vistas à obtenção de mestiços criados para o abate. A participação da raça foi decisiva na formação do gado Indubrasil, devido principalmente às qualidades de grande compacidade, constituição robusta, ossatura forte e porte elevado. Os animais adultos acusam pesos médios ao redor de 900 kg nos touros e 600 kg nas vacas. O gado Guzerá tem se destacado ainda pelos bons resultados obtidos na provas de ganho de peso, realizadas em São Paulo pelo Instituto de Zootecnia, com índices comparáveis ao Nelore, e pouco superiores ao Indubrasil. Os bois e novilhos apresentam rendimentos de carcaça da ordem de 56%, em média, podendo chegar facilmente a 60%, quando bem preparados. O Guzerá desempenhou ainda importante papel na formação de alguns tipos derivados de taurinos, hoje considerados raças como Pitangueiras e Guzolando. Em alguns centros de seleção no País, oficiais e particulares, o melhoramento da raça também foi dirigido no sentido de tentativas para formação de linhagens leiteiras que, embora não oficialmente reconhecidas como variedades, já alcançaram notoriedade pelos resultados obtidos, chegando até a ser exportadas para a Colômbia.

Nelore

Origem e difusão: De formação muito antiga, introduzida na Índia pelos povos pastores que invadiram a península aproximadamente há 2.000 anos, essa raça foi incluída no grupo II, da classificação de Joshi & Phillips (1954), onde aparece com o nome de Ongole. No Brasil, as importações oficiais datam de 1878 a 1883, e a denominação Nelore deve-se ao distrito de onde foi originariamente importada na província de Madras, a Sudeste da Índia. Entre as raças indianas que vingaram no Brasil, foi essa a que durante mais tempo esteve relegada a um plano secundário, pelo fato de possuir orelhas curtas, mais semelhantes ao gado europeu.

Características étnicas: A pelagem típica é branca ou branco-cinza, sendo que, nos machos, o pescoço e a giba apresentam-se mais escuros. A cabeça tem o formato de ataúde, com a cara estreita e perfil ligeiramente convexo. As orelhas são curtas, terminando em ponta de lança, e faces internas voltadas para frente. Chifres de acentuada variação de forma e tamanho, em geral curtos, retos ou recurvados. Existe uma variedade mocha formada no País, aceita devidamente pelo Registro Genealógico da ABCZ. O pescoço apresenta-se bem musculoso no macho, com linha inferior provida de barbela ampla de pele formando dobras. O dorso deve ser largo e horizontal, bem revestido de massa muscular até a garupa, esta de boa amplidão, comprida e relativamente plana. Os membros são de tamanho mediano, fortes, bem aprumados, com unhas pretas e resistentes. Como nas demais raças indianas, a pele é preta, bem como o espelho e as mucosas das aberturas naturais, admitindo-se, porém, regiões mais claras (rósea ou cremosa) nas partes sombreadas do corpo.

Aptidões: Na Índia, segundo Joshi & Phillips (1954), a raça é empregada para trabalho e produção de leite. No Brasil, ao contrário, foi o gado indiano que recebeu a mais intensa seleção para a produção de carne. Tem a seu favor uma conformação excelente, cabeça pequena e leve, com bom desenvolvimento em várias idades. No tocante ao desenvolvimento ponderal, os dados colhidos em fazendas experimentais situam a raça em segundo lugar quanto às médias alcançadas, em condições de igualdade com a Guzerá. Segundo informam os estudiosos, os animais podem atingir pesos de 1.200 kg, os machos, e 800 kg, as vacas, na idade adulta. Nas provas de ganho de peso realizadas em São Paulo, no período de 1951 a 1965, Villares (1972) destacou a posição superior do Nelore com ganhos médios variando de 134 a 183 kg, sendo esse o máximo obtido por um representante de raça zebuína. Além disso, as vacas Nelore revelaram extraordinária habilidade materna criando bezerros mais pesados à desmama, simplesmente pelo fato de mamarem mais vezes por dia, sendo bem aceitos pelas mães.

Brahman

Origem e difusão: Originária do Sul dos Estados Unidos, na região costeira do Golfo do México, teve sua formação oficial iniciada em dois importantes núcleos de criação no Estado do Texas, após a grande importação de gado zebu diretamente da Índia, patrocinada pelo Departamento de Agricultura daquele país, em 1906, incluindo animais das raças Nelore, Guzerá, Krishna Valley, Gir e Sindi. Porém, desde muitos anos, já se praticava em muitos ranchos da região o cruzamento de reprodutores zebuínos com fêmeas de rebanhos comerciais das raças britânicas de corte (Hereford e Shorthorn, principalmente), ou ainda rebanhos descendentes do gado Longhorn, criado pelos colonizadores espanhóis. Durante 37 anos, importantes introduções vieram a ocorrer, em especial através do México, de gado importado do Brasil das raças Guzerá, Nelore e Indubrasil. A partir de 1946, as importações foram proibidas em face do rigoroso controle estabelecido para eliminar a febre aftosa do País. Os descendentes do rebanho de fundação difundiram-se principalmente pelos estados do Texas, Louisiana, Flórida, Geórgia e Califórnia. Várias linhagens destacaram-se na difusão da nova raça Brahman, cujo nome foi oficializado em 1924, quando foi fundada a ABBA (*American Brahman, Breeders Association*). A mais famosa foi, sem dúvida, a do reprodutor Manso, criado no Rancho Hudgins (Texas), filho do touro Aristocrata (Guzerá), importado do Brasil, em torno do qual se fixou um tipo mediante alto grau de consanguinidade.

Características étnicas: O padrão racial estabelecido pela ABBA é muito exigente no que concerne ao desenvolvimento corporal, peso em diferentes idades, aptidão para produção de carne, e bastante tolerante quanto às características raciais, como pelagem, perfil, chifres, orelhas, cor da pele e mucosas. O Brahman é mais baixo do que o gado zebu da Índia, do qual descende, porém de tronco mais compacto e profundo. O pescoço é reduzido e a barbela desenvolvida. O tronco se revela cilíndrico, amplo e profundo, denotando compacidade, costelas bem arqueadas, ancas altas e garupa inclinada, e ainda ventre volumoso.

Aptidões: O padrão estabelece para os machos adultos pesos de 725 a 1000 kg e, para as fêmeas, 540 a 680 kg. As características que tornaram o Brahman um gado interessante para os criadores americanos do sul dos Estados Unidos podem ser relacionadas a três aspectos fundamentais:

1) Adaptação ao ambiente: à semelhança de outros zebuínos, o Brahman revela acentuada tolerância ao calor e resistência a várias enfermidades transmitidas por insetos, parasitos internos e externos das regiões tropical e subtropical;

2) Capacidade de produção: apresenta ainda vida produtiva mais longa que outras raças europeias de corte nas condições de criação da costa do Golfo do México e, por conseguinte, as vacas deixam maior número de descendentes; a produção de leite é suficiente para a criação do bezerro, revelando as fêmeas elevada habilidade maternal, desmamando bezerros mais pesados;

3) Ganho de peso: os animais têm demonstrado, em igualdade de condições com os produtos de raças europeias, maior capacidade de ganho ponderal alcançando rendimentos elevados no corte, especialmente quando cruzados. No Brasil, o Ministério da Agricultura liberou a importação do gado Brahman dos Estados Unidos em 1994. A princípio constatou-se pequeno interesse, tendo em vista a existência de bons núcleos de criação de raças indianas tradicionais de excelente qualidade produtiva. Todavia, a experiência de alguns pioneiros, tanto com animais ou com sêmen importados, despertou a curiosidade natural dos criadores e, hoje em dia, já existem vários deles, tradicionais neloristas, trabalhando com as duas raças. Frequentemente, o Brahman tem sido utilizado em cruzamentos com raças zebuínas (Guzerá ou Nelore) ou com raças europeias, para explorar em escala comercial o produto meio-sangue. Em outras situações, pode ser muito útil quando acasalado com a fêmea F_1 (europeu x nelore), para fazer um *tri-cross* a ser aproveitado para engorda no pasto ou em confinamento. Cabe salientar, ainda, a contribuição do Brahman na formação de novas raças mediante o cruzamento com Shorthorn, Herefod, Angus e Charolês.

Indubrasil

Origem e difusão: Originária da região do triângulo Mineiro (Minas Gerais), é resultante do cruzamento de várias etnias de *Bos indicus*, introduzida da Índia a partir do final do século 19. A maioria dos autores salienta que prevaleceram as raças Gir e Guzerá, todavia, segundo as observações feitas, outras devem ter contribuído, notadamente, Nelore, Kankrej, Hissar, Mehwati e Malvi (Villares, 1940). O esforço para fixação da nova raça brasileira deveu-se, principalmente, aos criadores mineiros de Uberaba que, desde as primeiras décadas do século 20, a principio por curiosidade e depois por determinação e capricho, levaram avante o trabalho de produzir um novo tipo zebuíno. Em 1938, em reunião da Sociedade Rural do Triângulo Mineiro ficou acertado o nome de Indubrasil, e definido o padrão racial para fins de registro. A partir daí, lotes de reprodutores e matrizes foram adquiridos e levados para outros Estados onde surgiram numerosos rebanhos, como Bahia, Pernambuco, Paraíba, Alagoas e Sergipe.

Características étnicas: A pelagem é uniforme, branca ou cinza, ou ainda vermelha ou amarela, sem manchas. A pele é fina, flexível e macia, de cor preta ou escura, bem como as mucosas. Os chifres mostram secção elíptica, achatados, normalmente escuros, e voltados para trás, e as orelhas são longas, pendentes, de extremidades arredondadas. Os animais apresentam peito largo, com esterno bem descido e maçã saliente. Barbela desenvolvida desde a papada ao umbigo. O tórax é largo e profundo, de costelas compridas, bem afastadas, cobertas de musculatura abundante. Membros moderadamente curtos, bem musculados e aprumados, indicando ossatura forte.

Aptidões: É a raça mais pesada entre as zebuínas, ficando as vacas entre 500 a 700 kg e os machos, de 700 a 1000 kg, quando adultos. Os bezerros, ao nascer, denotam pouca vivacidade, o que vem a ser compensado pelo rápido desenvolvimento, chegando a pesar 400 kg, em média, aos 2 anos em criação a campo. O rendimento comercial em animais bem preparados pode atingir 60 a 63%. Segundo Torres *et al.* (1981), o maior defeito do Indubrasil reside na falta de uniformidade corporal que, com certeza, pode-se atribuir à seleção erroneamente praticada, no início da formação da raça, sobre atributos de pouca importância do ponto de vista econômico que acabaram afastando os reprodutores dotados de qualidade para o corte.

Tabapuã

Origem e difusão: Originária do Estado de São Paulo, formada a partir de 1940, na Fazenda Água Milagrosa, no município de Tabapuã, de onde deriva o seu nome. O rebanho inicial formou-se através de um touro mocho, filho de reprodutor Nelore, portador de chifres tipo banana, cujas cavilhas ósseas não são soldadas ao osso frontal. O referido animal, acasalado com fêmeas Nelore, Guzerá e Gir, em face da qualidade dos descendentes, foi aproveitado intensamente em acasalamentos com filhas e netas, procurando assim fixar, por meio da seleção, um tipo novo de gado mocho para corte, que foi oficialmente reconhecido como raça em 1981, pelo Ministério da Agricultura. O plantel brasileiro concentra-se principalmente nos Estados de São Paulo, Minas Gerais, Goiás e Bahia, porém desenvolveu-se bem na região Norte e já foi exportado para países da América do Sul e África (Angola).

Características étnicas: A pelagem é branca ou cinza, admitindo-se marrafa levemente avermelhada, com pelos finos, curtos e sedosos, e pele preta fina e oleosa. A cabeça é de comprimento e largura médios, e o perfil subconvexo ou retilíneo. As orelhas são de tamanho médio, relativamente largas e voltadas para face. O corpo é cilíndrico, comprido e profundo, com a linha dorso-lombar larga, longa e reta, sendo as ancas cheias e a garupa ampla, bem fornida de músculos. Membros carnudos, bem separados, revelando culote bem descido. Cascos pretos ou escuros.

Aptidões: Sem exigir cuidados especiais, os bezerros nascem, em média, pesando 30 a 32 kg. As fêmeas adultas atingem 600 kg, e os machos chegam com relativa facilidade a 1 tonelada. A grande expansão da raça deve-se especialmente aos bons resultados obtidos nas provas de ganho de peso desenvolvidas em Sertãozinho (SP) e Uberaba (MG), onde o desempenho dos animais foi avaliado como excelente. Além desse aspecto, o Tabapuã é bem considerado por sua capacidade leiteira, responsável pelo rápido crescimento das crias, com produções que já alcançaram mais de 3.000 kg de leite por lactação.

Raças mistas

Caracu

Origem e difusão: Originária da região Centro-Sul do Brasil, e descendente do gado trazido pelos colonizadores portugueses filiado aos troncos aquitânico e ibérico (*Bos taurus*), onde se incluíam as raças conhecidas como Minhota, Transtagana, Alentejana, Arouquesa, Mirandesa e Barrosa (Maldonado, 1917). Como resultado do caldeamento desses bovinos e da seleção praticada, no início por criadores e depois pelos órgãos técnicos oficiais, surgiu um gado forte e pesado, rústico, bem adaptado às condições extensivas de exploração, que se espalhou por várias regiões pecuárias tanto do Norte como no Sul do País. Durante longo tempo, o Governo realizou o fomento do Caracu e, como decorrência, nos estados de São Paulo, Minas Gerais, Mato Grosso, Mato Grosso do Sul e Paraná encontram-se rebanhos em que a presença de sangue Caracu é muito evidente.

Características étnicas: A pelagem é amarelo-alaranjada uniforme, com tonalidade mais clara ou escura conforme a linhagem, sendo a pigmentação preta. A cabeça apresenta fronte larga, ligeiramente deprimida entre as órbitas e perfil algo convexo. Chifres grandes e pesados, saindo para os lados, para frente e para cima. O corpo é longo e cilíndrico, com tórax um pouco estreito, dorso e lombo igualmente compridos, largos e bem musculados, e a garupa, geralmente, tendendo para a horizontal, com inserção de cauda um pouco alta. O úbere é regularmente desenvolvido, com tetas grandes e simétricas. Membros medianos, fortes e bem aprumados, com unhas de cor amarela ou alaranjada.

Aptidões: Raça de dimorfismo sexual bem acentuado, os machos adultos pesam, em média, 800 a 1.000 kg, enquanto as vacas alcançam 500 a 600 kg. Nos primórdios da criação, o Caracu se destacou mais como animal de trabalho, porém, quando se iniciou seu melhoramento, o intuito era formar uma raça especializada de corte, o que em verdade não se conseguiu. O que realmente se obteve foi uma raça de aptidão mista para carne e leite, de mansidão incomparável, o que permitiu também seu aproveitamento em serviços de tração. Os animais apresentam rendimento médio no abate de 60%, podendo os bois bem gordos chegar a 64-65%. Embora não se compare às raças exóticas de corte introduzidas no Brasil Central quanto à precocidade, o Caracu supera o gado comum, pois os garrotes de 2 anos podem atingir 500 kg de peso vivo. Os resultados em cruzamentos com as raças Guzerá, Nelore e Schwiz, principalmente, revelaram grandes vantagens dos animais ½ Caracu quanto à heterose obtida no crescimento e na fertilidade. Desde 1979, as provas de ganho de peso realizadas pelo Instituto de Zootecnia, em Sertãozinho, SP, passaram a incluir o Caracu, cujo desempenho tem revelado índices comparáveis aos de algumas raças zebuínas. O interesse pela produção de leite levou à seleção de tipos mais leiteiros, dando origem ao Caracu Caldeano, em Poços de Caldas, MG, um gado misto, com rendimento por lactação oscilando ao redor de 2.200 kg de leite, em média, em regime de pastejo.

Red Polled

Origem e difusão: Originária da região oriental da Inglaterra banhada pelo mar do Norte, como resultado do cruzamento de gado vermelho de Norfolk, chifrudo, de cara branca ou malhada, com o leiteiro de Suffolk, mocho, de porte mediano e pelagem baia ou parda, visando à produção de um tipo misto para carne e leite, em meados de 1850. Outras etnias devem ter influído na formação, como Devon e Hereford. Teve pequena difusão nos países europeus, e mesmo na Inglaterra, provavelmente devido ao maior interesse pela especialização crescente do gado de corte na época. Todavia, foi muito exportada para outros países como E.U.A., Canadá, África do Sul, Austrália, Nova Zelândia, Argentina e Brasil, que procuravam implantar rebanhos de dupla aptidão. No Brasil, as primeiras importações datam do começo do século 20, pelo Rio Grande do Sul, provavelmente, através da Argentina.

Características étnicas: A pelagem admitida pelo padrão racial inclui todas as tonalidades do vermelho, embora a preferência seja pela cor cereja, uniforme, permitindo a presença de branco na vassoura da cauda, no úbere e testículos. A cabeça é pequena, mocha natural, curta e de perfil concavilíneo, de marrafa alta, frequentemente, com topete. O corpo é pequeno, de tórax pouco profundo, de conformação mista, com ossatura saliente nas regiões da cernelha, das ancas e nádegas, como convém em vacas leiteiras, sem excesso de musculosidade. O úbere é, em geral, bem desenvolvido, com tetas compridas e veias mamárias salientes.

Aptidões: O gado Red Polled representa um dos tipos mais equilibrados de gado misto de dupla aptidão, segundo Torres *et al.* (1982). Os novilhos são enviados para o abate aos 15 meses com peso vivo de 400 kg, quando bem preparados, e os bois, aos 3 anos, chegam a alcançar 580 kg, com rendimento de carcaça de 55 a 60%, em média, índice excelente para gado misto. Outras características relevantes são a longevidade e a constituição vigorosa das vacas, que possibilitam baixas reposições do rebanho. A grande contribuição do Red Polled em nossas condições reside no fato de ter sido utilizado na formação da raça nacional Pitangueiras, em São Paulo, mediante o cruzamento alternativo com zebuínos Guzerá.

Pardo Suíço

Origem e difusão: Oriunda da região montanhosa da Suíça onde se difundiu pelos cantões de Schwiz, Saint Gall, Zurich, principalmente o primeiro que se destacou em seu melhoramento, a raça é considerada pelos estudiosos como das mais antigas do planeta, descendente direta do *Bos brachyceros,* uma das formas ancestrais primitivas do boi doméstico. No país de origem, o gado sempre foi considerado misto, de tríplice aptidão: leite, carne e trabalho. Graças às características de rusticidade, longevidade e fácil adaptação, a raça espalhou-se praticamente, por quase toda a Europa, tendo ainda sido exportada para inúmeros países como Canadá, México, Argentina, Uruguai, Brasil, África do Sul, Austrália e E.U.A. Neste último, ficou conhecido como Brown Swiss, e contrariamente ao critério adotado secularmente nos países europeus, os criadores americanos buscaram definir um padrão de gado mais alto e anguloso, menos musculoso, cuja conformação se aproximava do tipo leiteiro. No Brasil, foi introduzido oficialmente por volta de 1904, mediante iniciativa de criadores do Rio Grande do Sul, Santa Catarina e Rio de Janeiro. Seguiram-se outras importações da Europa, nas décadas de 1920 e 1940, mas, somente em 1960 começaram a chegar as primeiras linhagens americanas, que passaram a predominar no mercado.

Características étnicas: A pelagem é de coloração castanha uniforme, que pode variar desde a clara até a escura, com pelos esbranquiçados mais longos em volta do focinho e na face externa das orelhas. O espelho nasal é escuro, bem como a vassoura da cauda e os cascos. Pele solta, flexível e macia ao toque. Os chifres têm a base clara e as pontas pretas, comprimento mediano, com saída lateral, inclinando-se para cima e para frente. O tórax é profundo e amplo, com costelas longas, inclinadas e bem arqueadas. Dorso e lombo retos, largos e fortes, a garupa longa, quase nivelada, sem excesso de gorduras ou músculos. Quanto ao sistema mamário, o úbere mostra boa inserção, com tetas de tamanho uniforme, bem separadas e aprumadas.

Aptidões: O Pardo Suíço foi apreciavelmente refinado em alguns países, mas as vacas revelam ainda articulações mais grosseiras, cabeça mais pesada e aparência um tanto compacta quando comparada a outras raças leiteiras especializadas, o que vem confirmar sua vocação de gado misto. Os touros devem pesar, no mínimo, 800 kg e, as fêmeas adultas, 650 kg. A carne é de boa qualidade, com tecido adiposo discreto, e o rendimento de carcaça da ordem de 56 a 60%. No Brasil, o gado tem despertado mais interesse nos planos de cruzamento com zebu, originando matrizes mestiças que, quando recriadas em regime de campo, somente perderam em ganho de peso para fêmeas Holandês x Nelore, porém superando as puras Nelore e outras cruzas (Razook, 1982). Em anos recentes, os criadores brasileiros passaram a se interessar novamente por animais de origem suíça, de conformação voltada para o tipo de corte, mais retacos e robustos, não tão enxutos e angulosos como nas linhagens americanas.

Sinonímia: Schwiz, Morena, Righi, Brown-Swiss, Braunvieh.

Raças derivadas

Braford

Origem e difusão: Formada no Sul dos E.U.A., mediante o cruzamento das raças Brahman (*Bos indicus*) e Hereford (*Bos taurus*), iniciado por volta de 1930. O trabalho começou na Flórida, onde um rebanho crioulo passou a ser absorvido por meio de cruzamentos com touros registrados Brahman (Rouse, 1973). Posteriormente, as vacas de alta cruza Brahman desse rebanho foram continuamente acasaladas com touros Hereford até 1954, quando então se passou ao intercruzamento dos produtos Brahman x Hereford, visando chegar ao 3/8 Brahman 5/8 Hereford. O Braford, após alcançar o status de raça foi exportado para vários países da América Latina, inclusive o Brasil, onde vem substituindo com vantagem o próprio Hereford, em face de sua excepcional rusticidade e condição leiteira superior.

Características étnicas: A cor da pelagem é predominantemente vermelha, porém variando a tonalidade, com algum branco na forma de malhas no tronco (baixo-ventre) e na cabeça. Evidências externas da influência zebuína são mínimas: a giba é muito discreta nos machos e, nas fêmeas, quase inexistente; a barbela é de comprimento moderado quando comparada aos zebuínos Brahman. Todavia, o tronco revela conformação cilíndrica típica, bem recoberta de musculatura em toda sua extensão, apoiado em membros mais longos do que no Hereford.

Aptidões: As vacas pesam, em média, 570 kg e, os touros, ao redor de 820 kg. Os Brafords caracterizam-se por excelente fertilidade, boa produção leiteira e elevada tolerância ao calor no clima quente e úmido da Florida.

Brangus

Origem e difusão: Raça originária dos E.U.A. a partir do cruzamento de Aberdeem-Angus (*Bos taurus*) e Brahman (*Bos indicus*), iniciado na década de 1930 por criadores da região costeira ao Golfo do México. A proporção ideal fixada inicialmente, para fins de registro, foi de 5/8 Angus e 3/8 Brahman, a ser obtida após 3 gerações de acasalamentos. Hoje, as exigências já são maiores, e os Brangus lançados no mercado já possuem até 31/32 Angus.

Características étnicas: O padrão racial estabelece que a pelagem deve ser de cor preta uniforme, admitindo-se, porém, a presença de manchas brancas no baixo-ventre após o umbigo. A cabeça é ampla, mas curta, sem chifres, com orelhas medianas. O pescoço apresenta-se curto e grosso, com barbela e giba reduzidas, esta última bem justaposta. O tronco é comprido, profundo e amplo, com linha superior reta e garupa tendendo para a horizontal. O Brangus revela excelente conformação de corte, com as linhas corporais suaves e nitidamente cheias.

Aptidões: O grande interesse pela raça por parte dos criadores do Sul dos E.U.A. deve-se, inicialmente, à alta tolerância às moléstias transmitidas pelo carrapato e, em segundo lugar, à precocidade e qualidade de carcaça, consideravelmente melhores que no Brahman. A raça se difundiu bastante em vários países sul-americanos, notadamente na Argentina e Brasil, a partir da metade do século 20 e, ainda, na Austrália onde vem sendo criada sob condição extensiva, em regiões de climas mais úmidos. No Brasil, já ocorreu um bom número de introduções de Brangus, notadamente em São Paulo e no Mato Grosso do Sul, onde há vários núcleos que se dedicam à criação da raça em estado puro ou cruzado. Existe ainda uma variedade vermelha de Brangus, conhecida como Red-Brangus ou Brangus vermelho, resultante do aproveitamento de produtos dessa cor descendentes de vacas Aberdeen-Angus portadoras do gen recessivo (vermelho) para pelagem. O Red-Brangus é idêntico ao Brangus quanto aos atributos morfológicos e econômicos ligados à produção de carne; todavia, não precisa ser fixado na proporção 5/8 Angus 3/8 Brahman, devendo tão somente demonstrar características tanto do Angus quanto do Brahman, sem acusar preponderância de nenhum deles. Os touros adultos Brangus, em condição de serviço, normalmente pesam 880-930 kg, e as vacas 540-630 kg.

Ibagé

Origem e difusão: Raça bovina brasileira obtida a partir dos cruzamentos de Aberdeen-Angus (*Bos taurus*) e Nelore (*Bos indicus*), iniciados em 1946, na antiga Fazenda 5 Cruzes do Ministério da Agricultura, hoje Embrapa, em Bagé, RS. À semelhança do que ocorreu com o Brangus nos E.U.A., a proporção ideal fixada por meio de acasalamentos alternativos foi de 5/8 Angus e 3/8 Nelore. O Ibagé passou a ser reconhecido como raça, em 1979, decorridos 33 anos do início dos trabalhos de melhoramento. Difundiu-se, no início, em seu Estado de origem, mas hoje já é conhecido em São Paulo, Paraná, Mato Grosso do Sul e ainda outras regiões pecuárias do Centro-Oeste.

Características étnicas: O padrão racial exige que a pelagem seja preta ou vermelha, uniforme, porém, admite manchas brancas na região do baixo-ventre e nas virilhas, tanto nos machos como nas fêmeas, sendo que nestas o úbere pode se apresentar manchado. Os animais devem ser mochos, atributo dominante, herança do Angus. Apresentam o corpo comprido típico do gado britânico de corte, bem coberto de massas musculares, com cabeça e pescoço reduzidos e giba discreta.

Aptidões: Segundo relatório técnico da Embrapa (Bagé), de 1982, os novilhos Ibagé em pastagens cultivadas alcançaram de 400 a 460 kg de peso, e rendimento de carcaça de 52 a

57% no abate aos 24 a 30 meses (Salomoni, 1982). O índice de fecundidade das vacas do rebanho mantidas sob campo nativo atingiu o nível de 82%, chegando a superar o Hereford, predominante no Rio Grande do Sul. As observações ainda demonstraram, de forma significativa, uma incidência bem menor de ectoparasitas para o Ibagé na comparação feita.

Canchim

Origem e difusão: Formada na Fazenda de Criação de São Carlos, hoje Centro Nacional de Pesquisa do Sudeste da Embrapa, mediante o cruzamento de Charolês (*Bos taurus*) e várias raças zebuínas (*Bos indicus*), incluindo Indubrasil, Guzerá e Nelore, iniciado em 1940. O programa de trabalhos visava dois esquemas distintos: um para obter produtos 5/8 Charolês 3/8 Zebu, e outro para chegar aos 3/8 Charolês 5/8 Zebu, mediante cruzamentos alternativos, cujos primeiros bimestiços começaram a nascer em 1953, quando então o 2° esquema foi abandonado em face da diversidade de conformação de corte dos mestiços. Em 1972, o Ministério da Agricultura homologou o Registro Genealógico e reconheceu a raça Canchim, cuja associação de criadores havia sido fundada no ano anterior.

Características étnicas: A pelagem é uniforme, de coloração baia ou amarela, com várias tonalidades permissíveis, desde o cinza-claro ao vermelho-claro. A pele deve ser escura, solta e untuosa, e as mucosas pigmentadas. A cabeça revela tamanho, largura e comprimento médios, em forma de ataúde, quando vista de frente, e de perfil retilíneo ou subcôncavo. Chifres de cor clara, com pontas mais escuras, e orelhas caídas de extremidades arredondadas. A cernelha, o dorso e o lombo são largos, com bom desenvolvimento muscular, e a garupa comprida, pouco inclinada. Os membros acusam forte ossatura, as nádegas são volumosas, as pernas e as coxas com boa cobertura muscular, e os cascos bem conformados, claros ou rajados.

Aptidões: O Canchim representa o bovino típico de corte com arcabouço volumoso que demonstrou perfeita adaptação às condições tropicais de exploração, resistindo ao calor e aos ectoparasitos, comportando-se bem tanto no regime de pasto como no de confinamento. A altura média está ao redor de 1,35 m para as fêmeas e 1,45m para os machos que, no estado adulto, pesam cerca de 600 e 900 kg, respectivamente. Segundo dados divulgados pela Embrapa (1977), nas provas de ganho de peso promovidas pelo Instituto de Zootecnia de São Paulo, a raça registrou ganho médio diário de 1,1 kg e peso ajustado, aos 15 meses, de 410 kg. O rendimento de carcaça nos novilhos oscila entre 58 e 62%, sendo o peso ideal de 450 kg atingido aos 30 meses, aproximadamente. A boa fertilidade das vacas foi salientada em vários estudos (Alencar *et alli*, 1984) nos quais a eficiência reprodutiva alcançou índices elevados, entre 87 e 96%, quando criadas em ambiente adequado. Atualmente, a raça zebuína mais utilizada para formação do Canchim tem sido a Nelore. A Associação Brasileira de Criadores de Canchim admite atualmente (Luchiari Filho & Mourão, 2006), devidamente autorizada pelo MAPA, o uso de quatro esquemas de acasalamento para se chegar ao produto Canchim:

1) Alternativo, fazendo-se a alternância do reprodutor Charolês ou Zebu (de preferência Nelore) em cada geração, até chegar ao 5/8 Charolês 3/8 Zebu, e seguindo-se a bimestiçagem;

2) Absorvente, promovendo-se a absorção do Zebu (Nelore) ou do F_1 Charolês x Nelore com reprodutores Canchim por três gerações;

3) Cruzado e Absorvente, iniciando-se pelo cruzamento Charolês x Nelore, e partindo para absorção dos produtos F_1 por reprodutores Canchim por duas gerações;

4) UEPAE, mediante a produção inicial de F_1 Canchim x Nelore, seguindo-se a alternância de reprodutores Charolês e Canchim por duas gerações. O Canchim já chamou a atenção de pecuaristas de outros países, como Austrália, África do Sul, Nova Zelândia, Israel, Chile e Nicarágua, para os quais a raça foi exportada.

Santa Gertrudis

Origem e difusão: Desenvolvida no King Ranch, Estado do Texas nos E.U.A., por meio de cruzamentos entre Shorthorn (*Bos taurus*) e Zebu (*Bos indicus*), foi a única de sua categoria (raça derivada) em que uma árdua experimentação precedeu a decisão sobre sua composição final (Rouse, 1973). Os trabalhos decorreram entre os anos de 1910 e 1940, quando o Departamento de Agricultura daquele país reconheceu oficialmente a Santa Gertrudis como a primeira raça no hemisfério ocidental, formada mediante cruzamento entre gado de origem européia e zebuína. Teoricamente, aprovou-se a constituição de 5/8 Shorthorn 3/8 Brahman, tendo sido considerado como fundador o touro Monkey, pilar da raça, cujos descendentes foram intensamente utilizados no seu melhoramento. De maneira diversa ao que aconteceu para outras raças também formadas por cruzamento, a Santa Gertrudis originou-se de um trabalho intenso de produção e avaliação de reprodutores ½ sangue, acasalados com fêmeas Shorthorn, para testar o desenvolvimento de suas progênies. No Brasil, a difusão da raça foi iniciada pela Companhia Swift, em 1953, em suas duas fazendas em Rancharia, SP, e desse núcleo saíram levas de reprodutores para todo país, em quase todos os Estados.

Características étnicas: A pelagem é vermelho-cereja, podendo apresentar algumas manchas brancas no ventre, com pelos curtos, lisos e sedosos, e a pele preta como no gado zebu. As mucosas são vermelhas ou alaranjadas e algumas vezes pigmentadas. Os chifres são claros, de tamanho médio a pequeno, sendo conhecida uma variedade mocha natural. O corpo é simétrico, de linhas paralelas, revestidos de massas musculares abundantes. Dorso amplo, com ancas niveladas e garupa bem musculada. As fêmeas possuem úbere e tetas de tamanho médio, e revelam boa capacidade leiteira. Os membros são bem afastados e de comprimento mediano.

Aptidões: A capacidade do Santa Gertrudis de adaptar-se aos climas quentes aproxima-se à do zebu, pois resiste bem ao ataque de pragas, insetos e parasitos que proliferam nas regiões tropicais. No Brasil, grande parte dos rebanhos da raça se formou por intermédio fr cruzamentos com gado de origem zebuína (Santiago, 1974). Nas provas de ganho de peso realizadas pelo Instituto de Zootecnia, em Sertãozinho, SP, os garrotes Santa Gertrudis têm obtido excelentes posições quanto ao peso final alcançado em 140 dias. Os rendimentos de carcaça são considerados altos, entre 60 e 62%, em média, obtidos de novilhos pesados, de desenvolvimento rápido e elevada eficiência de conversão dos alimentos. Os pesos do gado na idade adulta oscilam entre 900 kg nos touros e 650 nas fêmeas.

Referências bibliográficas

Alencar, M.M. *et alii*. Intervalo entre partos de vacas da raça Canchim. **Pesquisa Agropecuária Brasileira**, v.19, n.2, p.237-241. Rio de Janeiro,1984.

Associação Brasileira de Criadores de Zebu. Boletim sobre Padrões das Raças Zebuínas da ABCZ. Uberaba, 1988.

Athanassof, N. **Manual do Criador e bovinos**. 6ª ed. Edições Melhoramentos. São Paulo, 1975.

Barbosa da Silva, A. **O Zebu na Índia e no Brasil**. Impr. Borsoi, Rio de Janeiro, 1947.

Briggs, H.M. & Briggs, D.M.M. **Breeds of Livestock**, 3ª ed. Mac Millan, New York, 1969.

Carneiro, G. Factors affecting the milk production of Simmenthaler grade cows under the penkeeping system. **Iowa State College J. Science**, 13:248-269, Ames, 1939.

Domingues, O. **O gado nos trópicos**. Instituto de Zootecnia. Série Monografias 4. Rio de Janeiro, 1961.

______________. **O Gado Indiano no Brasil**. Planam. Rio de Janeiro, 1966.

Empresa Brasileira de Pesquisa Agropecuária (EMBRAPA). Canchim: Resumos Informativos. Brasília, 1977.

French, M.H. *et alii.* **Razas europeas de ganado bovino**. FAO (Estudos Agropecuários nº 67), 2 vols. Roma, 1968-69.

Hermsdorff, G.E. **Zootecnia especial**. Etnologia das raças europeias que mais interessam ao Brasil. 2 vols. Imprensa Nacional. Rio de Janeiro, 1941.

Inchausti, D. & Tagle, E.C. **Bovinotecnia**. Exterior y Razas. 3ª ed. Librería El Ateneo Edit. Buenos Ayres, 1957.

Joshi, N.R. & Phillips, R.W. **El Ganado de la India y del Pakistan**. FAO (Estudos Agropecuarios nº 19), Roma, 1954.

Luchiari Filho, A. & Mourão, G.B. **Melhoramento, raças e seus cruzamentos na pecuária de corte brasileira**. Prisma Printer Gráfica Edit. Ltda. Pirassununga, 2006.

Maldonado, M. **Contribuição para o estudo do Gado Caracu**. Secretaria da Agricultura, Comércio e Obras Públicas. São Paulo, 1917.

Razook, A.G. **Avaliação de características econômicas de rebanhos constituídos por cruzamentos de vacas Nelore com touros das raças Suíça Parda, Holandesa p.b., Caracu, Canchim, Santa Gertrudis e Nelore**. Convênio Finep – Instituto de Zootecnia (Relatório Técnico), São Paulo, 1982.

Rouse, J.E. **World Cattle**. III: Cattle of North America, Univ of Oklahoma Press, Norman, 1973.

Salomoni, E. **Rusticidade do Zebu e Qualidade do Angus reunidas no Ibagé**. Dirigente Rural. São Paulo, agosto, 1982.

Santiago A.A. **Pecuária de Corte no Brasil Central**. Instituto de Zootecnia. São Paulo, 1970.

______________. **A Raça Santa Gertrudis**. Instituto de Zootecnia. São Paulo, 1974.

______________. **Os cruzamentos na pecuária bovina**. Instituto de Zootecnia de São Paulo, 1975.

______________. **O Nelore**. Editora dos Criadores. São Paulo, 1983.

______________. **O Guzerá**. Editora Tropical. Recife, 1984;

______________. **O Zebu na Índia, no Brasil e no mundo**. Instituto Campineiro de Ensino Agrícola. Campinas, 1985.

Torres, A.P. *et alii.* **Manual de Zootecnia. Raças que interessam ao Brasil**. 2ª ed. Editora Agronômica Ceres Ltda. São Paulo, 1982.

Veiga, J.S. **Contribuição para o estudo do gado Caracu da Fazenda de Seleção do Gado Nacional**. Faculdade de Medicina Veterinária e Zootecnia/USP. São Paulo, 1939.

Vianna, A.T. *et alii.* **Formação do gado Canchim pelo cruzamento Charolês e Zebu**. Serviço de Informação Agrícola. Ministério da Agricultura. Rio de Janeiro, 1962.

Villares, J.B. **Uma população bovina do Brasil central**. Revista da Sociedade Rural Brasileira. Rio de Janeiro, 1941.

______________ **Kankrej e Guzerath**. Revista da Sociedade Rural Brasileira, v.21, p.12-20, 1941.

______________. **El Nelore brasileiro moderno**. El Cebu y Derivados. Buenos Ayres, 1972.

______________. **Estudo do comportamento e desempenho de bovinos Chianina e seus mestiços em região tropical brasileira**. Faculdade de Ciências Médicas e Biológicas. Botucatu, 1972.

DO PEQUENO PECUARISTA FAMILIAR AO GRANDE PRODUTOR EMPRESARIAL,
TODOS CABEM DENTRO DA NOSSA FAMÍLIA
Rotormix 150 PROFI
Casale
ORDEM E PROGRESSO
2x TOURO DE OURO
Troféu AGROLEITE
Hexacampeã Troféu Agroleite
CATEGORIA MISTURADORAS DE RAÇÃO TOTAL
MISTURADORAS, COLHEDORAS, VAGÕES FORRAGEIROS E MUITO MAIS
A família de produtos Casale é a mais diversificada e versátil, assim como são os brasileiros. Com soluções completas para o pecuarista em busca de aumento de produtividade e economia, independente do seu tamanho, entregamos ao mercado nacional e internacional produtos inovadores, com alta tecnologia e construção robusta, feitos sob medida para as condições brasileiras.
Rotormix Express
Totalmix autocarregável
VERTIMIX piccola
CEC hydro
CFC Super
Confira nossa linha de produtos no site
www.casale.com.br
Variedade de modelos e qualidade incomparável.
Consulte-nos e indicaremos o equipamento certo para a sua necessidade.
EMPRESA SOLIDÁRIA
APAE São Carlos
Rod. Washington Luiz, km 237 - São Carlos (SP)
Tel (16) 3411 5000 • e-mail: vendas@casale.com.br
Casale
As melhores soluções para pecuária

CAPÍTULO 5

Associação entre tipo e produção

Aristeu Mendes Peixoto
Prof. Catedrático Aposentado
Departamento de Zootecnia
ESALQ/USP. Piracicaba, SP
apeixoto@esalq.usp.br

Introdução

Desde milênios, os criadores têm revelado a preocupação constante de associar num mesmo animal as qualidades de beleza corporal e de elevado rendimento na produção. De fato, a forma externa do corpo se acha associada à função de modo muito definido em todas as classes e categorias de animais domésticos. No caso particular dos bovinos, após a domesticação e mediante a seleção praticada pelo homem, foram desenvolvidos tipos bem distintos, a partir de um único ancestral primitivo (**Figura 1**).

Importância do tipo

Este é provavelmente o mais conhecido dos conceitos fundamentais aplicáveis na avaliação dos animais pelo seu exterior e, segundo muitos autores, de relevância acima da raça.

Em seu sentido zootécnico, o tipo pode ser definido como o somatório das características morfológicas externas que indicam a função predominante exercida pelo animal. Essa é a definição clássica do tipo zootécnico, sem dúvida, a mais conhecida. Todavia, sabe-se que uma definição mais completa foi apresentada por Vaughan (1947): *Tipo é a forma ou estrutura do corpo de um animal que deve permitir seu melhor desempenho produtivo no sentido de uma função específica*. Assim, entre os bovinos, merecem destaque os tipos de corte, de trabalho e leiteiro, e ainda os tipos mistos conhecidos como de dupla ou tripla aptidão, os quais apresentam conformação corporal distinta, conforme a predominância de uma das funções exploradas.

Durante muito tempo, a conformação foi estudada como um atributo próprio da raça a qual pertencem os indivíduos em avaliação ou julgamento. Definida principalmente pelas linhas de comprimento, altura e largura do corpo, a conformação permitia a classificação das raças em longilíneas, mediolíneas, e brevilíneas ou, ainda, em convexilíneas, retilíneas e concavilíneas, conforme a preponderância dessas formas no conjunto da população. Atualmente, com o aprimoramento da seleção funcional e o crescente interesse pelos animais cruzados, em detrimento das raças puras, esses conceitos passaram a ser mais aplicados aos tipos, em particular no gado de corte.

O tipo é considerado importante por várias razões. Em primeiro lugar, ele se coloca acima da raça, pois é mais abrangente, envolvendo indivíduos de etnias, espécies, gêneros e mesmo famílias zoológicas diversas. Inúmeros estudos demonstraram que existe uma associação positiva, porém baixa, entre tipo e produção, significando dizer que, embora suas características sejam herdadas separadamente, podem ser

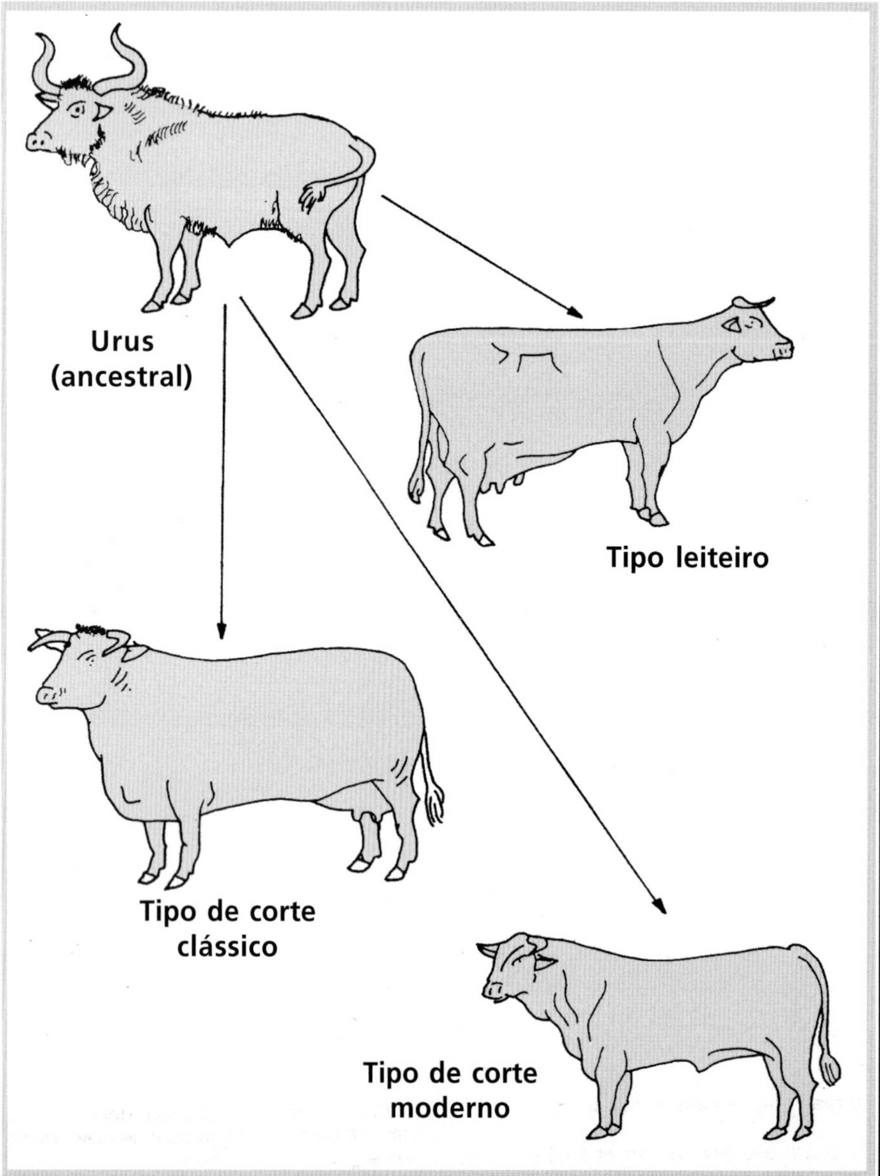

Figura 1. Importância do Tipo: Durante milênios, mediante a seleção praticada pelo homem, tipos bem distintos foram desenvolvidos, a partir de um único ancestral primitivo.

encontrados em um mesmo indivíduo selecionado.

Além disso, é bem conhecido o fato de que os animais mais enquadrados segundo o tipo têm maior valor comercial. Finalmente, sabe-se que muitos criadores costumam atribuir certo valor estético aos animais portadores de tipo superior, conferindo a eles maior preferência no mercado.

Evolução do tipo de corte

A associação entre tipo e produção é considerada mais nítida no gado de corte do que no leiteiro, e esta é uma das razões pelas quais seu melhoramento parece mais simples (Rice *et al.*, 1967). Muitas das características de importância econômica para a produção podem ser observadas tanto no macho como na fêmea e, alguns deles, até muito antes dos indivíduos atingiram a maturidade. Para alguns atributos relacionados com a qualidade da carcaça, por exemplo, há evidências provando que a aparência externa e o desenvolvimento de algumas regiões corporais do animal vivo oferecem bons indícios de avaliação da futura *performance*.

Para atingir esse tipo de corte, que é descrito nas escalas de ponto para julgamento individual, muitas modificações ocorreram, visando sempre a um animal mais compacto, de pernas mais curtas e grande precocidade. Uma simples comparação entre os campeões das exposições na Inglaterra, nos E.U.A. e na Argentina, em meados dos séculos 19 e 20, bastaria para mostrar que as raças britânicas de corte evoluíram extraordinariamente no sentido de um tipo de tamanho menor, de extremidades reduzidas, mais leve e delicado em seu acabamento, que conquistou a preferência dos mercados (Inchausti & Tagle, 1957).

Durante muito tempo, prevaleceu esse tipo chamado clássico, que pode ser descrito sumariamente conforme as seguintes características gerais:

1) **formas compactas** (corpo de linhas bem paralelas, em formato de paralelepípedo ou bloco; grande equilíbrio entre os trens dianteiro e traseiro, esqueleto relativamente leve; grande desenvolvimento de massas musculares; maneios evidentes ao final do acabamento);

2) **extremidades reduzidas** (cabeça pequena e leve; pescoço e membros curtos);

3) **grande capacidade torácica e digestiva** (peito amplo; tórax largo e profundo; costelas longas e bem arqueadas; ventre volumoso);

4) **aparência geral atraente e vigorosa** (características raciais definidas; masculinidade e feminilidade acentuadas; vigor e saúde).

Nos E.U.A., o exagero desses atributos levou os pecuaristas à obtenção de tipos extremos, ultracompactos, de corpo pequeno, mas muito volumoso e carnudo, de pernas e pescoço fortemente reduzidos, que apareceram na década de 1930 e 1940, em particular, nas raças Hereford e Shorthorn, denominados de *comprest* e *compact*, respectivamente. Tais tipos, hoje considerados simples variações hereditárias, foram tidos no mercado como sensacionais, a última palavra em qualidade de carcaça. Porém o tempo se encarregou de demonstrar que as vantagens sobre o tipo clássico eram praticamente inexistentes e, portanto, não compensavam o trabalho de selecioná-los. Além disso, o acasalamento desses tipos supercompactos levou ao aumento da frequência do nascimento de indivíduos anões (Lasley, 1965).

A preferência por carnes magras no mercado internacional, a partir do final da 2ª Grande Guerra (1939-1945), determinou a ocorrência de novas modificações no tipo ideal para o gado de corte. Evidenciou-se que a compacidade do corpo no tipo clássico era muito mais influenciada pela deposição de gordura e a formação de maneios localizados do que pelo desenvolvimento de massas musculares. Isso levou à procura de um tipo menos compacto, de conformação mais longilínea, ou seja, mais alto e comprido, e que alcançava a maturidade relativamente mais tarde.

Os animais enquadrados nesse novo modelo, denominado de moderno novilho de corte, que foi bem descrito por Tundisi (1969) e Villares (1971), distinguem-se por apresentar, quando comparados ao tipo clássico:

1) **formas corporais menos compactas** (com formato do tronco cilíndrico ou em barril; leve desequilíbrio entre dianteiro e traseiro, geralmente predominando este último; grande desenvolvimento de massas musculares em regiões distintas; ausência de maneios evidentes; linhas do corpo menos paralelas e planas);

2) **extremidades mais alongadas** (cabeça algo mais pesada; pescoço e membros mais compridos; corpo de maior alongamento; talhe mais alto);

3) **grande capacidade torácica e digestiva** (como no tipo clássico, porém com menor altura e largura do tórax; corpo em forma de pera, quando visto de cima);

4) **aparência geral atraente e vigorosa** (como no clássico).

Existem evidências experimentais (Klosterman, 1972; Brungardt, 1973; Macedo *et alii*, 1979) comprovando que os novilhos portadores dessa morfologia externa são capazes de proporcionar taxas de crescimento e de conversão alimentar tão eficientes quanto os de tipo compacto, além de produzirem carcaças com menor quantidade de gordura.

Com relação aos zebuínos de corte, verifica-se que seu exterior se afasta muito do tipo clássico ideal atrás descrito para as raças especializadas. Não sendo tão precoces, os zebuínos continuam a crescer por mais tempo, o que se reflete na morfologia corporal durante as várias idades. Ao atingir a época de abate, acusam um formato de corpo que se aproxima mais do encontrado no novilho moderno de corte, produtor de carcaça magra. As observações de Lima (1980) sobre o peso vivo e as características de carcaça dos tipos compacto e longilíneo em zebuínos de corte, resumidas no **Quadro 1**, comprovaram as afirmações acima relatadas.

Com referência às mensurações do corpo (perímetro torácico, altura da cernelha e comprimento do corpo), quando relacionadas entre si ou com o peso vivo, revelam que os exemplares das raças zebuínas indianas distanciam-se dos limites estabelecidos para os índices zoométricos das raças taurinas do tipo clássico. Para exemplificar com o índice de compacidade, que mede a relação entre o peso vivo e a altura da cernelha, o zebuíno Nelore atinge apenas pouco mais de 54% do valor atribuído ao Shorthorn; já com o índice corporal, que estabelece a relação entre o comprimento do corpo e o perímetro torácico, o zebuíno supera o taurino em cerca de 15%. Em verdade, por causa da sua conformação mais longilínea, os zebuínos acusam índices zoométricos que mais os aproximam do gado de tipo leiteiro (Peixoto *et alii*, 1990).

Esses dados, longe de desmerecer o zebu quanto à conformação de corte, demonstraram, mais uma vez, que a associação entre a produção e o tipo não é tão alta quanto se poderia supor. Explica também por que tem sido possível aos animais de raças zebuínas um desempenho de elevados rendimentos em carne, com indivíduos bem acabados, sem que fosse mantida a obediência ao tipo clássico padrão.

Correlações fenotípicas e genéticas

Os estudos sobre o grau de associação entre o tipo de corte e a produção de carne datam de muitos anos. Após as observações mais ou menos empíricas dos criadores e melhoristas do século 19, seguiram-se os ensaios mais cuida-

Quadro 1. Peso vivo e características da carcaça dos tipos compacto e longilíneo em zebuínos de corte.

Tipo	P.V. (kg)	Peso da Carcaça (kg)	Rendimento %	A.O.L. (cm²)	E.G.(mm)
Compacto	515	299	63,2	64,5	5,0
Longilíneo	508	303	64,9	85,78	3,0

Obs. A.O.L. = área de olho do lombo; E.G. = espessura de gordura. Fonte: Lima (1980).

dosos procurando correlacionar o tipo estimado por escala de pontos ou avaliado por índices zoométricos (compacidade, anamorfose, corporal etc.) com os principais atributos econômicos ligados à produção, tais como, peso vivo segundo a idade, velocidade de crescimento, eficiência do ganho de peso, rendimento de carcaça, qualidade da carne, entre outros.

Os resultados foram considerados um tanto contraditórios em face das correlações fenotípicas encontradas entre a classificação pelo tipo em várias idades (desmama, sobreano, final do confinamento, abate) e as características produtivas ou de *performance* (peso vivo, ganho de peso, eficiência do ganho, rendimento da carcaça, área de olho de lombo, espessura de gordura) terem revelado coeficientes geralmente muito baixos e, em alguns casos negativos, como se pode verificar pelos dados obtidos por Lasley (1965) e resumidos no **Quadro 2**. A intensidade das correlações parece indicar que o tipo de corte avaliado pela pontuação e as qualidades de importância econômica são herdadas separadamente. Portanto, a seleção dirigida e continuada em relação a um desses atributos não levam, necessariamente, à melhoria do outro. Trabalhos semelhantes, mencionados por Bogart (1959), demonstraram a mesma situação, quando correlações entre tipo e rendimento e/ou qualidade de carcaça foram obtidas, revelando-se, porém, ligeiramente mais altas.

O estudo mais significativo sobre o assunto, conduzido na Universidade de Wisconsin por Brungardt (1973), usou 3 raças de corte (Angus, Hereford e Charolês) cujos animais foram classificados segundo 7 tipos morfológicos distintos com base no critério da estrutura corporal (*frame size*). Esta é definida, em principio, pela relação entre altura da garupa e o comprimento do corpo, e foi aplicada aos animais confinados após a desmama por períodos variáveis de tempo até atingirem o ponto de abate. Os resultados dessa experiência, que durou 3 anos e foi conduzida com 300 animais, demonstraram que, dentro de uma mesma raça e numa mesma idade, os indivíduos portadores de maior estrutura corporal ganharam peso mais rapidamente e alcançaram pesos significativamente mais altos que os demais na época de abate. As correlações estimadas foram da ordem de 0,70 a 0,85, indicando que a classificação, segundo a estrutura corporal, pode auxiliar na seleção de melhores ganhadores de peso.

As diferentes mensurações corporais, quando analisadas separadamente do tipo, acusaram correlações genéticas e fenotípicas entre si variando de médias a altas, em sua grande maioria, conforme os resultados do **Quadro 3** (Touchberry, 1951 e Johansson & Rendel, 1972). Outra observação, considerada importante e anotada por vários autores, é a de que as mensurações típicas do esqueleto, por exemplo, altura na cernelha e comprimento do corpo, possuem correlação genética alta. Por outro lado, as correlações são mais baixas quando se referem a aspectos diferentes do desenvolvimento, ou seja, crescimento do esqueleto e da musculosidade, ou deposição de gordura (altura na cernelha x perímetro abdominal; comprimento do corpo x perímetro torácico; comprimento do corpo x perímetro abdominal; profundidade torácica x perímetro abdominal), tanto as genéticas como as fenotípicas (**Quadro 3**).

Igualmente, Tatum *et alii* (1986) estabeleceram correlações genéticas entre o peso vivo e várias mensurações corporais em bovinos submetidos ao confinamento, classificados em lotes de tamanho grande, médio e pequeno e, ainda, subdivididos segundo o tipo muito musculoso, medianamente musculoso e pouco musculoso. Os pesos médios à época das mensurações oscilaram de 259 kg a 402 kg. Os resultados evidenciaram altas correlações entre o peso e várias medidas, como comprimento do corpo, amplitude torácica e altura da garupa, conforme apresentação feita no **Quadro 4**.

Essas observações e outras obtidas em estudos assemelhados levaram os pesquisadores a propor a inclusão nas escalas de pontos para avaliação do tipo de algumas mensurações corporais que apresentaram elevadas correlações fenotípicas e genéticas com o peso vivo, por exemplo, comprimento do corpo, perímetro torácico (amplitude do tórax) altura na cernelha, altura na garupa e largura da garupa. Além disso, devem ser considerados alguns índices zoométricos mais afins à economia de produção, e indicativos da correta estrutura óssea e muscular dos indivíduos, principal responsável pela garantia de maior longevidade.

Quadro 2. Correlações fenotípicas entre algumas características de importância econômica nos bovinos de corte.

Características	Peso na desmama	Classif. na desmama	Ganho em confina.	Eficiência de ganho	Classif. de abate	Classif. de carcaça	Rend. em %	Área do olho de lombo	Espes. de gordura
Peso na desmama		0,26	0,16	– 0,40	– 0,05	0,43	–	0,32	0,26
Classificação na desmama			– 0,05	– 0,04	0,28	0,28	–	–	–
Ganho de peso em confinamento				0,51	0,09	0,32	–0,14	0,36	– 0,07
Eficiência de ganho de peso					0,15	0,02	– 0,24	0,07	– 0,03
Classificação no abate						0,64	0,38	0,29	0,50
Classificação da carcaça							0,45	0,07	0,54
Rendimento em %								0,37	0,25
Área do olho de lombo									0,01
Espessura de gordura									

Fonte: Lasley (1965).

Quadro 3. Correlações genéticas e fenotípicas entre peso vivo e mensurações corporais nos bovinos.

Mensurações corporais e peso vivo	Altura na cernelha	Profund. torácica	Comprimento do corpo	Perímetro torácico	Perímetro abdominal	Peso vivo
Altura na cernelha		0,81	0,80	0,65	0,31	0,70
Profundidade torácica	0,74		0,76	0,84	0,51	0,72
Comprimento do corpo	0,67	0,71		0,56	0,18	0,83
Perímetro torácico	0,63	0,81	0,58		0,61	0,81
Perímetro abdominal	0,27	0,43	0,40	0,79		0,69
Peso vivo	0,53	0,67	0,70	0,88	0,84	

Fonte: Touchberry (1951) e Johansson & Rendel (1972). Obs.: As correlações genéticas estão acima da diagonal.

Quadro 4. Correlações genéticas entre peso vivo e mensurações corporais em bovinos de corte.

Mensurações corporais	Peso vivo	Amplitude torácica	Largura da garupa	Contorno pelviano	Distância entre úmeros	Comprimento do corpo	Altura da garupa
Amplitude torácica	0,88						
Largura da garupa	0,82	0,77					
Contorno pelviano	0,77	0,73	0,88				
Distância entre úmeros	0,55	0,50	0,61	0,66			
Comprimento do corpo	0,79	0,67	0,59	0,55	0,43		
Altura da garupa	0,69	0,60	0,44	0,38	0,26	0,78	
Espessura da gordura subcutânea	0,34	0,40	0,44	0,45	0,41	0,13	-0,05

Fonte: Tatum *et alii* (1986).

A conformação é uma característica importante na medida que sua avaliação contribui para o mérito da carcaça e aumento da longevidade, segundo Gregory (1964). Este autor propôs o índice músculo-esqueleto que se apoia no contorno pelviano, mensuração tomada de uma rótula à outra, passando pela face posterior do tronco à altura de uma linha paralela ao solo. Indiretamente, expressa o volume do pernil que apresenta uma alta correlação com o total de carne magra da carcaça. O índice é calculado em relação à altura na cernelha, medida que acusa a mais alta herdabilidade aos 24 meses de idade nos bovinos. Sua aplicação representa para o avaliador do animal em pé uma indicação segura da musculosidade da futura carcaça.

Ainda, segundo esse autor, os critérios primários para avaliar a conformação de corte (ou tipo) podem ser resumidos em 3 pontos básicos:

1) correta estrutura corporal;

2) musculosidade;

3) espessura de gordura.

O primeiro refere-se em última análise, à constituição (ou compleição) que expressa a organização anatômica e fisiológica do indivíduo, acusada principalmente por ossatura forte e seca, musculatura bem distribuída, boas ligações, aprumos normais e proporções corporais harmoniosas. As diferenças relativas à musculosidade ou carnadura podem ser melhor apreciadas nas regiões do corpo que mais contribuem para o valor da carcaça (dorso, lombo, nádegas e pernas). Quanto à espessura de gordura, devem ser afastados os indivíduos que acusam quantidades indesejáveis identificadas por maneios evidentes na maçã do peito, nos flancos, ao redor da inserção da cauda e sobre o lombo.

Quanto aos aprumos, revelam-se de fundamental importância para a apreciação dos animais, pois deles depende não apenas a boa constituição, mas ainda a solidez da suspensão do corpo, a direção e flexibilidade da coluna vertebral, e a repartição do peso sobre ossos, tendões e ligamentos. Os aprumos corretos têm marcada influência sobre os ângulos articulares dos membros, garantindo o deslocamento normal dos animais que, geralmente, vivem sob condições de pastoreio em terrenos nem sempre de declividade favorável para o gado que precisa ser andejo à procura de alimentos.

Cabe ainda esclarecer que a maioria dos genes responsáveis pela conformação, e portanto pelo tipo, não exerce uma ação simplesmente local, mas uma ação geral e, por isso, a forma de uma região está intimamente correlacionada com a de outras no corpo (Lerner & Donald, 1969). Um animal não se mostra concavilíneo, por exemplo, apenas na cabeça ou no pescoço, mas também em outras partes, como dorso, ancas, garupa e nádegas. E mesmo os genes que atuam especificamente sobre o desenvolvimento de certas partes do corpo, como no caso da garupa dupla (nádega dupla ou *culard*), não afetam apenas essa região, mas acabam alterando a forma de outras mais próximas.

As considerações, atrás discutidas sobre a natureza e grau de correlação entre tipo e produção no gado de corte, permitem supor que a avaliação morfológica por meio de mensurações lineares do corpo pode ser afetada pela seleção conduzida para peso tomado em determinada idade. Foi o que conseguiram demonstrar os resultados obtidos por Razzok *et al.* (1988) Lima *et al.* (1989) e Cyrillo *et al.* (2000), pesquisadores da Estação Experimental de Zootecnia de Sertãozinho (SP), ao estudarem a avaliação linear de características morfológicas em bovinos Nelore, submetidos à seleção para pesos após a desmama, registrados ao final da Prova de Ganho de Peso, e comparados aos do rebanho controle, sem seleção. As observações mostraram que a seleção, com base unicamente no peso final da prova, alterou a morfologia dos animais selecionados, modificando várias dimensões importantes do ponto de vista econômico, como comprimento dorso-lombar, largura e comprimento da garupa, profundidade e amplitude torácica. As correlações genéticas entre peso e essas mensurações foram altas, indicando que, provavelmente, os mesmos genes controlam tais atributos. Não basta o zebuíno ser alto e comprido para apresentar peso final elevado. A correlação fenotípica entre peso e altura na garupa é alta (0,77), mas a correlação genética é baixa (0,42). Por outro lado, a correlação genética revelou-se alta entre peso final e comprimento dorso-lombar (0,75), e mais alta ainda entre o peso e as dimensões de amplitude torácica (0,92) e largura da garupa (0,98). Quanto ao perímetro escrotal, apresentou correlação máxima de 0,37 com o comprimento do corpo, porém baixa com as demais mensurações. Cabe acrescentar, finalmente, que as características consideradas raciais, como largura da marrafa, comprimento do chanfro, das orelhas, do pescoço, tamanho da giba, cor da pelagem, bem como os aprumos não sofreram mudança alguma em razão da seleção praticada pelo peso.

Considerações sobre avaliação do gado de corte pelo exterior

No passado, a conformação e o tipo representaram instrumentos de avaliação visual muito utilizados no julgamento dos animais em feiras ou exposições. Conferia-se grande importância à conformação e à aparência geral, como um todo ligado a um tipo específico, sem preocupações maiores com a avaliação de partes ou regiões corporais diretamente ligadas à produção, apesar destas serem reconhecidas por apresentarem correlações mais altas com os parâmetros indicativos do desempenho animal.

Em anos mais recentes, tem-se verificado uma tendência significativa de valorização dos atributos corporais relacionados às funções de produção, dentro dos vários agrupamentos étnicos, em detrimento dos característicos morfológicos de pouca ou quase nenhuma importância do ponto de vista econômico ou produtivo. Para ilustrar essa tendência, basta mencionar a importância que hoje se atribui à estrutura corporal (*frame size*) para definir os tipos morfológicos de bovinos produtores de carne, a ponto de já merecer sua inclusão nas tabelas de exigências nutricionais das normas de alimentação mais modernas.

Segundo Sampaio (1990), é possível distinguir, pelo menos, quatro modalidades de julgamento pelo exterior de acordo com sua finalidade:

1) julgamento para fins de registro genealógico, no qual se faz a avaliação mediante comparação com o padrão da raça, aprovado pela respectiva associação;

2) julgamento nas exposições, realizado comparativamente por jurados especialmente designados (juiz único ou comissão), aos quais cabe a tarefa de avaliar os animais expostos e conferir as premiações segundo as categorias (idade e sexo) dentro de cada raça;

3) julgamento em concursos leiteiros e de bois gordos, quando também entram em juízo aspectos da atividade funcional (produção de leite, qualidade da carcaça etc.);

4) julgamento para escolha de reprodutores feita inicialmente segundo os atributos morfológicos externos dos indivíduos e, depois, complementada por informações disponíveis relativas à genealogia e à progênie. É interessante, sobretudo, que se discuta essa última modalidade, porquanto para as demais já existem normas definidas pelos regulamentos das associações de criadores ou órgãos oficiais ligados à pecuária, a serem observadas por jurados experientes

O julgamento de reprodutores é sempre individual e conduzido mediante a aplicação de uma escala de pontos. Esta pode ser definida como a descrição resumida e metódica do animal ideal (padrão), dentro de uma determinada raça ou conjunto de raças, ou ainda de um tipo. As regiões ou grupos de regiões externas do corpo têm um valor numérico, variável conforme a escala, e são descritas segundo os atributos ideais para cada uma delas. Feito o julgamento, o total de pontos obtido é classificado segundo uma escala especial que indica a pontuação final alcançada, portanto, o conceito atribuído ao animal (mau, até 60 pontos; regular, 61 a 70; bom, 71 a 80; muito bom, 81 a 90; excelente, 91 a 100). Apesar desses cuidados, pode-se afirmar que a avaliação nunca deixa de ser algo subjetiva, em grau variável segundo o classificador.

As escalas de pontos mais antigas consistiam apenas de uma relação de regiões do corpo ligadas a características raciais, econômicas e sexuais, devidamente pontuadas, segundo sua importância para avaliação da raça ou do tipo. Grande relevância era dada às raciais, sempre com maior pontuação (em alguns casos chegavam a 60 ou 70% do total), em detrimento das demais, revelando a tendência corrente, na época, de garantir a supremacia da raça e o interesse comercial envolvido. O pensamento dominante entre os criadores paulistas de zebuínos para corte, nos idos de 1950-1960, atestado por um dos seus líderes, era de que *com raça se faz carne, mas com carne apenas não se faz raça*.

As escalas modernas, ao contrário, procuram valorizar mais as características econômicas e pontuam alto as regiões corporais mais afins com a economia da produção, incluindo também as qualidades expressas por cada uma ou por conjunto delas, como exemplo, estrutura corporal, musculosidade, capacidade torácica e capacidade abdominal.

Um exemplo dessa nova tendência foi a proposta apresentada pela ABCZ em seu Projeto de Melhoramento genético da Zebuinocultura (PROZEBU 1984-88) para uma Escala de Pontos para avaliação do tipo (**Quadro 5**), onde já se observa uma superioridade de pontuação para as características econômicas (30 pontos) em relação as raciais (20 pontos).

Os estudos desenvolvidos pelos pesquisadores de Sertãozinho, SP, já relatados anteriormente, demonstraram com muita evidência que, ainda, pode-se avançar um pouco mais, em face das altas correlações genéticas encontradas, não apenas envolvendo o peso vivo, mas ainda outros segmentos que formam o corpo do animal. Por exemplo, são muito elevadas as correlações entre a amplitude torácica e as seguintes mensurações: comprimento da linha dorso-lombar (0,77), profundidade torácica (0,76), comprimento da garupa (0,71) e largura da garupa (0,76). Elas demonstram existir uma forte tendência dos genes que determinam maior amplitude torácica também influenciarem na dimensão de outras partes do corpo consideradas de importância econômica.

Tais resultados ainda vêm comprovar a validez de observações antigas sobre critérios de escolha de novilhos para engorda portadores de *boa caixa*, ou seja, bem qualificados quanto à amplitude torácica.

Por conseguinte, tem sentido uma nova proposta de escala de pontos (Peixoto, 1990) com valorização mais alta para os atributos econômicos (40) e redução para as características raciais (15), como a sugestão apresentada no Quadro 6.

Inicialmente, parece útil reformular o conjunto de características chamadas econômicas (grupo E), pois, em verdade, elas não dizem respeito apenas à distribuição da cobertura muscular das regiões do tronco e parte superior dos membros. Influem também na economia do processo produtivo a estrutura corporal (revelada pelas proporções de comprimento, altura e largura) e a eficiência de transformação ou conversão dos alimentos, indicada indiretamente pela capacidade torácica e digestiva.

Em segundo lugar, não se pode esquecer do valor estético e comercial atribuído ao tipo, representado na escala de pontos pelas características do grupo D. Nesse sentido, a sugestão seria para reduzir a sua pontuação de 30 para 25, e modificar a terminologia dos atributos, retirando as regiões específicas, porém substituindo-as por outros itens mais ligados à aparência geral do corpo. Assim, em vez de se falar em cabeça, pescoço, cupim, tórax, costelas, ancas e garupa, seriam analisados itens gerais, englobando: conformação, qualidade (ausência de defeitos), condição (estado atual para o fim que se destina o indivíduo), vigor, saúde e peso segundo a idade.

Finalmente, uma última modificação estaria afeta às características raciais (grupo R), cuja pontuação é reduzida para 15, apenas. A justificativa reside no fato de que os animais em avaliação foram submetidos previamente a um primeiro crivo de julgamento na época do exame para registro genealógico. Portanto, já se submeteram ao padrão racial a fim de que pudessem participar das provas zootécnicas, conforme determina o regulamento. Além disso, cabe lembrar que os resultados de Sertãozinho, sem deixar dúvidas, evidenciaram a pequena influência da seleção para o peso pós-desmama sobre a variabilidade fenotípica das características raciais avaliadas morfologicamente.

Quadro 5. Escala de pontos para avaliação do tipo*

D. Desenvolvimento e harmonia de conjunto	**30**
1. Aspecto geral	4
2. Ossatura	2
3. Altura	5
4. Cabeça e pescoço	2
5. Cupim.	3
6. Tórax, costelas, ventre.	5
7. Linha dorso-lombar	5
8. Ancas e garupa	4
E. Características econômicas	**30**
1. Distribuição muscular	5
2. Cobertura muscular dos dianteiros	5
3. Cobertura muscular da linha dorso lombar	6
4. Cobertura muscular da garupa	4
5. Cobertura muscular da coxa (patinho e chã de fora).	5
6. Cobertura muscular da coxa (culote e chã de dentro)	5
R. Características raciais	**20**
1. Perfil	1
2. Fronte	4
3. Chanfro e focinho	2
4. Olhos e cílios	1
5. Orelhas	3
6. Chifres	2
7. Barbela	1
8. Cauda e vassoura	2
9. Pigmentação da pele	3
10. Pelagem	1
A. Arrimos e membros	**10**
1. Anteriores	5
2. Posteriores	5
S. Características sexuais	**10**
1. Masculinidade ou feminilidade.	2
2. Umbigo e prepúcio	3
3. Bolsa escrotal e testículos ou vulva, úbere e tetas	5
TOTAL	**100**

* Proposta pelo Regulamento do PROZEBU (1984-1988).

Quadro 6. Escala de pontos para avaliação do tipo.

D. Desenvolvimento e aparência geral	**25**
1. Peso segundo a idade	10
2. Conformação	5
3. Qualidade	5
4. Condição	2
5. Vigor e saúde	3
E. Características econômicas	**40**
1. Estrutura corporal	10
2. Capacidade torácica	5
3. Capacidade abdominal	5
4. Desenvolvimento muscular	
a) Dianteiro	5
b) Traseiro	15
R. Características raciais	**15**
1. Perfil	1
2. Fronte	2
3. Chanfro e focinho	2
4. Olhos e cílios	1
5. Orelhas	2
6. Chifres	2
7. Barbela	1
8. Cauda e vassoura	2
9. Pele e pelagem.	2
A. Arrimos e membros	**10**
1. Anteriores	5
2. Posteriores	5
S. Características sexuais	**10**
1. Masculinidade ou feminilidade	2
2. Umbigo e prepúcio.	3
3. Bolsa escrotal e testículos ou vulva, úbere e tetas.	5
TOTAL	**100**

Referências bibliográficas

Associação Brasileira de Criadores de Zebu. Projeto de Melhoramento Genético da Zebuinocultura (PROZEBU), Uberaba, 1988.

Bogart, R. **The improvement of livestock**. The MacMillan Company, New York, 1959.

Brungardt, V.H. **Efficiency and profit differences of Angus, Charolais and Hereford catle varying in size and growth**. Meat and Animal Science Bulletin. Madison, Wisc, 1973.

Cyrillo, J.N.S.G. *et alii*. Efeitos da seleção para peso pós-desmame sobre medidas corporais e perímetro escrotal de machos Nelore. **Revista Brasileira de Zootecnia**, v.29, p.403-12, 2000.

Gregory, K.E. Criação de gado de corte (vers. port.) **Seleções Zootécnicas**. Instituto de Zootecnia. Nº. 103-104. São Paulo, 1970.

Inchausti, D. & Tagle, E.C. **Bovinotecnia: Exterior y Razas**. 1° vol. 5ª ed. Librería El Ateneo. Buenos Ayres, 1967.

Johansson, I. & Rendel, J. **Genética y Mejora Animal**. Edit. Acribia. Zaragoza, 1972.

Klosterman, E.W. Beef cattle size for maximum efficiency. **Journal Animal Science**, vol. 34: 875-80, Champaign, Illinois, 1972.

Lasley, J.F. **Genetics of livestock improvement**. Prentice-Hall, N. Jersey, 1965.

Lerner, I.M. & Donald, H.P. **Recentes progressos no melhoramento genético dos animais** (vers. port.) EDUSP/Edit. Polígono, São Paulo, 1969.

Lima, F.P. **Morfologia do moderno novilho de corte**. Curso intensivo de julgamento de zebuínos. ABCZ. Uberaba, 1981.

Lima, F.P. *et alii*. Parâmetros genéticos em características morfológicas de bovinos Nelore. **Bol. Indústria Animal**, v.46, n.2, p.249-57, 1989.

Macedo, L.A.C. *et alii*. Desempenho de bovinos de corte de diferentes conformações alimentados em confinamento. **Rev. Soc. Brasileira de Zootecnia**, v.8, n.1, p.110-123, 1979.

Peixoto, A.M. **Avaliação do tipo**. 1° Encontro de Pesquisadores em Melhoramento Genético e Criadores de Nelore. Ribeirão Preto, 1990.

Peixoto, A.M. *et alii*. **Exterior e Julgamento de Bovinos**. Série Atualização em Zootecnia N° 4. FEALQ. Piracicaba, 1990.

Razook, A.G. *et alii*. Respostas correlacionadas à seleção para peso pós-desmame sobre características morfológicas de bovinos Nelore. **Boletim de Indústria Animal**, v.47, n.1, p.11-8, 1990.

Rice, V.A. *et alii*. **Breeding and Improvement of farm animals**. 6ª ed. Mc Graw-Hill Book, N. York, 1967.

Sampaio, N.S. **Curso intensivo de julgamento de zebuínos**. ABCZ. Uberaba, 1987.

Sampaio, N.S. **Métodos e Critérios de Julgamento**. in: Peixoto, A.M.*et alii*. Exterior e Julgamento de bovinos. Série Atualização em Zootécnica Nº 4, FEALQ. Piracicaba, 1990.

Tatum, J.D. *et alii*. Effects of feeder-cattle frame size and muscle thickness on subsequent growth and carcass development. **Journal Animal Science**, v.62, p.109-20, 1986.

Touchberry, R.W. Genetic correlation between five measurements and production in the same individual among Holstein cows. **Journal Dairy Science**, v.34, p.242-55, 1951.

Tundisi, A.A. **Morfologia do moderno novilho de corte**. Instituto de Zootecnia. São Paulo, 1969.

Vaughn, H.W. **Breeds of livestock in America**. Long's College book. Columbus, Ohio, 1947.

Villares, J.B. **Reformulação do tipo de bovino de corte para classificação em pé**. Anais do 1° Encontro das Associações de Pecuária de Corte. São Paulo, 1971.

Seção III

Instalações e Equipamentos

Há mais de 40 anos trabalhando para
fazer o nosso manejo racional e produtivo.
Entre em contato com nosso representante
mais próximo ou ligue 0800 44 9002
beckhauser.com.br
BECKHAUSER
MANEJO RACIONAL E PRODUTIVO

CAPÍTULO 6

Instalações para bovinos de corte

Ricardo Burgi
Mestre em Ciência Animal e Pastagens
Burgi Consultoria Agropecuária
Piracicaba, SP
burgi@uol.com.br

Alexandre Vaz Pires
Professor Associado
Departamento de Zootecnia
ESALQ/USP. Piracicaba, SP
alvpires@esalq.usp.br

A pecuária de corte, no Brasil, é baseada em sistemas de produção em que a nutrição dos bovinos depende quase que exclusivamente do consumo de plantas forrageiras tropicais. As atividades de cria e de recria são integralmente realizadas a pasto, enquanto, na terminação, apenas um pequeno percentual é realizado em confinamentos.

No último Censo Agropecuário (IBGE 2006), constatou-se que o rebanho bovino brasileiro é de 168 milhões de cabeças, e o abate anual, nos últimos anos (2004 a 2007), foi de 40 a 45 milhões de cabeças. O número total de bovinos confinados, no Brasil, aproxima-se de 3 milhões de cabeças/ano, sendo o período de engorda no confinamento de aproximadamente 90 dias, com ganhos no período entre 80 a 150 kg de peso vivo, ou seja: 16,5% a 31,0% do peso final de abate (se for considerado o peso de abate ao redor de 480 kg). As proporções do rebanho nacional, bem como a produção de carne bovina a pasto e em confinamento, são apresentadas na **Tabela 1**.

suplementos e alimentos e conforto. Entende-se por instalações todas as estruturas físicas necessárias à produção. A **Tabela 2** apresenta os tipos de instalações necessárias em dois sistemas de produção.

Tabela 1. Rebanho e produção de carne bovina a pasto e em confinamento, Brasil 2007.

Discriminação	A pasto	Em confinamento
Manutenção do gado		
N° cabeças	165 milhões	3 milhões
N° dias/ano	365	90
% do rebanho mantido	99,55%	0,45%
Produção de carne		
N° cabeças abatidas	42 milhões	3 milhões
Produção total em arrobas	650 milhões	15 milhões
% da produção total	97,75%	2,25%

Adaptado de SCOT Consultoria.

Verifica-se que o confinamento representa um percentual muito reduzido da produção de carne bovina brasileira. Apesar de aparentemente demandar uma estrututra mais cara, com piquetes de confinamento, cochos para alimentação, rede hidráulica e bebedouros, o valor dessas instalações, por bovino alojado (R$ 100,00 a R$ 150,00), não é maior do que aquela necessária para a produção de bovinos a pasto, pois somente em cercas, considerando uma lotação de 1 cabeça/hectare e divisões de pastagens de 50 ha, o investimento na estrutura de produção a pasto já alcança pelo menos R$ 170,00 por bovino. Além das cercas, a produção a pasto demanda também maiores extensões de estradas, corredores de manejo, rede hidráulica e inclui igualmente bebedouros, cochos para sal, curral, etc. Por isso, com respeito às instalações, pode-se afirmar que a intensificação da produção requer um maior investimento por unidade de área, mas resulta em um menor investimento por bovino produzido.

Neste capítulo, serão abordadas as instalações necessárias para a produção a pasto e também para a produção confinada. Na produção de bovinos de corte, as instalações destinam-se à contenção dos bovinos, manejo, fornecimento de água, suplementação, alimentação, armazenamento de insumos, preparo de

Instalações para bovinos de corte a pasto

Nos sistemas de produção de bovinos de corte a pasto, as instalações são simples, uma vez que não há necessidade de alojar os bovinos para fornecer sua alimentação. Porém a produção a pasto demanda grandes extensões de cercas, estradas e corredores, além de uma distribuição adequada de cochos para suplementação, bebedouros, currais de manejo, rede hidráulica, rede elétrica, moradias, etc., já que os animais permanecem e se alimentam nos pastos, que são estruturas muito maiores do que os piquetes de confinamento. Instalações demandadas em grandes quantidades e extensão devem ser eficientes no que se propõem e duráveis, evitando, dessa forma, elevados investimentos e uso de mão de obra para a sua manutenção.

Quanto maior a intensificação de um sistema de produção a pasto, maiores são as exigências em instalações (principalmente cercas, corredores, bebedouros e saleiros), pois o aumento da produção da pastagem exige maiores cuidados com sua fisiologia, principalmente no que diz respeito ao tempo de uso e descanso de cada pasto, além de permitir o aumento do tamanho do rebanho, o que pode exigir um maior número de lotes de animais dentro da propriedade, sendo que essa situação exige um maior número de divisões e infraestruturas nas áreas de pastagens.

Contenção e alojamento

Cercas

Na implantação de um projeto pecuário, a primeira instalação que preocupa o produtor são as cercas, pois os bovinos precisam ser contidos

Tabela 2. Tipos de instalações para bovinos de corte a pasto e em confinamento.

Instalações destinadas a:	**Sistema de produção**	
	Pasto	**Confinamento**
Contenção e Alojamento	Cercas Porteiras Corredores Divisão de pastagens	Piquetes de confinamento Porteiras Corredores
Manejo	Curral de manejo Redondel	Curral de manejo
Fornecimento de água	Aguadas naturais Cacimbas Captação de água Reservatório de água Bebedouros	Bebedouros Captação de água Reservatório de água
Suplementação e alimentação	Cochos de sal Cochos de concentrados Cochos de volumosos Cochos para bezerros mamando	Cochos de ração total
Armazenamento de insumos	Depósito de suplementos e rações Depósito de fertilizantes	Silos de volumosos Depósito de alimentos ou rações Depósito de fertilizantes
Preparo de suplementos e alimentos	Fábrica de sal mineral e de suplementos	Moagem de grãos Fábrica de rações
Conforto	Sombra Quebra-vento	Sombra Quebra-vento Morrote Sistema de aspersão de água (antipoeira)

na propriedade e também separados em lotes, segundo a fase da produção, idade, sexo, etc. As cercas podem ser de diversos tipos, mas de uma maneira geral, são mais reforçadas nas divisas da propriedade, junto a estradas e a áreas de lavoura. Uma boa cerca deve ser de construção simples, durável e ser efetiva na contenção dos bovinos. Existem diferenças, quanto a essa efetividade, nos tipos de cerca destinados à contenção de vacas de cria, bezerros, garrotes ou bois de engorda. Os tipos de cercas mais comuns são:

- Cerca de arame farpado;
- Cerca de arame liso;
- Cerca elétrica

As cercas podem ser construídas com lascas ou mourões de madeira extraída das matas (itaúba, aroeira, angico, pau-brasil, etc.); madeira de reflorestamento tratada (eucalipto); concreto; aço e plástico reciclado. As lascas ou mourões utilizados nas cercas de arame farpado ou arame liso, geralmente, devem ter pelo menos 12 cm de diâmetro e 2,30 m de comprimento. As utilizadas na cerca elétrica podem ser menores, com pelo menos 6 cm de diâmetro e 2,00 m de comprimento.

As cercas de arame farpado constituíam, no passado, a principal alternativa de contenção dos bovinos, uma vez que a madeira era abundante, extraída localmente, e a mão de obra era barata, sendo que o principal custo referia-se apenas ao arame e, inicialmente, apenas o arame farpado era comercializado para essa finalidade. As cercas de arame farpado são próprias para relevos acidentados e para lances curtos, sendo os mourões fincados geralmente com no máximo 3 m de espaçamento. Os mourões esticadores, com diâmetro de pelo menos 20 cm e comprimento de 3,00 m são fincados na extremidade de cada lance. O arame farpado é esticado entre os mourões esticadores e é grampeado aos mourões ou lascas da cerca com grampos de formato em "U", afixados com martelo. Com essas cercas, a contenção dos bovinos é conseguida pela proximidade dos mourões e pelas farpas que ferem o animal que forçar passagem por ela.

O elevado custo do km de cerca construído foi o principal motivo da redução do uso de cercas de arame farpado. Esse custo elevado deve-se à maior necessidade de lascas ou mourões e maior custo do arame farpado em relação ao arame liso, podendo ser de 20% a 50% mais caro. Além disso, o arame farpado tem menor resistência (carga de ruptura entre 250kg a 350kg), maior trabalho de manutenção, baixo rendimento operacional, durante a construção, e riscos aos animais e pessoas. É comum a ocorrência de lesões no couro dos animais em propriedades que utilizam esse tipo de cerca, e essas lesões, dependendo da intensidade, podem demandar intervenções clínicas e desvalorizar os animais na hora da comercialização.

As cercas de arame liso tiveram forte adoção no País, a partir da década de 70, principalmente por causa do seu menor custo de construção, maior resistência (carga de ruptura de até 700kg), maior operacionalidade durante a construção e menor risco aos animais e pessoas, podendo ser construídas com espaçamento entre lascas de 8 m a até 16 m, com balancins a cada 2 m. Os balancins são ripas de 3x4cm ou produtos comerciais em aço ou arame retorcido, que são fixados verticalmente e amarrados a todos os arames da cerca com um amarrio de arame recozido. O objetivo dos balancins é evitar que os bovinos, ao tentarem forçar passagem pela cerca, consigam afastar os fios de arame e atravessem a cerca. Os balancins, apesar de proporcionar em economia devido ao maior espaçamento entre mourões, resultam em maior trabalho de manutenção da cerca.

Neste tipo de cerca, os mourões são furados para a passagem livre dos fios de arame, sendo estes esticados apenas a cada lance, entre os esticadores, com uma ferramenta ou com dispositivos (catraca ou *bobby)* que proporcionam grande tensionamento do arame. Esse tipo de cerca era denominado, inicialmente, de cerca paraguaia. Hoje, a cerca de arame liso também é comumente construída com um menor espaçamento entre lascas e sem o uso de balancins, como ocorre principalmente nos estados do Mato Grosso, Pará, Goiás e Tocantins, onde o preço das lascas ou mourões é menor, devido à elevada disponibilidade de madeira. Essa instalação é conhecida como cerca de arame liso "5x5", ou seja, com espaçamento entre lascas de 5 m e com 5 fios de arame, e seus lances devem ser muito bem esticados, podendo ser utilizada adequadamente para contenção de qualquer categoria de bovinos.

O uso de cercas elétricas, após muitos anos de falta de unanimidade sobre sua eficiência, em virtude do grande número de experiências mal sucedidas, especialmente em projetos de grande escala, ganhou força nos últimos anos, devido ao desenvolvimento tecnológico dos equipamentos e das técnicas de instalação. No passado, os equipamentos tinham baixa potência e as recomendações de instalação eram importadas de países que produzem carne em pequenos criatórios e em climas mais úmidos. No Brasil, especialmente no Centro-Oeste, na época de seca longa e definida, o sistema de aterramento recomendado era inadequado para proporcionar uma descarga elétrica capaz de intimidar e conter os bovinos. Assim, em boa parte do ano, as cercas elétricas não eram efetivas, e o manejo dos bovinos e das pastagens das propriedades era muito prejudicado. Porém, nos últimos anos, agrônomos e zootecnistas brasileiros adaptaram, com sucesso, os projetos de instalação de cercas elétricas, basicamente conduzindo, em paralelo ao fio eletrificado, um ou dois fios diretamente ligados ao *terra* do aparelho eletrificador. Desse modo, no auge do período seco, não é mais necessário que o circuito se feche via solo. Basta que o bovino encoste simultaneamente no fio eletrificado e em um dos fios ligados ao terra, para que receba uma forte descarga elétrica.

O uso de cerca elétrica proporciona grande economia, em relação às cercas convencionais, tanto em quantidade de lascas e arame, quanto no uso de mão de obra para instalação do projeto, permitindo que, atualmente, alguns grandes projetos pecuários utilizem cercas elétricas inclusive nos corredores de manejo. Alguma resistência ainda existe, de gerentes pecuários e vaqueiros mal sucedidos no passado, mas essa tecnologia agora se apresenta consolidada e efetiva. Vale a ressalva de que, se as cercas convencionais funcionam mesmo com alguma deficiência de manutenção, as cercas elétricas somente serão efetivas se estiverem 100% bem instaladas. Não existe cerca elétrica "meia-boca". Ou ela está corretamente instalada e é operada com zelo, ou não funciona.

A **Tabela 3** apresenta as comparações entre os três tipos de cercas mais utilizadas na contenção de bovinos de corte. Nas **Figuras 1** e **2**, serão apresentados modelos de cercas.

Tabela 3. Comparação entre os tipos de cercas para bovinos de corte.

Discriminação	Cerca de arame farpado	Cerca de arame liso	Cerca elétrica
Própria para relevo	Acidentado	Plano a ondulado	Plano a ondulado
Altura da cerca	1,3 a 1,5 m	1,3 a 1,5 m	0,8 a 1,5 m
N°. de fios	4 a 6	4 a 6	1 a 3
Espaçamento lascas	2 a 3 m	4 a 16 m	15 a 30 m
Espaçamentos esticadores	100 a 200 m	250 a 500 m	250 a 500 m
N° de lascas/km	330 a 500	60 a 250	30 a 60
N° esticadores/km	6 a 10	3 a 5	3 a 5
Custo (R$/km)	~ 6.000,00	~ 5.000,00	~ 2.000,00

Porteiras

As porteiras de acesso aos pastos podem ser de madeira, tubos metálicos ou arame. A largura das porteiras, dependendo do tipo de manejo e do tamanho dos lotes, pode ser de 2,0 m a 6,0 m, porém, se com mais de 3,5 m de largura, as porteiras pesadas de madeira e, às vezes, as de tubos devem ser divididas em 2 folhas. A altura da porteira não precisa ser superior à altura da cerca contígua.

Geralmente, nos corredores de manejo e em outros locais de maior movimentação do gado, são utilizadas porteiras de madeira ou de tubos metálicos. Os mourões de uma porteira (manco e batedor) devem, de preferência, ser exclusivos para a porteira, não sendo aproveitados como esticadores da cerca contígua. Em porteiras que serão utilizadas com grande fluxo de bovinos é importante estender para cada lado da porteira 1 ou 2 lances de cerca de tábuas, para suportar a pressão e o encosto do gado, que ocorre quando se manejam grandes lotes. Essas cercas curtas de tábuas, ao lado das porteiras, são chamadas de rebatedores e são construídas com 3 ou 4 tábuas e lances de 2 m. As porteiras são montadas com 2 dobradiças e 1 tramela.

Em muitos projetos, utilizam-se porteiras de apartação, na saída dos pastos ou acesso a corredores. Para esse uso, a porteira deve ser reforçada, deve estar localizada num canto de cerca (com o mourão batedor próximo do canto), deve contar com rebatedores sólidos (incluindo mais 2 a 3 lances de rebatedor na cerca perpendicular à porteira) e deve abrir para dentro da repartição onde ficará o gado a ser apartado.

As porteiras de arame são também chamadas colchetes (outros nomes regionais: chave, jararaca, jacaré, estronca) e geralmente são construídas de paus roliços, arames e balancins. Nas duas extremidades de um colchete, são amarrados paus roliços reforçados, sendo um deles fixo ao mourão e o outro encaixado em alças de arame localizadas na base e na cabeça do mourão oposto. Essa alça superior pode ser substituída por diversos outros dispositivos que facilitam o fechamento e esticamento do colchete. Colchetes são mais econômicos, mas demandam maior manutenção.

Figura 1. Cerca de arame liso – 5 fios e lascas a cada 4 m.

Figura 2. Cerca de arame liso (esquerda) e cerca elétrica (direita) com 3 fios sendo somente o do meio eletrificado.

É importante, para sua durabilidade, que os colchetes, quando fechados, sejam mantidos bem esticados. O colchete é uma opção econômica, próprio para passagens com pouco movimento de gado e normalmente não demanda mourões próprios, podendo utilizar os esticadores da cerca onde estiver localizado. Também não é comum a construção de rebatedores ao lado dos colchetes. Existem também as porteiras elétricas, que são utilizadas nas cercas elétricas. Podem ser de arame ou de faixa de *nylon* eletrificada, sendo dotadas de acessórios para sua eletrificação e isolamento. A **Figura 3** apresenta exemplo de porteira convencional, e a **Figura 4** apresenta exemplos de porteira de arame e de porteira elétrica.

Corredores

Numa fazenda de gado de corte, a implantação de corredores de acesso aos pastos, curral e a outras instalações é estratégica, visando eficiência no fluxo de gado, de insumos (sal mineral, suplementos, adubos, etc.), no deslocamento dos vaqueiros e no roteiro gerencial. Os corredores conferem agilidade na movimentação do gado pela propriedade e também no circuito do salgador (distribuidor de sal mineral e suplementos). Um bom projeto de gado de corte precisa de um excelente planejamento da localização dos corredores.

Os corredores são instalados com uma cerca de cada lado, podendo ser convencionais ou elétricas. A largura de um corredor para manejo de gado deve ser de 6m a 12m, não sendo necessário largura maior, seja qual for o manejo. Os corredores utilizados exclusivamente para o deslocamento interno de insumos podem ser mais estreitos, mas com pelo menos 4 m de largura.

Mesmo em pequenos projetos de pecuária de corte, com áreas de 200 ha ou menos, a instalação de pelo menos um corredor central, ligado à entrada da fazenda e que sirva de acesso à sede, ao curral e a quase todos os pastos, é de grande valia na eficiência do sistema de produção, aumentando o rendimento da mão de obra e otimizando o uso de insumos.

A alternativa para os corredores é instalar uma série de porteiras ou, menos mal, de mata-burros, que permitam a passagem de veículos e tratores, mas não de animais. Mata-burros são caros, não eliminam a necessidade de porteiras e demandam muita manutenção. O custo de um mata-burro simples permite a construção de pelo menos 500 m de corredor de cercas convencionais de arame liso.

Figura 3. Porteira de madeira com rebatedores.

Figura 4. Acima: Porteira de arame ou colchete. Abaixo: Porteira elétrica com 2 faixas de nylon eletrificadas e com manoplas.

Pastejo contínuo

As pastagens sob pastejo contínuo geralmente são usadas de modo menos intensivo. O tamanho dos pastos e o número de pastos dependem do tipo de exploração pecuária e das condições topográficas. As pastagens de fazendas de cria, de recria, de engorda ou de ciclo completo (cria-recria-engorda) precisam ser divididas de modo diferente, para acomodar as diferentes categorias de bovinos, conforme o tipo de sistema de produção. A título de exemplo, apresenta-se na **Tabela 4**, uma fazenda hipotética de 1.000 ha de pastagens e o plano de divisões de pastagens, conforme o tipo de exploração pecuária.

O planejamento da divisão das pastagens deve levar em conta a formação de lotes homogêneos, dentro de cada categoria animal, e a possibilidade de realizar vedações periódicas nas pastagens. Por isso, conforme apresentado na **Tabela 4**, para uma atividade de cria com 384 vacas multíparas, pode-se trabalhar, nos 4 pastos, com 4 lotes de 90-100 vacas cada ou com 2 lotes de 190-200 vacas cada, de modo que 2 pastos poderão estar em uso e os outros 2 pastos poderão estar vedados.

Divisão de pastagens

A quantidade de divisões nas áreas de pastagem vai definir o tamanho e número de pastos existentes em uma propriedade, sendo que o tipo de exploração pecuária, topografia da área e grau de intensificação utilizado no projeto implicam em diferentes enfoques no planejamento da divisão das pastagens. O tipo de exploração pecuária adotado no projeto, que pode ser de cria e/ou recria e/ou engorda, demanda divisões de pasto de forma a atender as fases de produção das diferentes categorias de bovinos existentes na propriedade.

A topografia da área interfere de forma significativa no comportamento dos animais durante o consumo das plantas forrageiras, por isso, em áreas com relevo mais acidentado, é preciso direcionar as divisões para permitir que os pastos apresentem a topografia o mais uniforme possível, para evitar degradação do pasto e permitir melhor aproveitamento da forragem produzida.

As pastagens podem ser manejadas de forma contínua ou rotacionada, implicando em diferentes enfoques no planejamento da divisão das pastagens.

Pastejo rotacionado

As pastagens sob manejo rotacionado são usadas de modo mais intensivo. A rotação de pastagens respeita a fisiologia de rebrota das gramíneas forrageiras e estimula maior produtividade e aproveitamento da massa produzida. Os pastos são divididos em módulos de pastejo rotacionado, que consistem em grupos de piquetes que são pastejados em sequência e que contam com uma aguada e cochos de sal em comum. Os desenhos mais comuns de módulos de pastejo rotacionado estão apresentados na **Figura 05**.

Tabela 4. Plano de divisão de pastagens conforme tipo de exploração pecuária em uma fazenda hipotética de 1.000 ha de pastagens sob pastejo contínuo.

Categorias	**Cria**			**Recria-Engorda**			**Ciclo completo**		
	Nº Cab.	**Nº Pastos**	**Área (ha)**	**Nº Cab.**	**Nº Pastos**	**Área (ha)**	**Nº Cab.**	**Nº Pastos**	**Área (ha)**
Vacas de Cria (multíparas)	384	4	420	-	-	-	279	4	305
Vacas Primíparas	102	2	110	-	-	-	75	2	80
Pasto Maternidade	-	2	70	-	-	-	-	2	50
Novilhas 2-3 anos	118	2	100	-	-	-	89	2	80
Novilhas 1-2 anos	160	2	96	-	-	-	121	2	70
Bezerras desmamadas	234	1	70	-	-	-	176	2	52
Bezerros desmamados	234	1	90	-	-	-	176	2	70
Novilhos 1-2 anos	-	-	-	629	4	440	166	2	112
Bois 2-3 anos	-	-	-	300	4	300	82	2	80
Bois em engorda	-	-	-	259	4	245	65	2	65
Touros	20	1	26	-	-	-	15	1	18
Piquete de Tropa	12	2	18	10	2	15	12	2	18
TOTAL	**1.264**	**17**	**1.000**	**1.188**	**14**	**1.000**	**1.256**	**25**	**1.000**

Observações: (1) O número de pastagens é o mínimo para o manejo adequado de rebanhos com uma estação de monta anual. (2) As pastagens têm área máxima de 110 ha.

A área central do rotacionado, onde ficam localizados a aguada e os cochos de sal são chamados de *centro do rotacionado*, *praça*, *área de lazer*, além de outros nomes. O módulo tipo *pizza* permite uma divisão mais uniforme e mais fácil, com simplicidade de construção e menor manutenção das cercas elétricas. É o mais indicado para módulos grandes de pastejo rotacionado, em fazendas dotadas de sistema de captação e distribuição de água para o gado, com bebedouros artificiais.

O módulo com corredor geralmente é projetado para permitir o acesso a aguadas naturais. Utiliza maior metragem de cercas elétricas em relação à área cercada. A construção das cercas é mais complexa, com maior quantidade de isoladores e conexões, além de requerer maior atenção na manutenção. O corredor torna-se uma área perdida como pastagem e que requer cuidados de conservação e controle de erosão, sendo que a declividade do terreno pode impedir o uso desse tipo de divisão. A única vantagem desse tipo de módulo sobre o tipo *pizza* é que os piquetes podem ter um formato retangular, o que facilita as adubações de reposição.

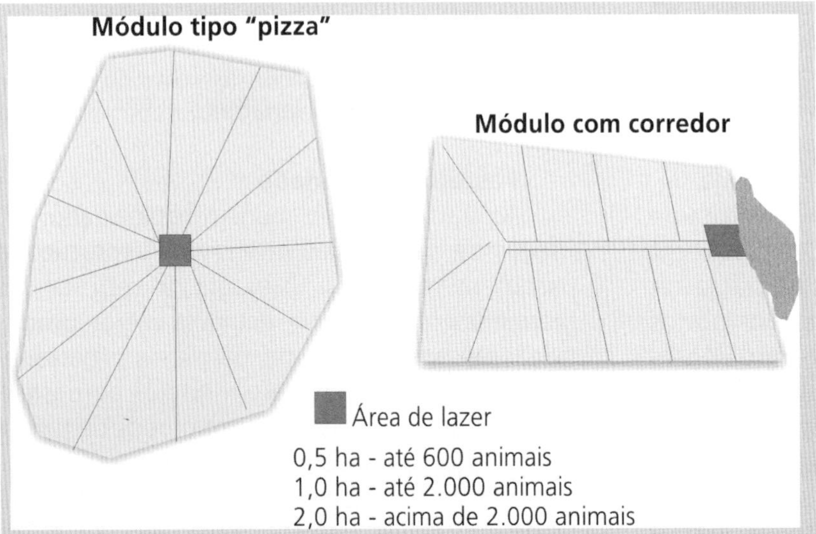

Figura 5. Esquemas de divisão de piquetes.

Manejo

Curral de manejo

Uma instalação essencial para um sistema de produção de gado de corte é o curral de manejo. O curral permite procedimentos obrigatórios de manejo, como as vacinações, apartações, marcações, conferência, pesagem, embarque e outros manejos necessários no desenvolvimento da criação de bovinos. Existem vários tipos e tamanhos de currais de manejo. A recomendação específica de algum deles é bastante difícil, pois esbarra sempre na vontade e critérios de manejo do proprietário. Na vida de consultoria, aprende-se que o modelo de curral de manejo é algo muito pessoal e existe pouca unanimidade no assunto. No entanto, algumas características sempre devem estar presentes, para que o manejo dos animais não seja prejudicado. O dimensionamento do curral depende do tamanho dos lotes a serem manejados, pois o excesso de animais em instalações exíguas pode causar danos aos animais, e currais superdimensionados representam desperdícios financeiros, por causa do seu elevado custo de construção. O curral deve estar localizado em posição central na propriedade, para reduzir o percurso dos bovinos. Por outro lado, o acesso ao curral deve ser fácil para os caminhões que fazem o transporte dos animais. Os currais de manejo de bovinos de corte devem ser dotados das seguintes estruturas:

Repartições

São as divisões do curral. Servem para estocar gado a trabalhar ou já trabalhado. As repartições podem ter de 100 a 400 m^2 cada. Geralmente, o curral conta com 1 ou 2 repartições maiores, para recebimento do gado a trabalhar e 3 a 6 repartições menores, para estocagem do gado apartado ou já trabalhado. A soma das áreas das repartições, dividida por 2,5 m^2, define para quantas cabeças é um curral. Essa área, por cabeça, permite o manejo e a liberação de algumas repartições para receber gado já trabalhado ou apartado. É possível apertar o gado em um curral até o limite de 1,0 m^2/cabeça para bezerros e garrotes, e de 1,5 m^2/cabeça para vacas e bois. Para vacas paridas, com bezerros ao pé, o limite mínimo é de 2,0 m^2/vaca.

Pré-seringa

É uma repartição do curral que dá acesso à seringa e onde podem estar instaladas porteiras de canto para apartação de bovinos.

Seringa

A seringa serve para direcionar os bovinos para o brete. Geralmente é uma estrutura de tábuas reforçadas, que se afunila em direção ao início do corredor do brete. É recomendável que a seringa seja totalmente vedada, com as laterais sem frestas, para que os bovinos visualizem a única saída pelo brete. Existem seringas em formato de meia-lua, dotadas de porteiras que empurram os bovinos em direção ao brete.

Brete

O brete é um corredor de tábuas fortes ou vigotas (varas), com largura de 0,6 a 1,0 m e altura de 1,6 a 1,7 m, em que os bovinos entram em fila e podem ser trabalhados (vacinações, vermifugações, marcações, etc.). Geralmente, o brete é inteiramente fechado com tábuas de 4 cm de espessura, podendo os bovinos somente ser trabalhados por cima. Nesse caso, de um ou dos dois lados do brete devem ser construídas plataformas de serviço, com 1 m de altura, para a vacinação e outros manejos dos bovinos. Quando construída de um lado só, a plataforma deve ficar à esquerda dos bovinos. Em Goiás, é comum o uso de bretes com as laterais de vigotas ou varas, vazadas, distanciadas até 20 cm umas das outras. Nesse tipo de brete, não é recomendável a instalação de plataformas laterais, pois há risco de coices e acidentes sérios com os vaqueiros. Em bretes vazados, os bovinos são trabalhados pelas frestas entre as vigotas, podendo ser contidos pelo rabo. Em muitas regiões do país, o brete é chamado de tronco e existem controvérsias na nomenclatura. O dicionário (MICHAELIS) informa que brete refere-se a uma estrutura de contenção coletiva de bovinos.

Tronco

O tronco é uma estrutura de contenção e imobilização individual, onde os bovinos podem ser vacinados, marcados, receber brincos e outros dispositivos de identificação, curados, castrados, inseminados, apalpados, etc. Normalmente, os produtores adquirem o tronco pronto de empresas especializadas, sendo utilizado na sua construção, madeira, metal ou a combinação desses dois materiais. Em alguns lugares, o tronco é chamado de brete, mas o dicionário (MICHAELIS) informa que o tronco destina-se à contenção individual de bovinos e outros animais.

Balança

A balança é uma estrutura obrigatória na

produção de bovinos de corte, uma vez que os animais são comercializados de acordo com seu peso. A balança permite acompanhar o desenvolvimento dos bovinos produzidos e conferir o peso de venda dos bovinos para abate. A balança pode ser mecânica ou eletrônica. As eletrônicas hoje apresentam custo competitivo e permitem registros individuais, impressão de resultados, obtenção de médias por faixa de peso, transferência de dados, etc. Uma alterna-tiva recente e que agradou aos pecuaristas foi o lançamento do tronco-balança, que é uma estrutura que pode ser utilizada como tronco normal ou pode ser apoiada sobre células de carga e funcionar como balança eletrônica.

Apartadores

As estruturas de apartação podem ser:

- apartadores de canto de curral;
- porteiras de apartação na saída do tronco e na saída da balança;
- ovo de apartação.

Os apartadores de canto de curral, geralmente, ficam localizados em uma repartição pequena do curral, como a pré-seringa. Essa repartição deve ter 4 a 5 m de largura e 7 a 8 m de comprimento. Em um ou dois dos cantos dessa repartição, são instaladas pares de porteiras de canto, com apenas 0,8 a 1,0 m de largura cada, sendo cada par operado por um homem. Portanto, dessa forma, os apartadores de canto permitem entre 2 e 4 apartes. Para realizar a apartação, dentro da repartição, são colocados, a cada vez, 4 a 5 cabeças, que são movimentadas por um vaqueiro a pé, de modo a poderem ser bem apreciadas e avaliadas, enquanto as porteiras vão sendo abertas para determinados bovinos, conforme o esquema de aparte adotado. Esse tipo de apartador é muito eficiente na avaliação de tamanho e estrutura corporal dos bovinos e ótimo para a formação de lotes homogêneos, pois os animais podem ser bem visualizados, de corpo inteiro. O apartador de canto é de uso muito difundido em Goiás, Tocantins e no Triângulo Mineiro.

As porteiras de apartação devem ser instaladas na saída do tronco e/ou na saída da balança. Pode ser instalado 1 par de porteiras (2 apartes) ou 2 pares de porteiras de apartação (4 apartes). Esse tipo de aparte é próprio para separar lotes de bovinos com base em sexo, peso ou marcação, mas não permite boa avaliação do tamanho e estrutura corporal, pois a visualização dos bovinos dentro do conjunto brete-tronco-balança não é muito boa. As porteiras de apartação geralmente têm entre 2,0 e 2,5 m de largura e são posicionadas uma de cada lado do brete. Para realizar a apartação, as porteiras se abrem para dentro do brete, liberando a saída do bovino para a direita ou para a esquerda. Se as duas porteiras permanecerem fechadas, o animal passa direto entre elas, geralmente no rumo do embarcador. Praticamente, todos os tipos de currais de manejo são equipados com porteiras de apartação.

O ovo de apartação é instalado ao final do brete e permite, normalmente, 4 a 6 apartes. O ovo é uma estrutura de madeira em forma de elipse, dotada de várias pequenas porteiras de saída (largura de aproximadamente 0,8 m). Os bovinos são liberados do brete para o ovo, um a um, e examinados pelo apartador ainda dentro do brete ou mais detalhadamente dentro do ovo. O ovo, geralmente, dá acesso à pelo menos 4 repartições do curral e tem também uma saída em direção ao tronco e à balança. O ovo de apartação é muito usado em São Paulo, Mato Grosso do Sul e Paraná.

Embarcador

O embarcador quase sempre é uma extensão do eixo brete-tronco-balança. É um corredor com 0,8 a 1,0 m de largura, cercado de tábuas, com altura de 1,8 a 2,0 m, cujo piso se eleva em forma de rampa até a altura da carroceria do caminhão boiadeiro. Deve ter 4 m de rampa e mais 2m de piso plano horizontal na sua extremidade final. O objetivo desse desenho é evitar contusões e hematomas nos bois, por ocasião do embarque.

Em alguns projetos de currais, o embarcador é montado fora do eixo do brete e pode contar com uma seringa própria, utilizada como estoque de bois prontos para embarque, o que torna mais rápido o embarque de grandes lotes de gado. Alguns currais, de sistemas de produção pecuária de grande porte, são dotados de 2 embarcadores em paralelo.

Cobertura do curral

É recomendável que o eixo seringa-brete-tronco-balança seja coberto por um barracão aberto, com largura de pelo menos 6 m e a extensão necessária para abrigar essas estruturas. Em currais dotados de brete fechado e de plataforma de trabalho, o pé direito do barracão deverá ser de pelo menos 3,0 m.

Remangas

São áreas cercadas, externas ao curral, que servem de depósito de gado. Suas cercas são reforçadas, porém não como as do curral. Também são áreas bem maiores do que as das repartições do curral, de modo que os bovinos ali se acomodam com mais espaço e não pressionam tanto as cercas. A função das remangas é permitir a estocagem e o manejo de um número maior de bovinos do que o tamanho do curral permitiria. Serve também para deixar lotes em pernoite, para serem trabalhados ou devolvidos aos pastos no dia seguinte. Por isso, devem ter bebedouros.

Quanto ao posicionamento do curral no terreno, devem-se observar as seguintes regras gerais:

- O curral deve ficar em um lugar alto de propriedade, com bom escoamento de água;
- O terreno deve ser preparado de modo que as estruturas de trabalho, no centro do curral, fiquem mais elevadas que o entorno. A água da chuva deve escoar do centro do curral para suas laterais;
- Ao ser trabalhado no curral (no eixo seringa-brete-tronco), o gado deve caminhar na horizontal ou no sentido de um leve aclive;
- O eixo do curral (seringa-brete-tronco-balança), bem como da sua cobertura, deve ser no sentido Leste-Oeste.

Os projetos tradicionais de curral apresentam um eixo central onde ficam alinhados a pré-seringa, seringa, brete, tronco, balança e embarcador. O cercado externo do curral pode ser em forma de retângulo, circular ou oval. Há um tipo de projeto chamado de curral "antistress" ou de "manejo racional", que vem ganhando adeptos recentemente, em que as estruturas de manejo são curvas, o que facilita o fluxo de bovinos sendo trabalhados:

- A seringa é em meia-lua, com uma porteira de aproximadamente 4,0 m, que empurra os bovinos para dentro do brete;
- O brete é em curva, com raio de 3,0 a 5,0m. Esse desenho reduz o deslocamento de fasto (retorno de ré) dos bovinos e melhora o fluxo dos animais no brete;
- O embarcador tem a rampa em curva, o que também melhora o fluxo dos bovinos.

Os currais para manejo de bovinos de corte podem ser de tábuas, de cordoalhas ou de concreto, dependendo da disponibilidade, preço, resistência e durabilidade desejada no projeto. A altura do cercado do curral deve ser de 1,80 m a 2,10 m. As porteiras podem ser de 2 a 3 m de largura, tanto as externas, como as que ligam as repartições do curral.

Existem pequenas diferenças entre os currais a serem utilizados para rebanhos de cria ou para rebanhos de recria e engorda. Para a cria, é necessário que o curral possua um tronco de contenção que permita a inseminação e também a apalpação das matrizes para verificação de prenhez. Deve permitir o trabalho com lotes de no máximo 300 - 350 vacas paridas, de tal modo que o manejo, a segurança e os cuidados com os recém-nascidos não seja prejudicado. O curral de cria deve ser dotado de excelentes porteiras de apartação, para a separação fácil e segura de vacas e bezerros, logo que um lote de vacas paridas chegue ao curral. Deve possuir uma repartição bem fechada, com bebedouro, para deixar que os bezerros apartados das vacas possam pousar no curral, em manejos de reprodução e/ou desmama. O curral de recria-engorda deve ter brete mais longo, um tronco mais simples e é recomendável o apartador de canto. Deve ser projetado para trabalhar com lotes maiores, de até 1.000 cabeças, e com boas opções de apartação.

Um curral deve possuir de 4 a 6 divisões para apartação dos animais, de modo a facilitar a formação dos lotes. A configuração mínima é de 4 repartições, sendo uma maior para estocagem de 200-300 cabeças e com 300-400 m^2; e 3 menores, de 150 m^2, para formação de lotes após a apartação. Para o trato sanitário dos animais (vacinação, aplicação de vermífugo, etc.) o curral deverá ser dotado de um brete com pelo menos 8 m de comprimento, tronco de contenção e balança individual. A seringa deverá ter pelo menos 5 m de comprimento. A pré-seringa deve ser de 8x4 m e ter apartador de canto. Na saída da balança e antes do embarcador, deve existir outro apartador de porteiras. Para rebanhos grandes, que podem embarcar um número grande de bois por dia, é conveniente ter uma repartição para estocagem de gado de embarque, logo antes do embarcador.

Na sequência do tronco localiza-se a balança que, para agilizar o manejo, deve ser eletrônica. Balanças mecânicas podem ser usadas, mas trazem lentidão ao manejo. A construção de 2 ou 3 remangas, para estocar lotes a trabalhar ou já trabalhados, pode facilitar o manejo dos vaqueiros. Essas remangas devem ficar anexas ao curral e devem dar acesso ao corredor que conduz aos pastos.

A planta da **Figura 6** que segue é considerada uma estrutura de curral mínima para atender aos trabalhos de manejo de cria ou de recria-engorda. No caso, a balança é conjugada ao tronco. Nessa planta, a pré-seringa serve de curral de apartação, com apartador de canto.

Os currais podem ser construídos de palanques de madeira ou de concreto. As repartições do curral podem ser de cordoalha ou de tábuas. Na seringa e brete, as laterais podem ser de madeira ou concreto. Há uma forte tendência, nos novos projetos, de implantar currais de concreto, em razão do custo, durabilidade e baixa manutenção. As **Figuras** de **7** a **14** mostram detalhes de projetos de currais de manejo.

Redondel

O redondel é uma área cercada, localizada na intersecção de 2 ou mais pastos, que tem por objetivo a realização de apartes, o fornecimento de sal mineral ou de suplementos. Nos sistemas de manejo rotacionado de pastagens, o redondel dá acesso a todos os piquetes e é o local onde, geralmente, estão localizados os bebedouros e os cochos de sal.

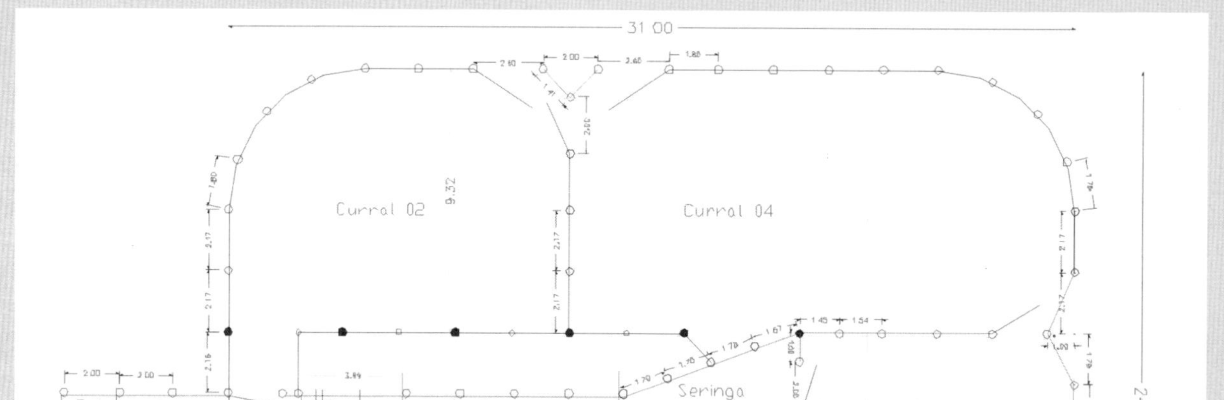

Figura 6. Planta de curral de manejo (estrutura mínima).

Fornecimento de água

Tradicionalmente, os projetos pecuários provêm acesso dos bovinos a aguadas naturais, sejam córregos ou pequenos açudes (**Figura 15**). Em muitos casos, onde as aguadas naturais são mais esparsas, é necessário cavar cacimbas (**Figura 16**), que são buracos onde se acumula água de chuva. Mas o acesso do gado a aguadas naturais, especialmente em projetos de produção intensiva, pode causar severos danos ambientais, como a destruição de nascentes, erosão nas pastagens e assoreamento de córregos. A legislação ambiental torna-se cada vez mais restritiva ao uso de aguadas naturais pelo gado, e o pecuarista precisa implantar projetos de captação e distribuição de água pelos pastos, dotando-os de bebedouros. Cada unidade animal (UA = 1 bovino de 450 kg de peso vivo) precisa consumir entre 30 e 40 litros de água por dia.

Captação de água

Em raros casos se consegue canalizar água para os pastos, desde a captação, por gravidade (**Figura 17**). Geralmente, é necessário bombear água para um reservatório elevado, de onde uma rede hidráulica a distribui para os bebedouros.

O bombeamento mais comum e de menor custo é o realizado, utilizando-se rodas d'água (**Figura 18**) ou bombas carneiro (**Figura 19**) instaladas em pequenas quedas d'água naturais ou obtidas por meio de açudes. As rodas d'água, conforme o modelo, pode bombear de 3 a 50 m^3/dia. As bombas carneiro têm vários tamanhos e bombeiam entre 1 e 4 m^3/dia. Cada 1 m^3 de água bombeada atende a cerca de 30 bovinos adultos. As bombas carneiro podem atingir uma eficiência de 10:1, ou seja: de cada 10 litros de água que passam pela bomba, 1 litro é bombeado. As rodas d'água têm eficiência muito menor, próxima a 100:1. Está disponível no mercado, nos últimos anos, uma turbina hidráulica que aciona uma bomba de pressão (**Figura 20**). Esse equipamento substitui as rodas d'água, com melhor aproveitamento da queda d'água e maior capacidade de bombeamento.

O bombeamento acionado por cata-ventos (**Figura 21**) exige investimento elevado e apresenta alto custo de manutenção. Verifica-se, em muitas fazendas, o rápido sucateamento desse tipo de estrutura.

Para as fazendas que dispõem de energia elétrica, o bombeamento com motobombas elétricas é uma alternativa de baixo custo de instalação e de manutenção, apresentando vantagens econômicas e operacionais sobre as rodas d'água. A água pode ser bombeada de córregos, açudes ou poços semiartesianos, com a vazão que for demandada pelo projeto.

Recentemente, algumas empresas disponibilizaram no mercado bombas elétricas acionadas por energia solar. São próprias para situações em que o poço não é muito profundo ou a captação é realizada em açudes. O investimento nesse tipo de bombeamento ainda é caro, mas o custo de manutenção é baixo. Existem módulos de bombeamento com energia solar com capacidade superior a 30 m^3/dia, que atendem a mais de 1.000 bois.

Reservatório de água

A água pode ser armazenada em reservatórios elevados, metálicos, tipo taça ou cilíndricos, com capacidade para até 50 m^3. Existem também reservatórios de fibra de vidro com capacidade para até 10 m^3. O tipo de reservatório mais comum é o cilíndrico, de concreto ou chapas onduladas (reservatório australiano **Figura 22**) que, geralmente, tem 2 a 3 m de altura e diâmetro de até 25 m. A capacidade desses reservatórios é de 100 a 1.000 m^3.

A alternativa mais econômica, no momento, é o reservatório de lona plástica (**Figura 23**). Trata-se de uma lona de 0,5mm a 0,8 mm de espessura, especialmente tratada para resistir à radiação ultravioleta e de alta durabilidade, que deve ser assentada num buraco no chão, como se fosse uma piscina. Existem diversos tamanhos de reservatórios de lona plástica, desde 200 m^3 até 840 m^3. Podem ser fabricados, sob encomenda, reservatórios de 1.500 m^3 ou maiores. O buraco no solo deve ser feito nas medidas de cada modelo de reservatório de lona, de modo que o ajuste seja perfeito. A lona fica simplesmente apoiada nas paredes laterais do buraco. Esse reservatório pode ser instalado também acima do nível do solo, levantando-se taludes de terra.

Figura 7. Currais ITABIRA – Curral antistress de concreto (www.curraisitabira.com.br).

Figura 8. Curral convencional – madeira e cordoalha.

Figura 9. Detalhes seringa, brete, tronco, embarcador.

Figura 10. Embarcador.

Figura 11. Currais Itabira - Curral convencional de concreto e cordoalha.

Figura 12. Seringa, tronco, plataforma de trabalho.

Figura 13. Cercado das Repartições – concreto + cordoalha.

Figura 14. Cercado das Repartições – madeira + cordoalha.

Figura 15. Açude.

Figura 16. Cacimba.

Bebedouros

Os bebedouros podem ser de alvenaria, de chapas onduladas (tipo australiano **Figura 24**) ou de concreto (**Figura 25**). O reservatório não precisa ser grande, depende do tamanho do lote de animais e da rapidez da reposição da água, de grande vazão. Deve ser lembrado que ocorre um pico de consumo de água nas horas quentes do dia. Cerca de 70 % do consumo diário de água ocorre num período de 4 horas, das 11 horas às 15 horas. O estoque total de água no sistema reservatório + bebedouros deve ser suficiente para pelo menos 2 dias de consumo. Em pastos de uso extensivo, deve-se proporcionar uma frente de bebedouro de pelo menos 5 cm/cabeça. Em módulos de pastejo rotacionado, a frente do bebedouro pode ser de 2 a 3 cm/cabeça.

Suplementação de bovinos a pasto

Existem diversas técnicas de suplementação de bovinos a pasto e seu objetivo é suprir os déficits nutricionais da pastagem, visando a um determinado desempenho dos bovinos mantidos a pasto.

Cochos para sal

No Brasil, a suplementação dos bovinos para suprir déficits de minerais das pastagens é de uso generalizado. As pastagens geralmente

Figura 17. Fazenda Roncador – Querência/MT – Sistema de canais que levam água aos pastos.

Figura 18. Roda D'Água – ZM BOMBAS.

Figura 20. Hidroturbina BETTA.

Figura 19. Carneiro Hidráulico – MARUMBY.

Figura 21. Cata-vento FORTUNA.

Figura 22. Reservatório tipo australiano – chapa galvanizada.

Figura 24. Bebedouro de chapas onduladas.

Figura 23. Reservatório de lona plástica – NORTENE.

Figura 25. Bebedouro de concreto.

apresentam teores insuficientes de fósforo, sódio, enxofre, cobre, zinco e outros minerais. O sal comum (cloreto de sódio) é utilizado como veículo de outras fontes minerais, resultando em misturas balanceadas chamadas de Sal Mineralizado. Além dessa suplementação mineral, durante o período seco é comum o fornecimento de suplementos nitrogenados, que contêm ureia, tais como o Sal+Ureia ou o Sal Proteico. No período das águas, vem sendo, recentemente, adotada a prática do fornecimento de suplementos energéticos.

Todos esses produtos utilizam o sal comum como elemento principal de regulação do consumo e são formulados para fornecimento à vontade, pois seu consumo é autolimitado. Esses produtos são fornecidos aos bovinos em cochos, que devem ser dimensionados segundo a **Tabela 5**.

Assim, um lote de 100 bois em engorda, em pastejo contínuo e recebendo sal mineralizado, deve contar com pelo menos 1 cocho para sal de 2,5 m de comprimento (acesso pelos dois lados = 5,0 m de testada de cocho). Um lote de 400 garrotes em recria, em pastejo rotacionado e recebendo sal proteico, precisa de pelo menos 4 cochos para sal de 2,5 m de comprimento (acesso pelos 2 lados = 20 m de testada de cocho). Os cochos para sal, tipicamente, devem ter 25 a 30 cm de largura e 20 a 25 cm de profundidade. Sua capacidade é de 50-60 kg de sal mineral por metro ou de 40-50 kg de sal proteico

Tabela 5. Características dos principais suplementos utilizados na pecuária de corte.

Tipo de Suplemento	Consumo (g/kgPV/dia)	Testada de cocho (cm/cabeça) Pastejo Contínuo	Testada de cocho (cm/cabeça) Pastejo Rotacionado	Inclusão de Sal Comum	Inclusão de grãos e farelos
Sal Mineralizado	0,25 – 0,35	5,0	3,0	30 a 60 %	0 a 5 %
Sal+Ureia	0,30 – 0,40	5,0	3,0	30 a 50 %	0 a 5 %
Sal Proteico	1,00 – 2,00	7,0	5,0	10 a 15 %	40 a 50 %
Sal Energético	2,00 – 4,00	15,0	10,0	6 a 10 %	60 a 75 %

por metro. A beirada do cocho deve ficar entre 50 e 70 cm de altura do solo.

Os cochos, de preferência, devem ser cobertos, para evitar desperdício do suplemento. No caso de produtos contendo ureia (sal+ureia, sal proteico e sal energético), o cocho deve sempre ser coberto e, além disso, inclinado e com furos na extremidade mais baixa. A ureia é muito solúvel e, se dissolvida na água de chuva que atinge o cocho, há o risco de o gado beber essa água que contém uma elevada proporção de ureia e se intoxicar. Por isso o cocho deve ser coberto, inclinado e com furos, para que a água contendo a ureia dissolvida jamais se acumule no cocho. Também a água de chuva que eventualmente atinja o cocho não deve se acumular no solo próximo ao cocho, onde os bovinos também poderiam bebê-la e se intoxicar.

Os cochos para sal devem ser instalados em locais altos e bem drenados. Contudo, o pisoteio intenso dos bovinos pode causar o surgimento de buracos e o empoçamento de água ao redor do cocho. Nesse caso, deve-se periodicamente colocar terra ou cascalho fino, para tampar esses buracos. Não utilizar cascalho grosso, contendo pedras grandes, que podem machucar os cascos dos bovinos. As **Figuras de 26** a **31** apresentam exemplos de cochos para suplementação de bovinos.

Cochos para concentrados

No semiconfinamento, são utilizados cochos para o fornecimento de concentrados (rações fareladas) aos bovinos em engorda, sendo o volumoso a pastagem diferida. O fornecimento diário desse concentrado (ração de semiconfinamento) é da ordem de 1,0 a 1,2% do peso vivo (10 - 12 g/kg de peso vivo). Assim, um boi de 400 kg de peso vivo irá receber o fornecimento diário de 4 a 5 kg de concentrado.

O fornecimento da ração de semiconfinamento geralmente é parcelado em 2 tratos diários. Como essa ração é de consumo alto, normalmente não é formulada com ingredientes que limitam o consumo, o que requer a presença simultânea de todos os bois do lote no cocho. Por isso, é necessário proporcionar pelo menos 40 cm de testada de cocho por boi do lote. Ou seja: um lote de 80 bois semiconfinados precisará dispor de 16 m de cochos (acesso pelos 2 lados = 32 m).

Os cochos para semiconfinamento podem ser feitos de madeira, concreto ("meia-cana" com 40 a 60 cm de diâmetro) ou bombonas plásticas (200 litros) cortadas ao meio (**Figura 32**). O concentrado geralmente é depositado em local próximo, sobre estrados de madeira e coberto com lona plástica. O local do depósito deve ser cercado para evitar o acesso dos bovinos. A quantidade a ser fornecida diariamente é grande e daí decorre a vantagem de depositar o concentrado próximo. Empilhando-se a sacaria com 1,5 m de altura, pode-se estocar cerca de 1 tonelada/m².

Os cochos para semiconfinamento geralmente não são cobertos, pois sua utilização se dá no período seco. Além disso, o consumo de cada trato é rápido, em menos de ½ hora, e o fornecimento do concentrado, num eventual dia de chuva, pode esperar momentos de estiagem durante o dia.

Cochos para volumosos

Em algumas circunstâncias, pratica-se a suplementação de bovinos a pasto com alimentos volumosos. Esse volumoso é apenas parte do consumo diário de volumoso, sendo que o restante o bovino deve buscar na pastagem. Se o fornecimento do volumoso for total e a pastagem desnecessária, já se caracterizaria um esquema de confinamento.

Figura 26. Cocho para sal.

Figura 27. Cocho para sal – protegido chuva.

Figura 28. Cocho para sal – sem proteção.

Figura 29. Cascalho grosso – errado.

Figura 30. Cocho automático

Figura 31. Cocho automático.

Esse fornecimento parcial do volumoso pode ter os seguintes objetivos:

- Aumentar o suporte de uma pastagem;
- Distribuir melhor, entre os bovinos, o consumo de um suplemento concentrado que, se fornecido misturado ao volumoso, resulta num consumo mais lento da mistura e permitindo tempo para que todos os bovinos do lote acessem o cocho.

O fornecimento de volumoso requer cochos com pelo menos 60 cm de largura e 40 cm de testada de cocho por UA (Unidade Animal = bovino de 450 kg de peso vivo).

Cochos para bezerros mamando

Trata-se de um cocho para suplementação exclusiva de bezerros mamando. Ou seja: um cocho que dê acesso apenas para os bezerros e não para as vacas. Esse tipo de instalação permite suplementar os bezerros antes da desmama, proporcionando maior ganho de peso e crescimento. Esse suplemento exclusivo para bezerros (do inglês – ração de *creep-feeding*) é um concentrado que contém minerais, farelo proteico e grãos energéticos moídos, além de ureia, aditivos, etc. Os produtos disponíveis no mercado estão formulados para consumo diário de 1g até 15 g por quilo de peso vivo.

O cocho para bezerros deve ficar próximo ao cocho de sal das vacas, de tal modo que os bezerros a ele tenham acesso, toda vez que a vaca venha ao cocho lamber sal. O cocho das vacas deve ser levantado a 1 m do solo, de tal modo que dificulte o acesso dos bezerros. Se os bezerros lamberem o sal mineralizado das vacas, podem reduzir o consumo do seu suplemento exclusivo.

O cocho para bezerros deve ter 30 a 40 cm de largura, e sua borda deve ficar entre 40 a 50 cm de altura do solo. O cocho para bezerros deve ser cercado e ter apenas passagens estreitas para os bezerros, ou limitadores de altura (varas ou vigotas posicionadas a 0,9 m até 1,2 m de altura) para impedir o acesso das vacas (**Figuras 33** a **35**). Para suplementos com consumo diário previsto de até 5 g/kg de peso vivo, deve-se proporcionar pelo menos 5 cm de testada de cocho por bezerro. Para suplementos de maior consumo, proporcionar 10 cm de testada de cocho/bezerro.

Figura 32. Cochos para semiconfinamento.

Figura 33. Exemplos de cochos exclusivos para bezerros (*creep-feeding*).

Figura 34. Cocho para *creep* – próximo ao cocho das vacas.

É interessante lembrar que o uso de suplementação para bezerros, durante o aleitamento, pode não se justificar em projetos com baixa adoção de tecnologia, pois o maior peso que a suplementação proporciona por ocasião da desmama pode ser perdido ao longo do tempo, em razão dos baixos desempenhos observados durante as fases de recria e engorda, quando a idade de abate dos animais é elevada.

Figura 35. Cocho para *creep* rústico – à esquerda o cocho das vacas e, à direita, o cocho dos bezerros.

Armazenamento de insumos

Na produção de bovinos a pasto, sob manejo extensivo, o principal insumo tanto em termos de valor como de quantidade é o suplemento mineral. A ele podem-se somar os suplementos nitrogenados (proteicos), de uso no período seco, e também suplementos energéticos ou mesmo rações concentradas, conforme o esquema de suplementação adotado para o rebanho. Sob manejo intensivo e também no caso de um programa de reforma de pastagens, outro grupo de insumos importantes, em termos de volume e valor, são os fertilizantes. Suplementos e fertilizantes demandam estruturas para seu armazenamento, sendo que, em ambos os casos, existem ingredientes que podem ser corrosivos, por isso os barracões, se forem de estrutura metálica, devem ter pintura especial protetora.

Tabela 6. Características de armazenamento para suplementos de bovinos.

Produto	Densidade (kg/m³)	Na pilha de sacaria 2,0 m de altura (kg/m²)
Sal Mineralizado, Sal+Ureia	900 – 1.000	1.900
Sal Proteinado	550 – 650	1.200
Suplemento proteico-energético	500 – 600	1.100
Ração farelada	400 – 550	950

Depósito para sal mineral

Os suplementos minerais, suplementos nitrogenados ou rações devem ser armazenados em um depósito exclusivo. Para rebanhos pequenos, pode ser um cômodo anexo a outra estrutura (depósito, oficina, sala de arreios, etc.) e, para rebanhos de grande porte, deve ser um barracão. Se for um cômodo anexo, deverá ter uma entrada de acesso independente, voltada para o lado externo da construção, e deverá ficar totalmente isolada das outras atividades ali conduzidas.

O depósito para suplementos deve ser uma construção fechada, de alvenaria ou madeira, protegida contra a entrada de ratos. O piso deve ser alto (pelo menos 30 cm acima do nível do terreno circundante) e protegido contra umidade. Pode ser cimentado ou mesmo de madeira. O telhado deve ser bem vedado, para evitar a entrada de pássaros. O barracão deve ser arejado, com aberturas teladas. Os suplementos devem ser armazenados em pilhas de sacos, sobre estrados de madeira (altura de pelo menos 15 cm), distantes pelo menos 0,5 m das paredes ou de outras pilhas de sacaria. Cada produto deve ser claramente identificado. A capacidade de estocagem, conforme o tipo de suplemento ou ração, está discriminada na **Tabela 6**.

Em um rebanho de 500 cabeças (gado adulto – 500 UA), o consumo semestral de sal mineralizado (ou sal+ureia) deve ser algo próximo de 9 t. Essa quantidade demanda apenas 5 m² para o armazenamento em pilhas de sacarias (2,0 m de altura). Considerando-se o afastamento das paredes e o espaço para manuseio da sacaria, um cômodo de 3x3m seria suficiente.

Se fosse feito o semiconfinamento de 500 bois, por um período de 90 dias, com fornecimento diário de 4 kg de ração por boi, a quantidade total de ração seria de 180 t, e a área de armazenamento (em pilhas de sacaria de 3,0 m de altura) seria de pelo menos 130 m². Considerando-se o distanciamento entre as pilhas e o afastamento das paredes, seria preciso uma área de pelo menos 180 m². As **Figuras 36** e **37** apresentam croqui e imagem, respectivamente, de um modelo de barracão para suplementos e rações (capacidade de 70 t sal mineralizado ou 35 t ração).

Depósito para fertilizantes

O barracão para armazenamento de fertilizantes pode ser aberto (sem paredes laterais). Não há a preocupação com ratos e pássaros. Os fertilizantes também devem ser armazenados afastados das paredes, em pilhas de sacarias sobre estrados de madeira. A densidade é de 1.300 a 1.600 kg/m³. Os fertilizantes devem ser armazenados em local exclusivo, distante de suplementos, sementes e outros insumos.

Tanque para óleo diesel

O tanque para óleo diesel deve respeitar as normas ambientais que visam evitar que o combustível infiltre no solo. Tanto o tanque como o local de abastecimento devem contar com uma estrutura de retenção de eventuais vazamentos, ou seja, o vazamento fica retido nos limites de um piso cimentado e é encaminhado para uma caixa de retenção (caixa de areia), de onde pode ser removido, sem infiltrar no solo. O croqui da **Figura 38** apresenta uma estrutura para tanque de óleo diesel e pátio de abastecimento.

Preparo de suplementos e rações

Fábrica de sal mineral e suplementos

Algumas propriedades dispõem de equipamento para preparar misturas minerais e suplementos na propriedade (**Figura 39**). Isso pode proporcionar uma redução de custos, quando se pode contar com grãos de produção própria ou da vizinhança, bem como contar com alguns ingredientes minerais a baixo custo, como sal branco ou calcário calcítico. Porém, essa prática nem sempre é vantajosa, pois requer assessoria de um nutricionista e mão de obra treinada. Além disso, a batida de misturas minerais e suplementos na propriedade dificilmente resultam em redução significativa de custos para rebanhos menores do que 1.000 cabeças.

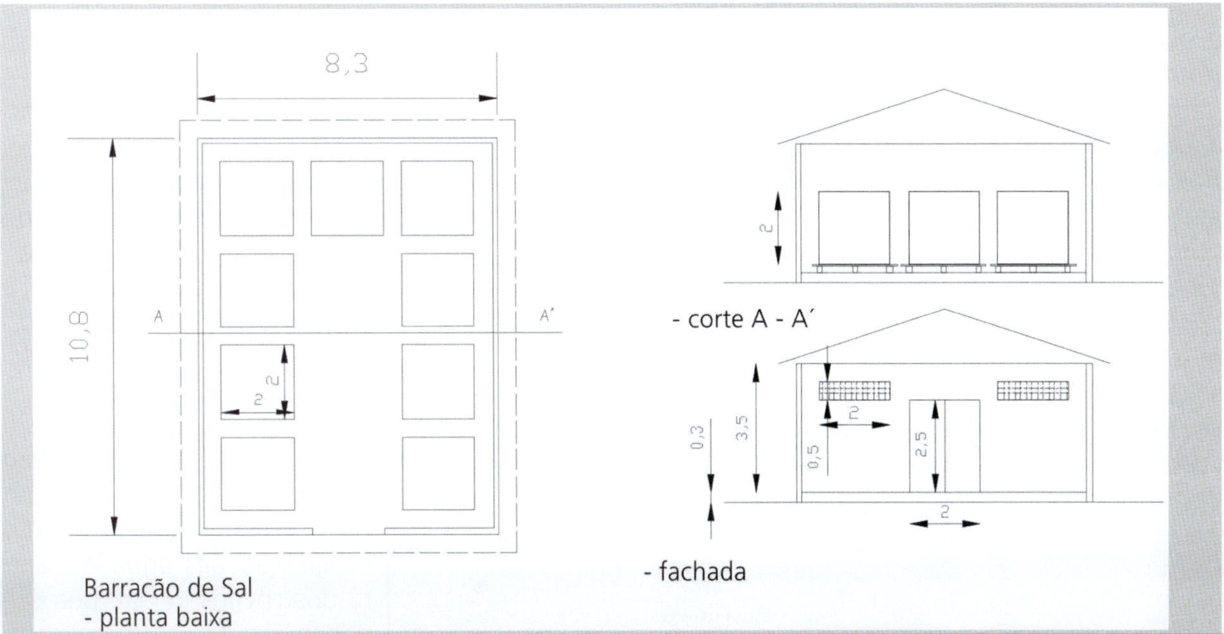

Figura 36. Croqui barracão de sal Mineral e suplementos

Figura 37. Depósito de sal mineral – estrados e pilhas distantes das paredes.

Caso essa prática seja adotada, pode-se trabalhar com os seguintes tipos de batidas:

a) Sal Mineralizado

- Concentrado Mineral + Sal Branco
- Núcleo Mineral + Sal Branco + Calcita + Fosfato Bicálcico

b) Sal+Ureia

- Concentrado Mineral + Sal Branco + Ureia
- Núcleo Mineral + Sal Branco + Calcita + Fosfato Bicálcico + Ureia

c) Sal Proteinado e Sal Proteico-Energético

- Conc. Mineral + Sal Branco + Ureia + Farelo Proteico + Grão Moído
- Núcleo Mineral + Sal Branco + Calcita + Fosfato Bicálcico + Ureia + Farelo Proteico + Grão Moído

Não existe qualquer vantagem econômica ou operacional em preparar, na propriedade, pré-misturas de microelementos minerais ou outros suplementos e aditivos de baixa inclusão na dieta. Tais ingredientes das rações e das misturas minerais geralmente apresentam custo unitário muito elevado e requerem equipamentos de precisão e mão de obra especialmente treinada para sua dosagem e processamento. Qualquer pequeno desperdício, erro de formulação ou erro de manuseio, já resultará em prejuízos. Portanto, um núcleo mineral contendo pelo menos os microelementos minerais (cobre, cobalto, ferro, iodo, manganês, selênio e zinco) e também alguns macroelementos de consumo mais reduzido (magnésio, enxofre), deve ser comprado de empresas especializadas em nutrição animal.

Outro fator que pode limitar economicamente o preparo de misturas minerais, na propriedade, é a necessidade de análises químicas de todas as partidas adquiridas, para determinação dos níveis de garantia dos nutrientes e possíveis contaminações com outras substâncias químicas. Isso é necessário para garantir o atendimento dos níveis de minerais desejados nas formulações e evitar a intoxicação dos animais por substâncias tóxicas que, eventualmente, possam estar presentes nas rochas que deram origem aos minerais utilizados no preparo dos suplementos.

Conforto

Para bovinos a pasto, diversos aspectos ligados ao projeto das instalações são importantes para lhes proporcionar conforto e bem-estar, tais como: localização das aguadas, altura dos cochos de sal, boa drenagem das áreas de suplementação, largura dos corredores de manejo, etc. Além disso, dependendo das condições climáticas e da raça dos bovinos, podem ser necessárias estruturas que proporcionem sombra e proteção do vento.

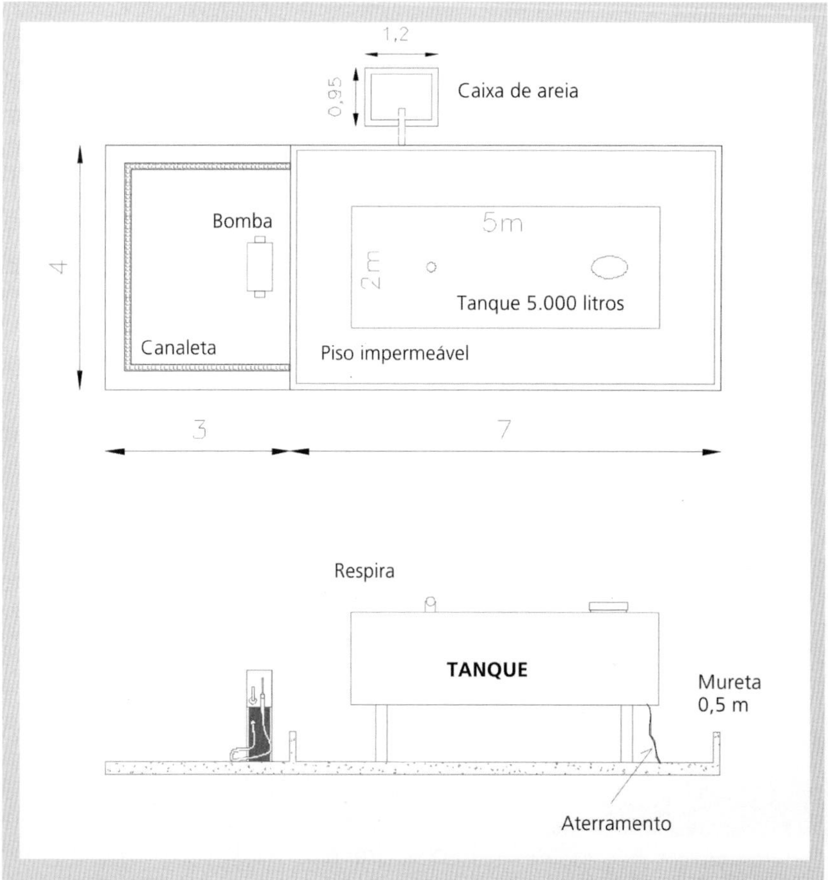

Figura 38. Tanque de óleo diesel e pátio de abastecimento.

Sombra

Bovinos de raças europeias e suas cruzas podem apresentam melhor desempenho produtivo e reprodutivo, se dispuserem de sombra nas horas quentes do dia, especialmente em regiões quentes e úmidas. Algumas categorias de bovinos de raças zebuínas (ex.: vacas paridas, bezerros até 90 dias) também podem procurar a sombra, em condições de calor excessivo (**Figuras 40** e **41**).

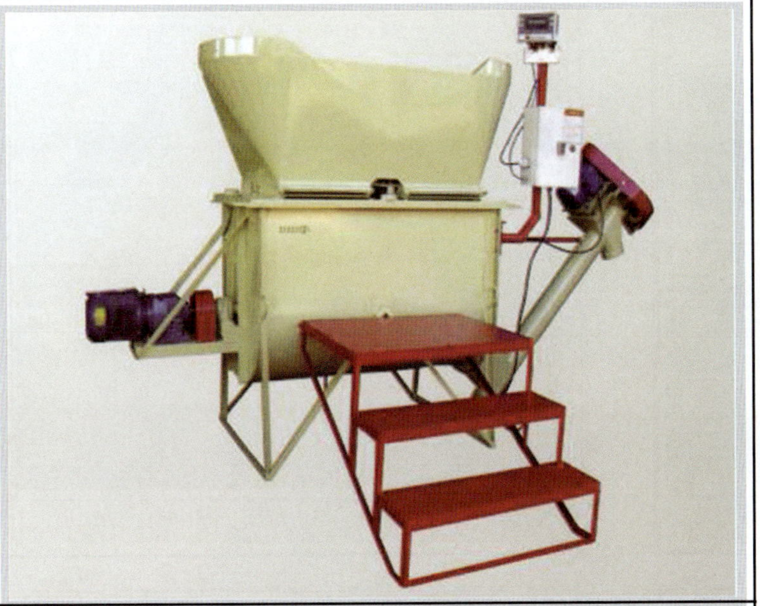

Figura 39. Modelo de misturador de sal mineral e rações.Misturador horizontal, capacidade 250 kg/batida. Fabricante: NUTRIMETAL – Campo Grande/MS.

A sombra pode ser proporcionada pela existência de árvores nativas nas pastagens, pelo plantio de árvores ou por estruturas de sombreamento artificial, como ripados e telas de sombreamento. A área sombreada deve ser de 1,5 a 2,0 m^2 por cabeça. Geralmente, é adequado que a sombra esteja localizada próximo à aguada e ao cocho de sal. Árvores de copa larga e densa (mangueira, figueira, ingá, oiti, etc.) proporcionam sombreamento efetivo, como também linhas ou renques de árvores altas (eucalipto, pínus, seringueiras, grevílias, etc.). As linhas de árvores devem, preferentemente, ser direcionadas no sentido Norte-Sul, podendo ficar localizadas próximas às cercas que dividem as pastagens.

O sombreamento artificial com ripados ou tela (sombrite) deve proporcionar pelo menos 70 % de sombra. Para um lote de 100 cabeças, 2 estruturas de 5m X 20m são suficientes. A tela de sombreamento deve ser estendida a pelo menos 2,5 m de altura do solo, sobre uma malha de arames lisos esticados entre esteios de sustentação.

Quebra-Vento

Em algumas condições, devem-se instalar estruturas que ofereçam proteção contra os ventos frios, especialmente no Sul do Brasil. Podem ser aproveitados acidentes do terreno, no planejamento da divisão das pastagens, talhões de mata nativa ou renques de árvores. O quebra-vento deve ser instalado perpendicular à direção do vento predominante (ou do vento problema, que nem sempre é o predominante). O quebra-vento formado com árvores pode apresentar diferentes densidades, permitindo maior ou menor passagem do vento. Isso é chamado de porosidade da barreira quebra-vento. A porosidade pode ser de 20%, 50%, 80%, etc. Ou seja: deixa passar 20%, 50%, 80% do vento. Um quebra-vento único, de baixa porosidade, pode resultar em turbulência na área que deveria estar protegida, devido à súbita redução de pressão atrás da barreira ao vento. Assim, pode ser mais efetivo instalar 2 ou 3 renques de árvores (mais porosos, de por exemplo 50% de porosidade), espaçados de 30-40 m, de modo que o 1° renque reduza em 50% o vento, o 2° em mais 50% (redução total de 75%) e o 3° em outros 50% (redução final de 87,5%).

A faixa protegida é de 15 a 20 vezes a altura do quebra-vento em terrenos planos. Ou seja: uma faixa plantada com eucaliptos de 12 m de altura poderá proteger uma faixa contígua de 180-240 m de largura. Barreiras curtas são pouco efetivas, pois o vento penetra pelas laterais com a velocidade aumentada, turbilhonando a área que deveria ser protegida. O comprimento do quebra-vento deve ser de pelo menos 20 vezes sua altura, para reduzir o efeito do vento das laterais.

Instalações para bovinos de corte confinados

Dependendo do sistema de produção adotado, pode existir a necessidade de confinar os animais em períodos estratégicos, visando ao ajuste de lotação das áreas de pastagens durante os períodos de menor produção (período seco ou de inverno), ou a comercialização dos

Figura 40. Vacas paridas - na sombra.

Figura 41. Novilhas e vacas solteiras – no sol.

animais em períodos com possibilidade de melhor remuneração (entressafra). O confinamento exige investimentos em instalações, na faixa de R$ 100,00 a R$ 150,00 por boi alojado.

A seguir, algumas considerações sobre a escolha do local para a construção da estrutura do confinamento e sobre os tipos de instalações, conforme o manejo e tipo de arraçoamento. Vale lembrar que o custo elevado das instalações para confinamento e a possibilidade de utilização de outras técnicas de suplementação pode tornar economicamente desinteressante a adoção dessa tecnologia, sendo necessários estudos criteriosos da sua real necessidade.

Localização estratégica na fazenda

A localização correta das instalações de confinamento, na propriedade, permite utilizar estruturas disponíveis e agilizar a administração, contribuindo para redução de custos e o sucesso da atividade. Fatores como distância do centro administrativo da propriedade, da área de corte de silagem, localização dos silos de volumosos e da fábrica de ração, curral de manejo, fonte de água, etc., devem ser considerados no momento da decisão sobre a escolha do local da construção dos currais de confinamento. Erros de avaliação, nesse momento, podem acarretar transtornos difíceis de serem corrigidos no futuro. A instalação de um confinamento envolve as seguintes considerações:

- Uso intensivo de insumos;
- Controle rotineiro do desempenho;
- Necessidade de água em volume e qualidade adequados;
- Segurança do patrimônio (gado, equipamentos, instalações);
- Necessidade de energia elétrica.

Um confinamento geralmente é composto pelas seguintes estruturas:

- Pátio de manejo;
- Currais de confinamento;
- Área de produção de volumosos;
- Silos de volumosos.
- Captação de água

As **Figuras 42** e **43** apresentam um croqui de instalação de um confinamento em uma propriedade e o posicionamento das instalações, respectivamente.

Pátio de operações

O confinamento deve dispor de um pátio de operações, composto pela fábrica de ração, silos de armazenamento de grãos, silos de volumosos, curral de manejo, escritório, etc. A proximidade desse centro com a área dos currais de confinamento permite um melhor controle da atividade e uma redução nos custos com transporte de insumos e distribuição da ração. O curral de manejo deve estar localizado junto aos piquetes de confinamento, facilitando o trânsito dos animais e seu consequente controle, tanto

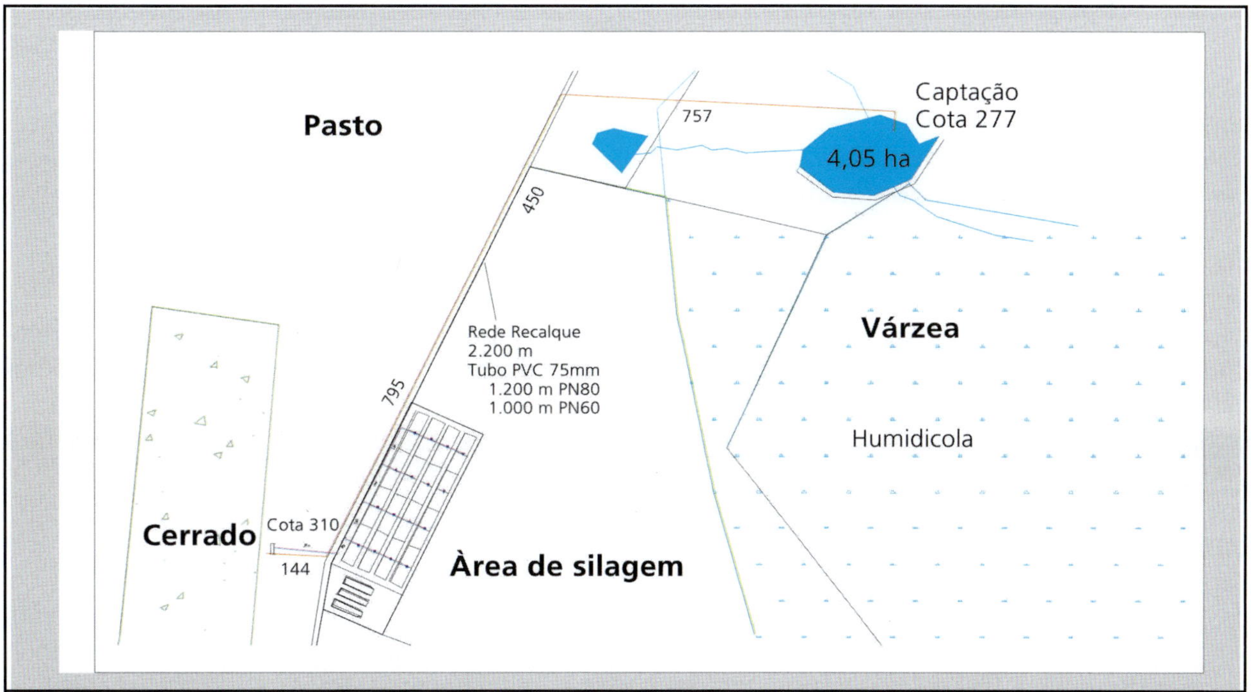

Figura 42. Localização do confinamento na propriedade.

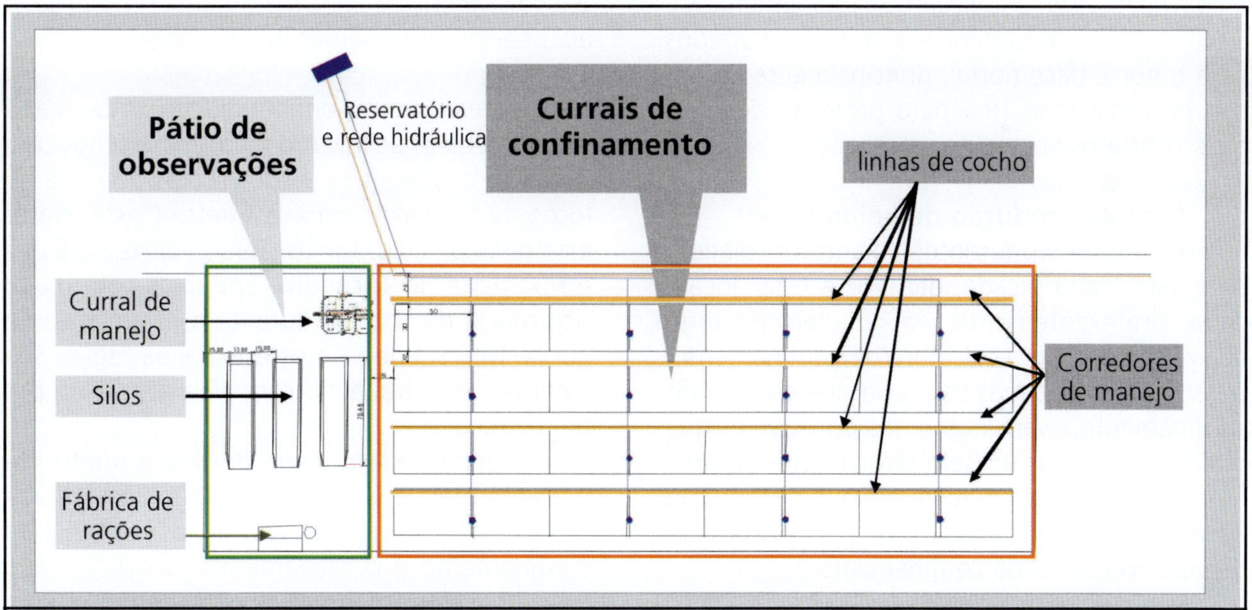

Figura 43. Posicionamento das instalações de um confinamento.

na entrada como na saída do confinamento e nas pesagens de acompanhamento. Para o controle de ganho de peso, ao longo do período de confinamento, a localização do curral é estratégica, pois a pesagem dos animais deve ser realizada em curto espaço de tempo, reduzindo o estresse dos animais e o período em que eles ficarão sem se alimentar.

Existe necessidade de energia elétrica. Geralmente um trafo de 45 kVA é suficiente para confinamentos de até 5.000 cabeças. A principal demanda de energia é para o moinho de grãos.

Além de energia e água, a escolha do local deve privilegiar a utilização de um curral de manejo já disponível na propriedade, de modo a reduzir o investimento. Se isso não for possível, pode-se construir um curral simples, somente para as pesagens de controle e embarque dos bois para abate.

Área dos currais de confinamento

Com relação à área dos currais de confinamento propriamente dita, alguns aspectos devem ser considerados. Objetivando a redução de manobras por parte das máquinas de distribuição de ração, a área a ser escolhida deve permitir linhas de cocho longas, de 100 a 500 m de comprimento, suficientes para o alojamento de 200 a 1.200 animais.

Dependendo da região do país, deve-se considerar entre 15 e 60 m² a área necessária para alojamento dos bois confinados, aí incluídos os currais e os corredores de manejo.

Essa área deve apresentar uma declividade ao redor de 3 a 5% e solo com boa drenagem, para evitar a formação de lama no piso (quanto menor a declividade e pior a drenagem maior deverá ser a área por animal confinado). Deve ser dada preferência a terrenos voltados para o norte (face norte), principalmente em locais de clima mais frio, para proteção dos animais contra os ventos no inverno.

Área de produção de volumosos

A área de produção de volumosos (silagem de capim, cana picada, etc.) deve estar localizada, preferentemente, em um terreno logo abaixo e contíguo à estrutura de confinamento. Desse modo, as águas de chuva que escoam do confinamento levam nutrientes do esterco, que podem se infiltrar no solo diretamente na área de corte de forragens. Além disso, a distribuição do esterco sólido fica facilitada pela proximidade com os currais de confinamento.

Área dos silos para volumosos

Os silos para armazenamento de volumosos devem ficar localizados ao lado da área de produção de volumosos, pois a agilidade e rapidez do transporte da forragem picada até os silos reduzem os custos e também o tempo até a compactação do material, o que, por sua vez, melhora a qualidade do material ensilado.

Além disso, os silos devem ficar também próximos ao pátio de operações (fábrica de ração) para agilizar o carregamento das carretas ou caminhões distribuidores de ração. Os silos devem estar localizados de forma a facilitar o trânsito até a fábrica de rações, permitindo um deslocamento rápido e fácil da saída desses silos até a plataforma de carregamento do concentrado na fábrica.

Fonte de água

A área do confinamento deve estar, preferencialmente, próxima de fonte de água potável (limpa e corrente), para reduzir custos com a captação e distribuição. O volume de projeto é de 40 litros de água/boi/dia.

Currais para confinamento

O curral para confinamento é o local onde os animais permanecem durante todo o período de confinamento, recebendo a ração diariamente e com acesso livre a um bebedouro (**Figura 44**). Desse local, os animais só saem para eventuais pesagens de controle do ganho de peso e, ao final do confinamento, diretamente para o abate.

A área por boi confinado deve ser de 8 a15 m², nas regiões de inverno seco, em terrenos com declividade adequada e sobre solos pouco argilosos. Isso é válido para o Centro-Oeste, Noroeste de São Paulo, Minas Gerais, Oeste da Bahia e boa parte do Tocantins. Em áreas com maior ocorrência de chuvas, durante o inverno, como Sul do MS, Sul de SP e os estados da região Sul, é conveniente trabalhar com 30 a até 60 m² por boi confinado.

A declividade mínima de 3% é muito importante, pois a única forma efetiva de retirada do excesso de água de chuva dos currais para confinamento é o escoamento superficial. São desconhecidos esquemas de drenagem que, com o passar dos anos, não se tornem deficientes, devido à matéria orgânica do esterco. Naturalmente, em solos bastante arenosos, a drenagem natural ajuda a secar mais rápido a área do confinamento. Por outro lado, a construção dos currais para confinamento sobre área pedregosa também é vantajosa, desde que tenha declividade para um bom escoamento da água das chuvas. O importante é que, pelo tipo de solo e declividade do terreno, a área seja pouco propí-

Figura 44. Curral para confinamento de bovinos.

uma declividade para um ou para os dois lados de pelo menos 0,3 % e, no máximo, de 3%. O objetivo desse pequeno declive é que as linhas de cocho não funcionem como terraços em nível, represando a água das chuvas. Ao contrário, a linha de cochos deve ser construída tal como um terraço de base larga, porém não nivelado, mas em gradiente, de modo a conduzir a água em um sentido planejado.

cia à formação de barro. Em áreas muito planas, deve-se preparar o terreno, erguendo a linha de cochos e os bebedouros e instalando montes de terra batida no centro de cada curral para confinamento, de modo que os bois sempre encontrem um lugar seco para deitar.

Essas recomendações de área/cabeça são para estruturas a céu aberto e com piso sem revestimento, o que é uma estrutura adequada para utilização no período seco. Recentemente, a atividade de confinamento está deixando de ser praticada somente no período seco (maio a novembro), e alguns confinamentos já operam o ano todo. Nesse caso, o curral para confinamento (piquete) deve ter piso concretado e o cocho deve ser coberto (**Figura 45**). A área por boi confinado pode ser reduzida para apenas 5 m². Assim, um curral para confinamento com 50 m de frente de cocho poderá ter apenas 10 m de fundo. A pavimentação do piso do confinamento onera sobremaneira o investimento nas instalações. Hoje, somente de concreto para o piso (7 a 10 cm de espessura – traço 1:3:5), o investimento nas instalações seria acrescido de R$ 80,00 a R$ 100,00/cabeça.

Localização das linhas de cocho e tamanho dos currais para confinamento

Uma vez determinada a área dos currais para confinamento e a sua orientação no terreno, a próxima providência é o posicionamento da linha de cocho na parte mais alta dos currais. Essa recomendação justifica-se no sentido de se evitar a formação de lama ao longo dos cochos, tanto do lado de dentro dos piquetes – faixa onde os animais se posicionam para alimentação – como do lado externo – faixa por onde transita a carreta distribuidora de ração. Além de estar na parte alta, a linha de cocho deve apresentar

O tamanho dos currais (ou piquetes) é definido pelo tamanho do lote de bovinos que será alojado no local. Lotes de 100 animais são mais usuais, pela facilidade de homogeneização dos animais, no momento da apartação para o início do confinamento, para a condução dos mesmos para pesagem e também para a formação dos lotes de abate.

Se a ração é mal homogeneizada (p.ex.: o concentrado é fornecido 2 vezes por dia sobre o volumoso que já está no cocho), recomenda-se uma frente de cocho de 50 cm por cabeça, para que todos os animais possam ter espaço para consumo ao mesmo tempo. Assim, para lotes de 100 cabeças o cocho deve ter 50 m de comprimento. Essa frente de cocho pode ser reduzida em razão do tamanho dos animais e da homogeneização da ração, ou seja, quanto melhor for a mistura entre volumoso e concentrado mais difícil é a seleção dos alimentos pelos animais dominantes, que chegam primeiro ao cocho. Frentes de cocho de 35 cm podem ser usadas desde que se preste bastante atenção aos detalhes citados acima.

A **Figura 46** apresenta um projeto de currais para confinamento com capacidade para lotes de 100-120 bois e localiza linhas de cocho, porteiras, bebedouros, etc. A **Figura 47** mostra uma opção para a localização das estruturas de um confinamento, com a localização das linhas de cocho e o sentido da declividade do terreno para permitir melhor escoamento da água das chuvas.

Tipos de cocho

O tipo de cocho mais recomendado é o pré-moldado de concreto, pois é de mais fácil insta-

Confinamento o ano todo
Área por boi confinado

- O confinamento precisa ter piso concretado e cocho coberto.
- Área por boi confinado - 5 m^2/cabeça.
- É necessário sistema de escoamento de água e manejo de chorume.
- Investimento aproximadamente R$ 200,00/cabeça.

Figura 45. Curral para confinamento de bovinos durante o ano todo.

lação, conservação e limpeza. Podem ser construídos também de alvenaria, a um custo mais reduzido. Outros tipos de cocho também podem ser utilizados, como cochos de madeira, de tambor de plástico de 200 litros cortados ao meio, de laterais de bambu ou de varas direto no chão, etc. No entanto, esses outros tipos apresentam os inconvenientes de possuírem divisões internas e entre cochos, o que dificulta a sua limpeza e provoca um maior desperdício de ração. Além disso, necessitam de manutenção mais constante. É muito comum, hoje, a contratação de empreiteiros que fabricam os cochos de concreto pré-moldado, na própria fazenda, com formas, ferragens, betoneira, vibrador de concreto e mão de obra própria.

O cocho deve ter 60 a 70 cm de boca e uma altura de 50 cm do piso, para permitir tanto o acesso fácil dos animais como a distribuição da ração pela carreta. Recomenda-se que a parede externa (lado da carreta) dos cochos seja um pouco mais alta, para evitar que os animais consigam jogar ração para fora.

Do lado interno dos piquetes, ao longo da linha de cocho, pode ser concretada uma faixa de 2 m de largura, que tem por objetivo manter a área da base do cocho sempre limpa e sem buracos. Devido ao grande pisoteio no local, por causa do acúmulo de animais por ocasião do arraçoamento, essa é uma região suscetível a erosão. Para reduzir custos de instalação, essa faixa pode ser cascalhada; no entanto, isso exige manutenção constante.

Do lado externo do piquete, ao longo da linha de cocho, localiza-se a estrada que permite

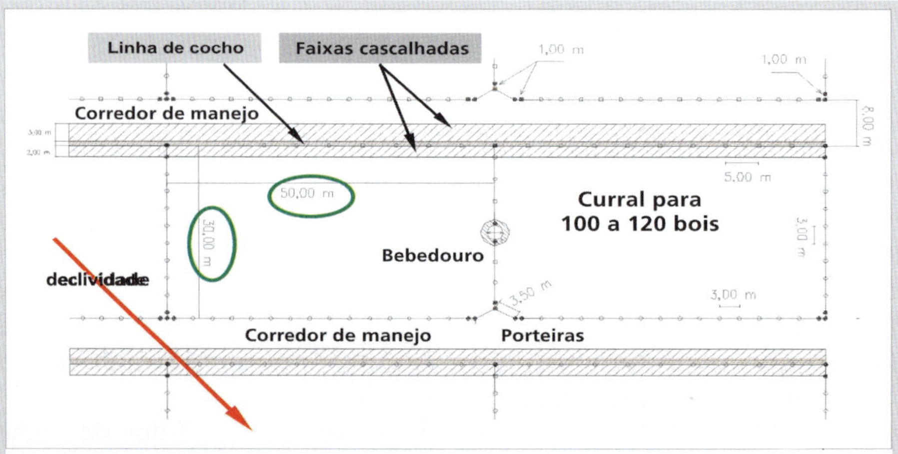

Figura 46. Projeto de currais para confinamento.

a distribuição da ração pelas carretas ou caminhões. Foi dito *estrada* porque deve ser encarada como tal, para garantir o acesso das máquinas e a operação de arraçoamento em qualquer circunstância. Essa estrada deve ser cascalhada e bem estabilizada, de forma que, caso chova, não ocorra prejuízo no fornecimento de ração. Observa-se que, como o cocho deverá estar sempre em uma posição mais alta no terreno, essas duas faixas (a faixa cascalhada externa - *estrada* - para a distribuição de ração e a faixa cascalhada ou concretada interna) terão declividades opostas, jogando a água para longe dos cochos.

O cocho ideal deve apresentar os seguintes pré-requisitos:

- Evitar desperdícios de ração;
- Ter elevada capacidade volumétrica;
- Ser fácil de limpar;
- Permitir acesso confortável aos bovinos.

As **Figuras 48** e **49** apresentam modelos de cocho pré-moldado de concreto, que são consideradas ideais.

Cercas e porteiras

Para contenção dos animais deverá se construída uma cerca do lado interno e ao longo da linha de cocho. Essa cerca deverá ter 1,55 m de altura e mourões a cada 5 m, com 2 fios de arame liso na parte superior. Em cada mourão, deverá ser fixado um suporte, cujo objetivo é manter uma cordoalha a uma altura de aproximadamente 50 cm acima e no centro da linha de cocho (**Figura 50**).

O cercado dos currais de confinamento deve ser construído com 5 a 7 fios de arame liso, com mourões a cada 3 m (**Figura 50**). Para determinação do tamanho de cada piquete, deve ser levado em consideração o tamanho dos lotes, a declividade e a drenagem do terreno. Considerando-se uma declividade de 3 % e uma boa drenagem, a recomendação é de 15 m^2 por cabeça. Assim, para lotes de 100 cabeças com 50 cm de frente de cocho, têm-se piquetes de 50 m de frente por 30 m de fundo.

Cada piquete deverá ser dotado de uma porteira de acesso, de 3,5 m de largura, que permita a entrada de máquinas para limpeza do esterco e outras operações que se fizerem necessárias. Essas porteiras deverão estar localizadas no canto de cada curral de confinamento (**Figura 50**). O mourão suporte

Figura 47. Localização das estruturas do confinamento.

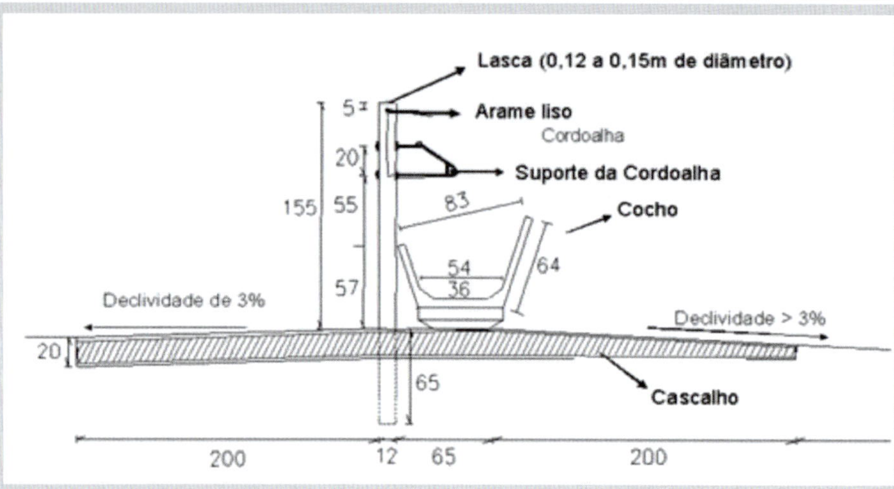

Figura 48. Modelo de cocho pré-moldado de concreto.

das porteiras poderá suportar as porteiras de dois currais contíguos. As porteiras deverão ser instaladas em diagonal, facilitando a manobra dos tratores e caminhões na entrada dos piquetes.

Corredores de manejo

As porteiras dos piquetes onde os animais serão confinados darão acesso a um corredor de manejo, de 8 a 10 m de largura, que tem por objetivo conduzir os animais ao curral de manejo. Esses corredores também serão usados pelas máquinas distribuidoras de ração, pois dão acesso aos fundos de uma linha de currais de confinamento e à linha de cocho dos currais abaixo. Os corredores, eventualmente, poderão ser mais largos, dependendo do tipo de equipamento utilizado para a distribuição da ração. O corredor deve dar a volta em toda a área dos piquetes, para facilitar o trânsito de máquinas e animais.

Para cercar os corredores externos aos currais de confinamento, deverá ser construída uma cerca de 5 fios de arame liso com mourões a cada 3 m. Deverão ser construídas uma ou duas porteiras de acesso à área dos piquetes, para permitir a entrada das máquinas. Esse corredor externo deverá dar acesso ao curral de manejo.

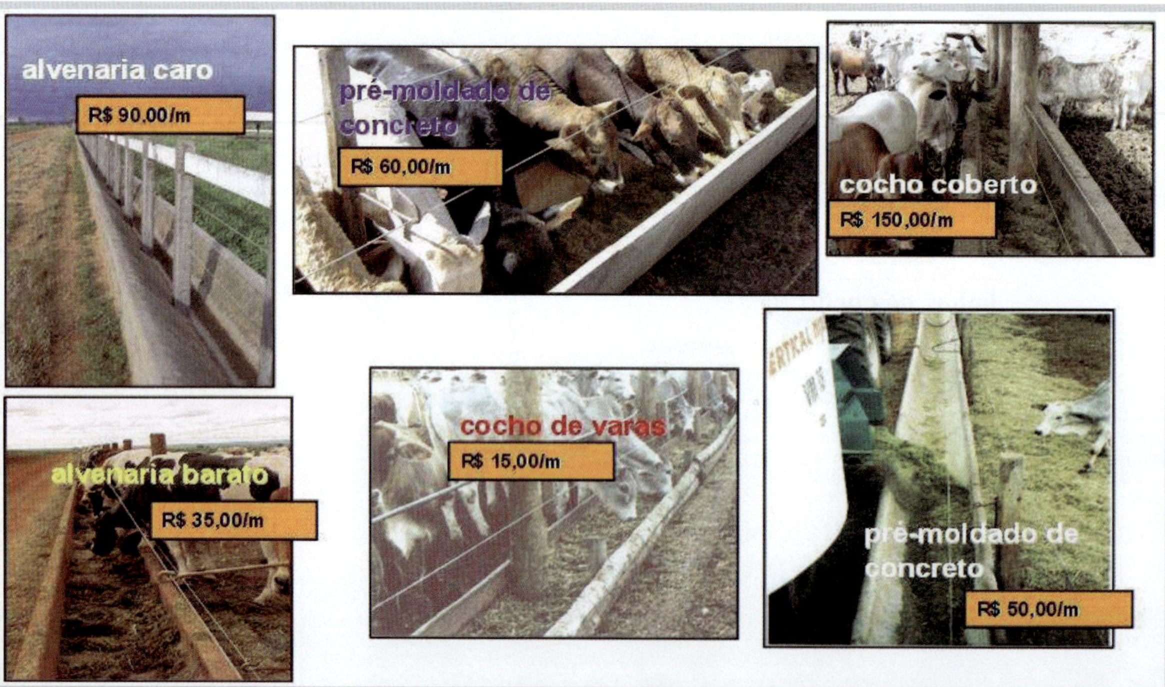

Figura 49. Tipos de cochos.

Bebedouros

A disponibilidade de água para os animais é tão ou mais importante que o fornecimento de ração. Água limpa em abundância é essencial para o seu bom desempenho em confinamento. Os animais bebem, em média, de 30 a 35 litros de água por dia. No entanto, essa média varia em razão da quantidade de água presente na ração. Rações mais úmidas, à base de silagem de capim, fornecem uma maior quantidade de água aos animais que, assim, irão beber menos.

Para dimensionar a quantidade de água necessária aos animais, deve-se considerar, para efeito dos cálculos de vazão de água na rede de distribuição e da reposição de água nos bebedouros, a existência de um pico de consumo ao longo do dia, o que ocorre das 11 às 15 horas, sendo que 70% do consumo de água ocorre nesse período. No projeto, considera-se 40-50 litros de água por cabeça por dia. Como os bebedouros, para economia de construção, são localizados ao longo das cercas que dividem os piquetes, cada um deles serve a 200 animais (2 lotes de 100 cabeças). Desta forma, são necessários 10.000 litros de água para atender a esses dois lotes durante 24 horas. O uso de boia de vazão total permite que o bebedouro seja rapidamente completado, e o uso de bebedouros de 1.000 a 1.500 litros é suficiente para atender à demanda de água nesse período.

Para garantir o fornecimento de água deve ser construído um reservatório de água em posição elevada no terreno, de forma que a distribuição aos bebedouros seja feita por gravidade. O tamanho desse reservatório depende do número dos animais confinados no projeto. De forma geral, consideram-se 2 a 3 dias de reserva de água no sistema (reservatório + bebedouros). A água é conduzida desse reservatório até os bebedouros, por gravidade, por meio de tubos de PVC, cujos diâmetros são dimensionados de acordo com o desnível do terreno e a distância a ser percorrida.

São utilizados pelo menos 2 cm de frente de bebedouro por boi confinado. Assim, um bebedouro que atende a 2 lotes de 100 bois deverá ter pelo menos 2 m de comprimento, 1 m de largura e 60 cm de profundidade.

Curral de manejo

Uma das instalações mais importantes de um confinamento de engorda e terminação de bovinos de corte é o curral de manejo. É nesse curral que os animais são preparados para en-

Figura 50. Exemplo de cercas e porteiras para confinamento.

trar no confinamento, recebendo os tratos sanitários necessários, as marcações para controle do ganho de peso e a divisão em lotes. Um dos principais fatores de sucesso da atividade é justamente a separação dos lotes, de modo a manter juntos animais de peso, idade e características semelhantes. Isso só é possível com um bom curral, que possibilite um manejo adequado de apartação. Contudo, muitas fazendas podem aproveitar o curral existente, montando a estrutura do confinamento em área próxima. Até 1.000 m de distância, para deslocamento dos bois para pesagens e controles, não representa problema, desde que o corredor de acesso seja adequado e se trabalhe com pessoal suficiente para evitar falhas de manejo no trajeto.

Os currais apresentados no **Capítulo 1.2** são adequados também para o confinamento. A **Figura 51** apresenta projeto de curral, dotado de seringa com porteira que empurra os bois para o brete e brete em curva.

Galpão para fábrica de rações

Pode ser necessária a construção de um galpão, que tem por objetivo abrigar estoques de alimentos e a fábrica de rações (**Figura 53**). As máquinas e equipamentos utilizados para a distribuição de ração para os bois confinados também podem ser abrigados nesse galpão.

Esse galpão deve ser construído em alvenaria ou estrutura metálica, com pé direito alto (suficiente para o abrigo das máquinas e equipamentos necessários ao projeto) e piso concretado (10 cm espessura). Se forem recebidos alimentos a granel, transportados por carretas basculantes, o pé direito deve ser de 6 m. Como regra geral, galpões de 300 m² (30 x 10 m) são suficientes para abrigar a fábrica de rações, uma caixa para estocagem de 120-200 t de grãos e área para 200 t de ingredientes ensacados. Para confinamentos maiores (mais de 5.000 cabeças), recomenda-se a instalação de silos graneleiros (**Figura 52**). O abrigo das máquinas (tratores, vagões forrageiros, implementos, etc.) pode ser construído na lateral do galpão. Cada trator ocupa 20-25 m² de garagem. O galpão para fábrica de ração pode abrigar também uma oficina e, eventualmente, um escritório e banheiros. Esse galpão deve ser localizado próximo aos silos de volumosos, para facilitar o carregamento das carretas de distribuição de ração.

O armazenamento de grãos, em confinamentos de grande porte, é melhor realizado em silos ou a granel, em boxes de alvenaria (**Figura 54**). Essas variáveis, que incluem o preparo integral ou parcial da ração e dos concentrados, ou mesmo a compra do concentrado pronto, é que determinam o tipo e o tamanho das estruturas para armazenamento e processamento dos alimentos.

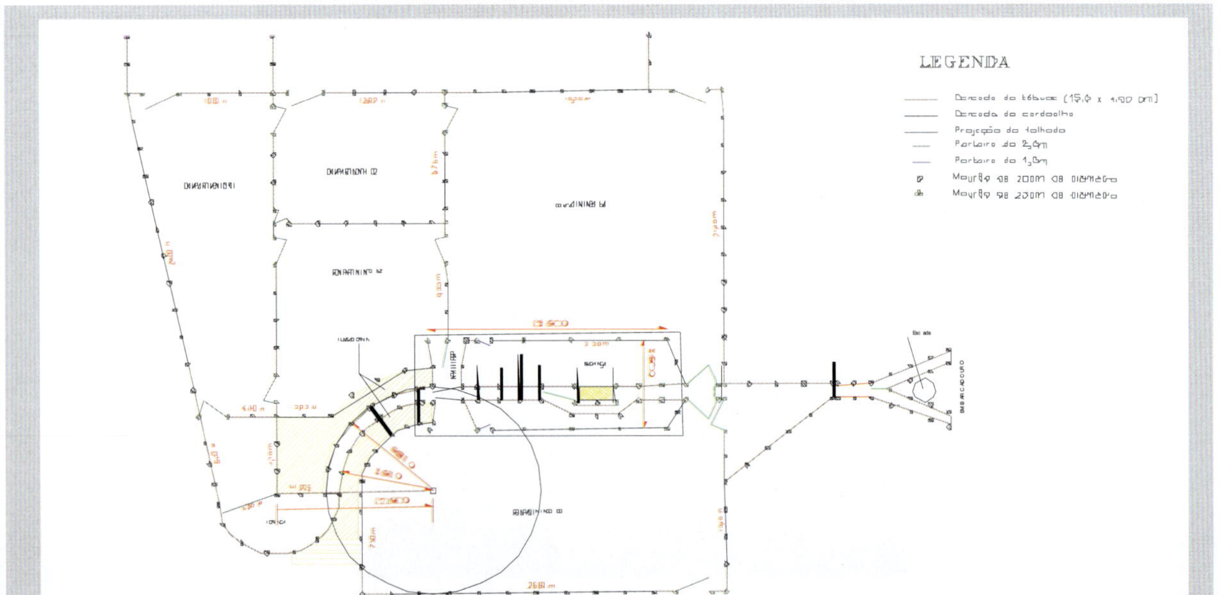

Figura 51. Projeto de curral antiestress (manejo racional).

Figura 52. Silos de grãos e farelos. Confinamento Santa Fé, Santa Helena de Goiás/GO.

Figura 53. Fábrica de rações.

Figura 54. Box de Alimentos – Confinamento F Salles – Valparaíso, SP.

Silos para volumosos

Existem vários tipos de silos para o armazenamento de alimentos volumosos em um confinamento. No entanto, três tipos se destacam pela sua facilidade operacional: o silo tipo trincheira (**Figura 56**), silo de superfície (**Figura 55**) e o silo tipo *bunker*.

A escolha do silo mais adequado a cada situação se dá, principalmente, em função do terreno em que se encontra o projeto. Quando há declividade suficiente, o silo tipo trincheira deve ser o escolhido, pois permite uma compactação mais eficiente e uma vedação mais segura. Os silos tipo *bunker* e de superfície devem ser utilizados em terrenos planos. No entanto, para a confecção de silos pequenos para aproveitamento de pequenas quantidades de volumoso, ou quando se tem urgência no corte das plantas forrageiras, o silo de superfície é uma boa opção. O silo tipo *bunker* deve ser usado em superfícies planas, mas com instalação definitiva, pois requer a construção de paredes de alvenaria ou de taludes de terra, para suportar a pressão da compactação.

Um dos fatores mais importantes no momento da construção de um silo é o seu dimensionamento. Seguindo o conceito de rapidez para fechamento (quanto mais rapidamente for compactado e vedado o silo melhor será a qualidade do material ensilado), é importante que o silo seja dimensionado de acor-

Figura 55. Silo superfície.

Figura 56. Silo trincheira.

do com a quantidade de silagem que será cortada por dia. O ideal é que cada corte da área de forragem seja acondicionada em um silo distinto, sem que se remontem silagens de cortes diferentes em um mesmo silo.

No caso da silagem de milho, que é produzida em apenas um corte, o silo deve ser dimensionado de acordo com a quantidade de volumoso que será produzida. Dependendo dessa quantidade, pode ser necessária a construção de mais de um silo.

O tamanho dos silos também é influenciado pela quantidade de silagem a ser utilizada, diariamente, durante o confinamento. Isso determina a frente de corte, que é a área de massa ensilada que fica exposta após a abertura do silo. No processo de desensilagem, o ideal é que seja retirada uma fatia completa do silo todos os dias, evitando-se que se formem degraus nessa frente. A espessura da fatia deve ser de no mínimo 50 a 60 cm, para evitar que a massa que permanece no silo, após cada dia, seja muito afetada pela exposição ao ar provocada pela manipulação da massa que efetivamente é retirada do silo todos os dias. Assim, essa frente de corte é determinada pela quantidade de animais que serão arraçoados e pelo consumo médio de silagem.

Considerando-se um confinamento para 5.000 cabeças em terminação, durante 100 dias, e um consumo diário por animal de 20 kg de volumoso, tem-se um consumo total de silagem da ordem de 10.000 toneladas. Considerando-se ainda uma densidade de 700 kg/m^3 da silagem, deve ser construído um silo de 14.300 m^3 para essa quantidade de silagem. No entanto, para essa quantidade de silagem, o mais recomendável é que sejam construídos 3 ou mais silos. No caso de 3 silos, estes devem ter capacidade de 4.770 m^3 cada um, um para cada corte da forrageira (no caso de silagem de capim). Se cada silo tiver um comprimento de 70 m (considera-se esse o comprimento máximo, do ponto de vista operacional) e uma altura de 3,5 m, a largura será de 19,5 m. Os 5.000 bois consumirão cerca de 100 t de silagem por dia, o que equivale cerca de 140 m^3. Desse modo, com uma frente de silo de 19,5 m de largura e 3,5 m de altura, a fatia diária será de 2,0 m , bem acima do mínimo de 50 cm.

Em solos menos arenosos, com boa estrutura, normalmente não há necessidade de se revestir o silo trincheira lateralmente. Manutenções anuais, após o confinamento e antes da próxima safra de silagem, geralmente são suficientes para manter as paredes em condições ideais de uso. O piso do silo, no entanto, pode ser concretado, uma vez que o trânsito de máquinas é grande na época das águas (produção da silagem) e fatalmente haverá formação de lama, prejudicando o deslocamento das máquinas e a qualidade da silagem. Uma alternativa é o preparo do piso do silo com uma mistura de terra e calcário compactados. Gasta-se 4 a 5 kg de calcário/m^2 e o efeito é de um solo-cimento. A mistura do calcário pode ser realizada com a grade niveladora. Basta cortar a 10-15 cm de profundidade e compactar bem (existe uma umidade ótima para a compactação - molhar se necessário). O piso deve ficar suavemente abaulado para as laterais, de modo que a água da chuva e o chorume da silagem escoem fora da área de trânsito.

O silo deve apresentar uma declividade, no sentido do fundo para frente, da ordem de 1%, para evitar o acúmulo de chorume, que pode ocorrer, principalmente, em silagens mais úmidas (como é o caso da silagem de capim). As paredes laterais e traseiras do silo devem ser construídas em ângulo inclinado para fora, para facilitar a compactação do material com o trator e evitar o desmoronamento de terra, quando não houver revestimento.

Conforto no confinamento

Sombra

A instalação de sombras é recomendável em áreas de clima muito quente e quando se confina gado cruzado com raças europeias. A disponibilidade de sombra resulta em maior consumo de MS durante o dia, nas horas quentes. Porém, o aumento no consumo total diário de MS é pequeno. A sombra pode ser propocionada por renques de árvores, entre os currais de confinamento (**Figura 57**), ou por telas de sombreamento. Deve-se proporcionar pelo menos 2 m² de sombra por boi. Se a testada de cocho for menor do que 50 cm por boi confinado, recomenda-se que a sombra seja instalada no fundo do piquete de confinamento e não sobre o cocho.

Figura 57. Tela de Sombreamento – Sombrite.

Quebra-ventos

Em algumas localidades, especialmente no Sul do Brasil, onde ventos frios podem prejudicar o desempenho dos bois confinados, recomenda-se a instalação de renques de árvores, como quebra-ventos, entre os currais de confinamento (**Figura 58**).

Morrotes

A formação de morrotes de terra compactada no centro dos currais de confinamento confere maior conforto aos bovinos, em caso de chuvas, pois esses morrotes ficam secos e ali, mesmo com fortes chuvas, os bois podem deitar livres do barro. Os morrotes devem ter 1,0 a 1,5 m de altura e devem proporcionar 1,5 m² de área por boi confinado. Assim, um curral com 100 bois confinados pode ter, no seu centro, um morrote de 10x15m. A água deve escoar livremente do morrote. Mesmo que o piso do curral do confinamento fique totalmente coberto por barro, o morrote proporciona um espaço mais seco para o gado deitar. O gado zebuíno, especialmente, responde muito bem a esse tipo de cuidado.

Sistema de aspersão de água – Controle de poeira.

Em regiões muito secas e de solos argilosos, recomenda-se a instalação de um sistema

Figura 58. Renque de Eucaliptos – Sombra e Quebra-vento.

de aspersão para molhar o piso dos currais para confinamento e reduzir a formação de poeira (**Figura 59**). Essa medida evita eventuais problemas respiratórios nos bovinos confinados, especialmente no gado mais jovem (precoce e superprecoce) e também melhora o ambiente para os tratadores, instalações e moradias próximas. O investimento é de R$ 10,00 a R$ 15,00 por boi confinado.

A quantidade de água a ser aplicada é de 5 a 10 mm, a cada 3-5 dias. Não é necessário molhar toda a área do curral para confinamento, sendo suficientes 50% a 60%.

Figura 59. Sistema de aspersão.

Referências bibliográficas

Bürgi, R. Confinamento: Conceitos Atualizados. In: **II Congresso Latinoamericano de Nutrição Animal**, São Paulo/SP, 2006, 26 p.

Bürgi, R. Instalações. In: **Curso Online – Confinamento: Manejo para Aumento da Produtividade – Módulo 2**, Piracicaba, AGRIPOINT, 2008. p. 1-14.

Curso BOVIPLAN - Intensificação da Pecuária de Corte no Brasil – editado por BOVIPLAN Consultoria Agropecuária Ltda., Piracicaba/SP, 2002 - 165 p.

Simpósio de Pecuária de Corte: novos conceitos na produção bovina, 2°, Lavras/MG, 2002. Suplementação Múltipla para Bovinocultura de Ciclo Curto em Pastagens, Paulino M.F. et al.: anais / editado por Ivo Francisco de Andrade *et al.* - Lavras: NEPEC/UFLA, 2002.

Volpe, C.A.; Schöffel, E.R. Quebra-vento. In: RUGGIERO, C. **Bananicultura**, Jaboticabal: FUNEP, 2001. p. 196-211.

Seção IV

Cria e Recria

CAPÍTULO 7

Manejo da estação de monta, das vacas e das crias

Claudio Maluf Haddad
Professor Associado
Departamento de Zootecnia
ESALQ/USP. Piracicaba, SP
cmhaddad@esalq.usp.br

Clayton Quirino Mendes
Doutor em Ciência Animal e Pastagens
ESALQ/USP. Piracicaba, SP
cqmendes@esalq.usp.br

Introdução

A fertilidade do rebanho é o componente de impacto econômico mais importante para o sucesso da produção de gado de corte na fase de cria. As características de fertilidade de um rebanho apresentam baixa hereditariedade, o que é agravado pela interação de fatores ambientais e genotípicos. Dentro desse contexto, faz-se necessário o controle reprodutivo das matrizes, o qual não pode ser realizado de forma eficaz sem um período de monta e de parição definidos.

Para obter sucesso na atividade de cria devem ser consideradas as práticas de manejo e como estas influenciam o padrão reprodutivo das matrizes. Baseado nos fatores predisponentes e condicionantes da eficiência reprodutiva de vacas de corte, o esquema apresentado a seguir (**Figura 1**) contempla um modelo conceitual de como as decisões de manejo e o desempenho reprodutivo das matrizes podem influenciar a eficiência biológica da atividade de cria. Além disso, evidencia a importância dos fatores reprodutivos sobre a economicidade da pecuária de corte

Considerando-se os fatores apresentados na **Figura 1**, um dos primeiros passos para aumentar a eficiência de sistemas de cria de bovinos de corte é a adoção da estação de monta e de parição. Na ausência da estação de monta, a fertilidade reprodutiva apresenta variações, vinculadas principalmente às condições climáticas, e a colheita de bezerros pode ser seriamente comprometida.

Neste capítulo, serão abordados os principais pontos relacionados ao manejo de vacas e de suas crias. Serão discutidos os aspectos relacionados à utilização da estação de monta e de parição, bem como sua influência na produção de bezerros, os quais estão intimamente relacionados ao capítulo específico sobre reprodução.

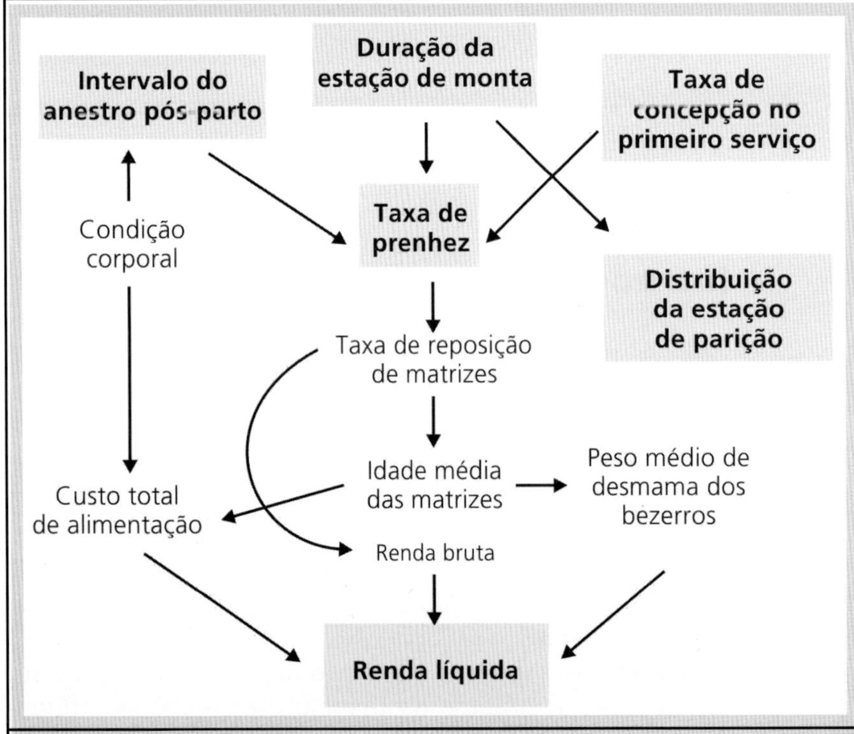

Figura 1. Fatores predisponentes e condicionantes da eficiência reprodutiva de vacas de corte.

Manejo das vacas de criação

A reprodução é o mais importante fator econômico em um rebanho de corte que executa a fase de cria. Portanto, estabelecimentos pecuários que realizam cria-recria, cria-recria-engorda ou cria-engorda têm na reprodução seu mais importante atributo econômico, como pode ser observado na **Tabela 1**.

Os dados apresentados na Tabela indicam que, embora o melhoramento genético seja importantíssimo para todos os atributos econômicos citados, a herdabilidade baixa para reprodução mostra que os fatores de meio (notadamente a *nutrição*) influenciam sobremaneira o desempenho animal. Além disso, o quadro indica que para uma fazenda de gado de corte, é mais importante nascer um bezerro do que seu desempenho futuro como ganhador de peso e qualidade de carcaça.

Sendo a colheita anual de bezerros o principal objetivo de uma fazenda de pecuária de corte, fica difícil entender os baixos índices zootécnicos observados no rebanho nacional. Na **Tabela 2**, pode-se observar os índices zootécnicos médios do rebanho brasileiro, bem como os índices propostos por Zimmer e Euclides Filho (1997) para sistemas mais tecnificados e o considerado ideal para a pecuária de corte brasileira por Oliveira *et al.* (2006).

Quando se compara o Brasil com países mais desenvolvidos na aplicação de conceitos zootécnicos, observa-se que o grande diferencial resume-se na importância que o pecuarista brasileiro dispensa à reprodução.

Estação de monta

A estação de monta é uma ferramenta zootécnica utilizada com o objetivo de fornecer condições especiais de alimentação, manejo (mão de obra) e época de comercialização, para que matrizes co-

Tabela 1. Comparação entre os diferentes atributos econômicos em pecuária de corte.

Atributo	Valor econômico relativo	% herdabilidade
Reprodução	8,5	10
Produção (ganho de peso)	1,0	40
Carcaça	0,5	50
	10,0	

Fonte: Adaptado de Willham (1973).

locadas em reprodução e suas futuras crias tenham o máximo desempenho. Tais condições referem-se à propriedade alvo, de modo que a escolha da estação de monta deve levar em conta inúmeros fatores locais, dentro de uma visão técnica ideal.

Estabelecer o período de monta é uma medida prática, facilmente executável e que exige baixo investimento financeiro. Em termos gerais, a estação de monta deve estar inserida dentro de um manejo reprodutivo amplo, de acordo com o esquema apresentado na **Figura 2**.

O esquema produtivo apresentado demonstra que o tempo decorrido entre um parto e o subsequente deve se situar idealmente em 12 meses. O intervalo entre partos (IP) de 12 meses significa, em outras palavras, que a matriz deve produzir um bezerro/ano. Se for descontado do IP (12 meses) o período de gestação (média de 9,5 meses), obtém-se o período de serviço (PS) que é definido como o intervalo decorrente entre o parto e a fertilização efetiva (cobrição fértil).

Dentro desse esquema, a matriz teria teoricamente 75 dias (2,5 meses) para reconcepção pós-parto, e esse período de serviço deveria coincidir com a estação de monta. Entretanto, na prática, considera-se gestação de 9 meses e período de serviço de 3 meses, o que equivale dizer que a estação de monta, definitivamente implantada, não deve ultrapassar 90 dias.

Outro ponto importante é lembrar que a vaca, tão logo derrube o bezerro, iniciará a lactação que, em gado de corte, dura em média 7 meses (desmama ao sete meses). Isso significa que o período de reprodução (estação de monta) coincide com o início da lactação, e esses momentos fisiológicos tendem ao antagonismo.

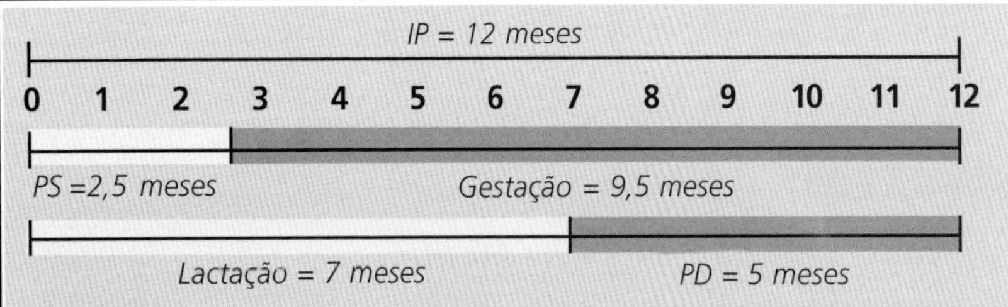

Figura 2. Esquema produtivo para vacas de corte.

Finalmente, voltando ao esquema proposto, o período de descanso (PD = 5 meses) refe-

Tabela 2. Índices zootécnicos médios do rebanho brasileiro e em sistemas tecnológicos mais evoluídos.

Índices	[1]Média brasileira	[1]Sistema melhorado	[1]Sistema com tecnologia avançada	[2]Meta
Natalidade	60%	70-80%	> 80%	≥90%
Mortalidade até desmama	8%	6%	4%	2%
Taxa de desmama	54%	65%	75%	88%
Mortalidade pós-desmama	4%	3%	2%	1%
Idade à 1ª cria	4 anos	3-4 anos	2-3 anos	1,7-2,6 anos
Intervalos entre partos	21 meses	18 meses	14 meses	12 meses
Idade de abate	4 anos	3 anos	2,5 anos	1-2 anos
Taxa de abate	17%	20%	22%	≥35%
Peso de carcaça	200 kg	220kg	230kg	245kg
Rendimento de carcaça	53%	54%	55%	55%
Lotação	0,9 UA/ha	1,2 UA/ha	1,6 UA/ha	≥ 2 UA/ha
Kg de carcaça/ha	34	53	80	≥200
Taxa de descarte de matrizes	—	—	—	15-20%

Fonte: [1]Adaptado de Zimmer e Euclides Filho (1997), [2]Proposto por Oliveira *et al.* (2006).

re-se ao descanso anual *de lactação*, mas coincide com a gestação de um novo bezerro.

Objetivo básico da Estação de Monta

O principal objetivo a ser alcançado em uma propriedade que adota a estação de monta é ter no mínimo 80% dos cios ocorrendo nos primeiros 50 dias da estação. Quanto mais rápido ocorrer o cio e a fertilização, mais rápidamente se dará a estação de nascimento, e bezerros nascidos no início são melhores que os bezerros nascidos tardiamente.

Além disso, as vacas que foram cobertas mais cedo irão parir no início da estação de nascimentos e terão mais tempo para reconceber na estação de monta subsequente. Vacas que parirem mais tarde, normalmente são candidatas a permanecerem vazias na estação de monta seguinte; portanto, devem ser eliminadas no processo de seleção funcional.

Vantagens da Estação de Monta

Como foi abordado anteriormente, a estação de monta permite equacionar a reprodução e o manejo das demais categorias do rebanho com a disponibilidade de alimento, e sempre em função do sistema de produção vigente na propriedade. Dentre as principais vantagens da adoção da estação de monta, cita-se:

a) Conhecimento da eficiência reprodutiva do plantel

Após a realização da estação de monta haverá a confirmação ou não da prenhez e a decisão de manter ou não a matriz no rebanho. Ainda que não haja identificação de cada vaca do rebanho, a estação de monta permite a separação de dois lotes, um de vacas prenhes e outro de animais vazios, os quais podem ser identificados simplesmente com o corte da vassoura da cauda ou marcação (corte em forma de "v") na ponta da orelha. À medida que se conhece o desempenho reprodutivo do plantel, realiza-se seleção, e as matrizes improdutivas são descartadas, tornando o método o primeiro nível de seleção funcional do rebanho.

b) Programação de utilização da mão de obra

A estação de monta gera uma estação de parição, dessa forma pode-se programar a utilização da mão de obra para momentos de maior demanda dentro da propriedade.

c) Obtenção de lotes de bezerros mais homogêneos

Quanto menor a duração da estação de monta, mais homogêneo é o lote de bezerros, pois haverá menor diferença de idade entre eles. Esse atributo é importante no momento de comercialização ou utilização futura das crias.

Duração da Estação de Monta

O ideal é que a estação de monta não ultrapasse o período de serviço. Em rebanhos bem manejados, a estação de monta dura de 45 a 60 dias, mas é aceitável um período de até 90 dias. Após 3 meses de estação de monta, a taxa de natalidade do rebanho tende a cair muito e os controles zootécnicos se afrouxam.

Para sistematizar um rebanho, cujo manejo reprodutivo baseia-se na monta natural o ano todo, em uma estação de monta pré-determinada, é necessário fazer uma adaptação à nova situação de uma forma lenta e paulatina. Deve-se observar o período natural de maior taxa de nascimentos, descontar a gestação e procurar enquadrar a nova estação de monta, inicialmente, em um período maior (5 a 6 meses) e ir reduzindo, anualmente, 15 dias de ambas as extremidades até o período considerado ideal. Assim mesmo, várias matrizes, cujos partos ocorriam fora da estação natural, ficarão impossibilitadas de reconceber, e esse prejuízo deve ser previsto.

Alguns criatórios optam pela adoção drástica e imediata de um curto período de estação de monta e, para isso, efetuam com antecedência a substituição de matrizes por novilhas em ponto de cobrição (300-330 kg PV). Essa técnica é denominada troca com troco, ou seja, elimina-se uma matriz pesada (450-500 kg de peso vivo) e substitui-se por uma novilha mais leve. A diferença em peso e, portanto, financeira, deverá ser utilizada para compensar a menor taxa de reconcepção dessas futuras primíparas na próxima estação de monta.

Outra recomendação importante é que o período de monta das primíparas deve ser antecipado em relação às vacas, iniciando-se 30 dias antes. Essa recomendação garante que as novilhas, por estarem em fase de crescimento e lactação, tenham tempo suficiente para recuperar seu estado fisiológico e iniciar o segundo período de monta junto com as demais matrizes do rebanho. Com esse manejo, é possível reduzir o período de serviço e aumentar a eficiência reprodutiva.

Época de Estação de Monta x Estação de Parição

A época da estação de monta e, consequentemente, da estação de parição, é determinada em razão do melhor período para o nascimento dos bezerros e para atender à maior exigência nutricional das matrizes. Como abordado anteriormente, a escolha da época da estação de monta deve levar em conta a disponibilidade de alimento local e as condições em que o sistema de produção se localiza. Portanto, é uma definição própria, não havendo uma época que possa ser considerada única ou padrão.

Deve ser estabelecida para cada região do País, a melhor época que atenda essas variáveis. Mais importante do que o mês de parição, a sazonalidade na produção de forragens, determinada pelas condições edafoclimáticas de cada região do País deve ser respeitada. Além disso, considerando-se a extensão territorial e a diversidade climática do Brasil, é de extrema importância considerar que determinadas regiões e seus respectivos biomas não são propícios para o desenvolvimento da atividade de cria na pecuária de corte, não sendo possível nestes casos obter eficiência biológica e econômica.

A seguir, tem-se um exemplo de um esquema reprodutivo (**Figura 3**), válido para condições das regiões Sudeste, Centro-Oeste e Norte do País, nos quais o período chuvoso vai de setembro/outubro a abril/maio e, o seco, no restante do ano. Essa escolha é justificada a seguir:

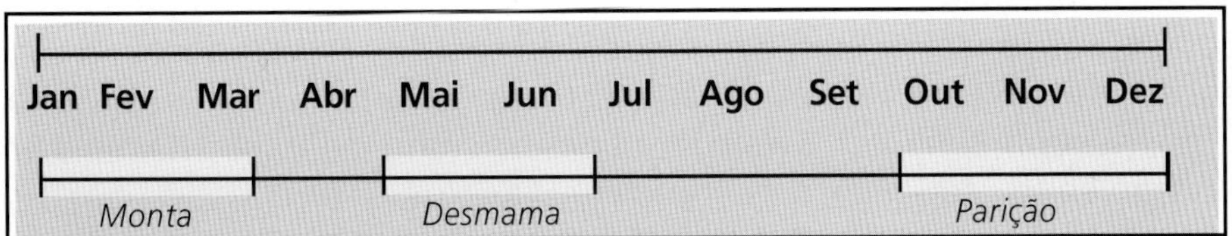

Figura 3. Esquema reprodutivo para vacas de corte para as Regiões Sudeste, Centro-Oeste e Norte do Brasil.

Estação de Monta – Janeiro a Março

Nesse período, há a maior produção e/ou acúmulo das pastagens na propriedade, de modo que o estado nutricional da matriz (condição corporal) deve ser o melhor possível. Essas condições nutricionais permitem a máxima manifestação do cio.

Estação de Parição – Outubro a Dezembro

O período de lactação também coincidirá com a disponibilidade de forragem, de modo que, embora fornecendo leite à cria, a vaca não o faz mediante mobilização de suas reservas corporais. Dessa forma, a matriz não emagrece e pode entrar em cio mais rápido na estação de monta seguinte.

As crias também são favorecidas nesse esquema, pois além do leite mais abundante, vão encontrar pastagens de melhor qualidade, auxiliando sua passagem para o estado de ruminante funcional, não tendo seu desenvolvimento futuro comprometido.

Estação de Desmama – Maio a Junho

Os bezerros desmamam na entrada da seca, e isso é altamente positivo para a matriz recuperar a melhor condição corporal. Não passar a seca em lactação é fator primordial na economicidade do processo, pois a alimentação de matrizes comerciais no cocho dificilmente apresenta vantagem econômica. Ao contrário, desmamar bezerros no início da seca exige uma alimentação suplementar para eles. Uma vez que bezerros comem menor quantidade diária de matéria seca, quando comparado com um animal adulto, o retorno econômico é viável. Ao criador clássico, ainda sobra a opção de venda imediata pós-desmama, e as vacas aguardarão prenhes a próxima estação.

O esquema descrito anteriormente permite algumas conjeturas importantes, devido à ocorrência da estação de nascimentos nas águas. Muitos criadores não admitem um esquema reprodutivo em que os partos ocorram nas águas. Alega-se que o excesso de leite das mães causa diarreia nas crias, provoca alopecia (queda dos pelos) e aumento da mortalidade.

Nessas circunstâncias, esses produtores fazem coincidir estação de parição na seca (maio/junho a setembro) com a consequente estação de monta que ocorre de agosto/setembro a novembro. Voltando ao livre arbítrio da escolha da época de estação de monta, é preciso ter em mente que não há estação de monta feita com critérios técnicos sem o correspondente suprimento alimentar no período crítico (seca).

Se a escolha for feita visando partos na seca é preciso suplementar a matriz; caso contrário, há comprometimento no seu desempenho reprodutivo. Se a escolha for desmamar a cria no início do período seco, também há necessidade de garantir perfeita nutrição ao animal jovem no período crítico que se aproxima. Portanto, não há possibilidade de se efetuar uma estação de monta sem a necessária previsão e planejamento das atividades na seca. Essa regra se aplica para todo o País, e evidencia quão difícil é realizar a cria em biomas críticos como a caatinga, onde a janela de chuvas raramente ultrapassa 3 meses.

A alegação de que o período chuvoso é prejudicial ao desenvolvimento inicial do bezerro é altamente discutível. Dificilmente uma vaca com sangue Nelore (anelorada) exibiria abundância de produção de leite a ponto de causar distúrbios na cria. O que ocorre, na maioria dos casos, é que o local de nascimento é insalubre, úmido, sem proteção de sombra ou de relevo, e o resultado é semelhante aos antigos bezerreiros de leite, em que as condições de sanidade contribuíam para grande mortalidade observada. Ademais, essa mortalidade pode advir do atraso na ação dos peões responsáveis pela desinfecção do umbigo e garantia da primeira mamada. Em condições de calor e umidade (nascimento nas águas), a vistoria das maternidades deve ser diária ou mais frequente, ao contrário do período seco em que se tolera 2-3 dias para a cura do umbigo.

A queda dos pelos (alopecia), normalmente atribuída à freqüência das chuvas, geralmente tem etiologia na ação de fungos dermatófitos (*Microsporum* ou *Trichophyton*) ou bactéria (*Dermatophilus congolensis*), frequentes em regiões tropicais e subtropicais, principalmente após períodos intensos de chuva.

Preparo das matrizes para estação de monta

Fêmeas destinadas à reprodução devem preencher os requisitos de condição corporal ideal e sanidade impecável. Fêmeas livres de brucelose, tuberculose, vibrioses, leptospirose e demais problemas sanitários é condição básica para reprodução. Partindo-se do princípio de estar havendo estação de monta definida e seleção para reprodução, os eventuais problemas de saúde devem ser anteriormente detectados, e os animais com problemas eliminados.

A condição corporal é mais recomendada do que a avaliação do peso corporal no manejo de vacas de cria, pois considera o acúmulo de reserva corporal, a qual será mobilizada pela fêmea durante a fase inicial da lactação, no período de balanço energético negativo. A condição corporal ideal varia da escala de 5 para matrizes aneloradas e 6 para taurinas, e está relacionada diretamente com as condições de nutrição do rebanho. De acordo com a **Tabela 3**, pode-se inferir que a porcentagem de vacas em cio, aos 60 dias pós-parto, aumentou de 46% para 91% apenas com a melhoria da condição corporal ao parto (Wiltbank, 1994).

Tabela 3. Porcentagem de vacas em cio aos 40, 50 e 60 dias após o parto, de acordo com o estado corporal ao parto.

Estado corporal ao parto	Manifestação de cio (%) 40 dias	50 dias	60 dias
Magra	19	34	46
Moderada	21	45	61
Boa	31	42	91

Fonte: Wiltbank (1994).

Tanto as condições de sub ou superalimentação podem acarretar prejuízos ao sistema. Animais com baixo escore de condição corporal (vaca magra) podem apresentar falhas em ciclar e conceber, elevado intervalo entre partos e crias fracas ao nascimento; ao passo que fêmeas que apresentam escore de condição corporal alto (vaca gorda) são mais caras para serem mantidas no criatório, apresentam maior possibilidade de ocorrência de partos distócicos, mobilidade prejudicada e falhas em ciclar e conceber.

Utilização de Touros - Monta natural

Da mesma forma que um bom touro espalha seus dotes genéticos favoráveis para a prole, através das matrizes, um touro inadequado compromete todo um planejamento reprodutivo e acaba condenando indiretamente as fêmeas participantes do processo. Portanto, a escolha do touro deve incluir animais com potencial genético superior, adequado ao ambiente da propriedade e com teste andrológico recente.

Uma vez escolhido o futuro padreador é importante levar em conta as condições da estação de monta, tais como época do ano, dimensão das pastagens, relação touro:vaca, qualidade das pastagens e aguadas, presença ou não de sombra, etc.

Pastagens muito extensas levam o rebanho de matrizes a se separar, principalmente se as fêmeas procederem de diferentes criatórios. Fêmeas recriadas juntas tendem a apresentar menor grau de segregação.

Como a segregação é praticamente inevitável em grandes lotes, é interessante utilizar touros de porte físico distintos, estimulando o surgimento de hierarquia e evitando-se confrontos perigosos. A existência de dominante e dominado expulsa os últimos para a periferia do lote de fêmeas, ou para lotes segregados, aumentando a taxa de prenhez das matrizes.

Em relação ao número de vacas por touro, deve-se levar em conta também as dimensões das pastagens, relevo, qualidade dos pastos e da água, formato dos pastos e condição corporal das fêmeas. A clássica relação 1 touro para 25/30 vacas pode ser suficiente, ou não, e a observação contínua do lote em estação de monta é muito importante.

Em rebanhos bem manejados, mais de 70% dos cios vão ocorrer no primeiro mês da estação de monta, época em que o número de touros é mais exigido. À medida que a estação de monta atinge a metade para o final, os cios vão diminuindo, a ociosidade dos touros aumenta e eles tendem a ganhar peso. A observação diária do lote em monta vai permitir regular o número de touros em trabalho, o descanso para aqueles mais esgotados e usar racionalmente os machos do rebanho.

A título de exemplificação, fazendas bem manejadas apresentam relação touro:vaca de 1:35; 1:60 e 1:100, respectivamente para início, meio e final de estação, havendo ganho de peso nos touros da metade para o final do período de monta.

Utilização de Inseminação Artificial

A inseminação artificial (IA) em rebanhos comerciais é prática zootécnica aplicável para somente 5% dos estabelecimentos nacionais e requer um planejamento estrutural qualificado.

Mesmo com a utilização de protocolos sofisticados, o uso exclusivo de IA leva a uma diminuição na taxa de prenhez do rebanho, uma vez que a detecção do cio e o ato de inseminar passam a ser atividade basicamente humana e, portanto, sujeita a erros.

Entretanto, em programas de cruzamento industrial, em que não se utilizam touros (*Bos taurus*) de raças adaptadas, a IA é o único recurso viável, uma vez que touros europeus falham em condição de monta natural. A inseminação artificial também é ferramenta fundamental em programas de melhoramento genético do plantel, permitindo a utilização maciça de material genético superior.

A utilização de IA em rebanhos comerciais é fácil de ser executada em novilhas, e mais difícil em vacas com bezerro ao pé. Requer a presença de um macho infértil (touro vasectomizado e/ou com desvio lateral do pênis) ou mesmo uma fêmea androgeneizada para servir como rufião na relação de 1:60 vacas.

Os lotes de fêmeas e rufião são então vistoriados diariamente, pela manhã e ao final da tarde (rodeios). O rufião, normalmente veste um buçal marcador a tinta, o que facilita a identificação da fêmea que se deixou montar. Quando da vistoria, realizada por dois peões (empurrando o lote para um canto do pasto), animais cujo cio for detectado pela manhã são apartados e inseminados à tarde do mesmo dia. Aqueles cujo cio foi detectado na segunda vistoria são apartados e inseminados na manhã do dia seguinte.

Esse manejo implica na existência de instalação apropriada à apartação, contenção e inseminação próxima aos piquetes de estação de monta. Também implica em dificuldades adicionais de apartar vaca e bezerro ao pé do restante do lote, justificando a estrutura que a propriedade candidata ao uso de IA deve possuir.

A mão de obra deve ser treinada e reciclada a cada dois anos, e deve-se instituir um sistema de premiação adicional baseado nos índices de prenhez conseguidos.

Na maioria das vezes, a IA é realizada na forma de 1 ampola/vaca e, em seguida, repasse com touro. Essa associação de fatos permite obter maior número de prenhez por lote e, se o touro de repasse for um taurino de raça adaptada (Caracu, Bonsmara, Senepol), o cruzamento industrial manterá elevada a heterose, sem perda na eficiência reprodutiva.

Gestação e estação de parição

Terminada a estação de monta, aguarda-se de 25 a 45 dias para a realização do diagnóstico de prenhez, seja por ultrassom ou toque ginecológico, respectivamente.

As fêmeas devem ser conduzidas sem gritos, atropelos, e os trabalhos no curral devem se desenvolver calmamente. Uma vez realizado o diagnóstico de gestação, vacas vazias são candidatas à eliminação, de acordo com os parâmetros de seleção pré-determinados.

O primeiro critério de seleção para fêmeas de um rebanho comercial é a fertilidade, mas isso pode ser alterado por causa das condições nutricionais da propriedade, do clima local e outros fatores que se caracterizaram como não controláveis. Dificilmente uma fêmea vazia se provará viável economicamente permanecendo mais um ano improdutivo na fazenda. É como manter uma fábrica onde alguns funcionários nada produzirão naquele ano.

As vacas gestantes (e seus bezerros ao pé) são então levadas ao pasto, no qual, nesse intervalo até a parição, ocorrerá apartação e desmama de suas crias. Novilhas prenhes deverão ser manejadas em área distinta das vacas e observadas com maior frequência.

Em razão da estação de monta e da observação constante do rebanho, as fêmeas mais próximas do parto devem ser conduzidas aos chamados pastos-maternidade, os quais devem ser constituídos por áreas de vegetação mais rasteiras (gramíneas), bem drenadas, com aguada sadia, de preferência com sombra. Essas condições referem-se à situação sanitária da área, e as vacas devem entrar cerca de 15 dias antes do parto e sair com 15 dias após o nascimento da cria. Outra recomendação importante com relação aos pastos-maternidade é a localização, os mesmos devem ser de fácil acesso e, preferencialmente, devem estar localizados próximo do centro de manejo (curral).

A vaca no momento do parto tende a se afastar do rebanho para uma parição tranquila. Em rebanhos de gado de corte comercial, raramente ocorre intervenção humana no parto e, por isso, é importante a definição da raça do touro explorada (ideal raças que produzem animais pequenos ao nascer) e/ou DEP negativo para peso ao nascer.

As três principais anomalias que podem acometer as matrizes no parto são retenção de placenta, prolapso uterino e necessidade de cesárea. Para rebanhos comerciais, é apontada a retenção de placenta como o único fenômeno que não afeta a reprodução futura da matriz, de modo que vacas nessas condições podem ser mantidas no plantel.

Cuidados com o par vaca/bezerro logo após o parto

As maiores perdas ocorrem durante a fase de cria. De acordo com Oliveira *et al.* (2006), tais perdas podem chegar a 15% e deve-se fazer o possível para evitá-las. Nessa fase, as principais preocupações dos fazendeiros serão a sobrevivência e o desenvolvimento das crias e as condições ideais para reconcepção da matriz.

O desenvolvimento dos bezerros dependerá da quantidade de leite ingerido (genética materna e condição do pasto), sua carga genética e possíveis fatores externos de constrangimento do crescimento como ecto e endo parasitas, ocorrência de doenças, etc. Durante essa fase, além dos cuidados realizados logo após o nascimento, deve-se adotar algumas medidas de manejo das crias, envolvendo identificação, alimentação, desmama, sanidade, etc. Todas direcionadas para garantir a desmama de um bezerro saudável e pesado.

Os padrões comportamentais do par vaca/bezerro, nos momentos logo após a parição, podem estar associados à sobrevivência e desenvolvimento dos bezerros e ao desempenho materno das vacas nos partos futuros e, portanto, devem ser considerados no manejo pós-parto (Paranhos da Costa *et al.*, 1996). Dessa forma, é importante ressaltar que logo após o parto é preciso garantir tempo hábil para o *imprinting*, momento em que mãe e cria se gravam na memória visual, olfativa e auditiva, não devendo haver nenhuma interferência externa. É comum também o hábito atávico de *esconder a cria*, em que a vaca sai para pastejar retornando ao bezerro algumas vezes/dia. Todos esses cuidados descritos devem ser mais intensos na maternidade das novilhas, dada à sua natural inexperiência.

Terminado o trabalho de parto, a vaca deve lamber vigorosamente a cria, para retirar restos placentários do focinho e narinas, e ativar a circulação do recém-nascido. Algum momento após, o bezerro procura instintivamente o úbere da mãe para realizar a primeira mamada, dando início ao processo de transmissão da imunidade por meio da ingestão do colostro.

Ingerir o colostro nas primeiras 4-6 horas de vida é fundamental para a sobrevivência da cria, pois a molécula de gamaglobulina presente nas primeiras secreções da glândula mamária é absorvida intacta nesse período, atuando como agente imunizante no organismo. À medida que o tempo passa, diminui a malha absortiva de grandes moléculas pela mucosa intestinal, e o colostro passa a ter a imunoglobulina quebrada e digerida, a qual passa a ter ação nutricional e não imunizante. Essa é a razão para vistoria constante dos pastos-maternidade pelo encarregado. A observação do úbere materno e do vazio do bezerro permite concluir se houve ou não as mamadas iniciais, imprescindíveis à sobrevivência da cria. Em caso negativo, mãe e filho devem ser conduzidos ao curral, a fêmea ordenhada em tronco e o colostro fornecido artificialmente.

Ao nascer, o bezerro apresenta o orifício por onde passavam os vasos sanguíneos do cordão umbilical. Esse orifício geralmente está protegido pela membrana que envolvia os vasos sanguíneos do cordão umbilical. Essa membrana geralmente se rompe no parto a uma distância de 10 a 20 cm do orifício umbilical. Caso acidentalmente ela se rompa na sua inserção, há a necessidade de suturar o orifício umbilical para evitar a inflamação do umbigo. Mesmo nascendo com a membrana umbilical, o umbigo está sujeito à ação de agentes patogênicos. A inflamação do umbigo pode evoluir e provocar hepatite, peritonite ou abscesso no fígado, devido à ligação que existe entre este órgão e o umbigo na fase de recém-nascido. Além disso, se o umbigo não for desinfetado pode atrair moscas, que depositam seus ovos, causando bicheiras (miíases). As infecções umbilicais causam desconforto e até podem levar o recém-nascido à morte. A desinfecção do umbigo deve fazer parte do manejo da cria, podendo a membrana umbilical ser cortada ou não, ficando em torno de 5 centímetros de comprimento. Após esta operação, deve-se passar uma solução de iodo a 10% ou produto similar. A desinfecção (cura ou queima do umbigo, como se fala no meio rural) deve ser repetida, principalmente se o recém-nascido for exposto a chuvas nos primeiros dias de vida. O objetivo da utilização da solução iodada ou outros produtos comerciais é para acelerar a secagem da membrana e a consequente cicatrização do orifício umbilical. Além disso, manter um ambiente inadequado para o desenvolvimento de miíases. Se as condições foram adequadas, essa cicatrização deve ocorrer dentro da primeira semana de vida.

Nessa fase delicada pós-parto, também deve ser avaliado o comportamento maternal da vaca, se a mesma procura estar próxima à cria e defendê-la contra a presença de urubus, carnívoros e também outros bovinos. Novilhas, por serem inexperientes e apresentarem maior sensibilidade das tetas, podem se afastar muito do bezerro nos estágios iniciais da vida, prejudicando a primeira mamada, ou mesmo terem suas crias "roubadas" por outra fêmea prenhe.

Esses cuidados iniciais, somados ao peso do bezerro na desmama, vão traduzir-se no segundo quesito de seleção, ou seja, a possibilidade de desmamar um bezerro pesado. Mães desinteressadas, com tetas disformes, que dificultam a mamada e com baixa produção de leite, fatalmente desmamarão bezerros leves ou débeis, devendo ser eliminadas do plantel.

Em torno de 15 a 20 dias pós-parto, o bezerro já deverá estar firme e acompanhando a mãe; e a dupla pode ser encaminhada aos pastos de cria, onde mãe e filho permanecerão até a desmama.

Manejo da cria

Creep-feeding

O uso da alimentação suplementar do bezerro durante o aleitamento é denominado *creep-feeding*, e essa técnica se desenvolve em uma instalação denominada *creeper*, que consiste de um cercado em que apenas as crias tenham acesso.

Essa técnica veio adaptada da criação artificial de bezerras leiteiras, em que o trinômio leite controlado/concentrado/volumoso de boa qualidade é atualmente utilizado no mundo todo, visando tornar a bezerra um ruminante funcional em curto espaço de tempo e independente do leite materno.

Para gado de corte, a instalação do *creeper* deve possibilitar ao bezerro alimentação suplementar com quantidades crescentes de concentrado (até um limite de 2 a 2,5 kg/cab/dia), acrescido da amamentação livre e possível presença de pastos de bom valor nutritivo.

Uso do *creep-feeding*

Diversos trabalhos experimentais têm testado em condições brasileiras o uso da técnica de *creep-feeding*. De forma generalizada, a técnica é aplicável em programas de cruzamento industrial, em que o bezerro F_1 (híbrido) tem necessidades nutricionais maiores que o análogo zebuíno, e sua mãe anelorada é limitada em termos de produção de leite.

Para explorações que não envolvam cruzamentos, essa técnica também pode ser utilizada, principalmente para as crias de vacas primíparas, em que a produção de leite é menor do que nas pluríparas. Vale ressaltar que o uso do *creep-feeding* não ameniza as necessidades nutricionais das mães, uma vez que a cria priorizará o consumo de leite ao invés do suplemento, ou seja, a cria jamais deixará de mamar ou diminuir o número de mamadas pelo fato de ter acesso ao *creep-feeding*. As crias submetidas a essa técnica geralmente são desmamadas mais pesadas, porque o consumo e a qualidade nutricional do suplemento são maiores do que a da pastagem. Portanto, utilizar o *creep-feeding* visando aumentar a taxa de prenhez não garante bons resultados.

Para cruzamentos nos quais se utilizam fêmeas F_1 (naturalmente mais produtoras de leite), o uso do *creep-feeding* somente se justifica em programa de produção de animais superprecoces (Ver **Capítulo 68**). Na maioria das vezes, a produção leiteira da matriz é o grande diferencial na produção de bezerros desmamados pesados.

Localização do *Creeper*

O *creeper* é uma instalação simples que deve situar-se próximo ao local de *parador* maior dos animais adultos. Isso significa, invariavelmente, próximo ao saleiro e a uma distância ideal para que a matriz perceba a presença e movimentação da cria.

O sentido de curiosidade do bezerro, aliado à ociosidade natural no momento em que os adultos ingerem sal, faz com que o animal explore as redondezas, adentre ao *creeper* e experimente a ração. Bezerros mais velhos ensinam os mais novos e rapidamente todas as crias acabam se aproveitando da alimentação suplementar.

Dieta

A dieta de *creep-feeding* deve obrigatoriamente conter elevado teor de energia e uma fonte de proteína de alto valor biológico. O milho moído é recomendado como fonte energética, uma vez que eleva a produção de ácidos graxos voláteis no rúmen, estimulando o desenvolvimento das papilas ruminais, acelerando o processo de tornar o bezerro um animal ruminante funcional. Além disso, a dieta também deve conter fonte de Ca e P disponível; e por haver cobertura do cocho, pode conter vitaminas e probióticos. O sal pode ser utilizado como elemento limitador de consumo em dietas de *creep-feeding*.

Creep-grazing

Técnica pouco utilizada no Brasil. Consiste em locar área específica para a formação de uma pastagem de alto valor nutritivo, dentro do pasto das vacas. Esse *piquete dentro do pasto* deve ser formado com forrageiras especiais (Tifton 85, leguminosas, consórcio, etc), cercado com 3 fios de arame, mantendo 80 cm de altura do solo. Dessa forma, os bezerros têm acesso ilimitado à área de melhor valor nutritivo, retornando para suas mães sempre que assim decidirem. Dentro do *creep-grazing* pode haver cocho coberto com dieta de *creep-feeding*, o que acelera o desenvolvimento dos bezerros.

Descorna

Não se justifica a presença de chifres em rebanhos comerciais, de modo que a descorna deve ser prática rotineira na propriedade. Dos 7 aos 21 dias de idade, ocorre o aparecimento do botão do chifre, o qual deverá ser raspado e queimado com ferro incandescente. O uso de pasta descornante apresenta limitações, como seu derretimento e escorrimento em dias quentes, e possibilidade de danos ao úbere da mãe. Descornadores elétricos são pouco utilizados no Brasil, pois exigem fonte disponível de eletricidade no local do trabalho.

O uso de touros mochos (ou sêmen análogo) promove *descorna genética*, pois o caráter mocho é dominante sobre o *aspado*.

Identificação

Várias são as formas de identificação individual do bezerro, tais como tatuagem, picote na orelha, brincos e marcação a fogo. Independente da identificação individual empregada, a legislação atesta que até o momento da desmama o bezerro pertence à marca da mãe. Isso significa que a identificação de propriedade (marca da fazenda) só é necessária no momento da desmama. Segundo a lei, a marca de propriedade deve caber em um círculo hipotético de 11 cm de diâmetro, ser registrada na prefeitura do município em que a propriedade se encontra e deve ser colocada abaixo da área útil de aproveitamento do couro.

A identificação individual permite melhor controle do rebanho e, atualmente, é peça fundamental para permitir o rastreamento da carne bovina (Ver **Capítulo 62**), sendo exigida pelo Ministério da Agricultura, Pecuária e Abastecimento para todos os estabelecimentos rurais aprovados no SISBOV, de acordo com a Instrução Normativa nº17, de 13/07/2006, que estabelece a Norma Operacional do Serviço de Rastreabilidade da Cadeia Produtiva de Bovinos e Bubalinos (SISBOV).

Controle de ecto e endoparasitas e calendário de vacinação

Ver **Capítulos 58** e **59**, volume II.

Desmama

A desmama é o momento da apartação definitiva entre mãe e filho, constituindo um período de estresse para ambos. Do ponto de vista produtivo, nesse momento as atenções devem ser voltadas para o animal recém-desmamado, o qual normalmente apresenta perda de peso e maior susceptibilidade à ocorrência de doenças. Para que o processo da desmama ocorra de forma a não prejudicar o desempenho futuro da cria, deve-se considerar os dois principais componentes envolvidos nesse processo.

Componente nutricional

Embora aos 7 meses o bezerro esteja pouco dependente do leite materno, por causa da qualidade da forrageira presente e também da qualidade nutricional do pasto de desmama, o leite residual ainda pode ter importância nutricional para o bezerro.

Recomenda-se que os pastos de desmama sejam preparados para tal, via adubações de reforço, roçada e estímulo para elongamento foliar, com objetivo de aumentar a oferta de massa de forragem por meio do aumento da relação folha:haste. Além disso, é fundamental a escolha de espécies forrageiras que apresentem elevado valor nutritivo.

Os pastos de desmama devem ser isolados por distância física da área reservada às mães, de pequena a média dimensão, com facilidade de acesso à aguada de boa qualidade e mineralização. Se a desmama ocorrer durante o período seco, é necessário garantir suplementação alimentar ao bezerro em cochos com dimensões adequadas e bem localizados. O sucesso em manter o ritmo de crescimento pós-desmama depende da preocupação com fatores nutricionais do jovem animal.

Componente psicológico

A separação do par vaca/bezerro gera um sentimento de perda de segurança para o bezerro, falta de liderança no rebanho desmamado e, por isso, é um forte componente de estresse para o animal jovem, muito mais que para as matrizes. Essas, por estarem gerando um novo bezerro, tendem a resignar-se mais rapidamente com a separação, não sendo afetadas pelo componente emocional.

Como a desmama dificilmente é única, ou seja, em um rebanho de vacas com bezerro ao pé ocorrem duas ou mais oportunidades de desmama (em razão da estação de monta), uma boa medida de manejo é dividir o total de animais a serem desmamados em três lotes de acordo com a idade. Quando houver a desmama do lote mais velho (lote A), algumas vacas do lote intermediário (lote B) seguem com a desmama do lote A. Como já estavam sendo manejados conjuntamente, os bezerros apartados continuam sob liderança de vacas desse lote, garantindo a segurança perdida com a desmama. Um pouco antes da desmama do lote B, vacas do lote mais novo (lote C) são introduzidas com o mesmo objetivo. Esse manejo minimiza o componente psicológico, mas é imprescindível que haja planejamento nutricional adequado para os animais desmamados.

Métodos de desmama

Em pecuária de corte comercial, a modalidade mais utilizada para desmama é a apartação drástica e separação do par vaca/bezerro. Se o criador for vender os animais, pode-se proceder a desmama no caminhão, ou seja, o lote vendido é encaminhado para fora da propriedade.

Para um pequeno número de animais e pouca disponibilidade de área, pode-se utilizar o método da tabuleta, aparato de plástico que impede o bezerro de mamar, mas não de pastar. Com essa técnica, é possível manter o par vaca/bezerro juntos, excluindo, desta forma, o componente psicológico e proceder a desmama. Entretanto, as tabuletas podem se desprender do pescoço do bezerro e este procurará mamar novamente, atrasando o processo de secagem natural da vaca.

Outra técnica é a desmama de meia parede, em que mães e crias são separadas por pastos contíguos e muito bem cercados. A separação física ocorre, não havendo a possibilidade de amamentação. Segundo Haley *et al.* (2005) estudos sugerem haver redução na vocalização (chamados mãe/filho e vice-versa), menor tempo de caminhar, aumento no tempo de pastejo e até aumento no ganho de peso dos bezerros.

Relação de desmama

É definida como a porcentagem do peso da vaca que é desmamada como peso de bezerro, ou seja, quantos kg de bezerro uma matriz desmama em relação ao seu próprio peso, no momento da apartação. A relação de desmama (RD) pode ser calculada da seguinte forma:

RD= (Peso do bezerro/Peso da vaca)*100

A relação de desmama ideal é aquela que suplanta 50%, e esse dado deve se constituir em ferramenta de seleção de matrizes. A relação de desmama leva em conta o tamanho ideal de uma vaca matriz e sua habilidade materna, sendo que esse conjunto se unifica em maior eficiência na exploração da cria.

Medidas de ordem gerencial

As medidas de ordem gerencial, listadas a seguir, são válidas para qualquer etapa da exploração de gado de corte. Vale a pena citá-las para que sejam empregadas no gerenciamento da empresa rural, uma vez que o sucesso econômico da atividade envolve e depende diretamente da interação, motivação e ação humana sobre os demais fatores de produção.

1. **Ordem e progresso:** refere-se à obrigatoriedade de se manter a ordem na propriedade, o que é refletido na limpeza das instalações e equipamentos, os

quais devem ser catalogados e sempre guardados nos seus devidos lugares. Válido para máquinas, implementos, instrumentos, material de reserva e reposição, almoxarifado, insumos, etc.

2. **Contratação de parentes:** contratar funcionários que guardam alguma relação de parentesco entre si não é uma boa política, uma vez que, havendo necessidade de se tomar medida administrativa mais dura, a repercussão coletiva normalmente é prejudicial ao adequado andamento das atividades.

3. **Legislação trabalhista:** deve-se seguir à risca, não cabendo nenhum tipo de improvisações e/ou adaptações.

4. **Treinamento da mão de obra:** o treinamento da mão de obra, reciclagem de conhecimento e, quando possível, exigência de escolarização devem ser políticas rotineiras na propriedade.

5. **Participação nos lucros:** funcionários motivados apresentam rendimento surpreendente no trabalho. A propriedade deve criar mecanismos de participação dos funcionários nos resultados financeiros.

Considerações finais

O cenário da bovinocultura de corte brasileira indica, claramente, a necessidade de avanço dos sistemas de produção em direção à intensificação e profissionalização das unidades produtoras para o adequado atendimento do mercado consumidor.

A correta compreensão dos fatores que interferem no desempenho reprodutivo possibilita ao pecuarista adotar práticas de manejo, como a estação de monta e de parição, as quais podem aumentar a lucratividade da produção de bezerros. É extremamente importante entender que o comportamento reprodutivo das matrizes é o fator determinante da eficiência produtiva e, consequentemente, da rentabilidade da atividade de cria na pecuária de corte.

Os pecuaristas devem definir níveis ótimos de desempenho, dentro dos limites de seus recursos próprios, buscar melhorias na eficiência biológica dos sistemas de produção, juntamente com a redução dos custos e adoção de técnicas modernas de gerenciamento de recursos humanos. Certamente, o desafio diário do pecuarista é manter o equilíbrio entre esses quatro fatores.

Referências bibliográficas

Abreu, U.G.P.; Cezar, I.M.; Torres, R.A. Análise bioeconômica da introdução de período de monta em sistemas de produção de cria na região do Brasil Central. **Revista Brasileira de Zootecnia**, v.32, n.5, p.1198-1206, 2003.

Abreu, U.G.P.; Lopes, P.S.; Baptista, J.M.S.; Torres, R.A.; Santos, H.N. Avaliação da introdução de tecnologias no sistema de produção de gado de corte no Pantanal: Análise de eficiência. **Revista Brasileira de Zootecnia**, v.35, n.3, p.1242-1250, 2006 (supl.).

Abreu, U.G.P.; Lopes, P.S.; Torres, R.A.; Santos, H.N. Avaliação da introdução de tecnologias no sistema de produção de gado de corte no Pantanal: Desempenho e descarte de matrizes. **Revista Brasileira de Zootecnia**, v.35, n.6, p.2496-2503, 2006.

Azevêdo, D.M.M.; Filho, R.M.; Lôbo, R.N.B.; Malhado, C.H.M.; Lôbo, R.B.; Moura, A.A.A.; Pimenta Filho, F.C. Desempenho produtivo de vacas Nelore no Norte e Nordeste do Brasil. **Revista Brasileira de Zootecnia**, v.35, n.3, p.988-996, 2006 (Supl.).

Corrêa, E.S.; Euclides Filho, K.; Alves, R.G.O.; Vieira, A. Desempenho reprodutivo em um sistema de produção de gado de corte. Campo Grande: Embrapa - CNPGC, 2001. 33 p. (EMBRAPA - CNPGC. Boletim de Pesquisa, 13).

Euclides Filho, K.; Corrêa, E.S.; Euclides, V.P.B. **Boas práticas na produção de bovinos de corte**. Campo Grande, MS: Embrapa-CNPGC, 2002. 25p. (Embrapa - CNPGC. Documentos 129).

Jorge Jr, J.J.; Cardoso, V.L.; Albuquerque, L.G. Objetivos de seleção e valores econômicos em sistemas de produção de gado de corte. **Revista Brasileira de Zootecnia**, v.36, n.5, p.1549-1556, 2007 (Supl.).

Haley, D.B.; Bailey, D.W.; Stookey, J.M. The effects of weaning beff calves in two stages on their behavior and growth rate. **Journal of Animal Science**, v.83, p.2205-2214, 2005.

Moraes, J.C.F.; Jaume, C.M.; Souza, C.J.H. Manejo reprodutivo de vaca de corte. **Revista Brasileira de Reprodução Animal**, v.31, n.2, p.160-166, 2007.

Oaigen, R.P.; Barcello, J.O.J.; Christofani, J.B.N.; Oliveira, T.E.; Prates, E.R. Melhoria organizacional na produção de bezerros de corte a partir de centros de custos. **Revista Brasileira de Zootecnia**, v.37, n.3, p.580-587, 2008.

Oliveira, R.L.; Barbosa, M.A.A.F.; Ladeira, M.M.; Silva, P.M.M.; Ziviani, A.C.; Bagaldo, A.R. Nutrição e manejo de bovinos de corte na fase de cria. **Revista Brasileira de Saúde e Produção Animal**, v.7, n.1, p.57-86, 2006.

Paranhos da Costa, M.J.R.; Cromberg, V.U.; Andriolo, A. **O bezerro, a mãe e as outras vacas: estudando os cuidados maternais e alo-maternais em ruminantes domésticos**. In: 14° Encontro de Etologia, 1996. Uberlândia. Anais de Etologia. São Paulo: Sociedade Brasileira de Etologia, 1996, p.159-171.

Pires, A.V.; Susin, I. **Controle higiênico e sanitário do rebanho bovino**. Pardo Suíço em Revista, Edição 39, Anuário 98/99.

Price, E.O.; Harris, J.E.; Borgwardt, J.E.; Sween, M.L.; Connor, J.M. Fenceline contact of beef calves with their dams at weaning reduces the negative effects of separation on behavior and growth rate. **Journal of Animal Science**, v.81, p.116-121, 2003.

Valle, E.R.; Andreoti, R.; Thiago, L.R.L.S. **Estratégia para aumento da eficiência reprodutiva e produtiva em bovinos de corte**. Campo Grande: Embrapa - CNPGC, 1998. 80 p. (EMBRAPA - CNPGC. Documentos, 71).

Vieira, A.; Lobato, J.F.P.; Corrêa, E.S.; Torres Jr., R.A.A.; Costa, F.P. Desenvolvimento e desempenho reprodutivo de novilhas Nelore criadas a pasto nos cerrados do Centro-Oeste brasileiro. **Revista Brasileira de Zootecnia**, v.35, n.1, p.186-192, 2006.

Willham, R.L. **Beef breeding programs.** Beef Cattle Science. Handbook 10, p.194. 1973.

Wiltbank, J.N. **Challenges for improving calf crops**. In: FIELDS, M.J.; SAND, R.S.(ed.). Factors affecting calf crop. Floride: CRC Press, p.1-22, 1994.

Zimmer, A.H.; Euclides Filho, K. As pastagens e a pecuária de corte brasileira. In: Simpõsio Intenrancional sobre produção animal em pastejo, 1997, Viçosa. **Anais....** Viçosa: UFV, p.349-379, 1997.

CAPÍTULO 8

Eficiência da vaca de cria

Liana Calegare
Doutora em Ciência Animal e Pastagens
ESALQ/USP. Piracicaba, SP
lianacalegare@hotmail.com

Tiago Zanetti Albertini
Doutor em Ciência Animal e Pastagens
ESALQ/USP. Piracicaba, SP
tzalbert@esalq.usp.br

Dante Pazzanese Duarte Lanna
Professor Associado
Departamento de Zootecnia
ESALQ/USP. Piracicaba, SP
dplanna@esalq.usp.br

Introdução

A produtividade e a eficiência da vaca de corte dependem de um conjunto muito grande de fatores, muito maior do que para o animal em crescimento. A baixa produtividade das pastagens, baixa eficiência reprodutiva, alta mortalidade e baixas taxas de crescimento contribuem para produtividades muito baixas da vaca de corte nacional. Os sistemas extensivos apresentam uma sequência de elos em que a produtividade é comprometida. Nesse sentido, pode-se dizer que a eficiência do par vaca/bezerro está intimamente correlacionada com a eficiência do sistema de produção.

A produtividade do sistema de cria poderia ser grandemente aumentada com o uso ou intensificação de diversas tecnologias. Entretanto, a intensificação dessa fase do sistema de produção é difícil sob o ponto de vista econômico, exatamente em virtude de sua baixa produtividade e eficiência biológica.

O cruzamento entre raças, a utilização de touros com DEP positiva para taxa de crescimento, maior precocidade sexual, uso de melhores variedades forrageiras, adubação das pastagens, melhor mineralização, uso de sal proteinado, aumento dos cuidados sanitários, bom manejo da reprodução, entre outros, são apenas algumas das atitudes que poderiam melhorar a produtividade do setor de cria. O objetivo deste capítulo é discutir alguns aspectos da interação entre genótipo e nutrição sobre a eficiência do setor de cria.

Em termos de genéticos, seria ideal que o aumento da taxa de crescimento fosse acompanhado por maior precocidade sexual e de acabamento, minimizando as desvantagens do maior tamanho adulto. Grande variabilidade genética também é encontrada na produtividade da vaca de cria. Herd (1992) avaliou a eficiência do par vaca/bezerro (ganho de peso do bezerro/consumo de matéria seca da vaca) e observou vacas que consumiram até 50% abaixo da média do rebanho para produzir a mesma unidade de peso de bezerro ao desmame.

A variabilidade observada no rebanho de matrizes estaria correlacionada à variabilidade da exigência de mantença, que é positivamente correlacionada ao peso adulto e ao potencial de produção (Ferrell e Jenkins, 1984). Portanto, pode-se considerar que a seleção unicamente para peso não é suficiente para otimizar a eficiência do sistema de produção de carne.

Programas capazes de simular e otimizar a eficiência biológica e econômica da cria, permitem o desenvolvimento de *softwares* de auxilio à tomada de decisões. O sucesso na escolha do tipo biológico depende da combinação adequada do potencial de produção e exigência da categoria animal com a disponibilidade de nutrientes e o tipo de ambiente onde o sistema será empregado.

Exigências nutricionais

Fatores que afetam a exigência energética de mantença

A exigência de mantença pode ser definida como a quantidade de alimento necessária para manutenção do peso ou da energia corporal constante (Ferrell e Jenkins, 1985). De toda energia consumida pelas vacas em fase reprodutiva, 60-75% corresponde à exigência de mantença (Ferrell e Jenkins, 1985), que equivale à fração total de energia metabolizável (EM) *perdida* na forma de calor.

A produção total de calor é o somatório de incremento calórico e energia líquida de mantença. Esta inclui o metabolismo basal, a termorregulação, a contração muscular e as funções associadas com a relação de síntese e degradação proteica. A exigência de mantença de um animal, durante a idade adulta, varia de acordo com as mudanças de estado fisiológico e, assim, considerou-se conveniente separar, exigência líquida de mantença e de produção (NRC, 1984). Animais de diferentes raças e tamanho adulto podem apresentar diferentes requerimentos energéticos de mantença. Vacas *Bos indicus* e seus cruzamentos são menos exigentes (e.g. Africander, Barzona, Brahman, Sahiwal), durante a fase de crescimento (NRC, 1996) e apresentam exigência de mantença cerca de 10-12% menor do que os animais de raças *Bos taurus* (e.g. Angus, Hereford, Shortorn, Charolês, Limousin). Calegare *et al.* (2007) observaram que vacas lactantes, 50% *Bos taurus* (Angus/Simental x Nelore), apresentaram exigência diária de EM 10% maior do que as vacas Nelore: 229 *vs.* 205 $kcal \cdot kg^{-0,75}$, respectivamente. Ferrell e Jenkins (1984) observaram que a exigência de EM para mantença de vacas adultas não prenhes e não lactantes variou tanto com o peso adulto, quanto com o potencial de produção de leite. Esses autores compararam vacas Angus x Hereford com cruzamentos Jersey x Angus/Hereford e Simental x Angus/Hereford e relataram requerimentos de mantença da ordem de 14 e 28% maiores para esses dois cruzamentos, respectivamente, em relação à exigência diária de 130 $kcal \cdot kg^{-0,75}$ obtida para as vacas Angus x Hereford.

Solis *et al.* (1988) avaliaram a exigência de vacas adultas no mesmo estado fisiológico e não verificaram diferença na exigência de EM (kcal·kg$^{-0,75}$) nem na eficiência (g bezerro desmamado/Mcal EM ingerida pelo par) entre vacas Brahman e Angus: 98 kcal·kg$^{-0,75}$ e 135 g/Mcal *vs.* 100 kcal·kg$^{-0,75}$ e 116 g/Mcal, respectivamente. A semelhança da exigência de mantença dos dois grupos genéticos talvez possa ser explicada pelas vacas Angus que apresentaram porcentagem de gordura corporal 20% maior do que os animais da raça Brahman.

Influência da composição corporal sobre a exigência de mantença

O escore de condição corporal (ECC) é um bom indicador do *status* energético da vaca de corte e a variação da condição corporal altera a exigência de energia para mantença de vacas adultas. Klosterman *et al.* (1968) não encontraram diferença para a exigência de mantença entre raças, mas observaram correlação negativa entre ECC e exigência energética de vacas das raças Hereford e Charolesa, quando alimentadas com quantidades iguais por unidade de peso. As vacas com escore mais baixo perderam peso, enquanto os animais com escore maior apresentaram tendência a ganhar peso. Esse resultado pode ser explicado pela maior eficiência energética das vacas com maior ECC, já que estavam mantendo ou depositando tecido adiposo com eficiência de 60-80% (Ferrell, 1988), enquanto os animais com baixo ECC utilizaram a energia consumida para manter ou depositar proteína com eficiência menor, de 10-40% (Ferrell, 1988).

Ferrell e Jenkins (1985) sugeriram que a variação da condição corporal pode não ser o fator determinante da exigência de mantença. Anteriormente, Graham *et al.* (1974) observaram que o custo de energia para mantença apresenta maior correlação com o tecido corporal desengordurado, isto é, com a quantidade de proteína. No entanto, Vermorel *et al.* (1976) observaram que animais da raça Charolesa com musculatura simples e dupla apresentaram exigências de mantença semelhantes. Vários estudos, dentre eles, Ferrell e Jenkins (1985) observaram alta correlação da massa dos órgãos com a exigência de energia, principalmente de órgãos com alta taxa metabólica, como fígado e trato gastrintestinal, que estão direta ou indiretamente associados à taxa de síntese proteica. O consumo de energia e gasto energético de tecidos, como fígado, trato gastrintestinal e coração é da ordem de 30-35%; e pele, cérebro e rins representam cerca de 20% do gasto total (Smith, 1970). Os processos de síntese e degradação proteica são energeticamente dispendiosos, e tecidos com alta taxa de reciclagem proteica apresentam alto requerimento de aminoácidos (AA), acentuado fluxo sanguíneo e consumo de oxigênio, reflexo da alta atividade metabólica. Esta é a característica primordial da maioria dos tecidos viscerais, como rins, trato gastrintestinal e fígado. O consumo de oxigênio por esses órgãos é proporcional à ingestão de matéria seca (IMS), uma vez que os maiores gastos energéticos seriam para atividades, como digestão da dieta, absorção e metabolismo de nutrientes, manutenção da estrutura do epitélio intestinal, funções do sistema imune, manutenção da estrutura e das funções celulares pelo transporte de íons e da reciclagem de proteína, energia gasta durante o metabolismo oxidativo de substratos e a síntese de novos compostos (e.g. gluconeogênese hepática). Nesse sentido, vacas com maiores proporções de vísceras, como as de raças leiteiras, ou que se encontram em melhores condições nutricionais tenderiam a ter exigências de EM maiores.

Estado fisiológico e exigência de mantença

Reynolds e Tyrrell (2000) avaliaram dois grupos de novilhas Hereford x Angus, lactantes e não-lactantes, durante ensaio calorimétrico, e encontraram que a produção de calor·kg$^{-0,75}$ foi menor para as novilhas não lactantes do que para as lactantes, que também apresentaram maior ingestão de EM, sugerindo que as mudanças metabólicas associadas à lactação aumentam a exigência de mantença.

O aumento da exigência energética também é observado durante o terço final de gestação e está associado à maior taxa de crescimento e desenvolvimento fetal. Ferrell *et al.* (1976) estimaram a produção de calor diária de órgãos, como fígado, coração e rins de novilhas prenhes e vazias, e não relataram diferenças significativas entre os grupos, concluindo que o estado de prenhez teve pequeno efeito sobre a utilização de EM pelo organismo materno em novilhas. Entretanto, Smith e Baldwin (1974) observaram diferenças entre vacas prenhes não-lactantes e não-prenhes não-lactantes para pesos de coração e glândula mamária e concluíram que o potencial de produção de leite parece ter efeito sobre a exigência de mantença durante a prenhez.

Potencial de produção e exigência de mantença

Alguns trabalhos (Ferrell e Jenkins, 1984 e 1985) indicaram que vacas com alto potencial de produção de leite requerem mais nutrientes para manter condição corporal e, consequentemente, a eficiência reprodutiva. Fiss e Wilton (1989) observaram que o aumento de 1 kg na produção diária de leite em primíparas foi associado ao aumento do número de serviços por concepção e do número de dias de gestação. Beal *et al*. (1990) não observaram correlação entre produção de leite e período de anestro pós-parto em vacas de corte. Entretanto, Hansen *et al*. (1982) verificaram que vacas com alto potencial de produção de leite, recebendo dieta com baixo teor energético, apresentaram maior intervalo entre cios, o que não foi observado em animais com menor potencial de produção de leite. Animais com alto mérito genético para leite apresentam maior proporção de vísceras, quando comparados a animais de baixa produção, mas com mesmo tamanho adulto. Isso justifica a maior capacidade de IMS desses animais e também a maior demanda energética durante o período seco.

Mercadante *et al*. (2003) observaram que a seleção para peso e ganho de peso até os 12 meses, em animais Nelore, aumentou consistentemente o peso adulto, mas nas condições avaliadas não houve comprometimento do desempenho reprodutivo. Entretanto, Koch *et al*. (2004), avaliando animais Hereford, também selecionados para peso, puderam observar aumento da exigência de mantença. Esses dados estão de acordo com resultados obtidos por Almeida *et al*. (2007). Em condições de restrição nutricional, o aumento da exigência de mantença (isto é, raças com maior potencial de crescimento e de lactação) pode estar associado ao aumento do intervalo de partos, redução da eficiência reprodutiva e, consequentemente, redução da eficiência de produção. Buttram e Willham (1989) observaram pequena diferença na taxa de cio entre novilhas de pequeno, médio e grande porte, quando todas receberam adequados níveis nutricionais. Entretanto, quando o alimento disponível não foi suficiente para suprir as exigências de mantença e crescimento das novilhas de maior tamanho, elas apresentaram menores taxas de cio e de parição. Pode-se dizer que, em sistemas de produção, em que a nutrição é inadequada, o uso de animais selecionados para peso irá reduzir a eficiência reprodutiva.

Vacas mais pesadas produzem bezerros com maior taxa de crescimento pré e pós-desmame e, consequentemente, com maiores pesos ao desmame, ao abate e peso de carcaça, mas a produção por área pode ser menor. A eficiência biológica considera os custos em energia para produzir um kg de bezerro desmamado. Portanto, vacas com alto potencial de crescimento e produção de leite podem compensar a maior exigência de mantença e produção, desmamando bezerros suficientemente pesados. No entanto, podem não ser mais eficientes economicamente quando a eficiência reprodutiva é comprometida ou quando o custo do alimento é muito alto.

Albertini *et al*. (2008) verificaram que o aumento do peso da vaca foi negativamente associado à eficiência do par vaca/bezerro (g GP_{210}d/Mcal EM par, r = -0,65; P<0,001, **Figura 1**). Essa relação pode ter impacto importante no setor de cria, principalmente ao considerar que vacas mais pesadas são ocasionalmente preferidas. Os autores demonstraram que a relação entre a eficiência do par vaca/bezerro e o peso da vaca foi: $y = -0{,}0397x + 52{,}61$ ($R^2 = 0{,}43$; $P<0{,}05$).

Estima-se que 2/3 da energia necessária para produção de um novilho do nascimento

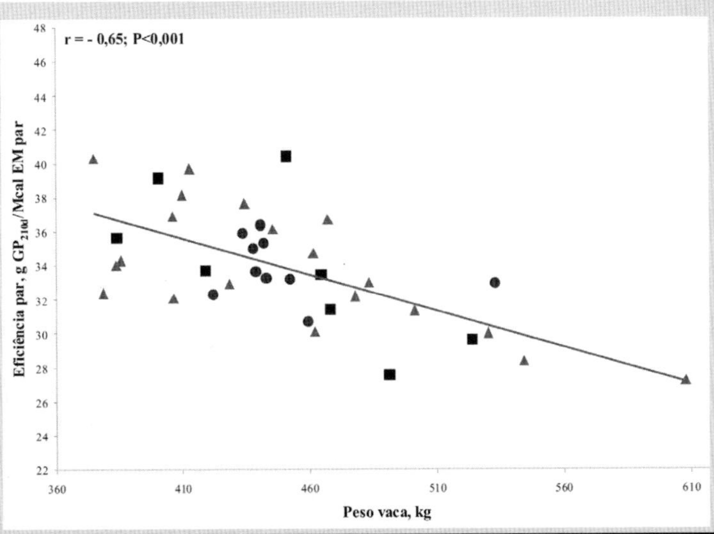

Figura 1. Correlação residual entre a eficiência do par vaca/bezerro e o peso vivo da vaca. Pares vaca/bezerro AN-½CC¼AN¼NE (■), CN-½RA¼CR¼NE (▲) e NE-½RA½NE (●). Adaptado de Albertini *et al.* (2008).

ao abate é ingerida pelo par vaca/bezerro, e mais de 80% é representada pelo consumo da matriz. Isso demonstra o alto gasto energético de uma vaca em lactação e deve-se considerar que existe alta correlação entre exigência de mantença e peso adulto. Tais fatores revelam que manter vacas mais pesadas no sistema de produção demandaria mais esforços para disponibilizar energia suficiente e otimizar a produtividade por área.

Embora o peso da vaca esteja associado negativamente com a eficiência do par (**Figura 1**) ele está positivamente associado com a eficiência da progênie na fase pré-desmame (**Figura 2**, r = 0,35; P < 0,05). Contudo, não se pode afirmar que esses animais serão igualmente mais eficientes na recria e na engorda.

Os benefícios do aumento da produtividade (e.g. maior produção de leite e maior taxa de crescimento do bezerro), geralmente diminuem com o consequente aumento da exigência de energia da vaca. Desconsiderando-se a reprodução, a eficiência biológica de conversão alimentar é sempre menor, quanto mais nutrientes são disponíveis à vaca.

A seleção para o aumento da produção de leite pode ser vantajosa, se esse fator limitar o crescimento do bezerro. O aumento da produtividade pela introdução de bezerros com alto potencial de crescimento, por meio de programas de cruzamento, não é observado sem a utilização de vacas com maior potencial de produção de leite ou com o emprego de ferramentas como o *creep-feeding*.

O uso de estratégias que permitam a flutuação de peso das vacas pode auxiliar na redução dos gastos com alimentação. Freetly *et al.* (2000 e 2005) observaram que a perda de peso controlada em determinadas épocas do ciclo de produção pode ser uma estratégia viável para reduzir os altos custos com alimentação. Ou seja, manter as vacas sempre com elevada condição corporal pode não ser o mais interessante economicamente. Nesse sentido, os produtores brasileiros deixam existir uma flutuação da condição corporal, o que é interessante para reduzir as exigências anuais de energia.

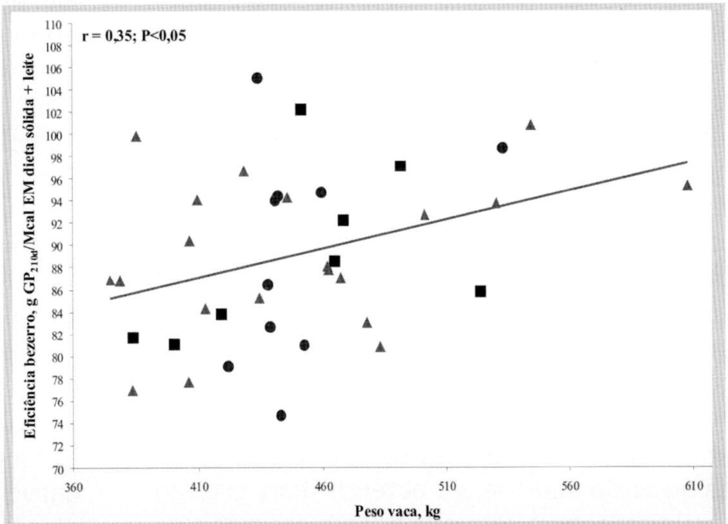

Figura 2. Correlação residual entre a eficiência do bezerro e o peso vivo da vaca. Pares vaca/bezerro AN-½CC¼AN¼NE (■), CN-½RA¼CR¼NE (▲) e NE-½RA½NE (●). Adaptado de Albertini *et al.* (2008).

Interação exigência e reprodução

A reprodução é o principal fator limitante da eficiência de produção de carne. O desempenho ideal da vaca de corte pressupõe a obtenção de um bezerro a cada ano. Portanto, o manejo nutricional deve ser adequado, de modo que os animais apresentem condição corporal favorável ao retorno da atividade ovariana. A avaliação do ECC, mesmo sendo subjetiva, é um bom indicador das reservas corporais de bovinos e tanto o escore muito baixo como o excessivo, antes do parto, tendem a prolongar o período de anestro pós-parto e reduzir as taxas de concepção e prenhez durante a estação de monta seguinte. O ECC ao parto é um importante preditor da duração do período de anestro pós-parto, por ser um indicador funcional do balanço energético. No entanto, atingir e manter boa condição corporal ao longo do ano é um dos grandes desafios da exploração pecuária bovina a pasto.

Quando se considera a escassez de nutrientes ou a disponibilidade sazonal que induz a flutuações de peso, o decréscimo da exigência em determinadas fases do ciclo de produção poderia funcionar como estratégia de redução dos custos com alimentação. Freetly *et al.* (2000) observaram que vacas submetidas a ganho de peso restrito durante a fase intermediária da gestação, seguida por ganho de peso acelerado durante o final da gestação, não apresentaram redução da fertilidade nem do peso dos bezerros ao nascimento. Entretanto, quando novilhas de primeira cria passaram por período de restrição nutricional, sendo realimentadas apenas após 28 dias em lactação, Freetly *et al.* (2005) observaram que as mesmas pariram bezerros mais leves e com menor ganho de peso nos primeiros 28 dias. Estes autores sugeriram então que a restrição prolongada tenha comprometido a produção de leite, já que as novilhas que sofreram restrição apenas dos 94 aos 186 dias de gestação não tiveram bezerros mais leves ao nascimento, nem com menor taxa de ganho de peso. No entanto, os autores reportaram que a restrição prolongada não comprometeu a taxa de prenhez da segunda parição.

Os efeitos da nutrição sobre a reprodução de vacas de corte não são mediados por um simples nutriente, metabólito ou hormônio. Portanto, os múltiplos fatores devem ser considerados para que haja maior entendimento dessa interação.

Energia e reprodução

O impacto da deficiência de energia na dieta de fêmeas bovinas possui grande efeito negativo sobre a reprodução, aumentando os dias para primeira ovulação e para o primeiro estro pós-parto, reduzindo a taxa de concepção em vacas de leite e corte. Durante as últimas semanas de gestação e de início da lactação, as vacas leiteiras entram em balanço energético negativo (BEN) que, nas fêmeas de corte, induz ao prolongamento do anestro após o parto. Outro fator a colaborar com o BEN nas proximidades do parto é a diminuição espontânea do consumo de MS, associada entre outros ao aumento do estrógeno circulante.

O crescimento folicular, a ovulação e a função luteínica são regulados pelo eixo hipotálamo – hipófise – ovários e, por um mecanismo de *feedback*, os hormônios ovarianos controlam a secreção gonadotrófica. Em revisão desse sistema neuroendócrino, segundo McDonald (1989), o GnRH (fator hormonal de liberação das gonadotrofinas) é um hormônio glicoproteico de alto peso molecular, produzido no hipotálamo sob estímulos que chegam ao sistema nervoso central. A liberação pulsátil dos hormônios folículo estimulante (FSH) e luteinizante (LH) é controlada pela atuação do GnRH sobre a hipófise e, por *feedback*, de acordo com níveis séricos dos hormônios ovarianos. Estes, estrógeno e progesterona, são produzidos a partir do colesterol em resposta à ação das gonadotrofinas. Os estrógenos, responsáveis pela diferenciação do folículo dominante (FD), são produzidos pelas células da teca interna e células da granulosa do folículo ovariano. A diminuição brusca de estrógenos, após o parto, inibe o *feedback* negativo que agia no eixo hipotálamo – hipófise, estimulando a síntese de RNA-mensageiro precursor das gonadotrofinas.

Muitos desses eventos podem se tornar inexpressivos durante períodos de subnutrição, por inadequada secreção de GnRH. Em outras palavras, o déficit nutricional resulta em inadequada secreção de GnRH e consequente diminuição do desenvolvimento folicular e inibição da taxa de ovulação.

A nutrição pode alterar o nível e a duração da fase de exposição dos folículos gonadotrofina-dependentes ao FSH. O efeito da nutrição na concentração de FSH circulante sugere que a deficiência de nutrientes, como glicose, AA e hormônios do metabolismo, como a insulina, hormônio do crescimento, fator I de crescimento semelhante à insulina (IGF-I) e proteínas comprometem a atividade ovariana, diminuindo a produção de estrógeno e FSH necessários para que a liberação pulsátil de GnRH seja mantida. Butler (2000) observou que o BEN pós-parto em vacas de leite, consequente ao baixo consumo, tende a atrasar a primeira ovulação subsequente por inibir a frequência da liberação pulsátil de GnRH e LH ao diminuir o nível sanguíneo de glicose, insulina e IGF-I que, coletivamente, restringem a produção de estrógeno pelo FD.

Muitos estudos em novilhas mostraram que a privação nutricional crônica promove decréscimo na taxa de crescimento folicular e no diâmetro máximo do FD. Entretanto, neste caso antes de suprimir a ovulação os animais perderam de 17-23% do peso corporal (Stagg *et al.*, 1995), confirmando a existência de relação negativa de efeito imediato entre restrição nutricional aguda e crescimento folicular/ovulação.

Mackey *et al.* (1999) submeteram um grupo de novilhas a um ensaio de restrição nutricional e observaram que 10% delas não ovularam e, em 56% do grupo avaliado, ocorreu luteólise 6 dias após a ovulação. Por intermédio da coleta de sangue a cada 4 horas, pôde-se associar a anovulação à ausência de FSH e LH na fase pré-ovulatória. Porém nem todos os casos de deficiência hormonal estiveram correlacionados à falta do pico de estrógeno no pró-estro. Isso potencializa a relação entre anovulação e deficiência nutricional aguda. Stagg *et al.* (1995) observaram que a extensão do anestro causado pela subnutrição foi marcada por repetidas ondas de crescimento seguidas por atresia do FD.

A adição de gordura na dieta induz ao aumento do colesterol plasmático e do colesterol presente no fluido folicular e no corpo lúteo (Garcia-Bojalil *et al.*, 1998). Sabe-se que tanto as lipoproteínas de alta densidade quanto as de baixa densidade são precursoras para a esteroidogênese no tecido ovariano. A involução do útero e atividade ovariana normal dependem da ação de uma prostaglandina, a PGF2α. Uma maior concentração de ácidos graxos, durante o período pós-parto, resultaria em maiores níveis plasmáticos de ácido linoleico e, consequentemente, de PGF2α, já que o ácido linoleico é convertido a ácido araquidônico, um precursor de prostaglandinas.

Filley *et al.* (2000) observaram maior nível plasmático de ácidos graxos totais, de ácido linoleico e dos metabólitos da PGF2α em um grupo de novilhas Hereford *x* Angus suplementadas com gordura protegida durante os primeiros 30 dias pós-parto. De Fries *et al.* (1998) observaram que o grupo de vacas Brahman, suplementadas com maior nível de extrato etéreo, apresentou maior taxa de prenhez. Pode ser que a suplementação de alta densidade energética estivesse relacionada à maior produção de PGF2α no início do pós-parto, o que acelerou a involução uterina e reduziu o período de anestro. As diversas prostaglandinas têm múltiplos efeitos sobre a reprodução, incluindo involução uterina e efeito sobre a sobrevivência do embrião. Estes efeitos são diferenciados no tempo e, portanto, a suplementação com gordura ideal, em termos de ácidos graxos, pode ser variável no tempo. Essa observação sugere que a suplementação tenha que ser alterada levando-se em conta o estado fisiológico da fêmea. Diversos trabalhos vêm sendo conduzidos nesse sentido.

Proteína e reprodução

Diversos estudos relatam a relação negativa entre altos níveis de PB na dieta e fertilidade. O aumento dos níveis plasmáticos de amônia/ureia é apontado como causa de alteração do pH uterino e das secreções uterinas. Butler (1998) observou, ainda, que dietas formuladas para 20% de PB prolongaram o intervalo do parto à primeira ovulação subsequente em vacas lactantes quando, particularmente, a proteína degradável no rúmen (PDR) estava em excesso (72,5% da PB). Enquanto Barton *et al.* (1996) observaram que o aumento de nitrogênio ureico no plasma não afetou os dias para primeira ovulação, nem para a primeira inseminação ou o número de serviço por concepção e a taxa de concepção. Aparentemente, o nível de ureia no sangue tem que ser suficientemente elevado (próximo a 20 mg/dl) para problemas serem demonstrados experimentalmente.

Uma das fontes de PDR mais utilizadas em ração de gado de corte é a ureia, em virtude da habilidade dos ruminantes em utilizar fontes de nitrogênio não proteico (NNP). A ureia, frequentemente, é tomada como causadora de infertilidade. Swell (1979) demonstrou que pode ocorrer redução da eficiência reprodutiva se usada em dietas de baixo valor energético ou mesmo quando o requerimento proteico não pode ser atendido exclusivamente por essa fonte. Thiago (1998), revisando os níveis ideais de PDR de uma dieta, sugeriu o uso de no máximo 30% da PDR total em NNP para animais zebuínos e 20% para animais de raças europeias. No período da seca, época de maior deficiência proteica nas pastagens, o índice de NNP pode chegar a até 50% da exigência total de PDR para maximizar o aproveitamento da fibra proveniente da pastagem seca.

Uma das influências negativas do excesso de PDR da dieta relaciona-se ao maior gasto de energia para metabolizar a amônia, com impacto sobre o peso corporal. O balanceamento de dietas para PB, PDR, PNDR e carboidratos degradáveis no rúmen melhoraria o desempenho das vacas e minimizaria algum potencial negativo dos níveis de proteína na eficiência reprodutiva das fêmeas do rebanho.

Produção de leite

A produção de leite de vacas de corte influencia a lucratividade do setor de cria ao afetar o desempenho da progênie na fase pré-desmame e a eficiência reprodutiva das matrizes. A diferença na ingestão de leite aparece como a mais importante fonte de variação do peso ao desmame, já que o leite representa aproximadamente 70% da energia total ingerida até essa fase (**Figuras 3** e **4**, Albertini *et al.*, 2007a). Vacas com maior produção de leite tendem a desmamar bezerros mais pesados, o que pode afetar negativamente a condição corporal da vaca e, consequentemente, a eficiência reprodutiva. Já que, como discutido acima, o maior potencial de produção de leite está associado à maior exigência de mantença.

Fatores que influenciam a produção e composição do leite

A produção e a composição do leite, em vacas de corte, variam significativamente, dependendo de fatores ligados a características genéticas e ambientais, além do potencial de crescimento dos bezerros (**Figura 5**).

Tanto a produção como a composição do leite produzido são variáveis importantes do ponto de vista bioenergético. Alguns fatores que influenciam a composição do leite incluem raça, idade da vaca, estágio de lactação e *status* nutricional e a interação entre a raça materna e o estágio de lactação (NRC, 1996). O procedimento de coleta também é apontado como possível fonte de variação na composição do leite, sendo importante padronizar a metodologia de coleta.

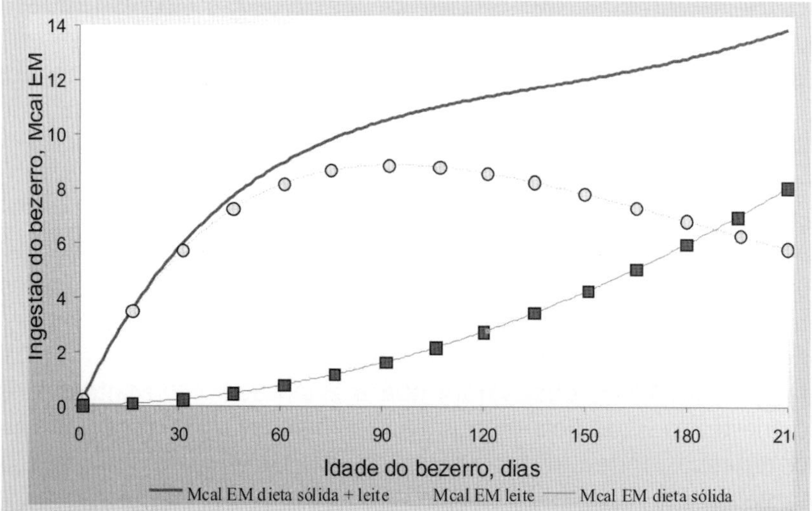

Figura 3. Ingestão energética do bezerro do nascimento até a desma-

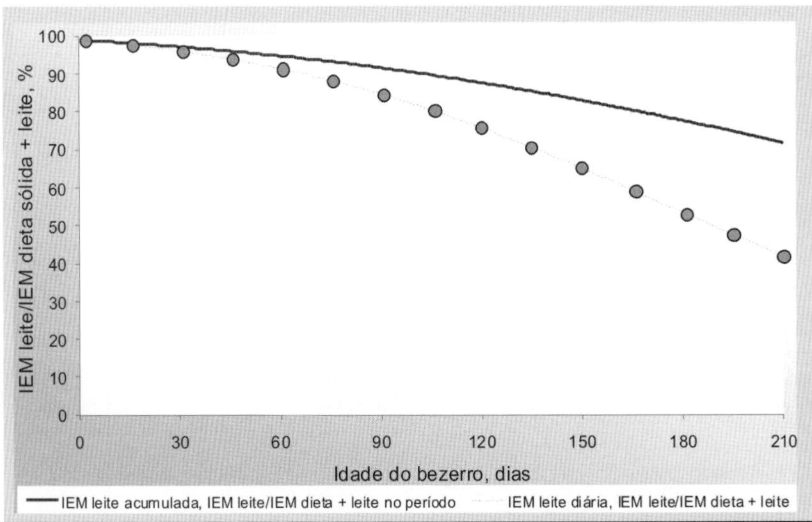

Figura 4. Contribuição do leite na energia ingerida do nascimento até a desmama.

A energia secretada no leite ou energia líquida de lactação (EL_l) corresponde à soma do calor de combustão de seus componentes. Portanto, para uma mesma produção de leite, quanto maior o teor energético do leite maior será a EL_l. Reynolds e Tyrrell (2000), avaliando a curva de secreção de componentes do leite de novilhas Hereford x Angus, observaram que a EL_l decresce progressivamente com o aumento dos dias em lactação, provavelmente por uma queda da secreção do leite. A persistência da lactação é um fator relevante e, além do potencial genético da vaca, o peso do bezerro afeta significativamente esse parâmetro.

As diferentes formas de se medir a produção de leite, pesagem do bezerro antes e após a mamada, ordenha manual e ordenha mecânica podem constituir uma importante fonte de variação sobre a estimativa da quantidade de leite ingerido pelos bezerros, que ainda é influenciada por diversos fatores e ajustes (**Figura 6**).

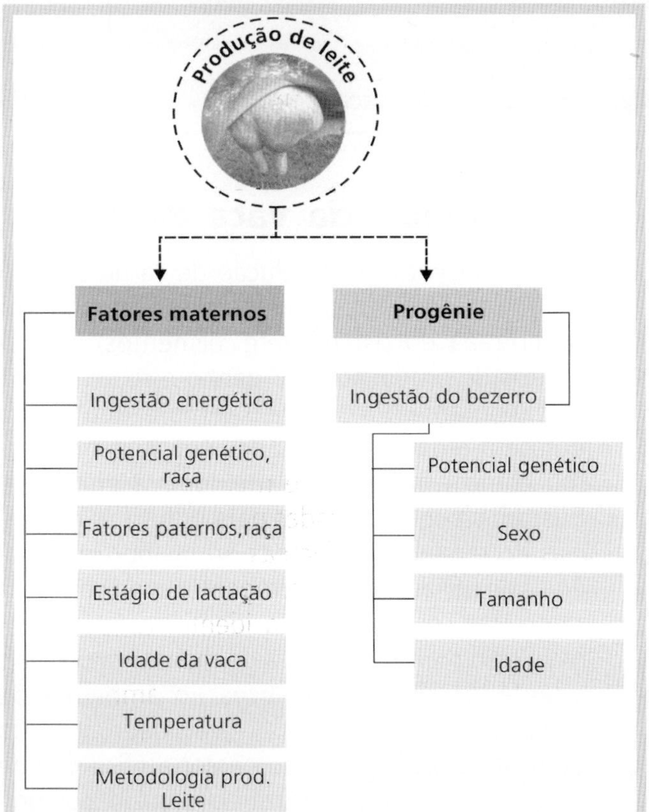

Figura 5. Fatores que influenciam a produção de leite em vacas de corte.

Produção de leite e as características genéticas

A diferença esperada da progênie (DEP) tem sido utilizada para predizer o mérito genético de bovinos para diferentes variáveis. A DEP para produção de leite (DEP leite) expressa o mérito genético para o componente materno do peso à desmama. A DEP leite de dois touros representa a diferença no peso à desmama dos bezerros das filhas desses touros, de acordo com a sua produção de leite. Minick *et al.* (2001) avaliaram os impactos de touros com alta e baixa DEP leite sobre as diferenças da produção de leite e desempenho de suas progênies. Os autores observaram que filhas de touros com maior DEP leite produziram até 20% mais leite e desmamaram bezerros até 9% mais pesados. Diaz *et al.* (1992) e Baker *et al.* (2003) encontraram correlação de 0,26 e 0,56, respectivamente, entre a produção de leite observada e a DEP leite. Entretanto, essa correlação pode ser menor quando a avaliação da produção de leite é de baixa acurácea, algo que ocorre com frequência. Ainda assim,

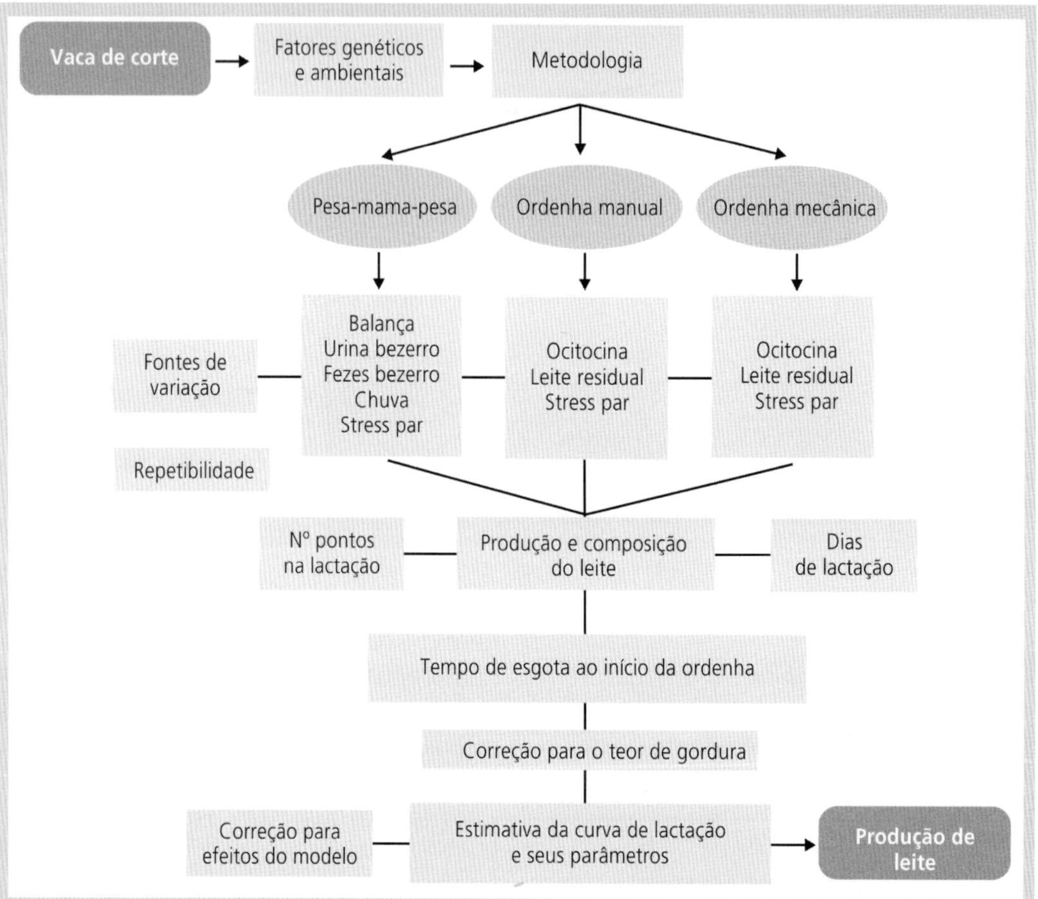

Figura 6. Fatores envolvidos na estimativa da produção de leite em vacas de corte.

esses resultados indicam que a produção de leite, nas gerações futuras, aumentaria com a seleção para DEP leite. Minick *et al.* (2001) observaram efeito significativo sobre a redução do ECC das fêmeas, filhas de touros com altas DEP leite. Provavelmente porque vacas selecionadas para DEP leite apresentam maior exigência de mantença, ocorrendo maior mobilização das reservas corporais, quando as exigências de mantença e produção não são atendidas.

A herdabilidade para produção total de leite varia entre 0,09 a 0,44 (Dillard *et al.*, 1978 e Diaz *et al.*, 1992, respectivamente). Os valores de média a alta herdabilidade indicam que as diferenças de produção de leite são, em grande parte, de origem genética. A herdabilidade para produção de leite, em vacas de corte, pode ser estimada pela característica da habilidade materna da mãe, que é medida indiretamente como a diferença média dos pesos das progênies na fase pré-desmame.

Eficiência da vaca de cria

A eficiência de produção de carne é geralmente expressa pela divisão entre parâmetros de entrada do sistema (e.g. alimentos) e parâmetros de produção (e.g. ganho e rendimento). O melhoramento genético sempre deu pouca ênfase à redução do uso das entradas no sistema como estratégia de melhorar a eficiência. Buscam-se oportunidades para reduzir as exigências do rebanho de fêmeas ou melhorar a eficiência de utilização das forragens disponíveis. Para tanto, faz-se necessária a identificação de animais com menor exigência de mantença ou mais adaptados às características do ambiente de produção a ser adotado. A diversidade genética pode ser utilizada para aumentar a eficiência de produção de carne, reduzindo o custo por unidade produzida. A seleção deveria enfatizar não só o aumento do ganho de peso e maior rendimento de carcaça, mas também o aumento da produtividade em relação ao peso vivo. Ainda mais equivocada está a seleção baseada apenas em *outputs* como o peso adulto, algo que, infelizmente, ainda é comum no meio técnico nacional.

Embora a eficiência de crescimento tenha grande importância em bovinos, que são animais caracterizados por baixa taxa reprodutiva e com alto custo de manutenção do rebanho de fêmeas, a seleção isolada para alta taxa de crescimento está associada ao aumento do tamanho adulto, com consequente acréscimo dos custos de mantença, aumento da idade à puberdade e do comprimento do período gestacional. Por outro lado, a seleção unicamente para consumo mais baixo acarretaria diminuição do tamanho corporal e baixo rendimento no período de terminação. Portanto, a seleção para menor consumo deve ser concomitante à escolha de animais com elevadas taxas de crescimento. Frisch e Vercoe (1982) observaram que a seleção para maior taxa de crescimento em ambiente restritivo (baixa disponibilidade de alimento), semelhante aos sistemas de produção em que há situação desafiadora, resultou em decréscimo da produção de calor e diminuição da exigência de mantença. Inversamente, a seleção para taxa de crescimento em ambiente favorável (alta disponibilidade de alimento) pode resultar em aumento do tamanho adulto e, consequentemente, aumento das exigências.

Jenkins e Ferrell (2007) avaliaram as diferenças entre vários grupos genéticos para manutenção do peso constante por unidade de matéria seca consumida e a relação do nível de ingestão e o peso de equilíbrio. Os resultados revelaram a existência de interação entre grupo genético e nível nutricional. Ferrell e Jenkins (1993) observaram que, quando em ambiente de alta disponibilidade de energia, a produção de calor de vacas Hereford ultrapassou os valores preditos para vacas da raça Simental, que são animais de maior peso adulto e maior potencial de produção de leite. Esses resultados permitem considerar que, a raça mais eficiente em um ambiente de restrição nutricional pode não ter o melhor desempenho quando em situações de disponibilidade de alimento ilimitada. Entretanto, quando a nutrição limita o desempenho, raças com maior exigência de energia poderiam apresentar baixo desempenho.

Desempenho e eficiência do bezerro nas fases pré e pós-desmama

A sobrevivência e o desenvolvimento do bezerro, na fase pré-desmama dependem da ingestão de leite. Os valores encontrados para a correlação entre crescimento do bezerro pré-desmama e produção de leite variam de 0,29 a 0,91 (Clutter e Nielsen, 1987), enquanto a correlação entre a produção de leite e o ganho de peso na fase pós-desmama tende a ser variável. Neville *et al.* (1962), avaliando as relações entre produção de leite e desempenho dos bezerros nas fases pré e pós-desmama, verificaram que o peso de abate aumentou entre 1,8 a 4,1 kg em resposta ao aumento de 45,3 kg na produção de leite, dependendo da disponibilidade de nutrientes na fase pré-desmama.

A produção de leite afeta diretamente o desempenho da progênie. Clutter e Nielsen (1987) observaram que foram necessários 31,2 kg de leite para 1 kg de ganho do bezerro, para vacas de alta produção, e 18,9 kg de leite para cada 1 kg de ganho do bezerro, para vacas de baixa produção. Calegare *et al.* (2007) avaliaram animais Nelore e seus cruzamentos e observaram que quanto maior o potencial de produção de leite das vacas, maior foi a quantidade de leite necessária para produzir um quilograma de ganho de bezerro. Albertini *et al.* (2007b) demonstraram correlação negativa entre a eficiência dos bezerros e a ingestão de energia metabolizável do leite (**Figura 7**).

As correlações negativas entre consumo de leite e ganho de peso pós-desmama, entre consumo de leite e eficiência e, ainda, o efeito negativo que a produção de leite pode exercer sobre a eficiência reprodutiva, sugerem que o aumento da habilidade materna por meio de seleção deve ser cauteloso. Nesse caso, a análise unicamente do *output* pode não dimensionar todo o problema.

A produção de leite influencia, também, a IMS do bezerro, isto é, bezerros que consomem mais leite tendem a ingerir menos dieta sólida. Enquanto bezerros com alto potencial de crescimento e amamentados por vacas de baixa produção de leite, consomem mais forragem para compensar o baixo suprimento de energia a par-

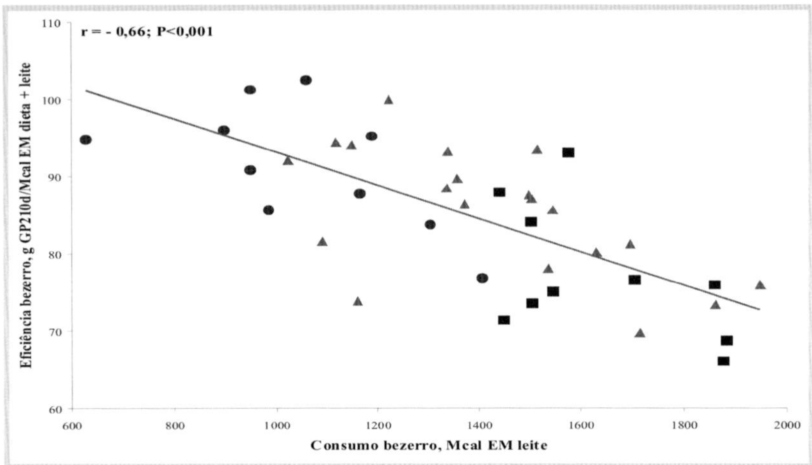

Figura 7. Correlação entre a eficiência da progênie e ingestão de energia metabolizável do leite (y = -0,0548x +60,95; P<0,01). Bezerros ½CC¼AN¼NE (■), ½RA¼CR¼NE (▲), ½RA½NE (●).

tir do leite. Lewis *et al.* (1990) verificaram que o aumento de produção de leite das vacas afetou significativamente o consumo e a eficiência de seus filhos na fase pós-desmama (**Figura 8**). Montaño-Bermudez e Nielsen (1990) verificaram que filhos de vacas de média e alta produção de leite apresentaram exigência de energia 7% maior do nascimento ao abate, quando comparados aos filhos de vacas de baixa produção de leite.

Oijen *et al.* (1993) verificaram que filhos de vacas com menor produção de leite foram mais eficientes economicamente tanto na desmama (3%) quanto ao abate (5%). Bourdon e Brinks (1987) observaram que o aumento da produção de leite foi favorável quando os custos do confinamento foram elevados, já que os bezerros desmamados mais pesados precisavam de menos tempo para atingir o peso de abate. No entanto, quando os custos da terminação foram menores do que os gastos durante a fase de cria, a manutenção de vacas de alto potencial de produção de leite deixou de ser vantajosa.

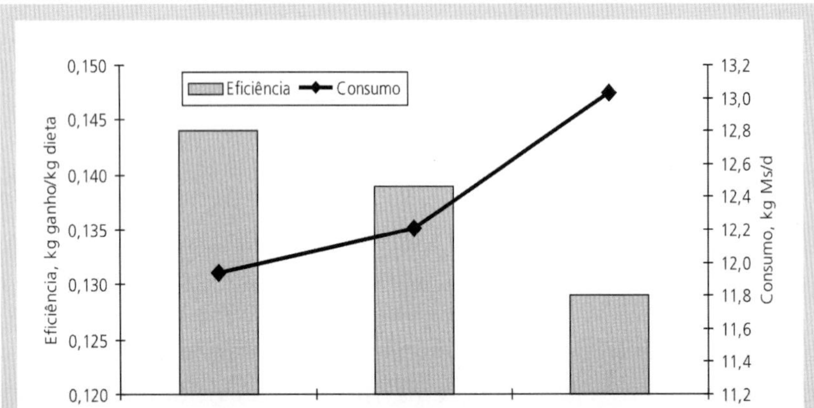

Figura 8. Efeito da produção de leite da vaca sobre o desempenho e consumo da progênie no pós-desmama. Adaptado de Lewis *et al.* (1990).

Eficiência do par vaca/bezerro

O termo eficiência biológica foi definido por Dickerson (1978) como o *input* em relação ao *output* total do sistema, sem considerar os custos por unidade de alimento e de produto final, índices estes indispensáveis para a definição da eficiência econômica do sistema de produção. A eficiência, do ponto de vista nutricional, depende de fatores como consumo de alimentos, peso vivo do animal, composição do ganho de peso, condições ambientais, idade e fatores intrínsecos ligados a ela, isto é, taxas de digestão, absorção e utilização de metabólitos.

A avaliação prévia do cenário econômico (e.g. custo da alimentação e demanda do mercado) permite escolher o tipo biológico adequado para determinado ambiente, de acordo com a disponibilidade de nutrientes. Essas questões são especialmente importantes para as condições médias encontradas nas regiões tropicais e subtropicais do Brasil. Long *et al.* (1975) observaram que vacas menores foram mais eficientes quando o rebanho de vacas foi mantido a pasto e produziram maior quantidade de peso vivo de progênie, tanto em sistema de confinamento quanto a pasto com terminação em confinamento; enquanto vacas de maior potencial de crescimento foram mais eficientes quando essas matrizes foram alimentados no cocho. A eficiência depende da interação entre tipo biológico e disponibilidade de nutriente e não do peso adulto por si só. O tamanho ótimo da vaca varia com o cenário econômico. Lamb *et al.* (1992) avaliaram a eficiência biológica e econômica de vacas Hereford, Angus, Limousin, Charolês e Simental e observaram que as vacas Simental foram menos eficientes biologicamente. No entanto, quando o custo com a alimentação e o valor de venda do bezerro foram considerados, passou a ser a raça mais eficiente economicamente.

Outra questão importante é o desconto no preço da vaca em relação ao preço do animal em crescimento. Isso porque, no Brasil de hoje, a vaca adulta tem um desconto relativo ao macho castrado de 2 anos, muito menor do que, por exemplo, nos EUA ou Austrália. Esse fato sugere que a vaca maior seja relativamente mais interessante no Brasil do que naqueles países.

Quando há a combinação adequada do tipo biológico ao ambiente, as vacas não apenas mantêm taxa reprodutiva satisfatória, mas também desmamam bons bezerros com alto potencial de ganho de peso.

A eficiência biológica de um rebanho de fêmeas é o reflexo do número multiplicado pelo peso de bezerros desmamados por unidade de vaca exposta. A eficiência reprodutiva é, nesse caso, fundamental, e o peso ao desmame é geralmente um fator secundário, mas importante para índices de eficiência econômica. Ao se considerar o peso de desmama como parâmetro principal de eficiência durante a fase de cria (como ocorre em alguns programas de seleção e de cruzamento), pode-se utilizar raças ou touros como ferramenta para introduzir no sistema, genética para maior taxa de crescimento pré e pós-desmama. Isso pode elevar o tamanho adulto e o peso à puberdade, diminuindo a eficiência reprodutiva e aumentando o requerimento de nutrientes tanto da vaca quanto da progênie. Essa consideração pode ser indesejável, dependendo dos custos com alimentação e preços de venda dos animais.

O peso adulto possui alta herdabilidade (Koots *et al.*, 1994), variando de 0,50 a 0,75, fazendo com que seja alterado muito facilmente. A existência de correlação negativa entre peso adulto e taxa de maturação também é uma questão importante, porque a precocidade sexual está diretamente ligada à eficiência do sistema. Animais com elevado peso adulto apresentam menores taxas de maturação, ou seja, são mais tardios em termos de eficiência reprodutiva e deposição de gordura durante a fase de terminação. Dickerson (1978) afirmou que a característica de tamanho corporal, isoladamente, não é determinante da eficiência econômica total do sistema, apoiando-se no fato de que animais de maior tamanho adulto podem desmamar bezerros mais pesados, com maior taxa de crescimento e maior peso e rendimento de carcaça, minimizando os custos e apresentando melhor relação *output / input*, desde que a aplicação do sistema seja em ambiente adequado para otimizar o potencial da raça a ser explorada.

O custo relativo por unidade de energia necessária para suprir as exigências das fêmeas, comparado ao custo para a fase de terminação, pode afetar a relação entre tamanho corporal e eficiência econômica. O alto custo de um sistema de cria aumentaria as vantagens de vacas de menor tamanho adulto, sendo utilizadas em cruzamentos terminais com raças de grande porte, produzindo bezerros maiores com maior peso na desmama e no abate, mantendo matrizes caracterizadas pela baixa taxa de ingestão.

Jenkins e Ferrell (1993) avaliaram vacas de diferentes tamanhos e potencial de produção de leite e observaram que aquelas que receberam menores quantidades de alimento desmamaram bezerros mais leves. No entanto, foram mais eficientes na conversão de energia da dieta para quilograma de bezerro, concluindo que raças ou cruzamentos caracterizados por potencial de crescimento e produção de leite intermediários foram mais eficientes durante a fase de aleitamento. Calegare *et al.* (2007) observaram que vacas cruzadas Angus/Simental x Nelore, aleitando bezerros de touros Canchim, apresentaram eficiência (g de ganho de peso de bezerro/Mcal EM consumida pelo par) 18% maior do que vacas Nelore com bezerros Nelore. A maior exigência das vacas cruzadas foi mais do que compensada pelo maior ganho de peso dos bezerros do cruzamento de três raças. Embora a menor exigência das fêmeas relacione-se positivamente com a eficiência total do sistema, por estar relacionada aos custos com alimentação, o alto potencial de crescimento é essencial para a fase pós-desmama. O sucesso e a lucratividade do sistema de produção de carne dependem da combinação entre a escolha do grupo genético para o ambiente nutricional adequado, tanto durante a fase de cria, quanto para os animais em terminação.

Implicações

Há, na literatura, um razoável volume de dados das respostas biológicas importantes para estimar as correlações entre peso adulto, potencial de produção de leite com crescimento da progênie, desempenho reprodutivo e eficiência global do sistema. Entretanto, é difícil parametrizar as interações dos fatores listados acima com o ambiente. Determinada raça, cruzamento ou touro dentro de raça não pode ser considerado mais ou menos eficiente sem que se considere o ambiente do sistema onde será explorado, bem como a estrutura de preços do ambiente econômico. Certamente, os objetivos não poderão ser os mesmos para diferentes produtores. Mas, seguramente, o conhecimento da relação *output / input* tem que ser mais valorizado em relação à tradicional maximização apenas dos índices de produção (outputs).

Referências bibliográficas

Albertini, T.Z.; Torres Júnior, R.A.A.; Medeiros, S.R.; Euclides Filho, K.; Souza, A.R.D.L.; Lanna, D.P.D. Partição da ingestão energética e eficiência alimentar de bezerros de corte na pré-desmama. In: **Reunião Anual da Sociedade Brasileira de Zootecnia**, v.44., 2007, Jaboticabal: SBZ. CD-ROM. 2007a.

Albertini, T.Z.; Medeiros, S.R.; Torres Júnior, R.A.A.; Souza, A.R.D.L.; Biberg, F.B.; Lanna, D.P.D. Feed efficiency of beef cows and its progeny during the preweaning interval. **Journal of Animal Science**, v.85(Suppl.1), p.550, 2007b.

Albertini, T.Z.; Medeiros, S.R. de; Torres Júnior R.A. de A.; Lanna, D.P.D. 2008. Cow life weight is negatively related to feed efficiency of cow/calf pairs from birth to weaning. Oral Session, n. 215 in: **Annual Meeting of American Society of Animal Science**. Indianapolis, IN.

Almeida, R.; Nardon, R.F.; Razook, A.G.; Figueiredo, L.A.; Lanna, D.P.D. Feed efficiency and residual feed intake of Nelore young bulls selected for yearling weight. **Journal of Animal Science**, v.85(Suppl.1), p.667, 2007. .

Baker, J.F.; Boyd, M.E.; Brown, A.H.; Franke, D.E.; Thompson, C.E. Evaluation of maternal performance of daughters from high and low milk EPD sires. **Journal of Animal Science**, v.81, p.1406-1413, 2003.

Barton, B.A.; Rosario, G.W. Anderson, B.P. Grindle, and D.J. Carroll. Effects of dietary crude protein, breed, parity, and health status on the fertility of dairy cows. **Journal of Dairy Science**, v.79, p.2225-2236, 1996.

Beal, W.E.; Notter, D.R. Techniques for estimation of milk yield in beef cows and relationships of milk yield to calf weight gain and postpartum reproduction. **Journal of Animal Science**, v.38, p.937-943, 1990.

Bourdon, R.M.; Brinks, J.S. Simulated efficiency of range beef production. I. Growth and milk production. **Journal of Animal Science**, v.65, p.943-955, 1987.

Butler, W.R. Effect of protein nutrition on ovarian and uterine physiology in dairy cattle. **Journal of Dairy Science**, v.81, p.2533-2539, 1998.

Butler, W.R. Nutritional interactions with reproductive performance in dairy cattle. **Animal Reproduction Science**, v.60, p.703-712, 2000.

Buttram, S.T.; Willham, R.L. Size and management effects on reproduction in first-, second-, and third-parity beef cows. **Journal of Animal Science**, v.67, p.2191-2196, 1989.

Calegare, L.; Alencar, M.M.; Packer, I.U.; Lanna, D.P.D. Energy requirements and cow/calf efficiency of Nellore and Continental and Britsh *Bos taurus* x Nellore crosses. **Journal of Animal Science**, v.85, p.2413-2422, 2007.

Clutter, A.C.; Nielsen, M.K. Effect of level of beef cow milk production on pré- and postweaning calf growth. **Journal of Animal Science**, v.64, p.1313-1322, 1987.

De Fries, C.A.; Neuendorff, D.A.; Randel; R.D. Fat supplementation influences postpartum reproductive performance in Brahman cows. **Journal of Animal Science**, v.76, p.864-870, 1998.

Diaz, C.; Notter, D.R.; Beal, W.E. Relationship between milk expected progeny differences of polled Hereford sires and actual milk production of their crossbred daughters. **Journal of Animal Science**, v.70, p.396-402, 1992.

Dickerson, G.E. Animal size and efficiency: basic concepts. **Animal Production**, v.27, p.367-379, 1978.

Dillard, E.U.; Yusuff, K.M.; Robison, O.W. Milk production in hereford cows. Heritabilities and Repeatabilities. **Journal of Animal Scienc**e, v.47, p.137-141, 1978.

Ferrell, C.L.; Garrett, W.N.; Hinman, N.; Grichting, G. Energy utilization by pregnant and non-pregnant heifers. **Journal of Animal Science**, v.42, p.937-950, 1976.

Ferrell, C.L. Contribution of visceral organs to animal energy expenditures. **Journal of Animal Science**, v.66(Suppl.3), p.23-34, 1988.

Ferrell, C.L.; Jenkins; T.G. 1984. Relationhips among various body components of mature cows. **Journal of Animal Science**, v.58, p.234-243.

Ferrell, C.L.; Jenkins, T.G. 1985. Cow type and the nutritional environment: nutritional aspects. **Journal of Animal Science**, v. 61, p.725-41.

Ferrell, C.L.; Jenkins, T.G. 1993. Energy expenditures of mature cows during the production cycle. Page 118 in **Beef Res. Prog. Rep.** No. 4 USDA, Clay Center, NE.

Filley, S.J., Turner, H.A.; Stormshak, F. 2000. Plasma fatty acids, prostaglandin F2α metabolite, and reproductive response in postpartum heifers fed rumen bypass fat. **Journal of Animal Science**, v.78, p.139-144.

Fiss, C.F.; Wilton, J.W. Effects of breeding system, cow weight and milk yield on reproduction performance in beef cattle. **Journal of Animal Science**, v.67, p.1714-1721, 1989.

Freetly, H.C.;, Ferrell, C.L.; Jenkins, T.G. Timing of realimentation of mature cows that were feed-restricted during pregnancy influences calf birth weights and growth rates. **Journal of Animal Science**, v.78, p.2790-2796, 2000.

Freetly, H.C.; Ferrell, C.L.; Jenkins, T.G. Nutritionally altering weight gain patterns of pregnant heifers and young cows changes the time that feed resources are offered without any differences in production. **Journal of Animal Science**, v.83, p.916-926, 2005.

Frisch, J.E.; Vercoe; J.E. The effect of previous exposure to parasites on the fasting metabolism and feed intake of three cattle breeds. In **Energy Metabolism of Farm Animals. Eur. Assoc. Anim. Prod.**, v.29, p.100-103,1982.

Garcia-Bojalil, C.M.; Staples, C.R.; Risco,C.A.; Savio, J.D.; Thatcher, W.W. Protein degradability and calcium salts of long chain fatty acids in the diets of lactating dairy cows: Productive responses. **Journal of Dairy Science**, v.81, p.1374-1384, 1998.

Graham, N.M.; Searle, T.W.; Griffiths, D.A. Basal metabolic rate in lambs and young sheep. **Australian Journal of Agriculture Research**, v.25, p.957-971, 1974.

Hansen, P.J.; Baik, D.H.; Rutledge, J.J.; Hauser, E.R. Genotype x environmental on reproductive traits of bovine females. II. Postpartum reproduction as influenced by genotype, dietary regimen, level of milk production and parity. **Journal of Animal Science**, v.55, p.1458-1472, 1982.

Herd, R.M. Changing the size of beef cattle – implications for cow feed requirements. **Proc. Assoc. Adv. Animal Breed. Genet.**, v.10, p.334-337, 1992.

Jenkins, T.G.; Ferrell; C.L. Conversion efficiency trough weaning of nine breeds of cattle. Pages 156-157 in **Beef Res. Prog. Rep.** No. 4 USDA, Clay Center, NE. 1993.

Jenkins, T.G.; Ferrell; C.L. 2007. Daily dry matter intake to sustain body weight of mature nonlactating, nonpregnant cows. **Journal of Animal Science**, v.85, p.1787-1792.

Klosterman, E.W.; Sanford, L.G.; Parker, C.F. Effect of cow size and condition and ration protein content upon maintenance requirements of mature beef cows. **Journal of Animal Science**, v.27, p.242-246, 1968.

Koch, R.M.; Cundiff, L.V.; Gregory, K.E.; Van Vleck, L.D. Genetic response to selection for weaning weight or yearling weight or yearling weight and muscle score in Hereford cattle: efficiency of gain, growth, and carcass characteristics. **Journal of Animal Science**, v.82, p.668-682, 2004.

Koots, K.R.;, Gibson, J.P.; Smith, C.; Wilton, J.W. Analyses of published genetic parameter estimates for beef production traits. 1.Heritability. **Animal Breeding Abstract**, v.62, p.309, 1994.

Lamb, M.A.; Tess, M.W.; Robison; O.W. Evaluation of mating systems involving five breeds for integrated beef production systems: I. Cow/calf segment. **Journal of Animal Science**, v.70, p.689-699, 1992.

Lewis, J.M.; Klopfenstein, T.J.; Stock, R.A. Evaluation of intensive vs extensive systems of beef production and the effect of level of beef cow milk production on postweaning performance. **Journal of Animal Science**, v.68, p.2577-2524, 1990.

Long, C.R., Cartwright, T.C.; Fitzhugh, H.A. Systems analysis of sources of genetic and environmental variation in efficiency of beef production: cow size and herd management. **Journal of Animal Science**, v.40, p.409-420, 1975.

Mackey, D.R.; Sreenan, J.M.; Roche, J.F.; Diskin, M.G. Effect of acute nutritional restricton on incidence of anovulation and periovulatory estradiol and gonadotropin concentrations in beef heifers. **Biology of Reproduction**, v.61, p.1601-1607, 1999.

McDonald, L.E. **Veterinary endocrinology and reproduction**. 4th ed. LEA and FEBIGER, Philadelphia, 571p. 1989.

Mercadante, M.E.Z.; Packer, I.U.; Razook, A.G.; Cyrillo, N.S.G.; Figueiredo; L.A. Direct and correlated responses to selection for yearling weight on reproductive performance of Nelore cows. J**ournal of Animal Science**, v.81, p.376-384, 2003.

Minick, J.A.; Buchanan, D.S.; Rupert, S.D. Milk production of crossbred daughters of high and low milk EPD Angus and Hereford bulls. **Journal of Animal Science**, v.79, p.1386-1393, 2001.

Montaño-Bermudez, M.; Nielsen, M.K. Biological efficiency to weaning and to slaughter of crossbred beef cattle with different genetic potential for milk. **Journal of Animal Science**, v.68, p.2297-2309, 1990.

National Research Council. Nutrient requirements of beef cattle. 6th ed. Natl. Acad. Press, Washington, DC. 1984.

National Research Council. Nutrient requirements of beef cattle. 7th ed. Natl. Acad. Press, Washington, DC. 1996.

Neville, W.E.; Baird, D.M.; McCampbell, H.C.; Sell, O.E. Influence of dam's milk production and other factors post-weaning performance and carcass characteristics of hereford cattle. **Journal of Animal Science**, v.21, p.943-949, 1962.

Oijen, M.; Montaño-Bermudez, M.; Nielsen, M.K. Economical and biological efficiencies of beef cattle differing in level of milk production. **Journal of Animal Science**, v.71, p.44-55, 1993.

Reynolds, C.K.; Tyrrell, H.F. Energy metabolism in lactating beef heifers. **Journal of Animal Science**, v.78, p.2696-2705, 2000.

Smith, N.E. **Quantitative simulation analyses of ruminant metabolic functions: basal, lactation, milk fat depression**. PhD Thesis. University of California, Davis. 1970.

Smith, N.E.; Baldwin, R.L. Effects of breed, pregnancy, and lactation on weight of organs and tissues in dairy cattle. **Journal of Dairy Science**, v.57, p.1055-1060, 1974.

Solis, J.C.; Byers, F.M.; Schelling, G.T.; Long, C.R.; Greene, L.W. Maintenance requirements and energetic efficiency of cows of different breed types. **Journal of Animal Science**, v.66, p.764-773, 1988.

Stagg, K.; Diskin, M.G.; Roche, J.F.; Sreenen, J.M. Association between FSH concentrations and follicle growth during normal estrous cycles and nutritional anoestrous in heifers. **Journal of Reproduction and Fertility**, v.15, p.66 (Abstr.), 1995.

Swell, H.B. Urea supplements for beef cattle. University of Missouri-Columbia Extension. 2071. 1979.

Thiago, L.R.L. Suplementação de bovinos em pastejo. Pag. 50-69 in Curso sobre suplementação mineral em bovinos, Embrapa, CNPGC. Campo Grande, MS. 1998.

Vermorel, M.; Bouvier, J.C.; Geay, Y. The effect of genetic type (normal and double-muscled Charolais and Friesian) on energy utilization by growing cattle at 2 and 16 months of age. In **Energy Metabolism of Farm Animals. Eur. Assoc. Anim. Prod.**, v.19, p.217-220, 1976.

CAPÍTULO 9

Manejo da recria - Eficiência do crescimento da desmama à terminação

Sérgio Raposo de Medeiros
Pesquisadora da EMBRAPA Gado de Corte. Campo Grande,MS
sergio@cnpg.embrapa.br

Rodrigo de Almeida
Professor Adjunto
Departamento de Zootecnia
UFPR. Curitiba, PR
almeida@ufpr.br

Dante Pazzanese Duarte Lanna
Professor Associado
Departamento de Zootecnia
ESALQ/USP. Piracicaba, SP
dplanna@esalq.usp.br

Introdução

A recria é a fase entre a desmama até o momento em que o animal é encaminhado para a reprodução ou terminação. No caso da fêmea, é o período de maior crescimento, quando o animal usa os recursos nutricionais para atingir o tamanho que lhe permita reproduzir. No caso dos machos, é um período de ganho eficiente, uma vez que o animal tem baixa exigência de mantença e alto potencial de crescimento muscular, com baixa deposição de gordura.

Avaliando-se a produção brasileira de bovinos de corte, fica claro que seu sucesso se apoia no baixo custo de produção, o que é possível graças ao sistema de produção predominante, baseado em pastagens. Para se chegar a um custo extremamente competitivo, o tempo na recria é muito importante. O objetivo é fazê-lo tão curto quanto as condições de investimento e o preço dos insumos permitam.

Na cadeia brasileira de carne bovina, usualmente considera-se que a recria inclui bovinos de corte desmamados com cerca de 150-200 kg de Peso Vivo (PV) até a comercialização para venda às fazendas de terminação, com cerca de 11-13@, geralmente em torno de 330-380 kg de PV.

Para conseguir reduzir o tempo da recria é importante obter o maior peso de desmama possível e imprimir uma elevada taxa média de crescimento em pastagem, evitando-se períodos de baixo desempenho.

No Brasil, o peso de entrada nos sistemas de terminação (em cocho ou pastagem) é mais elevado do que na América do Norte e Europa. Além disto, o desempenho em pastagens tropicais é relativamente baixo. Consequentemente, o período de recria é relativamente longo, podendo chegar a mais de dois anos. Nesse sentido, há grande variação na composição corporal e, portanto, as exigências nutricionais também variam bastante.

Um outro aspecto importante é a grande variação no desempenho dos animais durante a recria, o que tem grande influência sobre o desempenho posterior. O elevado crescimento compensatório é uma característica do sistema de produção de carne em pastagens tropicais em função dos desempenhos aquém do potencial do animal em recria.

Certamente, o maior gargalo para a boa recria no Brasil é o correto manejo das pastagens. Apenas com uma boa orçamentação forrageira é possível dar boa disponibilidade para que se tire maior proveito das rápidas taxas de crescimento dos animais jovens e atenda sua maior exigência proteica. Os melhores resultados técnicos e econômicos da suplementação são obtidos apenas se baseados em boas pastagens.

O objetivo deste capítulo é discutir as alterações na composição corporal, seu efeito na exigência dos animais e as possibilidades de se alterar a eficiência da recria através do manejo, notadamente da suplementação da pastagem tropical.

Composição do crescimento durante a recria

O crescimento das diferentes partes do corpo durante a recria é alométrico, isto é, elas crescem com diferentes velocidades. Há, primeiramente, grande desenvolvimento dos membros e, em seguida, do tronco. Por refletir essa variação nas ondas de crescimento, a composição química corporal também varia bastante. Na **Tabela 1**, há um exemplo da mudança de composição de bovinos na recria.

A maior mudança é no teor de gordura, cuja proporção cresce progressivamente com o

Tabela 1. Variação na composição corporal de um bovino de raça Britânica, castrado na recria, baseado nas equações de Simpfendorfer (1974).

	Composição do corpo vazio		
Peso Vivo (kg)	**% Água**	**% Proteína**	**% Gordura**
200	62,1	19,7	14,2
250	60,0	19,3	17,0
300	58,1	18,8	19,7
350	56,2	18,3	22,4
	Composição do ganho de peso		
Peso Vivo (kg)	**% Água**	**% Proteína**	**% Gordura**
200 a 201 kg	57.1%	18.3%	25.4%
300 a 301 kg	50.3%	15.7%	36.2%
350 a 351 kg	46.9%	14.4%	41.6%

Equações:
$\%Água = (3,588 + 0,671*PV - 0,00034*PV^2)/PV*100.$
$\%Proteína = (0,235*PV - 0,00013*PV^2 - 2,418)/PV*100.$
$\%Gordura = (0,037*PV + 0,00054*PV^2 - 0,610)/PV*100.$

Fonte: NRC (1996).

aumento do peso corporal. Concomitantemente, reduz-se o teor de água e também o de proteína. Já, a partir de 300 kg PV, o teor de gordura no organismo supera o teor de proteína.

Entretanto, mais importante que a variação na composição do animal é a variação na composição do ganho de peso do animal num determinado instante. Isso pode ser visto na parte inferior da **Tabela 1**, que demonstra a variação proporcionalmente muito maior da composição do ganho. Nota-se que a deposição de gordura no ganho quase dobra entre os pesos de 200 e 350 kg.

As exigências nutricionais dependem não da composição do animal, mas da composição do ganho em determinado peso, que é chamado de taxa instantânea de ganho. Como 1 kg de ganho de peso dos 200 até os 201 kg contém 183 gramas de proteína, isso representa 27% a mais de exigência líquida de proteína comparado com o animal de 350 kg que deposita 144 gramas de proteína por kg de ganho de peso.

Maiores taxas de deposição de gordura podem ocorrer com o aumento da taxa de ganho (Schoonmaker *et al.*, 2004), decorrente do fato de se ultrapassar a capacidade de deposição de proteína muscular (Owens *et al.*, 1993, Reeds e Mersmann, 1991). Opostamente, ganhos modestos podem alterar o peso adulto do animal (Sainz e Paganini, 2004). Assim, animais que passem períodos significativos da recria com ganhos abaixo do normal podem chegar mais pesados à terminação, quando comparados a animais que não tenham passado por essa restrição.

bém variar com a idade do animal, a magnitude dessa variação é muito baixa (Csiro, 1990). O efeito do nível nutricional anterior sobre as exigências de mantença é muito mais pronunciado, podendo ser demonstrado nas diferenças de exigências de mantença que se encontram durante o período de recria em animais que receberam *creep feeding*, comparados com animais que não receberam essa modalidade de suplementação durante o período de cria.

No **Gráfico 1**, é possível observar a grande alteração nas exigências líquidas de proteína e de energia para cada quilograma de ganho em razão do peso vivo do animal. O aumento de mais de 50% na necessidade de energia, de 13,66 para 20,95 Mcal/kg de ganho, decorre do grande aumento de gordura na composição do ganho. Ao mesmo tempo, há uma redução de mais de 20% na deposição líquida de proteína, de 42 g/kg de ganho de um animal com 200 kg PV para esse mesmo animal com 350 kg PV.

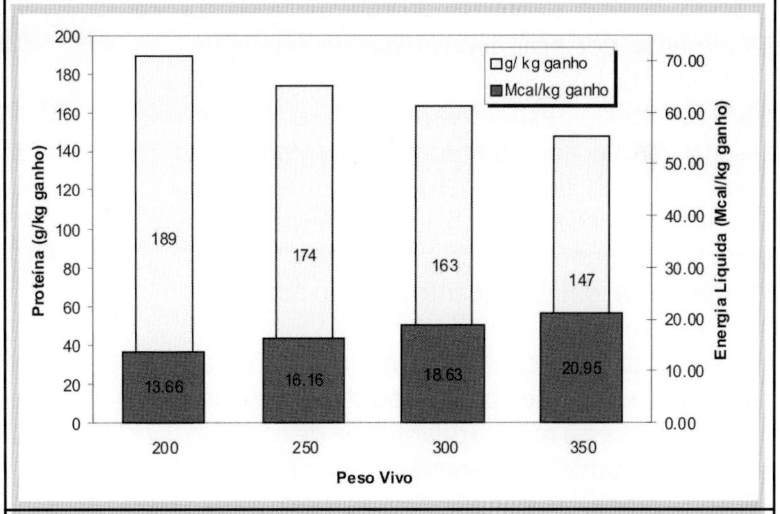

Gráfico 1. Variação na deposição de proteína e concentração energética para cada kg de ganho em animal de tamanho corporal médio (NRC, 1996) na recria.

Exigências e eficiências nutricionais durante a recria

A variação nas exigências nutricionais para ganho durante a recria estão de acordo com a variação na composição corporal dos animais, conforme visto no item anterior.

Apesar da exigência para mantença também variar com a idade do animal, a magnitude dessa variação é muito baixa (Csiro, 1990).

A eficiência do crescimento na recria é alta, por causa de três fatores:

a) ainda há relativamente pouca gordura no ganho em relação à fase de terminação;

b) a exigência de mantença é relativamente baixa, pois o animal é leve;

c) a taxa de crescimento relativo, ou seja, a taxa de ganho em proporção ao peso é maior no animal jovem.

Quando são analisados os três itens anteriores de forma integrada, percebe-se que o animal de recria direciona uma maior proporção do seu con-sumo para ganho, e que esse ganho tem composição mais magra. Alguns valores de eficiência na recria são apresentados na **Tabela 2** abaixo:

kg de ganho de peso), principalmente pela maior densidade energética da dieta consumida, que permite maiores ganhos e diluição das exigências de mantença. Os mesmos animais Nelores, cujos dados de recria foram apresentados na **Tabela 2**, foram terminados, e a conversão alimentar média subiu de 5,9 para 13,9 kg de MS/kg de ganho (Chardulo *et al.*, 1998).

Tabela 2. Valores de desempenho de animais de diferentes grupos genéticos na recria.

Grupo genético	Peso inicial (kg)	Peso final (kg)	Ganho de peso diário (kg)	Consumo (kg MS/dia)	Conversão alimentar (kg MS/kg ganho)	Eficiência alimentar (kg ganho/kg MS)
Nelore[a]	166	225	0,686	4,1	5,9	0,168
Hereford[b]	231	319	1,250	7,2	5,8	0,174
Hereford[b]	240	328	1,050	6,6	6,3	0,160

a. Chardulo *et al.* (1998); b. Mir e Mir (1994).

A conversão alimentar na recria piora à medida que o animal aumenta o seu peso e a concentração de gordura no ganho (**Tabela 2**). A piora na eficiência deve-se ao fato de que a eficiência bruta (kg de alimento por kg de peso) é menor para a deposição de gordura do que músculo. Apesar da eficiência energética (kcal de alimento por kcal depositada) de retenção de lipídios ser bem maior do que a de proteína (65% e 35%, respectivamente), a maior eficiência bruta ocorre por duas razões. Primeiro, o lipídio é mais denso energeticamente que a proteína (9,4 kcal/g e 5,5 kcal/g, respectivamente) e, segundo, o tecido adiposo tem menos de 10% de umidade, enquanto o tecido muscular tem algo próximo a 75% de água.

Portanto, 10 kcal de energia usadas para ganho são suficientes para depositar 2,8 g de músculo, mas essa mesma quantidade de energia resulta na deposição de apenas 0,7 g de tecido adiposo (Lanna, 1998). Em termos práticos, a mesma quantidade de energia do alimento é capaz de depositar 4 kg de tecido muscular ou 1 kg de tecido adiposo.

Em contraste com a alta eficiência dos animais em recria, os valores de conversão alimentar de animais na terminação podem ser superiores a 10 kg de MS/kg de ganho de peso. Na terminação a pasto ou em semiconfinamento, em que a densidade energética da dieta é baixa, esses valores podem chegar a 20 ou 40 kg de alimento por quilograma de ganho. Já na terminação em confinamento, as taxas de conversão alimentar são mais favoráveis (6-9 kg de consumo de MS/

Valores elevados de eficiência alimentar para animais em terminação só ocorrem em duas situações:

1) dietas de elevado teor de concentrado, na qual há um aumento da eficiência em decorrência da diluição da mantença ou,

2) animais de elevado peso adulto (e.g. bovinos de raças Europeias Continentais, particularmente quando não-castrados) abatidos com baixo teor de gordura (Lanna, 1996).

Quando grupos genéticos são comparados, pode haver grande variação na eficiência. Entretanto, quando a comparação é feita ao mesmo grau de terminação, as variações são bastante reduzidas. Nesse sentido, Smith *et al.* (1976) observaram 23% de variação na eficiência entre animais filhos de matrizes Hereford e Angus e touros Hereford, Angus, Jersey, South Devon, Limousin, Charolês e Simental, quando comparados ao mesmo peso, mas apenas 12% de variação, quando comparados para o mesmo teor de gordura no músculo *longissimus*.

Efeito da suplementação na recria

A suplementação dos animais em pastagem

na recria é uma das formas mais práticas e efetivas de alterar a curva de crescimento desses animais. A estratégia de suplementação é depen-dente da meta de desempenho, e sua escolha deve ser fundamentada em análise econômica.

Animais na recria têm baixo desempenho na seca, por causa dos baixos valores de proteína bruta nas principais gramíneas tropicais usadas no Brasil, principalmente em pastagens do gênero *Brachiaria* (Euclides e Medeiros, 2003). O valor nutricional da pastagem cai muito na seca (**Gráfico 2**).

Diferentes formas de suplementação podem ser usadas em pastagem: mistura mineral, mistura mineral com ureia, misturas múltiplas e misturas concentradas. A viabilidade econômica do sal mineralizado é notória, função do seu baixo consumo, custo relativamente baixo e baixa necessidade de mão de obra para seu fornecimento, que é praticamente regulado pelo próprio animal.

A adição de ureia e/ou ingredientes proteicos, energéticos e aditivos depende de diversos fatores. A mistura múltipla, que geralmente inclui ureia, proteína verdadeira e aditivos, com consumo limitado pelo sal comum, tem sido a escolha mais frequente para a suplementação dos animais na recria. Ela apresenta, em várias situações, uma relação benefício:custo mais favorável e representa um desembolso menor ao produtor. A estrutura de suplementação, os volumes e a mão de obra necessários são relativamente menores do que a opção de suplementação energética de mais alto consumo a pasto.

As recomendações correntes para suplementação de mistura múltipla (MM), no período seco, sugerem um consumo diário de 1 a 2 g/kg de Peso Vivo, equivalentes a 0,1% a 0,2% do peso vivo. O objetivo da formulação das MM deve ser complementar os macrominerais e microminerais das pastagens e suplementar proteína e energia.

Algumas sugestões de inclusão de ingredientes foram apresentadas por Euclides e Medeiros (2005): 5 a 12% de ureia; 15 a 40% de uma fonte de proteína verdadeira (farelos de algodão ou de soja); 20 a 30% de uma fonte de energia (milho, sorgo, polpa ou casca, entre outras opções); 15 a 25% de sal branco; e 8 a 10% de mistura mineral.

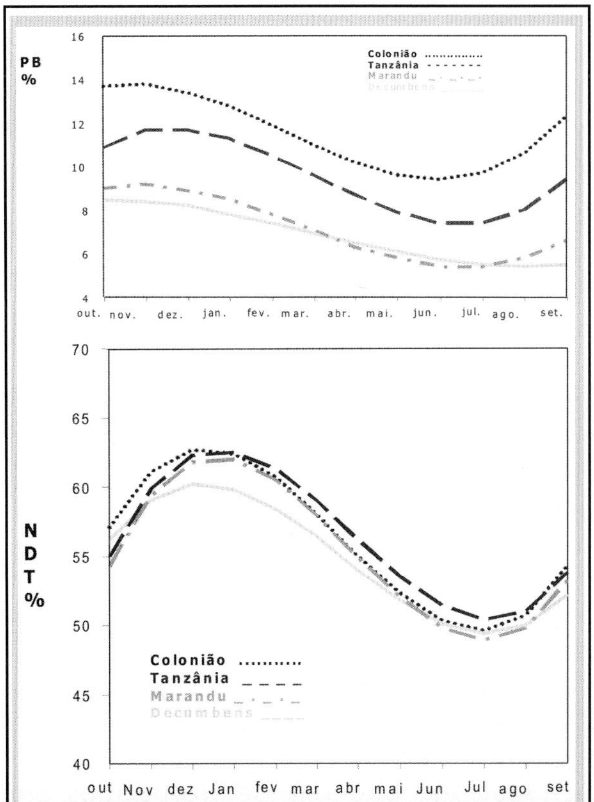

Gráfico 2. Variação no valor nutricional de algumas forrageiras tropicais ao longo do ano. Fonte: Euclides, 2005.

Além dos nutrientes, as MM podem conter aditivos capazes de melhorar o desempenho durante a recria. Aditivos como monensina, salinomicina, lasalocida e virginiamicina foram largamente avaliados em experimentos de campo. Seus efeitos no caso da recria são realmente impressionantes. Aumentos de ganho da ordem de 90-100 gramas por dia são obtidos com a adição de ionóforos, o que resulta em retornos ao produtor que chegam a 20 para cada 1 real investido em aditivo. A literatura (Goodrich *et al.*, 1984; Bagley *et al.*, 1988; Huntington, 1996) é muito consistente, e os benefícios econômicos e ambientais (tendo em vista maior produção de carne com o mesmo uso de recursos) extremamente significativos.

O sal branco deve ser incluído em quantidade que chega a ser de 7 a 13 vezes superior às exigências, sendo necessário usar esse elemento no controle da taxa de ingestão da MM para limitar o seu consumo. A limitação do consumo é uma ferramenta para não permitir, em determinadas situações, que o animal consuma excesso de proteína e nem substitua o pasto (muito mais barato) como fonte de energia.

Quanto mais jovens são os animais, mais sensíveis são ao efeito limitante do consumo do sal branco (Sewel, 1993) e, portanto, para manter o mesmo consumo da mistura por quilo de peso vivo, a porcentagem do sal branco deverá ser maior nos animais em terminação. Animais zebuínos tendem a consumir menos MM, principalmente durante a adaptação, em comparação com animais europeus.

Nas situações em que o concentrado é relativamente mais barato, ou quando se quer atingir taxas maiores de crescimento, pode-se substituir a MM por uma suplementação com maior quantidade de concentrado (SC). A quantidade oferecida varia de 6 a 10 g/kg de peso vivo (0,6 a 1% do peso vivo), e os ganhos de peso médios durante o período de suplementação variam entre 300 e 1.100 g/dia (Euclides e Medeiros, 2005).

Além de poderem ser fornecidos em diferentes quantidades, os suplementos podem ser formulados com diferentes fontes de energia (amido, pectina e gordura) e com diferentes concentrações de nutrientes.

Na mistura múltipla, caso a meta de consumo esteja próxima a 0,1% PV (1 g/kg de PV), o teor de proteína deve ficar em torno de 500 g/kg de MS. Esse teor de proteína é calculado com base nos teores de proteína esperados para a pastagem. Um dos grandes problemas do uso de MM e de qualquer outro tipo de suplementação do pasto é que a composição do pasto muda ao longo da época do ano e também ao longo do período de pastejo de cada piquete.

À medida que se aumenta o consumo, para um mesmo aporte de proteína, deve-se reduzir o teor desse nutriente na MM. A literatura sugere que o objetivo deve ser em pelo menos 1 unidade percentual o teor de proteína bruta da dieta total (forragem + suplemento). Esse aumento, durante o período seco do ano, já é suficiente para resultar em significativa resposta na ingestão de matéria seca.

Essa grande resposta em IMS ocorre com forragens com valor de proteína bruta inferiores à faixa de 0 -70 g de PB/kg de MS (Minson, 1990) e seria explicada pela correção da deficiência proteica da microbiota no rúmen, que resulta em maior taxa de degradação da fibra. O aumento da taxa de degradação da parede celular aumenta a velocidade da redução do tamanho de partícula da digesta com consequente maior taxa de passagem e aumento do consumo.

O resultado final da suplementação de proteína pela MM é um aumento do aporte de energia, causado tanto por um aumento da taxa de degradação (mais energia por unidade de pasto consumido) quanto por um aumento no consumo de pasto (mais unidades de pasto consumido). Esse efeito multiplicativo é resultante do efeito da proteína no aumento da taxa de degradação da fibra. O aproveitamento da energia pode ser incrementado ainda pela utilização de aditivos, como os ionóforos, que reduzem as perdas de metano e fazem com que mais energia do pasto fique disponível ao animal.

Outro fator que pode ajudar a explicar o grande aumento no consumo dessa pastagem pobre em proteína quando há suplementação, seria o aporte adicional de aminoácidos no duodeno, por causa da maior produção de proteína microbiana (Preston e Leng, 1987). Esse efeito é proporcionalmente mais importante para animais em crescimento, cujas exigências proteicas são maiores (Boin *et al.*, 2004)

Há poucas informações e resultados contraditórios referentes ao uso da proteína não degradável no rúmen (ou sobrepassante) em suplementos para animais em crescimento sob pastejo. Branco *et al.* (2002) não observaram efeito da suplementação com proteína não-degradável no rúmen (PNDR) para novilhos em recria pastejando capim-estrela roxa durante o inverno. Já Ramos *et al.* (1998), avaliando o efeito da suplementação de novilhos com fonte de proteína não-degradável no rúmen, verificaram melhoria do ganho de peso quando comparados com aqueles verificados nos animais que consomem o farelo de soja (alto percentual de proteína degradável no rúmen) e ureia (100% degradável no rúmen).

Suplementos com proteína não-degradável no rúmen são mais caros e, portanto, à luz da teoria e dos resultados atuais não são compensadores. Além disso, com a proibição do uso de suplementos proteicos de origem animal na alimentação de ruminantes por causa da BSE, são escassas as possibilidades de suplementar bovinos brasileiros com fontes proteicas de baixa degradabilidade ruminal. É interessante, todavia, para animais jovens e em crescimento, em pastagem de baixa a média qualidade, usar suplementos que contenham também proteína verdadeira, como fonte de ácidos graxos ramificados (isoácidos) que atuam como fatores de crescimento microbiano no rúmen.

Seja qual for a formulação do suplemento, respostas em aumento de ganho de peso com seu uso são muito mais evidentes na seca, como pode ser observado pela comparação do **Gráfico 3**, que apresenta a correlação entre quantidades crescentes de concentrado (eixo x) e o ganho de peso (eixo y) dos animais suplementados nas águas (A) e na seca (B). Esses gráficos utilizaram 42 dados de 20 trabalhos nas águas e 35 dados de 20 trabalhos na seca, que incluíam animais desde 166 kg de peso inicial até peso final máximo de 364 kg.

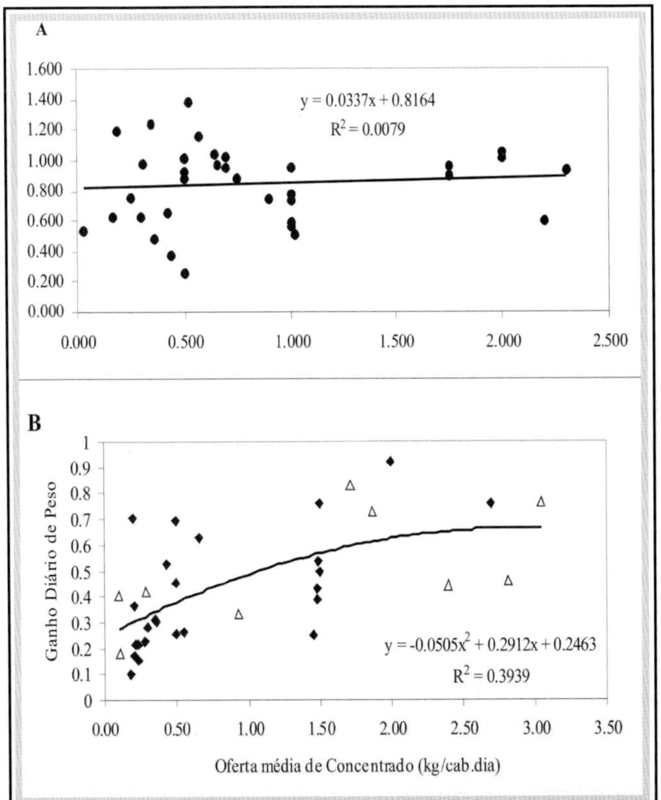

Gráfico 3. Respostas à suplementação com quantidades crescentes de concentrado nas águas (A) e na seca (B). Os pontos vazados indicam alta disponibilidade de forragem e, os cheios, baixa disponibilidade. Adaptado de Euclides e Medeiros (2005) com dados adicionais.

Pode-se observar que não existe relação entre a quantidade de concentrado e o desempenho nas águas (R^2 = 0,0079). Essa afirmativa decorre do fato de haver resultados de alto ganho mesmo sem suplementação e, ao mesmo tempo, porque ocorre um forte efeito de substituição da pastagem pelo concentrado. A taxa de substituição é tanto maior quanto melhor for a qualidade da forragem consumida (Hogdson, 1990).

No caso da seca, há uma clara resposta quadrática, explicada pelo aumento do ganho em resposta ao aumento de ingestão de matéria seca de forragem de baixo valor nutritivo. Os resultados médios obtidos permitem indicar um ganho médio diário de 100 a 450 g para um consumo de suplemento variando de 1 a 3 g/kg de PV, na época da seca, ocasião em que animais consumindo apenas sal mineralizado têm taxas medíocres de ganho de peso ou até mesmo perdem peso (ver **Tabela 3**).

Na mesma correlação entre quantidade de concentrado e desempenho, apresentada por Euclides e Medeiros (2005), foram utilizados também os dados de animais em terminação. Tanto naquela curva como na do presente texto, é interessante notar que há uma tendência de redução do desempenho a partir do valor de 1% do PV na matéria seca como suplementação, que seria, em matéria original, cerca de 4 kg de concentrado para todos os animais (Euclides e Medeiros, 2005) ou aproximadamente 3 kg de concentrado no caso do **Gráfico 3** (B). Os respectivos pesos vivos médios para os animais em cada um dos exemplos seriam 268 kg e 324 kg, e o concentrado teria matéria seca próxima a 900 g/kg.

O decréscimo do ganho de peso acima de 1% do PV pode ser atribuído a um aumento na taxa de substituição (Moore *et al.*, 1999) e a um ambiente ruminal menos favorável à degradação da fibra (Siebert e Hunter, 1982; Bargo *et al.*, 2003).

A suplementação com energia é particularmente importante no caso do período das águas, pois as forrageiras, nessa época, tem elevados teores de N solúvel que podem ser aproveitados com a energia adicional disponível no rúmen. Isso porque, nesta situação, a produção da proteína microbiana é limitada pelo suprimento de substratos fermentescíveis (Poppi e McLennan, 1995). Resultados interessantes com suplementação energética no verão foram obtidos por Costa (2007). Além de um diferencial de cerca de 400 g/dia em relação ao controle, valor alto em relação ao normalmente obtido, esse autor também relatou a possibilidade de aumento de lotação. Mas mesmo um aumento significativo de desempenho (400 g/d), quando obtido com consumos da ordem de 4 kg de concentrado dia, resulta em conversões alimentares (10 par 1) e custos de produção de carne superiores àqueles obtidos quando esses alimentos foram utilizados no período de confinamento ou quando os animais a pasto não são suplementados.

Todavia, quantidades excessivas de carboidratos não-estruturais (CNE) causam intensa produção de ácidos graxos voláteis provenientes da fermentação desses CNE, e podem resultar na redução do pH ruminal a níveis abaixo do valor crítico (~ 6,2) para a ação das bactérias celulolíticas, o que pode reduzir a degradação da fibra (Van Soest, 1995; Paterson *et al.*, 1994).

Resultado de trabalhos com suplementação de bovinos com milho e sorgo, em quantidades de 2 a 4 kg/dia, revelam desempenhos muito ruins. Pode-se explicar isso por efeitos associativos negativos sobre a digestibilidade, bem como por uma demanda por proteína (nitrogênio) da microbiota do ceco e cólon. O efeito negativo dos CNE ocorre particularmente quando a fonte é o amido ou outros açúcares prontamente fermentescíveis.

Já fontes ricas em polissacarídeos não-amiláceos desafiam bem menos o pH ruminal (Van Soest, 1995; Carvalho, 1995), sendo mantidas melhores condições para a microbiota ruminal. Exemplos de ingredientes que são importantes fontes de carboidratos energéticos não-amiláceos são: polpa cítrica, a casca de soja, a glutenose e a polpa de beterraba.

No caso da recria, em que a suplementação a pasto é a regra, esse aspecto assume grande importância, pois a maior parte da energia vem da degradação da fibra. Apesar dos resultados de campo sugerirem esse resultado positivo, faltam trabalhos científicos que comprovem essa percepção de que fontes de carboidratos não amiláceos resultam em melhores desempenhos.

Outra fonte de energia bem menos utilizada para a suplementação em pastagem é a gordura. É importante que a sua inclusão na dieta não ultrapasse cerca de 60 g/kg de MS, não havendo indicação que animais em crescimento sejam mais sensíveis aos ácidos graxos.

O uso de fontes de gordura para animais jovens, além das vantagens da suplementação, pode resultar em um padrão de fermentação mais interessante, com menor produção de metano e consequente aumento do aporte de energia metabolizável para o animal (Clary *et al.*, 1993; Lana e Fox, 2001).

A gordura também pode contribuir para aumentar o nível de insaturação da gordura da carne, o que é desejável pelo mercado consumidor. Esse impacto da suplementação na composição da carne requer um efeito cumulativo de longo prazo, pois apenas uma pequena parte dos ácidos graxos insaturados (10-35%) escapa da bio-hidrogenação ruminal (Palmiquist, 1988).

Teores de gordura acima do limite já descrito teriam influência negativa na degradabilidade da fibra, especialmente pela toxicidade dos ácidos graxos insaturados às bactérias celulolíticas.

Entretanto, há diferenças no efeito das diversas fontes de gordura. Grãos íntegros de oleaginosas, como o caroço de algodão, seriam menos danosos do que o óleo livre pelo fato do grão servir como proteção para a gordura contida e reduzir a taxa de liberação dos ácidos graxos ao meio, apesar de, mesmo assim, serem também extensamente bio-hidrogenados (Palmiquist, 1988; Chilliard *et al.*, 2001).

Nas **Tabelas 3** e **4** são apresentados alguns resultados de desempenho de animais em crescimento em resposta à suplementação, respectivamente, para mistura múltipla e suplementação concentrada.

Um aspecto importante a ser observado na suplementação dos animais é que a intensificação do sistema deve ser feita de maneira crescente. Assim, os ganhos-alvo na seca devem ser inferiores àqueles esperados para a época de águas subsequente.

No trabalho de Euclides *et al.* (2001), por exemplo, os animais suplementados na primeira seca tiveram desempenho pior do que

Tabela 3. Desempenho de animais em crescimento suplementados com diferentes ofertas e misturas minerais múltiplas durante o período seco.

Gramínea	DMST[h] (kg/ha)	Período (dias)	Consumo suplemento (kg/cab.d)	Peso (kg) Inicial	Peso (kg) Final	Ganho (kg/dia)	Referência
B. brizantha	4.500	183	0,235[a]	224	246	0,154	Lopes *et al.*, 2002
cv. Marandu			0,211[b]	237	261	0,173	
			0,282[c]	224	256	0,225	
			0,218[d]	219	250	0,218	
B. decumbens	20-25 cm	96	0,066[e]	195	224	0,299	Coutinho Filho
			0,203[f]	195	230	0,365	*et al.*, 2001
B. brizantha							
cv. Marandu	4.500	115	0,550[g]	326	358	0,264	Euclides, 2001
P. maximum							
cv. Tanzânia	2.900	115	0,430[g]	220	281	0,525	Euclides, 2001

[a] Milho grão (27%), ureia (10%), farelo de soja (15%), supertriplo (16%), S (1,3%), microelementos (0,7%) e NaCl (30%); [b] Milho grão (32%), ureia (12%), farelo de soja (10%), supertriplo (16%), S (1,3%), microelementos (0,7%) e NaCl (26%); [c] Milho grão (37%), ureia (14%), farelo de soja (5%), supertriplo (16%), S (1,3%), microelementos (0,7%) e NaCl (30%); [d] Milho grão (42%), ureia (16%), supertriplo (16%), S (1,3%), microelementos (0,7%) e NaCl (24%); [e] Suplemento mineral; [f] Milho (47,8%), fosfato bicálcico (16,2), ureia (15,6%), flor de enxofre (2,04%), sal comum (15%) e mistura mineral (3,36%); [g] Refinazil (47,3%), farelo de soja (26,0%), ureia (5%), sulfato de amônio (0,7%), sal branco (13%), sal mineral (7,8%) e rumensin (0,2%). [h] Disponibilidade média de matéria seca total. Adaptado de Euclides e Medeiros, 2005.

Tabela 4. Desempenho de animais em crescimento suplementados com diferentes ofertas e concentrados durante o período seco.

Gramínea	DMST[h] (kg/ha)	Período (dias)	Consumo (% PV)	Peso (kg) Inicial	Peso (kg) Final	Ganho (kg/dia)	Referência
B. brizantha							
cv. Marandu	1.840	177	0,76[a]	188	246	0,330	Corrêa *et al.*, 2000
B. brizantha							
cv.Marandu	3.560	98	0,74[b]	175	232	0,580	Euclides, 2001
P. Maximum							
cv. Tanzânia	2.700	98	0,70[b]	222	312	0,730	
B. brizantha							
cv. Marandu	4.600	105	-	198	257	0,545	Thiago e Silva, 2002
			0,2[c]	198	257	0,699	
			0,4[d]	198	274	0,761	
			0,8[e]	198	299	0,929	

[a] Milho moído (78,65%), farelo de soja (20%), ureia (1%), carbonato de cálcio (0,2%), sulfato de amônio (0,3%) e rumensin (0,04). Ainda foi fornecido, à parte, sal mineral à vontade; [b] Milho moído (77,16%), farelo de soja (19,5%), ureia (2%), calcário calcítico (1%), sulfato de amônio (0,3%) e rumensin (0,04). Ainda foi fornecido, à parte, sal mineral à vontade; [c] Milho(62,3%), farelo de soja (25%), ureia (3,71%), sulfato de amônio (0,65%), mistura mineral (8,10%), rumensin (0,24%); [d] Milho (73,47%), farelo de soja (16,9%), ureia (2,38%), sulfato de amônio (0,42%), mistura mineral (4,03%), calcário calcítico (2,68%), rumensin (0,12%); [e] Milho (77,88%), farelo de soja (15,54%), ureia (1,38%), sulfato de amônio (0,24%), mistura mineral (2,23%), calcário calcítico (2,67%), rumensin (0,06%); [h] DMST: Disponibilidade média de matéria seca total. Adaptado de Euclides e Medeiros, 2005.

os animais suplementados apenas na segunda seca, provavelmente porque a exigência de mantença dos animais previamente suplementados na primeira seca era maior.

Este conhecimento da dinâmica do crescimento e das consequências do crescimento compensatório é fundamental para se estabelecer um programa de suplementação no longo prazo. Grande parte do benefício da suplementação na fase de recria pode ser perdido por causa do crescimento compensatório na fase de terminação.

Suplementação de fêmeas para reposição

A redução na idade de entrada em reprodução é um dos índices que mais podem contribuir para o aumento da rentabilidade da pecuária de corte, por ter grande impacto na vida produtiva da vaca. A idade na puberdade está intimamente ligada ao peso corporal do animal, apesar de não haver clareza quanto à composição corporal ou índices metabólicos exatos que estejam associadas a ela.

O objetivo para fêmeas de reposição é fazê-las terem um rápido desenvolvimento em peso para chegarem à puberdade o quanto antes. Deve ser frisado que fêmeas jovens somente começam a dar retorno econômico à propriedade quando parem pela primeira vez. Assim, em decorrência do peso adulto, é determinado um peso alvo, referente a 55-60% e 65% do peso adulto, respectivamente, para animais *Bos taurus* e *Bos indicus* (NRC, 1996). O peso adulto pode ser definido como o peso do animal com 25% de gordura corporal (CSIRO, 1990) ou o peso quando há máxima deposição de proteína (Fox e Black, 1984).

Portanto, a nutrição das futuras matrizes deve-se basear nas taxas de ganho de peso necessárias para que as novilhas alcancem o peso adequado antes do início do acasalamento (Paterson *et al.*, 1992). Evidente que o peso na desmama é muito importante nesse processo, bem como a velocidade ótima de desenvolvimento, a qual deve ser encontrada tendo em vista os preços dos alimentos e do próprio produto, nesse caso, o bezerro. Uma estratégia interessante é separar os animais mais leves para fornecer alguma suplementação diferenciada

Outro aspecto interessante relacionado a fêmeas de reposição é que o nível nutricional da desmama até a puberdade tem efeitos na vida produtiva da matriz, especialmente em razão da condição desses animais ao primeiro parto, pois a restrição alimentar, no final da gestação, que ocorre em animais mais tardios pode reduzir o desenvolvimento do animal.

Conclusão

A recria é um período de ganhos muito eficientes, uma vez que as exigências de mantença são baixas e a composição do ganho constituída principalmente de proteína e água.

A recria é, nas condições do Brasil pecuário, feita com baixíssimos custos, apesar de estar baseada em desempenhos médios a baixos.

Entretanto, a produtividade e o nível de desempenho da recriam podem ser grandemente incrementados com o uso de suplementação a pasto, o uso de aditivos, a melhoria da genética e, principalmente, a melhoria do manejo do pasto.

Referências bibliográficas

Bagley, C.P.; Feazel, J.I.; Morrison, D.G.; Lucas, D.M. Effects of salinomycin on ruminal characteristics and performance of grazing beef steers. **Journal of Animal Science**, v.66, p.792-797. 1988.

Bargo, F.; Muller, L.D.; Kolver, E.S.; Delahoy, J.E. Production and digestion of supplemented dairy cows on pasture. **Journal of Dairy Science**, v.86, p.1-42. 2003.

Berge, P.Long-term effects of feeding during calfhood on subsequent performance in beef cattle (a review). **Livestock Production Science**, v.28, p.179-201, 1991.

Boin, C.; Tedeschi, L.O.; Manella, M.Q. **Conceitos atuais de nutrição protéica de bovinos**. In: Anais do 22o Simpósio sobre Manejo de Pastagens, Teoria e Prática da Produção Animal em Pastagens. Piracicaba. FEALQ. Eds. Pedreira, C.G.S.; Moura, J.C.; Silva, S.C.; Faria, V.P.p.33-70. 2005.

Branco, A.F.; Silva, F.J.; Tacaian, A.K. *et al.* Níveis de proteína em suplementos para terminação de bovinos em pastejo. In: XXXIX Reunião Anual da Sociedade Brasileira de Zootecnia, 2002, Recife. Anais da XXXIX Reunião Anual da Sociedade Brasileira de Zootecnia, 2002.

Carvalho, M.P.Citros. In: Anais do 6° Simpósio sobre nutrição de bovinos - Utilização de Resíduos Culturais e de Beneficiamento na alimentação de bovinos. Piracicaba. FEALQ. Eds. Pedreira, C.G.S.; Moura, J.C.; Silva, S.C.; Faria, V.P.p.33-70. 2005.

Clary, E.M.; Brandt, R.T.; Harmon, D.L. *et al.* Supplemental fat and ionophores in finishing diets: feedlot performance and ruminal digesta kinetics in steers. **Journal of Animal Science**, v.71, p.3115-3123, 1993.

Chardulo, L.A.; Silveira, A.C.; Furlan, L.R. Efeito da somatotropina bovina recombinante no desempenho e características químicas da carne de bovinos. **Pesq. Agropec. Bras.**, v.33, p.205-212, 1998.

Chilliard, Y.; Ferlay, A.; Doreau, M. Effects of different types of forages, animal fat or marine oils in cows diets on milk fat secretion and composition, especially conjugated: Nutritional control of saturated, polyunsaturated, trans and conjugated linoleic acids (CLA) and polyunsaturated fatty acids. **Livestock Production Science**, v.70, p.31-48, 2001.

Costa, D.F.A. **Respostas de bovinos de corte a suplementação energética em pastagens de capim-marandu submetidos a intensidades de pastejo rotativo durante o verão**. Dissertação, M.Sc., ESALQ/USP, Piracicaba. 98p.2007.

Corrêa, E.S.; Vieira, A.; Costa, F.P.; Cezar, I.M. 2000. Sistema semi-intensivo de produção de carne de bovinos nelores no Centro-Oeste do Brasil. Campo Grande: Embrapa Gado de Corte, 49p.(Embrapa Gado de Corte. Documentos, 95).

Coutinho Filho, J.L.V.; Justo, C.L.; Peres, R.M. 2001. Efeito da suplementação proteica/energética sobre o desenvolvimento ponderal de fêmeas pastejando Brachiaria decumbens durante o ano (seca e águas). In: REUNIÃO ANUAL DA SOCIEDADE BRASILEIRA DE ZOOTECNIA, 38., 2001, Piracicaba. **Anais...** Piracicaba: FEALQ, p.967-968.

CSIRO. Feeding Standards for Australian Livestock. Ruminants. Standing Comittee on Agriculture, Ruminants Subcomittee. CSIRO. Australia. 250 p.1990.

Euclides, V.P.B. Produção animal em sistema intensivo combinado de pastagens Tanzânia e Braquiárias na região dos Cerrados. Campo Grande: Embrapa Gado de Corte. 13p.(EMBRAPA. Programa Produção Animal. Subprojeto 06.0.99.188.01). 2001.

Euclides, V.P.B.; Euclides Fo., E.; Costa, F.P.; Figueiredo, G.R. Desempenho de novilhos F1 Angus-Nelore em pastagens de *Brachiaria decumbes* submetidos a diferentes regimes alimentares. **Revista Brasileira de Zootecnia**, v.30, p.470-481, 2001.

Euclides, V.P.B.; Medeiros, S.R. de. **Valor nutritivo das principais gramíneas cultivadas no Brasil**. Campo Grande: Embrapa Gado de Corte, 43p.(Documentos/ Embrapa Gado de Corte; 139). 2003.

Euclides, V.P.B.; Medeiros, S.R. **Suplementação Animal em Pastagens e seu impacto na utilização da pastagem**. In: Anais do 22o Simpósio sobre Manejo de Pastagens, Teoria e Prática da Produção Animal em Pastagens. Piracicaba. FEALQ. Eds. Pedreira, C.G.S.; Moura, J.C.; Silva, S.C.; Faria, V.P.p.33-70. 2005.

Fox, D.G.; Black, J.R. A system for predicting body composition and performance of growing cattle. **Journal of Animal Science**, v.58, p.725-739, 1984.

Goodrich, R.D.; Garrett, J.E.; Gast, D.R.; Kirick, M.A.; Larson, D.A.; Meiske, J.C. Influence of Monensina on the performance of cattle. **Journal of Animal Science**, v.58, p.1484-98, 1984.

Hogdson, J.G. **Grazing Management, Science into Practice**. Longman Scientific and Technical. Essex, England. 203 p.1990.

Huntington, G.B. Grazing ruminant response to ionophores affected by management, environment. **Feedstuffs**, Outubro. pp 14-19. 1996.

Lawrence, T.L.J. **Fowler, growth of farm animals**. Essex, England. CAB International. 203p.1996

Lana, R.P.; Fox, D.G. Interações entre monensina sódica, óleo de soja e fontes de nitrogênio no desempenho de novilhos Aberdeen Angus em confinamento. R**evista Brasileira de Zootecnia**, v.30, n.1, p.247-253, 2001.

NRC. **Nutrient Requirements of Beef Cattle**. 7a. Edição. Washington, DC. National Academy Press, 242p. 1996.

Lanna, D.P.D. Fatores condicionantes e predisponentes da puberdade e da idade de abate. In: Anais do 4° Simpósio sobre pecuária de corte – Produção do Novilho de Corte. Piracicaba. FEALQ. Eds. Peixoto, C.G.S.; Moura, S.C.; Faria, V.P.p.41-78. 1995.

Lopes, H.O.S.; Antunes, R.C; Tomich, T.R; Araújo, V.L; Gonçalves, L.C. Avaliação de misturas múltiplas com diferentes níveis de ureia para bovinos em pasto de Brachiaria brizantha na época seca. In: REUNIÃO ANUAL DA SOCIEDADE BRASILEIRA DE ZOOTECNIA, 39., 2002, Recife. Anais... Recife:SBZ/Caucaia:Nordeste Digital Line, CD-ROM. Nutrição de Ruminantes.

Mir, Z.; Mir, P.S. Effect of the addition of live yeast (*S. cerevisiae*) on growth and carcass quality of steers fed high-forage or high grain diets and on feed digestibility and in situ degradability. **Journal of Animal Science**, v.72, p.537-545, 1994

Moore, J.E.; Brant, M.H.; Kunkle, W.E; Hopkins, D.I. Effects of supplementation on voluntary intake, diet digestibility, and animal performance. **Journal of Animal Science**, v.77, (Suppl.2), p.122-135.

Nicodemo, M.L.F.; Saturnino, H.M. Nutrição e Reprodução. **Eficiência no manejo reprodutivo: sucesso no rebanho de cria**. Eds. Sereno, J.R.B.; Lima, E.C.N.Z. Campo Grande: Embrapa Gado de Corte, p.51-80, 2002.

Owens, F.N.; Dubeski, P.; Hanson, C.F. Factors that alter the growth and development of ruminants. **Journal of Animal Science**, v.71, p.3138-3150, 1993.

Palmiquist, D.L. **The feeding values of fat**. In: World Animal Science (Feedstuffs). Ed. E. Tribe, R. Orskov.Elsivier Science Publishers: The Netherlands. Cap.12, p.293-311, 1988.

Paterson, J.A.; Belyea, R.L.; Bowman, J.P.*et al*. The impact of forage quality and supplementation regimen on ruminant animal intake and performance. In: Forage quality, evaluation and utilization, Ed. Fahey Jr. G.C., Nebraska, Lincoln, p.59-114, 1994.

Paterson, D.J.; Perry, R.C.; Kiracofe, G.H. *et al*. Management considerations in heifer de development and puberty. **Journal of Animal Science**, v.70, p.4018-4035, 1992.

Preston, T.R.; Leng, R.A.1987. Matching ruminant production systems with available resources in the tropics and sub-tropics. Penambul Books Armidale, New South Wales, Australia. 246 p.

Ramos, J.A.; Mendonza, G.D.; Aranda, M.E. *et al*. Escape protein supplementation of growing steers grazing stargrass. **An. Feed Sci. Tech.**, v.70, p.249-256, 1998.

Reeds, P.J.; Mersmann, H.J. Protein and energy requirements of animals treated with beta-adrenergic agonists: a discussion. **Journal of Animal Science**, v.69, p.1532-1550, 1991.

Ryan, W.J. Compensatory growth in cattle and sheep.**Nutrition Abstracts and Reviews**. Series B, v.60, p.653-664, 1990.

Sainz, R.D.; Vernazza Paganini, R.F. Effect of different grazing and feeding periods on performance and carcass traits of beef steers. **Journal of Animal Science**, v.82, p.292-297, 2004.

Sewell, H.B. Salt to limit intake of protein and grain supplements. Agricultural publication G02070, University of Missouri-Columbia, 4 p., 1993.

Siebert, B.D.; Hunter, R.A. Supplementary feeding of grazing systems. In: Nutritional limits to animal production from pasture. Hacker, J.B. (ed.). Commonwealth Agricultural Bureau. p.409-425, 1982.

Schoonmaker, J.P.; Cecava, M.J.; Fluharty, F.L. *et al*. Effect of source and amount of energy and rate of growth in the growing phase on performance and carcass characteristics of early- and normal weaned steers. **Journal of Animal Science**, v.82, p.273-282, 2004.

Smith, F.N.; Dubeski, P.; Hanson, C.F. Factors that alter the growth and development of ruminants. **Journal of Animal Science**, v.71, p.3138-3150, 1993.

Thiago, L.R.L. de S.; Silva, J.M. da.; Feijó, G.L.D.; Kichel, A.N.; Costa, F.P.; Porto, J.C.A. Desempenho de bezerros Pardo Suíço Corte x Nelore desmamados em pastagem de B. brizantha, na seca, recebendo diferentes níveis de concentrado. In: REUNIÃO ANUAL DA SOCIEDADE BRASILEIRA DE ZOOTECNIA, 39., 2002, Recife. **Anais...** Recife:SBZ/Caucaia:Nordeste Digital Line, CD-ROM. Nutrição de Ruminantes. 2002.

Waldsworth, J. A note on the effect of dry season feeding treatment on the subsequent growth at pasture during the wet season of Brahman steers. **Animal Production**, v.47, p.501-504, 1988.

CAPÍTULO 10

Crescimento compensatório e seu efeito na eficiência

Rodrigo de Almeida
Professor Adjunto
Departamento Zootecnia
UFPR. Curitiba, PR.
ralmeida@ufpr.br

Sérgio Raposo de Medeiros
Pesquisador da Embrapa Gado de Corte
Campo Grande, MS.
sergio@cnpgc.embrapa.br

Dante Pazzanese Duarte Lanna
Professor Associado
Departamento Zootecnia
ESALQ/USP. Piracicaba, SP.
dplanna@esalq.usp.br

Introdução

Uma característica relevante do sistema de produção de carne bovina nacional, particularmente nas fases de recria e terminação, é que praticamente todo bovino brasileiro apresenta algum grau de restrição prévia e, portanto, apresentará ganho compensatório, quando devidamente realimentado. Essa restrição é por causa da baixa concentração de energia metabolizável das forrageiras tropicais, da baixa densidade de folhas por unidade de área das pastagens nacionais e também da grande flutuação na disponibilidade de pastagem, notadamente nos períodos de final da seca e início das águas.

Nos casos de bovinos que já entram pesados nas fazendas de terminação e serão confinados por períodos mais curtos, os animais permanecem em crescimento compensatório ao longo de toda a terminação, da chegada ao cocho até o abate. Essa característica do confinamento nacional deve ser compreendida e valorizada. Para explorar o crescimento compensatório, é preciso compreender as mudanças fisiológicas e fazer algumas alterações nas dietas e nas práticas de manejo.

Estimar com precisão as reais exigências nutricionais de um animal em crescimento compensatório é tarefa difícil. Geralmente, a única característica conhecida com completa confiabilidade, nos bovinos que chegam às fazendas brasileiras de terminação, é sua condição sexual (macho castrado, macho inteiro ou fêmea). Embora o grupamento racial não possa ser definido com exatidão, uma generalização do tipo biológico predominante também pode ser estimada. Já seu nível nutricional e desempenho anteriores podem, na melhor das hipóteses, ser grosseiramente estimados, situação que dificulta aos confinadores e nutricionistas definirem com precisão os desempenhos dos animais (Lanna & Almeida, 2005).

Definição de crescimento compensatório

Na maioria das regiões do mundo e, particularmente, no Brasil Central Pecuário, o ano apresenta duas estações definidas em termos de crescimento de forragem; uma com crescimento intenso (primavera/verão) e outra com crescimento baixo (outono/inverno). A consequência é que, em sistemas de produção baseados somente em pastagens o ano todo, tende a existir um crescimento animal em degraus e uma estacionalidade na produção de carne.

Quando um animal é alimentado à vontade, com dieta de alta qualidade e equilibrada, seu crescimento é linear durante um longo período e depois tende a diminuir, conforme esse animal começa a atingir o seu peso adulto. A taxa de crescimento e o ponto em que o crescimento começa a declinar são dependentes tanto da raça quanto do sexo.

Mas, em condições normais de produção, geralmente a curva de crescimento não é linear, devido basicamente às variações sazonais nas quantidades e na qualidade dos alimentos disponíveis. Um mecanismo homeorrético, chamado crescimento compensatório, provoca mudanças nos padrões de crescimento de bovinos que passam por restrição alimentar, fazendo com que, após o período de restrição, os animais apresentem um crescimento mais rápido do que aqueles animais que não passaram pela restrição alimentar.

O crescimento normal de um animal deve ser entendido como um conjunto de modificações físicas, químicas e funcionais de seu organismo. Esse crescimento normal é expresso no aumento do tamanho e peso do animal em um determinado ambiente, onde as limitações impostas pelo meio permitam a completa expressão do crescimento potencial do animal (Ryan, 1990). Dessa forma, a compreensão do conceito de estresse nutricional torna-se muito importante. Estresse nutricional é o resultado de uma limitação, tanto na quantidade como na qualidade de nutrientes fornecidos pelos alimentos disponíveis, que impedem o animal de expressar o seu potencial de crescimento. A intensidade desse estresse pode causar tanto a redução da taxa como taxas negativas de crescimento.

Na maioria das situações, particularmente no Brasil e em outros países de pecuária extensiva, o ambiente não permite que os bovinos alcancem o seu crescimento potencial teórico. Nesse caso, grupos de animais de mesmo potencial genético, colocados em locais diferentes, podem apresentar taxas de ganho e tamanho corporal adulto diferentes, devido às restrições do ambiente. Pode-se dizer que as taxas de crescimento obtidas em pastagens tropicais bem manejadas situam-se entre 30-40% da taxa de crescimento potencial num ambiente ideal. Na prática, na maior parte dos sistemas extensivos de produção, essas taxas são mais próximas de 20-30% do crescimento potencial.

Formas de crescimento compensatório

Basicamente, existem três formas de o animal responder após um período de subnutrição ou restrição alimentar. O animal pode apresentar compensação completa, parcial ou não apresentar compensação (Ryan, 1990). A **Figura 1** demonstra as possibilidades de curvas de crescimento com e sem ganho compensatório e compensação completa e parcial.

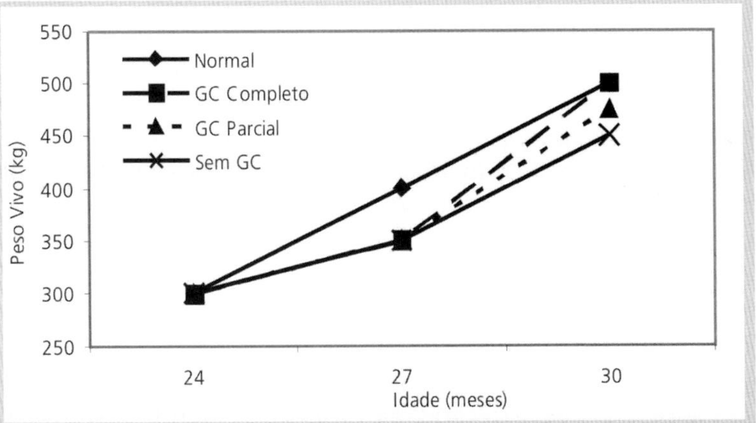

Figura 1. Possibilidades de curvas de crescimento com e sem ganho compensatório e compensação completa e parcial. Fonte: Adaptado de Ryan (1990).

a. Compensação completa

Ocorre quando os animais que passaram por restrição atingem o mesmo peso de abate à mesma idade que os animais que não passaram por restrição. Esses casos são raros na literatura e em condições práticas de produção. Pode-se observar esse tipo de compensação quando a restrição é relativamente pouco intensa e o período de realimentação muito longo.

b. Compensação parcial

As taxas de ganho de peso dos animais que passaram por restrição são maiores, mas não o suficiente para que o mesmo peso de abate seja atingido a uma mesma idade. Esses casos são os mais comuns, tanto na literatura como em condições práticas de produção.

c. Sem compensação

As taxas de ganho de peso dos animais que passaram por restrição são iguais ou menores às dos animais que não passaram por restrição, portanto o mesmo peso de abate será atingido em idades mais avançadas. Esses casos são mais raros na literatura do que em condições práticas de produção. Nesse último caso, quando o animal apresenta crescimento compensatório negativo, tem-se a formação dos animais denominados *tucura* ou *gabiru*, por causa de uma restrição tão intensa que o animal tem a sua capacidade de crescimento permanentemente comprometida.

Fatores que afetam o crescimento compensatório

Dentre os fatores mais importantes estão a idade do animal no período de restrição, severidade da restrição, duração do período de restrição, raça ou genótipo, grau de maturidade, tipo de restrição e interações entre os fatores acima citados.

a. Idade do animal na restrição

Sabe-se que animais que sofrem restrição logo após o nascimento tendem a não apresentar crescimento compensatório, podendo ou não atingir, em idades mais avançadas, o mesmo peso à maturidade de animais que não sofreram restrição alimentar.

Este é o caso de bovinos mestiços leiteiros, popularmente conhecidos por *tucuras*, que são recriados e terminados, mas normalmente com desempenho aquém do esperado. No caso desses animais, a restrição foi tão intensa e precoce que dificilmente apresentarão taxas satisfatórias de ganho de peso. E mesmo que apresentem taxas razoáveis de ganho de peso, o consumo de MS será exageradamente alto, o que irá comprometer os índices de eficiência alimentar (Almeida & Lanna, 2003).

Por outro lado, animais que sofrem restrição alimentar próxima ao peso adulto, dificilmente apresentam crescimento compensatório completo.

Animais desmamados e de sobreano têm maior potencial para apresentar crescimento compensatório. Por exemplo, Berge (1991) verificou que animais desmamados e submetidos à restrição alimentar, durante o primeiro inverno, podem apresentar compensação completa durante a estação de verão subsequente.

O ganho compensatório que ocorre na recria faz com que a prática de *creep-feeding* deva ser questionada, já que os benefícios da suplementação alimentar de bezerros em aleitamento no peso ao desmame, podem ser diluídos pelo crescimento compensatório dos animais não suplementados na fase de pós-desmame (Cunha *et al.*, 1984).

É inegável que, para fazendas de cria que comercializam bezerros desmamados e recebem por quilo de peso vivo, a tecnologia do *creep-feeding* pode ser vantajosa. Em fazendas com o ciclo completo, que têm condições de recriar os bovinos em boas condições alimentares no inverno, lançando mão de tecnologias, como pastagem diferida e suplementação com proteína e energia, o *creep-feeding* também pode trazer bons resultados, já que a idade de abate será reduzida.

Entretanto, para a maioria dos pecuaristas que fazem recria e terminação, a compra de bezerros desmamados, após período de *creep-feeding*, pode ser perigosa e poderá não trazer os lucros almejados, já que se trata de um animal com maiores exigências de mantença, elevado escore de condição corporal e que deve apresentar baixas ou nulas taxas de ganho compensatório pós-desmama, particularmente se recriado ou terminado em pastagens *rapadas* e sem suplementação. Mesmo no caso desse bezerro ser direcionado diretamente ao confinamento, ele apresentará taxa de crescimento e, principalmente, eficiência de conversão alimentar inferior às de bezerros desmamados com condição corporal mais baixa.

Nesse caso, uma possível vantagem do *creep-feeding* seria obter animais com maiores índices de acabamento (cobertura de gordura e especialmente marmoreio) em pesos de abate mais leves.

b. Severidade da restrição

Severidade da restrição é a diferença relativa entre a taxa de ganho observada e a taxa de ganho potencial. Quanto maior essa diferença, maior a severidade da restrição.

A severidade da restrição influencia a resposta do animal após o final da restrição. Curiosamente, parece que essa severidade está mais relacionada com o tempo de permanência do animal em crescimento compensatório do que com a taxa de ganho compensatório (Ryan, 1990).

Um estudo conduzido por Scales & Lewis (1971), citados por Ryan (1990), com novilhos que tiveram ganhos de peso negativos de 0,08 kg/dia e 0,23 kg/dia, durante o inverno, observaram que os animais mantidos ao nível de mantença (-0,08 kg/dia) apresentaram crescimento compensatório durante menos tempo do que os animais mantidos em taxas negativas de ganho de peso (-0,23 kg/dia), respectivamente, 82 e 180 dias. Estudo de Hironaka & Kozub (1973) também mostrou a relação entre a severidade da restrição com a duração do período de crescimento compensatório.

Para as condições do Brasil Central Pecuário, a severidade da restrição tende a ser relativamente elevada. Como o período de confinamento é geralmente curto (70-80 dias), os animais passam praticamente todo esse período em crescimento compensatório.

c. Duração do período de restrição

Nesse caso, ao contrário do que foi discutido para severidade, à medida que aumenta a duração da restrição, aumenta a taxa de ganho compensatório após o final da restrição (Ryan, 1990).

Entretanto, animais que passam por um período muito extenso de restrição alimentar podem não compensar completamente (Fox *et al.*, 1972). Essa falta de compensação é observada, principalmente, quando a restrição é simultaneamente longa, severa e o animal jovem.

d. Raça ou genótipo

Na literatura consultada, há poucas informações sobre a possibilidade do genótipo ser responsável por diferentes respostas de crescimento compensatório. Apesar disso, Lawrence & Fowler (1997) afirmaram que animais que têm diferentes taxas de maturação e, portanto, diferentes composições corporais, têm grandes chances de responder diferentemente no período de realimentação.

Lawrence & Fowler (1997) ainda especularam que raças mais precoces teriam melhores condições de suportar períodos de restrição e terem uma melhor propensão para ganhos compensatórios subsequentes. Os autores deste capítulo acreditam exatamente no oposto: raças precoces não suportam longos períodos de restrição. Zebuínos, por serem tardios, apresentam grande chance de compensação inclusive completa, porque o ganho deles é normalmente mais lento.

Hornick *et al.* (1998), em vários experimentos com a raça Belgian Blue, sugeriram que o ganho compensatório pode ser mais duradouro em animais de musculatura dupla. Eles obtiveram o pico de crescimento compensatório aos dois meses de realimentação, período após o qual decresceu rapidamente aumentando a conversão alimentar.

Klopfenstein *et al.* (1999) estudaram o efeito do grupo genético (Britânico *vs.* Continental) no ganho compensatório e não observaram diferenças na compensação, que foi ao redor de 53%.

Os zebuínos apresentam taxas de maturação mais lentas do que os *Bos taurus*, e mesmo restrições nutricionais intensas e longas são incapazes de alterar o seu peso adulto. A altíssima herdabilidade do peso adulto na raça Nelore, da ordem de 0,75, demonstra essa capacidade de ter o crescimento estacionado por longos períodos sem o comprometimento do crescimento posterior, algo raramente observado em raças mais precoces. Sistemas de produção de bovinos de corte que optam por utilizar raças precoces não podem ter períodos longos de pastos com baixa disponibilidade e sem suplementação.

e. Grau de maturidade

Webster (1980) demonstrou que a maior eficiência energética é alcançada pela ocorrência da restrição quando o animal apresenta 25% do peso adulto, declinando lentamente a seguir. Já a eficiência da conversão alimentar declina quando a restrição ocorre a partir dos 30% do peso adulto. Essa é a razão pela qual o grau de maturidade entre 30-35% do peso adulto é aquele onde há as maiores chances de compensação. Assim, o animal mais precoce teria uma melhor condição para passar por períodos de restrição e ter uma mais alta propensão para ganhos compensatórios subsequentes.

f. Tipo de restrição

Lawrence & Fowler (1997) afirmam que há poucas evidências de que uma deficiência proteica possa ser mais importante que a energética. Entretanto, segundo Drouillard *et al.* (1991), animais que passaram por restrição energética apresentaram maior resposta em termos de crescimento compensatório do que os que tiveram apenas restrição proteica. Esse maior efeito da restrição proteica também é consistente com os resultados de Abdalla *et al.* (1988).

Na maior parte dos estudos conduzidos em clima temperado, a restrição foi energética (Lawrence & Fowler, 1997). Mas, nas atuais condições, a restrição proteica pode ter tanta importância quanto a deficiência energética. Geralmente, a restrição proteica é acompanhada de baixos índices de consumo e uma consequente restrição energética.

Alterações durante o crescimento compensatório

Segundo Boin & Tedeschi (1997), durante o curto espaço de tempo no qual normalmente é observado o crescimento compensatório, ocorrem mudanças físicas, químicas e até mesmo mudanças fisiológicas. São várias as mudanças que explicam o crescimento compensatório, as quais podem ocorrer isoladamente ou em conjunto: maior ingestão de alimentos, recuperação no tamanho e crescimento dos órgãos internos, recuperação do conteúdo gastrintestinal, redução das exigências energéticas de manutenção, alterações endócrinas e mudanças na composição do ganho (Lawrence & Fowler, 1997).

a. Ingestão de alimentos

Na quase totalidade dos trabalhos consultados, assume-se que no período de crescimento compensatório há um aumento no consumo de matéria seca pelos animais realimentados. Tanto para novilhos em restrição pelo consumo *ad libitum* de uma dieta de baixa energia (restrição qualitativa), como pelo consumo limitado de uma dieta de alta energia (restrição quantitativa), o maior responsável pelo crescimento compensatório é a maior ingestão de alimentos (Sainz *et al.*, 1995).

Embora a ingestão possa ser maior em dietas de maior digestibilidade (Fox *et al.*, 1972), o tamanho do trato gastrintestinal, a capacidade de absorção de seu epitélio e a capacidade do fígado na metabolização de nutrientes afetam decisivamente a ingestão.

A ingestão de alimentos em bovinos confinados no Brasil tende a ser 5 a 20% superior às estimativas feitas por equações desenvolvidas para bovinos bem alimentados, que não apresentam crescimento compensatório (e.g. National Research Council). É muito difícil conseguir estimar esse consumo com base nas características dos lotes que chegam ao confinamento, pois não se conhece sua situação nutricional anterior. A condição corporal, sugerida pelo sistema de Cornell para prever o crescimento compensatório, não identifica a duração e severidade da restrição, impedindo que se tenham boas estimativas do crescimento compensatório.

b. Tamanho e crescimento dos órgãos internos

O tamanho e o crescimento dos órgãos internos também têm influência direta sobre o crescimento compensatório. Como pode ser constatado na **Tabela 1**, sabe-se que alguns órgãos internos metabolicamente ativos, como fígado, coração, rins e o trato gastrintestinal, apesar de representarem menos de 10% de peso de um bovino, representam quase 50% do gasto energético em condições normais de alimentação (Baldwin, 1995).

Tabela 1. Relação de gasto de energia e massa em diferentes tecidos.

Tecido/Órgão	Peso (%)	Gasto de Energia (%)
Músculo	41,0	23,0
Tecido Adiposo	15,0	8,0
Fígado	1,6	22,5
Coração	0,6	10,0
Rins	0,3	7,0
Trato GI	6,5	9,0

Fonte: Baldwin (1995).

Durante o período de restrição ocorre redução dos órgãos internos citados, expressos em termos de proporção do peso vivo, isto é, durante períodos de restrição, o crescimento dos órgãos internos, principalmente fígado e intestinos, é mais afetado do que o crescimento do animal como um todo. No período de realimentação, ocorre o contrário, a taxa de crescimento dos órgãos internos é maior do que a observada para o animal como um todo (Winter *et al.*, 1976).

O tempo de recuperação para os órgãos internos atingirem pesos e tamanhos normais em relação ao peso após cessação da restrição pode levar de 70 a 90 dias (Ryan, 1990), mas boa parte dessa recuperação ocorre logo no início do crescimento compensatório.

A maior ingestão de alimentos observada durante a compensação parece estar relacionada à deposição de órgãos internos. Ou seja, para o crescimento do fígado, rúmen e intestinos, nas primeiras duas semanas da realimentação, parece ser necessário um aumento expressivo do consumo no período de 3 a 4 semanas da realimentação.

c. Conteúdo gastrintestinal

A proporção do peso vivo representada pelo conteúdo gastrintestinal é variável. Os principais fatores que afetam essa proporção são a dieta, o tipo de animal e o grau de acabamento. Baker *et al.* (1985) relataram valores variando entre 13 e 24%. Entretanto, animais após longos períodos de transporte, muito acabados e recebendo dietas de mais de 90% de concentrado, podem apresentar valores abaixo de 10% do peso total do animal.

O peso do conteúdo e também dos tecidos do trato gastrintestinal (TGI) diminuem em animais subnutridos (Ryan, 1990), sendo maiores quando a restrição é quantitativa do que qualitativa (Carstens *et al.*, 1991).

Durante o período de realimentação, o conteúdo do trato gastrintestinal aumenta rapidamente. Esse aumento pode ser da ordem de 40 a 60 kg em animais *desbarrigados* (após transporte e manuseio intensos) e é a mais importante explicação para ganhos de 3 a 4 kg/dia, rotineiramente observados em pesagens feitas logo após o período de realimentação em confinamentos comerciais (a outra explicação está ligada à reidratação).

Durante o crescimento compensatório, primeiro há um aumento apenas do conteúdo (alimento); posteriormente, há uma fase de crescimento dos tecidos das vísceras, incluindo os préestômagos, abomaso e intestinos, associada a um aumento no consumo (e, consequentemente, do enchimento). Na medida em que avança o período de realimentação, o teor de gordura corporal dos animais aumenta e o consumo da dieta (expresso em kg/100kg de peso vivo) começa a declinar. Nesse período final da terminação, a proporção de enchimento se reduz e, consequentemente, o rendimento de carcaça pode aumentar. Há uma relação negativa entre teor de gordura e enchimento do TGI.

O papel do enchimento gastrintestinal no crescimento compensatório é controverso, já que alguns autores o consideraram importante (Carstens *et al.*, 1991), enquanto outros (Yambayamba *et al.*, 1996) afirmaram que ele não contribuiu para as maiores taxas de ganho no período de crescimento compensatório. A verdade é que ele é tanto mais importante quanto mais curto é o período de realimentação avaliado.

d. Exigências de energia

A exigência de energia metabolizável para mantença é reduzida para os animais que estão na fase de compensação (National Research Council, 2000). Como consequência, para uma mesma ingestão de matéria seca, uma maior proporção da energia consumida ficará disponível para a produção. Essa menor exigência para manutenção está relacionada diretamente ao tamanho dos órgãos internos, que é reduzido para animais que passaram por um período de restrição.

Na **Tabela 2**, há um breve exercício de como as exigências energéticas de mantença são diminuídas, por exemplo, em um bovino zebuíno de 350 kg PV que passou por restrições alimentares severas e que, portanto, apresenta um escore de condição corporal reduzido (ECC = 2, numa escala de 1 a 9 pontos). A exigência de energia líquida de mantença é por definição a quantidade de energia requerida para produção de calor no estado de jejum, sendo equivalente a 77 kcal/ kg $PV^{0,75}$, valor este adotado para bovinos de corte de raças britânicas sob condições livres de estresse. Os autores deste capítulo assumem que animais de raças *Bos indicus*, durante a fase de crescimento, apresentam exigência de mantença 10% menor do que os animais de raças *Bos taurus* (National Research Council, 2000).

Ainda, na **Tabela 2**, assumem uma ingestão de MS 10% superior para o bovino em crescimento compensatório (2,0 *vs.* 2,2%PV) e uma concentração energética da dieta de 2,7 Mcal EM/kg MS (ou 75%NDT), valor este tipicamente adotado em confinamentos brasileiros (Lanna & Almeida, 2005).

Verifica-se que o novilho que passou por restrições alimentares severas (ECC=2) tem exigências energéticas de mantença 15% inferiores ao novilho que não se deparou com restrições alimentares significativas (ECC=5) e, portanto, ao ser realimentado adequadamente numa fazenda de terminação, apresentará taxas de ganho de peso superiores, já que uma menor proporção da energia consumida será gasta com a mantença (metabolismo basal, termorregulação, contração muscular e funções associadas com a síntese e degradação proteica).

Tabela 2. Exigências energéticas de mantença, estimativas de consumo de energia metabolizável (EM) e proporções da EM direcionadas para mantença e ganho de peso de dois novilhos zebuínos de mesmo peso corporal, sem e com ganho compensatório.

Parâmetros	Novilho Zebuíno 350 kg PV ECC = 5 Sem GC	Novilho Zebuíno 350 kg PV ECC = 2 Com GC
0,069 Mcal/dia x $PV^{0,75}$	5,58	5,58
Fator_ECC = 0,8+(ECC-1)x0,05	1,00	0,85
EM = 0,069 x $PV^{0,75}$ x Fator_ECC	5,58	4,74
CMS = PV x %PV (2,0 ou 2,2%PV)	7,0	7,7
Consumo EM (Dieta 2,7 Mcal EM/kg)	18,9	20,8
% Consumo direcionada p/ mantença	29,5%	22,8%
% Consumo direcionada p/ ganho	70,5%	77,2%

O maior consumo de MS dos animais em realimentação após restrição, multiplicado pela maior proporção da energia direcionada para ganho (77,2% *vs.* 70,5%), aumenta significativamente a eficiência de conversão alimentar nessa etapa inicial da compensação.

Vários experimentos confirmaram a maior eficiência de novilhos em crescimento compensatório, particularmente nas primeiras semanas após o fim da restrição e início da realimentação (Graham & Searle, 1979; Thomson *et al.*, 1980; Carstens *et al.*, 1991). A exigência energética de mantença está diminuída durante e por algum tempo após o período de restrição alimentar.

Embora haja uma quase unanimidade de que a manutenção seja reduzida durante o crescimento compensatório, o grau de redução apontado na literatura tem variado de 10 a 50%, faltando experimentos para um consenso. O valor de 20% é uma generalização considerada satisfatória (National Research Council, 2000) e que é consistente com a melhora da conversão alimentar.

e. Mudanças endócrinas

Os hormônios que estão relacionados como sendo os mais importantes são: GH (hormônio do crescimento), IGF-I (*Insulin-like growth factor*), insulina e as tiroxinas T3 e T4 (Hogg, 1991). Os níveis de GH e IGF-I estão quase sempre correlacionados, uma vez que o teor de GH no sangue aumenta a produção de IGF-I e esse, por sua vez, diminui a produção de GH. Entretanto, para animais em restrição alimentar, essa interrelação é temporariamente interrompida, de forma que os níveis de IGF-I permanecem inalterados ou sobem muito pouco, mesmo com o aumento dos níveis de GH (Ellenberger *et al.*, 1989; Elsasser *et al.*, 1989).

Segundo Hornick *et al.* (2000) e Yambayamba *et al.* (1996), o crescimento compensatório é caracterizado pela manutenção das altas concentrações plasmáticas de GH, o que contribui para a maior deposição de tecido magro nas primeiras semanas de ganho compensatório. Durante a restrição, os níveis de IGF-I estão levemente diminuídos e, progressivamente, aumentam durante a realimentação.

O principal papel da insulina é o controle do metabolismo de carboidratos e do anabolismo de tecidos. Segundo Hornick *et al.* (2000) e Yambayamba *et al.* (1996), durante o período de subnutrição, o nível de insulina está abaixo do normal e, ao final da restrição, existe um aumento significativo do nível de insulina no sangue, o que permite que mais nutrientes sejam usados no processo de síntese de tecidos, particularmente de proteína.

Outros hormônios afetados são a tri-iodotironina (T3) e a tiroxina (T4), os quais são responsáveis pela síntese e degradação muscular e diferenciação das células adiposas, entre outras funções ligadas diretamente ao crescimento (Boin & Tedeschi, 1997). Após o final do período de restrição, os níveis de T3 e T4 voltam lentamente ao normal com a realimentação (Hornick *et al.*, 2000).

Hornick *et al.* (2000) verificaram ainda efeito sinérgico da puberdade, por intermédio do aumento nas concentrações de testosterona em bovinos inteiros, no crescimento compensatório.

Na verdade, o conhecimento dos efeitos endócrinos, parácrinos e autócrinos dos diferentes hormônios e outras moléculas sinalizadoras (e.g. fatores de crescimento produzidos localmente) está apenas começando a ser elucidado. O conhecimento apontado acima sobre esses hormônios é muito pontual, e a forma como eles interagem ainda é pouco conhecida.

f. Composição corporal

A literatura sobre a resposta à restrição alimentar prévia na composição corporal de bovinos realimentados é, aparentemente, muito controvertida (National Research Council, 2000). Existem relatos de que o teor de gordura corporal ao abate de animais realimentados é diminuído (Smith *et al.*, 1977; Mader *et al.*, 1989; Carstens *et al.*, 1991), é igual (Fox *et al.*, 1972; Burton *et al.*, 1974; Rompala *et al.*, 1985) ou é aumentado (Searle & Graham, 1975; Tudor *et al.*, 1980; Abdalla *et al.*, 1988).

Na verdade, as diferenças observadas pelos autores acima podem ser explicadas por duas questões básicas. A primeira é a severidade/duração da restrição e, a segunda, é o tempo de realimentação (idade e peso em que foi avaliada a composição corporal).

Quando os animais recebem restrição muito severa e longa, principalmente em animais jovens, esses indivíduos terão sua capacidade de crescimento permanentemente comprometida. Dessa forma, seu peso adulto será menor, por causa do menor comprimento da ossatura e menor peso dos músculos. Consequentemente, esse animal tende a ser mais gordo quando comparado ao mesmo peso (experimentos em que os animais do grupo restrito e controle foram abatidos ao mesmo peso).

Além da severidade e duração da restrição alimentar, o grau de maturidade dos animais é importante. Restrições em animais mais jovens resultam em animais com perda permanente da capacidade de crescimento e, consequentemente, seriam mais gordos quando abatidos ao mesmo peso.

Quando a restrição é menos severa, não causando redução do peso adulto, o efeito sobre a composição corporal pode ser descrito em duas fases. Na primeira parte do período de realimentação, os animais tendem a ganhar mais proteína e menos gordura. Explica este fato, em parte, pelo crescimento das vísceras e tecidos como rúmen e intestinos. Há também um crescimento mais acelerado dos ossos e músculos.

Portanto, nos experimentos que abateram os animais restritos e não-restritos à mesma idade, aqueles em que o abate foi feito logo após o início da realimentação, os animais eram ainda mais magros. Mas quando o período de realimentação foi mais longo há uma tendência do teor de gordura ser igual.

Outro ponto interessante é que, embora a porcentagem de gordura na carcaça não seja afetada, o local de deposição dessa gordura pode ser alterado. Sainz *et al.* (1995) verificaram que novilhos em crescimento compensatório apresentam menos gordura subcutânea, porém mais gordura interna. Por outro lado, Hornick *et al.* (1998), concluíram que tourinhos Belgian Blue em crescimento compensatório tinham mais gordura periférica, porém menos gordura intramuscular. Isso tem implicações importantes, pois sugere que a carne de animais alimentados com níveis de energia continuamente altos tem a tendência de apresentar carne melhor marmorizada, porém mais gorda (e com maior teor de gordura saturada e menor proporção de poli-insaturados e ácido linoleico conjugado – CLA).

Fox *et al.* (1972) observaram que novilhos realimentados ganharam mais proteína do que os animais controle durante a primeira fase de crescimento compensatório (260 a 350 kg). Já, na fase seguinte de ganho compensatório (350 a 450 kg), os animais apresentaram menor deposição de proteína. Considerando-se todo o período (260 a 450 kg), o crescimento compensatório não alterou a composição corporal. Uma das razões para o aumento de deposição de proteína no início da realimentação é a necessidade de aumento do trato gastrintestinal e do fígado (Carstens *et al.*, 1991) para metabolizar a maior quantidade de nutrientes que o animal passa a ingerir (Ryan, 1990).

Duração do crescimento compensatório

A extensão do período de ganho compensatório vai depender do grau e da duração do período de restrição e da dieta no período de realimentação. Tipicamente, espera-se um período de 60 a 90 dias de crescimento compensatório (National Research Council, 2000).

No Brasil Central Pecuário, a maior parte dos animais não recebe restrições muito severas, continuando o seu crescimento em taxas médias durante as águas (0,4-0,7 kg/d) e mais baixas durante a seca (0,1-0,2 kg/d). Esses períodos podem ser prolongados, mas como ocorrem geralmente em animais zebuínos (mais tardios) e geralmente mais velhos, não há comprometimento permanente do crescimento. Nos casos em que os animais apresentaram ganhos baixos por períodos muito longos, observa-se que o ganho compensatório prolonga-se por todo o período tradicional de confinamento, de 70 a 80 dias.

Recomendações nutricionais para bovinos em crescimento compensatório

Conforme já mencionado, praticamente quase todo novilho de corte brasileiro apresenta algum potencial de ganho compensatório. Por isso, os programas de formulação de dietas para bovinos de corte, no Brasil, deveriam ser capazes de predizer as distintas exigências de bovinos de corte em ganho compensatório que incluem:

a) maior ingestão de alimentos (+10 a 20%); e

b) maiores exigências de proteína bruta (+10 a 20%), necessárias para a recuperação do tamanho dos órgãos internos e do conteúdo gastrintestinal (Lawrence & Fowler, 1997).

Esse e outros avanços recentes na nutrição de ruminantes estão sendo continuamente incorporados às diferentes versões do programa Ração de Lucro Máximo – RLM, *software* desenvolvido pela equipe do Laboratório de Nutrição e Crescimento Animal da ESALQ/USP (Lanna *et al.*, 1999; 2005; 2007). Entre as várias particularidades do RLM 3.1 (2007), que o torna um programa mais robusto e fiel às peculiaridades do setor pecuário nacional, pode-se destacar a inclusão de ajustes para as equações de consumo e de exigência de proteína bruta para distintos níveis de ganho compensatório.

Muitos se perguntam quais são as taxas de ganho de peso que bovinos de corte terminados no cocho apresentam quando em ganho compensatório. É comum, logo nas primeiras semanas de confinamento, bovinos apresentarem taxas de ganho de peso de 2,0-2,5 kg/dia ou até maiores, quando o enchimento inicial for muito baixo. Muitos se surpreendem com essas altas taxas, mas é importante salientar que, ao final do período de terminação, após 75-80 dias de terminação no cocho, esses mesmos bovinos podem apresentar taxas de ganho inferiores a 0,8-1,0 kg/dia. Dessa forma, encontram-se taxas médias de ganho de peso em torno de 1,5-1,8 kg/dia, que devem ser obtidas facilmente com animais que sofreram restrição alimentar prolongada, mas sem comprometimento do seu crescimento. Entretanto, para obter essas taxas é necessário atentar para as alterações observadas nas exigências, conforme sugerido no programa de nutrição do Laboratório de Nutrição e Crescimento Animal da ESALQ/USP.

Figura 2. Bovinos anelorados no dia de entrada em uma fazenda de terminação, apresentando baixo escore de condição corporal e, por consequência, grande potencial de apresentar ganho compensatório.Autor: Rodrigo de Almeida, UFPR (2005).

Conclusões

Animais mais magros e com menor escore de condição corporal deveriam ser mais valorizados por invernistas e confinadores do que animais mais gordos, com maior grau de acabamento, já que, potencialmente, podem apresentar crescimento compensatório quando realimentados. Esse conceito já está incorporado no mercado norte-americano de confinamentos, no qual animais com melhor condição corporal têm desconto em relação a animais mais magros, pois os confinadores sabem que esses bovinos que sofreram restrição alimentar terão um desempenho superior quando realimentados.

Uma melhor compreensão das causas e dos efeitos do crescimento compensatório permitirá a sua inclusão em modelos mecanísticos de exigências e desempenho, para que se possa, efetivamente, tirar proveito desse fenômeno biológico de incidência tão comum no Brasil.

Referências bibliográficas

Abdalla, H.O.; Fox D.G.; Thonney, M.L. Compensatory gain by holstein calves after underfeeding protein.**Journal of Animal Science**, v.66, p.2687-2695, 1988.

Almeida, R.; Lanna, D.P.D. Influence of genotype on performance and dry matter intake by feedlot steers in Brazil. In: IX WORLD CONFERENCE ON ANIMAL PRODUCTION E XVIII REUNIÃO DA ASSOCIAÇÃO LATINOAMERICANA DE PRODUÇÃO ANIMAL, Porto Alegre, 2003. **Proceedings**. Porto Alegre: Associação Latino Americana de Produção Animal, 2003, p.84.

Baldwin, R.L. **Modeling Ruminant Digestion and Metabolism**. New York: Chapman & Hall, 578p. 1995.

Baker, R.D.; Young, N.E.; Laws, J.A. Changes in the body composition of cattle exhibiting compensatory growth and the modifying effects of grazing management. **Animal Production**, v.41, p.309-319, 1985.

Berge, P. Long-term effects of feeding during calfhood on subsequent performance in beef cattle (a review). **Livestock Production Science**, v.28, p.179-201, 1991.

Boin, C.; Tedeschi, L.O. **Sistemas intensivos de produção de carne bovina: II. Crescimento e Acabamento**. In: SIMPÓSIO SOBRE PECUÁRIA DE CORTE, 4, Piracicaba, 1996. Anais. Piracicaba: FEALQ, p.205-228. 1997.

Burton, J.H., Aanderson M.; Reid, J.T. Some biological aspects of partial starvation: The effect of weight loss and regrowth on body composition on sheep.**Br. J. Nutr.**, v.32, p.515-527, 1974.

Carstens, G.E.; Johnson, D.E.; Ellenberger, M.A.; Tatum, J.D. Physical and chemical components of the empty body during compensatory growth in beef steers. **Journal of Animal Science**, v.69, p.3251-3264, 1991.

Coleman, S.W.; Evans, B.C. Effect of nutrition, age and size on compensatory growth in two breeds of steers. **Journal of Animal Science**, v.63, p.1968-1982, 1986.

Cunha, P.G.; Tundisi A.G.A; Figueiredo, L.A. Manejo do Canchim para rápida produção de carne. **Revista dos Criadores**, n.9, p.60-64, 1984.

Drouillard, J.S.; Ferrell, C.L.; Klopfenstein T.J.; Britton, R.A.Compensatory growth following metabolizable protein or energy restrictions in beef steers. **Journal of Animal Science**, v.69, p.811-818, 1991.

Ellenberger, M.A.; Johson, D.E; Cartens, G.E.; Hossner, K.L.; Holland, M.D.; Nett, T.M.; Nockles, C.F. Endocrine and metabolic changes during altered growth rates in beef cattle. **Journal of Animal Science**, v.67, p.1446-1454, 1989.

Elsasser, T.H.; Rumsey T.S.; Hammond, A.C. Influence of diet on basal and growth hormone-stimulated plasma concentrations of IGF-I in beef cattle. **Journal of Animal Science**, v.67, p.128-141, 1989.

Fox, D.G.; Joshnson, R.R.; Preston, R.L.; Dockerty, T.R.; Klosterman, E.W. Protein and energy utilization during compensatory growth in beef cattle. **Journal of Animal Science**, v.34, p.310-318, 1972.

Graham, N.M.; Searle, T.W. Studies of weaned lambs before, during and after weight loss. I. Energy and nitrogen utilization.**Australian Journal of Agricultural Research**, v.30, p.513-523, 1979.

Hironaka, R.; Kozub, G.C. Compensatory growth of beef cattle restricted at two energy level for two periods. **Canadian Journal of Animal Science**, v.53, p.709-719, 1973.

Hogg, B.W. **Compensatory growth in ruminants**. In: Pearson, A.M. & Dutson, T.R. (Ed). Growth regulation in farm animals. London: Elsevier Science, v.7, cap.5, p.103-134, 1991.

Hornick, J.L.; Van Eeenaeme, C.; Clinquart, A.; Diez, M.; Istasse, L. Different periods of feed restriction before compensatory growth in Belgian Blue bulls: I. Animal performance, nitrogen balance, meat characteristics and fat composition. **Journal of Animal Science**, v.76, p.249-259, 1998.

Hornick, J.L.; Van Eeenaeme, C.; Diez, M.; Istasse, L. Different periods of feed restriction before compensatory growth in Belgian Blue bulls: II. Plasma metabolites and hormones. **Journal of Animal Science**, v.76, p.260-271, 1998.

Hornick, J.L.; Van Eeenaeme, C.; Gerard, O.; Dufrasne, I.; Istasse, L. Mechanisms of reduced and compensatory growth. **Domestic Animal Endocrinology**, v.19, p.121-132, 2000.

Klopfenstein, T.; Jordon, D.J.; Rush, I.; Milton, T. Predicting amount of compensatory gain.University of Nebraska Cooperative Extension MP 71, 7 p. 1999.

Lanna, D.P.D.; Almeida, R. **A terminação de bovinos em confinamento**. In: VISÃO AGRÍCOLA, 3, Piracicaba, Jan/Jun 2005. Piracicaba: FEALQ, p.55-58. 2005.

Lanna, D.P.D.; Almeida, R.; Nepomuceno, N.H.B.; Barioni, L.G.; Caixeta Filho, J.V.; Hoffmann, B.M.; Calegare, L.; Medeiros, S.R. RLM 3.0 - Ração de Lucro Máximo: versão 3.0, Manual do Usuário. Piracicaba. ESALQ, Departamento de Zootecnia, 2005.

Lawrence, T.L.J.; Fowler, V.R. **Growth of farm animals**. New York: CAB International. 330 p. 1997.

Mader, T.L.; Turgeon, O.A.; Klopfenstein, T.J.; Brink, D.R.; Oltjen, O.R. Effects of previous nutrition, feedlot regimen and protein level on feedlot performance of beef cattle. **Journal of Animal Science**, v.67, p.318-328, 1989.

NATIONAL RESEARCH COUNCIL. Nutrient Requirements of Beef Cattle, Sixth Rev. Ed. Washington, D.C.: National Academy Press. 1984.

NATIONAL RESEARCH COUNCIL. Nutrient Requirements of Beef Cattle, Updated Seventh Ed. Washington, D.C.: National Academy Press. 2000.

Rompala, R.E.; Jones, S.D.M.; Buchanan-Smith, J.G.; Bayley, H.S. Feedlot performance and composition of gain of late-maturing steers exhibiting normal and compensatory growth.**Journal of Animal Science**, v.61, p.637-646, 1985.

Ryan, W.J. 1990. Compensatory growth in cattle and sheep. **Nutrition Abstracts and Reviews**. Series B, v. 60, p. 653-664.

Sainz, R.D.; La Torre, F. de; Oltjen, J.W.Compensatory growth and carcass quality in growth-restricted and refed beef steers. **Journal of Animal Science**, v.73, p.2971-2979, 1995.

Searle, T.W.; Graham, N.M. Studies of weaner sheep during and after a period of weight stasis. II. Body composition. **Australian Journal of Agricultural Research**, v.26, p.355-361, 1975.

Smith, J.M.; Crouse, J.D.; Mandigo, R.W.; Neer, K.L. Influence of feeding regime and biological type on growth, composition and palatability of steers.**Journal of Animal Science**, v.45, p.236-253, 1977.

Thomson, E.F.; Gingins, M.; Blum, J.W.; Bickel, H.; Schurch, A. Energy metabolism of sheep during nutritional limitation and realimentation. **Energy Metab. Proc. Symp**., v.26, p.427-430, 1980.

Tudor, G.D.; Utting, D.W.; O'Rourke P.K. 1980. The effect of pre- and post-natal nutrition on the growth of beef cattle. III. The effect of severe restriction in early pos-natal life on the development of body components and chemical composition. **Australian Journal of Agricultural Research**, v. 31, p.191-204.

Webster, A.J.F. The energetic efficiency of growth. **Livestock Production Science**, v.7, p.243-261, 1980.

Winter, W.H.; Tulloh, N.M.; Murray, D.M. The effect of compensatory growth in sheep on empty body weight, carcass weight and the weights of some offals. **Journal of Agricultural Science**, v.87, p.433-441, 1976.

Yambayamba, E.S.K.; Price, M.A.; Jones, S.D.M. Compensatory growth of carcass tissues and visceral organs in beef heifers. **Livestock Production Science**, v.46, p.19-32, 1996.

Yambayamba, E.S.K.; Price, M.A.; Foxcrof, G.R. Hormonal status, metabolic changes, and resting metabolic rate in beef heifer undergoing compensatory growth. **Journal of Animal Science**, v.74, p.57-69, 1996.

CAPÍTULO 11

Rodrigo de Almeida
Professor Adjunto
Departamento de Zootecnia
UFPR. Curitiba, PR
almeida@ufpr.br

Sérgio Raposo de Medeiros
Pesquisador da EMBRAPA
Gado de Corte. Campo Grande, MS
sergio@cnpg.embrapa.br

Liana Calegare
Doutora em Ciência Animal e Pastagens
ESALQ/USP. Piracicaba, SP
lianacalegare@hotmail.com

Tiago Zanetti Albertini
Doutor em Ciência Animal e Pastagens
ESALQ/USP. Piracicaba, SP
tzalbert@esalq.usp.br

Dante Pazzanese Duarte Lanna
Professor Associado
Departamento de Zootecnia
ESALQ/USP. Piracicaba, SP
dplanna@esalq.usp.br

Fazendas de terminação

Introdução

A terminação de bovinos para corte, no Brasil, ainda é predominantemente realizada em pastagens, equivalendo a aproximadamente 93% do total produzido. Ou seja, apenas cerca de 3 milhões de cabeças das 45 milhões de cabeças abatidas anualmente são terminadas em confinamento.

A terminação em confinamento nasceu como uma estratégia para viabilizar a compra de animais nos períodos de safra e sua revenda nos períodos de entressafra. Posteriormente, foi utilizado como forma de aproveitamento de resíduos ou subprodutos das agroindústrias. Finalmente, começou a ser utilizado como ferramenta de manejo, auxiliando em sistemas de produção – cria, recria e engorda – e manejo de pastagens, superando parte das dificuldades associadas à estacionalidade da produção forrageira. O confinamento é, nesse sentido, uma atividade com características estratégicas que, além de acelerar o crescimento bovino, procura retirar os animais mais pesados do pasto, durante a seca.

O animal pesado e *erado* tem elevada exigência nutricional e taxas de crescimento relativamente baixas em relação às suas exigências de mantença, o que o torna muito ineficiente no pasto. O confinamento substitui oito meses de pastejo por 80 dias de cocho. A retirada desse tipo de animal do pasto permite melhorar a disponibilidade de forragem para as outras categorias do rebanho e/ou reduzir a lotação dos pastos, perenizando e aumentando a produtividade dessas pastagens no início do verão, além de diminuir despesas com reformas de pastos degradados.

Características particulares dos confinamentos brasileiros

•Período de confinamento

No Brasil, o confinamento corresponde a períodos mais curtos que os utilizados na Europa, Estados Unidos e Austrália. Dados de diversos confinamentos comerciais, analisados no Laboratório de Nutrição e Crescimento Animal da ESALQ/USP, mostraram que a grande maioria dos bovinos brasileiros, quando confinados, permanece nessa condição somente por cerca de 70 a 80 dias. Isso significa que, computadas as fazendas de terminação que adotam o sistema de produção por confinamento, a maioria – mais de 90% – dos nutrientes consumidos pelos bovinos brasileiros confinados provém do pastejo.

•Terminação de vários lotes em um mesmo curral

Outra característica recente dos confinamentos brasileiros, consequência do período reduzido em que os animais são suplementados, é a terminação de dois, e até mesmo três diferentes lotes em um mesmo curral, dentro de uma estação de confinamento. Essa estratégia permite aumentar o número de bovinos terminados por ano, sem que seja necessária a alocação de investimentos adicionais para a ampliação de instalações.

•Estação de confinamento

A acima mencionada estação de confinamento tipicamente brasileira inicia-se no mês de abril e se estende até meados de dezembro. Portanto, ao contrário de outros países com pecuária de corte mais intensiva, não se confina o ano inteiro no Brasil. Além das dificuldades de se confinar no verão (reduzida oferta de alimentos concentrados, estresse calórico em animais europeus e cruzados, acúmulo de lama nos currais, alta infestação de ectoparasitas, etc.), a principal razão de não se confinar bovinos no verão é estratégica: não há como competir com o *boi de capim*, já que o verão é época de plena safra de bovinos terminados a pasto.

Embora o período de confinamento esteja se ampliando para o início e final das águas, o confinamento de bovinos durante todo o ano, nas condições brasileiras, é difícil de ser viabilizado. Isso, porque, durante os meses de novembro a março, o desempenho é comprometido pelo maior calor e presença de lama. Mais relevante ainda é o preço dos insumos, tanto do boi magro quanto dos ingredientes da dieta, que são os mais elevados do ano. Não bastassem o menor desempenho e os maiores preços do boi magro e dos grãos durante o final do ano, também o preço de venda do boi confinado nas águas (que estará terminado em março ou abril) é dos mais baixos do ano (embora a diferença nas cotações da arroba da carne bovina, no verão e no inverno, diminuiu nos últimos anos).

Dessa forma, a terminação nas águas depende do pagamento de prêmios. Por causa do crescimento do mercado de exportação e de restaurantes de luxo, pagamentos de prêmios por carne oriunda de sistemas de produção com programas de qualidade já existem, ainda que em pequena escala. O desenvolvimento desses mercados deve viabilizar a terminação no ano inteiro em larga escala no Brasil.

• Predominância de zebuínos

Outra característica das fazendas de terminação brasileiras é o predomínio de animais zebuínos e, em particular, anelorados (Almeida, 2005). Este autor verificou um predomínio de bovinos Nelore ou anelorados, com 58,7% dos animais pertencentes a esse grupamento racial. Esse valor está razoavelmente próximo ao relatado por Cavalcanti (2007), que determinou que 69,2% dos animais terminados nos 50 maiores confinamentos brasileiros, em 2006, eram Nelore ou anelorados.

Bovinos zebuínos apresentam algumas exigências nutricionais específicas que precisam ser conhecidas e respeitadas pelo nutricionista. Por exemplo, zebuínos não toleram proporções de concentrado na dieta tão altas quanto novilhos europeus e cruzados. Desempenhos inferiores aos estimados costumam ocorrer quando o teor de concentrado é superior a 75% da MS, e o teor de amido maior do que 45%. Ou seja, animais 100% Nelore apresentam maiores exigências de FDNfe (Fibra Detergente Neutra fisicamente efetiva) e desempenhos inconsistentes em dietas de alto teor de amido.

Outro aspecto relevante é o distinto padrão de consumo de MS entre zebuínos e bovinos europeus/cruzados (**Figura 1**). Em dietas típicas de confinamentos brasileiros, com concentrações energéticas entre 70 e 75%NDT (2,5 a 2,7 Mcal EM/kg), os zebuínos puros apresentam consumo cerca de 5% inferior ao consumo de bovinos europeus (NRC, 1984, NRC, 1996, e Almeida *et al.*, 2005).

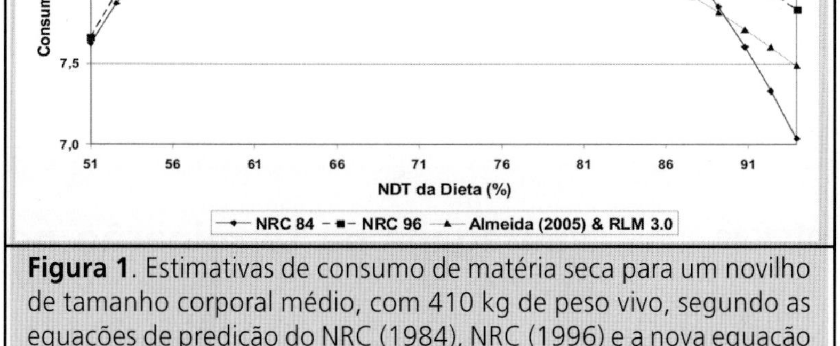

Figura 1. Estimativas de consumo de matéria seca para um novilho de tamanho corporal médio, com 410 kg de peso vivo, segundo as equações de predição do NRC (1984), NRC (1996) e a nova equação específica para zebuínos. Fonte: Almeida *et al.* (2005).

• **Predominância de bovinos inteiros**

Outra ocorrência típica nas fazendas de terminação brasileiras é o predomínio de bovinos inteiros. De fato, Almeida (2005) constatou o predomínio dos bovinos não castrados que representaram mais de 71% dos lotes analisados.

Esse predomínio de bovinos inteiros, certamente, tem como causa a proibição de anabolizantes na pecuária bovina brasileira. A Instrução Normativa nº10, de 27 de abril de 2001 do Ministério de Agricultura, Pecuária e Abastecimento, em seu artigo 1°, *proíbe a importação, produção, comercialização e o uso de substâncias naturais ou artificiais, com atividade anabolizante, ou mesmo outras dotadas dessa atividade, mas desprovidas de caráter hormonal, para fins de crescimento e ganho de peso em bovinos de abate.*

Essa Instrução Normativa claramente peca por ter várias falhas na sua redação, já que, sob essa definição abrangente, também deveriam ser proibidos os ionóforos, os antimicrobianos, as vitaminas, os modificadores orgânicos e mesmo os alimentos em geral. Isso porque vários alimentos têm *"atividade anabolizante", ou seja, nutrientes que contribuem para o aumento da massa muscular, embora sejam "desprovidos de caráter hormonal"*.

Mais interessante é o caso dos hormônios do grupo dos *beta-adrenérgicos* que não são anabolizantes (na verdade eles reduzem o catabolismo, mas não têm efeito anabólico). Assim, essa Instrução Normativa tem sido usada para proibir os *beta-adrenérgicos* embora a sua redação não o permitisse.

Entende-se que é incorreto generalizar que todos os anabolizantes fazem mal à saúde, pois qualquer substância que estimule o anabolismo é um agente anabolizante e anabolizar é condição fundamental para a manutenção da vida.

Por outro lado, entende-se que o objetivo da referida Instrução Normativa é proibir os anabolizantes hormonais. Certamente, essa é uma questão polêmica e mesmo a proibição de anabolizantes hormonais carece de fundamentação técnica. A segurança do uso de implantes estrogênicos é comprovada por um número enorme de estudos. Novilhos anabolizados produzem carne cujas concentrações de esteroides são muito inferiores às da carne de vacas sem implante e menores do que a carne de tourinhos e animais inteiros em geral. Além disso, a concentração dos mesmos esteroides no leite é muito superior que a da carne de animais anabolizados.

O problema da proibição do uso de esteroides é que o uso dos esteroides anabolizantes naturalmente produzidos pelo animal (ou seja, o uso de animais inteiros), além de expor o consumidor a um maior consumo de esteroides, piora algumas características da carne, como cor e pH.

Questões éticas (segurança do consumidor, do meio ambiente e dos animais), bem como considerações culturais e barreiras não tarifárias precisam ser levadas em consideração. Apesar de boa parte dos competidores brasileiros no mercado mundial de carne bovina permitir integralmente ou parcialmente o uso de implantes, há um risco em tentar liberar os anabolizantes hormonais. Esse risco envolve potenciais problemas de certificação e rastreabilidade, bem como o perigo de campanhas difamatórias de pessoas com interesses escusos ou que ignoram o enorme volume de evidências científicas coletadas ao longo dos últimos 40 anos, durante os quais 250 milhões de consumidores norte-americanos passaram a consumir carne quase que 100% de animais anabolizados.

Portanto, como anabolizantes são proibidos no Brasil, os confinadores lançam mão da estratégia de manter seus bovinos inteiros, pela expectativa de maiores taxas de ganho de peso. Embora alguns frigoríficos imponham algumas restrições na recepção desses animais, isso normalmente não ocorre no segundo semestre, pela típica escassez de bovinos terminados a pasto neste período. Ressalta-se que nunca foi mensurado o quanto que a qualidade da carne nacional é prejudicada pela grande proporção de animais inteiros.

- **Dietas com moderada concentração energética**

Nas fazendas de terminação brasileiras predominam dietas com proporção de volumoso relativamente alta, quando comparadas às dietas europeias e, principalmente, às americanas. Os teores de concentrado estão normalmente em torno de 40 a 75% da MS (dietas com no máximo 75% NDT). Essa preferência por dietas *menos quentes* aqui no Brasil é justificada pela já mencionada maior exigência de FDNfe dos zebuínos e pelos menores custos dos ingredientes volumosos.

Outra razão para o uso de dietas com maior teor de volumoso é a falta de conhecimento, pelos produtores nacionais, das técnicas necessárias para o bom manejo de dietas com níveis muito altos de concentrado. Somente com o passar dos anos, o produtor brasileiro irá desenvolver a cultura do confinamento, e dominar as técnicas necessárias (e.g. manejo de cocho) para trabalhar com as desafiadoras dietas de alta proporção de amido.

- **Grande potencial de ganho compensatório**

Outra característica comum nas fazendas de terminação brasileiras é que, praticamente, todo bovino chega do pasto com algum grau de restrição alimentar. Consequentemente, apresentará ganho compensatório, quando realimentado com altos níveis de energia. Nos casos de períodos mais curtos de confinamento, os animais permanecem em crescimento compensatório, da chegada ao cocho até o abate.

Essa característica do confinamento nacional deve ser compreendida e valorizada. O nutricionista deve se preparar para explorar o crescimento compensatório. Para isso, é preciso compreender as mudanças fisiológicas e fazer algumas alterações nos níveis nutricionais das dietas e nas práticas de manejo. É preciso garantir ao bovino em crescimento compensatório a oportunidade de consumir o máximo de alimentos. Uma importante dificuldade para os responsáveis pelos confinamentos do Brasil Central é estimar o grau de compensação esperado de um grupo de animais, já que dificilmente se conhece o histórico anterior dos animais que chegam ao cocho.

Vantagens da terminação no cocho

Segundo Lanna e Almeida (2005), o confinamento deve ser compreendido como um sistema de suplementação do rebanho. Entre seus principais benefícios, podem ser destacados:

- Liberação das pastagens para outras categorias animais, aumentando a taxa de lotação da propriedade e reduzindo riscos, por permitir melhor manejo da reserva de forragem.
- Liberação de áreas de pasto para animais mais eficientes, com a retirada do animal mais pesado para o confinamento, aumentando de forma significativa a produção de carne a pasto (algumas vezes, em mais de 300% de carne por hectare).
- Aumento do número de bovinos terminados (incremento da escala de produção), em decorrência da maior velocidade de ganho e da importação de nutrientes.
- Elevação do retorno sobre o capital investido, antecipação de receitas e do giro de capital.
- Distribuição das receitas ao longo do ano, proporcionando flexibilidade na comercialização da produção, principalmente em regiões onde o período seco é muito prolongado.
- Viabilização do abate de bovinos mais jovens e/ou de bovinos com carcaças de maior grau de acabamento, coerente com as exigências de nichos de mercado que oferecem melhor remuneração.
- Aumento do preço de venda, não apenas pela venda na entressafra do pasto, mas o preço pago ao animal confinado é geralmente superior ao pago pelo animal terminado a pasto.
- Redução do custo de fornecimento da ração, por unidade de energia ou de ganho, quando comparado ao semiconfinamento.
- Aumento do peso de abate e da eficiência dos fretes; na indústria frigorífica, redução dos custos de processamento nas fases de abate e desossa.
- Redução da variabilidade da carne produzida, tanto em acabamento, quanto em idade.
- Concentração do esterco, permitindo seu manejo integrado.

Limitações da terminação no cocho

Ainda segundo Lanna e Almeida (2005), apesar de constituir-se em uma tecnologia de adoção crescente, há situações em que o confinamento pode representar prejuízos ao produtor, por exemplo:

- Em regiões onde os ingredientes das rações forem excessivamente caros e/ou o valor de comercialização da arroba for baixo.
- Em locais ou períodos muito quentes e úmidos, onde o crescimento da pasta-gem é mais equilibrado ao longo do ano, e o desempenho em confinamento é pior.
- Quando implica aumento de riscos sanitários, pela concentração de animais.
- Quando gera possíveis problemas ambientais.
- Quando há risco sanitário na comercialização do País ou Estado (principalmente para mercados de exportação).
- Quando requer conhecimento, organização e capital, gerando riscos administrativos.

Adaptação de bovinos confinados com dietas ricas em grãos

As dietas para bovinos em confinamento, nos Estados Unidos, costumam conter cerca de 80% de grãos (Owens, 2007), com densidades calóricas entre 2,70 a 3,45 Mcal/kg de energia metabolizável (EM). A razão disso é que o custo por megacaloria de energia normalmente é menor para grãos de cereais, em comparação com os volumosos. Além disso, a taxa e a eficiência de crescimento dos animais confinados são melhoradas, quando o conteúdo de energia metabolizável da dieta é maior do que 3,16 e 3,45 Mcal/kg, respectivamente (Krehbiel *et al.*, 2006), concentrações consideravelmente maiores do que as obtidas com dietas baseadas em volumosos. Como já mencionado anteriormente, em dietas típicas de confinamentos brasileiros, as concentrações energéticas variam entre 70 a 75% NDT (2,5 a 2,7 Mcal EM/kg).

É interessante que, mesmo sendo as dietas norte-americanas muito energéticas em razão dos elevados teores de milho (até 80% da MS da dieta total), ainda assim dados técnicos recomendam a adição de gorduras para aumentar a eficiência dessas dietas, tornando-as ainda mais energéticas (e.g. 3,2 a 3,4 Mcal/kg MS).

O nível ideal de grãos na dieta depende de diversos fatores econômicos (Owens, 2007). Dependendo dos custos relativos dos volumosos ou da forragem, dos custos fixos (incluindo depreciação da infraestrutura e juros sobre o dinheiro emprestado) e dos preços relativos de venda da carne de animais alimentados com alto grão, as rações que contêm maiores proporções de volumosos podem, em alguns casos, resultar em menor custo de produção total em relação às rações de alto concentrado. Com a disponibilidade de subprodutos agrícolas de menor custo (por exemplo, farelo de glúten de milho, polpa cítrica, casca de soja, farelo de trigo, etc.) e com os preços crescentes do milho grão e outros grãos de cereais, pode ser interessante e economicamente viável trabalhar com concentrações energéticas não tão altas.

Outra razão pela preferência por dietas com moderada concentração energética nas fazendas de terminação brasileiras é o predomínio dos zebuínos nos confinamentos do nosso País e o fato destes animais não apresentarem desempenhos tão consistentes em dietas com altas proporções de concentrado. Além disso, frigoríficos brasileiros pouco bonificam carcaças de maior acabamento, as quais exigiriam concentrações energéticas mais elevadas. De qualquer forma, é necessária uma análise econômica completa do confinamento para selecionar o nível ideal de grãos na dieta.

Independentemente da proporção de grãos adotada, faz-se necessária a adaptação gradual dos bovinos, previamente acostumados a rações de alto teor de volumoso ou dietas exclusivamente de pastagens, para dietas com concentrado. Essa transição deve ser gradual, para evitar diversos distúrbios metabólicos (empanzinamento, acidose, abscessos de fígado, laminite e outros problemas de casco) que podem ser fatais ou ter efeitos adversos de longo prazo no desempenho e nas características de carcaça. Para ruminantes, essa transição não só envolve o rúmen e sua microbiota, mas também o animal hospedeiro, como demonstrado por Brown *et al.* (2006).

Alimentos em fazendas de terminação

- **Volumosos**

A disponibilidade do volumoso define o número de animais que o produtor poderá confinar. Em outras palavras, não basta o confinador querer confinar determinado número de cabeças se ele não possui volumoso suficiente para atender as exigências animais ao longo do período de confinamento. Entre as opções forrageiras mais comuns em fazendas de terminação brasileiras, destacam-se três volumosos: cana-de-açúcar picada e silagens de planta inteira de milho e de sorgo. Outras opções como silagens de gramíneas (entre as quais, cana-de-açúcar) e bagaço de cana cru ou hidrolisado são menos frequentes.

A principal função desses alimentos volumosos é atender as exigências de fibra efetiva do bovino, pois, do contrário, problemas metabólicos ocorrerão em alta proporção, comprometendo o desempenho do lote e aumentando as taxas de mortalidade. O programa de formulação Ração de Lucro Máximo 3.1 (Lanna *et al.*, 2005) sugere, como limite mínimo, 15% FDNfe. Essas proporções são atendidas se forem trabalhadas com a inclusão de 25% de cana-de-açúcar ou 35% de silagens de milho ou sorgo.

Já, em dietas norte-americanas, o percentual de inclusão de alimentos volumosos é nitidamente inferior, com taxas de inclusão médias entre 8 e 9% (Galyean e Gleghorn, 2001, e Vasconcelos e Galyean, 2007). Na publicação mais antiga (Galyean e Gleghorn, 2001), o volumoso mais frequente era a alfafa, com a silagem de milho ocupando a segunda posição. Já, em trabalho mais recente (Vasconcelos e Galyean, 2007), essa ordem na preferência dos confinamentos norte-americanos foi invertida: 41% para silagem de milho e 31% para alfafa.

Uma análise dos dados norte-americanos sugere que o ganho e o consumo mais elevado de energia são observados quando as dietas contêm cerca de 6% de FDN proveniente de volumoso.

• Grãos de cereais

Milho é de longe o principal grão de cereal usado nos confinamentos norte-americanos (Galyean e Gleghorn, 2001, e Vasconcelos e Galyean, 2007). Em segundo lugar, é usado o trigo, o sorgo e a cevada.

Já, no Brasil, embora o grão de milho também seja frequentemente usado, é muito comum a substituição do grão de milho por outros grãos de menor custo (em particular, o sorgo), bem como o uso combinado de um grão de cereal à base de amido (milho ou sorgo) com um subproduto energético não-amiláceo (casca de soja ou polpa cítrica).

Quanto ao método de processamento dos grãos, a floculação é o método mais usado em confinamentos norte-americanos (Galyean e Gleghorn, 2001, e Vasconcelos e Galyean, 2007). Segundo Owens e Zinn (2005), as concentrações energéticas com o processo de floculação aumentam em 14,0% e 18,5%, respectivamente para ELm e ELg). Ainda, segundo Owens e Zinn (2005), como incrementos nas variáveis de desempenho são esperados +5,4% no ganho de peso diário, -6,1% no consumo alimentar e +12,2% de eficiência alimentar.

No Brasil, esse método de floculação de grãos não é adotado até o momento, provavelmente pelos custos operacionais e principalmente pela energia necessária para produzir o vapor exigido na floculação. A relação de custo/benefício da floculação é, ainda, mais desfavorável no Brasil, quando o preço dos grãos está baixo, uma vez que é mais barato comprar mais 100-150 quilos de milho do que flocular uma tonelada. Portanto, o mais comum em fazendas de terminação brasileiras, tanto para grãos de milho como para grãos de sorgo, é tão somente promover a moagem do grão, o que permite o rompimento do pericarpo e a exposição do endosperma, uma redução no tamanho de partícula e um aumento na taxa de fermentação ruminal.

Uma importante alternativa à floculação é a ensilagem dos grãos de milho e sorgo quando ainda estão úmidos. Essa silagem de grão úmido pode aumentar o valor energético do milho em cerca de 7 a 12%, mediante um aumento da digestibilidade do amido. Há também inúmeras vantagens em termos de logística, pois há redução no gasto de fretes, bem como todas as muitas despesas associadas à secagem e armazenamento de grãos. Outra importante vantagem para o sistema de produção brasileiro é que a colheita do grão úmido para produção de silagem é feita três semanas antes da colheita para grão seco, permitindo o plantio da segunda safra antes, aumentando a produção e reduzindo o risco do milho safrinha.

Quanto à taxa de inclusão dos grãos de cereais nas dietas de terminação, a maioria dos nutricionistas norte-americanos questionados formula dietas contendo de 70 a 85% de grãos (Galyean e Gleghorn, 2001, e Vasconcelos e Galyean, 2007). No Brasil, certamente, taxas de inclusão bem menores são verificadas; não tão somente pelas concentrações energéticas mais modestas das nossas dietas, mas também pelo uso mais frequente de subprodutos energéticos.

• Subprodutos energéticos

Segundo Vasconcelos e Galyean (2007), o uso de subprodutos energéticos nas dietas de confinamentos norte-americanos é frequente (83% dos questionários respondidos), mas a taxa de sua inclusão ainda é baixa (16,5%). Com o uso crescente do grão de milho para produção de etanol combustível, certamente a disponibilidade de subprodutos energéticos e proteicos oriundos deste grão de cereal irá aumentar.

A inclusão de subprodutos energéticos nos confinamentos brasileiros é frequente e esses subprodutos são incluídos em maiores proporções. No primeiro semestre, o subproduto mais usado é a casca de soja (rica em FDN não efetiva), enquanto que, no segundo semestre, é a polpa cítrica (rica em pectina). Além dessas fontes energéticas alternativas, outras opções podem ser usadas, como o farelo de glúten de milho e o farelo de trigo. Além da redução nos custos de alimentação, outro importante benefício é alcançado: redução no teor de amido das dietas ricas em grãos, com concomitante aumento nos teores de fibra digestível, contribuindo para a melhoria do ambiente ruminal (Santos *et al.*, 2005).

•Suplementos proteicos e nitrogênio não protéico

O principal suplemento proteico usado nas

fazendas de terminação brasileiras é o farelo de algodão 38%. O farelo de soja também é usado, particularmente no Sul do Brasil e nos anos em que suas cotações não são tão elevadas. Como no Brasil os pesos de entrada já são elevados (350-400 kg PV), e nessa faixa de peso o acúmulo de tecido adiposo já é quase tão importante quanto à formação de tecido muscular, as exigências proteicas não são altas (13 a 13,5%PB).

Entretanto, o fato dos animais de alto peso estarem em crescimento compensatório (no qual a composição do ganho é mais rica em proteína) pode sugerir a necessidade do nutricionista elevar o teor de proteína para 14 a 15% da MS, principalmente nas primeiras 3 a 5 semanas. Na produção de novilhos superprecoces, em que o peso de entrada é bem inferior (200-250 kg PV), as exigências de proteína bruta na dieta devem ser aumentadas (em torno de 15%PB).

A suplementação de ureia pecuária é uma prática quase que obrigatória nas fazendas de terminação brasileiras, visto que há redução significativa nas taxas de inclusão das fontes de proteína verdadeira e, por consequência, uma redução nos custos com a alimentação. Taxas de inclusão nas dietas definitivas variam de 0,8 a 1,2% MS, sendo que o RLM 3.1 (Lanna *et al.*, 2005) estabelece como limite máximo a inclusão de 50% da PDR (proteína degradável no rúmen) como NNP, não esquecendo de considerar o teor de NNP de todos os ingredientes da dieta. É interessante salientar que parte da PDR a ser incluída na dieta deve vir a partir de fontes de proteínas verdadeiras (grãos e subprodutos) para maximizar a síntese de proteína microbiana.

Os valores de proteína bruta utilizados nos confinamentos norte-americanos são muito similares aos 13,5%PB acima mencionados: 13,3% em ambas as publicações consultadas (Galyean e Gleghorn, 2001, e Vasconcelos e Galyean, 2007). Essa mesma similaridade entre os valores sugeridos nacionais e norte-americanos (Galyean e Gleghorn, 2001, e Vasconcelos e Galyean, 2007) também foi constatada nas taxas de fornecimento de ureia às dietas; os autores acima também verificaram taxas de inclusão de ureia entre 1,00 e 1,05% MS.

• Oleaginosas e outras fontes de gordura

A principal oleaginosa usada nos confinamentos brasileiros é o caroço de algodão. Como a região produtora predominante é o Norte do Estado do Mato Grosso, quanto mais próximo o confinamento dessa região, mais viável é a sua inclusão (menores gastos com fretes). Trata-se de um alimento único, pois apresenta altas concentrações de proteína (23% PB), energia (96% NDT), óleo (18,5% EE) e fibra (44% FDN, com no mínimo 60% de efetividade); essa combinação num mesmo ingrediente não é encontrada em outros alimentos.

O limite máximo de inclusão do caroço de algodão nos confinamentos brasileiros está em torno de 18% MS total. Acima desse limite, os níveis de extrato etéreo da dieta ultrapassam 5,0-6,0%, o que pode comprometer a digestibilidade da porção fibrosa da dieta, causar diarreias e reduzir o consumo. O uso excessivo de caroço de algodão também pode trazer desafios na qualidade da carne. O uso de caroço danificado pode causar problemas de sabor na carne. Mas até o momento os experimentos são consistentes em não identificar sabores estranhos na carne se o nível máximo de 18%MS de caroço (não racificado) for respeitado. Outras opções de oleaginosas, tais como o grão de soja integral, raramente são usadas em confinamentos de bovinos de corte.

Em confinamentos norte-americanos, 71-76% dos nutricionistas adicionam gorduras às dietas (Galyean e Gleghorn, 2001, e Vasconcelos e Galyean, 2007), particularmente o sebo, ingrediente proibido no Brasil pelas restrições impostas pela BSE (Encefalopatia Espongiforme Bovina). O nível total de extrato etéreo em dietas norte-americanas foi de 7,6% (Vasconcelos e Galyean, 2007), notadamente superior aos 5,0-6,0% sugeridos nas dietas brasileiras, o que, em parte, explica as altas concentrações energéticas finais das dietas norte-americanas.

• Minerais e vitaminas

Sete macroelementos minerais são essenciais para bovinos em crescimento: cálcio, fósforo, sódio, cloro, potássio, enxofre e magnésio (NRC, 1996). Destes, numa formulação de sal mineralizado para bovinos confinados, a preocupação deve ser em fechar as exigências de cálcio (através do calcário calcítico), fósforo (fosfato bicálcico), sódio (cloreto de sódio) e enxofre (flor de enxofre ou sulfato de amônio). Os outros três elementos minerais, normalmente, já têm suas exigências atendidas com os ingredientes volumosos e concentrados da dieta. Só esporadicamente, em dietas com níveis bem baixos de volumoso, o teor de potássio pode ser baixo demais. Isso ocorre com alguma frequência com superprecoces. Nessas dietas, recomenda-se a inclusão de alguma fonte de potássio, bem como em dietas com bagaço de cana.

As exigências de cálcio e fósforo são extremamente variáveis, dependem principalmente das taxas de crescimento e do peso do animal. Animais mais jovens e animais inteiros, que depositam mais proteína, têm maiores exigências de fósforo. Em confinamentos comerciais brasileiros, para animais com PV de entrada ao redor de 350 kg PV e com taxas de ganho de peso entre 1,50 e 1,75 kg/dia, recomenda-se 0,70% MS de cálcio e 0,30% MS de fósforo. As inclusões de calcário e de fosfato bicálcico, para atender as exigências acima, logicamente vão depender dos outros itens da dieta. Segundo Vasconcelos e Galyean (2007), consultores norte-americanos recomendam em média 0,70% MS de cálcio e 0,30% MS de fósforo.

Os teores de cálcio são elevados em consequência da presença de gorduras que podem reduzir a digestibilidade desse mineral. Dados recentes sugerem que as exigências de fósforo do NRC e de outros sistemas estão superestimadas e que há possibilidade de redução para 0,15 a 0,25% da MS, sem comprometimento do desempenho e com grandes benefícios ambientais.

Quanto ao sódio, a recomendação do NRC (1996) é de 0,06-0,08% MS. A recomendação desta pesquisa é a mesma relatada por Vasconcelos e Galyean (2007) em fazendas de terminação norte-americanas: inclusão de 0,30% MS de cloreto de sódio, o que representa a inclusão de 0,12% MS de sódio. Além disso, a orientação dada aos confinamentos é colocar sal branco à disposição dos animais, para funcionar como um *soro via oral* para aqueles que apresentam diarreias por causa de transtornos digestivos (leves intoxicações, acidose, excesso de gordura, etc.).

Quanto ao enxofre, a recomendação do NRC (1996) é de 0,15% MS. A recomendação deste estudo é de 0,14% MS de enxofre. Essa suplementação é particularmente importante nas dietas com cana-de-açúcar ou com muita ureia (síntese de aminoácidos sulfurados no rúmen). Consultores e nutricionistas norte-americanos sugerem valores surpreendentemente mais altos: de 0,19% (Galyean e Gleghorn, 2001) a 0,22% (Vasconcelos e Galyean, 2007). Esses valores são surpreendentes porque há dados de Zinn e colaboradores da Universidade da Califórnia, demonstrando reduções no consumo em dietas com teores de enxofre aproximando-se de 0,20%.

Sete microelementos minerais são essenciais para bovinos em crescimento: iodo, cobre, zinco, manganês, selênio, cobalto e ferro (NRC, 1996). Desses, numa formulação de sal mineralizado para bovinos confinados, a preocupação deve ser em fechar as exigências dos seis primeiros. O micromineral ferro não precisa ser suplementado porque as concentrações dos outros ingredientes da dieta já atendem as exigências. E também não há necessidade de suplementar sulfato de ferro ao sal mineralizado, pelo ferro ser encontrado como contaminante no fosfato bicálcico e no calcário.

Quanto ao iodo, a recomendação do NRC (1996) é de 0,50 mg/kg (ou ppm). Nutricionistas norte-americanos sugerem concentrações de iodo ao redor de 0,75 ppm (Galyean e Gleghorn, 2001, e Vasconcelos e Galyean, 2007). As recomendações desse trabalho estão em torno de 0,85 ppm em decorrência da possibilidade de problemas de mistura.

Já quanto ao cobre, a recomendação do NRC (1996) é de 10 mg/kg. Mas há relatos de resultados positivos com cobre elevado e, portanto, são recomendados 15 ppm. Consultores norte-americanos também sugerem valores mais altos de cobre: de 15 ppm (Galyean e Gleghorn, 2001) a 20 ppm (Vasconcelos e Galyean, 2007).

A recomendação do NRC (1996) para o micromineral zinco é de 30 mg/kg. Mais uma vez, tanto a recomendação de zinco para fazendas de terminação brasileiras (ao redor de 70 ppm), como a recomendação para confinamentos norte-americanos (entre 74 e 93 ppm) é bem superior à recomendação do NRC (Galyean e Gleghorn, 2001, e Vasconcelos e Galyean, 2007).

Já quanto ao manganês, a recomendação do NRC (1996) é de 20 mg/kg. Consultores norte-americanos recomendam valores mais altos de manganês: de 38 ppm (Galyean e Gleghorn, 2001) a 48 ppm (Vasconcelos e Galyean, 2007). Entretanto, as recomendações para confinamentos brasileiros têm sido ao redor de 40 mg/kg.

A recomendação do NRC (1996) para o micromineral selênio é de 0,10 mg/kg, enquanto a sugestão dos autores deste capítulo é mais elevada: 0,20 mg/kg. Recomendações de nutricionistas norte-americanos também são mais altas, entre 0,21 e 0,24 ppm (Galyean e Gleghorn, 2001, e Vasconcelos e Galyean, 2007).

Finalmente, a recomendação do último microelemento mineral, o cobalto, pelo NRC (1996) é de 0,10 mg/kg. Na prática, tanto a recomendação desta pesquisa para confinamentos brasileiros, ao redor de 0,50 ppm, como as sugestões relatadas por consultores norte-americanos, 0,24-0,38 ppm, são bem superiores às exigências do NRC (1996).

Segundo o NRC (1996), o mineral cromo não é essencial para bovinos em crescimento. Há relatos informais de bons resultados com a inclusão de 4 ppm de cromo em dietas de bovinos inteiros confinados, na tentativa de reduzir a sodomização entre esses animais. Mas, até o momento, não há comprovada evidência científica desse papel do cromo e, portanto, ainda não é recomendada a inclusão deste elemento mineral ao sal mineralizado de confinamento. Esse experimento deveria ser conduzido por especialistas em etologia animal, com medição de comportamento no brete, avaliação de comportamento nas baias, mensuração do número de animais que sodomizam, número de animais lesionados, acompanhamento das lesões no abate, entre outras avaliações.

Três vitaminas lipossolúveis podem ser incluídas em dietas de bovinos em confinamento: vitaminas A, D e E. A inclusão da vitamina A é a mais tradicional, tanto em confinamentos brasileiros como em norte-americanos. O NRC (1996) recomenda a inclusão de 2.200 UI/kg MS para bovinos de corte confinados. Essa também é a recomendação desta revisão em fazendas de terminação brasileiras. Já consultores norte-americanos sugerem trabalhar com praticamente o dobro dessa dosagem, ao redor de 4.400 UI/kg MS (Galyean e Gleghorn, 2001, e Vasconcelos e Galyean, 2007).

Já a vitamina D, tanto em confinamentos brasileiros como em norte-americanos, tipicamente não é suplementada, já que animais expostos à luz solar sintetizam as quantidades necessárias. As exigências de vitamina D para gado de corte são de 275 UI/kg MS, segundo o NRC (1996). Quando se pratica a suplementação, as recomendações deste experimento e a de consultores norte-americanos (Galyean e Gleghorn, 2001, e Vasconcelos e Galyean, 2007) são muito próximas, ao redor de 320 UI/kg MS.

Por fim, a determinação das exigências da vitamina E em ruminantes é difícil, por causa das interrelações desta vitamina com outros componentes da dieta e também com propriedades antioxidantes (NRC, 1996). Atualmente, recomenda-se a inclusão de 5,5 a 110 UI/kg MS em dietas de bovinos terminados em confinamentos norte-americanos, com uma média de 25 UI/kg MS e uma moda de 11 UI/kg MS (Vasconcelos e Galyean, 2007). Em confinamentos brasileiros, as inclusões estão entre 5 e 7 UI/kg, com resultados bastante heterogêneos (às vezes positivos, às vezes nulos). Acredita-se ser particularmente interessante a inclusão de vitamina E às dietas de novilhos superprecoces, para os quais sugere-se a inclusão de 10 UI/kg MS.

• Ionóforos, antimicrobianos e outros aditivos

O Ministério da Agricultura define aditivo como substância intencionalmente adicionada ao alimento com a finalidade de conservar, intensificar ou modificar suas propriedades, desde que não prejudique seu valor nutritivo.

Atualmente, o Brasil, maior exportador mundial de carne bovina em volume e em faturamento, comercializa carne para mais de 173 países. É evidente o fato de que existem, nas legislações de cada um desses países, restrições quanto aos aditivos que podem ser empregados, bem como ao nível de resíduos considerado aceitável. Parece claro também que o Brasil, por ser um exportador com ampla gama de consumidores, não poderá incluir na sua legislação todas as restrições encontradas em todos os países para os quais fornece carne (Lanna e Medeiros, 2007).

Ainda segundo Lanna e Medeiros (2007), a legislação brasileira deveria ser a menos restritiva possível, isto é, ater-se ao mínimo necessário e apenas restringir tudo aquilo que, comprovadamente, possa trazer malefícios de qualquer natureza ao consumidor, ao animal ou ao ambiente. Desse modo, aqueles consumidores mais exigentes, que tiverem qualquer restrição a determinado aditivo, poderão ser atendidos, mas essa exigência será fruto de agregação de valor ao produto, com concomitante benefício econômico para toda a cadeia de produção de carne bovina.

Em resumo, adotar restrições na legislação brasileira, por pressão de alguns setores ou países, sem se basear em conhecimentos científicos sólidos, irá aumentar o custo de produção, reduzir a competitividade e continuar a difundir conceitos que têm freado o aumento no consumo de carnes, aumentando a desconfiança dos consumidores.

Por outro lado, acredita-se que a empresa que pretende comercializar determinado aditivo, tem que demonstrar, por meio de diversos experimentos, que o seu produto é eficiente. Ou seja, há necessidade de comprovação de que o aditivo aumenta a produtividade ou a qualidade do produto, beneficiando o produtor. Infelizmente, no Brasil, é possível encontrar diversos exemplos de aditivos sendo comercializados, para os quais há irrefutável comprovação científica de ineficácia (Lanna e Medeiros, 2007).

Infelizmente, a pesquisa tem demonstrado que diversos aditivos que não trazem benefícios ao produtor não somente são registrados como são comercializados por intermédio de anúncios que utilizam dados incorretos. Parece algo muito importante que esses produtos sejam descredenciados, bem como haja exigências do Ministério para que novos dados de pesquisa sejam adicionados aos processos de registro.

Ionóforos

São antibióticos, geralmente produzidos por fungos do gênero *Streptomyces*, com reconhecida eficácia nas explorações pecuárias. Os dados de literatura são abundantes e extremamente consistentes para o efeito de vários ionóforos em bovinos de corte. A maior parte dos experimentos foi conduzida com monensina sódica e lasalocida sódica. No Brasil, estão registrados no Ministério da Agricultura, além da monensina e da lasalocida, a salinomicina (Lanna e Medeiros, 2007).

Ionóforos foram usados a princípio, e ainda o são, como coccidiostáticos na avicultura, mas descobriu-se que a suplementação oral melhorava o desempenho de ruminantes. Eles vêm sendo empregados há mais de vinte anos, com respostas positivas e consistentes, sendo considerados um dos melhores exemplos de sucesso de um aditivo em produção animal.

O efeito mais notório dos ionóforos é o aumento da retenção de energia fermentada no rúmen devido a uma alteração no padrão de fermentação, com maior produção de propionato (C3) em relação a acetato (C2) e decorrente diminuição das perdas de energia por meio do metano. Os ionóforos também parecem diminuir a degradação da proteína ruminal e, portanto, reduzem a degradação de peptídeos e aminoácidos e resultam em menor produção de amônia. Por último, os ionóforos (particularmente a monensina) diminuem a ocorrência de distúrbios metabólicos, como acidose e timpanismo, pela menor concentração de ácido lático e menor produção de mucopolissacarídeos que dão estabilidade à espuma.

O resultado conjunto dessas alterações pode ser aumento de ganho de peso, melhora da conversão alimentar, ou ambos. Em dietas com elevada concentração de grãos, não há alteração no ganho de peso, mas ocorre redução do consumo. A vantagem, portanto, é uma maior eficiência alimentar.

O uso da salinomicina apresenta resultados muito semelhantes aos apresentados para a monensina. Existe o conceito de que a monensina tende a reduzir ainda mais o consumo do que a salinomicina, e esta última estaria associada à manutenção de ganhos um pouco superiores aos da primeira. Entretanto, uma análise conjunta dos dados ainda não demonstra uma diferença clara, e acredita-se que diferenças de dose tenham efeitos mais importantes.

Dosagens recomendadas em confinamentos comerciais brasileiros estão em torno de 11-15 mg/kg MS de salinomicina, 22-33 mg/kg MS de monensina, ou ainda 20-30 mg/kg MS de lasalocida. Para os ionóforos com mesmo resultado técnico, o menor custo da suplementação tem sido utilizado como parâmetro de escolha.

Antimicrobianos

O uso de antibióticos para gado de corte, no Brasil, com exceção feita aos ionóforos, é pouco explorado. Além do alto custo desses produtos, da variabilidade nas respostas dependendo do grau de desafio do meio e da idade dos animais, também há a pressão de alguns países importadores (particularmente europeus) para que o uso de antibióticos em alimentação animal seja restrito ou eliminado.

Entre os antibióticos com recomendação para bovinos e de uso permitido pelo Ministério de Agricultura brasileiro, pode-se citar a bacitracina de zinco, o sulfato de colistina, a flavomicina e a virginiamicina (Lanna e Medeiros, 2007). Dessas opções, a única molécula que tem gerado boas expectativas é o antimicrobiano virginiamicina.

A virginiamicina é um antibiótico que tem efeitos positivos em ganho de peso e eficiência tanto para monogástricos como para ruminantes. No caso de ruminantes, apresenta maior inibição da produção de ácido lático em relação aos ionóforos. Seu uso durante as dietas de transição tem demonstrado grande eficácia. A virginiamicina também apresenta efeito muito positivo de redução na incidência de diarreia.

Experimentos recentes, conduzidos pelos autores dessa revisão, demonstram que o uso combinado da salinomicina com a virginiamicina resulta em maiores taxas de ganho de peso e melhora na conversão alimentar, particularmente nas primeiras semanas de confinamento (Silva *et al.*, 2004). Dosagens recomendadas em confinamentos comerciais brasileiros estão em torno de 15 mg/kg MS de virginiamicina.

A tilosina é de uso comum em confinamentos norte-americanos para redução dos abscessos de fígado. Entretanto, em confinamentos de curta duração e com animais mais velhos, de 2 a 3 anos, a incidência de abscessos é extremamente baixa.

Por fim, apesar de reconhecer a existência de outros aditivos de uso esporádico na bovinocultura de corte intensiva (como leveduras, inoculantes ruminais, enzimas e tampo-nantes), o volume escasso de trabalhos científicos que demonstrem comprovada eficácia não permite a recomendação de seu uso, mesmo reconhecendo a potencialidade de algumas dessas moléculas.

Por outro lado, há evidências científicas muito claras de que alguns produtos, hoje registrados pelo Ministério, não apresentam os efeitos presentes nas suas propagandas.

Dietas de adaptação

As dietas de adaptação são tipicamente fornecidas nos primeiros 7-10 dias de confinamento. O critério mais importante para a troca da dieta de adaptação pela dieta efetiva é o consumo alimentar; ingestões acima de 8,0 kg MS/cab./dia já indicam que o lote de animais está adaptado e que dietas mais *quentes* (ou com maiores proporções de concentrado) podem ser fornecidas (**Figura 2**).

As três principais alterações dessas dietas de adaptação em relação às dietas efetivas são: maior taxa de inclusão de alimentos volumosos (por exemplo, 45-50% de cana picada ou silagem de milho), alto percentual de proteína bruta na dieta para viabilizar o ganho compensatório (mínimo de 14,5% de PB) e menores taxas de

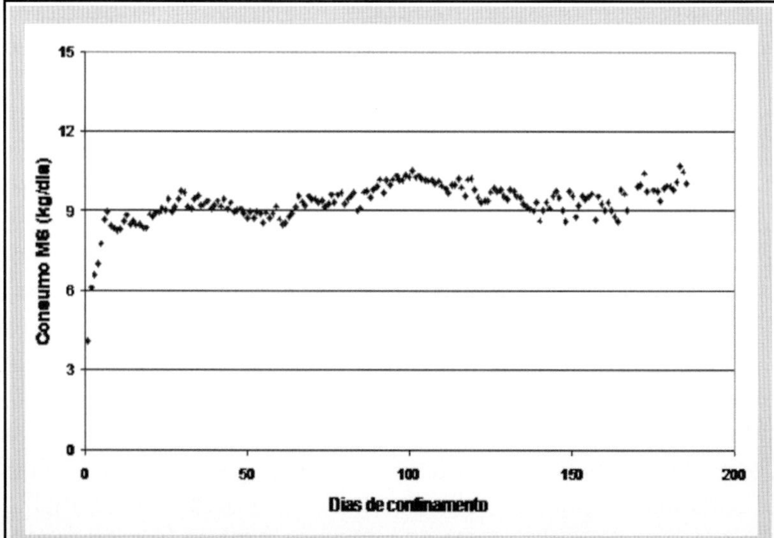

Figura 2. Curva de consumo de MS em kg/dia *vs.* período de confinamento em dias para novilhos na Embrapa Pecuária Sudeste. Fonte: Almeida (2005).

inclusão de ureia (no máximo 0,65% da MS) que possibilitam a adaptação da microbiota ao fornecimento de nitrogênio não proteico (impedindo a intoxicação pela amônia).

Resultados experimentais americanos levaram a maior parte dos consultores daquele país a utilizarem 3 a 4 etapas de adaptação. O período total de 21 a 28 dias foi sugerido por vários consultores, mas, hoje em dia, alguns trabalhos sugerem que adaptações mais rápidas podem ser feitas. No Brasil, por conta do confinamento ter período muito curto, períodos de adaptação de 3 a 7 dias são recomendados por diversos nutricionistas. Infelizmente, não há dados experimentais publicados que possam validar tais recomendações.

Ainda em confinamentos norte-americanos, um maior número de dietas de adaptação é adotado, visto que as concentrações energéticas finais são elevadas. No Brasil, tipicamente, uma única dieta de adaptação é utilizada, mas, no caso de dietas de alto grão, uma segunda dieta de adaptação parece ser necessária. De fato, Vasconcelos e Galyean (2007) estimaram que, em média, 3,1 dietas são ofertadas antes da dieta de maior proporção de concentrado, com uma média de 7 dias por dieta, totalizando 21 dias para adaptação total. A taxa de inclusão inicial de volumoso durante a adaptação variou de 34% (Galyean e Gleghorn, 2001) a 40% (Vasconcelos e Galyean, 2007).

Manejo da ração completa – Escore de cocho

É fundamental uma irrestrita disponibilidade de alimentos ao longo do dia. A demanda de cocho varia de fazenda para fazenda, mas a recomendação dos autores deste capítulo é de 25 a 40 cm lineares de cocho por bovino confinado. Esses valores variam de acordo com as características dos animais (raça, peso ou tamanho corporal, condição sexual, potencial de ganho compensatório, etc.), proporção de volumoso na dieta (dietas com mais concentrado ocupam menos espaço), número de tratos diários e número de animais por piquete.

Quanto à forma de fornecer os alimentos aos animais, só há uma opção recomendável; sugere-se que a dieta seja disponibilizada na forma de dieta total misturada. Já, quanto ao número de tratos diários, há uma grande variação nos confinamentos brasileiros, mas, na maioria deles, três ou quatro tratos diários são adotados. Maior número de tratos é recomendável principalmente em currais com alta densidade de animais, em dias quentes e com alimentos conservados.

A densidade animal máxima depende da época do ano (menores densidades no verão, maiores densidades no inverno) e da pluviosidade da região onde o confinamento está localizado, já que o excesso de chuvas leva à formação de lama, e o acúmulo de mais de 10 cm de lama já compromete o desempenho animal. Mesmo se a fazenda de terminação estiver localizada em uma região de pouca ocorrência de chuvas, no mínimo exige-se densidade de 8-10 m^2/animal.

Por último, é fundamental um constante monitoramento das sobras no cocho de cada curral, avaliado diariamente por um funcionário treinado para essa função, o chamado *leitor de cocho*. Esse funcionário estima a quantidade de sobras e essa informação será usada para determinar quanto será acrescentado ou reduzido por baia em relação ao dia ou trato anterior. Os escores dados aos cochos mudam, mas, tipicamente, as escalas utilizadas variam entre 0 e 4. A **Tabela 1** apresenta o sistema utilizado pela South Dakota State University, uma das pioneiras em pesquisa sobre manejo de cochos.

O chamado manejo do cocho *limpo* ou *lambido* prega que os cochos devem estar limpos de um dia para outro, restringindo-se parci-

Tabela 1. Sugestão de escores ou notas para leitura de cocho.

Escore	Aparência do cocho
0	Não há sobra no cocho
1/2	Pouca sobra de ração; o fundo do cocho é bem visível
1	Camada fina e uniforme de alimento no fundo do cocho
2	25-50% de ração sobrando do trato/dia anterior
3	Grande quantidade de ração sobrando (>50%)
4	Alimento praticamente intocado

Fonte: Pritchard (South Dakota State University).

almente à quantidade de ração fornecida. As vantagens do manejo do cocho *limpo* são evidentes, e o desempenho não será necessariamente comprometido. O importante é que o cocho não permaneça vazio por muito tempo; por exemplo, cocho limpo às 5 horas da manhã, somente duas horas antes do primeiro trato.

A *agressividade* do animal no cocho diz se o manejo está correto ou não e como se pode corrigi-lo. Por exemplo, se logo antes do trato os cochos estiverem completamente vazios, e os animais tranquilos e descansando, a quantidade de ração fornecida anteriormente foi provavelmente correta. No entanto, se os cochos estiverem vazios e lambidos, e os animais agitados e com aparência de famintos, então a quantidade de ração deve ser aumentada (Vasconcelos, 2006).

Ainda, segundo Vasconcelos (2006), é uma regra geral em confinamentos que, quando o caminhão de ração chega a uma baia, 25% dos animais da baia estejam no cocho alinhados e esperando o trato, que 50% estejam em pé e já se encaminhando para o cocho e que 25% estejam se levantando.

Impacto da nutrição na qualidade da carne

Já está bem estabelecido na literatura que, dentre as características qualitativas da carne, a maciez é a considerada a mais importante pelo consumidor. A maciez tende a ser maior em animais jovens, diminuindo com a idade, em virtude do acúmulo e da manutenção do tecido conjuntivo das fibras musculares. Entretanto, a suculência e o sabor da carne estão relacionados com a gordura intramuscular – marmorização –, a qual aumenta com a idade, com o grau de terminação da carcaça e, principalmente, com o genótipo do animal (Silveira, 2004).

Quando a carcaça está protegida, isto é, revestida com uma camada de gordura, a temperatura da carne declina mais lentamente durante seu resfriamento na câmara fria, proporcionando um rápido abaixamento do pH, conservando adequadamente a carne, além de facilitar a ação das calpaínas que promovem a proteólise das fibras musculares, provocando a maciez. Em contrapartida, em carcaças descobertas de gordura, há rápida redução da temperatura das carcaças, impedindo a rápida queda do pH. E, com pH alto, as calpaínas complexam com as calpastatinas – enzimas inibidoras da proteólise – prejudicando a maciez, além de diminuir o tempo de conservação da carne nas prateleiras por ocasião da comercialização.

Dessa forma, a maciez pode ser esperada em animais confinados, uma vez que a deposição de gordura é mais uniforme e relativamente mais fácil de ser obtida.

Otimização de dietas – conceitos e *softwares*

As margens de lucro em sistemas de produção intensiva de bovinos de corte são muito estreitas, sendo o fornecimento de nutrientes a maior parcela dos custos, representando de 70% a até 85% dos gastos totais em sistemas confinados. Consequentemente, a formulação de dietas é a mais importante etapa de trabalho na produção de bovinos confinados.

Para a obtenção de uma dieta correta e lucrativa, é importante que o nutricionista tenha o suporte de um bom programa de formulação de dietas, mas esse técnico não pode confiar cegamente nas sugestões desse *software*. Os programas de rações de custo mínimo podem fazer inúmeros erros. Há necessidade de se fazer uma série de restrições e modificações nas dietas a partir do conhecimento da biologia do sistema, à medida que os resultados aparecem (Lanna, 2000).

Entre os vários cuidados que os usuários dos programas lineares deveriam tomar, podem-se citar os problemas de disponibilidade de nutrientes em algumas fontes. Por exemplo, algumas forragens conservadas têm significativos teores de proteína bruta indisponível (N-FDA), bem como algumas fontes de fósforo têm baixa disponibilidade biológica. Também é preciso prever os efeitos associativos, em que a utilização de um alimento pode prejudicar a assimilação de outro.

A otimização de formulações é uma operação que combina os ingredientes para atingir uma meta, com base nas características da formulação e dos alimentos e respeitando as restrições alimentares e nutricionais. A meta pode ser: menor custo da formulação, máximo ganho de peso, menor custo do ganho, menor custo diário da dieta ou, ainda, saída dos animais em uma data definida.

Para formular dietas com o auxílio do otimizador, deve-se certificar do preenchimento correto dos dados da formulação e da seleção adequada dos nutrientes e ingredientes. Os ingredientes devem ter a composição ajustada de acordo com as análises químicas e os preços atualizados.

Outro cuidado que o técnico responsável pela formulação deve tomar antes de otimizar a dieta é ajustar os teores de matéria seca dos ingredientes, particularmente dos alimentos volumosos. Boa parte das fazendas de terminação brasileiras utiliza rações que não são corrigidas para as variações no teor de umidade dos ingredientes, principalmente variações do volumoso ao longo do período de confinamento (Lanna, 2000).

O teor de matéria seca dos alimentos é um conceito simples e que pode ter grande impacto nutricional na dieta que está sendo ofertada aos animais. Mas, exatamente por se tratar de um conceito simples, sua importância é frequentemente relegada a um segundo plano, o que pode levar a decréscimos na produtividade, particularmente em lotes de acelerado ganho de peso e em lotes alimentados com dietas de baixa proporção de fibra.

Programação linear é, há várias décadas, largamente utilizada na formulação de dietas para ruminantes e monogástricos. Na maioria dos modelos de programação linear, o objetivo é a minimização do custo por kg de matéria seca da dieta, desde que as exigências nutricionais dos animais sejam atendidas (Hertzler *et al.*, 1988). Essas dietas são comumente denominadas *dietas de custo mínimo*.

Para que uma dieta de custo mínimo seja formulada, é necessário definir as exigências nutricionais do animal que, por sua vez, são função do desempenho esperado do animal, uma vez que as exigências de um animal são constantes somente para um dado nível de desempenho, para o qual a dieta está sendo formulada. Mudanças na composição da dieta geram variação na ingestão de alimentos, nas exigências nutricionais e no desempenho animal. Existem, portanto, múltiplas *dietas de custo mínimo* para diferentes níveis possíveis de desempenho animal com exigências nutricionais correspondentes (Barioni, 2000).

É também importante que os programas de formulação contenham dados de exigências acurados. Trabalhos de pesquisa vêm sendo desenvolvidos na ESALQ/USP com objetivo de representar adequadamente as exigências de animais Nelore ou anelorados. Estes dados exigem modelos de computador que permitam atualizações constantes, à medida que os resultados experimentais são obtidos. O programa Ração de Lucro Máximo – RLM 3.1 (Lanna *et al.*, 2005) foi desenvolvido pela equipe do Laboratório de Nutrição e Crescimento Animal da ESALQ/USP com esse objetivo.

O RLM 3.1 foi pioneiro no uso de algoritmos lineares e não-lineares de otimização, capazes de escolher não só os ingredientes, mas o nível de desempenho que maximiza o lucro líquido dos confinadores (Lanna *et al.*, 1999). Para que fosse possível ao sistema de otimização encontrar o nível de desempenho ótimo, foi necessária a inclusão de novas equações com exigências de proteína bruta para distintos níveis de ganho compensatório e equações de predição de consumo de MS específicas para zebuínos (Almeida, 2005). Uma biblioteca de alimentos *nacionalizada* foi incorporada, em que a composição bromatológica dos alimentos foi baseada em dezenas de experimentos conduzidos na ESALQ e em outras universidades e instituições de pesquisa brasileiras. Finalmente, foi realizada uma validação das estimativas do modelo RLM, analisando-se as exigências e os desempenhos estimados (Hoffmann, 2007).

Em resumo, associada ao processo de negociação do boi magro e do boi gordo, a otimização de dietas define a lucratividade da bovinocultura de corte, principalmente em confinamento. Dezenas de empresas têm usado essa tecnologia com excelentes resultados práticos. Acredita-se que ferramentas capazes de integrar diversas áreas do conhecimento representam o futuro para aqueles que trabalham na indústria de nutrição animal.

Conclusões

O cenário mundial sugere que a demanda por carnes, nas próximas três décadas, deve ser duplicada, particularmente em países em desenvolvimento. O confinamento é uma tecnologia que reduz o impacto ambiental causado pelo período de terminação em pasto, que pode ser prolongado e ineficiente na relação ganho x pasto consumido. O uso do confinamento para *fechar* um sistema baseado no uso da pastagem pode aumentar a produtividade, permitir o uso de resíduos e subprodutos, reduzir o tempo de abate, melhorar a qualidade da carne e aumentar a eficiência da indústria frigorífica. Esse sistema de terminação pode melhorar a eficiência de produção de carne magra como também permitir a produção de carnes com alto teor de gordura, auxiliando não somente a conquista de nichos interessados em carne magra, como também permitindo alcançar mercados mais exigentes em termos de acabamento.

Referências bibliográficas

Almeida, R. **Consumo e eficiência alimentar de bovinos em crescimento**. Piracicaba, SP, 2005. 181p. Tese (Doutorado em Agronomia com Área de Concentração em Ciência Animal e Pastagens). Escola Superior de Agricultura "Luiz de Queiroz". Universidade de São Paulo.

Almeida, R.; Boin, C.; Leme, P.R.; Nardon, R.F.; Alleoni, G.F.; Cruz, G.M.; Alencar, M.M.; Lanna, D.P.D. A new equation to predict feed intake by Bos indicus cattle. **Journal of Animal Science**, v.83, Suppl.1, p.126-127, 2005.

Barioni, L.G. **Otimização de dietas para bovinos**. Artigo publicado no site BeefPoint, em 21/07/2000, em Radares Técnicos – Sistemas de Produção. Disponível em: <http://www.beefpoint.com.br> Acesso em: 18 maio.2008.

Brown, M.S.; Ponce, C.H.; Pulinkanti, R. Adaptation of beef cattle to high-concentrate diets: Performance and ruminal metabolism. **Journal of Animal Science**, v.84 (E. Suppl.), p.E25-E33, 2006.

Cavalcanti, M.R. **Pesquisa Top BeefPoint de Confinamentos 2006/07**. Disponível em: <http://www.beefpoint.com.br> Acesso em: 18 maio, 2008.

Dransfield, E. Modelling post-mortem tenderisation-V: inactivation of calpains. **Meat Science**, v.87, p.391, 1994.

Galyean, M.L.; Gleghorn, J.F. Summary of the 2000 Texas Tech University Consulting Nutritionist Survey. Texas Tech University, Dept. of Anim. and Food Sci., Burnett Center Internet Progress Report No.12. 2001.

Hertzler, G.; Wilson, D.E.; Loy, D.D.; Rouse, G.H. Optimal beef cattle diets formulated by nonlinear programming. **Journal of Animal Science**, v.66, p.1115-1123, 1988.

Hoffmann, B.M. **Parametrização e validação de um modelo de estimativas das exigências e do desempenho de gado de corte.** Piracicaba, SP, 2007. 112p. Dissertação (Mestrado em Agronomia com Área de Concentração em Ciência Animal e Pastagens). Escola Superior de Agricultura "Luiz de Queiroz". Universidade de São Paulo.

Krehbiel, C.R.; Cranston, J.J.; McCurdy, M.P. An upper limit for caloric density of finishing diets. **Journal of Animal Science**, v.84 (E. Suppl.), p.E34-E49, 2006.

Lanna, D.P.D. **Formulando dietas para confinamentos – O processo de decisão**. Artigo publicado no site BeefPoint, em 23/06/2000, em Radares Técnicos - Nutrição. Disponível em: <http://www.beefpoint.com.br> Acesso em: 18 maio.2008.

Lanna, D.P.D. **Programas de formulação de rações para confinamento**. Artigo publicado no site BeefPoint, em 28/07/2000, em Radares Técnicos - Nutrição. Disponível em: <http://www.beefpoint.com.br> Acesso em: 18 maio.2008.

Lanna, D.P.D; Almeida, R. **A terminação de bovinos em confinamento**. In: VISÃO AGRÍCOLA, 3., Piracicaba, Jan/Jun 2005. Piracicaba, SP: Fealq, 2005. p.55-58.

Lanna, D.P.D.; Almeida, R.; Nepomuceno, N.H.B.; Barioni, L.G.; Caixeta Filho, J.V.; Hoffmann, B.M.; Calegare, L.; Medeiros, S.R. RLM 3.0 - Ração de Lucro Máximo: versão 3.0, Manual do Usuário. Piracicaba. ESALQ, Departamento de Zootecnia, 2005.

Lanna, D.P.D.; Medeiros, S.R. Uso de aditivos na bovinocultura de corte. In: SIMPÓSIO SOBRE BOVINOCULTURA DE CORTE: REQUISITOS DE QUALIDADE NA BOVINOCULTURA DE CORTE, 6., 2007, Piracicaba. **Anais...** Piracicaba, SP: Fealq, 2007. p. 297-324.

Lanna, D.P.D.; Tedeschi, L.O.; Beltrame Filho, J.A. Modelos lineares e não-lineares de uso de nutrientes para formulação de dietas de ruminantes. **Scientia Agricola**, v.56, n.2, 1999.

NATIONAL RESEARCH COUNCIL. Nutrient Requirements of Beef Cattle, 6th Rev. Ed. Washington, D.C.: National Academy Press, 1984. 90p.

NATIONAL RESEARCH COUNCIL. Nutrient Requirements of Beef Cattle, 7th Rev. Ed. Washington, D.C.: National Academy Press, 1996. 232p.

Owens, F. Adaptação de gado confinado a dietas ricas em grãos: distúrbios metabólicos e desempenho. In: SIMPÓSIO SOBRE BOVINOCULTURA DE CORTE: REQUISITOS DE QUALIDADE NA BOVINOCULTURA DE CORTE, 6., 2007, Piracicaba. **Anais...**Piracicaba, SP: Fealq, 2007. p. 221-235.

Owens, F.; Zinn, R.A. Corn grain for cattle: Influence of processing on site and extent of digestion. Proc. Southwest Nutr. Conf., 2005, p.86-112.

Santos, F.A.P.; Pereira, E.M.; Pedroso, A.M. Suplementação energética de bovinos de corte em confinamento. In: SIMPÓSIO SOBRE BOVINOCULTURA DE CORTE: PECUÁRIA DE CORTE INTENSIVA NOS TRÓPICOS, 5., 2004, Piracicaba. **Anais...** Piracicaba, SP: Fealq, 2004. p.261-297.

Silva, S.L.; Almeida, R.; Schwahofer, D.; Leme, P.R.; Lanna, D.P.D. Effects of salinomycin and virginiamycin on performance and carcass traits of feedlot steers. **Journal of Animal Science**, v.82, Suppl.1, p.41-42, 2004.

Silveira, A.C. Produção do novilho superprecoce. In: SIMPÓSIO SOBRE BOVINOCULTURA DE CORTE: PECUÁRIA DE CORTE INTENSIVA NOS TRÓPICOS, 5., 2004, Piracicaba. **Anais...** Piracicaba, SP: Fealq, 2004. p. 227-241.

Vasconcelos, J.T. Manejo de cocho é verdadeira "arte". **Revista DBO Rural**, No. 308 (junho de 2006), p.66-67.

Vasconcelos, J.T.; Galyean, M.L. Nutritional recommendations of feedlot consulting nutritionists: The 2007 Texas Tech University survey. **Journal of Animal Science**, v. 85, p.2772-2781, 2007.

Seção V

Nutrição

CAPÍTULO 12

Exigências nutricionais de bovinos de corte

Sebastião de Campos Valadares Filho
Professor Titular
Departamento de Zootecnia
UFV. Viçosa, MG
scvfilho@ufv.br

Mario Luiz Chizzotti
Professor Adjunto
Departamento de Zootecnia
UFL. Lavras, MG
mariochizzotti@yahoo.com.br

Introdução

A pecuária de corte nacional vem passando por transformações, tornando as eficiências produtiva e econômica sinônimos de sobrevivência na atual conjuntura do mercado de carne.

Em sistemas de produção de gado de corte, os custos envolvidos com a alimentação dos animais assumem grande importância, uma vez que estes podem corresponder de 70 a 90% dos gastos operacionais totais, dependendo da fase de criação considerada e do nível de produção desejado. Adicionalmente, o aspecto nutricional é um dos principais fatores que afetam o desempenho animal. Assim, a busca e a adoção de medidas mais racionais no manejo alimentar têm o potencial de gerar um grande impacto econômico e de qualidade nos sistemas de produção de carne. Tecnologias a serem adotadas em território brasileiro, no campo da agropecuária, devem ser, obviamente, desenvolvidas no Brasil, onde a composição do rebanho, os alimentos disponíveis e o clima são típicos e únicos de ambientes tropicais.

A produção de carne bovina, no Brasil, caracteriza-se por sistemas de produção baseados em pastagens recobertas por forrageiras tropicais e em animais predominantemente zebuínos, sendo a raça Nelore a de maior ocorrência. Mais de 80% do rebanho brasileiro apresenta alguma composição genética derivada de raças zebuínas (Ripamonte, 2002). Segundo Sainz *et al.* (2006), o Nelore, com mais de 100 milhões de cabeças espalhadas pelo País, tornou-se a principal raça destinada à produção de carne dentro do território nacional, em virtude de sua adaptabilidade a condições de criação em ambientes tropicais: clima quente e úmido, presença de endo e ectoparasitas e padrão de oferta alimentar irregular, seja quali ou quantitativamente. Portanto, determinar as exigências nutricionais do rebanho, no Brasil, significa oferecer à sociedade tecnologia de produção gerada sob condições brasileiras, notadamente distintas daquelas presentes em países de clima temperado. O balanceamento de rações e suplementos para determinados níveis de desempenho, assim como a estimativa do desempenho a partir de dietas balanceadas, requerem o conhecimento das exigências nutricionais para as diferentes funções e para os diferentes níveis de desempenho (Boin, 1995).

Considerando-se a necessidade de melhorar o desempenho animal, a economicidade e o balanceamento de rações e suplementos para determinados níveis de desempenho, assim como estimar o desempenho, a partir de dietas balanceadas, serão apresentadas recomendações das exigências nutricionais de zebuínos a partir dos resultados descritos por Valadares *et al.* (2006) e Chizzotti *et al.* (2008a).

Exigências nutricionais

A pesquisa científica mundial em nutrição animal tem definido, há mais de um século, os nutrientes requeridos pelos animais (Preston, 2006). Conhecer não só os nutrientes demandados, como também a sua concentração ou quantidade na dieta que determinada categoria animal exige para obter desempenho desejado, juntamente com o conhecimento do valor nutricional dos alimentos disponíveis, compõem a base que permite formular dietas e planejar e implementar o manejo nutricional do rebanho de forma eficiente, técnica e economicamente.

Diversos países já estabeleceram as normas nutricionais de seus rebanhos de corte, levando em consideração as peculiaridades de suas realidades: França, em 1978 (INRA, 1978 e INRA, 2007); Inglaterra, em 1965 (ARC, 1965); Reino Unido, em 1980 (ARC, 1980) e 1993 (AFRC, 1993); Estados Unidos (de NRC, 1917 a NRC, 2000) e Austrália, em 1990 (CSIRO, 1990 e CSIRO, 2007). No Brasil, Valadares *et al.* (2006) publicaram uma tabela brasileira de exigências nutricionais de bovinos de corte, e Chizzotti *et al.* (2008a) realizaram uma meta-análise de diversos experimentos envolvendo zebuínos de diferentes classes sexuais puros e cruzados.

Determinação da composição corporal

O primeiro passo para a determinação das exigências nutricionais de bovinos consiste em mensurar a composição corporal dos animais. A forma mais acurada de se obter essa composição é a determinação direta, ou seja, a moagem completa de todos os constituintes corporais, inclusive a carcaça, o que exige equipamentos altamente eficientes e de grande porte. No início da década de 80, quando os primeiros trabalhos de exigências foram conduzidos, procedia-se a determinação direta da composição corporal (Boin, 1995). Entretanto, em virtude do alto custo envolvido, métodos indiretos passaram a ser avaliados e empregados para se obter a composição química da carcaça ou do corpo vazio como um todo. Os métodos indiretos envolvem a predição da composição, tanto do corpo, quanto das carcaças dos animais, a partir de parâmetros mais facilmente obtidos.

Métodos baseados na gravidade específica da carcaça e aqueles que utilizam marcadores, como água tritiada, foram testados, mas sua adoção foi restrita. Por outro lado, o método indireto, baseado no corte das 9ª-10ª-11ª costelas (Hankins & Howe,1946), tem sido mais amplamente utilizado, em razão de ser um método rápido e barato.

Outra ferramenta que tem grande potencial de ser utilizada, num futuro próximo, para a estimação da composição da carcaça e do corpo vazio dos animais é a ultrassonografia. Esta já tem sido utilizada no Brasil para determinação da área de olho de lombo e da espessura de gordura, na altura da 12ª costela e na garupa dos animais que, combinadas com o peso do animal podem permitir a obtenção de estimativas da composição química da carcaça e do corpo vazio como um todo. A partir das variáveis passíveis de predição pela ultrassonografia, examinaram-se diversas equações para predição da energia corporal. As variáveis de maior influência na determinação do conteúdo de energia corporal foram o peso de corpo vazio (PCVZ) e a espessura de gordura subcutânea, podendo ser estimado pelas seguintes equações (Chizzotti *et al.*, 2008b):

Energia no corpo vazio = -353,6 + 16,06 EGS + 3,686 PCVZ, para zebuínos

Energia no corpo vazio = -171,8 + 38,29 EGS + 2,6163 PCVZ, para cruzados

em que: Energia no corpo vazio está em Mcal, EGS = espessura de gordura subcutânea na altura da 12ª costela (mm), e PCVZ peso de corpo vazio atual (kg).

Determinação do peso de corpo vazio

A melhor forma de expressar as exigências nutricionais é em relação ao PCVZ do animal, ou seja, o peso corporal descontado o conteúdo gastrintestinal. Para converter PCVZ em peso vivo, o NRC (2000) adota a relação PCVZ:PV = 0,891 e, para transformar o ganho de peso vivo (GPV) em ganho de peso de corpo vazio (GPCVZ), sugere o fator 0,956. Chizzotti *et al.* (2008a) reportaram que as relações PCVZ:PV e GPCVZ: GPV independem da classe sexual e raça, e que o PCVZ e GPCVZ podem ser estimados a partir das seguintes equações:

PCVZ (kg) = -15,6 + 0,928 × PV (kg)
GPCVZ (kg/dia) = 0,961 × GPV (kg/dia)

Valadares *et al.* (2006) recomendaram o valor de 0,896 para a relação PCVZ:PV, e de 0,933 para GPCVZ:GPV para animais zebuínos de diferentes classes sexuais, que estão próximos aos adotados pelo NRC (2000).

Exigências de energia

Exigência de energia para mantença

As exigências de energia líquida para mantença (EL_m) têm sido calculadas utilizando-se o método do abate comparativo. Neste, a produção de calor não é diretamente mensurada, mas obtida pela diferença entre o consumo de energia metabolizável e a energia retida no corpo vazio. Para utilizar esse método é necessário que os animais sejam alimentados com diferentes níveis de energia metabolizável o que resultará em variação na energia retida e na produção de calor. A EL_m é calculada como sendo o antilogarítimo do intercepto da equação de regressão entre o logaritmo da produção de calor e a ingestão de energia metabolizável (EM), conforme preconizado por Lofgreen & Garret (1968).

O NRC (2000) estabeleceu que as exigências de energia líquida de mantença para novilhas e machos castrados seriam de 77 kcal por unidade de peso vivo metabólico, sendo esta a estimativa da produção de calor em jejum obtida por Lofgreen & Garret (1968).

Valadares *et al.* (2006), utilizando o agrupamento de dados de 187 animais zebuínos, na sua maioria da raça Nelore, obtidos em 9 experimentos, reportaram valor de EL_m de 78,5 kcal/$PCVZ^{0,75}$/dia, EMm de 123,9 e a eficiência de utilização da energia metabolizável de 0,63 (78,5/123,9).

Chizzotti *et al.* (2008a) estimaram que as exigências de mantença foram de 75 kcal/

PCVZ^{0,75}/dia, em estudo envolvendo análise de dados de 389 animais Nelore puros ou cruzados com raças taurinas (**Figura 1**).

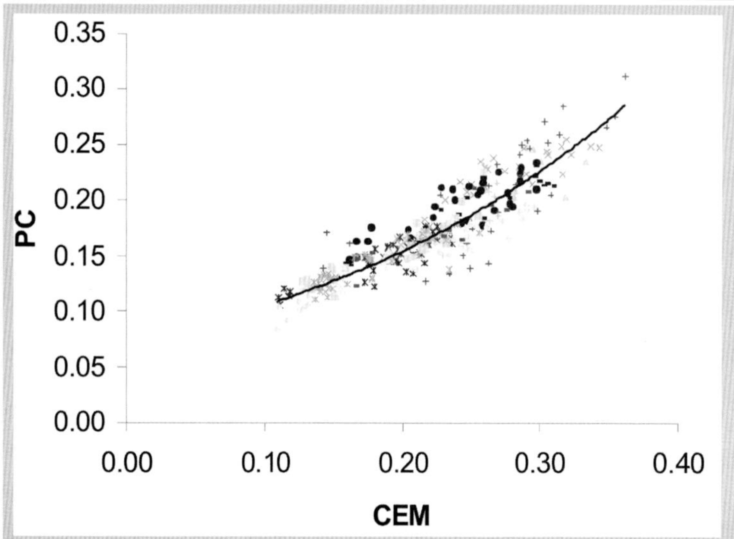

Figura 1. Relação exponencial entre a produção de calor (PC, Mcal/PCVZ^{0,75}/dia) e o consumo de energia metabolizável (CEM, Mcal/PCVZ^{0,75}/dia). PC = 0,075 × e$^{(3,581 \times CEM)}$, R^2 = 0.78.

Efeito de raça

Para animais zebuínos, ao revisar um conjunto de dados obtidos com várias raças zebuínas, o NRC (2000) concluiu que um desconto de 10% deveria ser aplicado, o que resultaria em exigências de energia líquida para mantença de 69 kcal/PV^{0,75}/dia. É interessante destacar, no entanto, que de todos os trabalhos avaliados entre as raças zebuínas, nenhum incluía a raça Nelore.

Chizzotti *et al.* (2008a), comparando Nelore puros com cruzados de Nelore com raças taurinas (Angus, Red Angus, Simental, Limousin e Brangus), não detectaram diferença entre bovinos Nelore puros (n=271) e cruzamentos de Nelore x *Bos taurus* (n=118). Vale ressaltar que o banco de dados deste estudo foi composto por animais com paternidade taurina, ou seja, filhos de touros *Bos taurus* e vacas Nelore. A raça paterna pode ter menor influência na determinação da produção de calor, pois sabe-se que, no momento da fecundação, as mitocôndrias espermáticas, localizadas na base da cauda, não são transferidas ao óvulo; logo a informação genética mitocondrial do animal gerado assemelha-se apenas à da mitocôndria materna. Como as mitocôndrias representam parcela significativa na produção de calor do animal, seria esperado que a produção de calor mitocondrial fosse influenciada apenas pela raça materna. Logo, a ausência de efeito de raça nos animais cruzados desse banco de dados pode ser atribuída à semelhança mitocondrial destes com os animais Nelore puros.

A atividade metabólica celular é distinta entre os diferentes tecidos que compõem o corpo do animal. Embora representem apenas 8 a 14% do peso animal, o trato gastrintestinal (TGI) e fígado consomem aproximadamente metade da energia para mantença (Seal & Reynolds, 1993), sendo considerados os tecidos de maior atividade metabólica, em consequência da alta taxa de reciclagem proteica (*turnover*) e transporte iônico ativo. De acordo com Reynolds (2002), o conjunto fígado-TGI foi responsável pela utilização de 36 a 54% do total do oxigênio utilizado por bovinos lactantes ou em crescimento e realizaram entre 25 e 45% da síntese proteica total. Dessa forma, diferenças no tamanho (ou atividade) do fígado e do TGI entre raças bovinas podem ocasionar alterações nas exigências nutricionais. Ferrell & Jenkins (1998) encontraram diferenças nas exigências líquidas de energia para mantença entre novilhos cruzados filhos de touros *Bos taurus* ou *Bos indicus*. Nesse mesmo estudo, os autores identificaram efeito da raça do touro sobre o peso de órgãos e vísceras de seus descendentes. Nos filhos de touros Tuli (*B. indicus*), o fígado e o TGI representaram 0,79 e 5,1% do peso de corpo vazio contra 1,27 e 6,1% do corpo vazio observado nos descendentes de touros Angus (*B. taurus*), respectivamente. Menezes *et al.* (2007) reportaram que o peso do fígado e do TGI expressos em porcentagem do peso de corpo vazio foram maiores em novilhos Charolês em relação aos Nelore. Peron *et al.* (1993) também observaram menores pesos do TGI em animais Nelore em relação aos Taurinos. Portanto, em virtude da maior porcentagem de órgãos de alta atividade metabólica em relação ao peso de corpo vazio em taurinos puros, pode-se inferir que esses geram mais calor do que animais zebuínos. O menor tamanho do TGI pode ser atribuído ao menor potencial de consumo das raças zebuínas em relação às taurinas, como observado por Menezes & Restle (2005) e Ferrell & Jenkins (1998).

Efeitos de sexo

O efeito de condição sexual não afetou as exigências líquidas de mantença no estudo de Chizzotti *et al.* (2008a), envolvendo 262 machos inteiros, 103 machos castrados e 24 fêmeas. A ausência do efeito de sexo nas exigências de energia de mantença não concorda com o NRC (2000), que considera que animais inteiros exigem 15% mais energia líquida para mantença.

Paulino (2006), utilizando animais Nelore (machos inteiros, machos castrados e fêmeas) da mesma idade e provenientes de uma mesma fazenda, reportou que não houve diferença entre as três classes sexuais (machos inteiros, machos castrados e fêmeas) nas exigências de energia para mantença. Tedeschi *et al.* (2002) também reportaram exigências de mantença semelhantes entre machos castrados e inteiros.

Efeitos de atividade

As exigências nutricionais têm sido determinadas em animais confinados, devido à possibilidade de mensuração do alimento fornecido e do consumo de energia metabolizável. Nesse sistema, as atividades físicas normais, como o movimento de levantar e deitar, atividade mastigatória e de ruminação, a atividade muscular para permanecer em pé e o deslocamento do animal, são consideradas na estimativa da produção de calor. Entretanto, para animais criados em pastagem, a atividade locomotora é reconhecidamente superior em relação a animais confinados. O CSIRO (2007) considera que animais em pastejo gastam mais energia com a atividade de ingestão que animais confinados. Esse sistema assume que a energia despendida com a caminhada é de 0,62 kcal/km (2,6 KJ/km) de deslocamento horizontal e de 6,69 kcal/km (28 KJ/km) de deslocamento vertical, e que a energia metabolizável adicional de ingestão, expressa em MJ, pode ser calculada por $0{,}0025 \times CMS_p \times (0{,}9 - Dig)$, em que CMS_p é o consumo de matéria seca (kg/dia) de pasto e Dig a digestibilidade do pasto. Adotando-se essas correções, animais a pasto apresentariam exigências de mantença 10 a 20% superiores em relação a animais confinados, dependendo da topografia do terreno, da taxa de lotação, e da disponibilidade e qualidade do pasto.

Efeitos ambientais

Os principais fatores envolvidos na determinação do conforto térmico são: o ambiente (temperatura do ar, temperatura radiante, radiação solar, umidade do ar e pressão atmosférica), a capa externa do animal (espessura, estrutura, isolamento térmico, penetração pelo vento, ventilação, emissividade, absorvidade e refletividade) e características corporais (forma corporal, tamanho, área de superfície, área exposta à radiação solar, emissividade e absorvidade da epiderme) (Silva, 2000). A faixa de conforto térmico, delimitada pelas temperaturas críticas inferior e superior, é definida como a faixa de temperatura em que não há gasto adicional de energia para manutenção da temperatura corporal.

Em condições tropicais, a temperatura ambiental mínima não será inferior à temperatura crítica inferior, logo o estresse por frio não tem grande relevância na determinação das exigências nutricionais. Sob estresse térmico por calor, o consumo de matéria seca é inferior, entretanto, como a temperatura crítica superior é ultrapassada durante curto período do dia, o consumo pode ser recuperado em horários de temperatura mais amena. Tem sido atribuída a bovinos Nelore maior tolerância ao estresse calórico em relação a bovinos *B. taurus* devido a fatores morfológicos, como maior superfície corporal por causa das dobras da pele; pelo curto, que facilita a perda de calor corporal, e de coloração clara, que favorece a reflexão da radiação solar; pele escura, que diminui danos causados pela radiação ultravioleta; e pela intensa sudação em decorrência do maior número, tamanho e atividade das glândulas sudoríparas.

Exigências de energia para ganho

A composição do ganho de corpo vazio é a principal determinante das exigências de energia para ganho de peso, que são estimadas a partir da energia retida no corpo. O que determina a composição do ganho de corpo vazio não é o peso corporal absoluto, mas o peso relativo ao peso à maturidade do animal. A energia retida no corpo (ER) é exponencialmente ou linearmente crescente em razão do consumo de energia metabolizável (**Figura 2**).

Efeito do peso à maturidade

Durante o crescimento, à medida que o peso do animal aproxima-se de seu peso adulto (ou peso à maturidade), a porcentagem de gordura no ganho de peso aumenta, enquanto a de músculo diminui. O peso à maturidade é definido pelo NRC pelo peso quando o animal atinge 28% de gordura no corpo vazio. Raças precoces apresentam peso à maturidade inferior ao de raças tardias. O peso padrão adotado pelo NRC é de 478 kg. Para Nelore, que apresentam menor teor de gordura corporal em relação a raças taurinas de pequeno porte, acredita-se que o peso à maturidade seja em torno de 450 kg, sendo a composição corporal próxima a 22% de gordura no corpo vazio.

O NRC (2000) estima as exigências de energia líquida para ganho (EL_g), a partir do peso de corpo vazio (PCVZ) e o ganho de peso de corpo vazio desejado (GPCVZ). A equação do NRC para cálculo da EL_g é a seguinte: $ER = 0{,}0635 \times PCVZ^{0,75} \times GPCVZ^{1,097}$. Essa equação foi construída, considerando-se como base um novilho castrado, com peso de 478 kg e teor de gordura corporal de 28%.

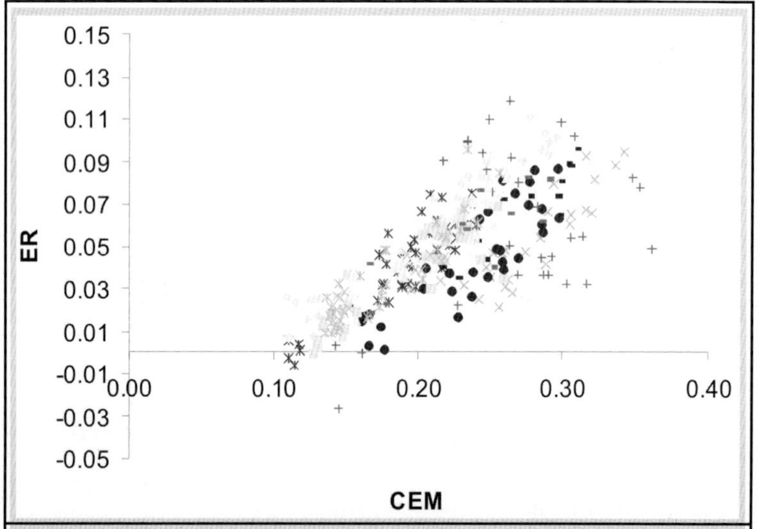

Figura 2. Relação entre a energia retida (ER, Mcal/PCVZ^{0,75}/dia) e o consumo de energia metabolizável (CEM, Mcal/PCVZ^{0,75}/dia).

Chizzotti *et al.* (2008a) recomendaram a seguinte equação para predição da EL_g:

$$EL_g = a \times PCVZ^{0,75} \times GPCVZ^{1,070}$$

Em que PCVZ = peso de corpo vazio, kg; GPCVZ = ganho de peso de corpo vazio; e *a* é igual a 0,0514; 0,0700; ou 0,0771 para machos inteiros, machos castrados e fêmeas, respectivamente.

Efeito de raça

O efeito de raça sobre as exigências de energia para ganho são atribuídos aos diferentes pesos adultos e precocidade de deposição de gordura das diferentes raças utilizadas para produção de carne. Os diferentes pesos à maturidade das raças determinarão diferentes graus de maturidade de animais com mesmo peso absoluto. Dessa forma, para animais de mesmo peso absoluto e à mesma taxa de ganho em peso, são esperadas maiores concentrações energéticas no ganho de animais de raças de menor peso à maturidade em relação aos animais de raças de maturidade mais tardia.

Os expoentes do GPCVZ são próximos quando se compara a equação do NRC (1,097) com a obtida para zebuínos puros e cruzados (1,070). Nota-se que as exigências para ganho de zebuínos puros e cruzados são um pouco inferiores às de taurinos puros, devido ao menor teor de gordura na carcaça (e menor teor de gordura no GPCVZ) de zebuínos em relação aos taurinos.

Efeito do sexo

O NRC (2000) recomenda aplicar o fator de 18%, a mais ou menos, para se obter as exigências de energia líquida para ganho de peso de fêmeas e machos inteiros, respectivamente.

Utilizando dados nacionais, Valadares *et al.* (2006) obtiveram as seguintes equações de predição das exigências de energia líquida para ganho de peso (ou energia retida, ER) de animais zebuínos:

$$ER = 0,0529 \times PCVZ^{0,75} \times GPCVZ^{1,0996} \text{ (Machos inteiros);}$$
$$ER = 0,0608 \times PCVZ^{0,75} \times GPCVZ^{1,0996} \text{ (Machos castrados);}$$
$$ER = 0,0735 \times PCVZ^{0,75} \times GPCVZ^{1,0996} \text{ (Fêmeas);}$$

Ao comparar as classes sexuais, observou-se que a energia retida de machos inteiros foi aproximadamente 13% inferior em relação aos machos castrados (0,0529/0,0608) e esses apresentaram energia retida 17,3% inferior às fêmeas (0,0608/0,0735). Tais resultados apresentam-se um pouco diferentes dos citados pelo NRC (2000), que preconiza exigências de energia líquida 18% menores para machos inteiros e maiores para fêmeas em relação aos machos castrados. Já Chizzotti *et al.* (2008) sugeriram que a EL_g de machos castrados é 27% superior à de machos inteiros e 10% inferior à de fêmeas.

Eficiência da utilização da EM para ganho

Para converter as exigências de energia líquida em exigências de energia metabolizável para ganho de peso, torna-se necessário conhecer a eficiência de utilização da energia metabolizável para ganho de peso (K_g) .

Valadares *et al.* (2006) reportaram que para dietas com baixa energia (com teores de concentrados inferiores a 50%), o valor de K_g foi de aproximadamente 0,35 e, para dietas com alta energia, o valor de K_g foi de aproximadamente 0,47, e que, analisando-se os dados de todas as dietas em conjunto, o valor de K_g obtido foi de aproximadamente 0,38; logo a utilização desse valor para todas as taxas de ganho de peso, ou seja, diferentes níveis de energia na dieta, poderia subestimar as exigências de energia metabolizável para ganho de peso de dietas com baixa energia e superestimar para dietas com alta energia.

Ao invés da utilização de um K_g fixo, Chizzotti *et al.* (2008a) propuseram o uso de uma equação para cálculo de um K_g variável em relação à composição do ganho. A concentração energética do tecido gorduroso é distinta da do tecido proteico e, como a eficiência de deposição de energia em forma de gordura (K_f = 0,79) é superior à de proteína (K_p = 0,34), o K_g pode ser estimado a partir da deposição e da eficiência de deposição desses nutrientes, conforme a equação (Tedeschi *et al.*, 2004):

$$K_g = (K_f \times K_p) / [K_p + (\%ER_p/100) \times (K_f - K_p)],$$

Em que $\%ER_p$ é a porcentagem de energia retida na forma de proteína (em relação a energia total) no ganho de corpo vazio. A $\%ER_p$ é exponencialmente decrescente em relação a concentração de energia retida (ELg/GPCVZ) e pode ser estimada de acordo com a seguinte equação:

$$\%ER_p = 0,101 + 1,667 \times e^{((-0,660 \times ELg/GPCVZ)}$$

Substituindo-se os valores de K_f e K_p, o K_g pode ser estimado com base na % de energia depositada em forma de proteína no GPCVZ (Chizzotti *et al.*, 2008a):

$$K_g = 1343 / (1700 + 2250 \times \%ER_p)$$

Exigências de proteína

A proteína é um dos nutrientes mais nobres para os seres vivos, estando envolvida em funções vitais diversas no organismo, tais como: crescimento e reparo dos tecidos, catálise enzimática, transporte e armazenamento, movimento coordenado, sustentação mecânica, proteção imunitária, geração e transmissão de impulsos nervosos, controle do metabolismo, do crescimento e da diferenciação celular. Portanto, garantir adequado suprimento proteico aos animais significa provê-los de um nutriente essencial para manutenção de sua homeostase, propiciando a produção de carne de forma eficiente. Os ruminantes apresentam peculiaridades em sua nutrição proteica, porém suas demandas em proteína são atendidas pelos aminoácidos absorvidos no intestino delgado, como em qualquer outro animal, apesar de grande parte da proteína absorvível (50 a 80%) ser advinda da proteína microbiana sintetizada no rúmen (Bach *et al.*, 2005).

Aliado ao desperdício econômico, o excesso de proteína na dieta resulta em alterações reprodutivas e em aumento nas excreções de ureia na urina, aumentando o gasto energético do animal para sintetizar e excretar a ureia, além de aumentar a contaminação ambiental. A correta formulação das dietas, atendendo as exigências proteicas dos animais é uma das formas de minimizar a excreção de nitrogênio para o ambiente; logo se torna necessário o conhecimento das exigências de proteína dos animais.

Exigências de proteína para mantença

A demanda de proteína para mantença para um bovino é igual às perdas metabólicas fecais e urinárias, além daquelas perdas de proteína por descamação. A perda metabólica fecal é proveniente da incompleta reabsorção dos nutrientes perdidos pela descamação e pela secreção enzimática do trato gastrintenstinal (TGI) e pode ser alterada pelo tipo e quantidade de alimento ingerido, bem como pelo tamanho e atividade do TGI. Ezequiel (1987) estimou as exigências de proteína metabolizável para mantença de 1,72 e 4,28 g/kg^{0,75} PV para novilhos Nelore e Holandês, respectivamente, o que sugere que a perda por meio da excreção de metabólitos endógenos em bovinos Nelore é inferior à de bovinos Holandeses. A maior excreção endógena leva a uma maior perda líquida de aminoácidos e, como esses são amplamente catabolizados ou excretados pelas células intestinais, a reciclagem (ou *turnover*) de aminoácidos deverá ser maior para que existam aminoácidos disponíveis para a síntese de proteínas do muco, do epitélio intestinal e do complexo enzimático.

Wilkerson *et al.* (1993) encontraram valor diário de exigência de proteína metabolizável para mantença de 3,8 g/kg PV^{0,75}/dia, sendo esse valor adotado pelo NRC (2000). Essa exigência de proteína para mantença foi obtida a partir de 45 observações individuais envolvendo fontes proteicas diversas, com número de animais por fonte proteica variando de 3 a 30. O valor 3,8 foi obtido pela divisão do intercepto (242) da equação de regressão do consumo de proteína metabolizável (g/dia) em razão do ganho de peso (kg/dia) dos animais, pelo peso vivo médio metabólico dos animais (63,44) contidos no banco de dados utilizado.

O NRC (2000) preferiu adotar o valor encontrado por Wilkerson *et al.* (1993) por esse ter sido determinado a partir de dados de crescimento dos animais, ao contrário dos valores de 3,25 g/PCVZ^{0,75}/dia e 3,52 g/PV^{0,75}/dia obtidos pelo sistema francês (INRA, 1988) e por Smuts (1935), respectivamente, que foram derivados de experimentos envolvendo balanço de nitrogênio, embora o trabalho de Susmel *et al.* (1993) tenha confirmado, via balanço de nitrogênio, o valor de 3,8 g PM/kg PV^{0,75}. Já o AFRC (1993) obteve, pelo somatório das exigências basais de nitrogênio endógeno e perdas dermais por descamação e pelos, valor de exigências de proteína metabolizável para mantença de 2,30 g/ PV^{0,75}/dia.

Ainda há um número muito reduzido de trabalhos nacionais que envolvem a mensuração das exigências de proteína para mantença de zebuínos. Valadares *et al.* (1997), considerando tanto as perdas endógenas fecais, por intermédio da regressão entre a ingestão de nitrogênio (N) digestível e a ingestão de N, quanto as perdas urinárias endógenas, pela regressão entre a excreção de N total urinário e a ingestão de N, estimaram exigências de proteína metabolizável para mantença de 4,13 g/kg PV^{0,75}/dia. Véras (2006), trabalhando com bovinos Nelore de três classes sexuais (machos inteiros, machos castrados e fêmeas), alimentados com quatro níveis de proteína bruta (7, 10, 13 e 15%), encontraram valor único para as três classes sexuais de 0,431 gN/kg^{0,75}, utilizando o intercepto da equação de regressão obtida entre o N retido e o consumo de N, expressos em gN/kg^{0,75}. Esse valor é equivalente a 2,69 g de proteína / PV^{0,75}/dia, sendo superior ao valor de 2,3 citado pelo AFRC (1993).

Para converter as exigências líquidas de proteína em exigências de proteína metabolizável para mantença, utilizou-se um fator de 0,667, obtido pela relação entre nitrogênio retido e nitrogênio absorvido (**Figura 2**) muito próxima à recomendada pelo NRC (1985) de 0,67. Utilizando esse valor de eficiência e considerando as exigências líquidas de proteína para mantença de 2,69 g de proteína/kg^{0,75}, obtém-se a exigência de proteína metabolizável de 4,03 g/kg^{0,75},

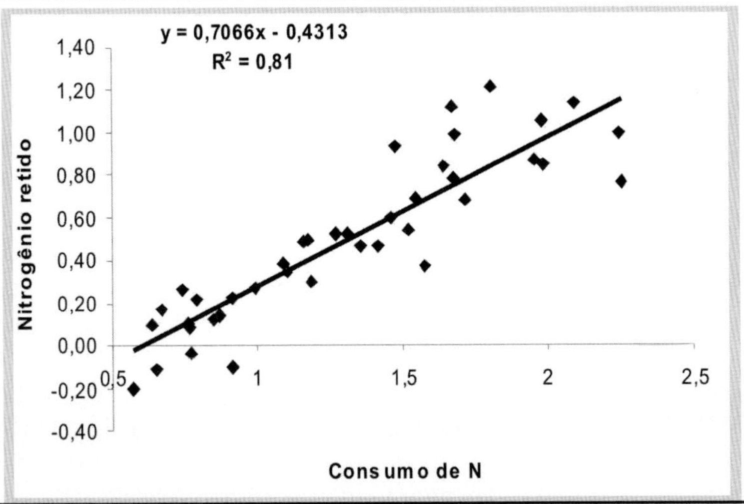

Figura 3. Relação entre consumo de N e o N retido (g/kg^{0,75}). Adaptada de Véras (2006).

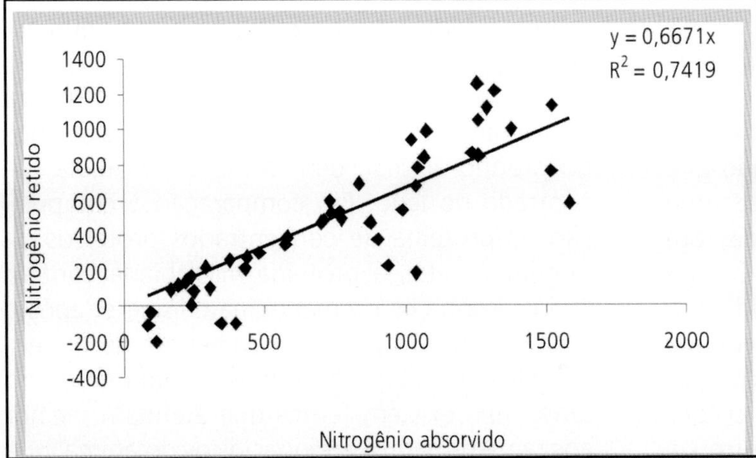

Figura 4. Relação entre o nitrogênio retido e o nitrogênio absorvido. Adaptada de Véras (2006).

bastante próxima ao valor recomendado pelo NRC (2000), de 3,8 g/kg^{0,75}.

Dessa forma, recomenda-se usar o valor de 4,0 g/kg^{0,75} para as exigências de proteína metabolizável para mantença de animais zebuínos. Vale ressaltar que, apesar de existir uma contribuição endógena das perdas por descamação e pelos, essas não foram consideradas.

Exigência de proteína para ganho

As exigências líquidas de proteína para crescimento e terminação são dependentes do conteúdo de matéria seca livre de gordura no peso ganho. Dessa forma, sua determinação é dependente da mensuração da composição corporal dos animais, variando assim, com o peso, taxa de ganho de peso, raça, sexo, efeitos dietéticos e manejo nutricional (Fox & Black, 1984). Em decorrência dessa variação no conteúdo do ganho, observa-se que os requerimentos líquidos de proteína para ganho são maiores em bovinos inteiros do que em castrados, e em animais de maturidade tardia do que animais mais precoces (Geay, 1984), uma vez que machos inteiros depositam mais tecido magro no corpo do que machos castrados (Vanderwert *et al.*, 1985), que, por sua vez, depositam mais do que fêmeas de mesma idade (Berg & Butterfield, 1976).

A partir do conhecimento da eficiência de utilização da proteína, pode-se converter as exigências líquidas em exigências de proteína metabolizável, que englobam a proteína não degradada no rúmen digestível e a proteína microbiana verdadeira digestível, ou seja, a quantidade de aminoácidos disponíveis para absorção no intestino delgado.

Bailey & Duff (2005) citaram que machos inteiros, com um mesmo peso, utilizam proteína de forma mais eficiente que machos castrados e, portanto, não devem apresentar maiores requerimentos de proteína bruta. No entanto, esses autores sugerem que mais trabalhos de pesquisa sejam realizados, visando detectar diferença entre classe sexual quanto às exigências de proteína. Praticamente não há relatos na literatura de trabalhos que procuraram determinar possíveis diferenças nas exigências proteicas de bovinos Nelore de diferentes classes sexuais, o que foi contemplado na análise conjunta dos dados realizada para a elaboração deste trabalho.

As exigências líquidas de proteína para ganho de peso (ou proteína retida) foram estimadas a partir de equações de regressão da proteína retida (PR) em razão da energia retida (ER) e do ganho de peso vivo em jejum (GPVJ), conforme foi preconizado pelo NRC (2000), visto que há uma relação direta entre a energia retida e o conteúdo de proteína no ganho de peso dos animais. As equações obtidas por Valadares *et al.* (2006), para cada classe sexual, independentemente, foram as seguintes:

PR = 26,46 – 9,38 x ER + 183,49 x GPVJ, R^2 = 57,9; para machos inteiros;
PR = 1,42 – 12,29 x ER + 180,03 x GPVJ, R^2 = 72,2, para machos castrados;
PR = 26,81 – 16,48 x ER + 163,87 x GPVJ, R^2 = 87,7, para fêmeas.

Em que as unidades de PR, ER e GPVJ são g/dia, Mcal/dia e kg/dia, respectivamente.

Eficiência de utilização da proteína metabolizável

A partir do conhecimento da eficiência de utilização da proteína, pode-se converter as exigências líquidas em exigência de proteína metabolizável. O NRC (2000), considerando que essa eficiência varia com o peso vivo, assume eficiência constante de 49,2% para animais com peso de corpo vazio superior a 300 kg e, para aqueles com peso inferior a 300 kg, adota a equação: 83,4 – (0,114 x PCVZ). Marcondes (2007) avaliou, em experimento de abate comparativo, a relação entre a proteína retida e o consumo de proteína metabolizável e encontrou a seguinte equação: PR = 6,6804 + 0,5018 × CPM, em que PR = proteína bruta retida (g/ $kg^{0,75}$) e CPM = consumo de proteína metabolizável (g/ $kg^{0,75}$). Esses dados sugerem uma eficiência de utilização da proteína metabolizável para ganho de 50,2%, muito próxima à utilizada pelo NRC. Assim, para converter as exigências líquidas de proteína para ganho em exigências de proteína metabolizável para ganho de peso, deve-se utilizar o fator de eficiência de 50,2%. As exigências de proteína metabolizável para ganho, somadas às exigências de proteína metabolizável para mantença, resultam na quantidade total de proteína metabolizável demandada pelo animal, a um dado peso corporal e a uma taxa de crescimento específica.

Proteína microbiana e proteína não degradada no rúmen

A proteína metabolizável engloba a proteína não degradada no rúmen digestível e a proteína microbiana verdadeira digestível. Logo, para fins de determinação das exigências de proteína para bovinos de corte, é necessário o conhecimento da cinética de degradação proteica dos alimentos no trato gastrintestinal e da medida do crescimento microbiano. As exigências de proteína bruta são obtidas a partir do somatório da proteína degradada no rúmen (PDR, calculada com base na proteína microbiana) e da proteína não degradada no rúmen (PNDR).

A proteína microbiana pode suprir de 50% a 100% da proteína metabolizável exigida para bovinos de corte, sendo considerada fonte de boa qualidade, em relação à sua digestibilidade intestinal (em torno de 80%) e ao seu perfil em aminoácidos (NRC, 2000).

A composição aminoacídica da proteína microbiana é similar à da proteína dos tecidos do próprio animal, bem como da proteína encontrada no leite. Em comparação à composição da proteína de concentrados proteicos de origem vegetal, a proteína microbiana contém maior proporção de metionina e lisina e (após a proibição da utilização de alimentos de origem animal em dietas destinadas a ruminantes no Brasil) não existem fontes que atendam melhor aos requeri-mentos aminoacídicos do animal que a proteína microbiana (Verbic, 2002).

Diante de tais qualidades, tem sido objetivo da nutrição dos ruminantes maximizar o fluxo de proteína microbiana para o intestino delgado, aumentando assim a eficiência produtiva. Para tanto, é necessário quantificar a contribuição da síntese ruminal de proteína microbiana para um melhor entendimento do processo de conversão dos nutrientes dietéticos em proteína microbiana e dos fatores que a afetam.

Para maximizar a eficiência de produção animal e reduzir a necessidade de proteína verdadeira na dieta, aumentos na produção e na passagem de proteína microbiana ruminal para o trato gastrintestinal são desejados. A saída de matéria orgânica microbiana do rúmen é uma função da quantidade de matéria orgânica digerida no rúmen (ATP produzido) e da eficiência com a qual os microrganismos ruminais utilizam a energia disponível para seu crescimento (Owens & Goetsch, 1993). Segundo Russell (1984), os microrganismos ruminais derivam a maior parte da sua energia da fermentação de carboidratos, sendo que as bactérias ruminais podem ser divididas em dois grupos de acordo com o tipo de carboidrato utilizado: microrganismos BFCF, que fermentam celulose e hemicelulose (carboidratos fibrosos), crescem mais lentamente e utilizam amônia para sintetizarem proteína, enquanto os microrganismos BFCNF, que fermentam açúcares, amido e pectina (carboidratos não fibrosos), crescem mais rapidadente em relação aos anteriores e utilizam amônia, peptídeos e aminoácidos para sintetizarem proteína.

A síntese de proteína microbiana (PBMic) tem sido estimada a partir do suprimento de energia para os microrganismos por meio do consumo de NDT, energia líquida, matéria orgânica ou carboidratos fermentados no rúmen. No NRC (2000) e NRC (2001), foi utilizado um fator de eficiência microbiana fixo de 13%, em relação ao consumo de NDT, quando o fornecimento de proteína degradada no rúmen não é limitante. Assim, a proteína microbiana (g/dia), nestas publicações, é estimada por: consumo de NDT (kg/dia) × 130, sendo que dessa quantidade 64% é metabolizável (80% de proteína microbiana verdadeira e 80% de digestibilidade intestinal da proteína microbiana). No Brasil, informações completas, obtidas a partir de 12 pesquisas (incluindo dissertações de mestrado e teses de doutorado) conduzidas no DZO da UFV, nas quais foram utilizados animais para a produção de carne e leite, submetidos a diferentes condições de alimentação, foram sumarizadas. Os respectivos valores de síntese e eficiência de utilização de NDT para a produção de proteína microbiana estão resumidos na **Tabela 1**.

A partir do intervalo de confiança construído para as categorias, pode-se observar que os mesmos estão abaixo do valor médio recomendado pelo NRC (2001) de 130 g de PBMic / kg de NDT. O valor médio obtido para o conjunto de dados foi de 120,88 g de PBMic / kg de NDT, e não houve diferença significativa

Tabela 1. Eficiência de síntese de proteína bruta microbiana (g de PBMic / kg de NDT), obtidos em experimentos realizados no DZO / UFV. Adaptada de Valadares *et al.* (2006).

Variáveis	**Categorias (Bovinos)**		
	Leite	**Corte**	**Todos**
Média	119,87	124,23	120,88
Mínimo	83,13	80,11	80,11
Máximo	197,89	187,70	197,89
Desvio Padrão	23,24	28,65	24,79
Erro Padrão	1,48	2,71	1,31
Intervalo de confiança	119,37 ± 2,91	124,23 ± 5,38	120,88 ± 2,57

Experimentos

Autores[1]	**Animais**	**n**	**Metodologia utilizada**
Malafaia (1995)	Vacas	7	Bases Purinas no abomaso
Rabelo (1995)	Vacas	13	Bases Purinas no abomaso
Villela (1995)	Vacas	14	Bases Purinas no abomaso
Ladeira (1998)	Novilhos	11	Bases Purinas no abomaso
Cardoso (1999)	Novilhos	17	Bases Purinas no abomaso
Dias (1999)	Novilhos	21	Bases Purinas no abomaso
Tibo (1999)	Novilhos	22	Bases Purinas no abomaso
Rennó (2003)[2]	Novilhos	40	Bases Purinas no abomaso
Silva (2000)	Vacas	9	Derivados de Purinas na urina (total)
Pereira (2003)[2]	Vacas	86	Derivados de Purinas na urina (total)
Oliveira (2005)	Vacas	40	Derivados de Purinas na urina (*spot*)
Pina (2005)	Vacas	42	Derivados de Purinas na urina (*spot*)

1.Referências bibliográficas disponíveis em Valadares *et al.* (2006). 2.Dados obtidos de dois experimentos.

(P > 0,05) entre as categorias (leite ou corte) em relação à eficiência microbiana. Portanto, recomenda-se usar o valor de 120g de PBMic / kg de NDT, como referência para condições tropicais.

Para a obtenção das exigências de PDR de bovinos em condições brasileiras, no entanto, utilizou-se a eficiência de síntese de proteína microbiana de 120 g de PBMic/kg de NDT consumido, obtida a partir da compilação de dados nacionais. O consumo de NDT utilizado foi obtido a partir da conversão das exigências de energia líquida para mantença e ganho de peso para cada classe sexual.

Para calcular as exigências de PDR e PNDR, foram utilizados os fatores descritos pelo NRC (2000), ou seja, considerou-se que a proteína bruta microbiana possui 80% de aminoácidos e que esses possuem uma digestibilidade intestinal de 80%. Também se considerou um valor fixo de 80% para a digestibilidade da PNDR no intestino delgado.

Exigência de minerais

Os macroelementos minerais, embora estejam presentes em menor proporção no corpo animal, desempenham funções vitais no organismo, e suas deficiências acarretam alterações nutricionais graves, levando o animal a apresentar desempenho produtivo e reprodutivo aquém de seu potencial. Os macrominerais mais importantes são o cálcio (Ca), o fósforo (P), o magnésio (Mg), o potássio (K) e o sódio (Na), e sua distribuição no corpo animal é variável (**Tabela 2**). O cálcio, o fósforo e o magnésio estão presentes mais intensamente nos ossos, sendo que 99% do cálcio, 90% do fósforo e 71% do magnésio corporal estão presentes no esqueleto; já o potássio e o sódio estão presentes nos fluidos intra e extracelulares, respectivamente, e mais bem distribuídos entre os tecidos corporais (Chizzotti *et al.* (2009)).

Fatores inerentes aos alimentos ou às dietas, como as frações orgânicas ou inorgânicas do mineral em certo alimento, a disponibilidade e a forma química desse elemento nos ingredientes da dieta; e ao animal, como nível de produção e nutrição prévia, juntamente com aspectos relacionados às interrelações (antagonismos e agonismos) entre os minerais também influenciam os requerimentos de minerais (Coelho da Silva & Leão, 1979).

Tabela 2. Porcentagem do total de cada mineral em cada tecido[a].

	Tecido ósseo	Tecidos muscular e adiposo	Órgãos	Couro	Sangue	Outros
Cálcio						
Machos Inteiros	99,2	0,38	0,19	0,16	0,022	0,016
Machos Castrados	99,3	0,33	0,22	0,14	0,022	0,016
Fêmeas	99,1	0,38	0,28	0,16	0,021	0,013
Fósforo						
Machos Inteiros	89,8	7,6	1,89[b]	0,35	0,080	0,025
Machos Castrados	90,5	6,7	2,07[c]	0,36	0,079	0,027
Fêmeas	89,6	7,6	2,19[c]	0,33	0,085	0,023
Sódio						
Machos Inteiros	41,7	25,1	7,75	12,5	11,3	0,513
Machos Castrados	43,9	23,2	7,82	11,7	11,5	0,568
Fêmeas	41,5	22,5	8,43	13,1	12,7	0,600
Potassio						
Machos Inteiros	10,2[c]	72,1[bc]	11,1	3,68	1,54	0,127
Machos Castrados	10,9[c]	70,4[c]	11,3	4,12	1,61	0,149
Fêmeas	8,3[b]	73,3[b]	11,3	3,78	1,74	0,156
Magnésio						
Machos Inteiros	70,8[b]	20,7[b]	3,56	3,84	0,532	0,058
Machos Castrados	73,5[c]	18,5[c]	3,51	3,45	0,508	0,065
Fêmeas	72,9[bc]	19,1[bc]	3,66	3,04	0,756	0,053

[a.] adaptada de Chizzotti *et al.* (2009). [b,c.] Letras semelhantes na mesma coluna diferem entre as classes sexuais (P<0,05).

As exigências totais de cada macroelemento mineral correspondem à soma das exigências para mantença e produção, sendo o método fatorial o mais utilizado para fins de predição dos requisitos dos minerais para bovinos (ARC, 1980). Dividindo-se a exigência líquida pelo coeficiente de absorção do elemento inorgânico no trato digestivo do animal, chega-se à exigência dietética desse elemento mineral.

Exigências para mantença

As exigências de manutenção são relativas às necessidades do mineral para atender as perdas inevitáveis do corpo, também chamadas de secreções endógenas. Já as exigências para produção correspondem à quantidade de cada mineral depositada no corpo animal. Essa retenção de minerais no corpo depende, obviamente, da composição do ganho, sendo que maiores deposições de gordura estão associadas a menores deposições de minerais, visto que o conteúdo de minerais no tecido adiposo é inferior ao conteúdo nos demais tecidos. Portanto, os mesmos fatores que afetam a deposição de gordura no ganho também influenciam o depósito de minerais, destacando-se sexo, grupo genético, idade e peso.

O NRC (2000) estimou as exigências para mantença de cálcio de 15,4 mg Ca/kg de PV e de fósforo de 16 mg de P/kg de PV. Em relação ao magnésio, as exigências de mantença são de 3 mg de Mg/kg de PV, e como requisito dietético para animais em crescimento e terminação recomenda-se 0,1% de Mg na MS da dieta. Para o potássio e o sódio, respectivamente, as exigências dietéticas são de 0,6 e 0,06 a 0,08% na MS da dieta.

Para converter as exigências líquidas em exigências dietéticas é preciso conhecer o coeficiente de absorção do mineral. O NRC (2000) recomenda valores médios para o Ca e P de 50 e 68%, respectivamente, e uma faixa de absorção para o Mg variando de 10 a 37%, não apresentando valores para o sódio e o potássio. O ARC (1980) utiliza coeficientes de absorção de 91 e 100% para o sódio e o potássio, respectivamente.

No Brasil, de acordo com Silva *et al.* (2002), são escassos os trabalhos de pesquisa sobre perdas endógenas de minerais em ruminantes, e os poucos trabalhos desenvolvidos têm encontrado valores muito variáveis e diferentes daqueles preconizados por diferentes sistemas de determinação de exigências de bovinos de corte.

Dessa forma, para estimar as exigências de mantença de cada macroelemento mineral e, posteriormente, somá-las às exigências para ganho, no intuito de se obter as exigências dietéticas totais, foram adaptadas as recomendações do ARC (1980) e do NRC (2000) para as perdas endógenas de Ca, P, Mg, K e Na, e a biodisponibilidade desses elementos, conforme pode ser visualizado na **Tabela 3**.

Exigências para ganho

Para cálcio e fósforo, o NRC (2000) apresenta as exigências em relação ao ganho de proteína (ou proteína retida), considerando as rela-

Tabela 3. Perdas endógenas totais diárias e biodisponibilidade de cálcio, fósforo, magnésio, sódio e potássio.

Macroelementos	Perdas endógenas	Biodisponibilidade (%)
Ca	15,4 mg/kg PV[1]	50[1]
P	16 mg/kg PV[1]	68[1]
Mg	3,0 mg/kg PV[1]	17[2]
K	Fecal – 2,6 g/kg CMS [2,3]	100[2]
	Urinária – 37,5 mg/kg PV	
	Salivar – 0,7 g/100 kg PV	
	Através da pele – 1,1 g	
Na	6,8 mg/kg PV	91[2]

1.Dados obtidos do NRC (2000); 2.Dados obtidos do ARC (1980); 3. Consumo determinado por equação apresentada por Valadares Filho *et al.* (2006) para bovinos Nelore: CMS (kg/dia) = -2,40011 + 0,02006 * PVM + 4,81946* GMD – 1,51758 * GMD^2.

ções de 7,10 g de Ca/100 g de proteína retida e 3,90 g de P/100 g de proteína retida, respectivamente. Entretanto, Chizzotti *et al.* (2009)) não encontrou correlação entre as deposições de Ca e P com as de proteína. O tecido ósseo atinge a maturidade anteriormente à maturidade proteica, logo, para animais com peso acima daquele em que a deposição mineral é irrisória (maturidade óssea), mas abaixo do peso adulto final (em que a deposição proteica é nula), as exigências de Ca e P são superestimadas pelas equações do NRC (2000).

Os conteúdos dos macroelementos minerais (cálcio, fósforo, magnésio, potássio e sódio) retidos no corpo dos animais foram estimados por Valadares *et al.* (2006), por intermédio de equações alométricas (ARC, 1980).

Na **Tabela 4**, são apresentadas as exigências líquidas para ganho de peso encontradas por Valadares *et al.* (2006).

O NRC (2000) recomenda que dietas de bovinos de corte devem conter 0,1; 0,6 e 0,06 a 0,08%, respectivamente, de Mg, K e Na, de forma a atender as exigências dos animais. Valadares *et al.* (2006) reportaram teores de Mg próximos de 0,1%, conforme preconiza o NRC (2000); para o K entre 0,50 e 0,55%, portanto levemente inferiores aos 0,6% preconizados pelo sistema americano; e para o Na de 0,05 a 0,06% da MS, o que representa o limite mínimo adotado pelo NRC (2000).

Tabela 4. Exigências líquidas para ganho de peso (g/dia) de cálcio (Ca), fósforo (P), magnésio (Mg), potássio (K) e sódio (Na) de bovinos zebuínos de diferentes pesos e taxas de ganho de peso, obtidas usando dados nacionais.

Ganho de peso (kg/dia)	Peso Vivo (kg)				
	250	300	350	400	450
Cálcio					
0,50	6,63	6,37	6,15	5,97	5,82
0,75	9,95	9,55	9,23	8,96	8,73
1,00	13,27	12,74	12,31	11,95	11,64
1,25	16,58	15,92	15,39	14,94	14,55
1,50	19,90	19,11	18,46	17,92	17,46
Fósforo					
0,50	3,52	3,37	3,25	3,15	3,06
0,75	5,29	5,06	4,88	4,72	4,59
1,00	7,05	6,75	6,50	6,30	6,12
1,25	8,81	8,43	8,13	7,87	7,65
1,50	10,57	10,12	9,75	9,45	9,18
Potássio					
0,50	0,97	1,04	1,10	1,16	1,21
0,75	1,45	1,56	1,65	1,73	1,81
1,00	1,94	2,08	2,20	2,31	2,42
1,25	2,42	2,60	2,75	2,89	3,02
1,50	2,91	3,11	3,30	3,47	3,63
Sódio					
0,50	0,61	0,59	0,58	0,58	0,57
0,75	0,91	0,89	0,88	0,86	0,85
1,00	1,21	1,19	1,17	1,15	1,14
1,25	1,51	1,49	1,46	1,44	1,42
1,50	1,82	1,78	1,75	1,73	1,71
Magnésio					
0,50	0,17	0,17	0,17	0,17	0,17
0,75	0,26	0,26	0,26	0,26	0,25
1,00	0,35	0,34	0,34	0,34	0,34
1,25	0,43	0,43	0,43	0,43	0,42
1,50	0,52	0,52	0,51	0,51	0,51

Referências bibliográficas

AGRICULTURAL AND FOOD RESEARCH COUNCIL – AFRC. **Energy and protein requirements of ruminants**. Wallingford: Commonwealth Agricultural Bureaux international, 1993.159p.

AGRICULTURAL RESEARCH COUNCIL – ARC. **The nutrient requirements of farm livestock. No 2 Ruminants**. London: Commonwealth Agricultural Bureaux, 1965. 264p.

AGRICULTURAL RESEARCH COUNCIL – ARC. **The nutrient requirements of ruminant livestock**. London: Commonwealth Agricultural Bureaux, 1980. 351p.

Bach, A.; Calsamiglia, S.; Stern, M.D. Nitrogen metabolism in the rumen. **J. Dairy Sci.**, v.88, Suppl. E., p.9-21, 2005.

Bailey, C.R.; Duff, G.C. Protein requirements of finishing beef cattle. In: SOUTHWEST NUTRITION CONFERENCE, 2005, Tempe. **Proceedings...** Tempe: University of Arizona, 2005. p.78-85.

Berg, R.T.; Butterfield, R.M. **New concepts of cattle growth**. 1.ed. Sydney: Sydney University Press, 1976. 240p.

Boin, C. Alguns dados sobre exigências de energia e de proteína de zebuínos. In: SIMPÓSIO INTERNACIONAL SOBRE EXIGÊNCIAS NUTRICIONAIS DE RUMINANTES, 1., 1995, Viçosa. **Anais...** Viçosa: Universidade Federal de Viçosa, 1995. p.457-466.

Chizzotti, M.L.; Valadares Filho, S.C.; Tedeschi, L.O. A meta-analysis of energy and protein requirements for maintenance and growth of Nellore cattle. **Journal of Animal Science**, v.86, p.1588-1597, 2008a.

Chizzotti, M.L.; Paulino, P.V.R.; Valadares Filho, S.C. Possibilidades do uso da ultrassonografia para estimação da composição corporal de bovinos. In: Anais da 45ª Reunião anual da Sociedade Brasileira de Zootecnia. Lavras. 2008b. cdrom.

Chizzotti, M.L.; Valadares Filho, S.C.; Tedeschi, L.O. *et al.* Net requirements of calcium, magnesium, sodium, phosphorus, and potassium for growth of Nellore×Red Angus bulls, steers, and heifers. **Livestock Science**, v.124, p.242-247, 2009.

Coelho da Silva, J.F.; Leão, M.I. **Fundamentos de nutrição dos ruminantes**. Piracicaba: Livroceres, 1979. 380p.

COMMONWEALTH SCIENTIFIC AND INDUSTRIAL RESEARCH ORGANIZATION – CSIRO. **Nutrient requirements of domesticated ruminants**. Collingwood. 2007. 270p.

COMMONWEALTH SCIENTIFIC AND INDUSTRIAL RESEARCH ORGANIZATION – CSIRO. **Feeding Standards for Australian Livestock. Ruminants**. Melbourne.1990. 266p.

Ezequiel, J.M.B. **Exigências de proteína e minerais de bovídeos: frações endógenas**. Viçosa: Universidade Federal de Viçosa, 1987. 131p. Tese (Doutorado em Zootecnia) – Universidade Federal de Viçosa, 1987.

Ferrel, C.L. & Jenkins, T.G. Body composition and energy utilization by steers of diverse genotypes fed a high-concentrate diet during the finishing period: Angus, Boran, Brahman, Hereford and Tuli Sires. **Journal of Animal Science**, v.76, n.2, p.647-657, 1998.

Fox, D.G.; Black, J.R. A system for predicting body composition and performance of growing cattle. **Journal of Animal Science**, v.58, n.3, p.725-739, 1984.

Geay, Y. Energy and protein utilization in growing cattle. **Journal of Animal Science**, v.58, n.3, p.766-778, 1984.

Hankins, O.G.; Howe, P.E. **Estimation of the composition of beef carcasses and cuts**. [T.B.]: United Sates Department of Agriculture, 1946. p.1-19 (Technical Bulletin – USDA, 926).

l'INSTITUT NATIONAL DE LA RECHERCHE AGRONOMIQUE – INRA. **Alimentation des Ruminants**. INRA Publications. Versailles.: 1978. 232p.

l'INSTITUT NATIONAL DE LA RECHERCHE AGRONOMIQUE – INRA. **Alimentation des bovines, ovins et caprins**. Éditions Quae. Versailles.: 2007. 307p.

Lofgreen, G.P.; Garret, W.N.A. System for expressing net energy requirements and feed values for growing and finishing beef cattle. **Journal of Animal Science**, v.27, n.3, p.793-806, 1968.

Marcondes, M.I. **Desempenho de bovinos Nelore alimentados individualmente ou em grupo, exigências nutricionais e avaliação proteica de alimentos para ruminantes**. Viçosa: Universidade Federal de Viçosa, 2007. 136 p. Dissertação (Mestrado em Zootecnia) – Universidade Federal de Viçosa, 2007.

Menezes, F.G.; Restle, J.; Brondani, I.L.; Kuss, F.; Alves Filho, D.C.; Silveira, M.F.; Leite, D.T. Órgãos internos e trato gastrintestinal de novilhos de gerações avançadas do cruzamento rotativo entre as raças Charolês e Nelore terminados em confinamento. **Revista Brasileria de Zootecnia**, v.36, p.120-129, 2007.

Menezes, L.F.G.; Restle, J. Desempenho de novilhos de gerações avançadas do cruzamento alternado entre as raças Charolês e Nelore, terminados em confinamento. **Revista Brasileria de Zootecnia**, v.34, p.1927-1937, 2005.

NATIONAL RESEARCH COUNCIL – NRC. **Nutrient requirements of dairy cattle**. 7 ed. Washington, D.C. National Academic Press, 2001. 381 p.

NATIONAL RESEARCH COUNCIL - NRC. **Nutrient requirements of beef cattle**. 7 rev. ed. National Academy Press, Washington, D.C.: 2000. 242p.

NATIONAL RESEARCH COUNCIL - NRC. **Ruminant Nitrogen Usage**. National Academic Press. Washington, D.C, 1985. 138p.

Owens, F.N; Goetsch, A.L. Ruminal fermentation. In: CHURCH,D.C. The Ruminant Animal Digestive Physiology and Nutrition. p. 145-171, 1993.

Paulino, P.V.R. **Desempenho, composição corporal e exigências nutricionais de bovinos Nelore de diferentes classes sexuais**. Viçosa: Universidade Federal de Viçosa, 2006. 159p. Tese (Doutorado em Zootecnia) – Universidade Federal de Viçosa, 2006.

Peron, A.J.; Fontes, C.A.A.; Galvão, J.G. *et al.* Tamanho de órgãos internos e distribuição da gordura corporal, em novilhos de cinco grupos genéticos, submetidos à alimentação restrita e *ad libitum*. **Revista Brasileira de Zootecnia**, v.22, n.2, p.813-819, 1993.

Preston, R.L. 2006 Feed composition tables. **Beef Magazine**, v.42, n.7, p.50-67, 2006.

Reynolds, C.K. Economics of visceral energy metabolism in ruminants: Toll keeping or internal revenue service. **Journal of Animal**

Science, v.80, suplemento 2, p.E74–E84, 2002.

Ripamonte, P. **Estimativa da participação do genoma de Bos taurus no rebanho Nelore**. Pirassununga. Faculdade de Zootecnia e Engenharia de Alimentos, 2002. 57p. Dissertação (Mestrado em Zootecnia) – Universidade de São Paulo, Faculdade de Zootecnia e Engenharia de Alimentos, 2002.

Russell, J.P. Factors influencing competitions and compositions of rumen bacterial flora. Proc. Symp. **Herbivore Nutrition in Sub-Tropics and Tropics**. The Science Press, Graighall, South Africa. p 313. 1984

Seal, C.J. & Reynolds, CK. Nutritional implications of gastrointestinal and liver metabolism in ruminants. **Nutrition Research Reviews**, v.6, p.185-208, 1993.

Silva, R.G. **Introdução à bioclimatologia animal**. São Paulo: Nobel, 2000. 286p.

Smuts, D. The relation between the basal metabolism and the endogenous nitrogen metabolism, with particular reference to the maintenance requirement of protein. **Journal of Nutrition**, v.9, p.403-433, 1935.

Susmel, P.; Spanghero, M.; Stefano, B. *et al.* Digestibility and allantoin excretion in cows fed diets differing in nitrogen content. **Livestock Production Science**, v.36, p.213-222, 1993.

Tedeschi, L.O.; Boin, C.; Fox, D.G. *et al.* Energy requirement for maintenance and growth of Nellore bulls and steers fed high-forage diets. **Journal of Animal Science**, v.80, n. 6, p.1671-1682, 2002.

Tedeschi, L.O.; Fox, D.G.; Guiroy, P.J. A decision support system to improve individual cattle management. 1. A mechanistic, dynamic model for animal growth. **Agricultural Systems**. v.79, p. 171-204, 2004.

Vanderwert, W.; Berger, L.L.; McKeith, F.K. *et al.* Influence of zeranol implants on growth, behaviour and carcass traits in Angus and Limousin bulls and steers. **Journal of Animal Science**, v.61, p.310-319, 1985.

Valadares Filho, S.C.; Magalhães, K.A.; Rocha Júnior, V.R.R. *et al.* **Tabelas Brasileiras de composição de alimentos para bovinos**. 2 ed. Viçosa: Suprema Gráfica Ltda – Universidade Federal de Viçosa, 2006. 329p.

Valadares , R.F.D.; Gonçalves, L.C.; Rodriguez, N.M. *et al.* Níveis de proteína em dietas de bovinos. 2. Consumo, digestibilidades e balanço de compostos nitrogenados. **Revista Brasileira de Zootecnia**, v.26, n.6, p.1259-1263, 1997.

Véras, R.M.L. **Consumo, digestibilidades total e parcial, produção microbiana e exigências de proteína para mantença de bovinos Nelore**. Viçosa: Universidade Federal de Viçosa, 2006. 87p. Tese (Doutorado em Zootecnia) – Universidade Federal de Viçosa, 2006.

Verbic, J. Factors affecting microbial protein synthesis in the rumen with emphasis on diets containing forages. **Viehwirtschaftliche Fachtagung**, 24 - 25. April 2002.

Wilkerson, V.A.; Klopfenstein, T.J.; Britton, R.A. *et al.* Metabolizable protein and amino acid requirements of growing beef cattle. **Journal of Animal Science**, v.71, p.2777-2784, 1993.

CAPÍTULO 13

Suplementação alimentar de bovinos em pastagens

Ricardo Andrade Reis
Professor Titular
Departamento de Zootecnia
FCAV/UNESP. Jaboticabal, SP
rareis@fcav.unesp.br

Gustavo Rezende Siqueira
Pesquisador Científico
APTA - Polo Regional de Alta Mogiana
Colina, SP
siqueiragr@apta.sp.gov.br

Daniel Rume Casagrande
Professor Adjunto
Instituto de Ciências Sociais e Zootecnia
UFAM. Parintins, AM
daniel_casagrande@yahoo.com.br

Introdução

A alimentação de bovinos em pastagens nativas e/ou cultivadas tem sido um dos pilares da expansão da pecuária de corte brasileira. Estima-se que 88% da carne bovina produzida no País tenha origem nos rebanhos mantidos exclusivamente no pasto.

A partir da década de 90, profundas alterações vêm ocorrendo no cenário mundial da pecuária de corte associada à abertura e a globalização do mercado. A pecuária tornou-se um empreendimento empresarial, em que a busca por competitividade é uma meta imprescindível para os empreendedores dessa atividade.

A adoção de um programa de produção contínua de carne, que pretende ser eficiente e competitivo, requer a eliminação das fases negativas do sistema, proporcionando condições ao animal para se desenvolver normalmente, durante todo o ano, a fim de que se alcancem as condições de abate, peso e/ou terminação mais precocemente. Para isso, faz-se necessário manter o suprimento de alimento em equilíbrio com os requerimentos dos animais. Contudo, nos sistemas de exploração de pastagens é, praticamente impossível manter constante a oferta de forragem de alta qualidade durante o ano todo. Ademais, quando a forragem oriunda das pastagens é o único alimento disponível para os animais em pastejo, essa deve fornecer energia, proteína, vitaminas e minerais necessários para o atendimento dos requerimentos de mantença e de produção.

Assim, deve-se ajustar a disponibilidade de forragem por meio da oferta de alimento suplementar, adubação estratégica, diminuição do número de animais ou da utilização de outras áreas de pastagens, a fim de reduzir o impacto da sazonalidade da produção de forragem no desempenho animal. Se os teores de nutrientes do pasto estão em quantidade adequados, a produção animal será função do consumo de energia digestível, uma vez que é alta a correlação entre o consumo de forragem e o ganho de peso.

O conhecimento da estrutura da vegetação, composição química, notadamente das frações dos compostos nitrogenados e de carboidratos, e as variações observadas ao longo do ano são imprescindíveis para a formulação de suplementos que venham otimizar o consumo, a digestibilidade desses pastos e, consequentemente, o desempenho animal.

O objetivo deste capítulo é discutir os efeitos das interações entre a disponibilidade, qualidade da forragem e as características qualiquantitativas dos suplementos sobre o desempenho de bovinos de corte mantidos em pastagens. Dessa forma, serão abordados os efeitos da suplementação sobre os animais nas fases de recria e engorda em pastejo, uma vez que os aspectos relativos ao manejo e nutrição das demais categorias são abordados em outros capítulos desta obra.

Potencial de produção de bovinos em pastagens tropicais

A intensificação do sistema produtivo com a adoção de tecnologias, como genética animal, adubação das pastagens e a suplementação da dieta do animal, promove redução na relação entre lucro e receita, demonstrando que o sistema torna-se frágil economicamente, e qualquer falha na sua condução pode resultar em insucessos. Assim, o sucesso econômico da utilização dessas técnicas dependerá basicamente da intensificação e eficiência de todo o processo.

Em um ecossistema pastoril, vários são os fatores que determinam o desempenho animal os quais se interagem, constituindo um sistema dinâmico, em que alterações ocorrem a cada instante. Nesse cenário, discutir de forma integrada todos os fatores, controláveis e não controláveis que influenciam o desempenho animal, torna-se uma tarefa complexa.

A **Figura 1** ilustra os principais fatores que constituem um ecossistema pastoril. Observa-se na parte superior, na porção A, os fatores climáticos não-controláveis, que influenciam aqueles inerentes ao solo, planta e animal. Na parte B, nota-se uma primeira divisão do ecossistema, constituída pelos fatores solo e planta, que determinam, juntamente com os fatores climáticos e de manejo do solo e da planta, a quantidade, qualidade e a estrutura da forragem disponível para o animal.

A porção C representa os fatores ligados ao animal que, da mesma forma que discutido em B, são influenciados pelos fatores climáticos, solo/planta e de manejo que, determinarão a produção animal (kg/dia).

O consumo, na porção D, aparece como um elo entre os fatores solo/planta e animal, representado assim, pelo simples fato da característica da forragem ingerida (quantidade e qualidade) ser regida por esses dois fatores.

A integração dos fatores solo/ planta (B), animal (C), consumo (D) influenciados pelos fatores climáticos (A), não-controláveis, e de manejo (E), controláveis, determinarão as características produtivas do sistema.

Assumindo a complexidade do ecossistema, as ações de manejo afetarão, diretamente, a porção do ecossistema na qual é aplicada e, in-

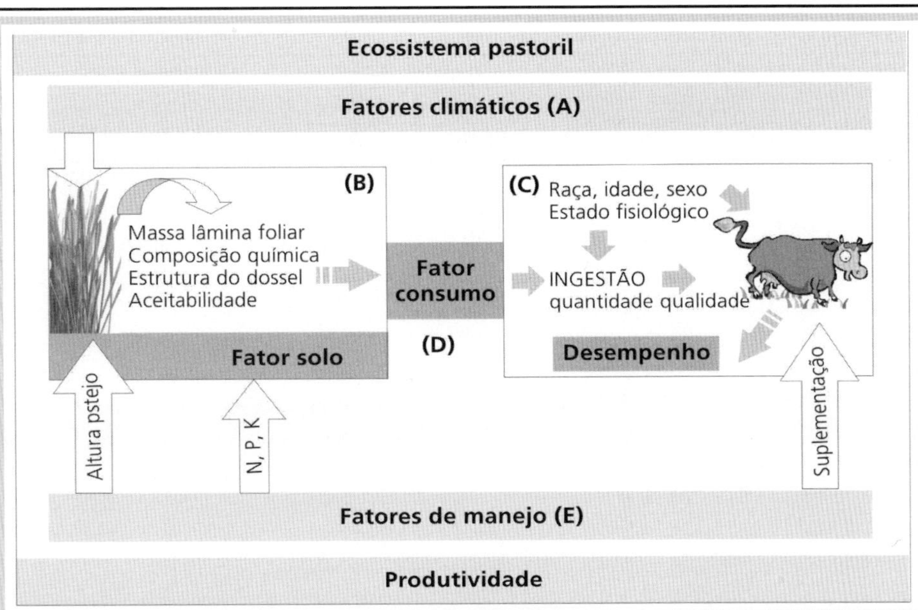

Figura 1. Ilustração dos principais fatores que interferem no desempenho de animais mantidos em um ecossistema pastoril.Adaptado de: Reis *et al.* (2005a).

diretamente, as demais. Por exemplo, a suplementação da dieta dos animais, de maneira indireta, pode afetar a estrutura e disponibilidade de forragem, principalmente se os suplementos forem fornecidos em altas quantidades e apresentarem características nutricionais semelhantes às do pasto.

As tomadas de decisão no manejo da pastagem devem ser avaliadas, considerando-se as possíveis alterações em todas as porções do ecossistema pastoril, de tal forma a maximizar os insumos aplicados, garantindo a sua eficiência biológica e econômica, sem comprometer a sua estabilidade.

A análise de desempenho de animais da raça Nelore, elaborada por meio de uma coletânea de dados dos experimentos conduzidos no Brasil, em dois sistemas de produção de carne, confinamento e em pasto (sem suplementação proteico-energética), mostra que aqueles mantidos em pastagens, nas águas, apresentaram ganhos de peso, em média 0,650 kg/dia. Esse valor é inferior ao observado nos animais mantidos em confinamento (1,200 kg/dia), demonstrando claramente a limitação ao máximo desempenho animal por causa do valor nutritivo das gramíneas tropicais (Reis *et al.*, 2005a).

As pastagens cultivadas no Brasil Central são formadas por espécies de gramíneas tropicais exóticas, de ambientes onde foram submetidas à pressão de seleção natural para alta produção e sobrevivência; sendo assim, não há razão para esperar que elas tenham, naturalmente, altos valores nutritivos. E essas limitações qualitativas das gramíneas tropicais são impostas pelas características de crescimento, fisiológicas, morfológicas e anatômicas da planta em si e pelos fatores ambientais (Paulino *et al.*, 2003).

Como o desempenho dos animais mantidos em pastagens são limitados pela quantidade e qualidade da planta forrageira e outros fatores inerentes ao próprio animal, resta, dessa forma, explorar o potencial de produção da forrageira tropical como parâmetro para intensificar a exploração de bovinos nas pastagens (Corsi *et al.*, 1994).

A análise dos dados da **Tabela 1** permite concluir que as pastagens das espécies de gramíneas tropicais, bem como os sistemas de manejo adotados não permitem explorar plenamente o potencial genético dos animais.

O entendimento dos fatores que limitam a utilização dos nutrientes contidos nas gramíneas tropicais é de suma importância para aumentar a eficiência econômica dos sistemas de exploração de pastagens no Brasil. De maneira geral, quando os bovinos de corte são alimentados com espécies de gramíneas de clima tropical, o consumo de energia digestível é limitado, a princípio, pela alta concentração e baixa digestibilidade da fração fibrosa da forragem (Minson, 1990; Moore e Buxton, 2000).

Valor nutritivo de plantas forrageiras

O valor nutritivo (VN) de uma planta

Tabela 1. Produtividade de pastagens de gramíneas tropicais submetidas a diferentes sistemas de manejo.						
Gramíneas	**Sistema de pastejo**	**Taxa de lotação (UA/ha)**		**Ganho de peso (g animal /dia)**		**Referência**
		Seca	**Águas**	**Seca**	**Águas**	
Colonião	Contínuo	0,8	1,0	100	500	Euclides, 2001
Tobiatã		1,3	1,4	170	440	
Tanzânia		1,2	1,4	240	540	
B. brizantha		1,6	1,7	160	430	
B. decumbens		1,6	1,7	200	400	
Mombaça	Rotacionado 2 x 30 dias	1,9	4,7	383	596	Thiago *et al.*, 2000
Marandu		2,0	5,0	409	623	
Cameroon		1,8	3,5	452	573	
Mombaça	Rotacionado 3 x 36 dias		5,3		680	Corrêa *et al.*, 2000
Marandu			4,0		590	
Tanzânia			5,8		680	
Coast cross	4 x 24 dias		7,6		637	

forrageira é definido pela composição química da forragem, sua digestibilidade e natureza dos produtos da digestão (Van Soest, 1994, Moore e Buxton, 2000), enquanto qualidade da forragem ou valor alimentício pode ser definida como o consumo de energia digestível e é mais adequadamente avaliada pelo desempenho animal (Moore, 1994).

As forrageiras de clima tropical apresentam qualidade inferior (**Tabela 2**), isto é, maior conteúdo da fração fibrosa, menores valores de digestibilidade da matéria seca, da fração fibrosa e da proteína bruta, comparado com as espécies de clima temperado (Anderson, 2000; Minson, 1990).

Em um mesmo estágio de desenvolvimento, as forrageiras tropicais apresentam menor valor nutritivo, quando comparadas com as de clima temperado. Contudo, permitem elevada produção de matéria seca, possibilitando ganho por área igual ou superior às forrageiras de clima temperado por causa da sua maior capacidade de suporte (Corsi *et al.*, 1994; Reis *et al.*, 2005a).

As características anatômicas das gramíneas C3 e C4 podem responder pelas diferenças nutricionais desses grupos de plantas forrageiras. As folhas das gramíneas C4 possuem mais células do feixe vascular da bainha e menor quantidade de células do mesofilo do que as plantas de ciclo fotossintético C3 (**Figura 2**). Tem-se que as células do mesofilo são degradadas mais rapidamente do que as do feixe vascular da bainha, justificando assim a menor digestibilidade das gramíneas C4 (Wilson, 1993, 1997).

De maneira geral, o decréscimo no valor nutritivo nas forrageiras tropicais está associado às condições climáticas (precipitação, intensidade luminosa, temperatura etc.) e de manejo, que determinam a alta taxa de crescimento das plantas, propiciando a colheita de forragem com alta proporção de caule.

As avaliações dos dados da **Tabela 3** e da **Figura 3**, referentes ao valor nutritivo (VN) de espécies de gramíneas forrageiras de clima tropical, evidenciam que as plantas colhidas no

Tabela 2. Valores médios de proteína bruta e de digestibilidade de espécies forrageiras.

Espécies	**Digestibilidade da MS**	**Conteúdo de PBg/kg MS**
Gramíneas de clima temperado	0,67	117
Leguminosas de clima temperado	0,61	175[b]
Gramíneas tropicais	0,54	92
Leguminosas tropicais	0,57	165[b]

b. Forrageiras que apresentam transferência líquida incompleta de proteína microbiana do rúmen para o intestino, de acordo com os dados da Tabela 5.
Adaptado de: Minson (1990).

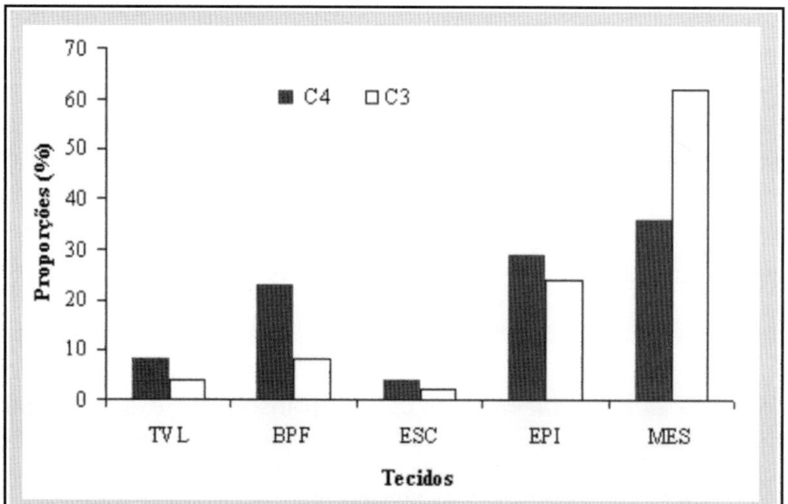

Figura 2. Proporção de tecidos em lâminas foliares de gramíneas de clima tropical C4 e temperado C3; TVL- tecido vascular lignificado; BPF- bainha parenquimática dos feixes; ESC- esclerênquima; EPI- epiderme; MES- mesofilo.Adaptado de Wilson (1997).

estágio vegetativo apresentam altos teores de proteína bruta, baixos teores de componentes da parede celular, o que resulta em alta digestibilidade e consumo de matéria seca (MS). Por outro lado, a colheita dessas plantas no estágio de desenvolvimento avançado resulta em forragem de baixo VN, não atendendo, muitas vezes o requerimento de mantença de animais em pastejo (Minson, 1990 e Van Soest, 1994).

O estágio de desenvolvimento das plantas (maturação) acaba por determinar a diminuição na concentração dos nutrientes potencialmente digestíveis (carboidratos, proteínas, minerais e vitaminas) e aumento na fração fibra, tendo como consequência queda acentuada na digestibilidade. Tal fato pode ser observado na **Figura 3**, evidenciando as variações na digestibilidade e no conteúdo de proteína bruta (PB) dos cultivares de *Panicum maximum*, Colonião, Tanzânia, Tobiatã e de *Brachiaria decumbens* e *Brachiaria brizantha* (Marandu). Verifica-se, portanto, que a variação na digestibilidade *in vitro* da matéria orgânica (DIVMO) tem comportamento semelhante nos diferentes capins tropicais avaliados ao longo do ano.

Tabela 3. Valor nutritivo de gramíneas forrageiras tropicais.

Espécie	PB[1]	FDN[1]	FDA[1]	DMS	CMS[2]	Referência
B. decumbens (maduro)	8,1	80,0	52,9	53,1**		Reis *et al.*, 1990
B. decumbenss (maduro)	4,4	79,1		41,8**	54,8	Acorsi Neto *et al.*, 1981
B. brizantha (imaturo)	9,3			61,2*		
B. brizantha (maduro)	6,2			51,5*		Euclides *et al.*, 1993a
Coast cross (Imaturo)	19,0	68,7	35,0	73,6*		Palhano, 1990
Coast cross (maduro)	9,0	80,6	46,6	51,0*		
Colonião (imaturo)	18,2			65,5**	69,2	Minson, 1971
Colonião (maduro)	5,9			51,0**	52,1	
Colonião (imaturo)	19,0			65,7*		Euclides *et al.*, 1993b
Colonião (maduro)	9,5			54,2*		
Tobiatã (imaturo)	16,0			57,6*		
Tobiatã (maduro)	9,1			54,4*		
Tanzânia (imaturo)	16,0			56,7*		
Tanzânia (maduro)	7,4			56,7*		
Cameroon (maduro)	9,36			47,50		Faria *et al.*, 1995
Elefante (Imaturo)	14,9	51,0	30,0	71,6*		Silveira *et al.*, 1973, 1974
Guaçu (maduro)	13,1	69,61	42,2			Henrique e Bose, 1992
Elefante (maduro)	5,8	66,9	42,8	59,3*		
Tifton 85 (Imaturo)	14,2	80,8	40,0			Gomide, 1996
Tifton 85 (maduro)	9,71	80,7	45,2			

* Valores *in vitro*, ** Valores *in vivo*, 1 = Valores expressos em %MS, 2 = g/kg $PV^{0,75}$

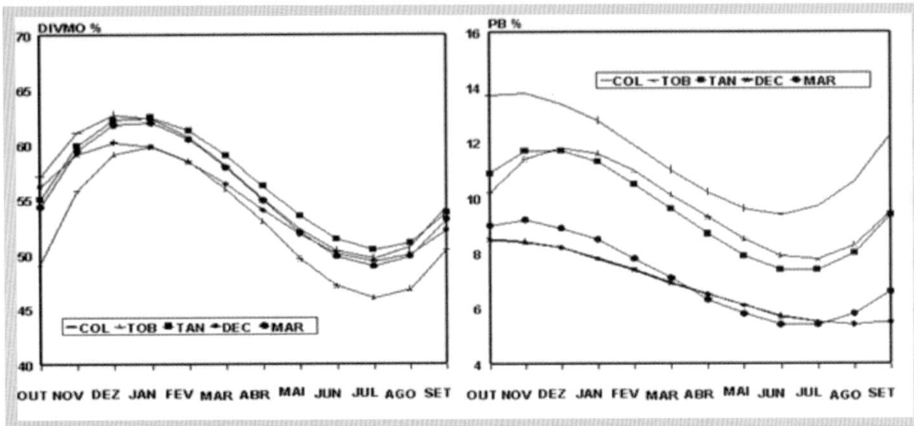

Figura 3. Relações entre os coeficientes de digestibilidade *in vitro* da matéria orgânica (DIVMO) e conteúdo de proteína bruta (PB) e as idades das plantas de cinco gramíneas tropicais (média de três anos). Adaptado de Euclides *et al*. (1996).

Teores de compostos nitrogenados

Os conteúdos de proteína bruta da forragem influenciam acentuadamente o desempenho animal de duas maneiras. A primeira, por não atender a exigência de proteína para máximo ganho de peso, havendo desequilíbrio na relação energia/proteína e, a segunda, por não atingir os quantidade mínimos de 6,0 a 7,0% de PB na dieta (**Figura 3**). Esse fato limita o crescimento e o desenvolvimento dos microrganismos ruminais (Minson, 1990), responsáveis pela degradação da fração fibrosa da forragem, tendo como consequência decréscimo nas taxas de digestão e de passagem, afetando negativamente o consumo de matéria seca (Poppi *et al.*, 1997, Van Soest, 1994).

Dessa forma, o conhecimento da composição química e das características nutricionais dos compostos nitrogenados é de suma importância para otimizar a utilização dos recursos forrageiros. Algumas espécies forrageiras são fontes de proteína de alta degradação ruminal, enquanto outras suprem proteína com taxa de degradação mais lenta (Redfearn e Jenkins, 2000). Assim, o termo proteína metabolizável é o mais apropriado a ser utilizado na nutrição de ruminantes.

A fração proteica da forragem é composta de proteína verdadeira e de nitrogênio não-proteico (NNP). Cerca de 75% do N das folhas estão relacionados à proteína verdadeira, compondo as enzimas que atuam nos processos de fotossíntese, respiração e crescimento.

Em termos de fisiologia vegetal, a proteína verdadeira da planta é classificada em três grandes classes de acordo com a solubilidade em água (Mangan, 1982). A Fração I é solúvel em água, enquanto a Fração II contém porções solúvel e insolúvel, e a proteína da membrana do cloroplasto, que é insolúvel, representa a terceira classe.

A Fração I refere-se à proteína homogênea do cloroplasto, constituída de macromoléculas de ribulose 1-5 difosfato carboxilase-oxigenase (RUDP). A enzima RUDP é uma proteína abundante, altamente solúvel, encontrada nas células do mesofilo de gramíneas C3 e no feixe vascular da bainha das gramíneas de clima tropical (Ku *et al.*, 1979). A enzima fosfoenol piruvico carboxilase (PEP) substitui a RUDP no mesofilo das espécies de gramíneas C4, e podem representar 10% a 15% da proteína verdadeira das folhas.

A Fração II é constituída de grandes quantidades de ferredoxina, plastocianina e os citocromos do cloroplasto e tubulina, actina, ATP sintetase, anidrase carbônica e também fatores de alongação contidos no citoplasma, enquanto os aminoácidos livres representam em média 10% da fração nitrogenada da forragem (Redfearn e Jenkins, 2000).

A fração de NNP representa, aproximadamente, 25% do N total das folhas, embora esse componente possa variar de 15% a 50% do conteúdo de N da planta inteira. A fração de NNP compreende DNA, RNA e nitrato, e sua principal função é servir como intermediário para a síntese de proteína, agente de translocação e como produto de assimilação inorgânica de N (Mangan, 1982).

A fração de proteína das plantas C3 tem sido bem caracterizada, enquanto as informações sobre as espécies C4 são escassas. Os teores de PB das espécies de gramíneas de clima tropical variam de 10,0 a 15,0%; 7,0 a 10,0% e de 4,0 a 7,0%, respectivamente, nas plantas colhidas no estágio vegetativo, alongamento do caule e reprodutivo (Redfearn e Jenkins, 2000). Enquanto os valores registrados na literatura nas gramíneas de clima temperado são de 12,0 a 18,0%; 9,0 a 12,0% e de 6,0 a 9,0%, respectivamente, nas plantas colhidas no estágio vegetativo, alongamento do caule e reprodutivo (Buxton *et al.*, 1996).

As gramíneas pertencentes ao gênero *Panicum,* quando imaturas, apresentam conteúdos de PB adequados, atendendo ao requerimento para ganho de peso da maioria de bovinos do rebanho de corte, que é de aproximadamente 11%, de acordo com o NRC (1996). Porém, quando em estágio de desenvolvimento avançado, os conteúdos de PB se aproximam do nível crítico de 6,0 a 7,0% (**Figura 3**).

Da análise da **Figura 3** e da **Tabela 3**, depreende-se que as espécies do gênero braquiária apresentam conteúdos de PB, que somente permitem desempenhos módicos, pois essas apresentam, no período seco, teores inferiores ao mínimo requerido para o desenvolvimento dos microrganismos do rúmen (6,0 a 7,0% de PB).

Segundo Poppi *et al.* (1997), enquanto os teores de PB na matéria seca da forragem podem variar consideravelmente, os valores de proteína do conteúdo celular são constantes. Tal fato ocorre em decorrência da grande variação nos valores de parede celular da planta, afetando assim os teores de PB da forragem por causa do efeito de diluição. Esses resultados são coerentes com o conteúdo de RUDP, que representa a principal fonte de PB solúvel das forrageiras (34 a 40% do total de PB).

Recentemente, têm ocorrido avanços na avaliação nutricional dos compostos nitrogenados de plantas forrageiras. O sistema proposto por Sniffen *et al.* (1992), denominado *Cornell Net Carbohydrate and Protein System*, assume que a proteína metabolizável varia em todas as forrageiras com base na composição da proteína bruta, taxa de digestão ruminal, taxa de passagem, produção e composição da proteína microbiana. Esse sistema assume cinco frações da proteína, ou seja, as frações A, B1, B2, B3 e C.

A fração A é considerada como a solúvel, constituída de NNP (nitrato, DNA, RNA, aminoácidos e peptídeos), enquanto a C é determinada pelo N ligado à porção insolúvel em detergente ácido. As frações B1, B2 e B3 são consideradas proteína verdadeira e apresentam degradação ruminal rápida, intermediária e lenta, respectivamente. A fração B3 é constituída pela extensina, proteína associada à parede celular, determinada pela fibra em detergente neutro menos o N ligado à fibra em detergente ácido.

Nas espécies de clima temperado, mais de 80% do N estão na fração solúvel da célula (Sanderson e Wedin, 1989). A concentração de N da parede celular é menor nas espécies de gramíneas de clima temperado comparado com leguminosas, mas a concentração de N na parede celular é mais alta nas folhas de gramíneas do que nas de leguminosas.

As características da fração proteica também diferem entre as gramíneas de ciclo C3 e C4. Além de menor conteúdo de PB, as folhas de gramínea C4 possuem menor degradação da proteína no rúmen em relação a plantas C3. A análise dos dados da **Tabela 4** evidencia esse fato, uma vez que são observados altos valores das frações de menor solubilidade ruminal (B2, B3) e insolúveis (C) nas forrageiras C4. Além desse aspecto, deve-se ter em mente que os teores de proteína degradável no rúmen diminuem com o desenvolvimento das gramíneas de clima tropical, no entanto, nas gramíneas C3, as concentrações dessas frações sofrem menores alterações (Mullahey *et al.*, 1992). Com o desenvolvimento das plantas, observa-se decréscimo no conteúdo de PB, aliado à manutenção da proporção de proteína de baixa degradação ruminal. Assim, em decorrência do efeito de diluição, tem-se o aumento na fração proteína escape.

É oportuno salientar que a presença de proteína escape não é importante para os microrganismos do rúmen, podendo ocorrer deficiência de N para atender ao requerimento dos mesmos, o que tem implicações na taxa de degradação da fração fibrosa, consumo de forragem e desempenho animal (Minson, 1990, Anderson, 2000).

Degradação da proteína da forragem

Em termos nutricionais, de maneira sim-

Tabela 4. Teores de compostos nitrogenados de forrageiras C4 e C3.

Espécie	PB % MS	Frações (% PB) A	B1	B2	B3	C	Fonte
				C4			
Tifton 85[1]	10,2	17,4	2,6	36,3	26,9	16,9	Malafaia *et al.*,1997 e 1998
Tifton 85[2]	13,7	34,8	10,7	15,4	19,6	19,5	Moreira, 2004
Tifton 85[3]	10,0	28,1	13,6	23,2	17,3	17,8	
Tanzânia[4]	12,2	24,0	5,9	21,1	40,0	9,0	Balsalobre *et al.*, 2003
Mombaça[5]	11,3	14,9	52,8*		20,5	11,9	Lista *et al.*, 2007
Eelefante[5]	10,6	8,8	57,9*		22,1	11,2	
				C3			
Alfafa	20,6	23,4	17,1	51,6	3,1	4,8	Elizalde *et al.*, 1999
Ervilhaca	20,1	32,9	18,6	38,9	4,9	4,7	Alzueta *et al.*, 2001
Aveia	20,6		95,5**		4,1	0,4	Ferolla *et al.*, 2008
Triticale	20,2		94,8**		4,7	0,5	

Característica da Rebrota: 1- 60 dias; 2- 30 dias, dados de 2002 e 2003; 3- 36 dias; 4- 42 dias, três dias de ocupação (média de 10 ciclos de pastejo); 5- 36 dias, três dias de ocupação. * Fração B1+B2, ** Frações A+B1+B2 (solúveis em detergente neutro).

plista, a fração proteica da forragem pode ser dividida em duas, uma considerada disponível, ou seja, degradável, e outra de baixa degradação ruminal. A fração C, não disponível, pode ser estimada por meio da determinação do conteúdo de nitrogênio retido no resíduo insolúvel em detergente ácido. Essa fração não é degradada no rúmen e nem digerida no intestino delgado (Van Soest, 1994).

A fração disponível compreende a proteína metabolizável da forragem e aquela sintetizada pelos microrganismos do rúmen (Redfearn e Jenkins, 2000). A proteína metabolizável da forragem compreende a fração de N solúvel (A, B1 e B2) e o N retido na fibra detergente neutro, ou seja, a fração B3 (Russell *et al.*, 1992).

Como a RUDP é a principal porção da fração proteica das plantas forrageiras, a sua degradabilidade potencial é relativamente alta e constante na ausência de compostos que formam complexos, tais como os taninos condensados. Dessa forma, a taxa de passagem tem alta influência nos valores de degradabilidade final. Nas plantas C4, há evidências de que a localização da RUDP no feixe vascular da bainha, o qual é lignificado, pode reduzir a degradabilidade dessa fração proteica.

Segundo Redfearn e Jenkins (2000), há poucos dados referentes à concentração e digestibilidade das frações de N da parede celular de espécies forrageiras de clima tropical. Dessa forma, é importante salientar que parte das diferenças relativas à alta proporção de proteína que escapa à degradação ruminal nas espécies de gramíneas de clima tropical, refere-se à localização dessa fração da proteína na bainha do feixe vascular, a qual, sabidamente, apresenta baixa taxa de degradação em decorrência da lignificação (**Figura 4**), notadamente em relação ao estágio de desenvolvimento da planta (Wilson, 1993, 1997).

Em relação à digestão dos compostos nitrogenados, cerca de 20 a 35% da porção solúvel das células de *Heteropogon contortus* e do capim Pangola, duas espécies C4 permaneceram intactas após a digestão ruminal (Hunter e Siebert, 1985a). Tal fato pode ter ocorrido devido à proteção da porção solúvel da célula pela bem desenvolvida e lignificada bainha do feixe vascular, a qual tende a ser menos digerida do que o mesofilo e floema nas espécies C4 (Gobbi, 2004).

Segundo Miller *et al.* (1996), há três possibilidades para explicar a taxa de degradação ruminal da fração proteica das espécies de gramíneas de clima tropical:

- Proteção parcial contra a digestão nas primeiras 24 horas de degradação;
- Proteína localizada dentro da bainha do feixe vascular, podendo deixar o rúmen e ser hidrolisada no intestino delgado;

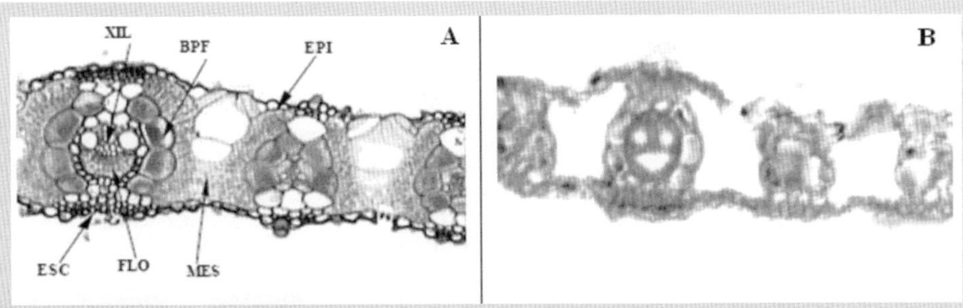

Figura 4. Seção transversal de lâmina foliar de tifton 85 antes (A) e após digestão *in vitro* por 46 horas (B).Adaptado de Paciullo (2000).

- Proteção completa da proteína e excreção pelo trato gastrintestinal.

Sincronismo da degradação ruminal de carboidratos e compostos nitrogenados

A proteína microbiana é a principal fonte desse nutriente para atender o requerimento de animais em pastejo. A sua produção (PPM), expressa em g/kg matéria orgânica digestível (g/kg MOD), varia intensamente nas dietas à base de forragem, devido à concentração de carboidratos não estruturais ou também daqueles solúveis em água, enquanto a taxa de passagem no rúmen parece não ter efeito na síntese (Poppi *et al.*, 1997).

As plantas C4 têm baixo conteúdo de carboidratos não estruturais, e longo tempo de retenção no rúmen, porporcionando baixos valores de síntese de proteína microbiana.

O sistema CNCPS (Cornell Net Carbohydrate and Protein System) usa os valores de NDT como uma medida de energia que é disponível para a síntese de proteína microbiana. Assim, pressupõe-se de que os microrganismos utilizam carboidratos como fonte de energia. Dessa forma, têm-se dois grupos de microrganismos, um que utiliza carboidratos estruturais (celulose e hemicelulose) como fonte de energia e a amônia como fonte de N. O outro grupo de microrganismo utiliza amido, pectina e açúcares como fonte de energia e pode usar amônia ou aminoácidos como fonte de N (Russell *et al.* 1992).

Por outro lado, o sistema AFRC de balanceamento de dietas assume uma relação constante entre a produção de proteína microbiana por unidade de matéria orgânica fermentada, ou de energia metabolizável, se atendido o requerimento de N degradável no rúmen, em uma dada taxa de diluição a qual é influenciada pelo nível de alimentação, categoria animal, e se eleva em resposta ao aumento de consumo.

A disponibilidade de energia é um dos fatores que altera a produção e o crescimento microbiano, e este é sempre dependente da fonte de energia e do suprimento de ATP necessários para que ocorram a biossíntese e a polimerização de monômeros em macromoléculas (proteína, RNA, DNA). Quando a fonte primária de ATP (carboidrato fermentescível) está disponível, o aminoácido é incorporado ao microrganismo, produzindo a proteína microbiana. A célula bacteriana gasta 4 mols de ATP para a polimerização de cada aminoácido, sendo o processo de síntese de proteína muito caro. Por outro lado, quando o ATP não é suficiente para contribuir para a síntese microbiana, o aminoácido é fermentado como fonte de energia, e a amônia, resultante desse processo, será acumulada juntamente com o NNP da dieta **(Figura 5)**.

Caso as concentrações de NH_3 alcancem quantidade elevados no rúmen, há intensificação da sua absorção, via parede ruminal. Dessa forma, a atividade do ciclo da ureia no fígado é aumentada, com a finalidade de excretar o excesso de amônia na corrente sanguínea. Além da perda de N, há também o gasto de energia de 4 ATP por mol de ureia, representando, nessa situação, o principal evento consumidor de energia.

Diante desse fato, os consumos de energia e proteína devem ser adequados para otimizarem a fermentação ruminal e a produção de proteína microbiana. Um excessivo consumo de proteína, sem adequação energética, pode proporcionar significativa perda de nitrogênio pela urina (Russell *et al.*, 1992).

A transferência de proteína dietética para o intestino, na forma de proteína microbiana (pro-

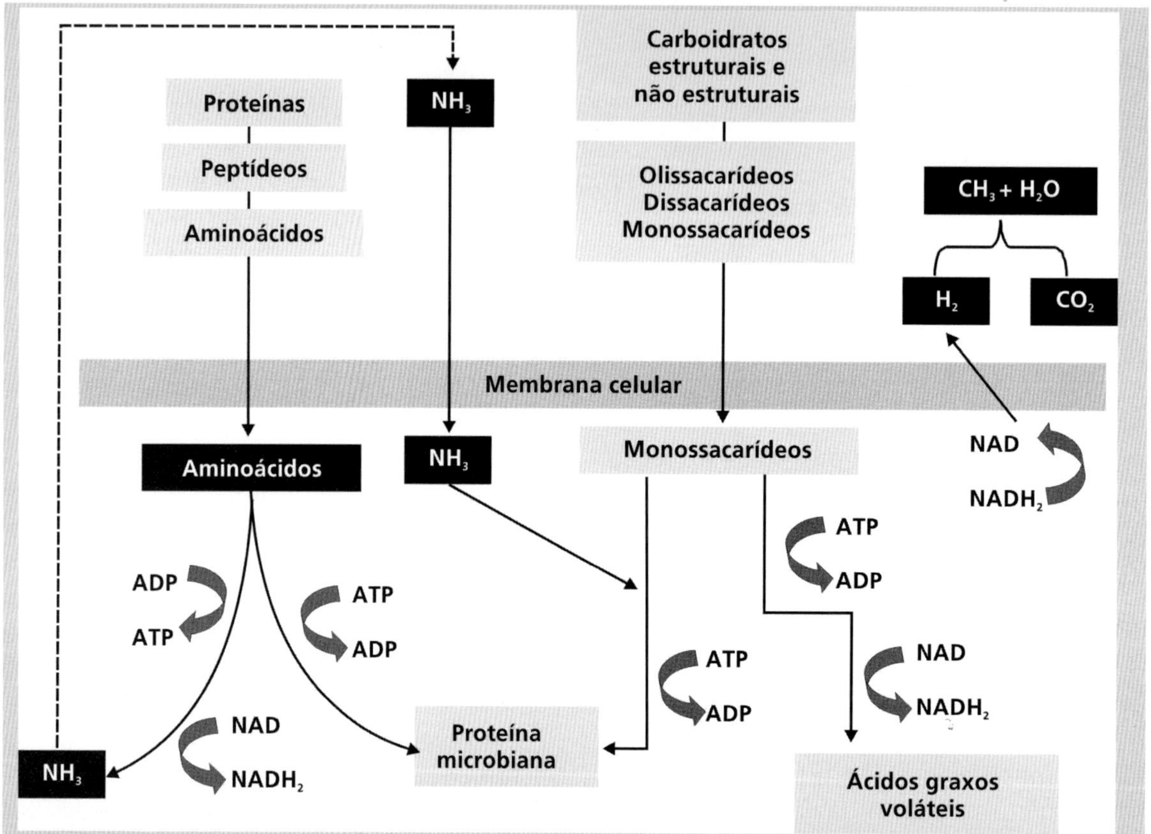

Figura 5. Utilização da proteína e carboidrato pela bactéria ruminal. Adaptado de Noceck & Russell (1988).

duzida a partir da proteína da planta degradada no rúmen), proteína não degradada e aquela endógena, foi completa quando a forragem continha valores inferiores a 210 g PB/kg MOD (Poppi *et al.*, 1997). Sendo assim, a combinação dos teores de PB e de MOD (**Tabela 5**) determinam a ocorrência e intensidade da absorção de NH_3 na parede ruminal e, conquentemente, perdas de N na urina.

Nem todas as dietas com base em forragem fornecem quantidade adequada de PDR para a síntese de proteína microbiana, e algumas forrageiras fornecem valores acima do requerido. A análise conjunta dos dados das **Tabelas 3** e **5** evidencia que as leguminosas de climas tropical e temperado podem exceder esses valores de PB. Assim, a perda de N ocorre em situação de pastejo (Poppi *et al.*, 1997). No entanto, os valores de digestibilidade da MS e de PB requeridos nas forrageiras C4 para a síntese de proteína microbiana estão na faixa esperada para esse tipo de planta. Assim, considerando-se os teores de PB e as características das frações nitrogenadas das espécies C4 (**Tabela 4**), qualquer estratégia de suplementação energética, provavelmente, induzirá a deficiência nos valores de PDR para adequada síntese de proteína microbiana. Todavia, dependendo do manejo adotado e do nível de adubação, principalmente a nitrogenada, pode ocorrer aumento no teor de PB e alterações na degradabilidade da proteína, porporcionando assim, excesso de PDR (**Tabela 6**) e, nessas condições, a suplementação energética também tem efeito positivo (Correia, 2006; Ramalho, 2006).

Os valores de proteína microbiana sintetizados variam com a quantidade de N liberado e da energia disponível para a sua síntese (Minson, 1990; Hunter, 1991). Nas forragens que contêm menos de 100 g de PB/kg de MS ocorrem limitação na síntese de proteína microbiana, possivelmente devido à deficiência de aminoácidos, de amônia e de energia para os microrganismos do rúmen. Para que ocorra máxima eficiência na síntese de proteína microbiana, a dieta deverá conter no mínimo 170 g de PB/ kg de MO digestível no rúmen.

Tabela 5. Relação entre os teores de proteína (PB) e valores de matéria orgânica digestível (MOD) acima dos quais ocorrem as perdas na transferência líquida da proteína ingerida para o intestino (210 g PB/kg MOD).

Digestibilidade da Matéria Orgânica	PB (g/kg MS)
0,80	151
0,70	132
0,60	113
0,50	94

Exemplo: 210 g PB/kg MOD x 0,8 kg MOD x 0,9 (kg MO/kg MS) = 151 g PB/kg MS. *No calculo assume-se a relação de 0.9 kg MO/kg MS. Adaptado de Poppi e McLennan, 1995.

Tabela 6. Conteúdo de proteína bruta requerido nas forrageiras tropicais para atender o requerimento de nitrogênio degradável para os microrganismos do rúmen sintetizarem 9 g de PB microbiana/MJ de energia metabolizavel fermentável, assumindo diferentes degradabilidades da proteína da planta.

Degradabilidade da MS	Proteína requerida na dieta (g/kg MS) referente às diferentes degradabilidades da PB	
	0.7	0.9
0,45	75	58
0,50	86	67
0,55	98	76
0,60	109	85
0,65	120	94
0,70	132	102

Fonte: Poppi *et al.*, 1997.

Dietas com 50% de digestibilidade da MS serão deficientes, se o conteúdo de N estiver abaixo de 1,0 % da MS e, se a digestibilidade for de 40%, o nível crítico de N será de 0,8% (Hunter, 1991). Cumpre destacar que, para cada quilograma de matéria orgânica fermentável no rúmen, cerca de 160 g de proteína microbiana podem ser sintetizadas, as quais contêm 26 g de N. Portanto, se o conteúdo de N disponível estiver abaixo de 26 g de N / kg de MO digestível, o suprimento de amônia será inadequado e a produção de PB bacteriana será diminuída (Owens *et al.*, 1991).

Segundo Karsli e Russell (2001), a eficiência média da síntese de proteína microbiana, em animais mantidos com dieta a base de forragens, é de 130 g PB microbiana/kg MOD (com valores variando de 75 a 243 observados em 34 diferentes estudos). Em dietas contendo mistura de forragem e concentrado, a média da síntese de proteína microbiana foi 176 g PB microbiana/kg MOD (variando de 91 a 279 g PB microbiana/kg MOD em 36 estudos); e naquelas somente com concentrado, avaliando-se 14 estudos, a média da síntese de proteína microbiana foi de 132 g PB microbiana/kg MOD (variando de 70 a 237 g PB microbiana/kg MOD).

No NRC (1996), foi adotada a eficiência de 130 g de proteína microbiana sintetizada por kg de NDT ingerido. Mesmo quando os valores relativos a pastos tropicais com alto valor energético (ao redor de 65% de NDT) são inseridos no modelo, este acusa que, caso a forragem contenha 11% de PB com 81% desta degradável no rúmen, ocorre excesso de 35,8 g de PDR para bovino macho em recria, com 300 kg de peso vivo, mantido nessa pastagem. O balanço de proteína metabolizável também é positivo, sendo o ganho de peso do animal limitado por falta de energia.

A análise dos dados da **Figura 6** chama a atenção para a discordância dos eventos ocorrentes no rúmen, uma vez que a rápida disponibilidade de produtos da degradação da proteína ou de NNP não é simultânea à liberação de quantidade apropriada de energia disponível para o crescimento microbiano (situação A), representando baixa eficiência de incorporação de nitrogênio em proteína microbiana. Por outro lado, na situação B, simulando maior disponibilidade de energia, simultaneamente ao evento da degradação da proteína, a utilização de NH_3 pelos microrganismos será maior, com menores perdas de nitrogênio na forma de amônia. Dessa forma, deve ser ressaltado que de nada adianta um pico de produção de NH_3 se a energia não está prontamente disponível para a síntese microbiana.

Alternativas estratégicas para melhorar o sincronismo entre disponibilidade de energia com liberação de NH_3 para uma melhor eficiência microbiana é desejável e alvo de pesquisas das grandes áreas de nutrição e manejo de pastagens. Dessa forma, o manejo com vistas à qualidade dos pastos representa grande importância na sustentação do potencial produtivo dos bovinos de corte.

Princípios da suplementação

Pode-se definir a suplementação como o ato de se adicionar os nutrientes deficientes na forragem disponível na pastagem, relacionando-os com a exigência dos animais em pastejo (Reis *et al.*, 1997).

Os suplementos são comumente usados para adicionar nutrientes extras ou suprir aqueles limitantes ao desempenho do animal. Contudo, os suplementos são caros e frequentemente usados para corrigir erros de manejo. Dessa forma, devem ser o último recurso a ser utilizado, e os pecuaristas necessitam avaliar outras estratégias de manejo da pastagem antes de considerarem o seu uso. Entretanto, assumindo que essas estratégias já foram adotadas, os suplementos podem ser utilizados com eficácia (Poppi e McLennan, 2007).

De maneira geral, a suplementação da dieta de animais em pastejo é realizada com os seguintes objetivos:

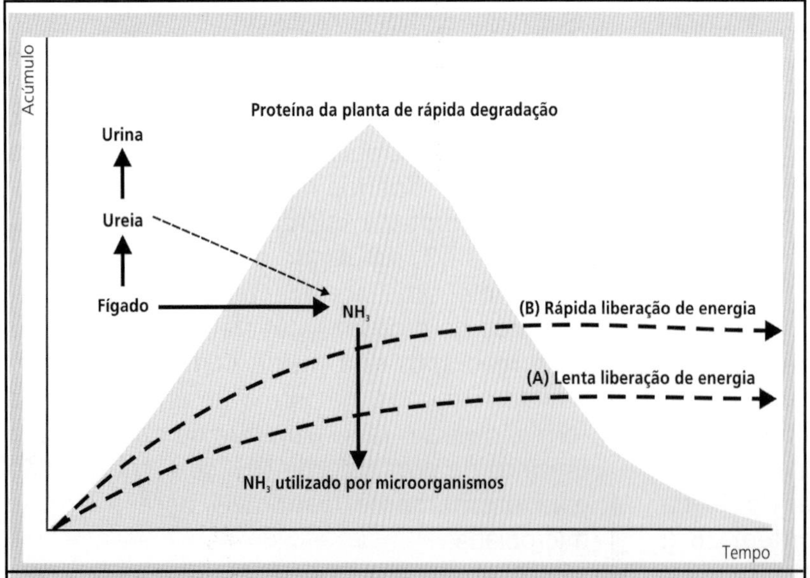

Figura 6. Representação esquemática do desajuste dos principais eventos no rúmen. Adaptado de: Davies *et al.*, 2005.

i) corrigir a deficiência de nutrientes da forragem;
ii) aumentar a capacidade de suporte das pastagens;
iii) potencializar o ganho de peso;
iv) diminuir a idade ao abate;
v) auxiliar no manejo das pastagens;
vi) fornecer aditivos ou promotores de crescimento.

Dessa forma, a suplementação deve ser usada como meio de maximizar a utilização da forragem disponível, tendo em mente que o suplemento não deve fornecer nutrientes além das exigências dos animais (Parsons e Allinson, 1991; Paterson *et al.*, 1994). Por meio do fornecimento de todos, ou de alguns nutrientes específicos, que resultarão no consumo de maior quantidade de matéria seca (MS) e no aumento na eficiência de sua digestão, pode-se atingir os objetivos esperados com a suplementação (Siebert e Hunter, 1982; Hodgson, 1990; Hunter, 1991).

O principal objetivo da nutrição de bovinos em pastejo é suprir os requerimentos dos microrganismos do rúmen, principalmente no que se refere ao N e S (Poppi e Mclennan, 2007). A necessidade mínima de PB para animais com mais de 250 kg de peso vivo pode ser suprida com a produção de proteína microbiana. Todavia, animais mais leves precisam de proteína adicional, a qual só pode ser suprida com a utilização de fontes de proteína verdadeira não degradável no rúmen (PNDR), por exemplo, o farelo de algodão (**Figura 7**).

A produção de PM pode ser aumentada em decorrência da elevação na digestibilidade da forragem, obviamente acompanhada de aumento da disponibilidade de PDR (**Tabela 6**), o que implica em maior quantidade de conteúdo celular, ou da elevação na digestibilidade da parede celular. Essa estratégia implica na utilização de espécies forrageiras de mais alto valor nutritivo, e de práticas de manejo da pastagem que resultem em forragem com elevadas produções de componentes de maior qualidade.

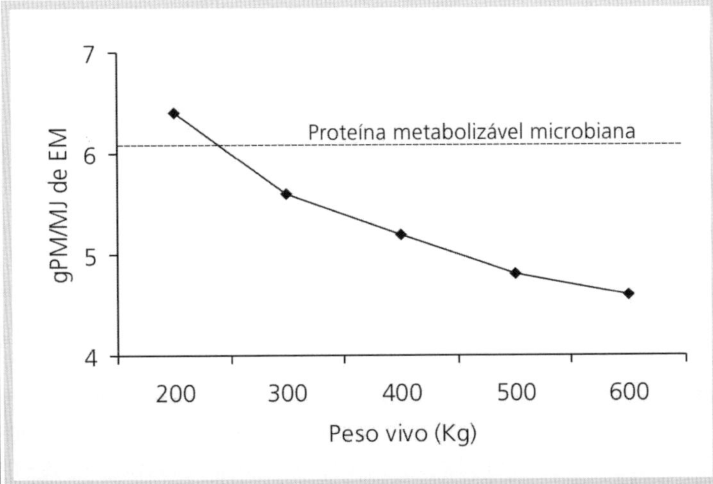

Figura 7. Requerimento de proteína metabolizável em relação à energia metabolizável (g PM/MJ de EM) de novilhos castrados com ganho de 0,5 kg/dia.*Linha tracejada representa proteína metabolizável calculada para ser suprida a partir da proteína microbiana. Adaptado de Poppi e McLennan, 2007.

Além da possibilidade enumerada anteriormente, a suplementação pode elevar o suprimento de energia metabolizavel (EM) e, consequentemente, a síntese de PM; e a extensão da resposta ao suplemento varia em razão da qualidade da dieta basal (forragem), definido pelo ganho de peso observado nos animais não suplementados. De maneira geral, quanto mais alta é a qualidade da forragem, menores serão as respostas obtidas com o uso do suplemento.

A suplementação pode ser feita pelo fornecimento de energia, de proteína, ou a combinação de proteína e energia. Com relação à proteína, o seu efeito estimulatório parece estar envolvido com a melhor eficiência de síntese de proteína microbiana. Sendo assim, conforme a **Figura 8**, o fornecimento adicional de N para animais que consomem forragens de baixa qualidade favorece o crescimento das bactérias fibrolíticas, causando aumento da taxa de digestão da fibra e síntese de proteína microbiana e, desse modo, permite incrementar o consumo voluntário da forragem e melhorar o balanço energético do animal em pastejo (Nocek e Russell, 1988, Clarck *et al.*, 1992).

O fornecimento de uma fonte de proteína degradável no rúmen (PDR) ou de nitrogênio não-proteico (NNP) que atenda às necessidades das bactérias fibrolíticas, em casos de limitação de N da dieta, implica em aumento da atividade dessa população microbiana, pela disponibilidade de uma fonte de nitrogênio, que é o íon amônio (N-NH_3), liberado a partir da degradação ruminal da PDR e do NNP (Russell *et al.*, 1992).

Por outro lado, a suplementação energética por meio da utilização de grãos tem a função de fornecer carboidratos prontamente fermentescíveis. A taxa de fermentação de açúcares solúveis e amido é alta, após 2 horas da alimentação, mas diminui completamente após 4 horas da alimentação (Baldwin e Denham 1979). Após 3 a 4 horas da alimentação, a atividade da celulase e hemicelulase no rúmen começa a se manifestar, ou seja, ocorre o início da degradação da fibra, sendo concluída até por volta de 96-120 horas, provendo ATP para o crescimento microbiano.

Por causa dessa complementaridade, dietas compostas da mistura de forragem e concentrado resultam em maior síntese de proteína microbiana, comparada às dietas com apenas forragem ou concentrado.

Características dos suplementos

Em decorrência das alterações quantitativas e qualitativas observadas nas gramíneas tropicais ao longo do ano (**Figura 3**), a suplementação estratégica para animais mantidos em pasto é tradicionalmente dividida, no Brasil Central, em duas épocas, águas (verão) e secas (inverno).

Analisando os vários trabalhos sobre suplementação da dieta de bovinos mantidos em pastagens, no Brasil, pode-se observar que não existe, na grande maioria, uma preocupação de relacionar a quantidade e a qualidade da forragem com o tipo de suplemento a ser fornecido, ou seja, a suplementação (quantidade e qualidade) é definida de forma isolada às características da forragem. Esse fato é justificado, inicialmente, pela falta de um índice qualitativo da forragem que permita traçar um plano de suplementação.

A suplementação da dieta de animais em pastejo durante o período das águas é prática relativamente recente no Brasil. Nesse tipo de suplementação, tem-se adotado, basicamente,

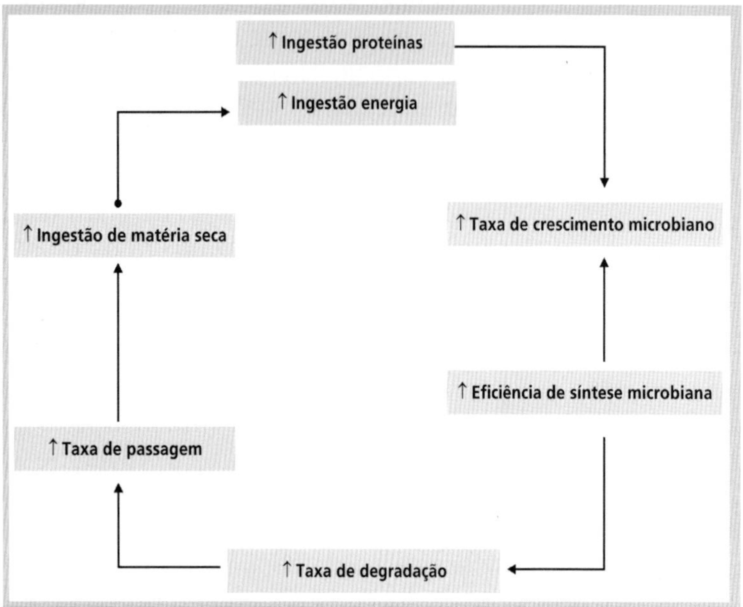

Figura 8. Efeito da ingestão de proteína na dinâmica ruminal e a sua relação com a ingestão de energia. Adaptado de: Nocek & Russell (1988).

duas linhas em relação às características dos nutrientes a serem fornecidos, podendo-se utilizar energia ou proteína (Reis *et al.*, 2004).

A suplementação, no período chuvoso, deve ser exaustivamente analisada em termos da meta a ser alcançada dentro de um determinado sistema de produção de carne. Apesar do alto custo do ganho adicional a ser obtido com a suplementação nas águas (100 a 200 g/dia a mais por animal), isso pode resultar em redução considerável no período de engorda do animal, quer seja em pasto ou em confinamento, com possíveis retornos econômicos (Thiago e Silva, 2001).

De acordo com dados disponível na literatura (Poppi e McLennan, 1995, Moore *et al.*, 1999, Davies *et al.*, 2005), o fornecimento de energia prontamente digestível minimizou as perdas de nitrogênio da forragem, pois houve maior sincronismo entre a disponibilidade de energia e de amônia no rúmen, acarretando aumento na síntese de proteína microbiana.

Por outro lado, a suplementação com proteína de baixa degradação ruminal permite a absorção de aminoácidos no intestino, resultando em efeito positivo sobre o consumo de forragem e desempenho animal (Siebert e Hunter, 1982). Nessa situação, o ganho de peso depende, principalmente, do suprimento de aminoácidos e de substratos que produzam energia destinada aos tecidos e do limite genético para a síntese de proteína, o qual, provavelmente, jamais será atingido pelos animais que consomem forragem. É importante ressaltar que a absorção de aminoácidos no intestino parece ser um dos fatores que controlam o consumo de ruminantes, particularmente em dietas pobres em PB (Preston e Leng, 1987). É oportuno salientar que resultados de trabalhos de pesquisa sobre a suplementação da dieta de animais mantidos em pastagens evidenciam que o fornecimento de proteína escape resultou em aumento no desempenho dos animais, quando a forragem atendia ao requerimento de N para a síntese de proteína microbiana (Anderson, 2000).

É importante considerar que a proteína que escapa da degradação ruminal pode incluir também os aminoácidos e peptídeos. Embora a adição de proteína de baixa degradação ruminal possa aumentar a produção animal, esse tipo de alimento não pode substituir a proteína degradável no rúmen. Pois para eficiente síntese de proteína microbiana há a necessidade de atender ao requerimento de amônia, aminoácidos e peptídeos dos microrganismos ruminais (Paterson *et al.*, 1994).

As dietas à base de gramíneas C_4, colhidas no estágio vegetativo, possuem adequadas quantidades de proteína degradável no rúmen, contudo podem tornar-se deficientes com o desenvolvimento da forragem em razão das características anatômicas e fisiológicas dessas forrageiras.

Deve-se ter em mente que, nas situações nas quais ocorre a ingestão de gramíneas de clima tropical contendo alto conteúdo de proteína de baixa degradação ruminal, ou grandes quantidades de proteína insolúvel que escapam à degradação ruminal (Hunter e Siebert, 1985a,b; Hunter, 1991), pode ocorrer inadequada quantidade de N no rúmen para manter suficiente nível de amônia que proporcione a eficiente degradação da fração fibrosa. Assim, a adoção de práticas que aumentem o nível de proteína solúvel na dieta, como exemplos, a suplementação com proteína de alta degradação ruminal, adubação nitrogenada, manejo da pastagem e a utilização de leguminosas, podem aumentar o desempenho de animais que utilizam esse tipo de gramínea (Anderson, 2000).

Vale ressaltar que, se essas condições, forragem com alto conteúdo de PB (acima de 11% da MS) e sua alta degradabilidade (maior que 80%) forem obtidas, tendo em vista o manejo e/ou adubação, a suplementação energética pode ter efeito positivo no ganho de peso em relação aos animais não suplementados (Ramalho, 2006).

Alguns trabalhos conduzidos no Brasil com suplementação de animais em pastejo, têm mostrado que, em determinadas condições, pode ocorrer excesso de nitrogênio na dieta (Bertipaglia, 2008; Morais, 2008). Sendo assim, o desempenho tem maior correlação com aporte de energia (**Figura 9**).

Portanto, a identificação de índices qualitativos da forragem que guardem relação com os efeitos da suplementação seria determinante para a tomada de decisão de qual a melhor estratégia a ser adotada, visto que o mesmo suplemento pode gerar respostas diferentes na dependência da qualidade da forragem disponível.

Foram analisados dois experimentos com os mesmos tratamentos, que consistiam em fornecer quantidade crescentes de carboidratos não-estruturais (sem suplementação, 0,32 kg CNE/animal/dia, 0,64 kg CNE/animal/dia e 0,92 kg CNE/animal/dia), formulados para fornecer a mesma quantidade de proteína e energia (Bowman *et al.*, 2004). No primeiro experimento, foram utilizadas 28 novilhas gestantes (3° mês), as quais foram alimentadas individualmente com feno de capim pé-de-galinha (*Dactyllis glomerata* L.) de baixa qualidade. N**a Figura 10**, encontram-se os dados de consumo e de digestibilidade da matéria seca da forragem. A suplementação com 0,32 kg /animal/dia de CNE promoveu a elevação do consumo de matéria seca, sendo que o fornecimento de quantidades superiores de CNE não alterou o consumo.

No entanto, no segundo experimento, utilizando-se 60 vacas de corte (Angus x Hereford) gestantes, mantidas em pastagem nativa (*Agropyron spicatim*, *Stipa comata*, *Festuca idahoensis*), submetidas aos mesmos tratamentos do primeiro experimento, por dois anos consecutivos, registrou-se decréscimo no consumo de matéria seca da forragem em resposta à suplementação, contrariando os dados obtidos no primeiro experimento (**Figura 11**). Ao estudarem os efeitos da suplementação sobre o consumo voluntário de forragem, Moore *et al.* (1999) avaliaram 258 trabalhos publicados na literatura e concluíram que, quando forrageiras apresentam a relação entre digestibilidade da matéria orgânica e teor de proteína inferior a 7, os efeitos da suplementação são, na grande maioria, negativos. No entanto, com os valores superiores a 7, o que indica haver deficiência relativa do nitrogênio em relação à energia, o efeito so-

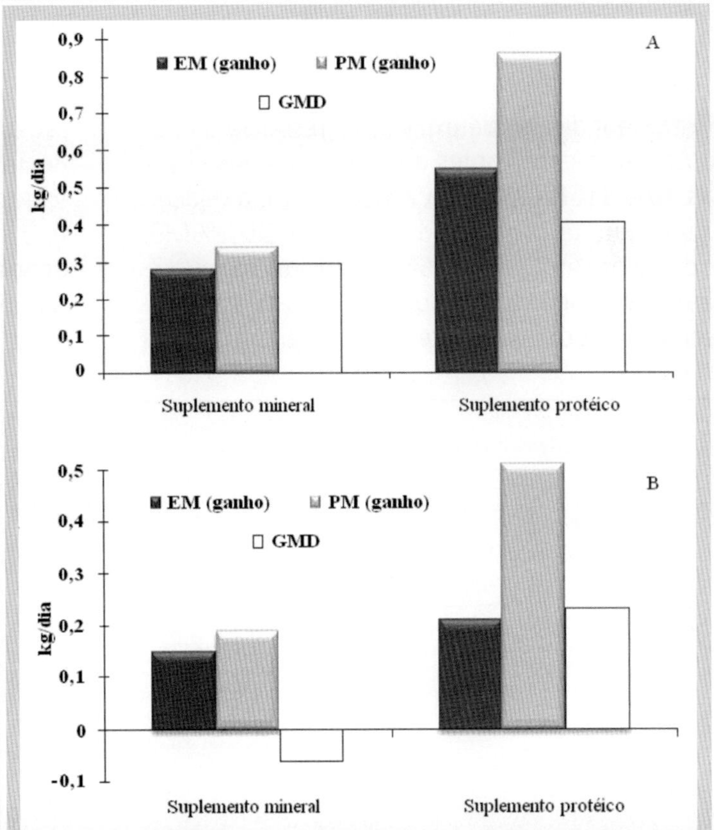

Figura 9. Avaliação da dieta e ganho de peso (GMD kg/dia) observado de novilhas suplementadas em pasto de *Brachiaria brizantha* cv Marandu, no período de águas/seca (A) e das secas (B), de acordo com o NRC (1996), considerando-se a demanda de EM- Energia metabolizável e PM- proteína metabolizável. Adaptado de Bertipaglia, 2008.

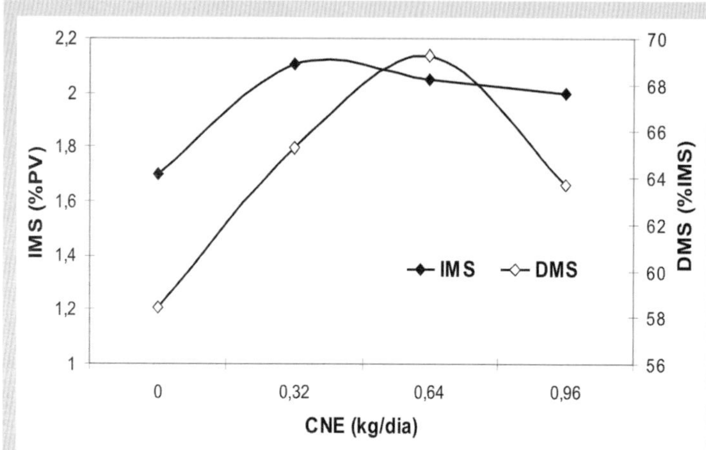

Figura 10. Valores de consumo (IMS) e da digestibilidade da matéria seca (%MS) da forragem, em razão dos níveis de suplementação de carboidratos não-estruturais (CNE), para novilhas gestantes, consumindo feno de capim pé-de-galinha (*Dactyllis glomerata* L.) de baixa qualidade. Adaptado de: Bowman *et al.*, 2004.

bre o consumo de matéria seca de forragem é positivo.

Esse índice pode explicar os resultados aparentemente conflitantes apresentados nas **Figuras 10** e **11**. No primeiro experimento, a relação entre matéria orgânica digestível (MOD, %MS) e proteína bruta (PB, %MS) era igual a 10,3. Nessas condições, o nitrogênio presente no suplemento, possivelmente corrigiu a deficiência desse elemento na forragem. No segundo experimento, o aumento dos quantidade de carboidratos não-estruturais (CNE) promoveu redução no consumo de matéria seca de forragem, sendo os valores estimados para a relação MOD/PB na forragem inferiores a 7, indicado uma relação ideal entre nitrogênio e energia. De acordo com os autores, a introdução de MOD na dieta, por meio da suplementação, causou um desbalanceamento na relação, reduzindo o consumo de matéria seca de forragem.

Dessa forma, a utilização de critérios que possam prever, com segurança, os resultados obtidos com a suplementação de animais em pastejo devem ser considerados antes da formulação do suplemento. Na **Tabela 7**, estão apresentados critérios para as possíveis respostas a suplementos energéticos proteicos ou com nitrogênio não-proteico (NNP) e enxofre (S), em razão de características da forragem disponível e do tipo de suplemento (Siebert & Hunter, 1982). Quando a disponibilidade de forragem e o conteúdo de fibra são altos e o teor de proteína bruta é baixo, a maior resposta ocorre aos suplementos proteicos, sendo seguidos por suplementos energéticos e com NNP + S em menor intensidade. Por outro lado, com baixa oferta de forragem, que apresenta alto nível de fibra e baixo de proteína, tem-se resposta eficiente como suplementação energética.

Nas condições brasileiras, durante a estação seca, o rebanho bovino alimenta-se de forragem de baixo valor nutritivo, oriunda do crescimento do período de primavera/verão, caracterizadas por um elevado teor de fibra indigerível e teores de proteína bruta inferiores ao nível crítico, 6 a 7% MS, limitando, dessa forma, o seu consumo (Reis *et al.*, 1997, 2005a). Assim, têm-se baixos valores de ganho de peso diários e, dependendo da oferta de forragem, os nutrientes corporais são mobilizados para manutenção, acarretando em desempenho negativo.

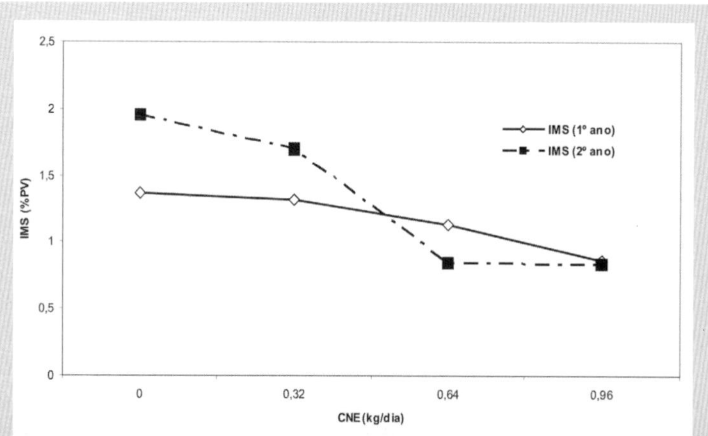

Figura 11. Consumo de matéria seca (IMS), expresso em porcentagem do peso vivo (PV), em vacas (Angus x Hereford), mantidas em pastagem nativa, submetidas a quantidades crescentes de suplementação com carboidratos não estruturais (CNE). Adaptado de: Bowman *et al.*, 2004.

Tabela 7. Resposta de bovinos a diferentes tipos de suplementos por causa das características dos pastos.

	Nível (Baixo (B) ou Alto (A))							
Disponibilidade	**B**				**A**			
Cont. fibra	**B**		**A**		**B**		**A**	
Cont. proteína	**B**	**A**	**B**	**A**	**B**	**A**	**B**	**A**
Energia	+	+	++	++	0	0	+	+
Proteína	+	0	+	+	+++	0	++	+
NNP	+	0	0	0	++	0	+	0

Suplementação: Resposta (Nula (O), Pequena (+), Média (++), Alta (+++)).Adaptado de: Siebert & Hunter, 1982.

Dessa forma, no período das secas, o propósito da suplementação é adequar os quantidade deficientes de nitrogênio na forragem, de tal forma que aumente a eficiência de degradação da fração fibrosa e, consequentemente, a taxa de passagem e o consumo de matéria seca da forragem. A suplementação no período das secas, além de evitar a perda de peso dos animais, pode promover ganho diário de 0,10 a 0,35kg/dia, com consumo entre 0,1 a 0,3 % do PV.

Vale ressaltar que é imprescindível definir, com clareza, os objetivos da suplementação dentro do sistema de produção. Assim, o aporte de nutrientes, via suplementação, durante a recria e recuperação de escore corporal de matrizes e touros, pode visar a quantidade diferenciados de desempenho dos animais, desde a simples mantença de peso, passando por ganhos moderados de cerca de 200-300 g/dia por animal, até ganhos de 500-600g/dia, quando o objetivo é cobrir fêmeas com cerca de 14 meses e/ou abater machos aos 20 meses de idade. Por outro lado, na fase de terminação, os suplementos devem proporcionar ganhos de cerca de 700 g/dia para novilhas e acima de 800 g/dia para machos em engorda (Paulino *et al.*, 2003).

Dessa forma, tem-se a possibilidade de utilizar suplementos com diferentes características nutricionais, como os sais proteinados, misturas múltiplas e suplementos proteicos energéticos que poderão atender ao requerimento de categorias específicas de acordo com os quantidade de ganho pré-estabelecidos.

Em suma, a formulação do suplemento deve intrinsecamente contemplar os objetivos a serem alcançados em relação ao ganho de peso e considerar a interação direta com as características quantitativas e qualitativas da forragem disponível. No entanto, a maximização do consumo de forragem, bem como a saúde ruminal, sempre devem estar presentes na conceituação da formulação do suplemento.

Efeitos associativos

De acordo com Moore (1980), o fornecimento de suplementos apresenta efeito associativo em relação à utilização da forragem disponível na pastagem, ou seja, acarreta mudanças na digestibilidade e ou consumo do volumoso da dieta basal, podendo-se observar os efeitos substitutivo, aditivo e combinado (**Figura 12**).

O efeito substitutivo refere-se à manutenção do nível de ingestão total de energia digestível, por intermédio do aumento na ingestão de suplemento, mas com decréscimo no consumo de forragem proveniente das pastagens. Por outro lado, quando se observa o efeito aditivo, tem-se aumento no consumo total de energia digestível, causado pelo maior consumo de concentrado, sem decréscimo na ingestão da forragem proveniente da pastagem. No efeito combinado, observa-se elevação no consumo de energia digestível do suplemento e também decréscimo no consumo de forragem.

Quando um suplemento é fornecido, o consumo de forragem dos animais mantidos em pastagens pode permanecer inalterado, aumentar ou diminuir, sendo as respostas, muitas vezes, dependentes da quantidade e da qualidade da forragem disponível e características do suplemento, bem como da maneira de seu fornecimento e do potencial de produção dos animais (Hodgson, 1990, Moore *et al.*, 1999).

Em condições de pastagens com baixa disponibilidade de forragem, a suplementação energética poderá resultar em maior reposta animal, particularmente se a forragem for rica em fibra (Reis *et al.*, 1997). Todavia, se houver forragem em abundância no pasto, ocorrerá resposta animal somente se a forragem disponível for de baixo valor nutritivo, uma vez que se observa alto nível de substituição (Siebert e Hunter, 1982).

A suplementação energética (**Figura 10**) pode não afetar ou reduzir o consumo e a

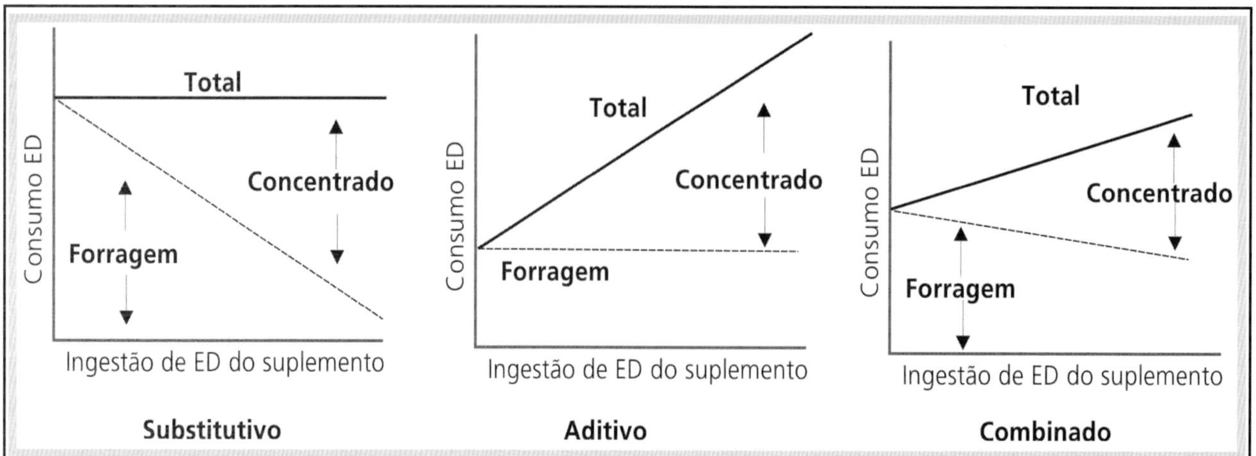

Figura 12. Efeitos associativos entre o consumo de suplementos e o de forragem. Adaptado de Moore, 1980.

digestibilidade da forragem, dependendo da quantidade de suplemento consumido e da oferta e qualidade do pasto (Canton e Dhuyvetter, 1997). Geralmente, quando a ingestão é de até 0,7% PV de suplemento, não se observa efeito negativo sobre o consumo de forragem, não provocando efeito de substituição (Horn e McCollum, 1987).

Na literatura, existe uma diversidade de resultados sobre os efeitos da suplementação em pasto no consumo de forragem, fato esse justificado pelo grande número de variáveis que interferem no processo.

Segundo Ruas *et al.* (2000), o consumo de matéria seca total (kg/dia e g/PV^{0,75}) de vacas Nelore mantidas em pasto de capim Jaraguá (*Hyparrhenia rufa*), nos meses de fevereiro e abril, aumentou com a suplementação proteica (40,8% PB) em diferentes quantidades (1 e 2 kg) (**Figura 13**). No entanto, quando se calculou o consumo diário de matéria seca de pasto, não foram verificadas diferenças entre os tratamentos, observando-se que o suplemento proteico estimulou o consumo sem promover o efeito substitutivo.

Analisando-se os dados da **Figura 14**, observa-se que os animais que receberam suplemento aumentaram o consumo total no período das águas, enquanto, na seca, observou-se pequeno decréscimo. Neste estudo, registrou-se que o suplemento estimulou o consumo, resultando em um efeito associativo aditivo (Bertipaglia, 2008), o que pode aumentar o aporte de nutriente e, consequentemente, o ganho de peso (**Figura 9**).

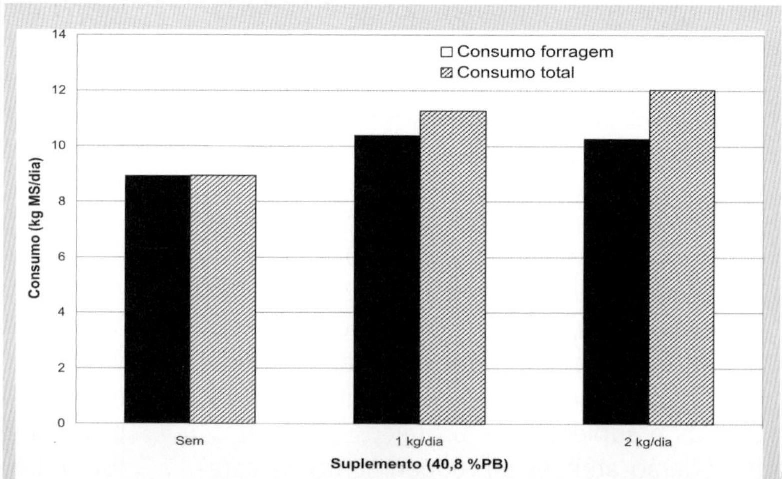

Figura 13.Consumo diário de matéria seca de pasto de capim Jaraguá de vacas Nelore recebendo diferentes níveis de suplemento protéico. Adaptado de Ruas *et al.*, 2000.

Efeitos dos suplementos sobre os parâmetros ruminais de bovinos em pastejo

A suplementação da dieta deve atender aos requerimentos nutricionais dos microrganismos ruminais e dos bovinos propriamente ditos. Dessa forma, a determinação quantitativa dos processos de fermentação requer medidas precisas

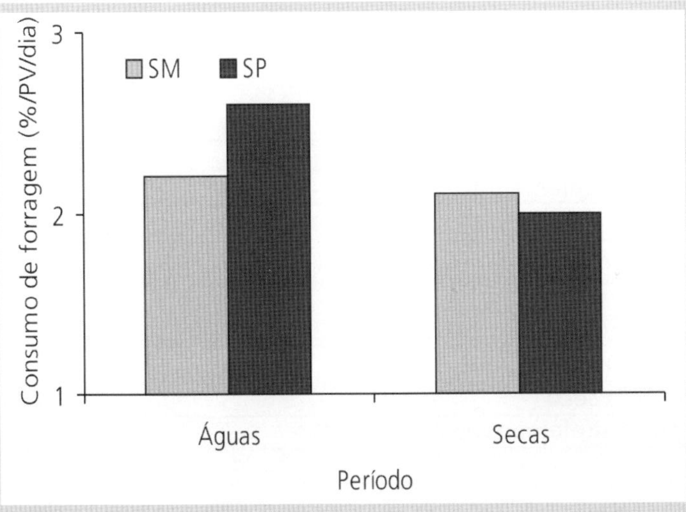

Figura 14. Consumo diário de matéria seca (% do PV) de novilhas de corte mantidas em pasto de *Brachiaria brizantha* cv. Marandu, com suplementação mineral (SM) ou proteica (SP), em dois períodos do ano. Adaptado de Bertipaglia, 2008.

da taxa de produção de ácidos graxos de cadeia curta, do conteúdo de nitrogênio amoniacal, condição de pH, e outras medidas que refletem a atividade dos microrganismos no ambiente ruminal.

O pH do líquido ruminal é consequência do equilíbrio entre a produção de ácidos graxos voláteis, poder tampão da saliva e presença ou liberação de tampões ou bases dos alimentos (Burguer *et al.*, 2000). Assim, valores baixos de pH podem influenciar a fixação dos microrganismos às partículas do alimento, principalmente a fração celulose da fibra. No caso de pH abaixo de 6,2, ocorrerá redução na digestão de fibra, pela sensibilidade das bactérias celulolíticas; e, entre 6,2 e 7,1, ocorrerá o ponto ótimo para a digestão da fibra (Ørskov, 1988). O pH baixo pode reduzir também digestão de proteínas e pectina e menor efeito observado na digestão do amido. No entanto, valores de pH na faixa de 5,5 a 6,5 promovem decréscimo na eficiência microbiana (Hoover e Stokes, 1991).

No entanto, em condições brasileiras, com baixas quantidades de suplementação da dieta, inferiores a 0,5 % do PV, não há alterações apreciáveis no pH (**Tabela 8**) em comparação com os animais mantidos exclusivamente em pastagens (Malafaia *et al.*, 2003; Franco *et al.*, 2004; Oliveira, 2006).

Os valores de NH_3 ruminal, mg/dL, considerados ideais para a máxima síntese microbiana, são extremamente variáveis. Na literatura (**Tabela 9**), considera-se que o nível ótimo de amônia no rúmen dependerá da quantidade de energia disponível na dieta.

Avaliando-se experimentos conduzidos no período das águas (**Figuras 15 e16**), observa-se que, mesmo nos animais que recebem apenas sal mineral, os valores de NH_3 ruminal estão acima do nível crítico (Oliveira, 2006; Casagrande, dados não publicados) de 5mg de nitrogênio/dL de líquido ruminal (NRC, 1984; Preston & Leng, 1987). No entanto, apenas quando os animais foram suplementados constataram-se, nas primeiras 6 horas após o fornecimento do concentrado, quantidade ótimo de NH_3 no rúmen para o máximo crescimento microbiano (**Tabela 9**).

Em relação aos valores de amônia, no período das secas, a suplementação da dieta de bovinos mantidos em pastagem de capim tropical apresenta comportamento similar ao das águas; no entanto, decorrido o período de 4 a 6 horas após a suplementação (**Figura 15**), os quantidade de NH_3 ficam próximos ou inferiores ao valor crítico, dependendo da qualidade e da disponibilidade de forragem (Reis *et al.*, 2005a).

Resultados de experimentos demonstram que animais mantidos em pastagens no período seco, recebendo suplementação com concentrados, tendem a manter a concentração de amônia ruminal acima de 5mg de nitrogênio/dL de líquido ruminal na maior parte do tempo; porém, quando se utiliza apenas sal mineralizado, os quantidade de NH_3 permanecem abaixo do ponto crítico na maior parte do dia (Santos *et al.*, 2004; Oliveira, 2006).

Vale ressaltar que, em todo o período das secas, pode-se observar que os teores de NH_3 foram inferiores aos das águas e, no tempo 18 horas, os quantidade foram inferiores a 5mg/dL de NH_3, considerado por Satter & Slyter (1974) como o mínimo para o suprimento adequado dos microrganismos ruminais (**Figura 15**).

Na grande maioria de trabalhos conduzidos no Brasil, utilizando capins tropicais, em especial *Brachiaria brizantha*, a suplementação da dieta

Tabela 8. Valores de pH de líquido ruminal de bovinos fistulados, mantidos em pastos de *Brachiaria brizantha*, suplementados com sal mineral (SM) ou suplemento proteico de baixo consumo (SP), nos períodos chuvoso (março a meados de junho) e seco (meados de junho a setembro).

Tratamentos	Parâmetro ruminal - pH – Período chuvoso – Horas após a suplementação					
	0	**3**	**6**	**12**	**18**	**24**
SM	6,83	6,81	6,68	6,39	6,37	6,44
SP	6,79	6,77	6,67	6,27	6,36	6,46
CV (%)*	3,18	1,57	2,37	3,95	2,9	2,91
Tratamentos	**Parâmetro ruminal - pH – Período seco – Horas após a suplementação**					
	0	**3**	**6**	**12**	**18**	**24**
SM	6,61	6,67	6,64	6,60	6,66	6,67
SP	6,73	6,42	6,37	6,37	6,70	6,70
CV (%)	2,73	1,99	2,52	2,36	2,98	2,3

Adaptado de: Oliveira, 2006.

Tabela 9. Valores de nitrogênio amoniacal observado no rúmen de bovinos.

Concentração de NH_3	Condições	Autores
5,0mg/dL	Máximo crescimento microbiano Estudo realizado *in vitro*	Satter & Slyter, 1974
2,0mg/dL	Limitante para o crescimento microbiano Estudo realizado *in vitro*	Satter & Slyter, 1974
23,0mg/dL	Máximo crescimento microbiano	Mehrez & Ørskov,1977
19,0 a 23,5mg/dL	Adequado crescimento microbiano	Mehrez *et al.*, 1977
5,0mg/dL	Acima deste valor não há efeito sobre o crescimento microbiano	NRC, 1984
5 a 25mg/dL	Máxima eficiência microbiana	Preston & Leng, 1987
10,0 a 20mg/dL	Faixa ideal para condições tropicais	Leng, 1990

dos bovinos no período das águas promoveu elevação nos quantidade de N-NH_3 no rúmen, por um período de uma a quatro horas após o fornecimento do suplemento, e o pico de produção permaneceu entre duas e três horas. (Zervoudakis *et al.*, 2002; Bertipaglia *et al.*, 2005). Após o período de 4 a 6 horas após a suplementação, os valores se igualam ou apresentam-se ligeiramente superiores aos animais sem suplementação mantidos no pasto, e superiores aos valores considerados críticos para o máximo crescimento microbiano.

Com a utilização de suplementos, a degradabilidade da proteína, assim como a quantidade de suplemento ingerido, são fatores que exercem grandes influências sobre a concentração de NH_3 no rúmen. Maiores quantidades de suplemento ingerido ou suplementos formulados com proteínas de maior degradabilidade aumentam o teor de amônia ruminal, ocorrendo pico de NH_3 uma hora após o fornecimento do suplemento, decrescendo após cinco horas (Franco *et al.*, 2004).

A análise dos dados da **Figura 16** evidencia que os animais não suplementados, independentemente da oferta de forragem, apresentaram valores de N amoniacal acima de 5,0 mg/dL, e pico próximo a 15 mg/dL. Por outro lado, os animais suplementados com proteína (0,3% do peso) apresentaram o pico de N amoniacal (20 a 25 mg/dL) três horas após o fornecimento do suplemento; posteriormente, os valores decresceram, aproximando-se do observado nos animais não suplementados (Casagrande, dados não publicados).

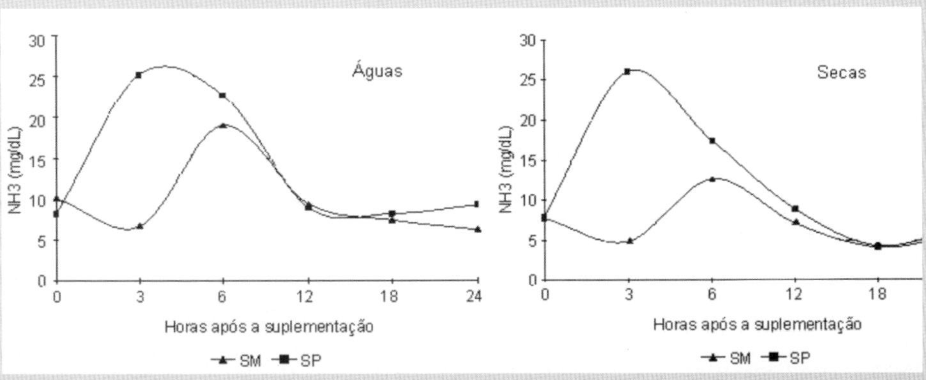

Figura 15.Valores de NH_3 (mg NH_3/dL) no líquido ruminal de bovinos suplementados com sal proteinado (SP) ou suplementados com sal mineral (SM), mantidos em pasto de capim Marandu, em sistema de lotação rotacionada, nos períodos chuvoso e de seca. (Oliveira, 2006).

Suplementação visando ao aumento da eficiência de utilização da forragem disponível

A busca por alternativas que melhorem o sincronismo entre a liberação de proteína e energia no rúmen, objetivando a maximização da síntese de proteína microbiana, é o principal alvo de pesquisas das grandes áreas de nutrição e manejo de pastagens. Nesse contexto, o manejo do pasto com foco no aumento da qualidade nutricional e estrutural é a base da sustentação e incremento do potencial produtivo dos bovinos.

Os procedimentos adotados no manejo de pastagens podem ser classificados em práticas para maximizar produção de massa e aquelas que maximizam a qualidade, ou seja, o consumo de energia digestível. Vários experimentos a respeito de suplementação de animais em pastejo têm demonstrado que deve existir um equilíbrio entre manejo de qualidade e quantidade de forragem para a obtenção do máximo desempenho por animal e por área.

Os dados da **Tabela 10** mostram que os ganhos de peso diário obtidos nos períodos das águas e da seca foram aparentemente semelhantes dentro de cada estação, desde que ajustadas às quantidades e composição dos suplementos com base nas quantidades de forragens disponíveis. No entanto, observa-se que lotações e, consequentemente, ofertas de forragens distintas apresentam potencial de ganhos de peso semelhantes. Nos trabalhos de Fernandes *et al.* (2003a,b), a forragem disponível era praticamente a metade da observada nos demais trabalhos, porém, com a qualidade (estrutural e nutritivo) dos pastos, foi possível manter lotações e ganhos de pesos semelhantes.

Canesin *et al.* (2004) obtiveram o ganho de peso, no período das águas, inferior aos de Fernandes *et al.* (2003a,b), quando a comparação foi realizada entre animais suplementados, mesmo apresentando o dobro de forragem disponível e um sexto da taxa de lotação. No período das secas, o pasto utilizado no experimento de Canesin *et al.* (2005) tinha mais do que o dobro de forragem disponível e, aproximadamente, um terço da taxa de lotação; no entanto os

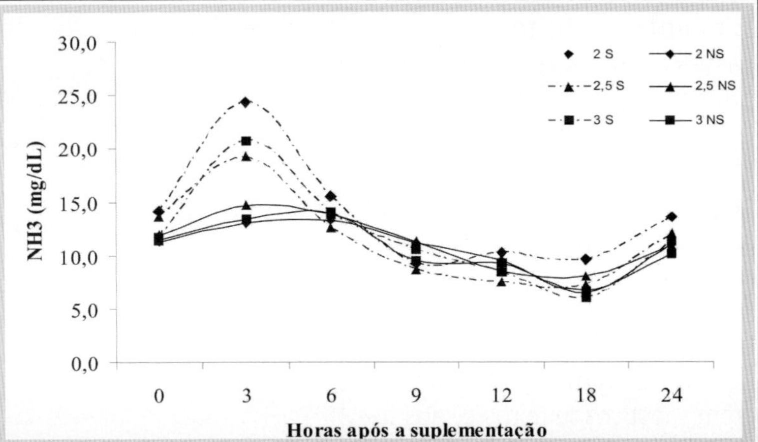

Figura 16.Valores de nitrogênio amoniacal no rúmen de novilhas mantidas em pastagens de *Brachiaria brizantha* cv. Marandu, manejada sob diferentes ofertas de forragem (2; 2,5 e 3 kg MS/kg de peso do animal) com (S) e sem (NS) suplementação. Adaptado de: Casagrande, (Dados não publicados).

Tabela 10. Disponibilidade de matéria seca (t MS/ha), taxa de lotação (UA/ha), valor nutritivo (VN) da forragem, e o desempenho de animais cruzados (ganho de peso diário), obtidos por vários autores, no período das águas e das secas, em pastagem de capim Marandu.

Autor	Disponibilidade t MS/ha	Taxa lotação UA/ha	VN da Forragem	Suplemento	Suplemento PB (%MS)	GPDkg/ dia
		Período das águas				
Fernandes *et al.* (2003a,b)	3,5	6,0	11,0% PB	Sal		0,750
			74,2% FDN	0,4 %PV	37,6%PB	0,870
			60,0% NDT	0,7%PV	25,5%PB	1,040
Canesin *et al.* (2004)	7,2	1,0	13,10%PB 62,58%FDN	0,5 kg/an/dia	59%PB	0,760
Reis *et al.* (2005b)	6,44	5,10	11,26%PB 61,44%FDN 58,45%DIVMO	1% PV	17%PB 60,0 % NDT	0,930
		Período da seca				
Fernandes *et al.* (2003a,b)	3,0	3,5	8,6% PB 75,6% FDN 55,8% NDT	0,8%PV	29,3%PB	0,850
Canesin *et al.* (2005)	6,99	1,3	10,28%PB 55,06%FDN	1% PV	18% PB	0,570
Reis *et al.* (2005b)	5,15	2,85	6,62%PB	0,6% PV	21%PB	0,800

ganhos de peso foram 49,12% inferiores aos obtidos por Fernandes *et al.* (2003a,b). De acordo com os dados de composição da forragem, pode-se observar que o pasto de verão do trabalho de Canesin *et al.* (2004) apresentava composição da forragem superior ao de Fernandes *et al* (2003a,b); no entanto, os métodos de amostragem da forragem realizados pelos dois autores são extremamente distintos, ou seja, pastejo simulado e método do quadrado, respectivamente. Cabe ainda ressaltar os vários fatores que influenciam no ganho de peso de animais mantidos em pastagens, entre eles os relacionados ao animal (categoria, sexo, idade e raça). Nesse caso, nos trabalhos de Canesin *et al.* (2004, 2005), os animais experimentais eram mestiços leiteiros e, nos trabalhos de Fernandes *et al.* (2003a,b), os autores utilizaram cruzamento industrial. Pode-se assim acrescentar mais esse fator como sendo um dos responsáveis às inversões dos ganhos de peso esperados em razão do valor nutritivo da forragem. Esses acontecimentos ressaltam a importância do planejamento e interpretação prévia dos mais diversos fatores que podem interferir nos resultados esperados.

Da avaliação da **Figura 17**, depreende-se que a suplementação propiciou maior ganho de

Figura 17.Oferta de matéria verde seca e ganho de peso de novilhas suplementadas com suplemento proteico e com sal mineral, mantidas em pastagens de capim Marandu, avaliadas nos períodos chuvoso e seco. Adaptado de Oliveira, 2006.

peso dos animais mantidos em pastagens ao longo do ano, comparado com o desempenho dos não suplementados. O ganho de peso dos animais acompanhou a variação da oferta de forragem verde, registrando-se menores desempenhos nos meses nos quais se observaram as menores ofertas de massa; também, nos meses de julho a setembro, constatou-se que a proporção de folha foi inferior a 40%, sendo, nos demais períodos, a porcentagem de folhas sempre superior ao valor supracitado. Esses dados demonstram que a suplementação é um componente que auxilia na eficiência de utilização do pasto, porém é altamente dependente da quantidade e qualidade do pasto existente.

A análise dos dados da **Figura 18** evidencia que os ganhos de peso foram maiores no início do período das águas e menores no final. Constatou-se também que maiores ganhos de peso obtidos foram nos animais que recebiam suplemento associado às maiores ofertas de forragem. Quanto ao efeito da suplementação, pode-se afirmar que a prática foi eficiente em manter os ganhos elevados no final da estação, a despeito da diminuição da qualidade da forragem.

A figura clássica proposta por Mott (1960) demonstra a queda do ganho de peso individual com o aumento da taxa de lotação próxima e acima da capacidade suporte das pastagens. Nessa curva, o ganho por área apresenta máxima produção um pouco acima da capacidade suporte ótima e com redução acentuada logo após esse pico. A suplementação na época das águas, em quantidade moderados, por exemplo, 0,3% do PV, possibilita o deslocamento das curvas de ganho de peso individual e por área acima daqueles observados em animais sem suplementação (**Figura 19**). Essa constatação, com suplementações de até 0,3% do PV, não deve ser atribuída ao efeito associativo substitutivo, que influenciaria o ganho de peso dos animais e o aumento da taxa de lotação, pela substituição de consumo de forragem por concentrado. Mas, sim, ao aumento de ganho de peso dos animais e, consequentemente, refletindo sobre o ganho por área, pois, na literatura, há um consenso que suplementações até esse nível não inferem em efeitos substitutivos e sim associativos aditivos. Sendo assim, pode-se inferir que a suplementação estratégica permite maximizar ganho de peso animal e por área.

Outro ponto a ser considerado é que mesmo os pastos de *Brachiaria brizantha* cv. Marandu, manejados a 15 cm de altura em lotação contínua, não prejudicou o ganho por área. Dessa forma, atribui-se que essa faixa encontra-se dentro da capacidade suporte da pastagem. A interação entre técnicas de manejo da pastagem e suplementação demonstra ser uma potente ferramenta no aumento de opções para o atendimento das diversas necessidades existentes em uma propriedade agrícola. Por exemplo, na terminação de bovinos, faz-se necessário elevado aporte energético. Nessas condições, pode-se utilizar pastagens mantidas altas (35 cm) e maximizar o ganho de peso por animal com a utilização de suplementação.

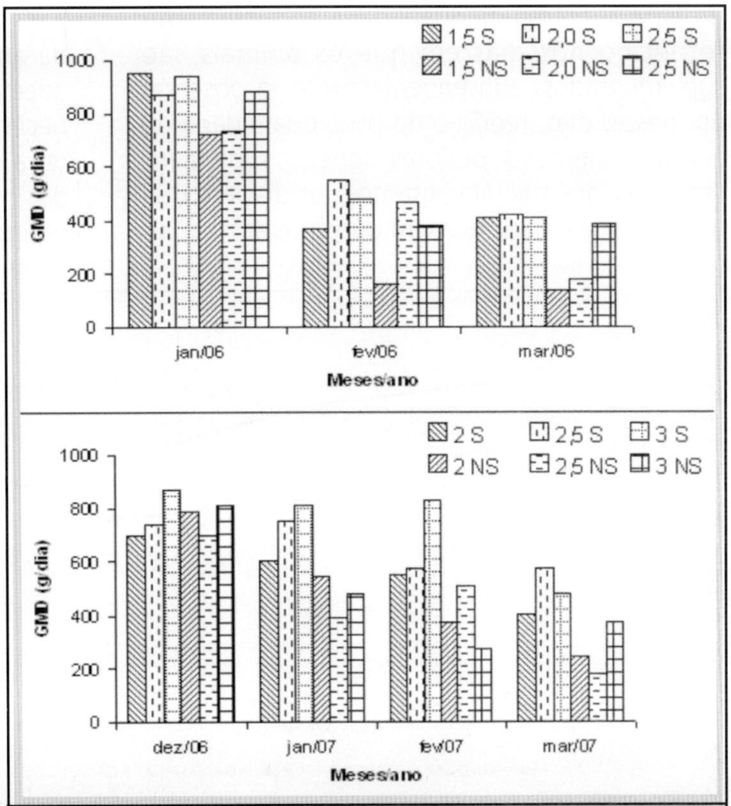

Figura 18. Ganho de peso diário de novilhas *tri-cross* em relação aos meses, três ofertas de forragem, 2,0; 2,5 e 3,0 kg MS/kg de peso e dois níveis de suplementação, 0 (NS) e 0,3% do PV (S) no período das águas. Adaptado de Casagrande e Oliveira, dados não publicados.

Estratégias de fornecimento da suplementação

Nos sistemas de produção de bovinos em pastagens, nos quais há aumento na participação do suplemento concentrado na ração, como no caso da terminação em pastagem, a necessidade de distribuição diária de concentrado eleva os custos operacionais, levando pecuaristas e técnicos a buscarem opções para melhorar a operacionalidade da alimentação, como a distribuição dos suplementos com menor frequência (intervalos de dois ou três dias), para aumentar o período de pastejo e reduzir os custos (Berchielli *et al.,* 2006). Resultados de trabalhos de pesquisa têm demonstrado que não ocorre efeito negativo no desempenho animal com o fornecimento do suplemento proteico em intervalos de 48 horas (Hunt *et al.*, 1989), 72 horas (McIlvain e Shoop, 1963), ou de 96 horas (Coleman e Yatt, 1982).

A redução da frequência de fornecimento propicia aumento da quantidade de suplemento fornecido nos dias em que os animais são suplementados, consequentemente, é observado, nesses dias, redução do pH e quantidade de amônia ruminal superiores àqueles suplementados diariamente. No entanto, nos dias em que esses animais não recebem suplemento, os valores de pH são mais elevados, e os quantidade de amônia inferiores àqueles suplementados diariamente. Os mesmos comportamentos ocorridos com a concentração de amônia são observados em relação à concentração de AGV (Farmer *et al.*, 2001). A intensidade dessas alterações dos parâmetros ruminais depende da quantidade e da constituição dos suplementos.

Em relação à manutenção de valores de amônia, efeitos interessantes ocorrem quando os animais são submetidos a diferentes estratégias de fornecimento de suplementos. Em estudo realizado por Farmer *et al.* (2004), o pico de amônia ruminal (8,0mg/dL) foi observado duas horas após a alimentação (0,36% do peso vivo), e voltou aos quantidade normais 6 horas nos animais suplementados diariamente; contudo, nos animais suplementados duas vezes por semana, o pico (10mg/dL) ocorreu seis horas após a alimentação e só voltou aos quantidade normais entre 24 e 48 horas após o fornecimento do suplemento.

Tal fato pode ser explicado pela reciclagem da amônia absorvida no rúmen, que garante a adequada fermentação entre os períodos de fornecimento do suplemento. Os ruminantes podem ter a habilidade de conservar nitrogênio por longos períodos, possivelmente pelas mudanças na permeabilidade do trato gastrintestinal pela ureia e/ou pela regulação da excreção renal, mantendo o fornecimento de N entre os períodos de suplementação de ureia (Bohnert *et al.*, 2002). Com fornecimentos espaçados de suplementos proteicos pode ocorrer maior remoção de ureia pelas vísceras, resultando na manutenção ou aumento da economia de nitrogênio para os microrganismos do rúmen (Krehbiel *et al.*, 1998).

Os dados de pesquisas referentes aos parâmetros ruminais de animais, suplementados com baixa frequência, evidenciam que os ruminantes parecem ser hábeis em manter um ambiente ruminal produtivo (adequadas digestão da fibra, dinâmica de fluidos e taxa de passagem de partí-

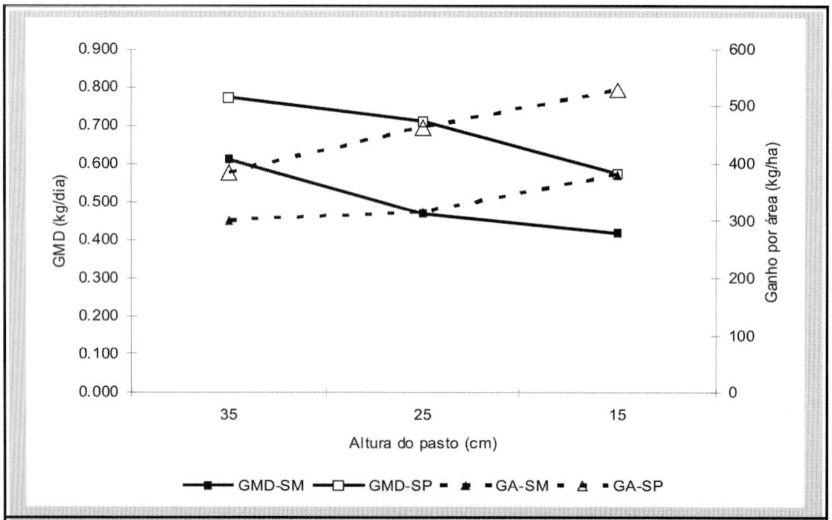

Figura 19. Ganho de peso diário (GMD) de novilhas Nelore e ganho por área (GA) em relação a altura de pastejo (15, 25 e 35 cm) e dois níveis de suplementação, controle apenas com sal mineral (SM) e 0,3% do PV (SP), no período das águas. Adaptado de Casagrande, dados não publicados.

culas), quando suplementados, com proteína degradável ou proteína não degradável, mesmo se essa suplementação cause efeitos na fermentação ruminal e nos seus produtos finais da digestão.

Nas condições brasileiras, um aspecto a ser destacado ao se proceder a suplementação em frequências menores do que sete vezes por semana, refere-se ao fato de que os zebuínos apresentam menor resposta à suplementação, comparados ao *Bos taurus*. No mesmo nível de N da dieta (**Tabela 11**), *Bos indicus* mantém maior concentração de amônia do que os animais de sangue Europeu, presumivelmente pelo fato de apresentarem maior reciclagem de uréia (Hunter e Siebert, 1985 a,b).

Dois estudos foram conduzidos em pastagem de *Brachiaria brizantha* cv. Marandu, no período das águas, para avaliar diferentes estratégias de fornecimento de suplementos, sendo elas, todos os dias (7 vezes/semana), de segunda a sexta (5 vezes/semana), e segunda, quarta e sexta (3 vezes por semana) sempre considerando a mesma quantidade de suplemento por semana. Canesin *et al.* (2004) observaram média de ganho de 0,740 kg/dia, enquanto Morais *et al.* (2005) registraram média de 0,891 kg/dia, e ambos não observaram diferenças estatísticas entre as estratégias de fornecimento.

No período de seca em que, prioritariamente, a suplementação é proteica, essa técnica também tem apresentado resultados adequados. Utilizando 0,4 kg de suplemento/animal/dia, Góes *et al.* (2005b) não observaram efeito do fornecimento por duas ou três vezes por semana sobre o ganho médio diário, que foi em média 0,600 kg/dia. Mesmo com a utilização de quantidades de suplemento mais altas que 1% do PV não foram observadas diferenças significativas de formas de fornecimento (suplementação diária, suplementação de segunda à sexta-feira e suplementação em dias alternados) sobre o GMD que foi de 0,540 kg/dia (Canesin *et al.*, 2005).

Um efeito negativo relacionado à redução do número de fornecimento de suplemento por semana é o aumento da variação no ganho de peso dos animais (**Figuras 20** e **21**), propiciando heterogeneidade no peso vivo do mesmo lote, quando comparados àqueles que receberam suplemento diariamente.

A análise dos dados permite concluir que uma das prováveis causas das diferenças nas respostas individuais, dentro dos tratamentos (**Figuras 20** e **21**), seria a ordem de dominância social (Paranhos da Costa, 2000), que resultaria em ganho de peso diferencial, decorrente do acesso preferencial dos dominantes ao suplemento, que os levaria a ganhar mais peso. Confirmando essa hipótese, Quintiliano (2005), estudando o efeito da frequência da suplementação proteica no comportamento social de bovinos do trabalho de Garcia (2005), constatou que os animais que receberam o suplemento três vezes por semana apresentaram maior frequência de interações agonísticas (brigas). Isso sugere que

Tabela 11. Efeito da suplementação com ureia e enxofre sobre a taxa de digestão ruminal, consumo de duas forrageiras avaliadas com dois genótipos.

	Bos taurus		*Bos indicus*	
	Heteropogon contortus	**Pangola**	***Heteropogon contortus***	**Pangola**
NH_3 rúmen (mg/dL), dieta sem suplemento	14	16	29	40
N (% dieta)	0,6	0,8	0,6	0,8
Taxa de digestão ruminal				
Sem suplemento	0,020	0,023	0,031	0,045
Suplementado	0,032	0,066	0,032	0,066
Digestibilidade potencial (%)	53,4	70,9	53,3	65,1
Consumo (% do PV)				
Sem suplemento	11,3	17,8	11,8	16,1
Suplementado	14,0	25,2	10,6	18,5
Resposta (%)	23,9	41,5	- 10,2	14,9

Adaptado de Hunter & Siebert, 1985a.

a diminuição na frequência de fornecimento do suplemento acarretou maior competição entre os animais por uma posição no cocho, propiciando o maior consumo de concentrado dos animais dominantes.

Estratégias de planos nutricionais

Na suplementação da dieta de animais em pastejo, é importante a adoção de um plano nutricional ascendente, que permita o atendimento dos requerimentos de mantença e ganho de acordo com o peso do animal. A utilização de altas quantidades de concentrado, no período seco do ano, implica na necessidade de propiciar ao animal condições de pastagens no período das águas, em termos quantitativos e qualitativos, que permitam ganhos de peso semelhantes ou superiores ao registrados no período anterior, sob pena de comprometer os investimentos desprendidos.

Alguns experimentos foram desenvolvidos com intuito de avaliar a interação de planos

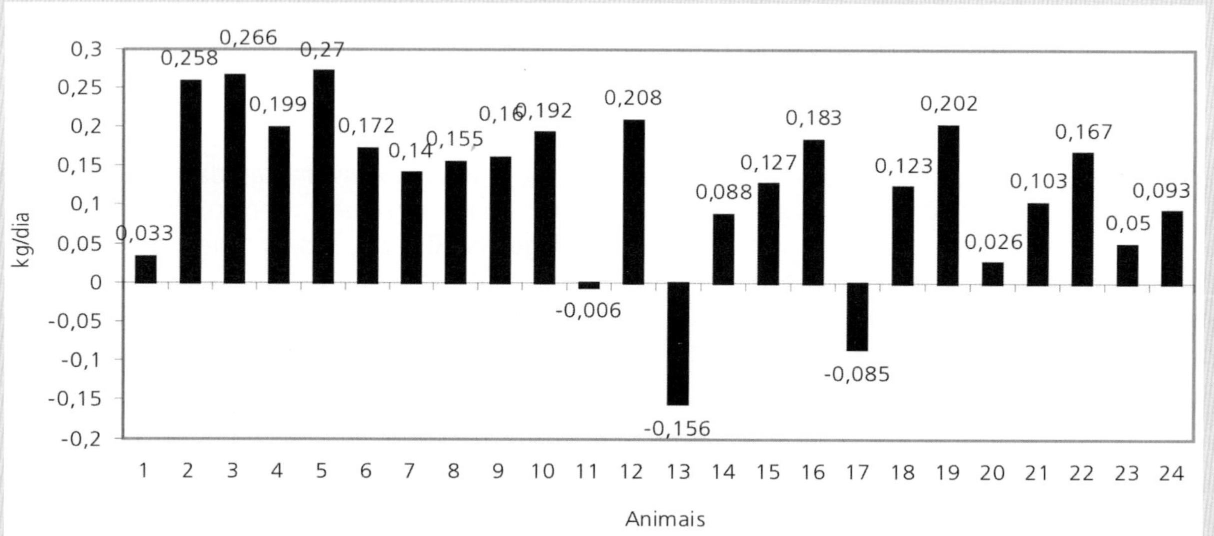

Figura 20.Ganho de peso (kg/dia) dos animais mantidos em pastagens de *Brachiaria brizantha* suplementados três vezes/semana. Adaptado de Garcia (2005).

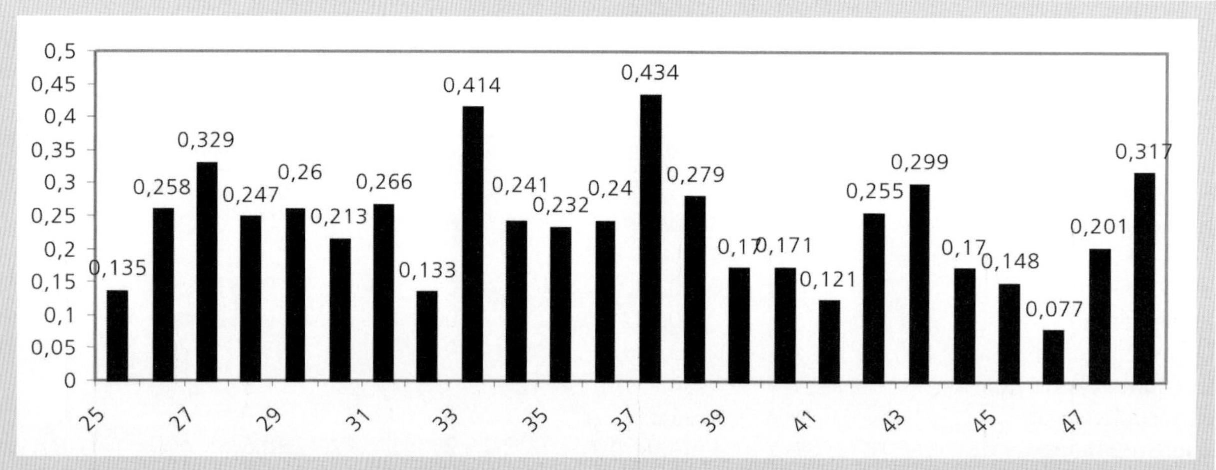

Figura 21. Ganho de peso (kg/dia) dos animais mantidos em pastagens de *Brachiaria brizantha* suplementados diariamente. Adaptado de Garcia (2005).

nutricionais em estações climáticas sequenciais. Nesses estudos, não foram observados ganhos compensatórios na fase posterior. Consequentemente, os animais que tiveram maiores ganhos de peso, na primeira fase de avaliação, apresentaram maiores pesos ao final dessa fase. Dessa maneira, o tempo para o abate foi reduzido, ou o peso de abate foi mais elevado nos animais suplementados na primeira fase e que mantiveram o mesmo tratamento nas fases subsequentes. Bons exemplos desses manejos são os trabalhos de Fernandes *et al.* (2003a,b) que avaliaram o ganho de peso de bovinos de cruzamento industrial, mantidos em condições de lotação intermitente, no período das águas, com diferentes planos de suplementação e, na seca subsequente a essa etapa, foram terminados em confinamento ou semiconfinamento (**Tabela 12**).

No caso dos estudos de Fernandes *et al.* (2003a,b), pode-se considerar que os animais não foram submetidos a planos nutricionais decrescentes, não havendo, dessa forma, diferença estatística entre os ganhos em relação ao plano anterior.

Outro experimento, que avaliou estratégias de planos nutricionais de suplementação da dieta de animais em pastejo com lotação intermitente em pasto de *Brachiaria brizantha* cv. Marandu, foi desenvolvido no Polo Regional de Desenvolvimento dos Agronegócios da Alta Mogiana – Apta Regional de Colina. Avaliaram-se 18 estratégias de recria e terminação, ou seja, da desmama até o abate (**Tabela 13**) de bovinos machos de cruzamento industrial.

Neste experimento, observou-se também que as diferenças no peso vivo obtidas no período da seca de acordo com o nível de suplementação foram mantidas durante o período das águas (**Tabela 14**). No entanto, na avaliação da fase de terminação (**Tabela 15**, observaram-se maiores ganhos dos animais que, durante as águas, receberam sal mineral (1,074 kg/dia) em comparação aos que receberam suplemento durante as águas 0,5% PV (0,957 kg/dia), considerando-se os ganhos de peso dos animais mantidos no pasto e os confinados. Provavelmente, esse fato pode ser atribuído ao ganho compensatório dos animais ou mesmo pela alte-

Tabela 12. Ganho de peso (GMD) de bovinos de cruzamento industrial mantidos em lotação intermitente e com diferentes planos de suplementação, no período das águas, e terminação em confinamento ou semiconfinamento na seca.

Experimento 1			
Águas		**Seca**	
Suplementação	**GMD (kg/dia)**	**Suplementação**	**GMD (kg/dia)**
SM[1]	0,740c	SM + SC[5]	0,870b
		SM + C[6]	1,450a
0,4% PV[2]	0,880b	0,4% PV + SC[5]	0,850b
		0,4% PV + C[6]	1,580a
0,7% PV[3]	1,040a	0,7% PV + SC[5]	0,790b
		0,7% PV + C[6]	1,470a
Experimento2			
Águas		**Seca**	
Suplementação	**GMD (kg/dia)**	**Suplementação**	**GMD (kg/dia)**
SM[1]	0,770b	SM + SPR[7]	1,120a
		SM + SPD[8]	1,080a
		SM + C[6]	1,240a
0,6% PV[4]	1,060a	0,6% PV + SPR[7]	1,100a
		0,6% PV + SPD[8]	0,990a
		0,6% PV + C[7]	1,110a

1- suplementação com sal mineral; 2- suplementação com 0,4% PV; 3- suplementação com 0,7% PV; 4- suplementação com 0,6% PV; 5- suplementação com 0,8% PV; 6-confinamento; 7- lotação intermitente e suplementação com 0,8% PV; 8- pasto diferido e suplementação com 0,8% PV. Adaptado de Fernandes *et al.* (2003a,b).

ração na composição do ganho dos animais, na fase de terminação, influenciada pela antecipação da deposição de gordura, na fase de recria, o que pode ocorrer na ocasião do oferecimento de maior relação energia/proteína (suplementação protéica energética) na fase final da recria.

Tabela 13. Estratégias de planos nutricionais de suplementação da dieta de animais em pastejo com lotação intermitente em *Brachiaria brizantha* cv. Marandu.

Épocas de avaliação		
1ª seca[1]	**1ª água[2]**	**Terminação[3]**
S/SU	A/SM	TP
		TC
	A/SP	TP
		TC
	A/SPE	TP
		TC
S/SP	A/SM	TP
		TC
	A/SP	TP
		TC
	A/SPE	TP
		TC
S/SPE	A/SM	TP
		TC
	A/SP	TP
		TC
	A/SPE	TP
		TC

1- Sal com ureia – S/SU; suplemento proteico ofertado em 0,1% PV – S/SP e suplemento proteico energético ofertado em 0,5% PV – S/SPE, durante a seca. 2- Sal mineral – A/SM; suplemento proteico ofertado em 0,1% PV – A/SP e suplemento proteico energético ofertado em 0,5% PV - A/SPE, durante as águas. 3- Terminação em pastagens com suplemento proteico energético ofertado em 0,5% PV (TP) e Terminação em confinamento (TC). Adaptado de Resende *et al.* (2008)

Efeitos da suplementação sobre o comportamento do animal em pastejo

O fornecimento de suplemento promove alterações acentuadas no hábito de pastejo dos animais e, geralmente, tem-se redução no consumo de pasto por causa da suplementação. Além disso, inúmeros fatores, como as características do concentrado, a quantidade fornecida e o horário da suplementação determinam as alterações no período de pastejo e ingestão do pasto.

De maneira geral, a suplementação com amido promove diminuição no tempo de pastejo. Segundo Bodine e Purvis (2003), o tempo, a intensidade e a eficiência de pastejo foram diminuídos em resposta à suplementação com milho, enquanto o número de eventos de pastejo por dia aumentou. O consumo e digestibilidade da MO da forragem diminuiu nos animais suplementados com milho, comparados com aqueles que receberam farelo de soja.

O decréscimo no tempo de pastejo, devido ao consumo de grãos de milho, nem sempre resulta no decréscimo no ganho, pois os animais, nessa situação, apresentam menor gasto de energia em decorrência da diminuição no deslocamento. É oportuno salientar que os animais mantidos em pastos de baixo valor nutritivo e suplementados com proteína têm maior consumo, por aumentar a eficiência de colheita (gramas de forragem consumida/kg de PV/minuto gasto em pastejo), maior digestibilidade da fração fibrosa e, por conseguinte, apresentam maior desempenho (Bodine e Purvis, 2003).

A suplementação com grande quantidade de grãos pode ser adequada para aumentar a eficiência de utilização da forragem de baixo valor nutritivo, quando associado à proteína degradável no rúmen (Reis *et al.*, 2005a). O fornecimento de milho sem a adição de proteína degradável pode intensificar a deficiência preexistente desse composto, resultando em decréscimo no consumo e digestibilidade da forragem de baixo valor nutritivo, em decorrência do decréscimo no pH e na atividade de bactérias celulolíticas (Brandyberry *et al.*, 1991).

Em relação às quantidades de suplemento fornecidas, Moore *et al.* (1999) revisaram 144 publicações e estimaram os efeitos da suplementação proteica e energética no consumo de animais mantidos no pasto; e concluíram que o animal apresenta redução do consumo, quando a quantidade de NDT fornecido, via suplemento, é maior que 0,7% de PV, quando a forragem apresenta relação energia:proteína (MOD:PB) menor que 7,0 e quando o consumo voluntário de forragem sem suplementação é maior que 1,75% PV.

Tabela 14. Médias, erro padrão da média (EPM), probabilidades (P>F) obtidos nos pesos vivo inicial (PVI) e final (PVF) e ganho médio de peso vivo (GMDP) nos diferentes tratamentos, durante o período das águas, influenciados pelos tratamentos da seca anterior.

Variáveis	Tratamento			Médias	EPM	P>F
	S/SU	S/SP	S/SPE			
PVI (kg)	201,1c	216,9b	227,9a	215,3	4,69	**
PVF (kg)	378,5b	384,0b	405,0a	389,1	9,01	**
GMD (kg/dia)	0,701a	0,661a	0,700a	0,687	0,03	0,16

Médias, seguidas pela mesma letra minúscula na linha, não diferem entre si pelo teste de Tukey (P>0,05). **significativo a 5% de probabilidade pelo teste de Tukey. 1- Sal com ureia – S/SU; suplemento protéico ofertado em 0,1% PV – S/SP e suplemento proteico energético ofertado em 0,5% PV – S/SPE, durante a seca. Adaptado de Sampaio *et al.* (2008).

Tabela 15. Desempenho de bovinos na fase de terminação submetidos a diferentes planos nutricionais durante a recria.

Variáveis	Seca[1]			Água[2]			Terminação[3]	
	S/SU	S/SP	S/SPE	A/SM	A/SP	A/SPE	TP	TC
PVI (kg)	379,9b	386,2ab	402,3a	361,8c	388,4b	418,1a	387,8a	391,0a
PVF (kg)	498,1a	499,3a	504,2a	496,1a	502,6a	502,8a	501,8a	499,3a
GMDP (kg/dia)	1,033a	0,990a	1,026a	1,074a	1,017ab	0,957b	0,625b	1,400a
PT (dias)	135,6a	131,6a	113,9b	142,2a	132,3a	106,6b	178,4a	75,6b

2-Sal com ureia – S/SU; suplemento proteico ofertado em 0,1% PV – S/SP e suplemento proteico energético ofertado em 0,5% PV – S/SPE, durante a seca. 3-Sal mineral – A/SM; suplemento proteico ofertado em 0,1% PV – A/SP e suplemento proteico energético ofertado em 0,5% PV - A/SPE, durante as águas. 4- Terminação em pastagens com suplemento proteico energético ofertado em 0,5% PV (TP) e Terminação em confinamento (TC). Adaptado de Resende *et al.* (2008).

Em trabalho recente, Góes *et al.* (2005a) observaram que o consumo de matéria seca da forragem foi influenciado pelas quantidades de suplemento. Os animais do grupo controle apresentaram maior consumo de matéria seca (9,27kg/dia), não havendo diferença entre as demais quantidades de suplementações. A redução na ingestão de forragem foi mais evidenciada no nível de fornecimento de 1,0% PV e consumo do volumoso de 1,95% PV, sem alterações no ganho de peso dos animais. Os autores observaram a ocorrência de efeitos substitutivos e aditivos simultaneamente, proporcionando aumento da capacidade de suporte de 16, 25, 27 e 32%, nos quantidade de suplementação de 0,125; 0,25; 0,5 e 1,0% PV.

Consumos de até 0,3% PV de suplemento apresentam efeito aditivo em relação ao do pasto, sem que ocorra substituição. Consumos de 0,3 a 1,0% PV proporcionam, para cada 500g de suplemento fornecido, redução no consumo de pasto de aproximadamente 300g (Herd, 1997).

Um aspecto importante a ser considerado na suplementação de animais em pastejo refere-se ao horário do fornecimento do concentrado. De maneira geral, observam-se dois picos de pastejo, ao longo do dia, ou seja, ao amanhecer e ao entardecer. Dessa forma, é de se esperar que o fornecimento de suplementos nesses períodos possa resultar em menor tempo de pastejo e, por conseguinte, menor ingestão de pasto, levando ao menor desempenho animal.

Segundo Adams (1985), os suplementos fornecidos no início da manhã proporcionaram maior coeficiente de substituição (1,67), propiciando redução no consumo de pasto. Por outro lado, os dados de Barton *et al.* (1992) mostraram que os animais não suplementados gastaram 1,5 horas a mais no pastejo, e que estes perderam mais peso durante a estação de baixa disponibilidade de forragem, comparados aos suplementados com fonte de proteína (0,25% do PV) nos diferentes horários de fornecimento, 6 ou 12 horas.

Brandyberry *et al.* (1991) observaram que o fornecimento de grande quantidade de energia aos animais, no meio do período de pastejo da manhã, pode contribuir para redução do tempo de pastejo. Os autores observaram que a estação do ano e o método de suplementação não afetaram o consumo de matéria orgânica da forragem (1,64% PV) e total (1,89% PV). O tempo de pastejo e a distância caminhada foram semelhantes entre os tratamentos de suplementação, mas ambos foram maiores no verão do que no inverno.

Para avaliar os efeitos da altura do pasto, o momento de fornecimento do concentrado e tempo de pastejo sobre a utilização da forragem por vacas de corte, Gekara *et al.* (2005) conduziram o experimento e observaram que as vacas com tempo de pastejo restrito, suplementadas às 7:00 horas, ao contrário das que recebiam concentrado à tarde, apresentaram maior consumo de forragem (8,6 comparado a 8,1kg MS/dia), enquanto aquelas sem limitação de tempo de pastejo não apresentaram variação significativa no consumo (8,2kg MS/dia, suplementada às 7:00 horas e 8,4kg MS/dia,suplementada às 18:00 horas).

Os autores ressaltam que, na situação na qual a disponibilidade de forragem, ou o tempo de pastejo foram limitados (devido à baixa oferta e restrito acesso a forragem, respectivamente), a suplementação pela manhã (7 horas) resultou em maior utilização da forragem, maior taxa de consumo, devido ao aumento no consumo de MS, digestibilidade da MS e, consequentemente, no consumo de MS digestível proveniente da forragem.

É importante salientar que, na utilização de gramíneas de clima tropical durante o período das secas, têm-se as limitações de consumo, impostas pelas características de ordem nutricional (composição química e digestibilidade), e as estruturais que exercem efeito pronunciado sobre o consumo do pasto (Poppi *et al.*, 1987; Reis e da Silva, 2006; Santos *et al.*, 2007).

Dessa forma, na formulação e fornecimento de suplementos, deve-se estar atento a essas características, pois é comum a obtenção de resultados negativos na avaliação do ganho de peso de animais mantidos em pastagens recebendo suplementos.

Alguns trabalhos têm demonstrado que, quando os animais são suplementados nos horários de menor intensidade de pastejo, consegue-se obter um melhor aproveitamento da forragem sem alteração no consumo. O mesmo não ocorre quando os animais são suplementados nos horários de pico de pastejo. Nesse caso, os animais deixam de comer a forragem e ficam próximos ao cocho, aguardando o suplemento. Isso causa redução no consumo de forragem e, consequentemente, no ganho de peso desses animais.

Trabalho conduzido no Polo Regional de Tecnologia dos Agronegócios da Alta Mogiana – Apta regional de Colina evidencia que o nível de suplementação influencia sobremaneira o comportamento de pastejo dos animais (**Figura 22**). Durante a avaliação, o suplemento foi fornecido às oito horas da manhã. Observou-se que os animais que recebiam suplemento na quantidade de 0,5% do PV, como já estavam condicionados a receber o concentrado, não pastavam desde as 7 horas da manhã, permanecendo na praça de alimentação (com acesso livre ao piquete) durante todo o período matinal.

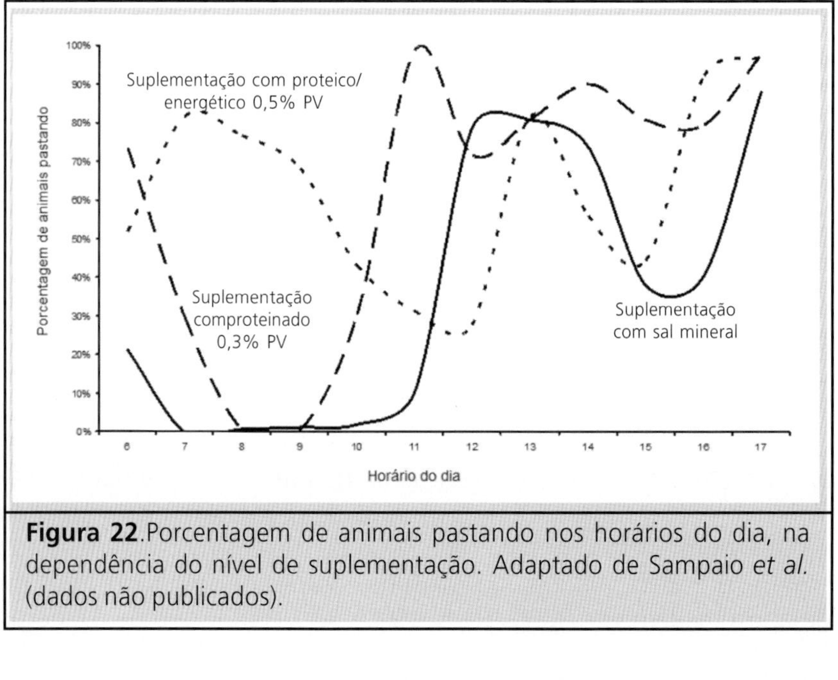

Figura 22.Porcentagem de animais pastando nos horários do dia, na dependência do nível de suplementação. Adaptado de Sampaio *et al.* (dados não publicados).

Consequentemente, acredita-se que a ingestão de forragem por esses animais foi menor que a dos demais tratamentos, pois o principal pico de pastejo é realizado na parte da manhã.

A interpretação desses resultados envolve, necessariamente, a avaliação do comportamento ingestivo dos animais, o consumo de forragem e de concentrado, determinando os efeitos associativos que ocorrem durante o pastejo. No entanto, cabe ressaltar que a suplementação em horários de pico de pastejo, principalmente se for energética, pode reduzir o consumo de forragem.

Considerações finais

As gramíneas tropicais apresentam limitação de consumo de energia digestível, devido à alta concentração da fração fibrosa, baixos teores de proteína bruta e sua baixa digestibilidade. Em sincronismo, ocorre limitação da síntese de proteína microbiana, afetado pela restrição do consumo de energia digestiva e também decorrente das características intrínsecas das gramíneas tropicais referentes à concentração, constituição e forma que as frações dos compostos nitrogenados estão dispostas nessas plantas.

A suplementação da dieta deve ser utilizada, objetivando corrigir as deficiências nutricionais da forragem, buscando a maximização dos ganhos por animal. Esse objetivo, aliado ao alto potencial produtivo das forrageiras tropicais, permite elevação dos ganhos por área e por animal.

Na época das águas, em situações em que o manejo permita produção de extrato pastejável com teores de proteína superior a 11%, a suplementação nestas circunstâncias deve ser preferencialmente energética. Todavia, na suplementação da seca, o nutriente limitante é o nitrogênio e a definição da quantidade de suplemento a ser fornecida deve ter por base os objetivos bioeconômicos inerentes a cada categoria animal.

As características dos pastos, quer sejam qualitativas, quantitativas ou estruturais, interagem diretamente com os resultados obtidos com a suplementação, fato esse que torna preponderante o conhecimento do pasto para a real adequação da suplementação a ser utilizada.

A redução da frequência de oferecimento do suplemento aos ruminantes é uma técnica que apresenta respostas satisfatórias, podendo, principalmente, na época da seca, suplementar os animais apenas 3 vezes por semana sem prejuízo do desempenho. No entanto, essa prática aumenta a heterogeneidade do peso dos lotes, decorrente do acesso preferencial dos animais dominantes ao suplemento.

As estratégias de suplementação que um animal receberá, ao longo de seu período produtivo, devem ser estabelecidas *a priori*. A utilização de planos nutricionais ascendentes faz-se necessária para que o desempenho não seja prejudicado.

Durante a recria e a terminação, a elevação das taxas de ganho de peso numa determinada fase tem pouco ou nenhum efeito sobre a fase subsequente. Dessa forma, admite-se que ganhos compensatórios podem ocorrer, porém raramente compensarão o diferencial de ganho obtido na fase antecedente.

O fornecimento de suplemento promove alterações no comportamento de pastejo dos animais, todavia essas alterações são dependentes do tipo e quantidade de suplemento a ser oferecido.

Referências bibliográficas

Acorsi Neto, A.; Campos, J.; Silva, D.J. Efeito da ureia sobre o consumo e digestibilidade de três fenos de gramíneas tropicais. **Revista da Sociedade Brasileira de Zootecnia**, v.10, p.212-234,1981.

Adams, D.C. Effects of time of supplementation on performance, forage intake and grazing behavior of yearling beef steers grazing russian wild ryegrass in the fall. **Journal of Animal Science**, v.61, p.1037, 1985.

Alzueta, C.; Caballero, R.; Rebole, A.; Trevino, J.; Gil, A. Crude protein fracitons in common vecht (*Vicia sativa* L.) fresh forage during pod filling. **Journal of Animal Science**, v.79, p.2449-2455, 2001.

Anderson, B.E. Use of warm-season grasses by grazing livestock. In: **Native warm-season grasses: Research trends and issues**. Moore, K.J., Anderson, B.E. CSSA Special Publication Number 30. Madison, Wisconsin. 2000. p. 147-157.

Baldwin, R.L.; Denham, S.C. Quantitative and dynamics aspects of nitrogen metabolism in the rumen. A modeling analysis. **Journal Animal Science**, v.49, p.1331, 1979.

Balsalobre, M.A.; Corsi, M.; Santos, P.M.; Vieira, I.; Cardenas, R.R.. Composição química e fracionamento do nitrogênio e os carboidratos do capim-tanzânia irrigado sob três quantidade de resíduo pós-pastejo. **Revista Brasileira de Zootecnia**, v.32, n.3, p.519-528, 2003.

Barton, R.K.; Krysl, L.J.; Judkins, M.B.; Holcombre, D.W.; Broesder, J.T.; Gunter, S.A.; Beam, S.W. Time of daily supplementation for steers grazing dormant intermediate wheatgrass pasture. **Journal of Animal Science**, v.70, p.547, 1992.

Berchielli, T.T.; Cannesin, R.C.; Andrade, P. Estratégias de suplementação para ruminantes em pastagem. In: REUNIÃO DA SOCIEDADE BRASILEIRA DE ZOOTECNIA, GONZAGA NETO *et al.*(ed.). 43, 2006, João Pessoa - PB. 2006. **Anais...** João Pessoa: SBZ, 2006. p. 353-370.

Bertipaglia, L.M.A.; Oliveira, A.P.; Melo, G.M.P.; Reis, R.A.; Bertipaglia, L.A.; Ferreira, D.S.; Zaninetti, R.A.; Soares, V. Suplementação de novilhas no período das águas e secas: desempenho e parâmetro ruminal. In: REUNIÃO ANUAL DA SOCIEDADE BRASILEIRA DE ZOOTECNIA, 42, 2005, Goiânia–GO. **Anais...** Goiânia: SBZ, 2005. (CD-ROM).

Bertipaglia, L.M.A. 2008. **Suplementação proteica associada a monensina sódica e *Saccharomyces cerevisiae* na dieta de novilhas mantidas em pastagens de capim marandu.** Jaboticabal: Faculdade de Ciências Agrárias e Veterinárias/UNESP, 2008, 137 p. Tese (Doutorado em Zootecnia)- Faculdade de Ciências Agrárias e Veterinárias/UNESP 2008.

Bodine, T.N.; Purvis II, H.T. Effects of supplemental energy and/or degradable intake protein on performance, grazing behavior, intake, digestibility, and fecal and blood indices by beef steers grazed on dormant native tall grass prairie. **Journal of Animal Science**, v.81, p.304, 2003.

Bohnert, D.W.; Schauer, C.S.; Del Curto, T. Influence of rumen protein degradability and supplementation frequency on performance and nitrogen use in ruminants consuming low-quality forage: Cow performance and efficiency of nitrogen use in wethers. **Journal of Animal Science**, v.80, p.1629-1637, 2002.

Bowman, J.G.P.; Sowell, B.F.; Surber, L.M.M. *et al.* Nonstructural carbohydrate supplementation of yearling heifers and range beef cows. **Journal of Animal Science**, v.82, p.2724-2733, 2004.

Brandyberry, S.D.; Cochran, RC.; Vanzant, E.S.; Delcurto, T.; Corah L.R. Influence of supplementation method on forage use and grazing behavior by beef cattle grazing bluestem range. **Journal of Animal Science**, v.69, p.4128-4136, 1991.

Buxton, D.R.; Mertens, D.R.; Fisher, D.S. Forage quality and ruminant utilization. In: **Cool-season forage grasses**. MOSER *et al.* (ed.). Agron. Monogr. 34. ASA, CSSA and SSSA, Madison, Wisconsin. 1996. p. 229-266.

Canesin, R.C.; Berchielli, T.T.; Andrade, P.; Duarte, J.; Garcia, L.F.; Natarelli, B. Desempenho de bovinos mantidos em pastagem de Brachiaria brizantha cv. Marandu submetidos a diferentes estratégias de suplementação no período da seca. In: REUNIÃO ANUAL DA SOCIEDADE BRASILEIRA DE ZOOTECNIA, 42, 2005, Goiânia - GO. **Anais...** Goiânia: SBZ, 2005. (CD-ROM).

Canesin, R.C.; Berchielli, T.T.; Andrade, P.; Duarte, J.; Garcia, L.F.; Natarelli, B. Desempenho de bovinos a pasto submetidos a diferentes estratégias de suplementação no período das águas. In: REUNIÃO ANUAL DA SOCIEDADE BRASILEIRA DE ZOOTECNIA, 41, 2004, Campo Grande - MT. **Anais...** Campo Grande: SBZ, 2004. (CD-ROM).

Canton, J.S.; Dhuyvetter, D.V. Influency of energy supplementation on grazing ruminants requirements and responses. **Journal of Animal Science**, v.75, p.533-542, 1997.

Casagrande, D.R. **Recria e Terminação de novilhas em diferentes sistemas de manejo**. Jaboticabal: Faculdade de Ciências Agrárias e Veterinárias/UNESP. Tese (Doutorado em Zootecnia) - Faculdade de Ciências Agrárias e Veterinárias/UNESP, (dados não publicados).

Clarck, J.H.; Klusmeyer, H.; Cameron, M.R. Microbial protein synthesis and flow of nitrogen fractions to the duodenum of dairy cows. **Journal Dairy Science**, v.75, p.2304-2323, 1992.

Coleman, S.W.; Yatt, R.D. Cottonseed meal or small grains forages as protein supplements fed at different intervals. **Journal of Animal Science**, v.55, p.11-17, 1982.

Correa, E.S.; Vieira, A.; Costa, F.P.; Cezar, I.M. 2000. **Sistema semi-intensivo de produção de carne de bovinos nelore no Centro-Oeste do Brasil**. Campo Grande: EMBRAPA Gado de Corte, 49 p. (Documento/ EMBRAPA Gado de Corte, 95).

Correia, P.S. **Estratégia de suplementação de bovinos de corte em pastagens durante o período das águas**. Piracicaba: Escola Superior de Agricultura Luiz de Queiroz, 2006. 333p. Tese (Doutorado em Agronomia) - Escola Superior de Agricultura Luiz de Queiroz/USP, 2006.

Corsi, M.; Balsalobre, M.A.; Santos, P.M., Silva, S.C. Bases para o estabelecimento do manejo de pastagens de Braquiária. In: PEIXOTO *et al.* (ed), SIMPÓSIO SOBRE MANEJO DA PASTAGEM, 11., 1994. Piracicaba. **Anais...**, Piracicaba, p.249-266, 1994.

Davies, D.R.; Theodorou, K.M.; Kingston-Smith, A.H.; Merry, R.J. Advances in silage quality in 21st century. ed. PARK, R.S.; STRONG, M.D. Silage production and utilization Proceeding of XIV International Silage Conference, a satellite workshop. In: INTERNATIONAL GRASSLAND CONGRESS, 20, Dublin, 2005. **Proceedings...** Dublin, 2005.

Elizalde, J.C.; Merchen, N.R.; Faulkner, D.B. Fractionation of fiber and crude protein in fresh forages during the spring growth. **Journal of Animal Science**, v.77, p.476-484, 1999.

Euclides, V.P.B.; Macedo, M.C.M.; Vieira, A.; Oliveira, M.P. de. Evaluation of *Panicum maximum* cultivars under grazing. In: INTERNATIONAL GRASSLAND CONGRESS, 17. 1993. Palmerston North, **Proceedings...** Palmerston North. New Zealand Grassland Association, 1993a. p.1999-2000.

Euclides, V.P.B.; Macedo, M.C.M.; Vieira, A.; Oliveira, M.P. de. Valores nutritivos de cinco gramíneas sob pastejo. In: REUNIÃO ANUAL DA SOCIEDADE BRASILEIRA DE ZOOTECNIA, 32., 1996, Fortaleza. **Anais...** Fortaleza: SBZ, 1996. p.90-92.

Euclides, V.P.B.; Zimmer, A.H.; Macedo, M.C.M.; Oliveira, M.P. de. Evaluation of *Brachiaria decumbens* and *Brachiaria brizantha* under grazing. In: INTERNATIONAL GRASSLAND CONGRESS, 17. 1993. Palmerston North, **Proceedings...** Palmerston North. New Zealand Grassland Association, 1993b. p. 1997-1998.

Euclides, V.P.B.. Produção intensiva de carne bovina em pasto. In: SIMPÓSIO DE PRODUÇÃO DE GADO DE CORTE, 2, Viçosa, 2001. **Anais...** Viçosa Departamento de Zootecnia, 2001. p. 55-82.

Faria, E.F.S.; Andrade, V.J.; Gonçalves, L.C. Comparação de seis tratamentos empregados para melhorar a qualidade da silagem de capim-elefante (*Pennisetum purpureum* Schum cv. Cameroon) em três idades de rebrota. I-60 dias. **Arquivos da Escola de Medicina Veterinária**. Universidade Federal da Bahia, v.18, p.102-125, 1995.

Farmer, C.G.; Cochran, R.C.; Simms, D.D.; Klevesah, E.A.; Wickersham, T.A., Johnson, D.E. The effects of several supplementation frequencies on forage use and the performance of beef cattle consuming dormant tallgrass prairie forage. **Journal of Animal Science**, v.79, p.2276-2285, 2001.

Farmer, C.G.; Cochran, R.C.; Nagaraja, T.G.; Titgemeyer, E.C; Johnson, D.E.; Wickersham, T.A. Ruminal and host adaptations to changes in frequency of protein supplementation. **Journal of Animal Science**, v.82, p.895-903, 2004.

Fernandes, L.O.; Reis, R.A.; Paes, J.M.V.; Ledici, I.L. Desempenho de novilhos Limousin mantidos em pastagens de brachiaria brizantha In REUNIÃO ANUAL DA SOCIEDADE BRASILEIRA DE ZOOTECNIA. 40, 2003. Santa Maria. **Anais...**, Sociedade Brasileira de Zootecnia. Santa Maria, 2003a. (CD-ROM).

Fernandes, L.O.; Reis, R.A.; Paes, J.M.V.; Ledici, I.L.Efeitos da suplementação no desempenho de novilhos de corte em pastagens de brachiaria brizantha In REUNIÃO ANUAL DA SOCIEDADE BRASILEIRA DE ZOOTECNIA. 40, 2003. Santa Maria. **Anais...**, Sociedade Brasileira de Zootecnia. Santa Maria, 2003b. (CD-ROM).

Ferolla, F.S.; Vasquez, H.M.; Coelho da Silva, J.F.; Viana, A.P.; Domingues, F.N.; Lista, F.N. Composição bromatológica e fracionamento de carboidratos e proteínas de aveia-preta e triticale sob corte e pastejo. **Revista Brasileira de Zootecnia**, v.37, n.2, p.197-204, 2008.

Franco, A.V.M.; Franco, G.L.; Andrade, P. Parâmetros ruminais e desaparecimento da MS, PB e FDN da forragem em bovinos suplementados em pastagem na estação seca. **Revista Brasileira de Zootecnia**, v.33, p.1316, 2004.

Garcia, L.F. Desempenho de bovinos em pastejo contínuo submetidos a dois intervalos de suplementação no período de seca. Jaboticabal: Faculdade de Ciências Agrárias e Veterinárias/UNESP 37 p. Trabalho de Graduação (Graduação em Zootecnia)- Faculdade de Ciências Agrárias e Veterinárias/UNESP (2005).

Gekara, O.J.; Prigge, E.C.; Bryan, W.B.; Nestor, E.L.; Seidel. G. Influence of sward height, daily timing of concentrate supplementation, and restricted time for grazing on forage utilization by lactating beef cows. **Journal of Animal Science**, v.83, p.1435-1444, 2005.

Gobbi, K.F. **Características químicas, digestibilidade in vitro e degradação de tecidos foliares de feno de *Brachiaria decumbens* Stapf tratado com uréia.** Viçosa: Universidade Federal de Viçosa, 2004 50p. Dissertação (Mestrado em Zootecnia) Universidade Federal de Viçosa, 2004.

Góes, R.H.T.B.; Mancio, A.B.; Alves, D.D. Freqüência de suplementação da dieta de novilhos em recria, mantidos no pasto de *Brachiaria brizantha* na região amazônica. Desempenho animal. **Acta Scientiarum**, v.27, p. 491-496, 2005b.

Góes, R.H.T.B.; Mancio, A.B.; Lana, R.P.; Leão, M.I.; Alves, D.D.; Silva, A.T.S. Recria de novilhos mestiços em pastagem de *Brachiaria brizantha*, com diferentes quantidade de suplementação, na região Amazônica. Consumo e parâmetros ruminais. **Revista Brasileira de Zootecnia**, v. 34, p.1730-1739, 2005a.

Gomide, C.C.C. **Algumas características fisiológicas e químicas de cinco cultivares de *Cynodon*.** Jaboticabal: Faculdade de

Ciências Agrária e Veterinária, 1996. 77 p. Dissertação (Mestrado em Zootecnia). Faculdade de Ciências Agrárias e Veterinárias Campus de Jaboticabal. Universidade Estadual Paulista,1996.

Henrique, W., Bose, M.L. Efeito de aditivos enzimo-bacterianos sobre a qualidade da silagem de capim-elefante (*Pennisetum purpureum* Schum). **Revista da Sociedade Brasileira de Zootecnia**, v.21 p.429-438. 1992.

Herd, D.B. Mineral supplementation of beef cows in Texas. Disponível em http://zeta.hpnc.com/~sharonw/Ranching. Acessado em novembro de 1997.

Hodgson, J. **Grazing management. Science and practice**. Lougman Group UK. Ltd. Essex. Champaign. 1990. 203p.

Hoover, C.W; Stokes, S.R. Balancing carbohydrates and proteins for optimum rumen microbial yield. **Journal Dairy Science**, v.74, p.3630, 1991.

Horn, G.W.; McCollum, F.T. Energy supplementation of grazing ruminants. In: GRAZING LIVESTOCK NUTRITION CONFERENCE, 1, 1987, Jackson. **Proceedings...** Jackson: University of Wyoming, 1987, p.125-136.

Hunt, C.W.; Parkinson, J.F.; Roeder, R.A.; Falk, D.G. The delivery of cottonseed meal at three different time intervals to steers fed low-quality grass hay: Effects on digestion and performance. **Journal of Animal Science**, v.67, p.1360-1366, 1989.

Hunter, R.A. Strategic supplementation for survival reproduction and growth of cattle. In: GRAZING LIVESTOCK NUTRITION CONFERENCE, 2°, 1991. **Proceedings...** Oklahoma State University. Steamboat Springs, Colorado: McCollum III, E.T. (ed), 1991. p.32-47.

Hunter, R.A.; Siebert, B.D. Utilization of low quality roughage by *Bos Taurus* and *Bos indicus* cattle. 1. Rumen digestion. **British Journal of Nutrition**, v.53, p. 637-648. 1985a.

Hunter, R.A.; Siebert, B.D. Utilization of low quality roughage by *Bos Taurus* and *Bos indicus* cattle. 2. The effect of rumen-degradable nitrogen and sulphur on voluntary intake and rumen characteristics. **British Journal of Nutrition**, v.53, p.649-660. 1985 b.

Karsli, M.A.; Russell, J.R. Effects of some dietary factors on ruminal microbial protein synthesis. Turk **Journal Veterinary Animal Science**, v.25, p.681-686, 2001.

Krehbiel, C.R.; Ferrell, C.L.; Freetly, H.C. Effects of frequency of supplementation on dry matter intake and net portal and hepatic flux of nutrients in mature ewes that consume low-quality forage. **Journal of Animal Science**, v.76, p.2464-2473, 1998.

Ku, M.S.B.; Schmitt, M.R.; Edwards, G.E. Quantitative determination of RuDP carboxylase-oxygenase in leaves of several C3 and C4 plants. **J. Exp. Bot.** v.30, p.89-98, 1979.

Leng, R.A. Factors affecting the utilization of "poor-quality" forages by ruminants particularly under tropical conditions. **Nutritional Research and Review**, v.3, p.277, 1990.

Lista, F.N.; Coelho da Silva, J.F.; Vasquez, H.M.; Detmann, E.; Peres, A.A.C. Avaliação nutricional de pastagens de capim-elefante e capim-mombaça sob manejo rotacionado em diferentes períodos de ocupação. **Revista Brasileira de Zootecnia**, v.36, n.5, p.1406-1412, 2007

Malafaia, P.A.M.; Valadares Filho, S.C.; Vieira, R.A.M.; Coelho da Silva, J.F.; Pereira, J.C. Determinação e cinética ruminal das frações protéicas de alguns alimentos para ruminantes. **Revista Brasileira de Zootecnia**, v.26, p.1243-1251, 1997.

Malafaia, P.A.M.; Valadares Filho, S.C.; Coelho da Silva, J.F.; Vieira, R.A.M. Determinação das frações que constituem os carboidratos totais e da cinética ruminal da fibra em detergente neutro de alguns alimentos para ruminantes. **Revista Brasileira de Zootecnia**, v.27, p.790-796, 1998.

Malafaia, P.; Cabral, L.S.; Vieira, R.A.M.; Costa, R.M.; Carvalho, C.A.B. Suplementação protéico-energética para bovinos criados em pastagens: Aspectos teóricos e principais resultados publicados no Brasil. **Livestock Research for Rural Development**, v.15(12), 2003. Retrieved May 31, 2005, from http://www.cipav.org.co/lrrd/lrrd15/12/mala1512.htm.

Mangan, J.L. The nitrogenous constituents of fresh forage. In: **Forage protein in ruminant animal production**. No. 06. Occ. Publ. BSAP, Edinburgh, England, 1982 p. 25-40.

McIlvain, E.H.; Shoop, M.C. Daily versus every-third day versus weekly feeding of cottonseed cake to beef steers on winter range. **Journal Range Manage**, v.15, p.143-146, 1963.

Mehrez, A.Z.; Ørskov, E.R. A study of the artificial fiber bag technique for determining the digestibility of feeds in the rumen. **Journal Agricultural Science**, v.88, p.645. 1977.

Mehrez, A.Z.; Ørskov, E.R.; McDonald, I. Rates of rumen fermentation in relation to ammonia concentration. **British Journal of Nutrition**, v.38, p.433, 1977.

Miller, M.S.; Moser, L.E.; Waller, S.S.; Klopfestein, T.J.; Kirch, B.H. Immunofluorescencent localization of RUBPCase in degraded C4 grass tissue. **Crop Science**, v.36, p.169-175, 1996.

Minson, D. The digestibility and voluntary intake of six varieties of panicum. **Australian Journal of Experimental Agriculture and Animal Husbandry**, v.11, p.18-25, 1971.

Minson, D.J. **Forage in ruminant nutrition**. New York. Academic Press. 1990. 483p.

Moore, J.E. Forage Crops. In: HOVELAND, C.S. (ed.). **Crop Quality, Storage, and Utilization**. Crop Science Society of America. Madison, Wisconsin. 1980

Moore, J.E. Forage quality indices: Development and application. In: Fahey Jr., G.C. **Forage quality, evaluation, and utilization**. Madison. American Society of Agronomy. 1994. p. 967-998

Moore, J.E.; Brant, M.H.; Kunkle, W.E.; Hopkins,D.I. Effects of supplementation on voluntary forage intake, diet digestibility, and animal performance. **Journal of Animal Science**, Suppl. 2, v.77, p.122-135, 1999.

Moore, K.J.; Buxton, D.R. Fiber composition and digestion of warm-season grasses. In: MOORE, K.J., ANDERSON, B.E., **Native warm-season grasses: Research trends and issues**. CSSA Special Publication Number 30. Madison, Wisconsin. 2000. p. 23-33.

Moraes, E.H.T.B.; Paulino, M.F.; Figueiredo, D.M.; Valadares Filho, S.C.; Detmann, E.; Sales, M.F.L.; Lazzarini, M.O.P.I.; Souza, M.G;; Couto, K.A.; Moraes, K.A.K. Desempenho de novilhos de corte submetidos a diferentes frequências de suplementação durante o período das águas. In: REUNIÃO ANUAL DA SOCIEDADE BRASILEIRA DE ZOOTECNIA, 42, 2005, Goiânia – GO, *Anais*... Goiânia: SBZ, 2005. (CD-ROM).

Morais, J.A.S. 2008. **Estimativa da ingestão e digestibilidade em bovinos de corte alimentados com *Brachiaria brizantha* cv. Marandu**. Jaboticabal: Faculdade de Ciências Agrárias e Veterinárias/UNESP 119 p. Tese (Doutorado em Zootecnia)- Faculdade de Ciências Agrárias e Veterinárias/UNESP (2008).

Moreira, A.L. 2004. **Massa de forragem e valor nutritivo de capim-Tifton 85 exclusivo e sobressemeado com forrageiras de inverno e de verão**. Jaboticabal: Faculdade de Ciências Agrárias e Veterinárias/UNESP, 2004. 167p. Tese (Doutorado em Zootecnia) - Faculdade de Ciências Agrárias e Veterinárias/UNESP, (2004).

Mott, G.O. Grassing pressures and the measurement of pastures production. In: INTERNATIONAL GRASSLAND CONGRESS, 8, 1960, Reading **proceedings...** Reading, p. 606-611, 1960.

Mullahey, J.J.; Waller, S.S.; Moore, K.J.; Moser, L.E.; Klopfenstein, T.J. *In situ* ruminal protein degradation of switchgrass and smooth bromegrass. **Agronomy Journal**, v.84, p.183-188, 1992.

Noceck, J.E.; Russell, J.B. Protein and energy as an integrated system. Relationship of ruminal protein and carbohydrate availability to microbial synthesis and milk production. **Journal Dairy Science**, v.71, n.8, p.2070-2107, 1988.

NATIONAL RESEARCH COUNCIL (NRC). **Nutrient requirements of beef cattle**. 6.ed National Academy Press ,Washington, DC:, USA. 1984. 90p.

NATIONAL RESEARCH COUNCIL (NRC).. **Nutrient Requirements of beef cattle**. 7 ed. National Academy Press, Washington, DC: USA, 1996.

Oliveira, A.P. **Sistemas de produção de novilhas com base na utilização de pastagens e confinamento**. Jaboticabal: Faculdade de Ciências Agrárias e Veterinárias/UNESP. Tese (Doutorado em Zootecnia)- Faculdade de Ciências Agrárias e Veterinárias/UNESP (dados não publicados).

Oliveira, A.P. **Desempenho de novilhas recriadas em pastagens de *Brachiaria brizantha* cv. Marandu e suplementadas.** Jaboticabal: Faculdade de Ciências Agrárias e Veterinárias/UNESP, 2006. 78p. Dissertação (Mestrado em Zootecnia)- Faculdade de Ciências Agrárias e Veterinárias/UNESP, 2006.

Owens, E.N.; Garza, J.; Dubeski, P. 1991. Advances in amino acids and N nutrition in grazing ruminant. In: McCOLLUM, E.T. (ed.). Grazing livestock nutrition conference, 2, 1991. **Proceedings...** Oklahoma State University. Steamboat Springs, Colorado. 1991, p. 109-137.

Orskov, E.R. **Nutrición proteica de los ruminantes**. Zaragoza: Acribia, 1988. 178p.

Paciullo, D.S.C. **Características anatômicas e nutricionais de lâminas foliares e Colmos de gramíneas forrageiras, em função do nível de inserção no perfilho, da idade e da estação de crescimento**. Viçosa: Universidade Federal de Viçosa, 2000, 104p. Tese (Doutorado em Zootecnia). Viçosa. Universidade Federal de Viçosa. 2000.

Palhano, A.L. **Recrutamento de nutrientes e valor nutritivo de *Cynodon dactylon* (L.) Pers. cv. Coast cross n. 1**. Piracicaba: Escola Superior de Agricultura Luiz de Queiroz, 1990. 122. Dissertação (Mestrado em Agronomia) - Escola Superior de Agricultura Luiz de Queiroz/ USP, 1990.

Paranhos da Costa, M.J.R. Ambiência na produção de bovinos de corte a pasto. **Anais de Etologia**, 18:26, 2000.

Parsons, S.D.; Allison, C.D.. Grazing management as it affect nutrition animal production and economic of beef production. In: MASS, J. (ed). **Veterinary Clinics of North America**. W.B. Saunders Company. Philadelphia. 1991. p. 7-97.

Paterson, J.A.; Belyea, R.L.; Bowman, J.B.; Kerley, M.S.; Williams, J.E. The impact of forage quality and supplementation on ruminant animal intake and performance. In: FAHEY JR, G.C. *et al.* (ed.), **Forage quality evaluation, and utilization**. ASA, CSSA, SSSA. Wisconsin. 1994. p.59-114.

Paulino, M.F.; Acedo, T.S.; Sales, M.F.L.; Figueiredo, D.M.; Moraes, E.H.B.K.Suplementação como estratégia de manejo das pastagens. In: REIS, R.A.; BERNARDES, T.F.; SIQUEIRA, G.R.; MOREIRA, A.L. (eds). Volumosos na produção de ruminantes, 1, 2003. Jaboticabal. **Anais...** Jaboticabal, 2003. p. 87-100. 2003.

Poppi, D.P.; Hughes, T.P.; L'Huillier, P. J. 1987. Intake of pasture by grazing ruminants. In: NICOL, A.M. (Ed.). **Livestock feeding on pasture**. Hamilton: New Zealand Society of Animal Production.7. p. 55-64. (Occasional publication, n° 10).

Poppi, D.; McLennan, S.R. Protein and energy utilization by ruminants at pasture. **Journal Animal Science**, v.73, p.278-290. 1995.

Poppi, D.; McLennan, S.R.; Bediye, S.; Vega, A.; Zorrilla-Rios, J. Forage quality: Strategies for increasing nutritive value of forages. In. BUCHANAN-SMITH, J.G., BAILEY, L.D., MCGAUGHEY, P. (ed.). International Grassland Congress. 18. Winnipeg and Saskatoon, 1997. **Proceedings...** Canadian Forage Council, Canadian Society of Agronomy, Canadian Society of Animal Science, Winnipeg and Saskatoon, 1997. p. 307-322.

Poppi, D.; McLennan, S.R. Otimizando o desempenho de bovinos em pastejo com suplementação protéica e energética. In: SANTOS, F.A.P., MOURA, J.C., FARIA, V.P. (ed.). Simpósio sobre Bovinocultura de Corte: Requisitos de qualidade na bovinocultura de corte. 6, Piracicaba, 2007. **Anais...** Piracicaba: FEALQ, Piracicaba, 2007 p. 163-181.

Preston, T.R.; Leng, R.A. **Matching ruminant production systems with available resources in the tropics and subtropics.** Penambul Books. Armidale, Australian. 1987. 245 p.

Quintiliano, M.H. **Efeito da frequência de oferta de suplemento proteinado no comportamento social de bovinos de corte**. Jaboticabal: Faculdade de Ciências Agrárias e Veterinárias/UNESP, 2005. 30p. (Graduação em Zootecnia) – Faculdade de Ciências Agrárias e Veterinárias/UNESP, 2005.

Ramalho, T.R.A. **Suplementação proteica ou energética para bovinos recriados em pastagens tropicais**. Piracicaba: Escola Superior de Agricultura Luiz de Queiroz, 2006. 64p. Dissertação (Mestrado em Agronomia) - Escola Superior de Agricultura Luiz de Queiroz/USP, 2006.

Redfearn, D.D.; Jenkins, K. 2000. Escape and rumen degradable protein fractions in warm-season grasses. In: MOORE, K.J., ANDERSON, B.E. (ed.). **Native warm-season grasses: Research trends and issues.** CSSA Special Publication Number 30. Madison, Wisconsin. 2000. p. 3-21.

Reis, R.A.; Da Silva, S.C. Consumo de Forragens. In: BERCHIELLI, T.T.; PIRES, A.V.; OLIVEIRA, S.G. (Eds.). **Nutrição de Ruminantes.** Jaboticabal: Funep, 2006, p. 79-109.

Reis, R.A.; Rodrigues, L. R. A.; Pereira, J.R.A. Suplementação como estratégia para o manejo das pastagens. In: Simpósio sobre manejo das pastagens. 13, Piracicaba, 1997. **Anais...** Piracicaba: FEALQ, Piracicaba, 1997 p. 123-150.

Reis, R.A.; Bertipaglia, L.M.A.; Melo, G.M.P.; Freitas, D.; Balsalobre, M. Suplementação proteico-energética e mineral em sistemas de produção de gado de corte nas águas e nas secas. In: Simpósio sobre Pecuária de Corte Intensiva nos Trópicos. Piracicaba, 2004. **Anais...** FEALQ, Piracicaba, 2004 p. 171-226.

Reis, R.A.; de Melo, G.M.P.; Bertipaglia, L.M.A.; Oliveira, A.P. Otimização da utilização da forragem disponível através da suplementação estratégica. In: REIS, R.A., SIQUEIRA, G.R., BERTIPAGLIA, L.M.A., OLIVEIRA, A.P., DE MELO, G.M.P. BERNARDES, T.F. (Eds.). Volumosos na Produção de Ruminantes. Jaboticabal, 2, 2005ª. Anais... Jaboticabal:Funep. 2005a, p. 25-60.

Reis, R.A.; Garcia, R.; Silva, D.J.; Silva, D.J.; Ferreira, J.Q. Efeitos da aplicação de amônia anidra sobre a digestibilidade do feno do capim-braquiária (B. decumbens). **Revista da Sociedade Brasileira de Zootecnia**, v.19, p.201-208, 1990.

Reis, R.A.; Freitas, D.; Fregdolli, F.L.; Bertipaglia, L.M.A.; Berchielli, T.T.; Resende, K.T.; Ferreira, D.S.; Caselli, A. Weight gain of Nellore x Red Angus, Holstein x Zebu steers supplemented on Brachiaria brizantha cv. Marandu pasture. In: INTERNATIONAL GRASSLAND CONGRESS, 20, 2005b, **Proceedings...** Dublin. XX International Grassland Congress: Offered papers. Dublin: Wageningen, Academic Publishers. v. 01, p.156-156, 2005b.

Resende, F.D.; Sampaio, R.L.; Siqueira, G.R.; Reis, R.A.; Faria, M.H.; Ferreira, L.H. Estratégias de suplementação na recria e terminação de bovinos de corte. Efeitos do nível de suplementação na recria sobre o desempenho na terminação. In: REUNIÃO DA SOCIEDADE BRASILEIRA DE ZOOTECNIA, 45, 2008. **Anais...** Lavras: SBZ (Submetido)

Ruas, J.R.M.; Torres, C.A.; Valadares Filho, S.C.; Pereira, J.C.; Borges, L.E.; Marcatti Neto, A. Efeito da suplementação protéica a pasto sobre o consumo de forragens, ganho de peso e condição corporal, em vacas Nelore. **Revista Brasileira de Zootecnia**, v.29, n.3, p.930-934, 2000.

Russell, J.B., O'Connor, J.D.; Van Soest, P.J.; Fox, D.G.; Sniffen, C.J. A net carbohydrate and protein system for evaluating cattle diets: I. Ruminal fermentation. **Journal of Animal Science**, v.70, p.3551-3561. 1992.

Sampaio, R.L.; Resende, F.D.; Siqueira, G.R.; Reis, R.A.; Faria, M.H.; Rodrigues, A.R.C. Estratégias de suplementação na recria de bovinos de corte. Efeitos da suplementação na estação da seca sobre o desempenho na estação das águas. In: REUNIÃO DA SOCIEDADE BRASILEIRA DE ZOOTECNIA, 45, 2008. **Anais...** Lavras: SBZ (Submetido)

Sampaio, R.L. **Estratégias de suplementação na recria e terminação de bovinos de corte**. Jaboticabal: Faculdade de Ciências Agrárias e Veterinárias/UNESP. Tese (Doutorado em Zootecnia) - Faculdade de Ciências Agrárias e Veterinárias/UNESP (dados não publicados).

Sanderson, M.A.; Wedin, W.F. Nitrogen in the detergent fiber fractions of temperate legumes and grasses. **Grass and Forage Science**, v.44, p.159-168, 1989.

Santos, E.D.G; Paulino, M.F.; Valadares Filho, S.C.; Lana, R.P.; Queiroz, D.S.; Fonseca, D.M. Consumo, digestibilidade e parâmetros ruminais em tourinhos Limousin-Nelore, suplementados durante a seca em pastagem diferida de Brachiaria decumbens Stapf. **Revista Brasileira de Zootecnia**, v.33, p.704-713, 2004.

Santos, F.A.P.; Correia, P.S.; Ramalho, T.R.; Costa, D.F.A. Sistemas intensivos de recria de bovinos com suplementação em pastagens e confinamento. In: SANTOS, F.A.P., MOURA, J.C., FARIA, V.P. (ed.). Simpósio sobre Bovinocultura de Corte: Requisitos de qualidade na bovinocultura de corte. 6, Piracicaba, 2007. **Anais...** Piracicaba: FEALQ, Piracicaba, 2007. p. 183-219.

Satter, L.D.; Slyter, L.L. Effect of ammonia concentration on rumen microbial protein production in vitro. **British Journal of Nutrition**, v.32, p.199-205, 1974.

Siebert, B.D.; Hunter, R.A. Supplementary feeding of grazing animals. In: HACKER, J.B. (ed.). **Nutritional limits to animal production from pasture**. Commonwealth Agricultural Bureau. Farnham Royal. 1982. p. 409-425.

Silveira, A.C.; de Faria, V.P.; Tosi, H. Efeito da maturidade sobre o valor nutritivo do capim napier. **O Solo**. v.65, n.2, p. 35-41, 1973.

Silveira, A.C.; de Faria, V.P.; Tosi, H. Efeito da maturidade sobre a composição química bromatológica do capim Napier (*Pennisetum purpureum*, Schum.). **Revista da Sociedade Brasileira de Zootecnia**, v.3, p.158-171, 1974.

Sniffen, C.J.; O'Connor, J.D.; Van Soest, P.J.; Fox, D.G.; Russell, J.B. A net carbohydrate and protein system for evaluating cattle diets: II. Carbohydrate and protein availability. **Journal of Animal Science**, v.70, p.3562-3577, 1992.

Thiago, L.R.L.S.; Silva, J.M. **Suplementação De Bovinos Em Pastejo**. 2001, Campo Grande: Embrapa Gado de Corte, (Documentos 108). 2001, 28 p.

Thiago, L.R.L.S.; Valle, L.A.C.S.; Da Silva, J.M.; Macedo, M.C.M.; Jank, L. Uso de *Brachiaria brizantha* cv marandú, *Pennisetum purpureum* cv cameroon e *Panicum maximum* cv mombaça em pastejo rotativo, visando produção intensiva de carne. In: REUNIÃO ANUAL DA SOCIEDADE BRASILEIRA DE ZOOTECNIA, 37, Viçosa, 2000. **Anais...**Viçosa: SBZ, 2000,CD-Rom.

Van Soest, P.J. 1994. **Nutritional ecology of the ruminants**. Ithaca: Cornell University Press. 476 p.

Wilson, J.R. Organization of plant tissues. In: JUNG, H.G. *et al.* (ed.). **Forage cell wall structure and digestibility**. ASA, CSSA, SSSA. Wisconsin. 1993. p. 1-32.

Wilson, J.R. Structural and anatomical traits of forages influencing their nutritive value for ruminants. In: GOMIDE J.A. (ed.). International Symposium on Animal Production under Grazing. **Proceedidings...** Viçosa. Universidade Federal de Viçosa. UFV. 173-208. 1997.

Zervoudaks, J.T.; Paulino, M.F.; Dedtmann, E.; Lana, R.P.; Valadares Filho, S.C.; Cecon, P.R.; Queiroz, D.S.; Moreira, A.L. Desempenho e características de carcaça de novilhos suplementados no período das águas. **Revista Brasileira de Zootecnia**, v.30, p.1381-1389, 2001.

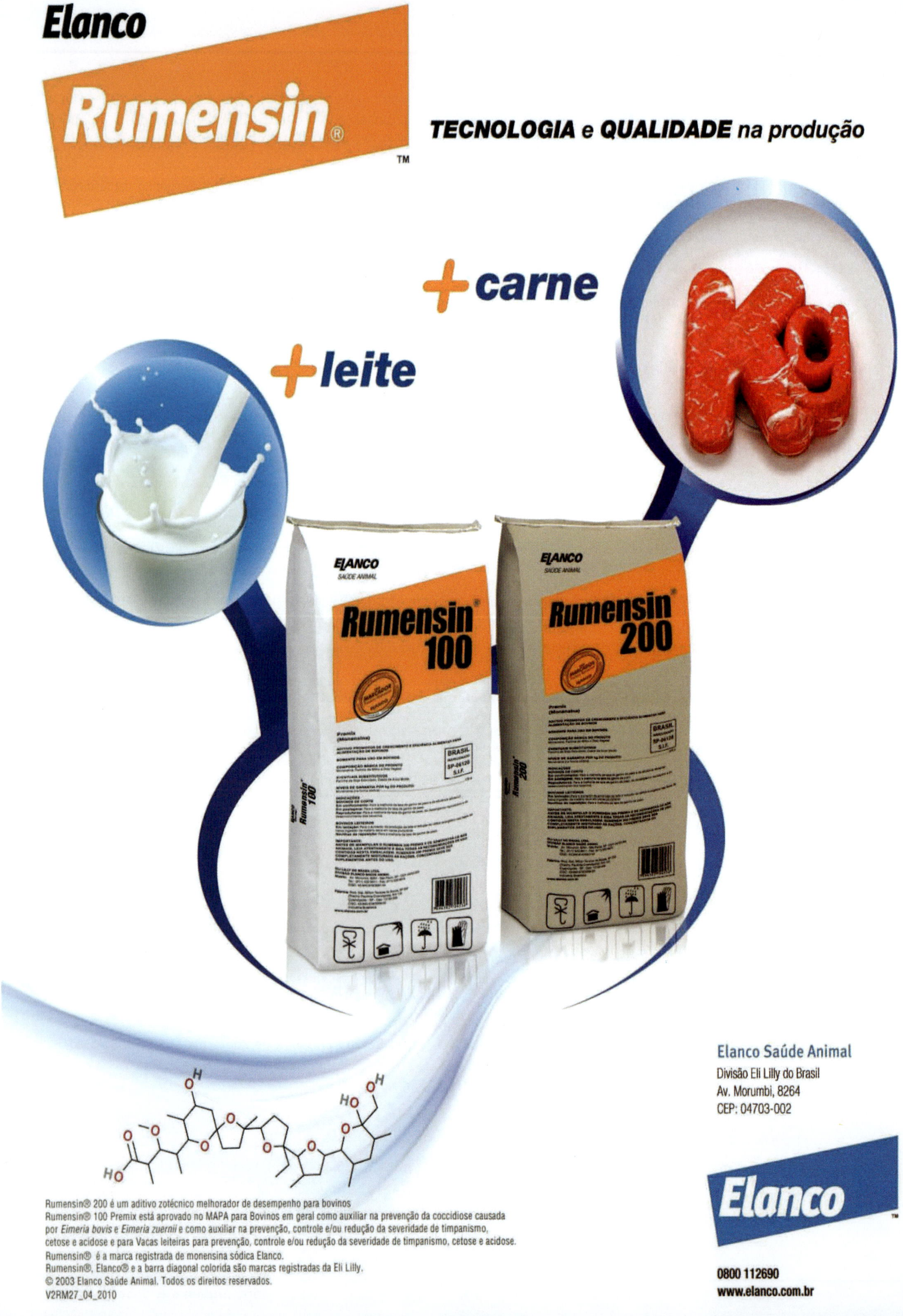
Elanco
Rumensin®
TM
TECNOLOGIA e QUALIDADE na produção
+ carne
+ leite
ELANCO
SAÚDE ANIMAL
Rumensin® 100
ELANCO
SAÚDE ANIMAL
Rumensin® 200
Elanco Saúde Animal
Divisão Eli Lilly do Brasil
Av. Morumbi, 8264
CEP: 04703-002
Elanco
TM
Rumensin® 200 é um aditivo zotécnico melhorador de desempenho para bovinos
Rumensin® 100 Premix está aprovado no MAPA para Bovinos em geral como auxiliar na prevenção da coccidiose causada por *Eimeria bovis* e *Eimeria zuernii* e como auxiliar na prevenção, controle e/ou redução da severidade de timpanismo, cetose e acidose e para Vacas leiteiras para prevenção, controle e/ou redução da severidade de timpanismo, cetose e acidose.
Rumensin® é a marca registrada de monensina sódica Elanco.
Rumensin®, Elanco® e a barra diagonal colorida são marcas registradas da Eli Lilly.
© 2003 Elanco Saúde Animal. Todos os direitos reservados.
V2RM27_04_2010
0800 112690
www.elanco.com.br

CAPÍTULO 14

Suplementação proteica e energética para bovinos de corte em confinamento

Flávio Augusto Portela Santos
Professor Titular
Departamento de Zootecnia
ESALQ/USP. Piracicaba, SP
fapsanto@esalq.usp.br

Alexandre Mendonça Pedroso
Pós-Doutorado
Departamento de Zootecnia
ESALQ/USP. Piracicaba, SP
ampedros@esalq.usp.br

Introdução

A partir do final da década de 90 e início do século 21, o Brasil passou a apresentar crescimento expressivo nas exportações de carne bovina, tornando-se o maior exportador mundial do produto em 2004. Parte desse crescimento deve-se ao processo, ainda em andamento, de ampliação da capacidade técnica dos pecuaristas e frigoríficos brasileiros que, principalmente depois do Plano Real, vêm caminhando em direção à formalização e profissionalização do setor.

Apesar da grande maioria dos animais abatidos no país serem criados, recriados e terminados em pastagens, o processo de profissionalização da pecuária nacional tem estimulado o interesse pela terminação de animais em confinamento. Na última década, o número de animais terminados em confinamento vem crescendo a cada ano. Em levantamento recente feito por empresa privada, foi relatado que os 50 maiores confinamentos brasileiros aumentaram em 78% o número de animais confinados entre 2003 e 2007. O aumento no interesse de pecuaristas e das indústrias frigoríficas do país pela terminação de animais em confinamento decorre, principalmente, da necessidade de melhorar a eficiência de produção e a qualidade de carcaça e de carne produzida no Brasil. Esse processo é fundamental para garantir a competitividade do setor tanto no mercado interno quanto no cenário internacional.

O crescimento da atividade de confinamento no Brasil tem se viabilizado devido ao crescimento expressivo da produção agrícola nacional na última década, com aumento na disponibilidade de grãos de cereais e de co-produtos agroindustriais. A maior oferta de alimentos concentrados, aliada ao aumento do custo da produção de volumosos, a melhoria do potencial genético dos animais e o surgimento de unidades de confinamento de grande porte têm contribuído para aumentar a competitividade de rações com teores elevados de concentrado para bovinos em terminação confinados no Brasil.

A lucratividade da atividade de confinamento é dependente do fator comercial e do fator técnico. O fator comercial diz respeito ao preço de aquisição do boi magro, qualidade desse animal, preço de aquisição de insumos e preço final de venda do boi gordo. A principal parcela do custo total do boi gordo é a compra do boi magro. Já o fator técnico diz respeito ao desempenho do animal em confinamento, referente ao ganho de peso e conversão alimentar. O processamento adequado dos alimentos e o balanceamento correto das rações é fundamental, para que os alimentos sejam utilizados com alta eficiência técnica e econômica pelos animais. Para tal, é imprescindível conhecer bem os alimentos com que se trabalha.

Suplementação energética

Grãos de cereais

Os grãos de cereais, em especial o milho, normalmente representam a principal fonte de energia em rações para terminação de bovinos em confinamento. Rações formuladas para desempenho elevado podem ter entre 60 a 80% desses grãos nas suas composições. O principal constituinte dos grãos de cereais é o amido, que compreende em torno de 70 a 75% da matéria seca (MS) total dos grãos. Dessa forma, otimizar o uso desse nutriente é fundamental para se obter alta eficiência alimentar dos animais confinados. Em ruminantes, o amido pode ser fermentado no rúmen e no intestino grosso por microrganismos, ou ser digerido enzimaticamente no intestino delgado (ID).

Metabolismo ruminal do amido

O principal local de digestão de amido é o rúmen, no qual ácidos graxos voláteis (AGV) e proteína microbiana (PMic) são produzidos. Em termos de eficiência energética, a digestão intestinal do amido é mais eficiente que a digestão ruminal, uma vez que não ocorrem as perdas por metano principalmente. Entretanto, com o objetivo de maximizar a digestão do amido no trato digestivo total para se obter a melhor eficiência alimentar possível, os grãos de cereais, principalmente o milho e o sorgo, devem ser processados de forma intensa. Como o rúmen é o primeiro compartimento de digestão do amido em ruminantes, esse processamento resulta em 75 a 85% do amido da ração sendo fermentado no rúmen. Toda a tentativa de se processar menos os grãos, para aumentar o escape de amido para o intestino delgado, resulta em menor digestão total do amido e pior desempenho animal.

O primeiro passo no processo de fermentação ruminal do amido é sua hidrólise pela ação de enzimas secretadas pelos microrganismos ruminais, principalmente bactérias amilolíticas. Essas bactérias tendem a predominar no rúmen de animais que recebem rações com altos teores de amido. A degradação por essas bactérias envolve a ação da enzima extracelular α-amilase, que age de forma casualizada ao longo da molécula de amido. Após essa molécula ter sido degradada em maltose e glicose, bactérias sacarolíticas fermentarão esses substratos rapidamente, por meio da via glicolítica, para produzir piruvato. Este é o intermediário por meio do qual todos os carboidratos têm que passar antes de serem convertidos em AGV, CO_2 e CH_4.

Acredita-se que praticamente toda a produção de AGV seja absorvida pelas paredes do rúmen, retículo e omaso, porém uma quantidade considerável desses compostos é metabolizada pelo próprio tecido ruminal durante a absorção. É evidente a importância dos AGV na absorção e utilização da energia em ruminantes, pois eles podem representar mais de 60% do fluxo líquido de energia na veia porta de bovinos. Sendo assim, métodos de processamento de grãos de cereais, que otimizem a degradação ruminal do amido, resultam em maior disponibilidade de energia para o bovino.

Não apenas a nutrição energética, mas também a nutrição proteica dos bovinos é influenciada pela digestão ruminal do amido. A produção de PMic e a passagem de nitrogênio (N) para o ID são influenciados por fatores, tais como: ingestão de matéria seca (IMS), taxa de passagem da digesta, relação volumoso:concentrado, teor e degradabilidade ruminal da proteína, teor e fonte de gordura da dieta, mas, principalmente, teor e degradabilidade ruminal dos carboidratos não fibrosos (CNF), com destaque para o amido dos grãos.

A produção de PMic é calculada pelo produto da quantidade de substrato fermentado no rúmen (kg de CHO) multiplicada pela eficiência microbiana (g PMic/kg CHO fermentado). Tanto a produção como a eficiência microbiana podem ser alteradas pela fonte e degradabilidade ruminal do CNF. Via de regra, a produção microbiana é aumentada quando se fornece grãos processados mais intensamente, cujo amido apresenta maior taxa e extensão de degradação ruminal, em relação a grãos pouco processados. Por exemplo, a produção de proteína microbiana normalmente é maior quando se utiliza grãos floculados (*steam-flaked*) em comparação a grãos laminados a seco (*dry-rolled*).

A digestibilidade do amido é afetada por vários fatores, mas principalmente pela presença de matrizes proteicas revestindo o grânulo de amido e pela eficiência do método de processamento dos grãos em quebrar essas matrizes. Em ordem de digestibilidade do amido, têm-se os grãos de aveia, trigo, cevada, milho e sorgo. As proteínas dos grãos de aveia, trigo e cevada, não se apresentam formando matrizes proteicas intensas ao redor dos grânulos de amido, o que confere alta digestibilidade ao amido desses cereais. No caso do milho e do sorgo principalmente, existe a presença de intensa matriz proteica revestindo os grânulos de amido, o que limita a ação das enzimas amilolíticas tanto no rúmen quanto nos intestinos. Processamentos pouco intensos, como a quebra, a moagem grosseira ou laminação são suficientes em grãos como aveia, trigo e cevada. Entretanto, no caso do milho e do sorgo, são exigidos métodos mais intensos de processamento para romper as matrizes proteicas e otimizar a digestão do amido.

O processamento mais utilizado nos confinamentos brasileiros para milho e sorgo é a moagem. A moagem fina é vantajosa em relação à moagem grosseira, pois resulta em maior área superficial do grão e em maior rompimento das matrizes proteicas que envolvem os grânulos de amido. Entretanto, há formas de processamento mais efetivas que a moagem fina para aumentar a degradabilidade do amido, como a ensilagem de grãos úmidos e a floculação.

A floculação de sorgo e milho é atualmente o método de processamento mais utilizado nos confinamentos comerciais de gado de corte nos Estados Unidos, e começa a chegar aos confinamentos brasileiros. Esse processo consiste em expor os grãos ao vapor, à pressão atmosférica, por 30 a 60 minutos, e então passá-los através de rolos compressores ajustados para se obter uma determinada densidade. Durante o processamento, os grânulos de amido sofrem gelatinização, há aumento da área superficial do grão e, principalmente, ocorre intensa quebra das matrizes proteicas que envolvem o amido. A quebra das matrizes proteicas é considerada como a maior responsável pelos efeitos positivos da floculação sobre a digestibilidade do amido. O resultado final é o aumento significativo na digestibilidade do amido no rúmen, ID e no trato digestivo total, tanto para grãos de sorgo como de milho. Em comparação com a quebra, laminação a seco ou moagem grosseira, o aumento no valor energético do milho com a floculação é considerável, em torno de 15% para a energia líquida de mantença e 18% para a energia líquida de ganho. Esse incremento é ainda maior no sorgo.

No caso do milho, o incremento energético com a floculação talvez seja ainda maior no milho brasileiro, que é do tipo duro ou *flint*, com predominância de endosperma vítreo, mais rico em matrizes proteicas que o endosperma farináceo do milho dentado usado pelos americanos. Com base em dados obtidos no Brasil com bovinos terminados com rações ricas em milho duro, moído grosso ou finamente moído, os valores estimados de NDT para esse milho têm sido de 79 a 82% respectivamente, bem inferior aos valores publicados nas tabelas americanas do NRC (1996) com milho dentado.

A ensilagem de grãos úmidos de milho e de sorgo também aumenta de forma significativa a digestibilidade do amido no rúmen e no trato digestivo total. Esse aumento na digestibilidade ocorre principalmente por causa da proteólise causada por microrganismos durante o processo de ensilagem, rompendo assim as matrizes proteicas.

Metabolismo intestinal do amido

O amido que escapa da degradação no rúmen passa para o ID onde pode ser digerido enzimaticamente por meio de um processo similar ao que ocorre em monogástricos. A molécula de amido é quebrada inicialmente no ID pela enzima α-amilase pancreática, produzindo um dissacarídeo (maltose), um trissacarídeo (maltotriose) e um resíduo de α-dextrina ramificada. Esses oligosacarídeos são então hidrolizados pela ação final das enzimas glucoamilase, sucrase e α-dextrinase, presentes na parede intestinal (região da borda em escova). O produto final, glicose, pode então ser absorvido via transporte ativo juntamente com sódio.

Os fatores apontados como responsáveis pela limitação que existe na capacidade do ID em digerir amido são diversos e motivos de muita controvérsia entre diferentes grupos de pesquisadores. A limitação enzimática tem sido apontada como o principal fator, mas diversos pesquisadores sugerem que essa limitação não se deve à falta de capacidade enzimática, desde que não se detecta uma estabilização na quantidade de amido desaparecendo do ID em rações típicas para bovinos de corte. Outros fatores, tais como tempo e superfície de exposição, podem ser mais limitantes para a digestão do amido no ID.

A floculação tem se mostrado o processamento mais efetivo para aumentar a digestão intestinal do amido que escapa da fermentação ruminal. O resultado final é uma maior digestibilidade no trato total para os grãos floculados.

O amido que escapa da fermentação ruminal e da digestão enzimática no ID pode ser fermentado no intestino grosso (IG) pela ação de microrganismos. Os AGV produzidos podem ser absorvidos e utilizados pelo ruminante, mas a PMic sintetizada não pode ser absorvida, sendo completamente excretada nas fezes. Parte do N-ureico do plasma, que poderia ser reciclado de volta para o rúmen, é desviado para o IG quando grandes quantidades de amido estão disponíveis para fermentação nesse órgão, o que pode ter um efeito negativo na utilização de N pelo ruminante.

A floculação e a ensilagem de grãos úmidos de sorgo e milho aumentam a digestibilidade do amido no rúmen e no ID, resultando em menores quantidades desse nutriente atingindo o IG. Além disso, o amido que chega nesse órgão é mais digestível que o de grãos pouco ou não processados.

Absorção de glicose e metabolismo pelos tecidos viscerais

Uma questão importante a ser esclarecida é qual proporção do amido que entra no ID é efetivamente absorvida como glicose e, uma vez absorvida, qual o destino metabólico dessa glicose. Os tecidos drenados pelo sistema porta-hepático (*portal-drained viscera - PDV*), incluindo o trato gastrintestinal, pâncreas, baço e gordura mesentérica e omental têm alta taxa de *turnover* de proteína, transporte iônico e outros processos que consomem grande quantidade de energia, resultando em altas taxas de uso de oxigênio e produção de calor. De forma semelhante, o fígado também tem alta demanda energética. Como consequência, as vísceras drenadas pelo sistema porta mais o fígado respondem por, aproximadamente, metade do consumo corporal de oxigênio em machos corte. Essa elevada taxa metabólica tem grande impacto na quantidade e qualidade de nutrientes absorvidos que chegam ao fígado e, consequentemente, na disponibilidade desses nutrientes para os tecidos musculares.

O uso intenso de glicose pelos vísceras drenadas pelo sistema porta-hepático resulta em fluxo negativo desse nutriente para o fígado de garrotes de corte, recebendo rações ricas em grãos. Como consequência, toda glicose que chega aos tecidos musculares do animal é proveniente da gluconeogênese hepática. Ácido propiônico, ácido láctico e aminoácidos são os principais precursores para a síntese de glicose no fígado. Essa observação enfatiza a importância de se otimizar a fermentação ruminal do amido, aumentando assim a produção de ácido propiônico e de PMic no rúmen.

Processamento dos grãos de cereais e desempenho de bovinos em terminação.

A otimização do uso do amido é fundamental para se obter desempenho eficiente em bovinos confinados com rações ricas em grãos de cereais. O objetivo do processamento dos grãos de cereais é aumentar a disponibilidade da energia para o animal.

Diversos trabalhos de pesquisa recentes confirmam as vantagens da floculação do milho sobre a laminação a seco para bovinos terminados com rações com altos teores de concentrados. Em revisões de trabalhos conduzidos até meados da década de 90, foi relatado que a floculação do milho ou sorgo geralmente reduzia o consumo de ração com pequeno aumento no ganho, melhorando significativamente a eficiência alimentar dos animais. Em trabalhos mais recentes, revisados por Santos *et al.* (2004), observou-se pequeno impacto da floculação no consumo e efeito positivo no ganho de peso, resultando em melhora de 10,4% na eficiência alimentar dos animais (**Tabela 1**).

Existe uma faixa ideal de intensidade do processo de floculação para os grãos de milho e sorgo para bovinos de corte. A recomendação para bovinos em terminação confinados, recebendo rações ricas em grãos, é flocular o milho ou sorgo para se obter uma densidade entre 310 a 360g/l. Materiais menos processados não apresentam resultados satisfatórios, por não aumentarem suficientemente a digestibilidade do amido. Materiais excessivamente processados também prejudicam o desempenho animal, provavelmente por aumentarem os riscos de acidose ruminal.

Um grupo de consultores dos EUA realizou um teste de viabilidade para aquisição de equipamentos para produzir grãos laminados, ensilados ou floculados, comparando os custos para uma operação de 5.000 animais e outra de 20.000 animais confinados. Claramente, os custos são maiores para a produção de grãos floculados, mas o teste mostrou que, para ambas as situações, o melhor custo benefício era o proporcionado por esse tipo de grão, de forma que o maior investimento nos equipamentos era largamente compensado pelos benefícios associados ao uso dos grãos floculados em relação aos demais (Macken *et al.*, 2006).

A utilização de silagem de grãos úmidos de milho é uma opção interessante quando o confinador possui área agrícola para a produção de grãos. Esse método de processamento é efetivo para aumentar a digestibilidade ruminal e total do amido em comparação à moagem ou laminação seca, e melhorar o desempenho animal (**Tabela 2**). De modo geral, ocorre redução no consumo de ração, sem alteração no ganho de peso, com melhoria na eficiência alimentar.

Tabela 1. Efeito da floculação do milho no desempenho de bovinos confinados em comparação com a laminação a seco.

Referência	Concentrado % da MS	Variação CMS, %	Variação GPD, %	Variação GPD/CMS,%
Brown *et al.* (2000)	90	-1,2	+17,7	+19,8
Brown *et al.* (2000)	90	0	+8,2	+7,8
Barajas & Zinn (1998)	88	-9,2	+7,6	+8,2
Scott *et al.* (2003)	92,5	0	+3,4	+4,3
Scott *et al.* (2003)	92,5	0	+10,2	8,4
Ward *et al.* (2000)	90	-7	+8	+14
Média	**90,5**	**-2,9**	**+9,2**	**+10,4**

Adaptado de Santos *et al.* (2004).

Tabela 2. Efeito da ensilagem de milho úmido no desempenho de bovinos confinados, em comparação com a Laminação a Seco (MLS).

Referência	Concentrado % da MS	Variação CMS, %	Variação GPD, %	Variação GPD/CMS,%
Scott *et al.* (2003)	92,5	-6,6	-2,0*	+5,0
Scott *et al.* (2003)	92,5	0	0	0
Ladely *et al.* (1995)	90,0	-15,2	0	+17,0
Ladely *et al.* (1995)	90,0	-6,2	+2,4	+11,6
Média	**91,2**	**-7,0**	**0**	**+8,4**

O principal critério adotado no Brasil para a substituição de milho por sorgo, nas rações de bovinos confinados na fase de terminação, é a relação de preço entre os grãos. Historicamente, o preço do sorgo no mercado nacional tem ficado entre 70 a 80% do preço do milho. Com base nas tabelas americanas do NRC (1996), tem se assumido valor energético para o sorgo de aproximadamente 90% do valor do milho. Essa diferença talvez seja menor no caso do milho duro utilizado no Brasil. Na **Tabela 3**, foram compilados 7 trabalhos americanos, comparando sorgo com milho em rações com altos teores de concentrado para bovinos em terminação. O milho apresentou CMS 2,5% menor, GPD 5,2% maior e eficiência alimentar 7,6% maior que o sorgo.

No Brasil, o método de processamento de grãos de cereais mais utilizado nos confinamentos é a moagem. Quando se trabalha com rações com alto teor de concentrado, sendo o volumoso úmido, como silagens ou cana-de-açúcar fresca, tanto o milho como o sorgo devem ser finamente moídos, com tamanho médio de partículas entre 0,7 a 1,2 mm. No caso de volumoso seco, como feno, a moagem fina pode ser arriscada, por resultar em acúmulo de partículas muito finas de cereal no fundo do cocho, o que aumenta o risco de acidose nos animais.

Co-produtos energéticos

Outra categoria de alimentos comum nos confinamentos brasileiros é a dos co-produtos da agroindústria, utilizados como alimentos alternativos aos grãos de cereais com o objetivo principal de reduzir o custo da alimentação. No Brasi,l são produzidos volumes consideráveis de co-produtos passíveis de serem utilizados pelos bovinos, sendo a sua disponibilidade regionalizada. Além do fator custo, a redução no teor de amido e o aumento nos teores de pectina e fibra de alta digestibilidade em rações com altos teores de concentrado podem melhorar o pH e otimizar a fermentação ruminal, a síntese microbiana, o consumo de matéria seca e, consequentemente, o desempenho animal.

Dentre os co-produtos da indústria alimentícia que podem ser utilizados em rações para bovinos em confinamento, destacam-se a polpa

Tabela 3. Comparação entre grãos de milho e sorgo para bovinos confinados.

Referência	Método de processamento do milho[(1)]	Método de processamento do sorgo	Grãos na dieta, % da MS	Variação* CMS, %	Variação* GPD, %	Variação* eficiência alimentar, %
Brandt *et al.* (1992)	F	F	+ de 75	0	0	0
Gaebe *et al.* (1998)	LS, EX	LS, EX	78,6	-6,5	+5,5	+10,8
Huck *et al.* (1998)	F	F	77	0	+16,5	+16,8
Huck *et al.* (1998)	F	F	74,5	0	+2,6	+3,3
Sindt *et al.* (1993)	LS	LS	74	-5,8	+1,8	+5,3
Stock *et al.* (1990)	LS	LS	83,8	-2,1	+4,47	+7,0
Zinn (1991)	F	F	74,8	-3,2	+6,5	+9,9
Média			77	-2,5	+5,3	+7,6

*Efeito positivo ou negativo do milho sobre o sorgo. (1) F = Floculado, LS = Laminado a seco, EX = Extrusado.

cítrica, a casca de soja e o caroço de algodão e, em menor escala, o farelo de trigo e o farelo de glúten de milho (Refinazil® ou Promill®)

Polpa cítrica

A polpa cítrica é originada a partir da fabricação do suco de laranja e é composta de cascas, sementes e bagaço. O subproduto é obtido após duas prensagens, que reduzem sua umidade de 65 a 75%. A polpa pode ser comercializada úmida porém, normalmente, passa por secagem até atingir 90% de matéria seca, para então ser peletizada.

O Brasil é o maior produtor mundial de citros, com produção anual de polpa cítrica da ordem de 1.150.000 toneladas, concentrada principalmente no Estado de São Paulo. O interesse pela polpa cítrica para uso em rações para animais confinados vem crescendo nos últimos anos, devido ao seu preço competitivo em relação ao do milho e ocorrência da sua safra entre os meses de maio a dezembro, que coincide com o período em que se concentram as atividades de cofinamento.

Em geral, a polpa é caracterizada pela alta digestibilidade da matéria seca, normalmente superior à do milho moído, e por possuir características energéticas de concentrado, e fermentativas ruminais de volumoso.

Comparada ao milho, a polpa cítrica possui menor teor de proteína e de fósforo. Diferentemente dos grãos de cereais como milho e sorgo, a polpa cítrica não contém teores significativos de amido, porém é rica em açúcares (25% da MS), pectina (25% a 35% da MS) e em FDN altamente digestível (23% da MS). A pectina é um carboidrato estrutural, constituído por polímeros de ácido galacturônico, que faz parte da estrutura da parede celular dos vegetais, sendo quase totalmente (90 a100%) degradável no rúmen. Os valores de degradação ruminal da pectina variam de 30 a 50% por hora contra 10 a 30% para o amido de milho. Em alguns estudos, a menor concentração de ureia sanguínea em animais alimentados com rações ricas em pectina, provenientes de alimentos como a polpa cítrica, em comparação com rações contendo amido de cereais, sugere utilização mais eficiente da proteína degradável no rúmen pelas bactérias ruminais.

Em razão do seu teor praticamente nulo de amido e dos altos teores de pectina e fibra de alta digestibilidade, a polpa cítrica apresenta um padrão de fermentação ruminal diferente da observada com os grãos de cereais, com menor produção de propionato e lactato e maior produção de acetato. A menor produção ruminal de lactato pela polpa cítrica, faz com que esse alimento tenha menor chance de propiciar acidose ruminal, diferentemente do que ocorre com as fontes energéticas mais usuais, como os cereais, ricos em amido.

No trabalho de Carvalho *et al.* (1998), com machos Nelore, foi verificado que a substituição de milho por polpa cítrica melhorou o ambiente ruminal e a digestibilidade da ração. Os autores concluíram que a utilização desta fonte alternativa apresenta boas possibilidades de minimizar os efeitos associativos negativos decorrentes de rações com alto teor de concentrado.

Poucos são os trabalhos publicados sobre substituição de milho por polpa cítrica para bovinos confinados. Entretanto, na quase totalidade dos trabalhos, o valor energético da polpa não diferiu do valor do milho moído ou laminado.

O desempenho de bovinos machos alimentados com rações contendo 60% (Sampaio *et al.*, 1984), 80% (Henrique *et al.*, 2004) ou 85% de concentrado (Vijchualta *et al.*, 1980) não diferiu quando a polpa cítrica substituiu o milho em diferentes proporções nas rações.

Em trabalho conduzido no Departamento de Zootecnia da ESALQ/USP, Pereira *et al.* (2007) estudaram a substituição do milho moído fino por polpa cítrica peletizada (relação milho: polpa igual a 100:0; 50:50; 25:75; 0:100), em rações com 70% de concentrado e 30% de silagem de cana-de-açúcar para tourinhos Canchim na fase de crescimento e terminação (**Tabela 4**). A substituição de 50% do milho por polpa cítrica não alterou o consumo de ração, mas melhorou o ganho de peso e a eficiência alimentar dos animais. Inclusões de teores maiores de polpa cítrica reduziram o consumo de MS e o ganho de peso dos animais, quando comparados ao tratamento 50:50. O ganho de peso menor observado no tratamento exclusivo com polpa cítrica em comparação ao tratamento exclusivo com milho ocorreu por causa do menor consumo de MS, porém a eficiência alimentar não di-

Item	100M:0P	50M:50P	25M:75P	0M:100P
Tabela 4. Efeito da substituição do milho por polpa cítrica na ração de tourinhos Canchim.				
	Tratamentos			
Baias por tratamento	6	6	6	6
Peso vivo inicial, kg	317,5	319,2	318,8	317,2
Peso vivo final, kg	506,0	526,4	504,9	493,4
GPD, kg/dia[ac]	1,59	1,72	1,55	1,48
IMS, kg/dia[a]	10,83	10,85	10,39	9,78
Eficiência alimentar[b]	0,147	0,159	0,149	0,152
Espessura de gordura, mm	3,89	4,15	4,16	4,16
Rendimento de carcaça, %	55,8	58,2	57,3	57,3

[a]Efeito linear de polpa cítrica, P < 0,05. [b]M *vs* P50, P < 0,05. [c]M *vs* P50, P < 0,10.

feriu entre os tratamentos. Com base nos dados de consumo de MS e ganho de peso, os valores observados de energia líquida de mantença e de ganho das rações foram 1,73 e 1,11, 1,83 e 1,20, 1,76 e 1,13 e 1,78 e 1,15 Mca/kg de MS para os tratamentos 100M:0P; 50M:50P, 25M:75P; 0M:100P, respectivamente. Dois fatores podem ter contribuído para o maior valor energético das rações contendo polpa cítrica:

a) efeito positivo da polpa cítrica no ambiente ruminal, melhorando a digestão da fração fibrosa da cana-de-açúcar;

b) baixa digestibilidade do amido do milho brasileiro, do tipo *flint* ou duro, indicando que os valores de energia adotados para o milho dentado nas tabelas do NRC (1996), assim como os obtidos pelas equações usadas para cálculo do NDT a partir dos dados de análise bromatológica, superestimam o valor energético do milho duro utilizado no Brasil.

Quando a polpa cítrica é incluída em teores elevados na ração, é fundamental atentar para seu alto teor em cálcio e baixo em fósforo. Além da necessidade da correção no teor de fósforo na ração, o excesso de cálcio pode afetar a absorção de microminerais como o zinco. Dessa forma, é recomendável aumentar os teores de microminerais nessas rações.

Casca de soja

A casca de soja (CS) é um co-produto da industrialização do grão de soja para a produção de óleo de soja e lecitina. É obtida em uma das primeiras etapas do processamento, quando os grãos são quebrados e as cascas retiradas por aspiração. Em seguida, a CS sofre processo de purificação e tostagem para eliminar a atividade da urease. Para cada tonelada de soja moída para extração do óleo, obtêm-se, aproximadamente 180 kg de óleo, 710 kg de farelo 48% de proteína bruta, e cerca de 50 kg de casca (5%). Quando é produzido o farelo com 46% de proteína, mais comum no Brasil, a quantidade de casca disponível é muito pequena, sendo assim, nem todas as indústrias de óleo têm disponível a casca. De qualquer maneira, considerando-se o volume de soja produzido no Brasil, a disponibilidade potencial da casca é considerável. O aumento na oferta tende a resultar em custos atrativos em relação ao milho, o que aumenta o interesse de confinadores por este co-produto, na tentativa de reduzir os custos de alimentação.

Como sua densidade é muito baixa, a CS passa por um processo de moagem para que sejam reduzidos os custos de transporte. A CS consiste basicamente de fibra, o que desperta pouco ou nenhum interesse industrial pelo produto para humanos. Entretanto, é justamente o conjunto de características fisico-químicas da CS que a torna interessante para uso em rações de bovinos.

Na **Tabela 5**, é apresentada a composição média da casca de soja. A composição final do co-produto pode variar em razão das condições de cada indústria, de forma que sempre se recomenda a análise dos teores nutricionais da CS antes de sua utilização.

Enquanto o milho e a polpa cítrica são alimentos energéticos ricos em carboidratos não fibrosos (CNF), amido no caso do milho e açúcares e pectina no caso da polpa, a casca de soja é rica em FDN. Em torno de 80% da MS da CS é composta por carboidratos, principalmente polímeros de glicose, e a maior parte desses carboidratos (75%) é derivada da fração FDN. Como se observa na **Tabela 5**, a fração fibrosa da CS é pouco lignificada. Além disso, apresenta baixos teores de ácidos ferúlico e p-cumárico, que são os principais monômeros fenólicos envolvidos nas ligações entre a hemicelulose e a lignina. Embora apresente teores de fibra que se assemelham aos de forragens de baixa qualidade, a fração FDN da CS, por ser pouco lignificada, possui alta degradação ruminal. A fração CNF da casca de soja, apesar de representar pequena fração da MS total, é rica em pectina.

O valor nutricional da CS depende da taxa de digestão ruminal e da taxa de passagem para o trato posterior. Ficou demonstrado, em diversos experimentos *in situ*, que os microrganismos ruminais são capazes de promover extensa fermentação da CS a taxas elevadas.

Em rações com altas taxas de inclusão de concentrado, em que o teor de CNF é elevado, a substituição de parte das fontes de cereais por CS pode resultar em ambiente ruminal mais favorável para a atividade microbiana no rúmen. Isso decorre do padrão de fermentação da celulose e hemicelulose (principais carboidratos constituintes da CS), resultando em maior proporção de acetato no rúmen, e menor produção de propionato e lactato, o que resultaria na manutenção do pH em níveis mais adequados.

Com base no exposto acima, assim como com a polpa cítrica quando em substituição parcial ao milho duro ou *flint* usado no Brasil, em rações com teores altos de concentrado, a CS teoricamente não deveria ter efeito negativo no desempenho animal, pelo contrário, poderia inclusive ter efeito positivo. Entretanto, não se encontram trabalhos na literatura sobre inclusão de casca de soja em substituição parcial ao milho em rações com teores altos de concentrado (acima de 70% na MS) para bovinos em terminação.

Caroço de algodão

O caroço de algodão (CA) é uma semente oleaginosa, resultante do beneficiamento do algodão em caroço para extração da fibra de algodão. Embora grande parte do caroço seja prensado para produção de óleo, é bastante expressivo seu uso na alimentação de ruminantes na forma integral. O beneficiamento de 100kg de algodão em pluma resulta em 61kg de caroço. Na **Tabela 6**, pode-se verificar a composição média do CA com e sem línter.

O caroço de algodão é um alimento único, pois é rico simultaneamente em energia proveniente do seu teor alto em óleo, proteína, fibra efetiva e fósforo. Essa característica torna o CA extremante interessante em rações com teores altos em concentrado. Ao mesmo tempo em que contribui para elevar o teor energético da ração, pelo seu alto teor em óleo, reduz o teor de CNF fermentáveis no rúmen e aumenta o teor de FDN efetiva na ração.

A degradabilidade ruminal da proteína do CA é elevada, sendo boa fonte de N para os microrganismos ruminais. Entretanto, quando fornecido como fonte suplementar de proteína para animais em crescimento, com alta exigência por proteína metabolizável, o CA pode limi-

Tabela 5. Composição bromatológica da Casca de Soja.

Composição (% da MS)	Mínimo	Máximo	Média	Desvio padrão	Número de observações
Proteína bruta	9,4	19,2	11,8	2,3	27
FDA	39,6	52,8	47,7	3,9	27
FDN	53,4	73,7	65,6	5,0	27
Celulose	29,0	51,2	43,0	8,4	5
Hemicelulose	15,1	19,7	17,8	2,7	3
Lignina em Det. Ác.	1,4	3,9	2,1	0,81	3
CNE	5,3	12,8	7,9	3,4	4
Amido	0,0	9,4	2,9	3,2	8
Extrato etéreo	0,8	4,4	2,7	1,6	9

Adaptado de Ipharraguerre & Clark, 2003.

Tabela 6. Composição bromatológica do caroço de algodão com e sem línter.

	Integral	Sem línter
Composição nutricional (% de MS)		
Matéria seca	91,6	90
Proteína bruta	22,5	25
FDA	38,8	26
FDN	47,2	37
Extrato etéreo	17,8	23,8
NDT	77,2	——
Lignina	12,9	——
Cinzas	4,2	4,5
Composição em minerais		
Ca %	0,14	0,12
Mg %	0,35	0,41
K %	1,14	1,18
Na %	0,008	0,01
Cu mg/kg	7	11
Fe mg/kg	50	108
Mn mg/kg	15	14
Mo mg/kg	1,6	-
Zn mg/kg	33	36

Fonte: Araújo *et al.*(2003) e NRC (2001).

tar o desempenho desses animais por não suprir quantidades necessárias de aminoácidos para a absorção no intestino delgado. Por outro lado, para animais em terminação, normalmente a inclusão de CA resulta em rações com teores de proteína metabolizável adequados ou em excesso.

A fração fibrosa do CA é de baixa digestibilidade, pois, ao redor de 34%, é composta por lignina. Além de quase totalmente indigestível, a lignina também reduz a digestibilidade da celulose e da hemicelulose. A porção fibrosa branca que se observa aderida ao caroço, nada mais é do que algodão residual, composto praticamente em sua totalidade por celulose, totalmente digerível. A casca do CA reúne as demais frações da fibra, de baixíssima digestibilidade. Essas características fazem com que a FDN do CA apresente alta efetividade física.

Por ser rico em óleos poli-insaturados, tem sido postulado que esse co-produto pode causar alterações na composição de ácidos graxos da gordura animal. Entretanto, não se encontram trabalhos de pesquisa que mostrem alterações significativas na composição de ácidos graxos do tecido adiposo de bovinos alimentados com rações contendo até 30% de caroço de algodão na MS.

Em rações para bovinos em terminação com teores altos de concentrado, a inclusão de caroço de algodão em substituição parcial ao milho ou sorgo pode melhorar o desempenho animal, por reduzir o teor de amido e, ao mesmo tempo, aumentar o teor de fibra da ração, melhorando o ambiente ruminal.

Na **Tabela 7**, são apresentados os resultados de dois experimentos nos quais foram avaliados o desempenho e as características de carcaça de bovinos em terminação alimentados com caroço de algodão. As rações continham altos teores de milho floculado. No experimento 1, todas as rações continham 10% de feno de alfafa como fonte de forragem. O caroço de algodão foi incluído na ração na proporção de 15,1% da MS e substituiu totalmente o farelo de algodão e parcialmente o milho floculado da ração controle. A inclusão de caroço de algodão na ração aumentou o CMS, não alterou o GPD e reduziu a eficiência alimentar, o rendimento de carcaça e o marmoreio da carne dos animais. No experimento 2, o caroço de algodão foi incluído na ração na proporção de 15,36% da MS e substituiu na integra a fonte de forragem (feno de alfafa e a casca de algodão) e o farelo de algodão da ração controle. A inclusão de caroço de algodão na ração reduziu o CMS, manteve o GPD e as características de carcaça e melhorou a eficiência alimentar dos animais. Com base nesses dois experimentos, pode-se concluir que, em rações de terminação com teores altos de

Tabela 7. Resultados da utilização de caroço de algodão em rações para bovinos confinados.

Referência	Alimentos substituídos	CA, % da MS da ração	CMS, Kg/cab /dia	Var. em relação ao controle (%)	GPD Kg/cab /dia	Var. em relação ao controle (%)	Eficiência, GPD / CMS	Var. em relação ao controle (%)
Cranston *et al.* (2006)	MF; FA	15,10	8,7	+7,3	1,61	0	0,185	-4,2
Cranston *et al.* (2006)	Fna, CscA; FA	15,36	8,0	-5,4	1,46	0	0,184	+4,6

MF: milho floculado; FA: farelo de algodão ; FnA: feno de alfafa; CscA: casca de algodão.

milho floculado, o caroço de algodão, quando incluído na ração na dose de 15% da MS, pode melhorar o desempenho animal desde que o teor de forragem da ração seja reduzido.

Há carência de dados nas condições brasileiras, em que se trabalha com milho duro, processado por meio de moagem, quanto ao teor ótimo de inclusão de caroço e suas interações com tipos e quantidade de forragem.

Gossipol

O gossipol é um composto fenólico, tóxico para animais monogástricos. Atua reduzindo a capacidade de transporte de oxigênio do sangue, resultando em respiração mais curta e edema dos pulmões. Como é de conhecimento geral, o gossipol causa problemas de infertilidade em machos, de forma que seu fornecimento para animais destinados à reprodução pode ser um problema considerável.

No algodão, o gossipol encontra-se em pequenas glândulas de pigmento amarelo, encontradas por toda a planta, mas encontra-se especialmente concentrado no caroço. Quando esse é floculado e aquecido como parte do processo de extração do óleo, essas glândulas se rompem liberando o gossipol que pode se ligar a outros componentes do caroço. Essa é a razão de se falar em termos de gossipol livre e ligado. No CA, o gossipol encontra-se principalmente na forma livre. Durante o processamento, o gossipol livre pode se ligar às frações proteicas, indisponibilizando tanto o gossipol quanto parte dos aminoácidos. A lisina parece ser o principal aminoácido envolvido no processo. Na forma ligada, o gossipol não oferece risco aos ruminantes, pois não pode ser absorvido pelo trato digestivo.

Embora os ruminantes possam ser intoxicados pelo gossipol administrado por via intravenosa, ele não parece ser problema quando ingerido por intermédio dos co-produtos do algodão, desde que utilizados nos teores recomendados. Isso ocorre por que os microrganismos do rúmen podem atuar anulando seu efeito tóxico. O teor de gossipol livre no caroço de algodão parece estar entre 0,47 e 0,63% (média 0,55%) e, no farelo de algodão, entre 0,079 e 0,298% na matéria original.

Em situações normais, os teores tóxicos de gossipol dificilmente são atingidos, pois o CA contém apenas 6g de gossipol por kg. Já o FA tem conteúdo variável, dependendo do processamento, podendo variar de 0,7 a 3 g/kg, concentrações muito baixas independentemente do método de extração de óleo empregado.

Quanto ao seu efeito negativo na fertilidade dos animais, para touros têm sido sugerido que o limite máximo é de 30 mg de gossipol total por kg de peso vivo. Dessa forma, um tourinho de 300 kg pode ingerir no máximo 9g de gossipol por dia, ou seja, 1,5 kg de CA. Já para touros com mais de 500 kg, o teor máximo de ingestão de gossipol é de 15g/dia, o que será atingido com 2,5 kg de CA.

Farelo de glúten de milho

O farelo de glúten de milho (FGM) é um subproduto da indústria de produtos de milho, basicamente amido e adoçantes, conhecido no Brasil pelos nomes comerciais de Refinazil® ou Promill®. O FGM é obtido pela separação e secagem das fibras dos grãos de milho durante o processo de moagem úmida do cereal. Tecnicamente, é o que sobra do grão de milho após a extração da maior parte do amido, glúten e germe, pelos processos de moagem e separação empregados na produção de amido e xarope de milho, sendo 2/3 de conteúdo fibroso e 1/3 de licor concentrado de maceração. O rendimento na produção de FGM é estimado em 11% do material original que chega à indústria.

Tradicionalmente, o FGM é comercializado na sua forma seca, mas, recentemente, sua forma úmida também passou a ser utilizada no Brasil. Na forma úmida, apresenta cerca de 42% de matéria seca (MS) e, na forma seca, 90 a 92% de MS. O FGM úmido tem sua utilização restrita às proximidades das indústrias produtoras, uma vez que, em decorrência do seu teor de umidade, os custos do transporte são inviáveis para localidades distantes.

O FGM contém quantidades significantes de energia, proteína bruta, fibra digestível e minerais. O teor energético de uma mesma partida de FGM varia por causa de diversos fatores, tais como:

a) as proporções relativas de fração fibrosa, licor e germe desengordurado (quando adicionado) misturadas para compor o FGM;

b) a forma física (seca ou úmida) do produto.

Na **Tabela 8**, são apresentadas composições nutricionais do milho e do FGM, úmido e seco. A composição final do co-produto pode variar em função das condições de cada indústria, de forma que sempre se recomenda a análise dos teores nutricionais do FGM antes de sua utilização.

Normalmente, quando incluído na ração de bovinos confinados, o FGM substitui parte do suplemento energético, na maior parte dos casos o milho, e também permite reduzir a dose de suplementos proteicos, como farelo de soja, farelo de algodão e ureia. A proteína do FGM é bastante degradável no rúmen, porém é deficiente em lisina. Por ser um alimento rico em fibra, pode ser utilizado também como substituto de volumosos nas rações de bovinos em terminação. Recomenda-se inclusive que, quando a inclusão de FGM nas rações for maior que 25% da MS total, o teor de volumoso seja reduzido a fim de otimizar o desempenho de bovinos em terminação.

Em decorrência de suas características (pobre em gordura e amido, e rico em fibra altamente digestível), o FGM constitui-se numa ótima alternativa para inclusão em rações com teores altos em concentrado. Como apresenta concentrações mais elevadas de FDA e FDN do que os grãos de cereais, a utilização do FGM pode gerar dúvidas sobre a concentração energética e limitações ao consumo das rações contendo o co-produto, mas os teores reduzidos de amido e elevados de fibra digestível podem ajudar a manter o pH ruminal em patamares mais desejáveis, otimizando a digestão da fibra, o que pode compensar possíveis diferenças na digestibilidade total das rações.

Pelo fato de seu teor energético ser teoricamente menor que o do milho, seria de se esperar que a inclusão de FGM, em rações para bovinos confinados em substituição parcial ao milho, resultasse em menor desempenho animal. Entretanto, na compilação dos dados revisados, (**Tabela 9**), a substituição parcial do milho por FGM na forma úmida, na maioria dos casos, melhorou o desempenho de bovinos confinados na fase de terminação com rações com teores

Tabela 8. Comparação nutricional entre milho e FGM.

Nutriente	Milho	FGM úmido*	FGM seco*	NRC (1996)
MS, %	88	42–44	90–92	90
Proteína Bruta (PB), %	10,1	14–22	21–22	23,8
EL_M, Mcal/Kg	2,25	2,11–2,18	1,92	1,94
EL_G, Mcal/Kg	1,54	1,43	1,25	1,30
NDT, %	90	90	78	80
Gordura, %	4,2	3–5	2 - 3,3	3,91
FDN, %	10,8			36,2
Amido, %	72	26	18	——
Cinzas, %	1,4	7,2–9	7–7,2	6,9
Cálcio, %	0,02	0,10	0,10–0,20	0,07
Fósforo, %	0,35	0,45–1	0,80–1	0,95
Potássio, %	0,37	0,90–1,60	1,30–1,50	1,40
Magnésio, %	0,13	0,15– 0,50	0,42–050	0,40
Sódio, %	0,02	0,20	0,12	0,26
Enxofre, %	0,14	0,35–0,40	0,16–0,30	0,47
Cobalto, ppm	0,04	——	0,09	——
Cobre, ppm	4	6	6–9,9	6,98
Ferro, ppm	26	41–165	165–304	226
Manganês, ppm	6	12–26	22–26	22
Molibdênio, ppm	——	——	——	——
Selênio, ppm	——	——	——	——
Zinco, ppm	16	45–114	88–114	73,30

Fonte: *Blasi *et al.* (2001); NRC(1996).

altos de concentrado. O consumo de matéria seca (CMS) aumentou em média 3,57% quando o FGM úmido foi utilizado. Apesar de inconsistente, os maiores aumentos em CMS foram observados com a inclusão de 22 a 32% de FGM úmido na ração. Acredita-se que o efeito positivo no CMS seja consequência do efeito benéfico da redução do teor de amido e concomitante aumento no teor de FDN de alta digestibilidade em rações ricas em concentrado. A manutenção de um pH ruminal mais adequado estimula a digestão de fibra e sua passagem pelo trato digestivo.

Na média, houve aumento de 4,19% no ganho de peso (GPD) nas 29 comparações em que o milho foi substituído parcialmente por FGM úmido. Nas comparações nas quais o FGM úmido reduziu o GPD, a inclusão desse subproduto na ração foi alta, 45 a 58% da MS da ração, assim como a taxa de substituição do milho, de 47% a 63%. O efeito positivo do FGM úmido no GPD da maioria das comparações tem sido creditado principalmente ao aumento do CMS, que pode estar relacionado à melhora do ambiente ruminal, com redução do risco de acidose clínica e, principalmente, de acidose subclínica, e consequente otimização da fermentação ruminal.

Houve aumento médio de 0,82% na eficiência alimentar nas 29 comparações. Das 12 comparações em que o FGM úmido reduziu a eficiência alimentar, o GPD foi afetado negativamente em apenas uma comparação. Nos outros casos, o efeito positivo no CMS foi maior que no GPD, resultando em efeito negativo na eficiência alimentar.

Com base nos dados da **Tabela 9**, pode-se concluir que, na maioria dos casos, quando o FGM úmido é incluído entre 20 e 40% da MS da ração em substituição parcial ao milho, em rações contendo ao redor de 5 a 15% de forragem e altos teores de amido, o desempenho de bovinos em terminação é melhorado.

Em comparação com o FGM seco, o co-produto úmido tem maior valor nutricional para bovinos em terminação. Além de possíveis perdas durante a secagem, o co-produto seco tem menor tamanho de partícula e, consequentemente, maior taxa de passagem, o que pode reduzir a digestão da sua fração fibrosa do FGM e assim resultar em menor teor energético do que no material úmido.

Farelo de trigo

O farelo de trigo (FT) é um subproduto do processamento do grão de trigo para produção de farinha de trigo para consumo humano. Ele contém vários níveis de partículas granulares com diferentes proporções de endosperma, fibra e germe de trigo, em combinação com amido e frações proteicas solúveis no processo primário de separação. Durante o processamento industrial do trigo, cerca de 70 a 75% da massa de grãos é convertida em farinha, sendo que os 25 a 30% restantes são considerados co-produtos, normalmente comercializados como Farelo de Trigo (FT). Como o foco da indústria é o endosperma dos grãos, rico em amido, o FT é composto basicamente pela fibra, células da aleurona e parte do germe, resultando em alimento com teor energético elevado e bom teor proteico. O FT contém teores mais elevados de fibra, proteína e minerais do que os grãos integrais, com teores menores de amido e energia.

A composição bromatológica básica do FT é apresentada na **Tabela 10**.

O FT é fonte média em proteína, sendo essa de alta degradabilidade ruminal.O teor de fibra é alto para um alimento concentrado e sua fibra parece ter efetividade relativamente alta, mas, por causa do reduzido tamanho de suas partículas, não apresenta grande efeito estimulante de ruminação, quando comparado com as forragens.

Algumas empresas que comercializam o produto destacam em sua composição a presença de algumas vitaminas de importância para o metabolismo energético. Dentre elas a niacina que, quando suplementada para ruminantes, pode auxiliar no controle da cetose; e a biotina que pode ter efeito benéfico sobre a produção em ruminantes que recebem alta proporção de concentrado na dieta. No entanto, as concentrações dessas vitaminas no FT são muito baixas, quando comparadas às recomendações de suplementação.

Via de regra, o FT é considerado um alimento muito palatável e pode ser incorporado facilmente às rações de ruminantes, desde que seja viável economicamente. No entanto, quando utilizado em grandes quantidades nas rações de terminação, o desempenho dos animais diminui. Nos poucos trabalhos encontrados na literatura,

Tabela 9. Comparação da utilização de farelo de glúten de milho úmido em relação aos grãos de milho em rações de bovinos em acabamento.

Referência	% substituição do milho(*)	FGMU, % da MS da ração	CMS Kg/cab/dia	Variação em relação ao controle (%)	GPD Kg/cab/dia	Variação em relação ao controle (%)	Eficiência GPD/CMS GPD/CMS	Variação em relação ao controle (%)
Green *et al.* (1987)	23	17,85	9,3	+7,4	1,465	+3,5	0,161	+3,1
Ham *et al.* (1995)	42	35	12,06	+4,2	1,44	0	0,119	-5,6
Ham *et al.* (1995)	36	35	10,81	+4,4	1,70	+8,2	0,157	+3,3
Firkins *et al.* (1985)	54	37,3	8,8	+8,2	1,38	+3,8	0,156	-3,9
Trenkle (1987)	56	-	-	-	1,40	-4,0	0,156	0
Scott *et al.* (2003)	36 ML	32	10,60	+12,7	1,91	+9,8	0,180	-3,2
Scott *et al.* (2003)	36 MF	32	10,00	+7,53	1,92	+6,7	0,192	-1,0
Scott *et al.* (2003)	24 ML	22	11,00	+10,00	1,81	+9,0	0,164	-1,2
Scott *et al.* (2003)	24 MF	22	10,60	+4,95	1,92	+4,9	0.181	0
Sindt *et al.* (2002)	29 MF	28,6	8.70	+0,70	1,46	+2,1	0,168	+1,8
Sindt *et al.* (2002)	63 MF	58,5	9.01	+4,23	1,39	-2,8	0,154	-6,7
Richards *et al.*(2003)	22 ML	25	10,09	+5,10	1,88	+9,9	0,186	+3,9
Richards *et al.*(2003)	54 ML	50	9,81	+2,18	1,84	+7,6	0,187	+4,5
Richards *et al.*(2003)	46 ML	44	10,91	-0,64	1,80	+9,8	0,166	+9,9
Hussein & Berger (1995)	31 SGMU	25	6,88	+11,00	1,14	+17,5	0,166	+5,7
Hussein & Berger (1995)	62 SGMU	50	6,52	+5,16	1,07	+10,3	0,165	+5,1
Krehbiel *et al.* (1995)	ML	35	9,84	-1,89	1,59	+1,3	0,162	+3,8
McCoy *et al.* (1998)	47 ML	45	9,90	-3,5	1,71	-1,7	0,173	+2,0
McCoy *et al.* (1998)	47 ML	45	10,16	-3,3	1,62	-2,1	0,160	+1,6
McCoy *et al.* (1998)	47 SGMU	45	9,81	-4,1	1,58	-4,5	0,161	0
Richards *et al.* (1998)	50 ML	44	10,86	-2,8	1,71	+9,6	0,159	+11,9
Macken *et al.* (2004)	12,3 MF	10	9,44	+3,6	1,99	+1,0	0,211	-2,3
Macken *et al.* (2004)	24,5 MF	20	9,7	+6,5	2,09	+6,1	0,215	0
Macken *et al.* (2004)	30,7 MF	25	9,46	+3,8	2,03	+3,0	0,214	-0,1
Macken *et al.* (2004)	36,8 MF	30	9,41	+3,3	1,98	0	0,210	-2,8
Macken *et al.* (2004)	42,9 MF	35	9,71	+6,6	2,01	+2,0	0,207	-4,2
Farran *et al.* (2006)	32 ML	35	10,6	+2,9	1,79	+7,2	0,168	+4,3
Farran *et al.* (2006)	27 ML	35	11,3	+7,4	1,85	+1,6	0,164	-2,4
Farran *et al.* (2006)	21 ML	35	11,6	+5,4	1,85	+1,6	0,160	-3,6

(*)ML = milho laminado. MF = milho floculado. SGMU = silagem de grãos de milho úmidos.

Tabela 10. Composição bromatológica média do farelo de trigo.

Fração	Concentração
Matéria Seca	89,3
Proteína Bruta, % MS	18,5
Proteína não degradável, % PB	20,7
Proteína degradável, % PB	79,3
Proteína solúvel, % PB	—
Extrato Etéreo, % MS	4,5
FDN, % MS	36,7
FDA, % MS	12,1
Celulose (FDA – Lignina), % MS	7,9
Hemicelulose (FDN – FDA), % MS	24,6
Lignina, % MS	4,2
NDT, % MS	73,3
Matéria Mineral, %MS	5,0

a inclusão de 10% ou mais da MS total das rações, em substituição ao milho, prejudicou o desempenho de animais em terminação.

Suplementação proteica

Os sistemas proteicos atuais trabalham com as exigências proteicas da população microbiana ruminal e do bovino em si, que são distintas. Os microrganismos ruminais utilizam como compostos nitrogenados a amônia, aminoácidos e peptídeos. O bovino requer aminoácidos para o metabolismo nos mais diferentes tecidos do seu organismo.

Digestão de proteínas

A PB contida nos alimentos dos ruminantes é composta por uma fração degradável no rúmen (PDR), e uma fração não degradável no rúmen (PNDR). A degradação de proteínas no rúmen ocorre por meio da ação de enzimas (proteases, peptidases e deaminases) secretadas pelos microrganismos ruminais, que degradam a fração PDR e utilizam peptídeos, AA e amônia, para multiplicar suas células, sintetizando a proteína microbiana (PMic). Quando a velocidade de degradação ruminal de proteínas excede a velocidade de utilização dos compostos nitrogenados para a síntese microbiana, o excesso de amônia produzida no rúmen atravessa a parede ruminal e pode ser perdida via urina, na forma de ureia. Peptídeos e AA, provenientes da degradação ruminal de proteínas não incorporados nas células microbianas, podem passar para o duodeno e serem absorvidos pelo ruminante.

As bactérias são o grupo mais abundante de microrganismos ruminais e as principais responsáveis pela degradação de proteínas. O primeiro passo para a degradação de proteínas no rúmen é sua adsorção pelas bactérias. Tanto a fração solúvel como a não solúvel da PDR são passíveis de serem adsorvidas pelas bactérias e sofrerem a ação das suas proteases. Os oligopeptídeos originados são então degradados por oligopeptidases em pequenos peptídeos e AA livres. Esses compostos são transportados para o interior das células bacterianas onde sofrem os seguintes processos:

a) degradação dos pequenos peptídeos em AA livres;
b) incorporação dos AA livres na proteína microbiana;
c) deaminação dos AA livres em amônia e esqueletos carbônicos;
d) utilização da amônia para a síntese de AA;
e) difusão da amônia não utilizada para fora da célula.

O mecanismo de ação dos protozoários difere do das bactérias. Ao invés de formarem um complexo com as proteínas, ingerem bactérias, fungos e partículas pequenas de alimentos, que são digeridos no interior da célula. A digestão das proteínas libera peptídeos e estes são degradados em AA livres, que são então incorporados na proteína dos protozoários. Apesar de também deaminarem AA, os protozoários não são capazes de utilizar amônia para a síntese de novos AA. Em consequência da pequena taxa de passagem destes microrganismos, os protozoários contribuem pouco para o fluxo de PMic para o ID. Em virtude da sua população pequena no rúmen, a contribuição dos fungos para a degradação de proteínas é considerada insignificante.

Dessa maneira, chegam ao abomaso do bovino: a proteína microbiana produzida no rúmen, a fração da proteína alimentar não degradada no rúmen e a fração endógena. A digestão dessas diferentes fontes proteicas iniciada no abomaso e concluída no intestino delgado do bovino, gera uma determinada quantidade de aminoácidos passíveis de serem absorvidos pela mucosa intestinal, denominada proteína metabolizável.

Suplementos proteicos

Os principais suplementos proteicos utilizados em rações de bovinos, no Brasil, são o farelo de soja, o farelo de algodão, o caroço de algodão e a ureia. O farelo de amendoim, farelo de girassol, farelo de glúten de milho, também são alternativas de suplementos proteicos.

Farelo de soja

O farelo de soja é o principal suplemento proteico utilizado na alimentação de ruminantes no Brasil. Trata-se de um co-produto da indústria processadora de grãos de soja, principalmente dos processos de produção do óleo de soja para consumo humano. No País, utiliza-se principalmente o farelo com 44% PB na alimentação de ruminantes, pois essa é a forma mais comumente disponível em todas as regiões produtoras. Na **Tabela 11**, é apresentada a composição média do farelo de soja com 44% de PB.

O FS é considerado o suplemento proteico padrão, da mesma forma que o milho é considerado o suplemento energético padrão. É uma fonte rica em PDR, bem balanceada em aminoácidos, sendo boa fonte especialmente de lisina, mas pobre em metionina.

Tabela 11. Composição bromatológica média do FS.

Fração	Concentração
Matéria Seca	89,1
Proteína Bruta, % MS	44,0
PNDR, % PB	22,5
PDR, % PB	76,8
Proteína solúvel, % PB	0,7
Extrato Etéreo, % MS	1,6
FDN, % MS	14,9
FDA, % MS	10,0
Celulose (FDA – Lignina), % MS	9,3
Hemicelulose (FDN – FDA), % MS	4,9
Lignina, % MS	0,7
Açúcares	9,06
Amido	5,51
NDT, % MS	80,0
Matéria Mineral, %MS	6,6

Adaptada do NRC (2001) e Van Eys *et al.* (2004).

Farelo de algodão

É o principal co-produto obtido no processo de extração do óleo das sementes de algodão, normalmente por método químico, com utilização de solventes. Via de regra, a indústria nacional produz dois tipos de farelo de algodão (FA), que diferem no teor de proteína bruta, o FA 38 que, normalmente, apresenta em torno de 41% PB na MS; e o FA 28, que apresenta cerca de 31% PB. Na **Tabela 12**, é apresentada a composição bromatológica dos FA 28 e 38, produzidos no Brasil, e do FA 41, normalmente reportado nas tabelas internacionais.

Os FA comercializados no Brasil têm níveis proteicos e energéticos inferiores aos do FS, especialmente no que se refere ao FA 28. Isso certamente se deve à incorporação de maior proporção de casca de algodão aos farelos.

A PDR no farelo de algodão corresponde a cerca de 50% da PB, enquanto, no farelo de soja, esse valor fica em torno de 80%. No que se refere ao balanço de aminoácidos, o FA possui teores mais baixos de lisina e metionina do que o FS. Além disso, parte da lisina do FA pode se ligar ao gossipol, tornando-se indisponível ao animal. Mesmo com características relativamente distintas, o FA é o substituto preferencial do FS em rações para bovinos em terminação.

Ureia

Por causa da relação simbiótica estabelecida com os microrganismos ruminais, é possível a utilização de fontes de nitrogênio não-proteico (NNP), como a ureia, na alimentação de ruminantes. Os microrganismos são capazes de quebrar a ureia em amônia, e utilizar esse composto como fonte de nitrogênio para síntese microbiana. Essa proteína, gerada no rúmen a partir de fontes de NNP, tem o mesmo perfil de aminoácidos do que as proteínas geradas a partir de fontes de proteína verdadeira, como o farelo de soja ou algodão. Muitas fontes naturais de proteínas contêm teores variáveis de NNP. De maneira geral, as forragens contêm mais NNP do que alimentos concentrados. Por exemplo, a

Tabela 12. Composição bromatológica média dos farelos de algodão[1].

Nutriente	FA 28	FA 38	FA 41
Matéria Seca	89,9	89,2	90,5
Proteína Bruta, % MS	31,0	41,5	44,9
PNDR, % PB	—	44,0	44,0
PDR, % PB	—	66,0	66,0
Extrato Etéreo, % MS	0,71	0,92	1,9
FDN, % MS	—	33,5	30,8
FDA, % MS	—	26,0	19,9
Celulose (FDA - Lignina) , % MS	—	—	12,3
Hemicelulose (FDN – FDA) , % MS	—	—	10,9
Lignina, % MS	—	—	7,6
NDT	—	64,0	66,4
Matéria Mineral	5,34	5,56	6,7

[1]Adaptada do NRC (2001) e Banco de Dados do Laboratório de Bromatologia do Depto de Zootecnia da ESALQ.

silagem de milho pode conter até 50% do seu nitrogênio total na forma de NNP.

A ureia é um composto simples que contém em torno de 45% de nitrogênio (N), fazendo parte da composição normal de diversas plantas, além de ser um produto final normal do metabolismo proteico em mamíferos. Parte da ureia produzida no organismo dos animais retorna ao rúmen, via saliva, ou por difusão através dos capilares sanguíneos. Cada g de ureia contém tanto nitrogênio quanto 2,81 g de proteína verdadeira, de forma que o equivalente proteico da ureia é de 281%.

O interesse pelo uso da ureia na alimentação de ruminantes é basicamente econômico. Esse composto entra nas formulações como um suplemento proteico, e é especialmente valioso quando o custo dos suplementos convencionais, como FS ou FA, está elevado. Considerando-se o equivalente proteico da ureia, uma mistura com 13,5 kg de ureia e 86,5 kg de milho possui concentração de energia e proteína equivalente a 100 kg de farelo de soja. Via de regra, o custo da mistura ureia-milho será inferior ao custo do farelo de soja.

Cuidados com utilização de ureia

De maneira geral, as fontes de NNP possuem taxas de degradação ruminal bastante elevadas. A ureia é degradada no rúmen a taxas superiores a 300%/h, e isso torna a sua utilização por ruminantes objeto de alguns cuidados especiais. A quebra da ureia pelas enzimas secretadas pelos microrganismos ruminais gera amônia (NH_3), que é um composto altamente volátil. A amônia é utilizada pela microbiota ruminal como fonte de N, mas, se a quantidade de NH_3 presente no meio for muito elevada, esta pode ser absorvida pela parede ruminal, atingindo a corrente sanguínea, sendo convertida novamente à ureia pelo fígado. Amônia em excesso no sangue é tóxica para os animais. Isso ocorre quando a inclusão de ureia nas rações se faz de forma inadequada, normalmente devido a doses muito altas na ração. Quanto maior o teor de energia da ração, maior a eficiência do animal em utilizar a ureia. Em rações com teores altos de concentrado para bovinos em terminação, as doses de ureia necessárias para suprir as exigências de PDR dos microrganismos ruminais podem variar de 0,5 a 2,0% da MS de acordo com o NRC (1996). É importante adaptar os animais ao fornecimento de ureia, aumentando o teor de inclusão, gradualmente, para evitar problemas.

A maioria dos casos de intoxicação por ureia são decorrentes de falhas na mistura dos ingredientes ou no cálculo das formulações. Se as rações forem corretamente formuladas, as misturas bem feitas, e os animais adaptados adequadamente, o risco de ocorrência de intoxicação por uréia é praticamente nulo.

Fontes proteicas e desempenho de bovinos em confinamento

Vinte e oito trabalhos de pesquisa sobre suplementação com fontes proteicas ou AAE para bovinos confinados na fase de crescimento e/ou terminação, no Brasil, Estados Unidos e Canadá, foram revisados e compilados por Santos (2006).

Animais em crescimento

a) Ureia x Fontes de proteína verdadeira

Foram compilados 9 experimentos com bovinos confinados na fase de crescimento (188 a 430 kg de peso vivo) que compararam ureia com fontes de proteína verdadeira.

As fontes de proteína verdadeira estudadas foram farelo de soja, farinha de peixe, farinha de sangue, farinha de penas, farinha de carne, farelo de glúten 60% (glutenóse ou protenóse) ou combinações dessas fontes. Em 8 experimentos, as rações continham entre 70 a 90% de concentrado na matéria seca e, em 1 experimento, o teor de concentrado era de apenas 27%. O tratamento controle desses experimentos continha exclusivamente ureia como fonte de N, enquanto os demais tratamentos continham ou não ureia mais teores variáveis das fontes de proteína verdadeira. Em 4 dos 9 experimentos, a suplementação com fontes de proteína verdadeira aumentou de forma significativa o ganho de peso e a eficiência alimentar dos animais. Numericamente, o ganho de peso foi maior para as fontes de proteína verdadeira em 7 dos 9 experimentos. O consumo de matéria seca não foi alterado de forma consistente pela suplementação com proteína verdadeira. Os dados médios de desempenho para os nove experimentos são apresentados na **Tabela 13**.

Tabela 13. Dados médios de desempenho dos 9 experimentos de crescimento.

	Ureia	**Prot. verdadeira**
CMS, kg	7,50	7,90
GPD, kg	1,40	1,52
GPD/CMS	0,187	0,193

b) Farelo de soja x Fontes ricas em PNDR

Foram compilados 3 experimentos nos quais foram comparados o farelo de soja com fontes ricas em PNDR (farinha de peixe ou farinha de sangue) em rações contendo entre 40% a 60% de concentrado na matéria seca. Em apenas 1 dos 3 experimentos, a suplementação com fontes ricas em PNDR aumentou significativamente o ganho de peso e a eficiência alimentar dos animais em crescimento.

c) Farelo de soja x Soja grão integral

Em apenas 1 experimento revisado, foi comparado o farelo de soja com a soja grão integral para animais em crescimento. Tanto o ganho de peso quanto a eficiência alimentar foram reduzidos com a substituição do farelo de soja por soja grão integral. Provavelmente, o suprimento de proteína metabolizável foi menor com soja grão, o que limitou o desempenho dos animais na fase de crescimento.

Animais em terminação

a) Teores crescentes de ureia e de proteína bruta na ração

Foram compilados 8 experimentos (10 comparações) nos quais foram estudados teores crescentes de ureia na ração de bovinos confinados na fase de terminação, com peso vivo inicial ao redor de 330 kg e final de 530 kg. Em todos os experimentos, as rações continham 90% de concentrado na matéria seca. Houve diferença no teor ideal de ureia na ração conforme o tipo de processamento do milho, principal ingrediente em 9 das 10 comparações. Quatro comparações utilizaram milho laminado a seco que, em termos de degradabilidade ruminal do amido, é comparável ao milho moído grosso. Outras 5 comparações utilizaram milho floculado. O milho floculado tem amido mais degradável e, portanto, maior valor energético que o milho laminado.

Em consequência da menor degradabilidade ruminal do amido do milho laminado, os teores médios de ureia e, consequentemente, de proteína bruta da ração, requeridos para maximizar o desempenho animal (0,77 e 11,2% da MS respectivamente) com esse tipo de grão, foram menores que para o milho floculado (1,3% e 13,54% da MS respectivamente), conforme os dados médios apresentados nas **Tabelas 14** e **15**.

Em apenas 1 das 10 comparações revisadas foi utilizado sorgo floculado na ração. Para esse tipo de grão não houve resposta em desempenho animal com teores de ureia superiores a 1% na MS da ração.

b) Ureia x Fontes de proteína verdadeira

Foram compilados 9 experimentos que resultaram em 11 comparações entre ureia e fontes de proteína verdadeira para bovinos castrados, implantados com hormônios e confinados na fase de terminação. As rações continham entre 85 a 90,4% de concentrado na MS. As fontes de proteína verdadeira utilizadas foram o farelo de soja, o farelo de algodão e fontes ricas em PNDR (farinha de peixe, farinha de sangue e farinha de pena).

O consumo de MS não foi diferente entre ureia e proteína verdadeira nas 11 comparações.

Tabela 14. Teor médio ótimo de ureia em rações com milho laminado (4 comparações).

Ureia % MS	PB % MS	CMS Kg/ cab.dia	GPD Kg/cab	Eficiência GPD/CMS
0	9,13	10,43	1,43	0,137
0,77*	11,2*	10,43*	1,55*	0,148*
1,22	12,5	10,46	1,48	0,139

Tabela 15. Teor médio ótimo de ureia em rações com milho floculado (5 comparações).

Ureia % MS	PB % MS	CMS Kg/ cab.dia	GPD Kg/cab	Eficiência GPD/CMS
0	9,80	10,30	1,55	0,151
0,5	11,14	10,33	1,67	0,164
0,9	12,40	10,58	1,78	0,169
1,3*	13,54*	10,46*	1,82*	0,175*
1,9	15,10	9,54	1,70	0,178

O ganho de peso e a eficiência alimentar não diferiram em 10 e aumentaram em apenas 1 comparação com a substituição total ou parcial da ureia por fontes de proteína verdadeira. Os dados médios dos 9 experimentos são apresentados na **Tabela 16**.

Com base nos dados da **Tabela 16**, pode-se concluir que, para animais confinados na fase de terminação, com rações com 85% a 90% de concentrado rico em milho ou sorgo, a ureia pode ser utilizada como única fonte suplementar de N sem efeito negativo no desempenho animal e com vantagens econômicas.

Três trabalhos foram conduzidos no Departamento de Zootecnia da ESALQ/USP (Lima, 2006; Carareto, não publicado), para comparar ureia e farelo de soja em rações com polpa cítrica e entre 7% a 16% de feno de gramínea na MS, para machos não castrados Nelore e Canchim, confinados nas fases de crescimento e terminação.

Tabela 16. Dados médios da comparação entre Ureia x Proteína Verdadeira de 10 experimentos de terminação.

	Ureia	Prot. verdadeira
CMS, kg	9,48	9,47
GPD, kg	1,51	1,49
GPD/CMS	0,161	0,158

Machos Nelore na fase de crescimento apresentaram maior consumo de matéria seca, maior ganho de peso e melhor eficiência alimentar quando receberam farelo de soja mais ureia em comparação a ureia exclusiva como suplemento proteico na ração. Em contrapartida, machos Nelore e Canchim, na fase de terminação, não responderam à suplementação com farelo de soja. Esses dados obtidos com rações ricas em polpa cítrica estão de acordo com os revisados por Santos (2006), citados anteriormente, com rações ricas em grãos de cereais, como milho ou sorgo.

Balanceamento de aminoácidos

Os sistemas proteicos evoluíram da adequação das rações em proteína bruta para adequação em PDR e proteína metabolizável. Atualmente, todos os sistemas consideram a exigência da população microbiana do rúmen em PDR. Também consideram a necessidade de complementar quantitativamente a proteína microbiana que chega ao intestino com proteína de origem da dieta (PNDR), com o objetivo de suprir quantidade adequada de proteína metabolizável para animais de alto desempenho. Entretanto, o consenso atual é que, para otimizar a nutrição proteica de ruminantes, é necessário determinar com maior precisão as suas exigências em AAE para a formulação de rações bem balanceadas nesses aminoácidos.

Poucos trabalhos sobre balanceamento de AAE têm sido conduzidos com bovinos de corte. Em 4 experimentos compilados por Santos (2006), a suplementação com Lis e Met protegidas da degradação ruminal melhorou o desempenho animal apenas na fase de crescimento. Durante a fase de terminação não houve efeito positivo da suplementação. Animais, durante a fase de crescimento, têm alta exigência em proteína metabolizável e AAE devido à elevada formação de tecido muscular. Consequentemente, nessa fase, as chances de resposta à suplementação com AAE são maiores que na fase de terminação, quando estão depositando gordura, e as rações normalmente apresentam excesso de proteína metabolizável.

Referências bibliográficas

Assis, A.J.; Campos, J.M.S.; Valadares Filho, S.C.; Magalhães, A.L.R.; Mendes Neto, J.; Soares, S.S. Polpa cítrica em dietas de vacas em lactação 3. Consumo e feito do período de coleta sobre a digestibilidade dos nutrientes. **Anais da 38ª Reunião Anual da Sociedade Brasileira de Zootecnia**. 1057p., 2001.

ASSOCON – Associação Nacional de Confinadores - http://www.assocon.com.br – acessado em 02/04/2008.

Barajas, R.; Zinn, R.A. The feeding value of dry-rolled and steam-flaked corn in finishing diets for feedlot cattle: influence of protein supplementation. **Journal of Animal Science**, v.76, p.1744-1752, 1998.

Berger, L.L.; Willms, C.L. Energy value of wet corn gluten feed in a restricted feeding program for feedlot cattle. In: Univ. of Ilinois Beef Rep., p.3, 1992.

Blasi, D.A.; Titgemeyer, E.C.; Drouillard, J.S.; Paisley, S.I.; Brouk, M.J. Soybean hulls, composition and feeding velue for beef and dairy cattle. Kansas State University Agricultural Experimental Station and Cooperative Extension Service, Bull. MF-2438, 16 p. 2000.

Blasi, D.A.; Brouk, M.J.; Drouillard, J.S.; Montgmery, S.P. Corn gluten feed, composition and feeding velue for beef and dairy cattle. **Kansas State University Agricultural Experimental Station and Cooperative Extension Service**, Bull. MF-2488, 14 p. 2001.

Brandt Jr., R.T.; Kuhl, G.L.; Campbell, R.E.; Kastner, C.L.; Stroda, S.L. Effects of steam-flaked sorghum grain or corn and supplemental fat on feedlot performance, carcass traits, longissimus composition, and sensory properties of steers. **Journal of Animal Science**, v.70, p.343-348, 1992.

Brown, M.S.; Krehbiel, C.R.; Duff, G.C.; Galyean, M.L.; Hallford, D.M.; Wlaker, D.A. Effects of degree of corn processing on urinary nitrogen composition, serum metabolite and insulin profiles, and performance by finishing steers. **Journal of Animal Science**, v.78, p.2464-2474, 2000.

Carvalho, M.P. Citros. **SIMPÓSIO SOBRE NUTRIÇÃO DE BOVINOS**, 6., Piracicaba, 1995. Utilização de resíduos culturais e de beneficiamento na alimentação de bovinos; anais. Piracicaba: FEALQ, p.153-169, 1995.

Chesson, A.; Monro, J. Legume pectic substances and their degradation in the ovine rumen. **J. Sci. Food Agric**, v.33, p.852, 1982.

Clark, J.H.; Klusmeyer, T.H.; Cameron, M.R. Microbial protein synthesis and flows of nitrogen fractions to the duodenum of dairy cows. **Journal of Dairy Science**, v.75, p. 2304-23, 1992.

Coetzer, C.M.; Drouillard, J.S.; Coetzer, E.; Wessels, R.H. Effects of supplementing limit-fed, wheat middling-based diets whit either soybean meal or non-enzymatically browned soybean meal on growing steer performance. **Cattlemen's Day**. p.84-86, 1999.

Cooper, R.J.; Milton, C.T.; Klopfenstein, T.J.; Scott, T.L.; Wilson, C.B.; Mass, R.A. Fffect of corn processing on starch digestion and bacterial crude protein flow in finishing cattle. **Journal of Animal Science**, v.80, p.797-804, 2002.

Dhuyvetter, J.; Hoppe, K.; Anderson, V. Wheat Middlings – A useful feed for cattle. **North Dakota State University**. Junho, 1999.

Drouillard, J.S.; Ives, S.E.; Anderson, D.W.; Wessels, R.H. Comparative value of dry-rolled corn, distiller's dried grains, and wheat middlings for receiving diets. **Cattlemen's Day**. p. 81-83, 1999.

Ezequiel, J.M.B. Uso da polpa cítrica na alimentação animal. **III Simpósio Goiano sobre Manejo e Nutrição de Bovinos**, p.329-346, 2001, Goiânia-GO.

Fahey, G.C.; Berger, L.L. Carbohydrate nutrition of ruminants. p.269 in the Ruminant animal digestive physiology and nutrition. Church, D.C., ed. Prentice Hall, Englewood Cliffs, New Jersey, 1988.

Fegeros, K.; Zervas, G.; Stamouli, S.; Apostolaki, E. Nutritive value of dried citrus pulp and its effect on milk yield and milk composition of lactating ewes. **Journal of Dairy Science**, v.78, p.1116-21, 1995.

Fellner, V.; Belyea, L. Maximizing gluten feed in corn silage diets for dairy cows. **Journal of Dairy Science**, v.74, p.996-1005, 1991.

Firkins, J.L.; Berger, L.L.; Fahey Jr., G.C. Evaluation of wet and dry distillers grains and wet and dry corn gluten feeds for ruminants. **Journal of Animal Science**, v.60, p.847, 1985.

Firkins, J.L. Effects of feeding nonforage fiber sources on site of fiber digestion. **Journal of Dairy Science**, v.80, p.1426-37, 1997.

Fox, D.G.; Sniffen, C.J.; O'Connor, J.D.; Russell, J.B.; Van Soest, P.J. Van Soest. A net carbohydrate and protein system for evaluating cattle diets: III. Cattle requirements and diet adequacy. **Journal of Animal Science**, v.70, p. 3578-96, 1992.

Gaebe, R.J.; Sanson, D.W.; Rush, I.G.; Riley, M.L.; Hixon, D.L.; Paisley, S.I. Effects of extruded corn or grain sorghum on intake, digestibility, weight gain, and carcasses of finishing steers. **Journal of Animal Science**, v.76, p. 2001-07, 1998.

Galyean, M.L. Protein levels in beef cattle finishing diets: industry application, university research, and system results. **Journal of Animal Science**, v.74, p.2860-2870, 1996.

Grant, R.J. Interactions among forages and nonforage fiber sources. **Journal of Dairy Science**, v.80, p.1438, 1997.

Gray, G.M. Starch digestion and absorption in nonruminants. **Journal Nutrition**, v.122, p.172-177, 1992.

Green, D.A.; Stock, R.A.; Goedeken, F.K.; Klopfenstein, T.J. Energy value of corn wet milling by product feeds for finishing ruminants. **Journal of Animal Science**, v.65, p.1655, 1987.

Ham, G.A.; Stock, R.A.; Klopfenstein, T.J.; Huffman, R.P. Determing the net energy value of wet and dry corn gluten feed in beef growing and finishing diets. **Journal of Animal Science**, v.73, p.353-359, 1995.

Hannah, S.M.; Paterson, J.A.; Williams, J.E.; Kerley, M.S. Effects of corn vs corn gluten feed on site, extent and ruminal rate of forage digestion and on rate and efficiency of gain. **Journal of Animal Science**, v.68, p.2536-2545, 1990.

Henrique, W.; Leme, P.R.; Lanna, D.P.D. *et al.* Substituição de amido por pectina em dietas com diferentes níveis de concentrado. 1. Desempenho animal e características de carcaça. **Revista Brasileira de Zootecnia**, v.27, n.6, p.1206-11, 1998a.

Henrique, W.; Leme, P.R.; Lanna, D.P.D.; Alleoni, G.F.; Filho, J.L.V.C.; Sampaio, A.A.M. Efeito de diferentes fontes de polpa cítrica peletizada e níveis de concentrado na dieta de novilhas confinadas. **Anais da 35ª Reunião Anual da Sociedade Brasileira de Zootecnia**, p. 344-46, 1998b.

Hentges Jr., J.F; More, J.E.; Palmer, A.Z.; Carpenter, J.W. Replacement value of dried citrus meal for corn meal in beef cattle diets. **Florida Agricultural Experimental Station**, Bulletin 708, p.22, 1966.

Herold, D.; Klemesrud, M.; Klopfenstein, T.; Milton, T.; Stock, R. Solvent-extracted germ meal, cron bran and steep liquor blends for finishing steers. In: Univ. Neb. Beef Cattle Rep., MP 69-A, p. 50, 1998.

Herold, D.; Cooper, R.; Klopfenstein, T.; Milton, T.; Stock, R. Corn bran, solvent-extracted germ meal, and steep liquor blends for finishing yearlings. In: Univ. Neb. Beef Cattle Rep., MP 71-A, p. 29, 1999.

Herreira-Saldana, R.E.; Alarcon, R.G.; Torabi, M.; Huber, J.T. Influence of synchronizing protein and starch degradation in the rumen on nutrient utilization and microbial protein synthesis. **Journal of Dairy Science**, v.73, p.142-148, 1990a.

Herreira-Saldana, R.; Torabi, M.; Huber, J.T. Dry matter, crude protein, and starch degradability of five ceral grains. **Journal of Dairy Science**, v.73, p.2386, 1990b.

Hill, G.M.; Newton, G.L.; Streeter, M.N.; Hanna, W.W.; Utley, P.R.; Mathis, M.J. Digestibility and utilization of pearl millet diets fed to finishing beef cattle. **Journal of Animal Science**, v.74, p.1728-35, 1996.

Hoover, W.H.; Stokes, S.R. Balancing carbohydrates and proteins for optimum rumen microbial yield. **Journal of Dairy Science**, v.74, p.3630-44, 1991.

Hopkins, B.A.; Whitlow, L.W. Recommendations for feeding selected by-product feeds to dairy cattle. **North Carolina State University Cooperative Extension Service**, Bull. ANS01-205D, 2002.

Huck, G.L.; Kreikemeier, K.K.; Kuhl, G.L.; Eck, T.P.; Bolsen, K.K. Effects of feeding combinations of steam-flaked grain sorghum and steam-flaked, high-moisture, or dry-rolled corn on growth performance and carcass characteristics in feedlotcattle. **Journal of Animal Science**, v.76, p.2984-90, 1998.

Huntington, G.B.; Zetina, E.J.; Whitt, J.M.; Potts, W. Effects of dietary concentrate level on nutrient absorption, liver metabolism, and urea kinetics of beef steers fed isonitrogenous and isoenergetic diets. **Journal of Animal Science**, v.74, p.908-916, 1996.

Huntington, G.B. Starch utilization by ruminants: from basics to the bunk. **Journal of Animal Science**, v.75, p.852-867, 1997.

Hussein, H.S.; Berger, L.L. Effects of feed-intake and dietary level of wet corn gluten feed on feedlot performance, digestibility of nutrients, and carcass characteristics of growing-finishing beef heifers. **Journal Animal Science**, v.73, n.11, p.2905-912, 1995.

IBGE – Pesquisa trimestral do abate de animais - http://www.ibge.gov.br/home/estatistica/indicadores/agropecuaria/producaoagropecuaria/abate_leite_couro_ovos_200704_1.shtm - acessado em 02/04/2008.

Ipharraguerre, I.R.; Clark, J.H. Soyhulls as an Alternative Feed for Lactating Dairy Cows: A Review. **Journal of Dairy Science**, v. 86, n.4, p:1052-1073, 2003.

Keith, S.L.; Donald, R.G. The use of wheat middlings in Oklahoma cattle feeds. **Cooperative Extension Service**. Division of Agricultural

Sciences and Natural Resources. Oklahoma State University. Circular E-919, 1991.

Krehbiel, C.R.; Stock, R.A.; Herold, D.W.; Shain, D.H.; Ham, G.A.; Carulla, J.E. Feeding wet corn gluten feed to reduce subacute acidosis in cattle. **Journal Animal Science**, v.73(10), p.2931-939, 1995.

Ladely, S.R.; Stock, R.A.; Goedeken, F.K.; Huffman, R.P. Effect of corn hybrid and grain processing method on rate of starch disappearance and performance of finishing cattle. **Journal Animal Science**, v.73, p.360-364, 1995.

Lima, N.A.V. **Farelo de soja em substituição à ureia para bovinos confinados na fase de crescimento e na fase de terminação, com rações ricas em polpa cítrica**. Piracicaba, ESALQ, 2006. Dissertação (Mestrado) – Escola Superior de Agricultura "Luiz de Queiroz", Universidade de São Paulo – 76p.

Loest, C.A.; Titigemeyer, E.C.; Drouillard, J.S.; Blasi, D.A.; Bindel, D.J. Soybean hulls in roughage-free diets for limit-fed growing cattle. Kansas State University Cattlemen's Day. **Kansas Agric. Exp. Sta. Rep. Prog.**, v.804, p.60, 1998.

Lozano, O.; Theurer, C.B.; Alio, A.; Huber, J.T.; Delgado-Elorduy, A.; Cuneo, P.; DeYoung, D.; Sadik, M.; Swingle, R.S. Net absorption and hepatic metabolism of glucose, L-lactate, and volatile fatty acids by steers fed diets containing sorghum grain processed as dry-rolled or steam-flaked at different densities. **Journal Animal Science**, v.78, p.1364-71, 2000.

Machado, M.C. **Avaliação de alimentos para ruminantes pelo sistema *in vitro* de produção de gases e pela estimativa de síntese microbiana a partir da incorporação de radiofósforo.** Piracicaba, ESALQ, 2001. Dissertação (Mestrado) – Escola Superior de Agricultura "Luiz de Queiroz", Universidade de São Paulo.

Macken, C.N.; Erickson, G.E.; KKI, T. J.; STOCK, R. A. The cost of corn processing for finishing cattle. **Professional Animal Scientist**, v.22, p.23-32, 2006.

Mariotto, M.J.M. Milho grão. http://www.scotconsultoria.com.br/insumos.asp?ArtigoID=60 Acessado em 18/02/2004.

McCullough, M.E. Some selections from recent meetings In: **Macs Comments on Dairy Cattle Nutrition**, v.14, n.8, 1995.

Menezes Junior, M.P. **Efeito do processamento do grão de milho e sua substituição parcial por polpa de citros peletizada sobre o desempenho, digestibilidade de nutrientes e parâmetros sanguíneos de vacas de leite**. Piracicaba, ESALQ, 1999. Dissertação (Mestrado) – Escola Superior de Agricultura "Luiz de Queiroz", Universidade de São Paulo.

McCoy, R.A.; Stock, R.A.; Klopfenstein, T.J.; Shain, D.H.; Klemesrud, M.J. Effect of energy source and escape protein on receiving and finishing performance and health of calves. **Journal Animal Science**, v.76, p.1488-98, 1998.

Miron, J.; Yosef, E.; Ben-Ghedalia, D. Composition and *in vitro* digestibility of monossacharide constituents of selected byproduct feeds. **Journal of Agriculture and Food Chemistry**, v.49, p:2322-2326, 2001.

NATIONAL RESEARCH COUNCIL. **Nutrient requeriments of beef cattle**. 7 ed. Washington: National Academy Press, 242p., 1996.

Nocek, J.E.; Tamminga, S. Site of digestion of starch in the gastrointestinal tract of dairy cows and its effect on milk and composition. **Journal of Dairy Science**, v.74, p.3598, 1991.

Nussio, L.G.; Ponchio, L. Custos da silagem de sorgo. **Leite DPA**. nº 34, ano 3, 2003.

Oliveira, J.S.; Huber, J.T.; Simas, J.M.; Theurer, C.B.; Swingle, R.S. Effect of sorghum grain processing on site and extent of digestion of starch in lactating dairy-cows. **Journal of Dairy Science**, v.78(6), p.1318-27, 1995.

O'Mara, F.P.; Coyle, J.E.; Drennan, M.J. *et al.* A comparison of digestibility of some concentrate feed ingredients in cattle and sheep. **Animal Feed Science Technology**, v.81, p.167-174, 1999.

Orskov, E.R. Starch digestion and utilization in ruminants. **Journal Animal Science**, v.63, n.5, p.1624-33, 1986.

Owens, F.N.; Zinn, R.A.; Kim, Y.K. Limits to starch digestion in the ruminant small intestine. **Journal Animal Science**, v.63, p.1634-48, 1986.

Owens, F.N.; Secrist, D.S.; Hill, W.J.; Gill, D.R. The effect of grain source and grain processing on performance of feedlot cattle: a review. **Journal Animal Science**, v.75, p.868-879, 1997.

Pereira, E.M.; Santos, F.A.P.; Nussio, L.G.; Pedroso, A.M.P.; Costa, D.F.A.; Imaizumi, H.; BITTAR, C.M.M. Estimativa de energia metabolizável de rações com polpa cítrica em substituição ao milho para tourinhos em terminação. **Revista Brasileira de Zootecnia**, v.36, n.1, p. 216-224, 2007.

Pizon, F.J.; Wing, J.M. Effects of citrus pulp in high urea rations for steers. **Journal of Dairy Science**, v.59, p.1100, 1976.

Poore, M.H.; Moore, J.A.; Swingle, R.S.; Eck, T.P.; Brown, W.H. Response of lactating holstein cows to diets varying in fiber source and ruminal starch degradability. **Journal of Dairy Science**, v.76(8), p.2235-43, 1993.

Prates, E.R. Arroz e cereais de inverno. **SIMPÓSIO SOBRE NUTRIÇÃO DE BOVINOS**, 6., Piracicaba, 1995. Utilização de resíduos culturais e de beneficiamento na alimentação de bovinos; anais. Piracicaba: FEALQ, 90p., 1995.

Reinhardt, C.D.; Brandt, R.T. Jr.; Behnke, K.C.; Freeman, A.S.; Eck, T.P. Effect of steam-flaked sorghum grain density on performance, mill production rate, and subacute acidosis in feedlot steers. **Journal Animal Science**, v.75, p.2852-57, 1997.

Reynolds, C.K.; Huntington, G.B.; Tyrrel, H.F.; Reynolds, P.J. Net metabolism of volatile fatty acids, D-B-hydroxybutirate, nonesterified fatty acids, and blood gases by portal-drained viscera and liver of lactating holstein cows. **Journal of Dairy Science**, v.71, p.2395, 1988.

Reynolds, C.K.; Harmon, D.L.; Cecava, M.J. Absorption and delivery of nutrients for milk protein synthesis by portal-drained viscera. **Journal of Dairy Science**, v.77, p.2787-08, 1994.

Reynolds, C.K. Economics of visceral energy metabolism in ruminants: Toll keeping or internal revenue service? **Journal of Dairy Science**, v.80, E. suppl. 2, E74-E84, 2002.

Rooney, L.W.; Pflugfelder, R.L. Factors affecting starch digestibility with special emphasis on sorghum and corn. **Journal of Dairy Science**, v.63, p.1607-23, 1986.

Sampaio, A.A.M.; Andrade, P.; Oliveira, M.D.S. *et al.* Uso de rações com diferentes níveis de proteína e fontes de energia na alimentação de bovinos confinados. Fase II. **Revista da Sociedade Brasileira de Zootecnia**, v.4, n.13, p.528-533, 1984.

Santos, F.A.P. Metabolismo de proteínas. In: Berchielli, T.T.; Pires, A.V.; Oliveira, S.G. eds. Nutrição de Ruminantes. Jaboticabal, FUNEP, 2006. p.255-284.

Schalch, F.J.; Schalch E.; Zanetti, M.ª; Brisola, M.L. Substituição do milho grão moído pela polpa cítrica na desmama precoce de bezerros leiteiros. **Revista Brasileira de Zootecnia**, v.30(1), p.280-85, 2001.

Scott, T.L.; Milton, C.T.; Eriockson, G.E.; Klopfenstein, T.J.; Stock R.A. Corn processing method in finishing diets containing wet corn gluten feed. **Journal Animal Science**, v.81, p.3182-90, 2003.

Sindt, M.H.; Stock, R.A.; Klopfenstein, T.J.; Shain, D.H. Effect of protein source and grain type on finishing calf performance and ruminal metabolism. **Journal Animal Science**, v.71, p.1047-56, 1993.

Sindt, J.J.; Drouillard, J.S.; Titgemeyer, E.C.; Montgomery, S.P.; Pike, J.N.; Farran, T.B.; Coetzer, C.M.; Higgins, J.J. Steam-flake corn diets containig combinations of wet corn gluten feed and alfafa hay: effects on diet digestibility and ruminal characteristics. **Cattlemen's Day,** p. 30-32, 2002.

Sindt, J.J.; Drouillard, J.S.; Titgemeyer, E.C.; Montgomery, S.P.; Coetzer, C.M.; Farran, T.B.; Pike, J.N.; Higgins, J.J. Ethington RT Wet corn gluten feed and alfalfa hay combinations in steam-flaked corn finishing cattle diets. **Journal Animal Science**, v.81(12), p.3121-29, 2003.

Sniffen, C.JJ.; Robinson, P.H. Microbial growth and flow as influenced by dietary manipulation. Journal of Dairy Science, v.70, p.425, 1987.

Sniffen, C.J. Balancing rations for carbohydrates for dairy cattle. In: Proceedings of the 1988 **Feed Dealer Seminars**, Cornell Cooperative Extension, n.112, p.9-19, 1988.

Stern, M.D.; Ziemer, C.J. Consider value, cost when selecting nonforage fiber. **Feedstuffs**, january 11, p.14, 1993.

Stock, R.A.; Sindt, M.H.; Parrot, J.C.; Goedeken, F.K. Effects of grain type, roughage level and monensin level on finishing cattle performance. **JJournal Animal Science**, v.68, p.3441-55, 1990.

Swingle, R.S.; Eck, T.P.; Theurer, C.B.; De La Llata, M.; Poore, M.H.; Moore, J.A. Flake density of steam-processed sorghum grain alters performance and sites of digestibility by growing-finishing steers. **Journal Animal Science**, v.77, p.1055-65, 1999.

Theurer, C.B. Grain processing effects on starch utilization by ruminants. **Journal Animal Science**, v.63, p.1649-62, 1986.

Theurer, C.B. Starch digestion – understanding and potential for improvement – Introduction. **Journal of Nutrition**, v.122(1), p.170-171, 1992.

Theurer, C.B.; Lozano, O.; Alio, A.; Delgado-Elorduy, A.; Sakid, M.; Huber, J.T.; Zinn, R.A. Steam-processed corn and sorghum grain flaked at different densities alter ruminal, small intestinal, and total tract digestibility of starch by steers. **Journal Animal Science**, v.77, p.2824-31, 1999.

Titigemeyer, E.C. Soy byproducts as energy sources for beef and dairy cattle. In: Soy in animal nutrition. J.K. Drackley, Ed. Federation of Animal Science Societies, Savoy, 2000.

Trenkle, A.H. Use of wet corn gluten feed in no roughage diets for finishing cattle. In: Iowa State Univ. Animal Science. **Leaflet R442**, p. 65, 1987.

Van Eys, J.E.; Offner, A.; Bach, A. Manual of Quality Analyses for Soybean Products in the Feed Industry. American Soybean Association, 2004. 113p.

Van Soest, P.J.; Robertson, J.B.; Lewis, B.A. Methods for dietary fiber, neutral detergent fiber, and nonstarch polysaccharides in relation to animal nutrition. **Journal of Dairy Science**, v.74, p.3583-96, 1991.

Vijchualta, P.; Henry, P.R.; Ammerman, C.B. *et al.* Effect of dried citrus pulp and cage layer manure in combination with monensin on performance and tissue mineral composition in finishing steers. **Journal Animal Science**, v.50, n.6, p.1022-30, 1980.

Ward, C.F.; Galyean, M.L.; Defoor, P.J.; Nunnery, G.A.; Salyer, G.B.; Derington, H.M.; Parsons, C.H. 2000. Effects of SarStart DSC on performance and carcass characteristics of finishing beef steers fed dry rolled or steam-flaked corn diets. Burnett Ctr. Internet Prog. Rpt. - http://www.asft.ttu.edu/burnett_center/progress_reports - No. 5. Texas Tech Univ, Lubbock. pp 1-12.

Whitham, N.G.; Drouillard, J.S.; Blasi, D.A.; Titgemeyer, E.C.; Coetzer, C.M.; Hunter, R.D. Evaluating corn and corn gluten feed in growing cattle diets as a replacement for roughage. **Cattlemen's Day**. p.102-5, 1999.

Wing, J.M. Citrus feedstuffs for dairy cattle. **Gainesville: Agricultural Experiment Stations**, IFAS, University of Florida, Bulletin 829, p.25, 1982.

Yokoyama, M.T.; Johnson, K.A. Microbiology of the rumen and intestine. p.125 in the Ruminant animal digestive physiology and nutrition. Church, D.C., ed. Prentice Hall, Englewood Cliffs, New Jersey, 1988.

Zinn, R.A. Comparative feeding value of steam-flaked corn and sorghum in finishing diets supplemented whith or without sodium bicarbonate. **Journal Animal Science**, v.69, p.905-916, 1991.

Zinn, R.A.; Adam, C.F.; Tamayo, M.S. Interaction of feed intake level on comparative ruminal and total tract digestion of dry-rolled and steam-flaked corn. **Journal Animal Science**, v.73, p.1239-45, 1995.

Zinn, R.A.; Owens, F.N.; Ware, R.A. Flaking corn: processing mechanics, quality standards, and impacts on energy availability and performance of feedlot cattle. **Journal Animal Science**, v.80, p. 1145-1156, 2002.

CAPÍTULO 15

Forragens suplementares para bovinos de corte

Luiz Gustavo Nussio
Professor Associado
Departamento de Zootecnia
ESALQ/USP. Piracicaba, SP
nussio@esalq.usp.br

Patrick Schmidt
Professor Adjunto II
Departamento de Zootecnia
UFPR. Curitiba, PR
patricks@ufpr.br

Introdução

O problema da estacionalidade de produção forrageira em ambientes tropicais é assunto recorrente e exaustivamente debatido na busca de estratégias que reduzam o impacto da queda na oferta de alimentos forrageiros (pastagem) no período climático de crescimento desfavorável. A baixa produtividade dos rebanhos nacionais criados extensivamente em pastagens é reflexo da escassez de alimento em virtude da ausência total de manejo, sendo esse quadro agravado no período desfavorável ao crescimento das plantas. A estacionalidade de produção forrageira ocorre em todo o país, em decorrência de fatores com baixa precipitação (seca), baixas temperaturas, ocorrência de geadas ou alagamento temporário de áreas de pastagem. Assim, estratégias de conservação de forragens são necessárias para suprir a demanda dos animais no período de disponibilidade reduzida de pastagens e evitar prejuízos ao desempenho dos animais.

A conservação de forragens pode ser definida como um conjunto de práticas agronômicas e/ou mecânicas, visando produzir e armazenar alimento volumoso para posterior fornecimento aos animais, notadamente no período seco. O termo *conservação de forragens* remete imediatamente às técnicas de ensilagem e fenação, em que o volumoso é colhido, processado e armazenado. A suplementação de forragens é mais abrangente e inclui alternativas de oferta de forragem não conservadas, como é o caso do pastejo diferido, das capineiras e dos resíduos fibrosos.

Forragens suplementares. A conservação de forragens para alimentação de ruminantes é tão antiga quanto a domesticação dos animais de produção e a fixação do homem na terra. Antigas escrituras já citavam o armazenamento de *palhadas* e estabulação de ruminantes e equinos. Esse processo era necessário devido a condições extremas de sazonalidade de produção forrageira, como presença de longos períodos sob neve, ou seca prolongada durante o ano.

A estacionalidade de produção de for-ragens é uma característica indissociável aos sistemas de produção de bovinos no Brasil, seja em virtude do déficit hídrico que acomete a maioria dos Estados do chamado *Brasil Central*, no período do inverno seco, ou pelas baixas temperaturas e ocorrência de geadas nos Estados do Sul do País. Dessa forma, a produção e disponibilidade das pastagens, como recurso forrageiro não é constante, o que requer alguma estratégia de suplementação dos animais, para não comprometer o seu desempenho. Como principais vantagens e oportunidades de utilização de métodos de conservação de forragens, podem ser mencionadas: a redução dos prejuízos advindos do déficit nutricional decorrente da estacionalidade, a elevação da taxa de lotação na fazenda e a possibilidade de confinamento dos animais. Contudo, o uso de forragens conservadas implica, invariavelmente, em elevação no custo unitário de alimentação dos animais e na necessidade de implementos e/ou mão de obra especializada. Ainda, com frequência, há redução na qualidade final do alimento conservado, em relação à planta que lhe deu origem.

Dessa forma, a decisão sobre qual o método de conservação mais apropriado ao sistema de exploração pecuária em questão, deve ser tomada considerando-se diversos fatores, como: objetivos da suplementação, vantagens e desvantagens do método escolhido, necessidades nutricionais da categoria a ser suplementada, área disponível para produção, fatores climáticos, entre outros.

Tipos de conservação de forragem

Diferimento de pastagem

O sucesso do diferimento da pastagem está diretamente relacionado a aplicação de outras técnicas, como manejo da pastagem, suplementação dos animais (sal proteínado) ou demais métodos de conservação de forragens.

O avanço na idade cronológica da forragem vedada acarreta forte redução no valor nutritivo desse alimento, com queda nos teores de proteína bruta e compostos solúveis, e elevação no teor de componentes fibrosos, principalmente lignina. Assim, o volumoso resultante do diferimento de pastagem apresenta, invariavelmente, baixo valor nutritivo. Esse efeito é agravado com o florescimento do capim vedado, que, normalmente, ocorre no final do outono.

As plantas desejáveis para o diferimento devem apresentar crescimento cespitoso ereto, altas produtividades e capacidade de acumular massa até o início do período seco. As principais espécies utilizadas para esse fim são *Brachiaria brizantha* (Marandu, Xaraés) e *Panicum maximum* (Mombaça, Tanzânia-1, Tobiatã) entre outros, embora quaisquer forrageiras possam ser utilizadas para esse fim.

Santos e Bernardi (2005) afirmam que a época de florescimento é um fator importante que deve ser considerada na escolha da espécie a ser usada para o diferimento, sendo preferidas as que não apresentam pico de floração durante o outono e, assim, conservem por mais tempo o valor nutritivo na entrada do período de seca.

Manejo. A vedação de uma área da pastagem deve ser realizada ao final do período chuvoso, quando a umidade no solo ainda não for fator limitante ao crescimento das plantas. Postergar a vedação da pastagem em detrimento do uso da área pelos animais no final do período chuvoso pode influir negativamente no acúmulo de massa de forragem, em decorrência do déficit hídrico no solo.

Maior acúmulo de massa pode ser obtido utilizando-se adubação estratégica, com fonte de nitrogênio, no momento da vedação. O nitrogênio estimula o perfilhamento e a emissão de folhas na pastagem, desde que outros nutrientes do solo e a umidade não sejam fatores limitantes. Em geral, doses de nitrogênio entre 50-90 kg N/ha são indicadas para estimular o acúmulo de forragem em pastagens destinadas ao diferimento.

A eficiência de aproveitamento da forragem é baixa na pastagem vedada, em virtude da grande perda de forragem por pisoteio, tombamento e seleção dos animais pelas partes mais tenras. Assim, a expectativa de taxa de lotação a ser aplicada deve considerar perdas acima de 60% da massa total de forragem disponível, o que, em termos práticos, tem representado lotação de até 2 UA/ha (Santos e Bernardi, 2005).

Da mesma forma, o diferimento de pastagens deve ser feito apenas nas regiões onde a estação seca é bem definida, uma vez que a incidência de chuva eventual, após o florescimento das plantas, pode causar perdas elevadas por apodrecimento. A perda da forragem disponível por incêndio acidental, principalmente em pastos próximos a estradas ou divisas de propriedades, ou por chuvas temporãs, deve ser considerado na análise de risco dessa opção, devendo a fazenda possuir um planejamento para contornar a perda desse volumoso, caso ela venha a ocorrer.

Valor nutritivo e utilização. O sucesso da técnica de diferimento da pastagem está diretamente relacionado a outras técnicas, como manejo da pastagem, suplementação dos animais ou outras técnicas de conservação de forragens.

A vedação de parte das áreas de pastagem de uma fazenda implica, invariavelmente, em elevação na taxa de lotação das demais áreas, no início do período crítico de crescimento da forragem. Se não houver abundância de pastagens na propriedade, podem-se utilizar pastagens de inverno, restos culturais agrícolas, adubação estratégica de piquetes, suplementação concentrada ou volumosa, entre outros, para manter parte dos animais da fazenda, até que o acesso à pastagem vedada seja liberado.

Conforme mencionado, a forragem acumulada por longo período apresenta valor nutritivo bastante reduzido, proporcionando baixo consumo e desempenho limitado. Durante o período de crescimento e florescimento da forragem, ocorre aumento gradativo no teor de fibras da planta e lignificação da fração fibrosa, o que reduz drasticamente a digestibilidade desse volumoso. Esse efeito é agravado pela queda assistida no teor de proteína da forragem decorrente da idade avançada, conforme verificado na **Figura 1**.

A melhor utilização dessa forragem pelos animais é dependente da suplementação proteica, que estimula microrganismos ruminais na digestão da fibra. A suplementação proteica pode ser feita com ureia, via sal proteínado, ou usando-se fontes de proteína verdadeira, como farelos ou resíduos vegetais. O diferimento e a suplementação são estratégias complementares e mutuamente dependentes, para animais de recria e vacas secas ou com cria ao pé.

Embora a pastagem diferida seja uma fonte de alimento no período mais crítico do ano, o

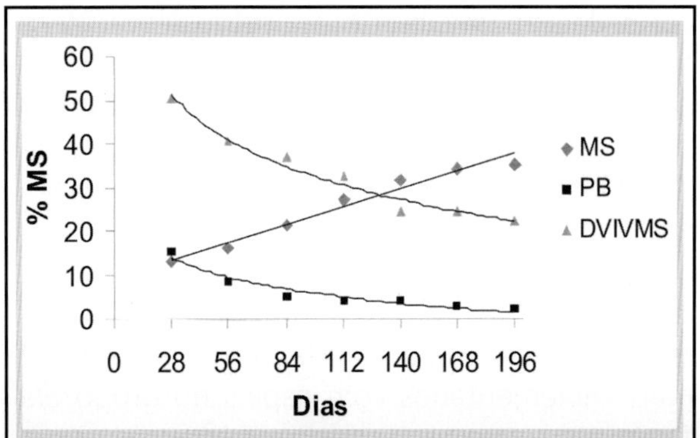

Figura 1. Efeito da idade de corte do capim-elefante cv. Taiwan sobre os teores de matéria seca (MS), proteína bruta (PB) e digestibilidade verdadeira in vitro da MS (DVIVMS). Fonte: Adaptado de Andrade e Gomide (1971).

desempenho dos animais que consomem essa forragem é bastante limitado, e deve ser planejada para categorias menos exigentes em termos nutricionais.

Capineiras

As chamadas *capineiras* são áreas de produção de forragem com aceso vedado aos animais. Nessas áreas, a planta forrageira é colhida de forma manual ou mecânica, e fornecida aos animais no cocho, após a picagem.

São características desejáveis à planta a ser manejada no sistema de capineira: alta produtividade de matéria seca (MS), acúmulo de MS durante o início do período seco e bom valor nutritivo (VN) no momento do corte. Tradicionalmente, as espécies mais utilizadas nesse sistema são os capins do grupo *Elefante* (*Pennisetum purpureum*) e a cana-de-açúcar. Contudo, outras espécies de gramíneas ou leguminosas também podem ser oferecidas na forma verde picada, como a aveia, a leucena, o feijão-guandu, entre outras.

Embora o aumento na produtividade, em decorrência da elevação na idade da planta forrageira seja um fator desejável, esse efeito geralmente é inversamente proporcional ao valor nutritivo das gramíneas, criando uma situação paradoxal: *colher uma planta jovem, com alta qualidade, porém baixa produção, ou colher tardiamente e conviver com o baixo VN do volumoso?* Um exemplo desse comportamento é evidenciado na **Figura 1**. A elevação na idade de corte do capim-elefante acarretou elevação no teor de MS, de 12,9%, aos 28 dias, para 35,2%, aos 196 dias, e decréscimo no teor de proteína bruta e na digestibilidade do capim.

Como geralmente busca-se alta produtividade nas áreas de produção de forragens, o uso de volumoso com baixíssima qualidade é frequente nessa estratégia de fornecimento, o que restringe a ingestão e o desempenho dos animais suplementados com capins do grupo *Elefante*.

Por outro lado, a cana-de-açúcar apresenta comportamento diferenciado das demais gramíneas de clima tropical, devido ao acúmulo de sacarose no período seco, o que acarreta elevação no valor nutritivo dessa planta, associada à elevação na produtividade de MS, com o avanço da idade ao corte. A alta produtividade, obtida em capineiras de cana-de-açúcar, acima de 100 toneladas de massa verde/ha/ano, aliada à facilidade de obtenção de mudas e plantio, e à possibilidade de atingir-se taxas de ganhos de peso razoáveis, tem atraído pecuaristas para o uso da cana-de-açúcar como fonte de alimento volumoso na engorda de bovinos e suplementação durante o período de seca.

Manejo. O manejo, associado às áreas de capineiras, têm por objetivo proporcionar alta produtividade do volumoso e oferecer longevidade ao talhão, o que dilui os custos iniciais de formação.

A formação de uma capineira começa pelo preparo e correção do solo, com base na análise química. Deve-se buscar elevação no teor de saturação por bases (V%) do solo, mediante calagem, para valores próximos a 70%, e respeitar o limite mínimo de 45 dias entre a calagem e o plantio, quando se realiza adubação fosfatada. Os cuidados com bom preparo do solo e plantio devem ser idênticos aos adotados na agricultura industrial, garantindo assim bom desenvolvimento dessa planta.

Tanto a cana-de-açúcar quanto o capim-elefante são estabelecidos por mudas, em sulcos espaçados de 0,8 a 1,2 m, com profundidade de 20 cm. As mudas devem ser dispostas dentro do sulco de forma cruzada (pé com ponta), seccionadas a cada 50 cm, aproximadamente.

A adubação, em áreas de capineira, pode ser realizada com adubos orgânicos ou químicos na formação e na manutenção das plantas. Na adubação de formação, aplica-se a quantidade recomendada de fósforo e parte do potássio (30-50%). O restante do potássio, bem como o adubo nitrogenado, é aplicado, parceladamente, após a emissão de folhas da nova planta.

A adubação de manutenção de capineiras é necessária para repor os nutrientes extraídos pela planta e promover bom crescimento na rebrota. Deve ser realizada depois da colheita, após as primeiras chuvas, repondo nutrientes móveis no solo, como o nitrogênio e o potássio. Parte desses nutrientes pode ser administrada via chorume ou esterco de curral curtido.

Plantas invasoras concorrem por luz e nutrientes em uma área de capineira, podendo reduzir significativamente a produtividade da forragem, principalmente na fase inicial após o plantio ou corte (**Tabela 1**). O controle de invasoras deve ser prática constante, mediante capina química ou mecânica.

Tabela 1. Influência da matocompetição na produtividade agrícola de cana planta.

Tratamentos	Produtividade t MV/ha
Sem controle de invasoras	65
Controle de invasoras durante 60 dias	153
Controle de invasoras durante 120 dias	162
Controle de invasoras durante todo o ciclo	173

Fonte: PLANALSUCAR (1982) citados por Mazza (1993).

Valor nutritivo e utilização. Em sistemas de produção de bovinos de corte, capineiras são usadas para suplementação em confinamento ou semiconfinamento, notadamente no período da seca.

Quando fornecidas exclusivas para suplementação de vacas ou animais de recria, não proporcionam ganhos, apenas manutenção no peso dos animais, porém reduzem o prejuízo causado pela escassez de pastagem. Contudo, quando corrigidas com ingredientes concentrados promovem bons índices de desempenho, sendo a sua magnitude dependente do balanceamento e da relação volumoso: concentrado adotada.

Em termos gerais, tanto a cana-de-açúcar quanto o capim-elefante usados no período de seca apresentam teor proteico reduzido, sendo esse nutriente o mais limitante ao desempenho e ingestão de matéria seca. A correção pode ser realizada usando-se ureia ou fontes vegetais de proteína, como farelos, tortas ou resíduos agrícolas. O balanceamento adequado de rações que contêm essas forragens é determinante do sucesso no uso de capineiras, uma vez que, sem a mínima correção, os animais perderão peso e poderão chegar a óbito.

Ensilagem

Ensilagem é o nome do processo de conservação de forragens com umidade elevada (acima de 60%), mediante fermentação realizada por microrganismos epifíticos da própria planta, ou adicionados durante o processo de conservação. A silagem é o alimento resultante desse processo, que é realizado em condição anaeróbia (ausência de ar), após a forragem ter sido colhida, picada e armazenada em um local apropriado, chamado silo.

No processo de ensilagem, o oxigênio é excluído da massa de forragem pela compactação e respiração remanescente das células vegetais e dos microrganismos aeróbios, tornando o ambiente no interior do silo anaeróbio. Nessa condição, microrganismos anaeróbios transformam os carboidratos solúveis (açúcares) da planta em ácidos orgânicos, principalmente ácido lático e acético. Esses ácidos são os responsáveis pelo abaixamento do pH na forragem ensilada e pela conservação.

A princípio, qualquer planta com sua umidade original pode ser ensilada. Contudo, dá-se preferência a plantas que apresentem alta produtividade agrícola, bom valor nutritivo e facilidade no processo de conservação.

Por ser um processo totalmente dependente de mecanização, o sucesso na ensilagem depende de planejamento criterioso de todas as etapas, visando à redução de perdas e otimização no uso de recursos, como maquinário, implementos e mão de obra. Falhas no processo acarretam redução na produção de silagem e elevação no custo final do volumoso produzido.

Etapas. A primeira etapa do processo de ensilagem é a colheita das plantas. A eficiência de colheita depende da produtividade agrícola da cultura e do conjunto mecanizado de colheita e transporte da forragem. A capacidade de colheita deve estar adequada à capacidade de transporte e compactação no silo, evitando-se subutilização de equipamentos e mão de obra em alguma etapa. Admite-se como adequadas perdas de até 5% nessa fase.

Um ponto muito importante associado à colheita é a picagem da planta, dependente do tipo e velocidade do implemento de colheita, afiação das facas da colhedora e potência do trator que realiza a colheita. O tamanho médio de partículas deve ser reduzido, entre 0,5 e 1,0 cm, para assegurar compactação eficiente da forragem no silo.

A compactação pode ser considerada a etapa de maior importância no processo de ensilagem, uma vez que ela determina a expulsão do ar presente entre as partículas e, reduz, assim, o tempo para formação de ambiente anaeróbio, indispensável à formação dos ácidos orgânicos que preservam a silagem. A eficiência de compactação depende do tempo efetivo de compactação e do peso do trator usado para esse fim. Nessa fase, as perdas podem ser reduzidas para valores inferiores a 15%, embora seja comum conviver com valores superiores a 30%.

Após a forragem picada ter sido compactada no silo, é realizada a vedação com lona plástica apropriada, que deve ficar bem aderida à superfície do silo e com as bordas enterradas, evitando-se a entrada de oxigênio no interior da massa ensilada. A escolha da lona plástica deve ser estabelecida com base na maior resistência aos danos mecânicos e menor permeabilidade ao oxigênio.

Decorrido o tempo de fermentação e armazenamento, procede-se à abertura do silo. Os cuidados após a abertura do silo referem-se à camada mínima e a uniformidade na retirada da silagem. Uma vez aberto, o oxigênio começa a penetrar no painel do silo, possibilitando crescimento de novos microrganismos aeróbios que degradam a silagem e causam perdas. Em geral, leveduras e fungos são responsáveis por perdas de painel, embora estudos recentes apontem algumas bactérias também atuantes em aerobiose. Por isso, recomenda-se a retirada de uma fatia mínima e uniforme de 15 cm diários no painel do silo, visando reduzir essas perdas após a abertura. As perdas em painel podem ser reduzidas para cerca de 5% do total retirado diariamente do silo, mas o manejo incorreto pode elevar esse coeficiente para mais de 20%.

Manejo. Conforme mencionado, os cuidados na colheita, picagem, compactação, vedação e abertura são essenciais à confecção de qualquer silagem, e as recomendações devem ser atentamente seguidas para se assegurar perdas mínimas no processo de ensilagem.

Contudo, em alguns casos, o uso de aditivos pode ser exigido para assegurar condições apropriadas de fermentação e/ou estabilidade após a abertura do silo. Nesses casos, o tipo de aditivo, o custo e os benefícios esperados devem ser avaliados com critério, a fim de proceder a escolha correta. Embora existam várias formas de se classificar aditivos de silagens, eles podem ser agrupados como segue:

1. **Estimulantes da fermentação:** nesse grupo, estão presentes os microrganismos (inoculantes bacterianos) que aumentam a taxa e extensão da fermentação, podendo modificá-la. Os principais grupos de microrganismos usados são as bactérias ácidoláticas (BAL) ou homoláticas, que produzem quantidades elevadas de ácido lático a partir dos carboidratos da forragem, e as bactérias heteroláticas, que produzem ácido acético e/ou propiônico, além do ácido lático.
   Silagens de gramíneas anuais como milho ou sorgo, quando produzidas corretamente, são marginalmente beneficiadas pela presença de aditivos no processo.

2. **Inibidores da fermentação**: nesse grupo, estão os aditivos químicos que inibem o crescimento de determinados microrganismos indesejáveis, reduzindo as perdas que ocorrem durante o processo de ensilagem. Dentre os principais aditivos desse grupo merecem destaque a ureia, o hidróxido de sódio, o óxido de cálcio, o benzoato de sódio e ácidos orgânicos, como o fórmico e o propiônico.
   Aditivos inibidores da fermentação são utilizados na ensilagem da cana-de-açúcar para inibir a atividade de leveduras, microrganismos que produzem álcool (etanol) a partir da sacarose e acarretam elevadas perdas de MS (Schmidt, 2008).

3. **Sequestrantes de umidade**: são aditivos com capacidade de absorver o excesso de umidade da forragem, impedindo a formação de efluentes no silo. Diversos resíduos agroindustriais podem ser usados com

essa finalidade, sendo mais comuns o farelo de trigo, a casquinha de soja, a polpa cítrica, cascas de arroz e café, entre outros.
Esse tipo de aditivo é muito utilizado nas silagens de capins tropicais, por fornecer, em muitos casos, carboidratos que estimulam a fermentação, além de evitar a formação de efluentes pela absorção da umidade excedente.

Valor nutritivo e utilização. O valor nutritivo da silagem vai depender de uma série de fatores, como qualidade da planta que deu origem à silagem, as perdas no processo fermentativo e após a abertura dos silos. Conforme mencionado anteriormente, a silagem sempre apresentará valor nutritivo inferior à forragem da qual teve origem, por causa das perdas que ocorrem durante o processo.

Silagens apresentam custo de produção superior às opções capineira e pastagem diferida, sendo, portanto, recomendadas para animais com maior potencial de resposta econômica. Em termos práticos, sistemas de produção de bovinos de corte utilizam esse alimento principalmente na terminação de animais em confinamento, associada a níveis elevados de concentrado.

Além dos aspectos agronômicos na produção da forragem a ser ensilada, o custo da arroba produzida, em geral, é o fator determinante da escolha entre as opções de silagens. Esse fator considera, além do custo de produção da silagem, o valor nutritivo e a expectativa de desempenho dos animais que consumirão essa forragem.

Fenação

Fenação é o processo de conservação de forragens por desidratação, em que a planta é submetida ao corte e secagem, reduzindo seu teor de umidade de valores entre 75 e 80% para valores próximos a 15% após a desidratação. Embora qualquer planta possa ser conservada na forma de feno, dá-se preferência por aquelas de hastes finas e folhas bem aderidas, que facilitam a secagem e evitam as perdas no processo. Assim, a adoção dos cuidados necessários durante as etapas de corte (ceifa), como revolvimento, enleiramento e enfardamento, são essenciais para a obtenção de um produto final de boa qualidade que, muitas vezes, pode apresentar valor nutritivo superior ao de uma boa silagem.

A produção e utilização de fenos, no Brasil, caracterizam-se por dois sistemas distintos. Podem ser realizadas por pequenos produtores, em sistema totalmente manual, dispensando o uso de qualquer maquinário mecanizado. Nesse sistema, o corte da forragem é realizado com ceifadoras ou foices, e o revolvimento é feito com garfos ou forcas, no próprio campo de colheita ou em terreiros, o que facilita a secagem. O feno produzido pode ser armazenado solto, em medas no campo (estruturas cônicas que permitem o armazenamento no local onde o animal consumirá a forragem), ou enfardado manualmente. Esse sistema pode funcionar bem quando o número de animais tratados é pequeno. Apesar do baixo investimento em equipamentos, a eficiência operacional da produção manual de fenos também é reduzida.

Por outro lado, o sistema mecanizado de produção de feno exige maior investimento em equipamentos e implementos, sendo pouco adotado por pequenos e médios produtores. Contudo, o número de produtores especializados na produção comercial de fenos é crescente, uma vez que esse produto, quando bem feito, possui alto valor agregado e pode ser armazenado e comercializado de forma simples. Na produção comercial de feno, faz-se uso intensivo do solo, equipamentos e mão de obra, para obter altas produções durante todo o ano, com a adoção de estratégias de adubação e irrigação.

Entre os principais fatores limitantes à produção de fenos, as variáveis climáticas, principalmente o regime pluviométrico, são os que mais dificultam a rápida desidratação e a qualidade do feno. Nesses casos, durante o período chuvoso, a confecção de silagem pré-emurchecida (ou pré-secado) é uma alternativa para facilitar o manejo da fazenda. Após o corte, a forragem é parcialmente desidratada, até que o teor de umidade seja reduzido a 50% e 55%, o que é conseguido mesmo em dia nublado, 6 a 8 horas após o corte. Em seguida, o material enleirado é enfardado e revestido com várias camadas de filme plástico para fermentação, produção de ácidos e conservação, conforme observado para silagens. Embora acarrete elevação no custo, esse produto permite otimização da produção no período chuvoso.

O uso de fenos na alimentação de bovinos de corte é limitado, uma vez que esse volumoso geralmente apresenta custo mais elevado que outras opções de alimentos volumosos suplementares. Animais confinados e animais de elite são os principais usuários de feno, sendo a quantidade ingerida por dia dependente do balanceamento da dieta, objetivo da suplementação e qualidade do feno fornecido.

Etapas. Após o corte da planta no campo, uma série de eventos bioquímicos são desencadeados, e o conjunto dessas reações terão impacto na qualidade e custo do feno produzido. O cuidado em cada uma das etapas é fundamental para evitar perdas e assegurar a obtenção de um volumoso com bom valor nutritivo. Em condições desfavoráveis, as perdas na produção de fenos podem chegar a mais de 50% da massa seca disponível.

Corte. A forragem usada para produção de feno deve apresentar ponto ótimo entre maior produtividade de massa e o maior valor nutritivo da planta que será cortada. O corte deve ser feito com o tempo estável e sol forte, para acelerar a desidratação e reduzir as perdas por respiração da planta, uma vez que as células vegetais permanecem vivas após o corte, até cerca de 60% de MS na forragem.

Em pequenas propriedades, o corte pode ser feito manualmente, usando-se foices, alfanges ou ceifadores costais motorizados. Contudo, para maiores produções, realiza-se o corte mecanizado com ceifadoras especiais providas de mecanismo de condicionamento físico para a acelerar a perda de água. Deve-se cuidar para efetuar o corte na altura certa, que permita a rebrota mais rápida da cultura. Da mesma forma, a lâmina de corte deve estar bastante afiada, o que economiza combustível, por necessitar de menor potência para o corte, bem como permite germinação mais rápida e uniforme, por causar menores danos à planta. O corte para fenação deve ser feito pela manhã, após a secagem do orvalho noturno, para que a desidratação seja feita o mais rápido possível. Se a umidade relativa do ar estiver alta ou o céu encoberto, o processo de desidratação será prejudicado.

Revolvimento inicial. Recomenda-se que o primeiro revolvimento seja feito logo após o corte (1 hora), pois nessa fase inicial ocorre a maior perda de água em decorrência dos estômatos presentes nas folhas (estruturas de transpiração das plantas) ainda estarem abertos. Se as condições climáticas forem favoráveis, dois revolvimentos após o corte são suficientes para propiciar a secagem adequada nessa fase inicial.

Conforme mencionado, as células vegetais permanecem vivas após o corte da planta, respirando e consumindo os carboidratos solúveis, o que reduz o valor nutritivo do alimento. No caso dos fenos, esse processo encerra-se quando a planta atinge certo grau de desidratação, o que, em média, ocorre quatro a seis horas após o corte (50-55% de umidade), dependendo das condições de clima e espécie vegetal.

Revolvimentos sucessivos. Os demais revolvimentos devem ser feitos se as condições climáticas não forem favoráveis, até a planta atingir o teor de matéria seca entre 50-60%. O número desses revolvimentos deve ser o menor possível, pois cada vez que se espalha a forragem corre-se o risco de quebrar e perder folhas, e reduzir assim a qualidade do feno. À medida que a planta vai emurchecendo, os estômatos fecham-se e a velocidade de perda de água torna-se mais lenta. Assim, essa perda deve ser máxima na fase inicial, proporcionada pelo revolvimento adequado.

Enleiramento. Quando a forragem atingir menos de 50% de umidade, ela deve ser enleirada para completar a secagem e reduzir a exposição ao orvalho noturno. Em condições favoráveis, a forrageira cortada pela manhã pode ser enleirada no final da tarde, para que a desidratação se complete com mais um ou dois dias de secagem, sem necessidade de espalhar a forragem novamente, para evitar perda de folhas.

Nessa fase, ocorre o rompimento das membranas celulares, expondo assim o conteúdo celular solúvel. No caso de ocorrência de chuva, esses componentes serão lixiviados, reduzindo drasticamente o valor nutritivo do feno produzido.

Recolhimento e enfardamento. O recolhimento e enfardamento devem ser efetuados quando a forragem apresentar teor de umidade próximo a 15%. No ponto ideal, o feno não pode apresentar sinal de umidade nas hastes, e o material, quando torcido, deve voltar à posição original, sem quebrar. Propriedades que produzem feno em grande quantidade utilizam um indicador digital de umidade, que facilita a observação do ponto ideal de enfardamento no campo.

O maquinário de recolhimento e enfardamento deve ser bem regulado e o operador treinado, para que sejam evitados perdas de recolhimento. Em situações normais, essa perda é da ordem de 10 a 15% da MS, podendo ser elevada em condições desfavoráveis. As enfardadeiras disponíveis no mercado apresentam grande variação de tamanhos e autonomia, produzindo fardos retangulares ou cilíndricos, com peso que varia de 12 a 600 kg. A aquisição do conjunto de implementos deve levar em conta o potencial de produção da fazenda, o nível de tecnologia adotado e o planejamento comercial-financeiro do empreendimento.

Armazenamento. Após seco e enfardado, o feno deve ser armazenado em galpão seco e ventilado, sobre estrados e sem contato com paredes, permitindo circulação de ar em toda a pilha. O transporte e manuseio dos fardos devem ser bastante cuidadosos, para evitar-se o desmanche de fardos e a perda de folhas, especialmente em fenos de leguminosas, como a alfafa.

Valor nutritivo e utilização. A utilização do feno para alimentação de bovinos de corte, no Brasil, em geral, fica restrita aos animais estabulados, principalmente os de reprodução e melhoramento genético, em virtude do custo mais elevado desse volumoso, quando comparado a outras opções de forragens suplementares.

O valor nutritivo do feno, é dependente da qualidade da planta que deu origem a esse feno e às perdas no processo. Quando bem produzido, o feno mantém as características nutritivas da planta original, suprindo as exigências de manutenção de vacas e touros.

Análise de sensibilidade nos componentes de custos e receitas

A experiência no atendimento a pecuaristas de corte tem mostrado que, quando o objetivo for criar competência na produção de volumosos suplementares, é fundamental estudar a base física (topografia, drenagem, fertilidade do solo, equipamentos, recursos humanos, competência administrativa e recursos para investimentos) antes de tomar a decisão pela fonte de volumoso a ser utilizada na suplementação dos animais. A negligência à aptidão agrícola da base física tem levado à ocorrência de baixa produtividade agrícola, forragem com valor nutritivo insatisfatório, áreas agrícolas degradadas (erosão e baixa fertilidade) e, sobretudo, volumosos contendo nutrientes pouco competitivos na formulação de rações para animais.

Com um típico comportamento pragmático, a maior atenção dos produtores está, geralmente, voltada aos detalhes técnicos de execução operacional de uma dessas propostas previamente concebidas, mesmo sem ter certeza de que seria a melhor decisão do ponto de vista agronômico, nutricional, administrativo e financeiro para sua propriedade, o que se constitui num paradoxo.

Com o objetivo de racionalizar a concentração de esforços na produção de volumosos suplementares, decidiu-se pela realização de uma simulação empírica (análise de sensibilidade) com base nos resultados de composição de custos e frequência acumulada, conforme apresentado na **Figura 2**. Após selecionados os principais componentes do custo de produção, esses foram submetidos à análise de sensibilidade (Noronha, 1987; Milan, 1992; Romanelli, 2002), que simulou alterações de 10% no seu custo de aquisição e quantificou o impacto sobre o custo total do volumoso estudado. Procedimento similar foi adotado para a produtividade agrícola, teor de MS da forragem, custo total de produção do volumoso (R$/ha), preço da arroba (R$/@) e eficiência operacional.

Os coeficientes apresentados nas Tabelas 2 a 8, referem-se à análise de sensibilidade de algumas funções objetivo, tais como: custo de produção de volumosos (**Tabela 2**); receita líquida por hectare – 0,85 kg/dia (**Tabela 3**); custo de produção da arroba – 0,85kg/dia (**Tabela 4**); receita líquida por arroba - 0,85/kg/dia (**Tabela 5**); receita líquida por hectare – 1,25 kg/dia (**Tabela 6**); custo de produção da arroba – 1,25kg/dia (**Tabela 7**); receita líquida por arroba – 1,25/kg/dia (**Tabela 8**). Todas essas funções são aplicadas às fontes de volumosos suplementares utilizadas nessa simulação. Coeficientes positivos refletem aumento em porcentagem da função objetivo, enquanto os negativos traduzem redução percentual na função objetivo. A magnitude do coeficiente está associada ao impacto dessa variação na função objetivo estudada, e o sinal define a orientação dessa alteração.

Conforme apresentado na **Tabela 2**, dos componentes de custo avaliados, o relativo aos fertilizantes foi o mais significativo, em especial para culturas anuais (milho, sorgo, girassol), promovendo impacto superior a 3% no custo total e, para as culturas perenes (silagem de capim-tanzânia e cana-de-açúcar) essa magnitude não superou 1% do custo total. O benefício decorrente da maior eficiência de colheita apresentou-se menos importante que a variação no custo de fertilizantes e do transporte sugerindo concentração de esforços na atividade de administração de compra de insumos e de serviços associados com a produção do volumoso.

A análise conjunta das **Tabelas 2** a **8** revela que, dos componentes simulados, a alteração do preço da arroba foi o que proporcionou maior coeficiente de impacto sobre as funções objetivo. Em geral, o benefício do maior preço da arroba apresentou-se mais vantajoso para a silagem de capim-tanzânia e silagem de milho safrinha, cujas receitas líquidas por arroba foram consideradas mais restritivas.

Em decorrência da menor participação de volumosos nas rações que objetivaram taxa de ganho de peso de 1,25kg/dia (**Tabelas 6**, **7** e **8**), a variação dos componentes simulados promoveu alterações menos expressivas que aquelas observadas para ganhos de 0,85kg/dia (**Tabelas 3**, **4** e **5**).

A maior porcentagem de MS da forragem pretendeu sugerir o ganho técnico decorrente da colheita de plantas em estádio fisiológico mais adequado, geralmente, contendo maior teor de MS. Com isso, haveria maior produção de MS por hectare reduzindo o custo unitário da tonelada de forragem produzida. Alternativamente, o aumento da produtividade simulada buscou reconhecer o impacto sobre as funções objetivo. Os benefícios médios gerados, tanto pelo aumento de produtividade como do teor de MS, foram similares e maiores para silagens de capim tanzânia e de milho safrinha.

A elevação no custo total (R$/ha) simulada demonstrou apresentar uma magnitude de impacto inferior àqueles observados para produtividade e teor de MS, estimulando, com isso, a busca por ganhos técnicos com o objetivo de viabilizar a utilização desses volumosos nas rações para animais.

Dos componentes relativos a custos, a simulação apontou para maiores alterações decorrentes da elevação do custo dos fertilizantes nas funções objetivo testadas, principalmente nas receitas líquidas por ha (R$/ha) e por arroba (R$/@), e de forma mais pronunciada em menores taxas de ganho (0,85kg/dia).

A receita líquida por hectare (R$/ha) comportou-se como a função objetivo que mais respondeu ao impacto da alteração de custos e eficiência simulados e, provavelmente, esse fato é devido à maior dependência da produção vegetal na composição desse índice. Assim, os ganhos em eficiência na produção de volumosos suplementares seriam melhor observados, preferencialmente, quando analisados índices de desempenho coletivo (R$/ha) em relação aos individuais (R$/@).

Como regra geral, os volumosos suplementares mais competitivos foram os que apresentaram menor alteração das funções objetivo, quando submetidos a variações impostas nos componentes simulados. No caso da cana-de-açúcar, essa afirmação sugere que o desempenho agronômico satisfatório e o menor custo unitário característico da cultura, determinam

Tabela 2. Comparação da análise de sensibilidade do custo de produção dos volumosos (R$/t MS).							
Componentes	**Sorgo**	**Girassol**	**Tanzânia**	**Milho**	**Milho Safrinha**	**Cana (man)**	**Cana (mec)**
Maior custo fertilizante	3,1	2,7	0,7	3,4	3,1	1,1	1,5
Maior custo transporte	1,0	0,9	0,1	0,8	0,7	1,1	1,5
Maior eficiência de colheita	-0,7	-0,2	-0,1	-0,5	-0,5	-0,8	-1,3

Tabela 3. Comparação da análise de sensibilidade da receita líquida por área (R$/ha) - GPD 0,85 kg.							
Componentes	**Sorgo**	**Girassol**	**Tanzânia**	**Milho**	**Milho Safrinha**	**Cana (man)**	**Cana (mec)**
Maior %MS da forragem	40,3	41,2	104,7	56,6	140,7	27,6	18,5
Maior prod. total (t MV/ha)	40,3	41,2	104,7	56,6	140,7	27,6	18,5
Maior custo total (R$/ha)	-30,3	-31,2	-94,7	-46,6	-150,7	-17,6	-8,5
Maior preço @	61,3	61,0	233,0	66,1	200,1	51,9	34,8
Maior custo fertilizante	-9,3	-8,5	-6,5	-15,8	-46,7	-1,9	-1,3
Maior custo transporte	-3,0	-2,7	-0,9	-3,7	-10,5	-2,0	-1,2
Maior eficiência de colheita	2,0	0,5	0,7	2,5	7,1	1,3	1,1

Tabela 4. Comparação da análise de sensibilidade do custo da arroba (R$/@) - GPD 0,85 kg.							
Componentes	**Sorgo**	**Girassol**	**Tanzânia**	**Milho**	**Milho Safrinha**	**Cana (man)**	**Cana (mec)**
Maior %MS da forragem	-5,4	-5,6	-3,9	-7,5	-6,5	-3,8	-3,1
Maior prod. total (t MV/ha)	-5,4	-5,6	-3,9	-7,5	-6,5	-3,8	-3,1
Maior custo total (R$/ha)	5,9	6,1	4,3	8,3	7,2	4,2	3,4
Maior custo fertilizante	1,8	1,7	0,3	2,8	2,2	0,4	0,5
Maior custo transporte	0,6	0,5	0,0	0,7	0,5	0,5	0,5
Maior eficiência de colheita	-0,4	-0,1	0,0	-0,4	-0,3	-0,3	-0,4

Tabela 5. Comparação da análise de sensibilidade da receita líquida por arroba (R$/@) - GPD 0,85 kg.							
Componentes	**Sorgo**	**Girassol**	**Tanzânia**	**Milho**	**Milho Safrinha**	**Cana (man)**	**Cana (mec)**
Maior%MS da forragem	27,5	28,3	85,8	42,3	137,0	16,0	7,7
Maior prod. total (t MV/ha)	27,5	28,3	85,8	42,3	137,0	16,0	7,7
Maior custo total (R$/ha)	-30,3	-31,2	-94,7	-46,6	-151,0	-17,6	-8,5
Maior preço @	61,3	61,0	232,5	66,0	200,3	51,9	34,8
Maior custo fertilizante	-9,3	-8,5	-6,6	-15,9	-46,9	-1,9	-1,3

Tabela 6. Comparação da análise de sensibilidade da receita líquida por área (R$/ha) - GPD 1,25 kg.							
Componentes	**Sorgo**	**Girassol**	**Tanzânia**	**Milho**	**Milho Safrinha**	**Cana (man)**	**Cana (mec)**
Maior %MS da forragem	15,0	15,2	14,7	17,2	19,8	13,3	12,2
Maior prod. Total(t MV/ha)	15,0	15,2	14,7	17,2	19,8	13,3	12,2
Maior custo total (R$/ha)	-5,0	-5,2	-4,7	-7,2	-9,8	-3,3	-2,2
Maior preço @	34,8	35,0	39,7	35,3	44,7	33,8	30,9
Maior custo fertilizante	-1,5	-1,4	-0,3	-2,5	-3,0	-0,4	-0,3
Maior custo transporte	-0,5	-0,4	0,0	-0,6	-0,7	-0,4	-0,3
Maior eficiência de colheita	0,3	0,1	0,0	0,4	0,5	0,3	0,3
Maior custo transporte	-3,0	-2,7	-1,1	-3,8	-10,7	-2,0	-1,3
Maior eficiência de colheita	2,0	0,5	0,5	2,5	7,0	1,3	1,1

Tabela 7. Comparação da análise de sensibilidade do custo da arroba (R$/@) - GPD 1,25 kg.							
Componentes	**Sorgo**	**Girassol**	**Tanzânia**	**Milho**	**Milho Safrinha**	**Cana (man)**	**Cana (mec)**
Maior %MS da forragem	-1,8	-1,9	-1,4	-2,6	-2,6	-1,3	-0,9
Maior prod. total (t MV/ha)	-1,8	-1,9	-1,4	-2,6	-2,6	-1,3	-0,9
Maior Custo total (R$/ha)	2,0	2,1	1,6	2,9	2,8	1,4	1,1
Maior custo fertilizante	0,6	0,6	0,1	1,0	0,9	0,1	0,2
Maior custo transporte	0,2	0,2	0,0	0,2	0,2	0,2	0,2
Maior eficiência de colheita	-0,1	0,0	0,0	-0,1	-0,1	-0,1	-0,1

Tabela 8. Comparação da análise de sensibilidade da receita por arroba (R$/@) - GPD 1,25 kg.							
Componentes	**Sorgo**	**Girassol**	**Tanzânia**	**Milho**	**Milho Safrinha**	**Cana (man)**	**Cana (mec)**
Maior %MS da forragem	4,6	4,7	4,3	6,6	8,9	3,0	2,0
Maior prod. total (t MV/ha)	4,6	4,7	4,3	6,6	8,9	3,0	2,0
Maior custo total (R$/ha)	-5,0	-5,2	-4,7	-7,2	-9,8	-3,3	-2,2
Maior preço @	34,8	34,9	39,6	35,2	44,7	33,8	30,9
Maior custo fertilizante	-1,6	-1,4	-0,3	-2,5	-3,1	-0,4	-0,3
Maior custo transporte	-0,5	-0,5	-0,1	-0,6	-0,7	-0,4	-0,3
Maior eficiência de colheita	0,3	0,1	0,0	0,4	0,4	0,3	0,3

maior nível de eficiência ponderal ao processo, resistindo mais intensamente às possíveis alterações técnicas ou econômicas. Por outro lado, as fontes de forragem suplementar menos interessantes foram exatamente aquelas em que a associação de ganhos técnicos e de adequação gerencial poderiam promover os maiores impactos e, portanto, maior oportunidade de produzir progressos.

Implicações

A suplementação de forragem para bovinos de corte não deve prescindir de análise prévia da aptidão agrícola da base física. A competência na produção de volumosos suplementares depende da definição pela opção mais adequada, mas, sobretudo, é condicionada à profissionalização da produção, colheita e oferta da forragem ao rebanho. Apesar da produção de volumosos constituir-se em uma atividade tipicamente multidisciplinar, o gerenciamento com base em prioridades de ações poderá promover ganhos consistentes ao processo. Transferir competência agronômica ao setor pecuário consiste em um desafio a técnicos e pecuaristas envolvidos na produção de volumosos.

Referências bibliográficas

Andrade, L.F.; Gomide, J.A. Curvas de crescimento e valor nutritivo do capim-elefante (*Pennisetum purpureum* Schim.). **Revista Ceres**, v.100, p.431-447, 1971.

Mazza, J.A. Estabelecimento e manejo da cultura da cana-de-açúcar. In Peixoto, A.M. *et al.* (Ed.) SIMPÓSIO SOBRE NUTRIÇÃO DE BOVINOS, 5., Piracicaba, 1993. **Anais...** Piracicaba:FEALQ, 1993. p. 37-75

Milan, M. Improving operational management of harvest, transport and mechanization for sugarcane in Brazil, 1992. PhD Thesis, Silsoe College, The Crainfield Institute of Technology, UK.

Noronha, J.F. **Projetos agropecuários, administração financeira, orçamento e viabilidade econômica**, 1987. Ed. Atlas, São Paulo, 2. ed.; 269p.

Santos, P.M.; Bernardi, A.C.C. Diferimento de pastagens. In: Pedreira, C.G.S. *et al.* (Ed) **Teoria e prática da produção animail em pastagens** - Anais do 22° Simpósio de manejo das pastagens, FEALQ, p. 95-118, 2005.

Schmidt, P. Aditivos químicos e biológicos no tratamento da cana-de-açúcar para alimentação de bovinos. In: Jobim, C.C. et al. (Ed) **Produção e utilização de forragens conservadas**, EM, p. 117-152, 2008.

Romanelli, T.L. Modelagem do balanço energético na alimentação suplementar para bovinos, 2002. Dissertação de mestrado em máquinas agrícols, USP/ESALQ, 100p.

CAPÍTULO 16

Utilização de aditivos na produção de bovinos de corte

Telma Teresinha Berchielli
Professora Associada
Departamento de Zootecnia
FCAV/UNESP. Jaboticabal, SP
ttberchi@fcav.unesp.br

Liandra Maria Abaker Bertipaglia
Doutora em Zootecnia
UNESP. Jaboticabal, SP
liandramab@terra.com.br

Introdução

O objetivo maior da nutrição é a eficiência na produção animal e, para tanto, são lançados recursos para manipular a fermentação ruminal, como o uso dos aditivos na dieta. Os esforços focalizam, particularmente, as substâncias que aumentam a digestibilidade da fibra, o maior provimento do ácido propiônico no rúmen, a manutenção do pH próximo à normalidade, a redução da acidose ruminal, do timpanismo, da metanogênese, da proteólise ruminal e desaminação de aminoácidos.

Atualmente, define-se manipulação da fermentação ruminal como todo o processo que altere, aumentando ou diminuindo, o metabolismo normal do rúmen. As estratégias dessa manipulação ruminal podem ser indiretas por meio da manipulação da dieta, incluindo na dieta alimentos que promovam as alterações desejadas, assim como os tratamentos químico, físico ou biológico, para proteger as proteínas e a gordura da degradação ruminal, ou aperfeiçoar a utilização dos carboidratos estruturais pelos microrganismos. A manipulação direta consiste no emprego de aditivos que atuam regulando os processos de fermentação ruminal, aumentando a eficiência de utilização de nutrientes.

A manipulação nutricional por meio da suplementação da dieta de bovinos em pastejo representa uma forma de melhorar o desempenho animal por meio de estímulo da atividade microbiana ruminal. Os benefícios podem surgir dos metabólitos microbianos per se, que podem ser enzimas, vitaminas e aminoácidos, ou pela interação com microrganismos ruminais, para melhorar o aproveitamento das fontes nitrogenadas e energéticas e, dessa forma, fornecer maior aporte de proteína e energia para os ruminantes.

A suplementação da dieta e o uso de aditivos, como forma de correção das deficiências nutricionais do pasto, é uma estratégia apropriada para elevar a eficiência da utilização de gramíneas tropicais e pode ser uma alternativa para o aumento de rentabilidade em sistemas de produção de carne.

Aditivos são ingredientes com ou sem valor nutricional que, ao serem fornecidos aos animais, irão promover aumentos metabólicos digestivos, auxiliando no incremento produtivo. Esses aditivos são administrados em pequenas quantidades na dieta durante longo período de tempo. No presente trabalho, pretende-se dar ênfase aos aditivos mais utilizados ou, pelo menos, recentemente mais comentados, em razão de regras de comércio internacional e qualidade de carne exigida pelo mercado consumidor. Diante desse contexto, podem-se xcitar os ionóforos, probióticos, enzimas e substâncias tamponantes.

Classificação dos aditivos

Existem leis que definem as substâncias autorizadas, divididas por categoria e níveis de inclusão que podem ser administrados na dieta. Essas substâncias ou aditivos compreendem desde os antioxidantes e antifúngicos até os pigmentos, edulcorantes, inclusive as sustâncias tamponantes e os ionóforos antibióticos.

Na União Europeia, em 2003 foi criada a EFSA (Autoridade Européia da Segurança do Alimento), que se responsabilizou pelo regulamento do uso dos aditivos na nutrição anima e pela proibição do uso de antibióticos (Regulamentação da EC 1831/2003). Uma das ações da EFSA foi a restrição de uso dos últimos antibióticos ainda utilizados como promotores de crescimento a partir de 1/1/2006 daqueles que apresentavam princípio ativo não utilizado em seres humanos (avilamicina, flavofosfolipol, monensina sódica e salinomicina). Esta decisão de eliminação destas indicações de uso não constitui banimento das moléculas ou compostos acima citados, somente elimina seu uso como antibióticos promotores de crescimento pelos produtores dentro da unidade européia. Seu uso como antibióticos terapêuticos ainda é possível dentro da Comunidade Européia quando indicações terapêuticas forem aprovadas. Exemplo disso é o uso de monensina e salinomicina em aves, que continua a ocorrer uma vez que suas indicações para a avicultura eram terapêuticas (controle da coccidiose). Já em bovinos seu uso foi interrompido na Comunidade Européia pelo fato de que as indicações existentes até o momento da restrição de uso eram com a finalidade de promoção de crescimento (ganho de peso). Algumas empresas têm processos de registro em andamento com finalidades terapêuticas para que pelo menos a monensina volte a ser utilizada como produto terapêutico (anticoccidiano).

Do ponto de vista do comércio internacional, a UE não restringe a importação ou exportação de carne de animais que tenham recebido antibióticos, mesmo quando aprovados no país de origem da carne para finalidades não aprovadas na Europa, contanto que não sejam ultrapassados os limites máximos de resíduos (LMR) aprovados para os diferentes tecidos. A monensina sódica possui estes limites estabelecidos na União Européia para bovinos (Commission Regulation (EC) No 1353/2007) e o Brasil faz o acompanhamento dos níveis de resíduos de monensina sódica na carne bovina através do PNCR (Programa Nacional de Controle de Resíduos). Até hoje nenhum resíduo violativo foi enscontrado em carne bovina. Em resumo, os produtores devem assegurar que estão seguindo a legislação brasileira quanto ao uso de antibióticos, independentemente de produzirem para o comércio local ou para a exportação.

No regulamento, o EFSA reagrupou os aditivos da alimentação animal em cinco categorias novas de acordo com a função:

1.Aditivos tecnológicos: referem a qualquer substância adicionada ao produto destinado à alimentação animal com fins tecnológicos. Exemplos:

- **a) Conservantes:** substâncias, incluindo os auxiliares de fermentação na produção de silagem ou, nesse caso, os microrganismos que prolongam o período de conservação dos alimentos e as matérias-primas para alimentos;
- **b) Antioxidantes:** substâncias que prolongam o período de conservação dos alimentos e das matérias-primas, protegendo contra a deterioração causada pela oxidação;
- **c) Emulsificantes:** substâncias que possibilitam a formação ou a manutenção de uma mistura homogênea de duas ou mais fases não miscíveis nos alimentos;
- **d) Estabilizantes:** substâncias que possibilitam a manutenção do estado físico dos alimentos;
- **e) Reguladores de acidez:** substâncias que regulam a acidez ou alcalinidade dos alimentos;
- **f) Adsorventes:** substâncias capazes de fixarem moléculas;
- **g) Aglomerantes:** substâncias que possibilitam às partículas individuais de um alimento aderirem-se umas às outras;
- **h) Antiaglomerantes:** substâncias que reduzem a tendência das partículas individuais de um alimento de aderirem-se umas às outras;
- **i) Antiumectantes:** substâncias capazes de reduzirem as características higroscópicas dos alimentos;
- **j) Umectantes:** substâncias capazes de evitar a perda da umidade dos alimentos;
- **k) Gelificantes:** substâncias que conferem textura a um alimento mediante a formação de um gel;
- **l) Espessantes:** substâncias que aumentam a viscosidade dos alimentos.

2.Aditivos sensoriais: referem-se a qualquer substância adicionada ao alimento para melhorar ou modificar as propriedades organolépticas ou as características visuais. Incluem os seguintes grupos funcionais:

- **a) Corantes e pigmentantes:** substâncias que conferem ou intensificam a cor dos alimentos;
- **b) Flavorizantes:** substâncias que conferem ou intensificam o aroma e o sabor dos alimentos;
- **c) Aromatizantes:** substâncias que onferem ou intensificam o aroma dos alimentos;
- **d) Palatabilizantes:** substâncias que se agregam aos alimentos dos animais com o objetivo de estimular o consumo, proporcionando sabores mais agradáveis aos ingredientes e estimulam, assim, os órgãos olfativos e gustativos.

3.Aditivos nutricionais: referem-se a qualquer substância utilizada para manter ou melhorar as propriedades nutricionais do produto. Exemplo:

- **a) Vitaminas:** substâncias orgânicas naturais indispensáveis para as funções vitais em humanos e animais. Essenciais para o crescimento, saúde e desempenho e devem ser disponibilizadas na dieta, uma vez que os animais não são capazes de sintetizá-las em quantidades suficientes;
- **b) Microminerais:** podem ser apresentados na forma inorgânica ou orgânica. Na sua grande maioria, a produção é direcionada para os produtos inorgânicos;
- **c) Aminoácidos:** são vinte os principais aminoácidos que formam as proteínas, sendo dez deles essenciais para os animais e, obrigatoriamente, devem ser fornecidos através do alimento;
- **d) Ureia:** é um produto químico que se apresenta em estado sólido, na cor branca, sendo higroscópico e solúvel em água, álcool e benzina. É obtida a partir a síntese da amônia com o gás carbônico, sob

condições de temperatura e pressão levadas, possuindo formula química NH_2CONH_2.

4.Aditivos zootécnicos: referem-se a qualquer substância utilizada na melhoria o desempenho dos animais. Incluem os seguintes grupos funcionais:

a) Digestivos: substancias que facilitam a digestao dos alimentos ingeridos. Incluem os seguintes subgrupos funcionais:

a.1) Enzimas: referem-se as proteínas de alta complexidade molecular que, sob condições específicas de umidade, temperatura e pH, atuam sobre substratos específicos. Ao completar o ciclo da reação, a mol'wecula de enzima não perde a atividade e volta a atuar sobre uma nova reação e, por essa razão, as quantidades de enzimas requeridas para incorporaçãdo a um substrato são pequenas.

a.2) Equilibradores da flora intestinal: incluem os microrganismos formadores de colonias ou outras substâncias definidas quimicamente que, administradas aos animais, tem efeito sobre a flora intestinal. Incluem os seguintes subgrupos funcionais:

- *Probióticos:* são cepas de microrganismos vivos (viáveis), que agem como auxiliares na recomposição da flora microbiana do trato digestivo dos animais, diminuindo o número dos microrganismos patogênicos ou indesejáveis;
- *Prebióticos:* designam um ou mais grupos de ingredientes alimentares que não são digeridos pelas enzimas digestíveis normais, mas que atuam estimulando (alimentando) seletivamente o crescimento e/ou atividade de bactérias benéficas no intestino que tem, por ação final, melhorar a saúde do hospedeiro;
- *Simbióticos:* e a combinação de prebióticos e probióticos. Um caso clássico e uma dieta auxiliar a base de bifidobactéerias e de frutoligossacarideos (FOS) que são sintetizados enzimaticamente, por ação da β-frutofuranosidase fúngica a partir da sacarose;
- *Ácidos orgânicos:* são substâncias que contêm uma ou mais carboxilas em sua molécula. Nessa classificação podem ser incluídos os aminoácidos e os ácidos graxos. Em geral, quando o termo ácido orgânico é empregado na produção animal, refere-se aos ácidos fracos, de cadeia curta (C1-C7), que produzem menor quantidade de prótons por molécula ao se dissociarem;
- *Nutracêuticos:* são alimentos que, quando incluídos na dieta, além de fornecerem nutrientes para o organismo, possuem propriedades medicinais, que atuam na prevenção e tratamento de doenças. Os termos "nutracêutico" e "alimento funcional" representam um novo conceito que engloba uma ampla variedade de nutrientes, que maximizam funções fisiológicas relevantes, em adição às características nutricionais básicas.

a.3) Melhoradores de desempenho: referem-se às substâncias definidas quimicamente que melhoram os parâmetros de produtividade. Incluem o subgrupo funcional:

- *Promotores de crescimento e/ou eficiência alimentar:* nesse subgrupo funcional são incluídos os antibióticos e quimioterápicos utilizados como promotores de crescimento; os ionóforos, os repartidores de nutrientes, e os hormônios.

5.Aditivos anticoccidianos: referem-se à substância medicamentosa utilizada na prevenção da coccidiose.

Aditivos na manipulação da fermentação ruminal

Atualmente, o desafio da exploração pecuária é estabelecer sistema de produção de ruminantes de maneira rentável, que respeite o bemestar animal e, cujos produtos e resíduos não representem risco à saúde do consumidor ou ao meio ambiente. Uma estratégia para manter os níveis de produção sem reduzir os rendimentos é a utilização de aditivos na dieta, com permissão legal do seu uso, e cuja eficiência seja representativa na resposta animal (Caja *et al.*, 2003).

É importante a formulação correta da ração e o manejo adequado da alimentação para se obter benefícios adicionais mediante o uso dos aditivos que modulem a fermentação ruminal.

Quando as alternativas do manejo nutricional da ração se esgotam, pode-se recorrer ao uso dos aditivos para melhorar a eficiência de produção e reduzir perdas de nutrientes pelo estímulo do metabolismo energético. Graças à grande diversidade de fatores que regulam o ecossistema ruminal, são muitas as vias possíveis para a sua manipulação.

Calsamiglia *et al.* (2006) consideram algumas rotas como objetivos da modulação da fermentação microbiana ruminal de alguns aditivos:

1) Aumentar a degradação da fibra e do amido;

2) Estimular a produção de propionato;

3) Inibir a produção de metano;

4) Controlar a concentração de lactato e o pH ruminal (**Figura 1**).

A busca por alternativas aos antibióticos promotores de crescimento seria a implantação de novas estratégias de manejo da alimentação ou o uso de aditivos que tenham efeitos similares. Como substâncias alternativas destacam-se os probióticos ou aditivos microbianos (bactérias, enzimas exógenas, leveduras, fungos), os ácidos orgânicos (malato e fumarato) e os extratos de plantas, que têm demonstrado serem eficazes na melhoria do rendimento dos animais, diminuindo as perdas energéticas e proteicas no rúmen.

Ionóforo

Considerações gerais Existem vários tipos de ionóforos, destacando-se a monensina sódica, lasalocida, narasina, salinomicina, tetronasina e avoparcina. Esses antibióticos modificam de forma seletiva a flora ruminal melhorando a eficiência digestiva. O modo de ação básico é modificar o fluxo de transporte de íons através da membrana celular do microrganismo.

A monensina sódica é um antibiótico poliéter ionofórico, produto da fermentação metabólica do *Streptomyces cinnamonensis*. Pode ser tóxica a muitos protozoários, fungos e bactérias, especialmente às Gram-positivas, afetando a passagem de nutrientes através de sua membrana.

Os ionóforos são moléculas com uma camada externa hidrofóbica e uma interna hidrofílica onde átomos de hidrogênio ligam-se a diferentes cátions, como o Na^+, K^+ e Ca^{++}, agindo como transportadores desses íons através da membrana celular. Por serem solúveis, quando em contato com as membranas das células, depois de serem combinados com íons, os ionóforos passam a fazer parte da membrana e desempenhar as funções de transporte de íons de um lado a outro da membrana.

A monensina sódica catalisa, principalmente, as trocas de sódio por hidrogênio, uma vez que a afinidade pelo sódio é dez vezes maior que pelo potássio. As reações de troca cátion/próton catalisadas pelos ionóforos irão depen-

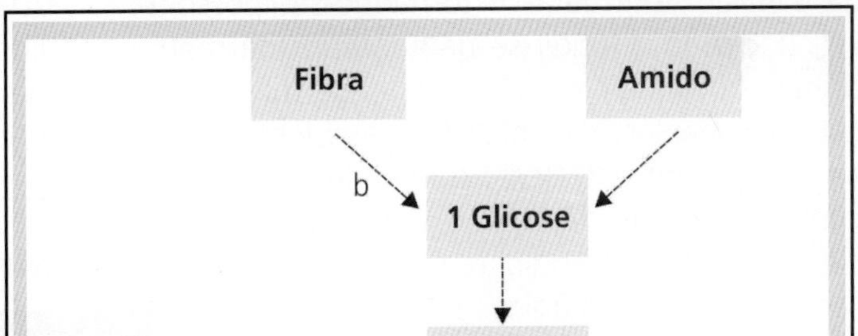

Figura 1. Modos de ação dos aditivos no metabolismo energético (a = monensina; b = aditivos microbianos; c = ácidos orgânicos; d = extratos de plantas; e = imunização/anticorpos). Adaptado de Calsamiglia *et al.* (2006).

der do gradiente de concentração dos íons. Essa troca cátion/próton pode ser observada na **Figura 2**.

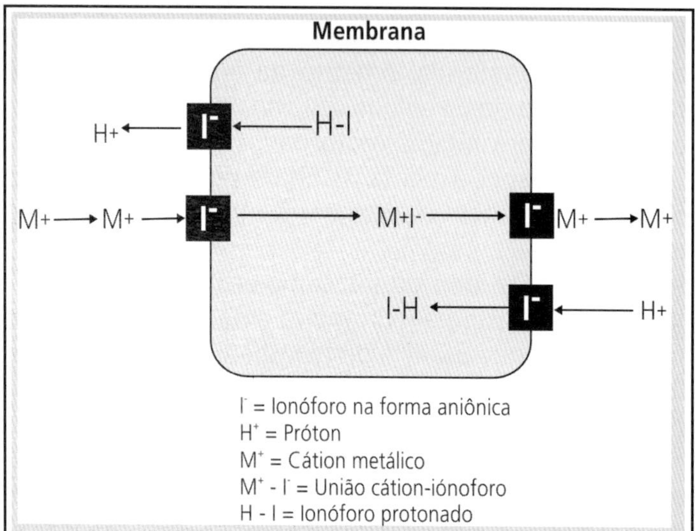

Figura 2. Mecanismo de atuação do ionóforo no transporte de íons pela membrana celular de microrganismos, segundo Bergen & Bates (1984).

Estando o ionóforo na interface da membrana na forma aniônica, permanece estabilizado em consequência da característica polar da superfície da célula. O ionóforo então se combina com um íon metálico tornando-se lipossolúvel, podendo difundir-se pelo interior da membrana. Ao atingir o lado oposto da membrana celular e passar novamente ao ambiente polar, as forças eletrostáticas, que mantêm o complexo ionóforo/íon, não são mais suficientes, e o ionóforo libera seu cátion voltando à forma aniônica. Esse transporte de íons faz com que o ionóforo promova uma desorganização do gradiente de íons normalmente formado no transporte ativo das bactérias e essencialmente no seu metabolismo celular.

As bactérias Gram-positivas, por não possuírem a camada de proteção de peptidoglicanas que as protege contra os agentes agressores externos, são mais afetadas pelos ionóforos que desorganizam o transporte de cátions, através das membranas dessas bactérias, e promovem um maior gasto energético a fim de manter o balanço osmótico entre o interior e o exterior da célula (**Figura 3**).

De acordo com a **Figura 3**, a disponibilidade de íons H^+ (pH ácido) no meio extracelular é fundamental para a exaustão do K^+ de dentro da célula e a alta concentração externa de K^+ de dentro da célula, e a alta concentração externa de K^+ inibe a saída de K^+ e a entrada de H^+ no meio celular. A troca líquida de K^+ por Na^+ e H^+, mediada pela monensina sódica em *S. bovis*, é definida pelos gradientes de Na^+ e K^+. Esse fluxo depende, ao menos, da alta concentração de Na^+ extracelular.

A adição de monensina sódica, consequentemente, ocasiona a inversão no gradiente de pH através da membrana da célula de S. bovis, por exemplo, que é uma bactéria Gram-positiva, tornando o seu interior ligeiramente ácido e modifica dessa maneira o potencial da membrana. Ou seja, na tentativa de manter o pH adequado, as bactérias do rúmen exportam H^+ acumulado dentro da célula através das bombas Na/K ATPase, utilizando energia nesse processo.

Como as bactérias Gram-positivas não apresentam a fosforilação oxidativa, produzem menos ATP por mol de glicose, tornam-se esgotadas energeticamente pela exaustão total de ATP intracelular, na tentativa de manter o equilíbrio intracelular. Como consequência disso, não há como atender as demandas biológicas e regenerar o pH do meio e a célula se extingue,

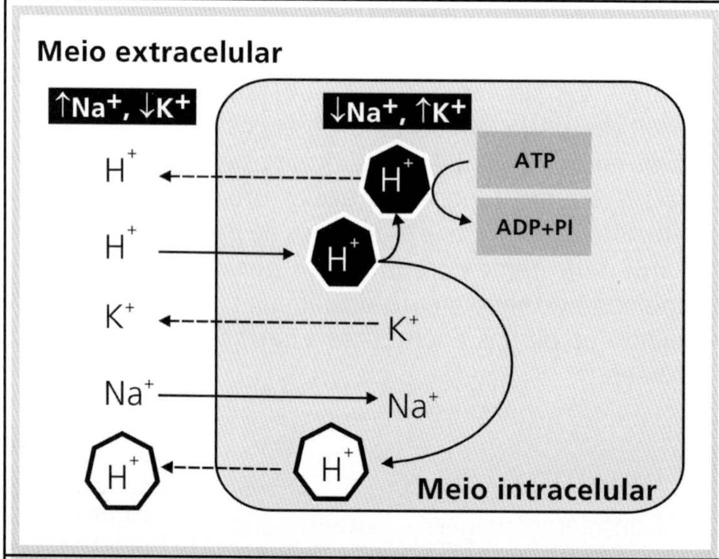

Figura 3. Efeitos da monensina sódica sobre o fluxo de íon em *Streptococus bovis*, segundo Russel & Strobel (1989).

como também é o caso do *Ruminococcus albus* e o *Butyrivibrio fibrisolvens*.

As bactérias Gram-negativas não sofrem os efeitos da ação dos ionóforos, pois possuem dupla membrana celular, de modo que a membrana interna permanece protegida da ação da monensina sódica. Como protozoários e fungos não possuem membrana protetora externa, também são sensíveis à monensina sódica.

Outro aspecto importante é que os produtos finais da fermentação dos alimentos no rúmen, pelas bactérias Gram-negativas, são os ácidos propiônico e succínico; os das bactérias Gram-positivas são os ácidos acéticos e butírico e, de forma indireta, os gases metano e o dióxido de carbono, de amônio e ácido láctico. Portanto, a inclusão de monensina sódica promove no ambiente ruminal aumento da concentração molar do ácido propiônico, concomitantemente, com redução dos ácidos acético, butírico e láctico e dos gases metano, dióxido de carbono e amônio.

As modificações causadas pelo uso de ionóforos sobre as espécies microbianas e, consequentemente, no padrão de fermentação ruminal ocorrem em longo prazo, uma vez que alteram comunidades de microrganismos do rúmen.

Quanto ao modo de ação dos ionóforos, Morais *et al.* (2006) descreveram as seguintes mudanças na fermentação ruminal:

1) aumento na produção de ácido propiônico e, consequentemente, diminuição da produção de metano;

2) diminuição da degradação proteica e desaminação de aminoácidos;

3) diminuição da produção de ácido lático e espuma.

Durante o processo de fermentação ruminal, a produção de ácido acético e butírico liberam grande quantidade de hidrogênio. Os organismos metanogênicos na microbiota ruminal (*Methanobrevibacter*, *Methanobacterium*, *Methanomicrobium* e *Methanosarcina*) utilizam o hidrogênio e o CO_2 para produzir metano. Por outro lado, no processo fermentativo em que o produto resultante é o ácido propiônico, há captura de hidrogênio do meio.

Os ionóforos têm a capacidade de alterar a proporção de ácidos graxos de cadeia curta produzidos no rúmen em virtude do aumento do ácido propiônico em detrimento dos ácidos acéticos e butírico, geralmente sem causar grandes alterações sobre a produção total de ácidos graxos de cadeia curta.

Em resumo, entre os efeitos observados em resposta à utilização de ionóforo, em decorrência dos seus efeitos no rúmen, podem-se citar:

- Aumento de produção de propionato;
- Redução da produção de metano;
- Aumento da digestibilidade da matéria orgânica e amido;
- Redução da produção de proteína microbiana;
- Aumento de retenção de nitrogênio;
- Redução da mobilização de gordura corporal;
- Diminuição de distúrbios metabólicos, como acidose e timpanismo, pela menor concentração de ácido lático e menor produção de mucopolissacarídeos que conferem estabilidade à espuma; além do efeito coccidiostático. A redução dessas patologias melhora o desempenho animal.

Efeitos no desempenho animal

O aumento no desempenho dos animais é atribuído, principalmente, à melhora da eficiência energética, principalmente, em razão do aumento da produção do ácido propiônico, à redução da relação acetato/propionato e diminuição da produção de metano, além da diminuição da produção de ácido lático e redução nas perdas de aminoácidos que seriam potencialmente fermentados no rúmen.

Nas Tabelas 1 e 2, pode-se observar que a inclusão do ionóforo na dieta de bovinos em confinamento,com alta proporção de grãos, na maioria dos casos, proporciona respostas positivas no ganho de peso; porém pode-se constatar que a inclusão do ionóforo na dieta de alta densidade energética reduz o consumo de alimentos sem, contudo, causar redução no ganho de peso. No caso da inclusão do ionóforo lasalocida sódica na dieta de bovinos em confinamento, com alta proporção de grãos (Tabela 2), a diferença no ganho de peso entre os tratamentos

Tabela 1. Efeito da estatística suplementação da dieta de bovinos confinados com o ionóforo monensina sódica sobre o ganho de peso.

Itens	Controle	Monensina sódica
Número de animais	5.696	5.578
Peso inicial em kg	284	283
Peso final em kg	430	432
Monensina sódica (mg/cab/dia)	-	246
Ganho de peso (kg/cab/dia)	1,09	1,10
Consumo de MS (kg/dia)	8,27	7,73
kg de MS/kg de ganho	8,09	7,43

Fonte: Goodrich *et al.* (1984).

não é significativa, porém pode-se constatar que houve redução no consumo e, dessa maneira, a eficiência alimentar foi melhor.

Na **Tabela 3**, observa-se que a inclusão do ionóforo lasalocida sódica na dieta de bovinos em confinamento, com alto nível de volumoso, proporciona respostas positivas no ganho de peso, além de proporcionar melhor eficiência na conversão.

Na literatura, observa-se que o número de estudos sobre o uso de ionóforo na dieta de bovinos em pastejo é muito inferior, quando se compara com o seu uso na dieta de bovinos de corte em confinamento e em bovinos leiteiros. Além desse fato, as respostas são, todavia, variadas e controversas, fato justificado pelas diferenças na dieta, quantidade do ionóforo ministrada e tipo do ionóforo.

A utilização da monensina sódica em animais em pastejo deve estar vinculada à preocupação de se melhorar o processo digestivo ou minimizar as perdas de nutrientes.

Resultados de pesquisas clássicas de 24 experimentos, segundo Goodrich *et al.* (1984), indicam o maior ganho de peso de bovino de corte em pastejo (diferença máxima de 13,5%) quando se utilizou monensina com redução nítida na conversão alimentar. Alguns resultados encontrados na literatura com relação à suplementação da dieta de bovinos em pastejo com o ionóforo encontram-se na **Tabela 4**.

Os bovinos em pastejo que recebem suplementação de grãos na dieta respondem mais intensamente ao uso do ionóforo monensina sódica, o que foi demonstrado por Potter *et al.* (1986), em avaliação de 11 experimentos. Os pesquisadores observaram que, quando foi incluído o ionóforo monensina sódica, o ganho foi 36% superior, em relação aos da dieta controle; além disso, a conversão alimentar dos suplementados foi de 5:1, e a dos não suplementados foi de 10:1.

No caso do experimento realizado por Bertipaglia (2008), foi observado ganho de peso 22% superior nos animais que receberam a suplementação proteica com monensina sódica, em relação aos animais controle no final do período experimental. Na análise do consumo de forragem na época da transição águas/secas, foi observado o menor consumo de forragem no tratamento suplemento proteico com monensina sódica (1,79%PV), sendo que a adição da monensina à

Tabela 2. Efeito da lasalocida sódica em bovinos confinados, em dietas com alto teor de grãos.

Trabalhos	Ganho diário (kg)		Conversão (kg/kg MS)	
	Controle	Lasalocida	Controle	Lasalocida
Brown & Davidovich(1979)	1,01	1,09	8,21	7,22
Kuhl *et al.* (1980)	1,47	1,53	7,63	7,00
Berger *et al.* (1981)	1,02	1,14	8,19	7,37
Horton & Brandt (1981)	1,16	1,18	9,04	8,15
Owens & Gill (1982)	1,57	1,65	5,75	5,27

Tabela 3. Efeito da lasalocida sódica em dietas de confinamento com alto nível de volumosos.

Trabalhos	Ganho diário (kg)		Conversão (kg/kg MS)	
	Controle	Lasalocida	Controle	Lasalocida
Thonney *et al.* (1981)	0,61	0,73	14,25	11,44
Nelson (1983)	1,22	1,28	8,43	7,67
Horton *et al.* (1992)	0,81	0,96	10,47	9,66

Tabela 4. Efeito da suplementação da dieta com monensina sódica sobre o ganho de peso de bovinos de corte em pastejo.

Ítem	Tratamentos	
	Controle	Monensina
Goodrich *et al.* (1984)		
Número de animais	456	458
Peso corporal (kg)	242	242
Aumento de peso (g/dia)	609	691
Potter *et al.* (1986)		
Peso corporal (kg)	236	236
Aumento de peso (g/dia)	590	680
Eficiência (kg suplemento/kg carne)	10,10	5,04
Restle *et al.* (1999)		
Peso corporal (kg)	358	356
Aumento de peso (g/dia)	461	453
Bertipaglia (2008)		
Peso corporal (kg)	312	325
Aumento de peso (g/dia)	430	490

dieta representou diminuição do consumo de forragem em 18% comparado com os animais-controle.

Essa redução no consumo, possivelmente, refletirá no aumento na taxa de lotação da pastagem e menor tempo de ocupação da área de pasto, uma vez que o tratamento proporcionou maior ganho de peso.

Paulino *et al.* (1993) observaram resposta positiva à adição de ionóforo em suplemento múltiplo sobre o ganho de peso de novilhos em crescimento com incremento de 80g no ganho de peso diário.

Pesquisas indicam que a inclusão de ionóforos em misturas múltiplas pode promover aumentos de ganho de peso da ordem 20% por dia, em animais em pastagens tropicais, em relação aos da dieta controle (**Figura 4**).

Galloway *et al.* (1993) avaliaram o efeito da monensina sódica (1 mg/kg PV) no consumo de novilhas e na digestão do pasto bermuda (*Cynodon dactylon*) em diferentes graus de maturidade. Os autores concluíram que o consumo e a digestibilidade dependem da dose do ionóforo utilizado e do tipo de forragem disponível. Os incrementos na digestibilidade de forrageiras são maiores quando são utilizados 100 mg/dia de monensina sódica, quando compararam com a dose de 200 mg/dia.

Os mecanismos de redução do consumo de alimento quando se utiliza monensina sódica não estão ainda bem compreendidos. De acordo com Purvis & Whittier (1996), geralmente, observase reduzida ingestão de MS quando o animal é suplementado com monensina em dietas ricas em grãos, uma vez que há aumento de energia disponível ao animal, e o consumo é controlado por mecanismos quimiostáticos. Em dietas à base de forragem e, portanto, com menor densidade energética, não ocorre alteração no consumo de matéria seca; no entanto, como há mais energia aproveitada para a mesma ingestão, o ganho é superior e a conversão melhorada (Lanna & Medeiros, 2007).

Quanto à influência da monensina sódica na fermentação ruminal de animais em pastagens, observou-se que, ao adicionar o ionóforo à suplementação proteica da dieta de bovinos, houve incremento da proteína microbiana que passa ao intestino delgado como proteína sobrepassante.

Essa constatação favorece o crescimento de bactérias celulolíticas no rúmen em uma proporção de 1,5 vezes, e melhora os índices de digestibilidade da fibra, principalmente da celulose.

Os efeitos da monensina sódica só podem ser observados quando o nitrogênio suplementado está na forma de proteína verdadeira, peptídeos ou aminoácidos. Dessa forma, as dietas com baixo teor de proteína livre ou com elevado teor de nitrogênio não proteico parecem sofrer um efeito menor da monensina sódica do que

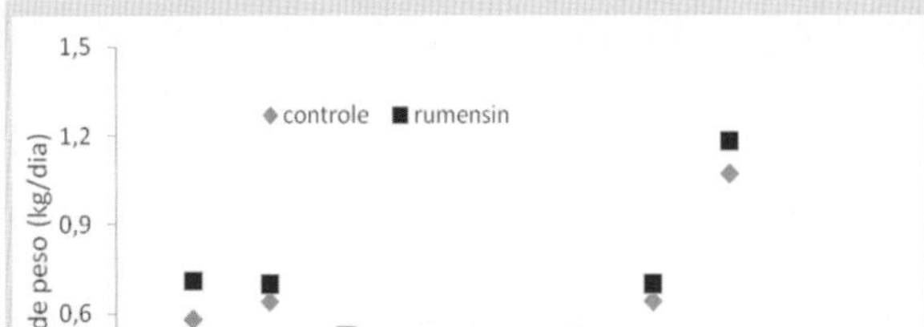

Figura 4. Ganho de peso (kg animal^{-1} dia^{-1}) de bovinos, mantidos em pastagem de gramínea tropical, suplementados ou não com monensina sódica. Bertipaglia (2008).

as dietas com elevado teor de proteína e carência de energia. Os efeitos da monensina sódica são tanto maiores quanto maior o teor de proteína bruta da dieta (Lana *et al.*, 1997).

Probiótico

Considerações gerais

O termo probiótico foi utilizado pela primeira vez, em 1965, para descrever substâncias secretadas por um microrganismo as quais estimulam o crescimento de outro. Fuller (1989) redefiniu probiótico como "*suplemento alimentar de microrganismos vivos que afetam beneficamente a flora animal pelo melhoramento do equilíbrio microbiano no intestino*".

A terminologia associada à incorporação de cultivos de microrganismos à dietas dos ruminantes pode ser um pouco confusa ou inconsistente. Muitos pesquisadores utilizam o termo probiótico para se referirem a "*contagens de bactérias ácidoláticos viáveis, selecionadas e concentradas*" (*Lactobacillus*, *Streptococcus*). Em 1989, a FDA (*Food and Drug Administration EUA*) propôs aos fabricantes que utilizassem o termo aditivo microbiano (ou DMF, *direct fed microbial*) ao invés de probiótico, e o define como uma fonte de microrganismos viáveis que existem naturalmente.

O emprego dos probióticos inclui uma série de cultivos vivos de uma ou várias espécies microbianas. A maioria das bactérias utilizadas como probióticos pertencem ao gênero *Lactobacillus*, *Enterococcus* e *Bacillus*, ainda que as leveduras *Saccharomyces cerevisiae* e fungos *Aspergillus oryzae* também são utilizados.

Os probióticos não produzem resíduos nos produtos de origem animal e não desenvolvem resistência às drogas utilizadas em seres humanos, por serem essencialmente naturais, o que já lhes coloca em simpática posição em todos os segmentos da cadeia de produção e consumo de proteína animal.

As bactérias como aditivo microbiano foram empregadas, inicialmente, pelos seus efeitos benéficos pós-ruminais, baseados na manutenção do equilíbrio da microbiota do trato digestivo, limitando a proliferação de espécies potencialmente patógenas. No entanto, certos aditivos microbianos de origem bacteriana podem também melhorar as funções ruminais. A ação desses microrganismos no rúmen apresenta efeitos diferentes daqueles que ocorrem no intestino dos animais monogástricos, pois, geralmente, os aditivos microbianos no rúmen atuam na composição da população microbiana e sua atividade.

Os aditivos microbianos, de uso mais difundido nas dietas de ruminantes, consistem no Aspergillus oryzae e cultivos de *Saccharomyces cerevisiae*, ou ambos. É necessário enfatizar que esses produtos contêm células viáveis (vivos).

Na **Tabela 5**, estão apresentados alguns dos produtos registrados na Europa e autorizados para uso na alimentação de bovinos, inclusive no Brasil.

A seguir, a abordagem do grupo dos probióticos refere-se à levedura *Saccharomyces cerevisiae* e ao fungo *Aspergillus oryzae*, seus modos de ação e respostas em desempenho animal.

a) Leveduras

As culturas de leveduras são utilizadas na alimentação animal há mais de seis décadas. *Saccharomyces cerevisiae* é um dos principais tipos de levedura usada na alimentação de animais domésticos, sendo conhecidas mais de 1.000 cepas de *S. cerevisiae* listadas no *American Type Culture Collection catalogue* (ATCC, 1990).

As leveduras apresentam várias características importantes, dentre elas:

1) não são patógenas, nem tóxicas;

Tabela 5. Produtos probióticos utilizados na dieta de bovinos.

Nome comercial	Componente ativo	Cepa e número de registro
Biosprint	*Saccharomyces cerevisiae*	BCCM/MUCL 39.885
Biosaf SC 47	*Saccharomyces cerevisiae*	NCYC Sc 47
Levucell SC20	*Saccharomyces cerevisiae*	CNCM I-1077
Amaferm	*Aspergillus oryzae*	A043-048

Adaptado de Gorrachategui-García, 2001.

2) não são absorvidas no trato digestivo;

3) não liberam resíduos nos tecidos animais;

4) são utilizadas em pequenas quantidades;

5) proliferam *in vivo* e *in vitro*;

6) promovem o crescimento de bactérias celulolíticas;

7) são estáveis em temperaturas elevadas e

8) não causam mutação.

Jordan & Fourdraine (1993) observaram que o uso da levedura triplicou nos últimos 20 anos, nos Estados Unidos, passando de 16,9 para 50,8% o número de produtores que utilizam a levedura como fonte de aditivo alimentar no rebanho leiteiro.

A maior parte dos experimentos que avaliou a utilização de leveduras em dietas para ruminantes foi conduzida com gado leiteiro estabulado, recebendo dietas ricas em concentrado. É notória a ausência de estudos com bovinos de corte mantidos em pastagens, tanto aquelas de clima temperado quanto tropical, recebendo suplementos com leveduras. Diante destes fatos, surge a necessidade de se conhecer o comportamento da fermentação ruminal nesse tipo de sistema de produção animal.

As culturas de leveduras usadas como probióticos, na dieta de bovinos, não sobrevivem em meio anaeróbio do rúmen por muito tempo e podem afetar outros microrganismos em virtude de sua persistência e metabolismo, durante as 6 primeiras horas, após a ingestão. Essa persistência é fundamental, e os efeitos do probiótico podem não ser observados quando se utilizam células mortas ou extratos de leveduras.

No rúmen, os efeitos dos probióticos, de maneira geral, consistem no aumento no número de bactérias celulolíticas, o que melhoraria a digestão da fração fibra; a produção de fatores de crescimento para os microrganismos do rúmen; o aumento do número de bactérias *Selenomonas ruminantium*; o aumento na produção de propionato, acetato, succinato e do total de ácidos graxos de cadeia curta.

A dieta que o bovino está recebendo é o fator mais importante na efetividade do produto probiótico, pois alterações no balanco da comunidade bacteriana ruminal e suas atividades, em consequência da dieta, influenciarão a resposta a suplementação do probiótico. Dentro dessas circunstâncias, o uso da levedura viva como probiótico se faz visando estabilizar a microflora do rúmen.

Entre os efeitos de maior importancia (pelos *screenings*) considerados nas culturas dos probióticos para que se possa selecionar uma cepa e usá-la como suplemento na dieta, destacam-se: resistência ao pH baixo, aos ácidos orgânicos, aos sais biliares, enzimas pancreáticas, presença de ácidos graxos insaturados. A presença de ácidos graxos de cadeia curta, mesmo em concentrações mínimas no meio ruminal, afeta negativamente o crescimento das células de leveduras. Esse efeito adverso e maior em condições de pH baixo. Gilliland *et al.* (1984) consideraram a concentração de sais biliares de 0,3% como crítica para as culturas de leveduras resistentes.

As leveduras não conseguem se multiplicar nas condições ruminais. Sugere-se que a temperatura de 39°C e a composição química do líquido ruminal possa ser responsável pela prevenção da multiplicação entre as leveduras no rúmen. Na condição de temperatura do rúmen, observou-se diminuição no crescimento e na viabilidade da levedura em 48 horas de incubação.

Cultivos puros *S. cerevisiae* sao reproduzidos mitoticamente, no entanto, meios com alto conteudo de fibra estimulam a sua esporulação. Durante a esporulação, o cultivo de leveduras *S. cerevisiae* sintetiza seis tipos de enzimas β1-6 e 1-3 glucanases, que tem por objetivo degradar a parede celular. No entanto, os dados de pesquisa revelam que a suplementação de leveduras na dieta de ruminantes melhora a degradação enzimática da celulose, indicando que a *S. cerevisae* torna-se ativa no rúmen e apresenta um efeito estimulatorio no processo de degradação enzimatico da bactéria sobre a celulose.

Teorias clássicas sugerem que a cultura de levedura proporciona varios fatores de crescimento, pro-vitaminas e/ou, micronutrientes que auxiliam no crescimento de bactérias ruminais. Uma teoria baseia-se no fato da levedura estimular o uso do ácido latico pelas bactérias. Essa ação resultaria na redução do ácido lático e, consequentemente, maior pH ruminal. Um ambiente com pH elevado criaria um ambiente mais condutivo para o crescimento de bactéria celulolítica, aumentando a digestão da fibra.

Os efeitos estimulatórios da levedura, provavelmente, podem estar associados aos fatores nutricionais no meio de cultura, como o ácido L-málico, que estimula o crescimento e a absorção de lactato pelas *Selenomonas ruminantium*, embora efeitos negativos devem estar associados com o acúmulo de etanol nesse meio. No entanto, a fermentação ativa da levedura deve produzir etanol, mas vários autores não detectaram etanol no líquido ruminal de novilhas que recebem levedura na dieta.

A redução no líquido ruminal de oligossacarídios, hexose, açúcares, como maltose e maltotriose, na presença de levedura, pode estar relacionada com a entrada desses açúcares na célula de *Saccharomyces*, por ação de permeabilidade, os quais são convertidos a glicose, que é o substrato para o crescimento da levedura.

Em resumo (**Figura 5**), entre os efeitos observados em resposta da suplementação da levedura, podem-se citar:

- Produção de ácidos graxos de cadeia curta;
- Redução da produção de metano;
- Diminuição da concentração de amônia;
- Favorecimento da estabilidade do pH;
- Aumento da atividade da flora celulolítica;
- Aumento da flora anaeróbica total;
- Favorecimento da flora que converte lactato a propiônico.

O aumento no número de bactérias do rúmen, especialmente bactérias celulolíticas, é o efeito mais comum da suplementação de levedura. Alguns tipos de bactérias apresentam melhora na atividade na presença de leveduras. Alguns dos fatores relacionados com essa resposta são: fornecimento de fatores de crescimento - vitaminas (complexo B, ácido p-amino benzoico etc.), ácidos dicarboxílicos (fumarato, malato etc.); remoção de O_2 do ambiente ruminal; efeito tampão e redução no número de protozoários.

Efeitos no desempenho animal

Várias formas e concentrações de produtos comerciais que contêm levedura estão disponíveis comercialmente. Os principais efeitos do uso de leveduras vivas na alimentação de bovinos estão associados às características do ambiente ruminal. Além disso, a *Saccharomyces cerevisiae* tem sido uma alternativa de aditivo microbiano, estando alguns dos seus benefícios ligados com o aumento da ingestão da MS e FDN, aumento nas taxas iniciais de digestão da fibra e aumento na produção de leite e carne.

Atualmente, culturas de leveduras estão sendo estudadas para se determinar o modo de ação, nível ótimo de utilização e período de utilização no animal. Sabe-se que o início da lactação (2ª semana do pré-parto até a 4ª semana pós-parto) parece ser o período ótimo para se suplementar os animais com levedura, com o objetivo de se estabilizar o ambiente ruminal

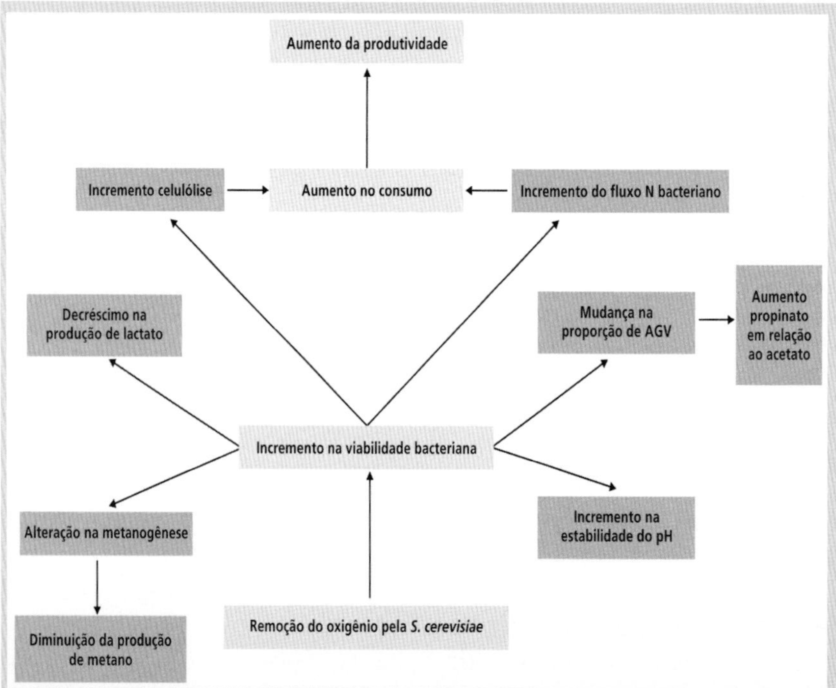

Figura 5. Hipóteses do modo de ação da levedura (*Saccharomyces cerevisiae*) no rúmen.

durante a transição da dieta da fase vaca seca para o de alto nível de energia na dieta. O efeito benéfico da levedura sobre a ingestão da matéria seca pode estar ligado à modulação do pH, via redução na concentração do ácido lático.

Pelo fato das leveduras falharem em competir e crescer no rúmen, doses frequentes são necessárias para manter suas atividades. A incapacidade desses microrganismos em crescer no rúmen não deve ser confundida com a falta de atividade metabólica. Dependendo da fonte da cultura de levedura, os níveis de inclusão na dieta variam de 4 a 100 g/dia, os quais estão muito abaixo dos níveis fornecidos quando leveduras são utilizadas como fontes de proteína na dieta.

No entanto, os efeitos da cultura microbiana de *Saccharomyces cerevisiae* são muito variáveis, sendo que parte dessa variação se deve à dose da qual se utiliza e das características da dieta do animal.

Bovinos em pastejo que receberam 28,4 g/dia de cultura de levedura (*S. cerevisiae*) apresentaram aumento no consumo de MO, apenas no início do verão, justamente quando a dieta de melhor qualidade estava disponível (Olson *et al.* (1994). O aumento da ingestão de alimentos decorrente do uso das leveduras parece estar associado ao aumento na taxa de degradação da fibra. Essa observação sugere maior atividade da população microbiana, evidenciada pelo aumento da contagem de bactérias celulolíticas no fluido ruminal.

A maior parte dos resultados publicados indica que o fornecimento de leveduras pode trazer benefícios ao ganho de peso, produção de leite e demonstram que esses incrementos são da mesma magnitude que os proporcionados pelos ionóforos, porém pelo aumento na ingestão de alimentos ao invés da melhoria na eficiência alimentar.

O fornecimento de suplemento proteico mostrou-se eficaz na melhoria do GMD dos novilhos em pastagens de aveia e azevém, com incremento de 34% (**Tabela 6**). O fornecimento de leveduras não influenciou o GMD dos animais exclusivamente em pastagem (Phroman *et al.*, 2004).

No trabalho de Bertipaglia (2008), as diferenças no ganho de peso dos animais entre os tratamentos controle (sal mineral) e suplemento proteico demonstram a eficácia da suplementação em pasto, como ferramenta de manipulação em sistema de produção. O uso da levedura no suplemento não promoveu aumento no ganho de peso animal, quando comparado com o suplemento proteico sem a inclusão do aditivo.

Em média, os aditivos microbianos melhoram o ganho de peso e a produção de leite em 7 a 8%, mas em experimentos com dieta baseada em forragem de baixa qualidade não foram observadas diferenças entre os animais suplementados com levedura e os animais controle.

No que diz respeito aos efeitos da levedura no padrão de fermentação ruminal, muitos são os experimentos que confirmam que a adição de levedura à dieta proporciona aumento na estabilidade ruminal (pH ruminal, concentração de lactato e proporção acetato:propionato). Essa estabilização do ambiente ruminal e, especialmente a elevação do pH, pode ser a razão do aumento do total de bactérias anaeróbicas e, em particular, de bactérias celulolíticas. No entanto, os efeitos sobre o pH ruminal não são claros visto que, em alguns experimentos, a adição de leveduras não afetou esse atributo e em estudos nos quais o pH ruminal aumentou e, em outros, diminuiu.

Da mesma maneira que para o pH, tem-se observado variação no teor do nitrogênio amoniacal ruminal, na maioria dos trabalhos científicos que apresentaram resultados desse atributo, em consequência da inclusão de culturas mi-

Tabela 6. Ganho de peso médio diário de novilhos em pastagens cultivadas de inverno e de novilhas em pastagem de *Brachiaria brizantha* cv. *Marandu*, suplementados ou não, com ou sem levedura, no verão.

Tratamento	Ganho (kg/animal dia^{-1})
Phroman *et al.* (2004)	
Controle *(pastagem inverno)*	0,610 B
Levedura	0,599 B
Suplemento	0,809 A
Suplemento + Levedura	0,818 A
Bertipaglia (2008)	
Controle *(pastagem Marandú)*	0,327 B
Suplemento + Levedura	0,419 A
Suplemento	0,476 A

Médias seguidas de letras maiúsculas iguais na coluna não diferem estatisticamente (P < 0,05).

crobianas baseadas em *Saccharomyces cerevisiae*.

Em dieta caracterizada por apresentar alta concentração de FDN e baixa em PB não foram detectadas alterações na concentração de nitrogênio amoniacal, quando foi incluída a levedura.

Segundo os autores desta pesquisa, essas respostas estavam relacionadas mais intimamente com a característica da dieta do que com o uso da levedura (Moloney & Drennan, 1994).

Em resumo, as pesquisas têm demonstrado que a inclusão da *Saccharomyces cerevisiae* na dieta dos bovinos provoca a estabilização do pH ruminal, incremento nas bactérias celulolíticas e aumentos na digestão da MS, da FDN, produção de ácidos graxos de cadeia curta e de propionato, da digestão de proteínas assim como a produção; no entanto, resultados divergentes são encontrados o que em parte podem ser justificados por diferenças na dieta e características intrínsecas da cepa de levedura utilizada.

b) *Aspergillus oryzae*

Outro aditivo utilizado é o extrato da fermentação do fungo *Aspergillus oryzae*. Trata-se de um cultivo aeróbio que produz grande variedade de enzimas (celulases e hemicelulases). Apesar de tratar-se de um produto de natureza diferente, comprovou-se que, semelhante ao que ocorre quando se suplementa a dieta com levedura, esse fungo proporciona uma série de modificações no rúmen.

Há indicações de que o *Aspergillus* pode facilitar a aderência de bactérias celulolíticas à fibra, por meio da atração quimiostática provocada pela liberação de açúcares solúveis, ou por alteração da superfície da fibra, favorecendo a degradação. É possível que o extrato de A. orizae aumente a taxa (ou extensão) de degradação da fibra por meio do estímulo aos fungos ruminais, contribuindo para a melhoria do desempenho animal.

O efeito de fungos do gênero Aspergillus deve-se, em parte, à presença de enzimas polissacaridases (celulase e xilanase) nos extratos, que podem afetar a degradação da parede celular. As enzimas atuam dentro de poucas horas após sua introdução no rúmen e, em alguns casos, observou-se inativação destas por outros microrganismos ruminais.

O modo de ação do fungo na produção dos ruminantes sugere uma série de hipóteses e pode ser esquematizado da seguinte maneira (**Figura 6**).

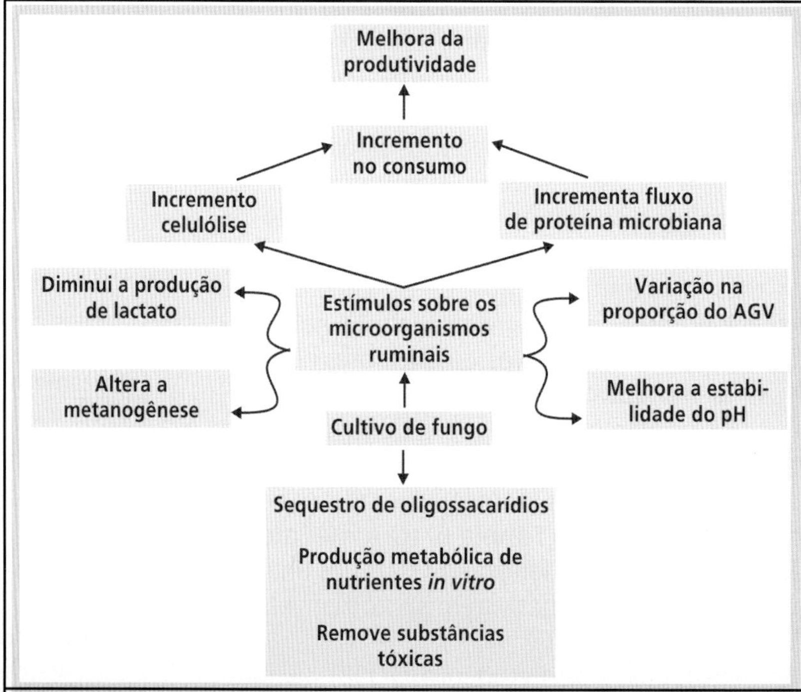

Figura 6. Hipótese do modo de ação dos aditivos fúngicos. Adaptado de Putman & Schwab (1994).

Efeitos no desempenho animal

As respostas obtidas com a inclusão do fungo *Aspergillus oryzae* como aditivo na dieta são muito variáveis, difíceis de predizer, e o mecanismo de ação pouco conhecido.

Um aspecto comum da suplementação do fungo *Aspergillus oryzae* na dieta é o incremento de bactérias celulolíticas no rúmen (**Tabela 8**), o que resulta na alteração dos padrões da fermentação ruminal e, consequentemente, maior digestão da fibra. No entanto, com relação aos produtos da fermentação ruminal, os resultados são variáveis, resultantes do tipo e concentração do aditivo microbiano, substrato e condições de cultivo do fungo.

Os trabalhos de investigação sobre o uso do fungo *Aspergillus oryzae* iniciaram-se nos finais da década de oitenta e início da década de noventa, com a fermentação in vitro (**Tabela 7**).

Outro efeito benéfico é o incremento no fluxo de aminoácidos totais e essenciais para o intestino. Efeitos do *A. oryzae* sobre a digestibilidade da matéria seca de alguns alimentos constam na **Tabela 8**.

Quanto aos efeitos sobre a digestibilidade do alimento, observa-se que ocorre aumento na digestibilidade da matéria seca (MS) e fibra, o que pode estar associado, segundo os autores, ao fato do *A. orizae* aumentar a taxa de retenção, intensificando o processo de digestão. Todos esses fatores trazem como consequência a melhora no consumo. No entanto, a taxa de passagem do milho e feno de alfafa não foi influenciada significativamente pelo uso de *A. orizae*, conforme estudos realizados por Gomez-Alarcon *et al*. (1990). (**Tabela 9**).

A inclusão de *A. orizae* no ambiente ruminal parece estabilizar o pH, o que pode ser especialmente benéfico em dietas ricas em grãos, que proporcionam o baixo pH ruminal e consequente redução na ingestão de alimento e de ganho de peso. Vários estudos indicam aumento no consumo pelos animais quando suplementados com *A. orizae*.

A inclusão de *Saccharomyces cerevisae* e do *Aspergillus oryzae* em dietas de vacas em lactação com teores de forragem (22 e 63% de feno de alfafa) (experimento 1); teores de concentrado (70 e 30%) (experimento 2); e dieta com 61% de concentrado e 39% de forragem (experimento 3), afetou a digestão de algumas frações, mas não afetou o consumo de matéria seca (**Tabela 10**).

Tabela 8. Efeitos do *A. oryzae* sobre a digestibilidade *in vitro* da matéria seca, expressa em percentagem, de diferentes alimentos. Adaptado de Gomez-Alarcon *et al*. (1990).

Tratamentos Alimentos	**Controle**	**Controle + *A. oryzae***	***A. oryzae***
Milho[2]	84,6	91,1	91,0
Feno de alfafa[2]	50,4	61,8	59,4
Palha de trigo[2]	49,6	65,8	66,8

[2]Contraste ortogonal C *vs* C + AO e AO foi significativo para (P < 0,01), C + AO (P > 0,05).

Tabela 7. Efeito de *A. oryzae* na população microbiana e na fermentação *in vitro*.

Grupos microbianos	**pH**	**Gás**	**AGCC**	**NH_3**	**L-Lactato**	**Digestão da fibra**	**Referência**
-	↓	↑H_2 ↑CH_4	↓Ac, Pr, Bu, ↑Va, Ib ↓AGCC totais	↑	-	↓	Martin & Russell, 1986
-	-	-	↑AGCC totais ↑Ac:Pr$Pr	-	-	SE	Arambel *et al*., 1987
↑bactérias celulolíticas	SE	-	SE	SE	-	-	Wiedmeier *et al*., 1987
↑bactérias celulolíticas ↑protozoos	↓	↑CH_4	SE	↓	SE	SE	Frumholtz*et al*., 1989
-	-	-	SE	-	-	↑	Gómez-Alarcón *et al*., 1990
-	↑	↑CH_4	↑Ac, Pr, Bu, Va'↑AGCC totais$ Ac:Pr	↑	-	SE	Martin & Nisbet, 1992
↑ bactérias viáveis totais e celulolíticas	SE	-	SE	SE	SE	↑	Newbold *et al*., 1996
-	-	-	-	-	-	↑	Beharka & Nagaraja 1993
↑bactérias viáveis totais	-	-	-	-	-	↑	Varel *et al*., 1993

-: indicador no meio; SE: sem efeito no atributo Ac: acético; Pr: propiónico; Bu: butírico; Va: valérico; Ib: isobutírico; AGCC – ácidos graxos de cadeia curta.

Tabela 9. Influência da adição do *Aspergillus oryzae* sobre a taxa de passagem ruminal do milho e feno de alfafa.

Alimentos	Controle	*Aspergillus oryzae*
	(% h^{-1})	
Milho grão	9,1	10,2
Feno de alfafa	4,2	3,6

Adaptado de Gomez-Alarcon *et al*. (1990)

Em estudos realizados com cultivos *in vitro*, observou-se que *A. oryzae* afeta a taxa de crescimento de cultivos puros de bactérias do rúmen.

A adição do aditivo aumentou a taxa de crescimento de bactérias que digerem a fibra, como *Ruminococcus albus* e *Fibrobacter succinogenes*. Também se observou que a adição do aditivo microbiano aumentou a taxa de crescimento de bactérias que utilizam lactato como *Megasphaera elsdenii*, *Selenomonas lactilytica* e *Selenomonas ruminantium*.

Mediante as informações obtidas com os estudos *in vitro*, há indícios de que o fungo estimule a utilização de lactato pelas bactérias, o que, consequentemente, previne a redução do pH ruminal. Podem, também, prover o ambiente ruminal com fatores solúveis, como fumarato, vitaminas do complexo B, biotina e aminoácidos, envolvidos na melhor utilização de lactato por *S.* Ruminantium.

Esse tipo de informação é fundamental para que futuras pesquisas em ensaios com animais permitam conhecer a resposta do animal frente à suplementação da dieta com esse tipo de aditivo alimentar e a sua consequente influência na produção.

Enzimas

Considerações gerais

O aditivo à base de enzima é caracterizado pelo extrato enzimático concentrado produzido pela fermentação fúngica (*Trichoderma longibrachiatum*, *Aspergillus niger* e *A. oryzae*) e bacteriana (*Bacillus* spp., *Lactobacillus acidophilus*, *Lactobacillus plantarum* e *Streptococcus faecium*) e por não conter célula microbiana em virtude dos processos de fermentação, concentração e purificação do produto final.

O fungo aeróbio *Trichoderma* é a principal fonte produtora da enzima exógena fibrolítica xilanase utilizada na indústria de alimentos para animais. Esse fungo é comumente encontrado no ambiente, biodegradando compostos celulolíticos; é cosmopolita, caracterizado pelo seu rápido crescimento e alta capacidade de utilizar

Tabela 10. Efeito da inclusão de *Aspergillus oryzae* na dieta, sobre o consumo e digestibilidade de nutrientes. Resumo de três experimentos, segundo Gomez-Alarcon *et al.* (1990).

Experimentos	Ingestão MS (kg/d)	Coeficiente de digestão (%) MS	MO	PB	FDN	FDA
Experimento I[1]						
Nível alto forragem	10,9	72,6	74,6	67,9	50,2	34,1
Nível alto forragem + *A. oryzae*	12,6	72,4	74,2	69,9	54,8	38,5
Nível alto concentrado	11,5	67,8	74,7	74,4	66,8	52,1
Nível alto concentrado + *A. oryzae*	9,4	71,2	72,9	71,5	67,3	51,9
Experimento II[2]						
Controle	16,1	66,1	67,1	69,5	47,5	18,0
S. cerevizisae	16,7	66,8	69,5	72,3	51,3	32,2
A. oryzae	17,0	66,7	69,2	71,8	50,2	32,8
Experimento III[3]						
Controle	23,6[a]	63,8[a]	66,0	74,1	39,6a	21,3[a]
A. oryzae	26,2b	67,9b	69,3	76,1	47,0b	30,0b

1- Efeito significativo (P<0,01) para FDA e FDN; também, interação significativa (P<0.05) para FDA e FDN. 2 - Contrastes ortogonais C e *vs* SC e AO significativo para PB, FDN e FDA; SC *vs* AO não diferiram (P>0,05). 3 - Médias seguidas de letras diferentes, na mesma coluna,diferiram entre si (P<0,05) diversos substratos. Os fungos apresentam um destaque de importância na digestão da fibra, já que penetram a cutícula e a parede celular dos tecidos lignificados.

As enzimas de cada microrganismo apresentam uma atividade específica, por exemplo, as xilanases derivadas de Fibrobacter catalizam a hidrólise de heteroxilanos, expondo assim a celulose ao ataque das enzimas específicas.

O estudo que envolve a adição de enzimas em dietas de animais ruminantes e monogástricos, para melhorar a eficiência da produção, vem sendo realizado. As principais enzimas de interesse na atualidade são: celulases, hemicelulases, β-glucanase, xilanase e pectinase. Essas enzimas degradam alguns componentes dos cereais e fibras, melhorando o valor nutricional dos alimentos (Galante *et al.*, 1998).

Um sistema enzimático apropriado para a degradação da parede celular apresenta atividade baseada na celulose, hemicelulose, polissacarídeos estruturais de maior concentração nas plantas. As correspondentes enzimas (celulases e hemicelulases) convertem os componentes em açúcares solúveis. A hidrólise completa da celulose requer a participação de endocelulase, que hidrolisa cadeias de celulose, produzindo oligômeros; exocelulase, que hidrolisa os extremos da cadeia, produzindo celobiose; e, finalmente, glicosidase, que hidrolisa oligômeros de cadeia curta e celobiose até a glicose.

As endoxilanases, que hidrolisam a xilana, têm pouca atividade em carboximetil celulose e dextrina e não apresentam atividade em pectina e amido, estando a atividade ótima em temperatura de 45°C em pH 5,0, mas diminui em pH 6,0. A estrutura molecular da enzima pode ser facilmente alterada por fatores externos como o calor no processamento do alimento (70 a 90°C), e longos períodos de armazenagem podem reduzir a atividade enzimática. De modo geral, as enzimas bacterianas são mais resistentes ao calor, em relação às originadas pelos processos de fermentação com fungos. Além da temperatura e do pH, a atividade enzimática do produto à base de enzimas exógenas é influenciada pelo balanço iônico, concentração do substrato e tipo de produto formado.

O método da aplicação das enzimas exógenas é uma área de estudo ativa na tentativa de se determinar a efetividade dos produtos na alimentação dos ruminantes. Estudos avaliam se a aplicação das enzimas horas antes do oferecimento, em forragem ou no concentrado, influencia a eficiência alimentar nos bovinos.

Os efeitos antes do consumo do alimento que foi tratado com a enzima exógena são simples, como a liberação de carboidratos solúveis; ou complexos, como a degradação de barreiras que limitam a digestão microbiana do alimento no rúmen.

A importância do estudo dos diferentes modos de aplicação das enzimas coincide com o fato de que a forragem consumida pelos ruminantes é caracterizada pela diversidade de origem e valor nutricional, utilizadas no estado fresco ou conservado além da mistura com outros ingredientes em rações completas.

Efeitos no desempenho animal

Tem-se utilizado as enzimas exógenas para melhorar a digestibilidade da forrageira e, consequentemente, o consumo voluntário. Além disso, outros possíveis benefícios incluem a remoção de fatores antinutricionais (taninos, alcaloides, inibidores de amilases) e a melhora na disponibilidade de certos componentes da planta.

A maioria dos estudos conduzidos na avaliação das enzimas é realizado com vacas leiteiras e com a produção de alimentos fermentados, como a silagem. Poucos trabalhos avaliam o uso direto na alimentação de bovinos de corte.

As respostas obtidas têm sido variadas, com respostas positivas (aumento na digestibilidade da forragem e desempenho animal) e negativas (diminuição do ganho de peso diário e na digestibilidade da MS). A variabilidade das respostas de acordo com a utilização de enzimas fibrolíticas exógenas é dependente da ampla diversidade de produtos comerciais disponíveis, que variam no tipo de enzima contida no produto, a fonte dessa enzima (bactéria ou fungo), método de aplicação na dieta, quantidade de inclusão e atividade da enzima.

A atividade da xilanase do líquido ruminal com a aplicação de 100 g/d de enzimas exógenas no suplemento de novilhas aumentou em 32,5% em relação aos animais controle, porém aumentos na concentração da enzima em duas e quatro vezes das concentrações 100g/dia representaram aumento da atividade da xilanase em 11,3 e 26,9%, respectivamente (Hristov *et al.*, 2000).

Fisiologicamente, existe uma série de possíveis modos de ação das enzimas exógenas. Podem alterar a composição dos alimentos antes do consumo e melhorar a digestão no rúmen e no intestino. Os efeitos no pré-consumo podem ser tão simples como a liberação de carboidratos solúveis, ou tão complexos como a remoção de íons de barreiras estruturais. O grau de liberação dependerá do tipo de alimento, assim como do tipo de enzima utilizada.

No rúmen, as enzimas podem atuar diretamente sobre o alimento e/ou estimular a atividade dos microrganismos ruminais. A adição de enzimas exógenas aumenta a colonização da ingesta pelos microrganismos ruminais, aumentando assim a taxa de degradação ruminal. O objetivo é que a enzima adicionada trabalhe em conjunto com os microrganismos presentes no rúmen, de maneira que ajude na liberação de açúcares e outros componentes dos carboidratos complexos.

Estudos *in vitro* indicam que a aplicação direta das enzimas no alimento pode melhorar a degradação da fibra detergente neutro (FDN) e matéria seca (MS) das gramíneas. A enzima fibrolítica não afeta a digestibilidade das fontes de nitrogênio; no entanto, aumenta a digestibilidade da hemicelulose e do amido. O efeito da enzima exógena fibrolítica é dependente do substrato, como exemplo, a espécie da forrageira e o ambiente ruminal.

A resposta à suplementação da dieta de bovinos de corte com a enzima fibrolítica foi dependente da fonte de volumoso, mas quando o volumoso foi composto por feno de Tifton 85 a ação das enzimas foi mais eficiente do que na silagem de milho. Apesar do consumo de MS e de FDN não ter aumentado, a digestibilidade da matéria seca, matéria orgânica, fibra em detergente neutro e celulose aumentou em 6,1; 6,8; 6,7; 24,5; 16%, respectivamente, quando as enzimas foram adicionadas ao feno, enquanto a adição na silagem de milho não alterou os respectivos parâmetros (Martins *et al.*, 2007).

Feng *et al.* (1992) avaliaram a solução enzimática aplicada à forragem fresca e picada; no entanto não observaram efeitos sobre a digestibilidade.Quando aplicaram em forragem seca e picada, a solução de enzimas aumentou a digestibilidade da matéria seca e da fibra. Nessa condição, é formado um complexo estável enzima-alimento que melhora a efetividade da enzima, ocorre rapidamente e, uma vez estabilizado na forragem seca, as enzimas tornam-se estáveis e efetivas por longos períodos (semanas).

No entanto, Treacher *et al.* (1996) propuseram que essa adesão excessiva da enzima sobre o substrato poderia impedir o ataque dos microrganismos ruminais na fibra, além da possível liberação de fatores antinutricionais, como os compostos fenólicos, em decorrência da alta concentração da enzima exógena.

Beauchemin *et al.* (1995) observaram que a adição da enzima exógena no feno de alfafa e oferecida a novilhos de corte proporcionou aumento no ganho de peso diário, de acordo com os níveis de inclusão da enzima. Em um nível de 4x ao mais baixo houve incremento de 30% no ganho de peso diário (**Tabela 11**). No feno de Thimoty, o nível de 16x melhorou o ganho em 36%, devido principalmente ao incremento de 17% na digestibilidade da fibra.

Constatou-se que é mais difícil obter respostas positivas da suplementação enzimática exógena na silagem de cevada em relação ao feno de alfafa (Beauchemin *et al.*, 1995). Isso se deve à especificidade do substrato, ao método de aplicação da enzima, ao tempo requerido para a reação entre enzima-substrato e ao teor de umidade do alimento.

Tamponantes e alcalinizantes

Considerações gerais

Os tamponantes são compostos quimicamente definidos como a combinação de um ácido fraco e sua base correspondente. Funcionalmente, são substâncias que resistem às variações de pH por serem doadoras ou receptoras de prótons dissolvidos no mesmo solvente.

Tamponantes ruminais devem ter alta solubilidade em água e possuir um ponto de equivalência (pKa) próximo ao valor do pH fisiológico do rúmen, isto é, entre 6,2 e 6,8.

De acordo com Nagaraja *et al.* (1997), são estabelecidos dois mecanismos de atuação na

Tabela 11. Efeitos de diferentes níveis de enzimas fibrolíticas aplicadas em diferentes fontes de volumoso oferecido a bovinos de corte. (adaptado de Beauchemin *et al.*, 1995).

Item	Controle	1×	2×	4×	8×	16×
Feno de alfalfa						
Ganho, kg/dia	1,03A	1,27BC	1,28BC	1,34C	1,19ABC	1,12AB
Ingestão de MS, kg/dia10,2A	10,8A	10,5A	11,7B	10,9A	10,3ª	
Conversão	9,9	9,0	8,7	8,5	9,6	9,5
Feno de Thimoty						
Ganho, kg/dia	1,21ª	1,32A	1,13A	1,24ª	1,27A	1,64B
Ingestão de MS, kg/dia8,8BC	8,3AB	7,5A	9,2BC	8,6BC	9,3C	
Conversão	7,3B	6,5AB	7,5B	6,3AB	6,8AB	5,9A
Silagem de cevada						
Ganho, kg/dia	1,12	1,15	0,99	1,02	1,12	1,11
Ingestão de MS, kg/dia7,1	7,0	7,2	7,6	6,9	7,0	

Médias com letras distintas na coluna diferem $P < 0,05$.

modificação da fermentação ruminal proporcionada pelos tampões:

1) estão associados à resistência nas mudanças do pH ruminal;

2) aumento da taxa de diluição ruminal.

O aumento na taxa de diluição do fluido seria devido ao aumento da osmolaridade, que aumentaria tanto o consumo de água como o influxo através da parede ruminal. De acordo com essas características, sua utilização permitiria estabilizar o pH ruminal, gerando ambiente adequado para o crescimento da população de bactérias celulolíticas.

O ruminante apresenta um complexo sistema de regulação ácido-base, com um pH ruminal variável de 5,5 a 7,0. É essencialmente importante que o pH ruminal se mantenha na faixa de normalidade (5,5 e 7,0), para que bactérias celulolíticas possam digerir eficientemente a fibra dos alimentos, e também para evitar problemas metabólicos ao animal, como exemplo, a acidose.

Em situações nas quais ocorre a necessidade de manejar a dieta com altos níveis de concentrados, torna-se difícil elevar a capacidade de tamponamento ruminal, apenas trabalhando com teores de fibra na dieta, tornando-se necessário o uso de aditivos.

Vários produtos estão disponíveis incluindo o uso de sais minerais ou tampões, como carbonatos, bicarbonatos e fosfatos de sódio, potássio, cálcio e magnésio.

Deve-se ressaltar que alguns sais apresentam características químicas de alcalinizantes e não tamponantes. Um alcalinizante é uma substância capaz de aumentar o pH de uma solução, enquanto um tampão é uma substância com a capacidade de limitar as variações de pH, mantendo dentro de certos limites o equilíbrio de prótons na solução.

Os minerais silicatados, como zeolitas (vermiculita) e bentonitas, são alcalinizantes, também conferem efeito benéfico na fermentação ruminal. As zeolitas naturais incrementam a população de bactérias celulolíticas ruminais.

Estudos recentes indicaram que as zeolitas naturais e a bentonita sódica podem ser utilizadas na manipulação da proteólise ruminal. Ambos os minerais exercem efeitos redutores na fermentação ruminal das proteínas dietéticas, mesmo apresentando diferenças nos mecanismos de ação entre si. A bentonita confere à proteína certa inacessibilidade frente às proteases microbianas, além de absorver parte dos ácidos graxos de cadeia curta no rúmen; e a zeolita capta os íons amônio que são liberados pela ação das deaminases e os libera, lentamente, uma vez que produz a troca com os íons livres no conteúdo ruminal.

O bicarbonato de sódio é um dos agentes tamponantes mais utilizados, pois, ao controlar o pH perto da normalidade, aumenta a digestibilidade da fibra, consequentemente, o consumo e o ganho de peso diário. É considerado o tampão verdadeiro graças ao pka de 6,25 e, dessa forma, apresenta grande capacidade tamponante. Além disso, possui alta solubilidade no rúmen, o que permite rápida diluição no líquido e maior efetividade de ação. A maior parte das pesquisas tem indicado a inclusão de 0,75 a 1% de $NaHCO_3$ na MS da dieta total, podendo chegar a 1,2% ou mais no concentrado. Outros preferem indicá-lo em 110 g a 225 g/dia.

O sistema tampão do bicarbonato apresenta-se em duas formas iônicas: HCO_3^- e CO_3^-. A forma HCO_3^- é a mais importante na manutenção do pH sanguíneo e ruminal. O mecanismo de atuação depende da quantidade de CO_2 disponível no sistema. Em primeiro lugar, o componente que se considera como ácido, nesse sistema tampão, é CO_2. Reage com a água para formar ácido carbônico, o qual se sabe que é um ácido fraco. A reação pode ser esquematizada: $CO_2 + H_2O \longleftrightarrow H_2CO_3$ (1); o ácido rapidamente ioniza-se em: $H_2CO_3 \longleftrightarrow H^+ + HCO_3^-$ (2); somando-se as equações 1 e 2, tem-se: $CO_2 + H_2O \longleftrightarrow H^+ + HCO_3^-$ (3).

Essa reação tem a metade do ácido dissociado a um pH de 6,1, com o qual esse sistema se converte em potente tampão no rúmen. O CO_2 solúvel no rúmen passará a formar parte do gás ruminal e será eliminado através da eructação.

Em geral, o CO_2 representa 70% do total de gases ruminais, e o CO_2 dissolvido no líquido ruminal está em equilíbrio (50 a 50%) quando o pH ruminal é de 6,5. Evidentemente, na fermentação ruminal são produzidos ácidos que consomem bicarbonato para produzir hidrogênio e CO_2. Dessa maneira, eventualmente, o bicarbonato secretado na saliva ou adicionado na ração será eliminado e, sendo assim, em animais que apresentam problemas de motilidade ruminal, o excesso de bicarbonato pode facilitar o aparecimento de timpanismo por causa do acúmulo de gás na forma de CO_2.

Durante períodos de estresse por calor, é recomendado utilizar o bicarbonato de potássio ao invés do sódico, pois mantém a efetividade tamponante e, além disso, proporciona o potássio que melhora a condição do animal em suportar o estresse térmico.

O sesquicarbonato de sódio, um produto tamponante, composto de bicarbonato de sódio ($NaHCO_3$) e carbonato de sódio (Na_2CO_3), segundo alguns autores, tem demonstrado uma eficiência superior àquela apresentada pelo bicarbonato de sódio. As recomendações têm sido para 1% na MS dietética ou entre 160g a 300 g/dia.

Atualmente, o óxido de magnésio é bastante utilizado, a princípio porque é utilizado como fonte de magnésio (54%) e como um agente alcalinizante, porém não exerce efeito tamponante, apenas aumenta o pH ruminal. As recomendações da literatura têm indicado 0,3 a 0,5% na MS, ou 50 a 90 g/dia. O óxido de magnésio podeser misturado ao $NaHCO_3$ na proporção de 1:3, e a mistura fornecida a 1,25% da MS.

O carbonato de cálcio é também um agente alcalinizante, com restrições quanto ao fornecimento, pois apresenta baixa solubilidade e influencia negativamente o consumo de MS, por isso, o seu uso tem sido questionado. A inclusão na dieta é de 1,2% ou de 115 a 180g/dia (base seca).

Efeitos no desempenho animal

Quando a ração utilizada tem alta proporção de carboidratos não estruturais proporciona aumento na produção de ácido propiônico e acúmulo de ácido lático, que são ácidos orgânicos relativamente fortes, principalmente o ácido lático, o que ocasiona redução no pH do rúmen. Nessas condições, os animais diminuem ou podem cessar o consumo, comprometendo o ganho de peso. A probabilidade de ocorrência de acidose é maior quando há alteração na dieta com baixa proporção de grãos para alta proporção, ou quando ocorre manejo inadequado da alimentação com dietas com alta proporção de concentrado.

Os resultados obtidos com a inclusão dos tamponantes são dependentes do pH ruminal. Quando utilizados em situações corretas, obtêm-se:

Aumentos na:

- concentração de gordura do leite;
- produção de sólidos totais do leite;
- relação acetato:propionato;
- síntese de proteína microbiana;
- produção de leite e leite corrigido para gordura;
- consumo de água;
- consumo e digestibilidade da MS e;
- pH ruminal.

Diminuições: na taxa de desordens metabólicas do rebanho.

Segundo algumas revisões, esse último fator seria o de maior importância para a rentabilidade e a eficiência do uso dos tamponantes (Romanelli, 1995)

De acordo com Hutjens (1991), o uso de tampões na dieta está relacionado ao retorno econômico favorável, em resposta à sua utilização.

A seguir, são listadas algumas situações, nas quais o autor aponta situações em que se teria uma resposta positiva da utilização de tamponantes:

- Dietas com alta percentagem de silagem de milho, pois apresentam alta umidade (60 a 70%), acima de 30% de carboidratos fermentáveis e um baixo pH (3,9 a 4,2%). A silagem de milho tem um tamanho pequeno de partícula em consequência do corte mais preciso e promove menor salivação por causa da sua umidade natural;
- Baixa fibra na ração, pois essas dietas com menos de 19% de FDA deprimem a ruminação e podem causar uma acidose ruminal;
- Baixo consumo de feno, uma vez que o feno estimula a produção de saliva, aumentando o tempo de mastigação e ruminação. Uma dieta com feno de média qualidade poderá resultar em 27,1 litros de saliva/kg de matéria seca consumida;
- Alto consumo de concentrado quando substituem as forragens na dieta, reduzindo o nível de fibra. Pesquisas com vacas alimentadas com dietas que contêm 30% de forragem mostraram que elas produziam 199 g a menos de bicarbonato de sódio, através da saliva, do que vacas alimentadas com dietas contendo 70% de forragem;
- Grandes quantidades de concentrado por refeição (acima de 3kg/refeição);
- Alta concentração de carboidratos solúveis, uma vez que afeta a quantidade e a taxa de degradação de carboidratos estruturais no rúmen, pH ruminal, digestão da fibra e a produção de ácidos graxos de cadeia curta. Quando a ração utilizada tem alta proporção de carboidratos não estruturais, principalmente na forma de amido (Ex: grãos de cereais) aumenta a produção de ácido propiônico e pode haver acúmulo de ácido lático. Por serem ácidos orgânicos relativamente fortes, principalmente o ácido lático, o pH do rúmen diminui, aumentando a acidez.

A adição das substâncias tamponantes, quando utilizadas em situações corretas, proporciona alterações na relação acetato:propionato; na síntese de proteína microbiana; no consumo de água; no consumo e digestibilidade da MS e no pH ruminal, na diminuição na produção de propionato e na taxa de desordens metabólicas do rebanho.

As modificações produzidas pelos tampões no ambiente ruminal, como no pH, e o favorecimento de bactérias celulolíticas incrementam a digestibilidade da matéria seca, proporção molar de acetato e melhor síntese proteica. De acordo com Hutjens (1991), a questão principal do uso de tampões está relacionada ao retorno econômico favorável em resposta à sua utilização.

Extrato de plantas

Considerações gerais

Os extratos vegetais formam parte do que se denomina zona cinza dos aditivos, ou seja, um grupo de substâncias toleradas, porém não admitidas como aditivos de maneira estritamente legal. São classificadas como substâncias aromáticas e palatabilizantes, que fazem parte do grupo no qual são incluídos todos os produtos naturais e os correspondentes produtos sintéticos, que podem ser utilizados em todas as espécies animal.

Os extratos contêm grandes quantidades de moléculas diferentes que têm bioatividade intrínseca na fisiologia e metabolismo do animal. Um exemplo disso são os compostos fenólicos, uma série de substâncias com um ou múltiplos anéis aromáticos (fenol simples ou polifenóis), os quais diferem principalmente em suas respectivas cadeias laterais. Nesse sentido, os componentes fitogenéticos ativos compartilham algo em comum com os ácidos orgânicos (malato e fumarato), já que apresentam grupo heterogêneo, variando no número de carbonos, hidrogênio e duplas ligações entre os átomos de carbono.

As plantas apresentam grande variedade de compostos secundários que são produzidos para proteção contra ataques de agentes externos (patógenos e insetos), sendo tóxicos aos animais alguns destes compostos. Os principais grupos existentes são os alcaloides, glucosídeos, compostos fenólicos, saponinas, mucilagem, flavonoides, terpenoides, taninos e óleos essenciais.

De maneira geral, bem ampla, os compostos secundários podem ser divididos em quatro categorias: óleos essenciais, organossulfurados, polifenóis e saponinas.

Muitos extratos vegetais possuem atividade antimicrobiana comprovada e, simultaneamente, grande parte deles possui status GRAS (*generally recognized as safe*) para consumo humano (FDA, 2004), o que lhes confere alternativa natural e segura aos antibióticos.

Pesquisas com o intuito de avaliar os possíveis efeitos dos extratos vegetais sobre a fermentação ruminal já são realidades. Produtos patenteados que contêm extratos vegetais com aplicação na nutrição de ruminantes já existem no mercado, como o Biostar (Phytosynthese, França) à base de *Cynara cardunculus* subesp. *scolymus* (alcachofra), *Eleutherococcus senticosus* (ginseng siberiano) e *Trigonella foenum graceum* (fenogrego); o Crina® Ruminants (Akzo Nobel Company, Crina S.A., Suíça) à base dos óleos essenciais timol, limoneno e guaiacol; o Deodorase (Alltech Inc., Nicholasville, KY, EUA) à base do extrato de *Yucca schidigera*; e o Vertan® (IDENA, Sautron, França) à base de timol, eugenol, vanilina e limoneno.

Os extratos vegetais podem interagir com a membrana celular do microrganismo e inibir o crescimento de algumas bactérias Gram-positivas e Gram-negativas. Pesquisadores sugerem que as bactérias Gram-negativas apresentam maior resistência aos extratos vegetais que as bactérias Gram-positivas (Chao *et al*., 2000).

Como resultado dos extratos vegetais sobre a membrana celular das bactérias Grampositivas, a inclusão na dieta dos ruminantes resulta na inibição da deaminação e metanogênese, o que resulta em menor concentração de amônia, metano e acetato e maior concentração de propionato e butirato.

No entanto, os resultados da inclusão dos extratos vegetais à dieta dos ruminantes são dependentes das condições de pH e da dieta em si. O seu uso pode ser benéfico em condições específicas. De acordo com Casalmiglia *et al*. (2007), em consequência a atuação dos extratos em várias rotas da degradação da proteína e do carboidrato, deve ser realizada a seleção ou combinação de extratos que possam ser mais eficientemente utilizados como ferramenta de manipulação da fermentação ruminal. Além disso, são necessárias mais pesquisas para que seja estipulada a dose ótima in vivo, em unidades do componente ativo do extrato; e também que seja considerado o efeito de adaptação da comunidade microbiana ao extrato, e o mais importante, que sejam avaliadas as respostas dos ruminantes frente ao uso dos extratos vegetais.

Alguns desses extratos (*Yucca shidigera* e *Lactuca sativa*) são recomendados como aditivos em dietas ricas em concentrado por causa do seu efeito inibidor de bactérias Gram-positivas, como *Streptococcus bovis* (bactéria produtora de ácido láctico). Os ingredientes ativos da *Y. Shidigera* são as saponinas esteroidais e os glicocomponentes. Outros compostos, como o extrato de alho (*Allium sativa*, alicina e garlicina), canela (*Cinnamomum cassia*, cinamaldeído), anis (Pimpinella anisum, anetol), orégano (*Origanum vulgare*, carvacol e timol) e pimentão (*Capsicum annuum*, capsaicina) têm apresentado efeitos positivos sobre a fermentação ruminal e metabolismo energético (Busquet *et al*., 2004; Cardozo *et al*., 2005).

Saponinas

Desempenham papel importante na nutrição animal, já que, graças a seu forte poder surfactante, quando entram em contato com as membranas celulares da parede intestinal incrementam a sua permeabilidade e permitem melhor absorção dos nutrientes, além de acelerar a atividade microbiana da flora intestinal, melhorando a digestão e o aproveitamento dos alimentos.

Atividades antimicrobianas associadas às saponinas já foram comprovadas, apresentando efeito contra bactérias Gram-positivas, a exemplo da *Streptococcus bovis*, o que se leva a suspeitar de possível efeito análogo ao dos ionóforos.

Suspeita-se que saponinas não possuam ação direta sobre as bactérias ruminais. Supõe-se que o efeito direto das saponinas sobre os microrganismos ruminais esteja relacionado ao poder de se ligarem aos esteróis da membrana plasmática, formando uma rede em que se agrega, o que altera a permeabilidade celular e afeta a sobrevivência dos protozoários ruminais.

Pelo menos em teoria, bactérias não sofrem a ação direta das saponinas, já que não possuem esteróis em suas membranas.

Os efeitos da saponina na fermentação ruminal, de acordo com a literatura, são variáveis, como exemplo, a produção de ácidos graxos de cadeia curta e a proporção molar entre eles. Alguns estudos indicaram aumento na produção do ácido propiônico em relação ao acético e butírico, no entanto, em outros estudos, não foi observado efeito algum. Essa variabilidade nas respostas é, sem dúvida, explicada pela diferença dos tipos de saponina utilizada, tão como das suas concentrações. Porém, há indícios, em todos os casos nos quais a dieta compreendia grande quantidade de grãos ou amido, de aumento na produção do ácido propiônico, contrariamente com o observado em dietas com maior proporção de forragem. Isso sugere a influência da dieta na resposta ao uso da saponina.

Há indícios de que as saponinas, dos diferentes tipos, apresentam efeito tóxico sobre os protozoários e têm sido identificadas como possíveis agentes defaunadores no rúmen. Os protozoários representam aproximadamente a metade da biomassa microbiana no rúmen. Sua atividade proteolítica e de engolfamento das bactérias tornam a sua presença indesejável. No entanto, são responsáveis por uma porção significativa da atividade fibrolítica no rúmen e, dessa maneira, a suplementação da saponina da dieta dos ruminantes deve estar de acordo com o contexto dos ingredientes dessa alimentação.

O extrato de yucca, plantas forrageiras, certas frutas, *Acacia concinna* e um extrato de chá chinês já tiveram seus efeitos comprovados na redução da contagem de protozoários, chegando-se a 79% de redução na população *in vitro* de protozoários.

Quanto aos fungos, são extremamente sensíveis à ação das saponinas, visto que, em estudos *in vitro*, observou-se inibição completa do crescimento das principais espécies de fungos ruminais (*Piromyces rhizinflata* e *Neocallimastix frontalis*), com a adição de 2,25 μg de saponinas (mL^{-1}).

Glicocomponentes

Os glicocomponentes são estruturas moleculares altamente termoestáveis e que tem a propriedade de ligarem-se a amônia, neutralizando seus efeitos prejudiciais e convertendo-a em outro tipo de composto nitrogenado não tóxico.

O uso de glicocomponentes na formulação das rações pode melhorar o desempenho animal e a qualidade do ar nos galpões e em outros locais de confinamento, especialmente em virtude da reducao da concentracao da amonia. Segundo Headon & Dawson (1990), o nitrogênio, na forma de amônia, e altamente volátil e muito tóxico para plantas e animais.

Óleos essenciais

Óleos essenciais são misturas complexas de componentes ativos obtidos por processo de vaporização. Em sua maioria, óleos essenciais sao compostos por substâncias chamadas terpenioides ou por compostos fenólicos. Acredita-se que, em decorrencia da natureza hidrofóbica dos óleos essenciais e suas afinidades pelos lipídios, podem romper a membrana citoplasmatica pela lise da membrana e destruição das suas proteínas, proporcionando aumento da permeabilidade e perda dos constituintes do contéudo citoplasmático. Os óleos essenciais também podem causar coagulação do conteúdo citoplasmático das células dos microrganismos.

Determinadas espécies de plantas possuem princípios ativos em altas concentrações, como exemplo, cinamaldeído (90% no extrato da canela) e eugenol, presente em 80% no extrato do cravo.

Atividades antimicrobianas, antifúngicas e antioxidantes já foram encontradas em muitos óleos essenciais. O eugenol (presente no cravo-daíndia), o timol (presente no tomilho e no orégano), o carvacrol (presente no orégano), o limoneno (presente nos citros e na hortelã), o guaiacol (presente na hortelã, no aipo, no vidoeiro e no zimbro) são exemplos de óleos essenciais cujas aplicações já foram investigadas na nutrição animal.

Pesquisadores acreditam que a principal vantagem associada ao óleo essencial está em sua capacidade de reduzir a degradação ruminal de proteína e de promover maior escape de N ruminal. Para tanto, levanta-se a hipótese de que os óleos essenciais atuem na redução da taxa de deaminação ruminal e no decréscimo da adesão e colonização das bactérias proteolíticas aos seus substratos.

McEwan *et al.* (2002a) observaram que o uso de óleos essenciais causou redução na diversidade e no número das bactérias hiperprodutoras de amônia, resultando em menor taxa de produção de amônia a partir de aminoácidos. McIntosh *et al.* (2000) observaram que os óleos essenciais inibiram algumas das bactérias hiperprodutoras de amônia (*Clostridium sticklandii* e *Peptostreptococcus anaerobius*). Reduzir o número dessas bactérias ao se utilizar óleos essenciais seria muito interessante, pois, apesar de existirem em baixas concentrações, possuem elevadíssima atividade produtora de amônia.

De acordo com Kamra *et al.* (2006), os extratos metanólicos e etanólicos de funcho (*Foeniculum vulgare*), cravo-da-índia (*Syzygium aromaticum*) e alho (*Allium sativum*) inibiram significativamente a emissão de metano, apresentando efeitos variados sobre a degradabilidade dos alimentos. Dentre todos os vegetais testados, o extrato metanólico de alho foi o que apresentou melhor resultado, reduzindo em 64% a produção de metano, sem afetar tanto as enzimas fibrolíticas como a degradabilidade da matéria seca do alimento.

Taninos

De maneira geral, os taninos são classificados em hidrolisáveis (poliésteres de ácido gálico e açúcares) e condensados (polímeros de flavonoides), por causa da capacidade de se separarem ou não em açúcares e ácidos carboxílicofenólicos por meio da ação de um ácido fraco.

Os principais efeitos negativos do tanino, em estudos *in vitro*, foram no metabolismo dos carboidratos (diminuição dos ácidos graxos de cadeia curta, da digestibilidade da matéria orgânica e da produção de gases) e no metabolismo das proteínas (redução dos conteúdos de amônia, inibição de atividade da urease, inibição da proteólise da caseína). Já os efeitos in vivo mais citados na literatura são a diminuição na digestibilidade da proteína e da fibra, o menor aproveitamento do nitrogênio, a diminuição do consumo voluntário e dos indicadores de produção (diminuições na produção de leite e lã, no crescimento e no ganho de peso).

A diminuição do consumo voluntário está relacionada com a formação de complexos entre taninos e glicoproteínas da boca (adstringência). A diminuição da digestibilidade também pode ser responsável pelo efeito negativo no consumo.

Embora os taninos possam causar toxidez em animais ruminantes, a verdade é que eles não são tão sensíveis aos compostos polifenólicos como os monogástricos, e muito dessa diferença é atribuída à ação dos microrganismos ruminais.

As bactérias ruminais diferenciam-se grandemente quanto à sensibilidade aos taninos. Bactérias Gram-negativas possuem uma membrana externa que lhes confere alguma proteção. Algumas cepas de *Selenomonas ruminantium* possuem acil-hidrolases que têm capacidade de transformar os taninos em substâncias atóxicas. De acordo com McSweeney *et al.* (2001), bactérias como a *Eubacterium oxidoreducens*, *Streptococcus bovis*, *Syntrophococcus sucromutans* e *Coprococcus* sp. estão envolvidas no processo de degradação dos taninos. Pesquisas relatadas por esses pesquisadores demonstraram que *Fibrobacter succinogenes* e algumas bactérias com atividade proteolítica (*Butyrivibrio fibrisolvens*, *Ruminobacter amylophilus* e *S. bovis*) foram inibidas na presença de taninos. Por sua vez, *Prevotella ruminicola* e o fungo *Neocallimastix patriciarum* não sofreram a interferência dos taninos.

A capacidade complexante dos taninos está relacionada aos compostos polifenólicos que reagem com a parede celular bacteriana e com as enzimas extracelulares secretadas. Ambas as interações inibem o transporte dos nutrientes pela parede celular, retardando o crescimento microbiano. Os mecanismos envolvidos na tolerância ao tanino ainda não foram elucidados, mas estudos revelam que a secreção de polissacarídeos extracelulares pode proteger a parede celular, formando um espesso glicocálix ou glicoproteína capazes de inativar o tanino devido à alta afinidade.

A presença de taninos pode causar redução na emissão de metano. Ácidos fenólicos, como p-coumárico, ferúlico, cinâmico, florético e alguns monômeros de ácidos fenólicos, já tiveram ação comprovada na redução da produção de metano, de acetato e de propionato. Hess *et al.* (2006) observaram redução de 13% na emissão de metano, sem afetar a retenção corporal de energia quando se utilizou 25g/kg de matéria seca de taninos condensados da casca de *Acacia mearnsii*. Patra *et al.* (2006) verificaram que o extrato metanólico de *Terminalia chebula* reduziu em 95% e 100% a produção in vitro de metano, quando utilizado nas doses de 0,25mL e 0,50mL/30mL de meio de incubação.

A possibilidade de aumento no desempenho quando baixas concentrações de tanino são utilizadas é creditada à proteção da proteína alimentar, diminuindo sua degradação ruminal, e à maior eficiência de síntese microbiana, acarretando maior fluxo de aminoácidos para o intestino. Mashudi *et al.* (1997) não verificaram diferenças quanto à produção de leite, composição do leite, peso vivo e escore corporal de vacas Holandesas, recebendo ou não doses do extrato da casca de mimosa (1,8 e 3,6g de taninos condensados/kg de matéria seca de capim consumido).

Própolis

Considerações gerais

A própolis, resina proveniente de substâncias coletadas de plantas e misturadas com secreções de abelhas, apresenta propriedades terapêuticas e pode-se citar atividade antimicrobiana, antiinflamatória, cicatrizante e anestésica.

Quanto à atividade antimicrobiana pela inibição das bactérias Gram-positivas, constataram-se vários trabalhos de pesquisa publicados (Ghisalberti, 1979; Vargas *et al.*, 1994; Goulart, 1995; Park *et al.*, 1998; Park *et al.*, 2000; Stradiotti Jr. *et al.*, 2001; Stradiotti Jr. *et al.*, 2004; Oliveira *et al.*, 2006).

A própolis e alguns de seus componentes (flavonoides, ésteres e derivados do ácido cafeico) aumentam a permeabilidade da membrana citoplasmática da bactéria aos íons, acarretando em uma dissipação do potencial da membrana, inibindo a replicação do DNA e, indiretamente, a divisão celular, pois impedem a divisão das células gêmeas, formando um pseudomulticelular. As espécies bacterianas Gram-positivas são as que apresentam a maior sensibilidade, no entanto, algumas espécies Gram-negativas podem ser afetadas (Oliveira *et al.*, 2005).

Uma vez que a própolis atua sobre as bactérias Gram-positivas ruminais, possivelmente, na inclusão à ração e em cultivos de microrganismos *in vitro* reduz o crescimento de bactérias proteolíticas, da mesma maneira como ocorre com os ionóforos (Hino & Russell, 1986) e, consequentemente, diminui a desaminação e a proteólise (Russell & Martin, 1984).

Efeitos no desempenho animal

De acordo com Lana *et al.* (2007), o uso de própolis na dieta não afetou o consumo de MS e de nutrientes (PB, FDN e CNF) ou alterou os parâmetros de fermentação ruminal em cabras leiteiras. Sugere-se a realização de mais pesquisas com adição de própolis na dieta de animais ruminantes, pois existem evidências de que seu fornecimento a esses animais reduz a relação acetato:propionato e a concentração de butirato no líquido ruminal.

É crescente a expectativa do uso desse resíduo da atividade apícola na nutrição de ruminantes, por tratar-se de produto natural e relativamente atóxico, com a possibilidade de seu uso pelo fato de alterar a emissão de metano na atmosfera por esses animais.

Segundo Stradiotti Jr. *et al.* (2004) os resultados referem-se à potencialidade da própolis em inibir a produção de gases (principalmente metano) na fermentação ruminal, indicada pela técnica de fermentação *in vitro*, via ação ionófora.O extrato de própolis, quando comparado ao tratamento controle, reduziu a produção final total e a produção final de gases para carboidratos fibrosos (**Tabela 12**). A taxa de digestão específica para carboidratos fibrosos e carboidratos não-fibrosos foi superior, quando se utilizou o extrato de própolis. A redução da produção total de gases pode ser atribuída ao efeito da própolis em aumentar a concentração molar de propionato, com consequente diminuição da relação acetato:propionato. Segundo os autores, a solução de própolis 66,7% obteve uma média superior à monensina na inibição da produção final de gases. A solução de própolis 33,7% mostrou-se superior ao controle, porém inferior à monensina.

Tabela 12. Efeito da própolis e monensina sobre a produção total de gases após 72 horas de incubação de 100mg de volumoso e concentrado em diferentes proporções.

Tratamento	Volume Final
Controle	40,69 A
Própolis 16,7%	39,80 A
Própolis 33,3%	34,87 B
Própolis 66,7%	22,66 D
Monensina	27,60 C

Médias seguidas por letras distintas diferem pelo teste SNK (p<0,05).(Sradiotti Jr. *et al.*, 2004)

De modo geral, a produção de gases (dióxido de carbono e metano) representa uma grande perda de energia ingerida no alimento. Segundo Lana *et al.* (1998), a produção indesejável de gás metano pelas bactérias ruminais e intestinais (*Methanobrevibacter* spp. e *Methanomicrobium mobile*) corresponde a uma perda energética de até 13% em relação à energia do alimento ingerido.

Stradiotti Jr. *et al.* (2004) relatam, ainda, que a própolis foi eficiente em inibir a atividade de desaminação de aminoácidos pelos microrganismos ruminais, tanto *in vitro* como *in vivo*, e que, embora a proporcionalidade dos AGCC's não tenha sido alterada, a produção dos mesmos foi acentuada, o que confere aos ruminantes maior possibilidade de se manterem e produzirem a partir de uma mesma dieta.

Outros aditivos

Probióticos

Outros probióticos, também denominados *Direct Fed Microbials*, além da *S. cerevisiae* e do *A. oryzae*, são utiizados como aditivos na dieta de ruminantes.

Utiliza-se a inoculação com *Megaesphera elsdenii*, principal utilizadora de ácido láctico no rúmen, que previne o acúmulo de ácido láctico; com a mesma finalidade, a inoculação com *Propionobacterium*, bactéria que converte o ácido láctico e a glicose em acetato e propionato. No entanto, essas bactérias crescem muito lentamente e não resistem em pH muito baixo, portanto, são caracterizadas como inadequadas na prevenção da acidose aguda.

Huck *et al.* (2000) observaram que a inclusão de *Lactobacillus acidophilus* como aditivo na dieta e bovinos na fase de terminação, proporcionou melhor eficiência alimentar. O probiótico, baseado no *Propionibacterium freudenreichii*, produziu carcaça de melhor classificação. As bactérias produtoras de ácido láctico *Lactobacillus* e *Enterococcus* também apresentam resultados positivos na redução do risco da acidose. Não se conhece o mecanismo exato pelo qual atuam.

Ácidos orgânicos

A adição de ácidos orgânicos (aspártico, málico e fumárico) também exerce efeitos positivos na fermentação ruminal, uma vez que se considera que estimula a utilização do ácido láctico pela bactéria *Selenomonas ruminantium*, contribuindo para evitar a diminuição do pH ruminal.

Os ácidos orgânicos apresentam efeitos fisiológicos relacionados com o sistema imune, com o esvaziamento gástrico e motilidade intestinal, absorção de minerais e água. São constituintes naturais de diversos alimentos, ocorrem no trato digestivo e produtos do metabolismo intermediário dos animais. O uso de ácidos orgânicos na dieta dos animais, diferente do que muitos imaginam, não é um conceito novo, eles foram usados por pesquisadores na década de 1960, como forma de controlar a diarreia pós-desmama em leitões.

Na nutrição de ruminantes, o maior interesse do emprego dos ácidos orgânicos é o controle do acúmulo de lactato no rúmen, pelo estímulo dos microrganismos utilizadores de lactato e os estimuladores da síntese de propionato.

As funções dos ácidos orgânicos são variadas e amplas, nem todas relacionadas à nutrição. Produzem acidez e, diante disso, comportam-se como flavorizantes e também retardam a degradação enzimática. Atuam como agentes quelantes, ou seja, ligam-se aos metais formando os quelatos metálicos, os quais previnem ou reduzem a oxidação oriunda da catálise dos metais-íons. Agem diretamente como fortes inibidores do crescimento microbiano, podendo ter uso na preservação de grãos e rações e como aditivo promotor de crescimento. Os ácidos orgânicos são classificados como componentes preservantes, graças ao seu poder bacteriostático e bactericida Gram-negativo, podendo incrementar o crescimento e a eficiência alimentar do animal, por meio da eliminação de microrganismos competidores por substratos.

Quando são utilizados como aditivos, os ácidos orgânicos podem ser administrados como tais, porém o seu manejo é problemático, uma vez que são líquidos corrosivos; por isso, é mais conveniente o uso dos sais que se apresentam sólidos, mais fáceis de serem manipulados e dosificados, por exemplo, malato de sódio e malato de cálcio.

Os ácidos são considerados aditivos seguros por não produzirem resíduos em produtos de origem animal (Arcuri *et al.*, 2006). Na nutrição de ruminantes, destaca-se o uso dos ácidos málico e fumárico, embora outros ácidos orgânicos (aspartato, succínico e pirúvico) apresentem potencial (**Tabela 13**). Estudos in vitro evidenciam ação desses compostos sobre a fermentação ruminal, pois influencia o uso de lactato pela bactéria *Selenomonas ruminantium*, prevenindo, dessa forma, a ocorrência de acidose (principalmente com o malato) e reduzindo a metanogênese (fumarato).

Poucos são os estudos disponíveis sobre a suplementação com ácidos orgânicos; por conseguinte, os dados ainda são inconsistentes e muitas vezes controversos. Por esse motivo, a determinação dos níveis de utilização, a categoria animal a ser suplementados, a época e tempo de suplementação devem ser consideradas.

Muitas vezes, há falta de consistência nos resultados do emprego dos ácidos orgânicos na nutrição animal em razão da falta de controle das variáveis intervenientes, tais como: pH do trato digestivo, capacidade tampão dos ingredientes da dieta, presença de outros antimicrobianos na dieta, condição higiênica do ambiente produtivo, heterogeneidade da flora intestinal e resistência inerente dos microrganismos às substâncias químicas estressantes, como os ácidos orgânicos.

Tabela 13. Caracterização química dos principais ácidos orgânicos utilizados na alimentação animal.

Ácido	Fórmula	pKa	Solubil. em água	Energia bruta (Kcal/kg)
Fórmico	CH_2O_2	3,75	Muito boa	1,38
Acético	$C_2H_4O_2$	4,75	Muito boa	3,54
Propiônico	$C_3H_6O_2$	4,87	Muito boa	4,97
Lático	$C_3H_6O_3$	3,08	Boa	3,61
Fumárico	$C_4H_4O_4$	3,0-4,4	Regular	2,75
Málico	$C_4H_6O_5$	3,4-5,1	Boa	2,39
Tartárico	$C_4H_6O_6$	3,0-4,4	Boa	1,86

Adaptado de Nielsen& Thamsborg (2002).

O fumarato e o malato são frequentemente encontrados nos tecidos biológicos como intermediários do ciclo do ácido cítrico. Muitas bactérias anaeróbias utilizam a via do succinato-propionato (ciclo do ácido cítrico reverso) para síntese de succinato e/ou propionato, que são importantes precursores biossintéticos. A *Selenomonas ruminantium* é altamente favorecida com o uso desses ácidos, pois utiliza o lactato como fonte de carbono e energia, mas esse processo necessita de oxaloacetato, que está envolvido na gliconeogênese, limitando, então, as taxas de crescimento desse microrganismo (Morais *et al.*, 2006).

O uso de malato promove um dreno de H_2, o que permite maior utilização do lactato por esses microrganismos e uma elevação na produção de acetato, propionato e succinato, precursores de propionato. O fumarato também atua como um dreno de hidrogênio, podendo ainda competir com as bactérias metanogênicas pelo seu uso, reduzindo, dessa forma, a produção de metano ruminal em 17% (Morais *et al.*, 2006). Deve-se lembrar, no entanto, que em condições reais (*in vivo*), essa afirmação pode não ser comprovadamente verdadeira, em virtude da menor afinidade do H_2 à enzima fumarato desidrogenase, quando comparada com a desidrogenase.

Sua utilização como aditivos para ruminantes tem se mostrado promissora do ponto de vista produtivo, no entanto os custos de sua utilização são muito elevados, estimando-se valores de US$ 0,09 a US$ 0,19/d/animal, sendo esse custo proibitivo se forem avaliadas as condições de mercado. O alto custo do uso de ácidos orgânicos tem levado pesquisadores a estudar os efeitos da utilização de plantas ricas em compostos intermediários do ciclo ácido carboxílico (alfafa e espécies do gênero *Cynodon*), como veículo para a suplementação de malato, (que pode representar até 1,5% da MS da forragem) (Bittar *et al.*, 2006). Mas deve-se lembrar que, muito provavelmente, as quantidades encontradas nas forrageiras não serão aquelas efetivamente utilizadas pelo animal, por causa da taxa de diluição ruminal e o seu uso pelos microrganismos, sendo a suplementação necessária para a garantia das concentrações ruminais adequadas.

Imunização

Nos últimos anos, tem-se acompanhado pesquisas baseadas na imunização contra bactérias específicas do rúmen, como *Streptococcus bovis* e *Lactobacillus*. O método consiste na imunização do animal com vacinas inativadas ou atenuadas via intramuscular. Dessa maneira, é induzida a secreção de anticorpos contra essas bactérias na saliva que chegará ao rúmen. Nos estudos realizados, foi observado o aumento no número de imunoglobulinas no sangue e na saliva e redução da contagem de células de ambas as espécies bacterianas.

Posteriormente, foram utilizados ovos de galinhas imunizadas com *Streptococcus bovis* para bovinos e observaram redução da concentração de ácido láctico, contagem de bactérias, assim como o controle do pH ruminal. Nesse contexto, no início da década de 2000, intensificaram-se os estudos de aditivos (preparação de anticorpos policlonais) relacionados com a inibição de bactérias produtoras de lactato e seus efeitos sobre o pH ruminal e a incidência de timpanismo (Blanch *et al.*, 2006).

A inclusão de anticorpos de aves preparados contra *S. bovis* e *Fusobacterium necrophorum* na alimentação de novilhos, com dieta de alto teor de grão, proporcionou a redução da população dessas bactérias. A alta especificidade do anticorpo foi observada porque não afetou as populações de outras bactérias testadas (Dilorenzo, 2004).

Considerações finais

De maneira geral, a inclusão de aditivo na dieta de bovinos de corte tem o objetivo de melhorar a atividade ruminal, permitindo que os nutrientes do alimento sejam mais bem utilizados pelos microrganismos e pelo próprio bovino.

O uso de aditivos deve ser efetuado quando se maneja adequadamente a nutrição do animal e se busca uma melhora na eficiência de produção. A efetividade da resposta ao uso de aditivos é dependente de muitos fatores que influenciam a produção animal e podem mascarar as suas respostas.

Os antibióticos promotores de crescimento têm demonstrado serem efetivos na manipulação da fermentação ruminal, incrementando a proporção molar de propionato, melhorando a utilização dos alimentos e o ganho de peso dos animais em regime de pasto e, dessa maneira, torna-se uma ferramenta importante no sistema de produção.

Quanto à inclusão dos aditivos microbianos na nutrição animal, tanto em animais confinados como em regime de pastejo, está na dependência do esclarecimento do modo de atuação desses microrganismos no rúmen e em quais circunstâncias atuariam. Mesmo apresentando muitas respostas positivas na fermentação ruminal ou na produção em si, existe muita variação entre os experimentos, o que representa a necessidade de mais estudos.

Alguns compostos secundários extraídos das plantas têm atividade antimicrobiana e indicam ser uma alternativa de aditivo na nutrição animal, sem riscos de toxicidade e resíduos no produto final; no entanto, mais pesquisas são necessárias para se avaliar os princípios ativos úteis e determinar a dose ótima para a manipulação da fermentação ruminal e respostas no desempenho animal.

É fato que muitos estudos realizados tentam explicar o modo de ação dos diferentes aditivos. O que se vê, atualmente, é a incessante publicação de artigos que tratam de estudos em modelos animais e suas respostas na produção, frente à inclusão de substâncias na dieta. Dessa maneira, a produção animal estará amparada de informações de pesquisa científica que, aliada aos custos de produção e às normatizações do uso dos aditivos, permitirão usufruir a correta utilização dos aditivos na nutrição animal.

Referências bibliográficas

Abd El-Ghani, A.A. Influence of diet supplementation with yeast culture (*Saccharomyces cerevisiae*) on performance of Zaraibi goats. **Small Rum. Res.**, 52:223, 2004.

Anadón, A.; Martínez-Larranaga. D.M.R. Residues of antimicrobial drugs and feed additives in animal products: regulatory aspects. **Liv. Produc. Sci.**, 59:183, 1999.

Arambel, M.J.; Wiedmein, R.D.; Walters, J.L. Influence of donor animal adaptation to added yeast culture and/or *Aspergilfus oryzuc* fermentation extract on *in vitro* rumen fermentation. **Reprod. Nut. Dev.**, 35:433, 1987.

Arcuri, P.B. *et al.* Utilização de probióticos e prebióticos em rações de bovinos. In: BITTAR, C.M.M. *et al.* (Eds.). Simpósio sobre Nutrição de Bovinos – Minerais e Aditivos para bovinos, 8. **Anais...** FEALQ. Piracicaba. p. 293-320. 2006.

Avendanão, H. *et al.* Effect of corn stover level and a yeast culture (*Saccharomyces cerevisiae* 1026) on growing lambs. **Journal Animal Science**, 73:264, 1995.

Ayala, O.J. *et al.* Effect of a probiotic and a molasses-urea supplement on fiber digestibility of sesame straw. **Journal Animal Science**, 70:307, 1992.

Bach, A.; Iglesias, C.; Devant, M. Daily rumen pH pattern of loose-housed dairy cattle as affected by feeding pattern and live yeast supplementation. **Animal Feed Science Technology**, 136:156, 2007.

Bafundo, K.W. Trends in coccidiosis control: present considerations and future concerns. **Proceedings of the 43rd Western Poultry Disease Conference**. Sacramento, p.49-52. 1994.

Beauchemin, K.A. **Feed enzyme and direct fed microbial workshop**. Disponível:http://www.das.psu.edu/dcn/WORKSHOP/dcn2002/docs/beaucheminwksh2.pdf.Accesso em Abr. 4, 2003.

Beauchemin, K.A. *et al.* Effects of bacterial direct-fed microbials and yeast on site and extent of digestion, blood chemistry, and subclinical ruminal acidosis in feedlot cattle. **Journal Animal Science**, 81:1628, 2003.

Beauchemin, K.A. *et al.* Use of exogenous fibrolytic enzymes to improve feed utilization by ruminants. **Journal Animal Science**, 81:37, 2002.

Beauchemin, K.A.; Rode, L.M.; Sewalt, V.J.H. Fibrolytic enzymes increase fiber digestibility and growth rate of steers fed dry forages. **Cannadian Journal Animal Science**, 75:641, 1995.

Beharka, A.A.; Nagaraja, T.G. Effect of Aspergillus oryzae extract alone or in combination with antimicrobial compounds on ruminal bacteria. **J. Dairy Sci.**, 81:1591, 1998.

Beharka, A.A.; Nagaraja, T.G. Effect of *Aspergillus oryzae* fermentation extract (Amiferm) on *in vitro* fiber degradation. **Journal Dairy Science**, 76:812, 1993.

Bergen, W.G.; Bates, D.B. Ionophores: their effect on production efficiency and mode of action. **Journal Animal Science**, 58:1465, 1984.

Berger, L.L.; Ricke, S.C.; Fahey, G.C. Comparison of two forms and two levels of lasalocid with monensin on feedlot cattle performance. **Journal Animal Science**, 53:1440, 1981.

Bertipaglia, L.M.A. **Suplementação proteica associada à monensina sódica e Saccharomyces cerevisiae na dieta de novilhas mantidas em pastagems de capim-Marandu**. 2008. 129p. Tese (Doutorado em Zootecnia) Faculdade de Ciências Agrárias e Veterinária - UNESP.

Bittar, C.M.M.; Pedroso, A.M. Utilização de ácidos orgânicos em rações de bovinos. In: BITTAR, C.M.M. *et al.*(Eds.). Simpósio sobre Nutrição de Bovinos – Minerais e Aditivos para bovinos, 8. **Anais...** FEALQ. Piracicaba. p.350-373. 2006.

Blanch, M. *et al.* Effects of feeding a polyclonal antibody preparation against *Streptococcus bovis* on rumen fermentation of heifers switched from a high forage to a high concentrate diet. **Journal Animal Science**, 84:128, 2006.

Boin, C. *et al.* A monensina sódica no ganho de peso e na conversão alimentar de zebuínos em confinamento. **Revista Sociedade Brasileira Zootecnia**, 22:247, 1984.

Boling, J.A.; Bradley, N.W.; Campbell, L.D. Monensin levels for growing and finishing steers. **Journal Animal Science**, 44:867, 1977.

Bowman, G.R.; Beauchemin, K.; Shelford, A. The proportion of the diet to which fibrolytic enzymes are added affects nutrient digestion by lactating dairy cows. **Journal Dairy Science**, 85:3420, 2002.

Brown, H. *et al*. Field evaluation of monensin for improving feed efficiency in feedlot cattle. **Journal Animal Science**, 8:1340, 1974.

Brown, R.E.; Davidovich, A. The performance response of growing-finishing cattle fed graded levels of lasalocid. **Journal Animal Science**, 49:358, 1979.

Bruning, C.L.; Yokoyama, M.T. Characteristics of live and killed Brewer's yeast slurries and intoxication by intraruminal administration to cattle. **Journal Animal Science**, 66:585, 1988.

Burt, S. Essential oils: their antibacterial properties and potential applications in foods – a review. **International Journal Food Microbiology**, 94:223, 2004.

Busquet, M. *et al*. Effects of different doses of plant extracts on rumen microbial fermentation. **Journal Animal Science**, 82, supp. 1:213, 2004.

Caha, G. *et al*. Alternativas a los antibióticos de uso alimentario en rumiantes: probióticos, enzimas y ácidos orgánicos (I). **Production Animal**, 193, 2, 2003

Calsamiglia, S. *et al*. Invited Review: Essential Oils as Modifiers of Rumen Microbial Fermentation. **Journal Dairy Science**, 90:2580, 2007.

Calsamiglia, S.; Castillejos, L.; Busquet, M. Alternatives to antimicrobial growth promoters in cattle. In: **Recent Advances in Animal Nutrition**. GARNSWORTHY, P.C.; WISEMAN, J. (Eds.). Nottingham University Press, Nottingham, p. 129-167. 2006.

Cardozo, P.W. *et al*. Screening for the effects of natural plant extracts at different pH on *in vitro* rumen microbial fermentation of a high-concentrate diet for beef cattle. **Journal Animal Science**, 83:2572, 2005.

Carro, M.D.; Lebzien, P.; Rohr, K. Influence of yeast culture on the *in vitro* fermentation (Rusitec) on diets containing variable portions of concentrates. **Animal Feed Science Technology**, 37:209, 1992.

Carro, M.D.; Ranilla, M.J. Los antibióticos promotores de crecimiento como aditivos: efectos sobre la producción animal, situación legal y perspectivas de futuro. Información Veterinaria – **Rev. del Consejo General de Colegios Veterinarios de España**, 238:35, 2002.

Caton, J.S. *et al*. Influence of Aspergillus oryzae extract on forage intake, site of digestion, in situ degradability, and duodenal amino acid flow in steers grazing cool-season pasture. **Journal Animal Science**, 71:779, 1993.

Chademana, Y.; Offer, N.W. The effect of dietary inclusion of yeast culture on digestion in the sheep. **Animal Production**, 50:483, 1990.

Chalupa, W. *et al*. Ruminal fermentation in vivo as influenced by long-chain fatty acid. **Journal Dairy Science**, 69:1293, 1986.

Chang, J.S.; Harper, E.M.; Calza, R.E. Fermentation extract effects on the morphology and metabolism of the rumen fungus *Neocallimastix frontalis* EB188. **J. Applied Microb.**, 86:389, 1999.

Chao, S.C.; Young, D.G.; Oberg, C.G. Screening for inhibitory activity of essential oil on selected bacteria, fungi and viruses. **J. Essential Oil Res.**, 12:639, 2000.

Chaucheyras-Durand, F.; Fonty, G. Establishment of cellulolytic bacteria and development of fermentative activities in the rumen of gnotobiotically-reared lambs receiving the microbial additive *Saccharomyces cerevisiae* CNCM I-1077. **Reproduction Nutricion Development**, 41:57, 2001.

Cheeke, P.R. Actual and potential applications of *Yucca shidigera* and *Quillaja saponaria saponins* in human and animal nutrition. In: **Proceedings of the American Society of Animal Scienc**e. 1999.

Chen, C.; Chen, J.; Lin, T. Purification and characterization of a xylanase from *Trichoderma longibrachiatum* for xylooligosaccharide production. **Enzyme Microb. Technol.**, 21:91, 1997.

Colombato, D. *et al*. *In vitro* evaluation of fibrolytic enzymes as additives for maize (*Zea mays* L.) silage. I. Effects of ensiling temperature, enzyme source and addition level. **Animal Feed Science Technology**, 111:111, 2004.

Colombato, D. *et al*. Use of fibrolytic enzymes to improve the nutritive value of ruminants diets. A biochemical and *in vitro* rumen degradation assessment. **Animal Feed Science Technology**, 107:201, 2003.

Corona, L. *et al*. Evaluation of two yeast cultures (*Saccharomyces cerevisiae*) on ruminal fermentation and digestion in sheep fed a corn stover diet. **Small Rum. Res.**, 31:209, 1999.

Cowan, M.M. Plant products as antimicrobial agents. **Clinical Microbiology Review**, 12:564, 1999.

Dann, H.M. *et al*. Effects of yeast culture (*Saccharomyces cerevisiae*) on prepartum intake and postpartum intake and milk production of jersey cows. **Journal Dairy Science**, 83:123, 2000.

Dawson, K.A.; Newman, K.E.; Boling, J.A. Effects of microbial supplements containing yeast and lactobacilli on roughage fed ruminal microbial activities. **Journal Animal Science**, 68:3392, 1990.

Dilorenzo, N. **Effects of feeding polyclonal antibody preparations against rumen starch and lactic-fermenting bacteria on target bacteria populations and steer performance**. Saint Paul, Minnesota, USA: University of Minnesota, 2004, 101p. Master thesis submitted to the faculty of the graduate school of the University of Minnesota.

Dorman, H.J.D.; Deans, S.G. Antimicrobial agents from plants: antibacterial activity of plant volatile oils. **Journal Applied Microbiology**, 88:308, 2000.

Duffield, T. Impact of rumensin on the health of the transition dairy cow. **Advanced Dairy Technology**, 13:41, 2001.

El Hassan, S.M.; Newbold, C.J.; Wallace, R.J. The effect of yeast culture on rumen fermentation: growth of the yeast in the rumen and the requirement for viable yeast cells. **Animal Production**, 56:463, 1993.

Erasmus, L.J.; Botha, P.M.; Kistner, A. Effect of yeast culture supplement on production, rumen fermentation, and duodenal nitrogen flow in dairy cows. **Journal Dairy Science**, 75:3056, 1992.

FDA. 2004. **Food and Drug Administration of the US, 21 CFR 184**. On line. Disponível em: http://www.cfsan.fda.gov/~dms/grasguid.html. Acesso em 07/02/2007.

Feng, P. *et al*. Effect of enzyme additives to cool-season grass forage on voluntary intake and digestive function in mature beef steers. **Journal Animal Science**, 70:310, 1992.

Fiems, L.O. *et al*. Effect of a viable yeast culture on digestibility e rumen fermentation in sheep fed different types of diets. **Report Nutrition Development**, 33:43, 1993.

Francis, G. *et al*. The biological action of saponins in animal systems: a review. **British Journal Nutrition**, 88:587, 2002.

Frumholtz, P.P.; Newbold, C.J; Wallace, R.J. Influence of *Aspergillus oryzae* fermentation extract on the fermentation of a basal ration en the rumen simulation technique (RUSITEC). **Journal Animal Science**, 113:169, 1989.

Fuller, R. A Review: Probiotics in man and animals. **J. Applied Bact.**, 66:365, 1989.

Galante, Y.M.; De Conti, A.; Monteverdi, R. Application of Trichoderma enzymes in food and feed industries. In: HARMAN, G.F; KUBICEK, C.P. (Eds.). Trichoderma & Gliocladium. **Enzymes, biological control and commercial applications**, 2:327, 1998.

Galloway, D.L. *et al*. Feed intake and digestibility by cattle consuming bermudagrass or orchardgrass hay supplemented with soybean hulls and (or) corn. **Journal Animal Science**, 71:3087, 1993.

Ghisalbert, E.L. Propolis: a review. **Bee World**, 60:59, 1979.

Ghorbani, G.R. *et al*. Effects of bacterial direct-fed microbial on ruminal fermentation, blood variables, and the microbial populations of feedlot cattle. **Journal Animal Science**, 80:1977, 2002.

Gilliland, S.E.; Staley, T.E.; Bush, L.J. Importance of bile tolerance of *Lactobacillus acidophilus* used as dietary adjunct. **Journal Dairy Science**, 7:3045, 1984.

Gomez-Alarcon, R.A. *et al*. Influence of feeding *Aspergillus orizae* fermentation extract on the milk-yields, eating patterns, and body temperatures of lactating cows. **Journal Animal Science**, 69:1733, 1991.

Gomez-Alarcon, R.A.; Dudas, C.; Huber, J.T. Influence of cultures of *Aspergillus oryzae* on rumen and total tract digestibility of dietary components. **Journal Dairy Science**, 73:703, 1990.

Goodrich, R.D. *et al*. Influence of monensin on the performance of cattle. **Journal Animal Science**, 58:1484, 1984.

Gorrachategui García, M. Legislación sobre aditivos: ganado vacuno. **Bovis**, 98:13, 2001.

Goulart, T.C.S. **Estudos preliminares sobre atividade "*in vitro*" do extrato etanólico de própolis (EEP) no combate de bactérias isoladas de processos infecciosos de animais**. Salvador: Universidade Federal da Bahia, 1995. 18p. Monografia (Graduação) - Universidade Federal da Bahia, 1995.

Haddad, C.M.; Castro, F.G.F. Suplementação mineral de novilhos precoces - Uso de sais suplemento proteicos e energéticos na alimentação. SIMPÓSIO SOBRE PRODUÇÃO INTENSIVA DE GADO DE CORTE. 1998. Campinas. **Anais...** Campinas, SP, 1998.

Hadjipanayiotou, M.; Antoniou, I.; Photiou, A. Effects of the inclusion of yeast culture on the performance of dairy ewes and goats and the degradation of feedstuffs. **Liv. Produc. Sci.**, 48:129, 1997.

Harrison, G.A. *et al.* Influence of addition of yeast culture supplement to diets of lactating cows on ruminal fermentation and microbial populations. **Journal Dairy Science**, 71: 2967, 1988.

Headon, D.; Dawson, K. Yucca extract controls atmospheric ammonia levels. **Feedstuffs**, 62:16, 1990.

Hess, H.D. *et al.* Saponin rich tropical fruits affect fermentation and methanogenesis in faunated and defaunated rumen fuid. **Animal Feed Science Technology**, 109:79, 2003.

Hess, H.D. *et al.* Strategic use of tannins as means to limit methane emission from ruminant livestock. **International Congress Series** 1293, p. 164-167, 2006.

Hino, T.; Russell, J.B. Effect of reducing-equivalent disposal and NADH/NAD on deamination of amino acids by intact rumen microorganisms and their cell extracts. **Applied Environmetal Microbiology**, 50:1368, 1985.

Hollo, V.R. *et al.* Utilisation des antibiotiques comme additifs dans l'engraissement des bovins. **Annim. Médic. Veterin.**, 136:311, 1992.

Horton, G.M.J.; Mislevy, P.; Pitman, W.D. Ionophore effects on performance of heifers grazing subtropical grass pastures. **J. Product. Agric.**, 5:77, 1992.

Horton, G.J.; Brandt, W.E. Lasalocid or monensin for finishing steers fed a high-silage diet. **Journal Animal Science**, 53(suppl. 1):406 (Abstr.), 1981.

Horton, G.; Brandt, W. Response of back grounding calves fed a high silage diet and different protein sources to zeronal implants and lasalocid. **Journal Animal Science**, 52:406, 1981.

Horton, G.M.J. *et al.* Behavioral activity, serum progesterone and feedlot performance of heifers fed melengestrol acetate and monensin. **Cannadian Journal Animal Science**, 61:695, 1981.

Hristov, A.N. *et al.* Effect of *Yucca schidigera* on ruminal fermentation and nutrient digestion in heifers. **Journal Animal Science**, 77:2554, 1999.

Hristov, A.N.; Mcallister, T.A.; Cheng Jr., K. Intraruminal supplementation with increasing levels of exogenous polysaccharide-degrading enzymes: Effects on nutrient digestion in cattle fed a barley grain diet. **Journal Animal Science**, 78:477, 2000.

Huch, G.L.; Kreikemeir, K.K.; Ducharme, G.A. 2000. **Effects of feeding two microbial additives in sequence on growth performance and carcass characteristics of finishing beef steers**. On line. Disponível: http://www.oznet.ksu.edu/library/lvstk2/spr850.pdf. Acessado em Janeiro, 2008.

Hughes, J. The effect of high-swyeast culture in the diet of early-weaned calves. **Animal Production**, 46:526, 1988.

Hungate, R.E. **The rumen and its microbes**. New York: Academic Press, 1966. 300p.

Hutjens, M.F. Feed additives. In: SNIFFEN, C.J.; HERDT, T.H. (Eds.) The Veterinary Clinics of North America. 7. **Proceedings...**Philadelphia. 1991. W.b. Saunders company, 1991. p.525

Hutjens, M.F. Managing variation in feed additives. In: SOUTHWEST NUTRITION CONFERENCE, Illinois. 2005, **Proceedings...** p.32-42.

Iason, G. The role of plant secondary metabolites in mammalian herbivore ecological perspectives In: Symposium on 'Plants as animal foods: a case of catch 22?' **Proc. Nutr. Soc.**, 64:123, 2005.

Isman, M.B. Plant essential oils for pest and disease management. **Crop Protein**, 19:603, 2000.

Jordan, E.R.; Fourdraine, R.H. Characterization of the management practices of the top milk producing herds in the country. **Journal Dairy Science**, 76:3247, 1993.

Jouany, J.P. Methods of manipulating the microbial metabolism in the rumen. **Annim. Zootech.**, 43:49, 1994.

Kalmokoff, M.L.; Bartlett, F.; Teather, R.M. Are ruminal bacteria armed with bacteriocins? Symposium: ruminal microbiology. **Journal Dairy Science**, 79:2297, 1996.

Kamalamma Krishnamoorthy, U.; Krishnappa, P. Effect of feeding yeast culture (Yea-Sacc1026) on rumen fermentation in vitro and production performance in crossbred dairy cows. **Animal Feed Science Technology**, 7:247, 1996.

Kamra, D.N.; Agarwal, N.; Chaudhary, L.C. Inhibition of ruminal methanogenesis by tropical plants containing secondary compounds. **International Congress Series** 1293, p. 156-163, 2006.

Kubicek, C.H.P. *et al.* Genetic and metabolic diversity of Trichoderma: a case study on South-East Asian isolates. Fungal Genetic Biol., 38:310, 2003.

Kuhl, G.L. *et al*. Efficacy of lasalocid with solar dried, acid-treated, and ensiled shelled corn finishing rations. **Journal Animal Science**, 51:376, 1980.

Lana, P.R. *et al*. Influence of monensin on Holstein steers fed high-concentrate diets containing soybean meal or urea. **Journal Animal Science**, 75:2571, 1997.

Lana, R.P. *et al*. Óleo de soja e própolis na alimentação de cabras leiteiras. **Revista Brasileira de Zootecnia**, 36:191, 2007.

Lana, R.P.; Russell, J.B.; Van Ambrugh, M.E. The role of pH in regulating ruminal methane and ammonia production. **Journal Animal Science**, 76:2190, 1998.

Lanna, D.P.D.; Medeiros, S.R. Requisitos de Qualidade na bovinocultura de corte. In: SANTOS, F.A.P.; MOURA, J.C.; FARIA, V.P. (Eds.). SIMPÓSIO SOBRE BOVINOCULTURA DE CORTE, 6., 2007. **Anais...** Piracicaba, p.297-324.

Lesmeister, K.E.; Heinrichs, A.J.; Gabler, M.T. Effects of supplemental yeast (*Saccharomyces cerevisiae*) culture on rumen development, growth characteristics, and blood parameters in neonatal dairy calves. **Journal Dairy Science**, 87:1832, 2004.

Levin, D.A. The chemical defenses of plants to pathogens and herbivores. **Annual Rev. Ecol. Syst.**, 7:121, 1976.

Levine, D.W.; Conney, C.L. Isolation and characterization of a thermotolerant methanol-utilizing yeast. **Appl. Microbiol.**, 26:982, 1973.

Levy, S.B. Antibiotic use for growth promotion in animals; ecologic and public health consequences. **J. Food Protection**, 50:616, 1987.

Li, K.P. *et al*. Relationships between activities of xylanases and xylan structures. **Enzyme Microbiol. Technol.**, 27:89, 2000.

Lila, Z.A. *et al*. Effects of a twin strain of *Saccharomyces cerevisiae* live cells on mixed ruminal microorganism fermentation *in vitro*. **Journal Animal Science**, 82:1847, 2004.

Luchiari Filho, A. *et al*. Efeito do ionóforo ICI 139603 no desempenho e conversão alimentar de novilhos zebu alimentados com gramíneas tropicais. **Bol. Ind. Anim.**, 47:162, 1990.

Martin, S.A. Manipulation of ruminal fermentation with organic acids: a review. **Journal Animal Science**, 76:3123, 1998.

Martin, S.A.; Nisbet, D.J. Effects of *Aspergillus oryzae* fermentation extract on fermentation of amino acids, bermudagrass and starch by mixed ruminal microorganisms *in vitro*. **Journal Animal Science**, 68:2142. 1990.

Martin, S.A.; Nisbet, D.J. Effect of direct-fed microbials on rumen microbial fermentation. **Journal Dairy Science**, 75:1736, 1992.

Martin, S.A.; Nisbet, D.J.; Dean, R.G. Influence of a commercial yeast supplement on the *in vitro* ruminal fermentation. Nutr. Reprod. Int., 40:395, 1989.

Martin, S.A.; Russel, J.B. Phosphoenolpyruvate-dependent phosphorylation of hexoses by ruminal bacteria: Evidence for the phosphotransferase transport system. **Applied Environmental Microbiology**, 52:1348, 1986.

Martin, S.A.; Streeter, M.N. Effect of malate on the *in vitro* mixed ruminal microorganism fermentation. **Journal Animal Science**, 73:2141, 1995.

Martini, M.P. *et al*. Monensin sodium use in lambs from the second week of life to slaughter at 105 days. **Small Rumin. Res.**, 20:1, 1996.

Martins, A.S. *et al*. Degradabilidade in situ e observações microscópicas de volumosos em bovinos suplementados com enzimas fibrolíticas exógenas1. **Revista Brasileira de Zootecnia**, 36:1927, 2007

Mashudi, I.M. *et al*. Effects of Mimosa bark extract containing condensed tannins on rumen metabolism in sheep and milk productionby grazing cows. **Proc. New Zealand Soc. Anim. Produc.**, 57:126, 1997.

Matabudul, D.K.B. *et al*. The simultaneous determination of the ionophore antibiotics in animal tissue and eggs by tandem electrospray LC-MS-MS. Food Chemistry, 75:345, 2001.

McEwan, N.R. *et al*. Effect of essential oils on ammonia production by rumen microbes. **Reproduction Nutrition Development**, 42 (Suppl. 1):S65, 2002a.

McEwan, N.R. *et al*. Effect of essential oils on protein digestion in the rumen. **Reproduction Nutrition Development**, 42(Suppl.1):S66, 2002b.

Mclntosh, F.M *et al*. Effects of essential oils on rumen fermentation. **Reproduction Nutrition Development**, 40:221, 2000.

McSweeney, C.S *et al*. Microbial interactions with tannins: nutritional consequences for ruminants. **Anim. Feed Sci. Technol**., 91:83, 2001.

Mendoza, P.S. *et al.* **Efecto del *Saccharomyces cerevisiae*1026 y monensina sódica en el consumo de alimento y ganancia de peso en ovinos en crecimiento**. In: Congreso Nacional de Buiatria, 20., 1996. Acapulco Guerrero, p.509-512.

Minson, D.J. **Forage in ruminant nutrition**. Academic Press, Inc. SDC, United States of America. 1990.

Molero, R. *et al.* Effects of a specific blend of essential oil compounds on dry matter and crude protein degradability in heifers fed diets with different forage to concentrate ratios. **Animal Feed Science Technology**, 114:91, 2004.

Moloney, A.P.; Drennan, M.J. The influence of the basal diet on the effects of yeast culture on ruminal fermentation and digestibility in the steers. **Animal Feed Science Technology**, 50:55, 1994.

Morais, J.A.S.; Berchielli, T.T.; Reis, R.A. Aditivos. In: BERCHIELLI, T.T.; PIRES, A.V.; OLIVEIRA, S.G. (Eds.). **Nutrição de Ruminantes**. FUNEP. Jaboticabal. p.539-570. 2006.

Morgavi, D.P. *et al.* Synergy between ruminal fibrolytic enzymes and enzymes from *Trichoderma longibrachiatum*. **Journal Dairy Science**, 83:1310, 2000.

Moseley, W.M. *et al.* Relationship of growth and puberty in beef heifers fed monensin. **Journal Animal Science**, 55:357, 1982.

Mutsvangwa, T. *et al.* The effect of dietary inclusion of yeast culture (Yea- Sacc) on patterns of rumen fermentation, food intake and growth of intensively fed bulls. **Animal Production**, 55:35, 1992.

Nagaraja, T.G. *et al.* Manipulation of ruminal fermentation, In: HOBSON , P.N.; STEWART, C.S. (Eds). **The rumen microbian ecosystem**. Blackie Academy & professional, London. 1997. p.523.

Nagaraja, T.G.; CHENGAPPA. M.M. Liver abscesses in feedlot cattle: A review. **Journal Animal Science**, 76:287, 1998.

Nelson, D.R. Noninfectious causes of lameness (above the foot) in sheep and goats. **Veterinary Clinical. North Amer. -Large Animal Practice**, 5:491, 1983.

Newbold, J. Proposed mechanisms for enzymes as modifiers of ruminal fermentation. In: FLORIDA RUMINANT NUTRITION SYMPOSIUM, 1997, Gainesville. **Proceedings...** University of Florida, Gainesville, p.16-17, 1997.

Newbold, C.J. *et al.* Different strains of Saccharomyces cerevisae differ in their effects on ruminal bacterial numbers *in vitro* and in sheep. Journal Animal Science, 73:1811, 1995.

Newbold, C.J. *et al.* The effects of yeast culture on yeast numbers and fermentation in the rumen of sheep. **Proc. Nutr. Soc.**, 49:47A, 1990.

Newbold, C.J.; Frumholtz, P.P.; Wallace, R.J. Influence of *Aspergillus oryzae* fermentation extract on rumen fermentation and blood constituents in sheep given diets of grass hay and barley. **J. Agric. Sci.**, 119:423, 1992.

Newbold, C.J.; Olivera-Ramirez, A. The use of yeast-based probiotics to meet new challenges in ruminant production. **Journal Animal Science**, 84:425, 2006.

Newbold, C.J.; Wallace, R.J.; McIntosh, F.M. The stimulation of rumen bacteria by *Saccharomyces cerevisiae* is dependent on the respiratory activity of the yeast. **Journal Animal Science**, 71:280, 1993.

Newbold, C.J.; Wallace, R.J.; McIntosh, F.M. Mode of action of the yeast *Saccharomyces cerevisae* as a feed additive for ruminants. **British Journal Nutrition**, 76:249, 1996.

Ngidi, M.E. *et al.* Effects os calcium soaps of long-chain fatty acids on feedlot performance, carcass characteristics and ruminal metabolism of steers. **Journal Animal Science**, 68:2555, 1990.

Nielsen, B.; Thamsborg, S.M. Dairy bull calves as a resource for organic beef production: a farm survey in Denmark. **Liv. Produc. Sci.**, 75:245–255, 2002.

Nisbet, D.J.; Martin, S.A. Effect of a *Saccharomyces cerevisiae* culture on lactate utilization by the ruminal bacterium *Selenomonas ruminantium*. **Journal Animal Science**, 69:4628, 1991.

Nisbet, D.J.; Martin, S.A. Effect of fumarate, L-malate, and an *Aspergillus oryzae* fermentation extract on D-lactate utilization by the ruminal bacterium *Selenomonas ruminantium*. **Current Microbiology**, 26:133, 1993.

Oliveira, J.S. *et al.* Efeito da monensina e da própolis sobre a atividade de fermentação de aminoácidos *in vitro* pelos microrganismos ruminais. **Revista Brasileira Zootecnia**, 35:275, 2006.

Oliveira, J.S.; Zanine, A.M.; Edson, M.S. Uso de aditivos na nutricão de rumiantes - **Revista Electrónica de Veterinaria REDVET®**, 6, Setembro/2005. Disponivel em: http://www.veterinaria.org/revistas/redvet. Acesso em dezembro 2007.

Olson, K.C. *et al*. Influence of yeast culture supplementation and advancing season on steers grazing mixed-grass prairie in the northern Great Plains: I. Dietary composition, intake, and in situ nutrient disappearance. **Journal Animal Science**, 72:2149, 1994.

Owens, F.N. *et al*. Acidosis in cattle: a review. **Journal Animal Science**, 76:275, 1998.

Owens, F.N. *et al*. Salinomycin levels for feedlot steers. **Journal Agriculture Science**, 55:448, 1982.

Owens, F.N.; Gill, D.R. Salinomycin levels for feedlot steers. **Journal Animal Science**, 55:448, 1982.

Panchal, C.I. *et al*. Genetic manipulation of brewing and related yeast strains. **Food Technol.**, 111:99,1984.

Park, Y.K. *et al*. Effect of propolis on *Streptococcus mutans, Actinomyces meslundii* and *Staphlococcus aureus*. **J. Microbiol.**, 29:143, 1998.

Park, Y.K.; Ikegaki, M.; Alencar, S.M. Classificação da própolis brasileira a partir de suas características físico-químicas e propriedades biológicas. **Mensagem Doce**, 58:3, 2000.

Patra, A.K.; Kamra, D.N.; Agarwal, N. Effect of plant extracts on *in vitro* methanogenesis, enzyme activities and fermentation of feed in rumen liquor of buffalo. **Animal Feed Science Technology**, 128:276, 2006.

Paulino, M.F. *et al*. Efeitos de níveis de ureia sobre o desenvolvimento de novilhas zebus. **Arq. Bras. Med. Veterin. Zootec.**, 35:231, 1983.

Paulino, M.F. *et al*. Suplementação como estratégia de manejo das pastagens. In: REIS, R.A. *et al*. (Eds.). **Volumosos na produção de ruminantes: Valor Alimentício de Forragem**. Jaboticabal:FUNEP, 2003. p.87-100.

Plata, P.F. *et al*. Effect of a yeast culture (*Saccharomyces cerevisiae*) on neutral detergent fiber digestion in steers fed oat straw based diets. **Animal Feed Science Technology**, 49:203, 1994.

Potter, E.L. *et al*. Effect of monensin on the performance of cattle on pastures or fed harvested forages in confinement. **Journal Animal Science**, 62:583, 1986.

Prohmann, P.E.F. *et al*. Suplementação de bovinos em pastagem de Coastcross (*Cynodon dactylon* (L.) Pers) no verão. **Revista Brasileira Zootecnia**, 33:792, 2004.

Purvis, H.T.; Whitter, J.E. Effects of ionophore feeding and anthelmintic administration on age and weight at puberty in spring-born heifers. **Journal Animal Science**, 74:736, 1996.

Putman, D.E.; Schwab, C.G. Mode of action of yeast culture. **Journal Animal Science**, 72:124, 1994.

Restle, J. *et al*. Suplementação associada com lasalocida para novilhos em terminação em pastagem cultivada de inverno. **Ciência Rural**, 29:3, 1999.

Restle, J.; Roso, C.; Soares, A.B. Produção animal e retorno econômico em misturas de gramíneas anuais de estação fria. **Revista Brasileira Zootecnia**, 28:235, 1999.

Russel, J.B.; Houlihan, A.J. Ionophore resistance of ruminal bacteria and its potential impact on human health. **FEMS Microbiol. Rev.**, 27:65, 2003.

Russel, J.B.; Strobel, H.J. Minireview: Effect of ionophores on ruminal fermentation. **Applied Environmental Microbiology**, 55:1, 1989.

Russel, J.B. Rumen microbiology and its role in ruminant nutrition. Ithaca, New York. 2002. 119p.

Russel, J.B.; Streobel, E.H.J. Effect of ionophores on ruminal fermentation. **Applied Environmental Microbiology**, 55:1, 1989.

Russell, J.B.; Martin, S.A. Effects of various methane inhibitors on the fermentation of amino acids by mixed rumen microorganisms in vitro. **Journal Animal Science**, 59:1329, 1984.

Russel, J.B.; Streobel, H.J.; Chen, G. The enrichment and isolation of a ruminal bacterium with a very high specific activity of ammonia production. **Applied Environmental Microbiology**, 54:872, 1988.

Russell, J.B.; Wallace, R.J. Energy-yielding and energy consuming reactions. In: HOBSON, P.N.; STEWART, C.S. (Eds.) **The rumen microbial ecosystem**. 2. ed. London: Blackie Academic & Professional, 1997. p.267-268.

Satoh, H.; Tsuchida, K. Pharmacological actions of monovalent ionophores on spontaneously beating rabbit sino-atrial nodal cells. **General Pharmacology**, 33:151, 1999.

Schelling, G.T. Monensin mode of action in the rumen. **Journal Animal Science**, 58:1518, 1984.

Shu, Q. *et al.* Immunization against lactic acidosis in cattle. **Res. Vet. Sci.**, 67:65, 1999.

Shu, Q. *et al.* Immunization with a *Streptococcus bovis* vaccine administered by different routes against lactic acidosis in sheep. **Veterin. J.**, 159:262, 2000.

Silva, S.L. *et al.* Milho grão seco ou úmido com sais de cálcio de ácidos graxos para novilhos Nelore em confinamento. **Revista Brasileira de Zootecnia**, 36:1426, 2007.

Stradiotti Jr., D. *et al.* Ação da própolis sobre a desaminação de aminoácidos e a fermentação ruminal. **Revista Brasileira de Zootecnia**, 33:1086, 2004.

Stradiotti Jr., D. *et al.* Ação do extrato de própolis sobre a fermentação in vitro de diferentes alimentos. In: REUNIÃO ANUAL DA SOCIEDADE BRASILEIRA DE ZOOTECNIA, 38., 2001, Piracicaba. **Anais...** Piracicaba: Sociedade Brasileira de Zootecnia, 2001. CDROM.

Sutton, J.D. *et al.* Effect of method of application of a fibrolytic enzyme product on digestive processes and milk production in Holstein-Friesian cows. **Journal Dairy Science**, 86:546, 2003.

Tedeschi, L.O.; Fox, D.G.; Tylutki, T.P. Potential environmental benefits of ionophores in ruminant diets. **Journal Environmental Quality**, 32:1591, 2003.

Thonney, E.; Heide, K.; Duhaime, D.J. Growth, feed efficiency and metabolite concentration of cattle feed high forage diets with lasalocid or monensin supplements. **Journal Animal Science**, 52:427, 1981.

Treacher, R.*et al.* Effects of exogenous cellulases and xylanases on feed utilization and growth performance of feedlot steers. **Can. Journal Animal Science**, 77:541, 1996.

Varel, V.H. *et al. In vitro* stimulation of forage fiber degradation by ruminal microorganisms with *Aspergillus oryzae* fermentation extract. **Applied Environmental Microbiology**, 59:3171, 1993.

Vargas, A.C. *et al.* Dados parciais do teste In vitro da atividade antibacteriana da própolis. In: CONGRESSO DE MEDICINA VETERINÁRIA DO CONE SUL, 1., CONGRESSO ESTADUAL DE MEDICINA VETERINÁRIA, 22., 1994, Porto Alegre. **Anais...** Porto Alegre: SOVERGS, 1994. p.160.

CAPÍTULO 17

Suplementação mineral para bovinos de corte

Marco Antonio Alvares Balsalobre
Doutor em Ciência Animal e Pastagens
Bellman Nutrição Animal
Mirassol, SP
marcobalsalobre@bellman.com.br

Térssio Roger Angelelli Ramalho
Mestre em Ciência Animal e Pastagens
Bellman Nutrição Animal
Mirassol, SP
terssioramalho@bellman.com.br

Introdução

A complementação da dieta de bovinos por meio de minerais nem sempre é necessária. Há situações em que a composição da dieta é suficiente para suprir essa demanda. Entretanto, quando se trabalha com animais em pastagens tropicais, raramente se encontram cenários de não-necessidade de suplementação mineral.

A concentração de minerais nas forragens é diretamente influenciada pela concentração de minerais no solo. Portanto, na maioria das vezes, quanto maior a concentração de minerais no solo, maior a concentração de minerais na planta. Outro fato é que as forragens tropicais têm menor concentração de minerais que forragens temperadas e leguminosas; além disso, as forragens tropicais são cultivadas em solos de menor concentração de nutrientes.

Para propor a suplementação mineral, é necessário conhecer a concentração de minerais na dieta do animal, ou seja na pastagem, quando os animais estão sob esse sistema de produção.

Os bovinos precisam de minerais essenciais à sua saúde e processos vitais. Dentre os macrominerais estão o cálcio, magnésio, fósforo, potássio, sódio, cloro e enxofre, que têm suas exigências expressas em gramas por dia. Os microminerais incluem o cobalto, cobre, iodo, manganês, selênio, zinco e ferro cujas exigências são expressas em miligramas por dia. O cromo e o molibdênio, também são considerados micronutrientes essenciais para ruminantes, porém não têm suas exigências estabelecidas.

A concentração dos minerais, tanto em forragens como em alimentos concentrados, variam de acordo com fatores ambientais característicos das áreas de onde são produzidos, tais como; fertilidade e pH do solo, intensidade de fertilização, maturidade da planta, taxa de precipitação pluviométrica e época do ano.

A forma como os minerais se encontram no alimento tem a mesma importância que sua concentração, pois influenciará diretamente no potencial de utilização pelos animais (biodisponibilidade).

Deficiências minerais, mesmo que leves, causam redução na utilização do alimento pelos animais, queda na fertilidade, menor resistência às doenças e, consequentemente, perdas econômicas (Nicodemo, 2005).

Exigência de minerais

A necessidade de minerais é dada pelo estado fisiológico do animal. Devem ser definidas as exigências para suas diferentes atividades fisiológicas: mantença, ganho de peso, produção de leite, reprodução (prenhez) e perdas endógenas, fecais e urinárias.

Geralmente, problemas da ausência do fornecimento de minerais, são encontrados ligados à reprodução ou saúde animal. O impacto dessa deficiência não é imediato, sendo notada depois de prolongado período de subnutrição. Pode demorar certo tempo para o aparecimento de sintomas clínicos de deficiência; enquanto isso, os sintomas subclínicos podem estar impedindo a melhor *performance* esperada, ou seja, o desempenho animal fica aquém do esperado. Por outro lado, o excesso no fornecimento de mineral apresenta sintomas imediatos, pois sua toxicidade é rapidamente detectada (Schroeder, 2004).

Os trabalhos iniciais para a determinação da demanda por minerais em bovinos foram realizados por métodos indiretos. Foram feitos testes com níveis de determinado mineral, definindo-se a concentração mineral adequada para o melhor desempenho animal. Entretanto, esses trabalhos não definem a exigência líquida do mineral.

No NRC (1996), a determinação fatorial é feita somente para cálcio e fósforo, apesar de apresentar, para vacas prenhes e em lactação, variação em exigência de magnésio, potássio e sódio. Já no NRC (2001) é adotado o cálculo fatorial para macro e microminerais. Há uma exceção em relação ao selênio. A determinação fatorial de selênio é dificultada pela forma da deposição deste mineral nos tecidos, a qual é regulada por sua ingestão. Quanto maior a concentração de selênio na dieta, maior é a sua deposição nos tecidos do feto e a sua excreção no leite.

A vantagem do método fatorial é fornecer a real quantidade de minerais exigida pelo animal diante de suas exigências fisiológicas e não apenas pela quantidade de matéria seca consumida. Entretanto, trabalhos devem ser conduzidos a fim de definir as exigências de minerais para mantença e para as diferentes atividades fisiológicas. As maiores dificuldades estão em determinar a biodisponibilidade dos minerais diante das diferentes fontes de alimentos.

Apesar da grande variação dos coeficientes de absorção para forragens e concentrados encontrados na literatura, o NRC (2001) adota coeficientes fixos e, muitas vezes, conservacionistas para minerais provindos de forragens e concentrados. Há exceções para o cálcio e fósforo. O NRC (2001) adota coeficiente de absorção de 30 % ou 60 % para cálcio e 64 % ou 70 % para fósforo, provindos de forragens ou de concentrados, respectivamente (**Tabela 1**).

concentrações não são consideradas. Recomenda-se fornecimento de cobalto, em pastagens com altos teores de fibra, 4 vezes as exigências do NRC (2001). Também é comum o uso de maiores teores de zinco, o que pode auxiliar em uma maior resistência dos animais à fotossensibilização.

Suplementos minerais que necessitem de concentrações de fósforo com mais de 120 g/kg na sua composição, são difíceis de serem usados, em virtude da fonte usada (fosfato bicálcico), não são possíveis de serem produzidos. Verifica-se, na **Tabela 4**, que para baixos consumos de suplemento, principalmente para vacas recém-paridas e em pastagens de baixa qualidade, não é possível de se atingir a exigência em fósforo, nem mesmo em suplementos de alta concentração.

O magnésio é um elemento de baixa necessidade de suplementação. Percebe-se que o nível de Mg nas pastagens é suficiente para se atingir a exigência dos animais, exceto nas pastagens de pior qualidade.

O cálcio apresenta baixa necessidade de ser suprido a não ser em pastagens de cerrado para vacas em lactação e com baixo consumo de suplemento mineral. Há uma corrente técnica que dá atenção especial ao cálcio em razão da for-

Tabela 4.Composição de suplemento mineral considerando-se três grupos de composição de planta forrageira (Grupo I, Grupo II e Grupo III), duas categorias animais (animais em crescimento e vacas recém-paridas) e dois padrões de consumo de suplemento.

Mineral (Concentração)	Consumo adequado					
	Animais em crescimento (consumo 70 g/cabeça/dia)			Vacas recém-paridas (consumo de 120 g/cabeça/dia)		
	Grupo I	Grupo II	Grupo III	Grupo I	Grupo II	Grupo III
Ca (g/kg)	-	-	75	-	51	132
P (g/kg)	19	66	94	59	95	117
Mg (g/kg)	-	-	9	-	-	7
S (g/kg)	28	47	66	22	37	51
Na (g/kg)	35	35	35	33	33	33
Cu (mg/kg)	-	283	471	-	220	367
Mn (mg/kg)	-	-	471	-	1.467	1.833
Zn (mg/kg)	-	283	1.414	-	220	1.100
I (mg/kg)	47	47	47	37	37	37
Co (mg/kg)	38	38	38	29	29	29
Se (mg/kg)	19	19	19	15	15	15
	Baixo consumo					
	Animais em crescimento (consumo 35 g/cabeça/dia)			Vacas recém-paridas (consumo de 60 g/cabeça/dia)		
	Grupo I	Grupo II	Grupo III	Grupo I	Grupo II	Grupo III
Ca (g/kg)	-	-	151	-	103	264
P (g/kg)	38	132	189	117	191	235
Mg (g/kg)	-	-	19	-	-	15
S (g/kg)	57	94	132	44	73	103
Na (g/kg)	75	75	75	72	72	72
Cu (mg/kg)	-	566	943	-	440	733
Mn (mg/kg)	-	-	943	-	2.933	3.667
Zn (mg/kg)	-	566	2.829	-	440	2.200
I (mg/kg)	94	94	94	73	73	73
Co (mg/kg)	75	75	75	59	59	59
Se (mg/kg)	38	38	38	29	29	29

* Os valores da tabela indicam a concentração mínima de cada elemento mineral para os diferentes suplementos. Reis *et al.* (2004).

mação de oxalatos (compostos que fixam cálcio e reduzem sua absorção pelos animais). Isso não é muito significativo. A formação de oxalatos é importante em poucas regiões e com plantas específicas, geralmente as do gênero setária e que estão em ambientes com fertilidade de solo desequilibrada. O cálcio do fosfato bicálcico (fonte de fósforo) já supriria as necessidades de cálcio.

Atenção especial deve ser dada à suplementação com enxofre, pois mesmo para pastagens de maior concentração de minerais há necessidade de adição desse elemento nos suplementos.

Fontes de minerais para suplementação

Fósforo

O fósforo, por ser o elemento mineral de maior custo nos programas de suplementações no Brasil, é o mais controverso e o que se tem maior foco de discussão.

A absorção real do fósforo de diferentes fontes foi estudada por Vitti *et al.* (1992), que observaram que, para ovinos, o fosfato bicálcico apresentou coeficiente de absorção de 62 %, enquanto o super triplo, o monofosfato amônio e a farinha de ossos apresentaram, respectivamente, 70, 59 e 67%. Nesse mesmo trabalho, fontes de fosfato de rocha apresentaram, 42, 43 e 44%, respectivamente, para fosfato acidulado, fosfato de Patos e fosfato de Tapira.

O fosfato bicálcico foi melhor absorvido por bovinos do que fosfatos de Patos de Minas e de Tapira. O fator de absorção encontrado para o fosfato bicálcico foi de 68 %. (Vitti *et al.*, 2001).

O fosfato bicálcico é a fonte de fósforo mais utilizada. Existem pequenas variações entre os fosfatos bicálcicos que valem ser comentadas. O fosfato bicálcico é obtido por meio do ácido ortofosfórico (ácido fosfórico) (**Figura 1**).

Quanto mais pura for a rocha, melhor a qualidade do ácido fosfórico dela originado, uma vez que possui menor teor de contaminantes. É sabido que as rochas ígneas são mais puras que as metamórficas, que são mais puras que as sedimentares. Esse fato inclui a contaminação por flúor, sendo que rochas sedimentares possuem mais flúor (Balsalobre, 2006).

Para estabilização do ácido fosfórico é feita reação com fonte de cálcio (calcário ou hidróxido de cálcio). Dessa reação se obtém o fosfato bicálcico. Durante a reação é neutralizado o primeiro hidrogênio, em pH mais básico e, logo em seguida, o segundo hidrogênio em pH neutro, sendo que para o terceiro hidrogênio, a reação ocorre em pH mais ácido (**Figura 2**).

O fosfato bicálcico produzido via cal virgem (hidróxido de cálcio) pode apresentar pH que varia do neutro para o básico, apresentando acidez residual próxima de zero, conforme resfriamento e cura do produto. Pode-se encontrar fosfato bicálcico, assim produzido, com excesso de cal não reagida, ocasionando sérios transtornos de manuseio e podendo causar reações na

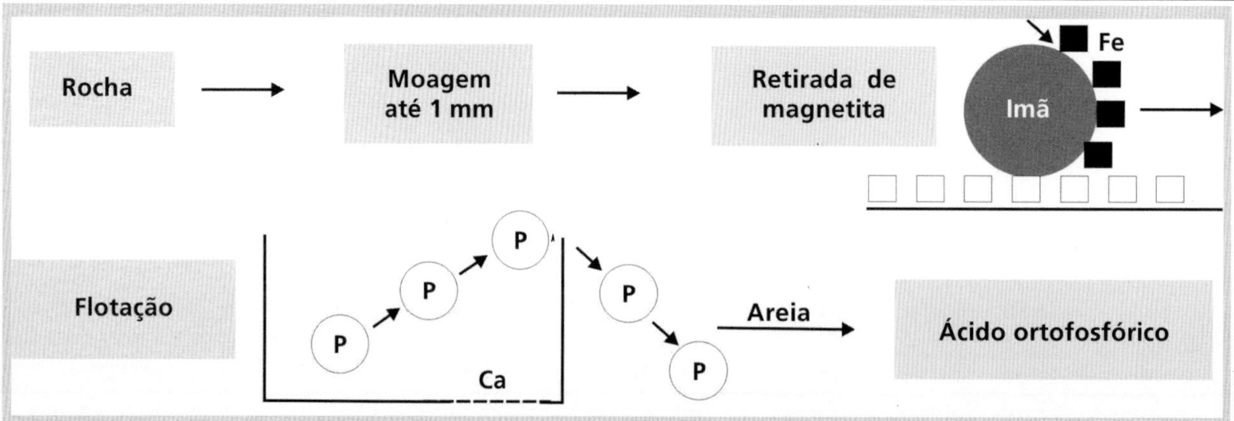

Figura 1. Ilustração da obtenção do ácido ortofosfórico a partir de rocha ígnea.

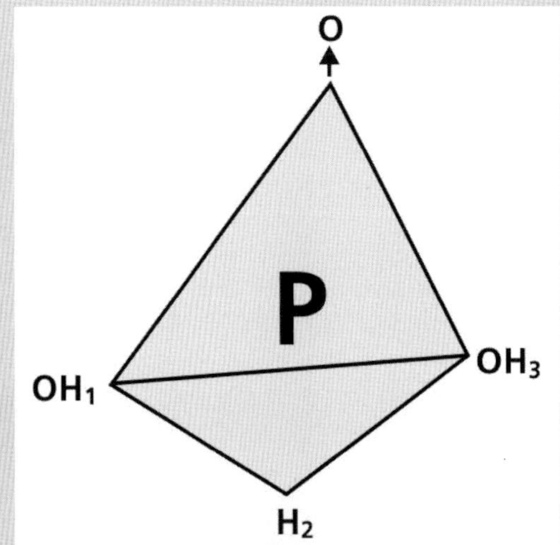

pKa dos Hidrogênios:

- H1 – pH = 12
- H2 – pH = 7
- H3 – pH = 2

Figura 2. Forma tetraédrica do ácido ortofosfórico.

mucosa da boca do animal.

Os fosfatos produzidos via cal hidratada são produtos compostos de 90% de fosfato bicálcico e 10% de fosfato monocálcico, com pH próximo ao neutro. Dependendo do teor de fósforo desejado no produto final, as proporções iniciais podem ser alteradas para maior com o pH do produto final ácido. Alguns produtos com excesso de cal hidratada não reagida, são encontrados com o pH bastante básico.

A utilização de calcário para obtenção de fosfato bicálcico possibilita produto final composto de 85% de fosfato bicálcico e 15% de fosfato monocálcico, com pH ácido (próximo a 6), que também, dependendo do teor de fósforo no produto final, poderá alterar consideravelmente as proporções iniciais e o pH final, sempre ácido. Todos os produtos obtidos dessa maneira possuem calcário não reagido, que pode ser facilmente identificado pela adição de um ácido qualquer sobre o material, decompondo o calcário e gerando gás carbônico. Nesse caso, o excesso de calcário não reagido não trás nenhum transtorno e ainda mantém o equilíbrio Mono/Bicálcico por mais tempo.

Não há trabalhos que comprovem maior ou menor biodisponibilidade do fósforo para os diferentes fosfatos bicálcicos produzidos no Brasil.

O fosfato monoamônico pode ser utilizado como fonte de fósforo, porém, em decorrência da sua higroscopicidade, pode provocar problemas de manuseio no campo (mela e empedramento).

Os fosfatos de rocha são difíceis de serem usados por causa da imposição do nível mínimo de flúor nos suplementos, nos quais deve-se manter uma relação menor que 90:1 para fósforo:flúor. A legislação brasileira não permite mais que 2.000 ppm de flúor no suplemento (Instrução Normativa 20, Ministério da Agricultura e Abastecimento).

Óxidos e sulfatos

De forma geral, há uma restrição pelo uso de óxidos, dando-se preferência para os sulfatos. Para alguns minerais os sulfatos apresentam maior biodisponibilidade que os óxidos; entretanto, para outros, como o caso do zinco, os sulfatos e óxidos apresentam a mesma eficiência (**Tabela 6**).

O uso de óxido facilita o manuseio do suplemento mineral, pois os sulfatos são mais higroscópicos que os óxidos. Isso pode causar o empedramento dos suplementos.

A restrição de fontes de minerais via óxidos pode ser ocasionado pelo fato de, em anos anteriores, haver altas contaminações de fontes metálicas nessas matérias-primas, as quais apresentam baixa biodisponibilidade. Atualmente, tem-se disponível boas fontes de óxido de zinco, principalmente.

Novos minerais

Em suplementação mineral de bovinos, deve-se levar em consideração os novos minerais: cromo e molibdênio. Além desses, alumínio, níquel, arsênio, sílica, estanho e vanádio são minerais que têm suas exigências provadas para animais de laboratório, porém não para ruminantes.

Embora também o cromo e molibdênio não tenham suas exigências estabelecidas, vários programas têm incorporado esses minerais em suas formulações, principalmente o cromo.

O molibdênio apresenta altas concentrações nas forragens no Brasil e, aparentemente, não necessita ser suprido.

Tabela 6. Biodisponibilidade de diferentes fontes de minerais.

Mineral	Suplemento mineral (%)	Concentração Relativa (RV)	Biodisponibilidade	Mineral Concentração corrigida pela biodisponibilidade
Cálcio	Carbonato de Cálcio	38	100.00	38.00
	Farinha de ossos	24	110.00	26.40
	Cloreto Cálcio (di-hidratado)	31	125.00	38.75
	Fosfato bicálcico	20	110.00	22.00
	Calcário	36	90.00	32.40
	Fosfato monocálcio	17	130.00	22.10
Cobalto	Sulfato de cobalto	21	100.00	21.00
	Óxido cobáltico	73	20.00	14.60
	Carbonato de cobalto	47	110.00	51.70
	Óxido de cobalto	70	55.00	38.50
Cobre	Sulfato cúprico	25	100.00	25.00
	Cobre EDTA	variável	95.00	Variável
	Cobre lisina	variável	100.00	Variável
	Cloreto cúprico	58	115.00	66.70
	Óxido cúprico	75	15.00	11.25
	Sulfito cúprico	66	25.00	16.50
	Acetato cuproso	51	100.00	51.00
Iodo	Iodeto de potássio	69	100.00	69.00
	Iodato de sódio	84	100.00	84.00
	Iodato de cálcio	64	95.00	60.80
Ferro	Sulfato ferroso hepta-hidratado	20	100.00	20.00
	Citrato férrico	variável	110.00	Variável
	EDTA férrico	variável	95.00	Variável
	Fitato férrico	variável	45.00	Variável
	Carbonato ferroso	38	10.00	3.80
Magnésio	Sulfato de magnésio	20	100.00	20.00
	Acetato de magnésio	29	110.00	31.90
	Carbonato de magnésio	31	100.00	31.00
	Óxido de magnésio	55	100.00	55.00
Manganês	Sulfato de manganês	30	100.00	30.00
	Carbonato de manganês	46	30.00	13.80
	Dióxido de manganês	63	35.00	22.05
	Manganês metionina	variável	125.00	Variável
	Monóxido de manganês	60	60.00	36.00
Fósforo	Fosfato de sódio	variável		
	Farinha de ossos	21	100.00	21.00
	Fosfato bicálcico	18	85.00	15.30
Selênio	Selenito de sódio	45	100.00	45.00
	Selenito de cobalto	variável	105.00	0.00
	Selênio metionina	variável	245.00	0.00
	Selênio levedura	variável	290.00	0.00
Sódio	Cloreto de sódio	40	100.00	40.00
	Bicarbonato de sódio	27	95.00	25.65
Zinco	Sulfato de zinco	36	100.00	36.00
	Carbonato de zinco	56	60.00	33.60
	Óxido de zinco	72	100.00	72.00

Adaptado de Hale *et al.* (2001).

O cromo existe em boas quantidades nas dietas, pois está presente como contaminante em matérias-primas. O fosfato bicálcico é uma dessas matérias-primas que possuem cromo.

A forma orgânica do cromo apresenta uma absorção de 10 a 15% do total ingerido contra 1 a 3% da forma inorgânica (Chang *et al.*,1992). A razão disso pode estar relacionada com a formação de óxidos de cromo insolúveis, interferência de outros elementos (zinco, ferro e vanádio) e baixa ou nenhuma conversão da forma inorgânica para orgânica pela falta do ácido nicotínico. Durante o estresse, o metabolismo da glicose diminuiu por causa do aumento do cortisol no sangue. O cortisol previne a entrada da glicose nos tecidos periféricos, resultando na elevação da glicose sanguínea e consequente mobilização de cromo, sendo este eliminado via urina.

A sugestão de exigência pelos animais é de 1 mg de cromo por 100 kg de PV, e presente na dieta na concentração de 0,5 mg de cromo por kg de MS. O NRC (1989) recomenda ingestão máxima na dieta de 3.000 mg/kg para óxido de cromo e de 1.000 mg/kg para cloreto de cromo.

Segundo Arthington *et al.* (1997), a suplementação com 3 mg de cromo/animal/dia não influenciou as taxas de ACTH (hormônio adrenocorticotrófico), cortisol e resposta imune de 12 bezerros inoculados com *Herpesvirus Bovino* tipo I. Kegley *et al.*, (1997) não observaram efeitos positivos com a suplementação de cromo na influência da resposta imune nos animais inoculados com IBR, e não foram observadas diminuições do estresse nos animais que foram transportados à distância de 343 km.

Em outro trabalho, Kegley *et al.* (1997) avaliaram o desempenho animal e o metabolismo da glicose na alimentação de bezerros Holandeses com cromo nicotínico e cloreto de cromo com menos de 1 semana de idade. Foram observadas diminuição da concentração de glicose sanguínea e maior ganho de peso, quando da suplementação com cromo nicotínico em alguns períodos do experimento, mas não tiveram efeito no experimento todo.

Para Mowat *et al.* (1993), a adição de cromo quelatado na suplementação de bezerros mostrou-se benéfica, diminuindo o estresse dos animais, em consequência da diminuição da glicose e cortisol sanguíneo.

Subiytno *et al.* (1996) também observaram diminuição de glicose e insulina no período pré-parto com suplementação de cromo, assim como Depew *et al.* (1998) avaliaram que a suplementação com tripicolinato de cromo diminuiu os níveis de glicose em novilhos e novilhas.

Peruca (2003) suplementou bezerros com cromo orgânico. Foi avaliado o efeito da suplementação de 1 mg de cromo orgânico/animal/dia, via oral, durante 132 dias, em 24 bezerros, divididos em 4 períodos submetidos ao estresse de insolação (sob exposição direta ao sol) e/ou estresse por transporte (100 km a cada 14 dias). Obteve resultados satisfatórios de ganho de peso e diminuição de estresse no terceiro período do experimento. No quarto período, os resultados foram dependentes das fontes de estresse as quais eram submetidos os animais (**Tabela 7**).

Tabela 7. Desempenho animal de bezerros suplementados ou não com cromo orgânico e submetidos a diferentes tipos de tratamentos.

Tratamentos	Ganho de peso (kg/cabeça/dia)	
	Com cromo	Sem cromo
Animais expostos ao sol	0,49	0,47
Animais c/ acesso à sombra	0,64	0,55
Animais c/ acesso à sombra e transportados	0,62	0,56
Animais expostos ao sol e transportados	0,50	0,52

Adaptado de Peruca (2002).

Orgânicos

Minerais quelatados são usados por apresentarem eficiência de absorção maior; com isso, poderiam ser usadas menores quantidades de determinados minerais. O menor uso de minerais com maior absorção reduziria a poluição ambiental e melhoraria o desempenho dos animais. Entretanto, os minerais quelatados ainda não tiveram suas eficácias comprovadas. Na maioria das vezes, onera demasiadamente o custo com suplementação sem retorno em desempenho animal.

São denominados quelatos os compostos formados por íons metálicos sequestrados por aminoácidos, peptídeos ou complexos de polissacarídeos que proporcionam a esses íons alta disponibilidade biológica, alta estabilidade e solubilidade.

Minerais sob a forma de sais inorgânicos são geralmente ionizados no estômago e absorvidos no duodeno, onde o pH ácido determina a sua solubilidade. Para a absorção, são ligados às proteínas e incorporados pela membrana das células da mucosa intestinal (Ashmed, 1993). Por outro lado, os minerais quelatados são absorvidos no jejuno, atravessam as células da mucosa e passam diretamente para o plasma. A separação do aminoácido quelante dá-se no local onde o mineral metálico é utilizado (Ashmed, 1993).

As dúvidas de uso de minerais orgânicos são relacionadas ao seu alto custo. A **Tabela 8** apresenta a faixa de custo de algumas fontes de minerais orgânicos e inorgânicos.

Tabela 8. Relação do custo do suplemento orgânico sobre o suplemento mineral para alguns minerais.

Elemento	Relação entre do preço da fonte orgânica sobre a mineral (Orgânica:Mineral)
Cálcio	396 a 837
Magnésio	85 a 113
Cobre	23 a 32
Zinco	28 a 175
Manganês	106 a 884
Cromo	33 a 129

Adaptado de Balsalobre *et al.*, 2006.

Qualidade da água em relação ao consumo de suplemento mineral

Os animais podem consumir diferentes tipos de água. Algumas fontes de água podem ter concentração de sais em níveis elevados que inibam o seu consumo e, consequentemente, reduzam o crescimento animal e produção, podendo, em alguns casos, causar doenças.

De maneira geral, considera-se que a qualidade da água para animais depende de atributos químicos, como salinidade, dureza, acidez, excesso de minerais ou compostos orgânicos, além da avaliação microbiológica.

Salinidade

Salinidade refere-se a sais minerais dissolvidos na água, podendo ser ânions (carbonato, bicarbonato, sulfato, nitrato, cloro, fosfato e flúor) ou cátions (cálcio, magnésio, sódio e potássio).

A salinidade pode ser medida por sólidos dissolvidos totais (SDT) ou sais solúveis totais (SST), ambas as medidas são expressas em ppm. O sódio é o principal ânion presente na água. Exemplo de águas salobras (água levemente salgada) é encontrado, principalmente, na região do Pantanal, bem como em algumas regiões do Sul do Tocantins, Bolívia e Bahia.

A salinidade, por si só, não indica algo sobre o elemento presente. O cálcio, magnésio, cloro e sódio contribuem para a salinidade da água e causam intoxicação por seu efeito salino ou pela interferência em outros alimentos. Porém, esses minerais não são considerados tóxicos. Caso seja percebida a salinidade, há necessidade de análise da água para os íons específicos.

Brum & Souza (1985) estimaram consumo ao redor de 12 gramas de sódio para animais que consumem água com concentração de sódio de 484 mg/L, em lagoas salobras, no Pantanal Sul-Mato-Grossense. Portanto, a exigência diária de sódio dos animais por meio da ingestão de água, pode ter sido atendida. Com isso, o consumo de suplemento mineral é prejudicado, deixando de suprir a demanda de outros minerais.

Sulfatos

Embora sulfatos não sejam problemas, em situações no Brasil, Marques *et al.* (2003) reportaram deficiência de cobre em bovinos, indicando como possível causa o excesso de enxofre da dieta, ocasionado pelo alto teor (400 a 600 ppm) de enxofre na água. A **Tabela 9** traz alguns parâmetros relativos à quantidade de enxofre na água e sua limitação para consumo relacionada à fonte de enxofre.

Nível entre 1.500 e 2.500 ppm pode causar diarreia temporária. Quando o nível de sulfato é maior que 4.500 ppm a dieta não deve ser consumida.

Tabela 9. Níveis máximos de enxofre recomendado.		
Animal	**Sulfato (SO_4), ppm**	**Sulfato (SO_4 – S), ppm**
Bezerro	<500	<167
Bovinos adultos	<1.000	<333

Adaptado de Bagley *et al.* (1997).

Água dura

Água dura é designada para aquela com excesso na concentração de cálcio e magnésio. Na **Tabela 10**, estão alguns níveis de dureza da água.

Tabela 10. Concentração de cálcio em relação à dureza da água.

Dureza	**mg/L**
Leve	0-60
Moderada	61-120
Dura	121-180
Muito dura	>180

Adaptado de Bagley *et al.* (1997).

Apesar dos níveis de dureza da água, existem poucos trabalhos que pesquisam o impacto desse nível sobre o desenvolvimento animal. No entanto, águas leves podem causar problemas se tiverem teor de salinidade alto.

A concentração de Ca na água pode alterar a relação entre Ca e P na dieta. Em áreas de solo de origem calcária, é comum teores de carbonato de cálcio acima de 300 mg/L. Nesses cenários, a planta forrageira também terá alta concentração de Ca (> 0,4 %). Desse modo, torna-se importante adequar o suplemento mineral para maiores concentrações de fósforo e menores de Ca em relação às formulações tradicionais.

Manejo da mineralização para animais em pastejo

Em estudos feitos com adubação em pastagem, observa-se que, com o aumento de fertilidade de solo, bem como adubação nitrogenada, se consegue maior concentração de minerais na forragem. No entanto, a fertilização de pastagens deve ser considerada apenas para aumento da produção de forragem. A orientação para a adubação em pastagem, com intenção de mineralização animal, é inviável economicamente. A melhor alternativa para suprir a deficiência mineral é a utilização de suplementos minerais (Manzano *et al.*, 2006).

Além da necessidade de mineralização, muitas vezes a utilização de suplementos minerais tem sido atrelada à otimização do uso de pastagem. Essa teoria tem-se mostrado muito pouco eficaz, já que o suplemento mineral fica pouco atrativo aos animais quando disposto em locais de difícil acesso. Áreas de pastejo mais frequentadas são determinadas, muitas vezes, em relação à distância da aguada do que em relação ao suplemento mineral (**Figura 3**).

Trabalho realizado com a localização do cocho de acordo com a aguada, não revelou que a distância perto (590 m) ou longe (780 m) do local da aguada influenciou o consumo de suplemento mineral. Isso foi justificado pelo fato de que o consumo, para perto ou longe, de 41 e 46 gramas, respectivamente, não imprimiu aos animais necessidade de visitas periódicas ao cocho. A maior distância entre a aguada e o suplemento mineral pôde ser suprida por maiores consumos em cada visitação ao cocho (Goulart, 2006).

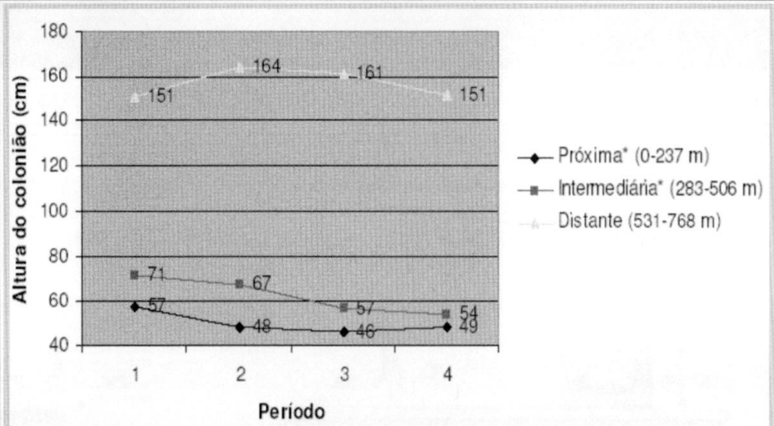

Figura 3. Variação da altura do capim-colonião ao longo dos períodos de avaliação em relação à distância da aguada (próxima, intermediária e distante). Fonte: Goulart (2006).

Construção de cochos

Há diversas maneiras de construir cochos para animais. A utilização de áreas concretadas em torno do cocho é uma alternativa para maximizar a área utilizada e diminuir a quantidade de lama em seus arredores.

Normalmente, a dimensão do calçamento para o cocho deve ser o suficiente para que o animal coloque patas dianteiras e traseiras sobre a superfície. É recomendável construir um piso de concreto com, no mínimo, 1,80m de largura, em torno dos bebedouros e cochos, para evitar a formação de lama e atoleiros (Banet, 1998).

Para suplementação mineral, são recomendados cochos cobertos, objetivando-se a diminuição de perdas por lixiviação eólica. A granulometria do suplemento mineral é a alternativa mais eficiente para minimizar esse tipo de perda, sendo a granulometria inversamente proporcional à perda por lixiviação eólica (Manzano *et al.* 2006).

É considerado que, para vacas adultas, 5 cm por cabeça seja espaçamento suficiente para suplementação mineral (**Figura 4**). Porém, vale lembrar que não deve ser levado em consideração apenas o dimensionamento de perímetro, mas a disposição dos animais no momento do consumo do suplemento, haja vista que dois animais não ficam frente a frente para o consumo, se a distância mínima entre eles não for respeitada (**Figura 5**).

No caso de suplementação com maiores consumos que os obtidos com suplementação mineral, é necessário aumentar a disponibilidade de cocho por animal. A **Tabela 11** apresenta uma recomendação de tamanho de cocho.

Suplementação mineral para animais em confinamento

Animais em confinamento necessitam de pouca adição de minerais à dieta. O sódio, cobalto, selênio e iodo, na maioria das vezes, devem ser supridos. Os outros minerais, em muitos casos, têm suas exigências supridas pelos alimentos da dieta.

Mais importante que o fornecimento de um determinado mineral para animais em confina-

Figura 4. Ilustração de disposição de cocho simples ou com acesso de ambos os lados.

Figura 5. Ilustração de dimensões de cocho para suplementação mineral. (www.banet.com.br/construcoes/bovinocultura/cochos_e_bebedouros/).

Tabela 11. Espaço de cocho por animal para diferentes consumos de suplementos.

Consumo de suplemento	Espaçamento linear por animal
1 a 2 g/kg de peso vivo	12 a 15 cm
3 a 5 g/kg de peso vivo	30 a 40 cm
8 a 10 g/kg de peso vivo	30 a 40 cm

mento, é sua relação com os outros minerais. Há casos em que se deve adicionar determinado mineral, mesmo tendo ele suas exigências atingidas, pois sua relação com outro não está adequada.

A polpa cítrica, alimento muito usado em dietas de confinamento no Brasil, apresenta alta concentração de cálcio. Deve-se ter atenção para o adequado fornecimento de fósforo nessas dietas, para que a relação Ca:P seja a adequada. Da mesma forma, deve-se ter cuidados com os teores de Ca em dietas com altas inclusões de farelos de gérmen de milho, pois esses têm altas concentrações de fósforo.

Alguns minerais podem estar relacionados à qualidade da carne. Dieta de confinamento pode ser trabalhada para que se tenha melhoria na qualidade da carcaça. A manipulação de zinco, cálcio, que está relacionado com a vitamina D3, e selênio (Se), que tem sua função ligada à vitamina E, pode promover alterações na carne.

Spears e Kegley (2002) mostraram que a suplementação com zinco, independentemente da fonte, aumentou o grau de qualidade e marmoreio da carne, e teve uma tendência a aumentar a quantidade e espessura da gordura, comparado-se com novilhos não suplementados.

De acordo com Pedreira *et al.* (2003), a liberação de Ca pela quebra das fibras da carne, resulta em aceleração do processo que gera a maciez do produto. O Ca provoca aumento da ação da m-calpaína (enzima) que, em condições normais *post-mortem*, não é muito ativa, uma vez que necessita de alta concentração de íons de Ca para ser ativada. Estudos revisados por esses autores mostram que, fornecendo oralmente vitamina D3, ocorre disponibilização de Ca suficiente para ativar as enzimas, acelerando o processo de tornar a carne macia.

Uma dieta pobre em vitamina E aumenta a quantidade de Se necessária para prevenir certas anormalidades, como a distrofia muscular nutricional (doença do músculo branco). A vitamina E é bem conhecida por sua atuação no aumento da vida de prateleira da carne bovina. Ela melhora a cor da carne e aumenta a vida de prateleira da carne em até 20% (Trout, 2003).

Referências bibliográficas

Andrade, D.K.B.; Ferreira, M.A.; Véras, A.S.C.; Wanderley, W.L.; Silva, L.E.; Carvalho, F.F.R.; Alves, K.S.; Melo, W.S. Digestibilidade e Absorção Aparentes em Vacas da Raça Holandesa Alimentadas com Palma Forrageira (Opuntia ficus-indica Mill) em Substituição à Silagem de Sorgo (*Sorghum bicolor* (L.) Moench), **Revista Brasileira de Zootecnica**, v.31, n.5, p.2088-2097, 2002.

Arthington, J.D. *et al.* Supplementation dietary chromium does not influence ACTH, cortisol or immune responses in young calves inoculated witch bovine herpevirus. **Journal Animal Sci.**, v.75, p.217-223, 1997.

Ashmead, H.D. Comparative intestinal absorption and subsequent metabolism of metal amino acid chelates and inorganic metal salts. In.: ASHMEAD, H.D. (ed.). **The roles of amino acid chelates in animal nutrition.**, p.47-51, 1993.

Bagley, C.V.; Kotuby-Amacher, J.; Farrell-Poe, K. **Analysis of Water Quality for Livestock**. Eletronic Publishint. Utah State: University Extension. Utah State University, Logan, 1997.

Balsalobre, M.A.A.; Martins, A.L.M.; Cruz, A.E.; Sevilla, C.V.F. Formulação de misturas minerais para bovinos. In: BITTAR, C.M. *et al.* (eds.). **Simpósio sobre nutrição de bovinos: minerais e aditivos para bovinos**. 8. Piracicaba: FEALQ, p.109-126, 2006.

BANET - <http://www.banet.com.br/construcoes/>. Acessado em 13 de fevereiro, 2008.

Brum, P.A.R. & Sousa, J.C. Níveis de nutrientes minerais para gado, em lagoas ('baías' e 'salinas') no Pantanal Sul-mato-grossense. **Pesquisa Agropecuária Brasileira**, v.20, p.1451-1454, 1985.

Chang, X.; Mowat, D.N.; Spiers, G.A. Carcass characteristics and tissue - mineral contents of steers feed supplemental chromium. **Canadian Journal Animal Science**, v.72, p.663-669, 1992.

Clauson, W.J.; Lesperance, A.L.; Bohman, V.R.; Layhee, D.C. Interrelationship of dietary molybdenum and copper on growth tissue composition cattle. **Journal of Animal Science,** v.34, p.516-520, 1972.

Depew, C.L.; Bunting, L.D.; Fernadez, J.M.; Thompson, D.L.; Adkinson, W. Performance and metabolic response of young dairy calves fed diets supplemented with chromium tripicolinate. **Journal Dairy Science**, v.81, p.2916-2923, 1998.

Goff, J.P. **Determining the mineral requirement of dairy cattle**. National Animal Disease Center: Metabolic diseases and immunology unit. USDA-Agricultural Research Service. <http://www.das.psu.edu/dairynutrition/documents/goffpaper1.pdf>. Acessado em 02 de março, 2008.

Goulart, R.C.D. **Mecanismos envolvidos na escolha de locais de pastejo por bovinos de corte**. Dissertação (Mestrado). Escola Superior de Agricultura "Luiz de Queiroz". 2006. 73p.

Greene, L.W. Designing mineral supplementation of forage programs for beef cattle. **Journal of Animal Sciece**, v.77, p.1-9, 2000.

Greene, L.W.; Baker, J.F.; Hardt, P.F. Use of animal breeds and breeding to overcome the incidence of grass tetany: a review. **Journal of Animal Science**, v.67, p.3463-3469, 1989.

Haddad, C.M.; Alves, F.V. Minerais para gado de corte. In: SIMPÓSICO SOBRE NUTRIÇÃO DE BOVINOS, 8., 2006, Piracicaba. **Anais...** Piracicaba: FEALQ, 2006. p.63-76.

Hale, C. & Olson, K.C. **Mineral supplements for beef cattle**. University of Missouri, Extension. www.muoextension.missouri.edu/xplor, 2001.

Kegley, E.B.; Spears, J.W.; Eisemann, J.H. Performance in glucose metabolism in calves fed a chromium nicotinic acid complex or chromium cloride. **Journal Dairy Science**, v.80, p.1744-1750, 1997.

Malavolta, E.; Vitti, G.C.; De Oliveira, S.A. **Avaliação do estado nutricional das Plantas - princípios e aplicações**. Associação Brasileira para Pesquisa da Potassa e do Fosfato, Piracicaba-SP, 1997

Manzano, R.P.; Olbrich Júnior, J.F.; Costa Filho, H. **Admistração e consumo de minerais.** In: BITTAR, C.M. *et al.* (eds.). Simpósio sobre nutrição de bovinos: minerais e aditivos para bovinos. 8. Piracicaba: FEALQ, p.109-126, 2006

Marques, A.P.; Riet-Correa, F.; Soares, M.P. *et al.* Mortes súbitas em bovinos associadas à carência de cobre. **Pesquisa Vet. Bras.**, v.23, n.1, p.21-32, 2003.

Miltmore, J.E.; Mason, J.L. Copper to molybdenum fatio and molybdenum and copper concentrations in ruminants feeds. **Canadian Journal of Anímal Science**, v.51, p.193-200, 1971.

Mowat, D.N.; Chang, X.; Yang, W.Z. Chelated chormium for stressed feeder calves. **Canadian Journal Animal Science**, v.73, p.49-55, 1993.

Nicodemo, M.L.F. **Minerais limitantes à produção de bovinos de corte em pastagens**. In: REIS, R.A. *et al.* (eds.). Volumosos na produção de ruminantes. Jaboticabal: FUNEP, p.239-256, 2005.

NRC. Nutrient requirements of dairy cattle. 6. Ed. National Academy Press, Whashington, DC: USA, 1989.

NRC. Nutrient requirements of beef cattle. 7. Ed. National Academy Press, Whashington, DC: USA, 1996.

NRC. Nutrient requirements of dairy cattle. 7. Ed. National Academy Press, Whashington, DC: USA, 2001.

Paiva, F.A. **Avaliação de fontes de selênio para ovinos**. Tese (Doutorado) – Universidade de São Paulo, Faculdade de Zootecnia e Engenharia de Alimentos, Pirassununga, 2006.

Pedreira, A.C.M.S; Luchiari Filho, A.; Leite, V.B.O.; Carvalho, M.H. Quality characteristics of *Longissimus dorsi* muscle from *Bos indicus* animals treated with vitamin D_3. In: **Scientia Agrícola**, v.60, n.4, p.637-642, Oct/Dec. 2003.

Peruca, G.L. **Desempenho e parâmetros sanguíneos de bezerros submetidos a estresse, suplementados com cromo orgânico**. Tese (Doutorado) – Universidade Estadual Paulista, Faculdade de Ciências Agrárias e Veterinárias, Jaboticabal, 2002.

PORTARIA 20 – MAPA. Publicado no Diário Oficial da União em 09de novembro, 1997, seção 1, p.11788. "Estabelece limites mínimos e máximos de macro e microelementos para formulação de misturas destinadas a aves, suínos e bovinos". <www.agricultura.gov.br/sislegis/>. Acessado em 18 de março, 2008.

Portaria 20, MAPA. www.agricultura.gov.br/sislegs

Reis, R.A.; Bertiaglia, L.M.A.; Freitas, D.; Melo, G.M.P.; Balsalobre, M.A.A. Suplementação protéico-energética e mineral em sistemas de produção de gado de corte nas águas e nas secas. In: SIMPÓSIO SOBRE BOVINOCULTURA DE CORTE: PECUÁRIA DE CORTE INTENSIVA NOS TRÓPICOS, 5., 2004, Piracicaba. **Anais...** Piracicaba: FEALQ, 2004. p. 171-226.

Salviano, L.M.C.; Vitti, D.M.S.S. Influência da proporção de cálcio e fósforo na dieta, nas perdas endógenas e na absorção de fósforo em ovinos. **Revista Brasileira de Zootecnica**, v.31, n.5, 2002.

Schroeder, J.W. **Use of minerals in dairy cattle: what they are and why they are important**. Extension Service, North Dakota State University, North Dakota, 2004.

Spears, J.; W and Kegley, E.B. Effect of zinc source (zinc oxide vs zinc proteinate) and level on performance,carcass characteristics, and immune response of growing and finishing steers. **Journal Animal Science**, v.80, p.2747–2752, 2002.

Subiyatno, A.; Mowat, D.N.; Yang, W.Z. Metabolite and hormonal responses to glucose or propionate infusions in periparturient dairy cows supplemented with chromium. **Journal Dairy Science**, v.79, p.1436-1445, 1996.

Tauriainen, S. **Dietary cation-anion balance and calcium and magnesium intake of the dry cow**. Academic dissertation, University of Helsinki, Departament of animal science, Helsinki, 2001.

Trout, G.R. Biochemistry of lipid and myoglobin oxidation in postmortem muscle and prcessed meat products-effects on rancidity. In: **Brazilian Journal of Food Technology**, Campinas, v. 6, Special Issue, p.50 a 55. 2003.

Vasquez, E.F.A.; Herrera, A.P.N.; Santiago, G.S. Interrelação cobre, molibdênio e enxofre em ruminantes. **Ciência Rural,** v.31, n.6, p. 1101-1106, 2001.

Véras, A.S.C. *et al.* Composição corporal e requisitos líquidos e dietéticos de macroelementos minerais de bovinos nelore não-castrados. **Revista Brasileira de Zootecnia**, v.30, n.3, s.1, p.1106-1111, 2001.

Vitti, D.M.S.S.; Abdalla, A.L.; Meirelles, C.F.; Silva Filho, J.C.; Do & Louvadini, H. Absorção do P de diferentes fontes para ovinos, através do uso de radiofósforo (P-32). **Pesquisa agropecuária brasileira**, v.27, n.10, p.1405-1408, 1992.

Vitti, D.M.S.S; Lopes, J.B.; Silva Filho, J.C.; Abdalla, A.L.; Haddad, M.L. Fluxo do fósforo de diferentes fontes de fosfatos em bovinos. Arquivo Brasileiro de Medicina **Veterinária e Zootecnia**, v.53, n.2, 2001.

Anexo 1 - Síntese das funções e sintomas de deficiências de minerais.

Macroelementos			
Elemento	**Funções**	**Sintomas de deficiência**	**Observações**
Cálcio	• Formação de ossos e dentes. • Coagulação do sangue • Contração dos músculos lisos, cardíacos e esqueléticos. • Excitação neuro-muscular·Regulação de batimentos cardíacos. • Secreção do leite • Atividade de alguns hormônios • Regulação enzimática.	• Crescimento reduzido; produção de leite reduzida. • Raquitismo e osteomalácea = falha na calcificação da matriz óssea. • Manqueira e endurecimento do andar; juntas alargadas; tetania (ataxia, tremor muscular e colapso).	• Oxalato pode reduzir biodisponibilidade do cálcio. • Indicações de deficiência para bovinos: Pantanal Sul-Matogrossense e Roraima.
Fósforo	• Absorção e metabolismo de energia. • Constituinte de fosfolipídio (transporte/metabolismo de ácidos graxos, membrana celular). • Transmissão de energia através de compostos fosfatados. • Ácidos nucléicos (RNA,DNA). • Efeito tampão.	• Raquitismo e osteomalácea.	• Categorias mais susceptíveis: vacas jovens com cria ao pé e vacas adultas. Relação com botulismo. • Deficiência generalizada no Brasil.
Magnésio	• Formação de ossos de dentes.· Fosforilação oxidativa na mitocôndria. • Cofator enzimático na descarboxilação. • Ativação de enzimas que dividem (fosfohidrolases) e transferem fosfatos (fosfotransferases). • Enzimas ligadas a reações envolvendo ATP. • Ativação de peptidases	• Redução na ingestão de alimento; perda de condição corporal; produção de leite reduzida • Deformidades ósseas. • Calcificação de tecidos moles associada à deficiência de Mg. • Tetania das pastagens: aumento na irritabilidade muscular, convulsão e morte	• Indicações de deficiência em bovinos: Pantanal sul-matogrossense e Roraima.
Potássio	• Pressão osmótica. • Equilíbrio ácido-básico. • Balanço hídrico. • Cofator enzimático. • Transferência de energia. • Absorção de aminoácidos pela célula. • Síntese de proteína • Metabolismo de carboidratos.	• Redução no crescimento, equilíbrio instável, fraqueza muscular, apetite depravado, emaciação e morte.	• Deficiência de palácio pode ser decorrente de deficiência de Mg e diarréia.
Sódio	• Regulação da pressão osmótica, permitindo a movimentação de alguns compostos através da parede celular, além de afetar a movimentação de líquidos. • Equilíbrio ácidos básico. iodotironina deiodinase: neces-	• Avidez pelo sal; roer, lamber madeira; ingerir solos; lamber suor dos outros animais. • Perda de apetite. • Redução na taxa de crescimento e produção de leite.	• *Brachiaria humidicola* costuma apresentar maior acúmulo de Na que outras gramíneas.· • Deficiência generalizada no Brasil.

Macroelementos			
Elemento	**Funções**	**Sintomas de deficiência**	**Observações**
Sódio	• Na^+ atua na transmissão do impulso nervoso através da energia potencial associada com sua separação do K^+ pela membrana celular.		• Os requisitos de Cl não estão bem definidos, mas sua deficiência não parece provável em condições práticas.
Cloro	• Equilíbrio ácido-básico • HCl • Ativação enzimática • HCl ativa tripsina e renina, e garante pH ótimo para atividade da pepsina.		
Enxofre	• Formação de compostos orgânicos • Aminoácidos: metionina, cistina e cisteína. • Vitaminas biotina (fixação de CO_2 em ligação orgânica) e tiamina (cofator desidro-genase do ciclo do ácido cítrico). • Mucopolissacarídeos: colágeno e tecido conjuntivo. • Heparina • Glutationa • Coenzima-A (Ciclo do ácido cítrico). • Microrganismos do rúmen. • Síntese de aminoácidos. • Via do acrilato: síntese de propionato a partir do lactato.	• Ingestão de alimento reduzida. • Perda de condição corporal.	• A deficiência de enxofre aumenta as necessidades de aminoácidos sulfurados. • Cerrado arenoso queimados: risco de deficiência de S.
Microelementos			
Elementos	**Funções**	**Deficiência**	
Iodo	• Forma tiroxina e triidotironina • Regulação metabólica: - Controle da taxa de oxidação celular e da taxa de metabolismo basal. - Transformação de energia. - Crescimento. - Reprodução .-Atividade elétrica cerebral, etc.	• Bócio, mortalidade de jovens, redução no desenvolvimento fetal e cerebral, perda de pêlo, pele seca. • Reprodução prejudicada. • Redução no metabolismo basal à taxa de crescimento e atividade gonadal caem. • Cretinismo (raro em bezerros) e mixedema.	• Necessidade de Se e Cr para transformação de triidotironina • Substâncias bocígenas podem aumentar a necessidade de I.
Selênio	• Glutationa peroxidase (GPX): antioxidante; síntese de hormônios eicosanoides (prostaglandinas, leucotrienos). • Atividade da iodotironina deiodinase: necessária para a síntese de T3 a partir de T4. • Tiorredoxina redutase: transporte de elétrons para síntese de deoximbose a partir de ribose; antioxidante, etc. Sistema antioxidante.	• Falta de vitalidade, cresci-mento retardado, morte súbita por fibrosamento do miocárdio, distrofia muscular	• Oxidantes reagem com proteínas, lipídeos e DNA, causando progressivo dano celular, ativação e inativação de proteínas • GPX faz parte do sistema de controle de agentes oxidantes.· Indicações de deficiência para bovinos: regiões de SP, talvez em MS e RS • Níveis elevados: Roraima, fronteira Brasil-Bolívia.

Microelementos			
Elemento	**Funções**	**Sintomas de deficiência**	**Observações**
Manganês	•Enzimas: glicosil transferases, necessárias para síntese de polissacarídeos (glicogênio) e glicoproteínas; piruvato carboxilase; arginase. • Composição normal da matriz óssea e da cartilagem; mucopolissacarídeos: formação do sulfato de condroitina.	•Redução da ingestão de alimento; crescimento reduzido; deformidade óssea nos jovens; ataxia do recém-nascido.	• Indicações de deficiência: MT, RJ, ES, CE, AP, MG. • Níveis elevados: Pantanal Sul-Matogrossense.
Zinco	• Síntese de DNA e RNA (polimerase do DNA e RNA).· Metabolismo de aminoácidos: impede degradação oxidativa de leucina e lisina; utilização de arginina e histidina; metabolismo normal de metionina; utilização de S da cistina. Síntese de proteínas. • Participação do armaze-namento da insulina. • Mobilização de vitamina A pelo fígado (proteína de transporte). •Enzimas: anidrase carbônica (formação de bicarbonato), carboxipeptidase (enzima proteolítica), fosfatase alcalina (mineralização), desidro-genases dependentes de NAD ou $NADP^+$ (transferência de H^+), etc.	• Redução da resposta imunológica, pele seca e rachada, dificuldade de cicatrização das lesões cutâneas, redução do apetite e crescimento, infertilidade.	• Indicações de deficiências: RR, MT, MS, GO, MG, BA, RJ; • Carência bloqueia a síntese de proteína.

Anexo 2. Níveis máximos de minerais na alimentação animal.

		Concentração máxima tolerável	
Mineral	**Unidade**	**NRC 2001***	**NRC 1996****
Cálcio	%	Acima de 1% da dieta	
Fósforo	%	1% da dieta	
Cloro	%	9% da dieta	-
Enxofre	%	0,4% da dieta	0,4
Magnésio	%	0,4% da dieta	0,40
Potássio	%	3% da dieta	3,0
Sódio	%	9% da dieta	-
Cobalto	Mg/kg	30 mg/kg	10,0
Cobre	Mg/kg	40 mg/kg	100,0
Ferro	Mg/kg	1.000 mg/kg	1.000,0
Iodo	Mg/kg	9,5 mg/kg***	50,0
Manganês	Mg/kg	1.000 mg/kg	1.000,0
Selênio	Mg/kg	4,8 mg/kg	2,0
Zinco	Mg/kg	300 a 1.000 mg/kg	500

*Definido como exigência para animal com 200 kg de peso vivo estimando atingir peso adulto de 680 kg.**Definido como exigência para animal com 200 kg de peso vivo para ganho de peso entre 0,5kg e 1,5 kg/dia, sendo o consumo de matéria seca estimado na ordem de 2,6% do peso vivo. *** Essa recomendação tem como base o consumo máximo de Iodo de 50 mg/dia.

CAPÍTULO 18

Deficiências macro e microelementos em gado de corte

Enrico Lippi Ortolani
Professor Titular
Departamento de Clinica Médica
FMVZ/USP. São Paulo, SP
ortolani@usp.br

Maria Claudia Araripe Sucupira
Professora Doutora
Departamento de Clinica Médica
FMVZ/USP. São Paulo, SP
msucupir@usp.br

Introdução

O Brasil é um país de abrangência continental que possui cerca de 176 milhões de hectares de pastagens, distribuídos em todos os Estados da Federação, sendo 60% deles cultivados (maior parte utilizando capins do gênero *Brachiaria*) e 40% naturais. Assim, os bovinos brasileiros são criados em uma grande heterogeneidade de solos, ecossistemas e climas que vão deste o tropical ao temperado. Soma-se a isso a diversidade de raças bovinas empregadas, apesar do predomínio de gado zebuíno ou azebuado. Embora tenham ocorrido avanços significativos na pecuária de corte nesta última década, a maior parte do rebanho brasileiro é criada de maneira extensiva, com baixa lotação média (0,7 UA/ha) e taxa de desfrute média que não ultrapassa os 23% (CNPC, 2008).

É notório que as forragens presentes nessas vastas áreas de pastagens não conseguem suprir todos os requerimentos de macro e micro elementos essenciais para a sobrevida e produtividade dos bovinos, exigindo, na maioria das condições, a necessidade de suplementar os rebanhos com fontes minerais. Segundo estimativas da ASBRAM (2008), em 2007, as fábricas brasileiras de suplementos minerais produziram 1,9 milhões de toneladas desses produtos. Considerando-se que o rebanho bovino contém 207,2 milhões de cabeças (CNPC, 2008), e que, individualmente um bovino ingere, em média, 50 g de suplemento mineral por dia, estima-se que, aproximadamente 50% dos animais do Brasil sejam adequadamente suplementados, ou então, que um contingente maior tenha acesso a esses suplementos, porém em quantidades aquém do necessário. Portanto, os quadros de deficiências de macro e microelementos são frequentemente encontrados nos rebanhos nacionais, interferindo negativamente na sua produtividade.

Elementos essenciais

No decorrer das décadas, alguns macro e principalmente microelementos foram considerados como essenciais para bovinos. Em revisão sobre o assunto, Underwood; Suttle (1999) descreveram como essenciais os seguintes elementos:

a) **macro**: cálcio, fósforo, magnésio, sódio, cloro, potássio e enxofre;
b) **micro**: cobre, cobalto, zinco, selênio, manganês, iodo e ferro.

Assim, serão devidamente discutidos neste capítulo apenas esses elementos.

Cálcio

O cálcio é o macroelemento mais abundante no organismo dos seres vivos e tem fator preponderante como constituinte dos ossos e dentes. Apenas 1% do cálcio do organismo não se encontra nesses tecidos. No sangue, cerca de metade dele está complexado às proteínas, enquanto o restante encontra-se na sua forma livre ou ionizada. O cálcio livre no sangue, nos neurônios e nas musculaturas estriada, cardíaca e lisa exerce papel destacado na condução nervosa e na contração muscular, respectivamente. O cálcio ainda participa dos mecanismos de coagulação sanguínea e no desencadeamento de algumas respostas imunes.

Os requerimentos de cálcio variam com a categoria animal. Geralmente, quanto mais jovem for o bovino e maior for seu ganho de peso, maior será o seu requerimento de cálcio. Fêmeas, nas últimas semanas de gestação e durante principalmente os primeiros três meses de lactação, requerem maior quantidade de cálcio. Bovinos adultos e vacas não prenhes e secas, que têm pequena remodelação óssea, necessitam de 0,15% da matéria seca (MS) dietética sob a forma de cálcio. O leite é fonte rica, altamente disponível e suficiente para atender aos requerimentos de bezerros lactentes, que necessitam de 0,70% Ca da MS ingerida. Vacas de corte lactentes, ou no final de gestação, e bovinos em crescimento devem ingerir dietas com no mínimo 0,20% de Ca na MS.

De modo geral, os teores de cálcio nos capins são maiores no período seco que durante a época chuvosa (Minson, 1990). Salvo duas únicas exceções descritas por Barros *et al.* (1981), nos municípios de Manaus e Itacoatiara, no Estado do Amazonas, e Sousa *et al.*, (1986), no Nordeste do Estado de Mato Grosso, todos os demais levantamentos realizados indicaram que os teores de cálcio nas gramíneas são mais do que suficientes para atender aos requerimentos de gado de corte. A concentração média é de 0,35% com variação de 0,18% a 0,75% (Sousa *et al.*, 1979; Gallo *et al.*, 1974; Camargo *et al.*, 1980; Camargo *et al.*, 1985; Cavalheiro; Trindade, 1992; Guimarães *et al.*,1992). As gramíneas comercialmente mais empregadas nas pastagens brasileiras são de origem africana e praticamente ofertam quantidades adequadas de cálcio para os bovinos. Embora nos Estados do Rio Grande do Sul e em São Paulo as gramíneas nativas sejam também ricas em cálcio, algumas das pastagens nativas do norte de Roraima parecem não acumular cálcio de maneira satisfatória (Gallo *et al.*, 1974; Camargo *et al.*, 1985; Sousa *et al.*, 1986; Cavalheiro; Trindade, 1992).

Quadros de hipocalcemia das vacas parturientes são relativamente comuns em vacas leiteiras, mas muito raras em vacas de corte. A hipocalcemia da parturiente não pode ser confundida com carência de cálcio, visto que expressa apenas dificuldade temporária dessas vacas manterem a calcemia, que ocorre inclusive em dietas com teores adequados de cálcio (Ortolani, 1995). Um único trabalho isolado descreveu a morte de nove vacas aneloradas, dois meses após o parto, que foram mantidas por dez dias em pastagem de *Setaria anceps* cv. Kazungula e apresentaram, em seguida, quadro de andar cambaleante, tetania muscular, diarreia e morte (Schenk *et al.*, 1982). Os autores encontraram ainda altos teores de oxalatos na gramínea, de potássio no solo e baixas concentrações de cálcio no sangue. O oxalato pode ser absorvido e combinar-se firmemente com o cálcio livre sanguíneo tornando-o insolúvel, excretando esse complexo pelos rins. Tal capim hoje é raramente utilizado pelos pecuaristas nacionais. Bovinos podem tolerar baixas quantidades de oxalatos na dieta e, caso haja tempo para adaptação, os próprios microrganismos ruminais podem desativar esses compostos.

Bovinos jovens e consumindo dietas carentes em cálcio podem apresentar retardo no crescimento, má formação dos ossos longos levando à deformidade óssea, propensão à fratura, menor crescimento vertical (o animal tende a ficar de baixa estatura) e diminuição no apetite. Vacas em lactação apresentam queda na produção láctea.

Na hipocalcemia, o diagnóstico laboratorial é baseado nos baixos teores de cálcio livre no sangue (valores inferiores a 0,8mmol/L). Alguns autores estabelcem que o diagnóstico de carência de cálcio possa ser realizado através da diminuição nos teores de cálcio no órgão-estoque, o osso. Porém, esse recurso diagnóstico deve ser avaliado com muita cautela, visto que a reabsorção óssea ou menor mineralização óssea podem estar influenciada tanto pela carência pronunciada de cálcio, como de fósforo, proteína e, em bem menor grau, de cobre. Assim, não se pode firmar diagnóstico de deficiência de cálcio unicamente baseado na menor concentração de cálcio nas cinzas ou no osso (Underwood; Suttle, 1999). Quando ocorre extremo grau de reabsorção óssea, os osteoclastos retiram a hidroxiapatita da matriz óssea que contém tanto o cálcio como o fósforo. O encontro de baixos teores de cálcio total sérico deve ser interpretado com muito cuidado, pois geralmente o que se verifica é a diminuição nas concentrações de cálcio complexado às proteínas, mais influenciado pela diminuta ingestão de proteína bruta que pelo cálcio *per se* (Kaneko *et al.*, 1997).

Praticamente, pode-se afirmar que o cálcio não representa problema carencial em bovinos de corte no Brasil. Os trabalhos de Barros (1981) e de Sousa *et al.* (1986) devem ser interpretados com reservas, visto que em ambos coexistia grave deficiência de fósforo, constatado pelos reduzidos teores de fósforo inorgânico no sangue e baixíssimos teores deste nas gramíneas. No primeiro trabalho, também era nítida a deficiência de proteína bruta, já que os teores de cálcio total no sangue estavam diminuídos. Nas duas publicações foram encontrados baixos teores de cálcio nas cinzas ósseas. Segundo Underwood; Suttle (1999), os dados obtidos de teores de cálcio e fósforo das cinzas ósseas não são bons indicadores do *status* desses macroelementos, sendo muito mais apropriadas as avaliações de gravidade específica e, principalmente, das concentrações desses elementos por unidade de volume do osso original, provas estas não realizadas nos trabalhos supracitados.

Fósforo

O fósforo (P) é um dos macroelementos de maior importância para bovinos mantidos sob regime de pastejo, devido, principalmente, à deficiência deste nas pastagens de diferentes regiões brasileiras e ao alto custo que sua fonte representa no valor global da suplementação mineral (60%) (Tokarnia *et al.*, 1999; Asbram, 2007). O fósforo é o segundo macroelemento mais abundante no organismo animal, depois do cálcio. Cerca de 80% do seu conteúdo encontra-se nos ossos e dentes, vindo a seguir no músculo e outros tecidos. Ele tem papel importante tanto como constituinte da matriz óssea, como na sua mineralização. Desempenha papel fundamental na digestibilidade das gramíneas, em especial na digestão das fibras. É componente essencial das moléculas de ATP, fonte principal de energia para os animais, e também dos ácidos nucleicos, essenciais para o crescimento e diferenciação celulares. Atua no controle do apetite, embora os mecanismos para este último ainda não estejam devidamente conhecidos.

As necessidades de P podem variar de 1,2 a 2,1 g/kg MS (0,12% a 0,21% da MS), sendo o limite menor para bois em terminação e vacas secas, intermediário para garrotes e novilhas e o mais alto para vacas no final de gestação, início de lactação e bezerros lactentes (Underwood; Suttle, 1999). De modo geral, quanto maior o crescimento ósseo, fetal ou produção láctea maior o requerimento de fósforo. O leite é uma excelente fonte de fósforo para os bezerros, pois boa parte do fósforo está ligada às proteínas, o que lhe confere altíssima disponibilidade.

Muito se comenta sobre a relação cálcio: fósforo na dieta. Diferente do que ocorre nas espécies de animais monogástricos, que não toleram altas relações cálcio:fósforo na ração com o risco do excesso de cálcio interferir na disponibilidade do fósforo dietético, os ruminantes toleram tais altas relações (até 7:1) sem prejuízo na absorção intestinal do fósforo (Wise *et al.*, 1963). Contudo o que muitos não levam em consideração é que essas relações só são toleradas quando os teores de fósforo são adequados na dieta, o que nem sempre ocorre em animais mantidos em pastejo e não adequadamente suplementados com P.

De modo geral, os solos e as forragens tropicais são bastante pobres em fósforo. As braquiárias possuem maiores concentrações de P na época das chuvas (0,13% da MS) que na época seca (0,03 % a 0,05% na MS) (Moraes, 2001), pois à medida que a planta amadurece, o P transloca-se parcialmente das folhas para a raiz, ocorre ao mesmo tempo aumento na relação caule:folha e redução na capacidade da planta absorver esse macroelemento (Nicodemo, 1999). Principalmente no cerrado brasileiro, tanto nos pastos nativos como nos cultivados, a quantidade de fósforo presente em capins no período das chuvas não é suficiente para suprir a demanda de todas as categorias de bovinos (Rosa, 1994). Deve-se ressaltar que, nessas áreas,o baixo pH do solo e a presença de adsorventes, como alumínio, ferro e cálcio, dentre outros, diminuem a disponibilidade do P para as gramíneas (Maciel *et al.*, 2007).

Vários trabalhos do Sul ao Norte do País já confirmaram a baixa presença deste elemento nas gramíneas. No Rio Grande do Sul, Cavalheiro; Trindade (1992) detectaram valores médios relativamente baixos desse macroelemento (1,1 g P/kg MS; variação de 0,5 a 2,4 g P/kg MS) para as categorias mais exigentes. No Estado de São Paulo, Gallo *et al.* (1974) e Camargo *et al.* (1985) encontraram quantidades de fósforo variáveis nas gramíneas, sendo, na maioria casos, inadequados em solos de cerrados e campos (média 1,2 g P/kg MS), mas ricos em solos férteis (2,2 g P/ kg MS). No Estado de Minas Gerais, Guimarães *et al.* (1992) detectaram teores muito baixos de fósforo, no período da seca (0,5 mg P/kg MS), e razoáveis no período das chuvas (1,2 g P/kg MS). Na Amazônia, Camargo *et al.* (1980) encontraram teores de fósforo inferiores a 1,0 g P/kg MS em 72% das 20 propriedades estudadas, sendo que, em algumas delas (n=10), os valores eram inferiores a 0,5 g P/kg MS. Tokarnia *et al.* (1988), numa revisão sobre o assunto, citam também baixos teores de fósforo nas gramíneas dos Estados do Mato Grosso, Mato Grosso do Sul, Roraima, Piauí, Bahia, Espírito Santo e Rio de Janeiro.

Outro fator que contribui para a ocorrência dos quadros de carência de P nos animais é a presença de parasitas no duodeno, local onde ocorre parte considerável da absorção desse elemento. Nestes casos, a absorção do P pode estar reduzida em até 40% (Underwood; Suttle, 1999).

A primeira manifestação clínica da carência do fósforo é o emagrecimento e/ou retardo de crescimento em animais jovens e diminuição da produção láctea em vacas. Essa observação é causada pela redução gradativa no apetite dos bovinos, que pode diminuir tem até 60% do consumo de MS. A gênese dessa hiporexia não é bem conhecida. Paralelamente, ocorre aumento na conversão alimentar, pois o fósforo também é necessário para os microrganismos ruminais, que deixam de fermentar adequadamente alguns substratos.

Nos casos mais avançados, os animais começam a desenvolver quadro de parorexia ou pica, passando a ingerir terra, pedra, madeira, carcaças e, em especial, ossos, dando-se preferência para ossos longos e finos, como as costelas e apófises das vértebras (Ortolani, 1993). Tanto a necrofagia como a osteofagia podem predispor os animais a desenvolverem quadros de botulismo, em virtude da ingestão de toxina botulínica produzida pelo *Clostridium botulinum*, presentes nas carcaças e nos ossos. Esse quadro pode levar o animal à morte.

De acordo com a evolução da carência, o animal passa a aumentar a reabsorção óssea, para manter o teor de fósforo sérico normal, provocando osteopenia e expondo assim os ossos do crânio, das costelas, das vértebras e os ossos longos dos membros pélvicos e torácicos a fraturas oriundas de pequenas quedas ou batidas em obstáculos.

Um dos pontos mais polêmicos é o efeito da carência sobre a eficiência reprodutiva de bovinos. Experimentos indicaram que apenas em condições extremas de carência, com oferta inferior a 40% do requerimento, podem levar ao quadro de infertilidade. A baixa eficiência reprodutiva pela qual incriminava-se o fósforo era causada pela deficiência de energia, que também é muito comum nas condições de criação extensivas em especial durante o período de seca (Underwood; Suttle, 1999; Radostits *et al.*, 2007).

A forma mais confiável e precoce de diagnóstico dessa carência, além da análise dos alimentos oferecidos e/ou até mesmo radiografia dos ossos longos, como a tíbia, é por meio de biópsia óssea da região medial da 12ª costela (Little; Minson, 1977). Nesse segmento, analisa-se a densidade (massa/volume – em g/cm^3), cinzas e/ou quantidade de cálcio e fósforo por unidade de volume (Shupe *et al.*, 1988). Little; Shaw (1979) consideram que a densidade de 150 mg de P/cm^3 é encontrada nos animais normais, e que densidades abaixo de 120 mg P/cm^3 são indicativas de deficiência de fósforo. É importante ressaltar que, no trabalho de Shupe *et al.* (1988), foi observado que a relação Ca:P mantinha-se ao redor de 2:1, mesmo nos casos de carência severa em que a densidade óssea estava por volta de 105 mg de P/cm^3.

Também podem ser empregados para o diagnóstico os teores de fósforo inorgânico no soro. A sensibilidade do método não é adequada nos quadros iniciais de carência, pois as concentrações séricas só diminuirão em quadros relativamente avançados. Muitas condições adversas podem elevar inadvertidamente as concentrações de fósforo no soro, como exemplo, o estresse e a alimentação recente. Mas o mais comum dos erros técnicos é o aumento dos teores séricos de fósforo causados pela transformação pós-coleta de ATP em ADP pelas hemácias, liberando fósforo para o soro. Para evitar esse problema, recomenda-se coletar o sangue e adicionar, imediatamente, solução de tricloroacético tamponado ou de formalina como precipitante de proteínas. Ainda se indica separar o soro do coágulo sanguíneo e manter o primeiro, se possível, congelado ou resfriado até o momento da determinação laboratorial do fósforo. Valores inferiores a 1,25 mmol P/L são indicativos de quadros de carências de fósforo.

Magnêsio

O magnésio tem papel importante no organismo animal, atuando na integridade dos ossos, como cofator de enzimas do metabolismo dos carboidratos, na síntese de proteínas, entre outras atividades. Embora ele seja o segundo mais abundante cátion intracelular, depois do potássio, e esteja presente em apenas 1% no fluido extracelular, sua depleção nesse meio é que causa os sintomas mais evidentes de tetania muscular e hipersensibilidade (tetania das pastagens).

Os requerimentos de magnésio dependem da categoria animal e variam de 0,10 a 0,14% da MS ingerida. Capins tropicais são bem mais ricos em magnésio que os de origem temperada (Minson, 1990). Levantamentos nacionais indicam que, nas regiões estudadas, os teores de magnésio das pastagens atendem os requerimentos mínimos, com valores médios variando ao redor de 0,18% (0,10% a 0,35%) (Gallo *et al.*, 1974; Camargo *et al.*, 1985; Cavalheiro; Trindade, 1992; Guimarães *et al.*,1992) . A chance de ocorrer quadro de "tetania das pastagens" nos rebanhos brasileiros é diminuta, pois, além de existirem teores adequados de magnésio nas forragens, os de proteína bruta são relativamente baixos e os de potássio não exageradamente alto, como verificado em certas regiões de clima temperado. Nesses ambientes, os capins são pesadamente adubados com nitrogênio e potássio, diminuindo a disponibilidade do magnésio para os bovinos. Em muitos desses locais observa-se que os baixos teores de magnésio nas pastagens favorecem o desencadeamento de quadros de tetania (Underwood; Suttle,1999).

A tetania das pastagens ocorre mais comumente em fêmeas em final de gestação ou recém-paridas mantidas em pastagens viçosas, principalmente na primavera. Um quadro inicial de hipo magnesemia se estabelece e, essa condição, inibe a resposta do paratormônio para resolução de casos leves de hipocalcemia, predispondo a ocorrência conjunta de hipomagnesemia e hipocalcemia. Como o magnésio modula a atividade neuromuscular e o controle autonômico sobre o coração, sua baixa concentração sanguínea provoca aumento na transmissão de impulsos nervosos e na contração muscular, levando a tetania e exacerbação no número de batimentos cardíacos e, frequentemente à morte. Bovinos submetidos a intenso excitamento ou viagens prolongadas e extenuantes podem, vez por outra, desenvolver a chamada tetania de transporte causada pela hipomagnesemia.

O diagnóstico terapêutico é confirmatório em casos de sucesso da terapia em bovinos com hipomagnesemia. Valores de magnésio séricos inferiores a 0,5 mmol/L já são indicativos do quadro. Em animais mortos, o diagnóstico confirma-se quando os teores de magnésio no humor vítreo são inferiores a 0,75 mmol/L.

Sódio e Cloro

Esses dois elementos são considerados em conjunto por causa das suas funções e interações semelhantes e a sua forma de suplementação por meio do próprio sal comum (cloreto de sódio). Embora a necessidade de suplementação de cloro e de sódio para produtividade adequada dos animais já tivesse sido descrita há cerca de 2.000 anos, só em meados do século XX que foi verificada a maior importância do sódio, em relação ao cloro, para bovinos (Ayne; Smith, 1957; Ortolani, 2006).

Único levantamento foi realizado para analisar os teores de cloro em pastagens no Brasil. Tal trabalho avaliou esse macroelemento em diversos pontos do Estado de São Paulo com diferentes tipos de capins e estações do ano, e concluiu que as pastagens paulistas fornecem cloro em quantidades muito mais do que adequadas (média de 1,5 g Cl /kg MS; variação de 0,9 a 10 g/kg MS) para atender aos requerimentos dos bovinos (0,5 g/kg MS), não se verificando assim qualquer descrição de carência nutricional desse elemento (Gallo *et al.*, 1974). Underwood e Suttle (1999) argumentaram que a carência de cloro em bovinos mantidos em pastagens é muito rara e pouco descrita nos diferentes continentes. Estudos experimentais demonstram que a carência de cloro provoca retardo no crescimento, diminuição no consumo de alimentos, desidratação e pica. Embora faltem estudos em outras regiões do Brasil é improvável que o cloro possa ser deficiente nos rebanhos nacionais.

O sódio tem papel fundamental como *esqueleto osmótico* no organismo, pois é o principal eletrólito extracelular; retém os líquidos dentro dos vasos sanguíneos, assim como no equilíbrio ácido-básico e, em menor grau, na condutibilidade nervosa (Underwood; Suttle, 1999).

Levantamentos nacionais detectaram baixos valores de sódio nas pastagens de Norte ao Sul do País, estando os teores médios encontrados (0,30 g Na/kg MS; variação de 0,04 – 1,4 g Na/kg MS), na sua grande maioria, abaixo do requerimento (0,65 a 0,9 g Na/kg MS) indicado para bovinos de corte (Gallo *et al.*, 1974; Sousa *et al.*, 1982; Cavalheiro; Trindade, 1992; Rodrigues *et al.*, 2002).

A deficiência de sódio está entre as mais frequentes no Brasil, visto que muitos criadores não suplementam esse macroelemento para os rebanhos, ou que o oferecem ocasionalmente. Num estudo realizado em 70 criações de bovinos, no Estado do Rio Grande do Sul, Cavalheiro; Trindade (1992) verificaram que 30% dos criadores não forneciam qualquer tipo de suplementação mineral. Em levantamento realizado por Ortolani (1993), em 240 fazendas de gado de corte no Brasil e no Paraguai, foi apurada a falta de suplementação de sal comum em 13,3% desses rebanhos.

Os sintomas da carência de sódio podem passar despercebidos, mas, em casos mais evidentes e prolongados de falta de suplementação, os animais podem apresentar menor ganho de peso, pica, caracterizada por geofagia (ingestão de solo, pedras e pedaços de tijolos), lignofagia (ingestão de casca de plantas) e consumo de urina e de suor de outros animais. Devido à maior ingestão de pelos, quando for consumido o suor, essa carência pode aumentar o risco de formação de tricobezoares (bolas de pelos) no interior do rúmen que, ocasionalmente, provocam morte súbita por meteorismo gasoso ruminal. Bovinos nelores, mantidos em pastagens de capim *Brachiaria decumbens* e privados de sódio, apresentaram menor ganho de peso, em relação ao grupo controle, na ordem de 45 kg no decorrer de 814 dias (Sousa *et al.*, 1985).

A confirmação dessa carência deve ser feita por meio do diagnóstico terapêutico. Nessas circunstâncias, suplementa-se sal comum para os animais, ao constatar tanto a avidez pelo sal, com ingestão de até 130 g/cabeça/dia de cloreto de sódio ou de até 340 de suplemento mineral no primeiro dia de oferecimento, como o desaparecimento do quadro sintomático (Ortolani, 2008). O diagnóstico definitivo pode ser feito por meio da análise da relação sódio:potássio na saliva que, normalmente, situa-se entre 18 a 20: 1 e que, em casos de carência, cai para relações inferiores a 6:1 (Ortolani, 1997).

Embora a grande maioria das pastagens brasileiras não forneça quantidades adequadas de sódio aos bovinos, existem algumas exceções. Num levantamento realizado em pastagens de capim do gênero *Brachiaria*, no Estado de São Paulo, foram encontrados teores até três vezes superiores ao requerimento em propriedades à beira-mar; próximas ao requerimento até 15 km da costa e semelhantes à média nacional acima de 25 km do mar (Ortolani, 2008). Tal fato explica-se pela contaminação das pastagens e do solo pela maresia, rica em sódio. Outra situação comum, na área da caatinga e de certos locais do Pantanal Mato-Grossense, é a ingestão de água salobra, proveniente de poços ou lagoas, que podem fornecer quantidades até três vezes superiores ao requerimento (Brum; Souza, 1985).

Potássio

Enquanto o sódio é o principal eletrólito extracelular, o potássio o é no ambiente intracelular, responsável pela manutenção de fluidos, equilíbrio ácido-básico e pela osmolalidade nesse local. Além disso, é fundamental para a condução dos impulsos nervosos e regulação dos batimentos cardíacos. Os requerimentos de potássio para bovinos de corte variam segundo categoria animal, sendo um pouco maior para garrotes e novilhas (0,7 % da MS) e ligeiramente inferior para bovinos adultos (0,5% da MS). A absorção do potássio contido nas gramíneas é altíssima, atingindo até 97% (Underwood; Suttle, 1999). Levantamentos feitos nas pastagens brasileiras indicaram que os teores médios de potássio (1,25 % na MS; variação de 0,75 a 3,8 % na MS) encontram-se acima do recomendado (Gallo *et al.*, 1974; Cavalheiro; Trindade, 1992; Rodrigues *et al.*, 2002). Quadros de inapetência, crescimento retardado, fraqueza muscular, lignofagia e problemas nervosos causados pela carência de potássio ainda não foram descritos por pesquisadores nacionais.

Enxofre

O enxofre é um importante macroelemento presente nos aminoácidos sulfurados (metionina, cistina, cisteína e taurina) constituintes das proteínas musculares e de outros tecidos. O enxofre ainda está presente nas moléculas de glutationa, metalotioneína, condroitina e heparina, nas vitaminas tiamina e biotina e nos hormônios insulina e ocitocina. Porém, a carência de enxofre em ruminantes não diminui a concentração desses compostos, alterando basicamente a fermentação ruminal e a síntese de certas proteínas. O enxofre parece ser mais fundamental para os fungos anaeróbicos ruminais que para a atividade celulolítica e contribuem para a síntese de aminoácidos sulfurados no rúmen (Weston *et al.*, 1988).

O requerimento de enxofre, sugerido por McDowell (1985) para bovinos de corte criados extensivamente em climas tropicais, seria de 0,2% S na MS, embora outros autores sugiram valor inferior (0,15% S na MS) que, provavelmente, coaduna-se mais com as necessidades desses animais (Underwood;Suttle, 1999). O teor de enxofre nos capins apresenta alta correlação positiva com o de proteína bruta, diminuindo suas concentrações no período de seca (Barreto Júnior, 1996). Como para a síntese proteica pelos microrganismos ruminais há necessidade de nitrogênio (N) e de enxofre (S), vários estudos indicaram que a dieta para bovinos deve conter uma relação ideal de 15:1 (N:S).

Alguns levantamentos nacionais foram feitos e indicaram que, principalmente no período da seca, parte significativa das amostras de capins apresenta valores de enxofre abaixo do requerido (média 0,1 % S na MS; variação de 0,04% – 0,27% S na MS) (Gallo *et al.*, 1974; Cavalheiro; Trindade, 1992; Barreto Júnior, 1996). Vastas áreas de pastagens tropicais podem ser pobres em enxofre, em especial aquelas degradadas, lixiviadas e frequentemente queimadas, pois tanto a erosão como a queimada provocam a perda de enxofre do solo (McDoweel, 1985). Curiosamente, pastagens que se situam ao lado de rodovias ou que são banhadas por efluentes que contêm esgoto doméstico têm valores bem mais altos de enxofre, em decorrência da contaminação pela fuligem de veículos movidos a óleo diesel ou a gasolina e pelas fezes humanas, ricas em enxofre (Barreto Júnior, 1996).

Ortolani (2001) manteve dois grupos de bezerros desmamados por um período de seis meses, durante a estação seca, suplementados (0,21% da MS) ou não (0,08 % da MS) com enxofre. Ao término desse período, verificou que apenas o grupo suplementado obteve ganho de peso (± 20 kg), enquanto os carentes diminuíram a condição corporal, o peso vivo na ordem de 6% e apresentaram-se mais apáticos e hipoalbuminêmicos.

O diagnóstico deve ser feito por meio da análise dos teores de sulfato sérico (Ortolani *et al.*, 2001). Os valores normais de bovinos situam-se entre 0,57 e 1,78 mM/L (Ortolani, 2001). No estudo de Barreto Júnior, (1996) em 12 fazendas do Estado de São Paulo, que não suplementavam o gado com minerais e proteína, o autor encontrou, tanto no período da seca como no das chuvas, número significativo de animais com teores de sulfato sérico bem abaixo do limite mínimo. Tal fato indica a necessidade de suplementação de enxofre no decorrer do ano.

Cobre

O cobre só foi confirmado como elemento essencial para ruminantes em 1931, após a cura de um quadro de retardo de crescimento em bezerros com a utilização desse microelemento. O cobre está presente em 26 importantes enzimas no organismo, que regulam desde a destruição de radicais livres, desenvolvimento do sistema nervoso central, até a pigmentação do pelame. Basicamente, o cobre localiza-se no centro ativo dessas enzimas ou metaloproteínas; regula reações oxi-redutoras, atua como carreador ou mesmo conector de transporte de certas substâncias ou ainda em enzimas fundamentais para a produção de energia, como a citocromo C oxidase. Tudo isso é feito graças à facilidade com que o cobre tem de oxidar (Cu^{++}) ou de se reduzir (Cu^{+}) (Ortolani, 2006).

A mais destacada função do cobre é o seu papel como protetor celular contra substâncias oxidantes. O cobre pode atuar em duas frentes contra a oxidação, numa delas presente em uma metaloproteína (ceruloplasmina) ou na enzima superóxido dismutase. A ceruloplasmina combina-se com o ferro livre e anula sua atuação como estimulador da formação de radicais livres ou, ainda, a ceruloplasmina pode combinar-se com o próprio radical livre, inativando-o. Na superóxido dismutase, o cobre combina-se com o radical superóxido (O_2^-) e outros peróxidos, transformando-os em substâncias bem menos tóxicas. A atividade plena dessa enzima é fundamental para a proteção das células de defesa, em especial aquelas que estão ligadas ao primeiro ataque contra os principais microrganismos agressores, por exemplo, os neutrófilos. Essas células, quando instigadas a atuarem contra os agentes agressores produzem, endogenamente, radicais livres para utilizá-los na destruição desses microrganismos. Caso o sistema de proteção interno das células de defesa contra os radicais livres não esteja em perfeito funcionamento, essas substâncias danificarão as células efetoras, tornando-as bem menos potentes e eficientes. Além dessa função, o cobre modula indiretamente a resposta imune em bovinos.

O cobre também atua na formação da camada de mielina que protege o cérebro, e principalmente, os nervos periféricos contra choques e danos. Esse efeito é muito sentido nos bovinos jovens, visto que a mielina, principalmente dos nervos periféricos, forma-se nas primeiras semanas de vida extrauterina. Outra função indireta do cobre é atuar na formação da musculatura cardíaca, por meio da enzima citocromo C oxidase (Howell; Gawthorne, 1987).

Essa enzima também regula, de certa forma, o crescimento e mineralização dos ossos, tanto por meio do desenvolvimento do tecido conectivo de sustentação como pela maior atuação dos osteoblastos. Embora alguns autores relacionem a carência de cobre à infertilidade, em especial de novilhas, tal quadro parece estar mais ligado ao excesso de molibdênio que ao cobre *per se* (Underwood; Suttle, 1999).

A coloração negra ou escura dos pelos é proveniente da produção de melanina. Para a devida produção de melanina existe a necessidade de uma cuproenzima denominada tirosinase. Finalmente, acreditava-se que o cobre tivesse papel fundamental na eritrogênese, mas hoje se sabe que esse microelemento atua indiretamente por meio da mobilização de ferro dos estoques para ser fixado na molécula da hemoglobina. Essa função é realizada por meio da ceruloplasmina.

Os requerimentos de cobre para bovinos variam de 8 a12 mg Cu/kg/MS, sendo o limite menor para animais em crescimento, vacas secas e bois; e o limite maior para vacas em final de gestação e início de lactação. A simples análise dos teores de cobre nos alimentos não é suficiente para a conclusão de que os mesmos são adequados ou não para atender aos requerimentos dos bovinos. Isso ocorre porque a disponibilidade do cobre é influenciada negativamente por outros três elementos: molibdênio, enxofre e ferro. O primeiro a ser estudado foi o molibdênio, que pode combinar-se com o cobre e o enxofre no conteúdo ruminal, formando os compostos conhecidos como mono, di, tri e/ou tetratiomolibdatos de cobre (Ortolani, 2006). Quanto mais saturada for a molécula com enxofre (tetra), mais estável será a ligação do composto com o cobre, não sendo desfeita nem no baixo pH do abomaso (pH 2,2). Porém, nesse órgão, o mono e o ditiomolibdato são rapidamente desfeitos. O enxofre e o ferro podem também diminuir a disponibilidade do cobre. Inicialmente, o enxofre combina-se com o ferro no rúmen, formando o sulfeto ferroso, composto que, ao chegar ao intestino, pode-se desfazer e o sulfeto passa a combinar-se com o cobre, numa ligação estável. O ferro *per se* ingerido em altas quantidades pode também diminuir a disponibilidade de cobre, por meio de adsorção desse elemento. Sem dúvida, o ferro provocará maior antagonismo ao cobre quanto maior forem os teores de enxofre na dieta (Underwood; Suttle, 1999).

Segundo Minson (1990), as gramíneas tropicais são ligeiramente mais ricas em cobre que as temperadas. Os teores de cobre nas forragens brasileiras são bastante variáveis. Dentre os estudos realizados, os mais baixos teores de cobre nas gramíneas foram descritos no Estado de Minas Gerais, atingindo concentrações médias no período chuvoso de 3,5 mg Cu/kg MS e, na seca, 2,25 mg Cu/kg MS (Guimarães *et al.*, 1992). Nesse mesmo trabalho, foram analisados os teores de ferro, mas não os de enxofre e molibdênio; os de ferro foram altíssimos nas forragens e atingiram, nos dois períodos, mais de 2.000 mg Fe/kg MS. Os teores de cobre no fígado desses bovinos de corte estavam bem diminuídos (média 45 mg Cu/kg MS) em ambos os períodos. Gallo *et al.* (1974) analisaram tanto os teores de cobre como de molibdênio, enxofre e ferro nas gramíneas paulistas e encontraram valores ligeiramente baixos de cobre (média 6,8 mg Cu/kg MS), mas, por outro lado, concentrações médias relativamente diminutas de ferro (134 mg Fe/kg MS), molibdênio (0,57 mg Mo/kg MS) e enxofre (0,08% S/kg MS), indicando que poderia ocorrer deficiência de cobre em bovinos. Essa situação é facilmente corrigida com um suplemento mineral que contém 1.300 ppm de cobre. Situação semelhante à descrita no Estado de São Paulo foi verificada nas regiões de campos do Rio Grande do Sul por Cavalheiro; Trindade (1992). Porém, nesse mesmo Estado, Marques *et al.* (2003) descreveram um gravíssimo surto de carência de cobre que resultou em morte súbita de bovinos de corte mantidos em áreas de baixadas, sujeitas a alagamento. Os teores de cobre nas pastagens estavam abaixo do normal (4,8 mg Cu/kg MS), durante o período chuvoso (PC) do ano, e adequados na seca (PS: 8,4 mgCu/kg MS); o molibdênio encontrava-se baixo nas duas estações (< 0,96 mgMo/kg MS); o enxofre (0,21% S/kg MS) e o ferro (PS: 173 mg Fe/kg MS – PC: 437 mgFe/kg MS) estavam relativamente altos. Chamavam a atenção as altas concentrações de ferro (169 mg Fe/ L) e enxofre (0,06 % S/L) na água da pastagem alagada. Os teores de cobre no fígado eram mínimos (3 mg Cu/kg MS). O efeito do alagamento das pastagens, em solos ácidos, aumentou de maneira significativa a quantidade de ferro nas gramíneas, diminuindo correspondentemente a de cobre. Provavelmente, nesse surto, também influenciou a alta ingestão de água rica em ferro e enxofre.

Camargo *et al.* (1980) encontraram quantidades ligeiramente abaixo do requerimento de cobre nas pastagens da Amazônia (6 mg Cu/kg MS), mas, por outro lado, baixos teores de ferro e molibdênio. Essa constatação resultou numa quantidade adequada de cobre hepático em 93 % dos animais. No Estado de Mato Grosso, Sousa *et al.* (1980) avaliaram os teores de cobre nas forragens de cinco propriedades e encontraram, em todas, baixas concentrações desse microelemento (3,6 mg Cu/kg MS), embora os teores de cobre no fígado estivessem normais em decorrência da suplementação mineral contendo cobre. Deve-se ressaltar que os autores analisaram também as concentrações de molibdênio nas forragens e no fígado e encontraram, em apenas uma das propriedades, altíssimos teores desse microelemento (9,2 mg Mo/kg MS). A quantidade de molibdênio aí encontrada foi muito alta e, considerando-se que a média de cobre correspondente dos capins foi baixa (3,8 mg Mo/kg MS), era de se esperar alguma diminuição significativa nos teores de cobre hepático, a despeito da suplementação com cobre. Fora essa observação isolada de encontro de altos teores de molibdênio, todos os demais estudos realizados no Brasil identificaram baixos teores de molibdênio nas pastagens (Gavillom; Quadros 1966; Gallo *et al.,* 1974; Camargo *et al.*, 1980; Cavalheiro; Trindade, 1992). Ortolani (2008) realizou a análise em 420 amostras de capins de diferentes regiões do Estado de São Paulo e encontrou valores médios baixos desse microelemento (0,7 mg Mo/kg MS, variação de 0,2 a 2,4 mg Mo/kg MS). É bastante improvável que o molibdênio seja um importante antagonista do cobre em condições nacionais, visto que esse microelemento acumula-se mais abundantemente em forragens mantidas em solos alcalinos, com pH superiores a 7, pouco frequentes no Brasil.

A deficiência de cobre em bovinos também tem sido descrita em outros Estados brasileiros, tais como: Amapá, Amazonas, Mato Grosso do Sul, Piauí, Rio de Janeiro e Santa Catarina (Tokarnia *et al.*, 1988; Moraes *et al.*, 1999; Tokarnia *et al.*, 2000).

O quadro sintomatológico da carência de cobre é bastante variável, dependendo do grau de severidade e tempo de duração da carência. Um dos primeiros sintomas é o menor ganho de peso e retardo de crescimento. Como reflexo desse quadro, os animais passam a apresentar pelame mais crescido e eriçado. Animais jovens podem apresentar quadro de osteocondrose, caracterizado por aumento de volume na região das articulações carpo-metacarpiana e tarso-metatarsiana, diminuição nas dimensões dos ossos longos com pequeno abaulamento e aumento do risco de fraturas. Caso os bovinos tenham pelame de cor negra ou escura, poderá tornar-se acinzentado ou de coloração mais clara em especial na região periocular e no costado. Animais com carência são muito mais predispostos a apresentarem problemas pulmonares crônicos, outros tipos de infecções e infestação por ectoparasitas. Deficiências muito pronunciadas podem levar ao desencadeamento de mortalidade súbita, causada pela insuficiência cardíaca motivadas pela substituição do miocárdio por tecido conjuntivo. Embora seja muito citada como um dos principais sintomas na carência de cobre, a anemia só aparece em casos muito avançados.

O diagnóstico dessa deficiência deve ser feito sempre que possível pela análise dos teores de cobre nos depósitos hepáticos, sendo considerado inadequado abaixo de 40 mg Cu/kg MS. Os teores plasmáticos ou séricos podem ser utilizados, mas, frequentemente, nos casos de carência podem apresentar-se superdimensionados, visto que os animais tornam-se mais predispostos às infecções. Nesses casos, existe maior produção e liberação de ceruloplasmina, que contém cobre, elevando os teores desse microelemento no sangue, podendo mascarar assim a deficiência. Valores abaixo de 9,3 µmol Cu/L já podem indicar quadros carenciais. A diminuição da atividade da superóxido dismutase nos eritrócitos só estará diminuída em casos muito avançados de carência de cobre, optando-se, nessas situações, pelas análises supracitadas.

Cobalto

A deficiência de cobalto em bovinos é sinônimo de carência de vitamina B_{12} (cianocobalamina), visto que o cobalto é fonte primordial para a síntese dessa vitamina pelas bactérias ruminais. Fora essa função, esse microelemento *per se* não exerce qualquer outra atividade no animal. O cobalto está presente no centro do anel pirrólico da vitamina B_{12} e representa cerca de 4% do peso atômico dessa molécula.

No final do século XIX, foi descrita uma doença em bovinos e ovinos criados nas terras de cerrado da Nova Zelândia, caracterizada por emagrecimento, inapetência e morte, porém sem se conhecer a sua causa. No final da década de 40, foi descoberta a vitamina B_{12} e sua ação curativa contra a anemia perniciosa em seres humanos. Logo em seguida, foi empregada essa vitamina para tratar o *mal dos cerrados*, obtendo-se pleno êxito.

Os requerimentos de cobalto para bovinos variam de 0,08 a 0,12 mg Co/ kg MS, sendo o limite maior adequado para atender vacas em lactação e animais alimentados com mais de 40% de concentrados ricos em energia; e o limite menor para todas as demais categorias. Vacas em lactação têm maior requerimento de cobalto, pois perdem parte da vitamina B_{12} pelo leite; o ambiente ruminal de bovinos submetidos à alimentação rica em energia não é tão adequado para o crescimento de bactérias produtoras da vitamina B_{12}, exigindo maior suplementação de cobalto.

Os capins contêm quantidades muito variáveis de cobalto, em conformidade com as condições do solo e do ambiente. Dentro de uma mesma propriedade e microrregião, poder-se-ão encontrar teores completamente discrepantes de cobalto. Quanto mais ácido e encharcado for o solo maior a disponibilidade de cobalto para as plantas. Porém, nos casos de capins oriundos de solos ácidos, os teores podem ser baixos em virtude da ínfima quantidade de cobalto nos solos (Underwood; Suttle, 1999).

O primeiro pesquisador nacional a fazer um hercúleo levantamento de cobalto em pastagens e no fígado de bovinos criados no Estado de São Paulo foi Corrêa (1955; 1957), que identificou graves deficiências nas regiões do Vale do Paraíba, Alta Sorocabana, Noroeste etc. No Estado de São Paulo, Gallo *et al.* (1974) confirmaram os achados de Corrêa (1955; 1957). Na Amazônia legal, Camargo *et al.* (1980) detectaram teores de cobalto ligeiramente abaixo dos valores adequados em 12 das 40 amostragens de capins, em especial na época de seca, mas apenas baixos teores de cobalto hepático em 5 amostragens. Barros *et al.* (1981) encontraram baixíssimos teores de cobalto nas pastagens e no fígado de bovinos criados em terra firme do Estado do Amazonas. No Norte do Estado do Mato Grosso e Nordeste de Roraima, foram detectados baixos teores de cobalto nas pastagens e relativamente normais no fígado (Sousa 1981; Sousa; Darsie, 1985). Tokarnia *et al.* (2000) revisaram o assunto e citaram também deficiência de cobalto nos Estados do Amapá, Norte do Piauí, Bahia e Espírito Santo. Embora Moraes *et al.*, (2003) citaram os teores de cobalto hepático em um número reduzido de bovinos oriundos de vários Estados, os autores registraram a carência de cobalto em animais criados nos Estados de Minas Gerais, Rio Grande do Sul, Rio de Janeiro e Sergipe.

Mas fica a dúvida, *por que em alguns dos trabalhos citados acima, os teores de cobalto oferecidos pelos capins são insuficientes, e os animais não desenvolveram deficiência, pois apresentam valores adequados de vitamina B_{12}, por meio da avaliação dos teores de cobalto, no órgão-estoque (fígado)?* Possivelmente, a resposta seja a ingestão de cobalto oriundo do solo, pois este é parcialmente disponível à síntese de vitamina B_{12} pelos microrganismos ruminais e pode, em algumas circunstâncias, aliviar ou mesmo suprir essas deficiências (Underwood; Suttle, 1999).

Os microrganismos ruminais sintetizam quantidade relativamente grande de vitamina B_{12}, mas apenas uma pequena porcentagem (3 a 5%) é absorvida nos intestinos de ruminantes, ocorrendo fato inverso nos monogástricos. A cianocobalamina tem papel fundamental nos mecanismos de obtenção de energia, tanto para as bactérias ruminais como para seu hospedeiro, o bovino. Em ambos, a vitamina incrementa a utilização de energia, no caso dos microrganismos, aumentando a digestão dos carboidratos e, no dos bovinos, aproveitando plenamente a utilização do propionato pelo ciclo de Krebs e, indiretamente, a produção de glicose (Underwood; Suttle, 1999; Ortolani, 2006).

A carência de cobalto é caracterizada pela apatia, fraqueza, perda de peso e de condição corporal, pelame grosseiro e hirsuto e diminuição progressiva do apetite. No seu trabalho, Corrêa (1957) relatou os nomes populares para essa afecção que revela bem o quadro clínico: *peste de secar* e *mal do colete*. Tudo indica que a hiporexia seja causada pelo acúmulo de determinados catabólitos (succinato e ácido metilmalônico) que deixam de ser metabolizados e passam a interferir no centro cerebral que regula a saciedade (fome). O apetite pode estar reduzido em até 80% em casos severos. Esse efeito provoca uma série de alterações na produtividade do animal, tais como diminuições no ganho de peso, produção de leite e fertilidade. Anemia do tipo normocítica normocrômica pode estar presente nos bovinos já com o quadro definitivo. Quando a carência já está desenvolvida, os animais passam a ter apetite depravado, ingerindo cascas de árvores, pedaços de pau, pedras etc. A carência de cobalto pode ainda aumentar a susceptibilidade de bovinos ao parasitismo gastrintestinal, acentuando o quadro de debilidade (Corrêa, 1955, McDoweel, 1992; Underwood; Suttle, 1999; McDoweel, 2000; Radostits *et al.*, 2007).

O diagnóstico pode ser feito por meio da determinação da vitamina B_{12} no plasma. Porém, essa análise é muito imprecisa no caso de bovinos, pois substâncias interferentes no plasma geram uma variação muito grande nos resultados. A análise do teor da vitamina no fígado não sofre essa interferência, sendo considerada como diagnóstico definitivo. Uma alternativa mais barata e disponível é a determinação de cobalto no fígado. Mitsioulis *et al.* (1995) obtiveram correlação positiva entre os teores de cianocobalamina no fígado e de cobalto no mesmo órgão, constatando uma sensibilidade diagnóstica de 84%. A análise de cobalto nos alimentos pode conduzir a erros de interpretação, por motivos já abordados anteriormente. Sem dúvida, a forma mais rápida e direta de se comprovar a deficiência é por meio do diagnóstico terapêutico, pois, em menos de três dias após de suplementação da dieta carente com cobalto, os teores de vitamina B_{12} já se tornam adequados no organismo, revertendo rapidamente o quadro sintomatológico.

Zinco

A essencialidade do zinco foi comprovada em meados da década de 30, confirmando-se, em seguida, sua participação no centro ativo de várias enzimas (anidrase carbônica; fosfatase alcalina; superóxido dismutase; colagenase etc.) e sua função como catalizador de importantes reações químicas no organismo. Porém, quatro atividades essenciais do zinco destacam-se: o seu papel no controle da ingestão de alimentos, na retenção de nutrientes, na expressão de alguns genes que estão ligados à transcrição e replicação celular e na imunidade.

O zinco faz parte de enzimas que regulam a síntese de alguns aminoácidos neurotransmissores que estão ligados ao *centro da fome*, e também participa na molécula de um polipeptídeo salivar denominado gustina, o qual é responsável parcialmente pela sensação do sabor. O zinco está ligado à manutenção da estrutura química de alguns hormônios, como a insulina e o IGF1 (*insulin-like growth factor* 1) que estão diretamente relacionados ao metabolismo energético, ao crescimento muscular e ao aproveitamento de certos nutrientes. Esse microelemento tem relação com a resposta imune por meio da mitogênese de células T e produção de citocinas pelas células T e B. O zinco ainda está ligado à multiplicação e maturação de células epiteliais, regulando em especial a espermatogênese e as células da epiderme, assim como a síntese de colágeno ósseo.

Os requerimentos de zinco para bovinos de corte giram em torno de 30 mg Zn/kg MS para todas as categorias animais. De modo geral, solos oriundos de áreas de cerrados e de campos apresentam baixas concentrações de zinco. Assim, em vastas áreas no Brasil, as gramíneas possuem teores inferiores a 30 mg Zn/kg MS, destacando-se as regiões do cerrado de Minas Gerais, Mato Grosso do Sul, Rio Grande do Sul, Roraima, São Paulo, Goiás, Mato Grosso e da Amazônia (Gallo *et al.*,1974; Camargo *et al.*, 1980; Sousa *et al.*, 1983; Tokarnia *et al.*, 1988; Cavalheiro; Trindade, 1992;

Guimarães *et al.*, 1992; Tokarnia *et al.*, 2000; Moraes *et al.*, 2001).

Um dos primeiros sintomas que surgem na deficiência de zinco é a redução no apetite, em até 60%. Associado a esse fato, ocorre maior conversão alimentar e emagrecimento progressivo, visto que os teores de IGF1 estão reduzidos, e a incorporação de nitrogênio aos tecidos torna-se diminuída, por causa da maior excreção desse elemento pela urina. A simples redução do apetite e menor retenção de nutrientes são suficientes para diminuir a produtividade dos bovinos como um todo, destacando-se o retardo de crescimento dos bezerros, baixa estatura, inclusive com o ligeiro abaulamento do eixo ósseo dos membros anteriores e aumento das articulações carpo-matecarpianas.

Machos inteiros apresentam retardo na maturidade sexual, ou diminuição da libido, hipogonadismo e diminuição da espermiogênese e da qualidade espermática. Foi sugerido que esse quadro é decorrente dos efeitos crônicos da menor ingestão de alimentos que, por sua vez, reduz a secreção de gonadotrofinas no hipotálamo. Em poucas semanas após a suplementação com zinco, há reversão desses sintomas.

O quadro severo de deficiência de zinco pode provocar o surgimento de paraqueratose hiperqueratótica na pele do animal, caracterizado pelo engrossamento da pele (paquidermia), excesso de produção de queratina, que confere aspecto crostoso à pele de coloração cinza-enegrecida, podendo ocorrer inclusive fissuras nessas crostas. O zinco normalmente controla a maturação das células epidérmicas da pele. Tais células são oriundas de camadas mais profundas da pele (dérmica) as quais, durante a maturação, perdem o núcleo e formam a camada impermeabilizante da pele, diminuindo a produção de queratina. Por outro lado, a carência desse elemento mantém as células epidérmicas nucleadas e com grande produção de queratina. Em consequência da perda parcial da impermeabilidade da pele, bezerros com paraqueratose paraqueratótica podem desenvolver quadro de desidratação.

Com a redução na reposta imune, os bovinos com carência de zinco são mais sujeitos às doenças infecciosas, em especial às diarreias. Moraes *et al.* (2001) mantiveram a alimentação de vacas prenhes com baixos teores de zinco. Após o nascimento, suplementaram ou não os bezerros com zinco e os acompanharam até a desmama. Bezerros carentes contraíram mais enfermidades que os suplementados, em especial onfaloflebite, diarreia, e problemas de pele. Um trabalho realizado em seguida revelou que a administração de 10 mL de uma solução de sulfato de zinco hepta-hidratado (13,2% p/v) no dia da desmama ou uma semana antes pode diminuir o estresse de desmama em bezerros Nelore e aumentar o ganho de peso doravante (Moraes *et al.*, 2002).

O diagnóstico preciso da deficiência de zinco é difícil de ser obtido. Nas fases iniciais da carência, praticamente, os teores de zinco nos fluidos ou tecidos biológicos não se alteram. Em casos avançados de carência, os teores de zinco plasmático estão bastante diminuídos (< 0,5 mg Zn/L) , mas tanto o estresse como as infecções e o jejum podem diminuir essas concentrações, reduzindo a sensibilidade do método. Também foi sugerida para o diagnóstico a determinação da atividade da fosfatase alcalina no soro e dos teores de zinco na pele, mas a variação individual é muito grande, em especial no primeiro caso em bezerros. Os teores de zinco no fígado (< 100 mg Zn/kg MS) e nos ossos (costela < 50 mg Zn/ kg MS) parecem ser os mais confiáveis para se firmar esse diagnóstico.

Selênio

Até o final da década de 50, o selênio era reconhecido como fonte de intoxicação para animais, porém, a partir do trabalho de Schwartz; Foltz (1957) identificou-se a essencialidade desse microelemento para os mamíferos. Embora presente no organismo em quantidades mínimas, o selênio tem papel destacado na função de algumas enzimas responsáveis pela proteção celular contra radicais livres e no metabolismo da tiroxina (vide iodo). A molécula da enzima glutationa peroxidase, presente no interior da grande maioria das células do organismo, contém, no seu centro ativo, quatro moléculas de selênio que catalizam a redução de alguns radicais livres (peróxido de hidrogênio – H_2O_2; hidroperóxidos etc.) em substâncias não nocivas ao organismo. A vitamina E atua em conjunto com essas selenoenzimas na proteção contra os radicais livres (Ortolani, 2006).

Os requerimentos de selênio para bovinos de corte também têm variado no decorrer do tempo. Inicialmente, apregoava-se o uso de 0,01 mg Se/kg MS, mas hoje tal valor dobrou, sendo maior ainda para vacas leiteiras (0,03 mg Se/kg MS). Os sintomas clínicos da carência de selênio dependem do grau de severidade da deficiência e da categoria animal. Geralmente, quando os valores de oferta de selênio são inferiores a 0,01 mg Se/kg MS, para vacas prenhes, aumenta o risco delas apresentarem retenção de secundinas (placenta). A falta de selênio, provavelmente, interfere negativamente na produção de certas substâncias produzidas por neutrófilos que migram para o complexo carúncula-cotilédone dos placentomas, facilitando o descolamento deste e a expulsão da placenta em seguida ao parto.

Embora em ovinos tenha sido descrito um quadro de retardo no crescimento (cordeiros que ingeriram teores abaixo de 0,007 mgSe/kg MS), tal fato descrito também em bovinos parece não ter sido causado pela carência de selênio, mas sim de cobre. Porém, quando a ingestão de selênio for inferior a 0,003 mgSe/kg MS, pode-se instalar, em bovinos em crescimento (bezerros, garrotes e novilhas), quadros denominados *doença do músculo branco* (DMB). Tal afecção é causada pela falta de capacidade das células musculares de reduzirem a extrema quantidade de radicais livres formados, ou pela ingestão de oxidantes endógenos ou exógenos (provenientes, por exemplo, dos capins verdejantes de rebrota), os quais vão causar necrose (degeneração de Zencker) nos grupos musculares mais solicitados (diafragma, musculatura dos membros posteriores, pescoço etc.). Os animais atingidos ficam atáxicos, apáticos, anoréticos, perdem rapidamente peso, têm aumento de frequência respiratória e cardíaca e, usualmente, sucumbem subitamente, em razão de uma parada cardiorrespiratória.

Bezerros submetidos à baixa concentração dietética de selênio (0,003 mg Se/kg MS), ainda podem apresentar um quadro de anemia, por excesso de formação de oxidantes dentro das hemácias, gerando a formação de corpúsculos de Heinz e a sua destruição. Tem sido ainda atribuído indiretamente, à grave deficiência de selênio, o surgimento de hemoglobinúria (eliminação de hemoglobina na urina, proveniente da lise de hemácias dentro dos vasos sanguíneos) em vacas recém-paridas (McDowell, 1992; Underwood; Suttle; 1999; Radostits *et al.*, 2007).

Bovinos deficientes em selênio parecem ser bem mais susceptíveis a determinadas doenças infecciosas, principalmente quadros de mastites, metrites e diarreias. Tais fatos advêm da menor capacidade de fagocitose e de ataque dos neutrófilos aos microrganismos, causados pelo efeito deletério que os radicais livres têm sobre os neutrófilos com baixa atividade da enzima glutationa peroxidase. Tais fenômenos foram bem descritos em gado leiteiro, mas faltam ainda maiores estudos em bovinos de corte.

Os teores de selênio no solo parecem correlacionar-se positivamente com os encontrados nas forragens. De modo geral, solos de origem granítica e vulcânica são mais pobres em selênio. Quanto mais ácidos forem, menores serão as disponibilidades de selênio para as forragens; quanto maior a precipitação pluviométrica, que leva à erosão do selênio das camadas superficiais do solo, e a altitude do terreno, menor será a concentração de selênio nas gramíneas.

Não existe um levantamento global no Brasil sobre o *status* de selênio nas forragens e nos fluidos orgânicos em bovinos de corte. Porém, tem sido descrita a deficiência de selênio em bovinos criados em certas áreas do país, em geral em terras de cerrado (São Paulo, Mato Grosso do Sul, Mato Grosso e Goiás) e campos (Rio Grande do Sul) de fertilidade do solo relativamente baixa e pH ácido. O primeiro levantamento foi feito por Lucci *et al.*, (1984) que detectaram baixos valores de selênio no soro em bovinos de leite criados em vários pontos do Estado de São Paulo. Posteriormente, Barros *et al.* (1988) descreveram um surto de DMB em bezerros jovens de corte no Rio Grande do Sul; Moraes *et al.* (1999) constataram baixos teores de selênio em fígados de bovinos de corte criados nos Estados de Mato Grosso e Mato Grosso do Sul; Valle *et al.* (2003) constataram, em vacas de corte criadas na região de Santa Maria no Rio Grande do Sul, baixas atividades da enzima glutationa peroxidase indicativa de carência de selênio na área; Ortolani (2008) diagnosticou DMB em novilhas de corte mantidas em criação extensiva no Sul do Estado de Goiás. Tais animais ingeriam suplemento mineral que deveria conter selênio, mas o mesmo não foi encontrado nessa mistura mineral.

Muitos nutricionistas, com medo de que o selênio no suplemento mineral provoque um quadro de intoxicação em bovinos, ou não o adiciona no suplemento mineral ou o acrescenta em subdosagens. Os ruminantes são menos susceptíveis que os monogástricos a essa intoxicação, pois o selênio presente no suplemento mineral (selenito – Se_3^{-2}) é bastante disponível para os animais e está na forma oxidada, mas parte considerável deste é reduzido, pelas bactérias ruminais, para selenito de hidrogênio (H_2Se), tornando-o indisponível e inócuo.

O diagnóstico da carência de selênio deve ser firmado tanto pelas concentrações desse microelemento no soro e fígado como pela análise da atividade de glutationa peroxidase nas hemácias. Valores inferiores a 120 nmol Se/L (0,03 ppm) e 0,024 ppm Se no soro e fígado/músculo, respectivamente, já são considerados como deficientes. Atividades de glutationa peroxidase eritrocitária inferiores a 50 U g/Hemogloblina são indicativas de carência. É comum encontrar-se em casos de DMB, enorme elevação (superiores a 1.500 U/L) na atividade sérica da enzima creatina quinase (CK), indicativa de lesão de musculatura estriada.

Manganês

O manganês só foi confirmado como sendo um microelemento essencial para ruminantes na década de 50 (Bentley; Phillips, 1951). Em seguida, comprovou-se a ação desse elemento no crescimento ósseo, no metabolismo dos lipídios e dos carboidratos, atuando tanto como participante de metaloproteínas como cofator de reações, nos mecanismos antioxidantes do organismo e na eficiência reprodutiva, quer seja pelo processo de síntese de hormônios sexuais, quer seja como modulação da atividade do corpo lúteo.

Existe um desacordo entre os autores sobre os requerimentos de manganês para bovinos de corte. O que se sabe é que bovinos em crescimento requerem menores quantidades de manganês que animais sexualmente maduros. Experimento bem conduzido indicou que 25 mg Mn/kg MS é suficiente para evitar quaisquer alterações reprodutivas, caracterizadas por infertilidade, maior número de serviços por concepção e cio silencioso (Underwwod; Suttle, 1999). Porém, outra fonte sugere que o requerimento de manganês para bovinos deve situar-se em 40 mg/kg MS (McDoweel, 1992). Os levantamentos realizados em capins de diversas regiões brasileiras indicaram que grande parte de pastagens brasileiras oferece aos animais, nas diferentes estações do ano, quantidades abundantes de manganês (média de 120; 40 a 400 mg/kg MS) (Gallo *et al.*, 1974; Camargo *et al.*, 1985; Sousa; Darsio, 1986; Cavalheiro; Trindade, 1992).Porém, em algumas circunstância e locais, em especial no período das águas, os bovinos parecem ser submetidos a condições marginais de carência de manganês, nas quais nem sempre os sintomas clínicos são evidentes, mas que a suplementação específica pode determinar resposta positiva, principalmente quanto à produtividade. Assim, considerando-se teores hepáticos inferiores ou iguais a 7,5 mg Mn/kg MS como valores de corte, verificou-se que a maior parte das constatações foram descritas na região Norte do Estado do Mato Grosso, Amazonas e Pará (Camargo *et al.*, 1980; Sousa *et al.*, 1981). Moraes *et al.* (1999) também detectaram baixos teores de manganês hepático em alguns bovinos com o quadro popularmente chamado de *doença do peito inchado*, criados na região do planalto catarinense. Assim, deve-se considerar a carência de manganês em determinadas áreas específicas brasileiras, embora na grande parte de seu território as pastagens forneçam quantidades adequadas desse microelemento.

Deve-se ressalvar que bovinos que forem mantidos unicamente e por tempo prolongado com dieta à base de silagem de milho podem desenvolver a carência em decorrência dos baixos teores de manganês presentes nesse alimento.

Se a deficiência ocorrer já no período de formação fetal ou nos primeiros meses de vida, pode-se comprometer o desenvolvimento ósseo por meio de um menor desenvolvimento do tecido endocondral, gerando quadro de nanismo, alterações ósseas manifestadas por encurtamento e encurvamento dos ossos longos, com correspondente aumento de volume das articulações. Em vacas, a carência de manganês provoca anestro ou cios irregulares, interferindo grandemente na taxa de concepção, intervalos entre partos e aumento no número de serviços por concepção. O diagnóstico definitivo só pode ser constatado em casos já avançados de carência, quando os teores de manganês forem inferiores: no soro a 0,11 µmol Mn/L; no fígado a 7,5 mg Mn/kg MS; e, nos ossos, a 1,4 mg Mn/kg MS.

Iodo

É o microelemento essencial menos estudado em condições nacionais. Basicamente, o iodo faz parte fundamental dos hormônios tireoidianos (triiodotironina T_3 e tetraiodotironina T_4), em especial o T_3, que regula as taxas de oxidação para obtenção de energia e da síntese proteica no organismo. Assim, os hormônios tireoidianos controlam a termorregulação, crescimento, metabolismo intermediário, interação entre vários hormônios e glândulas endócrinas, estacionalidade da reprodução e, indiretamente, as respostas imunitárias. Esses hormônios ainda têm papel de destaque no crescimento fetal. O selênio está de alguma forma ligado ao metabolismo do iodo, visto que algumas enzimas que contêm selênio em seu centro ativo (iodotironina 5-deiodinase Tipos 1, 2 e 3) atuam na transformação de T_4 em T_3, que tem ação hormonal mais destacada que o T_4.

De maneira geral, o risco de carência de iodo aumenta quanto maior for a distância do mar, já que a maresia é rica em iodo. Quanto maior for a altitude e a erosão dos solos, levando-se em consideração que o iodo concentra-se nas camadas mais superficiais de solo, maior a chance de ocorrer carência de iodo. Assim, as áreas mais carentes de iodo na América do Sul estão nas cordilheiras dos Andes. Embora faltem trabalhos confirmatórios no Brasil, essas áreas estão muito mais confinadas às regiões de planalto do Estado de Minas Gerais e chapadas da Bahia, nos Estados de Mato Grosso, Mato Grosso do Sul e, possivelmente, oeste de Goiás. Um levantamento realizado em todo o território nacional identificou baixos teores de iodo na urina de crianças em idade escolar dos Estados do Acre, Tocantins, Amapá, Goiás e sertão da Paraíba (Corrêa Filho *et al.*, 2002). Os requerimentos de iodo para bovinos devem atingir 0,10 mg I /kg MS.

A carência determina menor peso ao nascimento dos bezerros e pode levar ao surgimento de bócio (aumento de volume das glândulas tireoidianas), acompanhado de menor produção de hormônios tireoidianos que, por seu turno, gera como compensação a hipertrofia dessas glândulas. Embora ocorra menor peso ao nascimento, ainda não está comprovado que essa carência provoque o abortamento ou a morte em seguida ao nascimento (*síndrome do bezerro fraco*). Porém, o ganho de peso posterior é grandemente afetado em bovinos jovens, provavelmente pela menor produção láctea das vacas. Vacas carentes apresentam baixas taxas de concepção, causadas pela presença de cios irregulares ou simplesmente supressão temporária do cio, em especial no pico da lactação quando a perda de iodo é maior pela secreção láctea. Touros têm declínio na libido e queda na qualidade do sêmen (McDowell, 1992; Underwood; Suttle, 1999; Radostits *et al.*, 2007).

Classicamente, o primeiro trabalho a sugerir a carência de iodo em bovinos, no Brasil, já que não foram determinados os valores de iodo nos fluidos orgânicos dos animais, foi descrito por Megale (1949), nas regiões Sul e Centro do Estado de Minas Gerais, onde também eram frequentes os casos de bócio em seres humanos. Idênticos quadros foram descritos por Tokarnia *et al.* (2000), nos Estados de Mato Grosso e do Mato Grosso do Sul. Porém, o surgimento de bócio não é patognomônico da carência de iodo, visto que outras substâncias goitrogênicas (ingestão de mimosina oriunda da *Leucena leucocephala*; substâncias que produzem glicosídeos cianogênicos – ácido hidrocianico - tal como a mandioca e outras plantas crucíferas; alguns resíduos de fungicidas e inseticidas) também podem desencadear quadros de bócio e hipotiroidismo. A confirmação do diagnóstico deve ser realizada, principalmente, pela detecção de baixos teores de iodo no sangue (< 0,30 µmol I/L) e no leite (< 0,20 µmol I/L). Os baixos teores de T_3 e T_4 sanguíneos, embora estejam presentes na carência de iodo, não são unicamente indicativos de carência, já que várias situações metabólicas, tais como carência de energia dietética e estresse térmico etc. podem desencadear resultados falsos positivos (Lima, 2005).

Ferro

O ferro é um dos mais decantados e conhecidos microelementos nos animais. Desde o século 16 já se sabia indiretamente da sua relação com a saúde e a prevenção da anemia. Sem dúvida, a função principal do ferro está ligada à sua participação no centro da molécula da hemoglobina, fazendo a troca gasosa e carreando gás carbônico e oxigênio dos tecidos e para os tecidos, respectivamente. Além disso, o ferro também faz parte da mioglobina muscular e de vários sistemas de captação de energia (citocromos) e de enzimas como a catalase e as peroxidases.

Os requerimentos de ferro são variáveis de acordo com a idade dos bovinos, sendo maior em bezerros lactentes com rápido crescimento corporal (75 mg Fe/kg MS) e quantidades ligeiramente inferiores para bovinos mais velhos (40 a 60 mg Fe/kg MS). O confinamento de animais jovens, em locais não expostos ao solo e pastagens, parece também elevar esses requerimentos. O quadro carencial de ferro leva a uma anemia microcítica hipocrômica, perda de peso, redução de apetite, cansaço e predisposição às infecções, destacando-se as enterites.

Levantamentos nacionais são unânimes em afirmar que gramíneas do País ofertam quantidades relativamente abundantes de ferro para bovinos, atingindo valores médios de 200 mg Fe/kg MS (com variação de 60 a 4.400 ppm), o que não predispõem os animais a apresentarem quadro carencial (Gallo *et al.*, 1974; Camargo *et al.*, 1980; Sousa *et al.*, 1981; Tokarnia *et al.*, 1988; Cavalheiro; Trindade, 1992; Guimarães *et al.*,1992; Tokarnia *et al.*, 2000). Pelo contrário, em determinadas circunstâncias, os altos teores de ferro favorecem o desenvolvimento de deficiências de outros elementos como o cobre e o fósforo (Tokarnia *et al.* 1988; Cavalheiro; Trindade, 1992; Marques *et al.*, 2003; Santos*et al.*, 2006).

Os capins podem passar a acumular excessivamente o ferro, quando o solo é extremamente rico nesse elemento, como ocorre em certas áreas do Estado de Minas Gerais, ou em solos encharcados que favorecem a redução do Fe^{+++} para Fe^{++}, aumentando grandemente a sua disponibilidade para as forragens (Cavalheiro; Trindade, 1992). A alta ingestão de ferro pode ser advinda do consumo de água contaminada com esse elemento, como ocorre nas lagoas pantaneiras, pela contaminação dos capins com poeira, ou ainda da simples ingestão de solo, que pode ser alta em manejos incorretos que levem o rebanho a desenvolver superpastoreio (Brum; Sousa, 1985; Marques *et al.*, 2003; Santos *et al.*, 2006).

Prevenção dos quadros carenciais

No texto acima, ficou evidente que bovinos de corte criados extensivamente em condições brasileiras são bastante propensos a apresentarem quadros de carências de macro e microelementos, em especial as categorias animais que exigem maiores requerimentos desses nutrientes. Várias são as possibilidades de se suplementar os rebanhos, as quais dependem dos hábitos culturais dos criadores e técnicos, das disponibilidades regionais e do custo dos insumos. Enquanto em parte da Europa e América do Norte a suplementação mineral é feita diretamente na ração dos animais, outros países, como a Grã-Bretanha e Austrália, só fornecem os macro e microelementos necessários por meio de medicamentos, adubação das pastagens ou água de bebida. O Brasil, praticamente, foi o país pioneiro em suplementar a grande maioria dos macro e microelementos numa única mistura mineral, oferecida à parte da ração. Esse último tipo de suplementação tem suas vantagens e desvantagens. Considera-se como vantagem o fato de que a suplementação não é compulsória, evitando-se, muitas vezes, consumo desnecessário e luxuriante de certos elementos, fazendo com que o próprio animal regule o seu consumo. Por outro lado, sabe-se que o oferecimento *ad libitum* dos minerais nem sempre consegue oferecer quantidades adequadas desses nutrientes para todos os bovinos do rebanho, pois aqueles animais com *ranque social* inferior (geralmente os que apresentam carência) e os mais inibidos ingerem quantidades bem menores de suplemento mineral que os demais. Outra situação mais complicada é aquela já citada no tópico do sódio em que os animais ingerem água salobra que diminui sobremaneira a ingestão de suplemento mineral, exigindo dos formuladores o uso de palatabilizantes que suplantem esse inconveniente.

Outro desafio imposto é a composição dos suplementos minerais, visto que muitas delas adicionam, nas suas fórmulas, alguns macro e microelementos pouco ou nada requeridos em nosso País, ou mesmo antagônicos a outros nutrientes essenciais. O exemplo maior é o ferro, que não deveria ser adicionado a nenhuma fórmula de suplemento, mas que é frequentemente encontrado, muitas vezes em grande quantidade. Por outro lado, muitas fórmulas ou adicionam pequenas quantidades ou simplesmente não incorporam selênio.

Felizmente, a qualidade da grande maioria dos suplementos minerais disponíveis no comércio melhorou imensamente, se comparada com as últimas duas ou três décadas, quando muitos suplementos eram misturados em condições higiênico-sanitárias insatisfatórias e com matérias-primas de qualidade duvidosa.

As fórmulas de suplementos minerais são bastante variadas, dependem da categoria animal, região geográfica etc. Uma revisão sobre o assunto pode ser encontrada em outras publicações (Peixto *et al.*, 1985; McDowell, 1992; McDowell, 1999; Underwood; Suttle, 1999).

Referências bibliográficas

Aines, P.D.; Smith, S.E. Sodium *versus* chloride for the therapy of salt-deficient dairy cows. **Journal of Dairy Science**, v.40, p.682-688, 1957.

Asbram.**Consequência do aumento do fosfato bicálcico, reajustes no próximo ano deverão superar os 40%, anuncia a Asbram. Insumos: 2008 vem com forte alta no sal mineral, por Maristela Franco**. http://www.asbram.org.br/busca/default.asp,consultado em fevereiro de 2008 e disponível desde 14/12/2007.

Barreto Júnior, R.A. **Influência de algumas variáveis sobre a concentração de sulfato inorgânico sanguíneo de bovinos. Estudo da relação das concentrações de enxofre de capins e de sulfato inorgânico sérico de bovinos, criados no Estado de São Paulo.** São Paulo-SP, 1996. 53p. Dissertação (Mestrado em Clínica Veterinária) - Curso de Pós-graduação em Medicina Veterinária, Universidade de São Paulo, 1996.

Barros, N.N.; Teixeira, L.B.; Moraes, E.; Canto, A.C.; Italiano, E.C. Teores de minerais no complexo solo-planta-animal de áreas de terras firmes do Amazonas. **Comunicado Técnico nº 16/81**, EMBRAPA-UEPAE de Manaus, 3 p., 1981.

Barros, C.S.L.; Barros, S.S.; Santos, M.N.; Metzdorf, L.L. Miopatia nutricional em bovinos no Rio Grande do Sul. **Pesquisa Veterinária Brasileira**, v.8, n.3/4, p.51-55, 1988.

Bentley, O.G.; Phillips, P.H. The effect of low manganese rations upon dairy cattle. **Journal of Dairy Science**, v.34, p.396, 1951.

Brum, P.A.R.; Souza, J.C. Níveis de nutrientes minerais para gado em lagoas ("baías" e "salinas") no Pantanal Sul-mato-grossense. **Pesquisa Veterinária Brasileira**, v.20, n.12, p.1451-1454, 1985.

Camargo, W.V.A.; Fernandes, N.S.; Santiago, A.M.H. Estudos de elementos minerais de interesse pecuário em regiões da Amazônia legal. **Arquivos do Instituto Biológico de São Paulo**, v.47, p.83-111, 1980.

Camargo, W.V.A.; Santiago, A.M.H.; Prucoli, J.O.; Fernandes, N.S.; Serpentini, R. Teores minerais em gramíneas no Estado de São Paulo. **Revista Brasileira de Medicina Veterinária**, v.7, n.1, p.3-7, 1985.

Cavalheiro, A.C.L.; Trindade, D.S. **Os minerais para bovinos e ovinos criados em pastejo**. Sagra – DC Luzzatto: Porto Alegre, 142 p., 1992.

CNPC, 2008. http://www.cnpc.org.br/site/balanco.asp consultado em fevereiro de 2008.

Corrêa, R. Carência de cobalto em bovinos do Estado de São Paulo. **Revista Brasileira Biologia**, v.15, p.309-313, 1955.

Corrêa, R. Carência de cobalto em bovinos no Estado de São Paulo. **Arquivos do Instituto Biológico**, v.24, p.199-204,1957.

Corrêa Filho, H.R.; Vieira, J.B.F.; Silva, Y.S.P.; Coelho, G.E.; Cavalcante, F.A.C.; Pereira, M.P.L. Inquérito sobre a prevalência de bócio endêmico no Brasil em escolares de 6 a 14 anos: 1994 a 1996. **Revista Panamericana de Salud Publica**, v.12, n.5, p.317-326, 2002.

Gallo, J.R.; Hiroce, R.; Bataglia, O.C.; Furlani, P.R.; Furlani, A.M.C.; Mattos, H.B.; Sartini, H.J.; Fonseca, M.P. Composição química inorgânica de forrageiras do estado de São Paulo. **Boletim de Indústria Animal**, v.31, n.1, p.115-137, 1974.

Gavillon, O.; Quadros, A.F.F. Levantamento da composição mineral das pastagens nativas de RS: o cobre, o cobalto e o molibdênio. In: Congresso Internacional de Pastagens, 9., 1966, ao Paulo. **Anais**, São Paulo: [s.n.], 1966. p.709-712.

Guimarães, A.M.; Saliba, E.O.S.; Rodriguez, N.M.; Moreira, P.K. Variação sazonal de vitamina A, macro e microelementos no capim, plasma e fígado de novilhas Nelore, criadas em pastagens de capim braquiária (*Brachiaria decumbens*). **Arquivos Brasileiros de Medicina Veterinária e Zootecnia**, v.44, n.1, p.57-66, 1992.

Howell J.M.; Gawthorne, J.M. **Cooper in Animals and Man**, 1 ed. CRC Press, Inc. Boca Raton, v. 1, 125p., 1987.

Kaneko, J.J.; Harvey, J.W.; Bruss, M.L. **Clinical biochemistry of domestic animals**. 5 ed. Academic Press: San Diego, 932p., 1997.

Lima, A.S. **Avaliação do perfil hormonal de garrotes submetidos à carência energética prolongada**. São Paulo-SP, 2005. 139 p. Dissertação (Mestrado em Clínica Veterinária) – Curso de Pós-Graduação em Medicina Veterinária, Faculdade de Medicina Veterinária e Zootecnia, Universidade de São Paulo, 2005.

Little, D.A.; Minson, D.J. Variation in the phosphorus content of bone samples obtained from the last three ribs of cattle. **Research in Veterinary Science**, v.23, p. 393-394, 1977.

Little, D.A.; Shaw, N.H. Superphosphate and stocking rate effects on a native pasture oversown with Sthylosanthes humilis in central coastal Queensland. 5. Bone phosphorus levels in grazing cattle. **Australian Journal of Experimental Agriculture and Animal Hwbandv**, v.19, n.101, p.645-651, 1979.

Lucci, C.S.; Moxon, A.L.; Zanetti, M.A. Fukushima, R.S.; Schalch, E.; Pettinati, R.L. Selênio em bovinos leiteiros no Estado de São Paulo. I. Níveis de selênio em soros sanguíneos. **Revista da Faculdade de Medicina Veterinária e Zootecnia**, v.21, n.1, p.65-70, 1984.

Maciel, G.A.; Costa, S.E.G.V.A.; Neto, A.E.F.; Ferreira, M.M.; Evangelista, A.R. Efeito de diferentes fontes de fósforo na *Brachiaria Brizantha* cv. Marandu cultivada em dois tipos de solos. **Ciência Animal Brasileira**, v.8, n.2, p.227-233, 2007.

Marques, A.P.; Riet-Correa, F.; Soares, M.P.;Ortolani, E.L.; Giuliodori, M. Mortes súbitas em bovinos associadas à carência de cobre. **Pesquisa Veterinária Brasileira**, v.23, p.21-32, 2003.

McDoweel, L.R. **Nutrition of grazing ruminants in warm climates**. Acdemic: New York, 1985, 306p.,1985.

McDoweel, L.R. **Minerals in animal and human nutrition**. Academic Press: San Diego, 524 p., 1992.

McDoweel, L.R. **Minerais para ruminantes sob pastejo em regiões tropicais, enfatizando o Brasil**. 3 ed. University of Flórida: Flórida, 93p., 1999.

McDoweel, L.R. **Vitamins in animal and human nutrition**. 2 ed. Academic Press: Iowa, 793 p., 2000.

Megale, F. Contribuição ao estudo do bócio congênito nos bezerros, no Estado de Minas Gerais. **Arquivos da Escola de Veterinária**, v.2, p.143-150,1949.

Mitsioulis, A.; Bansemer, P.C.; Koh, T.S. Relationship between vitamin B_{12} and cobalt concentrations in bovine liver. **Australian Veterinary Journal**, v.72, p.70, 1995.

Minson, D.J. **Forage in ruminant nutrition**. New York: Academic, 1990. 483p.

Moraes, S.da S. Importância da suplementação mineral para bovinos de corte. In: **CURSO SOBRE SUPLEMENTAÇÃO MINERAL EM BOVINOS**, Campo Grande, 1998. Compilação dos trabalhos apresentados. Campo Grande: EMBRAPA-CNPGC, 1998. p.6-28.

Moraes, S.S.; Tokarnia, C.H.; Döbereiner, J. Deficiências de microelementos em bovinos e ovinos em algumas regiões do Brasil. **Pesquisa Veterinária Brasileira**, v.19, n.1, p.19-33, 1999.

Moraes, S.S. Principais deficiências minerais em bovinos de corte. **Documentos 112**. EMBRAPA: Campo Grande, 27p., 2001

Moraes, S.S.; Nicodemo, M.L.F.; Vaz, E.C.; Pires, P.P.; Catanante, M.C.; Thiago, L.R.L.; Vieira, J.M.; Fonseca, E.M. Avaliação da deficiência subclínica de zinco em vacas de cria e a relação com a higidez de seus bezerros. **Comunicado Técnico** COT n° 65, agosto de 2001. http://www.cnpgc.embrapa.br/publicacoes/cot/COT65.html

Moraes, S.S.; Thiago, L.R.L.S.; Macedo, M.C.M.; Torres Júnior, R.A.A. Dose única de zinco como fator moderador do estresse metabólico na desmama de bovinos de corte. **Comunicado Técnico** COT n° 71, novembro de 2002. http://www.cnpgc.embrapa.br/publicacoes/cot/COT71.html

Nicodemos, M.L.F. Fósforo suplementar para bovinos de corte. **Comunicado técnico EMBRAPA CNPGC**, n.57, disponível desde novembro de 1999. http://www.cnpgc.embrapa.br/publicacoes/cot/ COT57.html.

Ortolani, E.L. Panorama epidemiológico de mortalidade enzoótica de bovinos adultos no Brasil e no Paraguai: Retrospectiva e levantamentos. **A Hora Veterinária**, v.12, n.11, p.20-24, 1993.

Ortolani, E.L. Aspectos clínicos, epidemiológicos e terapêuticos da hipocalcemia de vacas leiteiras. **Arquivo Brasileiro de Medicina Veterinária e Zootecnia**, v.47, n.6, p.799-808, 1995.

Ortolani, E.L. A simple and rapid method for collecting saliva to assess sodium status in sheep. **Ciência Rural**, v.27, n.2, p.245-248, 1997.

Ortolani, E.L. Sulphur deficiency in dairy calves reared on pasture of *Brachiaria decumbens*. **Ciência Rural**, v.31, n.2, p.257-261, 2001.

Ortolani, E.L. Macro e microelementos. In: SPINOSA, H.S.; GÓRNIAK, S.; BERNARDI, M.M. **Farmacologia Aplicada à Medicina Veterinária**. Editora Guanabara Koogan: Rio de Janeiro, 4 ed., p.750-761, 2006.

Ortolani, E.L.; Barreto Júnior, R.A.; Sucupira, M.C.A.; Maruta, C.A. Variáveis sobre a concentração de sulfato inorgânico sanguíneo de bovinos. **Ciência Rural**, v.31, n.3, p.431-434, 2001

Ortolani, E.L. Dados não publicados. Universidade de São Paulo, Faculdade de Medicina Veterinária e Zootecnia, São Paulo/SP, 2008.

Peixoto, A.M.; Moura, J.C.; Faria, V.P. Minerais para ruminantes. In: **Anais do 3° Simpósio sobre Nutrição de Bovinos**. Fealq: Piracicaba, 145p., 1985.

Radostits, O.M.; Mayehw, I.G.J.; Houston, D.M. **Veterinary Medicine**. A textbook of diseases of cattle, sheep, pigs, goats and horses, 10 ed., Guanabara Koogan: Rio de Janeiro, 2065 p., 2007.

Rodrigues, R.; Sá, C.F.B.; Minervino, A.H.H.; Maneschy, R.Q.; Cardoso, E.C. **Contenido de sódio y potasio em la *Brachiaria brizantha* cv. Marandú em dos diferentes regiones de la Amazônia**. In: X Congresso Latinoamericano de Buiatria, Paysandú Uruguai, p. 242-244, 2002.

Rosa, I.V. Suplementação mineral de bovinos sob pastejo. IN: SIMPÓSIO BRASILEIRO DE FORRAGEIRAS E PASTAGENS, 1994, Campinas. **Anais**. [S.I.]: Colégio Brasileiro de Nutrição Animal, [1994], p.213-243

Santos, N.V.M.; Sarkis, J.E.S.; Guerra, J.L.; Maiorka, P.C.; Hortellani, M.A.; Silva, F.F.; Ortolani, E.L. Avaliação epidemiológica, clínica e anatomopatológica e etiológica de surtos de ataxia enzoótica tardia em caprinos e cordeiros. **Ciência Rural**, v.36, n.4, p.1207-1213, 2006.

Schenk, M.A.M.; Faria Filho, T.T.; Pimentel, D.M.; Thiago, L.R.L.S. Intoxicação por oxalatos em vacas lactantes em pastagem de *Setária*. **Pesquisa Agropecuária Brasileira**, v.17, n.9, p.1403-1407, 1982.

Schawartz, K.; Foltz, C.M. Selenium as an integral part of factor 3 against dietary necrotic liver degeneration. **Journal of the American Chemical Society**, v.79, p.3292-3293, 1957.

Souza, J.C.; Conrad, J.H.; Blue, W.G.; McDowell, L.R. Interrelações entre minerais no solo, plantas forrageiras e tecido aimal. 1. Cálcio e fósforo. **Pesquisa Agropecuária Brasileira**, v.14, n.4, p.387-395,1979.

Souza, J.C.; Conrad, G.L.; Blue, W.G.; Ammerman, C.B.; McDowell, L.R. Interrelações entre minerais no solo, plantas forrageiras e tecido animal. 3. Manganês, ferro e cobalto. **Pesquisa Agropecuária Brasileira**, v.24, n.11, p. 1397-1411, 1981.

Souza, J.C.; Conrad, G.L.; Mott, G.O.; McDowell, L.R. Interrelações entre minerais no solo, plantas forrageiras e tecido animal no norte de Mato Grosso. 4. Zinco, magnésio, sódio e potássio. **Pesquisa Agropecuária Brasileira**, v.17, n.1, p. 11-20, 1982.

Souza, J.C.; Gomes, R.F.C.; Rosa, I.V.; Cardoso, E.G. Suplementação sazonal de fósforo a novilho de corte em pastagem adubada. **Pesquisa Agropecuária Brasileira**, v.20, n.8, p.981-990, 1985

Souza, J.C.; Gomes, R.F.C.; Silva, J.M.; Euclides, V.P. Suplementação mineral de novilhos de corte em pastagens adubadas de capim Colonião. **Pesquisa Agropecuária Brasileira**, v.20, n.2, p.259-269, 1985.

Sousa, J.C.; Darsie, G. Deficiências minerais em bovinos de Roraima, Brasil. 2. Ferro e manganês. **Pesquisa Agropecuária Brasileira**, v.21, n.7, p.763-769, 1986.

Shuepe, J.L.; Butcher, J.E.; Call, J.W.; Oolson, A.E.; Blake, J.T. Clinical signs and bone chances associated with phosphorus deficiency in beef cattle. **American Journal of Veterinary Research**, v.49, n.9, p.1629-1636, 1988

Tokarnia, C.H.; Döbereiner, J.; Moraes, S.S. Situação atual e perspectivas da investigação sobre nutrição mineral em bovinos no Brasil. **Pesquisa Agropecuária Brasileira**, v.8, n.1/2, p.1-16, 1988.

Tokarnia, C.H.; Döbereiner, J.; Canella, C.F.C. Deficiências minerais em animais de fazenda, principalmente bovinos. **Pesquisa Agropecuária Brasileira**, v.20, n.3, p.127-138, 2000.

Underwood, E.J.; Suttle, N.F. **The Mineral Nutrition of Livestock**. Third Edition, CABI Publishing: UK, 614 p., 1999.

Valle, S.F.; Gonzáléz, F.D.; Rocha, D.; Scalzilli, H.B.; Campo, R.; Larosa, V.L. Mineral deficiencies in beef cattle from southern Brazil. **Brazilian Journal of Veterinary Research and Animal Science**, v.40, supl., p.47-53, 2003.

Weston, R.H.; Lindsay, J.R.; Purser, D.B.; Gordon, G.L.R.; Davis, P. Feed intake and digestion responses in sheep to the addition of inorganic sulfur to a herbage diet of low sulfur content. **Australian Journal of Agricultural Research**, v.39, p. 1107-1119, 1988.

Wise, M.B.; Orcloveza, A.L.; Barrick, E.R. Influence of variations in dietary calcium: phosphorus ratio on performance and blood constituents of calves. **Journal of Nutrition**, v.79, n.1, p.79-84, 1963.

PUBLIQUE

Nesta seca vai chover.
Tecnologia.

Nas águas também.

- Duas décadas de compromisso com a pecuária.
- Produtos de classe mundial, com certificação Nível 3 Eq. Global Gap.
- Serviços que agregam valor.
- Resultados diferenciados para milhares de pecuaristas.

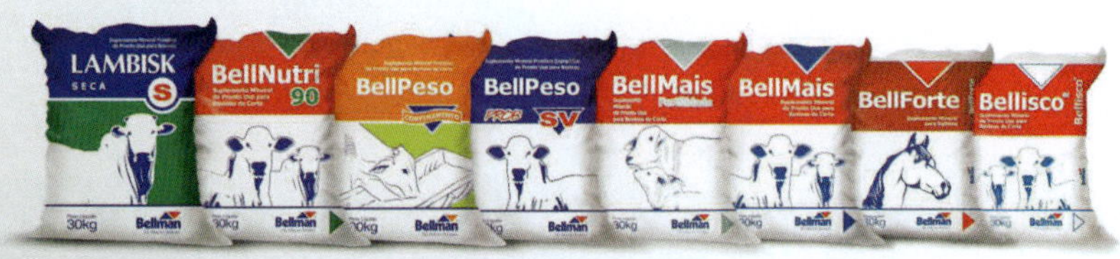

(17) 3253 9600 . bellman.com.br

Líder em suplementação de alta tecnologia.

Bellman
Nutrição Animal

Nível 3

Nossa diferença está no seu resultado.

Seção VI Pastagens

CAPÍTULO 19

Luís Armando Zago Machado
Pesquisador EMBRAPA Agropecuária Oeste
Dourados, MS
zago@cpao.embrapa.br

Beatriz Lempp
Professora Associada II
Departamento de Zootecnia
UFGD. Dourados , MS
blempp@ufgd.edu.br

Cacilda Borges do Valle
Pesquisadora EMBRAPA Gado de Corte
Campo Grande, MS
cacilda@cnpgc.embrapa.br

Liana Jank
Pesquisadora EMBRAPA Gado de Corte
Campo Grande, MS
liana@cnpgc.embrapa.br

Luiz Alberto Rocha Batista
Pesquisadora EMBRAPA Pecuária Sudeste
São Carlos, SP
lbatista@cppse.embrapa.br

Sérgio Roberto Postiglioni
Professor Adjunto
Departamento de Zootecnia
UEPG. Ponta Grossa, PR
spostiglioni@bol.com.br

Rosangela Maria Simeão Resende
Pesquisadora EMBRAPA Gado de Corte
Campo Grande, MS
rosangela@cnpgc.embrapa.br

Celso Dornelas Fernandes
Pesquisador EMBRAPA Gado de Corte
Campo Grande, MS
celsof@cnpgc.embrapa.br

Jaqueline Rosemeire Verzignassi
Pesquisadora EMBRAPA Gado de Corte
Campo Grande, MS
jaqueline@cnpgc.embrapa.br

Judson Ferreira Valentim
Pesquisador EMBRAPA Acre
Rio Branco, AC
judson@cpafac.embrapa.br

Giselle Mariano Lessa de Assis
Pesquisadora EMBRAPA Acre
Rio Branco, AC
giselle@cpafac.embrapa.br

Carlos Mauricio Soares de Andrade
Pesquisador EMBRAPA Acre
Rio Branco, AC
mauricio@cpafac.embrapa.br

Principais espécies forrageiras utilizadas em pastagens para gado de corte

Introdução

Nos últimos 32 anos, a área de pastagens aumentou 17% e a produção de carne 114%. O mérito deve-se à adoção de novas tecnologias pelos pecuaristas, como vacinação, mineralização, técnicas de manejo das pastagens e, principalmente, ao uso de novas forrageiras mais adaptadas e produtivas, resultantes de lançamentos pelas instituições de pesquisa.

Com os novos investimentos brasileiros em bois terminados em pasto, como o boi orgânico, e os problemas do mal da vaca louca (Encelofalopatia espongiforme bovina) encontrados em várias regiões do mundo, a demanda de exportação da carne brasileira nos próximos anos deve aumentar consideravelmente. Em decorrência dos cuidados e preocupação com o ambiente natural e a necessidade de conservar as matas e vegetação de cerrado, cada vez mais as forrageiras em uso devem ser substituídas por outras mais adaptadas e produtivas. Portanto, a tendência para os próximos anos é de não-incremento das áreas de pastagens cultivadas e sim do aumento da produtividade de carne.

A escolha da forrageira para implantação de pastagens é uma decisão difícil, mas extremamente importante para o sucesso da atividade pecuária. Existem inúmeras espécies forrageiras para as condições brasileiras, sendo a maioria tropical ou subtropical, com origem na África. Apesar do grande número de espécies e cultivares de forrageiras com adaptação a diferentes condições ambientais, poucas têm expressão no comércio de sementes. No Brasil, as pastagens cultivadas ocupam em torno de 105 milhões de hectares, segundo Andrade (2001), cerca de 70 a 80% são formadas por espécies do gênero *Brachiaria*, sendo a maior área localizada na Região Centro-Oeste (Valle *et al.*, 2001a). Além deste os gêneros *Panicum, Cynodon, Andropogon, Stylosanthes, Hemarthria, Arachis, Avena, Pennisetum, Sorghum, Arachis, Paspalum* e outros estão presentes nas pastagens brasileiras.

Gênero *Brachiaria* (Trin.) Griseb.

Gramíneas forrageiras do gênero *Brachiaria* alcançaram grande importância econômica no País nos últimos trinta anos viabilizando a atividade pecuária nos solos fracos e ácidos dos Cerrados, criando novos polos de desenvolvimento e colonização no Brasil Central, além de elevarem a produção por animal e por área, em comparação às forrageiras nativas e naturalizadas utilizadas até as décadas de 70 e 80. As espécies desse gênero movimentam uma dinâmica e progressista indústria de produção de sementes no Centro-Sul brasileiro, envolvendo, anualmente, cerca de trinta mil toneladas de sementes, a um valor aproximado de 115 milhões de dólares (Santos Filho, 1996). Com isso, o Brasil tornou-se autossuficiente em sementes, além de exportar cerca de 10% da produção, caracterizando-se como o maior exportador de sementes de braquiária para a América Latina.

A introdução da *Brachiaria decumbens* cv. Basilisk, pelo Instituto de Pesquisas Internacionais (IRI), em Matão-SP, na década de 60, marcou o início das pesquisas com esse gênero, portanto, sua introdução é muito recente. Entre 1968 e 1972, houve intensa importação de sementes dessa cultivar proveniente da Austrália, estimulada por programas governamentais de incentivo à formação de pastagens. Logo depois, estudos mostraram que era possível produzir sementes no Brasil e a boa adaptabilidade aos solos ácidos e pobres, associada à agressividade na competição com invasoras e ao bom desempenho animal comparada às forrageiras nativas, promoveram uma rápida expansão dessa braquiária nos trópicos. A braquiária foi um marco na pecuária e tornou-se um exemplo de impacto de uma forrageira sobre o sistema de produção: o antes e o após sua adoção.

A capacidade de suporte das pastagens nos Cerrados foi praticamente triplicada com a introdução dessa gramínea, passando de 3 a 4 hectares por cabeça em pastagens nativas, ou 0,3 a 0,6 cabeças por hectare em pastagens de capim-gordura ou jaraguá, para uma média de 1 a 1,5 cabeça por hectare, durante o ano, em pastos de *B. decumbens*. A introdução e sucesso dessa forrageira, que revolucionou a pecuária em toda a Região dos Cerrados, justifica a grande demanda por novas variedades. Estas podem ser desenvolvidas tanto pela seleção a partir da variabilidade natural existente em coleções de germoplasma como pelo melhoramento genético por meio de cruzamentos.

Durante duas décadas, formaram-se milhões de hectares de *B. decumbens* e, com isso, apareceram problemas típicos do monocultivo, como a cigarrinha-das-pastagens, que dizimou essas pastagens na Amazônia; a fotossensibilização, especialmente em bezerros desmamados na braquiária; e extensas áreas de pastagens degradadas, associada ao manejo indevido (superpastejo, não-realização de adubações de manutenção ou subsolagem).

A liberação da *B. brizantha* cv. Marandu pela Embrapa, em 1984, promoveu uma substituição gradual das áreas com *B. decumbens*. Esta cultivar é resistente às cigarrinhas típicas de pastagens e, além disso, possui boa produtividade, boa produção de sementes e elevada resposta à adubação. Teixeira Neto *et al.* (2000) relataram que, na década de 1990, cerca de 90% das sementes utilizadas no trópico úmido eram do capim-marandu. Estima-se que hoje cerca de 50% da área dos Cerrados brasileiros sejam de pastagens com capim-marandu (Macedo, 2005) e, na Região Norte, atinjam até 65% (Dias-Filho; Andradre, 2005). Nesse novo monocultivo, constatou-se a ocorrência da morte de touceiras, em dimensões variáveis na pastagem, a partir de 1994. Esse fenômeno ocorreu no Acre, Pará, Rondônia e em outras localidades da Região Amazônica (Dias-Filho; Andradre, 2005), representando um sério problema ao sistema produtivo, especialmente no Acre. No final dos anos de 1990, foram detectados novos focos, com ocorrência frequente nos Estados do Mato Grosso, Maranhão e Tocantins (Valle *et al.*, 2000; Dias-Filho, 2006). Esse problema tornou-se uma importante causa de degradação dessa pastagem e motivou um simpósio para discutir os principais fatores envolvidos e uma abordagem multidisciplinar na busca de soluções (Barbosa, 2006). Novamente, evidências apontaram para a necessidade de diversificação de forrageiras associando produtividade com sustentabilidade (Dias-Filho, 2007).

A busca de alternativas forrageiras tem sido uma atividade de destaque em diversas instituições de pesquisa do País, e os resultados desse esforço refletem-se diretamente nos sistemas de produção, haja vista os incrementos de produtividade do setor pecuário de modo geral.

Diversas foram as cultivares de gramíneas liberadas ao mercado nos últimos anos. Com respeito ao gênero *Brachiaria* destacam-se: a *B. brizantha* cv. Marandu, lançada pelo esforço conjunto da Embrapa Gado de Corte e Embrapa Cerrados; a *B. humidicola* cv. IAPAR 56, lançada pelo Instituto Agronômico do Paraná (IAPAR); e as *B. brizantha* cvs Xaraés e Piatã, lançadas pelo esforço conjunto da Embrapa Gado de Corte, Cerrados, Comissão Executiva do Plano da Lavoura Cacaueira (CEPLAC) e Instituto de Zootecnia (IZ).

Fontes de informações específicas e importantes sobre o gênero *Brachiaria* estão disponíveis em diversas publicações nacionais e internacionais (Simpósio sobre manejo da pastagem, 1994; Miles *et al.*, 1996; Pereira *et al.*, 2001; Miles *et al.*, 2004; Valle; Miles, 2001; Encontro para discussão sobre capins do gênero *Brachiaria*, 1986 e 1991).

O gênero *Brachiaria* foi descrito pela primeira vez por Trinius (1834), que a classificou como uma subdivisão de *Panicum* e, posteriormente, em 1853, foi elevada à categoria de gênero por Grisebach (1853).

Os gêneros *Brachiaria, Urochloa, Eriochloa* e *Panicum* formam um grupo cujos limites taxonômicos estão ainda indefinidos, necessitando de ampla revisão. Esses gêneros caracterizam-se por realizar fotossíntese do tipo C_4 pelo ciclo PEP-CK (Fosfoenolpiruvato carboxicinase), particular a um pequeno grupo de gêneros (Clayton; Renvoize, 1986).

As principais características que identificam *Brachiaria*, dentro da tribo *Paniceae*, são as espiguetas de ovais a oblongas, arranjadas em racemos unilaterais, com a gluma inferior adjacente à ráquis, isto é, em posição adaxial (Royal Botanical Gardens, não publicado, citado por Renvoize *et al.* (1996). Essas características, no entanto, não são consistentes em todas as espécies do gênero e, às vezes, são difíceis de distinguir. Uma revisão taxonômica do gênero foi realizada por Renvoize *et al.* (1996), compreendendo 97 espécies, distribuídas por todo o táxon. Segundo esses autores, a taxonomia atual deixa muito a desejar e, apesar de alguns autores terem reclassificado espécies do gênero, como será discutido mais adiante, não existe ainda uma solução satisfatória para o problema de identidade genérica e das espécies componentes de todo o táxon.

Webster (1987) usou *B. eruciformis* como espécie tipo e colocou todas as espécies de *Brachiaria* com a desarticulação abaixo das glumas como *Urochloa*. A presença de mucro na espigueta superior de *Urochloa*, também presente em algumas espécies menores de *Brachiaria,* serviu de argumento para agrupá-las. Morrone e Zuloaga (1992), seguindo os argumentos de Webster, classificaram todas as espécies sul-americanas de *Brachiaria* como

Urochloa. No entanto, consideraram a importância econômica de *P. maximum* e a necessidade de novas pesquisas para não colocá-la em *Urochloa*, ignorando esse argumento no caso de *Brachiaria* – um gênero de muito maior expansão e utilização no mundo. Recentemente, Torres-Gonzalez e Morton (2005) publicaram um estudo filogenético comparando o polimorfismo de sequências de bases de nucleotídeos nas regiões espaçadoras transcritas internas do DNA ribossômico do núcleo, mas não conseguiram separar *Brachiaria* de *Urochloa*. Com base nos resultados de análise cladística, os autores sugeriram que esses dois gêneros formam um complexo parafilético com *Eriochloa* e *Melinis*, e que espécies de todos esses gêneros pertencem ao mesmo grupo monofilético. Essas conclusões contraditórias confirmam a necessidade de estudos de sistemática e de genômica, a fim de estabelecer, com maior clareza, os limites entre esses gêneros.

Veldkamp (1996) e José Francisco Montenegro Valls[1] recomendaram manter o nome *Brachiaria* até que novas evidências mais confiáveis sejam produzidas para justificar a transferência de espécies entre esses gêneros. Em favor dos produtores e firmas produtoras de sementes e pelo enorme interesse econômico e, ainda, pela legislação em vigor para o registro e proteção de cultivares, há consenso em manter a atual taxonomia para *Brachiaria*.

Sob o aspecto da citogenética e do modo de reprodução, o gênero *Brachiaria* é caracterizado por uma maioria de espécies poliploides e apomíticas. Darlington e Wylie (1955) determinaram que os números básicos de cromossomos para o gênero são n = 7 ou 9; mas, recentemente, foi descrito um novo número base de x = 6 para acessos de *B. dictyoneura* (Risso-Pascotto *et al.*, 2006). Um levantamento da literatura pertinente é apresentado por Valle e Savidan (1996) e por Pagliarini *et al.* (2007).

Existem características que possibilitam a identificação das principais espécies do gênero *Brachiaria* (**Tabelas 1**, **2** e **Figura 1**). A *Brachiaria brizantha* é a principal espécie cultivada desse gênero, dela existem várias cultivares com características distintas (**Tabelas 3** e **4**).

As forrageiras do gênero *Brachiaria* destacam-se das demais por serem de fácil estabelecimento e manejo e por se desenvolverem em diferentes condições de solos: bai-

Tabela 1. Chave para identificação das principais espécies do gênero *Brachiaria* spp.

1. Gluma inferior com 2/3 do comprimento da espigueta, multinervuras; lema inferior com nervuras reticuladas	
2. Glumas separadas por um internódio curto:	
3. Plantas entouceiradas, rizomatosas e estoloníferas; inflorescências com 2-3 racemos; folhas lineares nas touceiras, mas lanceoladas nos estolões	*Brachiaria humidicola* (Rendle) Schwich
3. Plantas menos entouceiradas, cespitosas (sem estolões); inflorescências com 3-8 racemos; folhas lineares a lanceoladas	*Brachiaria dictyoneura* (Fig. & De Not) Stampf
2. Glumas não separadas por internódio	
4. Lâminas foliares planas ou enroladas	
5. Ráquis 1-2 mm de largura; lâminas foliares 3-17 mm de largura	*Brachiaria jubata* (Fig. & De Not) Stampf
5. Ráquis 0,5 mm de largura; lâminas foliares 2-6 mm de largura	*Brachiaria bovonei* (Chiov) Robyns.
4. Lâminas foliares filiformes e rígidas.	*Brachiaria subulifolia* (Mez) W.D. Clayton
1. Gluma inferior com até 1/2 do comprimento da espigueta	
6. Ráquis em meia-lua na secção transversal, estreita, 1 a 1,5 mm de largura; plantas entouceiradas e cespitosas	*Brachiaria brizantha* (Hoxch.) Stampf
6. Ráquis na forma de fita, 1-3,5 de largura, plantas estoloníferas	
7. Ráquis de 1-1,7 mm de largura	*Brachiaria decumbens*
7. Ráquis de 2-3,5 mm de largura	*Brachiaria ruziziensis* Germain & Everard

Fonte: Renvoize (1993).

[1] Comunicação pessoal, 2006 - Pesquisador da Embrapa Recursos Genéticos e Biotecnologia, curador de gramíneas.

Tabela 2. Resumo de características agronômicas de maior relevância das cultivares de *Brachiaria* spp.

Espécies/Cultivares	Atributos positivos	Atributos negativos
Brachiaria brizantha		
Marandu	Fácil estabelecimento, resistência às cigarrinhas típicas de pastagens, alta resposta à aplicação de fertilizantes, boa cobertura do solo com domínio sobre invasoras, boa *performance* sob sombra, boa qualidade forrageira, alta produção de sementes.	Baixa adaptação a solos mal drenados e de baixa fertilidade, rebrota lenta, necessidade de adubação de reposição para persistência a longo prazo, suscetibilidade à mancha foliar fúngica (*Rhizoctonia*) e podridão de raízes.
La Libertad (MG 4)	Facilidade de estabelecimento, boa adaptação a solos arenosos e de média fertilidade, rebrota rápida, boa compatibilidade com leguminosas por ser menos agressiva que cv. Marandu.	Menor produtividade, valor nutritivo e menor resistência às cigarrinhas típicas de pastagens implantadas com cv. Marandu.
Xaraés (Toledo, MG 5 ou Vitória)	Fácil estabelecimento, alto acúmulo de folhas e capacidade de suporte, enraíza nos nós, proporcionando boa cobertura do solo com domínio sobre invasoras, rebrota rápida, boa resposta à aplicação de fertilizantes, florescimento tardio, prolongando qualidade da forragem até o outono.	Menor resistência às cigarrinhas mais comuns em pastagens, média adaptação a solos mal drenados e de baixa fertilidade, susceptível a mela-das-sementes (*Claviceps sucata*) por ter florescimento tardio.
Piatã	Fácil estabelecimento, florescimento precoce e concentrado, alta proporção de folhas, alta taxa de crescimento e acúmulo de forragem sob pastejo, bom valor nutritivo no período seco, resistência às cigarrinhas típicas de pastagens, alta resposta à aplicação de fertilizantes.	Susceptibilidade ao carvão das sementes (*Ustilago operta*), moderadamente resistente à ferrugem causada por *Puccinia levis* var. *panici-sanguinalis*, média adaptação a solos mal drenados.
B. decumbens		
Basilisk	Fácil estabelecimento, tolerância à baixa fertilidade, alta produtividade sobre uso intensivo, bom crescimento sob sombra, boa qualidade forrageira.	Suscetibilidade às cigarrinhas típicas de pastagens, baixa adaptação a solos mal drenados, suscetibilidade à podridão foliar fúngica, difícil erradicação pelo acúmulo de sementes viáveis no solo, pode provocar fotossensibilização hepatógena em bovinos.
B. humidicola		
Comum	Boa cobertura do solo e domínio sobre invasoras devido ao hábito estolonífero e grande habilidade de enraizamento nos entrenós, adaptação a solos de baixa fertilidade, adaptação a solos mal drenados, baixo requerimento de P e Ca, tolerância à cigarrinha das pastagens, boa capacidade de consórcio com *Arachis pintoi* (amendoim forrageiro).	Estabelecimento lento, baixa digestibilidade da matéria seca, baixa concentração de N e Ca na forragem, boa hospedeira para cigarrinhas, suscetibilidade à ferrugem foliar (*Puccinia levis* var. *panici-sanguinalis*), dormência prolongada das sementes, ocorrência de "cara inchada" em equinos sem suplementação de fósforo.

Tabela 2. Resumo de características agronômicas de maior relevância das cultivares de *Brachiaria* spp.

Espécies/Cultivares	Atributos positivos	Atributos negativos
B. humidicola		
cv. Llanero	Boa adaptação a solos de baixa fertilidade, boa adaptação a solos mal drenados, melhor valor nutritivo do que *B. humidicola* comum, boa capacidade de consórcio com *Arachis pintoi* (amendoim forrageiro) e kudzu (*Pueraria phaseloides*).	Estabelecimento lento, dormência prolongada nas sementes, menor enraizamento dos estolões do que *B. humidicola* comum, e menor vigor e produção de sementes.
cv. Tupi	Estabelecimento mais rápido e maior produtividade do que a comum e cv. Llanero, boa cobertura do solo e domínio sobre invasoras, adaptação a solos de baixa fertilidade, adaptação a solos mal drenados, boa resposta a Ca e P até 45% de saturação por bases, valor nutritivo superior a comum, boa capacidade de consórcio com *Arachis pintoi*.	Boa hospedeira de cigarrinhas-das-pastagens, apesar de não mostrar danos severos, ocorrência de dormência nas sementes por cerca de oito meses.
B. ruziziensis		
Kennedy	Rápido crescimento no início da estação chuvosa, compatibilidade com leguminosas, alto potencial de produção de sementes, facilidade de estabelecimento, excelente qualidade forrageira, florescimento concentrado e alta produção de sementes, boa alternativa para plantio direto pela rapidez de estabelecimento, qualidade da matéria seca e facilidade de dessecação por herbicidas.	Necessidade de solos bem drenados e de mediana fertilidade, alta suscetibilidade às cigarrinhas típicas de pastagens e à mancha foliar fúngica, baixa competição com invasoras, pouca tolerância à seca.

xa a média/alta fertilidade, drenados ou úmidos, sendo que algumas toleram cigarrinha e erros de formação e de manejo de pastagem. Durante a estação chuvosa, produzem forragem com qualidade de regular a boa e, durante a seca, mantêm qualidade razoável, porém melhor que as demais espécies nesse período do ano. Como limitações, destacam-se a suscetibilidade às cigarrinhas e a qualidade inferior de algumas espécies.

Tabela 3. Chave para identificação das cultivares de *Brachiaria brizantha*.

1.	Plantas glabras e de menor porte (0,8 – 1,5 m)	cv. La Libertad (MG 4)
	Plantas com pilosidade variada e de maior porte	2
2.	Plantas com intensa pilosidade nas bainhas foliares e na face ventral, glabras na face dorsal; plantas de porte médio (1,5 a 2,5 m) e 3 a 4 racemos por inflorescência	cv. Marandu
	Plantas com pouca pilosidade nos colmos e bainhas, racemos de 3 a 12 por inflorescência	3
3.	Inflorescência com 3 a 4 racemos, plantas de porte alto (1,5 - >2,0 m), folhas largas (até 3 cm) e longas (até 64 cm), normalmente eretas	cv. Xaraés, Toledo, MG 5
	Inflorescência com 5 a 12 racemos, plantas de porte médio (1,5 a 2,5 m).	cv. BRS Piatã

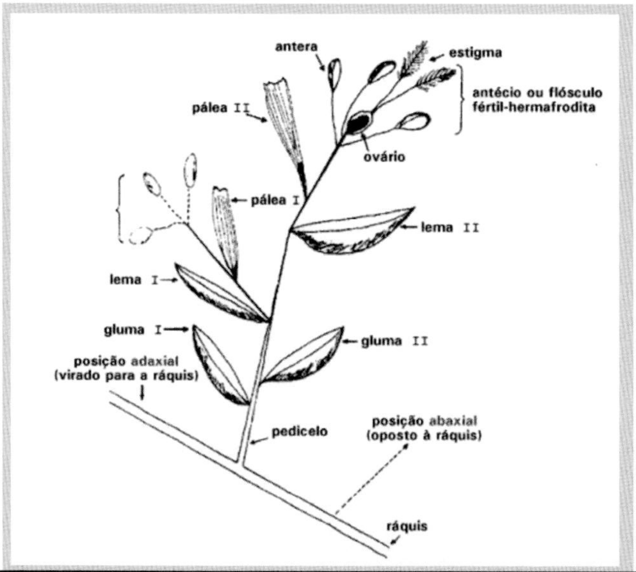

Figura 1. Partes de uma inflorescência típica do gênero *Brachiaria* spp. Fonte: Rosengurtt *et al.*, 1970, citados por Seiffert (1984).

Gênero *Panicum* L.

A forrageira *Panicum maximum* Jacq. é mundialmente reconhecida por sua alta produtividade e qualidade de forragem e por ser adaptada aos países de clima tropical e subtropical. É a forrageira tropical propagada por sementes mais produtiva do mercado, e tem sido responsável por grande parte da engorda de bovinos no Brasil.

A produção de carne no País, com um rebanho de 204,5 milhões de cabeças (IBGE, 2006), é baseada quase que exclusivamente em pastagens de gramíneas e leguminosas forrageiras. As pastagens cultivadas ocupam em torno de 105 milhões de hectares e o mercado de sementes de forrageiras movimenta U$ 250 milhões, equivalente ao mercado de milho híbrido (Andrade, 2001).

P. maximum divide o espaço no mercado sementeiro no Brasil com as braquiárias. Normalmente, cultivares de *P. maximum* são recomendadas para categorias animais mais exigentes e solos de melhor fertilidade, enquanto as braquiárias são, em geral, utilizadas para a cria e recria do rebanho, em solos mais fracos e ácidos, complementando-se como forrageiras importantes nos sistemas brasileiros de produção de carne. Também na produção de leite, e não só no Brasil, o *P. maximum* tem-se revelado importante, seja para pastejo direto, seja para silagem e feno (Hacker; Jank, 1998).

Cultivar Colonião

A cultivar Colonião foi a primeira planta da espécie *P. maximum* a chegar ao Brasil. Originária do Continente Africano, o capim-colonião foi trazido juntamente com os escravos e adaptou-se perfeitamente às condições edafoclimáticas brasileiras. Atualmente, o capim-colonião está presente em quase todo o território nacional e, durante muito tempo, foi o maior responsável pela engorda de bovinos no Brasil.

As plantas dessa cultivar são cespitosas de porte alto (em torno de 1,4 m em média), com folhas largas (em torno de 2,9 cm) e eretas (**Tabela 5**). As folhas e os colmos são glabros e apresentam cerosidade. As inflorescências são do tipo panícula. As ramificações primárias na base da inflorescência são longas, e as secundárias, também longas, estão presentes em todas as ramificações primárias. As espiguetas são glabras, distribuídas uniformemente pelas ramificações e apresentam poucas manchas roxas. O verticilo é glabro (**Figura 13**).

A cultivar Colonião produziu 84 t/ha/ano de massa verde, 21,3 t/ha/ano de massa seca com 62% de folhas, sendo 14 t/ha/ano de massa seca de folhas em solo Latossolo vermelho escuro adubado (Jank, 1995; Jank *et al.*, 1994; Jank *et al.*, 1997; Savidan *et al.*, 1990). Na estação seca, o acúmulo de massa foi 3,4% da produção anual (**Tabela 6**). Sem adubação, sua produção foi 50% menor. Sua produção, quando adubado no primeiro ano, caiu em 65% no segundo ano. Após os cortes, a intensidade de rebrota foi de 1,7, em uma escala de 0 (sem rebrota) a 5 (todos perfilhos rebrotados). A produção de sementes foi de 100 kg/ha/ano.

Cultivar Tanzânia-1

A cultivar Tanzânia-1 foi coletada pelo Orstom (*Institute de Recherche Pour le Developpment*), em 1969, na Tanzânia. Foi introduzida no Brasil, em 1984, juntamente com outros 426 acessos da espécie que compõem o germoplasma do Orstom. Foi selecionada pela Embrapa

Tabela 4. Características morfológicas diferenciadoras entre espécies e cultivares de *Brachiaria* spp.

Espécies/cultivares	Atributos
B. brizantha cv. Marandu (**Figuras 2** e **3**)	Plantas robustas de 1,5 a 2,5 m de altura (inflorescência) com tendência ao intenso perfilhamento nos nós superiores dos colmos floríferos; presença de pelos na porção apical dos entrenós, bainhas pilosas e lâminas com pubescência apenas na face ventral, glabras na face dorsal e com margens não cortantes; raque sem pigmentação arroxeada e espiguetas ciliadas no ápice. Florescimento de final de verão.
B. brizantha cv. La Libertad (**Figura 4**)	Plantas com altura entre 0,8 e 1,5 m, ausência de pelos na porção apical dos entrenós, bainhas glabras com margens denticuladas e a raque estriada de cor arroxeada e verde.
B. brizantha cv. Xaraés (**Figura 5**)	Planta cespitosa, podendo enraizar nos nós basais; altura média de 1,5 m (mais de 2 m com inflorescências), bainhas com pelos ralos, mas densos apenas nos bordos; lâmina com até 64 cm de comprimento e 3 cm de largura, com pilosidade curta na face superior. Florescimento tardio.
B. brizantha cv. Piatã (**Figura 6**)	Plantas cespitosas mais baixas (0,85 a 1,1 m) do que cv. Marandu e Xaraés; bainhas com pelos claros, pouco densos; inflorescência com até 12 racemos quase horizontais, com pelos longos claros; espiguetas sem pelos, e arroxeadas no ápice. Florescimento precoce.
B. brizantha cv. Basilisk (**Figura 7**)	Planta semiereta de 0,3 a 1 m de altura; colmos geniculados, ramificados e enraizamento nos nós; bainhas densamente pilosas; inflorescências com 2-5 racemos densamente pilosos; espiguetas bisseriadas na raque.
B. brizantha comum (**Figura 8**)	Planta perene, com estolões longos, roxos, fortemente radicantes nos nós; colmos decumbentes, radicante nos nós; lâminas lineares, semicoriáceas, raque de menos de 1 mm de largura, finamente denticulada e glabra; espiguetas bisseriadas; anteras arroxeadas. Planta hexaploide (2n = 54 cromossomos).
B. brizantha cv. Llanero (**Figura 9**)	Planta perene de 0,40 a 0, 90 cm de altura; estolões longos, de cor arroxeada; pilosidade curta de cor branca, tanto nas bainhas como nos nós dos estolões; raque de cor roxa e verde, ciliada e em forma de zigue-zague. Planta hexaploide (2n = 54 cromossomos).
B. brizantha cv. Tupi (**Figuras 9, 10** e **11**)	Planta perene, estolonífera, altura média de 21 cm até 100 cm em população densa; estolões geniculados, com nós castanhos ou arroxeados ou esverdeados; bainha com bordos densamente pilosos; espigueta com um tufo de pelos ao redor da base da espigueta e atingindo ¾ da mesma, saindo do pedicelo e da raque. A conspícua pilosidade das espiguetas, macia ao tato, e a coloração amarelada das anteras a distingue facilmente da *B. humidicola* comum. Planta tetraploide (2n = 36 cromossomos).
B. brizantha cv. Kennedy (**Figura 12**)	Planta perene, 1 m de altura, com rizomas curtos e globosos; colmos geniculados, decumbentes, enraizando nos nós inferiores; bainha densamente pubescente; lâmina linear-lanceolada, pilosa a densamente pubescente em ambas as faces; eixo da inflorescência densamente piloso entre os ângulos e perto da inserção dos racemos; racemos com raque alada, de 5 mm de largura, densamente ciliada nas margens e pelos longos de até 2 mm, brancos e lustrosos. Espiguetas bisseriadas. Plantas diploides (2n = 18 cromossomos).

Figura 2. Comparação entre inflorescências de *B. ruziziensis* (esq), *B. brizantha* cv. Marandu (centro) e *B. decumbens* cv. Basilisk (dir.)

Figura 3. Inflorescência de *B. Brizanha* cv. Marandu no campo.

Figura 4. Espiguetas e sementes de *B. brizantha* cv. La Libertad.

Figura 5. Inflorescências de *B. brizantha* cv. Xaraés.

Figura 6. Inflorescências de *B. brizantha* cv. Piatã no campo.

Figura 7. Inflorescências de *B. decumbens* cv. Basilisk no campo.

Figura 8.Espiguetas e sementes de *B. humidicola* cv. Llanero

Figura 9. Detalhes das inflorescências de *B. humidicola* cv. Tupi (esq.) e comum (dir.).

Figura 10. Espiguetas e sementes de *B. humidicola* cv. Tupi.

Figura 11. Ensaio de pastejo com *B. humidicola* cv. *Tupi* (esq) e *B. humidicola* comum (dir.)

Figura 12.Espiguetas e sementes de *B. ruziziensis* cv. *Kennedy* (ou comum).

Gado de Corte em Campo Grande, MS, e lançada comercialmente em 1990 (EMBRAPA, 1990).

As plantas dessa cultivar são cespitosas de porte médio (em torno de 1,2 m em média) com folhas médias (em torno de 2,6 cm) e decumbentes (**Tabela 5**). As folhas e os colmos são glabros. Os colmos não apresentam cerosidade. As inflorescências são do tipo panícula. As ramificações primárias na base da inflorescência são curtas, e as secundárias são longas, ocorrendo apenas nas ramificações primárias inferiores. As espiguetas são glabras, distribuídas uniformemente pelas ramificações e apresentam manchas roxas em abundância o que confere

Tabela 5. Características morfológicas de cultivares de *Panicum maximum*.

Características	Tanzânia	Mombaça	Tobiatã	Colonião	Massai	Aruana	Atlas	Áries
Altura da planta (m)	1,2	1,7	1,61,4	0,6	0,8	1,1	0,9	
Largura das folhas (cm)	2,7	3,0	4,62,9	0,9	2,0	2,5	1,8	
Comprimento das folhas (cm)	77	97	90	99	70	38	55	39
Manchas roxas nas espiguetas	muitas	poucas	muitas	poucas	intermediárias	poucas	poucas	poucas
Pilosidade nas folhas	ausente	pouca	pouca	ausente	média	pouca	pouca	pouca
Pilosidade nos colmos	ausente	ausente	muita	ausente	média	média	ausente	média
Cerosidade nos colmos	ausente	ausente	ausente	presente	ausente	ausente	presente	presente
Porte das folhas	decumbentes	eretas/ quebradiças	eretas/ quebradiças	eretas/ quebradiças	decum- bentes	decum- bentes	eretas	decum- bentes

Figura 13. Planta de *P. maximum* cv. Colonião.

Figura 14. Planta de *P. maximum* cv. Tanzânia.

às inflorescências uma aparência roxa. O verticilo é glabro (**Figura 14**).

A cultivar Tanzânia produziu 132 t/ha/ano de massa verde, 33 t/ha/ano de massa seca, com 80% de folhas (**Tabela 6**), sendo 26 t/ha/ano de massa seca de folhas em Latossolo vermelho escuro adubado (Jank, 1995; Jank *et al.*, 1994; Jank *et al.*, 1997; Savidan *et al.*, 1990). Na estação seca, sua produção foi 10,5% da produção anual. Sem adubação, sua produção foi 21% menor. Sua produção, quando adubado no primeiro ano, caiu em 48% no segundo ano. Após os cortes, a intensidade de rebrota foi de 3, em uma escala de 0 (sem rebrota) a 5 (todos perfilhos rebrotados). A produção de sementes foi de 132 kg/ha/ano.

Esse capim foi selecionado porque, em relação a cv. Colonião, sua produção de massa seca de folhas foi maior em 86%, a porcentagem de folhas maior em 29%, rebrota melhor em 76%, produção de sementes maior em 32% e estacionalidade de produção menor em 200%.

O capim-tanzânia é resistente ao ataque das cigarrinhas-das-pastagens. Essa cultivar apresenta maior resistência quando comparado ao capim-colonião e tobiatã (EMBRAPA, 1990).

Essas características conferem maior ganho de peso por animal e por área quando comparado à cv. Colonião. Com o manejo rotacionado, variando em altura de 30 cm (saída dos animais) a 70 cm (entrada dos animais), obteve-se uma capacidade de suporte de 2 a 6 UA/ha nas águas e de 1 a 1,5 UA/ha na seca, ganho em peso animal de 650 a 1.100 g/animal/dia nas águas e 150 a 400 g/animal/dia na seca, o que totalizam 600 a 1.200 kg de peso vivo/ha/ano (EMBRAPA GADO DE CORTE, 2007).

Cultivar Massai

A cultivar Massai foi coletada pelo Orstom, em 1969, na Tanzânia. Foi introduzida no Brasil, em 1984, com o germoplasma do Orstom, e foi selecionada pela Embrapa Gado de Corte em Campo Grande, MS. Seu lançamento se deu em 2001 (EMBRAPA GADO DE CORTE, 2001).

As plantas dessa cultivar são cespitosas de porte baixo (em torno de 0,6 m em média), com folhas estreitas (em torno de 0,9 cm) e decumbentes (**Tabela 5**). As folhas e os colmos apresentam média pilosidade, sendo os pelos curtos e duros. Os colmos não apresentam cerosidade. As inflorescências são do tipo C, intermediárias entre uma panícula e um racemo, típicos de híbridos entre *P. maximum* e *P. infestum*. As ramificações primárias na base da inflorescência são curtas, e as secundárias são ausentes. As espiguetas são pilosas, distribuídas uniformemente pelas ramificações e apresentam quantidade média de manchas roxas. O verticilo é piloso (**Figura 15**).

A cultivar Massai produziu 59 t/ha/ano de massa verde, 19 t/ha/ano de massa seca com 80,4% de folhas (**Tabela 6**), sendo 15,6 t/ha/ano de massa seca de folhas em Latossolo vermelho escuro adubado (Jank, 1995; Jank *et al.*, 1994; Jank *et al.*, 1997; Savidan *et al.*, 1990). Na estação seca, sua produção foi 7,2% da produção anual. Sem adubação, sua produção foi 52% menor. Sua produção, quando adubado no primeiro ano, caiu em 68% no segundo ano. Após os cortes, a intensidade de rebrota foi de 3, em uma escala de 0 (sem rebrota) a 5 (todos perfilhos rebrotados). A produção de sementes foi de 85 kg/ha/ano.

Esse capim foi selecionado em decorrência do acúmulo de massa, sendo 11% maior que a do capim-colonião em um porte 60% menor, além da maior densidade de perfilhos com alta proporção de folhas.

A cultivar Massai é a mais resistente das cultivares à cigarrinha-das-pastagens em comparação ao capim-tanzânia-1, mombaça, tobiatã e colonião.

Essas características conferem maior ganho de peso por animal e por área quando comparado à cv. Colonião. Com o manejo rotacionado, variando em altura de 20 cm (saída dos animais) a 60 cm (entrada dos animais), obteve-se uma capacidade de suporte de 3 a 6 UA/ha nas águas e de 1,5 a 2,0 UA/ha na seca, ganho em peso animal de 400 a 700 g/animal/dia nas águas e de 100 g/animal/dia na seca, o que totalizam 500 a 700 kg de peso vivo/ha/ano (EMBRAPA GADO DE CORTE, 2007).

Cultivar Mombaça

A cultivar Mombaça foi coletada pelo Orstom, em 1967, na Tanzânia, e foi introduzida no Brasil em 1984. Foi selecionada e lançada comercialmente em 1993 pela Embrapa Gado de Corte, IAPAR e parceiros (EMBRAPA , 1993).

A plantas desta cultivar são cespitosas de

Figura 15. Planta de *P. maximum* cv. Massai.

Tabela 6. Características agronômicas de cultivares de *Panicum maximum*.

Características	Tanzânia-1	Mombaça	Tobiatã	Colonião	Massai
Acúmulo de massa verde (t/ha)	132	165	153	84	59
Acúmulo de massa seca de folhas (t/ha)	26	33	27	14	16
Porcentagem de folhas	80	82	81	62	80
Rebrota (nota 0-fraca a 5-máxima)	3,0	2,9	2,7	1,7	3,1
Produção de sementes (kg/ha)	132	72	40	100	85
Porcentagem crescimento na seca	10,5	11	12	3,4	7,2
Porcentagem perda sem adubação	21	24	27	50	52
Porcentagem perda no segundo ano	48	45	54	65	68

porte alto (em torno de 1,7 m em média), com folhas largas (em torno de 3 cm) e eretas quebrando nas pontas (**Tabela 5**). As folhas apresentam pouca pilosidade, sendo os pelos curtos e duros. Os colmos são glabros e sem cerosidade. As inflorescências são do tipo panícula. As ramificações primárias na base da inflorescência são curtas, e as secundárias são longas e ocorrem apenas nas ramificações primárias inferiores. As espiguetas são glabras, distribuídas uniformemente pelas ramificações e apresentam poucas manchas roxas. O verticilo é piloso (**Figura 16**).

A cultivar Mombaça produziu 165 t/ha/ano de massa verde, 41 t/ha/ano de massa seca com 82% de folhas (**Tabela 6**), sendo 33 t/ha/ano de massa seca de folhas em Latossolo vermelho escuro adubado (Jank, 1995; Jank *et al.*, 1994; JJank *et al.*, 1997; Savidan *et al.*, 1990). Na estação seca, sua produção foi 11% da produção anual. Sem adubação, sua produção foi 24% menor. Sua produção, quando adubado só no primeiro ano, caiu em 45% no segundo ano. Após os cortes, a intensidade de rebrota foi de 2,9; em uma escala de 0 (sem rebrota) a 5 (todos perfilhos rebrotados). A produção de sementes foi de 72 kg/ha/ano.

Esse capim foi selecionado por ter apresentado 136% maior acúmulo de massa seca de folhas, 32% maior porcentagem de folhas, 71% melhor rebrota e 224% menor estacionalidade de produção em comparação à cv. Colonião.

Segundo a Embrapa Gado de Corte (1993), o capim-mombaça é medianamente resistente à cigarrinha *Zulia entreriana*, sendo mais resis-tente que a cv. Tobiatã, porém menos resistente que a cv. Tanzânia-1. Entretanto, não existem relatos na literatura de ataques de cigarrinhas em pastagens formadas por capim-mombaça.

Essas características conferem maior ganho de peso por animal e por área quando comparado à cv. Colonião. Com o manejo rotacionado, variando em altura de 30 cm (saída dos animais) a 90 cm (entrada dos animais), obteve-se uma capacidade de suporte de 2,5 a 8 UA/ha nas águas, e de 0,8 a 1,2 UA/ha na seca, ganho de peso animal de 570 a 1.100 g/animal/dia nas águas e 100 a 300 g/animal/dia na seca, o que totalizam 550 a 1.150 kg de peso vivo/ha/ano EMBRAPA GADO DE CORTE, 2007).

Figura 16. Planta de *P. maximum* cv. Mombaça.

Cultivar Tobiatã

A cultivar Tobiatã foi coletada pelo Orstom, na Tanzânia. Foi introduzida no Brasil, em 1973, pelo pesquisador Armando Teixeira Primo e avaliada pela Embrapa Gado de Corte. Foi lançada comercialmente pelo Instituto Agronômico de Campinas, em 1982.

As plantas dessa cultivar são cespitosas de porte alto (em torno de 1,6 m em média), com folhas largas (em torno de 4,6 cm) e eretas quebrando nas pontas (**Tabela 5**). As folhas apresentam pouca pilosidade, sendo os pelos curtos e duros. Os colmos apresentam muita pilosidade, sendo os pelos duros e curtos. Os colmos não apresentam pilosidade. As inflorescências são do tipo panícula. As ramificações primárias na base da inflorescência são longas, e as secundárias, também longas, ocorrem apenas nas ramificações primárias inferiores. As espiguetas são glabras, distribuídas uniformemente pelas ramificações e apresentam muitas manchas roxas, o que confere tom roxo à inflorescência. O verticilo é piloso.

A cv. Tobiatã produziu 153 t/ha/ano de massa verde com 81% de folhas, sendo 27 t/ha/ano de massa seca de folhas em latossolo vermelho escuro adubado (Jank, 1995; Jank *et al.*, 1994; Jank *et al.*, 1997) (**Tabela 6**). Sem adubação, sua produção foi 27% menor. Sua produção, quando adubado no primeiro ano, caiu em 54% no segundo ano. Na estação seca, sua produção foi 12% da produção anual. Após os cortes, a intensidade de rebrota foi de 2,7; em uma escala de 0 (sem rebrota) a 5 (todos perfilhos rebrotados). A produção de sementes foi de 40 kg/ha/ano.

Cultivar Aruana

A cultivar Aruana é também originária do Continente Africano e foi trazida ao Brasil por Dr. Jorge Ramos de Otero. Foi lançada pelo IZ em Nova Odessa, São Paulo, em 1989.

É uma gramínea perene, cespitosa, de porte médio, entre 70 e 90 cm de altura, sendo a menor cultivar de *P. maximum* existente no mercado. Não apresenta cerosidade nos colmos, sendo estes finos e levemente pilosos (**Figura 17**). Apresenta excelente capacidade de perfilhamento formando boa cobertura de solo. Por seu porte baixo tem sido bastante utilizada em sistemas de produção de ovinos. As folhas são estreitas e curtas, de coloração verde-escura e sem pilosidade. Inflorescência do tipo panícula, mas com tamanho bastante reduzido, quando comparado às outras cultivares de *P. maximum*.

Cultivar Áries

A cultivar Áries é um híbrido F1 de plantas apomíticas cruzadas com plantas sexuais, ambas de origem africana.

É uma gramínea perene, entouceirada, com hábito de crescimento cespitoso, podendo chegar a altura de 1,50 m sendo, portanto, um capim de porte baixo. Apresenta colmos finos e glabros. As folhas são de coloração verde-escura, decumbentes e glabras. A cultivar apresenta cerosidade nos colmos. Inflorescência do tipo panícula (**Figura 18**).

Cultivar Atlas

A cultivar é um híbrido F1 do cruzamento da planta sexual LST1 e do K68 (Costa do Marfim).

Figura 17. Planta de *P. maximum* cv. Aruana.

Figura 18. Planta de *P. maximum* cv. Áries.

É uma gramínea perene, entouceirada com hábito de crescimento cespitoso, podendo chegar a altura de 2,00 m sendo, portanto, um capim de porte alto. Apresenta colmos finos e glabros. As folhas são de coloração verde-escura e decumbentes, e com poucos pelos curtos e macios. A cultivar não apresenta cerosidade. A inflorescência é do tipo panícula.

As espécies do gênero *Panicum* destacam-se das demais pela alta produção e pela boa qualidade da forragem. Muitas cultivares toleram a cigarrinha-das-pastagens e são estabelecidas por sementes. Como limitações, destacam-se a necessidade de solos com alta fertilidade, maior cuidado com o manejo de pastagem e por não cobrirem bem o solo.

Andropogon gayanus Kunt var. *bisquamulatus* (Hochst.) Hack

Dentre as gramíneas forrageiras avaliadas no Brasil nas décadas de 70 e 80 destaca-se o *Andropogon gayanus* Kunt var. *bisquamulatus* (Hochst) Hack. Espécie de gramínea perene, de porte alto, de hábito de crescimento cespitoso, amplamente distribuída na maioria das savanas tropicais e subtropicais, adaptou-se às condições do clima e à baixa fertilidade dos solos da região brasileira dos Cerrados. É uma espécie originária da África Ocidental, foi introduzida na América do Sul, em 1973, pelo Dr. Bela Grof, no Centro Internacional de Agricultura Tropical (CIAT) - Colômbia. O germoplasma introduzido foi procedente da estação experimental Shika - Nigéria, denominado de CIAT 621 (Pizarro, 1984). Segundo Foster (1962), essa espécie é de polinização cruzada e se reproduz por semente de forma sexuada.

Foi introduzida no Brasil pela Embrapa Cerrados, com o código BRA-000019, e indicada para a região dos Cerrados, recebendo o nome de capim-andropogon cultivar Planaltina (Thomas *et al*., 1981). Os atributos positivos descritos para essa espécie são: resistência à cigarrinha-das-pastagens (Cosenza *et al*., 1981); tolerância à seca (Bowden, 1963; Ciat, 1980); a solos ácidos, com altos níveis de alumínio tóxico, (Jones, 1979; Thomas *et al*., 1981) e a queimadas (Bowden, 1963); baixa exigência de fósforo e nitrogênio (Bowden, 1963 e Ciat, 1980); alta compatibilidade com leguminosas (Miles, 1980); boa produção de sementes com taxa média de multiplicação de 25 ha/ano (Ferguson, 1981); boa aceitabilidade por bovinos e equinos (Bowden, 1963) e com bons ganhos de peso animal (Ciat, 1979). Embora esses atributos tenham sido amplamente comprovados, a cultivar Planaltina apresenta desenvolvimento inicial lento (Thomas *et al*., 1981), com baixo vigor (Spain e Couto, 1990), comprometendo a implantação das pastagens por causa da baixa competitividade com plantas invasoras (Miles, 1980; Miles e Grof, 1990). Essa espécie foi introduzida em 1981 na Embrapa Pecuária Sudeste, destacando-se como uma das melhores introduções de gramíneas forrageiras para a Região Central do Estado de São Paulo.

A cultivar Baetí pertence à variedade *bisquamulatus*, da espécie *Andropogon gayanus* Kunt., da família Poaceae (Gramíneas) e da tribo *Andropogoneae,* a qual possui ao redor de 100 espécies, distribuídas especialmente nos trópicos, com centros de diversidade específica na África e América Tropical (Clayton; Renvoize 1982). Segundo Stapf (1917-1919) e Clayton e Renvoize (1986), essas espécies estão dispostas nas quatro seções: *Andropogon*, *Piestium*, *Notosolen* e *Leptopogon*, embora a maior parte das espécies americanas pertença à seção *Leptopogon*. Espécies da seção *Andropogon* foram introduzidas da África para uso na pecuária em virtude da boa adaptação às regiões tropicais. A variedade botânica *bisquamulatus* foi introduzida, segundo Otero (1961), após a introdução da variedade *squamulatus* conhecida popularmente por *capim-gamba* por apresentar baixa produção de sementes viáveis.

Com objetivo de obter uma cultivar de elevado desenvolvimento inicial e com alta capacidade de rebrota, reduzindo assim o baixo desenvolvimento inicial das plantas da cv. Planaltina (**Figura 19**), iniciou-se, em 1985, um projeto de melhoramento genético da espécie *A. gayanus*. O trabalho foi realizado na base física da Embrapa Pecuária Sudeste, fazenda Canchim, localizada no Município de São Carlos, Estado de São Paulo. O esquema de melhora-mento genético utilizado foi o da seleção intra-populacional baseada em famílias de meias-irmãs, juntamente com a seleção massal, dentro das famílias selecionadas. A base genética utilizada foi a cv. Planaltina proveniente da Embrapa Cerrados.

No primeiro ciclo de seleção, foram obtidas plantas individuais, por sua aparente agressividade, em uma população que se desenvolvia em área ocupada por grama batatais (*Paspalum notatum* Flüggé). As sementes coletadas individualmente deram origem às progênies meias-irmãs do ciclo seguinte. As progênies e plantas dentro das progênies foram selecionadas por meio de notas de avaliação durante sua implantação (escala de notas: 0 - sem planta estabelecida; 1 - estande reduzido, com plântulas anormais; 2 - estande reduzido, com plântulas normais; 3 - estande regular, com plântulas normais; 4 - estande regular, com plântulas vigorosas; e 5 - estande ideal, com plântulas vigorosas). Plantas das progênies selecionadas com alto vigor vegetativo compuseram a estrutura das progênies do ciclo seguinte. O processo de seleção entre e dentro das progênies foi realizado no período do estabelecimento das plantas em condições de campo, antes do florescimento. Para que as plantas selecionadas não fossem polinizadas com pólen de plantas não selecionadas, perfilhos destas foram plantados em lote isolado de polinização, local distante de fontes de contaminação. O índice de seleção foi de 10%, mantendo-se um tamanho efetivo de cem progênies por ciclo. Após três ciclos de seleção, as progênies foram recombinadas por duas vezes, obtendo-se sementes genéticas da nova cultivar, as quais foram avaliadas em comparação com a cv. Planaltina quanto ao desempenho no estabelecimento das pastagens e vigor de rebrota por meio de notas de avaliação.

Figura 19. Planta de *Andropogon gayanus*.

Lançada comercialmente em outubro de 1993, a cv. EMBRAPA-23 - Baetí é uma gramínea forrageira utilizada na formação de pastagens. Dos resultados obtidos no estudo comparativo entre as duas cultivares de capim-andropogon, pode-se concluir que a cultivar Baetí apresentou melhor desempenho quanto ao seu desenvolvimento inicial, possibilitando maior sucesso na implantação das pastagens em relação à cv. Planaltina. A produtividade e qualidade da matéria seca da forragem não foram afetadas pela seleção, pois ambas as cultivares apresentaram características semelhantes para essas variáveis. A cv. Baetí apresentou, além do desenvolvimento inicial mais rápido, rebrota mais vigorosa, com plantas dentro de um mesmo período de tempo mais altas do que a cultivar Planaltina. Os maiores contrastes entre a cv. Baetí em relação à cv. Planaltina foram: melhor desenvolvimento das plântulas aos 60 dias após o plantio (94%); maior altura média das plantas aos 42 dias após a semeadura (97%); melhor desenvolvimento vegetativo da rebrota aos 30 dias após o corte (43%); e maior altura da rebrota aos 60 dias após o corte (81%) (Batista; Godoy, 1995; Batista & Godoy, 1995).

A cv. Baetí é uma forrageira perene, com hábito de crescimento cespitoso; a rebrota ocorre por gemas basais, excepcionalmente gemas axilares, propagação seminífera e vegetativa, com época de florescimento de maio a junho e colheita das sementes em julho e agosto (Região Central do Estado de São Paulo).

O capim-andropogon, de modo geral, é bem adaptado às regiões entre as latitudes 19°N e 26°S, em altitudes variando entre 12 e 1.500 metros, embora seja encontrado em localidades com até 2.000 metros. Temperaturas entre 18 e 28°C são as mais adequadas. Não se adapta bem em localidades onde a temperatura média mínima do mês mais frio atinge 4,4°C, embora tolere bem a ocorrência de geadas rápidas (Paulino, 1979). Requer precipitação anual acima de 400 mm, preferencialmente com estação seca de três a quatro meses (Jones, 1979). Todavia, é uma espécie resistente à seca capaz de extrair água de camadas profundas do perfil do solo e manter seu metabolismo ativo em condições desfavoráveis.

A propagação do capim-andropogon é feita por sementes, em semeadura manual ou mecanizada, a lanço ou em linhas. As sementes apresentam cariópse muito pequena, o que limita a reserva de nutrientes, além de estruturas anexas com pilosidade. Entretanto, a cv. Baetí possui desenvolvimento inicial mais rápido que a cv. Planaltina.

O capim-andropogon apresenta rebrota muito rápida no início da estação chuvosa, em consequência do intenso perfilhamento nessa época do ano. Essa característica proporciona aos rebanhos forragem verde durante o *vazio forrageiro*, entre o final da seca e o início da estação chuvosa. Três semanas após uma precipitação pluvial mínima de 30 mm já assegura forragem verde aos animais por intermédio de nova rebrota.

A forragem da cv. Baetí, segundo Batista e Godoy (1995), com 120 dias de crescimento, apresentou,na região de São Carlos-SP, 6,2% de PB; 75% de FDN e 56,6% de DIVMS.

Em consequência do seu alto grau de adaptação ao clima e solos das regiões tropicais, bem como a um amplo espectro de manejo, a cv. Baetí apresenta-se versátil e passível de inserção e exploração em sistemas de produção baseados em pastagens exclusivas ou mistas, por várias espécies ou categorias animais, em razão da sua persistência e aceitabilidade. A ausência de problemas com pragas, bem como a alta e precoce produção de forragem nas águas e seca, colocam o capim-andropogon como excelente opção para sistemas de produção extensivos com baixo uso de insumos ou em áreas com fertilidade marginal. Sua limitação reside na alta proporção de talos por ocasião do crescimento e florescimento no final da estação chuvosa, o que limita até certo ponto sua utilização como fonte de forragem diferida para o período seco.

As características agronômicas, por possuírem em sua grande maioria herança poligênica, são grandemente influenciadas pelo ambiente. Em ensaios realizados na região central do Estado de São Paulo, no ano agrícola de 1991, a cv. Baetí apresentou 78% de sua produção de massa seca no período das águas (outubro a março) e 22% no período seco (abril a setembro), com as seguintes características para os dois períodos: PB de 7,3 e 6,9%; FDN de 75 e 76%; DIVMS de 65 e 55%, respectivamente (Batista; Godoy, 1993).

O capim-andropogon pode ser utilizado para produção de feno durante sua fase vegetativa, com até 60 dias de crescimento. Nesse estágio apresenta alta proporção de folhas, baixa relação folha/caule e bom valor nutritivo. Ele é bem aceito por bovinos, equinos e ovinos. É conveniente manejar essa gramínea a altura de 60 a 80 cm, durante o período chuvoso, tentando evitar que, no início da seca, esteja alta, com excesso de haste. Quando manejada além de 80 cm de altura, apresenta valor nutritivo reduzido no final da estação chuvosa e muito material residual, ao final da estação seca. Isso fatalmente exige uma roçada, a fim de melhorar a rebrota no início da estação chuvosa.

Também pode ser conservado como silagem, mas o baixo teor de matéria seca, quando tenro, bem como o reduzido valor nutritivo com a maturidade/crescimento, dificultam a obtenção de silagem de boa qualidade. A fenação ou ensilagem dessa gramínea podem ser úteis como estratégias para manejo da forragem excedente, principalmente em localidades onde é alta a probabilidade de dias sem chuva.

A pesquisa já demonstrou que essa gramínea é uma eficiente fornecedora de forragem, se utilizada intensamente no período chuvoso, quando apresenta melhor qualidade. De maneira geral, o desempenho animal em pastagens de capim-andropogon assemelha-se bastante aos obtidos com a maioria das espécies tropicais. Ele pode ser utilizado tanto em sistemas de pastejo com lotação contínua, quanto rotativo semi-intensivo. Em ensaios de pastejo conduzido com essa gramínea, com métodos de pastejo contínuo e alternado, não foi observado diferença em termos de desempenho animal (Leite *et al.*, 1992). Esses autores também verificaram que, em sistema rotativo, o melhor ciclo de pastejo para pastagens de Andropogon puro ou consorciado, foram sete dias de ocupação e vinte e um de descanso dos piquetes. O ganho de peso vivo em pastagens de capim-andropogon varia entre 300 e 400 kg/ha/ano (Mejia, 1984). Em estudos conduzidos em Mato Grosso do Sul, foi observado maior ganho de peso por área em bovinos pastejando essa gramínea, do que em *Brachiaria decumbens* (Setti *et al.*, 1985). Em ensaio de pastejo realizado na Embrapa Gado de Corte com a cv. Baetí, foram obtidos ganhos de peso diário de 0,151 kg, na estação seca, e de 0,813 kg, no período chuvoso, e ganho por hectare de 493 kg/ano. Em pastagens bem estabelecidas, com pastejo em regime de lotação contínua, o capim-andropogon é capaz de suportar cerca de três animais/ha, nas águas, e entre 1,0 e 1,5, na época seca (Mejia M., 1984).

Embora a tecnologia de produção de semente tenha sido desenvolvida para a cv. Planaltina, ela também se aplica para a cv. Baetí. Ferguson (1989) e mais recentemente Ferguson e Andrade (1999) apresentaram revisões bibliográficas bem abrangentes sobre tecnologia de produção de sementes de capim-andropogon.

A presença de pelos e aristas aumenta o volume das sementes de Andropogon, e isso eleva o preço e dificulta o transporte de grandes volumes. Por isso é muito comum o comércio informal e sem controle de qualidade, feito por pequenos comerciantes locais ou *por cima da cerca*, diretamente entre fazendeiros. Provavelmente, essa situação responde por até 50% do volume de sementes de capim-andropogon comercializado anualmente. Existem estimativas de que o comércio anual de sementes dessa gramínea seja de 4.000 t/ano, aproximadamente, o que representa em torno de 5% do mercado total de sementes de forrageiras tropicais no Brasil.

O capim-andropogon possui mecanismos de antibiose e antixenose que lhe conferem resistência ao ataque de insetos, principalmente à cigarrinha-das-pastagens, notadamente as dos gêneros *Deois*, *Aenoslania* e *Zulia* (Cosenza *et al.*, 1983). Sua rápida adoção, principalmente no Brasil Central, foi em consequência da resistência à cigarrinha, vantagem que lhe favorece quando comparada com outras gramíneas cultivadas na região. Sendo a cv. Planaltina uma população de plantas, é provável que essa característica aumente sua resistência ao ataque de pragas e doenças. Outras pragas podem causar danos esporádicos, entre elas insetos como *Sipha flava*, *Mocis latipes* (lagarta-dos-capinzais), *Elasmopalpus lignosellus* e *Spodoptera frugiperda*. Todavia, a praga mais importante que ataca esse capim são as formigas cortadoras de folhas, principalmente na fase inicial de estabelecimento que, em algumas situações, podem comprometer o sucesso da formação da pastagem. A maioria dos insetos que atacam essa gramínea no Brasil, é pragas locais, o que aparentemente a deixa livre das pragas de origem africana (Lenné e Calderon, 1989).

Poucas doenças de importância para o capim-andropogon têm sido detectadas na América tropical. Entretanto, nessa região, os fungos *Rhynchosporium oryzae*, agente da mancha foliar e *Myriogenospora* sp., têm causado alguns danos. Não tem sido detectado problema causado por nematoides nessa gramínea.

O *Andropogon gayanus* destaca-se pela alta produção e pela boa qualidade da forragem durante a estação chuvosa, por desenvolver em solos arenosos, com baixa fertilidade e pouco profundos e por tolerar o percevejo castanho e a cigarrinha das pastagens. Tem como limitações a dificuldade de distribuição das sementes por ocasião da semeadura, acentuada queda na qualidade da forragem no final da estação das águas e início da seca, além de deixar parte do solo descoberto, permitindo o estabelecimento de plantas daninhas, fato que pode estar relacionado com a dificuldade de semeadura.

Gênero Cynodon Rich.

A família Gramineae possui vários gêneros, destacando-se, de acordo com as áreas cultivadas no Brasil, como *Brachiaria* spp. e *Panicum maximum*. O gênero *Cynodon* também é uma opção de forrageira, largamente utilizada nos EUA. No Brasil, em contraste com as cultivares de *Brachiaria*, essa gramínea apresenta potencial para a utilização em solos férteis (SIMPÓSIO SOBRE MANEJO DA PASTAGEM, 2004; Vilela *et al.*, 2004). O sucesso ou o fracasso obtido com a formação e persistência desta forrageira relaciona-se à adaptação da cultivar às condições edafoclimáticas, fertilização e o manejo do pastejo.

O gênero *Cynodon* pertencente à família Poaceae (alt. *Gramineae*), subfamília: Chloridoideae, tribo: Cynodonteae, em que se agrupam oito espécies. Foi bastante estudado por Dr. Jack R. Harlan que, com outros pesquisadores, determinaram a sua distribuição geográfica. Burton (1966) relatou que a grama-bermuda (*C. dactylon* var. *dactylon*) foi introduzida nos EUA pelo governador Henry Hellis, em 1751, proveniente da savana africana. Segundo Harlan (1970), o seu centro de origem mais provável é o Paquistão Ocidental e a Turquia. Na América, de acordo, com Maraschin (1988), essa gramínea foi provavelmente introduzida pelos colonizadores espanhóis.

Duas espécies de *Cynodon* encontram-se amplamente disseminadas nas regiões tropicais e subtropicais do mundo, sendo *C. dactylon* (L.) Pers conhecida como grama-bermuda e *C. nlemfuensis* Vanderyst Clayton & J.R. Harlan como grama-estrela, tendo esta última, como centro de origem o Leste da África.

C. dactylon é uma gramínea perene, estolonífera e a maioria dos genótipos apresentam rizomas, dossel denso, com altura geralmente de 40 a 50 cm. As lâminas foliares são glabras ou com pilosidade esparsa, frequentemente com cerosidade, geralmente glaucas com margens escabras, comprimento de 3 a 15 cm e largura de 2 a 4 mm; lígula membranácea com pilosidade. A inflorescência é uma panícula digitada, com 4 a 5 racemos, as espiguetas são longas (2 a 3 mm) e as cariopses ovoides. São adaptadas a solos bem drenados, exigindo precipitação de 625 a 1.750 mm e não toleram sombreamento. Alguns genótipos podem ser suscetíveis a doenças causadas por fungos (*Puccinia graminis* e *Helminthosporium*, dentre outros). Normalmente, são propagadas vegetativamente e alguns genótipos por sementes.

C. nlemfuensis apresenta duas variedades, var. *nlemfuensis* e var. *robustus*. São gramíneas perenes, com colmos robustos ou finos, estolonífera (não rizomatosa). Os colmos geralmente apresentam 100 cm da altura e 1 a 3 mm de diâmetro próximo à gema. As lâminas foliares são lanceoladas, com coloração verde ou arroxeada, geralmente pubescentes, com 3 a 30 cm de comprimento e largura de 2 a 7 mm; lígula membranácea pilosa. A inflorescência é uma panícula digitada ou subdigitada, geralmente com 4 a 5 racemos (7-10), as espiguetas são verdes ou vermelho-arroxeadas e são gramíneas adaptadas a solos bem drenados, precipitação de 800 a 1.200 mm e toleram sombreamento moderado. Alguns genótipos podem ser suscetíveis a doenças causadas por fungos (*Puccinia graminis*, *P. cynodonis* e *Helminthosporium*, dentre outros). Essa forrageira frequentemente é propagada vegetativamente.

O alto número de híbridos de *Cynodon* disponíveis justifica-se pela vantagem que este gênero oferece aos melhoradores, pois podem ser facilmente propagados vegetativamente. Isso facilita a identificação de novas cultivares e o caráter estéril dos híbridos auxilia o controle da pureza genética, com menor custo (Burton, 1986).

Os híbridos de *Cynodon* estão sendo desenvolvidos nos EUA, desde 1940, por causa da esterilidade da *Digitaria decumbens* (capim-pangola), na época a principal gramínea utilizada nos programas de melhoramento, o que inviabilizou o programa de melhoramento genético para maior tolerância a baixas temperaturas o que foi realizado em Tifton, iniciando-se a partir de então com *Cynodon* spp. Desde 1943, *C. dactylon* deu origem a cultivares de interesse forrageiro, isto é, Coastal, no qual apresentou resistência ao *Helminthosporium* spp. e a nematoides, com maior acúmulo de massa em relação à grama-bermuda *comum* e respondendo à adubação nitrogenada. A partir dessa data, o gênero deixou de ser considerado apenas como uma gramínea invasora no Sul dos EUA.

O primeiro híbrido obtido foi Coastal Bermuda (F1, estéril), pelo Dr. Glenn W. Burton na Universidade da Geórgia (EUA), sendo registrado em 1953. Resultado do cruzamento entre *C. dactylon* encontrado em campo de algodão por J.L. Stephensens, em Tifton, na Geórgia, em 1929, e *C. dactylon* introduzido da África do Sul, foi a melhor planta entre as 5.000 obtidas (Burton, 1966). A Coastal foi a primeira gramínea largamente implantada por propagação vegetativa nas pastagens.

No Brasil, as introduções dos híbridos de *Cynodon* spp., lançados nos EUA, ocorreram, na maioria das vezes, sem avaliação prévia nas condições brasileiras, por iniciativa de pecuaristas e por empreendimento comercial. Pedreira *et al.* (1998) citou o renovado interesse por *Cynodon* spp., no Brasil, resultando na introdução de várias cultivares, geralmente ocorrida mais rapidamente do que as informações relacionadas ao potencial forrageiro nas condições nacionais. Alguns dos genótipos de *Cynodon* spp. introduzidos no Brasil merecem destaque em razão da disseminação no país e dos resultados obtidos no meio acadêmico, nos quais serão apresentados resumidamente a seguir.

Coastcross-1 (*C. dactylon*), híbrido interespecífico (F1), estéril, resultado do cruzamento entre Coastal (**Figura 20a**) e *C. nlemfuensis* var. *robustus* introduzido do Quênia, foi a primeira gramínea selecionada com a finalidade de melhorar a qualidade da forragem (Burton, 1972). Nos ensaios de parcela sob corte, o híbrido Coastcross-1, quando comparado à genitora materna, foi 12% mais digestível, embora apresentasse menor acúmulo de massa. Em três anos de avaliação, a Coastcross-1 (pastejo ou feno), Burton *et al.* (1967) verificaram ganhos de peso diário superiores a Coastal de 30% e 50%/ha. Em Cuba, Burton (1986) relatou que vacas Holandesas, sem a utilização de concentrados, produziram em torno de 4.500 kg de leite por lactação.

A Coastcross-1 é largamente utilizada no Brasil e em outros países da América, mas apresenta estabelecimento lento em relação aos demais híbridos. Essas são plantas com estolões vigorosos e com poucos rizomas, colmos finos e boa relação folha/colmo, sendo indicada para fenação e pastejo.

Tifton 44 (*C. dactylon)* é um híbrido estéril (F1), obtido entre Coastal e uma grama-bermuda que sobreviveu ao inverno em Berlim (Alemanha) por 15 anos, sendo coletada em 1966 (Utley *et al.*, (1978). Morfologicamente, são plantas que apresentam entrenós curtos e rizomas, colmos finos e folhas pequenas (Burton; Monson, 1978). Segundo esses autores, possuem potencial para maior acúmulo de massa em relação à Midland, porém com estabelecimento lento. Nos EUA, são muito utilizadas para equinos em virtude do elevado potencial qualitativo, sendo superior ao da Coastal e é utilizada para pastejo e fenação.

Tifton 68 (*C. nlemfuensis*) é o híbrido que foi obtido entre o cruzamento de dois acessos de maior digestibilidade dentre uma coleção com 500 introduções (Burton; Monson, 1984) e foi selecionada para alta cobertura do solo e maior acúmulo de massa. Essa forrageira destacou-se quando comparada com outros 80 híbridos, alcançando 14 t/ha/ano de massa seca e 64,3% de digestibilidade.

Apresenta o dossel mais aberto, com lâminas foliares largas e pilosas com coloração verde pálido, colmos grossos, estolões longos e pouco ou nenhum rizoma, porém não é tolerante ao frio. É uma das gramíneas do grupo das Bermudas mais produtivas e de maior potencial qualitativo já desenvolvido pela equipe do Dr. Burton, sendo muito utilizada para fenação e pastejo. Atualmente, é utilizada nos programas de melhoramento genético com a finalidade de elevar o acúmulo de massa e a qualidade da forragem.

Figura 20. a. Coastal. b.Tifton 85.

Tifton 78 (*C. dactylon*), híbrido estéril (F1), produto do cruzamento entre Tifton 44 e cv. Callie (Burton; Monson, 1988), foi selecionada graças à maior facilidade no estabelecimento e a rápida cobertura do solo. Essas são plantas estoloníferas e rizomatosas, com lâminas foliares e colmos finos, resistentes à ferrugem e são indicadas para fenação e pastejo.

Em avaliação sob corte, Tifton 78 apresentou maior acúmulo de massa e, em três anos sob pastejo, verificou-se 13% a mais de ganho por animal e 36% por ha que a genitora materna (Burton, 1986). Em relação a Coastal produziu mais massa seca (25%) com maior digestibilidade (7%), o que resultou em maior desempenho animal na ordem de 36% (Burton, 1986).

Tifton 85 (*C. dactylon)* é o híbrido entre Tifton 68 e um genótipo introduzido da África do Sul (Burton *et al*., 1993), tendo sido selecionada para maior acúmulo de massa e digestibilidade (**Figura 20 b**). É considerado o melhor híbrido obtido na *Coastal Plain Experimente Station*.

No Brasil, essa forrageira foi bem aceita pelo setor produtivo, provavelmente em decorrência da grande repercussão que obteve no país de origem. Em comparação a Coastal, apresentou 26% a mais de massa seca e 11% de digestibilidade. Essas são plantas com porte mais alto e melhor relação folha/colmo que Tifton 68, estolões longos e presença de rizomas, lâminas foliares largas e com coloração verde-escura e é utilizada para fenação e pastejo. Pedreira *et al*. (1999) observaram maiores ganhos em peso por ha e digestibilidade para Tifton 85 em relação a Florakirk.

Florakirk (*C. dactylon*), híbrido do cruzamento entre cv. Callie (var. *aridus*) e Tifton 44, selecionada para tolerância ao frio e resistência à ferrugem (Mislevy*et al*., 1999). Segundo Hill *et al*. (2001), essa gramínea é geneticamente semelhante à Tifton 78.

Essas plantas são estoloníferas e rizomatosas, podendo atingir até 70 cm. Apresentam nós e entrenós glabros, bainhas soltas e glabras, lígula avermelhada com pelos rijos, lâminas com pouca pilosidade na face superior e glabra na inferior. Na inflorescência predomina cor vermelho-arroxeada, propaga-se vegetativamente e o estabelecimento é rápido. Apresentam características desejáveis para a fenação, como colmos finos e boa relação folha/colmo, mas também utilizada para pastejo. A forragem de Florakirk apresenta potencial para produzir altos teores de ácido prússico ou cianídrico (HCN-p), principalmente quando adubada com altas doses de nitrogênio.

Outras forrageiras do gênero *Cynodon* foram introduzidas recentemente no Brasil, porém as informações a elas pertinentes são escassas, a saber: Jiggs (*C. dactylon*) e Vaquero (*C. dactylon*) que é propagada por sementes. Randüz (2005), ao avaliar a cv. Jiggs, observou que essa apresentou melhores atributos qualitativos que Tifton 68 e 85 para equinos. Outros genótipos de *Cynodon* são utilizados como forrageira, principalmente nos EUA, mas com menor expressão no Brasil, sendo os de *C. dactylon*: Tift (Flórida, 1941), Tifton (Flórida, 1952), Midland (Flórida, 1953), Suwannee (Geórgia, 1953), Tiffine (Flórida, 1953), Tiflawn (Flórida, 1953), Tifgreen (Flórida, 1956), Greenfield (Oklahoma, 1954), Suwannee (Geórgia, 1962), Tifdwarf (Flórida, 1966), Tifway (Flórida, 1966), Alicia (Texas, 1967), Giant ou NK37 (EUA, 1972), Oklan (EUA, 1972), Callie (Mississippi, 1974), Hardie (Oklahoma, 1974), Tift (Geórgia, 1974), Brazos (Texas, 1982), Guymon (Oklahoma, 1982), Grazer (Louisiana, 1985), Tifway II (Flórida, 1985), Tifton 72-84 (Flórida, 1986), Tifton 10 (Flórida, 1990), Russell (Alabana, Louisiana, 1994), Tift 94 (Flórida, 1997), Tifteagle (Flórida, 1999); *C. nlemfuensis*: Ona (Flórida, 1979), Florico (Flórida, 1993), Florona (Flórida, 1988); *C. aethiopicus*: Henderson N° 2 (Zimbave), McCaleb (Flórida, 1975). Informações sobre essas forrageiras podem ser obtidas nos sites: www.forages.css.orst.edu/Topics/Species/Grasses/Bermudagrass/Cultivars.html, www.cpes.peachnet.edu/fat/bermudagrass.htm, www.tropicalforages.info. www.fao.org/ag/aga/agap/frg/AFRUS/Data/617.HTM.

Os híbridos de *Cynodon* introduzidos no Brasil têm gerado informações importantes relacionadas ao manejo com bases ecofisio-lógicas, isto é, Pedreira e Tonato (2006). As forrageiras de *Cynodon* spp. com manejo apropriado, fertilidade do solo adequada, maturidade e oferta de forragem podem ser utilizadas com sucesso nas condições brasileiras, tanto sob pastejo como para produção de feno. Para essa finalidade, apresentam a vantagem de possuir alto teor de matéria seca e facilidade de desidratação do colmo.

As espécies do gênero *Cynodon* destacam-se pelo elevado acúmulo de forragem, de boa qualidade e por tolerar superpastejo, quando adequado manejo do pastejo é utilizado. Como limitações, podem-se citar a implantação por mudas, as exigências em manejo e solos com alta fertilidade, além da suscetibilidade à cigarrinha das pastagens.

Hemarthria altissima (Poir.) Stapf & C.E. Hubb.

Originária do vale do Rio Limpopo, Região ao Norte de Transvaal, na África do Sul, a hemártria é uma gramínea perene de estação quente da tribo *Andropogoneae*. Apresenta hábito de crescimento rizomatoso-estolonífero, emitindo no início do seu estabelecimento um grande número de estolhos, enraizando-se por meio dos nós inferiores, para depois constituir uma massa vegetativa que pode atingir até 1,50 m de altura em por causa da cultivar e da fertilidade do solo.

A inflorescência é um racemo, frequentemente subdividido. Nas condições ambientais brasileiras, floresce de dezembro a fevereiro e, apesar de ser grande o número de inflorescências, a percentagem de formação de sementes viáveis é muito baixa. Assim, a sua propagação é feita via vegetativa. O número básico de cromossomos da *Hemarthria altissima* é nove, sendo que há introduções diploide, 2n=18, 20 e tetraploide 2n=36, 40, as quais, além de serem mais robustas, apresentam melhor valor nutritivo e formação mais rápida. A hemártria, embora seja espécie de estação quente, apresenta boa tolerância às temperaturas baixas. A temperatura ótima para crescimento está entre 31 e 35°C, sendo seriamente prejudicada por temperaturas acima de 38°C, sobretudo quando associadas aos períodos de seca.

Tolera solos ácidos e sujeitos à umidade excessiva. É considerada uma espécie de média exigência em nutrientes, devendo ser implantada em solo com valor de saturação de bases mínimo de 60 % e teores de 6 a 8 mg/dm^3 de fósforo e 0,15 a 0,20 cmol/dm^3 de potássio. Solos pobres em matéria orgânica devem receber 20 a 30 kg/ha de nitrogênio no plantio e anualmente em cobertura 30 a 90 kg/N/ha. Pode ser plantada durante o ano todo, entretanto, a melhor época para estabelecer uma pastagem de hemártria é no período que ocorre maior precipitação e temperaturas mais altas, de outubro a março.

Pode ser estabelecida por mudas, na quantidade de 2.500 a 3.000 kg/ha, utilizando-se a parte aérea com raízes, com espaçamento de 1,00 x 1,00 m, ou somente os colmos maduros, mas não secos, distribuídos a lanço em solo preparado, com teor adequado de umidade, que devem ser cobertos com grade leve e rolo compactador.

Praticamente, não ocorrem doenças e pragas com as cultivares de *Hemarthria*. De forma isolada, em algumas áreas, tem sido relatada a ocorrência de fungos, *Phytium, Fusarium, Puccnia, Cercosporella*, assim como de nematoides e pulgões, para os quais foram identificadas cultivares resistentes.

Do grupo de plantas do gênero *Hemarthria* introduzidas no Brasil, três genótipos foram selecionados e lançados através do IAPAR, no Paraná; são as cultivares IAPAR 35 - Roxinha, IAPAR 36 - Flórida e IAPAR 37 - Preferida. Em Santa Catarina, a EMPASC lançou a cv. Empasc 302, material procedente da Universidade da Flórida, como FL 36-1863.

Cultivar IAPAR 35 - Roxinha

A cultivar roxinha foi a primeira a ser lançada pelo IAPAR. Apresenta hábito de crescimento estolonífero (**Figura 21**), cobrindo bem o solo, sendo tolerante ao pisoteio animal e temperaturas baixas, suportando até 2°C negativos. Após o inverno, sua rebrota é rápida, com a melhor taxa de crescimento na primavera, dentre as gramíneas subtropicais.

Essa cultivar tolera solos ácidos, sendo pouco exigente em nutrientes, porém responde de forma significativa à adubação química e orgânica, quando cultivada em solos pobres em NPK e Ca+Mg. Tem como fator limitante sua formação, que é lenta, além de baixa aceitação pelos animais e queda no valor nutritivo quando atinge estádio mais avançado de crescimento.

As informações preliminares no Estado do Paraná, sobre o comportamento animal em pastagens de hemártria, foram obtidas com a cv. Roxinha, por meio de trabalho conduzido por Postiglioni (1990). O estudo foi realizado na região dos Campos Gerais, do PR, em solo com baixos níveis de nutrientes e com animais na fase de recria, sem qualquer suplementação nos períodos críticos. Em média, ela manteve 5,6 a 7,8 bezerros (com 170 kg) no período de primavera/verão e 4,0 bezerros no outono/inverno. Proporcionou um ganho médio anual de 246 g/cab./dia e um total de 307 kg/ha de peso vivo.

Com animais na fase de terminação, em Ponta Grossa-PR, Postiglioni (1991) observou que a utilização da hemártria Roxinha (80% da área) com pastagens anuais de inverno (aveia e azevém 20% da área), melhorou acentuadamente os ganhos individuais dos animais que pastejam essa cultivar, resultando em ganhos por unidade de área de 291 e 390 kg/ha/ano, respectivamente, tratamentos sem e com supletiva. A utilização das pastagens supletivas também reduziu a idade de abate dos novilhos em cerca de 4 meses em relação à testemunha.

A hemártria Roxinha tem demonstrado ser uma cultivar adaptada a solos de baixa fertilidade, produzindo boa quantidade de forragem e suportando um número considerável de animais por unidade de área nessas condições. Entretanto, em estudos, tem sido observado que a cultivar proporciona forragem com teores de proteína bruta com níveis recomendados para gado de corte na primavera, reduzindo nas estações seguintes.

Com o objetivo de melhorar o desempenho de animais mantidos em hemártria Roxinha, Postiglioni (1995), em Ponta Grossa, conduziu um trabalho de pesquisa durante dois anos, com novilhos mantidos nessa pastagem, com e sem acesso a bancos de proteína, formados por guandu no verão e cornichão no outono/inverno. Foi observado que em todas as estações do ano, os animais que tiveram as leguminosas como suplemento proteico, apresentaram melhores ganhos individuais.

Figura 21. Planta de *H. altissima* cv. Roxinha.

Cultivar IAPAR 36 - Flórida

É um ecótipo originário da África do Sul, introduzido nos Estados Unidos pela Universidade da Flórida, com a identificação X-93-2. No Paraná, após ser avaliada em diversas regiões, foi lançada pelo IAPAR como a cv. Flórida. Estolonífera, alastra-se rapidamente na superfície do solo, é muito vigorosa, atinge até 1,50 m de altura, quando não é cortada ou pastejada. Suas folhas têm uma coloração verde-escura, com alguma tonalidade roxa (**Figura 22**). Os colmos são verdes passando para roxo depois de maduros, os quais são bem desenvolvidos, o que facilita sua propagação por via vegetativa. As folhas e os colmos apresentam pilosidade.

Dentre as hemártrias recomendadas pelo IAPAR, é a cultivar mais robusta e a que apresenta formação mais rápida.

Avaliada sob pastejo no IAPAR, em Ponta Grossa, durante três anos, com o objetivo de comparar a hemártria Flórida com outras seis gramíneas de estação quente, foram observados com a referida gramínea maiores ganhos/animal e por área, sendo obtidos 0,665 kg/an./dia e 409 kg/ha/ano, respectivamente (Postiglioni, 2000).

Quando essa cultivar foi avaliada com o acréscimo de 20 e 35% da área com pastagem supletiva, de aveia no inverno e milheto no verão, verificou-se ganhos de 319; 453 e 502 kg/ha/ano, respectivamente para os tratamentos sem supletiva, 20 e 35% da área com supletivas (Postiglioni *et al.*, 2000).

Numa avaliação na região dos Campos Gerais do PR, com a hemártria Flórida submetida a dois métodos de pastejo, com lotação contínua e rotacionada, Postiglioni *et al.* (2004) observaram ganho/animal de 0,751 e 0,637 kg/dia e ganho/área de 487 e 493 kg/ha/ano, respectivamente.

Em pastagem de hemártria Flórida com 70 dias de diferimento, Postiglioni e Molleta (2006) obtiveram ganhos individuais de 0,237 kg/na./dia e ganho/área de 90 kg/ha de peso vivo, para o período de maio a setembro.

Cultivar IAPAR 37 - Preferida

Encontrada na África do Sul, foi introduzida nos Estados Unidos pela Universidade da Flórida com o número FL 976. No Brasil, a Embrapa Gado de Leite introduziu esse genótipo e, após ter sido avaliado pelo IAPAR em diferentes regiões do Paraná, foi lançado como cultivar IAPAR 37 - Preferida.

Estolonífera, de formação rápida, forma uma massa vegetativa que pode atingir até 1,20m de altura. As folhas são de coloração verde brilhante e mantém essa tonalidade em estádios mais avançados de crescimento (**Figura 23**). É mais resistente ao frio em relação à cv. Flórida, porém menos quando comparada com a Roxinha. Dentre as cultivares lançadas pelo IAPAR, é a mais exigente em nutrientes.

A hemártria Preferida pode ser utilizada para pastejo e fenação. Na forma de pastejo, a altura recomendada para iniciar a sua utilização é de 20 a 30 cm e, para fenação, o corte pode

Figura 22. Planta de *H. altissima* cv. Florida.

Figura 23. Planta de *H. altissima* cv. Preferida.

ser feito quando atinge a altura de 50 a 55 cm, deixando-se, em ambos os casos, um resíduo de 7 cm para facilitar a rebrota. Quando é utilizada sob pastejo, beneficia-se pelo sistema de pastejo rotacionado, sendo recomendável um período de descanso de 4 a 5 semanas no período de primavera/verão e de 8 a 9 semanas, no outono/inverno.

Avaliações em parcelas experimentais na região de Ponta Grossa, a hemártria Preferida produziu 12.000 kg/ha/ano de matéria seca, com 73% da produção obtida na estação quente e, o restante, na estação fria do ano. O seu valor proteico é variável de acordo com o estádio de crescimento, época do ano e fertilidade do solo, situando-se entre 5 e 12% de proteína bruta (Postiglionil, 1984).

Cultivar Empasc 302

Dentre as cultivares e ecótipos de *H. altissima*, introduzidos e avaliados na Estação Experimental de Lages-SC, destacou-se a FL 36-1863, genótipo lançado pela EMPASC, como cv. EMPASC 302. Suas características mais importantes são: resistência ao frio, neve, geada, pragas e doenças nas condições de Lages, SC.

Embora seja estolonífera, apresenta uma formação muito lenta, demorando a cobrir totalmente o terreno.

Apresenta folhas e colmos finos, sendo exigente em nutrientes, vegetando melhor em solos ricos em matéria orgânica.

Na Estação Experimental de Lages, Tcacenco (1981) realizou trabalho com o objetivo de determinar o potencial de produção e a qualidade da *H. altissima* cv. EMPASC 302, no período outono-inverno, diferida em três épocas, com cortes realizados cada 8; 12; 16 e 20 semanas. Para cortes realizados durante o inverno, os valores de PB situaram-se entre 8,6 e 15,2%. A produtividade foi superior nos cortes realizados na primeira época de diferimento (7.988 kg MS/ha) do que nas demais (2.888 e 2.593 Kg MS/ha, respectivamente, para segunda e terceira épocas), sendo observada a mesma tendência no tocante à produção de PB (801, 336 e 303 kg/ha, respectivamente, para a primeira, segunda e terceira épocas). A correlação entre altura da planta antes do corte e produção de MS foi alta. A produção de MS (Y, em kg/ha) pode ser estimada pela equação Y= - 1.418 + 191,5 h, em que h significa a altura da planta antes do corte em cm.

A hemártria destaca-se das demais espécies tropicais, por tolerar temperaturas mais baixas, suportar solos úmidos e encharcados e produzir forragem de boa qualidade. Há, porém, limitação quanto à sua multiplicação, por ser vegetativa e com estabelecimento lento. A dificuldade de plantio é perfeitamente contornável, por meio do plantio a lanço de colmos maduros, mas não secos, em solo preparado e com posterior incorporação, reduzindo os custos e o tempo para implantação da espécie.

Gênero *Avena* L.

O gênero *Avena* tem como centro de origem a Ásia Menor ou Norte da África (Allard, 1971). As principais espécies cultivadas são *A. strigosa* Schreb (preta) e *A. sativa* L. (branca), conhecidas como aveia preta e branca, respectivamente. A espécie *A. byzantina* (aveia amarela), fundiu-se à *A. sativa*, formando uma subespécie desta (Suttie, 2008). No Brasil, a aveia é cultivada na Região Sul e em alguns locais das Regiões Sudeste e Centro-Oeste, sujeitas à geada (COMISSÃO BRASILEIRA DE PESQUISA DE AVEIA, 2003).

Aveia é uma planta de clima temperado que suporta déficit hídrico e tolera temperaturas elevadas para as plantas deste grupo anatômico (C_3), podendo ser cultivada nas regiões de clima temperado a tropical.

São plantas anuais, eretas, com 0,7 a 1,5 m de altura, glabras ou pouco pilosas, folhas estreitas e longas, com presença de lígula membranosa; inflorescências em panículas abertas ou piramidais; espiguetas com 1 a 3 antécios; glumas desenvolvidas; lemas, normalmente, com aristas dorsais retorcidas (**Figura 24**). Algumas características morfológicas distintas entre as aveias brancas e pretas permitem a identificação das espécies (**Tabela 7**).

A aveia produz forragem de ótima qualidade, apesar da forragem da aveia preta apresentar melhor composição bromatológica

Figura 24. Planta de *Avena strigosa*.

(Fontaneli *et al.*, 1996; Machado, 2000) e a aveia branca ser, normalmente, mais aceita por bovinos.

A aveia preta é mais cultivada para produção de forragem e palha, e seus grãos são utilizados para a alimentação animal. A aveia branca é cultivada com essa mesma finalidade, porém, como seus grãos são maiores, é empregada também para alimentação humana.

Nas Regiões Sudeste e Centro-Oeste do Brasil, com estação seca durante o inverno, a aveia pode produzir, com base na matéria seca, de 2 a 3 t/ha de forragem, de 4 a 6 t/ha de palha e, quando não pastejada, a produção de grãos pode ser de 500 a 700 kg/ha, de aveia preta, e de 1.500 a 2.000 kg/ha de aveia branca (Machado, 2000). Na Região Sul, as produções podem chegar de quatro a 6 t/ha de forragem e de 5 a 10 t/ha de palha e rendimento de grãos de até 5.000 kg/ha, no caso da aveia branca (REUNIÃO DA COMISSÃO BRASILEIRA DE PESQUISA DE AVEIA, 2007). Em pastejo, a aveia pode proporcionar ganho médio por animal de até 900 g/dia (Kichel; Miranda, 2000a). As principais cultivares: São Carlos e UFRGS 17, de aveia branca, e IAPAR 61 - Ibiporã, Moreninha, Embrapa 29 – Garoa e Comum, de aveia preta.

Tabela 7. Diferenças morfológicas entre *Avena sativa* e *strigosa*.

Características	*Avena sativa*	*Avena strigosa*
Folhas	largas	estreitas
Colmos	largos	estreitos
Glumas	largas e compridas	estreitas e curtas
Ápice do lema	inteiro ou bidentado	biaristulado
Cor do lema (grão)	branco a amarelado	preto com estria clara
Tamanho dos grãos	largos e compridos	estreitos e curtos

Justifica-se o cultivo de aveia, principalmente, em sucessão a culturas anuais, como soja e milho e em regiões sujeitas à geada. Não há por que substituir pastagens perenes por aveia, exceto em algumas condições na Região Sul. Nas regiões onde não ocorrem geadas, as espécies tropicais são mais produtivas.

A aveia destaca-se das demais espécies anuais por produzir forragem de boa qualidade e por tolerar secas e baixas temperaturas, inclusive geadas. Como limitações destacam-se o alto custo das sementes, a exigência por solos férteis, suscetibilidade a doenças e a menor duração do ciclo em relação às outras espécies anuais.

Pennisetum americanum (L.) Leeke

Popularmente conhecido como milheto, pasto-italiano e *pearl-millet*, o *Pennisetum americanum* (L) Leeke (sin. *P. glaucum* (L.) R. Brown) é uma espécie de clima tropical de origem africana que apresenta rápido desenvolvimento inicial e florescimento precoce (FOOD AND AGRICULTURE GRASSLAND, 2008a). É uma planta anual, diploide (2n = 14), com hábito de crescimento ereto, porte alto, folhas largas e compridas, com pouca pilosidade, concentrada na inserção da lâmina foliar com a bainha, e panícula contraída (**Figura 25**).

Na África e Índia, o milheto é importante para a produção de grãos. No Brasil, é utilizado para produção de forragem e, por apresentar rapidez no estabelecimento e pouca exigência hídrica, passou a ser cultivado com sucesso na safrinha, como forrageira. Como planta de cobertura de solo para o plantio direto, o milheto teve uma grande expansão na Região dos Cerrados (Pitol, 1999). Pode ser utilizado também para a produção de feno e silagem.

Apesar do milheto vegetar em solos pobres, é necessário solo fértil para que expresse seu potencial de

Figura 25. Planta de *Pennisetum americanum*.

produção. Não tolera geada nem solos encharcados. Uma das características que destacam o milheto entre as forrageiras é a rapidez no estabelecimento, permitindo pastejo após 40 a 50 dias da semeadura. Seu ciclo é relativamente curto, mantendo-se produtivo por três meses, aproximadamente. Pode produzir até 20 t/ha de massa seca de forragem, até 1.500 kg/ha de grãos e até 1.000 g/an./dia (Kichel; Miranda, 2000b).

A rapidez no estabelecimento e a concentração da produção de forragem num curto período de tempo demanda um grande número de animais para realizar o pastejo. A precocidade no estabelecimento é uma característica desejável, em algumas situações, mas requer planejamento da área a ser implantada para evitar perdas de forragem e consequente queda do valor nutritivo.

Ainda há no mercado semente de milheto comum, mas na última década foram geradas cultivares mais produtivas, como BRS 1501, BN 1, BN 2, ADR 300 e ADR 500.

O milheto destaca-se das forrageiras perenes pela precocidade de estabelecimento, boa qualidade da forragem e baixo custo das sementes, porém a curta duração de seu ciclo vegetativo e a suscetibilidade a doenças foliares são limitações ao seu cultivo.

Gênero *Sorghum* Moench

O sorgo forrageiro cultivado no Brasil pertence às espécies *S. bicolor* (L.) Moench e *S. sudanense* (Piper) Stapf e seus híbridos. A segunda espécie é também conhecida como capim-sudão ou aveia de verão.

São espécies de clima tropical, de origem africana, com rápido desenvolvimento inicial. São plantas anuais, diploide (2n = 20), com hábito de crescimento ereto, porte alto, folhas largas e compridas, glabras, muitas vezes com presença de cerosidade, panícula típica a contraída (FOOD AND AGRICULTURE GRASSLAND..., 2008b; Figura 26). O *S. bicolor* é utilizado para produção de grãos, silagem e para pastejo. O *S. sudanense* e seus híbridos são indicados para o pastejo. O *S. sudanense* é mais rústico, tolerante à seca, mais precoce e com maior perfilhamento que o *S. bicolor*.

Entre as cultivares de sorgo, há variação no crescimento inicial e ciclo de desenvolvimento. Existem cultivares tão precoces quanto o milheto e outras, com crescimento inicial lento, sendo tão tardias que perenizam.

No sorgo pode ocorrer o glicosídeo durrina e a enzima emulsina que, dependendo da concentração, são considerados fatores antinutricionais. O aparelho digestivo dos ruminantes é excelente local para hidrólise da durrina, com liberação do ácido cianídrico, na presença de emulsina. A presença desses compostos pode causar o timpanismo (empanzinamento) dos animais e, se não for tratado, pode levar à morte. Os híbridos de sorgo para pastejo foram selecionados para baixos níveis desse ácido, porém algumas condições podem ser favoráveis ao aumento do teor de ácido cianídrico na forragem, como secas prolongadas, ocorrência de geada ou granizo, adubação nitrogenada ou plantas muito jovens. Portanto, é recomendável pastejar as plantas quando atingirem, no mínimo 0,5 m de altura, ou com idade superior a 30 dias, (Rodrigues *et al.*, 2004). Com isto, a concentração

Figura 26. Planta de *Sorghum bicolor* cv. Santa Elisa.

desses compostos é diluída, evitando-se distúrbio nutricional.

O sorgo pode ser mais produtivo que o milheto, principalmente em condições desfavoráveis de precipitação. As cultivares de ciclo mais longo apresentam a vantagem da melhor distribuição do acúmulo de forragem. A limitação ao cultivo do sorgo é o preço da semente, na sua maioria híbridos, pois apresentam custo mais elevado que as do milheto. A produção do sorgo forrageiro pode ser superior a 20 t/ha, na safra, e, na safrinha, pode variar de 4 a 8 t/ha, dependendo das condições de precipitação. A forragem produzida é de boa qualidade (Lima *et al.*, 2005).

Indicados para o pastejo, existem no mercado os híbridos 1P 400, 855F, AG 2501, BRS 800 e 801. A cultivar Santa Elisa, lançada há mais de 40 anos pelo IAC, é ainda utilizada por alguns produtores, com previsão de retorno ao mercado nos próximos dois anos. Esse genótipo de *S. bicolor* tem bom desenvolvimento durante a estação seca, em sucessão às culturas de verão (Machado *et al.*, 2004). Por não ser híbrido e pelo bom potencial de produção de sementes poderá competir no mercado a preços compatíveis com o milheto. O *S. sudanense* também é comercializado, mas sem garantia de origem.

O sorgo forrageiro destaca-se pela precocidade no estabelecimento, semelhante ao milheto, além de produzir forragem de boa qualidade. O alto custo das sementes, já que hoje são comercializados híbridos, e a possibilidade de apresentar fator antinutricional, são fatores negativos ao seu cultivo.

Gênero *Stylosanthes* Sw.

A percepção de que o uso de leguminosas forrageiras poderia resultar em uma contribuição potencial ao sistema de produção animal nos trópicos ocorreu na década de 1960. Havia o conhecimento de que as gramíneas tropicais apresentavam qualidade inferior às temperadas, e que a introdução de leguminosas adaptadas ao sistema de criação de animais sob pastejo resolveria dois problemas:

a) o baixo nível de nitrogênio nos solos tropicais; e

b) a reduzida qualidade proteica disponível na dieta de animais ruminantes (Shelton *et al.*, 2005).

Entre as leguminosas forrageiras estudadas destacaram-se algumas espécies do gênero *Stylosanthes*, pela sua alta adaptação aos solos fracos e ácidos dos Cerrados, alta capacidade de fixação simbiótica de nitrogênio, tolerância à seca e elevada produtividade.

O gênero *Stylosanthes*, constituído por aproximadamente 45 espécies e subespécies (Grof *et al.*, 2001), tem como principal centro de origem a América do Sul, particularmente o Brasil, além de centros secundários na região do México-Caribe e, em menor número de espécies, na África, Índia e Indonésia (Stace & Cameron, 1984; Liu *et al.*, 1999). No Brasil, estudos com espécies desse gênero iniciaram-se na década de 1940, sendo que os programas de melhoramento efetivos para aquelas com melhor desempenho iniciaram-se apenas na década de 1990 (Andrade & Karia, 2000).

Várias espécies de *Stylosanthes* foram

submetidas à seleção, num procedimento baseado na avaliação de ecótipos e identificação dos mais adaptados, com alta resistência à antracnose, doença causada pelo fungo *Colletotrichum gloeosporioides*. Esse procedimento resultou na liberação de seis cultivares comerciais no Brasil, desde 1970. Atualmente, apenas a 'multilinha' Estilosantes Campo Grande está sendo comercializada no País. Representa uma história de sucesso de adoção de leguminosas, pois atingiu uma área de cultivo de mais de 450 mil hectares desde o seu lançamento no ano 2000 (Fernandes *et al.*, 2005), com expectativa de incremento de 50% da área em 2008 (Fernandes *et al.*, 2008). Essa área nunca antes foi alcançada por outra leguminosa forrageira.

Em 2000, a Embrapa Gado de Corte lançou o *Stylosanthes capitata* cv. Campo Grande I e o *Stylosanthes macrocephala* cv Campo Grande II (**Figura 27**). Na prática, as duas espécies compõem uma mistura física de sementes com 80% (em peso) de linhagens de *Stylosanthes capitata* e 20% de linhagens de *S. macrocephala*, ambas com alto grau de resistência à antracnose (Grof *et al.*, 1997, 2001), comercializadas com o nome de 'Estilosantes Campo Grande'.

O *S. capitata* apresenta hábito de crescimento ereto, podendo atingir até 1,5 m de altura; seu florescimento inicia-se em maio e a maturação de sementes a partir de junho; apresenta flores de cor bege a amarela. O *S. macrocephala* apresenta hábito de crescimento semiereto ou decumbente, podendo também atingir 1,5 m de altura; é mais precoce que o *S. capitata*, tanto no seu florescimento, a partir de abril, quanto na maturação das suas sementes, a partir de maio; e as suas flores são, em sua maioria, amarelas.

Figura 27. Área de pastagem consorciando a gramínea forrageira *Brachiaria decumbens* cv. Basilisk e a leguminosa *Stylosanthes* spp. cv. Campo Grande. No detalhe, *S. capitata* (A) e *S. macrocephala* (B). Fotos: Dr. Celso Dornelas Fernandes.

Os fatores-chave para o sucesso na adoção em larga escala da cv. Campo Grande são:

1) colaboração efetiva entre instituições nacionais e internacionais de Pesquisa e Desenvolvimento;
2) estabelecimento de forte parceria entre a Embrapa, empresas produtoras de sementes e pecuaristas, o que possibilitou o desenvolvimento e a validação de um conjunto de tecnologias que deram suporte ao sucesso na adoção da leguminosa nos sistemas de produção;
3) boa adaptação aos solos de baixa fertilidade dos Cerrados do Brasil;
4) alta produtividade de matéria seca (14 a 15 t/ha);
5) elevada produção sementes (250 a 500 kg/ha);
6) baixa taxa de semeadura (2 kg/ha) e baixo custo das sementes (US$ 9 a 12/kg), tornando a tecnologia acessível a pequenos, médios e grandes produtores;
7) resistência à antracnose;
8) elevada taxa de ressemeadura e de recrutamento de novas plantas, assegurando a persistência da leguminosa nas pastagens consorciadas com gramíneas;
9) fixação de cerca de 180 kg/ha/ano de nitrogênio em bancos de proteínasda leguminosa;

10) tecnologia de simples adoção;

11) impacto econômico positivo na produtividade, a qual é elevada entre 18 a 27% de ganho de peso vivo dos animais em pastagens da leguminosa consorciada com *B. decumbens* comparada com pastagens puras da gramínea (Fernandes *et al.*, 2005).

Arachis pintoi Krapov. & W.C. Greg.

O gênero *Arachis* pertence à família Fabaceae, tribo *Aeschynomeneae*, subtribo *Stylosanthinae*, sessão *Caulorrhizae*. É popularmente conhecido por amendoim forrageiro. As cultivares comercializadas são: Amarillo, Golden Glory, Alquire 1, Porvenir, Belmonte e Atacambira.

Cultivar amarillo - registrada na Austrália, em 1987, também foi liberada como mani forrajero perene na Colômbia (1992), pico bonito em Honduras (1993), Amarillo MG 100 no Brasil (1994), mani mejorador na Costa Rica (1994), mani forrajero na Colômbia (1992) e no Panamá (1997) (Argel & Villarreal, 1998; Cook *et al.*, 1990, 2005).

Cultivar Golden Glory – lançada em 1996 pelas empresas viveiristas produtoras de mudas no Havaí (EUA) como uma planta ornamental para cobertura do solo a pleno sol e sob a cobertura de árvores (Cook *et al.*, 2005).

Cultivar Alqueire 1 – lançada no Rio Grande do Sul, Brasil, em 1998 (Perez, 2004).

Porvenir – lançada na Costa Rica, em 1998 Argel & Villarreal, 1998).

Belmonte – lançada em 1999 pela Estação de Zootecnia do Extremo Sul (ESSUL), unidade do Centro de Pesquisas do Cacau (Cepec) da CEPLAC em Itabuna, Bahia (Pereira, 1999; Cook *et al.*, 2005).

Itacambira - lançada no Sudeste Asiático, em 2002 (Perez; Pizarro, 2005).

As leguminosas do gênero *Arachis* são nativas da América do Sul, onde cerca de 70 a 80 espécies se distribuem pela Argentina, Bolívia, Brasil, Paraguai, Peru e Uruguai (Gregory *et al.*, 1973; 1980; Argel & Pizarro, 1992; Valls, 1992; Valls *et al.*, 1994).

A. pintoi é uma leguminosa herbácea perene, com 20 a 60 cm de altura. Os caules são ramificados, cilíndricos, ligeiramente achatados, com 2,1 a 4,0 mm de diâmetro, entrenós com 20,1 a 48,3 mm de comprimento e estolões que podem chegar a 1,5 m de comprimento (Argel; Pizarro, 1992; Pereira, 1999; Cook *et al.*, 2005; Balzon, 2006). Os caules apresentam cerdas predominantemente curtas e algumas poucas longas e dispersas (2 mm). As folhas são alternas, com dois pares de folíolos

Figura 28. Folhas (a) e flores (b) do amendoim forrageiro (*A. pintoi* cv. Belmonte). Rio Branco, AC, 2001. (Foto: Judson Ferreira Valentim).

(**Figura 28a**). Folíolo basal com 13 a 35 mm de comprimento e 6 a 20 mm de largura, com densidade de cerdas médias (cv. Belmonte) a altas (cv. Alqueire 1) no hipofilo. Folíolo apical com formas variando entre obovada (Alqueire 1), elíptica-obovada (Belmonte), ovalada, elíptica, lanceolada e oblonga-elíptica, com 14 a 36 mm de comprimento e 7 a 23 mm de largura com cerdas ausentes (cv. Belmonte) e presentes (cv. Alqueire 1). Pecíolos com comprimento entre 6 a 43 mm, sendo mais curtos e com poucas cerdas na cv. Belmonte e mais longos com alta densidade de cerdas na cv. Alqueire 1 (Argel; Pizarro, 1992; Valentim *et al.*, 2001; Balzon, 2006; Cook *et al.*, 2005).

A. pintoi apresenta floração indeterminada (sem resposta ao fotoperíodo), permitindo que as plantas floresçam várias vezes durante o ano, sendo limitada nos trópicos, principalmente, pelo excesso de umidade e, nos subtrópicos, pelas baixas temperaturas e comprimento do dia. Floração mais intensa ocorre no início do período chuvoso, sendo estimulada por ciclos de seca e umidade e como resposta ao corte. As flores amarelas originam-se de inflorescências axilares em forma de pequenos racemos curtos, hipanto com 45 a 130 mm de comprimento, estandarte com 10 a 15 mm de comprimento e 11 a 19 mm de largura (**Figura 28b**). A floração começa 3 a 4 semanas após a emergência da plantas, mas, inicialmente, poucos carpóforos férteis se desenvolvem. Após a fecundação, as flores murcham e inicia-se a formação do carpóforo que se desenvolve a partir da base do ovário. O carpóforo, com o ovário na ponta, cresce até o solo, em resposta a estímulos geotrópicos, e termina por enterrar o fruto a profundidades variáveis até 10 cm de profundidade, dependendo de características genéticas e da textura do solo, embora a maior proporção de sementes seja encontrada nos primeiros 5 cm. As vagens separam-se das plantas quando maduras e, geralmente, contém uma semente. Os frutos têm comprimento de 9 a 15 mm e largura de 4 a 8 mm. As sementes têm comprimento de 5 a 12 mm e largura de 2 a 6 mm. Existem 6.000 a 9.000 frutos em um quilograma (Argel; Villarreal, 1998; Cook *et al.*, 2005; Balzon, 2006; Azevedo *et al.*, 2007).

A. pintoi é nativa nas latitudes entre 13 a 17 °S e apresenta ampla faixa de adaptação (Valls *et al.*, 1994), crescendo bem desde o nível do mar até cerca 1.800 m de altitude, com temperaturas médias anuais entre 21 a 28 °C. Desenvolve-se bem em áreas com precipitação pluviométrica superior a 1.200 mm, sendo ideal entre 2.000 a 3.500 mm bem distribuídos durante o ano. Esta espécie pode sobreviver a períodos de seca superiores a quatro meses e a geadas em regiões subtropicais. Entretanto, o estresse decorrente da seca resulta em perda de folhas e redução da relação folha/talo. A seca prolongada ocasiona a morte das folhas e de parte dos estolões, mas as plantas geralmente recuperam-se com rapidez com o início do período chuvoso (Dwyer *et al.*, 1989; Argel; Pizarro, 1992; Cook *et al.*, 2005).

O amendoim forrageiro adapta-se bem às seguintes condições de solos:

1) com texturas variando de argilosa a arenosa;

2) bem drenados, com baixa permeabilidade ou áreas sujeitas ao encharcamento temporário (menos de uma semana), mas não persiste em áreas permanentemente inundadas; e

3) ácidos, de baixa a média fertilidade. Tem persistido em solos com pH variando de 4,5 a 7,2, embora o crescimento seja reduzido em solos com pH abaixo de 5,4.

É tolerante a níveis elevados de manganês e alumínio no solo. Essa leguminosa tem exigência por cobre e molibdênio e requer níveis moderados de fósforo (P), potássio e zinco no solo, sendo, no entanto, eficiente na absorção de P quando o solo apresenta níveis baixos desse elemento. Existem informações de elevada atividade de micorrizas associadas ao seu sistema radicular (Argel; Pizarro, 1992; Rao; Kerridge, 1994; Pereira, 1999; Jornada, 2001; Cook *et al.*, 2005). No Brasil, a cv. Belmonte apresentou excelente adaptação no Sul da Bahia (1.200 a 1.400 mm) e no Acre (1.700 a 2.200 mm) (Pereira, 1999; Valentim *et al.*, 2001).

É uma das leguminosas tropicais mais tolerantes ao sombreamento, podendo produzir mais biomassa em condições sombreadas do que a pleno sol. É extremamente tolerante à desfolhação frequente e de alta intensidade (Valentim; Moreira, 2001; Andrade *et al.*, 2004; Cook *et al.*, 2005). Apresenta elevada resistência ao fogo, pelo mecanismo de rebrota de gemas localizadas junto à coroa da planta, ficando bem protegidas no solo, mas que podem ser destruídas por meio de novas plantas originárias do banco de sementes, que pode alcançar até 870 kg/ha em áreas puras (Valentim; Andrade, 2003). Segundo esses autores, mesmo a cultivar Belmonte, que é propagada por estolões em virtude da sua baixa produção de sementes, é capaz de acumular um banco de sementes de até 51 kg/ha, o que é suficiente para assegurar a regeneração do estande no período chuvoso seguinte.

Diversos estudos demonstram que *A. pintoi* é uma leguminosa promíscua, capaz de nodular e fixar nitrogênio (N) em simbiose com grande variedade de bactérias do gênero *Rhizobium* ou *Bradyrhizobium* (Date, 1977; Peoples *et al.*, 1988).

Na Colômbia, as taxas de fixação biológica de N variaram entre 9 e 27 kg/ha, em um período de três semanas, em pastagens de amendoim forrageiro consorciado com *Brachiaria decumbens* (Suárez-Vásquez *et al.*, 1992). No consórcio com a *B. dictyoneura*, a fixação de N variou de 1 a 12 kg/ha em um período de 16 semanas (Thomas, 1994). Em estandes puros, genótipos de *Arachis* spp. fixaram anualmente 26 e 99 kg/ha de N (Miranda *et al.*, 2003). Já, Thomas e Asakawa (1993) estimaram que a liberação de N da liteira de *A. pintoi*, durante o período chuvoso, pode suprir entre 8 a 16% da necessidade de N em pastagem consorciada com gramíneas tropicais.

As cultivares de amendoim forrageiro, à exceção de cv. Belmonte (Pereira, 1999), possuem sementes grandes e, para a semeadura em sulcos espaçados de 1,0 e 0,5 m entre plantas, são necessários 8 a 10 kg/ha com 90% de germinação. Também se tem tido êxito com o plantio de duas linhas de gramíneas e uma de leguminosa. O alto custo das sementes importadas disponíveis no mercado nacional torna praticamente inviável o estabelecimento do amendoim forrageiro por sementes (Valentim *et al.*, 2001).

O estabelecimento do amendoim forrageiro deve ser feito no início do período das chuvas, as mudas devem ser obtidas de estolões provenientes de uma área com pelo menos doze semanas de rebrota, garantindo assim maior resistência ao transporte e melhor enraizamento. As mudas devem ser arrancadas com o solo em boas condições de umidade, para garantir que as plantas não estejam submetidas ao estresse hídrico, facilitando o trabalho de remoção do material vegetativo e, também, assegurando a boa rebrota das plantas. O arranque das mudas deve ser feito por meio de uma capina superficial, realizada com enxada bem afiada. Nesse processo, removem-se apenas os estolões, reduzindo ao mínimo os danos ao sistema radicular, permitindo rebrota rápida das plantas (Valentim *et al.*, 2000). Em viveiros com bom estande, um homem é capaz de retirar em uma hora 225 kg de mudas de amendoim forrageiro (Andrade *et al.*, 2005). Um hectare de viveiro de amendoim forrageiro bem estabelecido pode fornecer muda em quantidade suficiente para o plantio de até 400 ha de pastos consorciados, em apenas uma colheita.

O plantio pode ser feito em covas com profundidade de 5 a 10 cm e largura de 15 a 20 cm, que devem ser abertas com um espaçamento de aproximadamente 1,0 m entre linhas e 0,5 m entre covas. Os estolões, que podem medir até 1,5 m de comprimento, são cortados em pedaços (mudas) de aproximadamente 20 a 30 cm de comprimento, com três a cinco entrenós. Duas a três mudas são colocadas em cada lado da cova (quatro a seis mudas por cova), sendo cobertas com terra e levemente compactadas para retirada do ar, melhorando o contato com o solo para enraizamento (Valentim *et al.*, 2000). Em áreas mecanizadas, o plantio também pode ser feito em sulcos com 10 cm de profundidade, abertos em intervalos de 50 cm. Os estolões são colocados com as extremidades sobrepondo-se em aproximadamente 5 cm. Os sulcos devem ser cobertos com terra e levemente compactados para a retirada do ar (Valentim *et al.*, 2000).

Para o estabelecimento de pastagens consorciadas de amendoim forrageiro com gramíneas propagadas vegetativamente, como a estrela-africana-roxa e o capim-tangola, o plantio deve ser feito em sulcos espaçados de 0,5 a 1,0 m, intercalando-se um ou dois sulcos da gramínea com um da leguminosa. Para o estabelecimento do amendoim forrageiro em consórcio com gramíneas propagadas por sementes, a opção preferencial também deve ser o plantio em sulcos espaçados de 1,0 m, imediatamente antes da semeadura da gramínea. Nesse método, são gastos aproximadamente 340 kg/ha de mudas. Outra opção é o plantio em covas, mais indicado para áreas menores, por demandar maior gasto com mão de obra, e quando a disponibilidade de mudas for limitante (150 a 400 kg/ha de mudas, dependendo do espaçamento). O plantio com grade, que consiste em distribuir as mudas sobre o terreno e incorporá-las com o uso de grade niveladora fechada, pode ser uma opção em situações de escassez de mão de obra e alta disponibilidade de mudas (1.200 kg/ha de mudas). Como desvantagem esse método apresenta maior risco em caso de ocorrência de veranicos, já que o plantio das mudas geralmente é mais superficial do que nos demais métodos de plantio (Andrade *et al.*, 2005; Andrade; Valentim, 2007).

Diversos métodos têm sido utilizados com sucesso para a introdução do amendoim forrageiro em pastagens com gramíneas já estabelecidas. Em todos os casos, o plantio da leguminosa deve ser sempre precedido do rebaixamento da gramíneas por meio do pastejo ou uso de roçadeira (Valentim *et al.*, 2001).

O amendoim forrageiro é uma das leguminosas forrageiras tropicais com maior capacidade de acúmulo de forragem. No Acre, em estande puro do *A. pintoi* (BRA-031143), obteve-se produção anual superior a 30 t/ha de MS quando manejado de forma intensiva, com altura de corte entre 5 e 10 cm e intervalo de rebrota de 14 a 21 dias (Wendling *et al.*, 1999). Em outro estudo, a produção anual de MS da cultivar Belmonte foi 20 t/ha, sendo que todos os genótipos avaliados apresentaram taxas de acúmulo de MS superiores a 50 kg/ha/dia (Sales *et al.*, 2002). Carneiro *et al.* (2000), na mesma condição ambiental, observaram que apenas 22% da matéria seca dessa cultivar foi produzida durante o período seco.

Segundo Lascano (1994), o valor nutritivo do *A. pintoi* é mais alto que a maioria das leguminosas tropicais de importância comercial, podendo ocorrer nas folhas teores de 13 a 22% PB, 60 a 67% de DIVMS e 60 a 70% de digestibilidade da energia bruta, com pequena diferença entre a digestibilidade da PB das folhas e dos caules.

Ganhos anuais de peso vivo em pastagens com *A. pintoi* têm variado de 160 a 200 kg/cabeça e de 250 a 600 kg/ha, dependendo das espécies de gramíneas associadas, das condições ambientais e do método de manejo utilizado.

Na Bahia, o ganho médio de peso vivo de bovinos em pastagem de *B. humidicola* cv. Llanero consorciada com cv. Belmonte, quatro anos de avaliação, foi de 558 g/animal/dia. A produtividade média foi de 568 kg/ha/ano ou 19 @/ha de carcaça. Já em consorcio com *B. humidicola*, o ganho mésdio obtido em três anos foi de 565 g/an./dia, superior aos 444 g/cab./dia e aos 494 g/cab./dia observados, respectivamente, em *B. humidicola* em monocultivo e com adubação nitrogenada (Pereira, 1999).

Com relação à produção de leite, Lascano (1994) relatou que a inclusão de *A. pintoi* em pastagens de gramíneas promoveu acréscimos de 17 a 20 % na produção de leite. Gonzales *et al.* (1996) confirmaram os efeitos da consor-ciação do capim-estrela com *A. pintoi*, observando produções de leite superiores em 1,1 a 1,3 kg/vaca/dia, em relação à pastagem exclusiva de gramínea.

A persistência de *A. pintoi* tem sido reportada na literatura, mesmo quando submetido à alta intensidade de pastejo (Argel, 1994). Em Itabela, BA, em pastagem consorciada com cv. Llanero, submetida à pastejo contínuo, Santana *et al.* (1998) não observaram efeito da taxa de lotação (TL) sobre a oferta de *A. pintoi*, e a proporção da leguminosa aumentou em todas as taxas de lotação utilizadas no decorrer das avaliações por um período de quatro anos.

A persistência do amendoim forrageiro sob pastejo é bastante reconhecida e pode ser atribuída aos seguintes fatores:

1) hábito de crescimento prostrado, com os pontos de crescimento protegidos do pastejo;

2) elevada produção de sementes que permanecem enterradas no solo e que germinam vigorosamente no início da estação chuvosa

3) ciclo de vida das plantas prolongado (média de 25 meses);

4) elevada tolerância à sombra;

5) tolerância ao pisoteio e à desfolha (Grof, 1985a, 1985b; Jones, 1993; Pizarro; Rincón, 1994; Fisher; Cruz, 1995; Thomas, 1995; Andrade *et al.*, 2004). Essa leguminosa apresenta boa capacidade de associação com gramíneas agressivas, como capim-braquiária (Grof, 1985b; Lascano, 1994) e capim-estrela (Gonzalez *et al.*, 1996).

O desenvolvimento de estratégias de manejo do pastejo para pastagens consorciadas é um fator chave para assegurar a adoção dessa tecnologia em larga escala. Mesmo nos países temperados, com maior tradição de pesquisa, existe elevado grau de incerteza sobre estratégias de manejo do pastejo adequadas para assegurar o equilíbrio botânico da gramínea e da leguminosa na pastagem (Hodgson; Silva, 2002).

O potencial forrageiro da espécie *A. pintoi* foi reconhecido há bastante tempo (Chevalier, 1933; Otero, 1941, 1946). Atualmente, essa é a leguminosa tropical mais promissora, especialmente para as regiões com clima mais úmido. Isso se deve ao fato de que entre as leguminosas tropicais herbáceas, *A. pintoi*tem o maior número de características favoráveis relacionadas à persistência sob pastejo (Grof; 1985a, 1985b; Jones, 1993; Fisher; Cruz, 1995; Andrade *et al.*, 2004). Com a vantagem, segundo Kato (2005), que o *A. pintoi* não é um hospedeiro da ferrugem da soja. Isso permite o seu cultivo em áreas próximas ou em pastagens consorciadas com gramíneas em sistemas de integração lavoura-pecuária que incluam a soja.

Em 2000, *A. pintoi* cv. Belmonte foi recomendada pela Embrapa Acre como uma opção para a diversificação de pastagens e conservação do solo no Estado do Acre (Valentim *et al.*, 2001). Em 2004, cerca de 1.000 pequenos, médios e grades produtores já haviam introduzido o amendoim forrageiro em suas pastagens, alguns em quase 100% de suas propriedades em áreas de até 2.000 hectares, totalizando, aproximadamente, 65.000 hectares em todo o Estado (Valentim; Andrade, 2004).

No Acre, o amendoim forrageiro cv. Belmonte tem sido consorciado com sucesso com as gramíneas: capim-estrela-roxa (*Cynodon nlemfuensis*) (**Figura 29**), brizantão (*Brachiaria brizantha* cv. Marandu e Xaraés) braquiarinha (*B. decumbens*); quicuio-da-amazônia (*B. humidicola*), capim-tangola (*B. arrecta* x *B. mutica*), capim-massai (*Panicum maximum* x *Panicum infestum*) (Valentim *et al.*, 2001; Andrade; Valentim, 2005; 2007; Andrade *et al.*, 2006a, 2006b, 2006c). Em algumas dessas áreas, pastagens consorciadas têm sido manejadas sob lotação rotacionada com até 2,5 unidades animais/ha, com novilhos cruzados Nelore x Angus, alcançando peso de abate (225 kg de peso de carcaça) aos 24 meses de idade e novilhas primíparas parindo aos 22-24 meses de idade (Valentim; Andrade, 2005).

No Brasil, há necessidade de pesquisas visando ao desenvolvimento de cultivares de amendoim forrageiro adaptadas às diferentes condições de clima (seca prolongada e geadas) e solos (baixa fertilidade, baixa permeabilidade). Além disso, é essencial o desenvolvimento de cultivares com alta produção de sementes, bem

Figura 29. Pasto onde ocorreu a morte do capim-braquiarão, em processo de reforma manual, com plantio de mudas de capim estrela-africana-roxa consorciada com amendoim forrageiro cv. Belmonte manejada sob lotação rotacionada.

como de sistemas de produção que permitam disponibilizar sementes no mercado em quantidades e a custos acessíveis aos produtores, visando ampliar e acelerar o processo de adoção dessa leguminosa nos sistemas de produção animal do País.

Outras espécies

Algumas espécies de gramíneas tropicais são utilizadas em regiões mais restritas, para situações específicas. Podem ser citados: capim-elefante, capim-setária, capim-rodes, capim-pangola, *Axonopus* spp. e *Paspalum* spp.

O capim-elefante (*Pennisetum purpureum* Schumach.) é utilizado, principalmente, entre os produtores de leite, graças à produtividade e à boa qualidade da forragem produzida (Rodrigues *et al.*, 2001). O uso dessa espécie é limitado por causa do seu estabelecimento por via vegetativa, por exigir solo fértil e maiores cuidados com o manejo.

Os capins setária (*Setaria sphacelata* Schumach.) e rodes (*Chloris gayana* Kunth) são forrageiras que têm potencial de utilização nas regiões tropicais e subtropicais, mas porém pouco estudadas no Brasil (Mattos; Mattos, 2001).

O capim-pangola (*Digitaria decumbens* Stent) é uma boa opção em solos férteis; é de fácil manejo e sua forragem apresenta boa qualidade. Já foi muito utilizado, porém, com o surgimento das braquiárias, essa espécie perdeu espaço. Tem como principais limitações ao seu cultivo o estabelecimento por mudas, a menor produtividade da forragem e a ocorrência de doenças.

Do gênero *Axonopus* existem algumas espécies que são utilizadas no Sul do Brasil (Tcacenco, 1994). Destacam-se o *A. affinis* Chase, *A. compressus* (Sw.) Beauv e *A. jesuiticus* (Araújo) Valls, em decorrência da tolerância ao frio e à facilidade de manejo. A multiplicação por mudas é uma limitação à expansão dessas forrageiras.

Entre as espécies do gênero *Paspalum*, destacam-se o *P. notatum* Flugge e o *P. atratum* Swallen. A qualidade da forragem dessas espécies é regular, quando comparada às demais espécies tropicais. O *P. notatum* Flugge é muito utilizado como pastagem nativa e conhecida no Sul do Brasil como grama-de-forquilha; em Mato Grosso do Sul, como grama-mato-grosso, e em São Paulo, como grama-batatais. A cultivar Pensacola é a mais utilizada, principalmente, para a formação de pastagens no Sul do Brasil e para alimentação de ovinos e equinos. Há, porém, a necessidade de mais estudos; numa revisão sobre a espécie, Maraschin (2001) demonstrou o potencial de uso dessa forrageira. O *P. atratum* Swallen cv. Pojuca é uma espécie indicada para a condição de várzea em regiões tropicais (Ramos *et al.*, 2002). A dificuldade de manejo enfrentada pelos pecuaristas e a forragem com qualidade regular tem limitado a expansão dessa forrageira.

Existem inúmeros genótipos de leguminosas forrageiras que estão em estudo ou são utilizadas em situações específicas, podem ser citadas *Stylosanthes* spp., kudzu Tropical (*Pueraria phaseoloides* (Roxb.) Benth.), guandu (*Cajanus cajan* (L.) Millsp.), leucena (*Leucaena* spp.), calopogônio (*Calopogonium mucunoides* Desv.), siratro (*Macroptilium atropurpureum* (DC) Urban.), soja-perene (*Neonotonia wightii* (Wight & Arn.) Lackey), centrosema (*Centrosema* spp.) e cratilia (*Cratylia argentea* (Desv.) Kunte) (Gomide; Gomide, 2007)

O azevém (*Lolium multiflorum* Lam.) é uma forrageira temperada de ciclo anual, muito cultivada no Sul do Brasil, principalmente, misturado à aveia. Produz forragem de ótima qualidade, durante o período de inverno/primavera, e grande quantidade de sementes, perpetuando nas pastagens por meio da ressemeadura natural.

Os trevos (*Trifolium* spp.) são leguminosas forrageiras de clima temperado. Há espécies anuais ou de curta duração, destacado-se o trevo branco (*T. repens* L.), o trevo vesiculoso (*T. vesiculosum* Savi), o trevo vermelho (*T. pratense* L.) e o trevo subterrâneo (*T. subterraneum* L.). São espécies cultivadas no Sul do Brasil em locais mais frios e com precipitações mais regulares.

O cornichão, principalmente, o *Lotus corniculatus* L., é uma leguminosa de ciclo curto, cultivada nas mesmas regiões que os trevos e, consorciados entre si e com azevém, formam pastagens de ótima qualidade (Glienke *et al.*, 2006). A mistura de espécies visa melhorar a distribuição da forragem produzida, com maior acúmulo de massa na primavera. O uso dessas pastagens é limitado de acordo com o elevado custo de formação, a necessidade de solos férteis, a exigência em manejo e a estacionalidade da produção.

É importante que os produtores e os técnicos tenham clara a necessidade da diversificação de forrageiras como forma de minimizar riscos de insucesso e aproveitar as particularidades de cada espécie. A escolha de uma espécie forrageira deve ser feita segundo alguns parâmetros relacionados à adaptação climática e ao sistema de produção (Gomide; Gomide, 2007).

Muitas forrageiras chegam ao mercado sem as informações necessárias de uso e adaptação às condições brasileiras. Dessa forma, é necessário que os técnicos e produtores tenham o bom senso e a capacidade de reconhecer uma pastagem pela quantidade de resultados de pesquisa disponíveis sobre a forrageira e a produção animal e evitar aquelas com puro apelo comercial. Com isso, estará claro que é impossível encontrar a espécie forrageira milagrosa (Cavalcante *et al.*, 2003)

Referências bibliográficas

Allard, R.W. **Princípios do melhoramento genético das plantas**. New York: J. Willey, 1971. 381 p.

Andrade, C.M.S.; Garcia, R.; Valentim, J.M.; Pereira, O. G. Grazing management strategies for massaigrass-forage peanut pastures. 1. Dynamics of sward condition and botanical composition. **Revista Brasileira de Zootecnia**, v.35, n.2, p.334-342, 2006a.

Andrade, C.M.S.; Garcia, R.; Valentim, J.M.; Pereira, O. G. Grazing management strategies for massaigrass-forage peanut pastures. 2. Productivity, utilization and sward structure**. Revista Brasileira de Zootecnia**, v.35, n.2, p.343-351, 2006b.

Andrade, C.M.S.; Valentim, J.F. **Síndrome da morte do capim-brizantão no Acre: características, causas e soluções tecnológicas**. Rio Branco, AC: Embrapa Acre, 2007. 41 p. il. color. (Embrapa Acre. Documentos, 105).

Andrade, C.M.S.; Valentim, J. F.; Carneiro, J. C.; Vaz, F. A. Crescimento de gramíneas e leguminosas forrageiras tropicais sob sombreamento. **Pesquisa Agropecuária Brasileira**, v.39, n.3, p. 263-270, 2004.

Andrade, C.M.S.; Valentim, J.F.; Sales, M.F.L. Comparação de métodos de plantio de *Arachis pintoi* cv. Belmonte durante a renovação de pastagens. In: REUNIÃO ANUAL DA SOCIEDADE BRASILEIRA DE ZOOTECNIA, 42., 2005, Goiânia. **A produção animal e o foco no agronegócio:** anais eletrônico. Goiânia: Sociedade Brasileira de Zootecnia, 2005. 1 CD-ROM.

Andrade, R.P. de. Pasture seed production technology in Brasil. In: INTERNATIONAL GRASSLAND CONGRESS, 19., 2001, São Pedro, SP. **Proceedings...** Piracicacaba: FEALQ, 2001. p. 129-132.

Andrade, R.P.; Karia, C.T. Uso de *Stylosanthes* em pastagens no Brasil. In: SIMPÓSIO DE FORRAGICULTURA E PASTAGENS, 1., 2000, Lavras. **Temas em evidência**. Lavras: UFLA, 2000. p. 273-309.

Argel, P.J. Regional experience with forage *Arachis* in Central America and Mexico. In: KERRIDGE, P. C.; HARDY, B. (Ed.). **Biology and agronomy of forage *Arachis***. Cali: CIAT, 1994. p. 135-143.

Argel, P.J.; Pizarro, E.A. Germplasm case study: *Arachis pintoi*. In: PASTURE for the tropical lowlands: CIAT's contribution. Cali: CIAT, 1992. p. 57-73.

Argel, P.J.; Villarreal M.C. **Cultivar Porvenir**: nuevo maní forragero perenne (*Arachis pintoi* Krap. y Greg. *nom. nud* CIAT 18744): leguminosa herbácea para alimentación animal, el mejoramiento y conservación del suelo y el embellecimiento del paisaje. [S.l.: s.n., 1998]. 23 p. Disponível em: <http://www.ciat.cgiar.org/tropileche/documentos/articulos/articulos.pdf/mani.pdf/ARACHIS_3.pdf>. Acesso em: 29 maio 2008.

Azevedo, J.M.A.; Assis, G.M.L.; Valentim, J.F.; Balzon, T.A.; Ferreira, A.S. Caracterização morfológica e distribuição de sementes de acessos de amendoim forrageiro no perfil do solo. In: REUNIÃO ANUAL DA SOCIEDADE BRASILEIRA DE ZOOTECNIA, 44., 2006, Jaboticabal. **Anais...** Jaboticabal: Sociedade Brasileira de Zootecnia, 2007. 1 CD-ROM.

Balzon, T. **Relatório final.** Brasília, DF: CNPq; Rio Branco, AC: Embrapa Acre, 2006. Relatório de conclusão de estágio.

Barbosa, R.A. (Ed). **Morte de pastos de braquiárias**. Campo Grande, MS: Embrapa Gado de Corte, 2006. 206 p.

Batista, L.A.R.; Godoy, R. **Características da cultivar Baetí- Embrapa 23 de capim andropogon (*Andropogon gayanus* Kunth)**. São Carlos, SP: EMBRAPA-CPPSE, 1993. 3 p. (EMBRAPA-CPPSE. Comunicado técnico, 10).

Batista, L.A.R.; Godoy, R. Baetí- Embrapa 23, uma nova cultivar do capim andropogon (*Andropogon gayanus* Kunth). **Revista da Sociedade Brasileira de Zootecnia**, v.24, n.2, p.204-213, 1995.

Bowden, B.N. Studies on *Andropogon gayanus* Kunth. I. The use of *Andropogon gayanus* in agriculture. **Empire Journal of Experimental Agricultura**, v.31, n.123, p. 267-273, 1963.

Burton, G.W. Developing better forage for the South. **Journal of Animal Science**, v.63, n.3, p.955-961, 1986.

Burton, G.W. El pasto bermuda. In: HUGHES, H. D.; HEATH, M. E.; METCALFE, D. S. (Ed.). **Forrajes:** la ciencia de la agricultura basada en la producción de pastos. Mexico, DF: Continental, 1966. p. 305-315.

Burton, G.W. Registration of Coastcross-1 bermudagrass. **Crop Science**, v.12, n.1, p. 125, 1972.

Burton, G.W.; Gates, R.N.; Hill, G.M. Registration of 'Tifton 85' bermudagrass. **Crop Science**, v.33, n.3, p. 644-645, 1993.

Burton, G.W.; Hart, R.H.W.; Lowrey, R.S. Improving forage quality in bermudagrass by breeding. **Crop Science**, v.7, n.4, p.329-22, July/ Aug. 1967.

Burton, G.W.; Monson, W.G. Registration of 'Tifton 44' Bermudagrass (Reg. N° 10). **Crop Science**, v.18, n.5, p. 911, 1978.

Burton, G.W.; Monson, W.G. Registration of 'Tifton 68' Bermudagrass (Reg. N°. 14). **Crop Science**, v.24, n.6, p.1211, 1984.

Burton, G.W.; Monson, W.G. Registration of 'Tifton 78' Bermudagrass (Reg. N°. 17). **Crop Science**, v.28, n.2, p.187-188, 1988.

Carneiro, J.da C.; Valentim, J.F.; Pessoa, G.N. Avaliação agronômica do potencial forrageiro de *Arachis* spp. nas condições ambientais do Acre. In: REUNIÃO ANUAL DA SOCIEDADE BRASILEIRA DE ZOOTECNIA, 37., 2000, Viçosa, MG. **Anais...** Viçosa, MG: SBZ, 2000. 1 CD-ROM.

Cavalcante, A.C.R.; Sousa, F.B. de; Candido, M.J.D. **Estratégias de manejo de pastagens cultivadas no SemiÁrido**. Sobral: Embrapa Caprinos, 2003. 28 p. (Embrapa Caprinos. Documentos, 45).

Chevalier, S. Monographie de l'Arachide. **Revue Internationale de Botanique Appliquee et d'Agriculture Tropicale**, Paris, v. 13, p. 689-789, 1933.

Ciat. ***Andropogon gayanus* Kunth:** bibliografia analítica. Cali, 1984. 196 p.

Ciat. **Beef program annual report** 1978. Cali, 1979.

Ciat. **Tropical pasture program annual report 1979**. Cali, 1980.

Clayton, W.D.; Renvoize, S.A. **Genera *Graminium***. London: Her Majesty's Stationery Office, 1986. 389 p.

Clayton, W.D.; Renvoize, S.A. Gramineae (Part 3). In: POLHILL, R. M. (Ed.). **Flora of tropical East Africa**. Rotterdam: Balkema, 1982. p. 451-898.

Comissão brasileira de pesquisa de aveia. **Indicações técnicas para cultura da aveia**. Passo Fundo: UFP, Faculdade de Agronomia e Medicina Veterinária, 2003. 87 p.

Cook, B.G.; Pengelly, B.C.; Brown, S.D.; Donnelly, J.L.; Eagles, D.A.; Franco, M.A.; Hanson, J.; Mullen, B.F.; Partridge, I.J.; Peters, M.; Schultze-kraft, R. **Tropical forages**: an interactive selection tool. Brisbane: CSIRO: DPI&F: CIAT: ILRI, 2005. 1 CD-ROM.

Cook, B.G.; Williams, R.J.; Wilson, G.P. Register of Australian herbage plants and cultivars. *Arachis pintoi* Krap. Nom. nud. (Pinto Peanut) cv. Amarillo. **Australian Journal of Experimental Agriculture**, v.30, n.3, p. 445-446, 1990.

Cosenza, G.W.; Andrade, R.P. de; Gomes, D.T.; Rocha, C.M.C. da. **O controle integrado das cigarrinhas das pastagens.** Planaltina, DF: EMBRAPA-CPAC, 1981. 6 p. (EMBRAPA-CPAC. Comunicado técnico, 17).

Cozenza, G.W.; Andrade, R.P. de; Gomes, D.T.; Rocha, C.M.C. da. **O controle integrado das cigarrinhas das pastagens.** 5. ed. Planaltina, DF: EMBRAPA-CPAC, 1983. 6 p. (EMBRAPA-CPAC. Comunicado técnico, 17).

Darlington, C.D.; Wylie, A.P. **Chromosome atlas of flowering plants**. London: G. Allen, 1955. 519 p.

Date, R.A. Inoculation of tropical pasture legumes. In: VINCENT, J. M.; WHITNEY, A. S.; BOSE, J. (Ed.). **Exploiting the legume-rhizobium symbiosis in tropical agriculture**. Honolulu: University of Hawai, College of Tropical Agriculture, 1977. p. 293-311. (Special publication, n. 145)

Dias-Filho, M.B. Degradação e recuperação de pastagens. In: PEDREIRA, C. G. S.; MOURA, J. C. de; DA SILVA, S. C.; FARIA, V. P. de (Ed.). **As pastagens e o meio ambiente**. Piracicaba: FEALQ, 2006. p. 185-220.

Dias-Filho, M.B. **Degradação de pastagens**: processos, causas e estratégias de recuperação. 3. ed. Belém, PA: Embrapa Amazônia Oriental, 2007.190 p.

Dias-Filho, M.B.; Andrade, C.M.S. Pastagens no ecossistema trópico úmido. In: SIMPÓSIO SOBRE PASTAGENS NOS ECOSSISTEMAS BRASILEIROS, 2., 2005, Goiânia. **Anais...** Goiânia: SBZ, 2005. p. 94-104.

Dwyer, G.T.; O'Hare, P.J.; Cook, B.G. Pinto's peanut: a ground cover for orchards. **Queensland Agricultural Journal**, v.115, n.3, p. 153-154, 1989.

Embrapa. Centro Nacional de Pesquisa de Gado de Corte. **Capim Tanzânia-1**: uma opção para a diversificação das pastagens. Campo Grande, MS, 1990. 1 folder.

Embrapa. Centro Nacional de Pesquisa de Gado de Corte. **Mombaça**. Campo Grande, MS, 1993. 1 folder.

Embrapa gado de corte. **Capim-massai (*Panicum maximum* cv. Massai)**: alternativa para diversificação de pastagens. Campo Grande, MS, 2001. 5 p. (Embrapa Gado de Corte. Comunicado técnico, 69).

Embrapa gado de corte. **Forrageiras tropicais**: tecnologia para a liderança mundial de carnes: Marandu, Xaraés, Tanzânia, Mombaça, Massai, Piatã, Campo Grande. Campo Grande, MS, 2007. 1 folder.

Encontro para discussão sobre capins do gênero *brachiaria*, 1., 1986, Nova Odessa. **Anais...** NOVA ODESSA: INSTITUTO DE ZOOTECNIA: FAPESP, 1986. 312 P.

Encontro para discussão sobre capins do gênero *brachiaria*, 2.,1991, Nova Odessa. **Anais...** Nova Odessa: Instituto de Zootecnia: FAPESP, 1991. 356 p.

Ferguson, J.E. Perspectivas da produção da sementes de *Andropogon gayanus*. **Revista Brasileira de Sementes**, v.3, n.1, p.175-193, 1981.

Ferguson, J.E. Producción de semilla *de Andropogon gayanus*. In: TOLEDO, J. M.; VERA, R.; LASCANO, C.; LENNÉ, J. M. (Ed.). ***Andropogon gayanus* Kunth:** un pasto para los suelos ácidos del trópico. Cali: CIAT, 1989. p. 295-321.

Ferguson, J.E.; Andrade, R.P. *Andropogon gayanus* in Latin America. In: LOCH, D. S.; FERGUSON, J. E. (Ed.). **Forage seed production.** 2. Tropical and subtropical species. London: CAB, 1999. p. 381-386.

Fernandes, C.D.; Grof, B.; Resende, R.M.S.; Verzignassi, J.R.; Miranda, C.H.B. Estilosantes Campo Grande: an economical and environmental success forage legume for the tropics In: INTERNATIONAL GRASSLAND CONGRESS, 21., 2008, Hohhot. **Offered papers...** Hohhot: [s.n.], 2008. No prelo.

Fernandes, C.D.; Grof, B.; Chakraborty, S.; Verzignassi, J.R. Estilosantes Campo Grande in Brazil: a tropical forage legume success history. In: INTERNATIONAL GRASSLAND CONGRESS, 20., 2005, Dublin. **Offered papers...** Wageningen: Wageningen Academic, 2005. p. 330.

Fisher, M.J.; Cruz, P. Algunos aspectos de la ecofisiología de *Arachis pintoi*. In: KERRIDGE, P. C. (Ed.). **Biología y agronomia de especies forrajeras de *Arachis***. Cali: CIAT, 1995. p. 56-75.

Fontaneli, R.S.; Fontaneli, R.S.; Silva, G. da; Koehler, D. Avaliação de cereais de inverno para duplo propósito. **Pesquisa Agropecuária Brasileira**, v.31, n.1, p.43-50, 1996.

Foster, W.H. Investigations preliminary to the production of cultivars of *Andropogon gayanus*. **Euphytica**, v.11, p.46-52, 1962.

Glienke, C.L.; Rocha, M.G. da; Quadros, F.L.F. de; Costa, V.G. da; Confortin, A.C.C.; Rossi, G.E.; Souza, L.H.M.; Piuco, M. Avaliação de leguminosas de clima temperado cultivadas em estreme e em consorciação com azevém anual (Lolium multiflorum). In: REUNIÃO ANUAL DA SOCIEDADE BRASILEIRA DE ZOOTECNIA, 43., 2006, João Pessoa. **Anais...** João Pessoa: SBZ, 2006. 1 CD-ROOM.

Gomide, J.; Gomide, C.A.M. Escolha da forrageira para a formação da pastagem. In: SIMPÓSIO SOBRE MANEJO DA PASTAGEM, 24., 2007, Piracicaba. **Anais...** Piracicaba: FEALQ, 2007. p. 7-38.

Gonzales, M.S.; Van Heurck, L.M.; Romero, F.; Pezo, D.A.; Argel, P.J. Producion de leche en pasturas de estrella africana (*Cynodon nlemfluensis*) solo y associado con *Arachis pintoi* o *Desmodium ovalifolium*. **Pasturas tropicales**, v.18, n.1, p 2-12, 1996.

Grassland species: profiles: *Pennisetum americanum* (L.) Leeke. [S.l.]: FAO, 2008. Disponível em: <http://www.fao.org/AG/AGP/agpc/doc/Gbase/data/Pf000297.HTM>. Acesso em: 12 abr. 2008.

Grassland species: profiles: *Sorghum bicolor* (L.) Moench. [S.l.]: FAO, 2008. Disponível em: <http://www.fao.org/AG/AGP/agpc/doc/Gbase/data/Pf000319.HTM>. Acesso em: 12 abr. 2008.

Gregory, W.C.; Krapovickas, A.; Gregory, M.P. Structure variation and classification of *Arachis*. In: SUMMERFIELD, R. J.; BUNTING, A. H. (Ed.). **Advances in legume science**. Surrey: Royal Botanical Garden, 1973. p. 468-481.

Grisebach, A. Gramineae. In: LEDEBOUR, C. F. (Ed.). **Flora Rossica**. Stuttgard: [s.n.], 1853. v. 4, 469 p.

Grof, B. *Arachis pintoi*, una leguminosa forrajera promisoria para los Llanos Orientales de Colombia. **Pastos Tropicales**, v.7, p.4-5, 1985a.

Grof, B. Forage attributes of the perennial groundnut *Arachis pintoi* in a tropical savanna environment in Colombia. In: INTERNATIONAL GRASSLAND CONGRESS, 15., 1985, Kyoto. **Proceedings...** Nishi-Nasuno: Japanese Society of Grassland Science, 1985b. p. 168-170.

Grof, B.; Fernandes, C.D.; Almeida, C.B.; Santos, A.V. Development of a multicross cultivar of *Stylosanthes* spp. In: INTERNATIONAL GRASSLAND CONGRESS, 18., 1997, Winnipeg. **Proceedings...** [S. l.: s. n., 1997]. p. 4-31/4-32.

Grof, B.; Fernandes, C.D.; Fernandes, A.T.F. A novel technique to produce polygenic resistance to anthracnose in *Stylosanthes capitata*. In: INTERNATIONAL GRASSLAND CONGRESS, 19., 2001, São Pedro, SP. **Proceedings...** Piracicaba: FEALQ, 2001. p. 525.

Hacker, J.B.; Jank, L. Breeding tropical and subtropical grasses. In: CHERNEY, J.H.; CHERNEY, D.J.R. (Ed.). **Grass for dairy cattle**. Cambridge: CABI, 1998. p. 49-72.

Harlan, J.R. *Cynodon* species and their value for grazing and hay. **Herbage Abstracts**, v.40, n.3, p.233-238, 1970.

Hill, G.M.; Gates, R.N.; West, J.W. Advances in bermudagrass research invoving new cultivars for beef and dairy production. **Journal of Animal Science**, v.79, p. E48-E58, 2001. Supplement.

Hodgson, J.; Silva, S.C. Options in tropical pasture management. In: REUNIÃO ANUAL DA SOCIEDADE BRASILEIRA DE ZOOTECNIA, 39., 2002, Recife. **Anais...** Recife: SBZ, 2002. p. 180-202.

Ibge. **Pesquisa pecuária municipal**. Disponível em: <http://www.sidra.ibge.gov.br>. Acesso em: 28 abr. 2006.

Jank, L. Melhoramento e seleção de variedades de *Panicum maximum*. In: SIMPÓSIO SOBRE MANEJO DA PASTAGEM, 12., 1995, Piracicaba. **Anais...** Piracicaba: FEALQ, 1995. p. 21-58.

Jank, L.; Calixto, S.; Costa, J.C.G.; Savidan, Y.H.; Curvo, J.B.E. **Catalog of the characterization and evaluation of the *Panicum maximum* germplasm**: morphological description and agronomical performance. Campo Grande, MS: Embrapa Gado de Corte, 1997. 53 p. (Embrapa Gado de Corte. Documentos, 68).

Jank, L.; Savidan, Y.H.; Souza, M.T. de; Costa, J.C.G. Avaliação do germoplasma de *Panicum maximum* introduzido da África: 1. Produção forrageira. **Revista da Sociedade Brasileira de Zootecnia**, v.23, n.3, p.433-440, 1994.

Jones, C.A. The potential of *Andropogon gayanus* Kunth in the Oxisol and Ultisol Savannas of Tropical America. **Herbage Abstracts**, v. 49, p.1-8, 1979.

Jones, R.M. Persistency of *Arachis pintoi* cv. Amarillo on three soil types at Samford, south-eastern Queensland. **Tropical Grasslands**, v.27, p.11-15, 1993.

Jornada, J.B.J da; Pedroso, C.E. da S.; Medeiros, R.B. de; Silva, M.A. da; Saibro, J.C. de; Chollet, D.M.S.; Olmedo, M.O. de M. Participação da biomassa e morfogênese de *Arachis pintoi* em resposta à disponibilidade hídrica no solo. In: REUNIÃO ANUAL DA SOCIEDADE BRASILEIRA DE ZOOTECNIA, 38., 2001, Piracicaba. **A produção animal na visão dos brasileiros**: anais. Piracicaba: SBZ, 2001. 1 CD-ROM.

Kato, M. Variation in productivity of lesions, uredinia, urediniospores of *Phakopsora phachyrhizi* among leguminous plantas. In: NATIONAL SOYBEAN RUST SYMPOSIUM, 2005, Nashville. **Proceedings...** [S.l.]: Plant Management Network International, 2008. Disponível em: <http://www.plantmanagementnetwork.org/infocenter/topic/soybeanrust/symposium/posters/>. Acesso em: 28 abr. 2008.

KicheL, A.N.; Miranda, C.H.B. **Uso da aveia como planta forrageira**. Campo Grande, MS: Embrapa Gado de Corte, 2000a. 5 p. (Gado de Corte divulga, 45).

Kichel, A.N.; Miranda, C.H.B. **Uso do milheto como planta forrageira**. Campo Grande, MS: Embrapa Gado de Corte, 2000b. 6 p. (Gado de Corte divulga, 46).

Lascano, C.E. Nutritive value and animal production of forage *Arachis*. In: KERRIDGE, P. C.; HARDY, B. (Ed.). **Biology and agronomy of forage Arachis**. Cali: CIAT, 1994. p. 109-121.

Leite, G.G.; Spain, J.M.; Vilela, L.; Gomide, C.; Rocha, C.M.C. Efeito de sistemas de pastejo sobre a produtividade de pastagens consorciadas nos Cerrados do Brasil. In: REUNIÓN DE LA RED INTERNACIONAL DE EVALUACIÓN DE PASTOS TROPICALES: SABANAS, 1., 1992, Brasília, DF. **Anais...** Planaltina, DF: EMBRAPA-CPAC; Cali: CIAT, 1992. p. 539-545. (CIAT. Documento de trabajo, 117).

Lenné, J.M.; Calderon, M. Problemas causados por plagas y enfermidades en *Andropogon gayanus*. In: TOLEDO, J.M.; VERA, R.; LASCANO, C.; LENNÉ; J.L. (Ed.). ***Andropogon gayanus* Kunth**: un pasto para los suelos ácidos del trópico. Cali: CIAT, 1989. p. 191-238.

Lima, C.B.; Carneiro, J. da C.; Novaes, L. P.; lopes, F. C. F.; Rodrigues, J. A. dos S. **Potencial forrageiro e avaliação bromatológica de híbridos de sorgo com capim-sudão**. Juiz de Fora: Embrapa Gado de Leite, 2005. 36 p. (Embrapa Gado de Leite. Boletim de pesquisa e desenvolvimento, 18).

Liu, C.J.; Musial, J.M.; Thomas, B.D. Genetic relationships among *Stylosanthes* species revealed by RFLP and STS analysis. **Theoretical and Applied Genetics**, New York, v. 99, p. 1179-1186, 1999.

Macedo, M.C.M. Pastagens no ecossistema Cerrados: evolução das pesquisas para o desenvolvimento sustentável. In: SIMPÓSIO SOBRE PASTAGENS NOS ECOSSISTEMAS BRASILEIROS, 2., 2005, Goiânia. **Anais...** Goiânia: SBZ, 2005. p. 56-84.

Machado, L.A.Z. **Aveia**: forragem e cobertura do solo. Dourados: Embrapa Agropecuária Oeste, 2000. 16 p. (Embrapa Agropecuária Oeste. Coleção Sistema Plantio Direto, 3) Disponível em: <http://www.cpao.embrapa.br/publicacoes/ficha.php?tipo=COL&num=3&ano=2000>. Acesso em 30 abr. 2008.

Machado, L.A.Z.; Assis, P.G.G. de; Palombo, C. **Sorgo para pastejo/corte e cobertura do solo no período de outono/inverno (safrinha) em Mato Grosso do Sul**. Dourados: Embrapa Agropecuária Oeste, 2004. 19 p. (Embrapa Agropecuária Oeste. Boletim de pesquisa e desenvolvimento, 16).

Maraschin, G.E. Manejo de plantas forrageiras dos gêneros *Digitaria*, *Cynodon* e *Chloris*. In: SIMPÓSIO SOBRE MANEJO DE PASTAGENS, 9, 1988, Piracicaba. **Anais...** Piracicaba: FEALQ, 1988. p. 109-140.

Maraschin, G.E. A planta forrageira no sistema de produção: grama batatais, forquilha e bahiagrass. In: SIMPÓSIO SOBRE MANEJO DA PASTAGEM, 17., 2001, Piracicaba. **A planta forrageira no sistema de produção**: anais. 2. ed. Piracicaba: FEALQ, 2001. p. 284-332.

Mattos, H.B. de; Mattos, W.T. de. Setária e rhodes. In: SIMPÓSIO SOBRE MANEJO DA PASTAGEM, 17., 2001, Piracicaba. **A planta forrageira no sistema de produção**: anais. Piracicaba: FEALQ, 2001. p. 259-284.

Mejia M., M. ***Andropogon gayanus* Kunth**: bibliografia analítica. Cali: CIAT, 1984. 176 p.

Miles, J.W. **Initiation of a plant breeding program in *Andropogon gayanus* Kunth**. Cali: CIAT, 1980. 14 p. (Seminários internos. Serie SE-06-80).

Miles, J.W.; Grof, B. Genetics and plant breeding of *Andropogon gayanus*. In: Toledo, J.M.; Vera, R.; Lascano, C.; lenne, J.M. (Ed.). ***Andropogon gayanus* Kunth**: grass for tropical acid soils. Cali: CIAT, 1990. p. 19-35.

Miles, J.W.; Maass, B.L.; Valle, C.B. do (Ed.). ***Brachiaria:*** biology, agronomy, and improvement. Cali: CIAT; Campo Grande, MS: EMBRAPA-CNPGC, 1996. p. 164-177. (CIAT. Publication, 259).

Miles, J.W.; Valle, C.B. do; Rao, I.M.; Euclides, V P.B. Brachiariagrasses. In: Sollenberger, L.E.; Moser, L.; Burson, B. (Ed.). **Warm-season (C4) grasses**. Madison: ASA: CSSA: SSSA, 2004. p. 745-783. (Agronomy monograph, 45).

Miranda, C.H.B.; Vieira, A.; Cadisch, G. Determination of biological nitrogen fixation by the forage groundnut (*Arachis* spp.) using the ^{15}N natural abundance technique. **Revista Brasileira de Zootecnia**, v.32, n.6, p.1859-1865, 2003. Suplemento 2.

Mislevy, P.; Brown, W.F.; Kalmbacher, R.S.; Dunavin, L.S.; Judd, W.S.; Kucharek, T.A.; Ruelke, O.C.; Noling, J.W.; Sonoda, R.M.; Stanley, R.L., JR. Registration of 'Florakirk' Bermudagrass. **Crop Science**, v.39, n.3, p.587, 1999.

Morrone, O.; Zuloaga, F.O. Revisión de las especies sudamericanas nativas y introducidas de los géneros *Brachiaria* y *Urochloa* (Poaceae:Panicoideae:Paniceae). **Darwiniana**, v.31, n.3/4, p.43 109, 1992.

Otero, J.R. de. **O capim kikuiu (*Penisetum clandestinum* Horscht.)**. 2. ed. Rio de Janeiro: Departamento Nacional de Produção Animal, 1946. 36 p.

Otero, J.R. de. **Informações sobre algumas plantas forrageiras**. Rio de Janeiro: Serviço de Informação Agrícola, 1961. p. 50-51. (SIA. Série didática, 11).

Otero, J.R. de. **Notas de uma viagem de estudos aos campos do Sul do Mato Grosso**. Rio de Janeiro: Serviço de Informação Agrícola, 1941. 53 p.

Pagliarini, M.S.; Valle, C.B. do; Batista, L.A.R.; Mendes-Bonato, A.B.; Boldrini, K.R.; Adamowski, E.de V.; Silva, N.da; Fuzinatto, V.A.; Felismino, M.F.; Risso-pascotto, C.; Message, H.J.; Calisto, V. Cytogenetics of *Brachiaria* and *Paspalum* in relation to breeding. In: SIMPÓSIO INTERNACIONAL SOBRE MELHORAMENTO DE FORRAGEIRAS, 2007, Campo Grande, MS. **Palestras**: resumos... Campo Grande, MS: Embrapa Gado de Corte, 2007. p. 1-24. 1 CD-ROM.

Paulino, V.T.O capim-gamba (*Andropogon gayanus* Kunth) na América tropical. **Zootecnia**, v.17, n.4, p.239-252, 1979.

Pedreira, C.G.S.; Nussio, L.G.; Silva, S.C. Condições edafoclimáticas para produção de *Cynodon* spp. In: SIMPÓSIO SOBRE MANEJO DA PASTAGEM, 15., 1998, Piracicaba. **Anais...** Piracicaba: FEALQ, 1998. p. 85-114.

Pedreira, C.G.S.; Sollenberger, L.E.; Mislevy, P. Botanical composition, light interception, and carbohydrate reserve status of grazed 'Florakirk' bermudagrass. **Agronomy Journal**, v.92, n.2, p.194-1999, 2000.

Pedreira, C.G.S.; Sollenberger, L.E.; Mislevy, P. Productivity and nutritive value of 'Florakirk' bermudagrass as affected by grazing management. **Agronomy Journal**, v.91, n.5, p.976-801, 1999.

Pedreira, C.G.S.; Tonato, F. Bases ecofisiológicas para o manejo do gênero *Cynodon*. In: SIMPÓSIO SOBRE MANEJO ECOLÓGICO DA PASTAGEM, 3., 2006, Viçosa, MG. **Anais...** Viçosa, MG: Suprema Gráfica e Ed., 2006. p. 93-115.

Peoples, M.B.; Faizah, A.W.; Rerkasem, B.; Herridge, D.F. **Methods for evaluating nitrogen fixation by nodulated legumes in the field**. Camberra: Australian Centre for International Agricultural Research, 1988. 76 p.

Pereira, A.V.; Valle, C.B. do; Ferreira, R.de P.; Miles, J.W. Melhoramento de forrageiras tropicais. In: NASS, L. L.; VALOIS, A. C. C.; MELO, I. S. de; INGLIS-VALADARES, M.C. (Org.). **Recursos genéticos & melhoramento: plantas**. Cuiabá: [s.n.], 2001. v. 1, p. 549-601.

Pereira, J.M. **Amendoim forrageiro cv. Belmonte**: nova opção de leguminosa forrageira para o sul da Bahia. Itabuna: CEPLAC/ CEPEC, 1999. 1 folder.

Perez, N.B. **Amendoim forrageiro**: leguminosa perene de verão: cultivar Alqueire-1 (BRA 037036). [S.l.: s.n.], 2004. 29 p. (Boletim técnico).

Perez, N.P.; Pizarro, E.A. Potencial forrajero del género Arachis en el tropico americano. In: SEMINÁRIO DE PASTOS Y FORRAJES, 9., 2005, Venezuela. **Anais...** [S.l.: s.n., 2005]. Disponível em: <http://www.avpa.ula.ve/eventos/ix_seminario_pastosyforraje/Conferencias/C2-NaylosBastiani.pdf>. Acesso em: 20 fev. 2008.

Pitol, C.O milheto em sistema plantio direto. In: WORKSHOP INTERNACIONAL DE MILHETO, 1999, Planaltina, DF. **Anais...** Planaltina, DF: Embrapa Cerrados, 1999. p. 69-82.

Pizarro, E.A. Introduction. In: MEJIA M., M. ***Andropogon gayanus* Kunth**: bibliografia analítica. Cali: CIAT, 1984. 196 p.

Pizarro, E.A.; Rincón, A. Regional experience with forage Arachis in South America. In: KERRIDGE, P.C.; HARDY, B. (Ed.). **Biology and agronomy of forage *Arachis***. Cali: CIAT, 1994. p. 144-157. (CIAT. Publication, 240).

Postiglioni, S.R. Avaliação de sete gramíneas de estação quente para produção de carne nos Campos Gerais do Paraná. **Pesquisa Agropecuária Brasileira**, v.35, n.3, p.631-637, 2000.

Postiglioni, S.R. ***Hemarthria altissima***: novas cultivares recomendadas pela pesquisa. Londrina: IAPAR, 1984. 4 p. (IAPAR. Informe da pesquisa, n. 52).

Postiglioni, S.R. **Recria de bezerros em *Hemarthria altissima* cv. Roxinha**. Londrina: IAPAR, 1990. 9 p. (IAPAR. Informe da pesquisa, n. 93).

Postiglioni, S.R. **Resultados de pesquisas com *Hemarthria altissima* na região dos Campos Gerais do Paraná**. Londrina: IAPAR, 1995. 22 p. (IAPAR. Circular, 85).

Postiglioni, S.R. Utilização de pastagens supletivas na terminação de novilhos mantidos na *Hemarthria altissima* cv. Roxinha. In: REUNIÃO DA SOCIEDADE BRASILEIRA DE ZOOTECNIA, 28., 1991, Campo Grande, MS. **Anais...** Campo Grande, MS: Sociedade Brasileira de Zootecnia, 1991. p. 260.

Postiglioni, S.R.; Leme, M.C.; Yada, I.F.; Messias, D.C. Utilização de aveia e milheto como pastagens supletivas para bovinos em *Hemarthria altissima* cv. Flórida. In: REUNIÃO DA SOCIEDADE BRASILEIRA DE ZOOTECNIA, 37., 2000, Viçosa, MG. **Anais...** Viçosa, MG: Sociedade Brasileira de Zootecnia, 2000.

Postiglioni, S.R.; Molleta, J.L. Feno em pé da hemártria Flórida na recria de bezerros nos Campos Gerais do Paraná. In: REUNIÃO DO GRUPO TÉCNICO EM FORRAGEIRAS DO CONE SUL – GRUPO CAMPOS, 21., 2006, Pelotas. **Anais...** Pelotas: PROCISUR, 2006.

Postiglioni, S.R.; Molleta, J.L.; Zambruski, J.R.N. Efeito do sistema de pastejo na produção de hemártria Flórida nos Campos Gerais do Paraná. In: REUNIÓN DEL GRUPO EN FORRAJERAS DEL CONO SUR ZONA CAMPOS, 20., 2004, Salto. **Anais...** Salto: PROCISUR, 2004.

Ramos, A.K.B.; Leite, G.G.; Fernandes, F.D.; Vilela, L.; Barcellos, A.de O.; FRANCO, G. L. **Uso e manejo de pastagens e capim-pojuca**. Planaltina, DF: Embrapa Cerrados, 2002. 7 p. (Embrapa Cerrados. Circular técnica, 21).

Randüz, E. **A estrutura de gramíneas do gênero *Cynodon* e o comportamento ingestivo de equinos**. 2005. 54 p. Dissertação (Mestrado) – Universidade Federal do Paraná, Curitiba.

Rao, I.M.; Kerridge, P.C. Mineral nutrition of forage *Arachis*. In: KERRIDGE, P. C.; HARDY, B. H. (Ed.). **Biology and agronomy of forage *Arachis***. Cali: CIAT, 1994. p. 71-83. (CIAT. Publication, 240).

Renvoize, S.A. Brachiaria: a report to CIAT, Colombia, on the species and specimens held in the germplasm collection. Kew: Royal Botanical Gardens, 1993. Appendix 9.2, 88 p.

Renvoize, S.A.; Clayton, W.D.; Kabuye, C.H.S. Morphology, taxonomy, and natural distribution of *Brachiaria* (Trin.) Griseb. In: MILES, J. W.; MAASS, B.L.; VALLE, C.B. do (Ed.). ***Brachiaria***: biology, agronomy, and improvement. Cali: CIAT; Campo Grande, MS: EMBRAPA-CNPGC, 1996. p. 1-15. (CIAT. Publication, 259).

Reunião da comissão brasileira de pesquisa de aveia, 27., 2007, Passo Fundo. ***Resultados experimentais...*** Passo Fundo: Universidade de Passo Fundo, 2007. 438 p.

Risso-pascotto, C.; Pagliarini, M.S.; Valle, C.B. do. A new basic chromosome number for the genus *Brachiaria* (Trin.) Griseb. (Poaceae: Panicoideae: Paniceae). **Genetic Resources and Crop Evolution**, v.53, p.7-10, 2006.

Rodrigues, J.A.S.; Santos, F.G. dos; Schaffert, R.E.; Ferreira, A. da S.; Casela, C.R. **BRS 801 – híbrido de sorgo de pastejo**. Sete Lagoas: Embrapa Milho e Sorgo, 2004. 2 p. (Embrapa Milho e Sorgo. Comunicado técnico, 103).

Rodrigues, L.R. de A.; Monteiro, F.A.; Rodrigues, T.de J.D. **Capim-elefante**. In: SIMPÓSIO SOBRE MANEJO DA PASTAGEM, 17., 2001, Piracicaba. **A planta forrageira no sistema de produção**: anais. Piracicaba: FEALQ, 2001. p. 203-224.

Sales, M.F.L.; Valentim, J.F.; Carneiro, J. da C. Introdução e avaliação de acessos de amendoim forrageiro em Rio Branco, Acre. In: REUNIÃO ANUAL DA SOCIEDADE BRASILEIRA DE ZOOTECNIA, 39., 2002, Recife. **Anais...** Recife: SBZ, 2002. 1 CD-ROM.

Santana, J.R. de; Pereira, J.M.; Resende, C.de P. Avaliação da consorciação de *Brachiaria dictyoneura* Stapf com *Arachis pintoi* Krapov e Gregory sob pastejo. In: REUNIÃO ANUAL DA SOCIEDADE BRASILEIRA DE ZOOTECNIA, 35., Porto Alegre. **Anais...** Porto Alegre: SBZ, 1998. 1 CD-ROM.

Santos Filho, L.F. Seed production: perspective from the brazilian private sector. In: Miles, J.W.; Maass, B.L.; Valle, C.B. do (Ed.). ***Brachiaria***: biology, agronomy, and improvement. Cali: CIAT; Campo Grande, MS: EMBRAPA-CNPGC, 1996. p. 141-146. (CIAT. Publication, 259).

Savidan, Y.H.; Jank, L.; Costa, J.C.G. **Registros de 25 acessos selecionados de *Panicum maximum***. Campo Grande, MS: EMBRAPA-CNPGC, 1990. 68 p. (EMBRAPA-CNPGC. Documentos, 44).

Seiffert, N.F. **Gramíneas forrageiras do gênero *Brachiaria***. Campo Grande, MS: EMBRAPA-CNPGC, 1984. 74 p. (EMBRAPA-CNPGC. Circular técnica, 1). Disponível em: <http://www.cnpgc.embrapa.br/publicacoes/ct/ct01/>. Acesso em: 15 abr. 2008.

Setti, J.C. de A.; Nunes, S.G.; Silva, J.M.; Andrade, S.F.; Oliveira, A.R. **Produtividade animal em pastagens de *Brachiaria decumbens* cv. Australiana e Andropogon gayanus cv. Planaltina consorciadas e submetidas à adubação com fosfato natural**. Campo Grande, MS: EMPAER-MS, 1985. 14 p. (EMPAER-MS. Pesquisa em andamento, 22).

Simpósio sobre manejo da pastagem, 11., 1994, Piracicaba. **Anais...** Piracicaba: FEALQ, 1994. 325 p.

Simpósio sobre manejo da pastagem, 21., 2004, Piracicaba. **Fertilidade do solo para pastagens produtivas**. Piracicaba: FEALQ, 2004. 480 p.

Spain, J.M.; Couto, W. Estabilishment and initial development of *Andropogon gayanus* pastures in tropical savannas. In: TOLEDO, J.M.; VERA, R.; LASCANO, C.; LENNE, J.M. (Ed.). ***Andropogon gayanus* Kunth**: grass for tropical acids soils. Cali: CIAT, 1990. p. 223-246.

Stace, H.M.; Cameron, D.F. Cytogenetics and evolution of *Stylosanthes*. In: STACE, H. M.; EDYE, L. A. (Ed.). **The biology and agronomy of *Stylosanthes***. Sydney: Academic Press, 1984. p. 49-72.

Stapf, O. Gramineae. In: PRAIN, D. (Ed.). **Flora of tropical Africa**. London: Reeve, 1917-19. p. 1-265.

Suárez-Vásquez, S.; Wood, M.; Nortcliff, S. Crescimiento y fijación de nitrógeno por *Arachis pintoi* establecido com *Brachiaria decumbens*. **Cenicafe**, v.43, p.14-21, 1992.

Suttie, J.M. ***Avena sativa* L.** [S.l.]: FAO, 2008. Disponível em: <http://www.fao.org/AG/AGP/agpc/doc/Gbase/DATA/Pf000466.htm>. Acesso em: 23 abr. 2008.

Tcacenco, F.A. Avaliação de forrageiras nativas e naturalizadas do vale do Itajaí, Santa Catarina. **Pesquisa Agropecuária Brasileira**, v.29, n.3, p. 475-489, 1994.

Tcacenco, F.A. ***Hemarthria altissima*, uma opção forrageira para o Planalto Catarinense**. Florianópolis: EMPASC, 1981. 12 p. (EMPASC. Comunicado técnico, 50).

Teixeira Neto, J.F.T.; Simão Neto, M.; Couto, W.S.; Dias-Filho, M.B.; Silva, A.B.; Duarte, M.L.R.; Albuquerque, F.C. **Prováveis causas da morte do capim-braquiarão (*Brachiaria brizantha* cv. Marandu) na Amazônia Oriental**: relatório técnico. Belém, PA: Embrapa Amazônia Oriental, 2000. 20 p. (Embrapa Amazônia Oriental. Documentos, 36.

Thomas, D.; Andrade, R.P.A.; Couto, W.; Rocha, C.M.C.; Moore, C.P. *Andropogon gayanus* var. *biscamulatus* cv. Planaltina: principais características forrageiras. **Pesquisa Agropecuária Brasileira**, v.16, n.3, p.347-355, 1981.

Thomas, R.J. *Rhyzobium* requirements, nitrogen fixation and nutrient cycling in forage *Arachis*. In: KERRIDGE, P.C.; HARDY, B. (Ed.). **Biology and agronomy of forage *Arachis***. Cali: CIAT, 1994. p. 84-94.

Thomas, R.J. Roles of legumes in providing N for sustainable tropical pasture systems. **Plant and Soil**, v.174, n.1/2, p.103-118, 1995.

Thomas, R.J.; Asakawa, N.M. Decomposition of leaf litter from tropical forage grasses and legumes. **Soil Biology and Biochemistry**, v.25, p.1351-1361, 1993.

Torres-Gonzalez, A.M.; Morton, C.M. Molecular and morphological phylogenetic analysis of *Brachiaria* and *Urochloa* (Poaceae). **Molecular phylogenetics and evolution**, Amsterdam, v. 37, p. 36-44, 2005.

Trinius, C.B. *Panicearum genera*. **Mémoires de l'Académie Impériale des Sciences de St. Pétersbourg**, ser. 6, v.3, p.194, 1834.

Utley, P.R.; Monson, W.G.; Burton, R.E. Comparison of Tifton 44 and Coastal bermudagrasses as pastures and as harvested forage. **Journal of Animal Science**, v.47, n.4, p.800-804, 1978.

Valentim, J.F.; Andrade, C.M.S. Forage peanut (*Arachis pintoi*): a high yielding and high quality tropical legume for sustainable cattle production systems in the Western Brazilian Amazon. In: INTERNATIONAL GRASSLAND CONGRESS, 20., 2005, Dublin. **Offered papers...** Dublin: [s.n.], 2005. 1 CD-ROM.

Valentim, J.F.; Andrade, C.M.S. Partição de biomassa e banco de sementes de acessos de amendoim forrageiro na Amazônia Ocidental brasileira. In: REUNIÃO ANUAL DA SOCIEDADE BRASILEIRA DE ZOOTECNIA, 40., 2003, Santa Maria, RS. **Anais...** Santa Maria, RS: SBZ, 2003. 1 CD-ROM.

DowAgroSciences | Líder em herbicidas para pastagem
Soluções além do produto.
+ Resultados além da conta.
= Linha de Pastagem Dow AgroSciences
*Marcas registradas de Dow AgroSciences.
PT-DOW
ATENÇÃO
Este produto é perigoso à saúde humana, animal e ao meio ambiente. Leia atentamente e siga rigorosamente as instruções contidas no rótulo, na bula e receita. Utilize sempre os equipamentos de proteção individual. Nunca permita a utilização do produto por menores de idade.
CONSULTE SEMPRE UM ENGENHEIRO AGRÔNOMO. VENDA SOB RECEITUÁRIO AGRONÔMICO.
ANDEF
ASSOCIAÇÃO NACIONAL DE DEFESA VEGETAL
PECUÁRIA SUSTENTÁVEL
DowAgroSciences
LINHA PASTAGEM
UM PASSO À FRENTE EM TECNOLOGIA
Consultoria especializada | Software de levantamento de áreas
Empréstimo de equipamentos | Assistência técnica
Programas de aplicação aérea | Pesquisa e desenvolvimento
Modalidade de comercialização diferenciada | Novos produtos
Tecnologia inovadora | Pioneirismo e parceria na pecuária

CAPÍTULO 20

Fatores condicionantes e predisponentes da produção animal em pastagens

Sila Carneiro da Silva
Professor Associado
Departamento de Zootecnia
ESALQ/USP. Piracicaba, SP
scdsilva@esalq.usp.br

Carlos Guilherme Silveira Pedreira
Professor Associado
Departamento de Zootecnia
ESALQ/USP. Piracicaba, SP
cgspedre@esalq.usp.br

Introdução

A produção e a produtividade animal em pastagens há muito têm sido estudadas e debatidas. Novas tec nologias, espécies e cultivares de plantas forrageiras têm sido desenvolvidos com a finalidade de melhorar índices de produtividade animal historicamente medíocres. No entanto, o que se observa é que todos esses esforços não têm resultado em melhoria significativa nesses índices, razão pela qual muitos produtores sentem-se frustados e desestimulados com a atividade (Corsi, 1986; Da Silva, 1995).

A baixa produtividade das pastagens é uma das principais, se não a principal, causa da baixa competitividade e lucratividade da pecuária nacional em relação a outras modalidades de exploração econômica da terra, o que torna compreensível a substituição das áreas de pastagens por culturas como a soja, milho, café, cana-de-açúcar etc. (Corsi, 1986; Corsi & Santos, 1995; Faria *et al.*, 1996). Grande quantidade de tempo e recursos tem sido gasta à procura de soluções simplificadas como a espécie forrageira milagrosa, a formulação ótima de fertilizante, o método de pastejo ideal etc., soluções que têm falhado, consistentemente, em atingir o seu propósito. A explicação para isso é relativamente simples, ou seja, procura-se ajustar um segmento de um setor de produção sem se levar em consideração a cadeia ou o sistema como um todo. Dentro desse contexto, por exemplo, não há resposta em melhoramento genético de animais e plantas se o ambiente ao qual serão submetidos não for adequado às suas exigências ou, ainda, não adianta expressar o potencial da planta forrageira em termos de produção de forragem se a eficiência de colheita e conversão desta em produto animal for baixa (utilização pobre ou desperdício).

É fundamental, portanto, que se conheça o sistema de produção como um todo, seus componentes e suas características, fatores que interferem e seus níveis de eficiência, a fim de que se possa detectar pontos de estrangulamento e aqueles passíveis de serem manipulados ou manejados para vantagem do sistema. O presente texto tem por objetivo discutir conceitualmente os fatores condicionantes (que regulam) e predisponentes (que favorecem) da produção animal em pastagens segundo uma visão sistêmica e dentro de um contexto profissional de exploração eficiente, econômica e sustentável do fator de produção terra, reconhecidamente o maior investimento de capital em sistemas baseados no uso exclusivo ou intensivo de pastagens.

O sistema de produção animal em pastagens - conceitos básicos

Sistemas de produção animal em pastagens são sistemas complexos e que, em sua grande maioria, requerem uma integração de conhecimentos multidisciplinares para que possam ser compreendidos de maneira efetiva. A **Figura 1** representa esquematicamente o fluxo de energia e os estágios de produção de um sistema pastoril:

Segundo Hodgson (1990), cada um dos estágios de produção acima possui sua própria eficiência, a qual pode ser influenciada pelo manejo e que, em conjunto, determina o nível de produção a ser atingido por um determinado sistema (**Figura 1**).

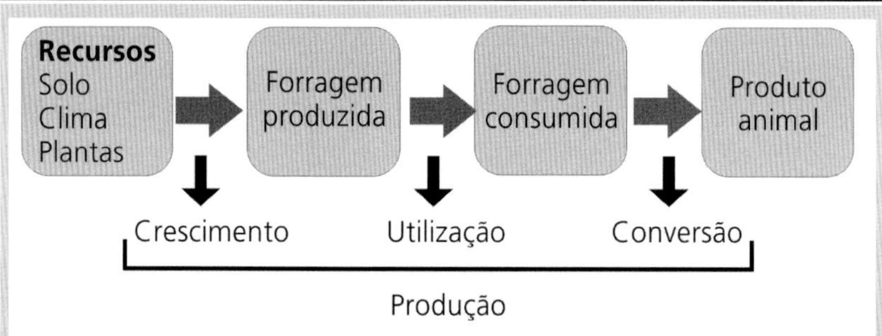

Figura 1. Representação esquemática da produção animal em pastagens (Adaptado de Hodgson, 1990).

Em muitas situações, o tecido das plantas (forragem) é colhido e frequentemente armazenado antes de ser fornecido aos animais, razão pela qual as etapas de crescimento e utilização são essencialmente independentes uma da outra. Em sistemas de pastejo, contudo, essas etapas não podem ser separadas dessa maneira, e as interações entre elas exercem influência importante sobre a produção animal do sistema. Por exemplo, o animal em pastejo pode afetar a taxa de acúmulo de forragem **(i)** pela remoção de partes da planta, **(ii)** por outros prejuízos físicos diretos às plantas ou ao solo, ou **(iii)** pela reciclagem de nutrientes por meio de suas fezes e urina. Em contrapartida, o animal em pastejo pode ser afetado pela estrutura do dossel forrageiro, pela quantidade e pelo valor nutritivo da forragem consumida. Como consequência da íntima interdependência entre as etapas de produção, decisões de manejo que melhorem a eficiência em uma dada etapa podem reduzi-la em outra e vice-versa. Isso limita a possibilidade de melhoria da produção a partir de simples mudanças no manejo, mas também limita o risco que um sistema tem de entrar em colapso como consequência de decisões equivocadas. A essência do manejo de áreas de pastagens é, portanto, atingir um balanço harmônico entre eficiências das três principais etapas de produção: crescimento, utilização e conversão (Hodgson, 1990).

Fundamentalmente, em qualquer sistema de produção animal, um princípio básico norteia todas as tomadas de decisão e orienta todas as ações de manejo, ou seja, procura-se sempre adequar e equacionar suprimento (**S**) e demanda (**D**) por alimentos. Todos os esforços e recursos são dispendidos no sentido de que a quantidade de alimento disponível e em oferta seja suficiente para atender as exigências tanto quantitativas quanto qualitativas do rebanho (**S = D**).

O manejo bem sucedido de pastagens deve equilibrar os requerimentos nutricionais dos animais com as flutuações estacionais e anuais na produção de forragem. A condução e operação do sistema como um todo necessita, portanto, de conhecimentos sobre a quantidade de forragem, respostas dos animais a variações nessa quantidade e, consequentemente, as condições do pasto sob as quais metas pré-estipuladas de consumo e desempenho animal serão atingidas (Sheath *et al.*, 1987). O manejo quantitativo de pastagem requer acúmulo, transferência e racionamento de forragem para períodos de déficit (**S < D**) e conciliação entre alimentação irrestrita (100% das exigências de matéria seca atendidas) e a manutenção da qualidade da forragem produzida (relação folha/colmo, quantidade de material morto etc.) durante os períodos de excesso (**S > D**) (Sheath *et al.*, 1987). Ou seja, existe a necessidade de um planejamento da alimentação que envolva estimativas tanto da demanda como do suprimento de alimento (forragem), além de monitoramento do plano de ação durante sua implantação e execução (**Figura 2**).

Na **Figura 2**, o balanço anual entre S e D (plano de longo prazo) é utilizado para estabelecer taxas de lotação potencial e balancear a demanda estacional de alimento com o padrão esperado de suprimento de forragem (produção). Em consequência, devem ser tomadas algumas decisões relacionadas com a época de parição das vacas, desmama dos bezerros, venda de animais e provável necessidade de conservação de forragem e uso de alimentação volumosa suplementar. Esse tipo de ajuste trabalha com dados médios, em que a produção total anual do pasto e o padrão de acúmulo de forragem são comparados com a demanda de alimento do sistema. O balanço mensal entre S e D (plano de médio prazo) fornece informação sobre a maneira segundo a qual o alimento é mais bem utilizado para assegurar níveis ótimos de produção animal, ajudando, assim, na tomada de decisões mais racionais e lucrativas relativas ao uso da forragem disponível. Já o plano de pastejo (plano de curto prazo) envolve decisões sobre a maneira segundo a qual o alimento disponível

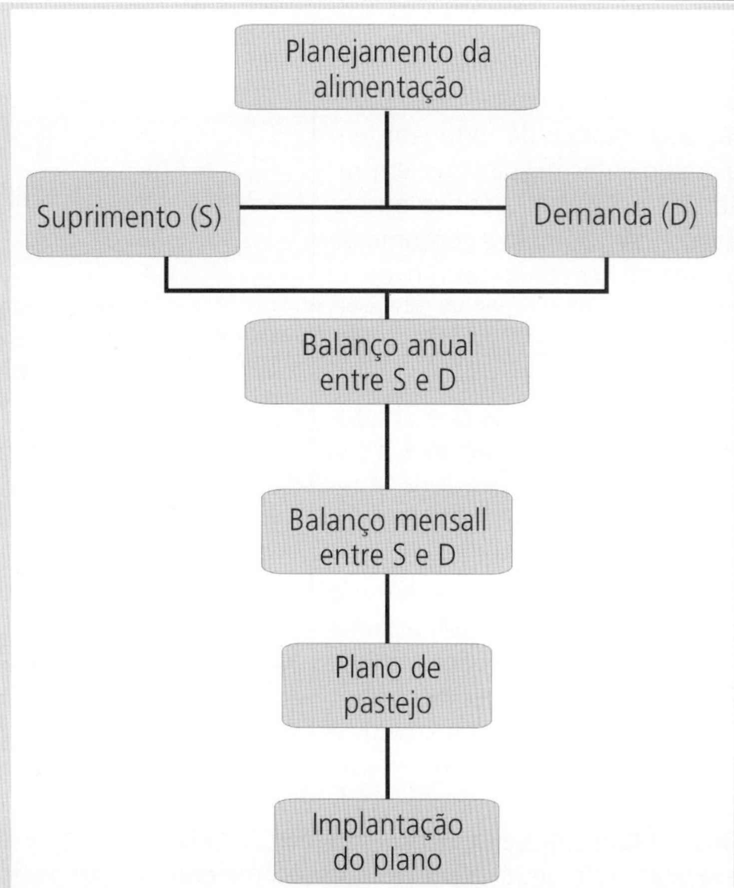

Figura 2. Representação esquemática de planejamento da alimentação em sistemas baseados no uso de pastagens (Adaptado de Milligan *et al.*, 1987).

virá a ser alocado aos animais. É muito importante nos casos de racionamento da alimentação e no uso de pastejo rotativo, uma vez que ajuda a programar o esquema de rotação de piquetes (Milligan *et al.*, 1987).

Fica claro, portanto, que para a utilização efetiva e racional de pastagens para produção animal deve-se elaborar um plano técnico de trabalho nos mesmos moldes adotados em outras atividades agrícolas e empresariais, para que a atividade possa ter sucesso, ser competitiva e lucrativa. A **Figura 3** mostra como suprimento e demanda são representados em sistemas de produção animal em pasto:

Suprimento de alimento

Conforme ilustrado na **Figura 3**, o suprimento de alimento em um sistema de produção em pasto num ponto qualquer do tempo é representado pela massa de forragem presente na fazenda naquele momento. É evidente, todavia, que, dada a natureza dinâmica do sistema, esse estoque de forragem tende a aumentar ou diminuir em razão de um balanço positivo ou negativo entre acúmulo e consumo de forragem, respectivamente. O acúmulo é, portanto, o aspecto mais importante do fator suprimento e é somente a compreensão adequada dos fenômenos que controlam o acúmulo que permitirá a sua manipulação em benefício do sistema de produção.

O acúmulo de forragem, entendido como a diferença entre a produção de tecidos novos na planta forrageira (folhas e colmos - crescimento) e a perda de tecidos velhos (senescência e decomposição), é quase que totalmente dependente dos fatores do meio ambiente. A fixação de carbono via fotossíntese exige níveis ótimos de temperatura, luz e água, além de nutrição mineral adequada para que não haja prejuízo das diversas funções metabólicas envolvidas no processo. Logo, para que se possa tentar manipular o suprimento de alimento, é necessário primeiro conhecer a planta e suas relações com o meio ambiente. Há duas características das plantas forrageiras perenes que são centrais para o entendimento dos efeitos do manejo sobre a produção de forragem em pastagens. Primeiro, em decorrência do fato de o pasto apresentar uma alta taxa de renovação (*turnover*) de tecidos, todo o material que não for colhido por pastejo é logo perdido por senescência. Essa renovação constitui-se, claramente, na origem de consideráveis perdas potenciais de produção. Num exemplo dado por Parsons (1988), tomando por base uma gramínea de clima temperado, o azevém perene, que possui um número médio de folhas vivas por perfilho igual a 3, e considerando-se um intervalo médio de aparecimento de folhas de onze dias (abril a setembro, o verão agrostológico), ficou demonstrado que uma quantia equivalente a toda a massa de folhas dos perfilhos pode morrer e ser substituída a cada mês. A segunda característica é que são justamente os tecidos fotossintéticos (principalmente as folhas) aqueles colhidos pelo corte ou pastejo. Isso causa reduções na área foliar e sua interceptação de luz pelo relvado, reduzindo as taxas de fotossíntese e, consequentemente, a capacidade da planta de produzir novas folhas.

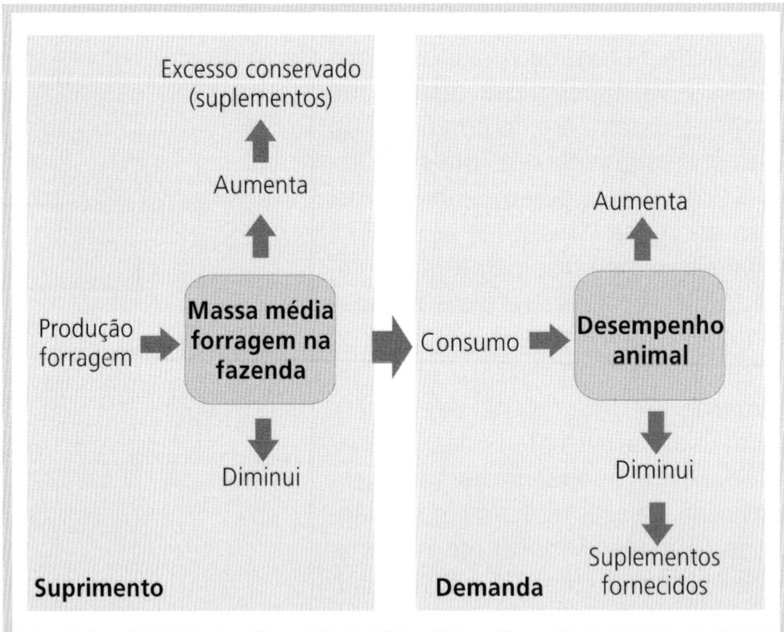

Figura 3. Representação esquemática de suprimento e demanda em sistemas de produção animal em pastagens (Adaptado de Matthews, 1994).

O modo de colheita da forragem em uma dada ocasião tem, portanto, um efeito marcante sobre o crescimento e a proporção do tecido produzido que é colhido. Segundo Parsons (1988), o objetivo do manejo da pastagem é encontrar o compromisso ideal entre as exigências conflitantes da planta forrageira (que precisa conservar sua área foliar para a fotossíntese) e a necessidade fundamental de remover esses tecidos por meio do corte ou pastejo. Esse conflito, que é mais aparente em sistemas baseados no uso de lotação contínua (em que o intervalo entre desfolhações sucessivas é curto e não controlado), dá origem a um dilema que é central ao manejo da pastagem.

Na quantificação do suprimento pode haver circunstâncias (como exemplo, em pastos sob lotação contínua) em que a produção não pode ser medida facilmente como o acúmulo líquido de forragem, que é o método convencional utilizado em estudos agronômicos. Isso se deve ao fato de que parte do crescimento da forragem é *continuamente* removida pelos animais em pastejo. Se, por exemplo, a taxa bruta de produção de tecido (crescimento) for igual à soma da remoção pelo pastejo e das perdas de tecido por senescência e morte, não se observará mudanças líquidas na massa média (estoque) de forragem no pasto (Spedding, 1965; Morris, 1969) e, portanto, a produção só poderá ser apreciada convencionalmente por meio do acúmulo de produto animal (e.g. ganho de peso) ou de estimativas de consumo de matéria seca (Baker, 1982; Le Du & Penning, 1982), ou ainda com o uso de gaiolas de exclusão (Pedreira *et al.*, 2005).

O acúmulo de forragem, que é a origem do estoque, está sob a influência direta do ambiente (Matthews, 1994) e, portanto, alterações nas condições de ambiente sempre resultarão em alterações na produção de forragem. Vale ressaltar, no entanto, que de todos os fatores de ambiente, somente as variáveis fertilidade do solo e escolha da espécie ou cultivar forrageiro são passíveis de controle efetivo pelo operador ou manejador do sistema, o que limita sobremaneira a possibilidade de ajuste eficaz da relação suprimento:demanda a partir da simples manipulação da produção de forragem. Enquanto as taxas de acúmulo parecem, em primeira análise, ser o aspecto mais importante da produção, a uniformidade da produção, valor nutritivo, flexibilidade de uso e tolerância a variações no manejo também são características de grande importância (Hodgson, 1990).

No aspecto quantitativo, condições de ambiente favoráveis tendem a aumentar a reserva média de forragem enquanto, em outras épocas do ano, o acúmulo reduzido (e frequentemente nulo) diminui a média do estoque anual. O valor nutritivo (particularmente a concentração de energia digestível na forragem) afeta o suprimento na medida em que exerce grande influência sobre o consumo. Este, todavia, é também afetado por características morfológicas da planta (tais como porcentagem de folhas) e do relvado (tais como altura e densidade volumétrica e massa de forragem) (Hodgson, 1990). Algumas espécies forrageiras podem requerer um controle mais minucioso do pastejo do que outras, seja com a finalidade de controle do valor nutritivo da forragem colhida, seja para evitar o desequilíbrio da composição botânica da pastagem em virtude de problemas de competitividade excessivamente alta ou excessivamente baixa entre plantas acompanhantes.

Enquanto o estoque de alimento na fazenda é uma função direta do acúmulo de forragem, este, por sua vez, é consequência do balanço entre crescimento e senescência (Hodgson, 1990), processos esses que ocorrem simultaneamente. A partir de um determinado ponto da curva de crescimento da planta forrageira, tanto as taxas de crescimento como as de senescência aumentam de maneira que as taxas de acúmulo líquido (produção mensurável no campo) se estabilizam e permanecem relativamente constantes. Isso demonstra que não se justifica o aumento em produção se este não for acompanhado de colheita eficiente, com um mínimo de perdas (utilização alta) (Da Silva & Corsi, 2003).

O fenômeno descrito acima é consequência direta da curta duração de vida de folhas individuais que, ao atingirem a maturidade, entram num irreversível processo de senescência. Esse balanço entre as taxas de crescimento e morte sofre alterações com o tempo, mas é principalmente afetado pela maneira como o pasto é manejado, podendo ter um efeito marcante sobre o formato das curvas de acúmulo de forragem que se sucedem (Carnevalli *et al.*, 2006). Enquanto uma situação de crescimento livre representaria o caso mais simples, na presença de animais em pastejo, as mudanças líquidas observadas no pasto são reflexo direto do balanço entre as taxas de produção líquida e de consumo de forragem (Hodgson, 1990).

De acordo com Hodgson (1990), as taxas de crescimento, consumo e senescência tendem a responder de diferentes maneiras às variações no manejo e, dessa forma, as implicações de uma prática específica de manejo para as eficiências relativas dos processos de crescimento e colheita nem sempre são aparentes. Para que essas implicações sejam entendidas é preciso, primeiro, que se conheça como essas taxas podem ser controladas. Isso, por sua vez, requer um conhecimento prévio da biologia da planta forrageira que possa auxiliar no entendimento de como o crescimento e a senescência respondem aos fatores do meio ambiente (Da Silva, 2004).

Demanda por alimento

A necessidade de se atingir ou manter um determinado nível de desempenho animal (e.g. ganho de peso) é o fator determinante da demanda por alimento dentro de um sistema de produção (**Figura 3**). Sabe-se que o desempenho animal é função direta do consumo de matéria seca digestível (MSD) e que, nesse contexto, 60% a 90% da variação em consumo de MSD é decorrente da variação em consumo de MS, enquanto apenas 10 a 40% advêm de variações na digestibilidade da matéria seca (Mertens, 1994). Nota-se, portanto, que a contribuição relativa do consumo de MS para o desempenho animal é, em média, três vezes aquela da digestibilidade da MS.

Num contexto de sistema, torna-se fácil visualizar que a demanda é função direta no nível de produtividade (produto animal/ha) que se tem como meta (**Figuras 3** e **4**). Se, por um lado, o desempenho animal individual é altamente influenciado pelo consumo, a produção por unidade de área também é uma função da taxa de lotação, ou seja, do número de animais por unidade de área. Em sistemas de produção animal baseados em pastagens, o consumo está sob forte influência da oferta de forragem (kg MS/kg PV). É sabido que um dos aspectos mais relevantes da interação planta x animal (item *Interação planta x animal*) é o pastejo seletivo. Em outras palavras, se houver oportunidade, o animal em pastejo selecionará o que vai comer. Diversos trabalhos sobre esse tema podem ser encontrados na literatura (e.g., Arnold & Hill, 1972), mas, de maneira geral, folhas são preferidas relativamente a colmos, e material jovem e verde preferido relativamente a partes senescentes e mortas das plantas. De fato, a porcentagem de folhas presentes exerce influência sobre o consumo, conforme relatado por Wilson & Minson (1980), que observaram que, em muitos casos, colmos são consumidos em quantidades muito menores que folhas, ainda que a digestibilidade de ambos os componentes morfológicos seja semelhante.

Além da composição do pasto em termos de partes de plantas e da presença de material senescente e morto, outros fatores, tais como a estrutura do dossel, afetam o hábito de pastejo e o consumo dos animais (Da Silva & Carvalho, 2005). A altura do dossel e sua densidade volumétrica afetam a facilidade de preensão da forragem pela boca do animal e, na prática, dizem respeito aos conceitos de massa de forragem (MF) e densidade de forragem (DF) (Chacon & Stobbs, 1976; Jamieson & Hodgson, 1979; Hodgson & Jamieson, 1981; Redmon *et al.*, 1995). Assim, fica clara a importância de se estipular parâmetros ou características do pasto (MF e DF) para diferentes épocas do ano que deverão ser condizentes e permitir o nível de consumo compatível com a meta de desempenho do animal desejado.

Manejo dos fatores de suprimento e demanda de alimento do sistema

A manipulação dos fatores componentes de sistemas de produção é fundamental para que índices satisfatórios de desempenho, produtividade, eficiência e lucratividade sejam atingidos a partir da exploração de pastagens. É a partir do manejo que se pode ajustar e adequar os diferentes estágios de produção (**Figura 1**) de forma a modular e otimizar a produção e a produtividade animal. Para que práticas de manejo possam ser eficazes é fundamental que se conheça bem a base produtiva (aspectos físicos, sociais, econômicos e de mercado) assim como os objetivos e metas a serem alcançados (**Figura 4**).

Fica evidente que um grande número de variáveis interfere nos fatores do processo produtivo e que o contexto global, no qual a unidade de produção se insere, caracteriza um sistema único e exclusivo, que deve receber tratamento e consideração individualizados. Como discutido anteriormente, o planejamento básico de tais sistemas consiste no ajuste efetivo entre o suprimento e a demanda a fim de que seja possível a obtenção de animais bem alimentados e com bom desempenho a partir de forragem de qualidade em quantidade adequada. Tal ajuste engloba uma série de tomadas de decisão que não podem ser feitas de maneira isolada ou arbitrária, uma vez que todos os componentes do sistema interagem entre si. Em essência, a logística desse processo é bastante simples e pode ser visualizada na **Figura 5**.

Para maior facilidade e clareza de apresentação e discussão, o manejo de fatores do sistema será discutido individualmente nas sessões subsequentes.

Fator suprimento (a planta)

Como descrito no item **Suprimento de alimento**, o suprimento de alimento de um sistema consiste basicamente do estoque de forragem (massa média de forragem na fazenda - **Figura 3**) e da produção ou acúmulo de forragem. Alterações no fator suprimento, portanto, implicam em alterações nessas duas variáveis. Como o estoque é o resultado líquido do balanço entre produção de forragem (+) e consumo (-) (**Figura 3**), alterações em suprimento somente poderão ser obtidas com alterações em produção de forragem pelo pasto.

De maneira geral, quando se pensa em alterar o suprimento, normalmente é no sentido de incremento, com a finalidade de aumentar a capacidade de suporte do sistema e/ou de solucionar problemas de falta de alimento (forragem). A produção de forragem é extremamente dependente do ambiente (**Figuras 4** e **5**) e, portanto, aumentos em produção somente poderão ser obtidos com a manipulação de fatores de ambiente no sentido de gerar condições mais favoráveis às plantas forrageiras (Matthews, 1994). Sabe-se que a possibilidade de alteração ou manipulação desses fatores é limitada (item *Suprimento de alimento*), exceção feita à fertilidade do solo e escolha da planta forrageira, fato esse que limita sobremaneira a flexibilidade de atuação técnica.

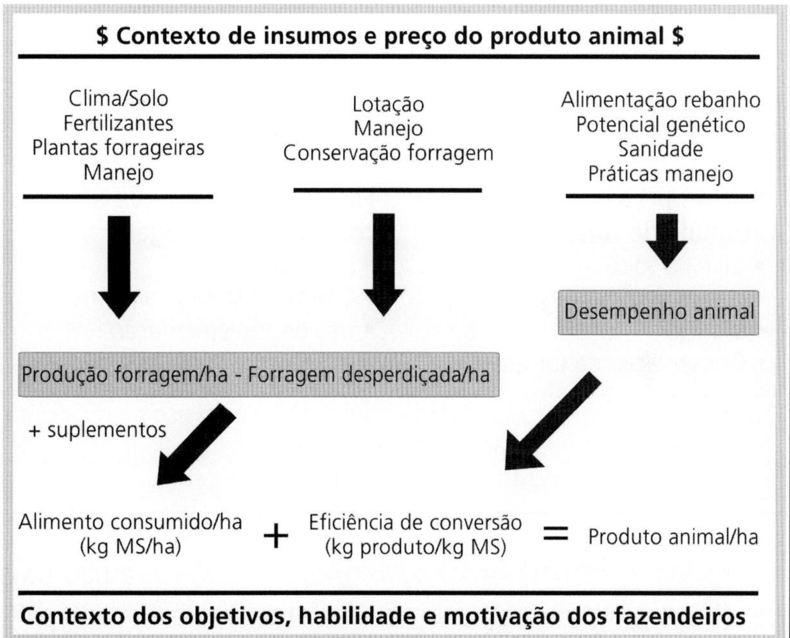

Figura 4. Representação esquemática de fatores de produção a serem considerados quando manejados os sistemas de produção animal em pastagens (Adaptado de Holmes, 1996).

Fica claro, portanto, que ajustes em suprimento são difíceis de serem feitos além de serem inconsistentes, uma vez que não se possui controle efetivo sobre a maioria das variáveis que resultam em produção de forragem. O que se faz, no entanto, é utilizar técnicas de manejo como correção e fertilização do solo (Corsi & Nussio, 1993) e ajustes na frequência e intensidade de pastejo como forma de fornecer condições satisfatórias de produção para a planta forrageira (Corsi *et al.*, 1994), quando fatores de crescimento se fazem presentes, além de assegurar a longevidade e a estabilidade do pasto (**Figuras 4** e **5**). Essas práticas resultam em pequenas alterações no padrão final de acúmulo de forragem, normalmente suficientes somente para ajustes pequenos e de curta duração nos casos de déficit e excedente de alimento no sistema.

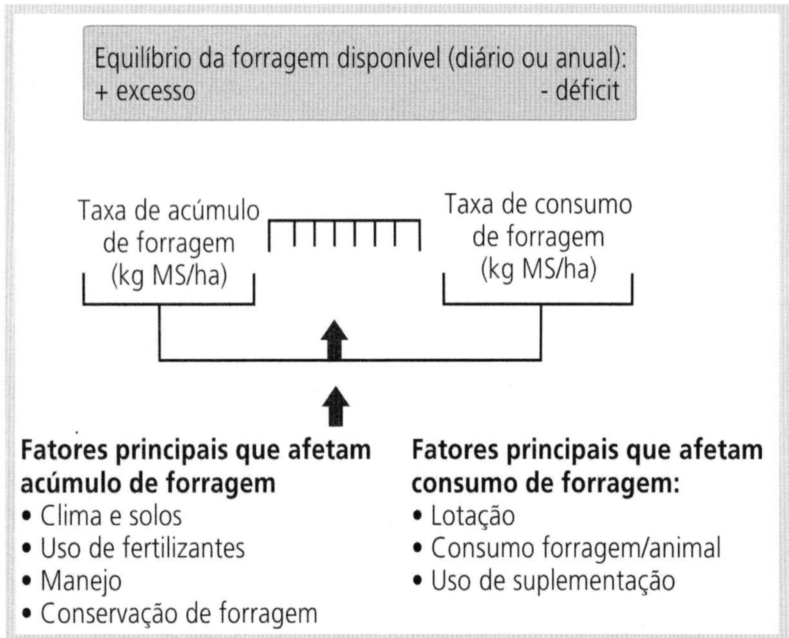

Figura 5. Representação esquemática do princípio básico do raciocínio para planejamento do manejo de pastagens em sistemas de produção animal em pastagens (Adaptado de Holmes, 1996).

Fator demanda (o animal)

O manejo dos componentes do fator demanda, contrariamente àquele do fator suprimento, permite ajustes de maior impacto e significância (Matthews, 1994). Esse fator é caracterizado por duas variáveis fundamentais: taxa de lotação e nível de desempenho animal (sinônimo de consumo neste caso - ver item **Demanda por alimento**). Essas são variáveis totalmente controladas pelo operador ou manejador do sistema e que podem gerar respostas muito rápidas e contundentes quando manipuladas. Dessa maneira, ações como compra e venda de animais (alteração em taxa de lotação pela variação no número de animais na fazenda), uso de determinadas áreas de pasto ou piquetes para fins de conservação de forragem (alteração em taxa de lotação, na área que permanece sob pastejo, pela variação na área disponível para um determinado número de animais), nível planejado de desempenho e estado fisiológico do animal (nível de consumo individual de matéria seca), política de condução do rebanho (descartes, estrutura do rebanho etc.) além do uso de alimentos suplementares, dentre outras, permitem ajustes efetivos e duradouros sobre os quais o operador do sistema possui praticamente 100% de controle.

Um exemplo típico desse conceito é o sistema de produção de leite a pasto da Nova Zelândia, em que a filosofia é de se trabalhar com o mínimo de alimentos conservados no sistema (feno e silagem), de forma que a forragem pastejada pelo animal represente mais de 85% da dieta das vacas (Holmes, 1996). Para que isso seja possível, as vacas devem parir todas juntas de forma a permitir a melhor coincidência possível entre as curvas de suprimento (produção do pasto) e demanda (necessidade de forragem) ao longo do ano. Nesse exemplo, as vacas recebem alimentação satisfatória enquanto o pasto produz. Quando as taxas de acúmulo de forragem diminuem, o alimento remanescente (estoque + acúmulo atual) passa a ser racionado de forma a gerar níveis de produção individual mais baixos (compatíveis com exigências menores) até o caso extremo no qual a associação racionamento de forragem (via pastejo rotativo, na maior parte das vezes) e redução de consumo não seja mais capaz de compensar a redução na produção do pasto e abaixamento do nível do estoque. Nessa condição, os descartes do ano são antecipados e, em última instância, passa-se de duas para uma ordenha diária até que, finalmente, promove-se a interrupção da lactação dos animais. Mais do que tentar garantir produção na lactação atual, essa postura de manejo visa garantir condições para que os animais estejam aptos a reiniciar a próxima lactação em condições de disponibilidade adequada de forragem dentro do prazo máximo de 12 meses desde seu último parto, assegurando, assim, a estabilidade, eficiência e produtividade do sistema. Padrão análogo é utilizado no caso de atividades de cria de gado de corte que, quando associadas às atividades de recria e engorda, permitem maior flexibilidade ainda na composição e ajustes da curva de demanda relativamente àquela de suprimento.

Fica claro, portanto, que, quando se trata de manejo de sistemas de produção animal, particularmente aqueles baseados no uso de pastagens, as ferramentas técnicas mais importantes para ajustes globais do sistema são aquelas relacionadas com o fator demanda, uma vez que possibilitam um controle bastante efetivo além de permitir a modulação (estabelecimento das relações causa:efeito) do processo produtivo (Matthews, 1994).

Interação planta x animal

Como discutido anteriormente, existe uma associação muito forte entre os fatores de suprimento (planta) e demanda (animal), o que gera como consequência uma série de respostas que não correspondem ao efeito simples de manejo sobre a planta ou o animal isoladamente. Em sistemas de produção animal, um grande número de variáveis sofre o efeito da interação existente entre planta e animal, de forma que o sistema passa a apresentar uma série de respostas compensatórias de uma variável em razão do ajuste realizado em outras, fato esse que gera uma maior dificuldade de se manipular ou manejar o sistema por meio de ajustes simples e isolados em setores específicos (*poder de tamponamento* - ver item **O sistema de produção animal em pastagens - conceitos básicos**).

Em termos de suprimento, o estoque de alimento, representado pela massa média de forragem num dado ponto no tempo (item *Suprimento de alimento*), representa uma fonte de *tamponamento* do sistema no sentido de amenizar o impacto de mudanças bruscas tanto na produção de forragem pelo pasto como no nível de consumo ou necessidade de alimento do sistema. Esse estoque pode ter seu nível de reservas (forragem) aumentado na época de crescimento ativo das plantas forrageiras (S>D) ou diminuído nas épocas críticas de produção de forragem (S<D). Dessa maneira, os efeitos negativos do acúmulo mais lento ou mais rápido de forragem em relação à demanda sobre o desempenho animal e produção do sistema e a qualidade da forragem produzida e nível de utilização do pasto (aproveitamento), respectivamente, são suavizados ou possuem seu efeito retardado, uma vez que o estoque de forragem funciona como uma *poupança* de segurança. É lógico que deve existir um limite superior e inferior dentro dos quais o nível de reservas do estoque é permitido oscilar (**Figura 3**). Assim sendo, quando S>D e o nível do estoque de forragem está aumentando, o que se procura fazer é proporcionar um melhor nível de alimentação dos animais a partir de oferta mais generosa de forragem, visando promover maior desempenho e produção animal. Em alguns casos, também, a alimentação liberal (irrestrita) dos animais no pasto permite que parte do excedente de forragem (balanço positivo entre suprimento e demanda) seja armazenado na forma de reserva corporal nos animais (*gordura no lombo*). Essa reserva poderá vir a ser utilizada, eventualmente, em caso de necessidade para pequenos ajustes de curto prazo entre suprimento e demanda (Holmes & Wilson, 1987; Hodgson, 1990).

Sabe-se que o consumo de forragem no pasto (prerrogativa básica para maior desempenho) está diretamente relacionado com a oferta de forragem aos animais em pastejo, de forma que níveis máximos de consumo e desempenho estão relacionados com uma quantidade de forragem em oferta de aproximadamente duas a três vezes a necessidade diária do animal (Combellas & Hodgson, 1979; Le Du *et al.*, 1979; Thomson *et al.*, 1984; L'Huillier, 1987, 1988; Thomson & McCallum, 1989). Em contrapartida, com esse nível de oferta são comuns níveis de utilização de somente 25 a 30% da forragem, o que gera perdas excessivas de material além de comprometer a produção e a qualidade da forragem assim como, em condições extremas, a longevidade e a estabilidade do pasto (Bryant, 1980; Glassey *et al.*, 1980; Holmes & McMilan, 1982; Hodgson, 1984; Hodgson, 1990). Essa situação aponta para o fato de que deve haver uma quantidade crítica de forragem que deveria ser oferecida aos animais para que tanto o desempenho animal como o aproveitamento do pasto sejam otimizados (Bryant, 1980; Thomson *et al.*, 1984), ou seja, deve haver *metas de pasto*, específicas para cada planta forrageira, que precisam ser respeitadas e podem ser utilizadas como referência para o planejamento de ações de manejo (Da Silva & Nascimento Jr., 2007).

Variações em condições e estrutura do dossel e oferta de forragem influenciam o desempenho animal por meio de seus efeitos sobre a quantidade e o valor nutritivo da forragem consumida (Da Silva & Carvalho, 2005). A necessidade de conciliação das exigências dos animais e com aqueles das plantas forrageiras com a finalidade de manter a viabilidade do sistema como um todo é, sem dúvida, reconhecida (Hodgson, 1984). Como consequência, os operadores ou manejadores de sistemas de produção animal em pasto enfrentam frequentemente um dilema nas épocas em que S>D: garantir um nível elevado de alimentação dos animais (alto consumo e desempenho) e arriscar gerar problemas de qualidade da forragem produzida e eventuais decréscimos futuros em produção de forragem, ou restringir o nível de alimentação dos animais com a finalidade de manter a qualidade da forragem por meio do uso de práticas de conservação e arriscar um decréscimo imediato em desempenho animal (Hoogendoorn *et al*, 1988, 1992).

Esse conflito de como manter altos níveis de consumo (desempenho), atingir controle adequado da qualidade da forragem produzida e conservar alimento suficiente para atender futuros déficits faz a decisão sobre quando e quanto de forragem conservar muito complexa (Thomson *et al.*, 1984). No entanto, além de possuir o objetivo principal de assegurar a alimentação adequada dos animais, a conservação de forragem possui a função técnica estratégica de permitir que o limite superior do estoque de forragem seja respeitado, uma vez que permite ajustar de forma rápida e efetiva o suprimento e a demanda num dado ponto no tempo.

Nas situações em que S<D (épocas críticas de produção de forragem), o sistema entra em balanço negativo de alimento, e o estoque de forragem passa a ser utilizado (**Figura 3**). O limite mínimo até o que o nível do estoque possa ser rebaixado, corresponde ao ponto a partir do qual o crescimento e produção da planta forrageira passam a ser comprometidos, situação essa que, invariavelmente, está associada a baixas quantidades de forragem e, portanto, insuficientes para garantir desempenhos satisfatórios (Holmes & Wilson, 1987; Hodgson, 1990; Matthews, 1994). Como consequência, o nível de consumo cai, resultando em redução de desempenho animal e produção do sistema. Dentro desse contexto, o estoque de forragem pode compensar balanços negativos de alimento durante um prazo determinado de tempo. É normalmente sob essas condições que a reserva corporal dos animais, depositada ou armazenada durante os períodos de balanço positivo, pode vir a ser utilizada de forma a auxiliar no equacionamento de eventuais déficits de alimento (Hodgson, 1990; Holmes, 1996). No entanto, essa prática de manejo deve ser utilizada de forma criteriosa, estipulando-se níveis de condição corporal condizentes com padrões de desempenho animal satisfatórios, de forma que a condição corporal do animal seja restabelecida. Assim como existe um limite superior e inferior para o estoque de forragem, também existe para a deposição e uso de reservas corporais, limites esses que, respeitados, permitem ajustes estratégicos de manejo do sistema sem prejudicar o desempenho animal e a produção do sistema, além de impedir a ocorrência de problemas relacionados com obesidade e desnutrição, respectivamente.

Existem ocasiões em que o balanço negativo de alimento é tão intenso, particularmente em regiões onde a estacionalidade de produção da planta forrageira é muito pronunciada, que o poder de tamponamento do sistema (estoque de forragem ou reservas corporais) não é capaz de permitir solução eficaz do problema, o que põe em risco a estabilidade de todo o sistema. É sob essas circunstâncias, com a finalidade de evitar o colapso generalizado do sistema, que os alimentos conservados são trazidos de volta para o processo produtivo na forma de suplementos (**Figura 3**).

Conceitualmente, a logística de operação do sistema é bastante simples. No entanto, a implantação e condução de tais sistemas é extremamente complexa, uma vez que são vários os fatores que devem ser monitorados, mas nem todos são passíveis de controle efetivo por parte do operador ou manejador do sistema.

Considerações finais

O conceito de sistema de produção, apesar de lógico e racional, é desconhecido ou ignorado por quase todos os membros do setor produtivo. Essa constatação é fácil de ser realizada quando existe o interesse em tentar entender o que leva as pessoas a tomarem determinadas decisões ou rumos de ação em diferentes situações e contextos. Observa-se que, na maioria das vezes, o conceito de manejo ou a base do raciocínio para tomadas de decisão relaciona-se com a solução de um *problema* em particular, considerando-se que a simples alteração de manejo, baseada no julgamento de uma ou duas variáveis, será capaz de resultar em solução eficaz. Mais contundente do que isso parece ser o fato de que esse é um conceito generalizado que, de concreto, gera somente uma falsa expectativa de solução, intensificação e racionalização do processo produtivo. Não existe dúvida que medidas isoladas de manejo têm sua importância e eficácia relativas, no entanto, dentro de um contexto global de sistema de produção, seu efeito passa a ser diluído e, muitas vezes, não notado. Assim, é fundamental que haja, além de planejamento, um monitoramente eficiente do processo produtivo, e que *problemas* detectados tenham suas soluções idealizadas e definidas de forma ponderada, levando-se em consideração o caráter sistêmico e multidisciplinar de sistemas pastoris.

Referências bibliográficas

Arnold, G.W. & Hill, J.L. **Chemical factors affecting selection of food plants by ruminants**. In: J.B. Harborne (ed). Phytochemical Ecology. Academic Press, London, U.K., p. 71-101. 1972.

Baker, R.D. **Estimating herbage intake from animal performance**. In: J.D. Leaver (ed). Herbage Intake Handbook. British Grassland Society, Hurley, U.K., p. 76-94, 1982.

Bryant, A.M. Effect of herbage allowance on dairy cow performance. **Proceedings of the New Zealand Society of Animal Production** v.40, p.50-58, 1980.

Carnevalli, R.A.; da Silva, S.C.; Bueno, A.A.O.; Uebele, M.C.; Bueno, F.O.; Silva, G.N.; Morais, J.P. Herbage production and grazing losses in *Panicum maximum* cv. Mombaça under four grazing managements. **Tropical Grasslands**, v.40, p.165-176, 2006.

Chacon, E. & Stobbs, T.H. Influence of progressive defoliation of a grass sward on the eating behaviour of cattle. **Aust. J. Agric. Res.**, v.27, p.709-727, 1976.

Combelas, J. & Hodgson, J. Herbage intake and milk production by grazing dairy cows. 1. The effects of variation in herbage mass and daily herbage allowance in a short-term trial. **Grass and Forage Science**, v.34, p.209-214, 1979.

Corsi, M. **Pastagens de alta produtividade**. In: A.M. Peixoto; J.C. de Moura & V.P. de Faria (ed). Anais do 8º Simpósio sobre Manejo da Pastagem. Piracicaba-SP, FEALQ, p. 499-512. 1986.

Corsi, M. & Nussio, L.G. **Manejo do capim-elefante: correção e adubação do solo**. In: A.M. Peixoto; J.C. de Moura & V.P. de Faria (ed). Anais do 10º Simpósio sobre Manejo da Pastagem. Piracicaba-SP, FEALQ, p. 87-116, 1993.

Corsi, M.; Balsalobre, M.A.; Santos, P.M. & da Silva, S.C. **Bases para o estabelecimento do manejo de pastagens de *Brachiaria***. Anais do 11º Simpósio sobre Manejo da Pastagem, Piracicaba-SP, FEALQ, p. 249-266, 1994.

Corsi, M. & Santos, P.M. **Potencial de produção do *Panicum maximum***. In: Anais do 12º Simpósio sobre Manejo da Pastagem. Piracicaba-SP, FEALQ, p. 275-304, 1995.

Da Silva, S.C. **Condições edafo-climáticas para a produção de *Panicum* sp**. In: Anais do 12º Simpósio sobre Manejo da Pastagem. Piracicaba-SP, FEALQ, p. 129-146, 1995.

Da Silva SC. **Understanding the dynamics of herbage accumulation in tropical grass species: The basis for planning efficient grazing management practices**. In: Pizarro E, Carvalho PCF, Da Silva SC. (eds.) Symposium on Grassland Ecophysiology and Grazing Ecology. UFPR, Curitiba, Brazil. 2004:CD-ROM.

Da Silva, S.C.; Carvalho, P.C. de F. Foraging behaviour and herbage intake in the favourable tropics/sub-tropics. In: McGilloway, D.A. (Ed.) **Grassland: a global resource**. XX International Grassland Congress. Dublin, Ireland., p.81-95. 2005.

Da Silva, S.C.; Corsi, M. Manejo do pastejo. In: SIMPÓSIO SOBRE MANEJO DE PASTAGENS, 20., 2003, Piracicaba. **Anais.** Piracicaba: FEALQ, 2003. p. 155-186.

Faria, V.P.; Pedreira, C.G.S. & Santos, F.A.P. **Evolução do uso de pastagens para bovinos**. In: Anais do 13º Simpósio sobre Manejo da Pastagem. Piracicaba-SP, FEALQ. 254p, 1996.

Glassey, C.B.; Davey, A.W.F. & Holmes, C.W. The effect of herbage allowance on the dry matter intake and milk production of dairy cows. **Proceedings of the New Zealand Society of Animal Production**, v.40, p.59-63, 1980.

Hodgson, J. Sward conditions, herbage allowance and animal production: an evaluation of research results. **Proceedings of the New Zealand Society of Animal Production** v.44, p.99-104, 1984.

Hodgson, J. **Grazing Management - Science into Practice**. Longman Scientific & Technical, 203 p. 1990.

Hodgson, J. & Jamieson, W.S. Variations in herbage mass and digestibility and the grazing behaviour and herbage intake of adult cattle and weaned calves. **Grass and Forage Science**, v.36, p.39-48, 1981.

Holmes, C.W. Produção de leite a baixo custo em pastagens: uma análise do sistema neozelandês. In: J.C. de Moura; V.P. de Faria & W.R.S. Mattos (ed). Conceitos Modernos de Exploração Leiteira. **Anais do 2º Congresso Brasileiro de Gado Leiteiro**. Piracicaba-SP, FEALQ, p. 69-96. 1996.

Holmes, C.W. & Mcmillan, K.L. **Nutritional management of the dairy herd grazing on pasture**. In: K.L. Mcmillan and V.K. Taufa (ed). Dairy Production from Pastures. New Zealand Society of Animal Production, Occasional Publication, p. 244-274, 1982.

Holmes, C.W. & Wilson, G.F. **Milk Production from Pasture**. Butterworths Agricultural Books, 319 p. 1984.

Hoogendoorn, C.J.; Holmes, C.W. & Chu, A.C.P. Grazing management in spring and subsequent dairy cow performance. **Proceedings of the New Zealand Grassland Association**, v.49, p.7-10, 1988.

Hoogendoorn, C.J.; Holmes, C.W. & Chu, A.C.P. Some effects of herbage composition, as influenced by previous grazing management, on milk production by cows grazing on ryegrass/white clover pastures. 2. Milk production in late spring/summer: effects of grazing intensity during the preceding spring period. **Grass and Forage Science**, v.47, p.316-325, 1992.

Jamieson, W.S. & Hodgson, J. The effects of variation in sward characteristics upon the ingestive behaviour and herbage intake of calves and lambs under a continuous stocking management. **Grass and Forage Science**, v.34, p.273-282, 1979.

Le Du, Y.L.P. & Penning, P.D. **Animal based techniques for estimating herbage intak**e. In: J.D. Leaver (ed). Herbage Intake Handbook. British Grassland Society, Hurley, U.K., p. 37-76. 1982.

Le Du, Y.L.P.; Combellas, J.; Hodgson, J. & Baker, R.D. Herbage intake and milk production by grazing dairy cows. 2. The effects of level of winter feeding and daily herbage allowance. **Grass and Forage Science**, v.34, p.249-260, 1979.

L'Huillier, P.J. Spring grazing management: effects on pasture composition and density and dairy cow performance. **Dairyfarming Annual**, Massey University, v.39, p.63-69, 1987.

L'Huillier, P.J. Reduced input spring-summer pasture management options. **Proceedings of the Ruakura Farmer's Conference**, v.40, p.19-25, 1988.

Matthews, P.N.P. **Pasture production and grazing management**. Study Guide and Readings. Agricultural Plant Production Series. Plant Science Department, Massey University, New Zealand, 78p. 1994.

Mertens, D.R. **Regulation of forage intake**. In: G.C. Fahey; M.Collins; D.R. Mertens & L.E. Moser (ed). Forage Quality Evaluation and Utilization. ASA, CSSA, SSSA, Madison, WI, p. 450-493, 1994.

Milligan, K.E.; Brookes, I.M. & Thompson, K.F. **Feed planing on pasture**. In: A.M. Nicol (ed). Livestock Feeding on Pasture. New Zealand Society of Animal Production, Occasional Publication nº 10, p. 75-88. 1987.

Morris, R.M. The pattern of grazing in 'continuously' grazed swards. **J.Br. Grassl. Soc.**, v.24, p.65-70, 1969.

Parsons, A.J. **The effects of season and management on the growth of grass swards**. In: M.B. Jones & A. Lazenby (ed). The Grass Crop: the physiological basis of production. Chapman and Hall, London, U.K., p. 129-177. 1988.

Pedreira, C.G.S.; Pedreira, B.C. & Tonato, F. **Quantificação da massa e da produção de forragem em pastagens**. In: Anais do 22º Simpósio sobre Manejo da Pastagem. Piracicaba-SP, FEALQ, p. 195-216. 2005.

Redmon, L.A.; McCollum III, F.T.; Horn, G.W.; Cravey, M.D.; Gunter, S.A.; Beck, P.A.; Mieres, J.M. & San Julian, R. Forage intake by beef steers grazing winter wheat with varied herbage allowances. **J. Range Manage**, v.48, p.198-201, 1995.

Sheath, G.W.; Hay, R.J.M. & Giles, K.H. **Managing pastures for grazing animals**. In: A.M. Nicol (ed). Livestock Feeding on Pasture. New Zealand Society of Animal Production, Occasional Publication nº 10, p. 65-74. 1987.

Spedding, C.R.W. The physiological basis of grazing management. **J. Br. Grassl. Soc.**, v.20, p.7-14, 1965.

Thomson, N.A.; Lagan, J.R. & McCallum, D.A. Herbage allowance, pasture quality and milk fat production as affected by stocking rate and conservation policy. **Proceedings of the New Zealand Society of Animal Production**, v.44, p.67-70, 1984.

Thomson, N.A. & McCallum, D.A. Is making hay or silage worth the effort? **Proceedings of the Ruakura Farmer's Conference**, v.41, p.50-56, 1989.

Wilson, J.R. & Minson, D.J. Prospects for improving the digestibility and intake of tropical grasses. **Trop. Grassl.**, v.14, p.253-259, 1980.

MATSUDA
SOLUÇÕES INOVADORAS EM NUTRIÇÃO ANIMAL E SEMENTES
A Qualidade dos produtos Matsuda é a segurança de resultados na produção de carne leite e bezerros. Sementes e Suplementos minerais a serviço da pecuária brasileira.
INOCULANTES
NUTRIÇÃO ANIMAL
LINHA SAÚDE ANIMAL
"RECONHECIMENTO DA QUALIDADE DOS PRODUTOS E DOS SERVIÇOS MATSUDA"
Nelore de Ouro ACNB - Associação dos Criadores de Nelore do Brasil 2000 e 2002 Categoria Sementes de Pastagem 2003 e 2004 Categoria Nutrição Animal 2006, 2007 e 2008 Visão do Agronegócio Sementes de Pastagem, Nutrição Animal e novos produtos
CESM 2006 - Comissão de Sementes e Mudas do Paraná
Pop List 2006 - Jornal O Popular - Goiânia - GO Sementes Selecionadas para Pastagem
Deusa Ceres AEASP Assoc. dos Engenheiros Agrônomos Est.SP
Top Qualidade do Agronegócio 2003 e 2006 IEPQ - Instituto de Estudo e Pesquisa de Qualidade
Top of Mind Rural Revista Rural 2003, 2004, 2005 e 2006 Categoria Sementes de Pastagem
TOP LIST 2001 e 2003 Categoria Sementes de Pastagem
Mão Preta - APROSSUL Assoc. dos Produtores de Sementes do Mato Grosso do Sul
MATSUDA LÍDER MUNDIAL EM PASTAGEM TROPICAL
MATRIZ: ÁLVARES MACHADO - SP
UNIDADE: CUIABÁ - MT
UNIDADE: GOIÁS
UNIDADE: SÃO SEBASTIÃO DO PARAÍSO - MG
UNIDADE: VITÓRIA DA CONQUISTA - BA
Accredited Member Laboratory BRML08 of the International Seed Testing Association (ISTA)
DESDE 1948
MATSUDA
SEMENTES E NUTRIÇÃO ANIMAL
www.matsuda.com.br - SAC: SP 0800 704 9000 - MG 0800 035 7820

CAPÍTULO 21

Manejo do pastejo para obtenção de forragem de qualidade

Sila Carneiro da Silva
Professor Associado
Departamento de Zootecnia
ESALQ/USP. Piracicaba, SP
scdsilva@esalq.usp.br

Introdução

A produção de forragem de qualidade é o objetivo principal de todos os esforços despreendidos no manejo da pastagem e da colheita da forragem produzida, ou seja, do pastejo. Práticas como correção e adubação, subdivisão dos pastos, ajustes em taxa de lotação, conservação de forragem e uso de alimentos suplementares, seguramente, correspondem à ferramentas poderosas e que permitem a manipulação do sistema de forma a melhorar a produção e a produtividade animal. No entanto, para que haja eficiência e eficácia no uso dessas ferramentas, torna-se necessário conhecer as repostas de plantas e animais ao pastejo.

Há anos o potencial de produção das pastagens tropicais tem sido enaltecido sem, contudo, ser acompanhado de melhorias significativas correspondentes aos índices de produtividade e indicadores de eficiência zootécnica do País (Nascimento Jr. *et al.*, 2004). A explicação para o fato parece residir no fato de que a informação e o conhecimento disponíveis para o uso e manejo dessas plantas em pastagens não estão sendo utilizados de maneira adequada e/ou apresentam limitações que se tornam aparentes quando são implementados em situações específicas e particulares de produção. Aparentemente, o mesmo fator positivo que permite e possibilita a essas plantas alta produção de forragem (altas taxas de acúmulo) é o mesmo que faz com que práticas e recomendações generalistas de manejo do pastejo (ex. períodos de descanso, taxas de lotação e ofertas de forragem fixas) sejam ineficazes e inconsistentes, causando prejuízos de ordem quantitativa e qualitativa para a produção animal, além de revelar a falta de robustez e a fragilidade das relações funcionais conhecidas entre as respostas de plantas e animais à estratégias de desfolhação.

Trabalhos recentes de pesquisa acerca do manejo do pastejo de plantas forrageiras tropicais, representadas principalmente pela *Brachiaria brizantha* cv Marandu e pelo *Panicum maximum* cultivares Mombaça e Tanzânia, demonstram que a prática da desfolhação necessita de um monitoramento adequado baseado em informações que assegurem um equilíbrio ótimo entre os processos de crescimento, senescência e consumo, de forma a possibilitar elevada produtividade de forragem de boa qualidade. O presente texto tem por objetivo apresentar e discutir os resultados já disponíveis dentro de um enfoque aplicado ao planejamento e definição de estratégias de manejo do pastejo, que visem altas produções de forragem de qualidade, de forma sustentável e consistente, traçando um paralelo em relação às práticas de manejo atualmente utilizadas e suas implicações.

Premissas básicas

A definição de estratégias de manejo do pastejo passa obrigatoriamente pelo conhecimento de toda a base produtiva (recursos físicos, vegetais e animais), do perfil do sistema de produção, das respostas de plantas e animais ao pastejo e da contextualização específica da unidade de produção (Da Silva & Corsi, 2003). O planejamento dessas práticas de manejo deve ser feito com base numa ordenação lógica das informações, respeitando um padrão hierárquico de agrupamento do conhecimento, para que o número e a ordem de grandeza das variáveis-controle do processo de pastejo (ex. taxa de lotação, oferta de forragem, período de descanso, resíduo pós-pastejo, massa de forragem, época, tipo e taxas de fertilização, uso de práticas de conservação de forragem e suplementação etc.) possam ser definidos de forma consistente, objetiva e coerente com as metas de produção idealizadas. Assim, a primeira condição básica que deve ser reconhecida e respeitada é a de que só existe produção animal em pastagens se a pastagem for mantida estável e produtiva. Nesse primeiro nível hierárquico, fundamental, aspectos relacionados com a interface solo-planta-meio são os mais importantes e devem ser considerados e tratados cuidadosamente antes que qualquer decisão acerca do componente animal seja efetivada. Nesse cenário, é muito importante conhecer os limites de resistência e tolerância das plantas forrageiras à ação do animal em pastejo (agente de perturbação do meio), suas exigências edafo-climáticas e bióticas. Cada espécie e/ou cultivar tem sua amplitude de condições de pasto (e.g. altura, massa de forragem etc - amplitude de manejo) específica (**Figura 1a**), dentro da qual a produção de forragem (desempenho agronômico) varia muito pouco. Esta precisa ser respeitada para que não haja um colapso na população de plantas, o que pode fazer com que a pastagem entre em um processo irreversível de degradação. Somente após a obtenção de uma associação estável e harmônica entre planta e meio na pastagem é que a consideração do componente animal como gerador de produção passa a ser importante. Nesse ponto, assumem importância relativa maior os aspectos relacionados com a interface planta-animal, uma vez que são eles os determinantes do consumo e do desempenho dos animais em pastejo. Novamente, para cada espécie e categoria animal, e para cada espécie e/ou cultivar de planta forrageira, existe uma amplitude de condições de pasto específica para que metas de desempenho (ex. ganho de peso, produção de leite) possam ser realizadas (**Figura 1b**). A consideração conjunta dos limites de utilização de plantas e animais revela uma faixa comum de condições de pasto (sobreposição dos limites individuais para plantas e animais) dentro da qual a produtividade biológica do sistema deverá ser máxima (**Figura 1c**), sendo a condição específica em que plantas e animais deverão ser mantidos uma função do contexto econômico que envolve toda e qualquer tomada de decisão para cada sistema de produção. Nesse cenário, fica claro que a amplitude de condições de pasto para desempenho agronômico adequado das plantas forrageiras **(Figura 1a)** é, via de regra, maior que a amplitude correspondente para o desempenho dos animais em pastejo (**Figura 1b**). Adicionalmente, se a amplitude necessária para metas de desempenho animal não se sobrepuser ou estiver contida dentro da amplitude correspondente para o desempenho agronômico do pasto (**Figura 1c**), a espécie forrageira é considerada inadequada para aquela espécie e/ou categoria animal ou para o nível de desempenho planejado, revelando a necessidade de rever planos e metas do sistema. Por outro lado, quanto maior a sobreposição entre os limites de plantas e animais, mais adequada ao pastejo e mais flexível será uma dada planta forrageira para o sistema de produção considerado. Esse fato aponta para o potencial de utilização de metas de condição de pasto ou dossel forrageiro como referencial de manejo do pastejo, regulando, orientando e direcionando ações e esforços no sentido de otimizar a colheita de forragem e a produção animal (Hodgson & Da Silva, 2002).

O racional acima torna claro que, quando as exigências de plantas e animais em pastagens são levados em consideração, a amplitude ótima de trabalho em termos de manejo do pastejo no campo é limitada, indicando flexibilidade potencialmente reduzida de manipulação, uma vez que as metas de condição de dossel para determinados objetivos de produção e desempenho animal são imutáveis. Para uma dada categoria animal, maior desempenho será obtido na porção superior e menor desempenho na porção inferior da amplitude de utilização do

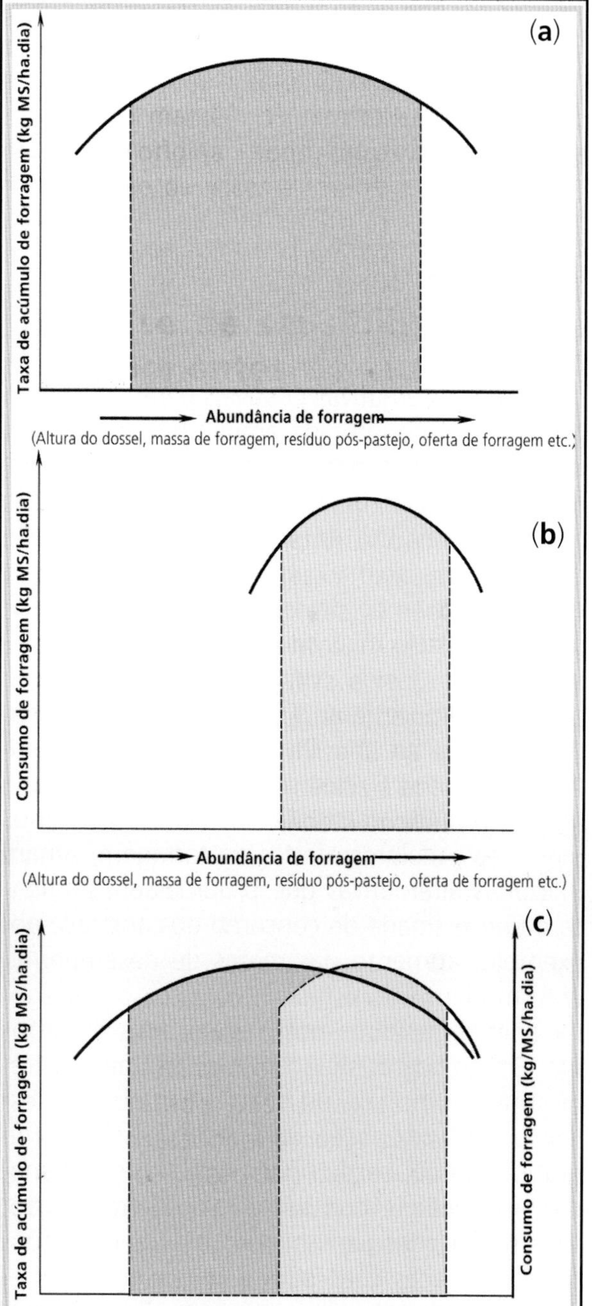

Figura 1. Relação funcional entre abundância de forragem (condição do dossel) e acúmulo (**a**), consumo (**b**) e consequente flexibilidade de manejo do pastejo (**c**).

pasto (ex. resíduo, altura, massa de forragem, oferta etc. – **Figura 1a**). O aumento em flexibilidade de manejo do sistema (não do pastejo) é contemplado em um terceiro nível hierárquico de planejamento, em que a unidade de produção é considerada de forma integral, com suas diferentes categorias animal e estágios fisiológicos de uma mesma categoria animal, e surge a possibilidade de alterar/manipular, portanto, a necessidade de consumo dos animais em pastejo de forma que uma condição diferente de pasto, ainda dentro dos limites de utilização da planta (**Figura 1a**), possa ser utilizada (**Figura 1c**). Essa estratégia permite a exploração de toda a amplitude possível de utilização agronômica de uma dada planta forrageira (**Figura 1a**), aumentando a flexibilidade de manejo do sistema de produção. Alternativas possíveis para exploração dos limites inferiores da amplitude agronômica de utilização (ex. pastos mantidos mais baixos, menores ofertas de forragem) seriam aquelas que propiciassem redução da necessidade de consumo dos animais, como exemplo, redução efetiva do nível de desempenho almejado, resíduo pós-pastejo mais baixo, uso de suplementação volumosa e/ou concentrada, mudança de categoria e/ou estádio fisiológico do animal em pastejo na área etc. Da mesma maneira, para exploração dos limites superiores da amplitude agronômica de utilização (ex. pastos mantidos mais altos, maiores ofertas de forragem) seriam utilizadas alternativas que propiciassem aumento da necessidade de consumo dos animais, por exemplo, aumento das metas de desempenho e/ou mudança do estádio fisiológico ou categoria animal, resíduos pós-pastejo mais elevados etc. Em ambas as situações, as ferramentas tradicionais, como taxa de lotação, período de descanso e de ocupação dos pastos, assim como práticas de adubação (especialmente nitrogenada), irrigação e conservação/suplementação, seriam utilizadas para implementar as condições de pasto necessárias para a obtenção das metas planejadas de plantas (produção de forragem) e animais (ganho de peso, produção de leite etc.), aumentando a flexibilidade do sistema de forma coerente e consistente com o seu perfil. Nesse contexto, os valores assumidos por essas variáveis-controle não seriam fixos e/ou pré-determinados como é tradicionalmente feito, mas sim resultado das condições de crescimento e produção vigentes em cada localidade e unidade de produção por ocasião da tomada de decisões. Assim torna o sistema robusto, flexível e tolerante a possíveis variações climáticas e estruturais (socioeconômicas), contribu para a geração de soluções domésticas e específicas de problemas e limitações ao processo produtivo.

Plantas do gênero *Brachiaria*

As plantas do gênero *Brachiaria* são caracterizadas pela sua grande flexibilidade de uso e manejo, sendo tolerantes a uma série de limitações e/ou condições restritivas de utilização para um grande número de espécies forrageiras. Dentre as braquiárias, a *Bracharia brizantha* cv Marandu (capim-marandu) adquiriu grande expressividade nas áreas de pastagens cultivadas e, por essa razão, tornou-se uma das plantas forrageiras mais detalhadamente estudadas no meio científico nacional. Apesar disso, ainda prevalecem, nos dias atuais, recomendações muito simplistas e generalistas de uso e manejo do pastejo como a manutenção dos pastos em alturas que variam de 35 a 50 cm quando sob lotação contínua (*pastejo contínuo*) e um período de descanso de 28 a 42 dias (4 a 6 semanas) e resíduo de 20 a 30 cm quando sob lotação intermitente (ex. pastejo rotativo). Essas recomendações generalistas de manejo do pastejo, feitas com base em número fixo e pré-determinado de dias de intervalo de desfolhação ou em alturas de pasto definidas de forma arbitrária e empírica (sem fundamentação técnico-científica), têm gerado alguma melhoria nos índices de produção e produtividade dessas pastagens, mas, mesmo assim, aquém daquilo que é possível de se obter relativamente ao potencial de produção e qualidade da forragem passível de ser produzida. Numa situação em que a ausência completa ou total de qualquer tipo de controle sobre o uso dos pastos é a regra (grande parte das áreas de pastagens no País), a melhoria de fato ocorre, mas em curto espaço de tempo esbarra na insatisfação com as taxas de lotação e nível de desempenho animal sendo obtidos, porque, aparentemente, a produção de forragem não é suficiente e/ou seu valor nutritivo não é suficientemente adequado. A explicação para esse aparente dilema é que essas recomendações generalistas de manejo do pastejo, feitas com base em dias do calendário, por exemplo, e sem levar em conta aspectos relacionados com a ecofisiologia das plantas forrageiras, ignoram as variações em clima, solo e microrregião que interferem na produção dos pastos em diferentes regiões do País e que influenciam a produção de uma mesma região ao longo do ano e de ano para ano. A lógica por traz desse raciocínio é simples e universalmente aceita, ou seja, plantas que se encontram em ambientes mais favoráveis ao seu crescimento, e por isso crescem mais rapidamente (altas taxas de acúmulo de forragem), estão prontas para serem colhidas mais cedo (descanso mais curto, por exemplo) que plantas que vegetam em ambientes menos satisfatórios ao seu crescimento (taxas de acúmulo de forragem mais baixas). Essa observação faz com que o uso de períodos fixos e únicos de descanso incorra invariavelmente em colheita de grande quantidade de forragem passada no primeiro caso e pequena quantidade de forragem com bom valor nutritivo no segundo, além dos prejuízos inerentes à estrutura do dossel forrageiro, como acúmulo excessivo de colmo e material morto na base do pasto, com consequente aumento da altura e massa de forragem do resíduo. Adicionalmente, plantas em condições mais restritas de fertilidade do solo e uso de insumos e fertilizantes, necessitam de menor intensidade de desfolhação (maior resíduo pós-pastejo) que aquelas que vegetam em solos mais férteis e/ou recebem aporte adequado de nutrientes via adubações, simplesmente porque não têm condições de vegetar ou crescer adequadamente sem exaurir o solo e, com isso, iniciar um processo irreversível de degradação (ex. superpastejo), sendo mais dependentes, portanto, do processo de reciclagem interna dos nutrientes nos tecidos vegetais (ex. senescência). O reconhecimento desse fato faz com que as limitações das atuais recomendações de manejo do pastejo possam ser compreendidas e desperta a curiosidade de como deveria ser feito então o uso dessas plantas de forma a respeitar seu crescimento e desenvolvimento e, otimizar a produção e a produtividade animal.

Experimentação recente, com o objetivo de compreender as respostas funcionais de plantas e animais ao pastejo (forma pela qual a condição em que o pasto é mantido interfere na produção de forragem e desempenho animal), foi baseada no controle estrito de condições do dossel forrageiro, as quais foram utilizadas como referencial de manipulação e manejo dos pastos, visando à promoção e facilitação do entendimento e à utilização dos resultados gerados. Em uma primeira série de experimentos, pastos de capim-marandu foram submetidos a regimes de lotação contínua e mantidos consistentemente a 10, 20, 30 e 40 cm de altura (do horizonte de folhas) por meio de ajustes frequentes em taxa de lotação durante 13 meses (Lupinacci, 2002; Gonçalves, 2002; Andrade, 2003; Sarmento, 2003; Molan, 2004 e Sbrissia, 2004). De forma geral, os resultados demonstraram uma amplitude ótima de condições de pasto para produção de forragem variando de 20 a 40 cm (e.g. **Figura 1a**) (Andrade, 2003; Sbrissia, 2004). Pastos mantidos a 10 cm apresentaram aumento da população de plantas invasoras e diminuição de suas reservas orgânicas (carbono e nitrogênio) ao longo do experimento, indicando ser essa uma condição instável para as plantas de capim-marandu (Lupinacci, 2002; Sbrissia, 2004). Dentro dessa amplitude, a produção de forragem praticamente não variou e, nas condições do experimento (solo de alta fertilidade e cerca de 300 kg N/ha), ficou em torno de 26 t MS/ha (**Tabela 1**). No entanto, a distribuição da produção variou significativamente, sendo que 74-84% e praticamente 100% foram mensurados durante as épocas de primavera e verão para os pastos mantidos a 20, 30 e 40 cm, respectivamente (Andrade, 2003; Molan, 2004). Essa estabilidade da produção para uma amplitude relativamente grande de condições de pasto (variação de 2 vezes a altura do dossel) foi resultado de um processo dinâmico de compensação entre número e tamanho de perfilhos que resultou em pastos mais baixos, contendo maior densidade populacional de perfilhos pequenos e pastos mais altos com menor densidade populacional de perfilhos grandes (**Tabela 2**). Nessa situação, houve balanço relativamente estável entre os processos de crescimento e senescência que resultou em pastos mais altos, apresentando maiores taxas de crescimento compensadas por maiores taxas de senescência e vice-versa para pastos mais baixos. Contudo, pastos mantidos mais baixos apresentaram recuperação mais rápida da produção de forragem após o inverno do que pastos mantidos mais altos, sendo que, durante o

Tabela 1. Acúmulo de massa seca de forragem (kg MS/ha) do capim-marandu, submetido a quatro alturas de manejo, de dezembro de 2001 a dezembro de 2002.

Período	Altura (cm)					
	10	20	30	40	Média	EPM*
Dez/01-Mar/02	12.290 Ab	16.020 Aa	14.750 Aa	15.660 Aa	14.680 A	346
Abr-Jun/02	5.430 Bab	5.670 Ba	3.870 Cb	1.360 Cc	4.080 C	346
Jul-Out/02	2.960 Ca	1.920 Cab	340 Db	-1.610 Dc	900 C	346
Nov-Dez/02	4.950 Bb	5.170 Bb	7.970 Ba	8.720 Ba	6.700 B	346
Médias	6.410	7.190	6.730	6.030		
EPM*	371	371	371	371		
Total	25.630	28.770	26.930	24.120		

Médias na mesma linha seguidas da mesma letra minúscula não diferem entre si (P>0,10). Médias na mesma coluna seguidas da mesma letra maiúscula não diferem entre si (P>0,10). *Erro padrão da média. Fonte: Adaptado de Andrade (2003).

Tabela 2. Densidade populacional (perfilhos/m^2) e peso de perfilhos (mg) em pastos de capim-marandu, mantidos em quatro alturas de dossel forrageiro por meio de lotação contínua, de dezembro de 2001 a dezembro de 2002.

Característica	Altura (cm)			
	10	20	30	40
Densidade	1069 a	978 b	865 c	692d
EPM*	18	18	18	18
Peso	387 d	688 c	1046 b	1298a
EPM*	23	23	23	23

* Erro padrão da média.Médias seguidas da mesma letra minúscula na linha não diferem entre si (P>0,10). Fonte: Adaptado de Sbrissia (2004).

verão, pastos mantidos mais altos produziram significativamente mais que pastos mais baixos (Sbrissia, 2004).

Em termos agronômicos, ficou demonstrado que, sob lotação contínua, uma mesma produção de forragem poderia ser obtida em condições de pasto bastante distintas. Contudo, o consumo de forragem (Sarmento, 2003) e o ganho de peso (Andrade, 2003) de novilhas de corte em crescimento variaram consideravelmente dentro dessa amplitude de condições, com valores maiores ocorrendo em pastos mantidos a 30 e 40 cm (e.g. **Figura 1b**). Para essa categoria animal, com o objetivo de alcançar valores elevados de ganho de peso (0,750 e 0,930 kg/cab/dia para 30 e 40 cm, respectivamente), ficou aparente que a amplitude de condições de pasto que asseguraria a realização das metas de desempenho animal (30 a 40 cm) estava contida dentro da amplitude ótima para desempenho agronômico dos pastos (20 a 40 cm), e que os limites das necessidade dos animais foram mais estreitos que aqueles das plantas forrageiras no pasto (ex. **Figura 1c**). Mesmo assim, animais mantidos nos pastos a 10 e 20 cm apresentaram ganhos de peso da ordem de 0,190 e 0,510 kg/cab/dia, respectivamente, indicando que, se a meta de ganho de peso fosse reduzida para níveis mais baixos ou modestos, toda a amplitude agronômica de uso do capim-marandu sob lotação contínua poderia ser efetivamente utilizada por aquela categoria animal. Analogamente, a substituição das novilhas em crescimento por outra categoria deveria seguir padrão semelhante, mas, provavelmente, com valores absolutos de condições de pasto diferentes para as metas de desempenho animal pretendido (por exemplo, vacas em lactação e vacas secas).

De forma geral, pastos mantidos mais baixos resultaram em menor massa de bocado, o que resultou em menor consumo de forragem e, consequentemente, menor desempenho animal, apesar da tentativa dos animais de compensar essa redução por meio do aumento do número de bocados realizados por unidade de tempo (taxa de bocados) e aumento do tempo gasto com a atividade de pastejo (**Figura 2**). Avaliações mais detalhadas do processo de pastejo e da distribuição das partes da planta no dossel forrageiro revelaram que a redução em massa do bocado com a redução em altura do pasto foi resultado da menor profundidade de pastejo dos animais (Sarmento, 2003). Independentemente da altura de pasto avaliada, cerca de 50% (porção superior) correspondeu predominantemente a lâminas foliares (Molan, 2004) que, a cada visita dos animais em pastejo, tiveram 2/3 de seu comprimento removido, indicando que apenas cerca de 33% (50% x 2/3) da porção superior da altura do pasto foi efetivamente explorada pelos animais em pastejo (Gonçalves, 2002). Assim, nos pastos mantidos a 10, 20, 30 e 40 cm, os animais dispunham como horizonte de pastejo os 3,3; 6,6; 9,9 e 13,2 cm superiores, impedindo que bocados maiores pudessem ser realizados nos pastos mantidos mais baixos, resultando em menor consumo (Sarmento, 2003) e desempenho animal (Andrade, 2003). Hodgson (1990) alertou que profundidades de horizonte pastejável em pastos de azevém perene, inferiores a 10 cm, resultam em redução significativa de consumo e desempenho de vacas em lactação e novilhos de corte, o que também parece ser aplicado para o capim-marandu. Interessante ressaltar que, dentro da amplitude agronômica ótima para uso do capim-marandu sob lotação

Tabela 3. Teores de proteína bruta (PB), fibra insolúvel em detergente neutro (FDN) e ácido (FDA) (%) e digestibilidade *in vitro* da matéria orgânica (DIVMO-%), em amostras de forragem de pastos de *Brachiaria brizantha* cv. Marandu, mantidos em quatro alturas de manejo, de dezembro de 2001 a dezembro de 2002, e colhidas por meio de simulação de pastejo.

Altura	PB[1]	FDN[1]	FDA[1]	DIVMO
10	13,7 A	60,8 B	28,1 B	67,1 A
20	12,7 B	61,8 A	28,8 A	66,2 A
30	12,4 B	62,2 A	29,2 A	63,1 B
40	11,3 C	61,9 A	29,0 A	62,4 B

Médias na mesma coluna seguidas da mesma letra maiúscula não diferem entre si (P>0,10).1 - valores corrigidos sem cinzas.Fonte: Adaptado de Andrade (2003).

contínua, o valor nutritivo da forragem consumida pelos animais variou muito pouco (**Tabela 3**). Esse fato não justificou as diferenças medidas em ganho de peso, indicando que, na realidade, quando bem manejados, os pastos produzem forragem de boa composição química e que o principal determinante do desempenho é o consumo.

Pastos mantidos mais baixos foram desfolhados de forma mais frequente que pastos mantidos mais altos, consequência direta e praticamente exclusiva das maiores taxas de lo-

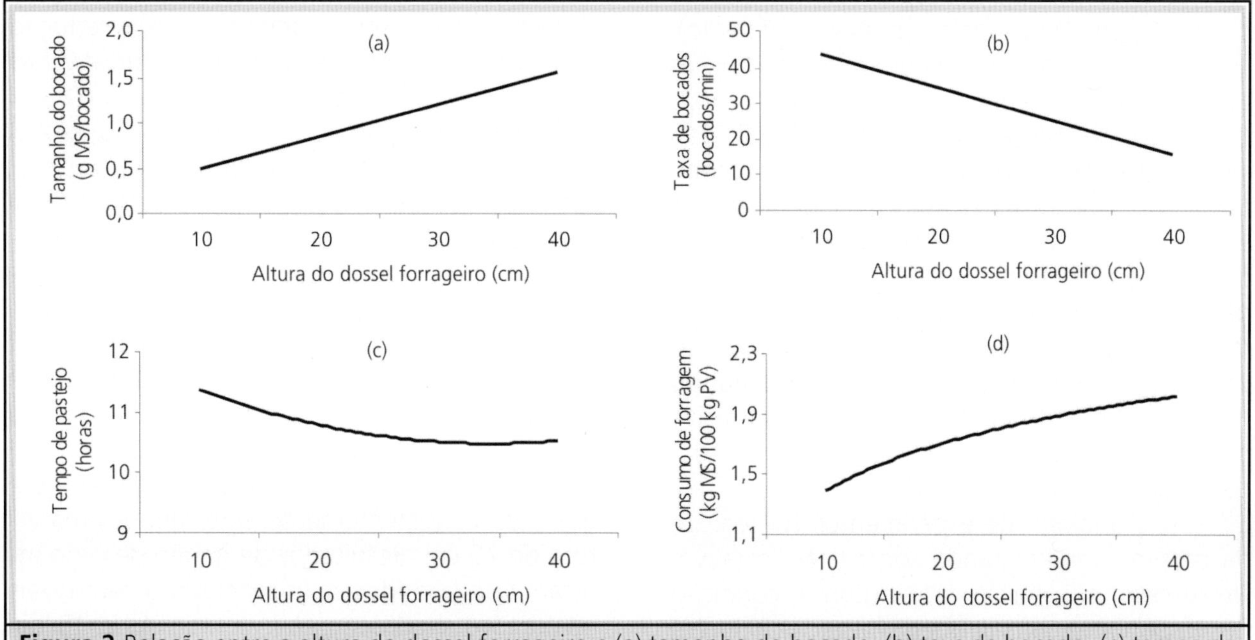

Figura 2.Relação entre a altura do dossel forrageiro e (a) tamanho do bocado, (b) taxa de bocado, (c) tempo de pastejo e (d) consumo de forragem em pastos de capim-marandu (Adaptado de Sarmento, 2003).

tação utilizadas (Gonçalves, 2002). Essa maior frequência de desfolhação dos perfilhos favoreceu o maior número de desfolhações durante o período de vida das folhas, o que resultou em eficiências de utilização da forragem mais elevadas em pastos mais baixos (82,3; 76,2; 69,4 e 68,7% para 10, 20, 30 e 40 cm, respectivamente). Em contrapartida, a conversão de forragem em ganho de peso apresentou comportamento quadrático em relação ao aumento em altura do dossel, tendo atingido valor ótimo na condição de 30 cm (48,2; 15,0; 10,4 e 14,5 kg MS/kg GP para 10, 20, 30 e 40 cm, respectivamente). Esses resultados revelaram claramente que as relações funcionais entre a condição do pasto (caracterizada pela altura do dossel) e as respostas de plantas e animais foram bastante consistentes, ao longo de todo o ano, indicando que ações de manejo podem ser orientadas a partir da definição de condições de pasto para que as metas de produção de forragem e desempenho animal sejam alcançadas. Revelaram também que, na realidade, as metas de altura foram apenas um referencial que representou as variações em taxa de lotação (e consequentemente de frequência de desfolhação de perfilhos) realizadas para que as alturas pudessem ser mantidas durante todo o ano. Nesse caso, foi respeitada a velocidade de crescimento e equilíbrio da comunidade de plantas de forma que, nas épocas de crescimento mais rápido (primavera e verão), as taxas de lotação empregadas foram maiores que aquelas das épocas de crescimento mais lento (outono e inverno) (Andrade, 2003). Isso sugere que metas de altura do dossel concebidas a partir de relações funcionais geradas sob elevado grau de controle do processo de desfolhação (acompanhamento da dinâmica de respostas de plantas e animais ao pastejo) permitiram a generalização e simplificação desejáveis para o manejo do pastejo do capim-marandu quando submetido à lotação contínua, inclusive para outras localidades e condições de fertilidade de solo e clima.

Série análoga de experimentos foi realizada para o capim-marandu sob pastejo rotativo. Nesse caso, o controle da estrutura e condição do dossel forrageiro também for estrito, porém com a diferença de que dois níveis de controle foram requeridos, ou seja, o controle da condição do pasto em que os animais deveriam entrar nos piquetes para iniciar o pastejo (pré-pastejo) e aquela em que deveriam ser retirados, finalizando o pastejo (pós-pastejo). Para tanto, foram definidos como tratamentos quatro combinações entre duas alturas de resíduo (10 e 15 cm - condição pós-pastejo) e dois intervalos de pastejo (pastejos realizados quando o dossel intercepta 95 ou 100% da luz incidente – condição de pré-pastejo). Trabalhos clássicos com plantas forrageiras de clima temperado (Korte *et al.*, 1982) e mais recentemente com plantas de clima tropical (Bueno, 2003; Carnevalli, 2003; Barbosa, 2004) revelaram que, a partir de 95% de interceptação de luz pelo dossel, haveria redução na taxa média de acúmulo e comprometimento da estrutura do dossel e valor nutritivo da forragem produzida por meio de aumento na proporção de colmos e de material senescente (morto), indicando que a prorrogação do período de descanso ou o intervalo de pastejo além desse ponto não é uma prática interessante. Contudo, pelo fato de até 100% de interceptação de luz pelo dossel ainda ocorrer acúmulo de forragem, essa condição foi também considerada como parte do processo de avaliação.

Os resultados indicaram um padrão de rebrota caracterizado por acúmulo quase que exclusivamente de folhas no início que, a partir da condição de 95% de interceptação de luz pelo dossel, passa a ser caracterizado por redução no acúmulo de folhas e aumento significativo no acúmulo de colmos e de material morto (Zeferino, 2006). Esse padrão é semelhante ao descrito previamente para *Panicum maximum* cvs. Mombaça e Tanzânia (ver próximo sessão), e foi consequência de adaptações morfológicas e fisiológicas das plantas que resultaram em alteração de padrões de partição de fotoassimilados e eficiência fotossintética da área foliar do dossel forrageiro (Giacomini, 2007). O período de descanso ideal para o capim-marandu sob pastejo rotativo deve ser aquele que propicie 95% de interceptação de luz pelo dossel, condição essa que está consistentemente associada a uma altura de 25 cm. Resultados de ganho de peso indicam que o resíduo mais satisfatório para níveis adequados de desempenho animal é de 15 cm (Costa, 2006), inclusive favorecendo rebrota mais rápida e retorno à condição de novo pastejo mais cedo, com maior produção anual de forragem (Sarmento, 2007; Trindade, 2007).

Plantas do gênero *Panicum*

As plantas do gênero *Panicum* são caracterizadas pelo seu grande potencial de produção de forragem sendo, porém, menos flexíveis que plantas como as do gênero *Brachiaria*, por apresentarem limitações e/ou dificuldades para serem manejadas sob lotação contínua, prevalecendo, de forma geral, o seu uso na forma de pastejo rotativo. Dentre as diversas cultivares, *Panicum maximum* cv Mombaça (capim-mombaça) e cv Tanzânia (capim-tanzânia) adquiriram grande destaque nas áreas de pastagens cultivadas no Brasil e, por essa razão, têm concentrado boa parte dos esforços e recursos investidos em pesquisa em anos recentes. No entanto, assim como para o capim-marandu, e apesar das diferenças morfológicas aparentes entre os capins Mombaça e Tanzânia, ainda prevalecem nos dias atuais recomendações simplistas e generalistas de uso e manejo do pastejo comuns para as duas cultivares, caracterizadas por um período de descanso de 28 a 35 dias (4 a 5 semanas) e resíduo de 30 a 50 cm quando sob lotação intermitente (ex. pastejo rotativo). Essas recomendações permitiram que algum grau de controle pudesse existir sobre o uso das plantas, gerando algum benefício em termos de produção e produtividade. Contudo, à medida que tecnologia e insumos, como adubação e irrigação das pastagens começam a ser utilizados, favorecendo maior velocidade de crescimento e produção das plantas forrageiras, problemas como desenvolvimento excessivo de colmos e acúmulo de material morto na base das touceiras, inconsistência nos valores de taxa de lotação empregados, níveis de desempenho aquém daqueles passíveis de serem obtidos a partir dessas plantas e dificuldade em manter a altura de resíduo dos pastos após pastejos sucessivos, passam a ser uma preocupação constante e considerados o grande problema dessas opções de plantas forrageiras para pastagens.

Experimentação recente com base no controle estrito das condições e/ou estrutura do dossel forrageiro na entrada e saída dos animais dos piquetes (pré e pós-pastejo), semelhante ao mencionado para o capim-marandu sob pastejo rotativo, tem revelado resultados bastante promissores para a melhoria e refinamento do manejo do pastejo dos capins Mombaça e Tanzânia. Bueno (2003) e Carnevalli (2003) avaliaram o capim-mombaça sob pastejo rotativo caracterizado por duas alturas de resíduo (30 e 50 cm) e duas condições de pré-pastejo (95% e 100% de interceptação de luz pelo dossel), em Araras, SP. Os resultados demonstraram a consistência do critério de interrupção do processo de rebrota aos 95% de interceptação de luz e o efeito benéfico de sua associação com um valor de altura de resíduo mais baixo, condizente com a necessidade da planta em manter uma área foliar remanescente mínima e de qualidade para iniciar seu processo de rebrota e recuperação para o próximo pastejo. De forma geral, a maior produção de forragem foi registrada para o tratamento de 30 cm de resíduo e 95% de interceptação de luz, com redução acentuada em produção, quando o período de descanso foi mais longo (100% interceptação de luz) ou o resíduo mais elevado (50 cm) (**Tabela 4**). A redução em produção de forragem foi consequência de processo acelerado de senescência foliar, resultante de maior competição por luz sob aquelas condições, o que também favoreceu maior acúmulo de colmos, resultando em redução na proporção de folhas e aumento na proporção de colmos e material morto na massa de forragem em pré-pastejo (**Tabela 5**). Essa variação em composição morfológica da forragem produzida foi responsável pela redução nas concentrações de proteína bruta e nos valores de digestibilidade da forragem (**Tabela 6**).

As condições de pré-pastejo de 95 e 100% de interceptação de luz apresentaram correlação muito alta e consistente com a altura do dossel (horizonte de folhas), independentemente da época do ano e do estádio fisiológico das plantas (vegetativo ou reprodutivo – 90 cm para 95% e 110 cm para 100%), indicando que a altura pode ser utilizada como critério de campo confiável para o controle e monitoramento do processo de rebrota e pastejo (**Tabela 7**).

Além de resultar em menor produção de forragem com menor valor nutritivo, pastejos

Tabela 4. Produção de forragem (kg M/ha) de pastos de capim-mombaça com pastejos realizados com 95 ou 100% de interceptação luminosa do dossel forrageiro (janeiro de 2001 a fevereiro de 2002).

Resíduo (cm)	Interceptação luminosa (%)		
	95	100	Média
30	26.900 (2.493)	24.900 (2.493)	25.900 A (1.764)
50	17.920 (2.493)	20.280 (2.493)	19.100 B (1.764)
Média	22.410 (1.764)	22.590 (1.764)	22.500

Números entre parênteses correspondem ao erro padrão da média. Médias na mesma coluna, seguidas da mesma letra maiúscula, não diferem entre si (P>0,10). Fonte: Carnevalli (2003).

Tabela 5. Composição morfológica média (%) da massa de forragem em pré-pastejo de pastos de capim-mombaça com pastejos realizados com 95 ou 100% de interceptação luminosa do dossel forrageiro (janeiro de 2001 a fevereiro de 2002).

Resíduo (cm)	Interceptação luminosa (%)		
	95	100	Média
% Lâminas foliares			
30	70,9 Aa (3,10)	60,3Ab (3,10)	65,6 A (2,20)
50	57,7 Ba (3,10)	57,5 Aa (3,10)	57,6 B (2,20)
Média	64,3 a (2,20)	58,9 b (2,20)	61,6
% Colmos			
30	14,7 Ab2 (2,40)	6,4 Aa (2,40)	20,6 (1,70)
50	18,9 Aa (2,40)	22,1 Aa (2,40)	20,5 (1,70)
Média	16,8 b (1,70)	24,2 a (1,70)	20,5
% Material morto			
30	13,7 Bb (2,02)	19,0 Aa (2,02)	16,4 (1,43)
50	20,7Aa (2,02)	18,1 Aa (2,02)	19,4 (1,43)
Média	17,2 (1,43)	18,6 (1,43)	17,9

Números entre parênteses correspondem ao erro padrão da média. Médias na mesma coluna, seguidas da mesma letra maiúscula, não diferem entre si (P>0,10). Médias na mesma linha, seguidas da mesma letra minúscula, não diferem entre si (P>0,10). Fonte: Carnevalli (2003).

Tabela 6. Concentração de proteína bruta e digestibilidade *in vitro* da matéria orgânica (%) da massa de forragem em pré-pastejo de pastos de capim-mombaça com pastejos realizados com 95 ou 100% de interceptação luminosa do dossel forrageiro (janeiro de 2001 a fevereiro de 2002).

Época do ano	Interceptação de luz (%)		
	95	100	Média
Proteína bruta (%)			
Verão	11,3 Aa	9,7 Ab	10,5 A
Outono/inverno	10,9 Aa	9,0 ABb	9,9 AB
Primavera	11,4 Aa	8,2 Bb	9,8 B
Média	11,2 a	9,0 b	
Digestibilidade (%):			
Verão	59,9 Ba	56,6 Ab	58,3 A
Outono/inverno	52,4 Ca	53,0 Ba	52,7 B
Primavera	61,9 Aa	55,3 ABb	58,6 A
Média	58,1 a	55,0 b	

Médias na mesma coluna, seguidas da mesma letra maiúscula, não diferem entre si (P>0,10). Médias na mesma linha, seguidas da mesma letra minúscula, não diferem entre si (P>0,10).Fonte: Bueno (2003).

Tabela 7. Altura do dossel forrageiro (cm) de capim-mombaça na condição de pré-pastejo para os tratamentos de 95 e 100% de interceptação luminosa durante as épocas do ano.

Época do ano	Interceptação luminosa (%)		
	95	100	Média
Primavera	86,7 (3,05)	109,8 (3,05)	98,3 B (2,16)
Verão	86,9 (3,05)	110,4 (3,05)	98,7 B (2,16)
Outono	92,2 (3,05)	116,9 (3,05)	104,6 A (2,16)
Inverno	88,9 (3,05)	125,0 (3,31)	107,0 A (2,16)
Média	88,7 b (1,53)	115,5 a (1,56)	102,2

Números entre parênteses correspondem ao erro padrão da média. Médias na mesma coluna, seguidas da mesma letra maiúscula, não diferem entre si (P>0,10). Médias na mesma linha, seguidas da mesma letra minúscula, não diferem entre si (P>0,10).Fonte: Carnevalli (2003).

menos frequentes, caracterizados pela condição de 100% de interceptação luminosa, resultaram em elevação da meta de resíduo de 30 cm, consequência do acúmulo excessivo de colmos (**Tabela 8**). Avaliações detalhadas do processo de acúmulo de forragem durante a rebrota revelaram que, até 95% de interceptação de luz o acúmulo de folhas, foi o processo predominante, mas, além desse ponto, os processos de acúmulo de colmos e senescência eram bastante aumentados (**Figura 3**). Os intervalos de pastejo variaram com os tratamentos e épocas do ano, com valores maiores sendo registrados para os tratamentos de 100% de interceptação de luz, nos meses de outono e inverno (**Figura 4**).

A avaliação do processo de pastejo revelou que pastos manejados de forma mais leniente (resíduo de 50 cm) e menos frequente (100% de interceptação de luz) foram os que apresentaram as maiores perdas de forragem (material cortado e caído sobre o solo ou pendurado na touceira sem ser colhido), ou seja, além da maior quantidade de forragem perdida por senescência e morte de tecidos durante a rebrota (**Figura 3**), maiores foram as perdas físicas durante o processo de colheita pela ação do animal (**Tabela 9**).

Trabalho análogo ao de Carnevalli (2003) foi realizado por Barbosa (2004) com capim-tanzânia, em Campo Grande, MS. Como condições de pré-pastejo foram utilizados 90, 95 e 100% de interceptação de luz pelo dossel e, como condições de pós-pastejo, 25 e 50 cm de resíduo. Os resultados apresentaram um padrão bastante consistente e semelhante àqueles descritos para o capim-mombaça. De forma geral, maior produção de forragem foi obtida para o tratamento de 95% de interceptação de luz e 25 cm de resíduo. Pastejos realizados com 90 ou 100% de interceptação de luz e 50 cm de resíduo resultaram em menor produção de forragem (**Tabela 10**) e de folhas (**Tabela 11**). Na condição de 90% de interceptação de luz, a menor produção, seguramente, ocorreu por limitação do processo de crescimento, uma vez que não houve área foliar suficiente para aproveitar toda a luz incidente. Já para a condição de 100% de interceptação de luz, a menor produção foi resultado da ocorrência exacerbada do processo de senescência e morte de tecidos (**Figura 5**). Além de resultar em menor produção de forragem com menor proporção de folhas e maior proporção de colmos e material morto, pastejos menos frequentes, caracterizados pela condição de 100% de

Tabela 8. Altura do dossel forrageiro de capim-mombaça na condição de pós-pastejo (cm) durante as épocas do ano.

Resíduo (cm)	Interceptação luminosa (%) 95	100	Média
	Primavera		
30	33,4 Ba	33,8 Ba	33,6 B
50	48,4 Aa	50,6 Aa	49,5 A
Média	40,9 a	42,2 a	41,6 C'
	Verão		
30	35,2 Bb	42,2 Ba	38,7 B
50	50,1 Aa	53,5 Aa	51,8 A
Média	42,7 b	47,9 a	45,3 B'
	Outono		
30	33,2 Bb	41,3 Ba	37,2 B
50	51,1 Aa	54,7 Aa	52,9 A
Média	42,1 b	48,0 a	45,1 B'
	Inverno		
30	33,0 Bb	50,7 Ba	41,9 B
50	50,4 Ab	59,0 Aa	54,7 A
Média	41,7 b	54,9 a	48,3 A'

Médias na mesma coluna, seguidas da mesma letra maiúscula, não diferem entre si (P>0,10). Médias na mesma linha, seguidas da mesma letra minúscula, não diferem entre si (P>0,10). Médias de épocas do ano, seguidas das letras maiúsculas acrescidas de (') ,não diferem entre si (P>0,10). Fonte: Carnevalli (2003).

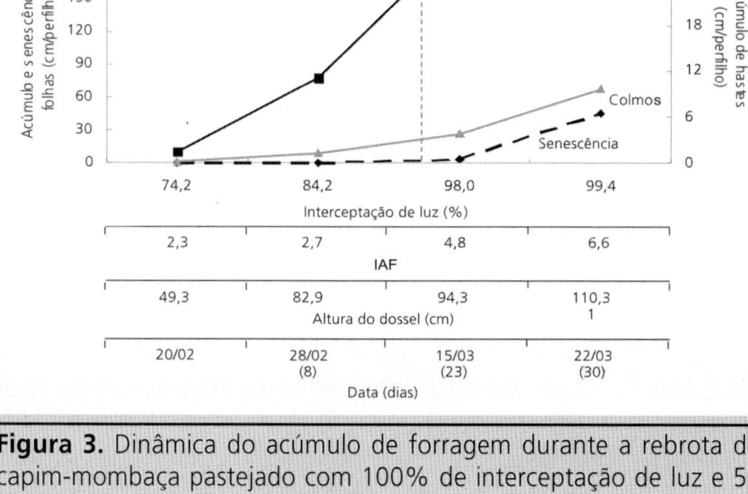

Figura 3. Dinâmica do acúmulo de forragem durante a rebrota do capim-mombaça pastejado com 100% de interceptação de luz e 50 cm de resíduo (Carnevalli, 2003).

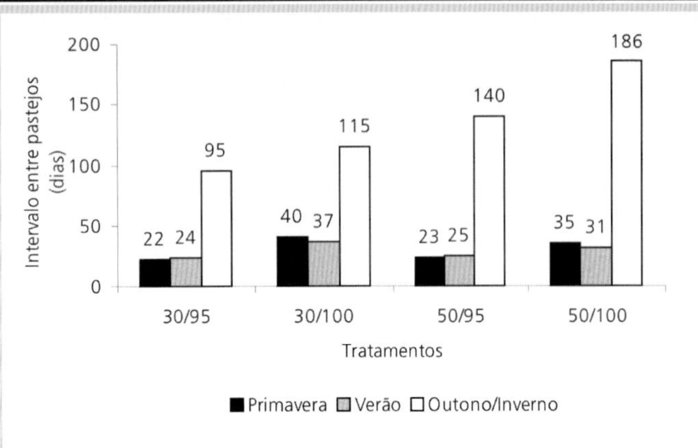

Figura 4. Intervalo médio de pastejo em capim-mombaça pastejado com 95 ou 100% de interceptação de luz e 30 ou 50 cm de resíduo (Carnevalli, 2003).

Tabela 9. Perdas totais de forragem (kg MS/ha) durante o pastejo em capim-mombaça.

Resíduo (cm)	Interceptação Luminosa (%) 95	100	Média
30	3.120 Bb (778)	5.810 Aa (778)	4.470 (550)
50	5.000 Aa (778)	5.900 Aa (778)	5.450 (550)
Média	4.060 b (550)	5.860 a (550)	4.960

Números entre parênteses correspondem ao erro padrão da média (EPM). Médias na mesma linha, seguidas da mesma letra minúscula, não diferem entre si (P>0,10).Médias na mesma coluna, seguidas da mesma letra maiúsculas, não diferem entre si (P>0,10).Fonte: Carnevalli (2003).

interceptação luminosa, resultaram em elevação da meta de resíduo de 25 cm (até 40 cm), consequência do acúmulo excessivo de colmos. Assim como para o capim-mombaça, os intervalos de pastejo variaram com os tratamentos e épocas do ano (24 a 150 dias), com os maiores valores registrados para os tratamentos de 100% de interceptação de luz durante os meses de outono e inverno.

As condições de pré-pastejo de 90, 95 e 100% de interceptação de luz apresentaram, também, correlação muito alta e consistente com a altura do dossel (horizonte de folhas), independentemente da época do ano e do estádio fisiológico das plantas (vegetativo ou reprodutivo – 60 cm para 90%, 70 cm para 95% e 85 cm para 100%), mais uma vez indicando e ratificando o fato de que a altura pode ser utilizada como critério de campo confiável para o controle e monitoramento do processo de rebrota e pastejo. Mello & Pedreira (2004) trabalharam com capim Tanzânia sob irrigação e também registraram 95% de interceptação de luz pelo dossel forrageiro com altura ao redor de 70 cm. Experimentação com outras cultivares de *Panicum*, como Tobiatã, Massai e Atlas, além do Mombaça e do Tanzânia, sob regime de cortes, tem mostrado que a partir de 95% de interceptação de luz pelo dossel, a quantidade de colmos e material morto acumulada é drasticamente aumentada (**Figura 6**), revelando a consistência e sugerindo a aplicabilidade desse conceito como critério de controle e monitoramento do pastejo.

Tabela 10. Produção de forragem (kgMS/ha) de pastos de capim-tanzânia com pastejos realizados com 90, 95 ou 100% de interceptação luminosa do dossel forrageiro (julho de 2003 a maio de 2004).

Resíduo (cm)	Interceptação luminosa (%) 90	95	100	Média
25	11.740 Ab (770)	15.120 Aa (770)	11.620 Ab (770)	12.830 A (444)
50	9.440 Bb (770)	11.940 Ba (770)	12.710 Aa (770)	11.360 B (444)
Média	10.590 b (544)	13.530 a (544)	12.170 a (544)	12.100 (314)

Números entre parênteses correspondem ao erro padrão da média (EPM). Médias na mesma linha, seguidas da mesma letra minúscula, não diferem entre si (P>0,10). Médias na mesma coluna, seguidas da mesma letra maiúsculas ,não diferem entre si (P>0,10). Fonte: Barbosa (2004).

Implicações práticas

Para o capim-marandu sob lotação contínua (pastejo contínuo) a faixa ótima de utilização do pasto situa-se entre 20 e 40 cm de altura do dossel (horizonte de folhas), dentro da qual metas de desempenho para diferentes categorias e espécies animais podem ser planejadas. Durante o inverno, a manutenção dos pastos em

Tabela 11. Produção de lâminas foliares (kg MS/ha) de pastos de capim-tanzânia com pastejos realizados com 90%, 95% ou 100% de interceptação luminosa do dossel forrageiro (julho de 2003 a maio de 2004).

Resíduo (cm)	Interceptação luminosa (%) 90	95	100	Média
25	9.000 Ab (392)	10.600 Aa (392)	8.030 Ab (392)	9.210 A (226)
50	8.360 Aa (352)	8.060 Ba (392)	6.750 Bb (392)	7.720 B (226)
Média	8.680 a (277)	9.330 a (277)	7.390 b (277)	8.470 (160)

Números entre parênteses correspondem ao erro padrão da média (EPM).Médias na mesma linha seguidas da mesma letra minúscula não diferem entre si (P>0,10).Médias na mesma coluna seguidas da mesma letra maiúsculas não diferem entre si (P>0,10).Fonte: Barbosa (2004).

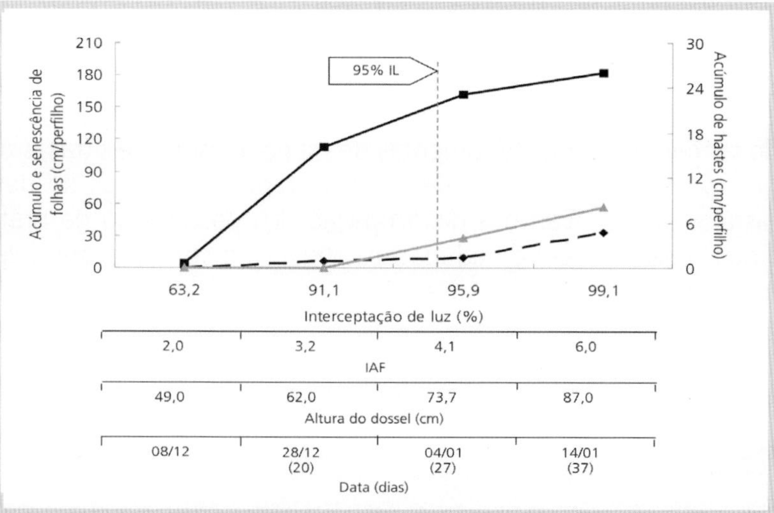

Figura 5. Dinâmica do acúmulo de forragem durante a rebrota do capim-tanzânia pastejado com 100% de interceptação de luz e 50 cm de resíduo (Barbosa, 2004).

torno de 15 cm (10 a 20 cm) favorece o restabelecimento mais rápido da produção de forragem após as primeiras chuvas da primavera, época a partir da qual os pastos apresentam a maior produção, se mantidos mais altos. Quando sob lotação intermitente (pastejo rotativo), o pastejo deve ser iniciado com 25 cm de altura do dossel e encerrado com valores de resíduo variando entre 10 e 15 cm, dependendo da espécie/categoria animal e do nível de desempenho deseja-

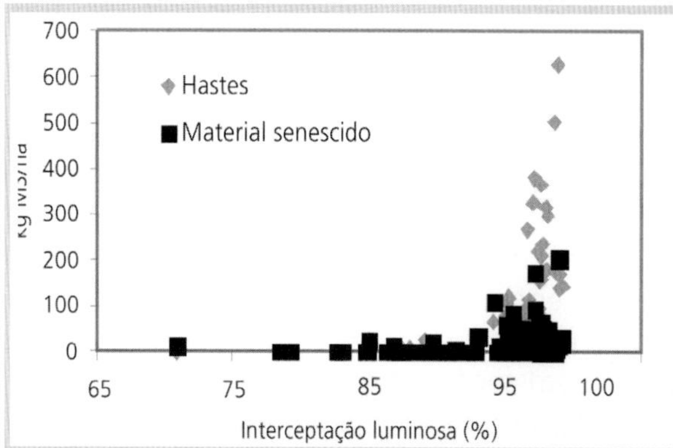

Figura 6. Acúmulo de colmos e material senescente durante a rebrota de cultivares de *Panicum maximum* (Tobiatã, Tanzânia, Mombaça, Massai e Atlas) submetidos a regimes de corte (Moreno, 2004).

do. Para os capins Mombaça e Tanzânia sob pastejo rotativo, o pastejo deve ser iniciado com 90 e 70 cm de altura do dossel e encerrado com valores de resíduo variando entre 30 e 50 cm, respectivamente.

Considerações finais

O conhecimento disponível atualmente demonstra a possibilidade de controlar o processo de rebrota e do pastejo a partir de metas simples de condição de pasto (ex. altura do dossel forrageiro) coerentes e pertinentes com metas de produção de forragem e desempenho animal. Estratégias de manejo do pastejo, definidas dessa forma, têm a característica de respeitarem o equilíbrio entre processos de crescimento e desenvolvimento das plantas forrageiras e da interface planta-animal, fazendo com que as ações de manejo executadas sejam adaptadas e específicas para cada condição de uso e produção, o que confere o caráter generalista desejável para ações de manejo dessa natureza. Contudo, geram como consequência a necessidade de se aceitar o uso de taxas de lotação e/ou períodos de descanso variáveis, de forma que o ritmo de crescimento das plantas determina a natureza e a ordem de grandeza das ações de manejo empregadas. Essa concepção diferente de manejo do pastejo pode levantar a suspeita inicial de maior dificuldade de sua implementação no campo em relação às atuais opções de valores fixos e pré-determinados de dias de descanso (ex. número de piquetes), taxas de lotação e/ou oferta de forragem etc. No entanto, uma vez compreendido o processo, fica claro que as ferramentas de campo continuam sendo as mesmas, mudando somente a lógica do raciocínio e o momento da tomada efetiva da decisão de como e quando utilizá-las. Nesse novo cenário, a variação necessária em período de descanso, por exemplo, pode ser obtida pelo uso de um número base de subdivisões de pasto (piquetes) que podem aumentar ou diminuir por meio do uso ou não de cerca elétrica e variação no período de ocupação do mesmo. No caso de excedente de forragem, este passa a ser percebido antes da entrada dos animais nos pastos e não mais na saída, quando findado seu período de ocupação e o resíduo almejado não ter sido ainda atingido. Nessa situação, em vez do tradicional repasse com um outro lote de animais, o excedente pode ser conservado, se a planta forrageira permitir o uso intercalado de colheita mecânica e pastejo, ou consumido por outro lote de animais não mais numa situação de repasse e forragem de baixo valor nutritivo, mas forragem em quantidade e de bom valor nutritivo. No caso de crescimento lento do pasto, práticas como adubação, irrigação e até mesmo suplementação podem ser utilizadas, tendo como referencial de planejamento e dimensionamento as metas de pasto, as taxas de lotação, as metas de produção pretendidas e a quantidade de tempo disponível para sua realização. Enfim, o enorme universo de possibilidades de manejo, aparentemente complexo e confuso, passa a ter referência de planejamento que respeita a hierarquia necessária em qualquer sistema de produção animal em pastagens, ou seja, propiciar às plantas forrageiras ambiente adequado para seu desenvolvimento, condição básica e predisponente para que os esforços e ações empregados resultem em produção animal eficiente e sustentável. Nesse contexto, a altura ou qualquer outro descritor da estrutura do dossel forrageiro (ex. massa de forragem, massa verde ou de folhas) deve ser considerado apenas como um referencial representando a necessidade de controlar e monitorar o processo de pastejo e a estrutura do dossel por meio de ajustes no tipo e ordem de grandeza das ferramentas de manejo disponíveis (taxas de lotação, oferta de forragem, períodos de descanso e de ocupação dos pastos, uso de práticas de adubação, irrigação e conservação/suplementação etc.).

Referências bibliográficas

Andrade, F.M.E. **Produção de forragem e valor alimentício do capim-Marandu submetido a regimes de lotação contínua por bovinos de corte**. Dissertação (Mestrado em Agronomia – Ciência Animal e Pastagens), Piracicaba, ESALQ, 2003.

Barbosa, R.A. **Características morfofisiológicas e acúmulo de forragem em capim-tanzânia (*Panicum maximum* Jacq. cv. Tanzânia) submetido a frequências e intensidades de pastejo**. Tese (Doutorado em Zootecnia – Zootecnia), Viçosa, UFV, 2004.

Bueno, A.A.O. **Características estruturais do dossel forrageiro, valor nutritivo e produção de forragem em pastos de capim-mombaça submetidos a regimes de desfolhação intermitente**. Dissertação (Mestrado em Agronomia – Ciência Animal e Pastagens), Piracicaba, ESALQ, 2003.

Carnevalli, R.A. **Dinâmica da rebrota de pastos de capim-mombaça submetidos a regimes de desfolhação intermitente**. Tese (Doutorado em Agronomia – Ciência Animal e Pastagens), Piracicaba, ESALQ, 2003.

Corsi, M.; Santos, P.M. Potencial de produção do *Panicum maximum*. In: SIMPÓSIO SOBRE MANEJO DA PASTAGEM, 11., 1995, Piracicaba. **Anais.** Piracicaba: FEALQ, 1995. p. 275-304.

Da Silva, S.C.; Corsi, M. Manejo do pastejo. In: SIMPÓSIO SOBRE MANEJO DE PASTAGENS, 20., 2003, Piracicaba. **Anais.** Piracicaba: FEALQ, 2003. p. 155-186.

Ghisi, O.M.A.; Pedreira, J.V.S. Características agronômicas das principais *Brachiaria* spp. In: ENCONTRO SOBRE CAPINS DO GÊNERO Brachiaria, 1986, Nova Odessa. **Anais.** Nova Odessa, SP: Instituto de Zootecnia, 1987. p.19-58.

Giacomini, A.A. **Demografia do perfilhamento e produção de forragem em pastos de capim-marandu submetidos a regimes de lotação intermitente por bovinos de corte**. Tese (Doutorado em Agronomia – Ciência Animal e Pastagens), Piracicaba, ESALQ, 2007.

Gonçalves, A.C. **Características morfogênicas e padrões de desfolhação em pastos de capim-marandu submetidos a regimes de lotação contínua.** Dissertação (Mestrado em Agronomia – Ciência Animal e Pastagens), Piracicaba, ESALQ, 2002.

Hodgson, J. **Grazing management – science into practice**. New York: John Wiley & Sons, Inc., Longman Scientific & Technical. 1990. 203p.

Hodgson, J.; DA Silva, S.C. Options in tropical pasture management. In: REUNIÃO ANUAL DA SOCIEDADE BRASILEIRA DE ZOOTECNIA, 39.; SIMPÓSIO INTERNACIONAL DE FORRAGICULTURA, 2002, Recife. **Anais.** Recife, PE: SBZ, 2002, p.180-202.

Jank, M.B. Potencial do gênero *Panicum*. In: SIMPÓSIO BRASILEIRO DE FORRAGEIRAS E PASTAGENS, 1994, Campinas. **Anais.** Campinas: Comissão Brasileira de Nutrição Animal, 1994. p.25-31.

Korte, C.J.; Watkin, B.R.; Harris, W. Use of residual leaf area index and light interception as criteria for spring-grazing management of a ryegrass-dominant pasture. **New Zealand Journal of Agricultural Research**, v. 25, p.309-319, 1982.

Lupinacci, A.V. **Reservas orgânicas, índice de área foliar e produção de forragem em *Brachiaria brizantha* cv. Marandu submetida a intensidades de pastejo por bovinos de corte**. Dissertação (Mestrado em Agronomia – Ciência Animal e Pastagens), Piracicaba, ESALQ, 2002.

Mello, A.C.L. & Pedreira, C.G.S. Respostas morfológicas do capim-tanzânia (*Panicum maximum* Jacq. cv. Tanzânia-1) irrigado à intensidade de desfolha sob lotação rotacionada. **Revista Brasileira de Zootecnia**, v.33, p. 282-289, 2004.

Molan, L.K. **Estrutura do dossel, interceptação luminosa e acúmulo de forragem em pastos de capim-marandu submetidos a alturas de pastejo por meio de lotação contínua**. Dissertação (Mestrado em Agronomia – Ciência Animal e Pastagens), Piracicaba, ESALQ, 2004.

Moreno, L.S.B. **Produção de forragem de cultivares de *Panicum* e modelagem de respostas produtivas em função de variáveis climáticas**. Dissertação (Mestrado em Agronomia – Ciência Animal e Pastagens), Piracicaba, ESALQ, 2004.

Nascimento Jr, D.; DA Silva, S.C. & Adese, B. Perspectivas futuras do uso de gramíneas em pastejo. In: REUNIÃO ANUAL DA SOCIEDADE BRASILEIRA DE ZOOTECNIA, 41.; SIMPÓSIO FORRAGEIRAS E PRODUÇÃO EM PASTAGENS, 2004, Campo Grande. **Anais.** Campo Grande, MS: EMBRAPA CNPGC, 2004, p. 130-141.

Nunes, S.G.; Book, A.; Penteado, M.I. De O.; Gomes, D.T. ***Brachiaria brizantha* cv. Marandu**. 2.ed. Campo Grande: EMBRAPA CNPGC, 1985. 31p. (EMBRAPA-CNPGC, Documentos, 21).

Renvoize, S.A.; Clayton, W.D.; Skabuye, C.H. Morfología, taxonomía y distribución natural de *Brachiaria* (Trin.) Griseb. In: MILLES, J. W.; MASS, B. L.; VALLE, B. C. (Ed.). ***Brachiaria***: biología, agronomía y mejoramiento. Cali: CIAT; Campo Grande: EMBRAPA CNPGC, 1998. cap. 1, p. 1-15.

Sarmento, D.O.L. **Comportamento ingestivo de bovinos em pastos de capim-marandu submetidos a regimes de lotação contínua**. Dissertação (Mestrado em Agronomia – Ciência Animal e Pastagens), Piracicaba, ESALQ, 2003.

Sarmento, D.O.L. **Produção, composição morfológica e valor nutritivo da forragem em pastos de *Brachiaria brizantha* (Hochst ex A. Rich) Stapf. cv Marandu submetidos a estratégias de pastejo rotativo por bovinos de corte**. Tese (Doutorado em Agronomia – Ciência Animal e Pastagens), Piracicaba, ESALQ, 2007.

Savidan, Y.H.; Jank, L.; Costa, J.C.G. **Registro de 25 acessos selecionados de *Panicum maximum***. Campo Grande: EMBRAPA, CNPGC, 1990. 68 p. (EMBRAPA. CNPGC, Documentos, 44).

Sbrissia, A.F. **Morfogênese, dinâmica do perfilhamento e do acúmulo de forragem em pastos de capim-marandu sob lotação contínua**. Tese (Doutorado em Agronomia – Ciência Animal e Pastagens), Piracicaba, ESALQ, 2004.

Trindade, J.K. **Modificações na estrutura do pasto e no comportamento ingestivo de bovinos durante o rebaixamento do capim-marandu submetido a estratégias de pastejo rotacionado**. (Mestrado em Agronomia – Ciência Animal e Pastagens), Piracicaba, ESALQ, 2007.

Zeferino, C.V. **Morfogênese e dinâmica do acúmulo de forragem em pastos de capim-marandu [*Brachiaria brizantha* (Hochst. Ex A. Rich) cv. Marandu] submetidos a regimes de lotação intermitente por bovinos de corte**. (Mestrado em Agronomia – Ciência Animal e Pastagens), Piracicaba, ESALQ, 2006.

CAPÍTULO 22

Exploração de pastagens e plantas forrageiras no Brasil-Um breve histórico

Domicio do Nascimento Júnior
Professor Titular
Departamento de Zootecnia
UFV. Viçosa, MG
domicio@ufv.br

Valéria Pacheco Batista Euclides
Pesquisadora da EMBRAPA
Gado de Corte. Campo Grande, MS
val@cnpg.embrapa.br

Sila Carneiro da Silva
Professor Associado
Departamento de Zootecnia
ESALQ/USP. Piracicaba, SP
scdsilva@esalq.usp.br

Introdução

A partir da análise de publicações pertinentes surgidas nos últimos 45 anos, a área do Brasil ocupada por pastagens, de 1970 a 1995, aumentou de 154.138 milhões[1] de hectares para 177.700 milhões de hectares, período em que as pastagens nativas passaram a ocupar 45% dessas áreas (99.650 milhões até 1995) havendo um crescimento de 300% na área de pastos plantados em 25 anos. O ecossistema Cerrado foi responsável pelo alto percentual das pastagens nativas até a década de 1970 e responde, hoje, por cerca de 50% da produção de carne no País, além de abrigar cerca de 49,5 milhões de hectares em pastos plantados (**Tabela 1**).

1. A discrepância com os dados do prof. Aristeu se deve, provavelmente, à fonte consultada na época.

Tabela 1. Área de pastagens cultivadas e total (cultivada + nativa), em 1970 e 1985, e cultivadas, em 1995 (estimativa), nas diferentes regiões do Brasil, em 1.000 ha.

	1970		1985		1995	
Regiões	**Plantada**	**Total**	**Plantada**	**Total**	**Plantada**	**Total**
Norte	638	4.428	9.122	20.877	14.763	24.387
Nordeste	5.751	27.875	11.866	35.149	12.100	32.076
Sudeste	10.663	44.739	16.723	42.487	20.453	37.777
Sul	3.637	21.613	6.142	21.433	7.017	20.696
Centro-Oeste	9.073	55.483	30.252	59.244	45.300	62.764
Brasil	29.782	154.138	74.105	179.190	99.953	177.700

Fonte: IBGE e outras, citado por Zimmer *et al.*, 2002.

A região dos Cerrados tornou-se estratégica para a incorporação de novas áreas, quer pela sua posição geográfica quer por suas características físico-ambientais que propiciaram a expansão da produção agropecuária nos padrões da nova agricultura moderna, baseada no pacote tecnológico da *Revolução Verde*.

A atuação do Estado foi decisiva na ocupação agrícola do Cerrado e para que este se transformasse na região mais importante para a pecuária nacional. Nesse contexto, pode-se mencionar a atuação determinante do Programa para o Desenvolvimento do Cerrado (Polocentro), do Conselho Nacional da Pecuária (Condepe) e da Empresa de Pesquisa Agropecuária (Embrapa). A região começou a ser intensamente explorada como resultado dos recursos destinados ao Polocentro e de sua abrangência (armazenamento, energia, assistência técnica, pesquisa agropecuária, transporte, crédito rural subsidiado, eletrificação rural, mecanização e utilização de correção e adubação do solo).

Também foi criado, em 1975, o Programa Nacional de Pastagem (PRONAP) com o objetivo de aperfeiçoar o manejo e a alimentação do rebanho bovino, especialmente no período da seca, mediante a formação de pastagens plantadas ou o melhoramento das pastagens naturais. Para isso foi instituída linha de crédito subsidiado para a formação de áreas adicionais de pastagens destinadas à alimentação do rebanho na entressafra.

A despeito dos grandiosos projetos implantados na Amazônia e na região dos Cerrados, a década de 1980 caracterizou-se por condições econômicas fortemente desfavoráveis, quais sejam, recessão interna, interrupção dos financiamentos externos, agravamento do déficit público, queda dos preços internacionais das *commodities* e dos produtos agroindustriais exportados pelo País. Esse processo trouxe como consequência a descontinuidade dos programas de crédito, resultando em decréscimos nos investimentos para implantação e manutenção das pastagens, associados ao desconhecimento da ecofisiologia das plantas forrageiras e da ecologia do pastejo, o que contribuiu para que o início de um contínuo ciclo de degradação das áreas de pastagens no País.

A manutenção de níveis satisfatórios de produção de forragem, compatíveis com o clima e com as condições físico-químicas do solo, de forma a manter o sistema sustentável ao longo do tempo, constituiu-se e vem sendo, desde então, a norteadora dos programas de pesquisa com pastagens no Brasil, os quais, nos últimos dez anos, têm sido decisivos para a pecuária nacional. Nesse período, parte expressiva do setor distanciou-se da prática extrativista que, por muitos anos, caracterizou a atividade e tem sido exemplo de capacidade de ajustes e adaptação à realidade do mercado atual, caracterizada por penalizar os setores não-competitivos e ineficientes. Nesse contexto, as pastagens assumem dois aspectos fundamentais. O primeiro é que viabilizam a competitividade brasileira, e o segundo é o fato de possibilitarem o atendimento da grande demanda mundial por alimento produzido de forma natural, com respeito ao ambiente e aos animais. É esse cenário que tem balizado a reestruturação da cadeia produtiva e o fortalecimento dos sistemas de produção de bovinos em pastagens no País.

Assim, o conhecimento do potencial produtivo, em termos quantitativos e qualitativos, das diversas espécies forrageiras, o estabelecimento do manejo adequado para cada uma delas e a busca de novas alternativas de utilização constituíram-se nos principais pilares geradores das novas tecnologias responsáveis por incrementos significativos da produção de bovinos em pastagens.

Um breve histórico

A partir da década de 1960, começaram a surgir, no Brasil, publicações importantes com referência a plantas forrageiras e seu uso em pastagens. Dentre essas, merecem destaque a publicação pelo extinto Serviço de Informação Agrícola (SIA), do Ministério da Agricultura, da segunda edição do livro Informações sobre algumas Plantas Forrageiras, em que o Sr. José A. Vieira, Diretor do SIA, em seu prefácio escreveu: "*Para o nosso meio também, nenhuma política pode substituir a da utilização das pastagens. A simples reflexão sobre as grandes áreas despovoadas de que dispomos será argumento bastante para comprová-lo. Não nos faltam forrageiras. Faltam-nos a prática e o conhecimento delas para um mais alto rendimento pecuário. É de se ter em vista, ainda, que o cultivo das plantas forrageiras e a melhoria das pastagens não trarão, em si, apenas um rendimento pecuário e econômico mais alto. As gerações vindouras se beneficiarão, tanto como a atual, de uma política que tome por base uma revisão de nossas práticas pastoris. É bastante considerarmos o papel que representam as pastagens devidamente cultivadas e exploradas na conservação do solo, para aquilatarmos a importância de sua adoção.*" Este é, sem dúvida o primeiro livro brasileiro a tratar da descrição e recomendações de uso sob pastejo das principais gramíneas forrageiras na época, ou seja, os capins jaraguá, gordura e colonião, dada a importância que tinham no sistema de invernadas para engorda dos animais nos principais centros consumidores.

Outra publicação de importância para a comunidade científica da época foi a publicação dos Anais do IX Congresso Internacional de Pastagens, em janeiro de 1965. O evento, realizado em São Paulo, capital, foi patrocinado pelo Departamento de Produção Animal da Secretaria de Agricultura do Estado de São Paulo e coordenado por Leovigildo Pacheco Jordão, Geraldo Leme da Rocha e Zoraide Martins. Nesses Anais, constam algumas palestras de grande importância para a descrição e o entendimento dos sistemas de produção de carne e leite vigentes na época, bem como excelente descrição das pastagens do Brasil. Considerando-se as variações naturais entre as diferentes regiões do País, para fins de melhor entendimento, foram analisadas três regiões: Sul, Centro e Nordeste. Com relação ao Rio Grande do Sul, foram descritas as formações de pastagens naturais e apresentada uma tabela com as principais gramíneas nativas, perfazendo um total de 9 Tribos, com 97 gêneros e um total de 862 espécies, com predominância dos gêneros *Panicum* e *Schizachyrium*. No Brasil Central, havia a predominância dos "Campos Cerrados" onde as gramíneas dos gêneros *Panicum*, *Paspalum*, *Tristachya*, *Setaria* e *Andropogon* predominavam, juntamente com algumas leguminosas dos gêneros *Desmodium* e *Arachis*. Com relação às pastagens plantadas, predominavam aquelas formadas com os capins gordura, jaraguá, colonião, angola e capim-pangola que, introduzido em 1952, apresentou problemas com uma virose (*stunting disease*). No Nordeste, havia predominância das pastagens naturais sobre as plantadas, sendo as principais espécies *Aristida setifolia*, *Brachiaria plantaginea* e *Chloris orthonoton*. Vale notar a presença também do *Stylosanthes humilis* e da *Cássia sericea*.

Assim, fica evidente que a atividade pecuária no Brasil baseou-se, desde o início, na utilização extensiva de pastagens nativas. Durante mais de um século as tentativas de formação e utilização de pastagens plantadas foram baseadas, principalmente, nos capins jaraguá, gordura e colonião, que desempenharam função importante na produção de carne e leite até meados da década de 1970, época em que foi iniciada busca por aumento dos índices de produtividade animal dos pastos.

Nesse sentido, ressalta-se a palestra que M.C.Pardi apresentou, com base em dados de abatedouros da região de Barretos-SP, revelando a evolução, no período de 1945 a 1962, da contribuição dos capins jaraguá, colonião e gordura na engorda de novilhos em períodos de três

Tabela 2. Contribuição relativa das principais forrageiras na engorda de novilhos no período de 3 anos, de 1945 a 1962, na área de Barretos, SP. (Dados obtidos no frigorífico Anglo em Barretos pelo Serviço de Inspeção Federal do Ministério da Agricultura – SIPAMA).

Triênio: 1945-1947			Triênio: 1960-1962		
Gramínea	**Nº animais**	**%**	**Gramínea**	**Nº Animais**	**%**
Jaraguá	258781	90,91	Jaraguá	128919	33,29
Colonião	9917	3,49	Colonião	254877	65,81
Gordura	15945	5,60	Gordura	3463	0,90
Total	**284643**	**100,00**		**387259**	

Fonte: Pardi, M.C. (1965).

anos (**Tabela 2**). O capim-gordura, famoso em tempos pioneiros de Barretos, começava a perder terreno para o capim-jaraguá, de manejo mais fácil e capaz de sobreviver ao fogo e queimadas. O avanço do capim-colonião coincidiu com o desenvolvimento da agricultura na área devotada até então para a terminação de animais para abate. O colonião, a partir da década de 1960, passou a dominar as zonas da Sorocabana e Noroeste, principalmente por sua maior capacidade de suporte e grande resistência ao período seco, caracterizado por grande déficit hídrico de abril a setembro.

No que diz respeito à produção de leite, a principal fonte de alimentos era, sem dúvida, as pastagens dos capins gordura, jaraguá e angola, as quais, por sua adaptabilidade ao meio ambiente e facilidade de multiplicação, passaram a formar *pastagens naturais*, embora formadas por espécies exóticas. Nos mesmos Anais, foi publicado o resultado do trabalho pioneiro de pesquisa conduzido pelo prof. Mott e sua equipe, do Instituto de Pesquisas Internacionais (IRI), sediado em Matão, SP, com o capim-colonião em três experimentos, que consistiram de quatro tratamentos em um fatorial 2 x 2, com e sem adubação nitrogenada e com e sem suplementação dos animais em pasto. Foram usadas três repetições em uma área de 42 ha no município de Andradina, SP. Esse trabalho foi, sem dúvida alguma, um dos mais importantes conduzidos no Brasil de forma ininterrupta durante três anos, e permitiu avaliar a produção de carne por animal e por área, utilizando-se novilhos da raça Nelore.

Nesse mesmo período, o IRI organizou e administrou, durante alguns anos, um banco de plantas forrageiras com ampla distribuição de sementes e mudas para todo o País. É dessa época a introdução e disseminação da *Brachiaria decumbens* cv. *Basilisk*, que foi considerada uma grande revolução na bovinocultura de corte brasileira, especialmente por sua boa adaptabilidade aos solos ácidos e pobres da região do Cerrado, que estava sendo ocupada naquela época, e que foi responsável, a partir daí, pela substituição dos capins jaraguá, gordura, colonião, guiné e angola.

A boa adaptabilidade aos solos ácidos e pobres e a fácil multiplicação por sementes associadas à agressividade na competição com plantas invasoras e ao bom desempenho animal, em relação às pastagens nativas, explicam a rápida expansão dessa espécie braquiária no Brasil. A capacidade de suporte das pastagens foi praticamente triplicada com a introdução dessa gramínea. Enquanto as pastagens nativas requeriam três a quatro hectares por cabeça e as pastagens de capim-gordura ou jaraguá eram manejadas na base de 0,3 a 0,6 cabeça por hectare, os pastos de *B. decumbens*, bem manejados, suportavam, em média, de 1 a 1,5 cabeça por hectare durante o ano.

O aumento da área de pastagens plantadas no início da década de 1970 foi devido também ao grande número de introduções de gramíneas (*Panicum*, *Cenchrus*, *Setária*, etc.) e leguminosas (*Neonotonia*, *Leucaena*, *Macroptilium*, *Desmodium*, etc.) trazidas da Austrália, em especial de outras espécies do gênero *Brachiaria*, as quais se adaptaram muito bem à região dos Cerrados. Inúmeros trabalhos de pesquisa foram feitos, em sua grande maioria, em pequenos canteiros, e muitas recomendações foram extraídas desses trabalhos e vários manuais de manejo do pastejo publicados contendo, muitas vezes, informações empíricas, que não puderam ser traduzidas para o sistema produtivo. Muito se discutiu e foi publicado a respeito das vantagens e desvantagens do uso do pastejo rotativo com as gramíneas e leguminosas recém-introduzidas e qual seria a melhor consorciação e qual o melhor método de se introduzir as leguminosas em pastos já formados ou em formação.

A grande disponibilidade de sementes de plantas forrageiras no mercado nacional, aliada ao crédito fácil para implantação de pastagens e à falta de informações técnicas confiáveis para seu uso correto, proporcionou uma série de erros e prejuízos aos pecuaristas. Esse fato motivou o professor Corsi (1976), da USP/ESALQ, a comentar o seguinte: "*A atenção devotada a espécies forrageiras recém-introduzidas e a facilidade com que os pecuaristas as experimentam revelam sua insatisfação pelas espécies conhecidas. Passamos a época do capim-pangola e estamos agora entusiasmados com as qualidades da setária, da brachiária, da grama estrela... É provável que, na formação e reforma de pastagens, estejamos procurando entre as novas introduções o capim milagroso que proporcione o equilíbrio entre as produções de verão e inverno (...) A simples troca de variedade ou espécie forrageira em uma propriedade não determinará melhora sensível na produtividade animal a não ser que se verifiquem outras mudanças no manejo das pastagens e dos animais,* adubação, práticas de conservação, etc. *Sem essas mudanças, é provável que a melhor das espécies forrageiras desapareça.*" Esse mesmo professor, 12 anos depois (Corsi, 1988) alertou novamente: "*Não houve progresso na melhoria dos índices zootécnicos (...) O pecuarista continua a exploração extrativista das pastagens (...) O ciclo dos capins novos, isto é, o período em que a nova planta forrageira monopoliza as atenções de técnicos e produtores, está cada vez mais curto. Este fato reflete a velocidade crescente com que as pastagens estão sendo degradadas*"(...)

Segundo Corrêa (1986), a atividade pecuária desenvolveu-se à base de terra e de mão de obra baratas e de pequeno aporte de capitais em investimentos de curta duração, padrão esse ainda observado nos dias de hoje. Segundo Dias-Filho e Andrade (2005), a atividade pecuária na Região Norte cresceu 76,9% durante a última década, consequência da migração de produtores de outras regiões do País em busca de menores custos de produção, principalmente, em razão da pressão exercida pela agricultura, sobretudo nas regiões Centro-Oeste, Sudeste e Sul, o que elevou o preço da terra nesses locais. Ainda, de acordo com os autores, outro fator importante seriam as condições climáticas do trópico úmido, com temperaturas praticamente uniformes ao longo do ano e períodos secos relativamente menos severos e menos extensos que em outras regiões do País, permitindo que a pastagem fosse utilizada como base alimentar para a pecuária de corte durante todo o ano. Essa foi a premissa precursora da produção do *boi verde*, forte componente para a conquista de mercados consumidores mais conscientes e exigentes.

Até a década de 1980, com a produção voltada para o mercado interno, caracterizado por baixo poder aquisitivo, a pecuária brasileira não alcançava rentabilidade que estimulasse investimentos em inovações tecnológicas que contribuíssem para elevar a produtividade (CORRÊA, 1986). Os pastos eram implantados pelos métodos tradicionais de derrubada e queima da mata ou da vegetação dos cerrados, seguido da semeadura da planta forrageira, ou eram implantados em terras esgotadas pela exploração agrícola nas regiões tradicionais de lavoura. De maneira geral, as pastagens assim formadas suportavam de 0,7 a 1,8 UA/ha, e apresentavam baixa produtividade, variando de 140 a 400 kg/ha/ano de ganho de peso (Pereira *et al.*, 1995; Zimmer e Euclides Filho, 1997). Esses resultados eram reflexos dos baixos níveis de fertilidade natural dos solos destinados à formação de pastagens e da adubação inadequada, o que não possibilitava que as plantas expressassem o seu potencial produtivo. Além disso, o uso de espécies forrageiras menos exigentes em fertilidade do solo era, e ainda é, opção frequente em detrimento da recuperação da capacidade produtiva do solo.

No entanto, segundo Corrêa (2000), as pressões exercidas pelos ecologistas e pela sociedade, em geral, a favor da preservação dos recursos naturais, especialmente das matas nativas, fez com que a opção pela ocupação de áreas novas tendesse a ser substituída pela opção de aumento da produtividade da terra nas áreas já exploradas. Nesse novo cenário, a pecuária tradicional, de baixa eficiência produtiva, não tem condições de competir no mercado.

Nesse contexto, o que se observa é que, na última década, houve melhoria da produtividade das pastagens, resultando em incrementos na produção de carne bovina de 2.400.000 t em 1997 para 7.800.000 t em 2004 e, na produção de leite, de 8 bilhões para 22,6 bilhões de litros durante o mesmo período (Zimmer e Barbosa, 2005). Ao mesmo tempo, houve aumento na exportação de carne bovina que, segundo Neves *et al.* (2003), no período de 1997 a 2002, foi de 193% em volume, representando 14,2% do mercado mundial. Esses incrementos em produtividade foram resultantes da disponibilidade de novos cultivares no mercado associada à aplicação de técnicas mais eficientes no manejo do pastejo, maiores conhecimentos sobre adubação de manutenção dos pastos, estratégias de recuperação de pastagens em degradação e práticas de integração lavoura-pecuária, dentre outras que podem ser encontradas em Euclides *et al.* (2008). Esse fato sugere que a adoção de tecnologias desenvolvidas nas últimas décadas pode colocar a pecuária bovina em condições de competir com outras atividades agrícolas.

Na última década, houve uma evolução muito grande acerca dos conhecimentos e desenvolvimento de práticas de manejo do pastejo. Nesse período, o foco dos trabalhos de pesquisa com plantas forrageiras passou a ser voltado para as relações planta:animal:meio dentro de um contexto de sustentabilidade e produção racional dos ecossistemas de pastagens. Foram desenvolvidas técnicas de manejo de colheita da forragem por meio dos animais em pastejo, baseadas no ritmo de crescimento e desenvolvimento das plantas, respeitando seus limites plásticos e de resistência ao pastejo e coerentes com as condições edafo-climáticas vigentes. Essa nova filosofia de pesquisa e de exploração de pastos nos trópicos tem começado a gerar resultados promissores e devem, seguramente, assegurar condições de aumento consistente e significativo de produtividade animal por meio de melhoria na eficiência de colheita de forragem de maior qualidade e aumento do acúmulo de matéria seca (Da Silva, 2004). Dessa forma, passa a ser necessário um conhecimento mínimo acerca da ecofisiologia e ecologia das plantas forrageiras que, de forma prática e objetiva, permite o estabelecimento e a adoção de metas ou alvos de manejo para o controle e monitoramento do processo de pastejo no campo sob condições de lotação contínua ou rotativa (Hodgson & Da Silva, 2002). Esse tipo de estratégia de manejo já começa a ser adotado em determinadas regiões do País, tanto na produção de bovinos de corte como leiteiros, e os resultados indicam futuro promissor. Outro aspecto importante a ser considerado na evolução do uso de pastagens, no Brasil, é a participação das leguminosas. Essas plantas forrageiras receberam, durante a década de 1970, grande impulso por parte de técnicos e pesquisadores brasileiros por causa das suas vantagens potenciais, particularmente aquelas relacionadas com o suprimento de N ao sistema solo-planta e de proteína na dieta animal, além dos resultados positivos que vinham sendo obtidos em outros países, principalmente, a Austrália. Nessa época, a incipiência da pesquisa agropecuária no Brasil e a inexistência de cultivares de leguminosas forrageiras desenvolvidas no País resultaram na necessidade de importação de cultivares desenvolvidos na Austrália. Os resultados obtidos nessa primeira fase foram desanimadores, principalmente com relação à baixa persistência das leguminosas nos pastos consorciados. A maioria dos cultivares sofreu com a falta de adaptação às condições edáficas em que foram estabelecidos, com problemas bióticos, especialmente os cultivares australianos de *Stylosanthes*, que foram dizimados pela antracnose (*Colletotrichum gloeosporioides*), e com a falta de experiência sobre o manejo do pastejo de pastos consorciados (Barcellos & Vilela, 1994).

Todavia, os esforços do segmento de pesquisa e desenvolvimento resultaram no lançamento de diversos cultivares de leguminosas forrageiras, dentre os quais o *Arachis pintoi* cvs. Amarillo MG-100, Belmonte, Alqueire 1; *Cajanus cajan* cvs. IAC-Fava IAPAR-43 Aratã Larga; *Desmodium ovalifolium* cv. Itabela; *Galactia striata* cv. Yarana; *Galactia striata* cv. Yarana; *Stylosanthes guianensis* cvs. IRI 1022, Bandeirante, Mineirão, Bela; *S. capitata* cv. Lavradeiro; *S. macrocephala* cv. Pioneiro; *S. capitata* e S. *macrocephala* multilinha Campo Grande). Apesar disso, até o final da década de 1990, a utilização dessas cultivares para a formação de pastos consorciados no Brasil era desprezível. Nessa época, o *Calopogonium mucunoides*, na região dos Cerrados (Macedo, 1995), e a *Pueraria phaseoloides*, na Amazônia, em especial no Estado do Acre (Valentim & Andrade, 2004), duas leguminosas utilizadas tradicionalmente como cultivos de cobertura do solo nessas regiões, eram as leguminosas mais plantadas no País.

Segundo Valentim & Andrade (2004), a pequena utilização de leguminosas em pastagens consorciadas com gramíneas nos sistemas pecuários de produção nos trópicos foi consequência de vários fatores técnicos, sociais, econômicos e ambientais. Dentre esses, a utilização de estratégias impróprias nos processos de pesquisa e de transferência das tecnologias foram os grandes responsáveis pela atual falta de credibilidade, entre os produtores, nos benefícios do uso de leguminosas nesses sistemas de produção. Apesar do consenso geral de que a adoção de leguminosas forrageiras nos sistemas pecuários de produção nos trópicos é menor do que a expectativa inicial, existem alguns exemplos de sucesso no uso em larga escala de cultivares de diversos gêneros em diferentes regiões tropicais do mundo. No Brasil, segundo Fernandes *et al.* (2005), as cultivares de *Stylosanthes* ocupam mais de 150.000 ha. Outras leguminosas que têm se mostrado importantes regionalmente na produção animal são, de acordo com Valentim e Andrade (2005a,b), o amendoim forrageiro e a puerária, particularmente importantes para o Estado do Acre.

Considerações finais

Não há dúvida de que a literatura brasileira referente ao uso das pastagens como principal fonte de alimento para produção animal cresceu muito nas últimas décadas. Nesse período muita informação e conhecimento foram gerados, ratificando pontos fortes e revelando pontos fracos e imperfeições dos protocolos experimentais tradicional e historicamente utilizados. No entanto, porção significativa de conceitos ultrapassados e/ou distorcidos ainda continua sendo utilizada em boa parte dos trabalhos e pesquisas envolvendo plantas forrageiras e animais em pastejo. Vale salientar, entretanto, que mudanças vêm ocorrendo no que concerne à busca de entendimento e compreensão de fatos e processos que regem e determinam o funcionamento da cadeia de produção animal em pastagens, indicando que o simples lançamento de novas cultivares de plantas forrageiras, testados e avaliados basicamente com relação ao binômio ganho por animal/ganho por área, precisa ser definitivamente reavaliado. Novos conceitos relacionados com a ecofisiologia das plantas forrageiras e a ecologia do pastejo devem ser incorporados no processo de avaliação e planejamento de protocolos experimentais no futuro. É preciso entender que não há super plantas ou *demônios darwinianos* (plantas que são superiores em todos os ambientes), mas sim plantas mais ou menos flexíveis e adaptáveis ao processo de pastejo. Essa adaptação é regida e modulada por aspectos relacionados com a forma e a função das plantas forrageiras e, nesse cenário, a ecofisiologia tem novas e importantes contribuições a fazer na busca por práticas e métodos ecologicamente corretos e eficientes de manejo do pastejo. Face ao crescimento exponencial da população humana, que necessita de aumento no suprimento alimentar, tal fato torna-se ainda mais relevante. Considerando-se ainda que parcelas significativas das terras agricultáveis estejam sendo ocupadas pelo desenvolvimento urbano, é urgente que trabalhos futuros considerem o aproveitamento de características das plantas forrageiras já disponíveis, ampliando o seu uso sustentável nos diferentes ecossistemas brasileiros. Essa mudança de paradigma na pesquisa nacional e na percepção de necessidades e progressos científicos na área deverá fazer com que o grande potencial do ambiente e das gramíneas tropicais possa ser efetivamente realizado, contribuindo, de maneira consistente e irreversível, para a profissionalização e a competitividade da pecuária nacional.

Um dos grandes desafios futuros é assegurar o fornecimento de N necessário para manter a produtividade e a estabilidade das vastas extensões de pastagens cultivadas nos trópicos. O uso de fontes de N inorgânico é inviável economicamente para grande parte da pecuária nessas regiões, particularmente para as explorações de pequena escala. Nesse contexto, as leguminosas forrageiras, certamente, serão de crescente importância econômica, ambiental e social, contribuindo para aumentar a produtividade e a rentabilidade dos sistemas pastoris, assegurando sua estabilidade e reduzindo impactos ambientais. Enfim, o grande desafio para o século 21 será o desenvolvimento de sistemas de produção produtivos, competitivos e rentáveis, porém ecologicamente corretos, respeitando e preservando o meio ambiente. Esse objetivo passa, sem dúvida alguma, pela adoção de uma visão mais sistêmica e integrada de sistema de produção, que tenha por base conceitos e princípios sólidos de crescimento e desenvolvimento de plantas e animais e sua interação com o meio-ambiente. Isso caracteriza um problema multidisciplinar e, como tal, a necessidade de integração entre áreas de pesquisa e pesquisadores, seguramente uma revolução nos atuais modelos de pesquisa e desenvolvimento de ciência no país.

Referências bibliográficas

Barcellos, A.O.; Vilela, L. Leguminosas forrageiras tropicais: estado de arte e perspectivas futuras. In: SIMPÓSIO INTERNACIONAL DE FORRAGICULTURA, 1994, Maringá. **Anais...** Maringá: EDUEM, 1994. p.1-56.

Corrêa, A.S. **Pecuária de corte – Problemas e perspectivas de desenvolvimento**. Campo Grande: EMBRAPA-CNPGC, 1886. 73p. (EMBRAPA-CNPGC. Documentos, 33)

Corrêa, E.S.; Vieira, A.; Costa, F.P.; Cezar, I.M. **Sistema semi-intensivo de produção de carne de bovinos nelores no Centro-Oeste do Brasil**. Campo Grande: Embrapa Gado de Corte, 2000. 49p. (Documentos/Embrapa Gado de Corte, 95). 2000.

Corsi, M. Espécies forrageiras para pastagens. In. Peixoto, A.M.;Moura, J.C.; De Faria, V.P. (eds.) Simpósio sobre Manejo da Pastagem, 3°, Piracicaba, SP, 1976. **Anais...** Piracicaba, FEALQ, 1976. p.5-44.

Corsi, M. Manejo de Plantas Forrageiras do Gênero *Panicum*. In. Peixoto, A.M.;Moura, J.C.; De Faria, V.P. (eds.) Simpósio sobre Manejo da Pastagem, 9°, Piracicaba, SP, 1988. **Anais...**Piracicaba, FEALQ, 1988. p.57-108

Da Silva, S.C. Understanding the dynamics of herbage accumulation in tropical grass species: the basis for planning efficient grazing management practices. **Proceedings of Symposium on Grassland Ecophysiology and Grazing Ecology**, UFPR, Curitiba, Brazil, 2004. 2 (compact disc).

Dias-Filho, M.B.; Andrade, C.M.S de. Pastagens no ecossistema do trópico úmido. In: SIMPÓSIO SOBRE PASTAGENS NOS ECOSSISTEMAS BRASILEIROS, 2., 2005, Goiânia. **Anais...** Goiânia:SBZ, 2005. p.95-104.

Euclides, V.P.B; Macedo, M.C.M; DA Silva, S.C.; Nascimento Júnior, D.; Valle, C.B. do; Barbosa, R.A. Gramíneas Cultivadas. In: **Desenvolvimento da agricultura tropical**. Brasília:Embrapa, v.1, 2008 (prelo).

Fenandes, C.D.; Grof, B.; Chakraborty, S.; Verzignassi, J.R. estilosantes Campo Grande in Brazil: a tropical forage legume success history. In: INTERNATIONAL GRASSLAND CONGRESS, 20., 2005, Dublin. **Offered papers...** Wageningen: Wageningen Academic, 2005. p. 330.

Grossman, J.; Aranovich, S.; Campello, E.do C.B. Grasslands of Brasil. In: Jordão, L.P.;Rocha, G.L.; Martins, Z. (Eds.) Congresso Internacional de Pastagens, IX, São Paulo-SP, 1965. **Anais...** São Paulo:DPA-SA, 1965. p.39-47.

Hodgson, J.; Silva, S.C. Options in tropical pasture management. In: REUNIÃO ANUAL DA SOCIEDADE BRASILEIRA DE ZOOTECNIA, XXXIX, 2002, Recife. **Anais...** Recife: Sociedade Brasileira de Zootecnia, 2002. p.180-204

Mott, G.O.; Quinn, L.R.C.; Bisschoff, W.V.A. In: Jordão, L.P.;Rocha, G.L.; Martins, Z. (Eds.) Congresso Internacional de Pastagens, IX, São Paulo-SP, 1965. **Anais...** São Paulo:DPA-SA, 1965. p.981-988.

Neves, M.F.; Scare, R.F.; Cavalcanti, M. de R. Comercialização internacional de produtos provenientes de pastagens: a carne bovina. In: SIMPÓSIO SOBRE MANEJO DA PASTAGEM, 20., 2003, Piracicaba. **Anais...** Piracicaba:FEALQ, 2003. p. 327-354.

Otero, J.R. **Informações sobre algumas plantas forrageiras**. Série didática, n° 11, 2° ed., Rio de Janeiro, MA-SAI, 1961, 334p

Pardi, M.C. **Beef Production in Brazil**. In: Jordão, L.P.;Rocha, G.L.; Martins, Z. (Eds.) Congresso Internacional de Pastagens, IX, São Paulo-SP, 1965. **Anais...** São Paulo:DPA-SA, 1965. p.49-60.

Pereira, J.M.; Bodey, R.M.; Rezende, C.P. Pastagens no Ecossistema Mata Atlântica: Pesquisa para o desenvolvimento Sustentável.. In: SIMPÓSIO SOBRE PASTAGENS NOS ECOSSISTEMAS BRASILEIROS: PESQUISAS PARA O DESENVOLVIMENTO SUSTENTÁVEL, 1995,

Brasília. **Anais...** Brasília: SBZ, 1995. 94-146.

Peixoto, A.M. Palavras do professor Aristeu Mendes Peixoto. *In*. Moura, J.C.; De Faria, V.P. (eds.) Simpósio sobre Manejo da Pastagem, 1°, Piracicaba, SP, 1973. **Anais...**Piracicaba, FEALQ, 1973. p.7-8.

Valentim, J.F.; Andrade, C.M.S. Forage peanut (*Arachis pintoi*): a high yielding and high quality tropical legume for sustainable cattle production system in the Western Brazilian Amazon. In: INTERNATIONAL GRASSLAND CONGRESS, 20., 2005, Dublin. **Proceedings.** Wageningen: Wageningen Academic, 2005a. p. 329.

Valentim, J.F.; Andrade, C.M.S. Tropical kudzu (*Pueraria phaseoloides*): successful adoption in sustainable cattle production systems in the Western Brazilian Amazon. In: INTERNATIONAL GRASSLAND CONGRESS, 20., 2005, Dublin. **Proceedings.** Wageningen: Wageningen Academic, 2005b. p. 328.

Zimmer, A.H.; Euclides Filho, K. As pastagens e a pecuária de corte brasileira. In: SIMPÓSIO INTERNACIONAL SOBRE PRODUÇÃO ANIMAL EM PASTEJO, 1997, Viçosa. **Anais...** Viçosa: DZO/UFV, 1997. p.349-379.

Zimmer, A.H.; Euclides, V.B.P. Importância das Pastagens para o futuro da Pecuária de Corte no Brasil. In: EVANGELISTA, A.R., BERNARDES, T.F., SALLES, E.C.J (Eds.) Simpósio de Forragicultura e Pastagens – Temas em Evidência, 1, Lavras, 2000. **Anais...** Lavras : UFLA, 2000, p.1-49.

Zimmer, A.H.; Barbosa, R.A. Impactos ambientais da produção animal em pastagens. In: **Ciclo de palestras de zootenia - produção animal**, 2005, Pontes e Lacerda: UNEMAT, 2005. p. 43-86.

Multimix

Atuando desde 1986 e hoje consolidada como uma das líderes do setor de nutrição animal no Brasil, a **Multimix** investe continuamente na inovação tecnológica em nutrição animal, oferecendo suplementos vitamínicos, minerais e núcleos de alta inclusão dentro dos mais altos padrões mundiais de qualidade, além de programas nutricionais personalizados, desenvolvidos sob medida para as condições específicas de cada cliente.

Centro de Pesquisa

Criado em 1989 em Patrocínio - MG, numa área de 54 ha, está o Centro de Pesquisas Prof. José Maria Lamas da Silva. Conta com a mais alta tecnologia para pesquisa com aves de corte (*dark house* e pressão negativa), aves de postura (gaiolas) e suínos em ciclo completo, oferecendo suporte técnico aos produtos e serviços. Uma estação metereológica e um sistema de biossegurança eficaz oferecem suporte às pesquisas.

CAPÍTULO 23

Adubação de pastagens

Patricia Menezes Santos
Pesquisadora da EMBRAPA Pecuária Sudeste. São Carlos, SP
patricia@cppse.embrapa.br

Odo Mara Primavesi
Pesquisador Aposentado da EMBRAPA Pecuária Sudeste
São Carlos, SP
odoprima@gmail.com

Alberto C. de Campos Bernardi
Pesquisador da EMBRAPA Pecuária Sudeste. São Carlos, SP
alberto@cppse.embrapa.br

Introdução

A adubação de pastagens têm sido divulgada como uma alternativa para a intensificação da produção animal desde a década de 70, porém ainda há muita polêmica em torno dos critérios e métodos de recomendação para essa cultura. Em parte, a dificuldade no estabelecimento de parâmetros para a adubação de pastagens deve-se ao grande número de espécies forrageiras disponível e à diversidade de sistemas de produção adotados.

Neste capítulo, serão apresentadas informações sobre a adubação de pastagens formadas por gramíneas tropicais, dentro do contexto de alguns sistemas de produção de gado de corte.

Análise de solo

A análise química do solo é o principal instrumento utilizado para avaliação da fertilidade e para a recomendação de corretivos e adubos (Raij, 1991). Nesse tipo de análise, são avaliadas a disponibilidade de nutrientes e a presença de elementos tóxicos no solo, que podem prejudicar o crescimento das plantas e, consequentemente, a produtividade das forrageiras.

Rotineiramente são feitas as seguintes análises:

- pH: é a medida da acidez do solo;
- Matéria orgânica;
- Fósforo disponível;
- Potássio, cálcio e magnésio trocáveis;
- Acidez potencial (ou H+Al);
- Alumínio trocável;
- Micronutrientes: B, Cu, Fe, Mn e Zn.

As partículas do solo (matéria orgânica + argila), de acordo com Raij (1991) e Tisdale *et al.* (1995), têm cargas negativas que atraem elementos com carga de sinal contrário, os cátions (K^+, $Ca^{2+,}$ Mg^{2+} e Al^{3+} principalmente). O conjunto dos elementos carregados positivamente (exceto H e Al) origina a soma de bases do solo, S ou SB. O número dessas cargas aumenta com o pH, em especial das cargas covalentes ocorrentes na matéria orgânica. O solo também possui cargas positivas que atraem elementos com cargas negativas, como o fósforo e o enxofre. Quanto mais baixo o pH (maior acidez), maior o número dessas cargas. A quantidade de cargas negativas ocupadas por cátions define a capacidade de troca catiônica - CTC ou T do solo que cresce com o teor de matéria orgânica e de argila. Para calcular a CTC a pH 7,0 adicionam-se os valores de H+Al à soma de bases (a CTC efetiva ou *t* é calculada adicionando-se o valor de Al à soma de bases). A saturação por bases (V%) representa a porcentagem da CTC que é ocupada por bases (Ca, Mg e K).

Os métodos de análise e as unidades utilizadas para expressar os resultados variam de acordo com a região do Brasil e podem causar erros de interpretação. A **Tabela 1** mostra os fatores de conversão entre as diversas unidades.

O conjunto dessas análises, aliado a uma boa interpretação dos resultados, é ferramenta de extrema importância dentro do contexto agropecuário, tanto para o aumento da produtividade, quanto para o manejo dos insumos agrícolas, de forma a evitar e diminuir os impactos ambientais e aumentar o retorno econômico do empreendimento.

Tabela 1. Fatores utilizados na conversão de unidades.

Representação antiga	Representação atual	Fator de conversão
%	g kg^{-1}, g dm^{-3}, g L^{-1}	10
ppm	mg kg^{-1}, mg dm^{-3}, mg L^{-1}	1
meq/100 cm^3	$mmol_c$ dm^{-3}	10
meq/100 cm^3	$cmol_c$ dm^{-3}	1
meq/100 g	$mmol_c$ kg^{-1}	10
meq/L	$mmol_c$ L^{-1}	1
P_2O_5	P	0,437
K_2O	K	0,830
CaO	Ca	0,715
MgO	Mg	0,602
mmho cm^{-1}	S m^{-1}	0,1

Interpretação da análise de solo

A interpretação da análise de solo é feita com base no conceito de classes de teores de nutrientes, relacionando o teor do nutriente com a produção relativa da cultura (**Figura 1**). As classes de teores de nutrientes podem ser divididas em: muito baixa, baixa, média, alta e muito alta. A resposta esperada à adubação é maior para solos enquadrados nas classes de teores muito baixa e baixa.

As classes de interpretação dos valores de pH_{CaCl2} e $pH_{água}$ em solos de São Paulo e Minas Gerais, respectivamente, são apresentadas na **Tabela 2**. Já as classes e os limites de interpretação dos teores trocáveis de Ca, Mg e Al são apresentadas nas **Tabelas 3** e **4**.

Em decorrência das diferenças entre os protocolos analíticos utilizados para determinação do P disponível, existem variações nos níveis críticos e nos critérios de interpretação. Em São Paulo, o método utilizado é o da resina, enquanto para Minas Gerais e Cerrado, o método é o Mehlich-1. Os limites e as classes de interpretação dos teores de fósforo extraídos pela resina são apresentados na **Tabela 5**, e o do Mehlich e P remanescente, na **Tabela 6**.

No Brasil, os teores disponíveis de Fe, Mn, Zn e Cu em solo são avaliados pelos seguintes extratores: DTPA (São Paulo), Mehlich-1 (Minas

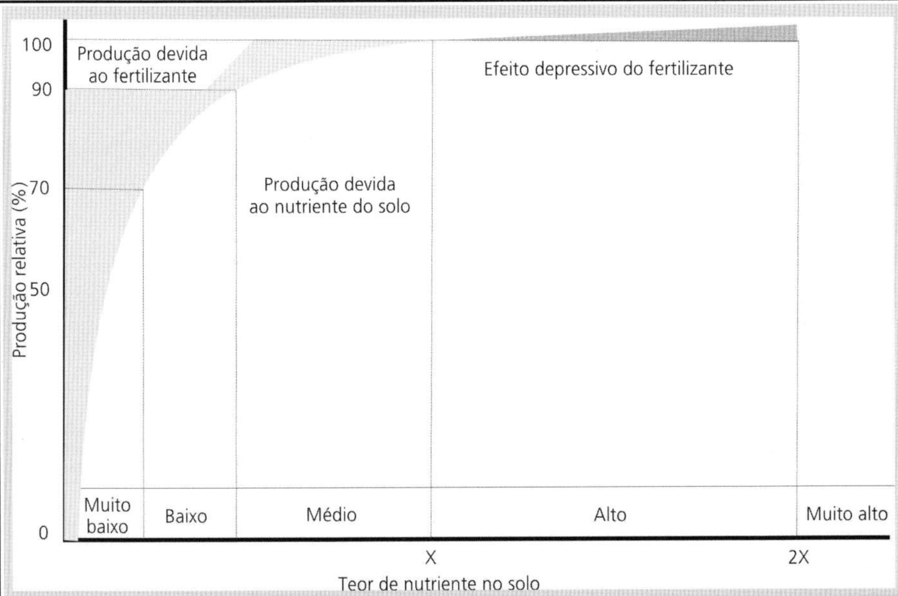

Figura 1. Classes de teores de nutrientes no solo.

tação da disponibilidade de S em solos do Estado de São Paulo são apresentadas na **Tabela 9**.

Tabela 2. Limites de interpretação das determinações relacionadas com a acidez da camada arável de solo.

Acidez[1]	pH em $CaCl_2$	Classificação agronômica	pH em água
Muito alta	Até 4,3	Muito baixo	< 4,5
Alta	4,4-5,0	Baixo	4,5 – 5,4
Média	5,1-5,5	Bom	5,5 – 6,0
Baixa	5,6-6,0	Alto	6,1 – 7,0
Muito baixa	>6,0	Muito alto	> 7,0

Fonte: Adaptado de Raij *et al.* (1997) e Alvarez V. *et al.* (1999).

Tabela 3. Limites de interpretação de teores de Ca^{2+} e Mg^{2+} em solos do Estado de São Paulo.

Teor	Ca trocável	Mg trocável
	———mmol$_c$ dm^{-3}———	
Baixo	0-39	0-4
Médio	40-70	5-8
Alto	>70	>8

Fonte: Adaptado de Raij *et al.* (1997).

Gerais), ácido clorídrico 0,1 mol l^{-1}. Já o boro é extraído por água quente. Em São Paulo, a disponibilidade de micronutrientes é avaliada com o extrator DTPA, e os limites de interpretação dos teores desses nutrientes no solo são apresentados na **Tabela 7**. As classes de interpretação da disponibilidade de micronutrientes em solos de Minas Gerais são apresentadas na **Tabela 8**. As classes e os limites para a interpre-

Recomendação de correção do solo e adubação

A maioria dos solos do Brasil (Bernardi *et al.*, 2002) são intemperizados, ácidos, com baixa CTC e alto poder de fixação de fósforo, elevada acidez trocável (Al^{3+}) e apresentam baixos teores de macronutrientes primários (N, P e K), secundários (Ca, Mg e S) e de micronutrientes (Zn e Cu). Além disso, com relação às limitações físicas, há problemas com baixa disponibilidade de água, e o alto risco de erosão. Por isso, a elevação e a manutenção dos níveis de fertilidade do solo dependem da reciclagem de nutrientes e da adição de mais insumos ao sistema.

Atualmente, podem ser encontradas diferentes tabelas de recomendação de adubação para pastagens. No Boletim 100 do IAC, as recomendações são feitas de acordo com o tipo de exploração e o nível de exigência das gramíneas (**Tabela 10**, Werner *et al.*, 1996). Já a 5ª Aproximação das Recomendações para uso de corretivos e fertilizantes, em Minas Gerais, utiliza como critério, além do nível de exigência da gramíneas, o nível tecnológico do sistema de produção (**Tabela 11**, Cantarutti *et al.*, 1999), e existe ainda a recomendação para a região dos Cerrados elaborada por Vilela *et al.* (2002).

Apesar das diferenças entre as duas classificações, algumas espécies são consideradas como mais exigentes e, portanto, recomendadas para os sistemas de produção mais intensivos em ambas as classificações (ex.: capim-tanzânia e outras cultivares de *Panicum maximum*, capim-elefante, e capim-coastcross e outros cultivares de *Cynodon* sp.); já espécies como o capim-gordura, o capim-braquiária, o capim-humi-

Tabela 4. Classes de interpretação de atributos de fertilidade de solos do Estado de Minas Gerais.

Característica	Classificação				
	Muito baixo	Baixo	Médio	Alto	Muito alto
Matéria orgânica, g/kg	≤ 7,0	7,1- 20,00	20,1-40,00	40,1-70,00	> 70,00
Ca^{2+}, $cmol_c/dm^3$	≤ 0,40	0,41-1,20	1,21-2,40	2,41-4,00	> 4,00
Mg^{2+}, $cmol_c/dm^3$	≤ 0,15	0,16-0,45	0,46-0,90	0,91-1,50	> 1,50
Al^{3+}, $cmol_c/dm^3$	≤ 0,20	0,21-0,50	0,51-1,00	1,01-2,00	> 2,00
Soma de bases (SB), $cmol_c/dm^3$	≤ 0,60	0,61-1,80	1,81-3,60	3,61-6,00	> 6,00
Acidez potencial, $cmol_c/dm^3$	≤ 1,00	1,01-2,50	2,51-5,00	5,01-9,00	> 9,00
CTC efetiva,	≤ 0,80	0,81-2,30	2,31-4,60	4,61-8,00	> 8,00
CTC a pH 7,0,	≤ 1,60	1,61-4,30	4,31-8,60	8,61-15,0	> 15,0
Saturação por Al^{3+}, %	≤ 15,0	15,1-30,0	30,1-50,0	50,1-75,0	> 75,0
Saturação por bases, %	≤ 20,0	20,1-40,0	40,1-60,0	60,1-80,0	> 80,0

Fonte: Adaptado de Alvarez V. *et al.* (1999).

Tabela 5. Limites de interpretação de teores de potássio e de fósforo (extraídos pela resina) em solos do Estado de São Paulo.

Teor	Produção relativa	K trocável	P resina			
			Florestais	Perenes	Anuais	Hortaliças
	%	$mmol_c$ dm^{-3}	mg dm^{-3}			
Muito baixo	0-70	0,0-0,7	0-2	0-5	0-6	0-10
Baixo	71-90	0,8-1,5	3-5	6-12	7-15	11-25
Médio	91-100	1,6-3,0	6-8	13-30	16-40	26-60
Alto	>100	3,1-6,0	9-16	31-60	41-80	61-120
Muito alto	>100	>6,0	>16	>60	>80	>120

Fonte: Raij *et al.* (1997).

Tabela 6. Classes e limites de interpretação da disponibilidade de fósforo (Mehlich-1) em razão dos teores de argila de P remanescente (P-rem), para solos do Estado de Minas Gerais.

Característica	Classificação				
	Muito baixo	Baixo	Médio	Alto	Muito alto
	Fósforo		mg dm^{-3}		
Argila (%)					
60-100	≤ 2,7	2,8 – 5,4	5,5 – 8,0	8,1 – 12,0	> 12,0
35-60	≤4,0	4,1 – 8,0	8,1 – 12,0	12,1 – 18,0	> 18,0
15-35	≤ 6,6	6,7 – 12,0	12,1 – 20,0	20,1 – 30,0	> 30,0
0-15	≤ 10,0	10,1 – 20,0	20,1 – 30,0	30,1 – 45,0	> 45,0
P-rem (mg L^{-1})					
0-4	≤ 3,0	3,1 – 4,3	4,4 – 6,0	6,1 – 9,0	> 9,0
4-10	≤ 4,0	4,1 – 6,0	6,1 – 8,3	8,4 – 12,,5	> 12,5
10-19	≤ 6,0	6,1 – 8,3	8,4 – 11,4	11,5 – 17,5	> 17,5
19-30	≤ 8,0	8,1 – 11,4	11,5 – 15,8	15,9 – 24,0	> 24,0
30-44	≤ 11,0	11,1 - 15,8	15,9 – 21,8	21,9 – 33,0	> 33,0
44-60	≤ 15,0	15,1 – 21,8	21,9 – 30,0	30,1 – 45,0	> 45,0

Fonte: Alvarez V. *et al.* (1999).

dicola e a grama-batatais são consideradas de baixa exigência e recomendadas para áreas de menor fertilidade. O capim-marandu é considerado como de exigência média, porém pode ser utilizado tanto em sistemas intensivos quanto em sistemas de nível intermediário de intensificação.

Correção do solo

É por meio da calagem que a acidez do solo é corrigida. Conforme a necessidade podem ser usados silicato de cálcio (com efeito similar de correção) além de óxido e hidróxido de cálcio (com efeito mais rápido de correção). Essa prati-

Tabela 7. Limites de interpretação dos teores de micronutrientes em solos do Estado de São Paulo.

Teor	Boro em água quente	Cu	Fe	Mn	Zn
			DTPA		
			mg dm^{-3}		
Baixo	0-0,2	0-0,2	0-4	0-1,2	0-0,5
Médio	0,21-0,6	0,3-0,8	5-12	1,3-5,0	0,6-1,2
Alto	>0,6	>0,8	>12	>5,0	>1,2

Fonte: Raij *et al.* (1997).

Tabela 8. Classes de interpretação da disponibilidade de micronutrientes em solos do Estado de Minas Gerais.

Micronutriente	Classificação				
	Muito baixo	Baixo	Médio	Bom	Alto
			mg dm^{-3}		
Zinco*	£ 0,4	0,5 – 0,9	1,0 – 1,5	1,6 – 2,2	> 2,2
Manganês*	£ 2	3 – 5	6 –8	9 –12	> 12
Ferro*	£ 8	9 – 18	19 – 30	31 – 45	> 45
Cobre*	£ 0,3	0,4 –0,7	0,8 – 1,2	1,3 – 1,8	> 1,8
Boro**	£ 0,15	0,16 – 0,35	0,36 –0,60	0,61 –0,90	> 0,90

* Extrator: Mehlich-1; ** Extrator: Água quente. Fonte: Alvarez V. *et al.* (1999).

Tabela 9. Limites de interpretação de teores de SO_4^{2-} em solos do Estado de São Paulo.

Teor	S-SO_4^{2-} (mg dm^{-3})
Baixo	0-4
Médio	5-10
Alto	>10

Fonte: Raij *et al.* (1997).

ca proporciona melhoria nas condições de cultivo, aumentando a eficiência de uso de fertilizantes, garantindo maior retorno econômico da adubação e aumento da produtividade das culturas. Existem três métodos de cálculo da necessidade de calagem em uso no Brasil:

1) Método que visa à elevação da saturação por bases a um valor ideal para a espécie cultivada;

2) Método que visa à neutralização do Al^{3+} e/ou elevação dos teores de Ca^{2+} e Mg^{2+};

3) Método que visa à elevação do pH a um valor ideal para a espécie cultivada.

Esses três métodos são descritos a seguir e, em todos eles, a necessidade de calagem é calculada a partir da análise da camada de solo de 0 a 20 cm de profundidade.

Tabela 10. Agrupamento de gramíneas forrageiras em pastos exclusivos adotado pelo Boletim 100 do IAC.

Grupos de gramíneas	Gramíneas
Grupo 1	*Panicum maximum* (capim-aruana, capim-colonião, capim-tanzânia, etc.); *Cynodon* (capim-coastcross, capim-tifton, etc.); *Pennisetum purpureum*(capim-elefante); *Chloris* (capim-de-rhodes); *Hyparrenia rufa* (capim-jaraguá); *Digitaria decumbens* (capim- pangola); *Pennisetum clandes*tinum (capim-quicuio).
Grupo 2	*Brachiaria brizantha* (capim-marandu); *Panicum maximum* (capim-mombaça); *Andropogon gayanus* (capim-andropogon); *Cynodon plectostachys* (capim-estrela); *Paspalum guenoarum* (capim-ramirez).
Grupo 3	*Brachiaria decumbens* (capim-braquiária); *Brachiaria humidicola*; *Paspalum notatum* (grama-batatais); *Melinis multiflora* (capim-gordura); *Setaria anceps* (capim-setária).

Fonte: Werner *et al.* (1996).

Tabela 11. Agrupamento de gramíneas forrageiras adotado pela 5a Aproximação das Recomendações para uso de corretivos e fertilizantes em Minas Gerais.

Nível tecnológico	Gramíneas
Alto ou intensivo	*Pennisetum purpureum* (capim-elefante); *Cynodon* (capim-coastcross e capim-tifton); *Panicum maximum* (capim-colonião, capim-tanzânia, etc); *Brachiaria brizantha* (capim-marandu).
Médio	*Panicum maximum* (capim-colonião, capim-tanzânia, etc); *Brachiaria brizantha* (capim-marandu); *Brachiaria decumbens* (capim-braquiária); *Setaria sphacelata* (capim-setária); *Andropogen gayanus* (capim-andropogon); *Hyparrhenia rufa* (capim-jaraguá).
Baixo ou extensivo	*Brachiaria decumbens* (capim-braquiária); *Brachiaria humidicola*; *Brachiaria dictioneura*; *Andropogon gayanus* (capim-andropogon); *Hyparrhenia rufa* (capim-jaraguá); *Melinis multiflora* (capim-gordura); *Paspalum notatum* (grama-batatais).

Fonte: Cantarutti *et al.* (1999).

a) Método que visa à elevação da saturação por bases (Raij *et al.*, 1997)

Este método baseia-se na elevação da saturação por bases a valores considerados ideais para o cultivo de diferentes espécies vegetais, tendo em vista a relação direta existente entre a saturação por bases e o pH do solo. As saturações por bases consideradas ideais para as culturas são apresentadas por Raij *et al.* (1997). A necessidade de calagem é calculada a partir da fórmula:

$$NC(t\ ha^{-1}) = (V2 - V1)T/10$$

Em que:

NC = necessidade de calagem;
V1 = saturação por bases atual do solo;
V2 = saturação por bases desejada para a cultura a ser implantada;
T = capacidade de troca de cátions a pH 7,0, em $mmol_c\ dm^{-3}$.

b) Método de neutralização do Al tóxico e elevação dos teores trocáveis de Ca e Mg (Alvarez V. *et al.*, 1999)

Esse método tem como princípio a neutralização do alumínio tóxico e o suprimento adequado de cálcio e magnésio para as culturas. Atualmente, no Estado de Minas Gerais, esse método de cálculo da necessidade da calagem leva em conta não apenas as características do solo (capacidade tampão, representado pela letra Y, cujos valores são apresentados na **Tabela 12**) mas também o grau da tolerância das culturas à acidez trocável, considerando a máxima saturação por alumínio tolerada pelas espécies vegetais (mt, cujos valores variam de 5 a 30%), e pela exigência de Ca e Mg pelas plantas (Representado pela letra X, cujos valores variam de 1 a 3,5, sendo o maior valor indicado para as culturas mais exigentes nesses dois nutrientes).

A necessidade de calagem (NC) é calculada pelo uso da fórmula descrita a seguir:

$$NC\ (t\ ha^{-1}) = CA + CD$$

Em que:

$$CA = Y\ (Al^{3+} - (mt\ .\ t/100)),$$

Em que:

Y = fator ligado à capacidade tampão do solo (**Tabela 12**);
Al^{3+} = acidez trocável, em cmolc dm^{-3};
mt = máxima saturação por alumínio tolerada pela cultura, em %;
t = CTC efetiva, em $cmol_c\ dm^{-3}$.

Tabela 12. Valores da capacidade tampão do solo (Fator Y) em conformidade com a textura do solo.

Solo	Argila, %	Y
Arenoso	0 a 15	0 a 1
Textura média	15 a 35	1 a 2
Argiloso	35 a 60	2 a 3
Muito argiloso	60 a 100	3 a 4

Fonte: Alvarez V. (1999).

CD = X - (Ca^{2+} + Mg^{2+}),

Em que:

X = fator que varia de 1 a 3,5, por causa da exigência das plantas em Ca^{2+} + Mg^{2+};

Ca^{2+} + Mg^{2+} = Teores de Ca e de Mg trocáveis, em $cmol_c\ dm^{-3}$.

c) Método do tampão SMP (CFS-RS/SC, 1995)

Esse é o método utilizado na determinação da dose de calcário para as culturas implantadas nos Estados do Rio Grande do Sul e Santa Catarina. As quantidades de calcário recomendadas visam à elevação do pH do solo para valores que variam de acordo com o grau de tolerância das culturas à acidez do solo, tendo como princípio a relação inversa existente entre o índice de pH_{SMP} e a quantidade de calcário necessária para se elevar o pH do solo a determinado valor, que, conforme já foi descrito, varia de acordo com a cultura a ser implantada. Isso acontece, por causa da diminuição nos índices de pH_{SMP} que implica em maior presença de íons geradores de acidez no solo e, por conseguinte, em maior necessidade de calagem por área. A determinação da necessidade de calagem, desse modo, é calculada com base no índice de pH_{SMP} da amostra de solo analisada e no grau de tolerância da cultura à acidez do solo, sendo, nos casos dos Estados do Rio Grande do Sul e Santa Catarina, considerados três valores de pH do solo em água a serem atingidos.

No cálculo da necessidade de calagem, considera-se o PRNT (Poder Relativo de Neutralização Total), que depende da natureza química e física do corretivo, igual a 100%. Como a maioria dos calcários comerciais não apresenta esse valor, é preciso corrigir a quantidade de calcário orginalmente recomendada por meio de um fator (Fc), em que:

Fc =(100/PRNT)

Assim, a **NCc (t ha^{-1}) = NC x Fc**

Em que:

NCc = Necessidade de calagem considerando o PRNT do calcário adquirido;

NC = Necessidade de calagem considerando o PRNT igual a 100%;

Fc = Fator de correção.

Gessagem

Mantendo intacta a estrutura do solo na aplicação de calcário em superfície, inicialmente o efeito do corretivo ficará limitado às camadas superficiais. Existe a possibilidade de que o gesso possa compensar esse efeito melhorando o ambiente em subsuperfície, sem a necessidade de incorporação do calcário. Existem vários resultados mostrando que gessagem pode corrigir a acidez das camadas profundas e favorecer a produção das culturas.

Para os solos de Cerrado, há alta probabilidade de resposta à gessagem quando, nas camadas subsuperficiais do solo, a saturação por Al for maior que 20% ou o teor de Ca for menor que 0,5 $cmol_c\ dm^{-3}$.

A fórmula sugerida para a recomendação de gesso é apresentada a seguir. A aplicação pode ser feita a lanço sem incorporação, antes ou depois do calcário (Sousa, 1998).

Dose (kg ha^{-1}) = 5 X teor argila (g kg^{-1})

Adubação

Das tabelas de adubação publicadas, em que há recomendação para forrageiras, destacam-se o Boletim 100 do Instituto Agronômico de Campinas (Werner *et al.*, 1996), as recomendações organizadas pela Comissão de fertilidade do solo de Minas Gerais (Cantarutti *et al.*, 1999) e pela Embrapa Cerrados (Vilela *et al.*, 2002). Com essas tabelas, é possível recomendar calagem e adubação com base na exigência da forrageira, na análise de solo e de acordo com a produtividade esperada. As publicações oferecem ainda informações sobre métodos de análise, critérios de interpretação de resultados, fontes e formas de aplicação de nutrientes. Os resultados proporcionados são adequados para a maioria dos pecuaristas, garantindo um retorno econômico satisfatório, sem grandes investimentos e riscos (Cantarella *et al.*, 2002).

A adubação de pastagens é constituída por duas fases: a adubação de formação ou de estabelecimento, que visa ao fornecimento dos nutrientes para o desenvolvimento da pastagem e que corrige as deficiências do solo no suprimento de nutrientes, e a adubação de manutenção, que visa ao fornecimento ou à reposição dos nutrientes extraídos ou perdidos durante o pastejo. As **Tabelas 13**, **14** e **15**, baseadas em Macedo (2004), sumarizam, respectivamente, as recomendações de doses de N, P e K das três principais Tabelas (Werner *et al.*, 1996; Cantarutti *et al.*, 1999; Vilela *et al.*, 2002).

Sistemas de produção e estratégicas de adubação

Sistemas de produção extensivos

Os sistemas extensivos de produção animal em pastagens são caracterizados pelo baixo uso de insumos externos e pela baixa eficiência de uso da terra (produtividade animal por área baixa). Nesses sistemas, as plantas utilizam nutrientes provenientes, principalmente, da mineralização da matéria orgânica e da reciclagem de nutrientes. Em algumas áreas, principalmente onde se verifica a presença de leguminosas, a fixação biológica também representa uma importante fonte de nitrogênio.

A manutenção dos níveis de fertilidade do solo dependem da reciclagem de nutrientes. Em sistemas extensivos, a ciclagem mineral pode ser adequada, desde que se trabalhe com lotações muito baixas, permitindo sobra de resíduos que retornam ao solo, o que determina a necessidade de áreas extensas.

Por isso, a produtividade dos sistemas extensivos depende, em grande parte, da quantidade de matéria orgânica presente no solo. Esse componente, além de fornecer nutrientes às plantas,

Tabela 13. Recomendação de adubação nitrogenada (kg/ha) para o estabelecimento e manutenção das pastagens, com base nas recomendações para SP, MG e Cerrados.

Recomendação	Fases			
	Estabelecimento		Manutenção	
	Faixa	Critério	Faixa	Critério
	N (kg/ha)		N (kg/ha/ano)	
SP	40	20-40 dias após germinação	40 a 80	Exigências nutricionais
			50	Por ciclos de pastejo
MG	0 a 150	60% cobertura	50	Extensivo
			100-150	Médio
			200-300	Intensivo
Cerrados	40 a 50	75% cobertura	40	Extensivo

Fonte: Werner *et al.* (1996), Cantarutti *et al.* (1999), Vilela *et al.* (2002), adaptado de Macedo (2004).

Tabela 14. Recomendação de adubação com fósforo (kg/ha) para o estabelecimento e manutenção das pastagens, com base nas recomendações para SP, MG e Cerrados.

Recomendação	Fases			
	Estabelecimento		Manutenção	
	Faixa	Critério	Faixa	Critério
	P_2O_5 (kg ha^{-1})			
SP	20 a 150	Exigências nutricionais	20 a 50	Exigências nutricionais (aplicação anual)
MG	15 a 120	Nível tecnológico	15 a 60 (aplicação anual)	Nível tecnológico
Cerrados	20 a 180	Exigências nutricionais	20	Exigências nutricionais (aplicação bianual)

Fonte: Werner *et al.* (1996), Cantarutti *et al.* (1999), Vilela *et al.* (2002), adaptado de Macedo (2004).

Tabela 15. Recomendação de adubação potássica (kg/ha) para o estabelecimento e manutenção das pastagens, com base nas recomendações para SP, MG e Cerrados.

Recomendação	Fases			
	Estabelecimento		Manutenção	
	Faixa	Critério	Faixa	Critério
		K_2O (kg ha^{-1})		
SP	20 a 80	Exigências nutricionais	20 a 60	Exigências nutricionais (aplicação anual)
MG	20 a 60	Nível tecnológico	40 a 200	Nível tecnológico (aplicação anual)
Cerrados	20 a 60	Exigências nutricionais	50	K < 30 mg/dm^3

Fonte: Werner *et al.* (1996), Cantarutti *et al.* (1999), Vilela *et al.* (2002), adaptado de Macedo (2004).

interfere em outras características químicas, físicas e biológicas do solo, com a capacidade de troca de cátions, poder tampão, estrutura e capacidade de armazenamento de água e atividade da biomassa microbiana. A queima dos restos vegetais, portanto, resulta em contínuo empobrecimento do solo.

O teor de carbono (C) orgânico de um solo em equilíbrio com a vegetação é uma função das adições e decomposições, ou seja, C=B.M/K, em que C é o teor de carbono orgânico em equilíbrio; B é a quantidade de matéria fresca adicionada; M é a taxa de conversão de matéria fresca em carbono orgânico; e K é a taxa anual de decomposição de carbono orgânico (Sanchez, 1981).

A taxa de conversão de matéria orgânica fresca em húmus gira em torno de 30 a 50% por ano e é relativamente constante nos diferentes ambientes; já as taxas de decomposição do húmus (K) dependem de uma série de fatores ligados à atividade dos microrganismos, à qualidade do material adicionado e a algumas características do solo que podem até certo ponto serem manipuladas, como temperatura e umidade (Sanchez, 1981).

Dos fatores citados por Sanchez (1981) como determinantes do nível de C orgânico no solo, a quantidade de matéria orgânica fresca adicionada é a mais fácil de ser manipulada. Em áreas superpastejadas, a quantidade de material orgânico fresco adicionada ao solo é reduzida em virtude tanto da menor taxa de crescimento e, consequentemente, do menor acúmulo de biomassa da planta como um todo, quanto do menor retorno de material da parte aérea da planta.

Aumentos na produtividade por meio do bom manejo animal e adubações adequadas são, portanto, importantes quando se deseja aumentar o teor de matéria orgânica do solo (Havlin & Schlegel, 1989). Em se tratando de sistemas extensivos de produção, o primeiro passo deve ser o planejamento da produção de alimentos volumosos da propriedade, evitando-se a escassez de forragem em períodos críticos (por exemplo, secos), o que leva o produtor a praticar o superpastejo. Revisões sobre o planejamento e gestão do uso de recursos forrageiros foram apresentadas por Barioni *et al.* (2003) e Barioni *et al.* (2005) e mostram que, para planejar a produção de alimentos volumosos, é preciso estimar a demanda por alimentos da propriedade a partir de informações sobre o sistema de produção e o rebanho animal.

O passo seguinte é a pratica de adubações estratégicas, para garantir um aporte mínimo de nitrogênio (N) que confira perenidade ao pasto. Sem nitrogênio, a pastagem não consegue fixar ou sequestrar o gás carbônico (CO_2) da atmosfera. A quantidade mínima de nitrogênio, necessária para garantir a manutenção do pasto ao longo dos anos, e sua frequência de aplicação precisam ser melhor definidas. Inicialmente, uma boa alternativa é substituir a prática de reformas periódicas da pastagem por adubações com cerca de 50 kg/ha de nitrogênio a cada dois ou três anos. Essa adubação pode ser feita em forma de rodízio, suprindo uma porcentagem dos pastos a cada ano.

Outra alternativa é o plantio de leguminosas arbóreas distribuídas aleatoriamente na pastagem ou plantadas ao longo das cercas, e que servem tanto como banco de proteínas para os animais quanto como banco de N para as pastagens. A implantação de pastagens em áreas de vegetação de cerrado já teria essas plantas leguminosas na área (Melado, 2003). As leguminosas necessitam de adubo que contém fósforo (fosfato natural em solos ácidos, ou fosfatos mais solúveis em solos com menos acidez) e, se possível, inoculado com rizóbio (bactéria fixadora de N) e micorriza (fungo que amplia superfície radicular na absorção de fósforo e outros nutrientes) específicos. Para pastagens extensivas, sugere-se implantar sistemas silvipastoris, utilizando-se leguminosas arbóreas e espécies arbóreas de valor econômico, que melhoram o uso da terra e a receita da propriedade.

Além do N, do CO_2, da água, da energia solar, do oxigênio (O_2) e do fósforo (P), as plantas necessitam de potássio (K), enxôfre (S), cálcio (Ca), magnésio (Mg) e micronutrientes. O ideal é providenciar uma análise química do solo da pastagem e verificar quais desses nutrientes estão em deficiência aguda (abaixo do nível crítico) e supri-los em aplicação de cobertura de acordo com as recomendações disponíveis em boletins e manuais específicos (Cantarutti *et al.*, 1999, Werner *et al.* 1997) . Por exemplo, o capim-braquiária suporta acidez do solo muito intensa (pH em $CaCl_2$ de até 3,5), e uma saturação por bases (inclui Ca e Mg) de até 8%, embora seu ideal esteja em torno de 40%, mas não suporta teores de magnésio e de cálcio abaixo do nível crítico (Primavesi *et al.*, 2004). Isso porque o cálcio é necessário para formar a parede das células da forrageira, e o magnésio é essencial para que ocorra a fotossíntese.

Sistemas com diferimento do uso de pastagens

O diferimento de pastagens é uma alternativa para reduzir o efeito da estacionalidade de produção de forragem sobre a produtividade animal. Essa técnica consiste em vedar uma determinada área de pastagem no final da estação de crescimento, possibilitando, dessa maneira, que a forragem acumulada seja utilizada durante a entressafra.

A aplicação de nitrogênio no solo, no momento da vedação do pasto, pode ser feita de forma estratégica para acelerar o ritmo de crescimento da planta e, consequentemente, aumentar a taxa de acúmulo de forragem. Além disso, a adoção dessa prática é uma boa alternativa para a introdução periódica de nitrogênio no pasto, conforme sugerido para pastagens extensivas. Nesse caso, deve-se fazer a *rotação* da área de uso diferido dentro da propriedade, de tal forma que, ao final de alguns anos, todas as pastagens tenham recebido pelo menos 50 kg/ha de N e tenham ficado um período em pousio. Essa técnica, certamente, contribui para o aumento dos níveis de matéria orgânica do solo e para a maior perenidade dos pastos, desde que não se destruam esses benefícios com o uso da queimada.

No período da vedação dos pastos, a ocorrência de chuvas é mais irregular e o risco de veranicos mais elevado. A irregularidade das chuvas favorece as perdas de nitrogênio por volatilização da ureia. A quantidade de N perdido por volatilização, após a aplicação de ureia sobre a superfície do solo, pode atingir valores extremos próximos a 80% do N aplicado (Lara Cabezas *et al.*, 1997). A principal estratégia para redução de perdas de nitrogênio, nesse caso, seria a utilização de fontes menos susceptíveis à volatilização, como as nítricas ou amoniacais, ou a aplicação de ureia em solo seco, antes de uma chuva, quando as perdas ficam próximas de 1% (Primavesi *et al.*, 2001; 2003).

Sistemas de integração lavoura-pecuária - SILP

Em consequência dos grandes investimentos necessários para a formação e para a reforma de pastagens, tem-se buscado diversas técnicas que visam à diminuição desses investimentos. Aliada à preocupação com os altos custos da atividade, nos últimos anos, é crescente a atenção dada à degradação do solo e à forma como afeta a sustentabilidade da agropecuária nacional. A rotação de culturas anuais com pastagens, também conhecida como sistema de integração lavoura-pecuária (SILP), tem sido indicada como uma das alternativas positivas para a sustentabilidade econômica e ecológica dos sistemas de produção agropecuária.

A utilização desse consórcio de culturas anuais (arroz, milho, soja ou sorgo) com forrageiras, principalmente as do gênero *Brachiaria*, tem sido preconizada na formação e na reforma de pastagens, na produção de forragem para alimentação animal na entressafra e também para confinamento de bovinos, bem como de cobertura morta para plantio direto de culturas (Kluthcouski & Aidar, 2003). As pastagens de gramíneas tropicais são uma excelente alternativa nessa associação, pois apresentam diversos benefícios agronômicos ao sistema de produção, dentre eles a recuperação das propriedades físicas do solo e a reciclagem de nutrientes, e funcionam como barreiras contra a invasão de pragas, doenças e ervas daninhas. Nesse sistema, é feita a semeadura simultânea da cultura anual e da forrageira, ou aproveita-se o potencial das sementes no solo, obtendo-se então o pasto formado logo após a colheita da cultura (Kichel *et al.*, 1999).

Dentre os objetivos da ILP, tem-se:

- Recuperar ou reformar pastagens degradadas;
- Recuperar a fertilidade do solo;
- Melhorar as condições físicas e biológicas do solo;
- Produzir pasto e forragem para alimentação animal na época da seca;
- Produzir grãos;
- Reduzir as infestações de doenças, pragas e plantas daninhas;
- Reduzir os custos das atividades agrícola e pecuária;
- Diversificar e estabilizar a renda do produtor.

O SILP tem chamado a atenção pelas vantagens que apresentam em relação aos sistemas isolados de agricultura ou de pecuária. Possibilita, como uma das principais vantagens, que o solo seja explorado economicamente durante todo o ano ou, pelo menos, na maior parte dele, favorecendo o aumento na oferta de grãos, de carne e de leite a um custo mais baixo. A ILP apresenta ainda como vantagens:

- Redução dos custos de implantação e reforma da pastagem;
- Aumento da capacidade de suporte das pastagens;
- Aumento da oferta de forragem na seca;
- Redução do ciclo de desenvolvimento do animal para abate e menor produção de metano por kg de carne ou de leite, reduzindo a pegada de carbono do produto final;
- Fornecimento de nutrientes para pastagens (adubação residual da cultura anual);
- Elevação da fertilidade do solo;
- Aumento da matéria orgânica solo;
- Redução da compactação solo;
- Controle da erosão;
- Quebra o ciclo de doenças, pragas e plantas invasoras;
- Aumento e diversificação da renda da propriedade rural.

Sistemas com uso intensivo do pasto no verão

Os sistemas intensivos de produção de leite e carne bovina a pasto, no período das águas, apresentam-se como alternativas para produzir proteína animal de forma mais eficiente e permitem o adequado manejo conservacionista do solo (Primavesi *et al.*, 1999). Além disso, graças aos maiores níveis de produtividade, a adoção desses sistemas reduz a pressão pela abertura de novas áreas e o potencial de desflorestamento, aumentando a possibilidade de preservação ambiental. A intensificação pode também tornar a pecuária mais rentável e competitiva diante de outras alternativas de uso do solo, especialmente nas regiões de terras mais valorizadas como as do Sudeste.

A utilização de pastejo intensivo requer o uso de gramíneas forrageiras adaptadas à região produtora e que possuam alto potencial para produção de forragem, com adequado valor nutritivo.

No pastejo intensivo com forrageiras de elevado potencial de produção, é necessário utilizar práticas de adubação específicas, que forneçam adequado suprimento de nutrientes e eliminem os fatores limitantes. Isso ocorre em razão da grande maioria dos solos do Brasil apresentarem baixa fertilidade natural, e da alta extração de nutrientes pelas gramíneas tropicais em pastagens manejadas intensivamente. Com altos rendimentos de forragem, a extração de nutrientes do solo tende a ser elevada, como mostram os resultados de Primavesi *et al.* (2001) com o capim-coastcross que, quando utilizou 500 kg ha^{-1} por ano de N, a forrageira extraiu 377, 34, 392, 70, 36 e 42 kg ha^{-1} de N, P, K, Ca, Mg e S, respectivamente.

As tabelas de adubação publicadas, em que há recomendação para forrageiras (Werner *et al.*, 1996; Cantarutti *et al.*, 1999; Vilela *et al.*, 2002), apresentam uma lacuna, uma vez que não satisfazem aos pecuaristas que utilizam o manejo intensivo das pastagens.

Nos sistemas com uso intensivo do pasto no *verão*, o objetivo é explorar o potencial produtivo da planta forrageira tropical. Em condições edafo-climáticas adequadas, o nitrogênio é o fator de maior impacto na produtividade da planta forrageira tropical bem estabelecida e dos animais que a utilizam (Werner *et al.*, 1996; Cantarutti *et al.*, 1999; Cantarella *et al.*, 2002). Tanto para as culturas como para as pastagens, não existe ainda uma recomendação de adubação nitrogenada com base na análise do solo. Nas recomendações já publicadas para adubação de pastagens (Werner *et al.*, 1996; Cantarutti *et al.*, 1999; Vilela *et al.*, 2002), as doses de nitrogênio para manutenção variam de 40 a 300 kg.ha^{-1} por ano, inferiores aos níveis utilizados em sistemas intensivos descritos por Camargo *et al.* (2002; 2005) nos quais, sob irrigação, chega-se a utilizar 700 a 1.000 kg.ha^{-1} de N por ano, parcelados em 9 a 10 vezes.

No caso de sistemas intensivos de produção, a recomendação de adubação nitrogenada deve ser feita com base na expectativa de taxa de lotação animal da área, uma vez que esse nutriente influencia de forma marcante a quantidade de forragem disponível para o pastejo. Alguns técnicos têm utilizado relações empíricas da ordem de 40 a 50 kg/ha de nitrogênio por unidade animal a ser colocada no pasto. Essa recomendação têm atingido relativo sucesso para taxas de lotação entre 3 e 7 UA/ha durante o período de *verão*.

Estudos recentes com capim-braquiária (Primavesi *et al.*, 2008) mostraram que ocorre, inicialmente (primeiro ano), para recuperar uma pastagem extensiva degradada em solo ácido com 30% de argila, uma demanda de aproximadamente 130 kg/ha de N após cada período de pastejo, sendo a necessidade de N reduzida numa taxa de 10% a 15% ao ano, até estabilizar próximo do sétimo ano, provavelmente num valor constante de 40-50 kg/ha de N, para produções de forragem de 10 a 15 t/ha de matéria seca no período das chuvas. A demanda inicial grande por N se deve à reestruturação da biomassa microbiana, ao desenvolvimento radicular e da coroa que constituem grandes sumidouros (Oliveira *et al.*, 2007). Para forrageiras mais exigentes, o valor final pode ser um pouco maior, por causa do maior volume de forragem produzida. Existe um indicador fácil de monitorar para evitar excessos de uso de adubo nitrogenado e de N no solo, e que é o teor de N na forragem, e que não deve ser maior que 25 g/kg, ou o teor de proteína bruta não maior que 16% (Primavesi *et al.*, 2001, 2006; Corrêa *et al.*, 2007).

O nitrogênio, normalmente, é acompanhado por aplicação de potássio (na forma de cloreto de potássio), na proporção de 1:1. No entanto, como a reciclagem de potássio é elevada, esse nutriente tende a se acumular no solo ao longo do tempo, e a dosagem aplicada pode ser reduzida. O ideal é realizar uma análise do solo da pastagem e procurar corrigir suas características para níveis ótimos para a forrageira. Os teores de fósforo para nível médio, o de potássio, cálcio e magnésio para níveis médios, devem corrigir a saturação por bases para o nível adequado à forrageira (40 a 80%) com calcário dolomítico e, anualmente, fazer aplicação de calcário para corrigir a acidez provocada pelo adubo nitrogenado, ou seja, no início das águas, aplicar 1,8 kg de $CaCO_3$, para cada quilograma de N do nitrato de amônio ou de ureia utilizados no ano anterior. Realizar análise química de solo a cada 2 anos para corrigir eventuais deficiências agudas. O uso de superfosfato triplo ou de sulfato de amônio em uma das adubações nitrogenadas irá suprir as necessidades de enxofre.

Dessa forma, um resumo das sugestões para adubação de pastagens em sistemas intensivos é apresentado na **Tabela 16**. Sempre destacando que o sucesso da intensificação do uso das pastagens irá depender da obtenção dos níveis indicados a seguir, de acordo com a produtividade planejada, procurando um equilíbrio dos nutrientes.

Tabela 16. Sugestões para adubação de pastagens em sistemas intensivos

Saturação por bases:	Elevar para 60% a 80% (Ca:55% a 60% da CTC; Mg:15% a 20% da CTC)
Nitrogênio:	40 a 50 kg/ha de N por UA (entre 3 e 7 UA/ha). Obs.:doses calculadas de acordo com o tipo de capim, lotação animal e matéria orgânica do solo:
Fósforo:	Inicial : 10 mg dm^{-3}; até 30 mg dm^{-3}
Potássio:	Inicial: 3% da CTC; até 6% da CTC
Enxofre:	60 a 90 kg ha-1
Micronutrientes:	50 kg/ha de FTE BR-12 a cada 3 anos.

Considerações finais

As pastagens necessitam de nitrogênio para acumular carbono, além de potássio, cálcio, magnésio, fósforo, enxôfre e micronutrientes, sendo que em pastagens nas quais ocorre a presença de leguminosas fixadoras de N, o fósforo e o cálcio são muito importantes. A deficiência aguda de algum nutriente deve ser evitada mediante o monitoramento da fertilidade do solo, por meio de análises químicas, a supressão das queimadas, para ocorrer melhoria na matéria orgânica do solo, e a adequação da lotação animal para se evitar superpastejo.

A análise química do solo é a ferramenta utilizada para conhecer a fertilidade do solo e fazer uma adequada recomendação de corretivos e fertilizantes. Existem diferenças entre os protocolos analíticos utilizados nas análises químicas, por isso, deve ser dada atenção às unidades dos resultados que podem interferir nos níveis críticos, nos critérios de interpretação e também nas doses de corretivos e fertilizantes.

As práticas de correção do solo e adubação dependerão do sistema de produção que o pecuarista adota e terão sempre como objetivo obter retorno econômico satisfatório com diminuição dos impactos ambientais.

Por fim, vale ressaltar que, com o Brasil atuando como forte exportador de carne bovina, restrições de importação por questões sociais e ambientais podem ocorrer se as Boas Praticas Agrícolas não forem adotadas. O manejo adequado das pastagens, sem queimadas, e com suprimento adequado de nitrogênio, pode tornar as pastagens uma cultura que sequestra e armazena carbono no solo, ainda mais se for acompanhada de plantio de árvores (sombra, quebra-vento, reserva legal, mata ciliar), sendo passível de se conseguir créditos de carbono no futuro próximo. Além disso, animais bem alimentados e não expostos ao estresse térmico conseguem chegar à idade de abate mais cedo e, com isso, reduzir a pegada ecológica, a pegada de carbono e a pegada de água, os três indicadores atualmente utilizados para penalizar a carne importada além dos aspectos sanitários e sociais.

Referências bibliográficas

Alvarez, V.; Novais, V.H.; Barros, R.F.; Cantarutti, N.F. & Lopes, A.S. **Interpretação dos resultados das análises de solo**. In: Riberio, A.C.; Guimarães, P.T.G. & Alvarez V., V.H. Recomendações para o uso de corretivos e fertilizantes em Minas Gerais (5ª Aproximação). Viçosa, CFSEMG, 1999. p.25-32.

Barioni, L.G.; Martha Júnior, G.B.; Ramos, A.K.B.; Veloso, R.F.; Rodrigues, D.C.de; Vilela, L. Planejamento e gestão do uso de recursos forrageiros na produção de bovinos em pastejo. In: SIMPÓSIO SOBRE MANEJO DE PASTAGENS, 20., 2003, Piracicaba. **Anais...** Piracicaba: FEALQ, 2003. p.105-153.

Barioni, L.G.; Ramos, A.K.B.; Martha Júnior, G.B.; Ferreira, A.C.; Silva, F.A.M.; Vilela, L.; Veloso, R.F. Orçamentação forrageiras e ajustes em taxas de lotação. In: SIMPÓSIO SOBRE MANEJO DE PASTAGENS, 22., 2005, Piracicaba. **Anais...** Piracicaba: FEALQ, 2005. p.217-243.

Bernardi, A.C.C.; Machado, P.L.O.A., Silva, C.A. Fertilidade do solo e demanda por nutrientes no Brasil. In: MANZATTO, C.M.; FREITAS JÚNIOR, E.; PERES, J.R.R. ***Uso agrícola dos solos brasileiros***. Rio de Janeiro: Embrapa Solos. 2002. p.61-77.

Camargo, A.C.; Novo, A.L.M.; Novaes, N.J.; Esteves, S.N.; Manzano, A.; Machado, R. Produção de leite a pasto. In: SIMPÓSIO SOBRE MANEJO DE PASTAGENS, 18., 2001, Piracicaba. **Anais...** Piracicaba: FEALQ, 2002. p. 285-319.

Camargo, A.C.; Ribeiro, W.M. Características da produção de leite na agricultura familiar. In: SIMPÓSIO SOBRE BOVINOCULTURA LEITEIRA, 5., 2005, Piracicaba. **Anais...** Piracicaba: FEALQ, 2005. p. 29-41.

Cantarella, H.; Correa, L.A.; Primavesi, O.; Primavesi, A.C. Fertilidade do solo em sistemas intensivos de manejo de pastagens. In: SIMPÓSIO SOBRE MANEJO DE PASTAGENS, 19., 2002. Inovações tecnológicas no manejo de pastagens. **Anais...** Piracicaba, FEALQ, 2002. P.99-131.

Cantarutti, R.B.; Martins, C.E.; Carvalho, M.M.; Fonseca, D.M.; Arruda, M.L.; Vilela, H.; Oliveira, F.T.T. **Pastagens**. In: Ribeiro, A.C.; Guimarães, P.T.G.; Alvarez Venegas, V.H. Recomendações para o uso de corretivos e fertilizantes em Minas Gerais (5a Aproximação). Viçosa: Comissão de Fertilidade do Solo do Estado de Minas Gerais, 1999. p.332-341.

Comissao de fertilidade do solo - RS/SC (Passo Fundo, RS). Recomendações de adubação e de calagem para os Estados do Rio Grande do Sul e de Santa Catarina. 3.ed. Passo Fundo: Sociedade Brasileira de Ciência do Solo - Núcleo Regional Sul, 1995. 223 p.

Correa, L.A.; Cantarella, H.; Primavesi, A.C.P.A.; Primavesi, O.; Freitas, A.R.; Silva, A.G. Fontes e doses de nitrogênio na produção e qualidade da forragem de capim-coastcross (*Cynodon dactylon*) (L.) Pers. cv. Coastcross). **Revista Brasileira de Zootecnia**, v.36, n.4, p.763-772, 2007. Disponivel em: http://www.revistasbz.org.br/scripts/revista/sbz1/default.asp

Kichel, A.N.; Miranda, C.H.; Zimmer, A.H. Degradação de pastagens e produção de bovinos de corte com a integração lavoura x pecuária. In: SIMPÓSIO DE PRODUÇÃO DE GADO DE CORTE, 1., 1999, Viçosa. **Anais...** Viçosa: UFV, 1999. p. 201-234.

Kluthcouski, J.; Aidar, H. **Uso da integração lavoura-pecuária na recuperação de pastagens degradadas**. In: Kluthcouski, J.; Stone, L. F.; Aidar, H. (Eds.). Integração lavoura-pecuária. Santo Antonio de Goiás: Embrapa Arroz e Feijão, 2003. p. 183-225.

Lara-Cabezas, W.A.R.; Korndörfer, G.H.; Motta, S.A. Volatilização de N-NH3 na cultura de milho: II. Avaliação de fontes sólidas e fluidas em sistema de plantio direto e convencional. **Revista Brasileira de Ciência do Solo**, v.21, p.489-496, 1997.

Macedo, M.C.M Análise comparativa de recomendações de adubação em pastagens. In: SIMPÓSIO SOBRE O MANEJO DA PASTAGEM, 21., Piracicaba, 2004. Fertilidade do solo para pastagens produtivas. Piracicaba, Fealq, 2004. p. 317-355.

Melado, J. **Pastoreio racional Voisin**: fundamentos, aplicações e projetos. Viçosa: Aprenda Fácil Editora, 2003. 300 p.

Oliveira, P.P.A.; Trivelin, P.C.O.; Oliveira, W.S. Balanço de nitrogênio (15N) da uréia nos componentes de uma pastagem de capim-marandu sob recuperação em diferentes épocas de calagem. **Revista Brasileira de Zootecnia**, v.36, n.6, p.1982-1989, 2007.

Primavesi, O.; Corrêa, L. A.; Primavesi, A.C.; Cantarella, H.; Silva, A.G. **Adubação com ureia em pastagem de *Brachiaria brizantha* sob manejo rotacionado: eficiência e perdas**. São Carlos: Embrapa Pecuária Sudeste, (nov) 2003. 6p. (Embrapa Pecuária Sudeste, Comunicado Técnico, 41).

Primavesi, O.; Corrêa, L.A.; Primavesi, A.C.; Cantarella, H.; Armelin, M.J.A.; Silva, A.G.; Freitas, A.R. **Adubação com uréia em pastagem de *Cynodon dactylon* cv. Coastcross sob manejo rotacionado**: eficiência e perdas. São Carlos: Embrapa Pecuária Sudeste, 2001. 42p. (Circular TÉCNICA, 30).

Primavesi, O.; Corrêa, L.A.; Freitas, A. R.; Primavesi, A.C. **Calagem superficial em pastagem de *Brachiaria decumbens* cv. Basilisk sob adubação nitrogenada intensa**. São Carlos: Embrapa Pecuária Sudeste, 2008. 66p. (Embrapa Pecuária Sudeste, Boletim de Pesquisa e Desenvolvimento, 15)

Primavesi, O.; Primavesi, A.C.; Camargo, A.C. Conhecimento e controle, no uso de corretivos e fertilizantes, para manejo sustentável de sistemas intensivos de produção de leite de bovinos a pasto. **Revista de Agricultura**, v.74, n.2, p.249-266, 1999.

Primavesi, O.; Primavesi, A.C.; Corrêa, L.A.; Armelin, M.J.A.; Freitas, A.R. **Calagem em pastagem de *Brachiaria decumbens* recuperada com adubação nitrogenada em cobertura**. São Carlos: Embrapa Pecuária Sudeste, (dez) 2004. 32p. (Embrapa Pecuária Sudeste, Circular Técnica, 37). Disponível em: www.cppse.embrapa.br (em publicações gratuitas, circular-técnica, Circular 39).

Primavesi, A.C.; Primavesi, O.; Corrêa, L.A.; Silva, A.G.; Cantarella, H. Nutrientes na fitomassa de capim-marandu em função de fontes e doses de nitrogênio. **Revista Ciência e Agrotecnologia**, v.30, n.3, p.562-568, 2006.

Raij, B. Van. **Fertilidade do solo e adubação**. Piracicaba: Potafos, Ceres, 1991. 343p.

Raij, B. Van; Cantarella, H.; Quaggio, J.A.; Furlani, A.M.C. **Recomendações de adubação e calagem para o Estado de São Paulo**. Campinas, Instituto Agronômico/Fundação IAC, 1997. 285p. (Boletim Técnico, 100).

Sanchez, P.A. **Suelos del Tropico**. Costa Rica, Instituto Interamericano de Cooperacion para la Agricultura, 1981. 634p.

Sousa, D.M.G. Manejo da fertilidade do solo sob cerrado com ênfase em plantio direto. In: SIMPÓSIO SOBRE FERTILIDADE SO SOLO EM PLANTIO DIRETO, Dourados, 1997. **Anais...** Dourados, EMBRAPA-CPAO, 1998. p. 53-58. (EMBRAPA-CPAO. Documentos, 22).

Vilela, L.; Soares, W.V.; Sousa, D.M.G.; Macedo, M.C.M. **Calagem e adubação para pastagens**. In: SOUSA, D.M.G.; LOBATO, E. Cerrado: correção do solo e adubação. Planaltina, Embrapa Cerrados, 2002. p. 367-382.

Werner, J. C.; Paulino, V. T.; Cantarella, H. Recomendação de adubação e calagem para forrageiras. In: RAIJ, B. van; SILVA, N.M.; BATAGLIA, O.C.; QUAGGIO, J.A.; HIROCE, R.; CANTARELLA, H.; BELLINAZZI, Jr., R.; DECHEN, A.R.; TRANI, P.E. Recomendação de adubação e calagem para o Estado de São Paulo. Campinas: IAC, 1996. p.263-271. (IAC, Boletim Técnico, 100).

CAPÍTULO 24

Irrigação de pastagens

Fernando Campos Mendonça
Pesquisador da EMBRAPA Pecuária Sudeste. São Carlos, SP
fernando@cppse.embrapa.br

Patricia Menezes Santos
Pesquisadora da EMBRAPA Pecuária Sudeste. São Carlos, SP
patricia@cppse.embrapa.br

Ana Clara Rodrigues Cavalcante
Pesquisadora da EMBRAPA Caprinos Sobral, CE
anaclara@cnpc.embrapa.br

Introdução

O Brasil tem o maior rebanho comercial de gado bovino do mundo e é o líder mundial em exportação de carne bovina. Levantamentos feitos pelo CNA/CEPEA (CNA, 2006) mostram que o setor da pecuária de corte é bastante heterogêneo. Apesar das diferenças entre os sistemas de produção adotados, a maior parte do rebanho bovino brasileiro encontra-se em pastagens.

Os resultados parciais do Censo Agropecuário realizado, em 2007, mostram que a área ocupada por pastagens do Brasil é superior a 170 milhões de hectares (IBGE, 2008). A pressão pela regeneração das áreas de reserva legal e o avanço da agricultura, tanto para produção de alimentos e fibras quanto para produção de energia, indicam que haverá redução da área de pastagens em algumas regiões do território nacional e o seu deslocamento para áreas marginais, em que há limitações edafoclimáticas à produção agrícola.

Várias técnicas podem ser adotadas para aumentar a produção animal em pastagens, como a recuperação e reforma de pastagens degradadas; o manejo sustentável dos pastos; o diferimento do uso de pastagens; a adubação e a irrigação de pastagens.

No Brasil, a área irrigada é de 3,2 milhões de hectares, cerca de 5% da área cultivada. Entretanto, essa pequena parcela responde por 16% da produção total e 35% do valor econômico da produção. O Brasil tem potencial para irrigar 25 a 30 milhões de hectares, já descontadas as demais prioridades de uso da água; portanto, é possível um aumento considerável da área irrigada e da produtividade.

A irrigação é uma técnica que, se bem aplicada, proporciona o aumento de produção de massa de forragem e, consequentemente, da produtividade do pasto, liberando terras para outros tipos de uso ou mesmo para a recomposição de áreas de proteção permanente. É importante ressaltar, no entanto, que a irrigação deve ser um dos últimos passos no processo de intensificação do uso de uma pastagem e só deve ser adotada nas propriedades em que os pastos já tenham sido recuperados e que o manejo das plantas forrageiras e da fertilidade do solo esteja devidamente ajustado. Por fim, antes de recomendar a adoção da irrigação em pastagens, é preciso analisar o seu impacto no sistema de produção como um todo e a sua viabilidade, tanto do ponto de vista técnico quanto do econômico. Em alguns casos, como no semiárido nordestino, será útil a análise do impacto ecológico pelo uso da água.

Critérios para utilização da irrigação de pastagens

Condições climáticas e estacionalidade de produção de forragem

Grande parte dos produtores que implantam um sistema de irrigação de pastagens têm como principal objetivo reduzir a estacionalidade de produção forrageira e a necessidade de suplementação do rebanho no período *seco*. Os principais fatores climáticos que determinam a produção estacional de forragem foram apresentados e discutidos no capítulo referente ao diferimento do uso de pastagens, neste mesmo livro.

A quantidade e a qualidade da radiação solar incidente e o fotoperíodo variam de acordo com a latitude do local e com a época do ano. Além disso, a quantidade de radiação fotossinteticamente ativa que chega até as plantas sofre a influência da nebulosidade. Em razão de características peculiares às plantas C_4, as gramíneas tropicais são capazes de aproveitar elevados níveis de luminosidade, e a sua produção tende a crescer com o aumento do nível de radiação solar incidente.

A temperatura ambiente sofre variações diárias e estacionais, que podem ser mais ou menos acentuadas, dependendo da latitude e da altitude do local. A **Figura 1** mostra a variação na temperatura mínima média de cinco cidades brasileiras: Macapá-AP (0°S); Marabá-PA (5°S); Porto Nacional-TO (10°S); Aragarças-GO (15°S), Três Lagoas-MS (20°S) e Castro-PR (25°S). Pode-se observar que, quanto mais distante da linha do Equador, maior a variação da temperatura mínima ao longo do ano.

A temperatura ótima para o desenvolvimento das gramíneas tropicais está entre 30 e 35°C, e a temperatura-base inferior, abaixo da qual não há crescimento, varia de 12 a 17,5 °C, a depender da espécie e do cultivar (Moreno, 2004 e Villa Nova *et al.*, 2004).

Em condições naturais, a disponibilidade de água para as plantas depende da precipitação pluvial e das características físicas do solo, principalmente a sua textura. O solo é formado por partículas sólidas e poros, por onde ocorre o armazenamento de gases e água. De acordo com a composição da parte sólida, o solo apresenta maior ou menor capacidade de armazenamento de água. Solos arenosos têm partículas e poros maiores e menor capacidade de retenção de água, enquanto os argilosos têm partículas e poros menores, mas em maior quantidade e com maior retenção de água que os arenosos.

A irrigação do pasto tem o objetivo de garantir que a umidade do solo seja adequada

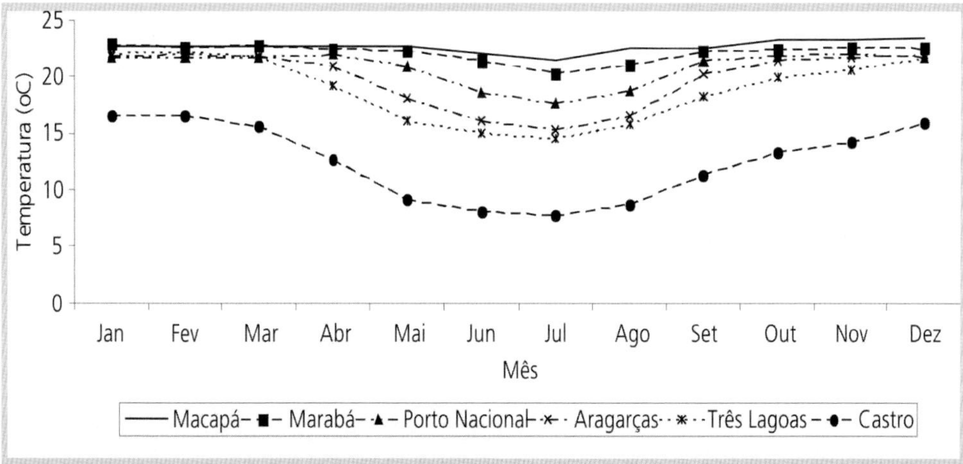

Figura 1. Temperatura mínima média ao longo do ano em Macapá (0°S); Marabá (5°S); Porto Nacional (10oS); Aragarças (15°S), Três Lagoas (20°S) e Castro (25°S).Fonte: adaptado de Agritempo (2007).

ao desenvolvimento das plantas forrageiras, e deve ser aplicada para suplementar a quantidade de água disponível para as plantas, sempre que o consumo (saída de água) for maior que a quantidade de chuvas (entrada de água). Dessa forma, será interessante irrigar a pastagem em situações em que a deficiência hídrica seja o fator limitante à produção de forragem.

Em diversas regiões do Brasil, ocorrem períodos de deficiência hídrica, tanto no período chuvoso quanto no período seco do ano. No entanto, em boa parte do período seco, o desenvolvimento das plantas forrageiras tropicais é limitado pela temperatura e por outros fatores, como a luminosidade e fotoperíodo.

O estudo das condições climáticas da região, portanto, permite verificar se o uso de irrigação proporcionará o resultado esperado no contexto do sistema de produção. A partir de informações sobre as variações na temperatura, na precipitação pluvial e na luminosidade do local, o técnico poderá estimar a resposta do pasto à irrigação, tanto em termos de produção total quanto em termos de distribuição dessa produção ao longo do ano.

A quantificação do armazenamento de água de um solo é muito útil para o planejamento e o manejo da irrigação. Esse armazenamento recebe o nome de capacidade de água disponível (CAD, em mm).
A medida de água mais utilizada na irrigação é o milímetro (mm), que é um modo fácil de medir a quantidade de água que entra ou que sai do solo ou da planta. Um milímetro (1 mm) de água de chuva ou de irrigação é igual a um litro de água por metro quadrado, isto é: 1 mm = 1 L/m^2.

Exemplos:

a) Quando o noticiário relata que ocorreu uma chuva de 25 mm, isso quer dizer que caíram 25 L de água de chuva em cada metro quadrado de solo:

25 mm = 25 L por um m^2.

Em um hectare (10.000 m^2): 250.000 L ou 250 m^3.

b) Se um produtor rural aplicar irrigações de 35 mm por semana em suas pastagens, isso quer dizer que aplicou:

35 L/m^2 = 350.000 L/ha ou 350 m^3/ha.

Para dar uma ideia da magnitude desses valores, um outro exemplo: se esse produtor rural tiver uma represa de formato triangular, com 20 metros de largura na barragem, 100 metros de extensão e profundidade média de três metros, o volume de água (V) armazenado é de aproximadamente:

V = 20 x 100 x 3 x 0,4 (fator de forma da represa) = 2.400 m^3

Se não houver entrada de água na represa, esse volume será suficiente para cerca de sete irrigações em 1 ha (2400 m^3 / 350 m^3/ irrigação ≅ 7 irrigações).

Adequação ambiental e disponibilidade de recursos naturais

A avaliação ambiental é uma etapa muito importante na concepção e funcionamento de um projeto de irrigação, que pode causar impactos negativos sobre o ambiente (Bernardo, 1997 e Ana, 2004). Entre esses impactos podem-se citar:

a) Modificação do meio ambiente;
b) Salinização do solo em regiões de elevada evapotranspiração (regiões áridas e semiáridas);
c) Contaminação dos recursos hídricos superficiais e subterrâneos por carreamento de agroquímicos ou por drenagem superficial;
d) Consumo exagerado por uso múltiplo da disponibilidade hídrica da região, podendo causar conflito com outros setores;
e) Problemas de saúde pública por meio do aumento na população de agentes transmissores de doenças, como mosquitos e caramujos.

Como medidas para evitar que a irrigação seja um agente de degradação ambiental, Ferreira (1997) recomenda três medidas principais:

a) Estudo do impacto ambiental (EIA) com respectivo relatório (RIMA);
b) Estudos hidrológicos (superficial e subterrâneo) atentando para a quantidade e qualidade do recurso hídrico. Em relação à quantidade deve-se atentar para a necessidade da outorga do direito de uso da água, de acordo com legislação específica[1];
c) Estudo dos solos, climatologia, demanda energética, conservação do solo e da água.

O EIA com vistas a projetos hidroagrícolas, que deve ser o primeiro passo para a implantação de uma área irrigada, deve atender à Lei da Política Nacional do Meio Ambiente e, por isso, antes de iniciar a elaboração de qualquer projeto de irrigação é preciso verificar a legislação no que se refere às questões ambientais e ao uso da água no local.

Legislação brasileira sobre o uso de recursos hídricos

A Constituição Federal de 1988 estabelece que *"são bens da União os lagos, rios e quaisquer correntes em terrenos de seu domínio, ou que banhem mais de um Estado da federação, sirvam de limite com outros países, ou se estendam a território estrangeiro ou dele provenham, bem como os terrenos marginais e as praias fluviais"*. Estabelece, ainda, como *"bens dos Estados, as águas superficiais ou subterrâneas, fluentes, emergentes ou em depósito, ressalvadas, neste caso, na forma da lei, as decorrentes de obras da União"*.

Compete privativamente à União legislar sobre águas, bem como definir critérios de outorga de direito de uso das águas. À União, aos Estados e aos Municípios compete a proteção do meio ambiente e o combate à poluição em quaisquer de suas formas, e também a promoção da melhoria das condições e a fiscalização das concessões de direitos de exploração de recursos hídricos, a legislação sobre defesa do solo e dos recursos naturais, responsabilidade por dano ao meio ambiente.

Portanto, qualquer tipo de uso de recursos hídricos deve ser feito sob concessão da União, e a fiscalização do uso compete, conjuntamente, à União, aos Estados e aos Municípios.

A legislação brasileira estabelece a seguinte ordem de prioridade do uso de recursos hídricos. A Lei Federal nº 9.433, de 8/1/97, instituiu a Política Nacional de Recursos Hídricos, criou o Sistema Nacional de Gerenciamento de Recursos Hídricos e regulamentou o inciso XIX do art. 21 da Constituição Federal. Essa Lei estabelece que a Política Nacional de Recursos Hídricos baseia-se nos seguintes fundamentos:

a) A água é um bem de domínio público;
b) A água é um recurso natural limitado, dotado de valor econômico;
c) Em situações de escassez, o uso prioritário dos recursos hídricos é para o consumo humano e de animais;
d) A gestão dos recursos hídricos deve sempre proporcionar o uso múltiplo das águas;
e) A bacia hidrográfica é a unidade territo-

[1] Maiores informações: www.ana.gov.br

rial para implantação da Política Nacional de Recursos Hídricos e atuação do Sistema Nacional de Gerenciamento de Recursos Hídricos;

f) A gestão dos recursos hídricos deve ser descentralizada e contar com a participação do Poder Público, dos usuários e das comunidades.

Essa Lei define o regime de outorga de direitos de uso de recursos hídricos, que tem por objetivos assegurar o controle quantitativo e qualitativo do uso da água e o efetivo exercício dos direitos de acesso à água, estando sujeitos à outorga pelo Poder Público os direitos dos seguintes usos de recursos hídricos:

a) Derivação ou captação de parcela da água existente em um corpo de água para consumo final, inclusive abastecimento público, ou insumo de processo produtivo;

b) Extração de água de aquífero subterrâneo para uso final ou insumo de processo produtivo;

c) Lançamento em corpo de água de esgotos e demais resíduos líquidos ou gasosos, tratados ou não, com o fim de sua diluição, transporte ou disposição final;

d) Aproveitamento dos potenciais hidrelétricos;

e) Outros usos que alterem o regime, a quantidade ou a qualidade da água existente em um corpo de água.

A outorga é efetivada por ato da autoridade competente do Poder Executivo Federal, Estadual ou do Distrito Federal. O Poder Executivo Federal poderá delegar aos Estados e ao Distrito Federal competência para conceder outorga de direito de uso de recurso hídrico de domínio da União.

O Poder Executivo Federal articula-se previamente com o dos Estados e o do Distrito Federal para a outorga de direitos de uso de recursos hídricos em bacias hidrográficas com águas de domínio federal e estadual.

Aptidão de solos para irrigação

No Brasil, a maior parte dos solos aptos à irrigação está localizada nas regiões Norte (11,9 milhões de hectares) e Centro-Oeste (7,7 milhões de hectares). A Região Nordeste apresenta apenas 1,1 milhões de hectares aptos para a irrigação, enquanto as regiões Sul e Sudeste apresentam cerca de 4,4 milhões de hectares (Cristofidis,1999). Somando-se as áreas citadas, chega-se a 25,1 milhões de hectares. Isso mostra um grande potencial de crescimento das áreas irrigadas, pois, atualmente, o País irriga cerca de 3,5 milhões de hectares.

Há regiões em que não será possível uma grande expansão de áreas irrigadas em virtude da competição pelo uso de recursos hídricos, e será necessário um trabalho de planejamento para evitar problemas de restrição que poderão inviabilizar investimentos. Esse trabalho é de competência da União e por ela deve ser coordenado, mas é necessário o envolvimento de todos os agentes das cadeias produtivas, a fim de garantir o respeito às decisões e reduzir conflitos que certamente virão em futuro próximo.

Se forem respeitadas as prioridades de uso definidas por lei, haverá uma parcela dos recursos hídricos disponíveis à irrigação. A partir daí, a definição das culturas que serão irrigadas obedece às leis de mercado, e os investimentos serão feitos nas atividades em que houver maior esperança de retorno econômico.

Para que a irrigação de pastagens seja técnica e economicamente viável é necessário garantir que não haja outros fatores limitantes à produção, exceto a deficiência hídrica. Para isso, é necessário garantir alta fertilidade do solo, escolher as forrageiras mais produtivas, selecionar o rebanho e a atividade pecuária mais adequada à área irrigada, ter um bom controle técnico e administrativo, e treinar a mão de obra para o manejo da pastagem, do rebanho e da irrigação.

Viabilidade econômica

Lotação animal e planejamento do uso da terra

Ao contrário do que muitos acreditam, quando se observa a propriedade como um conjunto, a suplementação hídrica pode acentuar as diferenças na taxa de lotação ao longo do ano, causadas pelas variações estacionais na temperatura, na luminosidade e no fotoperíodo.

As **Tabelas 1** e **2** mostram os efeitos da irrigação sobre a taxa de lotação da pastagem e da propriedade como um todo, estimados por Balsalobre *et al.* (2003) com o auxílio de modelos de simulação.

Tabela 1. Taxa de lotação animal em pastagens irrigadas para o verão e inverno para cinco localidades. Os resultados foram obtidos com o auxílio de modelos de simulação baseados no conceito de unidades fototérmicas. Considerou-se adubação de 500 a 600 kg.ha^{-1}ano^{-1} de nitrogênio.

Localidade	Latitude (°S)	Lotação (UA.ha^{-1}) Média	Verão	Inverno
Piracicaba, SP	22,71	5,25	7,16	3,34
Campo Grande, MS	20,27	4,68	6,27	2,91
Aragarças, GO	15,54	6,13	6,95	5,31
Porto Nacional, TO	10,43	7,11	7,79	6,41
Marabá, PA	5,21	7,61	7,67	7,55

Fonte: Balsalobre *et al.* (2003).

Os resultados apresentados na **Tabela 1** mostram que o diferencial de resposta da produção de matéria seca à irrigação entre os períodos de verão e inverno está relacionado à latitude do local: quanto maior a latitude, maior a diferença entre a taxa de lotação no verão e no inverno.

Em virtude das diferenças de resposta à irrigação, a adoção dessa tecnologia em 10% da área total de uma propriedade de 1.000 ha pode, no período de inverno, provocar déficits na capacidade de suporte da fazenda (**Tabela 2**). Dessa forma, para garantir o sucesso do empreendimento, as análises de viabilidade econômica da introdução de irrigação em áreas de pastagens devem ser feitas para o sistema de produção como um todo e não apenas considerando a área irrigada. Para isso, faz-se necessário um estudo da melhor relação entre área irrigada e não-irrigada e de alternativas de alimentação para o período de menor crescimento das plantas. Os resultados apresentados na **Tabela 2** foram obtidos com o auxílio de modelos de simulação baseados no conceito de unidade fototérmica. Considerou-se taxa de lotação das áreas não-irrigadas e não-adubadas de uma UA/ha.

A viabilidade econômica do uso da irrigação de pastagens para a produção de bovinos de corte é determinada por um conjunto de variáveis, dentre as quais algumas são particularmente importantes: o clima, o manejo do pastejo e a relação entre os preços de compra e venda de animais e os preços de mercado, de acordo com a atividade produtiva (cria, recria e engorda).

Tabela 2. Taxa de lotação de verão e de inverno em propriedades com 1.000 ha de pastagens em localidades de três regiões brasileiras, obtidas com a introdução de uma área irrigada de 100 ha, com uso de modelos de simulação.

Localidade	Latitude (°S)	Verão (UA/ha)	Inverno (UA/ha)	Déficit (UA)
Piracicaba, SP	22,71	1,62	1,24	382
Campo Grande, MS	20,27	1,53	1,19	336
Aragarças, GO	15,54	1,60	1,43	164
Porto Nacional, TO	10,43	1,68	1,54	138
Marabá, PA	5,21	1,67	1,66	12

Fonte: Balsalobre *et al.* (2003)

O clima é normalmente apontado como o principal fator determinante da viabilidade econômica da irrigação de pastagens. Dentre as variáveis climáticas relevantes na definição do potencial de resposta à irrigação podem ser destacadas: a temperatura (função de latitude e altitude); o fotoperíodo (função de latitude); e a intensidade e distribuição das precipitações, que determinam a intensidade e a duração dos períodos de déficit hídrico. Enquanto as primeiras variáveis definem o potencial de taxa de lotação do sistema, a última variável determina os custos de irrigação (aquisição e implantação, manutenção, mão de obra e energia elétrica). Embora o custo relativo à energia elétrica não seja o principal componente dos custos de produção, ele é um dos maiores componentes do custo de irrigação e, em regiões com seca prolongada, esse item cresce bastante em importância.

O manejo do pastejo pode definir variações nos componentes taxa de lotação e desempenho animal, que definem a produtividade do sistema. Com o uso de ferramentas de análise de sensibilidade e técnicas de otimização é possível estimar as taxas de lotação necessárias para a viabilização econômica da irrigação de pastagens nas diferentes regiões, definindo assim o ponto crítico (*switching value*) para essa variável (Noronha, 1981).

Outro fator que deve ser considerado na análise econômica é a relação entre os preços de compra e venda de animais. Simulações feitas por Balsalobre et al. (2003) mostram que relações de troca ruins inviabilizam o uso da irrigação em regiões com taxas de lotação potencial elevadas. Em níveis elevados de produtividade, como os verificados em pastagens irrigadas, os principais responsáveis pelas variações no resultado econômico são o custo de aquisição de animais de reposição e o preço de venda (Maya, 2003).

Custos de irrigação de pastagens

Os custos de irrigação de pastagens são descritos de forma resumida por Mendonça (2008) e classificados em quatro componentes:

a) inicial (aquisição, implantação e financeiro);
b) manutenção;
c) energia; e
d) mão de obra.

a) Custo inicial

É o componente do custo total de irrigação mais facilmente percebido, pois é pago pelo produtor no ato da compra. Inclui os custos de aquisição (projeto, compra e frete) e de implantação do sistema de irrigação.

No custo inicial ,também está incluso o custo financeiro, por três razões:

a) remunerar o capital investido nos equipamentos, mesmo se o produtor adquiri-los com recursos próprios;
b) contabilizar a depreciação, pois será necessário substituir o sistema de irrigação ao final de sua vida útil;
c) evitar a sobrecarga do custo inicial no primeiro ano e subestimá-lo nos anos seguintes; o preço de compra será desembolsado apenas uma vez ao longo da vida útil do sistema.

O custo financeiro é embutido no custo inicial, utilizando-se o Fator de Recuperação de Capital (FRC), que faz parte da Tabela Price e é muito utilizado no cálculo de parcelas de diversos empréstimos e financiamentos (Ex.: prestação de imóveis). O FRC é calculado da seguinte maneira:

$$\mathbf{FRC} = \frac{\mathbf{i} \cdot (\mathbf{1}+\mathbf{i})^{n}}{\left[(\mathbf{1}+\mathbf{i})^{n} - \mathbf{1}\right]}$$

FRC – fator de recuperação de capital;
i – taxa anual de juros (decimal);
n – número de anos (vida útil do equipamento).

Assim, o custo inicial (C_{ini}) de irrigação é calculado da seguinte forma:

$$\mathbf{C_{ini} = C_{ai} \times FRC}$$

C_{ini} - custo inicial de irrigação, R\$.ha^{-1}.ano^{-1};
C_{ai} – custo de aquisição e implantação, R\$.ha^{-1}.

Embora o custo inicial seja o mais visível aos olhos do produtor, não deve ser o único fator utilizado na decisão de compra de um sistema de irrigação. O sistema de irrigação permanecerá na propriedade por 10 a 25 anos, e os custos de manutenção e operação (energia e mão de obra) geralmente são maiores que o preço de compra.

b) Custo de manutenção

Todo equipamento mecânico está sujeito a desgastes ou avarias por acidentes. Portanto, é necessário reservar recursos financeiros para mantê-lo em funcionamento de forma adequada. Na irrigação, considera-se um custo anual de manutenção de 3 a 5% do custo de aquisição e implantação. O custo de manutenção é dado por:

$$\mathbf{C_m = C_{ai} \times f_m}$$

C_m – custo de manutenção, em R\$.ha^{-1}.ano;
f_m – fator de manutenção, em decimal.

c) Custo operacional

A operação de um sistema de irrigação requer mão de obra e energia. A demanda por cada uma depende das características de cada sistema de irrigação (tipo, potência consumida por área, eficiência, mão de obra etc.).

O tipo de sistema de irrigação de pastagens mais comum em áreas pequenas e médias é a aspersão convencional, com média de relação potência/área de 5 a 15 cv/ha. O pivô central predomina em grandes áreas pela facilidade de operação, alta eficiência energética e baixo custo de mão de obra. Como os pivôs centrais são projetados pelas empresas vendedoras, apresentam relação potência/área menor, em torno de 3 a 5 cv/ha.

Geralmente, os sistemas de aspersão convencional são montados sem um projeto e, muitas vezes, são adquiridos equipamentos usados de outras propriedades, sem adequação ao novo local de trabalho. Isso leva a uma alta relação potência/área, o que aumenta o custo operacional do sistema. Sendo identificada a falha, o projeto pode ser redimensionado solucionando esse problema.

c.1) Custo de energia

No caso de bombas com motores elétricos, o custo de energia é calculado da seguinte forma:

$$C_{en} = 0{,}736x\ Pc_{mb}\ x\ T_{di}\ x\ T_{ai}\ x\ C_{kWh}$$

C_{en} – custo de energia, em R\$.ha^{-1}.ano^{-1};
Pc_{mb} – potência consumida pelo motor da bomba centrífuga, em cv;
T_{di} – tempo diário de irrigação, em h.dia^{-1};
T_{ai} – tempo anual de irrigação, em dias.ano^{-1};
C_{kWh} – custo do kilowatt-hora, em R\$.kWh^{-1}

No caso de bombas com motores a diesel, o custo de energia é calculado da seguinte forma:

$$C_{en} = P_{mb}\ x\ Cons\ x\ T_{di}\ x\ T_{ai}\ x\ C_{di}$$

Cons – consumo de óleo diesel, em L.cv^{-1}.h^{-1} (Padrão: 0,225 L.cv^{-1}.h^{-1});
C_{di} – custo do litro de óleo diesel, em R\$.L^{-1}

A energia elétrica geralmente é preferível ao diesel, por causa do menor custo. Deve-se investir na construção de uma rede elétrica sempre que seu custo for menor que a diferença de custo de energia dos dois sistemas, em um período de 10 anos (vida útil média do sistema de irrigação).

c.2) Custo da mão de obra

Há uma grande limitação de mão de obra, pois a irrigação de pastagens não é prática tradicional nas propriedades rurais. Geralmente não há mão de obra treinada para lidar com a irrigação, e a opção tem sido a minimização do seu uso. Em áreas pequenas e médias, as principais estratégias têm sido o uso de sistemas fixos, como a aspersão em malha ou por setor, automatização de sistemas e irrigação noturna. Em grandes áreas, utiliza-se o pivô central. De modo geral, o custo de mão de obra pode ser calculado assim:

$$C_{mo} = \frac{N_{hti}}{8}\ x\ T_{ai}\ x\ V_{di}$$

Cmo – custo de mão de obra, R\$.ha^{-1}.ano^{-1};
N_{hti} – Nº de horas de trabalho na irrigação, em h.ha^{-1}.dia^{-1};
V_{di} – valor da diária (8 horas), em R\$.dia^{-1}.

O custo operacional de irrigação é a soma dos custos de energia e mão de obra:

$$C_o = C_{en} + C_{mo}$$

C_o – custo operacional de irrigação, R\$.ha^{-1}.ano^{-1}

em que,
C_o – Custo operacional de irrigação, em R\$.ha^{-1}. dia^{-1}

d) Custo total de irrigação (CTi)

O custo total de irrigação é a soma de todos os componentes:

$$CT_i = C_{ini}\ x\ C_m\ x\ C_o$$

CT_i – custo total de irrigação, R\$.ha^{-1}.ano^{-1};
C_{ini} – custo inicial, R\$.ha^{-1}.ano^{-1};
C_m - custo de manutenção, R\$.ha^{-1}.ano^{-1};
C_o - custo operacional (energia + mão de obra), R\$.ha^{-1}.ano^{-1};

Manejo da irrigação

O objetivo de sistemas intensivos de produção agropecuária é a otimização do uso de todos os recursos, de modo a maximizar a resposta de cada um e, consequentemente, a receita líquida (lucro) das atividades produtivas. A água é um recurso produtivo muito importante e necessário para maximizar a resposta com sua aplicação, seja proveniente de chuvas ou não. Portanto, o conhecimento das relações entre água, solo, planta e atmosfera são fundamentais para a otimização de seu uso em sistemas de produção.

Monitoramento da água: água na atmosfera, na planta e no solo

Água na atmosfera: vapor d'água e precipitação pluvial

A maior parte da água da atmosfera chega ao solo pelas chuvas. A partir daí, passa por três processos principais: evaporação (retorno à atmosfera), escorrimento superficial (enxurrada) e infiltração (solo e lençol freático).

A água que evapora voltará a se acumular em forma de nuvens, até que ocorram chuvas novamente. O escorrimento superficial causa enchentes e aumenta o volume de rios e lagos naturais e artificiais. Da água infiltrada no solo, uma parte escoa lentamente pelos poros e forma os aquíferos freáticos ou confinados, e outra parte fica armazenada nas camadas próximas à superfície do solo. Essa parte é a maioria da água disponível ao crescimento e à reprodução das plantas. Esse conjunto forma o chamado sistema solo-planta-atmosfera, em que a água interage com todos os componentes.

A água volta à atmosfera por dois processos: evaporação e transpiração. A evaporação ocorre principalmente em corpos de água (rios, lagos e oceanos) e em solos, e a transpiração é proveniente dos seres vivos, principalmente das plantas. Em sistemas de produção agropecuária, a passagem da água do solo para a atmosfera é denominada evapotranspiração, que é a soma da água evaporada diretamente do solo e da água proveniente da transpiração das plantas.

Água na planta: evapotranspiração

As plantas utilizam água e nutrientes provenientes do solo em suas atividades metabólicas vegetativas e reprodutivas. Para isso, há necessidade de uma fonte de energia: o Sol. A energia solar é utilizada pelas plantas na fotossíntese, para a síntese dos fotoassimilados a partir da água e de diversos elementos químicos presentes no solo e na atmosfera.

A radiação solar também é absorvida pela atmosfera terrestre e aquece o ar e as plantas. Esse aquecimento causa dois fenômenos importantes para as plantas: aumento da retenção de umidade pelo ar e aquecimento das próprias plantas. Para não sofrer com o superaquecimento, as plantas transpiram cerca de 99% da água que absorvem. Quanto mais energia radiante houver na atmosfera, maior será a demanda das plantas por água.

Para suprir a demanda das plantas é necessário haver água no solo em quantidade suficiente na camada em que estão as raízes. A profundidade dessa camada de solo varia de espécie para espécie, e depende da profundidade do solo, do pH, e da disponibilidade de nutrientes. A falta de água nessa camada leva a planta ao estresse por deficiência hídrica, e o excesso leva ao estresse por excesso de água.

O consumo de água no sistema solo-planta denomina-se evapotranspiração, que é a soma da água evaporada diretamente do solo com a transpiração de água das plantas. A evapotranspiração das plantas apresenta grande variabilidade, pois há influência de fatores relacionados às plantas (espécie e fase do ciclo de vida), e de fatores climáticos (intensidade de radiação, temperatura do ar, vento e umidade relativa do ar).

Tal como no caso da chuva e da irrigação, a medida da evapotranspiração é o milímetro (1 mm = 1 L m^{-2}). Quando se lê que a evapotranspiração foi de 15 mm, quer dizer que houve a saída de 15 L m^{-2} de água do solo e das plantas.

As plantas não consomem sempre a mesma quantidade de água, pois há variações climáticas ao longo de seu ciclo produtivo. Assim, a evapotranspiração é reduzida em temperaturas mais baixas e em dias sem vento ou nublados, e aumenta quando ocorrem temperaturas altas e dias de pleno sol ou com alta intensidade de ventos.

A área foliar das plantas forrageiras varia bastante graças ao pastejo. A área foliar máxima e a área foliar mínima ocorrem imediatamente antes e após o pastejo, respectivamente. Como quase toda a transpiração de água das plantas ocorre pelas folhas, a evapotranspiração em áreas de pastejo rotacionado será máxima, imediatamente antes do início do pastejo, e mínima logo após o seu término.

Água no solo: armazenamento, disponibilidade e infiltração

O solo é a camada externa da superfície terrestre que resulta das alterações promovidas no material original por agentes climáticos, biológicos e outros. É composto por uma mistura em proporções variáveis de materiais sólidos, líquidos e gasosos, num sistema complexo e heterogêneo (Miranda *et al.*, 2001).

A parte sólida (matriz do solo) é composta por minerais e matéria orgânica. A fração orgânica constitui-se, basicamente, de resíduos animais e vegetais e de uma população viva de bactérias, de fungos, de algas, de insetos e de pequenos vertebrados. Dependendo do material de origem e do ambiente, a fração mineral tem características bem distintas em termos de forma, de tamanho e de composição química. As frações orgânica e mineral influenciam a porosidade do solo, o armazenamento de ar e água, e a relação entre solo e água. Quanto maiores forem o teor de matéria orgânica e a percentagem de argila, maior será a capacidade de armazenamento de água do solo.

A fração sólida (matriz) interage fortemente com a fração líquida do solo (solução) por meio de processos físicos e químicos, que prendem a água na matriz. As forças que ligam a solução à matriz variam de acordo com o volume e o tamanho dos poros e com a disponibilidade de água no solo (Reichardt, 1993 e Miranda *et al.*, 2001).

O armazenamento de água no solo ocorre em seus poros. É difícil extrair água quando o solo está quase seco, tanto que ele pode chegar a um grau de umidade tal que ocorra murcha ou morte de plantas. Esse grau de umidade é o chamado *ponto de murcha permanente*.

Ao receber água de chuva ou de irrigação, inicialmente o solo absorve toda a água, até chegar ao máximo de armazenamento, que é chamado de *capacidade de campo*. Se a chuva ou a irrigação continuar, para cada gota d'água que entrar ocorrerá a saída de outra gota de água para a camada inferior do solo. Esse fenômeno é chamado de percolação ou drenagem profunda.

Também pode haver perdas por escorrimento superficial (enxurrada), quando parte da água não penetra no solo porque a velocidade de infiltração é menor do que a taxa de precipitação da chuva ou da irrigação.

Para que a irrigação seja eficiente, é necessário saber qual é a capacidade de armazenamento de água no solo, de maneira que a irrigação seja feita para repor a água consumida por evapotranspiração, sem causar perdas por drenagem profunda.

O armazenamento de água em uma camada qualquer do solo pode ser determinado por meio de amostras indeformadas, que mantém a estrutura original do solo (poros e agregados de partículas) e, consequentemente, sua capacidade de armazenamento de água. A amostra deve ser retirada com anéis metálicos, com diâmetro e altura de 4 a 5 cm (**Figura 2**).

O anel metálico deve ser colocado sobre o solo, próximo à metade da camada que se deseja amostrar (p. ex.: 10 cm de profundidade para a camada de 0 a 20 cm, ou 30 cm para a camada de 20 a 40 cm). Sobre o anel deve-se encaixar outro anel ou um amostrador (**Figura 2**), sobre o qual se pode colocar um pequeno pedaço de madeira e bater com marreta de borracha.

Após sua introdução no solo, o anel deve ser retirado deixando uma pequena quantidade de terra acima e abaixo do anel, para evitar que a amostra seja danificada. Em laboratórios de Física do Solo, a amostra será preparada para as análises.

Geralmente, recomenda-se que as camadas amostra-

> O armazenamento de água no solo pode ser comparado ao de uma esponja. Quando está quase seca é muito difícil retirar água dela, por mais que seja torcida ou espremida. Quando se joga água sobre ela, inicialmente a absorção é total, até chegar à sua máxima capacidade de armazenamento. A partir daí, para cada gota d'água que for entrar na esponja sairá outra gota pela parte de baixo.

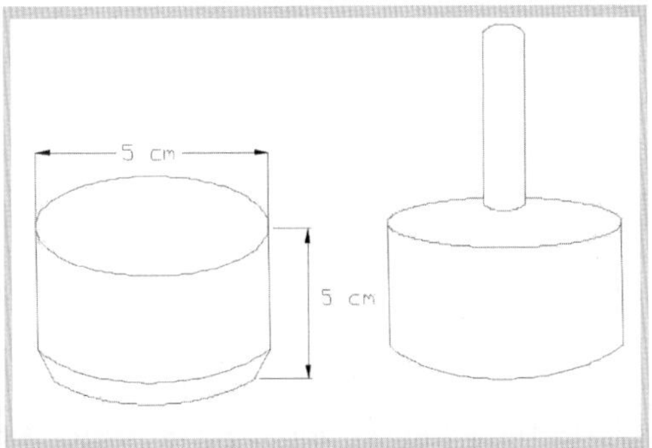

Figura 2. Esquema de amostrador e anel metálico para amostras indeformadas de solo.

das respeitem o perfil de cada tipo de solo. Na prática, faz-se a amostragem em camadas de 20 cm de espessura, em toda a profundidade do solo explorada pelas raízes. Para forrageiras, recomenda-se amostrar até 60 cm de profundidade. A amostra deve conter uma identificação com informações sobre o local e a profundidade da camada amostrada.

É muito importante que as amostras de solo não sofram modificações em sua estrutura, para representar adequadamente o solo da área a ser irrigada. As amostras não podem ter rachaduras, que são provocadas por ressecamento causado pela exposição ao tempo, ou por choques, ou solavancos durante o transporte. Cada amostra deve ser embalada individualmente com filme plástico para evitar o ressecamento; e com papel para amenizar os choques. Pode-se acondicionar um grupo de amostras em caixa de papelão ou madeira, com folhas de papel entre elas para aumentar a proteção. A seguir, envia(m)-se a(s) amostra(s) para um laboratório que determine o armazenamento de água no solo.

A estimativa do armazenamento de água é utilizada tanto nos projetos de sistemas de irrigação quanto no manejo da irrigação. Esse armazenamento recebe o nome de umidade do solo, que pode ser determinada por diversos métodos. Um dos mais precisos é o método gravimétrico, que consiste na determinação da umidade do solo por pesagem de amostras antes e após a secagem em estufa à temperatura de 105 a 110°C, por 24 h, tempo suficiente para atingir peso constante.

As etapas desse método são:

a) No campo:

- Retirar pequenas amostras de solo no campo, na profundidade desejada, acondicioná-las nos frascos e fechar com tampa e fita adesiva;
- Identificar cada amostra com etiqueta (número, local de coleta, data e profundidade de amostragem);
- Levar para local de análise.

b) No "laboratório":

- Colocar a amostra de solo um recipiente refratário (metal, vidro ou cerâmica);
- Pesar a amostra úmida e anotar o valor (peso úmido, ou P_1);
- Secar a amostra em estufa a 105-110°C por 24 horas;
- Pesar a amostra novamente e anotar o resultado (peso seco, ou P_2);
- Esvaziar o recipiente que contém a amostra, pesá-lo e anotar o peso (Pr).

A umidade do solo é dada por:

$$U = \frac{P_1 - P_2}{P_2 - \mathrm{Pr}}$$

P_1 - peso do solo úmido;
P_2 - massa do solo seco;
Pr - peso do recipiente.

A umidade do solo também pode ser expressa em termos de volume, representada pela letra grega θ (teta). O cálculo de θ é feito com a expressão:

$$\theta = U \cdot dg$$

U = umidade à base de peso seco, g/g;
dg = densidade global do solo, g/cm^3.

Para calcular a densidade global do solo, deve-se proceder da seguinte maneira:

- Retirar uma amostra do solo com anel metálico de volume conhecido;
- Remover as partes do solo da amostra que ficaram fora das bordas do anel;
- Retirar o solo contido no anel e colocá-lo

em um recipiente aberto e de vidro;

- Levar o recipiente com o solo à estufa a 105-110°C por 24 horas;
- Pesar a amostra de solo seco (peso em gramas);
- Calcular a densidade da seguinte maneira:

$$dg = \frac{Ms}{Vs}$$

Ms = massa do solo seco, em g;
Vs = volume do solo seco, em cm^3.

O volume do solo pesado é igual ao volume do anel metálico e pode ser calculado da seguinte maneira:

$$Vs = \frac{\pi \cdot D_a^2}{4} \cdot h_a$$

D_a = diâmetro do anel, em cm;
h_a = altura do anel, em cm.

A análise de uma área destinada à irrigação inclui a determinação da umidade do solo, para saber a quantidade de água que pode ser armazenada na zona de raízes. Para uma análise completa das amostras indeformadas de solo, deve-se fazer a curva característica de retenção de água no solo, ou simplesmente *curva de retenção*. Essa curva mostra a relação entre a umidade e o potencial matricial (energia de retenção da água no solo). A **Figura 3** mostra a curva de retenção de um solo de textura média (escala normal e logarítmica) e os dados com que a figura foi gerada estão na **Tabela 4**.

As amostras devem ser encaminhadas a um laboratório de física do solo, para medir o armazenamento de água em valores de potencial matricial, que pode variar de zero a 15.000 cm de coluna de água. O valor inicial (zero) ocorre com o solo encharcado (saturado com água) e é chamado de *umidade no ponto de saturação*; o valor final (15.000 cmca) equivale a 15 atm e é chamado de *ponto de murcha permanente* (PMP), fase em que as plantas já não conseguem retirar água do solo.

Tabela 4. Dados da curva característica de retenção de água no solo.

Potencial matricial (cmca)*	Umidade do solo (θ) (cm^3 cm^{-3})
0 (saturado)	0,385
0,1	0,348
0,2	0,342
0,4	0,314
1,0	0,264
3,0	0,223
5,0	0,213
10,0	0,201
50,0	0,195
150,0	0,193

*cmca = centímetros de coluna de água.

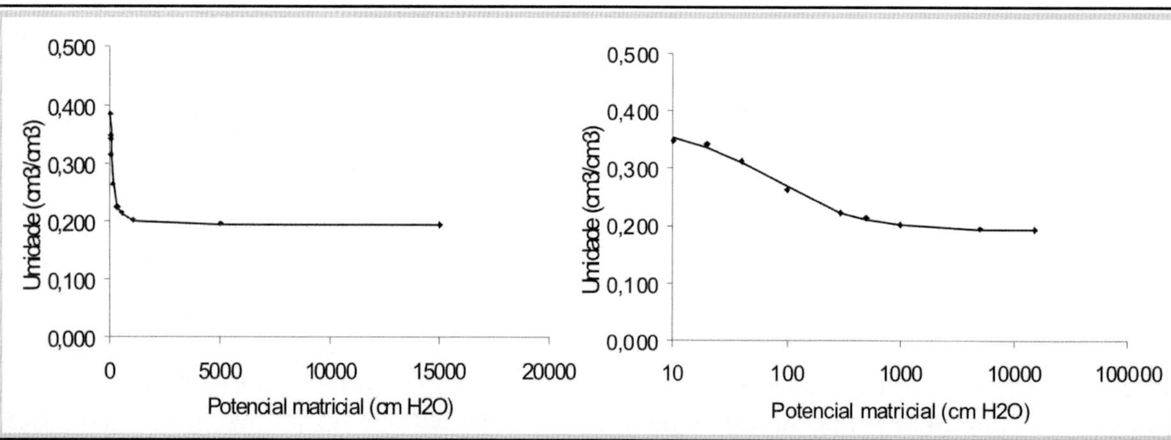

Figura 3. Curvas de retenção de água no solo: (a) escala normal; (b) escala logarítmica.

Após medir a umidade em cada potencial matricial, calcula-se a curva de retenção de água no solo (**Tabela 5**) com a seguinte equação:

$$\theta_a = \theta_{pmp} + \frac{\theta_s - \theta_{pmp}}{\left[1 + \left(\alpha \cdot |\Psi_m|\right)^n\right]^m}$$

θ_a = umidade atual do solo, em cm^3/cm^3;
θ_{pmp} = umidade residual do solo, em cm^3/cm^3 (ponto de murcha permanente);
θ_s = umidade de saturação do solo, em cm^3/cm^3;
a, m, n = parâmetros de regressão da equação.

Tabela 5. Variáveis da curva característica de retenção de água no solo.

Variáveis			Valor
Nome	**Símbolo**	**Unidade**	
Umidade residual	θθr	$cm^3\ cm^{-3}$	0,193
Umidade no ponto de saturação	θθs	$cm^3\ cm^{-3}$	0,385
Variável alfa (regressão)	θ	$cm^3\ cm^{-3}$	0,0059
Variável n (regressão)	N	—	0,842
Variável m (regressão)	M	—	1,9008

Utilizando-se o exemplo da **Tabela 5**, a equação da umidade atual do solo fica assim:

$$\theta_a = 0{,}193 + \frac{0{,}385 - 0{,}193}{\left[1 + \left(0{,}0059 \cdot |\Psi_m|\right)^{0{,}842}\right]^{1{,}9008}}$$

Com a curva de retenção de água, calcula-se o armazenamento de água no solo. Na elaboração de projetos de irrigação, deve-se utilizar o armazenamento para saber a quantidade de água disponível.

O armazenamento de água no solo é calculado com os valores de umidade máxima (capacidade de campo) e mínima (ponto de murcha permanente). A capacidade de campo é a umidade do solo no ponto em que cessa a drenagem natural por causa do fim do encharcamento. O ponto de murcha permanente é a umidade do solo em que a maioria das plantas não consegue mais retirar água do solo, murcham e morrem.

A umidade no ponto de murcha permanente e a capacidade de campo variam de acordo com o tipo de solo, e as principais causas dessa variação são os teores de argila e de matéria orgânica. No PMP, o potencial matricial é de 15.000 cmca, enquanto na capacidade de campo o potencial varia de acordo com o tipo de solo. Para solos arenosos, o potencial matricial (ψ_m) é de 100 cmca.; em solos de textura média, pode-se utilizar 120 a 150 cmca e, em solos argilosos, 330 cmca.

A fórmula para o cálculo do armazenamento ou capacidade de água disponível (CAD) é:

$$\mathbf{CAD} = \left(\theta_{cc} - \theta_{pmp}\right) \mathbf{x\ 10\ x\ z}$$

θ_{cc} - umidade à capacidade de campo, em cm^3/cm^3;
θ_{pmp} - umidade no ponto de murcha permanente, em cm^3/cm^3;
z - profundidade da camada de solo, em cm.

No exemplo tomado até então, tem-se um solo de textura média e, portanto, o cálculo do armazenamento é feito assim:

Umidade na capacidade de campo ($\theta_a = \theta_{cc;}$ ψ_m = 120 cmca)

$$\theta_{cc} = 0{,}193 + \frac{0{,}385 - 0{,}193}{\left[1 + \left(0{,}0059 \cdot |120|\right)^{0{,}842}\right]^{1{,}9008}}$$

$$\theta_{cc} = 0{,}259\ cm^3/cm^3$$

Umidade no ponto de murcha permanente ($\theta_a = \theta_{pmp;}$ ψ_m = 15.000 cmca).

$$\theta_{pmp} = 0{,}193 + \frac{0{,}385 - 0{,}193}{\left[1 + \left(0{,}0059 \cdot |15000|\right)^{0{,}842}\right]^{1{,}9008}}$$

$$\theta_{pmp} = 0{,}193\ cm^3/cm^3$$

Armazenamento de água no solo ou capacidade de água disponível (CAD) em uma camada de 50 cm:

$$CAD = (0{,}259 - 0{,}193) \times 10 \times 50$$

$$CAD = 33\ mm$$

É possível determinar o intervalo máximo entre irrigações, utilizando-se o armazenamento de água no solo, a máxima demanda de água no sistema solo-planta (diferença entre evapotranspiração e chuvas) e a capacidade da planta de retirar água do solo. Esse intervalo entre irrigações é chamado de turno de rega.

Em áreas irrigadas, não se deve permitir que o grau de umidade do solo fique próximo do ponto de murcha permanente, pois as plantas sofreriam muito estresse, cujas consequências são: a redução de produtividade e até mesmo a morte. O turno de rega deve ser determinado de modo que seja consumida apenas uma fração do armazenamento de água do solo que as plantas podem retirar sem estresse (Bernardo *et al.*, 2006). Essa fração é chamada de água facilmente disponível (AFD) e é calculada assim:

AFD = f x CAD

AFD = água facilmente disponível às plantas (mm);
CAD = capacidade de água disponível (armazenamento de água no solo, em mm);
f = fator de disponibilidade de água às plantas (sempre menor do que um).

O valor de "f" é sempre menor do que um, pois apenas uma parte da água do solo será consumida. Para plantas forrageiras, os valores de "f" variam de 0,3 a 0,7. De modo geral, pode-se utilizar f = 0,5, considerando-se a quantidade de água facilmente disponível igual a 50% do armazenamento de água no solo (AFD = 0,5 CAD).

Exemplo: Considerando-se a evapotranspiração de 5 mm dia^{-1}, o fator de disponibilidade f = 0,5 e a CAD calculado no exemplo anterior (28,6 mm), os valores de água facilmente disponíveis (AFD) e o turno de rega (TR) são:

$$AFD = f \times CAD = 0{,}5 \times 33$$

$$TR = \frac{16{,}5}{5} \cong 3\ dias$$

Irrigação = 3 dias x 5 $\frac{mm}{dia}$ = 15 mm

O sistema de irrigação deve ser capaz de aplicar uma lâmina d'água de irrigação igual a 15 mm a cada 3 dias.

Há uma relação entre a classe textural do solo e o armazenamento de água no solo. Se o armazenamento de água no solo não for conhecido, pode-se utilizar a **Tabela 6** para a estimativa desse armazenamento.

Tabela 6. Textura e disponibilidade de água no solo.

Textura (classe)	Armazenamento de água (CAD) mm de água/cm de solo	M^3/ha.por cm de solo
Grossa (arenoso)	0,4 a 0,8	4 a 8
Média (médio)	0,8 a 1,6	8 a 16
Fina (argiloso)	1,2 a 2,4	12 a 24

Fonte: Miranda *et al.* (2001); Prevedello (1996).

Exemplo: Em uma camada de 50 cm de espessura de um solo de textura média e considerando f = 0,5, os valores de CAD e de AFD serão:

$$CAD_{mín} = 0{,}8 \times 50 = 40\ mm\ de\ água;$$
$$AFD = 40 \times 0{,}5 = 20\ mm;$$
$$CAD_{máx} = 1{,}6 \times 50 = 80\ mm\ de\ água;$$
$$AFD = 80 \times 0{,}5 = 40\ mm.$$

Para que a água proveniente de chuva ou de irrigação seja armazenada no solo, é necessário que ela se infiltre na sua superfície. Se a intensidade da chuva (mm/h) ou da irrigação (mm h^{-1}) for maior do que a velocidade de infiltração de água no solo (mm h^{-1}), haverá escorrimento superficial de água (enxurrada).

A enxurrada é a consequência natural de chuvas torrenciais. A quantidade de água proveniente desse fenômeno não pode ser controlada pelo homem, e por isso o sistema de conservação do solo deve ser planejado para minimizar seus efeitos negativos. Quando a enxurrada ocorre em sistemas irrigados, em decorrência de aplicação excessiva de água, isto significa que houve erro de planejamento ou de utilização, sendo, nesse caso, necessário redimensionar ou melhorar o manejo do sistema de irrigação.

Para evitar o escorrimento superficial de água em sistemas irrigados, deve-se escolher um aspersor que aplique água a uma taxa menor do que a velocidade de infiltração básica (Ia < VIB)[2]. Para isso, é necessário um teste de infiltração de água no solo, para calcular a velocidade de infiltração básica (VIB). Esse teste é feito com o infiltrômetro de anéis (**Figura 4**), um equipamento composto por dois anéis metálicos feitos em chapa de aço.

Com o infiltrômetro será fincado no solo, deve ter a extremidade inferior afiada para penetrá-lo mais facilmente. O anel externo deve ter diâmetro de 50 a 70 cm e serve para regularizar as leituras de infiltração de água. O anel interno deve ter cerca de 30 cm de diâmetro e serve para fazer as leituras da infiltração de água no solo.

Os materiais necessários para o teste são:

- Dois anéis metálicos, com diâmetros de 60 cm (externo) e de 30 cm (interno);
- Caibro de madeira com 70 - 80 cm de comprimento;
- Marreta metálica;
- Fita adesiva e régua escolar plástica;
- Cronômetro ou relógio com cronômetro;
- Prancheta, papel e caneta.

O procedimento para o teste é o seguinte:

- Colocar os anéis metálicos em superfície plana do solo, como na **Figura 4**;
- Colocar um caibro de madeira atravessado sobre os anéis e bater nele com uma marreta para que os anéis penetrem no solo cerca de 10 cm;

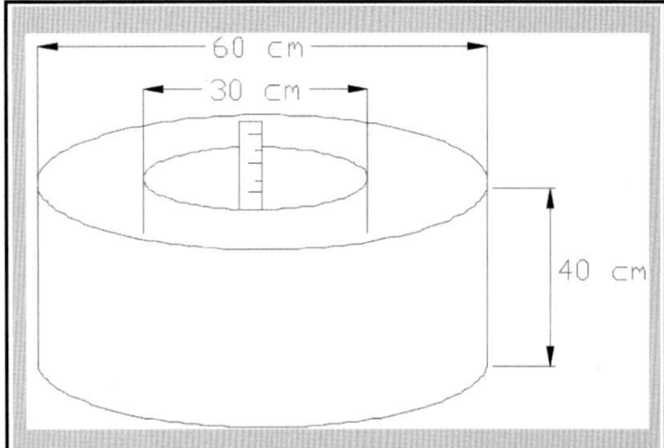

Figura 4. Infiltrômetro de anéis.

- Prender uma régua comum à parede interna do anel menor, com fita adesiva, de modo que a base se encoste ao solo e a ponta fique acima da borda do anel;
- Colocar um saco plástico no anel interno, encostando-o às paredes e ao fundo;
- Encher o anel externo e o saco plástico de água e preparar o cronômetro;
- Puxar uma das bordas do saco plástico até que ele saia do anel, deixando a água em contato com o solo;
- Ativar o cronômetro nesse instante e anotar a altura da água na régua;
- Anotar a leitura da régua quando o cronômetro chegar aos seguintes tempos:

0	1min	2min	4min	6min	11min	16min	26min	36min	51min	66min	96min	126min...
ΔT	1min	1min	2min	2min	5min	5min	10min	10min	15min	15min	30min	30min.

O teste deve prosseguir até que as lâminas d'água infiltradas em intervalos de 30 minutos sejam iguais. Para que o teste dê bons resultados, deve-se lembrar de alguns detalhes:

- A altura da lâmina de água no anel deve ter cerca de 10 cm;
- Quando a água dos anéis estiver acabando, deve-se enchê-los novamente. No caso do anel interno, anotar a leitura da régua antes e após o enchimento;
- Quando a lâmina d'água infiltrada em 30min for constante, o teste chegou ao fim. Geralmente isso ocorre de 150 a 300min (2,5 a 5h) após o início do teste;
- Para saber a velocidade de infiltração

[1] Ia = intensidade de aplicação do aspersor (mm h^{-1}); VIB = velocidade de infiltração básica do solo (mm h^{-1})

básica do solo, basta dividir a lâmina d'água infiltrada na última leitura (mm) pelo intervalo de tempo (0,5 h). O resultado obtido será a VIB (mm/h).

Escolha do aspersor

Ao escolher um aspersor para o projeto, deve-se optar por um modelo que tenha intensidade de aplicação menor do que a VIB, para garantir que toda a água aplicada pelo aspersor se infiltre no solo, evitando o escorrimento superficial (enxurrada) e reduzindo as perdas de solo e nutrientes por arrasto.

A seguir (**Tabela 7**), há um exemplo de teste de infiltração em solo de textura média. As colunas da tabela contêm os seguintes itens:

a) tempo acumulado (T, min);
b) tempo instantâneo (ΔT, min);
d) leitura da régua (L, cm);
d) diferença entre leituras (ΔL, cm e mm);
e) velocidade de infiltração (VI, mm/h).

Para calcular o valor de VI (em cm h^{-1}), deve-se dividir a diferença entre leituras (ΔL, cm) pelo tempo instantâneo (ΔT, min) e multiplicar por sessenta (60 min h^{-1}).

Para calcular VI em mm/h basta multiplicar por dez o valor de VI em cm h^{-1}.

Por exemplo, na 3ª linha da **Tabela 5** tem-se:

ΔT = 2min ΔL = 1,6 cm (13 - 11,4)

Então, a velocidade de infiltração é calculada assim:

$$\mathbf{VI = \frac{\Delta L}{\Delta T} \times 60 = \frac{1{,}6}{2} \times 60}$$

VI = 48 cm/h

VI (mm/h) = VI (cm/h) x 10

VI (mm/h) = 48 x 10 =480 mm/h

Nesse caso, a velocidade de infiltração estabilizou-se em 14 mm/h a partir de 120 min de teste (**Tabela 7**). Portanto, o aspersor para essa área deve ter taxa de aplicação menor ou igual à VIB (la ≤ 14 mm h^{-1}).

Tabela 7. Teste de infiltração de água no solo.

Tempo		Leitura da régua			VI
T	ΔT	L (cm)	ΔL (cm)	ΔL (mm)	(mm h^{-1})
0	0	10	—	—	—
1	1	11,4	1,4	14	840
3	2	13/10	1,6	16	480
5	2	10,9	0,9	9	270
10	5	11,9	1	10	120
20	10	13,3/10	1,4	14	84
30	10	10,9	0,9	9	54
45	15	11,8	0,9	9	36
60	15	12,5	0,7	7	28
90	30	13,2	0,7	7	14
120	30	13,9/10	0,7	7	14
150	30	10,7	0,7	7	14

T = tempo acumulado (min); ΔT = tempo instantâneo (min); L = leitura da régua; ΔL = diferença entre leituras; VI = velocidade de infiltração.

Critérios para determinação de quanto e quando irrigar

Conceitos

O objetivo do manejo da irrigação é o fornecimento de água às plantas na quantidade e no momento correto. Para isto é necessário monitorar o armazenamento de água no solo (CAD e AFD) e monitorar sua variação.

Para garantir um bom desenvolvimento vegetativo, deve-se garantir que as plantas não sofram com estresse hídrico acentuado, irrigando sempre que a variação do armazenamento de água do solo for igual ou bem próxima à AFD. Isso significa que a irrigação será aplicada sempre que a umidade do solo facilmente absorvida pelas plantas tiver sido consumida.

Bernardo *et al.* (2006) ressaltam que o ponto-chave do manejo da irrigação é *decidir quando irrigar e quanto de água aplicar*. A lâmina d'água de irrigação (quanto irrigar) é normalmente calculada com base no consumo de água da cultura e na eficiência de aplicação do sistema de irrigação:

$$h_B = \frac{h_L}{E_i}$$

h_B - lâmina bruta de irrigação, em mm;
h_L - lâmina líquida de irrigação, em mm;
E_i - Eficiência de aplicação de água, em mm.

A lâmina líquida é igual ao consumo de água da planta. Parte da água de irrigação evapora antes de chegar ao solo, no próprio ar ou nas folhas das plantas. Portanto, a eficiência de irrigação é menor que 100% ($E_i < 1,0$). Na irrigação por aspersão consideram-se valores de eficiência entre 75% e 85%. A lâmina bruta é a quantidade de água que se deve aplicar para disponibilizar a lâmina líquida às plantas.

O controle da umidade do solo pode ser feito diretamente no solo, ou ser estimado com variáveis climáticas e modelos agrometeorológicos.

Métodos de manejo da irrigação

Os métodos de manejo de irrigação podem ser reunidos em dois grandes grupos (Bernardo, 2006):

a) Lâmina d'água fixa e turno de rega variável: irriga-se sempre com a mesma quantidade de água, mas o intervalo entre irrigações é variável. Esse tipo de manejo é mais comum em pequenas áreas, pois necessita de mais equipamento instalado por área, a fim de garantir que a irrigação da área toda seja feita no mesmo dia. A lâmina d' água é calculada previamente, com a expressão:

$$\mathbf{h_B = \frac{h_L}{E_i}}$$

h_B - lâmina bruta de irrigação, em mm;

h_L = AFD = água facilmente disponível;

E_i - Eficiência de aplicação de água, em mm.

A partir daí, monitora-se o consumo de água diariamente. A irrigação será aplicada sempre que o consumo acumulado for igual ou estiver próximo do valor de h_L.

O exemplo a seguir mostra um balanço hídrico com lâmina d'água fixa e turno de rega variável (**Tabela 8**).

$\mathbf{h_L = AFD = 17\ mm}$;

$\mathbf{E_i = 85\%}$;

Tabela 8. Balanço hídrico para manejo de irrigação com lâmina d'água fixa e turno de rega variável.

Data	Saídas ET (mm)	Entradas (mm) Chuva	Entradas (mm) Irrigação	ARM_a* (mm) Inicial	ARM_a* (mm) Final
1-jun	3,7	15		20	20
2-jun	3,9			20	16,1
3-jun	4,0			16,1	12,1
4-jun	3,2			12,1	8,9
5-jun	4,3			8,9	4,6
6-jun	3,9			4,6	0,7
7-jun	2,3			0,7	**0**
8-jun	**5,0**		**20**	**0**	**15**
9-jun	3,6			15	11,4
10-jun	2,7			11,4	8,7
11-jun	2,9			8,7	5,8
12-jun	3,6			5,8	2,2
13-jun	**3,8**		**20**	**2,2**	**18,4**
14-jun	2,3	7		18,4	20,0
15-jun	2,9			20,0	17,1
16-jun	4,0			17,1	13,1
17-jun	4,5			13,1	8,6
18-jun	4,7			8,6	3,9
19-jun	**4,5**		**20**	**3,9**	**19,4**
20-jun	5,0			19,4	14,4
21-jun	4,8			14,4	9,6

ARM_a máx. = AFDAFD = 20 mm. ET = evapotranspiração; ARM_a = armazenamento de água atual; AFD = água facilmente disponível.

Exemplo: No dia 13 de junho, a situação foi a seguinte:

Saldo inicial (ARM_i):		2,2 mm
Saída:	Evapotranspiração	-3,8 mm
Entradas:	Chuvas	+0,0 mm
	Irrigação	+20,0 mm
Saldo final (ARM_f):		= 18,4 mm.

A primeira irrigação foi feita após oito dias; a segunda, após cinco dias; e a terceira, após seis dias. Isso aumenta o custo de mão de obra, pela necessidade do operador passar mais tempo monitorando a irrigação, pois não se sabe ao certo quando ela ocorrerá.

b) Turno de rega fixo e lâmina d'água variável: o turno de rega é prefixado e a lâmina d'água de irrigação é calculada por meio do monitoramento ou da estimativa da umidade do solo. Esse tipo de método reduz a quantidade de equipamentos necessários à irrigação, pois a área a ser irrigada é dividida em tantas partes quantas forem os dias do turno de rega, e uma parte da área será irrigada a cada dia. O turno de rega é calculado previamente, com a seguinte expressão:

$$TR = \frac{AFD \times E_i}{(ET_m - P)}$$

TR - turno de rega, em dias;
AFD - água facilmente disponível, em mm;
E_i - Eficiência de aplicação de água, em mm;
ET_m - evapotranspiração máxima da cultura, em mm.dia^{-1};
P - precipitação pluvial média (chuva), em mm.dia^{-1}.

Exemplo: AFD = 18 mm; E_i = 85%; ET_m = 5,5 mm.dia^{-1}; P = 2,5 mm.dia^{-1}

$$TR = \frac{18 \times 0,85}{(5,5 - 2,5)} \cong 5\,dias$$

O turno de rega é então prefixado em seis dias. Assim será possível garantir que a pastagem não sofrerá deficiência hídrica significativa, mesmo na situação de máxima demanda de água (ET_m - P = 3 mm.dia^{-1}). Nem sempre a demanda de água será máxima e, nesse caso, a lâmina d'água de irrigação será menor que 18 mm. É necessário monitorar a demanda para determinar qual será a lâmina d'água a cada irrigação.

A **Tabela 9** mostra um exemplo de manejo com turno de rega fixo (cinco dias) e lâmina d'água variável.

Observa-se que esse tipo de manejo reduz o emprego de mão de obra e equipamentos utilizados na irrigação, pois é possível programar melhor o trabalho do operador. No primeiro dia, irriga-se a primeira parte da área, e assim por diante. Ao final do intervalo correspondente ao turno de rega, volta-se a irrigar a primeira parte e o ciclo recomeça.

A cada dia deverá ser irrigada uma parte da área, portanto será necessário ter aspersores que cubram apenas uma fração da área total irrigada. Em pivôs centrais, pode-se dividir o pivô em parcelas com formato similar às fatias de uma pizza, irrigando uma parte a cada dia.

Exemplo: No dia 5 de junho, a situação foi a seguinte:

Saldo inicial (ARM_i):		8,9 mm
Saída:	Evapotranspiração	-4,3 mm
Entradas:	Chuvas	+0,0 mm
	Irrigação	+12,0 mm
Saldo final (ARM_f):		= 16,6 mm

A lâmina d'água a ser aplicada é arredondada para cima, pois há sempre o consumo que ocorre no dia da irrigação, que raramente será coberto pelo excedente de irrigação em razão do arredondamento. Portanto, o armazenamento final será sempre igual ou inferior ao máximo (neste exemplo, 20 mm), como se pode comprovar na **Tabela 9**.

O fato de ter ocorrido armazenamento negativo no dia 19 de junho não é problema, pois o armazenamento considerado é a água facilmente disponível, ou seja, uma fração da CAD (Nesse caso 50% CAD). Portanto, ainda há água no solo, e uma pequena deficiência não causará estresse significativo às plantas.

Determinação da lâmina de irrigação

A umidade do solo pode ser medida direta ou indiretamente. A partir da umidade atual do solo, deve-se proceder à irrigação de modo a fazer com que a umidade retorne à capacidade de campo.

A seguir, são apresentados alguns métodos diretos e indiretos de cálculo da umidade do solo, adaptados a partir dos métodos de determinação da evapotranspiração apresentados por Bernardo *et al.* (2006).

a) Métodos diretos

a.1) Lisímetros: são tanques enterrados no solo, dentro dos quais se mede a evapotranspiração. Com o auxílio de um pluviômetro, mede-se a precipitação pluvial e, com o balanço hídrico, determina-se a necessidade de irrigação.

Os lisímetros podem ser de dois tipos: pesáveis e não-pesáveis. Os lisímetros pesáveis podem ser de pesagem mecânica, flutuáveis ou hidráulicos. Os lisímetros não-pesáveis podem ser de drenagem ou de percolação.

Tabela 9. Balanço hídrico para manejo de irrigação com turno de rega fixo e lâmina d'água variável.

Data	Saídas	Entradas (mm)		ARM$_a$* (mm)	
	ET (mm)	Chuva	Irrigação	Inicial	Final
1-jun	3,7	15,0		20,0	20,0
2-jun	3,9			20,0	16,1
3-jun	4,0			16,1	12,1
4-jun	3,2			12,1	8,9
5-jun	**4,3**		**12,0**	**8,9**	**16,6**
6-jun	3,9			16,6	12,7
7-jun	2,3			12,7	10,4
8-jun	5,0			10,4	5,4
9-jun	3,6			5,4	1,8
10-jun	**2,7**		**20,0**	**1,8**	**19,1**
11-jun	2,9			19,1	16,2
12-jun	3,6			16,2	12,6
13-jun	3,8			12,6	8,8
14-jun	2,3	7,0		8,8	13,5
15-jun	**2,9**		**7,0**	**13,5**	**17,6**
16-jun	4,0			17,6	13,6
17-jun	4,5			13,6	9,1
18-jun	4,7			9,1	4,4
19-jun	4,5			4,4	- 0,1
20-jun	**5,0**		**21,0**	**- 0,1**	**15,9**
21-jun	4,8			15,9	9,6

ARM$_a$ máx. = AFD AFD = 20 mm
*ARM$_a$ = armazenamento de água atual; AFD = água facilmente disponível; ET = evapotranspiração;

Como os lisímetros permitem determinar a evapotranspiração das culturas, é possível calcular a lâmina de irrigação necessária para retornar à capacidade de campo:

$$h_B = \frac{(ET_{C\,acum} - P_{acum})}{E_i}$$

h_B - lâmina bruta de irrigação, em mm;
$ET_{C\ acum}$ - evapotranspiração acumulada da cultura, medida no lisímetro, em mm;
P_{acum} - precipitação acumulada, em mm;
Ei - eficiência de aplicação de água, em valor decimal.

a.2) Método gravimétrico: A medição direta é feita com o método gravimétrico. A lâmina d'água de irrigação é calculada de modo a levar a umidade de volta à capacidade de campo:

$$h_B = \frac{(U_{CC} - U_A)\ x\ dg\ x\ 10\ x\ z}{E_i}$$

U_{CC} - umidade do solo à capacidade de campo, em g.g^{-1};
U_A - umidade atual do solo, em g.g^{-1}

b) Métodos indiretos

b.1) Tensiometria: os tensiômetros medem o potencial matricial de água no solo (ψ_m), que é correlacionado à umidade do solo. A determinação da lâmina d'água de irrigação é calculada por:

$$h_B = \frac{(h_{CC} - h_A)}{E_i}$$

h_B - lâmina bruta de irrigação, em m;
h_{CC} - lâmina d'água armazenada à capacidade de campo, em mm;
h_A - lâmina atual d'água no solo, em mm.

A lâmina d'água presente no solo é dada pela expressão:

$$h_A = -12{,}6\ x\ h_{Hg} + h_1\ x\ h_2$$

h_{Hg} - altura da coluna de mercúrio, em m;
h_1 - altura da cuba de mercúrio ao chão, em m;
h_2 - profundidade da cápsula porosa, em m.

A capacidade de leitura do tensiômetro é de pressões até 0,75 atm. Após esse limite, a água existente na interface muda do estado líquido para gasoso, fazendo com que o equipamento perca a escorva[3] (Mantovani *et al.*, 2006).

[3] Tensiômetros são equipamentos constituídos de cápsula de cerâmica ligada por meio de tubo a um vacuômetro onde a pressão é lida. É fundamental a retirada do ar dessa cápsula (escorva) para o perfeito funcionamento desse equipamento.

Esse equipamento tem o inconveniente de quantificar apenas porções da água disponível no solo. Por exemplo, em solos arenosos, essa porção é de 70%, enquanto para solos argilos esse valor é de apenas 40% (Drumond e Aguiar, 2005).

b.2) Evaporímetros: são equipamentos que medem a evaporação de água. Há dois tipos básicos: com superfície de água livremente exposta ao ar (Tanque Classe A e outros tanques) e com evaporação de água por meio poroso (atmômetros de Liginston e de Bellani, e evaporímetro de Piché).

Tal como nos lisímetros, a lâmina d'água é calculada a partir do consumo acumulado:

$$h_B = \frac{(ET_{C\,acum} - P_{acum})}{E_i}$$

A diferença é que a evapotranspiração não é medida e, sim, estimada por meio da seguinte relação:

$$ET_C = K \times Ev$$

ET_C - evapotranspiração da cultura, em mm;
Ev - evaporação de água no evaporímetro, em mm;
K - coeficiente de correlação entre ETc e Ev.

Método EPS (evaporação–planta–solo)

Rassini (2004) desenvolveu um método de manejo de irrigação de plantas forrageiras, baseado no uso de evaporímetros e na calibração com determinações diárias da umidade em amostras de solo (método gravimétrico). A umidade foi monitorara nas camadas de 0 a 20, 20 a 40 e 40 a 60 cm, para conhecer os perfis de umidade do solo e calcular o armazenamento de água e os demais componentes do balanço hídrico (evapotranspiração e irrigação).

O manejo é feito com base em informações obtidas de dois equipamentos, um evaporímetro (tanque Classe A ou Piché) e um pluviômetro (**Figura 5**).

O fundamento do método EPS é a determinação da lâmina d'água de irrigação a partir de uma relação entre a diferença da evaporação do tanque Classe A (ECA) ou do evaporímetro de Piché (EPi) e a precipitação pluvial (P). A irrigação é aplicada sempre que essa diferença atingir valores entre 20 e 30 mm (ECA - PRP = 20 a 30, ou EPi - PRP = 20 a 30).

O método foi desenvolvido com a alfafa (*Medicago sativa* L.) e seis gramíneas forrageiras tropicais: *Panicum maximum* cv. Tanzânia, *Brachiaria brizantha* cv. Marandu, *B. decumbens*, *Cynodon dactylon* cv. Coastcross, *Pennisetum purpureum* cv. capim-elefante e *Paspalum atratum* cv. Pojuca.

Exemplo de uso do método EPS

Na **Tabela 10**, é apresentado um exemplo do manejo com o Método EPS, utilizando-se um evaporímetro de Piché e um pluviômetro.

Considerou-se uma situação para solos de textura média, na qual é razoável considerar que a irrigação deve ser feita sempre que a diferença entre a evaporação e a precipitação estiver num intervalo entre 20 e 30 mm (EPi - P = 20 a 30 mm).

A evaporação de água é igual à diferença entre duas leituras consecutivas. A reposição de água é feita sempre que o nível de água no Piché estiver baixo. Ao repor água no Piché, utiliza-se o valor da coluna de reposição para calcular a diferença entre as leituras; no dia seguinte, volta-se a utilizar apenas a coluna de leitura.

No caso do método EPS com o uso do evaporímetro de Piché, o cálculo da lâmina de irrigação é feito assim:

Figura 5. **(a)** Tanque do tipo classe A e pluviômetro, utilizados no manejo de irrigação (método EPS); **(b)** Evaporímetro de Piché, que pode ser utilizado em substituição ao tanque do tipo classe A.

Tabela 10. Exemplo de aplicação do método EPS, em São Carlos-SP, com evaporímetro de Piché, considerando-se as ocorrências climáticas durante dez dias.

Data	Leitura do Piché (mm)	Reposição de água (mm)	Diferença ou EPi (mm)	P (mm)	EPi - P (mm)	I (mm)
04/04/2008	140,0	—	—	—	—	—
05/04/2008	135,0	—	5,0	—	5,00	—
06/04/2008	129,0	—	6,0	—	11,0	—
07/04/2008	122,5	—	6,5	—	17,5	—
08/04/2008	**115,3**	**—**	**7,2**	**—**	**24,7**	**16,1**
09/04/2008	110,8	—	4,5	—	4,5	—
10/04/2008	105,4	—	5,4	—	9,9	—
11/04/2008	102,1	—	3,3	2,0	11,2	—
12/04/2008	96,2	140,0	5,9	—	17,1	—
13/04/2008	134,1	—	5,9	9,0	14,0	—
14/04/2008	128,2	—	5,2	—	19,2	—
15/04/2008	**123,0**	**—**	**3,2**	**—**	**22,4**	**14,6**

EPi = evaporação no evaporímetro de Piché. P = precipitação pluvial. EPi - PRP = acúmulo da diferença entre evaporação e precipitação. I - irrigação.

$$h_B = \frac{K \times (EPi - P)_{acum}}{E_i}$$

O valor do coeficiente de ajuste "K" varia de acordo com a cultura. Dados experimentais obtidos no manejo de irrigação, na Embrapa Pecuária Sudeste (não publicados), mostram valores de K entre 0,55 e 0,65 para gramíneas tropicais, e de 0,7 a 0,8 para a alfafa.

Uniformidade da irrigação

A uniformidade de distribuição e o controle da aplicação são, em geral, dois importantes pré-requisitos técnicos para uma irrigação mais eficiente. Na irrigação por aspersão, em razão do seu sistema de distribuição de água, a uniformidade irá depender não apenas das características do sistema, mas também das condições climáticas, principalmente velocidade do vento (**Tabela 11**). A integração de lâminas aplicadas em sistemas móveis de aspersão (pivô central, linear e autopropelido) proporciona melhor uniformidade que sistemas estacionários.

Na **Tabela 11**, a interpretação dos valores de CUC, indica que no teste 1, 64,7% da área está recebendo a lâmina d'água adequada, enquanto outros 35,3% não. Por outro lado, no teste dois, apenas 9,7% da área está recebendo lâmina inadequada. O ajuste na uniformidade de distribuição pode representar economia de até 42% da água utilizada no sistema de irrigação (Drumond e Aguiar, 2005). É possível observar também que, no teste 1, o excesso de PS implicou em baixa uniformidade. Enquanto no teste 2, realizado à noite, o valor de uniformidade foi bem melhor em virtude da menor velocidade do vento, mesmo mantendo a PS alta. Para o teste 3, diminuiu-se a OS e, mesmo com a velocidade do vento alta,o coeficiente de uniformidade foi melhor que no teste 1. Assim, além da velocidade do vento, a regulagem da OS é fator fundamental para determinar a uniformidade de aplicação da lâmina d'água.

Tabela 11. Efeito do vento e da pressão de serviço (PS) na uniformidade de Christiansen (CUC) de distribuição da água.

Teste	PS	Vel. Vento	Horário da medida	CUC	Classificação
1	57	4,06	Dia	64,7	Ruim
2	57	1,26	Noite	90,3	Excelente
3	25	3,85	Dia	83,9	Bom

Fonte: Mantovani *et al.*, 2006.

A uniformidade pode ser quantificada com a distribuição de pluviômetros ou copos coletores na área de forma uniforme, mantendo-se equidistantes. Em caso de pivô central, recomenda-se a distribuição ao longo dos raios, numerando-se os coletores em ordem crescente a partir do centro e afastando-os de 3 a 5m. Em razão do aumento da área por causa do distanciamento do centro do pivô, cada coletor instalado radialmente representa área crescente. Desse modo, faz-se necessário ponderar as lâminas coletadas, por meio da multiplicação do valor coletado pelo número correspondente do pluviômetro.

Os dados coletados para determinação da uniformidade são aplicados em fórmulas que determinam os coeficientes de uniformidade. São diversos os coeficientes para expressar essa uniformidade. Os mais conhecidos são o Coeficiente de Uniformidade de Christiansen (Christiansen, 1942) e o coeficiente de uniformidade de Distribuição (SOIL CONSERVATION SERVICE, 1968).

O CUC pode ser calculado aplicando-se a seguinte equação:

$$CUC = 100 \left(I - \frac{\sum_{i=1}^{a} 1X_i - XI}{nX}\right)$$

Em que:

CUC - coeficiente de uniformidade de Christiansen, %;

X_i - precipitação no pluviômetro de ordem i, mm;

X - média aritmética das precipitações, mm;

n - número de pluviômetros.

O cálculo do coeficiente de uniformidade de distribuição pode ser obtido segundo a equação abaixo:

$$CUD = \frac{x}{X} 100$$

Em que:

CUD - coeficiente de uniformidade de distribuição, %;

X - média aritmética das precipitações, mm; e

x - média de 25% do total de pluviômetros com as menores precipitações, mm.

Em irrigação por aspersão é recomendável que o coeficiente de uniformidade seja maior ou igual a 85%. É importante que seja feita a revisão anual dos equipamentos a fim de buscar manter os índices técnicos adequados.

Um aumento na uniformidade de 65% para 85% (com calibragem dos equipamentos de irrigação, por exemplo) representa uma economia de 109.000 m^3 de água e 46.167 KWh de energia elétrica (Mantovani *et al.*, 2006).

Considerações finais

Em decorrência do aumento da população mundial, têm-se intensificado os conflitos pelo uso da água. De acordo com a legislação vigente, o uso prioritário é o abastecimento doméstico, seguido pelos usos comerciais e industriais. Por último vem o uso agrícola, no qual também há prioridade para a dessedentação de animais e outras atividades. A irrigação pode ser considerada, praticamente, a última prioridade de uso da água.

A irrigação de pastagens deverá evoluir mais em regiões com menor pressão por usos múltiplos da água. Várias dessas regiões estão em locais de menor latitude, com temperaturas mais altas e mais favoráveis a respostas positivas à irrigação.

Há alguns erros que devem ser evitados para aumentar as chances de sucesso. Os principais são:

- desequilíbrio na fertilidade do solo por causa da adubação insuficiente para obter bons resultados com a irrigação;
- instalação de sistemas de irrigação sem planejamento, sem projeto e sem pedido de outorga de uso de água;
- uso de sistemas com bombeamento a diesel, mesmo onde é possível utilizar energia elétrica;
- falta de manutenção adequada dos sistemas de irrigação;
- falta de treinamento de mão de obra para operação de sistemas de irrigação;
- falta de conhecimento das reais possibilidades de incremento na produtividade e na rentabilidade nos sistemas de produção irrigados.

São necessários, também, estudos sobre a

irrigação de forrageiras, considerando-se o sistema de produção como um todo. Alguns dos fatores a serem estudados são:

- potencial de redução da necessidade de alimentos concentrados e modificações no custo das instalações para o seu armazenamento;
- uso da irrigação para produção de alimentos para o período de outono-inverno;
- sobressemeadura de forrageiras de inverno em pastejo rotacionado;
- fertirrigação e eficiência da adubação nitrogenada e potássica;
- forrageiras mais adequadas ao uso em áreas irrigadas;
- retorno econômico da irrigação nas diversas atividades de produção (cria, recria e engorda).
- automatização de sistemas de irrigação para uso noturno;
- irrigação com déficit: resposta das forrageiras ao atendimento parcial de suas necessidades hídricas.

Referências bibliográficas

AGÊNCIA NACIONAL DE ÁGUAS – ANA [2004]. **A situação da escassez de água no mundo**. Disponível em: <http://www.ana.gov.br>. Acesso em 23 ago 2004.

AGRITEMPO. **Sistema de monitoramento agrometeorológico**. [2008]. Disponível em: http://www.agritempo.gov.br. Acesso em: 01/02/2008.

Balsalobre, M.A.A.; Santos, P.M.; Maya, F.L.A; Penati M.A.; Corsi, M. Pastagens irrigadas. In: SIMPÓSIO SOBRE MANEJO DA PASTAGEM, 20, 2003,Piracicaba. **Anais...** Piracicaba: FEALQ, 2003, p.265-296.

Bernardo, S. Tecnologias aplicadas ao planejamento de projetos hidroagrícolas. In: SILVA,D.D.; PRUSKI, F.F (eds.) **Recursos hídricos e desenvolvimento sustentável da agricultura**. Brasília: MMA/SRH/ABEAS, 1997.79-88p.

Bernardo, S.; Soares, A.A.; Mantovani, E.C. **Manual de irrigação**. 8 Ed. Viçosa: UFV, 2006. 625p.

Christiansen, J.E. **Irrigation by sprinkling**. Berkley: University of California, 1942. 124p.

CNA [2008]. **Relatório de atividades 2006**. Disponível em: <http://www.cna.org.br> Acesso em: 26 de março de 2008.

Cristofidis, D. Irrigação: a fronteira hídrica na produção de alimentos. **Revista ITEM**, n.54, p.46-55. 2002.

Cristofidis, D. Recursos hídricos e irrigação no Brasil. In: WORKSHOP DISPONIBILIDADE DE ÁGUA E IRRIGAÇÃO NO NORDESTE, 1999, Brasília. **Anais...** Brasília: Instituto Sociedade, População e Natureza, 1999, 1-34 p.

Drumond, L.C.D.; Aguiar, A.P.A. **Irrigação de pastagem**. 1ed. Uberaba: Drumond, L.C.D., 2005. 210p.

Ferreira, P.A. Tecnologias aplicadas ao planejamento de projetos hidroagrícolas.In: SILVA,D.D.; PRUSKI, F.F (eds.) Recursos hídricos e desenvolvimento sustentável da agricultura. Brasília: MMA/SRH/ABEAS: Viçosa: Depto de Engenharia Agrícola, 1997.191-207p.

IBGE. [2008]. **Dados gerais de áreas com estabelecimentos na agropecuária em hectares**. Disponível em: < http://www.sidra.ibge.gov.br/bda/agric/default.asp?z=t&o=11&i=P> acesso em: 27 de março de 2008.

Mantovani, E.C.; Bernardo, S.; Palaretti, L.F. **Irrigação: princípios e métodos**. Viçosa: Editora UFV, 2006. 318p.

Maya, F.L.A. **Produtividade e viabilidade econômica de recria e engorda de bovinos em pastagens adubadas intensivamente com e sem o uso da irrigação**. Piracicaba: Escola Superior de Agricultura "Luiz de Queiroz", Universidade de São Paulo, 2003. 83p. Dissertação (Mestrado em Agronomia) - Escola Superior de Agricultura Luiz de Queiroz, 2003.

Mendonça, F.C. Análise econômica do custo total de irrigação. In: MENDONÇA, F.C. (Ed.) **Projetos e manejo de irrigação de pastagens**. São Carlos: Embrapa Pecuária Sudeste, 2008. p. 58-64 (No prelo).

Miranda, J.H.; Gonçalves, A.C.A.; Carvalho, D.F. Relações água-solo-planta-atmosfera. In: MIRANDA, J.H.; PIRES, R.C.M. (Ed.). **Irrigação**. Piracicaba: FUNEP, 2001. p.1-62.

Moreno, L.S.B. **Produção de forragem de capins do gênero Panicum e modelagem de respostas produtivas e morfofisiológicas**

em função de variáveis climáticas. Piracicaba: Escola Superior de Agricultura "Luiz de Queiroz", Universidade de São Paulo, 2004. 86p. Dissertação (Mestrado em Agronomia) - Escola Superior de Agricultura Luiz de Queiroz, 2004.

Noronha, J.F. **Projetos agropecuários: administração financeira, orçamento e viabilidade econômica**. São Paulo: Atlas, 1981. 274p

Nova, N.V.; Tonato, F.; Pedreira, C.G.S.; Pedreira, B.C. Método alternativo para a determinação da temperatura-base de espécies forrageiras. In: INTERNACIONAL GRASSLAND ECOPHYSIOLOGY AND GRAZING ECOLOGY, 2, 2004, Curitiba. **Anais...** Curitiba: UFPR, 2004.

Prevello, C.L. **Física do solo com problemas resolvidos**. Curitiba: C.L. Prevedello, 1996. 446 p.

Rassini, J.B. Período de estacionalidade de produção de pastagens irrigadas. **Pesquisa Agropecuária Brasileira**, v.39, n.8, p.821-825, 2004.

Reichardt, K. **Dinâmica da matéria e da energia em ecossistemas**. Piracicaba: ESALQ, 1993. 505 p.

SOIL CONSERVATION SERVICE. **National Engineering Handbook**. Washington: Sprinkler Irrigation, cap.11, secção 5, 1968. 83 p.

CAPÍTULO 25

Diferimento do uso de pastagens

Patricia Menezes Santos
Pesquisadora da EMBRAPA Pecuária Sudeste. São Carlos, SP
patricia@cppse.embrapa.br

Ana Clara Rodrigues Cavalcante
Pesquisadora da EMBRAPA Caprinos Sobral, CE
anaclara@cnpc.embrapa.br

Introdução

A estacionalidade de produção das plantas forrageiras é um fato já bem conhecido por técnicos e produtores, e representa um dos principais entraves ao aumento da taxa de lotação animal em pastagens ao longo do ano. Ela depende de características do sistema clima-solo-planta.

O diferimento do uso de pastagem é uma alternativa para aumentar as taxas de lotação na época seca, garantindo, pelo menos, a manutenção do peso dos animais. Essa prática consiste em suspender a utilização de alguns pastos durante parte do período de maior crescimento das plantas, para que a forragem acumulada possa ser usada em época de escassez de alimento.

O objetivo deste trabalho é discutir princípios básicos do uso diferido de pastagens.

Critérios para planejar o diferimento do uso de pastagens

Para planejar o diferimento do uso de pastagens é preciso, antes de mais nada, conhecer as características do sistema de produção e estabelecer metas de taxa de lotação para a propriedade e para a área cujo uso será diferido. Em seguida, é necessário dimensionar a área e escolher a espécie forrageira, definir as épocas de vedação e utilização do pasto e planejar a adubação da área. Em alguns sistemas, o produtor pode ainda optar por suplementar a alimentação dos animais com alimentos concentrados.

Taxa de lotação em sistemas a pasto

De uma maneira geral, propriedades em regiões de maior custo da terra precisam operar com níveis de produtividade mais elevados, no sentido de competir favoravelmente com as outras alternativas de uso do solo. Por outro lado, em regiões de menor custo da terra, é possível obter boa lucratividade explorando áreas maiores de maneira menos intensiva.

Em termos de taxa de lotação, os limites da técnica de uso diferido de pastagens em sistemas de produção animal a pasto, exclusivamente, variam de acordo com a região e a fertilidade do solo. Simulações feitas por Santos & Bernardi (2005) mostraram que, no Brasil Central, a taxa de lotação potencial da propriedade é de 1,24; 1,55 e 1,86 UA/ha, respectivamente, para solos de baixa, média e alta fertilidade. Já, na Região Norte, seria possível obter-se taxa de lotação de 1,78; 2,23 e 2,68 UA/ha também em áreas de baixa, média e alta fertilidade, respectivamente. Para realizar essas simulações, os autores consideraram que: o período de utilização da área diferida na Região Norte é de três meses e, no Brasil Central, de 6 meses; a taxa de lotação animal nas propriedades é 15% menor nas secas (maio a outubro) que nas águas (novembro a abril); nas áreas diferidas, a taxa de lotação média ao longo do ano é 25% maior que nas áreas extensivas; as áreas de pastejo diferido receberam 50 kg/ha de N no momento da vedação; e as áreas foram vedadas por um período de 100 dias. Foi considerado como limite da tecnologia o ponto em que não houve mais área de pastejo extensivo na propriedade (ou seja, em que toda a área de pastagem foi utilizada de forma intensiva ou teve seu uso diferido).

Dimensionamento da área para uso diferido

Estacionalidade da produção de forragem

Para dimensionar a área cujo uso será diferido, é preciso conhecer a curva de estacionalidade de produção de forragem da região, uma vez que esta define por quanto tempo e em que período será necessário utilizar o estoque de forragem acumulado nas áreas vedadas.

A produção estacional de forragem é determinada por características do sistema clima-solo-planta-animal e também por estratégias de manejo, como a adubação e a irrigação de pastagens. No Brasil, apesar de haver bastante informação sobre a produção de forragem em pastagens, essas informações, além de dispersas, são obtidas sob condições de manejo distintas, o que dificulta sua sistematização com o intuito de definir curvas de estacionalidade de produção características para cada local. Informações sobre a luminosidade, o fotoperíodo, a temperatura e a disponibilidade hídrica, por outro lado, são bons indicativos dos períodos de maior e menor desenvolvimento das plantas e podem ser utilizados para orientar o planejamento do uso diferido de pastagens.

a) Luz

A quantidade e a qualidade da luz interceptada pelas plantas forrageiras estão diretamente relacionadas ao seu ritmo de crescimento, uma vez que interferem em processos como a fotossíntese, o perfilhamento e o desenvolvimento de folhas e de colmos.

A quantidade de energia solar que atinge o limite externo da atmosfera terrestre depende do ângulo zenital dos raios solares (ângulo formado pelos raios solares cuja linha vertical imaginária passa, a partir do centro da Terra, sobre a cabeça de um observador). Em virtude dos movimentos da Terra, esse ângulo varia ao longo dos dias e das estações do ano, de acordo com a latitude do local. Além disso, quando a radiação solar atravessa a atmosfera, há uma alteração na quantidade, na qualidade e na direção dos raios que atingem a superfície da Terra.

A **Figura 1** mostra as variações na quantidade de radiação fotossinteticamente ativa das regiões brasileiras ao longo das estações do ano.

As maiores médias anuais de radiação solar global são observadas na Região Nordeste; na Região Norte, apesar da baixa latitude, o baixo número de horas de insolação faz com que os níveis de radiação solar sejam mais baixos que na Região Nordeste (Tiba, 2000).

b) Fotoperíodo

O fotoperíodo, intervalo entre o nascer e o pôr do sol em um dado dia, varia por causa da latitude do local e da declinação solar. A **Tabela 1** mostra a duração do fotoperíodo nas latitudes compreendidas pelo território brasileiro ao longo do ano.

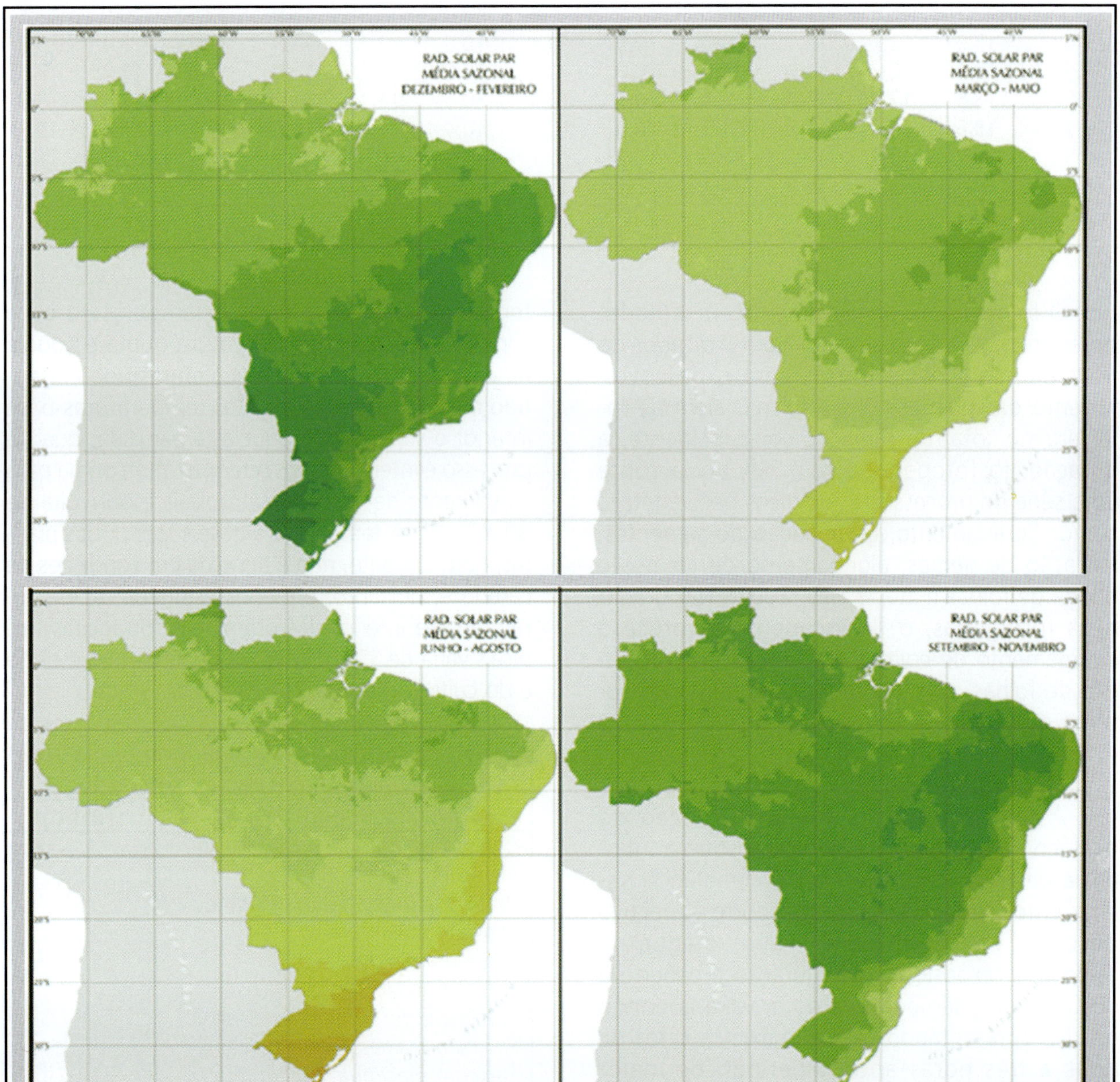

Figura 1. Média sazonal da radiação solar PAR no Brasil. Fonte: Pereira *et al.* (2006).

Tabela 1. Fotoperíodo, em horas, do 15º dia de cada mês, em latitudes compreendidas pelo território brasileiro.

Latitude	Jan.	Fev.	Mar.	Abr.	Mai.	Jun.	Jul.	Ago.	Set.	Out.	Nov.	Dez.
0º	12,0	12,0	12,0	12,0	12,0	12,0	12,0	12,0	12,0	12,0	12,0	12,0
2ºS	12,1	12,1	12,0	11,9	11,9	11,9	11,9	11,9	12,0	12,0	12,1	12,1
4ºS	12,2	12,1	12,0	11,9	11,8	11,8	11,8	11,9	12,0	12,1	12,2	12,2
6ºS	12,3	12,2	12,0	11,9	11,7	11,6	11,7	11,8	12,0	12,1	12,3	12,3
8ºS	12,4	12,2	12,0	11,8	11,6	11,5	11,6	11,7	12,0	12,2	12,4	12,5
10ºS	12,5	12,3	12,1	11,8	11,5	11,4	11,5	11,7	12,0	12,2	12,5	12,6
12ºS	12,6	12,4	12,1	11,7	11,4	11,3	11,4	11,6	11,9	12,3	12,6	12,7
14ºS	12,7	12,4	12,1	11,7	11,3	11,2	11,2	11,5	11,9	12,3	12,7	12,8
16ºS	12,8	12,5	12,1	11,6	11,2	11,0	11,1	11,5	11,9	12,4	12,8	12,9
18ºS	13,0	12,6	12,1	11,6	11,1	10,9	11,0	11,4	11,9	12,4	12,9	13,1
20ºS	13,1	12,6	12,1	11,5	11,0	10,8	10,9	11,3	11,9	12,5	13,0	13,2
22ºS	13,2	12,7	12,1	11,5	10,9	10,7	10,8	11,2	11,9	12,5	13,1	13,3
24ºS	13,3	12,8	12,2	11,4	10,8	10,5	10,6	11,2	11,9	12,6	13,2	13,5
26ºS	13,5	12,9	12,2	11,4	10,7	10,4	10,5	11,1	11,8	12,6	13,3	13,6
28ºS	13,6	13,0	12,2	11,3	10,6	10,2	10,4	11,0	11,8	12,7	13,4	13,8
30ºS	13,7	13,0	12,2	11,3	10,5	10,1	10,2	10,9	11,8	12,7	13,5	13,9
35ºS	14,1	13,3	12,3	11,1	10,2	9,7	9,9	10,7	11,8	12,9	13,9	14,3

Fonte: Pereira *et al.* (2002).

O fotoperíodo, principalmente em latitudes superiores aos trópicos, é um bom *indicador* de risco de condições adversas para o desenvolvimento das plantas. Dessa forma, além de interferir no total de radiação solar incidente, a duração do fotoperíodo têm influência sobre uma série de processos fisiológicos dos vegetais, como: florescimento, germinação de sementes, iniciação de gemas, alongamento de colmos e queda de folhas (Fitter & Hay, 2002). Nas gramíneas forrageiras, o florescimento favorece o alongamento de colmos e a redução na produção de folhas, com consequências negativas sobre a qualidade da forragem.

c) Temperatura

A temperatura do ar é uma função do balanço de energia na superfície e sofre a influência de diversos fatores, como: irradiância solar, ventos, nebulosidade, transporte conectivo de calor, concentração de vapor d'água na atmosfera, exposição, configuração e cobertura do terreno. A temperatura do ar varia ao longo do dia, apresentando valores máximos cerca de duas a três horas após o período de maior irradiância solar, e valores mínimos pouco antes do nascer do sol.

A resposta das plantas à temperatura pode ser descrita em termos de: temperatura ótima, temperatura-base inferior e temperatura-base superior. A faixa de temperatura ótima é aquela na qual o processo fisiológico em estudo é mantido em sua taxa máxima e as temperaturas-base inferior e superior são aquelas a partir das quais o processo é interrompido. A temperatura ótima para crescimento de gramíneas tropicais é por volta de 30 a 35 ºC. A temperatura-base superior das plantas, normalmente, não é atingida em condições de campo e, portanto, é menos estudada. A temperatura-base inferior das gramíneas forrageiras tropicais varia de 12 a 17,5ºC, a depender da espécie e do cultivar (**Tabela 2**).

Tabela 2. Temperatura-base inferior (TBI) de algumas gramíneas tropicais.

Espécie	TBI (ºC)
Cynodon nlemfuënsis var. nlemfuënsis cv. Florico	12,0
Brachiaria brizantha cv. Marandu	15,0
Panicum maximum cv. Massai	15,6
Pennisetum purpureum	15,6
Panicum maximum cv. Atlas	16,2
Brachiaria decumbens cv. Basilisk	16,7
Panicum maximum cv. Tanzânia	17,1
Panicum maximum cv. Mombaça	17,5
Panicum maximum cv. Tobiatã	17,5

Fonte: Adaptado de Moreno *et al.* (2004) e Villa Nova *et al.* (2004).

A **Figura 2** mostra os valores de temperatura mínima média ao longo do ano em Macapá-AP (0°S), Marabá-PA (5°S), Porto Nacional-TO (10°S), Aragarças-GO (15°S), Três Lagoas-MS (20°S) e Castro-PR (25°S). A partir desses resultados, é possível concluir que, em Aragarças e Três Lagoas, o desenvolvimento das plantas é limitado pela temperatura durante o inverno e que, em Castro, há restrição de temperatura para o desenvolvimento das plantas por, pelo menos, seis meses no ano.

muito diversas e, portanto, apresentam grande variabilidade em termos de resposta às condições hídricas. Enquanto algumas espécies são adaptadas às condições intermediárias (ex. *Brachiaria brizantha*), outras se desenvolvem bem em ambientes úmidos (ex. *Hermatria altissima*) ou em locais áridos (ex.: *Cenchrus ciliaris*).

Poucos estudos relacionam a disponibilidade de água no solo com a produtividade em forrageiras tropicais. Durante a fase de estabelecimento, a restrição no fornecimento de água

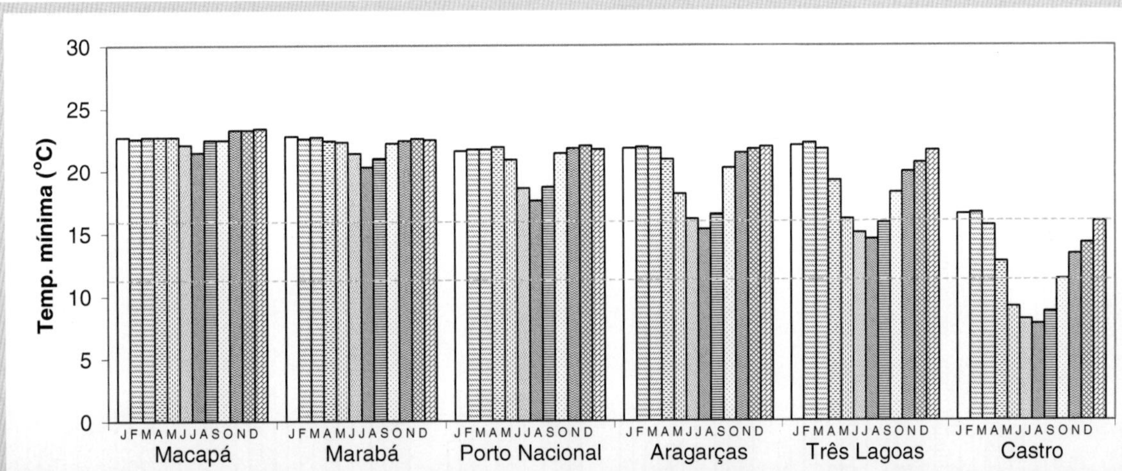

Figura 2. Temperatura mínima média (°C) ao longo do ano em Macapá (0°S), Marabá (5°S), Porto Nacional (10°S), Aragarças (15°S), Três Lagoas (20°S) e Castro (25°) (Agritempo, 2007).

d) Disponibilidade de água no solo

A água disponível no solo corresponde à fração da água que se encontra em condições de ser absorvida pelas raízes da planta. O movimento da água do solo para as plantas e desta para a atmosfera é regido pelo gradiente de potencial hídrico, o que faz com que a quantidade de água disponível varie em razão de atributos do solo e da planta e de condições meteorológicas.

Para que as raízes absorvam a água do solo é preciso que seu potencial hídrico seja inferior ao potencial hídrico do solo. Apesar das plantas suportarem níveis distintos de potencial hídrico (**Tabela 3**), para as plantas cultivadas convencionou-se chamar o conteúdo de água do solo retido a –1,5MPa de *ponto de murcha permanente* (potencial abaixo do qual a planta não consegue mais extrair água do solo).

Ao longo de sua evolução, as espécies de gramíneas ocuparam áreas com características

Tabela 3. Nível mínimo de potencial hídrico para diferentes tipos de plantas.

Tipo de planta	Ψ_{min} (MPa)
Higrófitas[1]	-1
Plantas cultivadas em regiões úmidas	-1 a –2
Mesófitas[2]	-4
Xerófitas[3]	-6

1 - Espécies adaptadas aos ambientes úmidos; 2 - Espécies adaptadas aos ambientes intermediários, nem muito úmidos e nem muito secos; 3 - Espécies adaptadas aos ambientes secos. Fonte: Larcher (2003).

até que seja atingido um nível de 50% da água disponível no solo não afeta o desenvolvimento de plantas de capim-marandu (*Brachiaria brizantha* cv. Marandu), enquanto a interrupção no fornecimento de água até que a sua disponibilidade no solo seja de 25% atrasa o perfilhamento e reduz a produção de biomassa das plantas (Araújo, 2007). Na **Figura 3**, pode-se observar a disponibilidade média de água no solo em Macapá (0°S), Marabá (5°S), Porto Nacional (10°S), Aragarças (15°S), Três Lagoas (20°S) e Castro (25°S) ao longo do ano. De acordo com esses dados, apenas em Castro não há restrição hídrica ao desenvolvimento das plantas forrageiras ao longo do ano; nas demais regiões, há restrição hídrica ao desenvolvimento das gramíneas por períodos que variam de dois a cinco meses. A época do ano em que a restrição hídrica é mais acentuada também varia e, de modo geral, ocorre mais cedo nas regiões de maior latitude.

base inferior próxima a 12°C, o período de menor produção será entre maio e setembro.

Para um bom planejamento, é importante complementar as informações climáticas com dados locais e corrigir os valores, caso sejam adotadas técnicas que alterem a curva de estacionalidade de produção (ex.: adubação e irrigação de pastagens).

Cálculo da área

O cálculo da área de pastagens para uso diferido deve ser feito a partir das informações sobre a evolução do rebanho e a taxa de lotação dos setores de produção de forragem da pro-

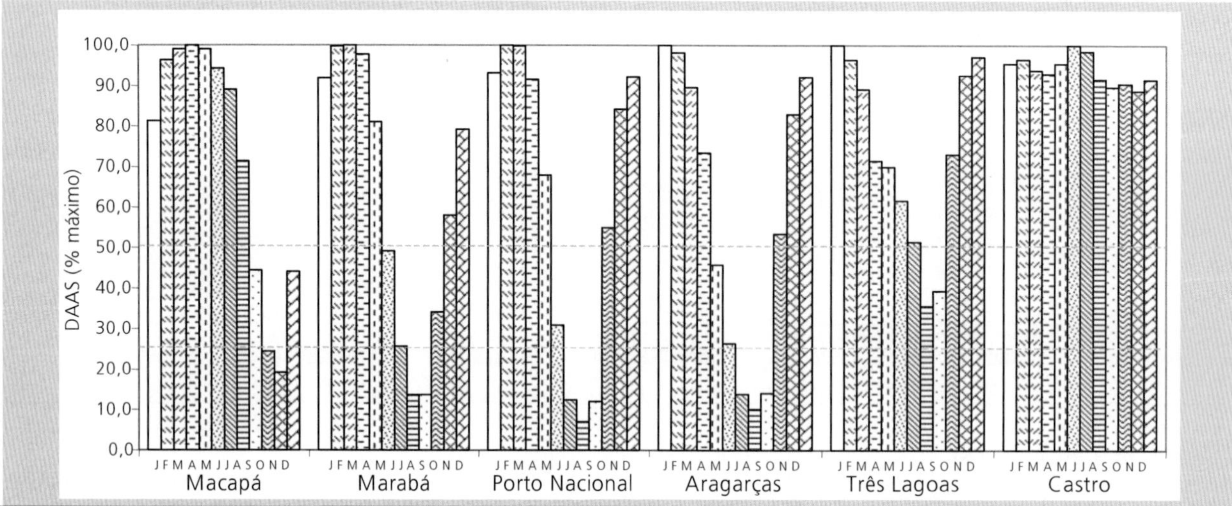

Figura 3. Disponibilidade média de água no solo (% da disponibilidade máxima) ao longo do ano em Macapá (0°S), Marabá (5°S), Porto Nacional (10°S), Aragarças (15°S), Três Lagoas (20°S) e Castro (25°S) (Agritempo, 2007).

e) Período de "entressafra"

As informações climáticas, apresentadas anteriormente, indicam a época de menor produtividade das plantas forrageiras ao longo do ano e, portanto, permitem estimar o período em que será necessário suplementar a alimentação dos animais com forragem proveniente de pastos vedados. Para as regiões citadas, por exemplo, o período de menor crescimento das plantas forrageiras seria: entre setembro e dezembro em Macapá; entre julho e setembro em Marabá; entre junho e setembro em Porto Nacional e Aragarças; e entre maio e setembro em Três Lagoas. Em Castro, as temperaturas mínimas médias foram sempre inferiores à 17°C. Nessa região, para plantas com temperatura-

priedade (ex.: pastagem não-adubada, pastagem adubada no verão, pastagem para uso diferido, cana-de-açúcar, etc.) ao longo do ano.

A partir de informações de evolução do rebanho, é possível estimar-se o número de unidades animais que serão alimentadas na propriedade em cada época do ano. No Brasil, a unidade animal tem sido considerada como um bovino de 450 kg de peso vivo. Essa definição não leva em consideração o potencial de consumo de forragem dos animais. A *American Society of Range Management* definiu, em 1974, a unidade animal como uma vaca adulta, não lactante, de 454 kg ou seu equivalente, com média de consumo de 12 kg de matéria seca (MS) de forragem por dia (*American Society of Range Ma-*

nagement, 1974; citado por Vallentine, 1990). Os valores apresentados na **Tabela 4** podem ser utilizados para estimar o número de unidades animais a partir do número de cabeças em cada categoria animal.

Tabela 4. Valor médio de unidades animais por cabeça para diferentes categorias animais em propriedades de pecuária de corte.

Categoria	Peso (kg)	UA
Vacas	450	1.00
Vacas descartes	450	0.90
Bezerros 0 - 6 meses	120	0.27
Bezerras 0 - 6 meses	100	0.22
Bezerros 7 - 12 meses	250	0.56
Bezerras 7 - 12 meses	225	0.50
Garrotes 13 - 18 meses	330	0.73
Novilhas 13 - 18 meses	270	0.60
Bois 19 - 24 meses	360	0.80
Novilhas 19 - 24 meses	300	0.67
Bois 25 - 30 meses	480	1.07
Novilhas 25 - 30 meses	390	0.87
Bois 31 - 36 meses	510	1.13
Touros	600	1.33

A taxa de lotação nos setores de produção de forragem varia de acordo com a região, a fertilidade do solo, a espécie forrageira e o nível tecnológico adotado. Os valores apresentados na **Tabela 5** podem ser utilizados como referência para o planejamento inicial da propriedade; no entanto, o ideal é que esses dados sejam confirmados a partir de informações locais.

Tabela 5. Exemplo de taxa de lotação média em setores de produção de forragem em propriedades de pecuária de corte.

Setor	Taxa de lotação (UA/ha)	
	Verão	Inverno
Pastagens não-adubadas	1,0	1,0
Pastagens adubadas no verão	5,0	1,5
Pastagens para uso diferido	0,5	2,5
Cana-de-açúcar	0,0	25,0

Uma vez definida a necessidade de alimentos e a capacidade de suporte dos setores da propriedade, a área de pastagem para uso diferido pode ser calculada por meio de sistemas de equações (**Quadro 1**).

Quadro 1. Cálculo de área de pastagem para uso diferido.

Considere uma propriedade de 1.000 ha de pastagens, com taxa de lotação média no verão de 1,2 UA/ha e, no inverno, de 1,25 UA/ha. Nesse exemplo, o período de maior limitação na quantidade de forragem disponível é o inverno e, portanto, os cálculos devem ser iniciados por essa época. O primeiro passo é definir o sistema de equações:

Equação 1. Considerando-se X como a área de pastagens não-adubadas e Y como a área de pastagens para uso diferido, e que a soma das duas áreas deve ser igual à área total da propriedade (1.000 ha), têm-se que:

X ha + Y ha = 1.000 ha

Equação 2. Considerando-se a necessidade de se alimentar 1,25 UA/ha em 1.000 ha durante o inverno, e que a taxa de lotação média da área não-adubada no inverno é de 1,0 UA/ha e da área para uso diferido é de 2,5 UA/ha, têm-se que:

(1,0 UA/ha * X ha) + (2,5 UA/ha * Y ha) = 1,25 UA/ha x 1.000 ha

Simplificando-se a equação 2, têm-se:

1,0X + 2,5Y = 1.250

Em seguida, é preciso resolver o sistema com as duas equações:

X + Y = 1.000 ⇒ X = 1.000 - Y
1,0X + 2,5Y = 1.250

Substituindo-se X na equação 2, têm-se:
1,0 (1.000 – Y) + 2,5Y = 1.250
1.000 – Y + 2,5 Y = 1.250
1,5 Y = 250
Y = 166,7

Substituindo-se o valor de Y na equação 1, têm-se:

X + 166,7 = 1.000
X = 833,3 ha

Por fim, é preciso verificar se a área de pastagem disponível é suficiente para alimentar os animais no verão. Para isso, basta fazer o cálculo do número de animais que poderá ser mantido na propriedade, considerando-se a taxa de lotação média para as áreas de uso diferido e não-adubadas durante o verão:

(833,3 ha X 1,0 UA/ha) + (166,7 ha X 0,5 UA/ha) = 916,6 UA/ha

Como, durante o verão, será necessário alimentar o equivalente a 1.200 UA (1,2 UA/ha em 1.000 ha), verifica-se que haverá restrição de forragem nesse período. Uma alternativa para contornar esse problema é adubar uma parcela do pasto durante o verão.

Com o auxílio de planilhas eletrônicas, o mesmo raciocínio adotado nos cálculos acima pode ser utilizado para planejamentos mais complexos, envolvendo mais de dois setores de produção de forragem e detalhando melhor as épocas do ano.

Escolha da espécie forrageira

A técnica de diferimento tem como principal objetivo acumular forragem da estação de crescimento para uso durante o período de entressafra. Dessa forma, a espécie forrageira para uso diferido deve apresentar bom potencial de crescimento no final da estação de crescimento que, no Brasil Central, corresponde ao período de outono.

A máxima taxa de acúmulo de uma planta forrageira é obtida quando não há limitações nos fatores de crescimento relacionados ao clima, como: temperatura, disponibilidade hídrica, luminosidade e fotoperíodo. As plantas forrageiras respondem de formas diferentes às variações nos níveis desses fatores que ocorrem ao final da estação. Em razão de combinações desses fatores é que se observam variações em produção para uma mesma espécie em diferentes regiões.

Outro fator que deve ser considerado na escolha do capim para diferimento é sua composição morfológica e o ritmo de redução de seu valor nutritivo. Morfologicamente, compõem a biomassa acumulada: as folhas, os colmos e o material morto (tanto folha como colmo). Dentre esses componentes, as folhas são os de maior interesse, considerando-se que é a fração preferida para consumo por animais em pastejo. A maioria das espécies tropicais apresenta desenvolvimento de colmos mesmo durante a fase vegetativa, sendo que plantas de crescimento cespitoso tenden a ter um desenvolvimento de colmo mais acentuado do que plantas de crescimento mais prostrado.

O desenvolvimento dos colmos é acelerado durante o período de florescimento, o que faz com que aumente a sua participação na massa de forragem acumulada. Dessa forma, deve-se dar preferência às espécies forrageiras que não apresentem pico de florescimento durante a fase de vedação.

A passagem da planta do estágio vegetativo para o reprodutivo depende de fatores genéticos, ambientais e hormonais que interagem entre si. Dentre os fatores do ambiente que interferem no florescimento, o mais estudado é o fotoperíodo.

A resposta das plantas ao comprimento do dia permite classificá-las em: plantas de dia longo, plantas de dia curto, plantas indiferentes, plantas intermediárias ou plantas anfofotoperiódicas. Essa classificação baseia-se em um fotoperíodo crítico que depende da espécie em questão e não do comprimento absoluto do dia. As plantas que florescem quando o fotoperíodo é menor que o valor crítico são consideradas de dia curto; e aquelas que florescem em resposta a comprimentos do dia acima do valor crítico são classificadas como de dia longo. As plantas indiferentes florescem independentemente do fotoperíodo, enquanto as intermediárias só vão florescer quando submetidas a comprimentos de dias intermediários, ou seja, dias muito longos ou muito curtos inibem o processo. O comportamento das plantas anfofotoperiódicas é o oposto das intermediárias, isto é, florescem quando o comprimento do dia é muito longo e/ou muito curto. Além das plantas que se encaixam nessa classificação, existem aquelas cuja indução depende de uma combinação entre dias curtos e longos.

As plantas de dias curtos ou de dias longos podem ainda ser classificadas como qualitativas ou quantitativas. Nas plantas qualitativas, o florescimento só ocorre se as exigências quanto ao fotoperíodo forem atendidas; no entanto as quantitativas aceleram o processo de florescimento a partir de determinado comprimento do dia.

Existem poucos trabalhos relacionados à fisiologia do florescimento com gramíneas forrageiras tropicais. O capim-andropogon (*Andropogon gayanus* Kunth.) é uma planta de dia curto com fotoperíodo crítico de 12 a 14 horas (Tompsett, 1976). A temperatura ótima para o florescimento dessa espécie é de 25°C, sendo muito reduzido com 17°C, parando em temperaturas menores que 16°C (Tompsett, 1976).

O gênero *Brachiaria* apresenta diversas respostas aos fatores climáticos. A *Brachiaria brizantha* e a *Brachiaria decumbens* não respondem ao fotoperíodo, e a *Brachiaria ruziziensis* é uma planta de dia curto quantitativa (Dirven *et al.*, 1979).

O *Panicum maximum*, em geral, é classificado como planta de dia curto. No caso do capim-colonião (*Panicum maximum* Jacq. cv. Colonião), o fotoperíodo crítico é de 12 a 14 horas e, quanto menor o fotoperíodo mais precoce é o florescimento. São necessários, no mínimo, 10 dias curtos para que ocorra a indução floral (Felippe, 1978).

A **Tabela 6** mostra a época de floração de algumas gramíneas tropicias na região do Brasil Central. De acordo com esses dados, os capins *Andropogon gayanus*, *Brachiaria ruziziensis* e *Panicum maximum* apresentam pico de florescimento durante o outono e, portanto, não são indicados para o uso diferido nessa região do país. Por outro lado, a *Brachiaria decumbens* cv. Australiana e os *Cynodons* spp. apresentam-se como uma boa opção para o diferimento, uma vez que, além de não apresentarem pico de florescimento no outono, têm elevada taxa de acúmulo de forragem nessa época. O diferimento de áreas de *Brachiaria brizantha* também tem apresentado bons resultados, pois não apresenta pico de florescimento no outono, possibilita bons acúmulos de forragem e não é susceptível à cigarrinha-das-pastagens.

Tabela 6. Época de pico de floração de algumas espécies forrageiras.

Nome científico	Pico de floração
Andropogon gayanus cv. Planaltina	Maio
Brachiaria decumbens cv. Basilisk	Janeiro e março
B. decumbens cv. IPEAN	Janeiro e março
B. brizantha	Janeiro e março
B. ruziziensis	Abril
B. humidícola	Janeiro e março
B. mutica	Fevereiro e março
Cynodon spp. cv. Tifton-85	Janeiro
Cynodon spp. cv. Florakirk	Janeiro
Cynodon spp. cv. Coastcross	Agosto e outubro
Panicum maximum cv. Colonião	Abril
Panicum maximum cv. Green-panic	Dezembro e março
Panicum maximum cv. Guiné	Março e abril
Panicum maximum cv. Makueni	Novembro, março e agosto
Setaria anceps cv. Kazungula	Janeiro
Setaria anceps cv. Nandi	Janeiro
Setaria anceps cv. Narok	Janeiro
Cynodon plectostachyus	Janeiro

Adaptado de Costa (1984) e Carvalho (2000).

Época de vedação e utilização do pasto

Uma das maiores dúvidas em relação ao uso diferido de pastagens é com relação às épocas de vedação e utilização do pasto. Se a área for reservada muito cedo, o valor nutritivo da forragem no momento da utilização será baixo, e os riscos de perdas antes e durante o pastejo serão mais elevados (Leite *et al.*, 1998; Pizarro *et al.*, 1997; Andrade & Salgado, 1992). Por outro lado, com a vedação tardia, a forragem acumulada poderá não ser suficiente para alimentar os animais pelo período previsto.

Na **Tabela 7**, encontram-se recomendações de épocas de utilização para as principais forrageiras que têm sido estudadas para diferimento. Para pastos vedados mais cedo, tem-se recomendado a utilização mais cedo, no início da época de estiagem. Esse fato está relacionado ao melhor aproveitamento da forragem pelos animais, enquanto que, o uso mais tardio é dado ao material cujo uso foi diferido no final da época das águas.

A utilização diferida de um pasto deve es-

Tabela 7. Recomendação de época de vedação e utilização de pastagens de gramíneas tropicais.

Espécie	Local	Vedação	Utilização	Referência
Andropogon gayanus 'Planaltina'	Porto Velho, RO	Março Abril	Junho e julho Agosto e setembro	Costa *et al.* (1997)
Andropogon gayanus 'Planaltina'	Distrito Federal, DF	Março	Julho a setembro	Leite *et al.* (1998)
Brachiaria brizantha 'Marandu'	Brotas, SP	Início de março	Julho	Bueno *et al.* (2000)
Brachiaria brizantha 'Marandu'	Porto Velho, RO	Fevereiro Março	Junho e julho Agosto e setembro	Costa *et al.* (1993)
Brachiaria brizantha 'Marandu'	Distrito Federal, DF	Março até meio de abril	Julho a setembro	Leite *et al.* (1998)
Brachiaria decumbens	Prudente de Morais, MG	Abril	Julho	Filgueiras *et al.* (1997a e b)
Brachiaria decumbens (BRA/4391)	Distrito Federal, DF	Dezembro a fevereiro	Até junho	Pizarro *et al.* (1997)
Panicum maximum 'Vencedor'	Distrito Federal, DF	Março até meio de abril	Julho a setembro	Leite *et al.*. (1998)
Paspalum sp.	Porto Velho, RO	Abril	Julho a setembro	Costa *et al.* (1997)
Pennisetum purpureum 'Cameroon'	Igarapé, MG	Janeiro e fevereiro Março	Início da seca Final da seca	Andrade *et al.*. (1990)
Pennisetum purpureum 'Cameroon'	Felixlândia, MG	Janeiro Fevereiro	Início da seca Meio da seca	Andrade & Salgado (1992)
Pennisetum purpureum 'Mineiro'	Três Pontas, MG	Janeiro Fevereiro	Início da seca Final da seca	Andrade (1993)
Pennisetum purpureum 'Mott'	Porto Velho, RO	Março Abril	Junho e julho Agosto e setembro	Costa *et al.* (1998)

tar associada às metas do modelo de produção, ou seja, é importante definir quais categorias serão alimentadas, se haverá uso de suplementação, por quanto tempo o recurso será utilizado e quantos animais serão alimentados.

Recomendações de adubação nitrogenada

A aplicação de nitrogênio no solo, no momento da vedação do pasto, pode ser feita de forma estratégica para acelerar o ritmo de crescimento da planta e, consequentemente, aumentar a taxa de acúmulo de forragem.

No caso de pastagens para uso diferido, a adubação é feita normalmente em uma única aplicação logo antes da vedação do pasto. Em decorrência das condições climáticas menos favoráveis ao desenvolvimento das plantas nesse período, a aplicação de doses muito elevadas de nitrogênio, via de regra, levará ao acúmulo de nitrato nas plantas e não determinará aumentos substanciais na massa de forragem acumulada (Primavesi *et al.*, 2001). Dessa forma, em áreas de pastagem para uso diferido, não é recomendada a aplicação de doses superiores a 100 kg/ha de nitrogênio.

A fonte mais utilizada de adubo nitrogenado no Brasil é a ureia. Essa fonte tem como vantagens o menor custo por quilograma de nitrogênio, a alta concentração de N, a facilidade de manipulação e o menor poder de acidificação no solo, porém apresenta maior nível de perda de nitrogênio por volatilização (Primavesi *et al.*, 2004).

A quantidade de N-NH_3 volatilizada em áreas de pastagem depende, principalmente, de fatores relacionados com o clima, o solo e o manejo da adubação. A **Tabela 8** traz uma síntese das principais variáveis que afetam a perda de nitrogênio por volatilização e quais os efeitos.

Tabela 8.Principais efeitos de fatores de clima, solo e manejo do solo sobre as perdas de amônia por volatilização em pastagens.

Variável	Efeito
Clima	
Temperatura	Incrementos na temperatura favorecem as perdas.
Chuvas	Redução das perdas com chuvas superiores a 10-20 mm até três dias depois da adubação.Aumento das perdas com chuvas inferiores a 5 mm até três dias depois da adubação.Chuvas que acontecem antes da aplicação do N-fertilizante interferem positiva mente sobre as perdas, quando elevam a umidade do solo para valores próximos ou maiores do que a capacidade de campo.
Solo	
PH	Incrementos no pH aumentam as perdas, principalmente quando a ureia é utilizada. Em solos alcalinos (naturalmente ou como resultado de doses elevadas de calagem), as perdas do N do sulfato de amônio também podem ser elevadas.
CTC	Incrementos no poder tampão reduzem as perdas.
Matéria Orgânica	Incrementos na M.O., por possibilitarem o aumento da CTC do solo, reduzem as perdas. Entretanto, com o aumento nos teores de M.O. ocorre, concomitantemente, o aumento na quantidade e atividade da enzima urease, favorecendo as perdas de N-ureia.
Manejo do solo	
Geral	Influência no processo de volatilização quando altera, direta ou indiretamente, as características do solo (pH, M.O., etc.).
Incorporação do adubo	Reduz as perdas, mas essa prática não tem sido recomendada para pastagens estabelecidas, em razão da falta de implementos adequados.

Fonte: Martha Jr. (2003).

Por causa da irregularidade das chuvas, a aplicação de nitrogênio em área de pastagem para uso diferido no Brasil Central é feita, normalmente, em épocas propícias às perdas de nitrogênio por volatilização. Nesses casos, a principal alternativa para a redução do risco de perdas é o uso de fontes menos susceptíveis à volatilização, como as nítricas ou amoniacais (Primavesi *et al.*, 2001, 2004).

Produção animal em sistemas com uso diferido de pastagens

A produção animal (kg de produto/ha) em pastagens pode ser definida como o produto entre o desempenho individual (kg/ cab dia) e a taxa de lotação (animal/ha). O desempenho individual do animal, excluindo-se o componente genético, é função, principalmente, do consumo (60 a 90%) e da digestibilidade (10 a 40%) do alimento (Minson, 1990). Quando o uso do pasto é diferido, ocorre o acúmulo de elevada quantidade de material morto e colmos. Esses componentes das plantas forrageiras, além de apresentarem menor digestibilidade que as folhas, dificultam a colheita e apreensão da forragem e interferem de forma negativa no consumo dos animais.

O valor nutritivo da forragem em pastagens cujo uso foi diferido varia de acordo com a espécie e as épocas de vedação e de utilização do pasto. Na **Tabela 9**, são apresentados os valores de proteína bruta e de digestibilidade *in vitro* da matéria seca, obtidos em experimentos nos quais o uso do pasto foi diferido.

A suplementação alimentar em áreas de pastagem cujo uso foi diferido é uma alternativa para garantir melhor ganho de peso dos animais e, em alguns caos, até mesmo para assegurar-lhes a sobrevivência. Os suplementos indicados para sistemas de produção com uso diferido de pastagens são: suplemento mineral com ureia, suplementos proteicos e suplementos proteico-energéticos.

Os suplementos minerais com ureia promovem a manutenção ou pequenos ganhos de peso. Os suplementos proteicos, com consumo entre 0,5 e 2 g/kg de peso, promovem ganhos mode-

Tabela 9. Proteína bruta e digestibilidade *in vitro* da matéria seca de *Andropogon gayanus* 'Planaltina', *Brachairia brizantha* 'Marandu', Brachiaria decumbens e *Panicum maximum* 'Vencedor', após vedação para uso diferido do pasto.

Espécie	Período de vedação (dias)	PB (%)	DIVMS (%)
A. gayanus 'Planaltina'	90 a 150 dias	3,0 a 7,5	44 a 61
B. brizantha 'Marandu'	90 a 180 dias	4,0 a 8,3	48 a 61
B. decumbens	112 a 210 dias	2,0 a 5,8	35 a 62
P. maximum 'Vencedor'	90 a 150 dias	4,0 a 10,0	52 a 65

PB = Proteína Bruta; DIVMS = Digestibilidade *in vitro* da matéria seca.Fonte: Costa *et al.* (1997); Filgueiras *et al.*(1997 a e b); Leite *et al.*. (1998) ; Pizarro *et al.* (1997); Santos *et al.* (2004).

rados, entre 100 e 300 g/cab.dia. Já, para os suplementos proteicos-energéticos, de consumo entre 3 e 5 g/kg de peso, esperam-se ganhos de peso de até 600g/cab.dia, sendo que, em todos os casos, o desempenho está relacionado diretamente à disponibilidade de forragem.

Um ponto importante de manejo a ser considerado é a disponibilidade de cocho adequada para cada tipo de suplementação, sendo de 4 a 6 cm para suplementação mineral com ureia, 10 a 12 cm para suplementação proteica e de 20 a 30 cm/cabeça para suplementação proteica-energética. Esses ajustes tem como objetivo o acesso ao cocho e consumo adequado por todos animais.

Considerações finais

O diferimento do uso de pastagens é uma alternativa para aumentar a taxa de lotação animal da propriedade no período seco do ano, sem comprometer o desempenho animal e a sustentabilidade dos pastos. O uso diferido do pasto apresenta vantagens operacionais, quando comparado ao uso de alimentos conservados, porém só é adequado para propriedades com taxas de lotação até 1,8 a 2,5 UA/ha.

Referências bibliográficas

AGRITEMPO. Sistema de monitoramento agrometeorológico. Disponível em: http://www.agritempo.gov.br. Acesso em: 01/02/2008.

Andrade, I.F. Efeito da época de vedação na produção e valor nutritivo do capim-elefante (*Pennisetum purpureum*, Schum) cv. Mineiro. **Revista Brasileira de Zootecnia**, v.22, n.1, p.53-63, 1993.

Andrade, I.F.; Aires, I.M.; Bastos, C.M.C.; Carneiro, A.M. Efeito da época de vedação sobre a produção e o valor nutritivo do capim-elefante (*Penissetum purpureum*, Schum) cv. Camerron. **Revista Brasileira de Zootecnia**, v.19, n.4, p.243-255, 1990.

Andrade, I.F.; Salgado, J.G.F. Efeito da época de vedação do capim-elefante cultivar Cameron sobre sua produção e valor nutritivo. **Revista Brasileira de Zootecnia**, v.21, n. 04, 1992, 637-646p.

Bueno, M.F.; Mattos, H.B.de; Costa, M.N.X.da; Piedade, S.M.S.; Leite, W.B.O. Épocas de vedação e de uso no capim-marandu. 1. Produção de matéria seca e valor nutritivo. **Boletim da Indústria Animal**, v.57, n.1, p.1-9, 2000.

Carvalho, C.A.B.de. **Padrões demográficos de perfilhamento e acúmulo de forragem em pastagens de *Cynodon* spp. manejadas em quatro intensidades de pastejo**. Piracicaba: Escola Superior de Agricultura "Luiz de Queiroz", 2000. 96p. Dissertação (Mestrado em Agronomia) - Escola Superior de Agricultura "Luiz de Queiroz", 1989.

Costa, N.L.; Oliveira, J.R.C. **Épocas de vedação e utilização de *Andropogon gayanus* cv. Planaltina em Rondônia**. Porto Velho: Embrapa Rondônia, 1992. 4p. (Comunicado Técnico, 103).

Costa, N.L.; Oliveira, J.R.C.; Paulino, V.T. Efeito do diferimento sobre o rendimento de forragem e composição química de Brachiaria brizantha cv. Marandu em Rondônia. **Revista da Sociedade Brasileira de Zootecnia**, v.22, n.3, 1993.

Costa, N.L.; Oliveira, J.R.C.; Townsend, C.R. Efeito do diferimento sobre a produção e composição química do capim-elefante cv. Mott. **Pesquisa Agropecuária Brasileira**, v.33, n.4, p.497-500, 1998.

Costa, N.L.; Townsend, C.R.; Magalhães, J.A.; Pereira, R.G.A. **Resposta de genótipos de Paspalum ao diferimento**. Porto Velho: Embrapa Rondônia, 1997. 3p. (Comunicado Técnico, 139).

Costa, N.M.S. Regionalização da produção de sementes de plantas forrageiras em Minas Gerais. **Informe Agropecuário**, v.10, n.111, 1984.

Dirven, J.G.P.; Van Soest, L.J.M.; Wind, K. The influence of photoperiod on head formation in some Brachiaria species and Chloris gayana cv. Masaba. **Netherlandas Journal of Agricultural Science**, v.27, p.48-59, 1979.

Felippe, G.M. Effects of photoperiod, GA_3 and CCC on flowering of *Panicum maximum*. **Hoehnea**, v.7, p.11-16, 1978.

Filgueiras, E.P.; Borges, A.L.C.C.; Rodrigues, N.M.; Escuder, J.; Gonçalves, L.C. Efeito do período de vedação sobre a produção e qualidade da Brachiaria decumbens Stapf: I-matéria seca e proteína bruta. **Arquivo Brasileiro de Medicina Veterinária e Zootecnia**, v.49, n.5, p.586-601, 1997a.

Filgueiras, E.P.; Borges, A.L.C.C.; Rodrigues, N.M.; Escuder, J.; Gonçalves, L.C. Efeito do período de vedação sobre a produção e qualidade da Brachiaria decumbens Stapf: II-digestibilidade e constituintes da parede celular. **Arquivo Brasileiro de Medicina Veterinária e Zootecnia**, v.49, n.5, p.603-616, 1997b.

Fitter, A.H.; Hay, R.K.M. **Environmental physiology of plants**. London: Academic Press, 2002, 367p.

Larcher, W. **Physiological plant ecology**. New York: Springer-Verlag, 2003, 513p.

Leite, G.G.; Costa, N.L.; Gomes, A.C. Efeito da época do diferimento sobre a produção e qualidade de gramíneas na região do Cerrado do Brasil. **Pasturas tropicales**, v.20, n.1, p.15-22, 1998.

Martha Junior, G.B.; Barioni, L.G.; Vilela, L. **Uso de pastagem diferida no Cerrado**. Planaltina, DF: Embrapa Cerrados, 2003. 6p. (Embrapa Cerrados. Comunicado Técnico, 102).

Mendonça, F.C. **Temperatura-base inferior e estacionalidade de produção de gramíneas forrageiras tropicais**. São Carlos: Embrapa Pecuária Sudeste, 2006, 14p. (Embrapa Pecuária Sudeste. Circular Técnica, 45). Disponível em: http://www.cppse.embrapa.br/servicos/publicacaogratuita/circular-tecnica/circular45.pdf/view.

Minson, D.J. **Forage in ruminant nutrition**. New York: Academic Press, 1990, 483p.

Moreno, L.S.B. **Produção de forragem de capins do gênero Panicum e modelagem de respostas produtivas e morfofisiológicas em função de variáveis climáticas**. Piracicaba: Escola Superior de Agricultura "Luiz de Queiroz", 2004. 86p. Dissertação (Mestrado em Agronomia) - Escola Superior de Agricultura "Luiz de Queiroz", 2004.

Pereira, A.R.; Angelocci, L.R.; Sentelhas, P.C. **Agrometeorologia: fundamentos e aplicações práticas**. Guaíba: Agropecuária, 2002, 478p.

Pereira, E.B.; Martins, F.R.; Abreu, S.L.de; Ruther, R. **Atlas Brasileiro de Energia Solar**. São José dos Campos: INPE, 2006, 60p.

Pizarro, E.A.; Ramos, A.K.; Carvalho, M.A. Efeito da época de diferimento em novo germoplasma de *Brachiaria decumbens*. **Pasturas Tropicales**, v.19, n.1, p.16-20, 1997.

Primavesi, A.C.; Primavesi, O.; Corrêa, L. de A.; Cantarella, H.; Silva, A.G. da; Freitas, A.R. de; Vivaldi, L.J. Adubação nitrogenada em capim-Coastcross: efeitos na extração de nutrientes e recuperação aparente do nitrogênio. **Revista Brasileira de Zootecnia**, v. 33, n. 1, p.68-78, 2004.

Primavesi, A.C; Corrêa, L.A.; Cantarella, H.; Primavesi, O.; Freitas, A.R.; da Silva, A.G. Eficiência nutricional de dois adubos nitrogenados aplicados a lanço em capim coastcross (*Cynodon dactylon* L. Pears). XXXVIII Reunião Anual da Sociedade Brasileira de Zootecnia, **Anais...** Piracicaba, SP, 2001, CD-ROM: Seção forragicultura.

Santos, D.G.; Paulino, M.F.; Valadares Filho, S.C.; Lana, R.P.; Queiroz, D.S.; Fonseca, D.M.da. Terminação de tourinho Limousin x Nelore em pastagem diferida de *Brachiaria decumbens* Stapf., durante a estação seca, alimentados com diferentes concentrados. **Revista Brasileira de Zootencia**, v.33, n.6, p.1627-1637, 2004.

Santos, P.M.; Bernardi, A.C.C. **Diferimento do uso de pastagem**. In: SIMPOSIO SOBRE MANEJO DE PASTAGEM, 22, 2005, Piracicaba. Teoria e prática da produção animal em pastagens. Piracicaba: FEALQ, 2005, 95-118p.

Tiba, C. **Atlas solarimétrcio do Brasil: banco de dados terrestres**. Recife: Editora Universitária da UFPE, 2000, 111p.

Vallentine, J.F. **Grazing management**. San Diego: Academic Press, 1990. 533 p.

Villa Nova, N.A.; Tonato, F.; Pedreira, G.S.; Pedreira, B.C. Método alternativo para a determinação da temperatura-base de espécies forrageiras. In: GRASSLAND ECOPHYSIOLOGY AND GRAZING ECOLOGY, 2, 2004, Curitiba. **Anais...** Curitiba: UFPR, 2004.

Seção VII
Reprodução

CAPÍTULO 26

Inseminação artificial em bovinos de corte

Thaís Basso Amaral
Pesquisadora da EMBRAPA
Gado de Corte. Campo Grande, MS
Thais@cnpgc.embrapa.br

Carlos Eurico Fernandes
Professor Adjunto
Departamento de Patologia
UFMS. Campo Grande, MS
cefernandes@nin.ufms.br

Cláudia Queiroz de Almeida
Mestre em Reprodução Animal
cqavet@hotmail.com

Introdução

Inseminação artificial (IA) é a deposição do sêmen puro ou diluído no trato genital feminino, em condições tais que permitam que o espermatozoide fecunde o óvulo. A primeira IA realizada no Brasil foi em 1940, porém essa técnica só começou a ser difundida comercialmente no País a partir da década de 70.

A Inseminação artificial é a biotecnologia que causa maior impacto nos programas de melhoramento animal. Ela foi responsável pela massificação da utilização de animais geneticamente superiores, e tornou possível a realização de programas de avaliação de touros jovens, diminuindo o intervalo de gerações.

Dentre as vantagens oferecidas pelo emprego dessa técnica, destacam-se:

1. Melhoramento genético rápido e eficiente, proporcionando aumento da produtividade a cada geração;
2. Possibilidade de cruzamento entre raças;
3. Uso de touros provados superiores para produção de leite e carne;
4. Controle de doenças transmissíveis através da monta natural;
5. Uso de touros com problemas adquiridos e impossibilitados de efetuarem a monta ou após sua morte;
6. Aumento do número de descendentes de um reprodutor;
7. Padronização do rebanho, facilitando a comercialização dos lotes;
8. Melhor controle zootécnico do rebanho.

As vendas totais de sêmen no País saltaram de quase 1,944 milhões de doses, em 1987, para mais de 6,375 milhões em 2006. De acordo com as estatísticas da Associação Brasileira de Inseminação Artificial (ASBIA), ao longo desse período, o crescimento foi de 246,51%. Dentre as raças de corte, no ano de 2006, a raça Nelore foi responsável por cerca de 53% das vendas, seguida da raça Angus, com 16% da comercialização, Nelore Mocho com 7% e Brahman com 5,5%.

Apesar desse crescimento, ainda não se observa a popularização dessa técnica. Segundo dados da ASBIA, 3,8 milhões de doses de sêmen de gado de corte foram comercializadas em 2006. Supondo-se a utilização de todo esse sêmen, com uma eficiência de 1,7 doses por prenhez, resulta um total de 2,2 milhões de fêmeas inseminadas naquele ano, ou cerca de 4% das fêmeas de gado de corte em reprodução no Brasil.

Entre as causas para não-adoção massiva da IA está a forma extensiva de criação dos animais, uma vez que a adoção desta técnica requer aumento das atividades diárias do rebanho e maior experiência nas práticas de manejo na propriedade, especialmente para detecção de estro.

Entre 1994 e 1999, a FAO procurou identificar causas que levam à baixa fertilidade na IA e concluiu que a principal foi a falha na detecção de estro, seguida por inseminações em momentos inapropriados, baixa qualidade do sêmen, mortalidade embrionária, entre outros fatores.

Um dos fatores que levam a bons resultados na IA é o tamanho do rebanho em observação. Fonseca (1984) sugere que o número de fêmeas observadas em conjunto seja de no máximo 300. Para grandes rebanhos, a solução é a divisão dos animais em piquetes e por categoria, por exemplo, separar matrizes com bezerro de matrizes sem bezerro. Isso facilita a detecção de estros eo manejo para realização da IA.

Aspectos relacionados ao touro

Colheita de sêmen

Diferenças entre métodos de colheita de sêmes devem ser levadas em consideração de acordo com os objetivos da colheita. Por exemplo:

1. prefere-se a colheita com vagina artificial para o congelamento do sêmen, principalmente pela possibilidade de amostras mais fidedignas e mais concentradas, resultando em um maior número de doses de sêmen por ejaculado;
2. prefere-se a eletroejaculação para colheitas em touros de campo (plantel), embora também possa ser utilizada para congelamento. As diferenças básicas entre métodos originam-se na forma de estimulação para a colheita e são apresentadas na **Tabela 1**.

Controle sanitário do sêmen

Todos os reprodutores são submetidos a um período de quarentena antes de ingressarem na central de colheita de sêmen. Durante esse período, são realizados os seguintes exames sanitários: brucelose, tuberculose, tricomonose, campolobacteriose, leptospirose e espermocultura. Após a confirmação do *status* sanitário os ani-

Tabela 1. Principais diferenças entre vagina artificial e eletroejaculador.

Aspecto	Vagina artificial	Eletroejaculador
Estimulação	natural	artificial
Comportamental	possibilita avaliação da aproximação, ereção, monta, procura, introdução e ejaculação	não possibilita avaliação comportamental;
Manejo com o animal	necessita de um animal (fêmea ou macho) contido em tronco especial ou manequim o que torna o método mais demorado	contenção em tronco comum para bovinos;
Manejo com equipamento	mais complexo, necessita preparação prévia da vagina, adequando temperatura e pressão da água	simples, deve haver bom contato entre sonda e glândulas anexas, fácil manutenção
Técnica	treinamento prévio; maior risco de acidentes; adequada para poucos animais no período de serviço; permite amostras límpidas	manuseio é simplificado, pouco risco de acidentes; adequado para um grande número de animais em um período; maior possibilidades de contaminação (sujidades) nas amostras; pode haver necessidade de refazer a colheita em alguns touros
Volume e aspecto seminal	pouca variação: ao redor de 5mL e normalmente com aspecto fidedigno	variável dependendo do estímulo; concentração espermática não é fidedigna

mais considerados aptos entram na rotina de coleta de sêmen, conforme as etapas apresentadas na **Figura 1**.

Biometria testicular

Outra variável importante a ser considerada na seleção de touros para inseminação artificial é a circunferência ou perímetro escrotal (PE). Há uma tendência por parte dos produtores e técnicos em supervalorizar o PE por ser um dado fácil de ser colhido por ocasião do exame e estar relacionado a ganhos genéticos no rebanho. De fato, segundo Toelle & Robison (1985), no gado Hereford, o PE está favoravelmente associado à idade ao primeiro serviço (r= -0,32) e ao intervalo entre partos (r=-0,21) das filhas de touros com maior PE. No gado Nelore, Martins Filho & Lobo (1991) estimaram uma correlação genética entre PE e idade à primeira cria de –0,44. Porém, conforme Bourdon & Brinks (1986), fatores como ambiente, idade, peso e tamanho corporal, idade da mãe ao primeiro parto, nível nutricional e grupo contemporâneo são fatores que afetam o PE e devem ser considerados para que seja possível a comparação entre indivíduos no que diz respeito a essa característica.

Do ponto de vista clínico, o PE está intimamente associado ao peso testicular (R^2=0,90, Willett & Ohms, 1957) e este com o peso corporal (R^2=0,90; Amann,

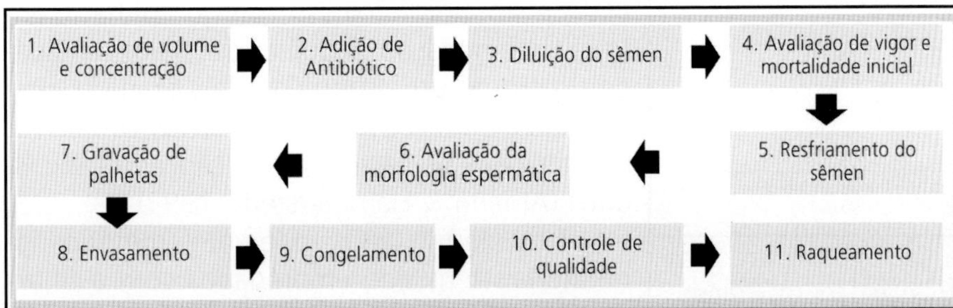

Figura 1. Sequência de eventos que ocorrem no laboratório em centrais de inseminação.Fonte: ASBIA (2007).

1970), entretanto, com a produção espermática, a associação é inferior (R^2=0,53; Weisgold & Almquist, 1979). De acordo com Amann & Schanbacher (1983), é possível assumir que touros com testículos maiores têm mais chances de produzirem sêmen com maior concentração espermática, quando contemporâneos, da mesma raça e, ainda, quando criados nas mesmas condições de meio ambiente. Esses estudos resumem aspectos importantes sobre a interpretação do PE e mostram que essa variável deve ser usada, preferencialmente, sob condições controladas, o que nem sempre é possível em condições de campo. Fernandes *et al.* (2003) avaliaram touros Brangus (3/8 Zebu) aptos à reprodução após exame andrológico, criados em fazendas no Brasil Central, e observaram que o crescimento do PE está mais associado ao peso corporal do que à idade. Isso em virtude da seleção genética priorizar indivíduos com maior peso na desmama e sobreano (DEPs positivas para essas variáveis). Quarenta e três por centro (R^2=0,43, $p<0,001$) da variação do perímetro escrotal é explicado pela variação do peso corporal. A relação quadrática é semelhante à encontrada para touros europeus e sugere que, a partir de 600 kg de peso corporal, há tendência de redução no crescimento testicular (**Figura 2**).

Em touros Nelore, a idade é um fator importante para o ajuste do PE por ocasião do exame andrológico. Em animais criados extensivamente, espera-se aumento do PE à medida que se tornam mais velhos, mais pesados e, possivelmente, mais adaptados às condições ambientais. A variação do PE e respectivos desvios em touros Nelore no Estado do Mato Grosso do Sul pode ser observada na **Figura 3** (Nogueira *et al.*, 2006).

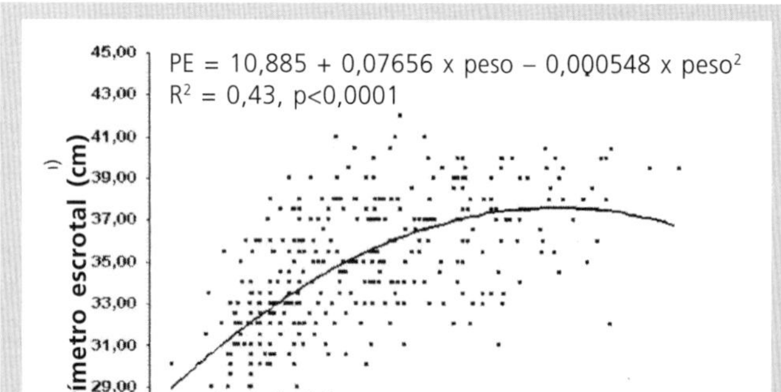

Figura 2. Representação gráfica da relação entre peso corporal (kg) e perímetro escrotal (cm) em touros Brangus (3/8 Zebu) criados no Estado de Mato Grosso do Sul. PE=perímetro escrotal. Fonte: Fernandes *et al.*, 2003.

Avaliação de sêmen congelado

Variações nos padrões seminais podem estar associadas a fatores nutricionais, raciais, ambientais, farmacológicos, sanitários ou de manejo, ocorrendo de forma transitória ou permanente. Nessas situações, geralmente há indícios de redução na qualidade seminal, porém, em outras, pequenas variações podem ocorrer, necessitando de avaliações continuadas. Um exemplo desse aspecto pode ser visto na avaliação seminal de touros em repouso sexual, após longo período do término de uma estação reprodutiva. Em geral, alguns animais apresentam hipóstase espermática (presença de espermatozoides velhos na cauda do epidídimo) e subsequente redução de motilidade, vigor e aumento na prevalência de defeitos de cauda ou de cabeça isolada normal. Porém, após um ou dois ejaculados, há notadamente melhora no quadro seminal. Portanto, as variações devem ser interpretadas à luz de vários fatores, minuciosamente observados por ocasião do exame andrológico.

A função primordial dos espermatozoides durante a fertilização é a de contribuir com um conjunto de cromossomos haploides e ativar o ovócito, iniciando uma sequência de eventos bioquímicos necessários ao desenvolvimento embrionário (Yanagimachi, 1994). Nesse sentido, a avaliação seminal assume papel fundamental, cujos objetivos envolvem a predição da fertilidade de indivíduos sem prévio conhecimento, a determinação daqueles de maior fertilidade dentro de um grupo com fertilidade conhecida e a identificação de parâmetros confiáveis, repetitivos e de fácil comparação entre indivíduos (Amann & Hammerstedt, 1993).

Nos últimos anos, diferentes métodos laboratoriais têm sido empregados com a finalidade de identificar aspectos pertinentes à composição estrutural e funcional da célula espermática, especialmente após o processo de cri-

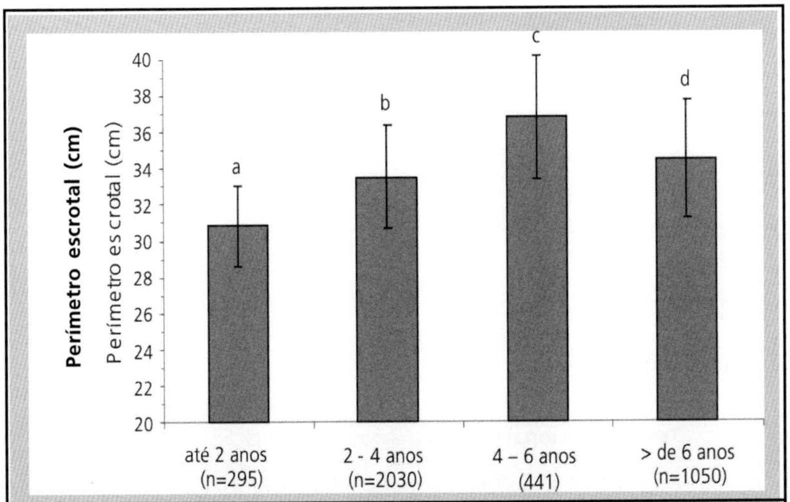

Figura 3. Média e respectivos desvios para o perímetro escrotal, em 3.816 touros Nelore, de acordo com a idade em fazendas do Mato Grosso do Sul. abc p<0,001. Fonte: Nogueira *et al.* (2006).

opreservação. A maioria desses testes, usados na avaliação do sêmen congelado, são preditivos, ou seja, empregados com o objetivo de discriminar e comparar amostras de diferentes indivíduos, associando-as indiretamente com a fertilidade. Esses testes incluem a concentração espermática, motilidade, vigor, morfologia, colorações supravitais, integridade da membrana plasmática, integridade acrossomal e integridade da cromatina (Hammerstedt, 1996). Outro conjunto de testes, chamados funcionais, permitem avaliar diretamente a capacidade funcional dos espermatozoides e incluem a fertilização competitiva (heterospermia), ligação ou aderência à zona pelúcida (heteróloga ou homóloga), contagem de espermatozoides acessórios, penetração e fertilização *in vitro*. O ideal e mais eficiente nesse grupo é o processo de fertilização, baseando-se nos índices de descondensação da cabeça espermática, formação de pró-núcleo (masculino e feminino), clivagem e desenvolvimento embrionário (De Jonge, 1999).

Embora esses indicadores correlacionem-se com a fertilidade *in vivo*, a análise do sêmen deve considerar o caráter heterogêneo entre indivíduos e entre amostras (partidas) do mesmo indivíduo para composição de critérios seletivos. Assim, a avaliação da qualidade seminal deverá incluir um conjunto de variáveis, a fim de estimar sua estrutura e capacidade funcional, incluindo a motilidade, vigor, morfologia, integridade da membrana plasmática e da cromatina nuclear (Evenson, 1999; Larsson & Rodrigues-Martínez, 2000).

Integridade da membrana plasmática

Na região acrossomal, peça intermediária e cauda espermática, os domínios funcionais da membrana plasmática, embora sejam estabilizados nas células maduras, sofrem mudanças adicionais durante o trânsito e armazenamento epididimal em razão de alterações nas cargas iônicas, ligação à lecitina, redistribuição molecular intramembranosa, fluidificação de alguns componentes fosfolipídicos, composição lipídica e proteica e, ainda, composição de sítios (receptores) para adesão e adsorção proteica (Flesch & Gadella, 2000). Assim, a maior característica discriminante entre espermatozoides vivos e mortos é a perda de sua motilidade e integridade estrutural da membrana plasmática. Na cauda do epidídimo, a superfície das membranas espermáticas apresenta carga negativa, no entanto, após a ejaculação, ao entrar em contato com o ambiente externo, as membranas tornam-se suscetíveis a expressar cargas positivas (Veres *et al.*, 1985). Nessas condições, há intensa produção de peróxido de hidrogênio pelo efeito das oxigenases, enzimas neossintetizadas envolvidas nos processos lesivos ou tóxicos celulares. A consequência imediata é a peroxidação lipídica, desestruturação dos ácidos graxos poli-insaturados, lesão estrutural e redução da motilidade e vigor espermático (Taylor, 2001). Os principais aspectos associados ao trânsito, armazenamento e ejaculação dos espermatozoides bovinos são apresentados na **Figura 4**.

Testes laboratoriais específicos para análise das condições estruturais da membrana plasmática e estimativa da reação acrossomal têm sido incluídos no diagnóstico da viabilidade espermática (Rodrigues Martinez *et al.*, 1997). A integridade da membrana plasmática pode ser avaliada em microscopia de campo claro pelo uso de corantes supravitais com destaque para *eosin-nigrosin* e *eosin-aneline blue*, *trypan-blue*. Embora esses corantes sejam conhecidos há mui-

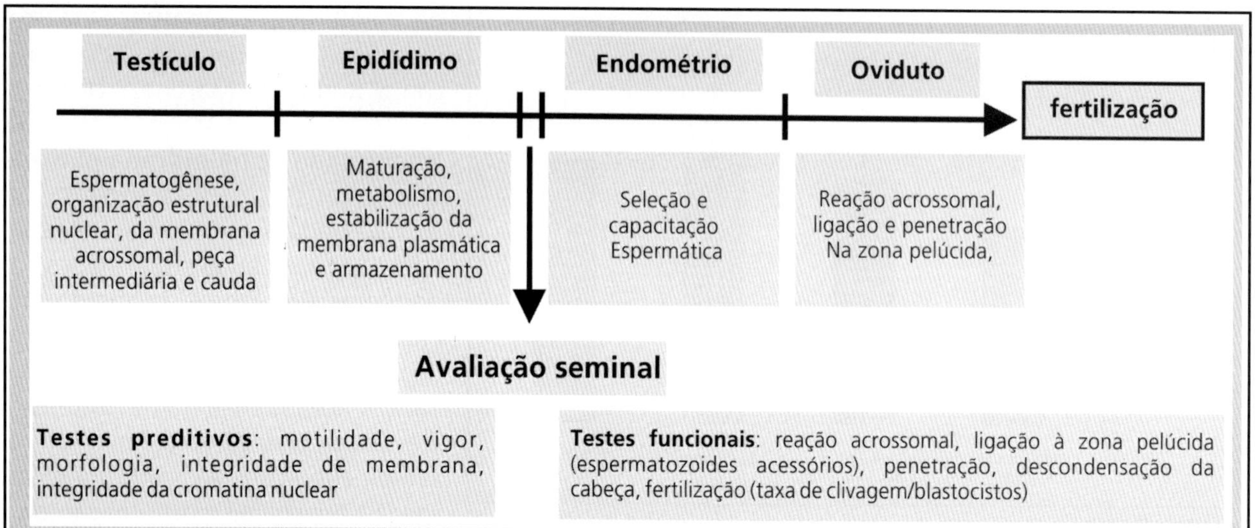

Figura 4. Representação esquemática dos principais aspectos envolvidos com a formação, trânsito, deposição uterina e fertilização do sêmen bovino.

tos anos, o *trypan-blue* vem sendo amplamente usado com resultados promissores (Tartaglione & Ritta, 2004).

A combinação entre o método supravital *trypan-blue* e a coloração de giemsa (*trypan-blue/giemsa*) possibilita a avaliação da integridade da membrana plasmática e da região acrossomal, além de alterações morfológicas específicas no acrossomo, sendo, portanto, um método vantajoso para estimativa da viabilidade do sêmen pós-descongelação, além de ser de fácil execução e critérios bem definidos quanto à interpretação dos resultados (**Figura 5**).

Integridade da cromatina nuclear

Os primeiros estudos sobre mudanças na organização do núcleo espermático, nos bovinos foram descritos por Gledhill (1966) e McCosker (1969), que evidenciaram a presença de alterações na cromatina associando-as à infertilidade. A partir da década de oitenta foram estabelecidas as variações no perfil da cromatina espermática nos mamíferos e, por conseguinte, foi introduzido o termo heterogeneidade, para expressar espermatozoides que não apresentavam um caráter normal. Por causa da relação entre subfertilidade e baixa qualidade seminal, foi crescente o interesse pela determinação e estimativa da heterogeneidade da cromatina espermática.

Diversos fatores têm sido associados à presença de anormalidades na cromatina espermática, em especial, ao efeito de agentes tóxicos e patogênicos, mutação gênica e cromossomal e, mais frequentemente, pela perda da termorregulação testicular. As alterações na cromatina originam-se a partir da diferenciação pós-meiótica, especificamente, durante o remodelamento nuclear, e estão intimamente associadas à presença de fendas (*nicks*) no DNA e anormalidades na topoimerase II (topo II), enzima responsável pela reparação contínua de pequenas alterações no DNA. A inibição dessa enzima, antes de completar a espermiogênese, favorecerá o aparecimento de fragmentação no DNA ou, em parte, da cromatina nuclear (Risley *et al.*, 1986). Além desse aspecto, as falhas na estrutura do DNA podem ocorrer na presença de altos níveis de estresse oxidativo e produção de H_2O_2 no ambiente testicular.

Esse processo foi investigado por Anzar *et al.* (1996), que descreveram em cinco touros de alta fertilidade, a ocorrência de cromatina danificada, entre 15 e 25% no sêmen fresco e cerca de 10% no sêmen congelado. A correlação encontrada (r=-0,90) mostrou a importância da identificação dessas alterações no espermograma, sobretudo em touros a serem usados em fertilização *in vitro*. Erros no processo de protaminação (substituição das histonas pelas protaminas nucleares), ancoragem na cromatina espermática ou falha no próprio DNA, estão associados

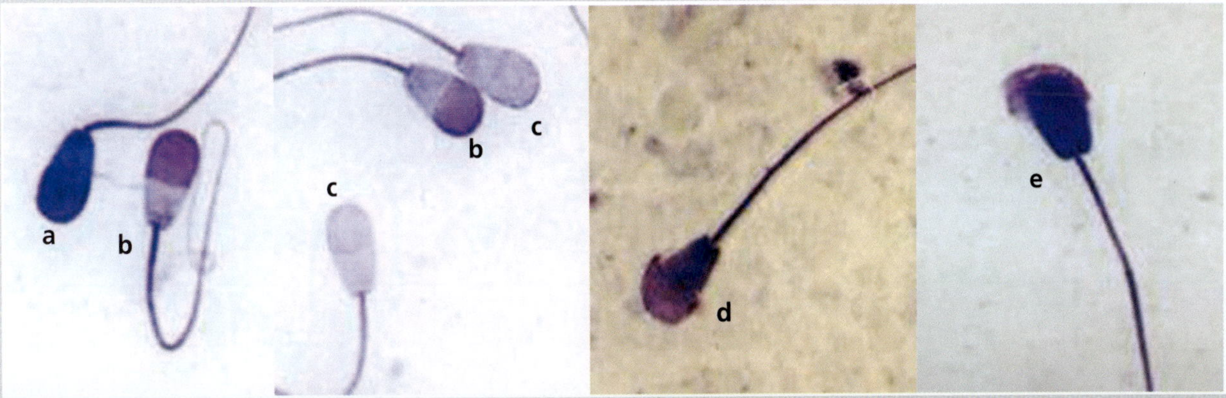

Figura 5. Espermatozoides bovinos pós-descongelamento corados pelo método de *Trypanblue/giemsa*; **a**, espematozoide morto com acrossomo íntegro; **b**, espermatozoide vivo com acrossomo íntegro; **c**, espermatozoide vivo com acrossomo lesado; **d** e **e**, espermatozoides mortos com acrossomo destacado. Fonte: Fernandes, C. E., 2005.

à diminuição tanto na habilidade fertilizante quanto no subsequente desenvolvimento embrionário (Evenson, 1999). Isso pressupõe que a necessidade de um alto nível de organização nuclear, durante a espermatogênese, seja fundamental para o processo de descondensação da cabeça espermática e formação do pró-núcleo masculino após a fertilização (Sutovsky & Schatten, 2000).

As anormalidades na condensação da cromatina e a aparente fragmentação do núcleo espermático, podem ser identificadas por técnicas específicas. Essas incluem, desde a avaliação *in situ* por citoquímica, até o uso da citometria de fluxo, a partir da marcação das células lesadas pela *acridine orange* (corante metacromático). Assim, diferentes técnicas podem ser usadas para estabelecer o nível de fragmentação ou descondensação da cromatina espermática. Segundo Evenson *et al.* (2002) há uma relação distinta entre suscetibilidade do DNA à desnaturação e a presença de fraturas ou quebras na estrutura do DNA. Ambos podem ser estimados de acordo com testes específicos. No primeiro caso, são usadas provas para identificar a estabilidade ou defeitos mais sutis na integridade da cromatina. Essas provas incluem a *single cell gel electrophoresis assay* (COMET), *terminal deoxynucleotidyl transferase-mediated nick end labeling* (TUNEL), *in situ nick translation* (NT), *sperm chromatin structure assay* (SCSA) e *acridine orange test* (AOT).

No caso da condensação anormal da cromatina e identificação de fragmentações nucleares, as provas são mais simples e inclui a reação de Feulgen, coloração por *aniline blue*, *toluidine blue* e *chromomycin*-A_3. Desses métodos, a coloração de Feulgen, além de ser a mais antiga, é bastante usada em bovinos (Feulgen & Rossenbeck, 1924; Barth & Oko, 1989). Por essa técnica, os espermatozoides são submetidos à hidrólise ácida, cuja função é destacar as bases purinas das riboses, expondo os grupos aldeídos presentes no DNA.

Nos locais onde há ruptura ou descondensação da cromatina, os grupamentos aldeídos livres reagem com a fucsina básica (pararosanilina) e tornam-se avermelhados ou magenta (Chieco & Derenzini, 1999). Em microscopia de contraste de fase, esses locais ficam de cor esbranquiçada, formando halos claros, semelhantes a vesículas, que se distribuem em várias regiões da cabeça (*clumps*) ou, ainda, rachaduras distribuídas em vários pontos do núcleo espermático (**Figura 6**). Nas células íntegras, todo o núcleo fica escuro, com padrão homogêneo e sem a presença de fragmentos ou halos esbranquiçados.

A presença de rupturas ou fragmentação no núcleo espermático é inversamente correlacionada (r=-0,64, p<0,01) com o comprimento da onda α_t (curtose), medida pela citometria de fluxo, em espermatozoides com alterações no DNA. Isso indica que quanto maior a dispersão na leitura

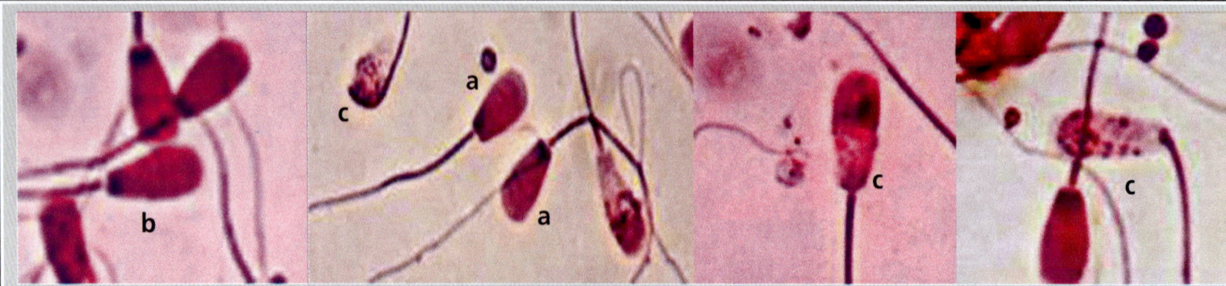

Figura 6. Representação de diferentes formas de descondensação da cromatina observada no sêmen bovino corado pela reação de Feulgen (**a**, normal; **b**, fragmentação parcial; **c**, fragmentação total da cromatina. Fonte: Fernandes, 2005; Campos *et al*., 2007.

do citômetro (menor curtose), maior será a proporção de núcleos fragmentados ou descondensados, pelo método de Feulgen (Dobrinsk & Barth, 1993).

Aspectos relacionados à fêmea

Manifestação do estro

As gonadotrofinas induzem a maturação folicular que resulta no aumento da secreção de estradiol, que atinge valor máximo de 7,76 pg/mL no início da manifestação do estro (Lyimo *et al*., 2000). Há evidências de que o estradiol tenha um efeito tudo ou nada, ou seja, quando a concentração na corrente sanguínea é suficiente para que haja manifestação de estro, se ocorrer liberação de quantidades adicionais de estradiol, não há influência na intensidade da expressão do comportamento (Allrich, 1993). Porém essa intensidade pode variar entre indivíduos e rebanhos (Lyimo *et al*., 2000).

O estro pode iniciar-se em um animal a qualquer hora do dia ou da noite, além de ser de duração variável. A literatura cita que bovinos de raça zebuínas apresentam menor período de manifestação de estro, quando comparados com animais de raça europeia (Christensen *et al*., 1974; Galina *et al*., 1982; Valle *et al*., 1994; Lyimo *et al*., 2000; Alves, 2001).

A duração do estro em animais de raça europeia, criados em regiões de clima temperado, pode variar de 18 a 20 horas (Hafez, 1997), porém, quando criados em regiões de clima subtropical, esses animais apresentam menor duração da manifestação do estro, quando comparados com animais criados em clima temperado. Plasse *et al.* (1970) mostraram que, em meses de temperatura ambiental baixa, animais da raça Brahman apresentaram diminuição na manifestação de estro, com aumento de casos de ovulações sem manifestação de estro e maiores intervalos entre cios. Os autores citam que o mesmo não ocorre em animais criados em regiões subtropicais, e que a temperatura de conforto para zebuínos é em média de 16 a 27°C.

Detecção e comportamento durante o estro

Para obtenção de bons índices na IA, é necessário que se conheça o melhor momento para a inseminação. Quanto mais próximo da ovulação o sêmen for depositado no trato genital, maiores são as chances de concepção. Como a determinação do momento da ovulação não é um método prático, utiliza-se o período de manifestação de estro como referencial para a inseminação (Valle *et al*., 1994).

Vários métodos são utilizados para detecção do estro; um deles é quando o homem observa o comportamento da fêmea que se caracteriza, principalmente, pela monta de outro animal (French *et al*., 1989). O reflexo de imobilização à monta é o sinal de maior importância para detecção do estro, mas pode-se observar também vulva edemaciada com presença de muco de aspecto cristalino, maior atividade de locomoção, agitação e elevação da cauda, redução na ingestão de alimentos, diminuição na produção de leite, emissão frequente de mugidos, cheirar, lamber, cabecear, pressionar o queixo, tentar montar outros animais, reflexo de Flehmen, entre outros (French *et al.*, 1989; Allrich, 1993). Porém o tempo de manifestação do estro é curto. Dessa forma, quando se utiliza somente observação pelo homem, resulta-se em menor taxa de detecção. Em resultados encontrados por French *et al.* (1989), a taxa de detecção, quando utilizada somente pela observação humana, foi em média 40%; quando esse método foi conciliado com a utilização de rufiões, esse índice aumentou para 95% e até 100%. Willianson *et al.* (1972), avaliando os mesmos parâmetros, observaram em torno de 82,4% para detecção somente com visualização humana, contra 95,8% na detecção feita com auxílio de rufiões.

A observação do estro com auxílio de rufiões é mais eficiente, pois o homem utiliza somente a visão para detecção, enquanto rufiões utilizam visão, audição, olfato e gustação, além de permanecerem 24 horas com o rebanho (Foote, 1974; French *et al.*, 1989). Essa técnica apresenta ainda melhores resultados quando esses animais utilizam buçal marcador (Allrich, 1993). Donaldson (1968), verificou o percentual de detecção de estros com observações três vezes ao dia e auxílio de rufiões com buçal marcador de 100% contra 88 a 93% no grupo em que os animais não utilizavam buçal.

A frequência de observação do estro é outro fator que pode influenciar nos resultados de detecção. Gwazdaukas *et al.* (1983), concluíram que com uma observação diária detecta-se 50% de estros, esse número aumenta para 80% quando a observação é feita duas vezes ao dia; e para 95% quando as observações passam a ser realizadas quatro vezes ao dia. Adicionalmente, Foote (1974) sugere que bons resultados de detecção de estros são alcançados com três períodos de observações diárias com duração mínima de 30 minutos cada. Quanto maior a frequência de observação, maior a eficiência de detecção do estro, principalmente em animais zebuínos, devido ao fato de apresentarem menor tempo de manifestação de estro, (Fêo & Barnabé, 1980).

O manejo da detecção de cio mais utilizado consiste em duas observações diárias, uma no início da manhã e outra no final da tarde, devendo cada período de observação ser de, no mínimo, 40 minutos.

Esse tempo não deve ser reduzido, pois a eficiência de detecção de cio dos animais, normalmente, gira em torno de 55 a 60%, mesmo com o uso de técnicas, como buçal marcador, pintura na cauda e observação visual (Cavalieri & Fitzpatrick, 1995). Um dos fatores que levam à baixa detecção de cios é a elevada proporção dos animais que começam e terminam o cio durante a noite, como o verificado por Pinheiro *et al.*,1998 (**Tabela 2**).

Tabela 2. Proporção de vacas Nelore que começaram (C), terminaram (T) ou que começaram e terminaram (CT) o estro durante o dia ou a noite.

	C	T	CT
Noite	53,8	46,1	30,7
Dia	46,1	53,8	23,0

Pinheiro *et al.* (1998).

Em condições extensivas, os bovinos organizam-se em ordem social hierárquica. Essa ordem permanece estável por longos períodos de tempo. A ordem de dominância pode ocorrer por diversos fatores como idade e peso dos animais, presença de chifres ou maior tempo de permanência no rebanho (Orihuela & Galina, 1997).

Em rebanhos bovinos, ocorre a formação de grupos sexualmente ativos, ou seja, quando duas ou mais fêmeas entram em estro simultaneamente, formam grupos que se afastam do rebanho e trocam monta entre si, perde e recruta membros diariamente (Chenoweth, 1983). O grupo sexualmente ativo permanece visível ao macho, que é atraído pelo comportamento de monta dos animais. No entanto, o maior estímulo para que um macho siga uma fêmea é a receptividade expressa pela sua imobilidade ao ser montada (Chenoweth, 1974).

A literatura cita que bovinos têm preferência sexual por animais geneticamente similares. Em trabalho realizado por Chenoweth (1996), citado por Castellanos *et al.* (1997), observou-se que fêmeas mestiças Brahman-charolais apresentaram mais interesse em animais de uma dessas raças.

A expressão do estro pode ser reduzida se ocorrem mudanças em um grupo de animais, até mesmo quando o ambiente é modificado com a movimentação do rebanho nas pastagens

(Orihuela & Galina, 1997). Landivar *et al.* (1985) citam que zebuínos não aceitam montas consecutivas quando em estro. Nesses animais, ocorre, em média, uma monta a cada hora, enquanto em europeu ocorrem 2,8 montas por hora. O autor adiciona que quando animais zebuínos são mantidos em curral para a observação de estro, o comportamento é alterado e ocorre diminuição da manifestação de estro.

Inseminação artificial em tempo fixo

Pode-se afirmar que a baixa taxa de prenhez é um dos principais fatores limitantes ao uso da IA nos rebanhos comerciais de gado de corte. Essa baixa eficiência reprodutiva pode ser explicada pelas dificuldades do manejo diário de animais por um período de 90 a 100 dias, na época das chuvas, para observação de estro e inseminação propriamente dita. Vale salientar que, para as condições brasileiras, as taxas de prenhez estimadas para a IA estão entre 50 e 60%.

Para resolver ou pelo menos amenizar esse problema, vem aumentando a utilização da IA em tempo fixo (IATF). Essa técnica consiste na inseminação das fêmeas sem a necessidade de observação de cio. Para tanto, são utilizados protocolos hormonais intra-auriculares ou intravaginais de longa ação associados a aplicações intramusculares de efeito rápido. Dessa forma, pode-se programar a inseminação das fêmeas em um período curto e pré-determinado. As vantagens dessa técnica são a eliminação da necessidade de observação de cio, facilitando, dessa forma, o manejo, além da concentração de partos em um período específico.

As principais vantagens da inseminação artificial em tempo fixo são:

- Elimina a necessidade de observação de cios, evitando erros de detecção;
- Possibilita a programação das inseminações em um curto período;
- Concentra o retorno do cio das fêmeas falhadas na primeira inseminação, facilitando o diagnóstico de cio no repasse;
- Possibilita altas taxas de prenhez no inicio da estação de monta;
- Concentra a mão de obra, diminuindo o número de horas extras com inseminadores e evitando problemas trabalhistas.

Há inúmeros protocolos para sincronizar a ovulação com o objetivo de realizar a inseminação artificial em tempo fixo. A escolha do protocolo mais apropriado depende da avaliação técnica das condições dos animais que serão inseminados. Quando a IATF é utilizada adequadamente, 50% das fêmeas sincronizadas emprenham com apenas uma inseminação artificial.

Principais protocolos

Prostaglandinas

O tratamento com prostaglandina e seus análogos (PGF) causa regressão o corpo lúteo (CL) maduro. Em alguns animais, o CL poderá responder ao tratatamento 5 a 6 dias após o cio, mas o mais provável é que ele responda a partir do sétimo a oitavo dia após o cio, uma vez que o corpo lúteo, nesse período, ainda não está totalmente receptivo à prostaglandina.

Existem vários protocolos com utilização de PGF. Se for administrada somente uma dose, aproximadamente 70% das vacas que estavam ovulando devem entrar em cio. A palpação retal e o tratamento das vacas que apresentam um CL aparente e funcional deveriam aumentar a proporção das que respondem, mas devido a erros na detecção de cio, aproximadamente 75% das vacas tratadas são detectadas em cio (Odde, 1990). O protocolo mais utilizado é o de duas aplicações com intervalo de 11 dias.

Um dos maiores problemas da sincronização de cio com utilização de prostaglandinas é a baixa fertilidade dos esquemas de IA em tempo fixo. Isso se deve ao intervalo do tratamento até a ovulação sendo influenciado pelo estágio do folículo dominante no momento do tratamento. Quando o folículo dominante encontra-se em fase de crescimento ou estática temporária, as novilhas entram em cio 48 a 60 horas após o tratamento e ovulam 28 a 30 horas depois (Kastelic & Ginther, 1991). Caso o folículo se encontre em fase de regressão, o folículo dominante da próxima onda será o ovulatório e, nesse caso, os animais entrarão em cio de 5 a 7 dias após o tratamento. Portanto, o ideal é sincronizar o desenvolvimento folicular, para que todos os animais tenham um folículo em crescimento e com capacidade de ovular no momento da administração de PGF.

Combinações de progestágenos e estrógenos

São os grupos de compostos similares à progesterona. Dentro desses compostos pode-se citar os progestágenos de aplicação oral, como o Acetato de Melengestrol (MGA®), os implantes subcutâneos de Norgestomet (Syncro-Mate-B® e Crestar) e os dispositivos intravaginais com progesterona (CIDR-B® e PRID®).

A utilização somente de compostos similares à progesterona resultava em baixa taxa de fertilidade, principalmente porque as concentrações de progesterona liberadas não eram suficientes para impedir o desenvolvimento do folículo dominante (em ausência de CL), impedindo o crescimento de uma nova onda folicular (folículo persistente), de maneira que, quando se retira o implante, o folículo ovulatório contém um ovócito envelhecido e de baixa fertilidade.

Por esse motivo, surgiram os protocolos que utilizam a combinação de estrógenos e progestágenos para suprimir o desenvolvimento do folículo dominante e, dessa maneira, sincronizar o desenvolvimento de uma nova onda folicular. Vários experimentos foram conduzidos nesse sentido, e as conclusões mais importantes foram que a associação do progestágeno com o estradiol -17β (E-17β) ou benzoato de estradiol (BE), administrados em qualquer momento do ciclo estral, induzem o crescimento sincronizado de uma nova onda folicular, aproximadamente, quatro dias depois (Bó, 2000).

Sob o ponto de vista da seleção, a utilização de protocolos de IATF pode ser interessante pelo fato da concentração de nascimentos e, dessa forma, haver formação de grupos contemporâneos mais homogêneos, facilitando a avaliação genética. Porém, para que haja ganhos genéticos, a IATF deve ser realizada no início da estação de monta, para que as vacas mais férteis tenham chances de conceber, pois o que ocorre na prática, muitas vezes, é que aqueles animais que não apresentaram cio durante a estação de monta, são sincronizados no fim dessa estação, não promovendo seleção, pois essas vacas, como são menos férteis, deveriam ser descartadas do rebanho.

Resultados econômicos da utilização da inseminação artificial

Além dos fatores zootécnico, merecem atenção os aspectos econômicos relacionados ao uso da IA. Segundo Ferraz (1996), o aumento de 5% para 15% no total de vacas de corte inseminadas representa incremento na produção de 370 mil toneladas de carne, avaliadas em cerca de US$ 278 milhões. Para esse autor, a monta natural é mais cara que a IA em decorrênica dos custos de manutenção e depreciação dos touros. Já Arruda (1990), ao comparar a economicidade da monta natural e da IA, encontrou custo 10,54% menor para a monta natural.

O trabalho de Amaral *et al.* (2009) avaliou o custo da monta natural (MN) e da inseminação artificial (IA). Para tanto, foram realizadas algumas simulações com base em uma fazenda hipotética de 1.220 ha de pastagens, com capacidade de suporte na seca de 0,8 UA/ha. Supondo que essa fazenda realize as fases de cria, recria e engorda e possua um rebanho estabilizado de 2.500 cabeças ou 1.400 UA. Os índices zootécnicos aplicados foram semelhantes para as duas situações estudadas (MN ou IA):

- número de vacas em reprodução: 790;
- taxa de prenhez: 80%;
- taxa de mortalidade até 1 ano: 3%;
- taxa de mortalidade demais categorias: 1%;
- taxa de descarte das vacas: 20%;
- idade à primeira cria: 3 anos;
- idade de abate dos machos: 2,5 anos;
- peso ao abate dos machos: 480 kg ;
- número de doses por prenhez: 1,57;
- preço da arroba: R$ 65,00 (preço médio de safra de 1995 - 2006, corrigido para dezembro de 2006).

Foi considerada que a taxa de prenhez tenha sido de 80% para todos os sistemas e que o preço do touro utilizado na alternativa monta natural foi o de R$ 4.550,00 (70 @). Partindo-se do pressuposto de que esse touro possuía alto valor genético, semelhante a touros utilizados na inseminação artificial. O valor do sêmen utilizado nos cálculos foi de R$ 15,00 a dose.

Tabela 3. Resultados econômicos (R$) de dois sistemas[a] de produção - Monta Natural (MN) ou Inseminação Artificial (IA).

	MN	IA
(1) Receita total[b]	502.553,60	508.964,94
(2) Desembolsos[c]	251.047,57	275.230,52
(3) Total depreciações[d]	83.717,94	65.347,65
(4) Total juros [e]	79.790,74	75.198,29
(5) Pró-labore[f]	12.600,00	12.600,00
(6) Custo operacional (2+3+5)	347.365,51	353.178,17
(7) Custo total (2+3+4+5)	427.156,25	428.376,46
Margem bruta (1-2)	251.506,03	233.734,42
Margem operacional (1-6)	155.188,09	155.786,77
Lucro (1-7)	75.397,35	80.588,48
Custo/@ carcaça boi gordog R$/@	56,00	55,45

a - Sistema MN: touro de 70@ , sendo adotada a relação touro:vaca de 1:30 e taxa de prenhez de 80% para os dois sistemas; @= R$ 65,00. b - Receita proveniente da venda de animais (para o abate e vendidos magros). c - Total de pagamentos efetuados pelo produtor (mão de obra, sal mineral, produtos veterinários, impostos e taxas, manutenção de pastagens, máquinas e instalações). d - Depreciações de máquinas, instalações, animais de reprodução, pastagem. e - Juros de 6% ao ano sobre o capital investido na atividade (máquinas, instalações, animais de reprodução, pastagem exceto valor da terra nua). f - Pró-labore: retirada mensal do produtor de R$ 1.050,00. g - Custo/@ carcaça boi gordo: calculado abatendo-se do custo total as receitas oriundas das outras categorias que não o boi gordo. Fonte: Amaral *et al.*, 2007.

Conforme a análise dos dois sistemas de produção (**Tabela 3**), a margem bruta (receita total menos desembolsos) no Sistema MN foi 7,6% superior ao Sistema IA. Essa ocorrência foi devida ao custo operacional da IA que foi maior (R$ 353.187,17) do que o da MN (R$ 347.365,51). Porém, o custo com depreciações, que inclui o rebanho de reprodução, é maior no Sistema MN em decorrência do custo de depreciação dos touros, que não existe no Sistema IA. Por esse motivo, o lucro para o sistema IA foi aproximadamente 7% superior. Os resultados alcançados demonstram mais uma vez a necessidade de se obter bons índices de prenhez para que o investimento, tanto em touros de alto valor genético como na utilização da IA seja compensador. Nessa simulação, considerou-se que os resultados em termos de produção do sistema (peso e idade de abate dos bois) seriam semelhantes, pois tanto os touros no Sistema MN como o sêmen dos touros no Sistema IA, foram adquiridos com base na avaliação genética, portanto apresentavam DEPs positivas para ganho de peso, refletida em menor idade de abate para as duas situações.

Amaral *et al.* (2009) também avaliaram o impacto econômico da IA e da IATF, com e sem repasse com touros no âmbito do sistema de produção. Nessas simulações, utilizou-se a mesma fazenda hipotética descrita anteriormente, e a mesma idade de abate, com taxa de prenhez de 80%. Para um preço de R$ 15,00 por dose de sêmen, obtiveram-se os resultados apresentados na **Tabela 4**.

Segundo Amaral *et al.* (2009), o uso exclusivo de IA no sistema de produção analisado é a alternativa que apresenta os melhores resultados econômicos, considerando-se os pressupostos estabelecidos (prenhez de 80%, sêmen a R$15,00/dose e touro de repasse a R$ 4.550,00/cabeça). O custo da tecnologia representa 5,4% do custo total, e o produtor obtém lucro de R$ 80.588,00.

Se houver necessidade de fazer repasse com touros para atingir os 80% de prenhez, haverá aumento no custo de produção e, consequentemente, redução de 11% no lucro do produtor.

Já quando se avaliou a utilização da IATF, o custo da tecnologia elevou-se consideravelmente, passando de R$ 22.915,00 com o uso da IA para R$ 46.225,00, no caso de utilização da IATF+IA+RT, (aumento de 102%) e redução de cerca de 30% no lucro do pecuarista (R$ 80.588,00 para R$ 57.279,00). Diante desses resultados, conclui-se que a utilização da IATF em rebanhos comerciais deve ser avaliada com cautela. Além do custo elevado, a eficiência dos protocolos é muito baixa, havendo necessidade

Tabela 4. Indicadores econômicos do sistema de produção, com taxa de prenhez de 80%, dose de sêmen de R$ 15,00, de acordo com a tecnologia utilizada na reprodução.

Tecnologia	Custo da Tecnologia[a] R$/ano	Participação da tecnologia no custo total[b] %	Custo de Produção[c] R$/@ carcaça	Lucro[d] R$
IA[1]	22.915	5,4	55,5	80.588
IA +RT[2]	31.865	7,3	56,6	71.638
IATF[3] +IA	41.788	9,3	57,9	61.716
IATF + RT	41.616	9,3	57,9	61.888
IATF + IA +RT	46.225	10,2	58,5	57.279

[1]Inseminação artificial; [2]Repasse com touro; [3]Inseminação artificial em tempo fixo. a - Custo com os insumos relacionados às tecnologias, como sêmen, nitrogênio, equipamentos para inseminação, protocolos hormonais, quando for o caso, inseminador, etc. b - Porcentagem que a tecnologia utilizada representa no custo total do sistema. c - Custo/@ carcaça boi gordo: calculado abatendo-se do custo total as receitas oriundas das outras categorias que não o boi gordo. d - Receita total menos custo total (custo operacional, juros, depreciações e pró-labore). Fonte: Amaral *et al.*, 2007.

de um repasse de IA ou repasse com MN para se alcançar taxas de prenhez elevadas.

Portanto, para aquelas propriedades com bom nível gerencial e mão de obra qualificada, que possuem condições para a adoção da IA com boas taxas de prenhez, a IA pode ser vantajosa economicamente, pois é a forma mais viável de aceleração do melhoramento genético do rebanho, uma vez que touros de alto valor genético geralmente não estão disponíveis para o uso em monta natural.

Considerações Finais

A inseminação artificial resulta em muitos benefícios, principalmente quando se pensa em cruzamento industrial e seleção, porém ainda é pouco utilizada pelos criadores no Brasil. Para mudar esse cenário, algumas medidas precisam ser adotadas, como capacitação de mão de obra, melhoria de infraestrutura nas propriedades e, principalmente, é necessário que haja uma correta detecção do cio para que resulte em bons índices de prenhez e aumente, dessa forma, sua utilização.

É importante ressaltar que, independentemente do sistema de acasalamento escolhido pelo produtor, o fator que mais pesará no resultado final é a eficiência reprodutiva.

Referências bibliográficas

ALVES, N.G. **Estação do ano e tipo de luteólise sobre as características do proestro e estro de vacas das raças Gir e Guzerá**. Belo Horizonte, MG: UFMG- Escola de Veterinária, 2001. 93p. Dissertação (Mestrado em Zootecnia). Escola de Veterinária / UFMG, 2001.

AMANN, R.P.; HAMMERSTEDT, R.H. *In vitro* evaluation of sperm quality: an opinion. **Journal of Andrology**; v.14, p. 397-406, 1993.

AMANN, R.P. Sperm Production Rate. In: JOHNSON, A.D.; GOMES, W.R.; VANDEMARK, N. L. **The testis**. Academic Press, NY. v. 1, Cap.7, 1970. p. 433-482.

AMANN, R.P.; SHANBACHER, B.D. Reproductive physiology of male. **Journal of Animal Science**, v.57, supl. 2, p.380-403, 1983.

AMARAL, T.B.; CORRÊA, E.S.; COSTA, F.P. Avaliação econômica de diferentes tecnologias adotadas na reprodução de bovinos de corte. In: Amaral, T.B.; Sereno, J.R. B.; Pellegrin, A. O. (Ed.) **Fertilidade, Funcionalidade e Genética de Touros Zebuínos**. Corumbá: Embrapa Gado de Corte, Embrapa Pantanal, Embrapa Cerrados, 2009. p.160-181.

ALLRICH, R.D. Estrous behavior and detection in cattle. **Veterinary Clinic of North America, Food and Practice**, v.9, n.2, p.249-260, 1993.

ANZAR, M.; GRAHAM, E.F. Role of sperm motility and acrosome integrity in the filtration of bovine semen. **Theriogenology**; v.45, p.513 - 520, 1996.

ARRUDA, Z.J. de. Análise econômica dos sistemas de monta natural e de inseminação artificial na produção de bezerros de corte. Campo Grande, EMBRAPA-CNPPG, 1990, 28 p. (EMBRAPA-CNPGC. **Documentos**, 40).

ASSOCIAÇÃO BRASILEIRA DE INSEMINAÇÃO ARTIFICIAL - Relatório de comercialização de sêmen, 2006. Disponível em: <http://www.asbia.org.br/> Acesso em: 7 ago. 2007.

BARTH, A.D.; OKO, R.J. **Abnormal morphology of bovine spermatozoa**. Ames: Iowa State University Press; 1989.

BÓ, G.A. Sincronizacion de celos para programas de inseminacion artificial y transferencia de embriones bovinos. In: BARUSELLI, P.S.; MADUREIRA, E.H. **Controle farmacológico do ciclo estral de ruminantes**. São Paulo: Fundação da Faculdade de Medicina Veterinária e Zootecnia, USP, 2000. p. 61-88.

BOURDON, R.M.; BRINKS, J.S. Scrotal circumference in yeraling hereford bulls: adjustment factors, heritabilities and genetic, environmental and phenotypic relationships with growth traits. **Journal of Animal Science**, v.62, p. 958-967, 1986.

CAMPOS, L.J.F.; FERNANDES, C.E.; ZART, A.L.; SODRÉ, D.N.A.; NOGUEIRA, E. Aspectos morfológicos da condensação anormal da cromatina evidenciado pela reação de Feulgen no sêmen bovino. In: CONGRESSO BRASILEIRO DE REPRODUÇÃO ANIMAL, 17, 2007, Curitiba. **Anais....** Belo Horizonte: CBRA, 2007. p.208.

CASTELLANOS, F. Estrous expression in dairy cows and heifers (*Bos taurus*) following repeated PGF2α injection and choice of selecting a mounting partner. **Applied Animal Behaviour Science**, v.51, n.1-4, p.29-37, 1997.

CAVALIERI, J.; FITZPATRICK, L.A. **Australian Veterinary Journal**, v.72, n.5, p.177-182, 1995.

CHENOWETH, P.J. Aspects of reproduction in female Bos taurus indicus cattle: a review. **Australian Veterinary Journal**, v.71, n.1-2, p.577- 583, 1974.

CHENOWETH, P.J. Sexual behavior in the bull: a review. **Journal of Dairy Science**, v.66, n.1, p.173-179, 1983.

CHIECO, P.; DERENZINI, M. The Feulgen reaction 75 years on. **Histochem Cell Biology**, v.111, p.345-58, 1999.

CHRISTENSEN, D.S.; HOPWOOD, M.L.; WILTBANK, J.N. Levels of hormones in the serum of cycling beef cows. **Journal Animal Science**, v.38, n.3, p.577-583, 1974.

DE JONGE, C.J. Attributes of fertile spermatozoa-an update. **Journal of Andrology**, v.20, p.463-473, 1999.

DOBRINSKI, I.; BARTH, A.D. Abnormal chromatin condensation in bovine sperm nuclei. **Revista Brasileira de Reprodução Animal**, v.4, p.15-23, 1993.

DONALDSON, L.E. The efficiency of several methods for detecting oestrus in cattle. **Australian Veterinary Journal**, v.44, p.496-498, 1968.

EVENSON, D.P.; LARSON, K.L.; JOST, L.K. Sperm chromatin structure assay: its clinical use for detection sperm DNA fragmentation in male infertility and comparisons with other techniques. **Journal of Andrology**, v.23, p.25-43, 2002.

EVENSON, D.P. Loss of livestock breeding efficiency due to uncompensable sperm nuclear defects. **Reproduction, Fertility and Development**, v.11, p.1-15, 1999.

FÊO, J.C.S.A.; BARNABÉ, R.C. Incidência de cios noturnos em vacas da raça Nelore. **Revista Brasileira de Reprodução Animal**, v.4, n.3-4, p.25-29, 1980.

FERNANDES, C.E. **Perfil eletroforético, características estruturais e fertilidade *in vitro* do sêmen de touros Nelore submetidos à degeneração testicular por insulação**. Botucatu, SP: FMVZ, 2005. 106 p. Tese (Doutorado em Medicina Veterinária) - Curso de Pós-graduação da FMVZ, Universidade Estadual Paulista "Júlio de Mesquita Filho, 2005.

FERRAZ, J.B.S. Impacto econômico na pecuária de leite e de corte do Brasil, com o aumento da utilização da inseminação artificial. **Revista Brasileira de Reprodução Animal**, v.20, n.3/4, p.95-98,1996.

FEULGEN, R.; ROSSBENCK, H. Mikroskopisch-chemischer Nachweis einer Nukleinsäure von Typus der Thymonukleinsäure und die darauf beruhende selektive Färbung von Zellkernen in mikroskopischen Präparaten. **Physiology Chemistry**, v.135, p.203-248, 1924.

FLESH, M.F.; GADELLA, B.M. Dynamics of the mammalian sperm plasma membrane in the process of fertilization. **Biochimica et Biophysica Acta**, v.1469, p.197-235, 2000.

FONSECA, V.O. O manejo da reprodução e o aumento da eficiência reprodutiva do zebu. **Informe Agropecuário**, v.10, n.112, p.56-68,1984.

FOOTE, R.H. Estrus detection and detection aids. **Journal of Dairy Science**, v.58, p.248-256, 1974.

FORTUNE, J.E. Ovarian follicular growth and development in mammals. Biology Reproduction, v.50, p.225-232, 1994.

French, J.M.; Moore, G.F.; Perry, G.C. *et al.* Behavioural predictors of oestrus in domestic cattle, *Bos taurus*. **Animal Behaviour**, v.38, p.913-919, 1989.

GALINA, C.S.; CALDERÓN, A.; MCCLOSKEY, M. Detection of sings of estrus in the Charolais cow and its Brahman cross under continuous observation. **Theriogenology**, v.17, n.5, p.485-498, 1982.

GHEDHILL B.L. Studies on the DNA content dry mass and optical area of ejaculated spermatozoal heads from bulls with normal and lowered fertility. **Acta Veterinaria Scandinavica**, v.7, p.166-174, 1966.

GINTHER, O.J.; KNOPF, L.; KASTELIC, J.P. Temporal associations among ovarian events in cattle during oestrus cycles with two and three follicular waves. **Journal of Reproduction and Fertility**, v.887, p.223-230, 1989.

GORDON, I. **Controlled reproduction in cattle and buffaloes**. Cambridge: Cambridge University Press, 1996. 756p.

GWAZDAUSKAS, F.C.; LINEWEAVER, J.A.; MCGILLIARD, M.L. Enviromental in management factors affecting estrous activity in dairy cattle. **Journal of Dairy Science**, v.66, p.1510-1514, 1983.

HAFEZ, E.S.E. **Reprodução Animal**. 6 ed. São Paulo: Manole, 1997. 582 p.

HAMMERSTEDT, R.H. Evaluation of sperm quality: identification of the subfertile male and courses of action. **Animal Reproduction Science**, v.42, p.77-87, 1996.

KASTELIC, J.P.; GINTHER, O.J. Factors affecting the origin of the ovulatory follicle in heifers with induced luteolysis. **Animal Reproduction Science**, v.26, p.13-24, 1991.

LANDIVAR, C.; GALINA, C.S.; DUCHATEAU, A. *et al.* Fertility trial in Zebu cattle after a natural or controlled estrus with prostaglandin F2 alpha, comparing narural mating with artificial insemination. **Theriogenology**, v.23, n.3, p.421-429, 1985.

LARSSON, B.; RODRÍGUES-MARTINÉZ, H. Can we use in vitro fertilization tests to predict semen fertility? **Animal Reproduction Science**, v.60-61, p.327-336, 2000.

LYIMO, Z.C.; NIELEN, M.; OUWELTJES, W. *et al.* Relationship among estradiol, cortisol and intensity of estrous behavior in dairy cattle. **Theriogenology**, v.53, n.9, p.1783-1795, 2000.

MCCOSKER, P.J. Abnormal spermatozoan chromatin in infertile bulls. **Journal of Reproduction and Fertility**, v.18, p.363-365, 1969.

MARTINS-FILHO, R.; LÔBO, R.B. Estimates of genetic correlations between sire scrotal circumference and offspring age at first calving in Nellore cattle. **Revista Brasileira de Genética**, v.14, n.1, p.209-212, 1991.

NOGUEIRA, E.; FERNANDES, C.E.; COSTA E SILVA, E.; SILVA, A.S. Comparação de perfil andrológico de 4443 touros Nelore criados extensivamente no planalto e pantanal sul-mato grossense. In.: REUNIÃO ANUAL DA SOCIEDADE BRASILEIRA DE ZOOTECNIA, 43, 2006, João Pessoa, PB. **Anais...** João Pessoa: Sociedade Brasileira de Zootecnia [2006] 1 CD Room. 2006.

ODDE, K.G. A review of syncronization of estrus in pospartum cattle. **Journal of Animal Science**, v.68, p.817-830, 1990.

ORIHUELA, A.; GALINA, C.S. Social order measured in pasture and pen conditions and its relationship to sexual behavior in Brahman (*Bos indicus*) cows. **Applied Animal Behavior Science**, v.52, p.3 -11, 1997.

PINHEIRO, O.L.; BARROS, C.M.; FIGUEIREDO, R.A. *et al.* Estrous behaviour and estrous-to-ovulation interval in Nelore cattle (*Bos Taurus indicus*) with natural estrus or estrus induced with prostaglandin F2? or norgestomet and estradiol valerate. **Theriogenology**, v.49, n.3, p.667-681, 1998.

PLASSE, D.; WARNICK, A.C.; KOGER, M. Reproductive behaviour of *Bos indicus* females in a subtropical environment. IV. Length of estrous cycle, duration of estrus, time of ovulation, fertilization and embryo survival in grade Brahman heifers. **Journal Animal Science**, v.30, n.1, p.63-72, 1970.

RISLEY, M.S.; EINHEBER, S.; BUMCROT, D.A. Changes in DNA topology during spermatogenesis. **Chromosoma**, v.94, p.217-227, 1986.

RODRIGUEZ-MASRTINEZ, H.; LARSSON, B.; PERTROFT, H. Evaluation of sperm damage and techniques for sperm clean-up. **Reproduction, Fertility and Development**, v.9, p.297-308, 1997.

SUTOVSKY, P.; SCHATTEN, G. Paternal contribuitions to the mammalian zygote: fertilization after sperm-egg fusion. **International Review of Cytology**, v.195, p.1-65, 2000.

TARTAGLIONE, C.M.; RITTA, M.N. Prognostic value of spermatological parameters as predictors of *in vitro* fertility of frozen-thawed bull semen. **Theriogenology**, v.62, p.1245-1252, 2004.

TAYLOR, C.T. Antioxidants and reactive oxygen species in human fertility. **Environmental Toxicology and Pharmacology**, v.10, p.189-98, 2001.

TOELLE, V.D.; ROBINSON, O.W. Esimates of genetic correlations between testicular measurements and female reproductive traits in cattle. **Journal of Animal Science**, v.60, n.1, p.89-99, 1985.

VALLE, E.R.; Encarnação, R.O.; Schenk, J.A.P. *et al.* Duração do cio e momento da ovulação em vacas Nelore. **Revista da Sociedade Brasileira de Zootecnia**, v.23, n.5, p.852-858, 1994.

VERES, I.; MICHELMAN, H.W.; MATTLER, L.; SCHMALJOHANN, R.; CZUPPON, A.B. Changes of the surface charges of mammalian spermatozoal membrane following acrosome reaction. **American Journal of Reproductive Immunology and Microbiology**, v.7, p.88-90, 1985.

WEISGOLD, A.D; ALMQUIST, J.O. Reproductive capacity of beef bulls. VI. Daily spermatozoal production, spermatozoal reserves and dimensions and weight of reproductive organs. **Journal of Animal Science**, v.48, p.351-358, 1979.

WILLETT, E.L.; OHMS, J.L. Measurement of testicular size and its relation to production of spermatozoa by bulls. **Journal of Dairy Science**, v.40, p.1559-1569, 1957.

WILLIAMSON, N.B.; MORRIS, R.S.; BLOOD, D.C. *et al.* A study of estrus behaviour and estrous detection methods in large commercial dairy herd. 1. The relative efficiency of methods of estrous detection. **The Veterinary Record**, v.91, n.3, p.50-58, 1972.

YANAGIMACHI, R. Mammalian fertilization. In: Knobil E, Neill JD, (Ed.). The physiology of reproduction. New York: Raven; 1994.

CAPÍTULO 27

Inseminação artificial em tempo fixo

Ocilon Gomes de Sá Filho
Doutor em Produção Animal
Departamento de Produção Animal
FMVZ/UNESP. Botucatu, SP
ocilon@hotmail.com

José Luiz Moraes Vasconcelos
Professor Doutor
Departamento de Produção Animal
FMVZ/UNESP. Botucatu, SP
vasconcelos@fca.unesp.br

Fisiologia do ciclo estral

O ciclo estral é o período compreendido entre dois pe ríodos de receptividade sexual (estro). Durante esse período, diversas alterações morfo-funcionais ocorrem no sistema hipotálamo-hipófise-ovário-útero, de forma a preparar a fêmea para a ovulação e concepção. A fêmea bovina é poliéstrica anual, de forma que os ciclos estrais duram, em média, 21 dias variando, nos zebuínos, de 17 a 24 dias. Nos momentos que antecedem o comportamento de estro, o folículo dominante cresce, de forma a atingir o tamanho ovulatório, e secreta estradiol em quantidades crescentes. A alta concentração de estradiol circulante induz a secreção, no hipotálamo, de um pico de hormônio liberador de gonadotrofinas (GnRH), o qual atinge a adenohipófise, induzindo a secreção de um pico de hormônio luteinizante (LH). Uma vez iniciado o pico de LH, a ovulação ocorrerá em torno de 24 a 32 horas após.

Após a ovulação, as células remanescentes do folículo multiplicam-se e sofrem alterações morfo-funcionais, formando uma estrutura altamente vascularizada, denominada corpo lúteo (CL). Conforme o corpo lúteo cresce, ocorre elevação progressiva na concentração circulante de progesterona. Enquanto a progesterona se mantém acima de 1 ng/mL, o estradiol não é capaz de induzir pico de LH, não ocorrendo nova ovulação. Portanto, a duração funcional do corpo lúteo é o fator determinante para a duração do ciclo estral. A permanência de altas concentrações circulantes de progesterona durante o ciclo estral é essencial para o desenvolvimento embrionário inicial e manutenção da gestação.

A regressão do corpo lúteo (luteólise) é determinada por um aumento na secreção pulsátil de prostaglandina F2α (PGF2α) pelo endométrio. Esse fenômeno ocorre após o 15° dia do ciclo estral e é regulado, principalmente, pela progesterona, estradiol e ocitocina. Para que ocorra a gestação, a produção de PGF2α pelo endométrio precisa ser evitada, de forma a haver manutenção do corpo lúteo.

Durante o ciclo estral, no entanto, não ocorre somente o crescimento do corpo lúteo. Há também um processo contínuo de crescimento e regressão dos folículos ovarianos, processo conhecido como dinâmica folicular, o qual é caracterizado por ondas de crescimento folicular. O crescimento folicular em padrão de ondas ocorre em todos estágios da vida de uma fêmea, como no período anterior à puberdade, durante a gestação e no pós-parto.

A dinâmica folicular dos bovinos é caracterizada pela presença de duas ou três ondas de crescimento folicular (**Figura 1**) e, esporadicamente, uma ou quatro ondas por ciclo estral. Cada onda de crescimento folicular consiste na emergência simultânea de um grupo de folículos com diâmetro de aproximadamente 2 a 3 mm. A emergência da onda folicular, também denominada de recrutamento folicular, é estimulada por um aumento transitório do hormônio folículo-estimulante (FSH) e, aproximadamente, três dias após a emergência folicular, quando o maior folículo atinge o diâmetro médio de 8,5 mm, para *Bos taurus*, e cerca de 6,1 mm para *Bos indicus*, ocorre o evento denominado desvio, em que apenas um folículo continua a crescer e torna-se o folículo dominante (FD), enquanto os demais, denominados folículos subordinados, sofrem regressão. Na presença de um corpo lúteo funcional e de níveis elevados de progesterona, o estradiol produzido pelo FD da primeira onda folicular não é capaz de estimular pico de LH e de provocar estro comportamental e ovulação. Portanto, o FD não ovula, perde a dominância e sofre atresia. Entre o oitavo e o décimo dia do ciclo estral ocorre a emergência da segunda onda de crescimento folicular, e o processo se reinicia. O FD dessa segunda onda regride, se houver três ondas, ou se torna o folículo ovulatório, se o ciclo for de duas ondas de crescimento folicular.

Um fator importante a ser considerado é que o recrutamento folicular e o crescimento folicular inicial são controlados pelo FSH e ocor-

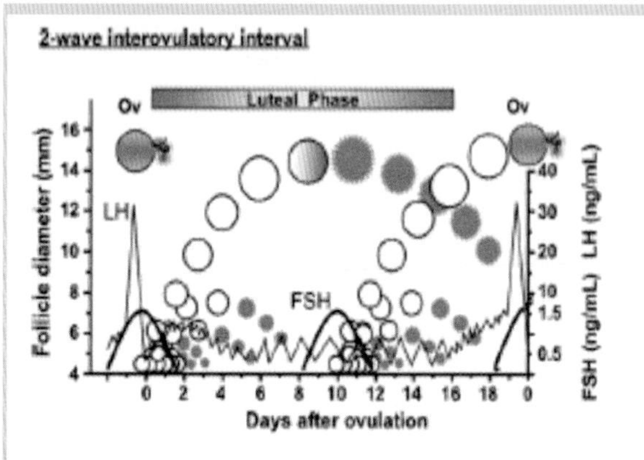

Figura 1. Padrão de desenvolvimento folicular em ondas de crescimento – exemplo de animais com duas e três ondas foliculares no ciclo estral (Adams *et al.*, 2008).

rem mesmo em períodos anovulatórios, como durante a fase pré-púbere, a gestação e o anestro pós-parto, uma vez que a secreção de FSH parece ser inibida somente em situações de desnutrição severa. Por outro lado, após o desvio folicular, o crescimento do folículo dominante é influenciado de forma diretamente proporcional à frequência de pulsos de LH. Dessa forma, mesmo havendo emergências foliculares contínuas e crescimento até o momento do desvio, deficiências na frequência de pulsos de LH podem impedir o crescimento folicular pós-desvio, não havendo, portanto, ovulação.

Fisiologia do anestro pós-parto

A bovinocultura de corte exige, para ser uma atividade sustentável em ambiente econômico competitivo, a obtenção de um bezerro/vaca/ano. Considerando-se 290 dias o período médio de gestação dos bovinos da raça Nelore e 30 dias o período mínimo necessário à involução uterina e restabelecimento dos estoques de LH na hipófise, observa-se que, para se obter um intervalo entre partos de um ano, é necessário que a vaca fique prenhe num período de, no máximo, 45 dias (dois ciclos estrais). Em geral, aos 60 dias pós-parto, mais de 50% das matrizes ainda não retornaram à atividade cíclica, fator que contribui para o atraso na reconcepção.

O anestro pós-parto é uma fase em que a vaca, por não estar ciclando, não está apta a estabelecer nova gestação. É um período de transição durante o qual o eixo funcional hipotálamo–hipófise–ovário–útero recupera-se da prenhez anterior. As primeiras 2 a 4 semanas pós-parto são necessárias para que ocorra a reposição das reservas de LH na hipófise anterior e a involução uterina. Somente após esse período, a vaca torna-se apta a restabelecer a ciclicidade e gestar. Em bovinos de corte, o fator mais determinante na duração do intervalo entre partos é a duração do anestro pós-parto, a qual é influenciada principalmente por 4 fatores: presença do bezerro, balanço energético, estação do ano e idade da matriz (número de partos). Raça, presença de touros, partos gemelares, distocia, e retenção de placenta são fatores menores que também afetam a duração do período de anestro pós-parto.

A fisiologia das condições anovulatórias que ocorrem em novilhas na fase pré-púbere e em vacas no período pós-parto são muito semelhantes. Nesses casos, ocorre emergência de ondas foliculares, normalmente, o crescimento folicular ultrapassa a fase de divergência e atinge a dominância. No entanto, após a divergência, o folículo não apresenta taxa de crescimento adequada, não produz estradiol suficiente para induzir pico de LH, há perda da dominância (atresia folícular) e emergência de nova onda de crescimento folicular (**Figuras 2** e **3**).

O balanço energético negativo e a amamentação em bovinos de corte tornam o hipotálamo da vaca extremamente sensível ao estradiol, de forma que baixas concentrações circulantes desse hormônio são suficientes para inibir a secreção pulsátil de GnRH. Consequentemente, a frequência de pulsos de LH é reduzida e não há estímulo suficiente para a manutenção do crescimento folicular após a divergência. Como o folículo não cresce suficientemente, a produção de estradiol é insuficiente para induzir pico de LH, e o folículo entra em atresia, com subsequente início de uma nova

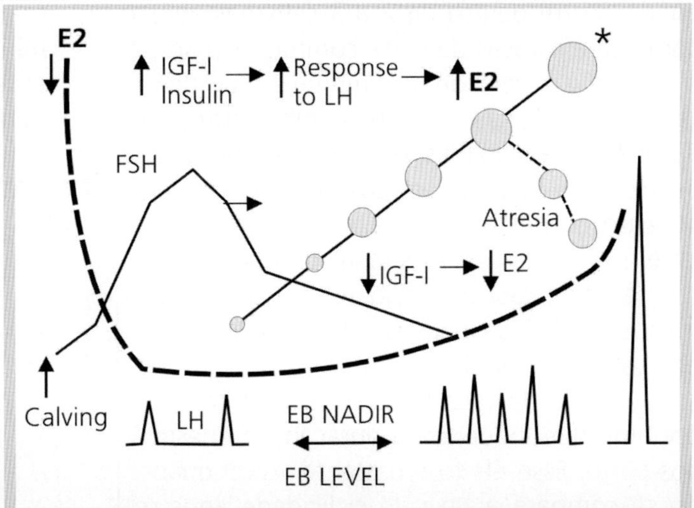

Figura 2. Modelo de desenvolvimento e função do folículo dominante (cíirculos) em relação às alterações nos hormônios metabólicos e reprodutivos e balanço energético pós-parto. (Beam & Butler, 1999).

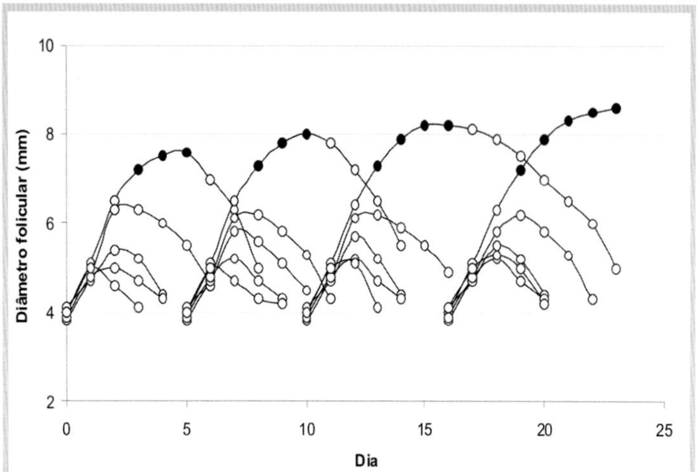

Figura 3. Exemplo de um animal em anestro pós-parto. Diversas ondas de crescimento folicular ocorrem sem que haja ovulação.

onda folicular. A dinâmica folicular em vacas em anestro, portanto, é caracterizada por diversas ondas anovulatórias de curta duração, com o folículo dominante regredindo após a divergência. Com o passar dos dias pós-parto, havendo situação nutricional favorável, a sensibilidade do hipotálamo ao estradiol diminui e a frequência de pulsos de LH aumenta gradativamente, até chegar ao ponto em que o folículo cresce e produz estradiol suficiente para haver pico de LH. A primeira ovulação em vacas de leite em lactação bem alimentadas e com condição corporal adequada ocorre dentro de 2 a 3 semanas após o parto. Já em vacas de corte com bezerro ao pé, o retorno à ciclicidade geralmente é mais demorado. Em vacas taurinas em condições nutricionais adequadas, o retorno à ciclicidade ocorre entre 35 e 60 dias pós-parto. O retorno ao estro no pós-parto geralmente é mais longo em vacas de corte zebuínas do que em vacas de corte taurinas, não sendo raro haver menos de 50% de animais ciclando aos 70 dias pós-parto (**Figura 4**).

A idade da vaca também é um fator importante que influencia a duração do anestro pós-parto. Esse efeito é bastante visível quando se compara a taxa de ciclicidade após o parto entre primíparas e multíparas. Como as vacas de primeira cria ainda estão em crescimento durante a lactação, os requerimentos nutricionais são maiores e o consumo geralmente não supre essas necessidades. Dessa forma, as vacas de primeira cria apresentam balanço energético negativo mais acentuado após o parto, com maior mobilização de reservas corpóreas (perda de condição corporal). Esse fator contribui para maior inibição na secre-ção pulsátil de LH, prolongando o período anovulatório. Portanto, o efeito da idade da matriz no tempo de retorno à atividade cíclica ovariana está relacionado a um maior grau de deficiência energética pós-parto nos animais mais novos, de forma que o retorno à ciclicidade é mais demorado em vacas de primeira cria do que em vacas de segunda cria que, por sua vez, é mais demorado que em vacas de terceira ou mais crias.

Manejo nutricional e condição corporal

O déficit no consumo de energia é a causa predominante do atraso à atividade reprodutiva nos rebanhos de cria brasileiros e esses efeitos são mais acentuados quando ocorrem na fase final da gestação. Vacas magras ao parto apresentam intervalos mais longos até o primeiro estro e ovulação pós-parto, em decorrência da maior sensibilidade hipotalâmica ao estradiol, culminando com secreção de pulsos de LH insuficientes para manter o crescimento folicular, podendo se estender por mais de 100 dias.

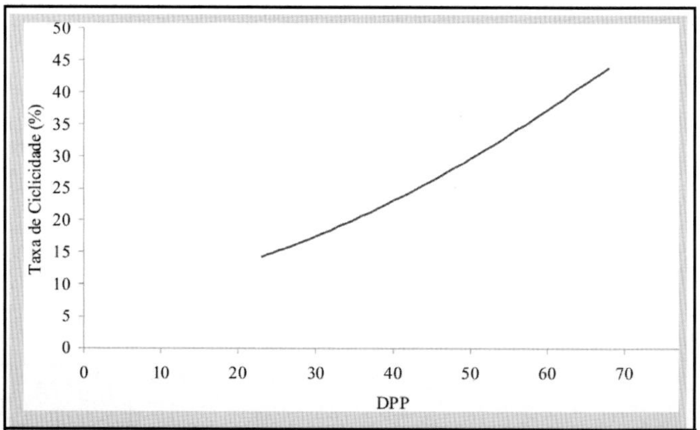

Figura 4. Efeito do número de dias pós-parto na taxa de ciclicidade em vacas Nelore multíparas.

Muitos estudos sobre reprodução de bovinos no pós-parto indicam que a condição corporal é indicador da condição energética e ciclicidade. A condição corporal pode ser mensurada por meio de escala de pontuações (escore de condição corporal – ECC), geralmente de 1 a 9 (1 = magra; 9 = gorda) ou de 1 a 5 (1 = magra; 5 = gorda). No primeiro caso, as pontuações variam de 1 em 1 unidade e, no segundo caso, as pontuações variam de 0,25 em 0,25. É aconselhável manter as vacas com um ECC de pelo menos 5 na escala de 1 a 9, que corresponde a um ECC de 3,0 na escala de 1 a 5. Porém, na maior parte do Brasil, a sazonalidade na qualidade e produção de forragem geralmente resulta em queda do ECC abaixo do nível recomendado, muitas vezes não sendo viável evitar isso por intermédio de suplementação alimentar. Nesse caso, deve-se objetivar atingir um ECC tão alto quanto possível, antes da parição, por meio de medidas de manejo. O ECC baixo na parição provoca mais efeitos negativos do que perdas de ECC após o parto. Se parirem em condição de moderada a excelente (5 a 7 na escala de 1 a 9; 3 a 4 na escala de 1 a 5), as vacas geralmente conseguem suportar os desafios nutricionais durante o período de lactação e retomam a atividade cíclica mais cedo. Portanto, devem-se visar as estratégias de manejo que permitam à vaca recuperar condição corporal durante o período seco e antes do próximo parto. Por outro lado, efeitos positivos são observados em vacas que parem em condição abaixo da ideal, mas recuperam peso e condição corporal após o parto por meio de suplementação. Essa estratégia, no entanto, é menos econômica, visto que são utilizadas quantidades significativas de nutrientes suplementares para a produção de leite em contraposição à reprodução. Por conseguinte, é melhor que as vacas apresentem boa condição corporal ao parto e, então, utilizar suplementação estratégica para evitar grandes perdas de condição corporal. O uso de suplementos ricos em gordura para estimular o desenvolvimento folicular pode melhorar significativamente o desempenho reprodutivo no pós-parto, sobretudo em vacas com condição corporal precária a moderada.

Relação entre presença do bezerro e anestro

A ausência de pulsos de LH no pós-parto imediato é independente da sucção do bezerro e ocorre mediante a depleção das reservas de LH na hipófise anterior. Após o restabelecimento das reservas de LH na pituitária anterior, a ausência de pulsos de LH torna-se dependente da sucção. Vacas com desmame completo, temporário (48 a 96 horas) ou parcial (mamadas restritas duas a três vezes por dia) apresentam aumento da frequência dos pulsos de LH e, com o retorno dos bezerros, os pulsos e a concentração de LH diminuem. O comportamento materno é mais importante que o ato da sucção em si para regular a frequência de pulsos de LH. A percepção inguinal do bezerro pela vaca, durante a sucção, aumenta a sensibilidade do centro gerador de pulsos de GnRH no hipotálamo ao efeito de retroalimentação negativa do estradiol ovariano, pela liberação de peptídeos de opioides endógenos pelo hipotálamo. Esses eventos resultam na supressão da liberação de pulsos de LH, falha no desenvolvimento do folículo dominante e da ovulação e, consequentemente, manutenção do anestro pós-parto.

Primeira ovulação pós-parto

A primeira ovulação pós-parto, geralmente, ocorre sem a manifestação de estro e é seguida por um ciclo estral de curta duração (8 a 12 dias) na maioria das vacas. Ciclos estrais de curta duração também são comuns em ovulações induzidas por desmamas, desmamas + GnRH, GnRH, hCG e depois da primeira ovulação na puberdade. O ciclo curto é acompanhado por uma única onda de desenvolvimento folicular, um corpo lúteo menor que o de um ciclo estral normal e concentrações subluteais de progesterona circulante. Sabe-se que a secreção prematura de PGF2α pelo útero é o motivo da menor duração do primeiro ciclo estral pós-parto, entretanto não é conhecido o motivo dessa antecipação na secreção de PGF2α. Como o reconhecimento materno da gestação ocorre aproximadamente no 17° dia do ciclo estral, a taxa de concepção é baixa, quando vacas são inseminadas ou cobertas na primeira ovulação pós-parto. A incidência de ciclos estrais de curta duração é de aproximadamente 80 a 90%, tanto em animais de raças zebuínas quanto europeias.

Apesar de não conhecido o mecanismo desencadeante da secreção prematura de PGF2α pelo útero no primeiro ciclo estral pós-parto, diferentes tratamentos já foram testados na tentativa de evitá-lo. O único tratamento comprovadamente eficaz é a pré-exposição à progesterona. De fato, uma diferença entre vacas cíclicas e em anestro é que, no primeiro caso, a ovulação é precedida por exposição à progesterona, ao contrário do segundo caso. O segundo ciclo estral pós-parto, ou seja, o ciclo estral que sucede um ciclo curto, apresenta duração normal, indicando que a exposição à P_4 previamente à ovulação é um fator determinante na duração do subsequente CL. O tratamento com dispositivos liberadores de progesterona/progestágenos proporciona maior taxa de concepção em vacas em anestro, pois evita a luteólise prematura.

Inseminação artificial e falhas na detecção de cio

Não há dúvidas de que a inseminação artificial (IA) é o principal instrumento de melhoramento genético em rebanhos comerciais. Pela inseminação artificial, é possível adquirir, a custo acessível, genética de animais de alto valor, cuja progênie, previamente avaliada, é mais produtiva. Em trabalho recente, Silva (2007) observou que bezerros provenientes de inseminação artificial foram desmamados, aproximadamente, 8 Kg mais pesados que seus contemporâneos provenientes de monta natural. Como as condições ambientais foram as mesmas para todos os animais, verifica-se que é possível melhorar o índice kg de bezerros produzidos/ha/ano apenas com a introdução de genética superior no rebanho.

Por meio do esquema tradicional de inseminação, os animais devem ser observados quanto ao comportamento de estro duas vezes ao dia (pela manhã e ao entardecer), sendo inseminados ao entardecer os animais que apresentaram cio pela manhã do mesmo dia; e, pela manhã do dia seguinte, os animais que apresentaram cio ao entardecer. Dessa forma, há um intervalo de aproximadamente 12 horas entre a detecção do estro e a inseminação artificial.

O grande entrave à utilização da inseminação artificial são as ineficiências relacionadas à detecção de cio, mesmo em matrizes cíclicas. A detecção de estro é altamente dependente do elemento humano que, para realizar um bom trabalho, necessita estar atento e ter paciência durante o manejo. Como os melhores horários para detecção de estro geralmente não coincidem com a jornada regular de serviço, encargos com hora-extra normalmente são inevitáveis; e a insatisfação dos funcionários pode ser um entrave à obtenção de índices satisfatórios. Mesmo em propriedades em que as ineficiências relacionadas ao elemento humano são mínimas, a taxa de detecção de estro é, em geral, aquém do ideal, principalmente naquelas com predominância de animais *Bos indicus*, os quais apresentam menor duração do estro em relação a animais *Bos taurus* e alta incidência de estros durante o período noturno. Esses fatores, somados ao prolongado anestro pós-parto, são a causa pela qual, no Brasil em 2006, inseminaram-se menos de 7% das matrizes.

Em todo o mundo, existem relatos que indicam baixa taxa de serviço em bovinos, principalmente, em decorrência do comprometimento na eficiência da detecção do estro, a qual requer tempo e pessoal adequadamente treinado. Esse comprometimento é maior em rebanhos *Bos indicus* sendo ocasionado por particularidades do comportamento reprodutivo e maior incidência de anestro nesses animais. Os zebuínos apresentam estros curtos (geralmente com duração inferior a 12 horas) e pouco expressivos, com alta incidência no período noturno (30 a 50%), dificultando a utilização de inseminação artificial convencional.

O tempo gasto por dia e o horário da observação são muito importantes na eficiência da detecção do cio: com o aumento do número de vezes/dia gastos nessa observação, aumenta-se a eficiência da detecção; o período da manhã é o horário em que se observa maior número de vacas em estro. Fatores ambientais, como a chuva, podem influenciar o número de montas, a duração e a intensidade do cio. Resumindo, são muitos os fatores que influenciam a rotina da observação de estro, o que a torna muitas vezes falha, levando à baixa taxa de detecção de estro e menor taxa de prenhez.

Existem várias ferramentas que auxiliam essa detecção. Entre elas: rufião (macho cirurgicamente modificado), rufião com buçal marcador, Kamar® (dispositivo colocado na base da cauda da vaca, que se rompe ao ser pressionado durante a monta, liberando tinta) e marcação da inserção da cauda com cera ou tinta. Novas tecnologias eletrônicas estão tornando a detecção do cio mais eficiente, entre elas, o sistema Heatwatch®. Porém, mesmo com todos esses recursos, essa taxa de detecção ainda é proporcionalmente pequena, o que aumenta o interesse por estratégias que permitam inseminar as vacas sem necessidade de detecção de estro.

Importância da época de parição

O adequado manejo de cria não se restringe apenas a emprenhar a maior proporção possível das matrizes, mas sim em extrair dessas matrizes o máximo possível de carne (peso dos bezerros). Portanto, quantidade e qualidade dos bezerros desmamados são fatores decisivos na determinação da produtividade em um sistema de cria. Na maior parte do Brasil, os nascimentos coincidem com o período seco, em que os desafios ambientais (doenças infectocontagiosas e parasitas) para os bezerros são menores. Na fase inicial de sua vida (pré-ruminante), o trato digestivo do bezerro ainda não está adaptado para digerir alimentos fibrosos, sendo o leite a fonte exclusiva de nutrientes. Assim, mesmo estando em um período desfavorável quanto à qualidade e produção de forragens, não ocorre deficiência nutricional aos bezerros. O início do período chuvoso coincide com o momento em que o bezerro passa a ter capacidade de digerir nutrientes fibrosos e sua imunidade já não depende mais exclusivamente das imunoglobulinas maternas adquiridas do colostro. Assim, há nesse período disponibilidade de forragem de boa qualidade e o bezerro está imunologicamente mais preparado para enfrentar os desafios ambientais. Esses fatores fazem com que o peso ao desmame seja maior em bezerros nascidos na primavera do que naqueles nascidos no verão.

O terço inicial da lactação é o período em que a matriz apresenta as maiores exigências nutricionais, principalmente vacas de primeira cria (primíparas). Assim, nascimentos muito antecipados (julho e agosto), apesar de resultarem em bezerros mais pesados à desmama, podem prejudicar a reconcepção das vacas em virtude da perda excessiva de condição corporal. O ideal é que as matrizes apresentem boa condição corporal ao parto e não sejam submetidas a déficit nutricional superior a 45 dias. Assim, cada propriedade deve, de acordo com o histórico pluviométrico local, buscar concentrar os partos no momento que concilie benefício ao desenvolvimento do bezerro e à reprodução da vaca. É interessante observar que, nos últimos anos, tem ocorrido, no Brasil, atrasos no início do período chuvoso, e muitas propriedades que apresentavam grande concentração de partos no mês de agosto e setembro experimentaram dificuldades para emprenhar suas vacas na estação de monta subsequente.

É comum encontrar no Brasil propriedades em que menos de 50% das matrizes estão paridas no início da estação de monta. Nesse contexto, grande parte das matrizes emprenha ao final da estação de monta ou não emprenha. Como alternativa, essas propriedades não descartam vacas que não conceberam durante a estação de monta, decisão que torna o sistema menos lucrativo, ou realizam os descartes com grande quantidade de novilhas de reposição na estação de monta subsequente. O resultado em médio prazo é um baixo percentual de fêmeas de 7 a 10 anos, idade em que a vaca desmama os bezerros mais pesados, e um grande percentual de primíparas no rebanho, categoria que desmama bezerros mais leves e tem grande desafio de reconcepção, muitas vezes inferior a 50% em estação de monta de 90 dias.

Como comentado anteriormente, os bezerros que nascem mais cedo na estação de parição apresentam maior peso médio à desmama (**Figura 5**). Bezerros que desmamam mais pesados serão abatidos mais jovens, seja a pasto ou em confinamento. Além disso, para sistemas de alta eficiência de ganho, como no superprecoce, é essencial a utilização de animais com peso à desmama superior. Nas condições do Brasil Central, aproximadamente 95% dos bezerros nascidos no mês de setembro podem ser abatidos a pasto com menos de 30 meses de idade; para bezerros nascidos no mês de novembro aproximadamente 40% podem ser abatidos antes de 30 meses, 35% entre 30 e 36 meses e 25% somente após os 36 meses, finalmente, para animais nascidos no mês de janeiro, 30% dos animais podem ser abatidos entre 30 e 36 meses e 70% dos animais podem ser abatidos somente após os 36 meses de idade. O mês de nascimento do bezerro, portanto, em virtude do seu efeito no peso à desmama, é um fator determinante na taxa de desfrute dos rebanhos. Bezerras que nascem mais cedo terão maior idade e peso em sua primeira estação de monta. Como o desencadeamento da puberdade é determinado principalmente por idade e peso, é maior a probabilidade de uma fêmea nascida no início da estação de parição já estar ciclando e, consequentemente, emprenhar em sua primeira estação de monta. É válido lembrar que a principal limitação à reprodução em animais de reposição *Bos indicus* é a puberdade tardia observada nesse grupo genético.

Outro fator a ser considerado é que as matrizes que parem mais cedo e não concebem novamente, podem ser abatidas logo após a desmama dos bezerros, sem necessidade de suplementação ou com pequena suplementação. Por outro lado, as matrizes que parem mais tarde e não reconcebem, geralmente a desmama ocorre nos meses de julho e agosto, quando a oferta e qualidade da pastagem são baixas. Essas vacas, por terem amamentando seus bezerros no período da seca, perdem mais condição corporal e necessitam, portanto, de maior suplementação para adquirir acabamento ou aguardar até a próxima estação chuvosa para engordarem a pasto.

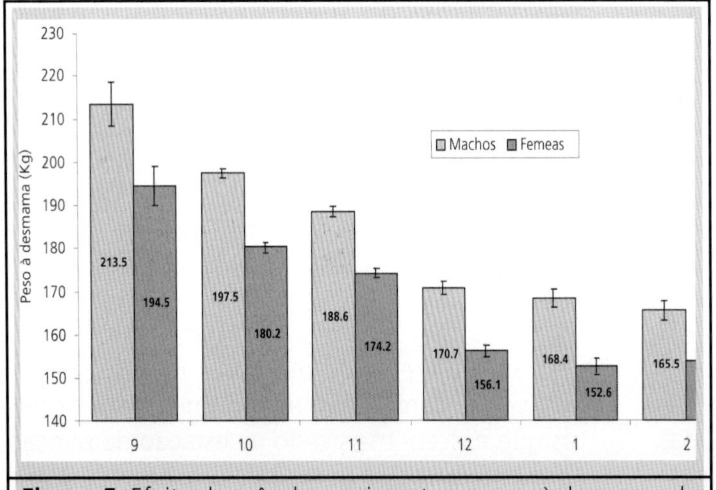

Figura 5. Efeito do mês de nascimento no peso à desmama de bezerros Nelore (Mato Grosso do Sul, 2005).

Redução do período de anestro

Um manejo nutricional adequado é essencial para que o período de anestro pós-parto não se prolongue demasiadamente. Entretanto, tem sido observado que, mesmo em matrizes com condição corporal e nutrição adequadas, um percentual elevado de animais demora mais que 70 dias para retornar ao ciclo estral após o parto. Esse atraso é mais evidente em animais zebuínos e mestiços de zebuínos, sendo o efeito inibitório da presença do bezerro sobre a pulsatilidade de LH a provável principal causa. Uma matriz que demora mais que 70 dias para retornar à atividade cíclica ovariana, dificilmente, produzirá um bezerro por ano, pois para isso deveria conceber até aproximadamente o 75° dia pós-parto.

Estratégias para antecipar a primeira ovulação pós-parto devem estar focadas no aumento de pulsos de LH, permitindo que os folículos cresçam para alcançarem estágios finais de maturação com produção suficiente de estradiol para induzir o pico de LH e a ovulação.

Manejo de amamentação

O restabelecimento da ciclicidade pode ser obtido com base na remoção parcial ou total dos estímulos da sucção, visando ao aumento dos pulsos de LH. Entretanto, o efeito positivo da remoção do estímulo de sucção não é imediato, necessitanto pelo menos 48 horas para que haja elevação na concentração e pulsatilidade de LH. Por causa do aumento na pulsatilidade de LH, os animais submetidos à remoção de bezerros por pelo menos 48 horas apresentam maior crescimento folicular, maior porcentagem de comportamento estral e maior taxa de ovulação. Trata-se, portanto, de uma estratégia bastante eficiente em termos de reverter a condição anovulatória pós-parto.

Utilização de progestina

Os tratamentos com progestinas (progesterona ou progestágenos sintéticos) estimulam o desenvolvimento folicular e a maturação final do folículo dominante em vacas em anestro, tanto por aumentar a secreção de LH hipofisário, como por estimular a expressão de receptores de LH nas células dos folículos. Tratamentos com dispositivos liberadores de progesterona/progestágenos, em vacas de corte em anestro e com bezerro ao pé, mantêm o padrão de crescimento dos folículos dominantes pós-parto de forma similar ao observado em vacas cíclicas, permitindo que esses folículos cresçam, atinjam fases finais de maturação, seguido por pico de LH, ovulação, formação de corpo lúteo com duração e função normais (menor incidência de regressão prematura do CL). Portanto, o tratamento com progestinas é um importante coadjuvante na indução da ovulação em vacas em anestro pós-parto, além de fator essencial para que a concepção ocorra.

A associação entre tratamento com progesterona/progestágenos e remoção de bezerros é uma estratégia interessante, pois ao mesmo tempo induz ovulação e minimiza a ocorrência de ciclo estral de curta duração, elevando a taxa de prenhez.

Um fator importante a se considerar é que nem todas as progestinas são igualmente eficazes em induzir a ovulação e minimizar a ocorrência de ciclos curtos. Enquanto a exposição à progesterona por apenas 3 dias antes da primeira ovulação pós-parto já é suficiente para evitar a luteólise prematura, o acetato de melengestrol (MGA; progestágeno sintético de administração oral) deve ser fornecido por 13 dias para que o mesmo efeito seja obtido.

Tratamentos hormonais

Sincronização do estro em vacas ciclícas

A sincronização do estro como biotécnica reprodutiva associada à inseminação artificial permite a redução na duração da estação de monta. Métodos para sincronizar o estro têm sido desenvolvidos e utilizados em muitos rebanhos, tendo em vista facilitar e tornar mais eficiente o manejo reprodutivo. No entanto, entre as dificuldades para sua implantação destaca-se a necessidade de detecção do estro, tempo de manejo, uso de mão de obra, taxa de atividade cíclica do rebanho, eficácia e economicidade de cada sistema. Os protocolos mais comumente usados têm como base a utilização de PGF2α associada ou não à progesterona.

Prostaglandina F2α

O tratamento com análogos da PGF2α é a forma mais simples de sincronização do estro. O princípio do tratamento é induzir exogenamente regressão do corpo lúteo, fazendo com que as concentrações circulantes de progesterona decresçam, permitindo estro e ovulação. Por ser um método que carece detecção de estro, o tratamento apenas com PGF2α é ineficaz em propriedades sem mão de obra e/ou estrutura adequadas a esse manejo. Mesmo considerando propriedades com excelentes índices de detecção de estro, três fatores dificultam a sincronização de estro com PGF2α. Inicialmente, a única função do tratamento com PGF2α é causar regressão do corpo lúteo. Daí, conclui-se que esse tratamento não apresenta efeito qualquer em animais em anestro, já que eles não apresentam corpo lúteo. Como o maior desafio das propriedades de cria de bovinos de corte é justamente a baixa taxa de ciclicidade pós-parto e o tratamento com $PGF_2\alpha$ não é capaz de induzir essa taxa, seu uso fica restrito a fêmeas cíclicas, que representam a minoria do rebanho. Em segundo lugar, a capacidade da PGF2α em induzir regressão do corpo lúteo em bovinos varia de acordo com o estádio do ciclo estral que o animal se encontra no dia do tratamento, sendo que, nos primeiros 5 dias do ciclo estral, o corpo lúteo não tem capacidade de responder à aplicação de PGF2α. Portanto, ao se tratar aleatoriamente um rebanho com 100% de animais cíclicos, em aproximadamente 24% (5/21) desses animais não haverá luteólise. Se, por exemplo, uma propriedade apresenta taxa de detecção de estro em torno de 70%, após o tratamento com PGF2α, aproximadamente, apenas 45% (60% x 76%) dos animais serão inseminados. Nesse caso, uma alternativa que pode elevar a eficiência de regressão do corpo lúteo é o tratamento com 2 injeções de PGF2α 11 dias aparte, pois os animais que não apresentarem luteólise, no primeiro tratamento, certamente a apresentarão no segundo. Esse método, no entanto, não elimina os outros entraves discutidos. Finalmente, o intervalo para o estro após uma aplicação de PGF2α é variável (**Figura 6**), em consequência da fase de desenvolvimento do folículo ovulatório no momento da injeção de PGF2α e não do decréscimo da concentração de progesterona. O estro não é precisamente sincronizado com a utilização de PGF2α, uma vez que a PGF2α regula somente a regressão do corpo lúteo, não sincronizando a onda de crescimento folicular, o que torna necessária a observação de estro por sete dias após a administração PGF2α.

Portanto, boa detecção de estro e animais ciclando são premissas básicas para o sucesso da sincronização do estro com PGF2α, visando a essa sincronização.

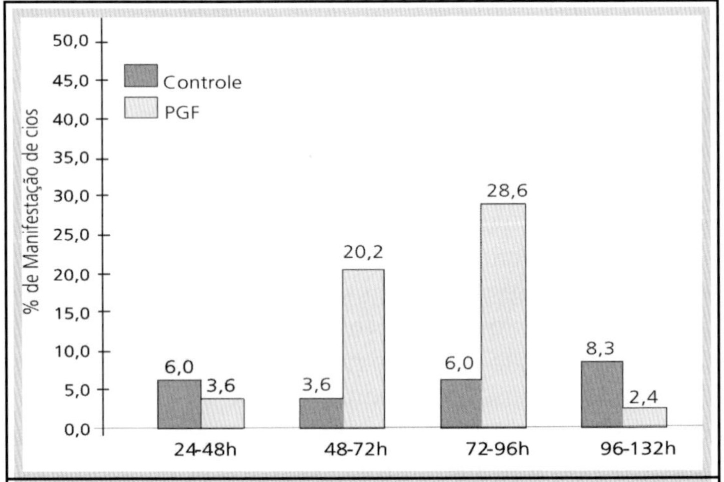

Figura 6. Distribuição da demonstração de estro após a aplicação de prostaglandina em dias aleatórios do ciclo estral (Lima *et al.*, 2003).

Prostaglandina F2α associada à progesterona

A PGF2α pode ser utilizada em combinação com progesterona, a fim de promover maior taxa de regressão do CL e alcançar melhores taxas de prenhez. Enquanto as concentrações circulantes de progesterona estão acima de 1,0 ng/mL não ocorre ovulação. Como a aplicação de PGF2α não regride corpos lúteos durante os 5 primeiros dias do ciclo estral, a administração de progesterona por 6 dias antes da aplicação de PGF2α garante que o CL irá regredir, pois, ao final do tratamento com progesterona, o mesmo estará com no mínimo 6 dias pós-ovulação. Portanto, potencialmente, todas as fêmeas tratadas com dispositivo liberador de progesterona por 6 dias + PGF2α (no momento da remoção do dispositivo) devem exibir estro dentro de 2 a 5 dias após o tratamento com PGF2α. A administração de progesterona também evita a manifestação de estro nos animais que tenham regressão natural do corpo lúteo durante o período de tratamento e concentra a manifestação do comportamento de estro em menor intervalo de tempo quando comparado ao tratamento apenas com PGF2α (**Figura 7**).

O tratamento com dispositivo liberador de progesterona + PGF2α pode, ainda, ser uma alternativa para o tratamento de receptoras de

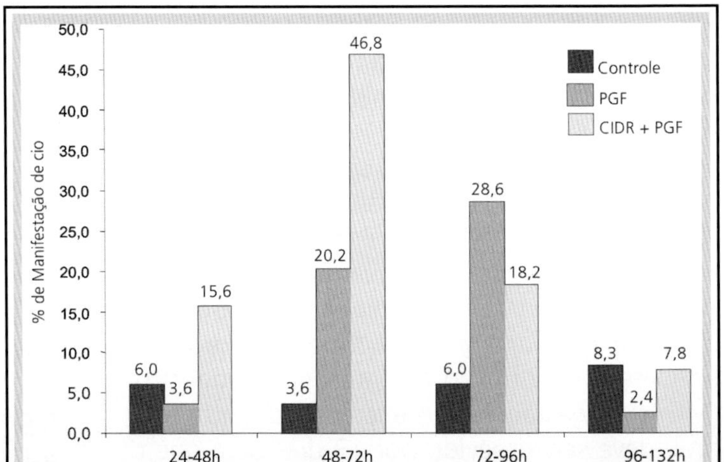

Figura 7. Porcentagem de vacas que demonstram cio por tratamento (Lima *et al.*, 2003).

embriões, em consequência da alta taxa de concentração e manifestação de cios, já que cerca de 80% das manifestações de estro ocorrem entre os dias 2 e 4 após a aplicação de PGF2α, permitindo inovulações com sincronia de +1 e –1 dias, considerando-se como dia base o dia 3 após a PGF2α.

Sincronização do estro em vacas acíclicas

Como discutido anteriormente, a sincronização de estro com PGF2α é ineficaz em vacas acíclicas, pois esse tratamento apenas regride o corpo lúteo, estrutura que está ausente durante o anestro. Mesmo assim é possível a realização da sincronização do estro em vacas em anestro pós-parto. É importante salientar que, também nessa categoria, a atuação do elemento humano na detecção do estro e as particularidades comportamentais dos bovinos são fatores determinantes no sucesso dos tratamentos, geralmente inviabilizando o sistema convencional de inseminação. Para induzir ovulação com concepção normal em vacas em anestro, dois fatores precisam, necessariamente, ser considerados: elevar a frequência de pulsos de LH e prevenir a ocorrência de luteólise prematura. Dessa forma, será possível que o folículo dominante cresça, secrete estradiol em concentrações suficientes para induzir pico de LH e ovule, formando um corpo lúteo com duração normal, que permitirá a sinalização da presença do embrião à matriz. A associação de tratamento com progesterona/progestágenos, com a remoção temporária de bezerros, propicia esses dois efeitos desejáveis para vacas em anestro. A progesterona antes da ovulação evita a ocorrência de luteólise prematura e também contribui para elevar a frequência de pulsos de LH, enquanto a remoção de bezerros apenas eleva de forma significativa a pulsatilidade de LH. Esses tratamentos, portanto, devem ser utilizados em combinação pois, caso contrário, haverá alta taxa de detecção de estro com baixa concepção, ou baixa taxa de detecção de estro com concepção normal. Em ambos os casos, a taxa de prenhez será comprometida (**Tabela 1**).

Sincronização da ovulação

Visando a facilitação do manejo reprodutivo e a eliminação de problemas da detecção do estro, foram desenvolvidos protocolos que controlam precisamente o ciclo estral, manipulando tanto as ondas de crescimento folicular como a duração da vida do corpo lúteo. A sincronização da ovulação possibilita a inseminação artificial em tempo fixo (IATF), sem a necessidade da detecção do estro, em vacas ciclando e em anestro. Esses protocolos aumentam a taxa de prenhez, por aumentar o número de animais inseminados.

Tabela 1. Efeito do tratamento na porcentagem de vacas em cio e na taxa de concepção durante os dois primeiros dias da estação de monta (Vasconcelos *et al.*, 2004).

Grupo	Vacas em cio (%)	Taxa de concepção (%)
Sem P4[1]/sem RB[2]	2,7[a]	0[a]
Sem P4/com RB	45,7[c]	0[b]
Com P4/sem RB	10,9[b]	37,5[c]
Com P4/com RB	41,4[a]	55,2[c]

Valores com diferentes sobrescritos na mesma coluna diferem (P<0,01). [1]P4: Tratamento com dispositivo intravaginal de progesterona (CIDR®) por 7 dias. [2]RB: Remoção de bezerros por 48 horas, iniciada imediatamente após a retirada dos dispositivos intravaginais de progesterona.

Três etapas são necessárias para a realização de um protocolo de sincronização da ovulação. Primeiro é necessária a sincronização da onda folicular, observando-se os folículos estão com diâmetros adequados ao momento da inseminação. Farmacologicamente, essa etapa pode ser realizada por meio da aplicação de indutores da ovulação (GnRH, LH ou hCG), ou por tratamento, associando-se estradiol e progesterona. No primeiro caso, se a vaca apresentar um folículo com capacidade ovulatória no momento do tratamento, ocorrerá ovulação com subsequente início de onda folicular. O sucesso desse método, portanto, é dependente da presença de folículo dominante ao tratamento. No segundo caso, ocorre atresia folicular e subsequente recrutamento, independente do estágio em que a onda folicular se encontra;

portanto, apresenta menor variabilidade de resposta. Por esse motivo, os protocolos que utilizam estradiol associado à progesterona têm sido mais amplamente utilizados no Brasil. A segunda etapa de um protocolo de sincronização da ovulação consiste em reduzir as concentrações circulantes de progesterona, para dar início à fase de proestro. Essa etapa é realizada com a aplicação de agentes luteolíticos, como os análogos da PGF2α. Finalmente, a terceira etapa consiste na indução da ovulação. Essa etapa é importante para garantir que a ovulação ocorra em menor espaço de tempo possível. Dessa forma, pode-se realizar a inseminação sem necessidade de detecção de estro. Os agentes farmacológicos que podem ser empregados nessa etapa são GnRH, LH, hCG e ésteres de estradiol (benzoato de estradiol, cipionato de estradiol e estradiol-17β), sendo os últimos mais utilizados no Brasil, por apresentarem relação custo/benefício mais favorável.

Protocolos de sincronização da ovulação à base de estradiol e progesterona

O embasamento para a utilização do estradiol associado à progesterona para o controle do ciclo estral e da ovulação em bovinos leva em consideração o tipo de estradiol e suas multifunções, que variam de acordo com a dose utilizada e a presença ou ausência de progesterona no momento da aplicação. A aplicação de benzoato de estradiol (BE), juntamente com a inserção do dispositivo intravaginal de progesterona, é capaz de sincronizar a emergência de nova onda de crescimento folicular, a qual se inicia cerca de 3 a 4 dias após. Quando o estradiol é aplicado na ausência de progesterona (após a retirada do dispositivo), haverá indução de pico de LH e ovulação, caso haja presença de um folículo com maturidade suficiente.

A seguir, será apresentada uma série de estudos, cujo objetivo foi desenvolver um protocolo de sincronização da ovulação adaptado às condições brasileiras de cria.

O diâmetro, a manutenção do crescimento e a regressão do folículo dominante estão relacionados à concentração sérica de progesterona e à pulsatilidade de LH. Quando as concentrações de progesterona são mantidas a níveis subluteais, a frequência de pulsos de LH aumenta e o folículo dominante continua a crescer por maior período de tempo. Com base nessas informações, avaliou-se o efeito do momento da aplicação de PGF2α em protocolo de IATF, baseado em estradiol e progesterona, na taxa de concepção de novilhas meio sangue Nelore/Red Angus (n=35) cíclicas. Os animais foram aleatoriamente divididos em dois tratamentos: Tratamento D7 (n=17): Inserção de dispositivo intravaginal contendo 1,9 g de progesterona (CIDR®, Pfizer Saúde Animal) + aplicação i.m. de 2,0 mg de BE (2,0 mL de Estrogin®, Farmavet) no Dia 0; aplicação i.m. de 0,53 mg de cloprostenol (2,0 mL de Ciosin®, Schering-Plough) no Dia 7; remoção do CIDR® no Dia 9; aplicação i.m. de 0,8 mg de BE (0,8 mL de Estrogin®, Farmavet) 24 horas após remoção do CIDR®; IATF 50 horas após remoção do CIDR® (36 horas após BE); Tratamento D9 (n=18): Inserção de CIDR® + aplicação i.m. de 2,0 mg de BE no Dia 0; aplicação i.m. de 0,53 mg de cloprostenol + remoção do CIDR® no Dia 9; aplicação i.m. de 0,8 mg de BE 24 horas após remoção do CIDR®; IATF 50 horas após remoção do CIDR® (36 horas após BE). A taxa de concepção à IATF tendeu a ser maior nas vacas que receberam $PGF_2\alpha$ no dia 7 (64,7% *vs.* 38,9%), provavelmente, graças à antecipação da luteólise que reduziu os níveis de progesterona, potencialmente causando aumento da pulsatilidade de LH, manutenção do crescimento do folículo dominante, aumento do diâmetro do folículo ovulatório, maior taxa de ovulação e também a formação de corpo lúteo de maior diâmetro. Esses resultados indicam que a alteração no momento da aplicação de PGF2α pode aumentar a taxa de concepção na inseminação artificial em tempo fixo em novilhas sincronizadas com progesterona e benzoato de estradiol. A antecipação da aplicação da PGF2α no protocolo é necessária somente para animais ciclando, pois os animais em anestro não possuem corpo lúteo e, portanto, o tratamento com agentes luteolíticos não apresenta nenhum efeito.

Baseando-se nos resultados descritos acima, avaliou-se a redução na dose de PGF2α em 246 vacas Nelore paridas (40 a 110 dias pós-parto; ECC 3,46±0,34). Neste estudo, utilizou-se o mesmo protocolo descrito acima para o Tratamento D7 associado à remoção de bezerros entre a retirada dos dispositivos intravaginais de progesterona e a IATF, sendo que os tratamentos diferiram quanto à dose de $PGF_2\alpha$ administrada no dia 7. As vacas foram submetidas a exame ultrassonográfico no dia 7 do protocolo, e aquelas com corpo lúteo receberam, aleatoriamente, via intramuscular, 12,5 mg de dinoprost trometamina (2,5 mL de Lutalyse®; n=126) ou de 25 mg de dinoprost trometamina (5,0 mL de Lutalyse®; n=120). No momento da IATF e 48 horas após, foi realizado exame ultrassonográfico para determinar as taxas de ovulação e de regressão estrutural do corpo lúteo. Não houve diferença das dosagens utilizadas de dinoprost trometamina nas taxas de regressão estrutural do corpo lúteo (95,2% *vs.* 98,3%), de ovulação (90,5% *vs.* 95,0%) e de concepção (55,6% *vs.* 61,7%). Esses dados são indicativos de que no protocolo à base de progesterona e estradiol, o uso da dose reduzida de 12,5 mg de dinoprost trometamina no dia 7 foi eficiente em causar luteólise, permitindo a recomendação de seu uso, que implica na redução do custo do protocolo.

Em outro estudo, que utilizou o mesmo protocolo, avaliaram-se diferentes estímulos ovulatórios (GnRH, BE ou ECP). Para tal, utilizaram-se 946 vacas Nelore paridas (40 a 110 dias pós-parto e ECC 3,06±0,45). Os animais foram submetidos ao mesmo protocolo diferindo apenas os estímulos ovulatórios. No dia 9, junto com a retirada do CIDR® e a remoção dos bezerros, os animais dos Tratamentos 1 e 2 receberam cipionato de estradiol (E.C.P.®) nas doses de 0,5 e 1 mg, respectivamente. No dia 10 (24 horas após a remoção dos dispositivos intravaginais de progesterona), as vacas do Tratamento 3 receberam 1 mg de benzoato de estradiol (Estrogin®), e os animais do Tratamento 4 receberam 100 µg de GnRH (Fertagyl®) no momento da IATF (48 a 54 horas após a remoção dos dispositivos intravaginais de progesterona). No momento da IATF e 48 horas após, foram realizados exames ultrassonográficos para determinar a taxa de ovulação e a concepção foi avaliada 28 dias após a IATF. Não houve efeito dos tratamentos utilizados nas taxas de ovulação, prenhez ao protocolo e concepção das vacas efetivamente sincronizadas, sendo respectivamente de 90,0% (99/110), 58,2% (64/110) e 64,5% (64/99) nos animais que receberam 0,5mg de cipionato de estradiol; 87,4% (180/206), 46,1% (95/206) e 51,7% (93/180) nos que receberam 1 mg de cipionato de estradiol; 89,9% (285/317), 52,1% (165/317) e 56,8% (162/285) nas vacas que receberam benzoato de estradiol; 90,1% (282/313), 54,0% (169/313) e 59,2% (167/282) nos animais que receberam GnRH. Esses dados indicam a utilização de 0,5mg de cipionato de estradiol como indutor de ovulação no protocolo citado, em virtude da redução de custo em relação ao GnRH e de um manejo dos animais em relação ao protocolo com benzoato de estradiol (**Figura 8**).

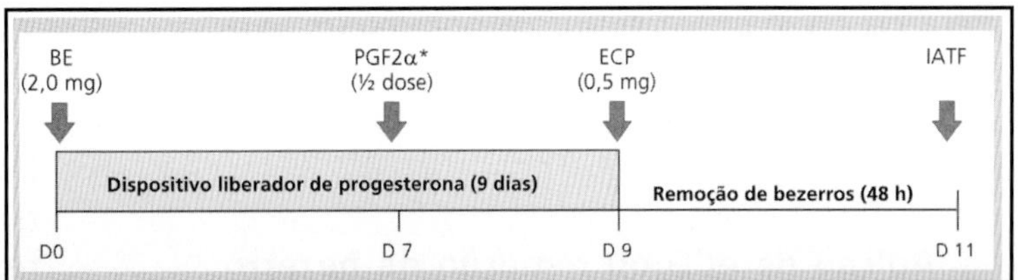

Figura 8. Diagrama esquemático do protocolo de sincronização da ovulação recomendado para bovinos *Bos indicus*. BE: Benzoato de estradiol; $PGF_2\alpha$: análogo da prostaglandina F2α; ECP: cipionato de estradiol; IATF: inseminação artificial em tempo fixo. (*) Em animais em anestro, a $PGF_2\alpha$ pode ser administrada no dia 9 do protocolo (D9), com resultado semelhante.

Validação de um protocolo de sincronização da ovulação em vacas de corte

Este estudo teve como objetivo validar o protocolo representado na **Figura 8**. Foram analisados dados de 7.527 vacas de corte sincronizadas com esse protocolo durante a estação de monta 2005/2006. A taxa de concepção média na IATF foi de 48,9% (3.681/7.527) e foi influenciada (P<0,01) pelas variáveis: categoria, raça e ECC. A taxa de concepção diferiu entre vacas secas, primíparas e multíparas, sendo de 39,4% (137/348), 46,3% (937/2.022) e 50,5% (2.607/5.157), respectivamente. Vacas cruzadas (½ *Bos taurus taurus* x ½ *Bos taurus indicus*) apresentaram maior taxa de concepção, quando comparadas a vacas *Bos taurus taurus* e vacas Nelore [62,3% (964/1.547), 53,0% (150/283) e 45,1% (2.567/5.697)]. Vacas com menor ECC mostraram menor taxa de concepção na IATF [ECC 2,5: 41,9% (687/1.638); ECC 2,75: 50,3% (831/

1.653); ECC 3,0: 49,4% (1.006/2.035); ECC 3,25: 49,2% (386/785); ECC 3,5: 54,5% (771/1.416)]. O número de vezes em que o dispositivo intravaginal de progesterona CIDR® havia sido utilizado anteriormente (0 *vs.* 1 *vs.* 2) não afetou a taxa de concepção na IATF, indicando possibilidade de se utilizar os dispositivos por até três vezes. Em relação à quantidade de reutilizações dos dispositivos, é interessante observar que os implantes subcutâneos de norgestomet, uma outra opção de progestágeno disponível atualmente, também podem ser reutilizados uma vez, totalizando dois usos de 8 ou 9 dias cada (Maluf *et al.*, 2005).

As variáveis analisadas e os resultados obtidos nesse experimento devem sempre ser considerados ao se implantar um programa de IATF em uma propriedade, de forma a auxiliar no planejamento e previsão mais acurada dos resultados.

Adição de eCG ou remoção de bezerro no final de protocolo de IATF

A suplementação de LH ao final de protocolos de IATF melhora o desenvolvimento folicular, resultando em incremento nas taxas de ovulação e prenhez. Uma forma de promover esse efeito endogenamente é pela remoção dos estímulos negativos que o bezerro exerce sobre a secreção de LH na mãe, como discutido anteriormente. Exogenamente, esse efeito pode ser obtido por meio da aplicação de gonadotrofina coriônica equina (eCG), que traz benefícios para a taxa de prenhez na IATF em determinadas situações (Baruselli *et al.*, 2003). Esse hormônio impulsiona o desenvolvimento folicular por possuir efeitos similares aos do FSH e LH porém, a adição do eCG não tem efeito aditivo à remoção de bezerros, quando utilizada em protocolo de IATF à base de estrógeno e dispositivo intravaginal de P4. Em um estudo, comparou-se o efeito da aplicação de eCG ou RB ao final de protocolo de IATF à base de progesterona e estradiol. Vacas paridas da raça Nelore (n=559; ECC 3,40±0,31; 40 A 90 dias pós-parto) foram divididas, aleatoriamente, para receber um dos seguintes tratamentos no momento da retirada dos dispositivos liberadores de progesterona: Controle (nenhum tratamento); RB (remoção de bezerros entre a retirada dos dispositivos e a IATF); eCG300 (aplicação i.m. de 300 UI de eCG (Folligon®, Intervet) no momento da retirada dos dispositivos; eCG400 (aplicação i.m. de 400 UI de eCG no momento da retirada dos dos dispositivos). No momento da IATF e 48 horas após, foi realizado exame de ultrassom para determinar a taxa de ovulação. Não houve diferença na taxa de ovulação (Controle: 82,3%; RB: 86,5%; eCG300: 80,8%; eCG400: 83,9%), mas a taxa de concepção tendeu a diferir entre os tratamentos (Controle: 41,5%; RB: 51,3%; eCG300: 46,9%; eCG400: 54,5%). Os tratamentos RB e eCG400 foram superiores ao tratamento Controle, enquanto o tratamento eCG300 foi semelhante aos demais. Esses dados sugerem que, no protocolo utilizado (**Figura 8**), remoção de bezerros ou eCG devem ser utilizadas para maximizar os resultados em vacas paridas da raça Nelore.

Uso de protocolo de IATF associado a diagnóstico precoce de gestação e ressincronização, como estratégia para maximizar o número de vacas gestantes por IA em estação de monta reduzida

Uma opção de manejo, visando à maximização do número de matrizes gestantes no início da estação de monta em vacas pós-parto, consiste na associação de IATF, observação de cio no retorno, diagnóstico precoce de gestação e ressincronização. Um experimento avaliou o desempenho de matrizes submetidas à associação dessas estratégias. Trezentas e dezesseis vacas Nelore (40 a 110 dias pós-parto e ECC entre 2,25 e 3,75) foram sincronizadas com o protocolo de inseminação artificial, em tempo fixo, ilustrado na **Figura 8**. Graças ao tratamento de sincronização da ovulação, os animais que não ficam gestantes na IATF tendem a retornar em estro sincronizadamente e, por esse motivo, entre os dias 18 e 24 pós-IATF, foi realizada detecção de estro, sendo os animais detectados inseminados 12 horas após. No 28° dia após a IATF, realizou-se diagnóstico precoce de gestação por ultrassonografia, e as vacas vazias que não foram reinseminadas entre os dias 18 e 24 foram ressincronizadas.

No início do protocolo, por meio de exame ultrassonográfico, observou-se que 83,2% (263/316) dos animais estavam em anestro. Os resultados de sincronização e de concepção ao protocolo de IATF foram de 89,2 e 50,6%, respectivamente. A taxa de prenhez cumulativa por IA foi de 69,3%. Verificou-se que o ECC, no início da EM, foi determinante na velocidade com que as vacas ficaram gestantes ao longo da estação de monta. A estratégia combinando IATF no início da EM, observação de cio por 7 dias (entre os dias 18 e 24), diagnóstico precoce de gestação aos 28 dias e ressincronização foi eficiente, pois permitiu emprenhar 69,3% das vacas por IA em EM de 37 dias (**Figura 9**). Melhores resultados podem ser alcançados se os animais apresentarem ECC adequado no início da estação de monta (**Figura 9**).

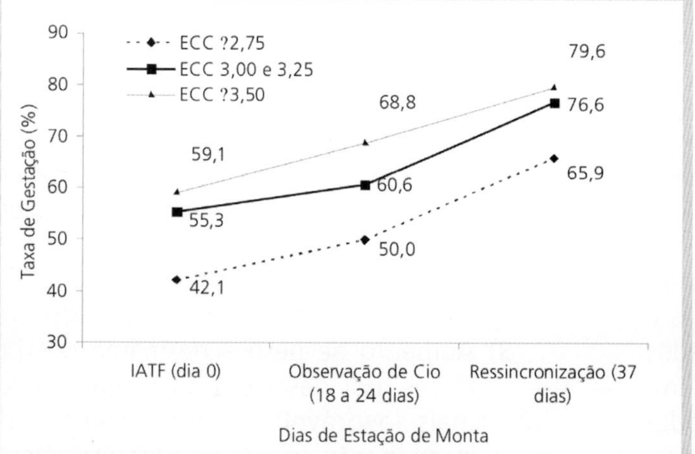

Figura 9. Efeito do ECC na taxa de gestação ao longo da estação de monta.

IATF em matrizes primíparas

A categoria das primíparas é, sem dúvida, a de maior desafio em termos reprodutivos dentro do sistema de cria. Isso porque, ao primeiro parto, esses animais ainda se encontram em crescimento e, portanto, suas exigências nutricionais são elevadas, culminando com perda acentuada de condição corporal pós-parto, a qual não se recupera rapidamente.

No Brasil, os partos se concentram no final do inverno e durante a primavera, ou seja, os animais têm o período final de gestação e início da lactação em épocas de menor disponibilidade de alimento, em termos de quantidade e qualidade, levando à redução das reservas corporais no periparto, podendo contribuir para aumentar o intervalo entre o parto e a primeira ovulação. Esse efeito pode ter um impacto negativo ainda maior no desempenho reprodutivo pós-parto de vacas de primeira cria, por ainda estarem em crescimento e iniciando a primeira lactação.

Estudos realizados, na década de 70, revelaram que vacas primíparas possuem um período de anestro mais longo do que vacas multíparas. Desde então, em propriedades que realizam estação com monta natural ou programas de IA convencional, é prática comum iniciar a estação de monta de novilhas mais cedo do que a do restante do rebanho, a fim de que, no ano seguinte, após o primeiro parto, elas disponham de maior período para se recuperar do anestro pós-parto antes do início da estação de monta. Essa abordagem leva em conta que dias pós-parto é o fator de maior influência na eficiência reprodutiva em primíparas. Quando se pensa em ECC, no entanto, provavelmente esse manejo pode ter impacto negativo, pois, em primíparas, quanto maior o número de dias pós-parto, menor a condição corporal. Como a categoria das primíparas é a que possui maior necessidade de estratégias de indução de ciclicidade (por exemplo, sincronização da ovulação) e o escore de condição corporal é o fator mais importante que interfere nessas estratégias, a antecipação da estação de monta das novilhas não melhora e, muitas vezes, até prejudica a reconcepção dessas novilhas após o primeiro parto, quando há emprego de sincronização. Em um estudo (Meneghetti, 2006) realizado na região Centro-Oeste do Brasil, novilhas que pariram nos meses de setembro e outubro apresentaram maior perda de ECC em relação às que pariram em novembro e dezembro. Além disso, o ECC teve efeito linear positivo sobre a taxa de concepção à IATF, independentemente de raça ou de propriedade. Portanto, em propriedades que utilizam IATF como estratégia para melhorar a eficiência reprodutiva em primíparas, não se deve antecipar a parição das novilhas. Além disso, nessa categoria, o protocolo deve ser iniciado o mais breve possível após o parto, respeitando-se, logicamente, os 30 dias necessários para involução uterina.

Uma outra estratégia indicada para primíparas é a suplementação com gordura associada a tratamento de sincronização da ovulação. A maior parte dos estudos que avaliam a ação dos lipídios na reprodução foi realizada com vacas leiteiras de alta produção. Há ainda certa escassez de trabalhos que avaliam os efeitos da suplementação lipídica em vacas de corte *Bos indicus*. Essa estratégia nutricional pode beneficiar a reprodução por ser fonte rica em energia e/ou por meio da ação direta de certos ácidos graxos, como o ácido linolênico, nos tecidos reprodutivos. De forma geral, os lipídios com potencial efeito benéfico direto sobre os tecidos reprodutivos possuem cadeias insaturadas e, portanto, é necessário fornecê-los de maneira a se evitar a bio-hidrogenação pelos microrganismos ruminais. Lopes *et al.* (2007) avaliaram o efeito da suplementação com gordura protegida da bio-hidrogenação ruminal (Megalac-E®) sobre a taxa de prenhez na inseminação artificial em tempo fixo em vacas Nelore primíparas (n=910). Neste experimento, as vacas do lote suplementado (n=451) receberam 100g de Megalac-E® por dia, iniciando onze dias antes e terminando 28 dias após a IATF. Os resultados desse experimento sugeriram potencial efeito benéfico da suplementação lipídica na reprodução, pois as primíparas suplementadas com gordura apresentaram maior taxa de prenhez à IATF (50,8% *vs.* 39,7%; P<0,05).

Considerações finais

Visando à maximização dos lucros, o produtor deve obter 1 bezerro de qualidade/vaca/ano, entretanto esse objetivo dificilmente é obtido em decorrência do fato de 80% das matrizes ainda não estarem ciclando ao início da estação de monta. Em grande parte das propriedades, não há 50% de vacas paridas ao início da estação de monta. Nesse contexto, a inseminação artificial em tempo fixo (IATF) é uma ferramenta de manejo que veio para contribuir na gestão dos sistemas de cria. Mediante a técnica, é possível inseminar 100% das matrizes, iniciando o tratamento com 30 dias pós-parto, obtendo-se 40 a 50% de taxa de prenhez já no primeiro dia da estação de monta, independentemente de elas estarem ciclando ou não. Dessa forma, é possível a concentração das parições na época mais favorável (**Figura 10**). Os lotes podem ser de até 250 animais, dependendo das condições da propriedade, e a condição corporal das fêmeas é um fator fundamental para a obtenção de resultados satisfatórios. Além do benefício direto, que é a antecipação na prenhez das vacas, a técnica traz diversos benefícios indiretos, como:

1) Melhora na qualidade de vida dos funcionários (a inseminação é programada, não necessitando observação de cio);

2) Maior probabilidade de reconcepção das fêmeas na próxima estação de monta, em virtude do fato de parirem mais cedo, tendo maior tempo para recuperação pós-parto;

3) Aumento de peso à desmama dos bezerros, por nascerem mais cedo (época mais favorável) e serem oriundos de inseminação (genética superior). Dessa forma, os machos podem ser abatidos mais precocemente, e as fêmeas terão

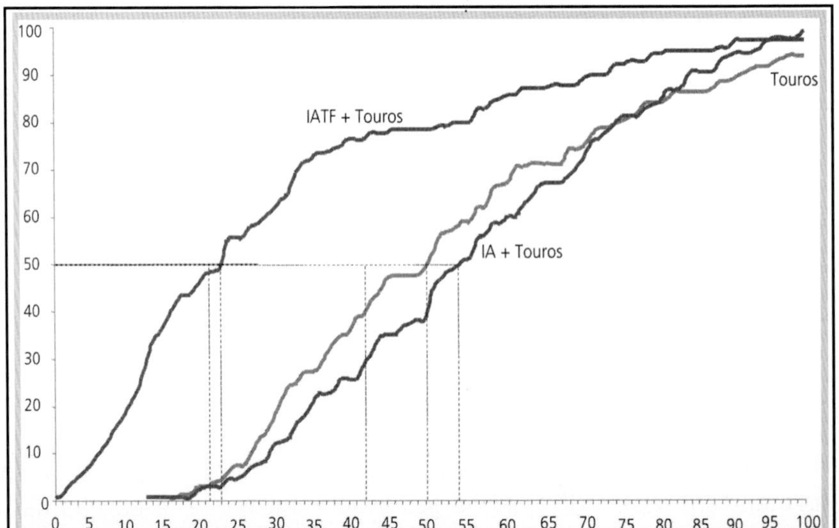

Figura 10. Distribuição dos nascimentos em vacas submetidas a diferentes manejos reprodutivos (Silva, 2007).

maior probabilidade de estarem ciclando quando entrarem em sua primeira estação de monta;

4) As fêmeas que parem mais cedo, caso não emprenhem na estação de monta, poderão ser descartadas no início da estação seca, não necessitando suplementação. As fêmeas que parem mais tarde e não emprenham na estação de monta, por outro lado, passarão a estação seca ainda com seus bezerros ao pé, podendo ser abatida somente na próxima estação chuvosa ou necessitando suplementação durante o período seco;

5) É eficiente em induzir ciclicidade, com grande viabilidade em primíparas. O uso da IATF vem crescendo ano a ano no Brasil, e a tendência é que cada vez mais as propriedades adotem a técnica, à medida que o mercado torna-se mais competitivo.

Nesse cenário, a eficiência no sistema de produção é o fator que faz a diferença para a obtenção de maior lucratividade, e a IATF é a ferramenta que proporciona melhoria na eficiência reprodutiva.

Referências bibliográficas

Adams, G.P.; Jaiswal, R.; Singh, J.; Malhi, P. Progress in understanding ovarian follicular dynamics in cattle. **Theriogenology**, v.69, p.2-80, 2008.

Almeida, A.B.; Bertan, C.M.; Rossa, L.A.F.; Gaspar, P.S.; Binelli, M.; Madureira, E.R. Avaliação da reutilização de implantes auriculares contendo norgestomet associados ao valerato ou ao benzoato de estradiol em vacas Nelore inseminadas em tempo fixo. **Brazilian Journal of Veterinary Research and Animal Science**, v.43, n.4, p.456-465, 2006.

Barros, C.M.; Moreira, M.B.P.; Fernandes, P. Manipulação farmacológica do ciclo estral para melhorar programas inseminação artificial ou de transferência de embriões. **Arquivo Faculdade Veterinária**, Supl. 26, p.179-89, 1998.

Baruselli, P.S.; Marques, M.O.; Nasser, L.F.; Reis, E.L.; Bó, G.A. Effect of eCG on pregnancy rates of lactating zebu beef cows treated with CIDR-b devices for timed artificial insemination. **Theriogenology**, v.59, p.214 (abstract).

Baruselli, P.S.; Reis, E.L.; Marques, M.O.; Nasser, L.F.; Bó, G.A. The use of hormonal treatments to improve reproductive performance of anestrous beef cattle in tropical climates. **Animal Reproduction Science**, v.82-83, p.479-486, 2004.

Beam, S.W.; Butler, W.R. Effects of energy balance on follicular development and first ovulation in postpartum dairy cows. **Journal of Reproduction and Fertility**, v.54 (Suppl.), p.411-424, 1999.

Binelli, M.; Ibiapina, B.T.; Bisinotto, R.S. Bases fisiológicas, farmacológicas e endócrinas dos tratamentos de sincronização do crescimento folicular e da ovulação. **Acta Scientiae Veterinariae**, v.34 (Supl 1), p.1-7, 2006.

Bó, G.A.; Baruselli, P.S.; Martinez, M.F. Pattern and manipulation of follicular development in *Bos Indicus* cattle. **Animal Reproduction Science**, v.78, p.307-326, 2003.

Ereno, R.L.; Barreiros, T.R.R.; Seneda, M.M.; Baruselli, P.S.; Pegorer, M.F.; Barros, C.M. Taxa de prenhez de vacas Nelore lactantes tratadas com progesterona associada à remoção temporária de bezerros ou aplicação de gonadotrofina coriônica equina. **Revista Brasileira de Zootecnia**, v.36, n.5, p.1288-1294, 2007.

Firmino Neto, J.E.; Oliveira, M.A.L.; Lima, P.F.; Alves, J.D.R.; Chiamenti, A. A associação entre progestágenos e desmame temporário nos pós-parto de vacas Nelore com cria ao pé. **Revista Brasileira de Reprodução Animal**, v.23, n.3, p.340-341, 1999.

Lima, F.S., Vasconcelos, J.L.M.; Vilela, E.R.; Dias, C.C.; Mattos, M.C.; Sá Filho, O.G. Protocolos de sincronização de cio em vacas Nelore solteiras. **Revista Brasileira de Reprodução Animal**, v.27, p.442-222, 2003.

Lopes, C.N.; Vasconcelos, J.L.M.; Araujo, T.P.B.; Oliveira, L.O.F. Effect of supllementation with Megalac-E on pregnancy rate on primiparous Nellore cows. **Journal of Animal Science**, v.85 (Suppl. 1), p.531, 2007.

Maluf, D.Z.; Pires, A.V.; Moreira, R.J.C.; Madureira, E.H.; Binelli, M.; Gonçalves, J.R.; Lima, L.G.; Susin, I. Evaluation of progestogen implants reutilization on pharmacological control of estrous cycle and ovulation in beef cows. **Journal of Animal Science**, v.83 (Suppl. 1), p.39, 2005.

Meneghetti, M. **Mês de parição, condição corporal e resposta a protocolos de inseminação artificial em tempo fixo em vacas de corte primíparas**. Botucatu, SP, 2006, 52p. Dissertação (Mestrado em Zootecnia) - Universidade Estadual Paulista Júlio de Mesquita Filho.

Meneghetti, M.; Vilela, E. R.; Vasconcelos, J.L.M.; Cerri, R.L.A.; Ferreira Jr., N. Efeito da remoção dos bezerros nos folículos dominantes e na taxa de ovulação ao primeiro GnRH em protocolos de sincronização em vacas Nelore em anestro. **Revista Brasileira de Reprodução Animal**, v.25, n.3, p.286-288, 2001.

Moreira, R.J.C.; Pires, A.V.; Maluf, D.Z.; Madureira, E.H.; Binelli, M.; Gonçalves, J.R.S.; Lima, L.G.; Susin, I. Uso do protocolo CRESTAR em tratamentos utilizando benzoato de estradiol, PGF_2-alfa, PMSG, e GnRH para controle do ciclo estral e ovulação em vacas de corte. **Brazilian Journal of Veterinary Research and Animal Science**, v.42, n.1, p.56-62, 2007.

Pires, V.A.; Araújo, C.R.; Mendes, Q.C. Fatores que interferem na eficiência reprodutiva de bovinos de corte. In: Simpósio Pecuária Intensiva nos Trópicos. **Anais...** Piracicaba: Fundação de Estudos Agrários Luiz de Queiroz, p.355-398, 2004.

Rabassa, V.R.; Pfeifer, L.F.M.; Schneider, A.; Luz, E.M.; Costa, E.R.M.; Correa, M.N. Anestro pós-parto em bovinos: mecanismos fisiológicos e alternativas hormonais visando reduzir este período – uma revisão. **Revista da FZVA**, v.14, n.1, p.139-161, 2007.

Santos, F.A.P.; Santos, J.E.P. Efeitos da nutrição na reprodução de bovinos de corte em pastagens. In: REIS, R.A.; BERNARDES, T.F.; SIQUEIRA, G.R. *et al.* (Eds.). **Volumosos na produção de ruminantes**. Valor alimentício de forragens. 1.ed. Jaboticabal: Funep, p.123-164, 2003.

Silva, A.T.N. **Efeito de diferentes estratégias de manejo reprodutivo em vacas de corte mestiças paridas**. Botucatu, SP, 2007, 51p. Dissertação (Mestrado em Zootecnia) – Faculdade de Medicina Veterinária e Zootecnia, Universidade Estadual Paulista.

Vasconcelos, J.L.M.; Perez, G.C.; Santos, R.M.; Silva, A.T.N.; Maciel, A.B.B. Progesterone intravaginal device and/or calf removal on anestrous Angus/crossbred cows during a 60-day breeding season. **Journal of Animal Science**, v.82, p.67 (Suppl. 1), 2004.

Wiltbank, M.C.; Gümen, A.; Sartori, R. Physiological classification of anovulatory conditions in cattle. **Theriogenology**, v.57, p.21-52, 2002.

Yavas, Y.; Walton, J.S. Induction of ovulation in postpartum suckled beef cows. A review. **Theriogenology**, v.54, n.1, p.1-23, 2000a.

Yavas, Y.; Walton, J.S. Postpartum acyclicity in suckled beef cows. A review. **Theriogenology**, v.54, n.1, p.24-55, 2000b.

CAPÍTULO 28

Clonagem e sexagem de embriões

Marcelo Demarchi Goissis
Doutorando na Michigan State University
Department of Animal Science
East Lansing - MI - USA
mgoissis@yahoo.com.br

Marco Roberto Bourg de Mello
Professor Adjunto II
Departamento de Reprodução e Avaliação Animal
UFRRJ. Seropédica, RJ
mmello@ufrrj.br

José Antônio Visintin
Professor Titular
Departamento de Reprodução Animal
FMVZ/USP. São Paulo, SP
visintin@usp.br

Introdução

A bovinocultura de corte tem grande participação na economia brasileira, principalmente com as exportações. No começo do século XXI, o Brasil alcançou o patamar de maior exportador de carne bovina do mundo. O aumento da tecnicização da cadeia produtiva teve papel fundamental no aumento da produtividade. Dentre os fatores que contribuíram para isso estão aqueles relacionados à reprodução animal e ao melhoramento genético.

Técnicas recentes, como a inseminação artificial em tempo fixo, possibilitaram maior disseminação de genética superior em rebanhos comerciais, mesmo assim a porcentagem de animais inseminados ainda é muito baixa. Em rebanhos de elite, técnicas como transferência e produção *in vitro* de embriões já são amplamente utilizadas, de modo que o Brasil é o maior produtor mundial de embriões *in vitro* neste início do século XXI.

Novas tecnologias surgiram e devem ser incorporadas à bovinocultura de corte para auxiliar na manutenção do Brasil como maior exportador de carne bovina. A clonagem e a sexagem de embriões podem trazer grandes benefícios aos criadores, auxiliando os programas de melhoramento genético.

Clonagem

Introdução

A clonagem consiste na produção de indivíduos de material genético nuclear idêntico. Esses indivíduos podem ser gerados naturalmente, como no caso de gêmeos univitelinos, ou por duas técnicas diferentes: partição de embriões e transferência nuclear. A primeira técnica consiste na bipartição do embrião, a partir de apenas duas células, ou pela separação de blastômeros em dois agrupamentos celulares distintos que originarão embriões geneticamente idênticos. Essa técnica tem como fator limitante a produção de poucos indivíduos clonados a partir de um embrião (First, 1990).

A transferência nuclear (TN) tornou-se mais interessante que a bipartição de embriões em virtude da capacidade ilimitada de gerar clones, além da possibilidade de clonar indivíduos adultos a partir de células somáticas diferenciadas adultas. Dessa forma, a técnica de transferência nuclear permite gerar animais de interesse comercial e zootécnico com características produtivas já testadas. A técnica de TN permite também a produção de animais transgênicos, a produção de células-tronco embrionárias paciente-específicas, além de servir de base para estudo de herança mitocondrial, diferenciação celular e estudos de epigenética.

Histórico

A transferência nuclear surgiu em 1938, sugerida por Hans Spemann, para estudar se a cromatina sofreria algum tipo de modificação após a diferenciação celular. A primeira transferência bem sucedida ocorreu, em 1952, realizada por Briggs & King em anfíbios. A primeira transferência nuclear com resultados animadores em mamíferos foi realizada por Willadsen, em 1986, utilizando núcleos oriundos de embriões ovinos, com 8 a 16 células. Smith & Wilmut, em 1989, realizaram clonagem bem sucedida com células de embrião no estágio de blastocisto, que são pluripotentes. Em 1996, Campbell *et al.* conseguiram clones de linhagens celulares estabelecidas em cultura a partir de células embrionárias.

O ano de 1997 foi extremamente importante, pois concluiu e iniciou *eras* no processo de clonagem. Wilmut *et al.*, (1997) obtiveram a ovelha *Dolly*, o primeiro animal clonado a partir de células adultas, provando que células totalmente diferenciadas são capazes de gerar clones por transferência nuclear. Esse resultado provocou euforia e uma avalanche de ideias no meio científico, além de levantar dúvidas morais, éticas e religiosas na sociedade. Após a publicação de Wilmut *et al.* (1997), o sucesso da clonagem com células diferenciadas adultas foi também alcançado em bovinos, murinos, caprinos, suínos, felinos, equídeos e caninos (Kato *et al.*, 1998; Wakayama *et al.*, 1998; Baguisi *et al.*, 1999; Onishi *et al.*, 2000; Shin *et al.*, 2002; Woods *et al.*, 2003; Lee *et al.*, 2005).

No Brasil, diversos grupos trabalharam para obter os primeiros clones mamíferos, que foram da espécie bovina. O grupo da Embrapa-Cenargen, liderado por Rodolfo Rumpf, obteve Vitória, em 2001, o primeiro clone brasileiro a partir de células embrionárias. Em seguida, o grupo da FMVZ/USP, liderado pelo Prof. José Antônio Visintin, obteve Marcolino em 2002 (Mello *et al.* 2003), usando células fetais. Na FCAV/UNESP de Jaboticabal, em 2002, o grupo do Prof. Joaquim Mansano Garcia produziu Penta, a partir de células somáticas adultas, porém a bezerra morreu poucos dias após o parto. Em 2003, nasceu Bela, na USP, produzida com células adultas, tornando-se uma vaca adulta saudável.

Em 2004, nasceu Independência, a primeira bezerra clonada com fins comerciais, resultante da parceria entre o Prof. Flávio Vieira Meirelles e a empresa Vitrogen. Mais recentemente, a clonagem ganhou aspecto comercial e até touros de rodeio foram clonados no Brasil.

Etapas da clonagem

A realização de clonagem por transferência nuclear ocorre paralelamente em duas principais etapas que se unem para a finalização do processo, a preparação do citoplasma receptor de núcleo e a preparação de células doadoras de núcleo (**Figura 1**).

Preparo do citoplasma receptor

A primeira etapa envolve a obtenção de oócitos receptores, a qual pode ser por aspiração folicular transvaginal ou por recuperação de oócitos de ovários de vacas provenientes de abatedouro. Na maioria das vezes, para os experimentos de clonagem, são utilizados, preferencialmente, oócitos de vacas provenientes de abatedouro pelo seu baixo custo e facilidade de obtenção assim como pelo elevado número de estruturas disponíveis.

Os oócitos recuperados estão bloqueados na fase de diplóteno da prófase I (vesícula germinativa) e retomariam a meiose durante o aumento das concentrações plasmáticas do LH que antecedem a ovulação (Illera *et al.*, 1998). Durante a fase final de maturação *in vivo*, os oócitos imaturos progridem de vesícula germinativa para metáfase II (MII), estágio em que permanecem até a fecundação (Lonergan *et al.*, 2000) ou ativação partenogenética. Oócitos devem ser maturados *in vitro* em meio de cultivo adicionado dos hormônios FSH e LH por 18 a 24 horas. Nesse período, atingirão a MII da meiose, quando têm alta atividade de fator promotor da mitose (MPF - Campbell *et al.*, 1996).

O MPF é responsável pela quebra do envelope nuclear e da condensação de cromossomos da célula doadora de núcleo (Collas *et al.*, 1992). O DNA das células em fases G0 ou G1 do ciclo celular se condensa, formando cromátides simples, quando transferidas em oócitos em MII que

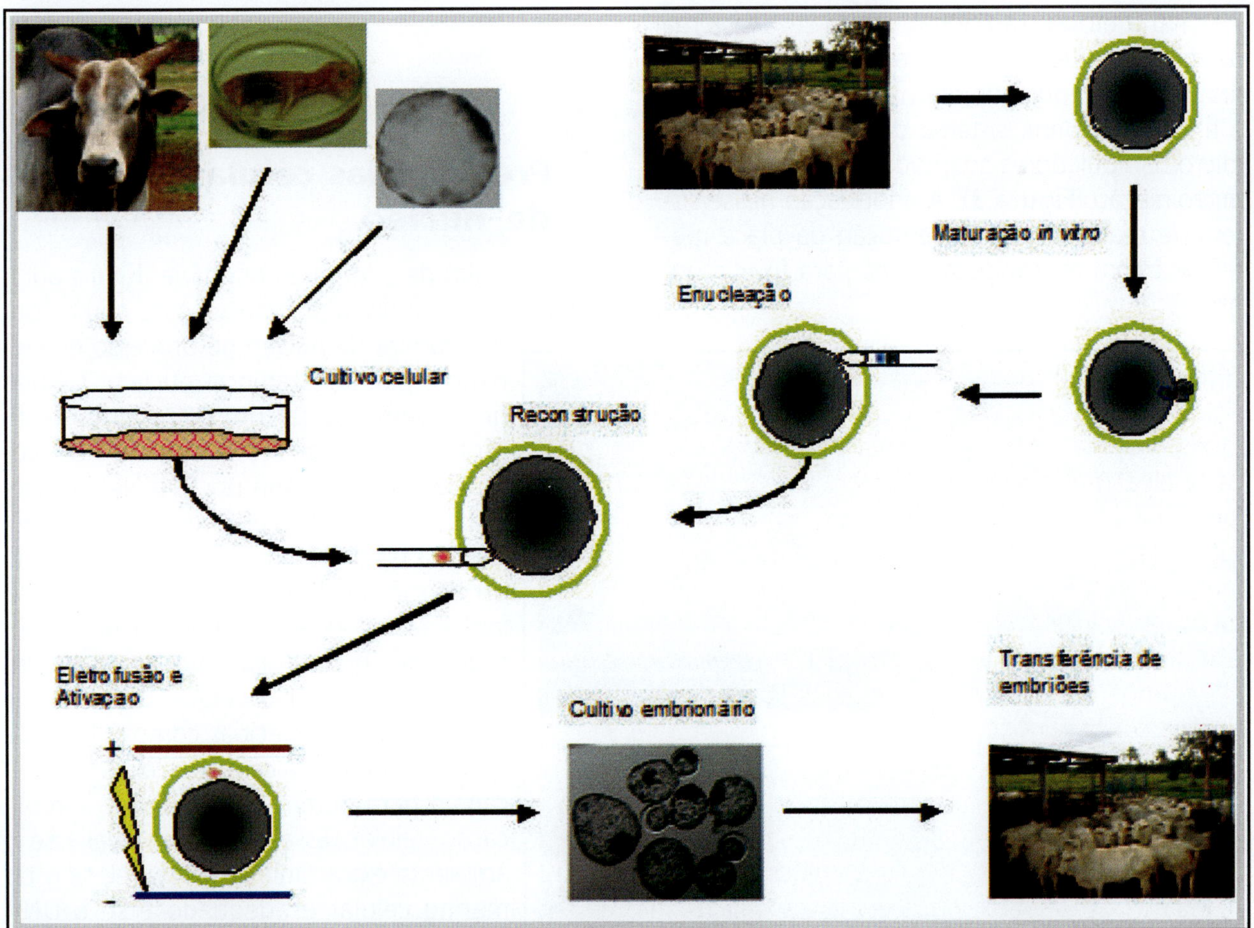

Figura 1. Esquema ilustrativo das etapas da clonagem.

tiveram o núcleo removido. O material genético é replicado, juntamente com o rearranjo do envelope nuclear, para que ocorra o processo de divisão celular sem aberrações cromossômicas (Campbell *et al.*, 1996; Campbell, 1999).

Após a maturação *in vitro*, os oócitos passam por um processo denominado enucleação, que consiste na remoção do núcleo (placa metafásica) do oócito maturo. Esse processo pode ser realizado com o auxílio de micromanipuladores ou pelo método que dispensa o uso de aparelhos mais sofisticados, denominado *handmade cloning* (clonagem feita à mão - Vajta *et al.*, 2003). Neste último caso, a zona pelúcida deve ser removida por tratamento químico (ex. exposição à pronase) antes da incubação com citocalasina B, que é um inibidor do citoesqueleto, importante para diminuir o dano citoplasmático durante o procedimento (Page, 2002). Os oócitos são bipartidos sob estereomicroscópio (lupa) com o uso de lâmina de bisturi adaptada (**Figura 2**).

No método tradicional, utiliza-se o sistema de micromanipulação que consiste de microscópio invertido equipado com luz ultravioleta (UV) e filtro de 350nm, sistema de contraste ótico e micromanipuladores adaptados a um sistema de microinjeção (**Figura 3**). A enucleação nesse sistema é realizada com a remoção da placa metafásica com micropipetas, uma para fixar o oócito e outra mais fina para remover o material genético.

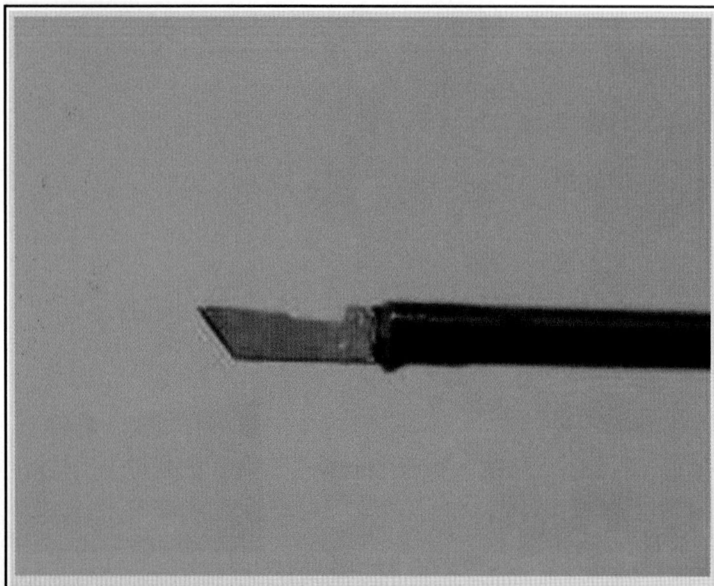

Figura 2. Lâmina para bipartição dos oócitos.

A placa metafásica não é visível por causa dos lipídios presentes no oócito bovino (Page, 2002). Os cromossomos condensados tendem a se alinhar com o primeiro corpúsculo polar (CP) extruso, e esse, alinhamento é maior quando os oócitos são maturados *in vitro* por 18 horas (Mello, 2003). A remoção pode ser feita por aspiração do citoplasma adjacente ao corpúsculo polar e a verificação é realizada pela incubação do citoplasma removido ao corante bisbenzimide (Hoechst 33342) e exposição à luz UV.

Além da aspiração, pode-se realizar a extrusão da placa metafásica. Com a micropipeta fina, realiza-se um pequeno corte na zona pelúcida próximo ao primeiro CP e pressiona-se o oócito até a saída do CP e de parte do citoplasma, que não deve ultrapassar 10% do volume total (**Figura 4**). Em ambos os métodos, usam-se inibidores do citoesqueleto como a citocalasina B.

Preparo das células doadoras de núcleo

Células de origem embrionária, fetal e adulta podem ser utilizadas com sucesso como fonte doadora de núcleo no processo de clonagem por transferência nuclear. Células de origem adulta (preferencialmente fibroblastos) são as mais utilizadas nos protocolos de clonagem por TN. Nesse caso, os cultivos das células doadoras são realizados a partir de um fragmento de tecido do animal de interesse e as células são induzidas ao estágio G0 ou G1 pelos métodos de sincronização que serão descritos adiante. O ciclo celular compreende quatro fases, conhecidas como G1, S, G2 e M. Na fase G1, a célula realiza uma checagem para determinar se haverá a replicação celular. Essa checagem avalia se o ambiente extracelular é favorável, se o tamanho celular é adequado e se o DNA não está danificado. Após a checagem, a célula pode seguir para a fase S ou parar

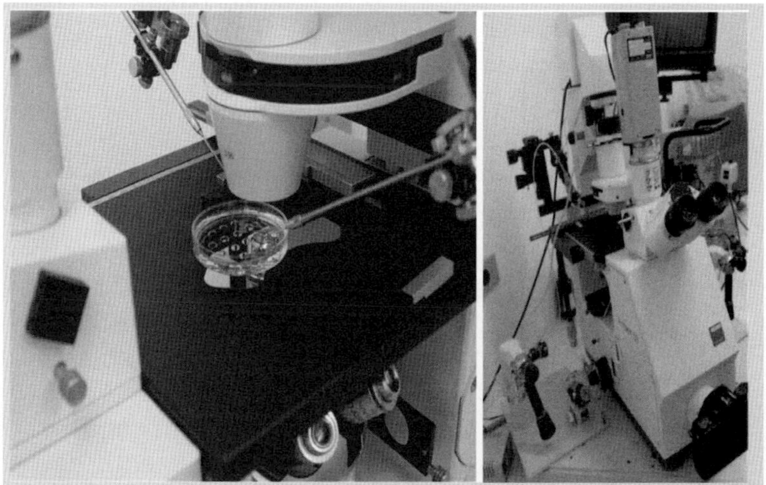

Figura 3. Sistema de micromanipulação: microscópio invertido com micromanipuladores.

o ciclo e entrar na fase de quiescência chamada G0.

A remoção do soro fetal bovino do meio de cultivo é o método mais difundido para sincronização do ciclo celular em G0 ou G1 (Boquest *et al.*, 1999, Kues *et al.*, 2000), além do uso de drogas como mimosina (Krude, 1999) e cicloheximide (Goissis *et al.*, 2007) para inibir proteínas relacionadas ao ciclo celular ou ainda a confluência total, que leva à inibição por contato da proliferação celular (de Barros *et al.*, 2009).

Células na fase S ou G2 devem ser utilizadas na transferência nuclear com oócitos pré-ativados, ou seja, com atividade de MPF reduzida. Assim, a síntese de DNA ocorre de acordo com o ciclo da célula doadora, mantendo a diploidia correta do embrião. Células em fase S transferidas para oócitos não ativados resultam em fragmentação do DNA e diploidia incorreta, comprometendo o desenvolvimento embrionário (Collas *et al.*, 1992).

A reconstrução é feita com células cultivadas e tratadas de acordo com o citoplasma receptor ou citoplasto. Células em suspensão são colocadas em meio de cultivo idêntico ao dos oócitos ou na mesma gota de meio. Usando-se o micromanipulador, as células são aspiradas pela pipeta de reconstrução e uma delas é introduzida no espaço perivitelínico de um oócito (**Figura 5**) por intermédio do orifício feito para enucleação.

Na técnica de clonagem feita à mão (Vajta *et al.*, 2003), a reconstrução é feita após o descarte das metades contendo o 1° CP e a placa metafásica com o aproveitamento das metades restantes. Inicialmente é realizado um tratamento dos citoplastos com fitohemaglutinina para facilitar a adesão à célula doadora de núcleo. A célula é posicionada no meio dos dois citoplastos para posterior fusão e ativação.

Fusão entre citoplasma receptor e célula doadora de núcleo

A fusão entre as membranas do citoplasto e da célula doadora de núcleo é realizada rotineiramente por estímulo elétrico. Os citoplastos reconstruídos são colocados em meio de alta densidade (por exemplo, contendo manitol, $MgSO_4$ e $CaCl_2$) e posicionados entre dois ele-

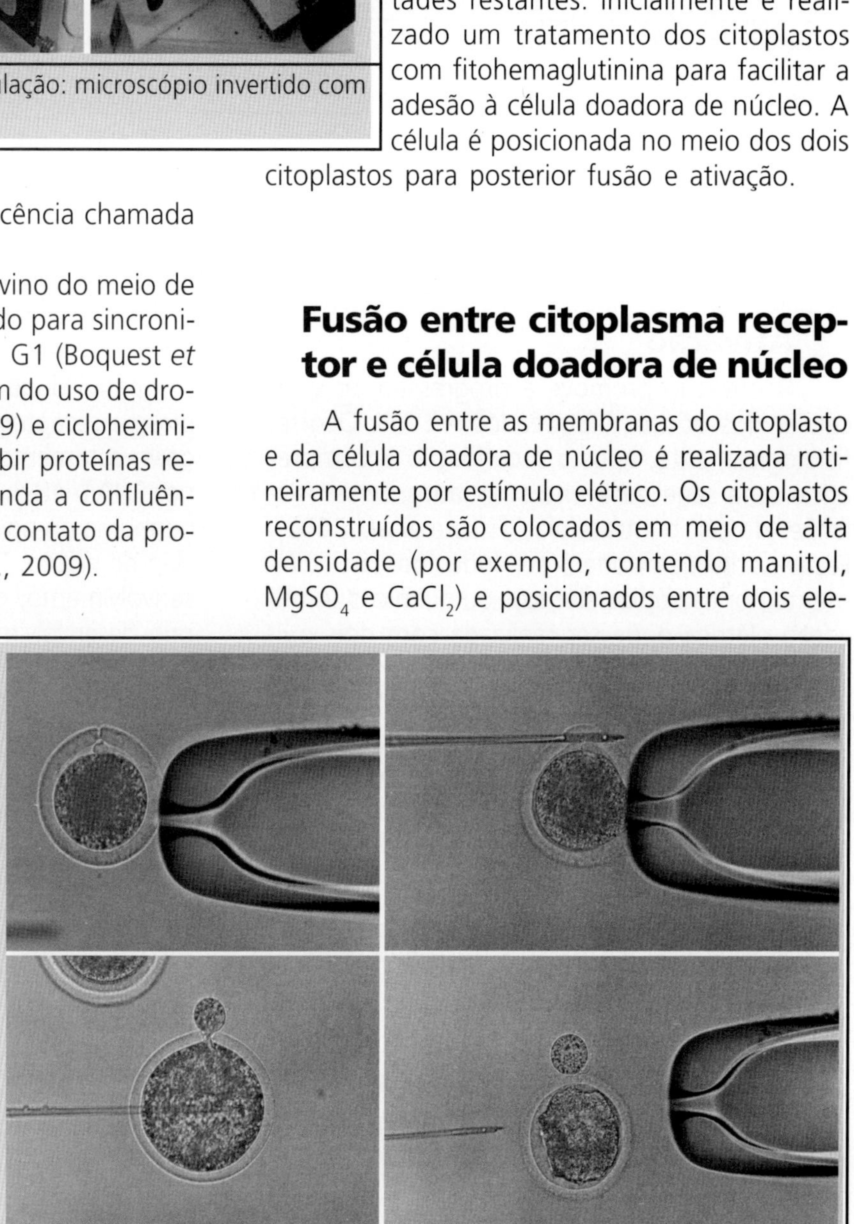

Figura 4. Extrusão do primeiro CP em sistema de micromanipulação (Mello, 2003).

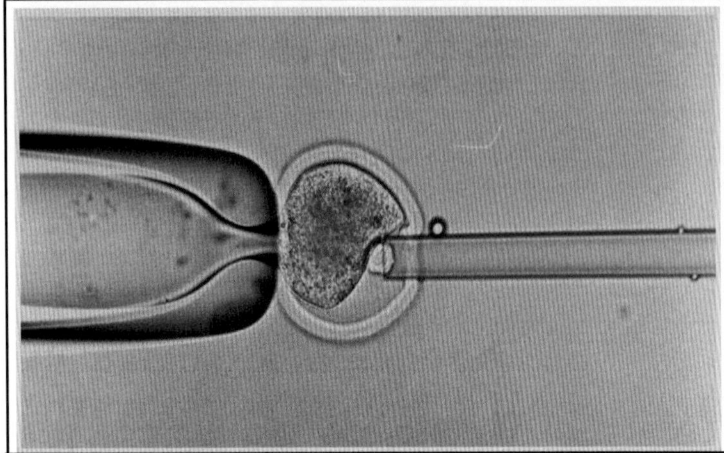

Figura 5 - Reconstrução do citoplasma receptor em sistema de micromanipulação (Mello, 2003).

trodos para aplicação do pulso elétrico. Os padrões do choque variam de 1,25 a 4kv/cm por 10 a 50 µs (Page, 2002; Mello, 2003).

Ativação

A ativação promove a progressão do ciclo celular dos oócitos bloqueados em MII. Ocorre, fisiologicamente, após a fecundação e compreende uma série de eventos iniciados pelas oscilações do cálcio intracelular (Fissore *et al.*, 2002). Essas oscilações podem ser induzidas artificialmente por estímulos elétricos ou químicos. A ativação elétrica pode ser realizada com dois pulsos de 1,5kv/cm por 20µs (Milazzotto *et al.*, 2008). A ativação química pode ser realizada por ionóforos de cálcio seguidos por incubação com 6-DMAP, que inibe a fosforilação de MPF (Milazzotto *et al.*, 2008), ou por inibição da síntese proteica com uso de cicloheximide (Mello, 2003). Os conjuntos citoplasto-célula devem ser incubados com citocalsina B, para evitar a perda de cromossomos por extrusão de um pseudo-segundo CP (Wakayama *et al.*, 1998).

Desenvolvimento embrionário

Após a ativação, os embriões são colocados em cultivo para permitir o desenvolvimento de embriões até o estágio de blastocisto. Pode ser utilizado o co-cultivo dos embriões com células da granulosa (Mello, 2003) ou outras células somáticas que promovem a detoxificação do meio, e ainda secretam fatores de crescimento benéficos para o crescimento embrionário.

Existem meios de cultivo formulados de acordo com as exigências nutricionais dos embriões a partir de métodos computacionais de otimização, como o KSOM (*potassium Simplex Optimized Medium*) e meios formulados de acordo com a concentração de nutrientes presentes no oviduto, como o SOF (*synthetic oviduct fluid* - Bavister, 1995; Gardner e Lane, 2004).

Um dos fatores que influenciam na capacidade de desenvolvimento de um embrião reconstruído por transferência nuclear é a reprogramação celular ou genética. Entende-se por reprogramação nuclear a capacidade do citoplasma do oócito de remodelar a cromatina e reprogramar, de maneira adequada, a expressão gênica do núcleo doador. A adequada reprogramação nuclear, que é essencial para o desenvolvimento dos embriões após a transferência nuclear, depende, fundamentalmente, da compatibilidade entre o núcleo doador e o citoplasma receptor (Zakhartchenko *et al.*, 1997). O desenvolvimento inicial do embrião é controlado por RNA materno e proteínas herdadas, sendo que nenhuma ou pouca transcrição é detectada no núcleo do zigoto. Em determinado momento do desenvolvimento, o zigoto passa a controlar o próprio desenvolvimento (Telford *et al.*, 1990), ocorrendo, em embriões bovinos, no estágio de 8 a 16 células (Meirelles *et al.*, 2004). Por isso, o núcleo transferido deve abolir a transcrição e restabelecer os padrões temporais, espaciais e quantitativos da expressão gênica relacionados ao desenvolvimento embrionário normal.

O restabelecimento epigenético é necessário para a correta reprogramação celular. Alterações bioquímicas na estrutura da cromatina, como a acetilação ou metilação de histonas, podem respectivamente ativar ou reprimir a expressão de genes. Essas alterações ocorrem de maneira dinâmica durante o desenvolvimento e permanecem nos tecidos adultos de acordo com o grau de diferenciação das células (Rideout *et al.*, 2001).

O núcleo de uma célula somática é altamente metilado, e algumas dessas metilações devem ser removidas para o desenvolvimento adequado. O padrão de metilação de um embrião gerado por transferência nuclear é mais próximo de uma célula somática, diferente do padrão de um embrião gerado por fecundação. Observa-se, ainda, perda da assimetria de metilação entre a massa celular interna e o trofectoderma, o que pode explicar problemas de placentação na clonagem (Santos e Dean, 2004).

Evolução e limitações da clonagem

Embora o nascimento do primeiro animal clonado a partir de células adultas tenha ocorrido em 1996 (Wilmut *et al.*, 1997), a eficiência da técnica ainda é baixa quando comparada a outras biotecnologias, como a fecundação *in vitro*. Em bovinos, a taxa de produção de blastocistos (número de blastocisto/número de oócitos) por TN é similar a FIV, em torno de 30 a 40%. Porém, a taxa de concepção (número de nascimentos/número de embriões transferidos) para embriões TN é de 5 a 10%, enquanto que para embriões FIV varia entre 40 a 60% (revisado por Yang *et al.*, 2007).

Isso acontece por vários motivos relacionados à reprogramação e, consequentemente, à expressão gênica. Blastocistos bovinos oriundos de TN apresentam diferença de expressão gênica quando comparados aos blastocistos FIV (Wrenzycki *et al.*, 2001). Essas diferenças podem refletir maiores falhas no reconhecimento materno da gestação, já que esse fato ocorre inclusive em embriões FIV (Farin e Farin, 1995) e também podem influenciar o decorrer da placentação e gestação.

No primeiro trimestre da gestação, a perda embrionária chega a 50% após o diagnóstico, aos 30 dias, enquanto, considerando-se a concepção natural, essa perda é de 2 a 4% e, para FIV, a perda chega a 10% no diagnóstico aos 60 dias (Hill e Chavatte-Palmer, 2002). Neste primeiro trimestre são observadas várias falhas no desenvolvimento placentário, incluindo redução no número e área dos placentônios (Hill *et al.* 2000).

No segundo e terceiro trimestre da gestação, é observada a ocorrência de patologias placentárias, como edema e hidroalantoide, além de alterações no feto, como cardiomiopatia dilatada, hipertensão pulmonar, deficiência de surfactante pulmonar, hipoplasia linfoide, imunodeficiência, dentre outros (Hill *et al.* 1999, Hill e Chavatte-Palmer, 2002).

Além das alterações gestacionais, há a ocorrência da síndrome do bezerro gigante (large offspring syndrome - LOS), que é observada também em embriões FIV. As causas específicas da LOS ainda são desconhecidas, mas sabe-se que há alterações na expressão gênica de embriões FIV e TN, quando comparados entre si e com embriões produzidos *in vivo*. Essas alterações de expressão gênica, provavelmente relacionadas com alterações epigenéticas, seriam as responsáveis pelo crescimento excessivo do bezerro (Wrenzycki *et al.*, 2004; Farin *et al.*, 2006).

Outro possível problema seria o envelhecimento ou a senescência precoce dos clones. Os telômeros são as regiões das extremidades dos cromossomos que encurtam após as divisões celulares, logo um animal mais idoso tem células que se dividiram mais e telômeros mais curtos (Cristofalo e Pignolo, 1993; de Lange, 1998). *Dolly* e outras ovelhas clonadas apresentaram telômeros encurtados, quando comparadas aos animais normais da mesma idade (Shiels *et al.*, 1999).

Entretanto, em bovinos, esse encurtamento não foi observado em diversos clones que sobreviveram ou não (Tian *et al.*, 2000) e também quando a célula doadora de núcleo era senescente, ou seja, com telômeros curtos (Lanza *et al.*, 2000). Em camundongos, não houve observação de encurtamento de telômeros (Wakayama *et al.*, 2000). A telomerase é a enzima responsável pela manutenção do comprimento dos telômeros e é expressa nas células embrionárias e Na gametogênese (DePinho, 2000). A reprogramação da atividade da telomerase reconstitui os telômeros do núcleo transferido (Betts *et al.* 2001).

Aplicações da clonagem

A transferência nuclear é uma poderosa ferramenta para diversas áreas da biologia e produção animal. A clonagem reprodutiva visa à geração de novos indivíduos e pode ser usada para o melhoramento do rebanho e produção de transgênicos. A clonagem terapêutica visa à produção de células-tronco para terapia celular.

A clonagem pode ser uma ferramenta em programas de melhoramento genético. O clone em si não traz melhoramento genético nenhum, pois não há algum tipo de variação genética nem promoção de resposta à seleção. Porém, pode-se realizar um programa específico de melhoramento com o uso de clones, no qual a fase inicial de clonagem equivale a quatro ou cinco anos de resposta genética em programas tradicionais de melhoramento (Nicholas & Smith, 1983).

O primeiro passo desse programa específico de melhoramento é a seleção de vários touros e vacas elites para serem clonados. O segundo passo é a produção de vários embriões clones, que serão direcionados para a composição do rebanho comercial, sendo disseminados por transferência de embriões. O terceiro passo é aumentar a taxa de ganho genético anual e manter a variação. Isso pode ser feito pelo cruzamento desses clones entre si, pela prática denominada *rebreeding* ou pelo cruzamento desses clones com outros animais selecionados, de modo a reconstituir o *pool* gênico. Dessa forma, produz uma nova geração para ser testada e, posteriormente, clonada, entrando então no programa. O uso do maior número de machos e fêmeas para a clonagem ou a introdução de outros animais no programa de *rebreeding* permite controlar a taxa de endogamia (Nicholas & Smith, 1983; Smith, 1989).

A aplicação desses programas ainda não é viável, pois a técnica não foi totalmente estabelecida. Além das dificuldades biológicas, existem dificuldades econômicas, pois o custo total da clonagem deveria ser abaixo de US$ 84,00 para ser economicamente viável (Dematawewa e Berger, 1998).

A criação de linhagens transgênicas seria uma das aplicações de maior interesse, pois permitiria que apenas embriões possuidores do transgene fossem produzidos. Em bovinos, é difícil a visualização do pro-núcleo do zigoto, fato que impossibilita a técnica mais difundida para produção de camundongos transgênicos, a micro-injeção pro-nuclear. Uma grande vantagem do uso da TN é a geração de animais com presença do transgene nas células germinativas, permitindo a transmissão para a prole.

A TN também permite a criação de linhagens de células-tronco embrionárias paciente-específicas. A partir de uma célula somática de um indivíduo adulto é possível gerar um blastocisto com o mesmo material genético do paciente. A massa interna celular do blastocisto contém células que têm potencial para formar o organismo adulto inteiro, chamadas células-tronco pluripotentes. Essas células podem ser isoladas e cultivadas (Evans e Kaufman, 1981; Thomson, 1988) e podem ser diferenciadas *in vitro* para diversos tecidos e ainda podem ser geneticamente modificadas para tratamento de doenças específicas como o mal de Parkinson (Tabar *et al.*, 2008).

No campo da pesquisa, a TN criou novas perspectivas para estudos de herança mitocondrial. A mitocôndria contém sequências de DNA relacionadas ao metabolismo energético (Wallace, 2007) e, na TN, a grande maioria das mitocôndrias do organismo adulto provém do oócito e não da célula doadora de núcleo. Ainda, os mecanismos da reprogramação epigenética do genoma são intensamente estudados utilizando-se a TN.

Sexagem de embriões

Introdução

A sexagem de embriões desenvolveu-se porque a sexagem de sêmen era incipiente e de difícil execução. Inicialmente, buscaram-se sexar os embriões por técnicas enzimáticas, baseando-se na inativação do cromossomo X em embriões do sexo feminino, porém esses testes não tinham grande acurácia. Técnicas imunológicas baseadas na expressão do antígeno H-Y foram tentadas, porém não obtiveram o sucesso desejado (revisado por Garcia, 1995). A citogenética foi utilizada sem sucesso, pois não permitia a sexagem de todos os embriões testados e necessitava de blastocistos eclodidos e elongados, o que inviabilizava a posterior transferência dos embriões (Hasler *et al.*, 2002).

O advento da técnica de PCR (*polimerase chain reaction*) permitiu a realização da sexagem de embriões com maior acurácia e rapidez.

A técnica de PCR consiste na amplificação de regiões específicas do DNA, gerando diversas cópias do fragmento amplificado. Para a execução da reação de PCR são necessários: a fita-molde, ou seja, a amostra; o par de oligonucleotídeos iniciadores ou *primers*, que são pequenos fragmentos de DNA complementares às extremidades da região a ser amplificada das duas fitas-molde; uma DNA polimerase, responsável pela extensão dos fragmentos a serem amplificados; nucleotídeos, as bases que formam o DNA (A, T, C, G); uma fonte de Mg^{2+} como o $MgCl^2$, para ativar a polimerase; e, tampão adequado.

A técnica baseia-se nas propriedades físico-químicas do DNA e seus mecanismos bioquímicos de replicação. A reação é submetida às variações de temperatura para desnaturação da dupla-fita de DNA, anelamento dos primers e extensão dos fragmentos desejados, denominados *amplicons*, pela adição dos nucleotídeos pela DNA polimerase. Para a realização da PCR, é necessário o uso de uma enzima DNA polimerase termoestável, devido às variações de temperatura. A desnaturação é realizada em temperaturas próximas de 95°C. A temperatura de anelamento varia de acordo com a composição de bases nucleotídicas dos *primers*, variando de 50°C a 65°C. A extensão depende da atividade ótima da enzima e do protocolo, sendo normalmente utilizada entre 65°C e 72°C.

Essas etapas são repetidas de maneira cíclica para realizar aumento exponencial do número de cópias do *amplicon* desejado. Descritivamente, a dupla-fita de DNA é aberta pelo aumento da temperatura, expondo as bases nucleotídicas. Na temperatura adequada, os *primers* pareiam-se com suas sequências complementares, permitindo que a DNA polimerase inicie a extensão do fragmento em um único sentido, formando novas duplas-fitas restritas em uma extremidade. Nos ciclos seguintes, as novas duplas-fitas serão desnaturadas e submetidas à nova amplificação.

Os resultados são geralmente observados após eletroforese do produto de PCR em gel de agarose (**Figura 6**). O DNA, por ter carga negativa, é atraído para o polo positivo e é separado pelo peso, ou seja, número de bases nucleotídicas. Maiores sequências de DNA migram de forma mais lenta por causada maior complexidade para passar pela estrutura do gel de agarose.

Procedimentos

A técnica de obtenção de células embrionárias com melhores resultados para a sexagem é a biópsia embrionária. O DNA é extraído a partir dessas células para realização da PCR. A biópsia é feita com o auxílio de um micromanipulador, no qual uma pequena quantidade de células é removida com uma lâmina específica ou uma micropipeta. Além do micromanipulador, o procedimento pode ser realizado em estereomicroscópio em vez do microscópio invertido, fato que facilita a aplicação no campo (Lopes *et al.*, 2002). A bipartição embrionária também pode ser realizada, usando-se metade do embrião para a sexagem e metade para transferência na receptora (Lopes *et al.*, 2002).

A biópsia realizada com lâmina consiste na remoção de pequena porção, contendo 6 a 10 células da borda de mórulas ou blastocistos. A lâmina é posicionada no local desejado e pressionada até o fundo da placa de Petri quando movimentos contínuos, similares, ao de serrar, são aplicados (Hasler *et al.*, 2002). Um entrave da

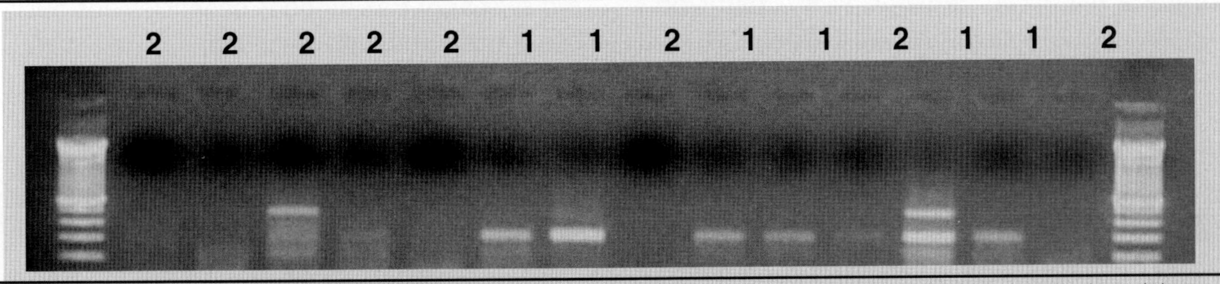

Figura 6. Gel de agarose após eletroforese de produtos de PCR para sexagem de embriões. (1) Machos. (2) Não definidos. (Adaptado de Garcia, 1995).

realização da biópsia embrionária com auxílio de lâminas é a inviabilização dos embriões sexados para criopreservação. Porém, a aspiração de um único blastômero, empregando-se micropipetas como amostra para a PCR, permite a criopreservação do embrião com sucesso (Garcia *et al.*, 1997).

O DNA pode ser extraído de um aglomerado de células ou de uma única célula por diversas técnicas, sendo que existem conjuntos comerciais disponíveis para realização desse procedimento. A PCR para sexagem necessita de *primers* específicos para regiões exclusivas do cromossomo Y. Reações positivas permitem identificação de machos, reações negativas não permitem afirmar com certeza o sexo feminino dos embriões. O uso concomitante de *primers* para regiões autossômicas permite discriminar com maior acurácia machos e fêmeas (Bredbacka *et al.*, 1994; Garcia, 2001) porém aumenta-se os custos do exame por embrião.

As reações de PCR são realizadas em aparelhos específicos denominados termocicladores e visualizadas após eletroforese, a qual também necessita de aparelhos apropriados. Para eliminar os custos de infraestrutura e facilitar a aplicação no campo, foi desenvolvido um método que é baseado na amplificação isotérmica do DNA a partir de um único blastômero. O produto de PCR é detectado pela turbidez da mistura de reação, observada diretamente no tubo (Hirayama *et al.*, 2004). Esse tipo de reação é possível em decorrência do uso de uma DNA polimerase específica com atividade desnaturante e de extensão em uma única temperatura.

A biópsia embrionária para sexagem possibilita a associação da técnica de seleção assistida por marcadores moleculares (MAS - *marker assisted selection*). A pré-amplificação do DNA permite a realização de várias PCR a partir do DNA obtido de uma única célula (Zhang *et al.*, 1992). Com isso, a genotipagem de loci gênicos de interesse comercial pode ser feita antes da transferência de embriões (Garcia, 2001).

Considerações finais

Novas tecnologias podem ser benéficas para o aumento da produção na bovinocultura, entretanto a aplicação rotineira dessas técnicas depende da evolução das pesquisas, de modo a torná-las financeiramente viáveis. A clonagem já é explorada comercialmente no Brasil, porém em baixa escala. A sexagem de embriões é mais usada em virtude do menor número de dificuldades técnicas.

Considerando-se a clonagem, ainda existem diversos obstáculos a serem superados. Enquanto a reprogramação nuclear não for compreendida plenamente, os diversos problemas de desenvolvimento e gestacionais continuarão a ocorrer. Promover a gestação de embriões produzidos por TN pode ser eticamente questionável mediante os riscos que o feto estará sujeito (Green, 2002).

A clonagem reprodutiva em bovinos não tem as mesmas implicações éticas que em humanos. Porém as associações de criadores deverão estabelecer critérios para registrar os animais produzidos por transferência nuclear, pois apesar de terem o mesmo genótipo nuclear, o DNA mitocondrial não é igual ao do animal original.

Enquanto a sexagem de embriões se desenvolveu, a sexagem de sêmen foi obtida pela técnica de citometria de fluxo, que é realizada em grande escala pelas principais centrais de venda de sêmen. A sexagem de embriões vem sendo ofuscada pela sexagem de sêmen, entretanto, sua associação com a MAS (*marker assisted selection*) traz grandes benefícios aos núcleos de melhoramento genético.

Referências bibliográficas

Baguisi, A.; Behboodi, E.; Melican, D.T.; Pollock, J.S.; Destrempes, M.M.; Cammuso, C.; Williams, J.L.; Nims, S.D.; Porter, C.A.; Midura, P.; Palacios, M.J.; Ayres, S.L.; Denniston, R.S.; Hayes, M.L.; Ziomek, C.A.; Meade, H.M.; Godke, R.A.; Gavin, W.G.; Overstrom, E.W.; Echelard, Y. Production of goats by somatic cell nuclear transfer. **Nature Biotechnology**, v.17, p.456-461, 1999.

Bavister, B. Culture of preimplantation embryos: facts and artifacts. **Human reprod update**, v.1, p.91-148, 1995

Betts, D.; Bordignon, V.; Hill, J.; Winger, Q.; Westhusin, M.; Smith, L.; King, W. Reprogramming of telomerase activity and rebuilding of telomere length in cloned cattle. **Proc Natl Acad Sci USA**, v.98, p.1077-82, 2001.

Boquest, A.C.; Day, B.N.; Prather, R.S. Flow cytometric analysis of cultured porcine fetal fibroblast cells. **Biol Reprod.**, v.60, p.1013-1019, 1999.

Bredbacka P.; Velmala R.; Peippo J.; Bredbacka K. Survival of biopsied and sexed bovine demi-embryos. **Theriogenology**, v.41, n.5, p.1023-31, 1994.

Campbell, K.H.; Loi, P.; Otaegui, P.J.; Wilmut, I. Cell cycle co-ordination in embryo cloning by nuclear transfer. **Rev Reprod**., v.1, p.40-46, 1996.

Campbell, K.H.S. Nuclear equivalence, nuclear transfer and the cell cycle. **Cloning**, v.1, p.3-15, 1999.

Collas, P.; Balise, J.J.; Robl, J.M. Influence of cell cycle stage of the donor nucleus on development of nuclear transplant rabbit embryos **Biol Reprod.**, v.46, p.492-500, 1992.

Cristofalo V.J.; Pignolo, R.J. Replicative Senescence of Human Fibroblast-Like. **Cells in Culture** , v.73,p.617-638, 1993.

de Barros, F.R.O.; Goissis, M.G.; Caetano, H.V.A.; Paula-Lopes, F.F.; Peres, M.A.; Assumpção, M.E.O.A.; Visintin, J.A. Serum starvation and full confluency for cell cycle synchronization of domestic cat (*Felis catus*) foetal fibroblasts. **Reprod Domest Anim.**, 2009. Doi:10.1111/j.1439-0531.2008.01201.X

de Lange, T. Telomeres and senescence: ending the debate. **Science**, v.279, p.334-5, 1998.

Dematawewa, C.M.B.; Berger, P.J. Break-even cost of cloning in genetic improvement of cattle. **J Dairy Sci**., v.81, p.1136-1147, 1998.

DePinho, R.A.The age of cancer. **Nature**, v.408, p.248-54, 2000.

Evans, M.I.; Kaufman, M.H. Establishment in culture of pluripotential cells from mouse embryos. **Nature**, v.292, p.154-156, 1981

Farin, P.W.; Farin, C.E. Transfer of bovine embryos produced in vivo or in vitro: survival and fetal development. **Biol Reprod**., v.52, p.676-82, 1995.

Farin, P.W.; Piedrahita, J.A.; Farin, C.E. Errors in development of fetuses and placentas from *in vitro*-produced bovine embryos. **Theriogenology**, v.65, p.178-91, 2006

First, N.L. New animal breeding techniques and their application. **Journal of reproduction and fertilily suppl.**, v.41, p.3-14, 1990.

Fissore, R.A.; Smyth, J.; Kurokawa, M.; Collas, P. **Activation of mammalian oocytes**. In: Cibelli, J.; Lanza R.P..; Campbell, K.H.S.; West M.D., editors. Principles of Cloning. Orlando: Academic Press. p.21-46. 2002.

Garcia, J.F. **Micromanipulação, criopreservação e sexagem pela técnica de PCR (Polymerase Chain Reaction) de embriões bovinos**. 85f. Tese (Doutorado em Reprodução Animal) - Faculdade de Medicina Veterinária e Zootecnia, Universidade de São Paulo, São Paulo, 1995.

Garcia, J.F.; Nogueira, M.F.G.; Pupim, F.P.V.; Pantano, T.; Visintin, J.A. Pregnancy rates of blastomere biopsied bovine embryos frozen in ethylene glycol. **Theriogenology**, v.47, p.268, 1997

Garcia, J.F. Practical considerations of embryo manipulation: preimplantation genetic typing. **Theriogenology**, v.56, p.1393-9, 2001

Gardner, D.K.; Lane, M. **Culture of the mammalian preimplantation embryo**. In: Gardner, D.K.; Lane, M.; Watson, A.J., editors. A laboratory guide of the mammalian embryo. New York: Oxford university press. p 41-61. 2004.

Goissis, M.D.; Caetano, H.V.; Marques, M.G.; de Barros, F.R.; Feitosa, W.B.; Milazzotto, M.P.; Binelli, M.; Assumpção, M.E.; Visintin, J.A. Effects of serum deprivation and cycloheximide on cell cycle of low and high passage porcine fetal fibroblasts. **Reprod Domest Anim**., v.42, p.660-3, 2007.

Green, R.M. **Ethical implications on cloning**. In: Cibelli J, Lanza RP, Campbell KHS, West MD, editors. Principles of Cloning. Orlando: Academic Press. p 477-496. 2002.

Hasler, J.F.; Cardey, E.; Stokes, J.E.; Bredbacka, P. Nonelectrophoretic PCR-sexing of bovine embryos in a commercial environment. **Theriogenology**, v.58, p.1457-69, 2002.

Hill, J.R.; Roussel, A.J.; Cibelli, J.B.; Edwards, J.F.; Hooper, N.L.; Miller, M.W.; Thompson, J.A.; Looney, C.R.; Westhusin, M.E.; Robl, J.M.; Stice, S.L. Clinical and pathologic features of cloned transgenic calves and fetuses (13 case studies). **Theriogenology**, v.51, p.1451-65, 1999

Hill, J.R.; Burghardt, R.C.; Jones, K..; Long, C.R.; Looney, C.R.; Shin, T.; Spencer, T.E.; Thompson, J.A.; Winger, Q.A.; Westhusin, M.E. Evidence for placental abnormality as the major cause of mortality in first-trimester somatic cell cloned bovine fetuses. **Biol Reprod**., v.63, p.1787-94, 2000.

Hill, J.R.; Chavatte-Palmer, P. **Pregnancy and neonatal care of cloned animals**. In: Cibelli J, Lanza RP, Campbell KHS, West MD, editors. Principles of Cloning. Orlando: Academic Press. p 247-266. 2002.

Hirayama, H.; Kageyama, S.; Moriyasu, S.; Sawai, K.; Onoe, S.; Takahashi, Y.; Katagiri, S.; Toen, K.; Watanabe, K.; Notomi, T.; Yamashina H.; Matsuzaki S.; Minamihashi A. Rapid sexing of bovine preimplantation embryos using loop-mediated isothermal amplification. **Theriogenology**, v.62, p.887-96, 2004

Illera, M.J.; Lorenzo, P.L.; Illera, J.C.; Petters, R.M. Developmental competence of immature pig oocytes under the influence of EGF, IGF-1, follicular fluid and gonadotropins during IVM-IVF processes. **Int. J. Dev. Biol.**, v.42, p.1169-1172, 1998.

Kato, Y.; Tani, T.; Sotomaru, Y.; Kurokawa, K.; Kato, J.; Doguchi, H.; Yasue, H.; Tsunoda, Y. Eight calves cloned from somatic cells of a single adult. **Science**, v.282, p.2095-2098, 1998

Krude, T. Mimosine arrests proliferating human cells before onset of DNA replication in a dose-dependent manner. **Exp Cell Res**., v.247, p.148-159, 1999.

Kues, WA.; Anger, M.; Carnwath, JW.; Paul, D.; Motlik, J.; Niemann, H. Cell cycle synchronization of porcine fetal fibroblasts: Effects of serum deprivation and reversible cell cycle inhibitors. **Biol Reprod.**, v.62, p.412-419, 2000.

Lanza, R.P.; Cibelli, J.B.; Blackwell, C.; Cristofalo, V.J.; Francis, M.K.; Baerlocher, G.M.; Mak, J.; Schertzer, M.; Chavez, E.A.; Sawyer, N.; Lansdorp, P.M.; West, M.D. Extension of cell life-span and telomere length in animals cloned from senescent somatic cells. **Science**, v.288, p.665-9, 2000.

Lee, B.C.; Kim, M.K.; Jang, G.; Oh, H.J.; Yuda, F.; Kim, H.J.; Hossein, M.S.; Kim, J.J.; Kang, S.K.; Schatten, G.; Hwang, W.S. Dogs cloned from adult somatic cells. **Nature**, v.436, p.641, 2005.

Lonergan, P.; Dinnyes, A.; Fair, T.; Yang, X.; Boland, M. Bovine oocyte and embryo development following meiotic inhibition with Butyrolactone I. **Molecular Reproduction and Development**, v.57, p.204-209, 2000.

Lopes, R.F.; Forell, F.; Oliveira, A.T.; Rodrigues, J.L. Splitting and biopsy for bovine embryo sexing under field conditions. **Theriogenology**, v.56, p.1383-92, 2001.

Meirelles, F.V.; Caetano, A.R.; Watanabe, Y.F.; Ripamonte, P.; Carambula, S.F.; Merighe, G.K.; Garcia, S.M. Genome activation and developmental block in bovine embryos. **Anim Reprod Sci.**, v.82-83, p.13-20, 2004.

Mello, M.R.B.; Caetano, H.V.A.; Marques, M.G.; Padilha, M.S.; Garcia, J.F.; Milazzotto, M.P.; Assumpção, M.E.O.A.; Lima, A.S.; Nicacio, A.C.; Mendes, C.M.; Oliveira, V.P.; Visintin, J.A. Production of a cloned calf from a fetal fibroblast cell line. **Brazilian Journal of Medical and Biological Research**, v.36, p.1485-1489, 2003

Mello, M.R.B. **Clonagem em bovinos: uso de fibroblastos fetal e adulto como fonte doadora de núcleo**. 82f. Tese (Doutorado em Reprodução Animal) - Faculdade de Medicina Veterinária e Zootecnia, Universidade de São Paulo, São Paulo, 2003.

Milazzotto, M.P.; Feitosa, W.B.; Coutinho, A.R.; Goissis, M.D.; Oliveira, V.P.; Assumpção, M.E.; Visintin, J.A. Effect of chemical or electrical activation of bovine oocytes on blastocyst development and quality. **Reprod Domest Anim**., v.43, p.319-22, 2008.

Nicholas, FW.; Smith, C. Increased rates of genetic change in dairy cattle by embryo transfer and splitting. **Animal Production**, v.36, p.351-53, 1983.

Onishi, A.; Iwamoto, M.; Akita, T.; Mikawa, S.; Takeda, K.; Awata, T.; Hanada, H.; Perry, A.C.F. Pig cloning by microinjection of fetal fibroblast nuclei. **Science**, v.289, p.1188-1190, 2000.

Page, R.L. Micromanipulation techniques for cloning. In: Cibelli, J., Lanza, R.P., Campbell, K.H.S., West, M.D., editors. Principles of Cloning. Orlando: Academic Press. p 155-174. 2002.

Rideout, WM 3rd.; Eggan, K.; Jaenisch, R. Nuclear cloning and epigenetic reprogramming of the genome. **Science**, v.293, p.1093-8, 2001

Santos, F.; Dean, W. Epigenetic reprogramming during early development in mammals. **Reproduction**, v.127, p.643-51, 2004.

Shiels, P.G.; Kind, A.J.; Campbell, K.H.; Waddington, D.; Wilmut, I.; Colman, A.; Schnieke, A.E. Analysis of telomere lengths in cloned sheep. **Nature**, v.399, p.316-7, 1999.

Shin, T.; Kraemer, D.; Pryor, J.; Liu, L.; Rugila, J.; Howe, L.; Buck, S.; Murphy, K.; Lyons, L.; Westhusin, M. A cat cloned by nuclear transplantation. **Nature**, v.415, p.859, 2002.

Smith, C. Cloning and genetic improvement of beef cattle. **Animal Production**, v.49, p.49-62, 1989.

Tabar, V.; Tomishima, M.; Panagiotakos, G.; Wakayama, S.; Menon, J.; Chan, B.; Mizutani, E.; Al-Shamy, G.; Ohta, H.; Wakayama, T.; Studer, L. Therapeutic cloning in individual parkinsonian mice. **Nat Med.**, v.14, p.379-81, 2008.

Telford, N.A.; Watson, A.J.; Schultz, G.A. Transition from maternal to embryonic control in early mammalian development: A comparison of several species. **Mol Reprod Dev.**, v.26, p.90-100, 1990

Thomson, J.A.; Itskovitz-Eldor, J.; Shapiro, S.S.; Waknitz, M.A.; Swiergiel, J.J.; Marshall, V.S.; Jones, J.M. Embryonic stem cell lines derived from human blastocysts. **Science**, v.282, p.1145-7, 1998.

Tian, X.C.; Xu, J.; Yang, X. Normal telomere lengths found in cloned cattle. **Nat Genet**., v.26, p.272-3, 2000.

Vajta, G.; Lewis, I.M.; Trounson, A.O.; Purup, S.; Maddox-Hyttel, P.; Schmidt, M.; Pedersen, H.G.; Greve, T.; Callesen, H. Handmade somatic cell cloning in cattle: analysis of factors contributing to high efficiency *in vitro*. **Biol Reprod**., v.68, p.571-8, 2003.

Wakayama, T.; Perry, A.C.F.; Zuccotti, M.; Johnson, K.R.; Yanagimachi, R. Full-term development of mice from enucleated oocytes injected with cumulus cell nuclei. **Nature**, v.394, p.369-374, 1998.

Wakayama, T.; Shinkai, Y.; Tamashiro, K.L.; Niida, H.; Blanchard, D.C.; Blanchard, R.J.; Ogura, A.; Tanemura, K.; Tachibana, M.; Perry, A.C.; Colgan D.F.; Mombaerts, P.; Yanagimachi, R. Cloning of mice to six generations. **Nature**, v.407, p.318-9, 2000.

Wallace, D.C. Why do we still have a maternally inherited mitochondrial DNA? Insights from evolutionary medicine. **Annu Rev Biochem**., v.76, p.781-821, 2007.

Wilmut, I.; Schnieke, A.E.; McWhir, J.; Kind, A.J.; Campbell, K.H. Viable offspring derived from fetal and adult mammalian cells. **Nature**, v.385, p.810-3, 1997.

Woods, G.L.; White, K.L.; Vanderwall, D.K.; Li, G.P.; Aston, K.I.; Bunch, T.D.; Meerdo, L.N.; Pate, B.J. A mule cloned from fetal cells by nuclear transfer. **Science**, v.301, p.1063, 2003.

Wrenzycki, C.; Herrmann, D.; Lucas-Hahn, A.; Lemme, E.; Korsawe, K.; Niemann, H. Gene expression patterns in *in vitro*-produced and somatic nuclear transfer-derived preimplantation bovine embryos: relationship to the large offspring syndrome? **Anim Reprod Sci**., v.82-83, p.593-603, 2004.

Wrenzycki, C.; Wells, D.; Herrmann, D.; Miller, A.; Oliver, J.; Tervit, R.; Niemann, H. Nuclear transfer protocol affects messenger RNA expression patterns in cloned bovine blastocysts. **Biol Reprod.**, v.65, p.309-17, 2001.

Yang, X.; Smith, S.L.; Tian, X.C.; Lewin, H.A.; Renard, J.P.; Wakayama, T. Nuclear reprogramming of cloned embryos and its implications for therapeutic cloning. **Nat Genet**., v.39, p.295-302, 2007.

Zakhartchenko, V.; Stojkovic, M.; Brem, G.; Wolf, E. Karyoplast-cytoplast volume ratio in bovine nuclear transfer embryos: effect on developmental potential. **Mol Reprod Dev.**, v.48, p.332-8, 1997.

Zhang, L.; Cui, X.; Schimitt, K.; Hubert, R.; Navidi, W.; Arnheim, N. Wholegenome amplification from a single cell: implication for genetic analysis. **Proc Natl Acad Sci USA**, v.89, p.5847-51, 1992.

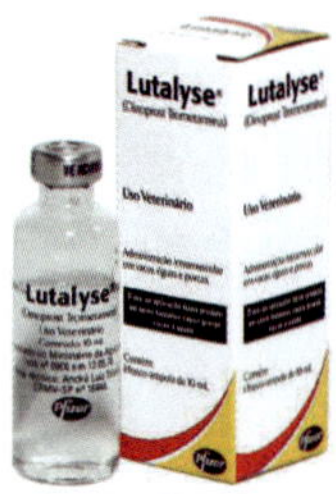

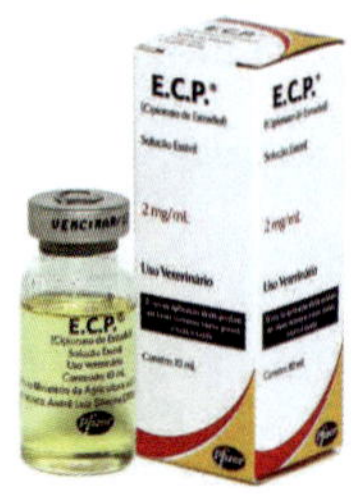

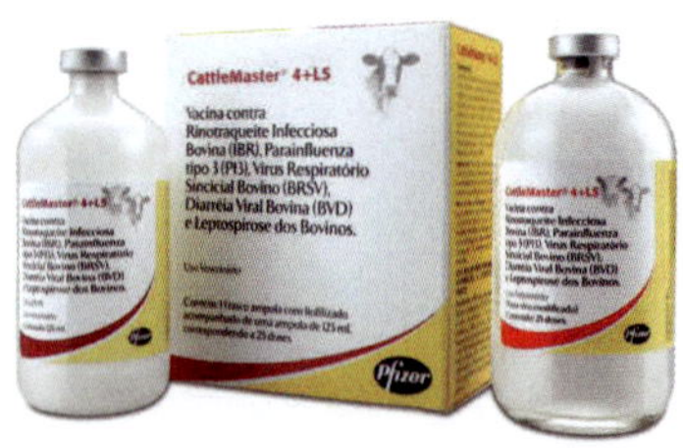

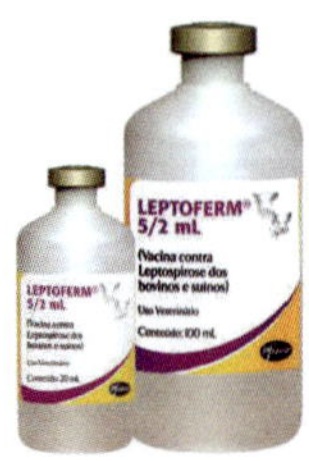

CAPÍTULO 29

Produção *in vivo* e *in vitro* de embriões bovinos

Roberto Sartori
Professor Doutor
Departamento de Zootecnia
ESALQ/USP. Piracicaba, SP
sartori@esalq.usp.br

Margot Alves Nunes Dode
Pesquisadora da EMBRAPA Recursos
Genéticos e Biotecnologia
Brasília, DF
Margot@cenargen.embrapa.br

Rodolfo Rumpf
Pesquisador da EMBRAPA Recursos
Genéticos e Biotecnologia
Brasília, DF
rodolfo@cenargen.embrapa.br

Definição

A produção *in vivo* de embriões após superovulação (SOV) é uma biotécnica reprodutiva corriqueiramente denominada transferência de embriões (TE). Ela consiste da estimulação hormonal dos ovários (superovulação ou indução de ovulações múltiplas) de uma fêmea, doadora, para induzir o desenvolvimento e a maturação de vários folículos, simultaneamente. Após detecção de estro ou indução de ovulação por meio de aplicação exógena de hormônio, a vaca ou novilha recebe monta natural ou inseminação artificial (IA) e, seis a oito dias após, os seus embriões são colhidos por meio de lavagem uterina e transferidos (inovulados) para outras vacas, receptoras, que deverão levar a gestação a termo.

A produção *in vitro* (PIV), por sua vez, refere-se à manipulação dos gametas e a obtenção de embriões em laboratório, ou seja, fora do organismo materno. Essa biotécnica envolve recuperação de ovócitos dos folículos ovarianos, fecundação desses ovócitos e cultivo embrionário por sete dias, quando são transferidos para as receptoras de forma semelhante ao realizado nos embriões produzidos *in vivo*.

Histórico

A ideia de fazer uma fêmea conceber um embrião colhido de outra fêmea da mesma espécie é bastante antiga. Em 1890, Walter Heape realizou a primeira TE bem sucedida em coelhos. Na espécie bovina, a primeira TE foi realizada ainda na metade do último século, por Willet e colaboradores, em 1951. Em termos comerciais, a TE em bovinos iniciou-se nos Estados Unidos durante a década de 70. Nessa época, os embriões ainda eram colhidos por meio de laparotomia mediana sob anestesia geral inalatória, fato que limitava a difusão dessa biotécnica. Ainda na metade dos anos 70, na busca de alcançar resultados semelhantes aos obtidos com o método cirúrgico, técnicos de vários laboratórios desenvolveram o método de colheita não-cirúrgica, embora a transferência (inovulação) continuava sendo realizada por laparotomia do flanco sob anestesia local. No final dessa mesma década, a colheita e a transferência passaram a ser realizadas unicamente por via transcervical. Esse fato histórico foi decisivo para a expansão da transferência de embriões no setor produtivo e a criação do *comércio* de embriões/prenhez, tão comum nos dias de hoje.

Inicialmente, a produção *in vitro* de embriões resumia-se na fecundação *in vitro* (FIV), que foi originalmente desenvolvida como uma ferramenta para o estudo dos aspectos morfológicos e fisiológicos do processo de fecundação e, posteriormente, para resolver casos de infertilidade, principalmente em humanos. A primeira demonstração conclusiva de FIV, resultando no nascimento de um produto, foi realizada em coelhos em 1959 (Chang, 1959). Desde então, essa técnica foi desenvolvida para várias espécies de mamíferos. Após o nascimento do primeiro bezerro produzido por FIV (Brackett *et al.*, 1982), em que ovócitos maduros foram cirurgicamente removidos dos ovários, fecundados e cultivados *in vitro* até o estágio de quatro células, avanços consideráveis foram obtidos. Uma das primeiras prenhezes produzidas pelo procedimento totalmente *in vitro* foi relatada por Lu *et al.* (1987). Entretanto, somente com o desenvolvimento da técnica de aspiração transvaginal de ovócitos, guiada por ultrassom (OPU) e sua adaptação para bovinos, em 1988 (Piersen *et al.*, 1988), é que essa biotécnica teve impulso considerável e passou a ser utilizada comercialmente.

No Brasil, a TE foi iniciada na década de 1970 e, nos últimos anos, a PIV comercial vem tendo um crescimento acelerado. Somando-se os resultados das duas biotécnicas, ou seja, produção *in vivo* e *in vitro* de embriões, o Brasil atualmente enquadra-se como o maior produtor mundial de embriões bovinos, respondendo por mais de 25% das transferências realizadas no mundo (Viana e Camargo, 2007).

Aplicações

Para a produção animal, os aspectos mais importantes da TE e/ou PIV são:

- Expansão genética rápida, pelo aumento do número de produtos provenientes de fêmeas geneticamente superiores e submetidas a diferentes acasalamentos, no contexto de programas de conservação e melhoramento genético animal;
- Estabelecimento de *fábricas* de embriões com grau de sangue definido, segundo o ecossistema e o sistema de produção;
- Transporte e comércio de germoplasma com baixo ou nenhum risco de transmissão de doenças, além de menor custo (transporte de embrião ao invés de animais vivos). O embrião produzido *in vivo* é a forma mais segura de intercâmbio de germoplasma;
- Recuperação de material genético de doadoras infectadas (*positivas*) mediante colheita, lavagem dos embriões e transferência para receptoras livres de infecção (ou negativas);

- Tratamento de infertilidade ou subfertilidade (embrião terapêutico). Por exemplo, vacas de alta produção leiteira, principalmente sob estresse calórico podem gestar ao receber embrião proveniente de outra doadora ou dela mesma, colhido e congelado em outra fase produtiva (Sartori *et al.*, 2006);
- Produção de embriões de vacas com subfertilidade adquirida, vacas em início de gestação e vacas senis, bem como, bezerras pré-púberes;
- Formação de bancos de germoplasma pela congelação de embriões e ovócitos. Este último ainda em estudo;
- Produção de gestações gemelares, quando desejável;
- Pesquisas de interação genótipo-ambiente e de interação materno-fetal;
- Desenvolvimento e utilização de técnicas mais complexas, como produção de embriões por injeção intracitoplasmática (ICSI), clonagem por transferência nuclear (TN) e transgênese.

Seleção de doadoras e receptoras

A seleção de doadoras de ovócitos ou embriões deve ser baseada em critérios que busquem a multiplicação e difusão de produtos geneticamente superiores e clinicamente saudáveis. Esses critérios são:

Genéticos: os acasalamentos devem ser orientados para que os produtos sejam realmente melhorados. O valor genético de um animal é duas vezes o desvio entre a média de sua progênie e a média da população. O desvio tem que ser dobrado, porque o pai fornece apenas a metade dos genes da progênie, enquanto que a outra metade vem, ao acaso, da população. Os valores genéticos podem ser expressos em forma de desvio da média da população. A receptora, por sua vez, deve ser animal oriundo de raças ou cruzamentos conhecidos pela habilidade materna e de porte físico adequado para a genética do embrião que irá receber.

Clínico-nutricional-reprodutivos: preferencialmente, devem ser utilizadas doadoras jovens, entretanto com histórico de boa *performance* produtiva e reprodutiva de acordo com as características da raça. Além disso, os animais não podem ter alterações de conformação física ou doenças hereditárias. A condição nutricional desejada é a intermediária, já que as condições extremas comprometem os resultados (Santos *et al.*, 2008).

Sanitário: como as atividades de TE ocorrem durante o ano todo, o esquema sanitário para doadoras e, principalmente, para receptoras é diferente dos esquemas clássicos sugeridos para o controle sanitário de rebanhos. O esquema sanitário para doadoras e receptoras deve ser montado de acordo com as condições sanitárias de cada região. Hoje existem várias parcerias entre os laboratórios e as fazendas e uma atuação forte do Ministério da Agricultura, Pecuária e Abastecimento, no sentido de certificação de propriedade livre de enfermidades.

Com relação à seleção de doadoras e receptoras, cabem algumas reflexões:

a) a doadora dever ter indicação do programa de conservação ou melhoramento genético, cabendo aos técnicos que trabalham as biotécnicas em discussão avaliarem o melhor protocolo para cada uma;

b) as receptoras podem ser *recicladas* na propriedade, já que são animais conhecidos e adaptados às condições da propriedade;

c) a tendência atual é usar animais de centrais de receptoras, diminuindo, assim, os transtornos de manejo na propriedade dos diferentes lotes de receptoras.

Produção *in vivo* de embriões

Para a produção *in vivo* de embriões utiliza-se a técnica da SOV ou indução de ovulação múltipla (**Figura 1**). A SOV é um dos elementos-chave na biotecnologia de embriões e o sucesso de um programa de produção de embriões está diretamente relacionado ao número e à qualidade dos embriões obtidos na colheita de doadoras.

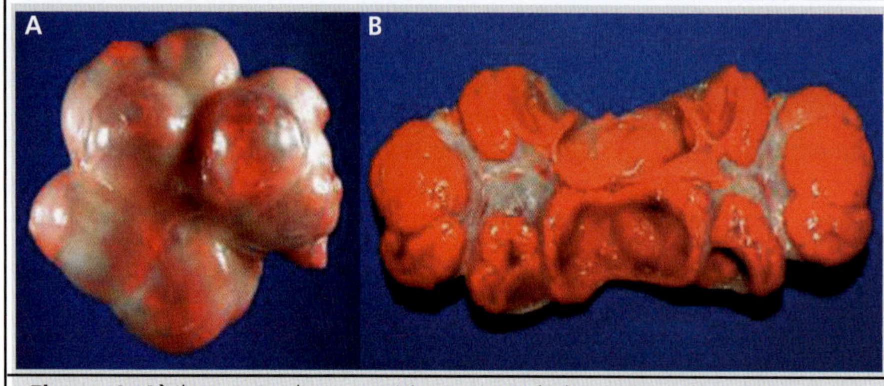

Figura 1. **A)** Ilustração de um ovário superovulado, contendo de 10 a 12 corpos lúteos. **B)** O mesmo ovário após secção longitudinal, demonstrando corpos lúteos compactos e cavitários.

As técnicas de SOV e colheita dos embriões podem ser realizadas de forma repetida a cada 35 a 60 dias, com uma pequena queda no número de embriões colhidos ao longo do tempo. Mas o sucesso nos resultados das colheitas seriadas e o intervalo entre as colheitas dependem muito dos protocolos e animais utilizados. Para novilhas, por exemplo, não se recomendam mais de três colheitas consecutivas antes da primeira gestação.

Segundo a literatura, aproximadamente 25% das fêmeas escolhidas como doadoras não produzem nem um embrião transferível em resposta à SOV, 25% respondem muito bem (≥ 10 embriões viáveis) e as demais, 50%, respondem de maneira intermediária (Looney, 1986). Uma parcela do grupo de doadoras que não respondem, pode produzir embriões, adaptando-se aos protocolos conforme a individualidade de cada doadora, como já foi dito.

Fisiologicamente, sabe-se que o hormônio folículo-estimulante (FSH), produzido na hipófise anterior, é responsável pela estimulação do crescimento folicular ovariano. Na SOV, busca-se a estimulação de um maior número possível de folículos de uma mesma onda de crescimento folicular, garantindo, pela aplicação de hormônios, não só o desenvolvimento como também a ovulação de tais folículos. Portanto, é importante que a SOV seja iniciada antes do estabelecimento da dominância folicular (Mapletoft *et al.*, 2002).

Dentre as gonadotrofinas utilizadas com maior eficiência para estimulação ovariana, destacam-se a gonadotrofina coriônica equina (eCG) e o FSH. Os principais procedimentos para a SOV de doadoras utilizando essas gonadotrofinas estão descritos a seguir, com uma breve discussão de suas vantagens e desvantagens.

Os resultados de SOV variam muito. Relaciona-se ao hormônio utilizado, à sua dose, à nutrição e, notoriamente, à variação individual entre doadoras. Além disso, deve-se ter atenção especial ao sêmen, que deve ter boa qualidade, principalmente porque, na fêmea superovulada, as ovulações não ocorrem simultaneamente, ou seja, há um intervalo de até 20 horas para a ovulação de todos os folículos (Bó *et al.*, 2006). Por essa razão, geralmente recomenda-se mais de uma IA nas doadoras após detecção de cio.

Apesar dos avanços no conhecimento da fisiologia reprodutiva e na purificação dos hormônios utilizados atualmente na SOV, em termos gerais, os resultados de produção embrionária não diferem muito daqueles obtidos 20 anos atrás (Hasler, 2006). Deve-se destacar, entretanto, que foram desenvolvidos novos procedimentos de manejo de doadoras com controle mais efetivo sobre o ciclo estral e a sincronização das ovulações, permitindo inseminação artificial em tempo fixo (IATF), sem necessidade de detecção de cio. Tal estratégia possibilita o agendamento das colheitas em dias pré-determinados e a precisa sincronização das receptoras para receberem os embriões em um momento ideal. Além disso, tornou viável o uso de apenas uma IA com sêmen de boa qualidade, sem comprometimento dos resultados (Baruselli *et al.*, 2006; Nogueira e Barros, 2006). O uso de sêmen sexado também tem sido testado em doadoras de embrião superovuladas, entretanto com resultados ainda abaixo do desejado (Sartori *et al.*, 2004).

eCG

A eCG é produzida nos cálices endometriais de éguas prenhes entre o 42° e o 150° dia de gestação. Possui efeito semelhante ao FSH, embora também possua ação similar ao LH. Esse hormônio tem a conveniência da facilidade de aplicação, pois é administrado em dose única. Além disso, é de baixo custo e de fácil obtenção. Como desvantagens do uso da eCG na SOV, destacam-se obtenção de resultados heterogêneos, variabilidade entre partidas do produto, meia vida prolongada, levando a efeitos colaterais indesejáveis, tais como falhas de ovulação ou resposta superovulatória excessiva. Consequentemente, pode haver manutenção de níveis circulantes elevados de estradiol, mesmo após a ovulação de muitos, mas não de todos os folículos, com comprometimento da qualidade dos embriões colhidos. Além disso, o tratamento com elevadas doses de eCG pode levar ao desenvolvimento de cistos foliculares e a reações anafiláticas.

O protocolo de SOV com eCG consiste na aplicação única intramuscular (im) de aproximadamente 1.500 a 2.000 UI para novilhas e 2.000 a 3.000 UI para vacas, dependendo da raça e subespécie (raças zebuínas são mais sensíveis às gonadotrofinas do que as taurinas). Pode-se utilizar o cio base como referência e fazer a aplicação de eCG ao redor do dia 10 do ciclo estral (**Figura 2**), ou sincronizar a emergência da onda folicular para se aplicar o hormônio no momento mais apropriado do ciclo, ou seja, durante a emergência de uma onda folicular, quando ainda não há um folículo dominante (Baruselli *et al.*, 2006; Martins *et al.*, 2007) (**Figura 3**).

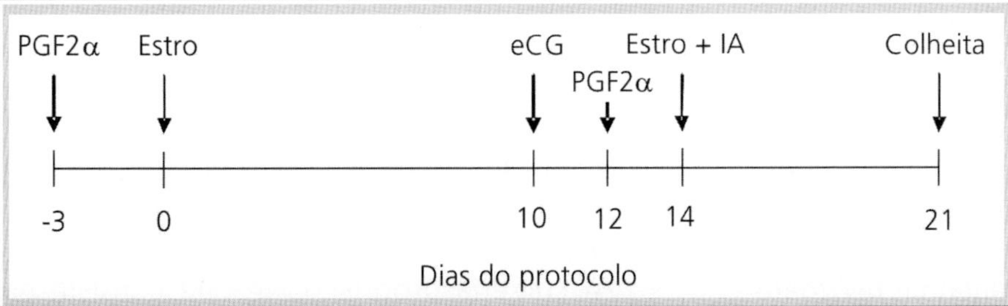

Figura 2. Protocolo de superovulação, utilizando-se cio base e gonadotrofina coriônica equina (eCG). Aproximadamente, 24 dias antes da data prevista da colheita de embriões, aplica-se PGF2α, e as doadoras detectadas em estro recebem uma injeção intramuscular de eCG entre oito e 12 dias após o cio. Dois dias depois, uma nova aplicação de PGF2α é realizada e 12 e 24 horas após detecção de um novo cio, as vacas são inseminadas. A colheita dos embriões é realizada sete dias após o estro ou a primeira IA.

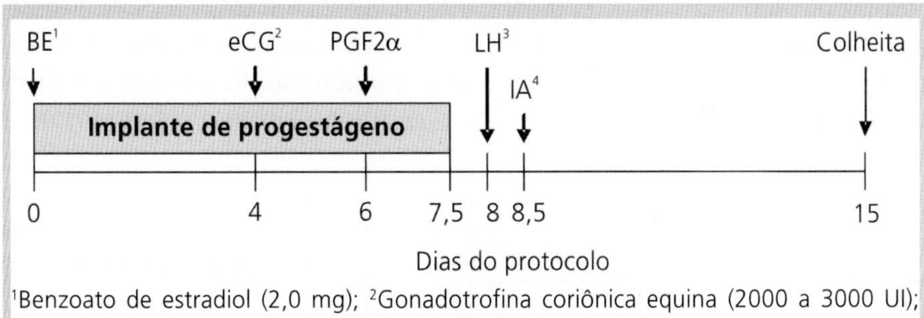

[1]Benzoato de estradiol (2,0 mg); [2]Gonadotrofina coriônica equina (2000 a 3000 UI); [3]Hormônio luteinizante (12,5 a 25,0 mg); [4]IA (16 h após LH).

Figura 3. Protocolo com sincronização da emergência da onda folicular com progestágeno e estradiol para superovulação, utilizando-se gonadotrofina coriônica equina (eCG) (adaptado de Martins *et al.*, 2007). No início do protocolo (D0), coloca-se um implante auricular de norgestomet ou intravaginal de progesterona e aplica-se benzoato de estradiol im. Quatro e seis dias após, eCG e PGF2α são aplicados, respectivamente, e no dia 7,5 o implante é removido. Doze horas após, aplica-se LH para induzir as ovulações e a IA é realizada 16 horas após. Os embriões são colhidos no D15.

FSH

O FSH mais utilizado nos programas de SOV é extraído da hipófise de suínos (FSH-P) e possui efeito superior na produção de embriões em relação à eCG. No entanto, também apresenta variação na resposta superovulatória, que pode ser devida às diferenças individuais entre doadoras, raça, pureza e dose do produto comercial a ser utilizado. Dentre outras vantagens do uso do FSH na SOV destacam-se: baixo risco de reações anafiláticas e facilidade de aquisição dos produtos comerciais. Por outro lado, devido à sua meia-vida curta (≤ 5 horas; Mapletoft *et al.*, 2002), há a necessidade de aplicação a cada 12 horas, durante o período de SOV, além de ter custo superior à eCG.

A dosagem de FSH-P varia conforme o produto

(Laboratório), a categoria, o estado fisiológico, o *escore* corporal, a raça e a individualidade da doadora, sendo que, para as raças zebuínas, utiliza-se dose menor (aproximadamente 50% a menos) do que para as taurinas, e as novilhas necessitam de doses menores do que as vacas. Além disso, estudos recentes têm demonstrado resultados similares no número ou porcentagem de embriões viáveis produzidos por colheita, quando a dose de FSH utilizada foi reduzida consideravelmente em relação à dose recomendada na bula dos produtos comerciais (Baruselli *et al.*, 2006; Souza *et al.*, 2007).

Os protocolos de SOV com FSH são similares aos empregados com eCG, entretanto, ao invés de se fazer apenas uma única aplicação im do produto, no caso do FSH, recomenda-se fazer oito aplicações com 12 horas de intervalo e em doses decrescentes (40% da dose total no primeiro dia de tratamento, 30% no segundo, 20% no terceiro e 10% no quarto dia). A **Figura 4** descreve um exemplo de protocolo de SOV com IATF, utilizando-se FSH após sincronização da onda folicular com progestágeno e benzoato de estradiol. Após a superestimulação ovariana, o LH é aplicado para sincronizar as ovulações. Esse protocolo pode ser iniciado em qualquer momento do ciclo estral de uma fêmea bovina.

Associação de FSH e eCG

Resultados preliminares de estudos recentes em vacas da raça Nelore demonstraram a possibilidade do uso com êxito e até de um incremento na produção embrionária com a associação de FSH e eCG na SOV em relação à SOV somente com FSH (Barros *et al.*, 2008). Esse protocolo assemelha-se ao demonstrado na **Figura 4**, entretanto são administradas seis doses de FSH seguidas de duas aplicações de 200 UI de eCG com 12 horas de intervalo.

Colheita de embriões

No início da década de 1970, a colheita de embriões era realizada com o animal sob anestesia geral, o que envolvia uma grande equipe, tornando o trabalho fatigante. Mais tarde, em 1975, os pesquisadores franceses Testart e Godard-Siour desenvolveram um método semicirúrgico, por meio do teto da vagina, com um aparelho chamado *Pataculta*. Finalmente, foi adotada a colheita transcervical, também chamada não-cirúrgica que é utilizada até hoje (Drost *et al.*, 1976; Elsden *et al.*, 1976; Rowe *et al.*, 1976).

A colheita propriamente dita consiste na perfusão uterina com Dulbecco PBS modificado, a temperatura entre 25 e 37°C, pH 7,2 e osmolaridade de 290 miliosmois. Após conter a doadora, realizar anestesia peridural com lidocaína a 2,0% e higienizar a região perineal. Uma sonda de *foley* é introduzida por via transcervical com auxílio de guia metálico ou mandril. Nos casos de doadoras com cérvix estreita, pode ser utilizado dilatador cervical esterilizado, para a passagem da sonda. Animais agitados ou de temperamento agressivo podem ser levemente sedados para a realização de uma colheita mais tranquila.

A sonda de colheita, após transpassar a cérvix, é fixada no corpo do útero (**Figura 5**) ou em um dos cornos, inflando-se o balão com ar ou PBS. O líquido é introduzido por gravidade em volumes de 50 a 150 mL, dependendo do tamanho do útero, perfazendo um volume total de 500 a 1.000 mL, dependendo do

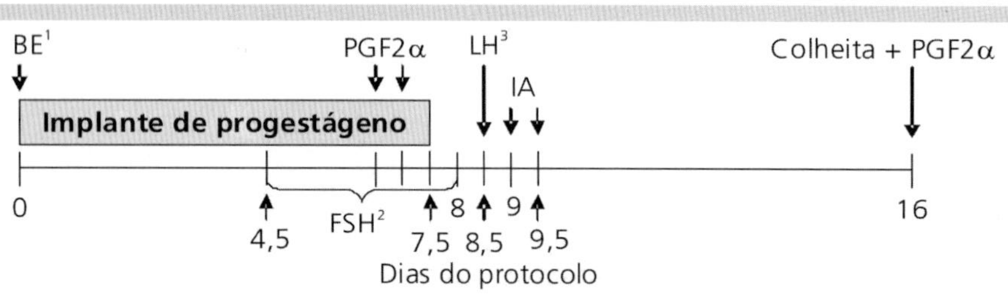

¹Benzoato de estradiol (2,0 mg); ²FSH (8 aplicações a cada 12 h em doses decrescentes); ³LH (12,5 mg).

Figura 4. Protocolo de superovulação utilizando-se FSH, recomendado especialmente para fêmeas zebuínas. No caso de vacas taurinas, sugere-se atrasar em 12 horas a aplicação de LH, as inseminações e a colheita dos embriões (Bó *et al.*, 2006).

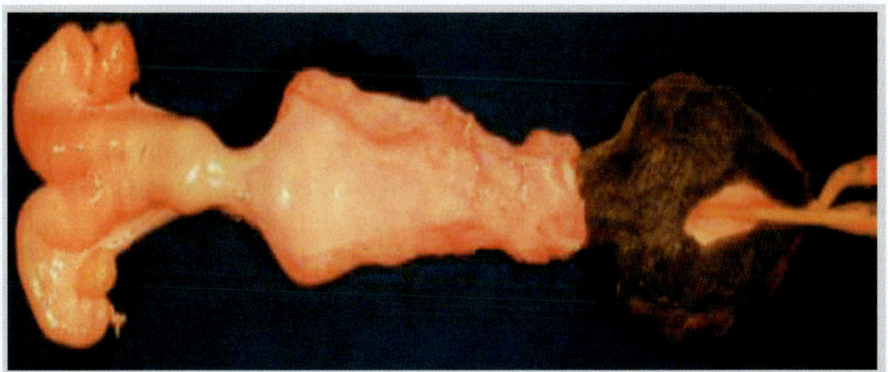

Figura 5. Posicionamento do balão da sonda de *foley* no corpo uterino (seta), justaposto à cérvix para colheita de embriões em fêmeas com útero pequeno.

tamanho dos cornos uterinos. No caso de lavagem uterina cornual, deve-se lavar cada corno separadamente. Essa técnica é recomendada para fêmeas com cornos uterinos longos.

A recuperação dos embriões é feita também por gravidade em filtro de colheita com membrana para reter os embriões/ovócitos e permitir que o restante do líquido seja desprezado ao passar por ela. Devem ser deixados, entretanto, alguns mililitros de DPBS no filtro para que os embriões permaneçam em suspensão e não desidratem, até serem transferidos para placa de Petri.

Em geral, a taxa de colheita, ou seja, o número de embriões colhidos em relação ao número de corpos lúteos é de 60 a 70% (Sartori *et al*., 2003), mas depende do procedimento de colheita, meio utilizado e habilidade do técnico. Alguns trabalhos observaram melhores resultados de recuperação de embriões quando o balão da sonda de *foley* foi posicionado mais caudalmente nas colheitas de corno uterino (Sartori *et al*., 2003), assim como quando surfactante foi adicionado ao meio de colheita (Melo *et al*., 2007).

Após a lavagem uterina das doadoras, o filtro contendo os possíveis embriões imersos em meio de colheita deve ser levado para o laboratório, lavado com DPBS e seu conteúdo depositado em placa de Petri.

Com o auxílio de estereomicroscópio (lupa), os embriões são localizados e transferidos imediatamente para solução estéril de manipulação (Holding), ou seja, uma solução que possibilite sua permanência fora do trato uterino, em temperatura ambiente por um período relativo, que não deve exceder seis a oito horas. Em geral, esta é uma solução tampão de fosfato ou *zwitterion* suplementada com soro fetal bovino (SFB) ou albumina sérica bovina (BSA) e antibióticos.

Os embriões encontrados e colocados na placa com meio fresco devem ser lavados novamente em outros banhos. O objetivo da lavagem dos embriões é a remoção de patógenos que possam estar presentes na zona pelúcida de embriões intactos. O procedimento de lavagem recomendado consiste na passagem dos embriões, em grupos de 10 ou menos, em 10 banhos em placas ou diferentes gotas contendo meio de manutenção ou de manipulação (Iets, 1998).

Durante o processo de lavagem, é feita a classificação dos embriões quanto ao seu estágio de desenvolvimento e a sua qualidade, observando-se a integridade da zona pelúcida, o aspecto morfológico, o número e o grau de compactação das células e a presença ou não de células degeneradas.

Principalmente para a comercialização de embriões, com o propósito de remover ou inativar microrganismos (inclusive vírus), há a necessidade de que, durante os banhos com solução de manutenção ou manipulação, sejam feitos dois banhos em solução de tripsina (Lets, 1998). Dessa forma, o procedimento normal de lavagem de embriões utiliza cinco banhos em solução de manipulação e, posteriormente, dois banhos com solução de tripsina (1:250), pH 7,6 a 7,8, por um período de 60 a 90 segundos. Após o tratamento com tripsina, os embriões são passados em outros cinco banhos com solução de manipulação. Embriões com a zona pelúcida rompida não devem ser criopreservados ou lavados em solução de tripsina, por comprometer sua viabilidade. Além disso, sua limpeza por meio de banhos não é garantida.

Produção *in vitro* de embriões

Essa biotécnica refere-se à combinação de processos necessários para a produção de embriões em laboratório. Neste caso, envolve obtenção de ovócitos, maturação de ovócitos imaturos aspirados dos ovários, preparação espermática, fecundação dos ovócitos e cultivo de embriões até o estágio de blastocisto, quando estão prontos para serem transferidos para fêmeas receptoras (**Figura 6**).

Obtenção de ovócitos imaturos para PIV

Ovócitos bovinos imaturos juntamente com as células do *cumulus* que o rodeiam, formando o complexo *cumulus*-ovócito (CCO), podem ser recuperados dos ovários *in vitro*, quando se utilizam ovários provenientes de abatedouros ou de animais mortos, e *in vivo*, que pode ser realizado cirurgicamente ou por ultrassonografia transvaginal.

A recuperação *in vitro* de CCOs pode ser realizada por dissecação ou fatiamento dos ovários ou aspiração dos folículos ovarianos. A dissecação permite o isolamento mecânico de folículos individualmente, sendo um processo trabalhoso e demorado. O fatiamento dos ovários proporciona um maior número de estruturas recuperadas e é importante quando se trabalha com ovários isolados de vacas de elevado mérito genético. Nesse caso, além da punção dos folículos visíveis na superfície do ovário, é feito o fatiamento desses ovários, maximizando o seu aproveitamento. A aspiração é o método mais utilizado e pode ser realizada com seringa ou com agulha acoplada à bomba a vácuo, com a qual se aspiram todos os folículos presentes na superfície dos ovários, cujas medidas variem entre 2,0 e 8,0 mm de diâmetro. A média de ovócitos viáveis recuperados por ovário está entre cinco e 10, sendo que a quantidade e a qualidade dos ovócitos obtidos são influenciadas pela época do ano, estado fisiológico do animal e tamanho do folículo aspirado (Dode *et al.*, 2001). Na recuperação de CCOs *in vitro*, é importante que os ovários sejam transportados para o laboratório em condições adequadas. Em geral, o transporte é realizado em solução salina (0,9% de NaCl) estéril com temperatura entre 30 e 35°C, sendo que o tempo de transporte não deve ultrapassar 8 horas após a colheita dos ovários.

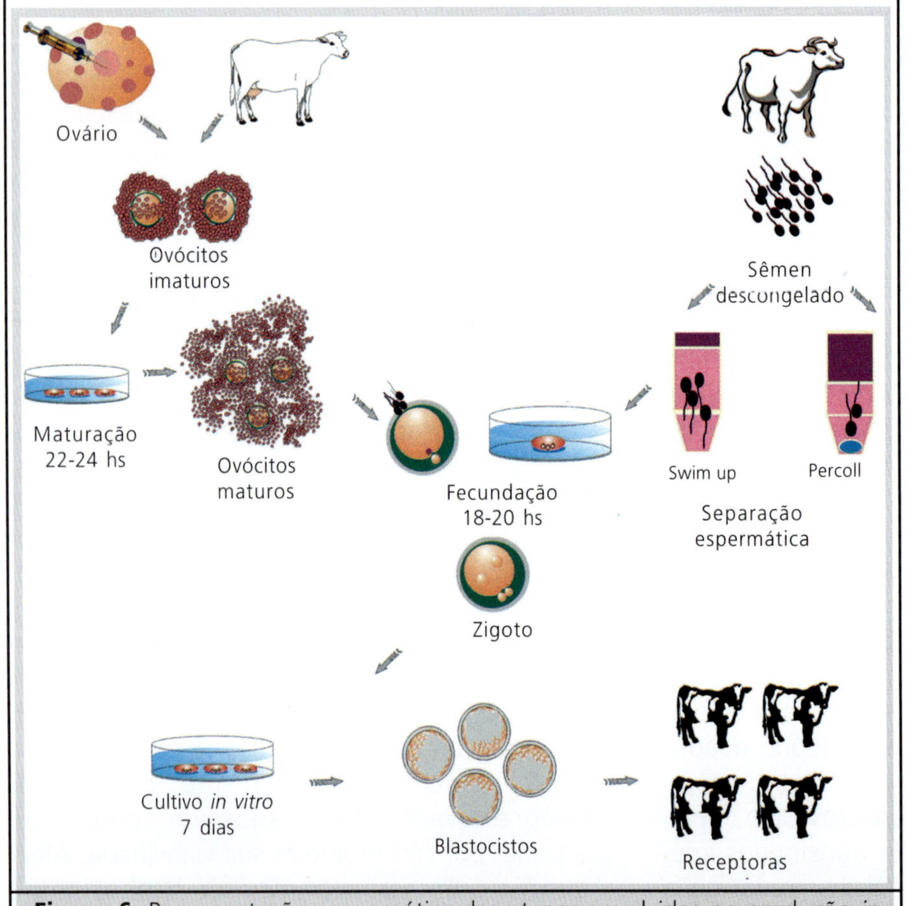

Figura 6. Representação esquemática das etapas envolvidas na produção *in vitro* de embriões.

O método de OPU proporciona a recuperação de ovócitos de animais vivos, permitindo a produção de embriões de fêmeas de várias idades e diferentes estágios fisiológicos. A recuperação *in vivo* de ovócitos bovinos é feita pela punção folicular utilizando agulha acoplada a sonda transvaginal, de forma que os folículos a serem puncionados são visualizados na tela do ultrassom. Com auxílio de bomba a vácuo, os folículos são aspirados e os CCOs, juntamente com o líquido folicular, são transportados por um sistema de cânulas ao tubo coletor. A média de ovócitos viáveis obtidos por colheita *in vivo* é muito variável, depende principalmente da estratégia adotada, da subespécie utilizada e da doadora. É possível puncionar os folículos de uma doadora duas vezes por semana, uma vez por semana ou uma vez a cada duas semanas, sendo que, nas duas últimas alternativas, é possível dobrar os resultados mediante a estimulação hormonal (Goodhand *et al.*, 1999). Com relação a subespécies, tem sido demonstrado que animais das raças zebuínas, especialmente da raça Nelore, apresentam maior quantidade de ovócitos recuperados comparados a raças taurinas (Rubin *et al.*, 2005).

Independentemente do procedimento utilizado, aspiração *in vivo* ou *in vitro*, os CCOs colhidos juntamente com o líquido folicular são depositados em um tubo estéril, que se deixa decantar em torno de 10 minutos. Após esse período, o decantado é transferido para uma placa de Petri, em que será realizada a busca e seleção dos ovócitos (**Figura 7**).

Tanto *in vitro* quanto *in vivo*, o sistema de aspiração auxiliado por bomba a vácuo requer que seja feito constantemente o ajuste da pressão, para evitar danos nos CCOs. Pressão ajustada para aspirar de 10-15 mL de líquido por minuto, utilizando-se agulha de 18 a 19-g, é adequada para que a quantidade e a qualidade dos ovócitos não sejam afetadas.

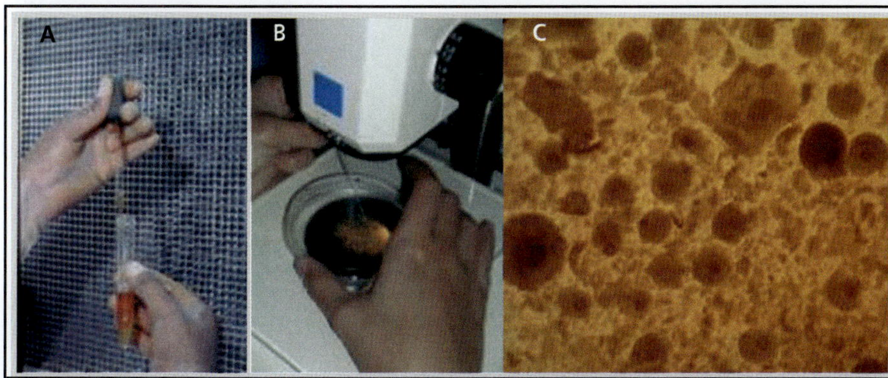

Figura 7. **A)** Tubo de colheita contendo líquido folicular e complexos *cumulus* ovócitos (CCOs) que, após a decantação, depositam-se no fundo do tubo; **B)** e **C)** O decantado contendo os CCOs é transferido para a placa de Petri para a busca.

Seleção de ovócitos

Quando são obtidos ovócitos para a PIV, deve-se levar em conta não só a morfologia do CCO, mas também o folículo pelo qual o ovócito será recuperado. O tamanho do folículo é fundamental em determinar o potencial para a maturação. Somente os ovócitos que completaram o seu crescimento têm capacidade de sofrer a maturação completa. Em bovinos, ovócitos presentes em folículos menores de 2,0 mm de diâmetro, geralmente, não são competentes para maturar, pois não atingiram o seu crescimento total. O aumento do tamanho do folículo e as mudanças no ambiente folicular são fatores envolvidos na competência ovocitária (**Tabela 1**). Portanto, para a maturação *in vitro* (MIV), os ovócitos são colhidos, geralmente, de folículos de 2,0 a 8,0 mm e são maturados *in vitro* por um período de 22 a 24 horas.

A morfologia dos CCOs também tem sido correlacionada com as taxas de blastocistos e, por isso, tem sido utilizada como método de seleção visual. Há vários sistemas de classificação de ovócitos, entretanto todos utilizam como critério homogeneidade e coloração do citoplasma e aparência, compactação e número de camadas de células do *cumulus*. A classificação modificada de Stojkovic *et al.* (2001) é utilizada pelo laboratório de Reprodução Animal da Embrapa Recursos Genéticos e Biotecnologia (**Figura 8**) e está descrita abaixo.

Qualidade 1: Complexo *cumulus* ovócito com citoplasma homogêneo e com granulações finas e múltiplas camadas compactas de células do *cumulus*.

Qualidade 2: Ovócito com citoplasma homogêneo com pequenas áreas

Tabela 1. Taxas de clivagem no dia 2 pós-inseminação (p.i.) e blastocistos nos dias 6, 7 e 8 p.i. em relação ao número total de ovócitos (n) provenientes de diferentes tamanhos de folículos em fêmeas zebuínas.

Diâmetro do folículo, mm	Ovócitos totais, n	Clivados, n (%)	Blastocistos, n (%)		
			D6	D7	D8
1,0 a 3,0	98	58 (59%)[a]	23 (23%)[a]	27 (28%)[a]	27 (28%)[a]
3,1 a 6,0	190	141 (74%)[a]	57 (30%)[a]	67 (35%)[a]	67 (35%)[a]
6,1 a 8,0	89	78 (88%)[b]	46 (52%)[b]	62 (70%)[b]	64 (72%)[b]
≥ 8,1	96	86 (90%)[b]	52 (54%)[b]	66 (69%)[b]	66 (69%)[b]

[a,b]Valores diferem na mesma coluna ($P < 0,05$).

mostrando pigmentações irregulares, *cumulus* compacto menor do que na categoria 1 com pelo menos cinco camadas completas.

Qualidade 3: Ovócito com citoplasma heterogêneo/vacuolizado, a zona pelúcida coberta com pelo menos 3 camadas de células do *cumulus* e/ou com pequenas áreas desnudas.

Qualidade 4: Citoplasma heterogeneamente pigmentado e/ou o *cumulus* completamente/parcialmente ausente ou expandido.

Maturação *in vitro* de ovócitos

Durante a ovogênese, os ovócitos de mamíferos permanecem retidos no estágio de diplóteno da prófase da primeira divisão meiótica, desde a vida fetal até pouco antes da ovulação. A retomada da meiose pode ser mediada por estímulo hormonal *in vivo* (pico pré-ovulatório de LH), ou pela retirada do ovócito de dentro do folículo (Warssaman e Albertini, 1994). Portanto, quando os ovócitos são aspirados dos folículos ovarianos (normalmente entre 2,0 e 8,0 mm de diâmetro) para serem utilizados na PIV, eles ainda são imaturos e necessitam sofrer o processo de MIV. Esta é realizada cultivando os ovócitos logo após a aspiração do folículo, em meio de maturação, com temperatura e atmosfera apropriadas, por um período de 22 a 24 horas.

A maturação envolve mudanças nucleares e citoplasmáticas que devem ocorrer simultaneamente e que conferem aos ovócitos a capacidade de serem fecundados, descondensarem a cabeça do espermatozoide, formarem os pró-núcleos e terem desenvolvimento embrionário normal (Sirard *et al.*, 2006).

Os eventos nucleares envolvem reorganização da rede de microtúbulos, rompimento do envoltório nuclear (quebra da vesícula germinativa), condensação dos cromossomos e progressão para metáfase I, anáfase I, telófase I, expulsão do primeiro corpúsculo polar e retenção no estágio de metáfase II.

Referindo-se ao citoplasma, ocorre reprogramação na síntese proteica, mudança na

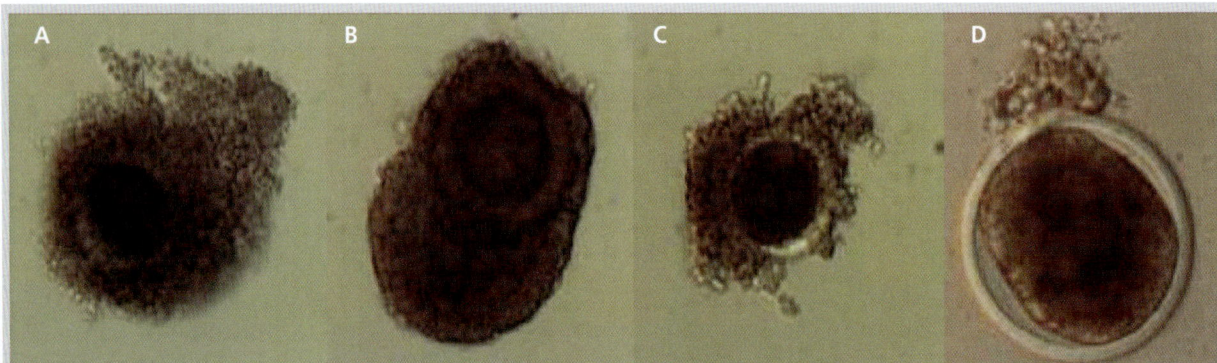

Figura 8. Classificação ovocitária modificada de Stojkovic *et al.* (2001) mostrando: **A)** ovócito qualidade 1, apresentando complexo *cumulus*-ovócito com citoplasma homogêneo e múltiplas camadas compactas de células do *cumulus*; **B)** Ovócito qualidade 2, apresentando citoplasma homogêneo com pequenas áreas mostrando pigmentações irregulares; **C)** Ovócito qualidade 3, apresentando a zona pelúcida coberta com pelo menos 3 camadas de células do *cumulus* com pequenas áreas desnudas; **D)** Ovócito qualidade 4, apresentando citoplasma heterogêneo e camadas de células do *cumulus* quase que totalmente ausentes.

atividade da proteína quinase ativada por mitógenos (MAPK) e do fator promotor da maturação (MPF), desenvolvimento dos mecanismos de liberação de Ca^{++}, e aquisição da capacidade de descondensar a cabeça do espermatozoide (Salamone *et al.*, 2001). Ainda, durante esse período, ocorrem mudanças na organização citoplasmática, tais como contínuo desenvolvimento dos estoques de lipídios, redução do aparelho de Golgi, redistribuição de ribossomos, rearranjo das mitocôndrias e alinhamento dos grânulos corticais próximos à membrana plasmática (Hyttel *et al.*, 1997).

Outro evento que ocorre na maturação é a expansão das células do *cumulus*, que circundam os ovócitos. Essas são células da granulosa especializadas que estão metabolicamente associadas entre si e com o ovócito. Projeções celulares das células do *cumulus* atravessam a zona pelúcida e formam pequenas junções com o ovócito (gap). Essas junções são as únicas entradas de substâncias ou estímulos no ooplasma. No ovócito imaturo, elas estão muito compactadas e, durante a maturação, iniciam a secreção de ácido hialurônico que se deposita entre elas separando-as e causando a expansão dessas células (**Figura 9**). A ligação metabólica vai diminuindo gradativamente à medida que a expansão aumenta, sugerindo que a presença dessas células é essencial no período inicial da maturação (Ali *et al.*, 2005).

A maturação representa o estágio final da preparação do ovócito para a fecundação, portanto, as mudanças estruturais e bioquímicas que ocorrem durante esse período são necessárias para completar o processo de maturação (Dode, 2006). Entretanto, para que isso ocorra, o ovócito precisa ter competência meiótica, que é adquirida progressivamente durante a fase final do crescimento ovocitário. Essa competência refere-se à capacidade do ovócito de completar a divisão meiótica, descondensar a cabeça do espermatozoide, formar os pró-núcleos e suportar desenvolvimento embrionário subsequente. Ovócitos competentes necessitam ter estocado fatores importantes, na forma de proteínas ou RNAm estável que deverão ser utilizados durante a maturação, fecundação e início do desenvolvimento embrionário (Dode *et al.*, 2006).

Além do tamanho do folículo/ovócito e das características morfológicas, as condições de cultivo afetam drasticamente a maturação. A presença de hormônios, substâncias antioxidantes, tipo de suplemento proteico, fatores de crescimento, temperatura e atmosfera gasosa são alguns fatores que influenciam a maturação. Na maioria dos laboratórios, utiliza-se o meio TCM 199 suplementado com fonte proteica, antibióticos e hormônios. A fonte proteica mais utilizada é SFB ou soro de vaca em estro, apesar de alguns laboratórios utilizarem BSA. Quanto aos hormônios, em geral, são utilizadas as gonadotrofinas LH e FSH, e também EGF ou GH. Após a seleção dos ovócitos os mesmos são transferidos para as gotas de meio de maturação, cobertas com óleo mineral ou parafina e cultivados por 22 a 24 horas, em estufa controlada, para manter atmosfera de 5% de CO_2 e umidade saturada e temperatura de 39°C.

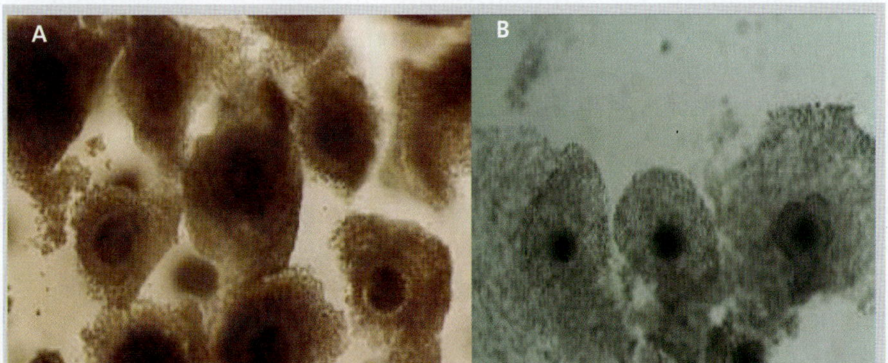

Figura 9. Complexos *cumulus* ovócitos antes da maturação **(A)**, apresentado as células do *cumulus* compactas e após a maturação **(B)**, em que as mesmas encontram-se expandidas.

Fecundação *in vitro*

O termo fecundação refere-se, especificamente, à fusão dos gametas masculino e feminino para formarem um novo indivíduo. Entretanto, a fecundação não é apenas um evento, mas compreende uma série de passos que começam com a ligação do espermatozoide a receptores na superfície da zona pelúcida do ovócito, passagem do espermatozoide através da zona, incorporação do espermatozoide ao ooplama, ativação do ovócito com finalização da meiose e expulsão do segundo corpúsculo polar, descondensação da cabeça do espermatozoide, formação dos pró-núcleos masculino e feminino e singamia (Yamagimachi, 1994). Para que esses eventos ocorram normalmente é necessário que o ovócito e o espermatozoide estejam preparados, ou seja, o sucesso da fecundação vai depender de eventos que precedem à fusão dos gametas, que são a maturação do ovócito e a capacitação espermática.

Com relação aos espermatozoides, aqueles presentes no ejaculado são maduros e móveis, entretanto não são capazes de fecundar; eles precisam sofrer um processo chamado capacitação que, normalmente, ocorre no trato genital feminino. Esse processo envolve a remoção ou alteração de glicoproteínas e fosfolipídeos da membrana, sendo essas alterações necessárias para que possam interagir com o ovócito.

Portanto, para realizar a FIV é preciso que um ovócito maduro (MII) e um espermatozoide capacitado se encontrem em um meio de cultura adequado a uma temperatura e atmosfera gasosa tais que simulem as condições do oviduto em que ocorre a fecundação *in vivo*. Se as condições forem adequadas, o espermatozoide capacitado vai se ligar à membrana do ovócito, sofrer a reação do acrossoma e penetrar para ocorrer a fusão.

Para a preparação do sêmen utilizado na FIV, vários métodos para remover o plasma seminal e/ou crioprotetor e melhorar as características seminais têm sido descritos. Entre eles, pode-se citar lavagem espermática por centrifugação, gradientes de densidade, filtragem em coluna de fibra de vidro e migração ascendente. Os mais utilizados são gradiente de densidade utilizando *percoll* e migração ascendente conhecida por *swim-up*.

No *swim-up*, o sêmen é depositado no fundo de um tubo contendo meio de preparação de sêmen e deixado em repouso em torno de 60 minutos. Os espermatozoides vivos migram por motilidade ascendente para a porção superior do meio; os espermatozoides mortos, meio diluidor e demais constituintes do sêmen, permanecem no fundo do tubo. A porção superior, então, é recuperada e utilizada para a FIV (Parrish *et al.*, 1985).

No gradiente de *percoll*, os espermatozoides também são selecionados pela motilidade através da passagem por diferentes gradientes. Esse método baseia-se no princípio de sedimentação celular de acordo com seu gradiente de densidade. O *percoll* é constituído por partículas de sílica coloidal coberto com polivinilpirrolidona (PVP) que pode ser preparado em várias concentrações para formar os gradientes. Para separação espermática, utilizam-se duas concentrações que, em geral, são de 45 e 90%, depositadas em um tubo sendo o sêmen colocado na superfície do gradiente. Após uma centrifugação de 20 minutos, o sobrenadante é retirado e o *pellet* é lavado e utilizado para a FIV.

Além da qualidade dos ovócitos, do método utilizado para preparação do sêmen e do tempo de coincubação, outros fatores podem afetar a taxa de fecundação, tais como dose inseminante, interação touro-vaca e diferença entre touros na capacidade de fecundar e produzir embriões. A variação individual de touros é dos principais fatores que interferem na FIV e na produção comercial de embriões. Portanto, em sistemas de PIV é necessário testar o sêmen dos touros antes de seu uso na FIV, pois alguns têm desempenho muito superior a outros.

Para a FIV, os ovócitos maduros são transferidos para gota de meio de fecundação coberta com óleo mineral ou parafina, e o sêmen previamente preparado é adicionado na gota na concentração final de 1 a 2 milhões de espematozoides/mL de meio. O meio de fecundação mais utilizado é o fert-TALP (Parrish *et al.*, 1985; Gordon, 2003) que contém heparina, glicosamino glicol, que estimula a capacitação espermática em bovinos e combinação de penicilanima, hipotaurina e epinefrina (PHE), que estimulam a atividade espermática.

Independentemente do método utilizado para a separação espermática, ovócitos maduros e espermatozoides são incubados no meio de fecundação por um período de 12 a 18 horas (Dode *et al.*, 2002). Após o período de incubação, as estruturas podem ser coradas para determinação da presença de pró-núcleos ou podem ser transferidas para o meio de cultivo embrionário onde permanecem por um período de sete dias quando se avalia a produção de blastocisto.

Cultivo de embriões produzidos *in vitro*

Após a fecundação *in vitro*, os zigotos são transferidos para o cultivo embrionário onde permanecem por sete dias, até atingirem o estágio de blastocisto, quando então podem ser transferidos para o útero de fêmeas receptoras que levarão a gestação a termo.

O ovócito fecundado ou zigoto começa seu desenvolvimento e inicia as divisões mitóticas, resultando inicialmente em um embrião de duas células, que continua dividindo-se em numerosas células até a formação do blastocisto. O desenvolvimento embrionário envolve uma série de eventos importantes, incluindo a primeira clivagem ou divisão, a transição materno-zigótica, a compactação, a diferenciação celular, a formação do blastocisto e o rompimento da zona pelúcida e eclosão do embrião (Lonergan *et al.*, 2006).

A transição materno-zigótica (MZT), que em bovinos ocorre no estádio de oito a 16 células, refere-se ao momento em que ocorre a ativação do genoma embrionário. Até esse momento, o desenvolvimento inicial do embrião é dependente de informações que foram estocadas no ovócito durante o seu crescimento e na fase final da foliculogênese (Sirard *et al.*, 2003). Portanto, o potencial de desenvolvimento de um ovócito está determinado pelo estoque de fatores importantes, na forma de proteínas e RNAm estável, que deverão ser utilizados durante a maturação, fecundação e início do desenvolvimento embrionário.

Ao atingir 32 células, forma-se a mórula que sofre compactação para que ocorra a diferenciação celular. A compactação da mórula é seguida pelo acúmulo de fluidos formando uma cavidade central denominada blastocele, o que caracteriza o estágio de blastocisto. Nesse estágio, o embrião passa a ter diferenciadas as células do trofoblasto, que darão origem à placenta, e as do botão embrionário, que darão origem ao feto. A blastocele continua aumentando de tamanho, resultando em aumento e expansão do blastocisto. Essa expansão envolve tanto hiperplasia celular quanto acúmulo de líquido na blastocele. Em torno de oito dias após a inseminação *in vitro*, ocorre eclosão do blastocisto da zona pelúcida, envoltório que protege o embrião (**Figura 10**).

O cultivo *in vitro* de embriões requer um sistema que suporte um alto desenvolvimento embrionário. A MZT é um período crítico do cultivo, e que se as condições não forem adequadas, provoca bloqueio do desenvolvimento. Vários sistemas de cultivo foram desenvolvidos e utilizados e incluem cultivo em oviduto de hospedeiro intermediário, co-cultivo com vários tipos de células somáticas e cultivo livre de células somáticas.

Cultivo *in vivo* em oviduto de coelhas ou ovelhas até o estágio de blastocisto foi inicialmente muito utilizado, mas caiu em desuso após o desenvolvimento dos sistemas de co-cultivo. Nesse método, embriões clivados em 48 a 72 horas após inseminação *in vitro*, são transferidos para o oviduto da receptora intermediária, sendo recuperados sete dias após inseminação e, então, transferidos para as receptoras definitivas. Apesar desse método requerer procedimento cirúrgico e ser oneroso, ainda é utilizado por alguns grupos de pesquisa (Galli *et al.*, 2003, Lonergan *et al.*, 2006).

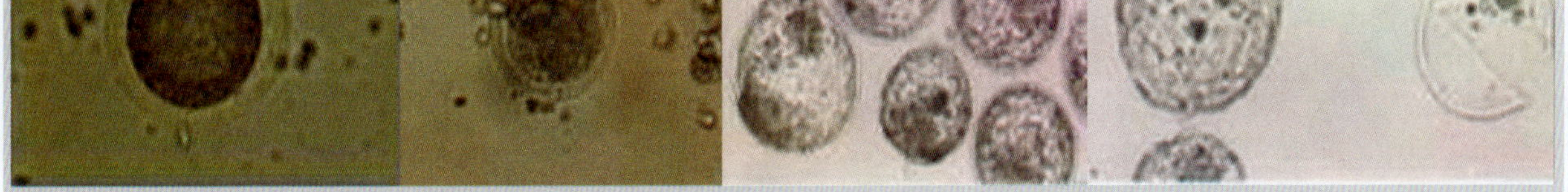

Figura 10. Ovócito fecundado apresentando o primeiro e segundo corpúsculo polar **(A)**, embrião em desenvolvimento após clivagem **(B)**, embrião em estágio de blastocisto **(C)** e após a eclosão da zona pelúcida **(D)**.

O sistema de cultivo totalmente *in vitro* que, inicialmente, resultou em sucesso na PIV foi o co-cultivo com células do oviduto. Entretanto, o co-cultivo pode ser realizado com vários tipos de células somáticas, tais como da granulosa, epiteliais de oviduto, uterinas e células de linhagem estabelecidas para cultivo como células VERO e células BRL (Buffalo Rat Liver Cells).

Mais recentemente, o uso de meio na ausência de células somáticas e com baixa tensão de O2 tem substituído quase que totalmente o uso de co-cultivo. O meio SOF, que foi criado baseado na constituição do fluido do oviduto de bovinos, é o mais utilizado, mas alguns laboratórios também usam outros meios como o CR1 e CR2. Tem sido demonstrado, em várias espécies, um melhor desenvolvimento embrionário quando a tensão de O2 é reduzida de 20 para 5% (Guérin *et al.*, 2001; Kitagawa *et al.*, 2004), possivelmente, em virtude da diminuição no estresse oxidativo. O meio SOF, entretanto, também pode ser utilizado com alta tensão de O2, sem afetar o desenvolvimento embrionário, desde que as células do *cumulus* remanescentes no zigoto após a FIV, sejam mantidas (Corrêa *et al.*, 2008).

Os meios mais utilizados para o cultivo embrionário em bovinos são TCM-199, CR1 e CR2 e meio SOF. Esses, em geral, são suplementados com antibióticos e agentes fungicidas. Outro componente adicionado nos meios de cultivo embrionário é uma fonte proteica ou macromoléculas. Como fonte proteica, o soro SFB ou SVC, e BSA são os mais utilizados. Em casos de pesquisa o suplemento proteico muitas vezes é substituído por macromoléculas como PVP e PVA. Os meios utilizados para o cultivo são tamponados com bicarbonato e, portanto, requerem uma atmosfera de 5% de CO2 que pode ser em ar ou em um mistura gasosa de 5% de CO2, 5% de O2 e 90% de N2.

Além do sistema de cultivo usual, outros métodos estão sendo propostos visando o aumento das taxas de produção de blastocisto e os índices de gestação. Entre eles pode-se citar o sistema de meio sequencial, em que é realizada uma perfusão (sistema de fluxo contínuo) para introduzir mudanças na composição do meio de cultivo. Essas mudanças são determinadas de acordo com os requerimentos dos embriões em diferentes estágios de desenvolvimento (Thompson, 1999). E para o cultivo em microcâmara usa-se um sistema microfluídico, que proporciona um ambiente que é mais próximo do sistema *in vivo* do que o sistema estático em microgotas. Além disso, permite utilização de meio sequencial com mudança gradual sem movimentar os embriões (Beebe *et al.*, 2002).

Avaliação e classificação dos embriões

As técnicas de produção, colheita, transferência e conservação de embriões evoluíram nos últimos anos. No entanto, a avaliação morfológica dos embriões por meio de exame em estereomicroscópio, com aumento entre 10 e 100 vezes, é ainda bastante subjetiva.

Essa avaliação morfológica dos embriões ou a classificação embrionária estabelece padrões morfológicos que julgam a forma, porém não a vitalidade do embrião. Somente a prática e o manuseio diário de embriões é que fornece ao técnico o discernimento da sua real qualidade.

A classificação proposta pela Sociedade Brasileira de Tecnologia de Embriões (SBTE) para o julgamento dos embriões é dividida em sete categorias de estágios de desenvolvimento (**Figura 11**), descritas a seguir.

1. Mórula (Mo): Apresenta-se como uma massa de células com separação nítida entre os blastômeros, ocupando a quase totalidade do espaço perivitelíneo (EPV).

2. Mórula compacta (Mc): Os blastômeros estão agregados entre si, formando uma massa compacta (compactação) e ocupam 60 a 70% do EPV.

3. Blastocisto inicial (Bi): Início da formação da blastocele e início da diferenciação entre trofoblasto e botão embrionário. O embrião ocupa 70 a 80% do EPV.

4. Blastocisto (Bl): No Bl existe uma evidente diferenciação entre células do trofoblasto e do botão embrionário; as células do botão embrionário estão compactadas, a blastocele é predominante e o embrião ocupa a totalidade do EPV.

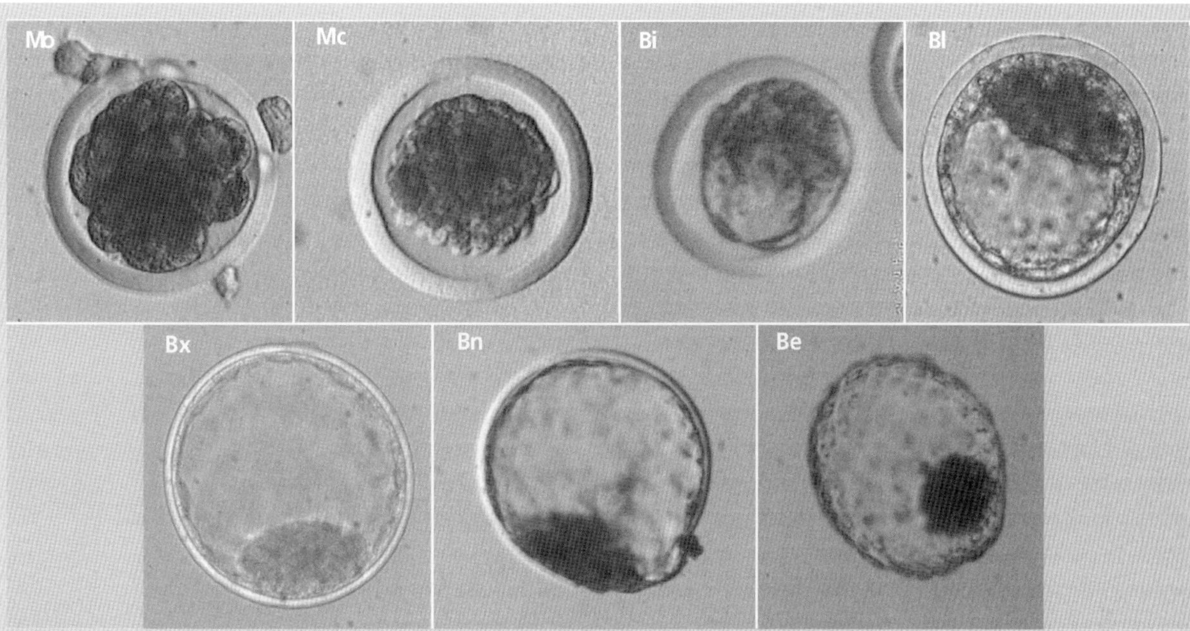

Figura 11. Classificação de estágios de desenvolvimento embrionário segundo a Sociedade Brasileira de Tecnologia de Embriões (SBTE). **Mo** = Mórula; **Mc** = Mórula compacta; **Bi** = Blastocisto inicial; **Bl** = Blastocisto; **Bx** = Blastocisto expandido; **Bn** = Blastocisto em eclosão; **Be** = Blastocisto eclodido.

5. Blastocisto expandido (Bx): Nessa fase do desenvolvimento, o embrião aumenta 1,2 a 1,5 vezes o seu diâmetro, distendendo a zona pelúcida, a qual diminui em 1/3 a sua espessura. É bem evidente a pressão do líquido da blastocele que pressiona o trofoblasto contra a membrana pelúcida.

6. Blastocisto em eclosão (Bn): O embrião inicia o processo de saída da zona pelúcida.

7. Blastocisto eclodido (Be): O embrião está completamente livre da zona pelúcida; é ainda nítida a presença da blastocele.

No julgamento individual dos embriões, quanto aos seus aspectos morfológicos, são várias as características a serem observadas, tais como: tamanho, forma, cor, brilho, homogeneidade do citoplasma, forma e integridade da zona pelúcida, tamanho e presença de células no espaço perivitelino e presença de vesículas.

Quanto à qualidade embrionária, a SBTE classifica os embriões em seis categorias (**Figura 12**):

1. Embrião grau 1 (Excelente): Embrião esférico; os blastômeros apresentam forma bem definida, cor e textura uniformes e nenhuma extrusão celular.

2. Embrião grau 2 (Bom): Embrião com imperfeições sem importância, com pouca extrusão celular. Ocasionalmente, há uma pequena distinção na forma e cor dos blastômeros e/ou presença de poucas vesículas.

Os embriões grau 1 e 2 produzem taxas de concepção similares após a transferência, mesmo após criopreservação. Por essa razão, a Sociedade Internacional de Transferência de Embriões (IETS) agrupou as duas categorias em apenas uma.

3. Embrião grau 3 (Regular): Embrião que apresenta alguns blastômeros com forma e cor heterogênea, porém coesos. Presença de células no EPV e a blastocele com algumas vesículas. Embriões de qualidade 3 produzem taxas de concepção aceitáveis, mas um pouco inferiores aos de graus 1 ou 2 após transferência a fresco. Entretanto, se criopreservados, sua viabilidade é reduzida drasticamente.

4. Embrião grau 4 (Pobre): Embrião com forma e cor heterogêneas entre vários

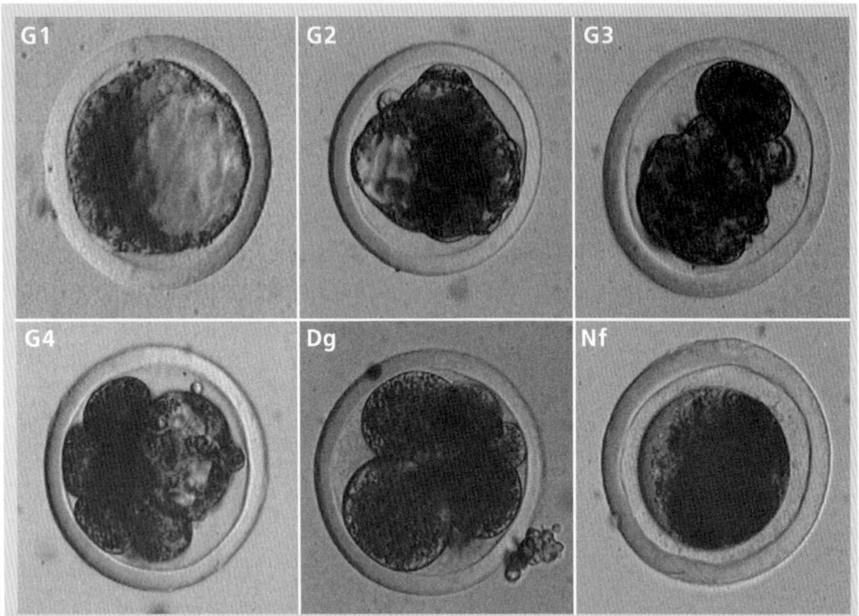

Figura 12. Classificação dos embriões quanto à sua qualidade segundo a Sociedade Brasileira de Tecnologia de Embriões (SBTE). **G1** = Excelente; **G2** = Bom; **G3** = Regular; **G4** = Pobre; **Dg** = Degenerado; **Nf** = Não fecundado. Fonte: Laboratório de Reprodução Animal da Embrapa Recursos Genéticos e Biotecnologia.

blastômeros, diferenciação celular confusa, extrusão evidente com degeneração, e grande número de vesículas.

5. Embrião degenerado (Dg): Embrião que não apresenta uma forma definida, sendo impossível determinar o estágio de desenvolvimento. A desorganização celular é evidente.

6. Não fecundado (Nf): Sem nenhum contorno celular, somente pigmentado.

Diferença entre os embriões produzidos *in vivo* e *in vitro*

Embriões produzidos *in vitro* e os produzidos *in vivo* diferem em várias características, tais como aspectos morfológicos e metabólicos, alterações cromossômicas, número de células e expressão de RNAm específicos, assim como distinta sensibilidade à criopreservação (Van Soom *et al.* 1996; Viuff *et al.*, 1999, 2000; Bertolini *et al.*, 2002). Essas diferenças, possivelmente, determinam o começo de uma série de problemas que levam a redução na eficiência da técnica (Farin *et al.*, 2001).

Os embriões PIV apresentam maior vacuolização, menor número de células, menor densidade de mitocôndrias, maior densidade de lipídios (Crosier *et al.*, 2001) e junções incompletas entre as células do botão embrionário e trofoblasto (Farin *et al.*, 2001).

Na PIV, cerca de 30 a 50% dos ovócitos inseminados chega ao estágio de blastocisto, e os índices de gestação estão em torno de 40% (van Wagtendonk-de Leeuw, 2006), inferiores aos índices de gestação obtidos após transferência de embriões produzidos *in vivo*. Para os embriões PIV, as maiores perdas no desenvolvimento ocorrem nos estágios de oito a 16 células (ativação do genoma do embrião) e pós-transferência, em torno dos dias 14 e 15 da gestação.

Criopreservação

A criopreservação de gametas e embriões tornou-se parte integrante das técnicas de reprodução assistida, pois permite preservação de embriões excedentes de um programa de TE ou de uma manipulação de PIV, melhor utilização de receptoras, preservação de germoplasma por intermédio de formação de bancos de embriões, aumento na pressão de seleção e regeneração e proliferação de material genético. Além disso, uma importante vantagem econômica e sanitária é a facilidade e a segurança para transporte de material genético.

A maioria dos métodos de criopreservação é baseada em dois fatores principais: crioprotetor e taxa de resfriamento/aquecimento. Basicamente, existem dois métodos utilizados para a criopreservação de ovócitos e embriões: congelação controlada ou clássica (curva lenta com cristalização induzida) e congelação não equilibrada, comumente chamada de resfriamento ultrarrápido e/ou vitrificação.

O método clássico de congelação lenta pode ser considerado como uma tentativa de criar um balanço delicado entre vários fatores que causam danos, incluindo danos osmóticos e tóxicos, e a formação de cristais de gelo (Vajta e Kuwayama, 2006).

A taxa de resfriamento controlada permite troca de fluidos externos e internos sem efeitos osmóticos sérios. Já a vitrificação é o processo físico pelo qual uma solução é transformada em um estado vítreo amorfo pelo resfriamento rápido, evitando a formação de cristal de gelo por manter as propriedades de um líquido em uma forma solidificada (Dobriesnky, 2002). Esse estado pode ser induzido com aumento extremo da viscosidade das soluções, o qual requer concentrações muito altas de crioprotetor ou aumento extremo na taxa de resfriamento e aquecimento (Vajta e Kuwayama, 2006).

Para o congelamento controlado ou clássico, no método convencional, geralmente utiliza-se glicerol como crioprotetor e uma curva de congelamento com queda de 0,5°C/minuto. Os embriões desidratados são colocados em palhetas, em geral, de 0,25 mL, e resfriados até a temperatura de -7°C, quando é realizada a indução da cristalização da solução (*seeding*). Após o *seeding* e a estabilização, a diminuição de temperatura continua com velocidade de -0,5°C/minuto até -35°C e, então, os embriões são imersos em nitrogênio líquido. Esse processo pode ser realizado manualmente, com auxílio de um cilindro de congelamento, ou de forma automática, utilizando-se equipamentos eletronicamente programáveis para seguir a curva de resfriamento desejada.

Já, no método de transferência direta (TD), o congelamento é realizado pelo método clássico, entretanto o crioprotetor utilizado é o etilenoglicol (EG). Esse método possibilita transferir os embriões congelados a campo de maneira similar ao que acontece com a IA (Martinez *et al.,* 2002), entretanto recomenda-se, ao remover a palheta com o embrião do nitrogênio, manter temperatura ambiente por cinco a dez segundos e, posteriormente, imergi-la em banho maria a uma temperatura de 30°C por 20 segundos.

Na criopreservação pela vitrificação, os embriões são colocados em contato com altas concentrações de crioprotetor, dimetilsufoxido (DMSO) e EG e, imediatamente, mergulhados no nitrogênio líquido, dispensando o uso de equipamentos. Inicialmente, era utilizada um palheta de 0,25 mL, que proporcionava uma redução da temperatura em torno de 2.500°C/minuto (Vajta, 1998). Em 1998, Vajta e colaboradores propuseram o uso da *Open Pulled Straw* (OPS), uma palheta de 0,25 mL com o diâmetro reduzido pela metade. Com essa estratégia, a velocidade de queda da temperatura ultrapassa 20.000°C/minuto. Os resultados com a vitrificação têm sido melhorados, pela realização de modificações na metodologia, principalmente, por procedimentos que aumentam a velocidade de resfriamento, além do obtido com a OPS, tais como: uso de *cryoloop* (Lane *et al.*, 1999), microgota (Papis *et al.*, 2000), superfície sólida (Dinnyes *et al.*, 2000), pipeta de desnudamento tipo *flexipet* (Liebermann *et al.*, 2002), sistema hemipalheta (Vanderzwalmen *et al.*, 2003), entre outros.

A sobrevivência embrionária pós-descongelamento depende da qualidade inicial do embrião, do estágio de desenvolvimento, do tempo entre a colheita e a congelação, do tipo de crioprotetores e do protocolo de resfriamento.

Um dos entraves da utilização comercial da PIV, independentemente da técnica de reprodução assistida utilizada, é a sensibilidade dos embriões aos danos causados pela criopreservação, o que difere dos embriões produzidos *in vivo*, cujo congelamento associado à TD é utilizado rotineiramente (Dinnyes *et al.*, 2006), principalmente em raças *Bos taurus taurus*.

Várias metodologias estão sendo estudadas, sendo que as expectativas voltam-se para a vitrificação, que se tem mostrado a mais promissora quando utilizada com embriões *in vitro*. Além disso, quando comparada à técnica de congelamento convencional, a vitrificação apresenta como vantagens sua simplicidade de procedimento e o baixo custo dos equipamentos necessários à sua execução.

Sincronização de estro/ovulação em receptoras de embrião

Para que os resultados da TE (ou inovulação) sejam otimizados, as receptoras devem ser sincronizadas para estarem no mesmo estágio do ciclo estral das doadoras, no momento da colheita dos embriões. Há, entretanto, uma pequena flexibilidade de mais ou menos um dia de sincronia entre a doadora e a receptora que pode ser utilizada sem comprometer significativamente a taxa de concepção das receptoras. Por exemplo, embriões que forem colhidos sete dias após o estro ou a indução da ovulação nas doadoras podem ser transferidos para receptoras que estejam entre os dias seis e oito do ciclo estral. Essa regra aplica-se tanto para embriões transferidos a fresco, quanto para embriões congelados.

Há diversos protocolos que podem ser utilizados para sincronizar o estro (cio) e/ou ovulação das receptoras. A seguir, estão descritas algumas estratégias de manejo reprodutivo das receptoras de embriões, com breve discussão de suas vantagens e desvantagens.

1. Observação diária de cio sem prévia aplicação de hormônio

Consiste basicamente em identificar receptoras que estejam em cio e ovulem em dias aleatórios, ou seja, sem qualquer sincronização. A observação diária de cio tem sido uma prática utilizada, com frequência, em propriedades com um número grande de receptoras e produção embrionária diária ou, no mínimo, semanal e em larga escala. Como a duração média de cio em fêmeas bovinas é de 12 horas, recomenda-se checar o cio por 30 minutos, pelo menos duas vezes ao dia, com intervalo de 12 horas. Além disso, podem ser utilizadas ferramentas auxiliares à detecção de cio, tais como o uso de rufiões com buçal marcador, Kamar®, Paintstick®, Estrotect® e medidores de atividade, tais como pedômetro.

Como vantagens da estratégia de observação de cio, destacam-se ausência de gastos com hormônios e taxas de concepção satisfatórias. Dentre as desvantagens, encontra-se a necessidade de mão de obra mais intensiva para detecção de cio, reduzida viabilidade para a transferência a fresco de embriões por não haver sincronia, na maioria dos casos, com a doadora. Além disso, em situações específicas, tais como com fêmeas acima de 60 dias pós-parto e em boas condições corporais, mas em anestro lactacional, essa estratégia é ineficiente.

2. Sincronização de cio com PGF2α

Com o propósito de promover um agrupamento maior das receptoras em estágio adequado para receber embriões produzidos em uma determinada data, pode-se lançar mão de estratégias de sincronização estral nos animais. Para isso, utilizam-se principalmente aplicações de PGF2α. Dentre os protocolos utilizados, um dos mais eficientes consiste na administração de duas injeções de PGF2α com 11 a 14 dias de intervalo, nas fêmeas cíclicas, seguido de detecção de cio após a segunda aplicação de PGF2α. Espera-se que a maioria das receptoras apresente cio entre dois e quatro dias após a aplicação de PGF2α (Wenkoff, 1987; Sartori *et al.*, 2002). Há, entretanto, uma dispersão, com estro manifestado antes ou após esse período, além de alguns animais não serem detectados em cio em nenhum momento (Sartori *et al.*, 2002).

As principais vantagens desse procedimento são taxa de sincronização aceitável das receptoras, boas taxas de concepção e baixo custo com hormônios. Como desvantagens, destacam-se o fato de necessitar de detecção de cio, não otimizar o uso das receptoras disponíveis por ser ineficiente em fêmeas anovulatórias (ausência de CL), além de não sincronizar fêmeas com CL jovem (< 6 dias) por serem refratários à PGF2α (Wenkoff, 1987). Em decorrência desses fatores, há um gasto adicional de recursos naqueles animais não responsivos. Também pode não haver sincronia adequada com a idade do embrião a ser transferido, uma vez que a receptora apresenta cio em diversos dias após o tratamento hormonal.

3. Sincronização de ovulação para transferência de embrião em tempo fixo (TETF) ou pré-determinado

Diversos protocolos de sincronização de ovulação foram desenvolvidos para facilitar e incrementar o manejo de receptoras, no sentido de não necessitar de observação de cio e de propiciar um maior aproveitamento das receptoras (>80%). Além disso, permitem uma programação precisa do dia da inovulação (transferência) com sincronia total entre doadoras e receptoras e o uso de fêmeas acíclicas, quando pertinente.

Esses protocolos consistem basicamente na sincronização não somente da luteólise, mas também do desenvolvimento e ovulação de um folículo dominante. Em termos gerais, esses protocolos baseiam-se nos princípios do Ovsynch (Pursley *et al.*, 1995), em que há a sincronização da emergência da onda folicular com uso de hormônios no início do protocolo, indução da luteólise com PGF2α, próximo ao final e da ovulação do novo folículo selecionado no último dia do protocolo. Abaixo, estão descritos alguns protocolos empregados na TETF.

3.1. Ovsynch e suas variações

No protocolo Ovsynch, aplica-se GnRH nos Dias 0 e 9 ou 10, além de uma dose de PGF2α no Dia 7 (Sartori *et al.*, 2006). Para elevar a eficiência de sincronização das receptoras, coloca-se um implante intravaginal ou auricular de progestágeno entre os Dias 0 e 7 do protocolo (Ambrose *et al.*, 1999; Lamb *et al.*, 2001). A inovulação é realizada sete dias após a aplicação do segundo GnRH (**Figura 13**).

3.2. Sincronização com estradiol associado à progestágeno, PGF2α, e eCG.

Consiste em utilizar uma série de tratamentos hormonais que resultam em elevada taxa de sincronização de receptoras, as quais apresentam altos níveis circulantes de progesterona no momento da inovulação (Nasser *et al.*, 2004; Mollo *et al.*, 2006). Essa alta progesterona deve-se à formação de mais de um CL em 30 a 40% das fêmeas ou de apenas um CL, sendo esse, porém, mais esteroidogênico. Esse protocolo possui diversas variações, das quais uma delas exige um número elevado de manipulações das receptoras (**Figura 14**) e outra necessita de menos manipulações (**Figura 15**). Ambas apresentam resultados similares de concepção.

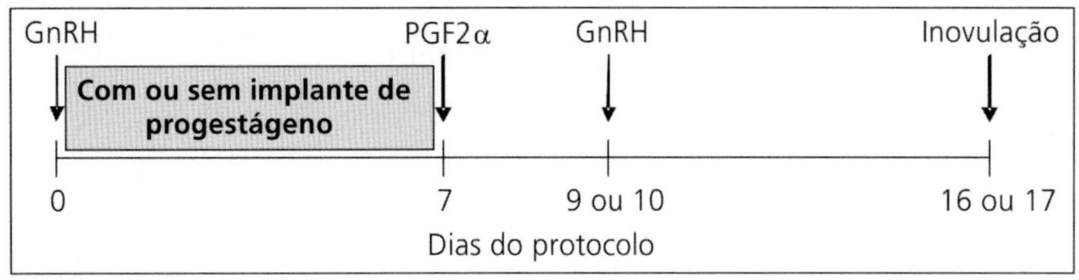

Figura 13. Protocolo de sincronização de receptoras de embrião para transferência em tempo pré-determinado, baseado no protocolo Ovsynch.

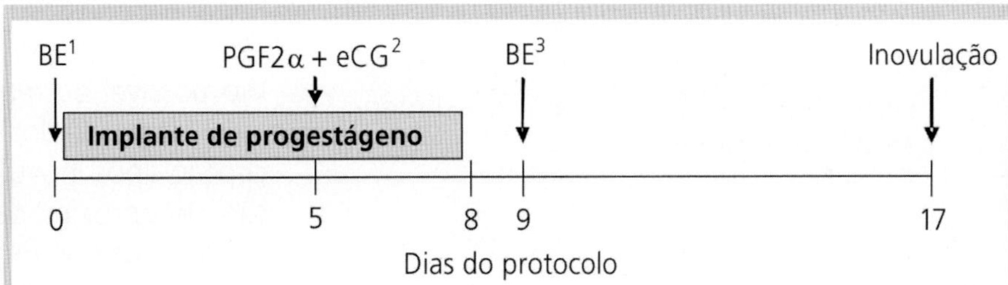

[1]Benzoato de estradiol (2,0 mg); [2]Gonadotrofina coriônica equina (400 UI); [3]Benzoato de estradiol (1,0 mg).

Figura 14. Protocolo de sincronização de receptoras de embrião para transferência em tempo pré-determinado, utilizando-se diversos hormônios reprodutivos.

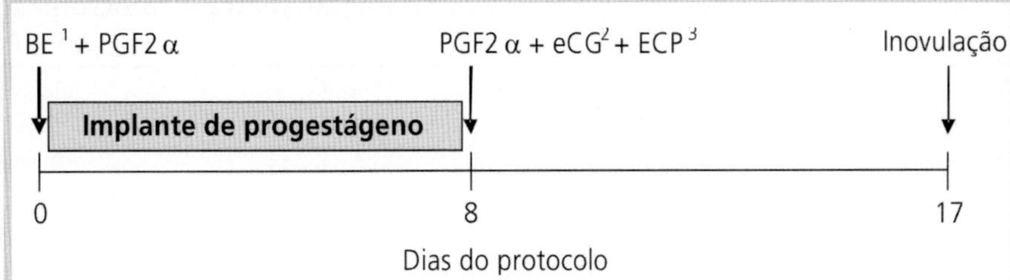

[1]Benzoato de estradiol (2,0 mg); [2]Gonadotrofina coriônica equina (400 UI); [3]Cipionato de estradiol (0,5 mg).

Figura 15. Protocolo de sincronização de receptoras de embrião para transferência em tempo pré-determinado, utilizando-se diversos hormônios, entretanto com um número menor de manipulações das receptoras em comparação ao protocolo ilustrado na **Figura 14**.

Considerações

Como visto acima, há uma série de alternativas para sincronização das receptoras, cada uma com suas vantagens e desvantagens (**Tabela 2**). Além dos protocolos mencionados, há outras opções que podem ser completamente diferentes das propostas acima, ou apenas pequenas variações das mesmas.

Não há um protocolo ideal, mas sim aquele que se adapte mais às condições da propriedade em que está sendo realizado o trabalho. A escolha desse protocolo vai depender do custo-benefício que está relacionado a diversos fatores, tais como:

1. Tipo, idade, raça, estado nutricional, ciclicidade, lactação, presença do bezerro e período pós-parto das receptoras.
2. Instalações da propriedade para manejo dos animais.
3. Número e frequência de inovulações (diária, semanal, mensal).
4. Disponibilidade de mão de obra, medicamentos e de capital para investimento nas receptoras.

Transferência de embrião (inovulação)

Inovulação é um termo técnico que consiste na deposição do embrião no útero da receptora, quer seja pelo método cirúrgico ou transcervical. O termo transferência de embriões, utilizado rotineiramente, refere-se a um conjunto de técnicas que se iniciam com a seleção dos animais até a inovulação.

Atualmente existem dois instrumentos (inovuladores) mais indicados para proceder a inovulação transcervical e ambos utilizam palhetas modelo francês de 0,25 mL como veículo para o embrião. O inovulador modelo alemão tem 5,0 mm de diâmetro e o francês tem 3,0 mm. Este último é mais indicado por ter comprimento ideal, usar bainhas descartáveis, ser menos traumático, além de ser apropriado também para receptoras jovens.

A técnica para inovulação não-cirúrgica segue os seguintes passos: boa contenção do animal, exame do ovário contendo o corpo lúteo, anestesia peridural baixa, higienização da região perineal, introdução, por via transcervical, do inovulador no corno uterino ipsilateral ao corpo lúteo e deposição do embrião o mais próximo possível da junção útero-tubárica, com um mínimo possível de manipulação.

Os resultados esperados nas taxas de concepção após inovulação de embriões produzidos são de aproximadamente 60% para os embriões produzidos *in vivo* e transferidos a fresco e em torno de 40% para os produzidos *in vitro*, mas dependem muito da habilidade do operador e da qualidade do embrião e da receptora.

A outra técnica utilizada é a cirúrgica, atra-

Tabela 2. Vantagens e desvantagens de algumas alternativas de manejo reprodutivo de receptoras de embrião.

	Detecção diária de cio	**Sincronização de cio com PGF2α**	**Sincronização da ovulação (TETF[1])**
Mão de obra	Excessiva	Moderada	Reduzida
Sincronia com a doadora	Parcial	Parcial	Total
Possibilidade de uso de fêmeas em anestro	Ausente	Ausente	Possível
Taxa de concepção[2] nas fêmeas sincronizadas	Média	Média	Média
Taxa de aproveitamento das receptoras	Baixa	Média	Alta
Taxa de prenhez[3]	Baixa	Baixa	Média
Número de manipulações de receptoras em curral	Baixo	Moderado	Alto
Custos adicionais com hormônios	Ausente	Baixo	Alto

[1]TETF = transferência de embrião em tempo fixo (pré-determinado). [2]Taxa de concepção = porcentagem de receptoras gestantes em relação às inovuladas; [3]Taxa de prenhez = porcentagem de receptoras gestantes em relação às disponíveis (nessa categoria, incluem-se as receptoras não inovuladas por falta de sincronia com a doadora ou ausência de detecção de cio).

vés do flanco, e que consiste na laparotomia, exteriorização, punção do corno uterino e inovulação. Com esta técnica, os resultados tendem a ser relativamente superiores, entretanto demanda estrutura de manejo mais complexa, além de ser mais traumática às receptoras.

Agradecimentos

Nossos sinceros agradecimentos a Regivaldo Vieira de Sousa, pela confecção de grande parte das ilustrações. Todas as fotos foram produzidas no Laboratório de Reprodução Animal da Embrapa Recursos Genéticos e Biotecnologia.

Referências bibliográficas

Ali, A.; Paradis, F.; Vigneault, C.; Sirard, M.A. The potential role of gap junction communication between cumulus cells and bovine oocytes during *in vitro* maturation. **Mol. Reprod. Dev**., v.71, p.358-367, 2005.

Ambrose, J.D.; Drost, M.; Monson, R.L.; Rutledge, J.J.; Leibfried-Rutledge, M.L.; Thatcher, M.J.; Kassa, T.; Binelli, M.; Hansen, P.J.; Chenoweth, P.J.; Thatcher, W.W. Efficacy of timed embryo transfer with fresh and frozen in vitro produced embryos to increase pregnancy rates in heat-stressed dairy cattle. **J. Dairy Sci.**, v.82, p.2369-2376, 1999.

Barros, C.M.; Barcelos, A.C.Z.; Gouvêa, L.M.; Meneghel, M.; Barcelos, D.S.; Barcelos, L.N.; Trinca, L.A. Improvement of a superstimulatory protocol in Nelore cows: replaving the last two doses of pFSH by eCG. **Reprod. Fertil. Dev.**, v.20, p.152, 2008 (abstract).

Baruselli, P.S.; Martins, C.M.; Sá Filho, M.F.; Gimenes, L.U.; Suoza, A.H.; Ayres, H.; Torres-Júnior, J.R.S.; Bó, G.A. Protocolos de superovulação com inseminação artificial em tempo fixo em *Bos indicus*. **Acta Sci. Vet.**, v.34 (Supl. 1), p.31-38, 2006.

Beebe, D.; Wheeler, M.; Zeringue, H.; Walters, E.; Raty S. Microfluidic techonology for assisted reeproduction. **Theriogenology**, v.57, p.125-135, 2002.

Bertolini, M.; Beam, S.W.; Shim, H.; Bertolini, L.R.; Moyer, A.L.; Famula, T.R.; Anderson, G.B. Growth, development, and gene expression by in vivo- and in vitro-produced day 7 and 16 bovine embryos. **Mol. Reprod. Dev.**, v.63, p.318-328, 2002.

Bó, G.A.; Baruselli, P.S.; Chesta, P.M.; Martins, C.M. The timing of ovulation and insemination schedules in superstimulated cattle. **Theriogenology**, v.65, p.89-101, 2006.

Brackett, B.G.; Bousquet, D.; Boice, M.L.; Donawick, W.J.; Evans, J.F.; Vessel, M.A. Normal development following *in vitro* fertilization in the cow. **Biol. Reprod.**, v.27, p.147-158, 1982.

Chang, M.C. Fertilization of rabbit ova *in vitro*. **Nature**, v.184, p.466-467, 1959.

Corrêa, G.A.; Rumpf, R.; Mundim, T.C.; Franco, M.M.; Dode, M.A.Oxygen tension during in vitro culture of bovine embryos: Effect in production and expression of genes related to oxidative stress. **Anim. Reprod. Sci.**, v.104, p.132-142, 2008.

Crosier, A.E.; Farin, P.W.; Dykstra, M.J.; Alexander, J.E.; Farin, C.E. Ultrastructural morphometry of bovine blastocysts produced *in vivo* or *in vitro*. **Biol. Reprod.**, v.64, p.1375-1385, 2001.

Dinnyes, A.; Dai, Y.; Jiang, S.; Yang, X. High developmental rates of vitrified bovine oocytes following parthenogenetic activation, *in vitro* fertilization, and somatic cell nuclear transfer. **Biol. Reprod.**, v.63, p.513-518, 2000.

Dinnyes, A.; Meng, Q.; Polgar, Z.; Boonkusol, D.; Somfai, T. Criopreservação de embriões de mamíferos. **Acta Sci. Vet.**, v.34 (Supl.1), p.171-189, 2006.

Dobrinsky, J.R. Advancements in cryopreservation of domestic animal embryos. **Theriogenology**, v.57, p.285-302, 2002.

Dode, M.A.N.; Rodovalho, N.C.; Ueno, V.G.; Alves, R.G.A. Number and morphology of oocytes obtained from ovaries of zebu cows according to follicle size, physiological status and season. **Arch. Zootec**., v.50, p.415-418, 2001.

Dode, M.A.; Rodovalho, N.C.; Ueno, V.G.; Fernandes, C.E. The effect of sperm preparation and co-incubation time on *in vitro* fertilization of Bos indicus oocytes. **Anim. Reprod. Sci.**, v.69, p.15-23, 2002.

Dode, M.A.N. Avanços na maturação ovocitária em bovinos. **Acta Sci. Vet**., v.34 (Supl. 1), p.115-130, 2006.

Dode, M.A.; Dufort, I.; Massicotte, L.; Sirard, M.A. Quantitative expression of candidate genes for developmental competence in bovine two-cell embryos. **Mol. Reprod. Dev.**, v. 73, p.288-297, 2006.

Drost, M.; Brand, A.; Aarts, M.H. A device for nonsurgical recovery of bovine embryos. **Theriogenology**, v.6, p.503-507, 1976.

Elsden, R.P.; Hasler, J.F.; Seidel Jr., G.E. Non-surgical recovery of bovine eggs. **Theriogenology**, v.6, p.523-532, 1976.

Farin, P.; Crosier, A.E.; Farin, C.E. Influence of *in vitro* systems on embryo survival and fetal development in cattle. **Theriogenology**, v.55, p.151-170, 2001.

Galli, C.; Duchi, R.; Crotti, G.; Turini, P.; Ponderato, N.; Colleoni, S.; Lagutina, I.; Lazzari, G. Bovine embryo technologies. **Theriogenology**, v.59, p.599-616, 2003.

Goodhand, K.lL.; Watt, R.G.; Staines, M.E.; Hutchinson, J.S.; Broadbent, P.J. *In vivo* oocyte recovery and *in vitro* embryo production from bovine donors aspirated at different frequencies or following FSH treatment. **Theriogenology**, v.51, p.951-961, 1999.

Gordon, I. **Laboratory production of cattle embryos**. 2 ed.. CABI Publishing UK.548 p. 2003.

Guérin, P.; El Mouatassim, S.; Ménézo, Y. Oxidative stress and protection against reactive oxygen species in the pre-implantation embryo and its surroundings. **Human Reprod. Update**, v.7, p.175-189, 2001.

Hasler, J.F. The Holstein cow in embryo transfer today as compared to 20 years ago. **Theriogenology**, v.65, p.4-16, 2006.

Hyttel, P.; Fair, T.; Callesen, H.; Greve, T. Oocyte growth, capacitation and final maturation in cattle. **Theriogenology**, v.47, p.23-32, 1997.

IETS. **Manual da Sociedade Internacional de Transferência de Embriões**. 3 ed. Illinois. Stringfellow, D.A. & Seidel, S.M., 1998. 180p.

Kitagawa, Y.; Suzuki, K.; Yoneda, A.; Watanabe, T. Effects of oxygen concentration and antioxidants on the *in vitro* developmental ability, production of reative oxygen species (ROS), and DNA fragmentation in porcine embryos. **Theriogenology**, v.62, p.186-1197, 2004.

Lamb, G.C.; Stevenson, J.S.; Kesler, D.J.; Garverick, H.A.; Brown, D.R.; Salfen, B.E. Inclusion of an intravaginal progesterone insert plus GnRH and prostaglandin F2alpha for ovulation control in postpartum suckled beef cows. **J. Anim. Sci.**, v.79, p.2253-2259, 2001.

Lane, M.; Bavister, B.D.; Lyons, E.A.; Forest, K.T. Containerless vitrification of mammalian oocytes and embryos. **Nat. Biotechnol**., v.17, p.1234-1236, 1999.

Liebermann, J.; Tucker, M.J.; Graham, J.R.; Han, T.; Davis, A.; Levy, M.J. Blastocyst development after vitrification of multipronuclear zygotes using the Flexipet denuding pipette. **Reprod. Biomed. Online**, v.4, p.146-150, 2002.

Lonergan, P.; Fair, T.; Corcoran, D.; Evans, A.C. Effect of culture environment on gene expression and developmental characteristics in IVF-derived embryos. **Theriogenology**, v.65, p.37-152, 2006.

Looney, C.R. **Superovulation in beef females**. Proc 5th Ann. Conv. AETA, Fort Worth, Texas, p.16-29, 1986.

Lu, K.H.; Gordon, I.; Gallagher, M.; McGovern, H. Pregnancy established in cattle by transfer of embryos derived from *in vitro* fertilisation of oocytes matured in vitro. **Vet. Rec.**, v.121, p.259-260, 1987.

Mapletoft, R.J.; Steward, K.B.; Adams, G.P. Recent advances in the superovulation in cattle. **Reprod. Nutr. Dev**., v.42, p.601-611, 2002.

Martínez, A.G.; Brogliatti, G.M.; Valcarcel, A.; de La Heras, M.A. Pregnancy rates after transfer of frozen bovine embryos: a field trial. **Theriogenology**, v.58, p.963-972, 2002.

Martins, C.M.; Oliveira, L.G.; Crepaldi, G.A.; Sales, J.N.S.; Baruselli, P.S. Efeito de diferentes doses de eCG na resposta superovulatória de doadoras Nelore (*Bos indicus*) inseminadas em tempo fixo. **Acta Sci. Vet.**, v.35 (Supl. 3), p.1237, 2007.

Melo, L.F.; Rumpf, R.; Franco, M.M.; Santana, M.D.; Enriques, G.; Sartori, R. Efeito da utilização de surfactante no meio de colheita na taxa de recuperação embrionária em vacas superovuladas. **Acta Sci. Vet.**, v.35 (Supl. 3), p.1244, 2007.

Mollo, M.R.; Ramos, A.F.; Siqueira Filho, E.; Pivato, I.; Saueressig, M.G.; Rumpf, R.; Sartori, R. Comparação entre dois protocolos de sincronização da ovulação em receptoras de embrião bovino. **Acta Sci. Vet.**, v.34 (Supl. 1), p.505, 2006.

Nasser, L.F.; Reis, M.A.; Oliveira, M.A.; Bó, G.A.; Baruselli, P.S. Comparison of four synchronization protocols for fixed-time bovine embryo transfer in *Bos indicus* X *Bos taurus* recipients. **Theriogenology**, v.62, p.1577-1584, 2004.

Nogueira, M.F.G.; Barros, C.M. Aspectos práticos e perspectivas futuras do modelo P-36 de superovulação em doadoras da raça Nelore. **Acta Sci. Vet.**, v.34 (Supl. 1), p.25-29, 2006.

Papis, K.; Shimizu, M.; Izaike, Y. Factors affecting the survivability of bovine oocytes vitrified inn droplets. **Theriogenology**, v.15, p.651-658, 2000.

Parrish, J.J.; Susko-Parrish, J.L.; First, N.L. Effect of heparin and chondroitin sulfate on the acrosome reaction and fertility of bovine sperm in vitro. **Theriogenology**, v.24, p.537-549, 1985.

Pietersen, M.C.; Kappen, K.A.; Kruip, T.A.M. Aspiration of bovine oocytes during transvaginal ultrasound scanning of the ovaries. **Theriogenology**, v.30, p.751-762, 1988.

Pursley, J.R.; Mee, M.O.; Wiltbank, M.C. Synchronization of ovulation in dairy cows using PGF2α and GnRH. **Theriogenology**, v.44, p.915-923, 1995.

Reichenbach, H.D.; Oliveira, M.A.L.; Lima, P.F.; Filho, A.S.S.; Andrade, J.C.O. Transferência e criopreservação de embriões bovinos. In: Gonçalves, P.B.D.; Figueiredo, J.R.; Freitas, V.J.F. **Biotécnicas aplicadas à reprodução animal**. São Paulo: Varela. p.127-178, 2002.

Rowe, R.F.; Del Campo, M.R.; Eilts, C.L.; French, L.R.; Winch, R.P.; Ginther, O.J. A single cannula technique for nonsurgical collection of ova from cattle. **Theriogenology**, v.6, p.471-483, 1976.

Rubin, K.C.P.; Pontes, J.H.F.; Nonato Jr., Ereno Jr., J.C.; Pansard, H.; Seneda, M.M. Influência do grau de sangue Nelore na produção *in vitro* de ovócito. **Acta Sci. Vet.**, v.33 (Supl. 1), p.183, 2005.

Salamone, D.F.; Damiani, P.; Fissore, R.A.; Robl, J.M.; Duby, R.T. Biochemical and developmental evidence that ooplasmic maturation of prepubertal bovine oocytes is compromised. **Biol. Reprod.**, v.64, p.1761-1768, 2001.

Santos, J.E.P.; Cerri, R.L.; Sartori, R. Nutritional management of the donor cow. **Theriogenology**, v.69, p.88-97, 2008.

Sartori, R.; Rosa, G.J.M.; Wiltbank, M.C. Ovarian structures and circulating steroids in heifers and lactating cows in summer and lactating and dry cows in winter. **J. Dairy. Sci.**, v.85, p.2813-2822, 2002.

Sartori, R.; Suárez-Fernández, C.A.; Monson, R.L.; Guenther, J.N.; Rosa, G.J.M.; Wiltbank, M.C. Improvement in recovery of embryos/ova using a shallow uterine horn flushing technique in superovulated Holstein heifers. **Theriogenology**, v.60, p.1319-1330, 2003.

Sartori, R.; Souza, A.H.; Guenther, J.N.; Caraviello, D.; Geiger, L.N.; Schenk, J.; Wiltbank, M.C. Fertilization rate and embryo quality in superovulated Holstein heifers artificially inseminated with X-sorted or unsorted sperm. **Anim. Reprod.**, v.1, p.86-90, 2004.

Sartori, R.; Gumen, A.; Guenther, J.N.; Souza, A.H.; Caraviello, D.Z.; Wiltbank, M.C. Comparison of artificial insemination *versus* embryo transfer in lactating dairy cows. **Theriogenology**, v.65, p.1311-1321, 2006.

Sirard, M.A.; Dufort, I.; Coenen, K.; Tremblay, K.; Massicotte, L.; Robert, C. The use of genomics and proteomics to understand oocyte and early embryo functions in farm animals. **Reproduction**, v.61, p117-29, 2003.

Sirard, M.A.; Richard, F.; Blondin, P.; Robert, C. Contribution of the oocyte to embryo quality.**Theriogenology**, v.65, p.126-36, 2006.

Souza, A.H.; Sartori, R.; Guenther, J.N.; Caraviello, D.; Monson, R.; Wiltbank, M.C. Effect of semen source and dose of FSH on superovulatory response and embryo production in Holstein heifers. **Anim. Reprod.**, v.4, p.70-76, 2007.

Stojkovic, M.; Machado, S.A.; Stojkovic, P.; Zakhartchenko, V.; Hutzler, P.; Gonçalves, P.B.; Wolf, E. Mitochondrial distribution and adenosine triphosphate content of bovine oocytes before and after *in vitro* maturation: correlation with morphological criteria and developmental capacity after *in vitro* fertilization and culture. **Biol. Rep.**, v.64, p.904-909, 2001.

Thompson, J.G. Bovine embryo culture *in vitro*: new developments and post-transfer consequences. **Arq. Fac.**, v.27, p.130-143, 1999.

Vajta, G.; Holm, P.; Kuwayama, M.; Booth, P.J.; Jacobsen, H.; Greve, T.; Callesen, H. Open Pulled Straw (OPS) vitrification: A new way to reduce cryoinjuries of bovine ova and embryos. **Mol. Reprod. Dev.**, v.51, p. 53-58, 1998.

Vajta, G.; Kuwayama, M. Improving cryopreservation systems.**Theriogenology**, v.65, p.236-244, 2006.

van Soom, A.; Boerjan, M.L.; Ysebaert, M.T.; Kuif, A. Cell allocation to the inner cell mass and the trophectoderm in bovine embryos cultured in two different media. **Mol. Reprod. Dev.**, v.45, p.171-182, 1996.

van Wagtendonk-de Leeuw, A.M. Ovum pick up and *in vitro* production in the bovine after use in several generations: a 2005 status. **Theriogenology**, v.65, p.914-925, 2006.

Vanderzwalmen, P.; Bertin, G.; Debauche, C.; Standaert, V.; Bollen, N.; van Roosendaal, E.; Vandervorst, M.; Schoysman, R.; Zech, N. Vitrification of human blastocysts with the Hemi-Straw carrier: application of assisted hatching after thawing. **Hum. Reprod.**, v.18, p.1504-1511, 2003.

Viana, J.H.M.; Camargo, L.S.A. A produção de embriões bovinos no Brasil: Uma nova realidade. **Acta Sci. Vet.**, v.35 (Supl. 3), p.915-924, 2007.

Viuff, D.; Rickords, L.; Offenberg, H.; Hyttel, P.; Avery, B.; Greve, T.; Olsaker, I.; Williams, J.L.; Callesen, H.; Thomsen, P.D. A high proportion of bovine blastocyst produced *in vitro* are mixiploid. **Biol. Reprod.**, v.60, p.1273-1278, 1999.

Viuff, D.; Greve, T.; Avery, B.; Hyttel, P.; Brockhoff, P.B.; Thomsen, P.D. Chromosome aberrations in *in vitro*-produced bovine embryos at days 2-5 post-insemination. **Biol. Reprod.**, v.63, p.1143-1148, 2000.

Wassarman, P.M.; Albertini, D.F. The mammalian ovum. In: Knobil, E.; Neil, J.D. (Eds). **The physiology of reproduction**. New Yok: Raven, p.79-122, 1994.

Wenkoff, M.S. The management of drug-induced manipulation of the estrous cycle in normal cows and heifers. **Can. Vet. J.**, v.28, p.366-373, 1987.

Yanagimachi, R. Mammalian fertilization. In: Knobil, E.; Neil, J.D. **The physiology of reproduction**. 2. ed. New York: Raven Press, p.189-317, 1994.

CAPÍTULO 30

Alexandre Vaz Pires
Professor Associado
Departamento de Zootecnia
ESALQ/USP. Piracicaba, SP
alvpires@esalq.usp.br

Cláudio Vaz Di Mambro Ribeiro
Professor Adjunto I
Departamento de Produção Animal
Escola de Medicina Veterinária e Zootecnia
UFBA. Salvador, BA
dimambro@rocketmail.com

Ivanete Susin
Professora Associada
Departamento de Zootecnia
ESALQ/USP. Piracicaba, SP
ivasusin@esalq.usp.br

Clayton Quirino Mendes
Doutor em Ciência Animal e Pastagens
ESALQ/USP. Piracicaba, SP
cqmendes@esalq.usp.br

Aspectos nutricionais na reprodução de bovinos de corte

Introdução

Um bom índice reprodutivo, em qualquer criação animal, necessita de um bom manejo nutricional. Muitas décadas atrás, pesquisadores já conheciam a importância da nutrição no desempenho reprodutivo de ruminantes. Melhoras no manejo nutritivo vêm sendo feitas desde então para atender às mudanças associadas à intensa seleção genética, visando aumento na produção de leite e carne. Portanto, para aperfeiçoar o custo de produção de um rebanho, o produtor terá que atender, conjuntamente, às demandas nutricionais de produção (leite e carne) e reprodução.

O tempo que os animais levam até atingir a puberdade também influencia no custo do sistema de criação. O desenvolvimento da puberdade é retardado quando o crescimento é restrito em mamíferos. Essa observação está também associada ao peso corporal, taxa de crescimento, porcentagem de gordura e proporção entre gordura e proteína corporal. A prioridade por nutrientes e energia varia entre os órgãos e o estado fisiológico do animal. O sistema reprodutivo tem uma prioridade considerada baixa, enquanto o sistema nervoso tem uma alta prioridade durante o crescimento, por exemplo. Sendo assim, uma dieta deficiente em nutrientes irá prejudicar os órgãos e tecidos com baixa prioridade.

Neste capítulo, será discutida a relação entre nutrientes e reprodução em ruminantes. É importante ressaltar que, embora os nutrientes sejam discutidos separadamente, eles agem de forma conjunta para determinar a fertilidade do animal em um determinado momento. Portanto, a infertilidade observada em um rebanho pode ser devida a um ou mais fatores nutricionais.

Mediadores nutricionais e metabólicos sobre a reprodução

O impacto do estado nutricional de vacas de corte afeta a reprodução de um rebanho, sendo, portanto, essencial o fornecimento de uma dieta que contém todos os nutrientes (água, proteína, carboidratos, lipídios, minerais e vitaminas) de maneira balanceada, atendendo às exigências de produção e reprodução dos animais. O estado nutricional dos animais tem efeitos positivos e negativos na reprodução, mediados diretamente por nutrientes da dieta ou indiretamente, via sistema endócrino, que atua principalmente no eixo hipotálamo-hipófise-ovariano.

Glicose: Pesquisas têm sugerido que vários sinais relacionados com nutrição servem como mensageiros fundamentais para o processo reprodutivo. Na **Figura 1** é apresentada a integração de sinais negativos e positivos que podem culminar em um potencial limiar para induzir o processo reprodutivo em vacas de corte. A glicose é o metabólico primário usado pelo sistema nervoso central e, em caso de disponibilidade inadequada de glicose utilizável, a liberação de GnRH hipotalâmica é reduzida. Pesquisadores sugerem que o papel da glicose em mediar o controle nutricional da reprodução não é causativo (Keisler e Lucy, 1998). A glicose sanguínea baixa pode ser detectada pelo hipotálamo, prejudicando a secreção de GnRH. O estímulo para produção de glicose, além do limiar para promover a secreção de GnRH, é possível quando se eleva a gliconeogênese via manipulação da dieta.

Insuficiência gliconeogênica: Os efeitos positivos de aumentar a gliconeogênese estão mais relacionados ao melhoramento da eficiência energética do que ao aumento da glicose em si. Hawkins *et al.* (2000) concluíram que a inadequação de precursores glicogênicos prejudica a utilização do acetato (principal ácido graxo de cadeia curta produzido pela fermentação ruminal). Além disso, redireciona o metabolismo do acetato para a produção de ATP para ciclos menos importantes ou até prejudiciais. Assim sendo, o acetato pode ser redirecionado para a síntese de corpos cetônicos, principalmente beta-hidroxibutirato (β-OH). O efeito da baixa energia disponível pode levar à mobilização de tecido adiposo e aumento de ácidos graxos não esterificados (AGNE) na circulação. A insuficiência de glicose com consequente acúmulo de AGNE promove a síntese de corpos cetônicos. Essas mudanças nos metabólitos plasmáticos levam à diminuição da concentração e amplitude dos pulsos de LH (Diconstanzo *et al.*, 1999).

Aminoácidos: A suplementação estratégica de aminoácidos com objetivo de aumentar os precursores gliconeogênicos foi revisada por Hawkins *et al.* (2000). É possível que o aumento no suprimento de aminoácidos ou o desbalanço de algum aminoácido possa ser detectado pela região do cérebro (hipotálamo) responsável pela liberação de LH (Wettemann e Bossis, 2000).

Neuro-hormônios: Vários neuro-hormônios ou fatores têm sido considerados como mediadores da reprodução. Neuropepitídeo Y (NPY) e opióides endógenos podem inibir a secreção de LH (Keisler e Lucy, 1998). Entretanto, em um

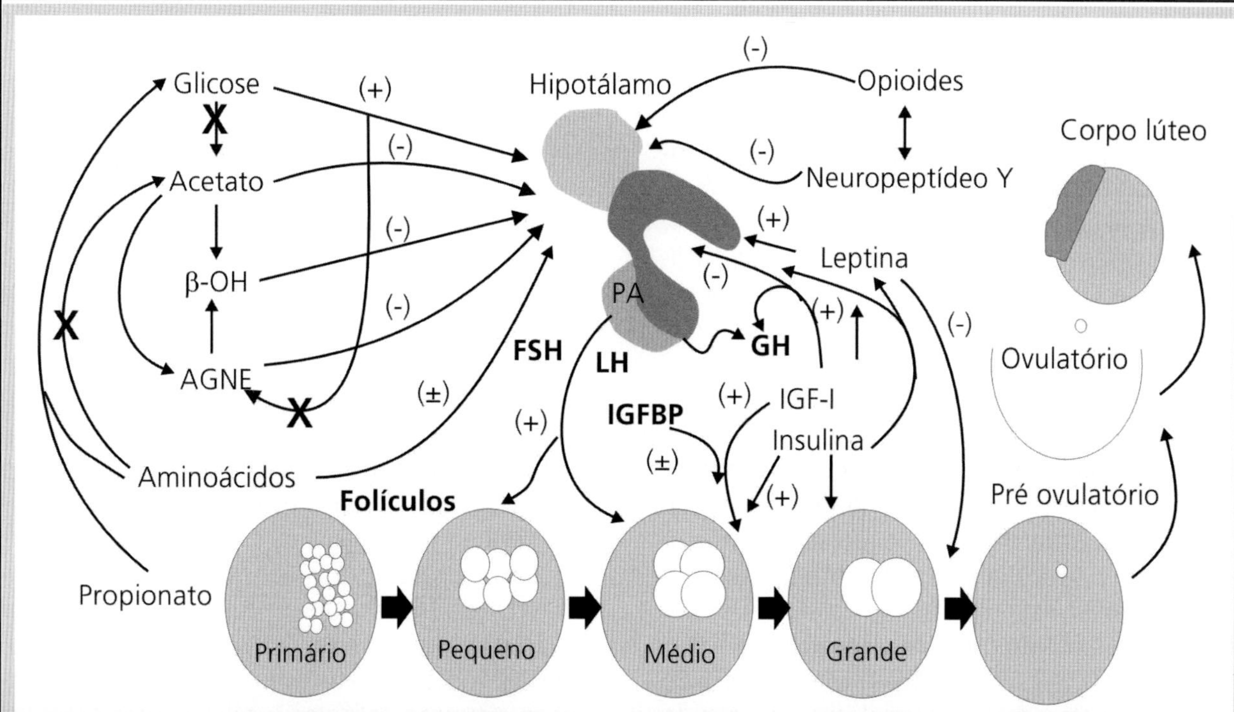

Figura 1. Regulação metabólica dos processos fisiológicos associados com o estro no pós-parto de vacas de corte. PA = Pituitária anterior. Fonte: Adaptado de Hess *et al.* (2005).

estudo designado para avaliar a interação entre o plano de nutrição pós-parto e o tempo necessário para o reinício do estro, nenhuma relação foi identificada entre o período de anestro pós-parto e NPY em vacas de corte primíparas e magras (Lalman *et al.*, 2000).

Pesquisas têm mostrado que vacas de corte com bezerro ao pé têm concentrações maiores de opióides endógenos, ocorrendo aumento do período de anestro pós-parto entre 20 e 30 dias. Em rebanhos com nutrição adequada, esses fatores não comprometem a eficiência reprodutiva, uma vez que, mesmo aumentando o período de anestro pós-parto, as vacas reiniciam o ciclo estral em torno de 40 dias. Por outro lado, em rebanhos com a nutrição intermediária, esse efeito pode ser significativo. Para amenizá-lo, os produtores têm utilizado a amamentação interrompida por 2 a 3 dias, com o objetivo de induzir o reinício da atividade ovariana. Entretanto, se o rebanho estiver com a condição corporal inadequada (menos de 4 na escala de 1 a 9) a interrupção da amamentação não será bem sucedida em termos de reinício da atividade ovariana.

Insulina: Várias pesquisas têm sido realizadas na tentativa de encontrar o sinal responsável pela modulação do efeito nutricional sobre a reprodução. Assim sendo, muita atenção tem sido dada ao papel dos hormônios metabólicos. Essas pesquisas têm sido importantes, porque as mudanças nos hormônios metabólitos refletem mudanças no estado metabólito do animal. Assim sendo, a insulina é um metabólico importante na indicação do estado nutricional do animal.

A insulina, hormônio liberado pelo pâncreas durante a absorção dos nutrientes da dieta, é responsável, principalmente, pelas reações anabólicas do organismo. A concentração de insulina no sangue, muitas vezes é usada como uma variável relacionada com o estado nutricional do animal, já que animais sob regime alimentar restrito possuem menor concentração sanguínea de insulina, quando comparados aos animais alimentados sem restrição alimentar.

Durante a última década, tem-se evidenciado que não somente as gonadotrofinas, FSH e LH, mas também a insulina e o IGF-I (*Insulin-Like Growth Factor - 1*) têm um importante papel na fisiologia ovariana (**Figura 1**). Em humanos dependentes de insulina, portadores de *Diabete mellitus*, uma doença caracterizada pela insulinopenia, a concentração sanguínea de insulina está associada com manifestações clínicas de hipofunção ovariana, amenorreia primária, anovulação, e baixa taxa de prenhez (Poretsky e Kalin, 1987). Portanto, a insulina é um importante sinalizador dos efeitos nutricionais sobre a dinâmica folicular em bovinos (Webb *et al.*, 2004) e, combinada com glicose, pode estimular a liberação de GnRH pelo hipotálamo. Nos ovários, a insulina pode também estimular a proliferação celular e a esteroidogênese (Wettemann e Bossis, 2000) e, no fígado, a produção de IGF-1 (Webb *et al.*, 2004.). Outros pesquisadores (Hawhins *et al.*, 2000) sugeriram que o aumento de insulina, concomitante com o decréscimo de GH, é uma importante relação a considerar quando se avalia o impacto da nutrição sobre a reprodução.

Um tratamento combinado de insulina e FSH aumentou significativamente a secreção de progesterona pelas células granulosas do folículo incubadas *in vitro* (Amsterdam *et al.*, 1988). Esses autores também indicaram que a insulina age sinergicamente com o FSH na diferenciação morfológica das células granulosas, e que a insulina aumenta a capacidade de ligação do LH com os seus receptores. Em outro estudo, Hernandez *et al.* (1988) concluíram que a insulina estimulou o desenvolvimento das células tecais e a produção de andrógenos tanto sozinha como sinergicamente com o hCG. Haq e Pate (1992) determinaram que a insulina estimulou a produção de progesterona pelo corpo lúteo e também a síntese de prostaglandina (PG) na presença de lipoproteínas de alta ou baixa densidade, mas o hormônio de crescimento não afetou a produção de progesterona com ou sem lipoproteínas. Poretsky e Kalin (1987) concluíram que a insulina tem ação sobre os tecidos ovarianos, os quais são muito similares às ações das gonadotrofinas hipofisárias.

Os efeitos gonadotróficos da insulina no desenvolvimento folicular foram estudados, utilizando-se novilhas com consumo restrito de energia. Os efeitos da restrição entre o 8º e 16º dia do ciclo estral e o subsequente ciclo após a restrição sobre as concentrações plasmáticas de LH, progesterona, cortisol, glicose e insulina foram determinados por McCann e Hansel (1986). As concentrações de glicose e insulina diminuíram com a restrição e não retornaram aos valores do grupo controle até 12 horas (insulina) e 4 a 7 dias (glicose) após terminado o período de restrição. As concentrações de progesterona foram maiores no período de restrição do que no grupo controle, entre os dias 10 e 15 do ciclo estral, mas os teores de LH foram menores no grupo com restrição do que no controle. No subsequente ciclo estral, a concentração de progesterona diminuiu no grupo com restrição energética. Os autores concluíram que baixa insulina e glicose no período de restrição afetaram a função hipofisária e luteal.

A concentração plasmática de insulina é baixa logo após o parto e está positivamente correlacionada com o balanço energético (BE). As células dos folículos ovarianos e dos corpos lúteos têm receptores para insulina e somatotrofina. Consequentemente, Britt (1992b) sugeriu que a insulina e a somatotrofina têm efeitos diretos sobre a função folicular e células luteais.

IGF-I: Nos últimos anos, o IGF-I tem ganhado muita atenção como outro hormônio mediador do funcionamento reprodutivo. O IGF-I tem sido identificado como sendo influenciado pelo estado nutricional. Ele atua na reprodução, aumentando a sensitividade dos folículos ao FSH e LH, sendo também necessário à formação e funcionamento do corpo lúteo (**Figura 2**). Spicer *et al.* (1990) observaram que o IGF-I é um potente estimulador da esteroidogênese pelas células luteais e granulosas, atingindo o teor mais baixo em vacas com o maior balanço negativo de energia (BNE). Diamond *et al.* (1985) encontraram insulina no fluido folicular humano e observaram que as concentrações de insulina no fluido folicular foram positivamente correlacionadas com a concentração de progesterona nesse fluido. As concentrações de IGF-I no fluido folicular pré-ovulatório foram significativamente maiores do que nos folículos imaturos ou mesmo no soro (Hammond *et al.*, 1985).

O IGF-I também influencia o desenvolvimento do corpo lúteo e pode ser um dos fatores de comunicação entre o estado nutricional e o eixo reprodutivo. As concentrações de IGF-I são altas em torno de 10 semanas antes do parto, e diminuem até a parição, na qual se encontram as menores concentrações, e aumenta de novo

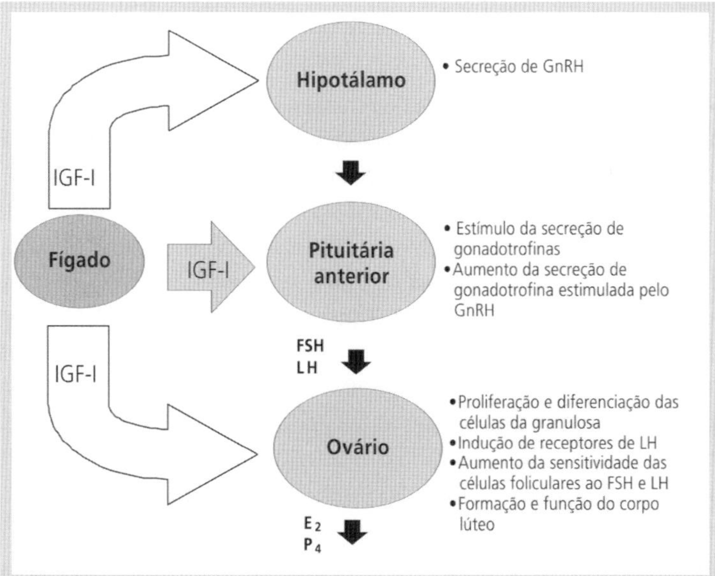

Figura 2. Efeito do IGF-I no eixo reprodutivo de vacas. Fonte: Adaptado de Zulu *et al.* (2002).

até aproximadamente 60 dias após o parto. Em virtude da dificuldade de se estimar o consumo de nutrientes em rebanhos, estimativas a partir de parâmetros sanguíneos podem ser usadas como uma maneira acurada de se avaliar o estado nutricional dos animais. Chase *et al.* (1998) sugeriram que o IGF-I atua como mediador hormonal na regulação nutricional da função ovariana em vacas. Em decorrência das interações entre os hormônios e suas funções no consumo, partição de nutrientes, BE e reprodução, o papel dos mediadores metabólicos na regulação da função ovariana de bovinos necessita de muito mais estudos.

Eixo somatotrópico: Além da insulina, o eixo somatotrópico tem um importante papel em mediar centralmente o estado metabólico. Entretanto, o papel central do GH sobre o eixo reprodutivo é difícil de ser determinado, porque a secreção de GH pela hipófise é controlada pelas secreções hipotalâmicas (Keisler e Lucy, 1998). Da mesma forma, os folículos ovarianos dos bovinos são praticamente isentos de GH e de seus respectivos receptores, embora o GH possa exercer ações diretas sobre as células luteais (Lucy *et al.*, 1999). O hormônio de crescimento regula a expressão gênica do IGF-1 nos tecidos extra-hepáticos (Etherton, 2004), além do seu papel clássico em estimular a expressão hepática e a secreção de IGF-1 na modulação nutricional ao longo do eixo hipotálamo-hipófise-ovariano (Webb *et al.*, 2004). A insulina interage com o GH para controlar a produção hepática de IGF-1. As concentrações séricas de IGF-1 aumentam da segunda até a décima semana em vacas que reiniciaram precocemente o cio após o parto, mas não em vacas que permanecem em anestro (Roberts *et al.*, 1997).

Concluir que a IGF-1 seja o único mediador do eixo somatotrópico seria inapropriado, uma vez que, segundo Ethertoh (2004), 95% do IGF-1 na circulação sanguínea são transportadas por uma das 6 proteínas ligadoras do IGF-1 (IGFBP, *Insulin-Like Growth Factor Binding Proteins*). Os efeitos anabólicos do IGF-1 sistêmico estão relacionados à abundância relativa de IGFBP-3 (Boisclair *et al.*, 2001), enquanto a IGFBP-2 está associada com um deficiente estado nutricional. Assim sendo, a concentração de IGFBP-2, no soro de vacas de corte com duas semanas pós-parto é baixa; e a concentração de IGFBP-3 é alta em vacas que reiniciaram a atividade ovariana pós-parto, quando comparada com vacas em anestro (Roberts *et al.*, 1997). As IGFBP devem ser consideradas como um mediador potencial na contribuição nutricional sobre o eixo reprodutivo.

Leptina: É um hormônio proteico secretado pelo tecido adiposo que pode ser regulado cronicamente pela insulina (Houseknecht *et al.*, 1998). Existe uma relação forte entre a quantidade de gordura na vaca, tamanho dos adipócitos e a concentração plasmática de leptina (Delavaud *et al.*, 2002). A concentração plasmática de leptina também foi correlacionada positivamente com a condição corporal em novilhas mestiças Zebu x Pardo Suíça (León *et al.*, 2004). Em monogástricos, existem evidências convincentes de que a leptina é um sinalizador que relaciona o estado nutricional e a ativação do eixo reprodutivo. Embora não exista evidência sugerindo que a restrição nutricional em vacas de corte interfira na função do hipotálamo ou hipófise, via leptina, em ovelhas isso já foi observado (Wettemann *et al.*, 2003). Vários trabalhos têm mostrado que a concentração de leptina está associada com o aumento do plano de nutrição. Assim sendo, a leptina pode servir como mensageiro sinalizador para o eixo reprodutivo através do cérebro ou mesmo do ovário.

Grelina: A principal fonte de grelina na circulação sanguínea é produzida pelas células enteroendócrinas do estômago e intestino. Em humanos e roedores, a grelina está envolvida na regulação do balanço de energia com efeitos aparentemente opostos à leptina (Horvath *et al.*, 2001). Embora a grelina seja produzida principalmente na região fúndica do estômago, quantidades pequenas também podem ser produzidas pelos intestinos, rins, sistema imunológico, placenta, hipófise, ovários e hipotálamo (Gnanapavan *et al.*, 2002). A grelina é regulada significativamente pelo fator saciedade, porém as concentrações de leptina não são reguladas diretamente pela alimentação, mas sim pelo aumento de tecido adiposo, o qual é indicativo do aumento do balanço de energia.

As pesquisas sobre o papel da grelina na mediação dos processos reprodutivos têm sido estimuladas pelo seu envolvimento no balanço de energia e pela sua localização ao longo do eixo reprodutivo. A expressão do mRNA para grelina no estômago e o teor desse hormônio no sangue é alto antes da alimentação, quando em jejum. Por outro lado, diminui após a alimentação (Sugino *et al.*, 2004). Embora existam evidências do papel da grelina ao longo do eixo hipotalâmico-hipofisário-ovariano em ratas, em ruminantes ainda não está esclarecido.

Manipulação nutricional para melhorar a reprodução

Além da energia, o consumo excessivo ou deficiente de outros nutrientes, como proteína, vitaminas, macro e micro minerais, tem sido relacionado com o baixo desempenho reprodutivo. A **Tabela 1** apresenta alguns dos problemas reprodutivos relacionados ao excesso ou deficiência de nutrientes em fêmeas bovinas. O manejo nutricional, principalmente em animais a pasto, é determinante para assegurar consumo adequado de nutrientes. Dentre os diversos fatores de manejo da produção animal a pasto, a taxa de lotação destaca-se por ser diretamente relacionada com a relação de suprimento e demanda de nutrientes do rebanho.

A taxa de lotação ideal para atender às demandas de reprodução de um determinado rebanho depende da qualidade da forragem, tipo de animais, época do ano, etc. Nem todas as pesquisas que estudam o efeito da taxa de lotação e reprodução têm mostrado diferença. No entanto, suplementação a pasto é um fator decisivo para melhorar o índice reprodutivo de um rebanho em taxas de lotação mais elevadas (Olson, 2005).

Consumo de nutrientes

Os fatores nutricionais de maior impacto na reprodução estão principalmente relacionados com um consumo adequado e balanceado de energia, gordura, vitaminas, minerais e proteínas. A partição de nutrientes dentro do organismo segue uma ordem preferencial:

1) metabolismo basal;

2) atividades ou trabalho;

3) crescimento;

4) reserva de energia básica;

5) gestação;

6) lactação;

7) reserva de energia adicional;

8) ciclo estral e início de gestação;

9) reserva de energia em excesso.

A prioridade relativa das funções acima citadas pode mudar, dependendo de qual função (e sua intensidade) está presente num determinado momento (estado fisiológico do animal).

O efeito da nutrição sobre a eficiência reprodutiva pode também estar associado com o estado nutricional do animal antes e depois do

Tabela 1. Anormalidades reprodutivas relacionadas ao excesso ou deficiência de nutrientes.	
Excesso de Energia	Baixa taxa de concepção, distocia, retenção de placenta.
Deficiência de Energia	Atraso da puberdade, supressão da ovulação e estro.
Excesso de Proteína	Baixa taxa de concepção.
Deficiência de Proteína	Supressão do estro, baixa concepção, reabsorção fetal, parto prematuro, crias nascidas fracas.
Deficiência de Vitamina A	Anestro, baixa concepção, aborto, crias nascidas fracas ou mortas, retenção de placenta.
Deficiência de Vitamina D	Má formação do esqueleto, viabilidade reduzida do feto.
Deficiência de Vitamina E	Retenção de placenta, infecção uterina.
Deficiência de Cálcio	Má formação do esqueleto, viabilidade reduzida do feto.
Deficiência de Fósforo	Anestro, estro irregular.
Deficiência de Iodo	Crescimento fetal defeituoso, estro irregular, retenção de placenta.
Deficiência de Selênio	Retenção de placenta.
Fonte: Adaptado de Bearden e Fuquay (2000).	

parto. Existe efeito do índice de condição corporal (ICC) sobre o intervalo do primeiro estro ou anestro pós-parto (**Figura 3**). Fêmeas de corte com ICC menor que 4 (o ICC utilizado para vacas de corte varia de 1 a 9 e vacas leiteiras de 1 a 5) antes do parto têm maior probabilidade de terem problemas reprodutivos depois do parto. No entanto, o manejo alimentar pós-parto também influencia essa relação. Vacas de corte com ICC menor que 6 estão mais sujeitas a problemas no pós-parto com dietas deficientes em nutrientes. É importante realçar que essa correlação entre ICC e intervalo do primeiro estro não é necessariamente uma relação causa-efeito. Outros fatores podem influenciar, da mesma maneira, ambas as variáveis. Qualquer efeito negativo da dieta sobre a eficiência reprodutiva causa, em última instância, uma modificação hormonal (concentração sanguínea, taxa de secreção, etc.) relacionada à reprodução.

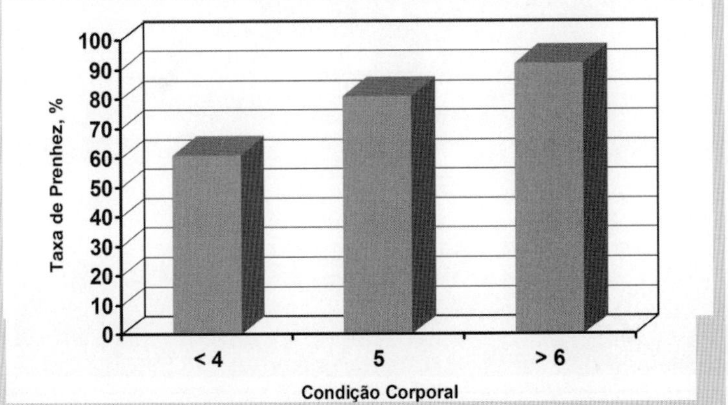

Figura 3. Efeito da condição corporal ao parto na taxa de prenhez de vacas de corte. Fonte: Adaptado de Rice (1991).

O manejo nutricional e o ICC exercem grande impacto no anestro e no potencial fértil das fêmeas. A melhor maneira de monitorar o programa nutricional adotado por uma fazenda é seguir as mudanças de peso e ICC dos animais, embora a medição de peso não seja uma prática adotada nas maiorias dos sistemas de criação animal. Para se obter boa eficiência reprodutiva, o melhor manejo nutricional para as vacas de corte seria aquele que objetivasse ICC entre 5 a 7 na época do parto. ICC menores que 5 podem comprometer o potencial fértil dos animais, a não ser que haja nutrição suficiente para atender às exigências das fêmeas após o parto.

O consumo de energia está mais associado com o balanço de energia e desempenho reprodutivo do que com a produção de leite. Vacas leiteiras de alta produção estão mais sujeitas a consumirem quantidade inadequada de nutrientes porque o pico de produção de leite ocorre antes do pico de consumo de matéria seca. Esse fato acarreta BNE (Balanço Negativo Energético), o qual é proporcionalmente relacionado com o nível de produção e o consumo de nutrientes após o parto. Como a produção de leite tem preferência sobre a partição de nutrientes em comparação ao sistema reprodutivo, este corre o risco de ser prejudicado, o que causaria intervalo ao primeiro estro de maior duração e aumento no intervalo entre partos do rebanho. Se o consumo de energia for prejudicado após o parto, o impacto negativo será ainda maior na reprodução, já que a produção de leite tem preferência em captar nutrientes e energia em relação ao sistema reprodutor.

Consumo de energia

Os efeitos da nutrição sobre a reprodução têm sido mais extensivamente examinados, usando-se a energia como variável. O consumo insuficiente de energia está relacionado ao pobre desempenho reprodutivo, resultando em um período prolongado de anestro após o parto, baixa produção de progesterona pelo corpo lúteo, e baixa taxa de concepção. Nos machos, o baixo consumo de energia está associado ao atraso na idade da puberdade, redução do libido e queda na produção de espermatozoides.

Padrões nutricionais antes e após o parto influenciam decididamente na duração do intervalo entre partos e o aparecimento do primeiro cio fértil, sendo que o déficit energético afeta mais severamente vacas primíparas. A taxa de prenhez também é alterada pelo consumo de energia, seja no pré ou pós-parto. Dados revelaram taxas de prenhez de 95, 88 ou 79% para vacas Hereford mantidas a pasto, quando suplementadas no pré e pós-parto com 0,91 kg/dia de grãos; 1,36 kg/dia de feno de leguminosa; ou não suplementadas, respectivamente (Ellis *et al.*, 1983).

Embora muitos nutrientes tenham sido indicados como tendo importante papel em definir a função reprodutiva em vacas, o nível energético é, provavelmente, o fator mais importante e o mais difícil de manejar. De fato, a energia é o fator mais limitante para as vacas no período de transição. Se o desempenho reprodutivo está sendo comprometido pela deficiência ou excesso de um nutriente específico, pode-se corrigir esse problema alterando-se a densidade desse nutriente na dieta. No entanto, o aumento da densidade energética da dieta pode ser mais complicado, uma vez que, se uma vaca não está consumindo MS suficiente para atender às necessidades energéticas para manutenção, produção de leite e reprodução, a densidade energética somente poderá ser aumentada se não comprometer a saúde do animal. Por exemplo, o consumo elevado de concentrado pode ocasionar acidose e/ou diminuição no consumo de MS. A quantidade de gordura que pode ser incluída na dieta deve ser restrita a 5% da MS, para se assegurar o consumo máximo da dieta e evitar diminuição de consumo e depressão da digestão da fibra.

As reservas de energia podem constituir até 50% do peso do animal. Portanto, uma maneira prática de se estimar a reserva de energia de um ruminante é pelo ICC. Existe uma alta correlação entre ICC e reprodução. Buckley *et al.* (2003) concluíram que um ICC maior que 2,75 é necessário para um bom manejo reprodutivo de vacas leiteiras a pasto.

O BNE durante o início da lactação está associado com baixa fertilidade. Estudos têm mostrado que o BNE, após o parto, afetou o desenvolvimento folicular e está negativamente correlacionado com o intervalo da primeira ovulação. Da mesma forma, um severo BNE pode afetar o crescimento folicular após o parto (**Figura 4**). Isso pode causar disfunção na maturação folicular e baixo nível de progesterona no terceiro, quarto e quinto ciclos estrais, causando efeito latente do BNE sobre a atividade ovariana. Es-

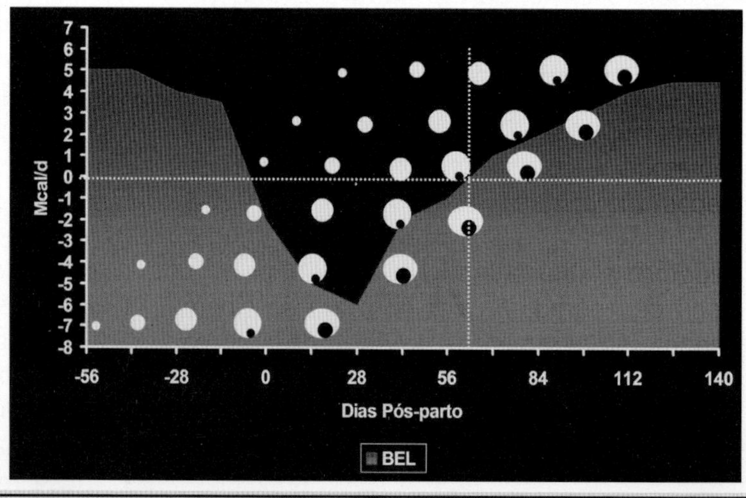

Figura 4. Crescimento teórico e desenvolvimento dos 6 primeiros folículos ovulatórios em vacas pós-parto. BEL= Balanço de energia líquida. Fonte: Britt (1994).

ses três ciclos estrais, os quais ocorrem entre 60 a 120 dias após o parto, compreendem o período mais apropriado para emprenhar as vacas.

A taxa de prenhez de vacas de corte e novilhas também é afetada pelo consumo de energia antes e depois do parto. O consumo inadequado de energia no final da gestação diminui a taxa de prenhez, mesmo quando o consumo energético é adequado durante o pós-parto. O BE é igual à energia consumida menos a energia exigida para manutenção e produção de leite. Cálculos da energia necessária para manutenção e produção de leite, comparada com a energia consumida, mostram que as vacas após o parto entram em deficiência energética.

Quanto ao tipo de alimento usado na suplementação, não foram encontradas diferenças para crescimento folicular, ovulação e taxa de prenhez, ao serem utilizados o milho grão moído ou a silagem de milho como fonte de energia para vacas de corte submetidas à sincronização de cio (Ponsart *et al.*, 2000). Cunha *et al.* (2003) utilizaram vacas Nelore a pasto, submetidas aos seguintes tratamentos: fêmeas mantidas a pasto; fêmeas mantidas a pasto juntamente com restrição de amamentação dos bezerros e fêmeas mantidas a pasto com restrição da amamentação dos bezerros mais suplementação energética. Estes autores mensuraram os teores séricos de progesterona como forma de avaliação da taxa de prenhez e verificaram que o tratamento com suplementação energética mais desmama foi o que apresentou o maior número de animais com teores de progesterona superiores a 3 ng/mL (86,67%), indicando superioridade para esse grupo.

Enquanto os casos de subnutrição são mais frequentes, os casos de super nutrição são mais danosos. Isso é explicado, já que o consumo excessivo de energia interfere na duração da vida reprodutiva, tanto de machos como de fêmeas. Excesso no consumo de energia resulta em acúmulo de gordura excessiva dentro do fígado e, em alguns casos, nos órgãos reprodutivos. O excesso de tecido adiposo nos ovários pode também levar à esterilidade por uma ação mecânica, causando sua atrofia e inclusive dificultando ou impedindo a captação do óvulo pelas fímbrias do oviduto. Nas fêmeas, esses problemas ocasionam baixa taxa de concepção e distocia, além do aumento nos casos de retenção de placenta. Já, nos machos, o consumo de energia e o peso excessivo agravam os problemas relacionados com casco e perna, além de reduzir a libido. Problemas de supernutrição são mais comuns em animais destinados à produção leiteira e animais preparados para leilões, feiras ou exposições.

O meio de ação pelo qual o BE influencia o desempenho reprodutivo ainda não foi estabelecido. A necessidade de energia pelo ovário é relativamente muito menor à necessidade para manutenção e produção de leite. Consequentemente, o BNE, provavelmente, não afeta diretamente a função ovariana. É mais provável que o BNE influencie o sistema endócrino do animal, o qual regula a função ovariana. Butler *et al.* (1981) estimaram que a ovulação ocorre aproximadamente 10 dias após o ponto mais baixo do BNE (chamado de NADIR). O BNE pode inibir o desenvolvimento, as pulsações de GnRH e o LH requeridos para o restabelecimento do ciclo ovulatório. O efeito direto do BE sobre a secreção de LH foi demonstrado por Imakawa *et al.* (1987). Esses pesquisadores utilizaram novilhas ovariectomizadas submetidas à consumo restrito de alimento. Nesse caso, a concentração plasmática e a frequência de pulso do LH foram reduzidas.

Vários pesquisadores estudaram o desenvolvimento folicular de vacas não lactantes ou no início de lactação submetidas à BNE. As vacas em lactação desenvolveram folículos grandes mais cedo no início do ciclo estral, mas eles não se renovaram tão rápido quanto nas vacas secas (Lucy *et al.*, 1992). Acredita-se que os folículos em vacas leiteiras são mais susceptíveis a se tornarem císticos. Folículos de vacas em lactação produzem menos estradiol, hormônio que estimula o centro pré-ovulatório de LH e que está associado com ovulação e luteinização. Aos 15 dias após o parto, quando o BE já está aumentando, a concentração plasmática de LH e o tamanho dos folículos maiores estão também aumentados. Número maior de folículos é encontrado nos ovários de vacas com maior balanço positivo de energia; enquanto que vacas com menor BE apresentam maior número de folículos pequenos, poucos folículos grandes e, consequentemente, poucos com potencial para ovular. As vacas que estão em severo BNE são as mais propensas a desenvolverem anestro por causa da incapacidade dos folículos pequenos ovularem.

O desenvolvimento folicular durante o período de anestro após o parto foi caracterizado pelo crescimento e regressão de pequenos, médios e até do folículo dominante. Várias pesquisas têm indicado a possível relação entre BE, secreção de LH e desenvolvimento folicular. Na **Figura 5** pode ser observada a relação entre o tamanho do folículo dominante e a porcentagem de ovulação. Pelo gráfico pode-se notar que, se o folículo não atingir um tamanho de 9 mm, ele terá probabilidade menor que 20% de ovular.

Vacas não lactantes Hereford perderam peso e entraram em anestro quando sofreram restrição alimentar, e o anestro foi associado com o decréscimo na frequência de pulsos de LH (Richards *et al.*, 1989). Canfield e Butler (1990) determinaram que a frequência do pulso de LH e o LH basal aumentaram, enquanto que a amplitude do pulso de LH diminuiu, imediatamente antes e após o ponto mais baixo do BNE (NADIR). Os autores concluíram que os dias do "NADIR" ao dia da primeira ovulação estão altamente correlacionados. Dessa maneira, parece que a secreção do LH pulsátil é suprimida até que o "NADIR" seja alcançado, aumentando a frequência de pulsação do LH e estimulando a ovulação.

Pelo uso de ultrassonografia, Lucy *et al.* (1991a) determinaram como o ovário responde a mudanças no BE. As vacas no período negativo de energia apresentam grande número de folículos pequenos e poucos folículos grandes (>10 mm de diâmetro). Quando aumenta o BE, o número de pequenos folículos diminui e aumenta o número de folículos maiores. Um número maior de folículos grandes foi encontrado naquelas vacas que estavam no maior BE. Em outro estudo, Lucy *et al.* (1991b) determinaram que o aumento do BE está positivamente associado com a amplitude do pulso de LH e com o diâmetro dos folículos maiores no ovário. Os autores concluíram que a passagem de folículos menores para maiores está relacionada ao BE, e que a primeira ovulação ocorre mais cedo após o parto naquelas vacas que têm balanço positivo de energia também mais cedo.

Thatcher *et al.* (1992) mostraram que mudança no BE, por um curto período, afetou o crescimento do folículo pré-ovulatório. Um grupo de vacas foi submetido a dieta com baixa, e outro grupo com alta energia, 4 dias durante o período pré-ovulatório. A taxa diária de crescimento e o crescimento total do folículo dominante foram maiores no grupo com alta energia. Isso indica que o crescimento de folículos pré-ovulatórios pode ser alterado por mudanças no BE em um curto período. Além disso, os autores concluíram que os folículos dominantes controlaram o crescimento dos outros folículos no ovário durante o período pré-ovulatório.

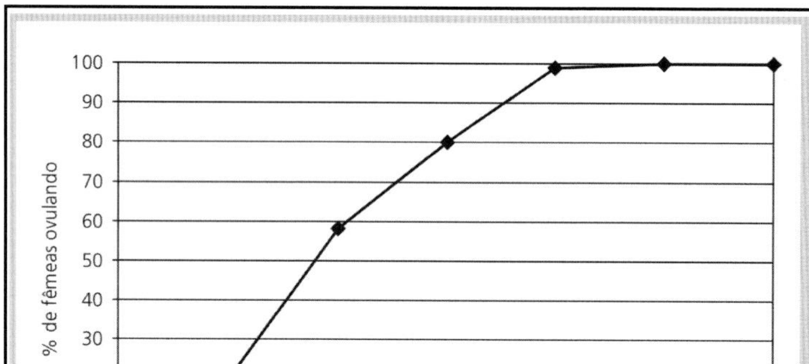

Figura 5. Relação entre tamanho do folículo dominante e probabilidade de ovulação. Fonte: Adaptado de Diskin *et al.* (2003).

A primeira ovulação após o parto está frequentemente associada com a alta frequência de cio silencioso, ou a habilidade diminuída de se detectar cio na primeira ovulação. Fonseca *et al.* (1983) estudaram os fatores que afetam o desempenho reprodutivo no início da lactação em vacas Holandesas e Jersey e concluíram que a primeira ovulação ocorreu em torno de três semanas após o parto, e que esse intervalo foi maior nas vacas que tiveram anormalidades clínicas. Várias pesquisas têm relatado a relação entre BE e os dias até a primeira ovulação. Durante as três semanas de lactação, as vacas em anestro tiveram maior BNE comparado com as vacas que já tinham atividade ovariana aos 49 dias de lactação ou entre 40 a 60 dias após o parto (Staples *et al.*, 1990). A ovulação e o início da primeira fase luteal normal ocorreram aproximadamente 10 dias após o BNE, especialmente durante as 3 semanas após o parto, e o BNE está negativamente correlacionado com o intervalo à primeira ovulação.

Britt (1992b) agrupou vacas com alta e baixa condição corporal entre 1 a 5 semanas após o parto. Os dois grupos não diferiram na secreção do pico de progesterona plasmática, durante os primeiros dois ciclos, mas o grupo de baixa condição corporal produziu menos progesterona durante o terceiro, quarto e quinto ciclos estrais. O autor sugeriu que a função do corpo lúteo (secreção de progesterona) parece estar mais relacionada à condição corporal existente, durante o desenvolvimento inicial do folículo ovulatório, do que às condições próximas ao período de ovulação.

De acordo com Lussier *et al.* (1987), é necessário um período de 2 ciclos estrais para o folículo crescer do tamanho *antrum* (folículo primário) até ao tamanho pré-ovulatório. Segundo Britt (1992b), esse tempo é um pouco maior (60 a 80 dias), compreende desde o folículo primário até o folículo maduro (folículo de Graafian). Esse mesmo autor concluiu que, se os folículos forem expostos a condições adversas tais como severo BNE, durante os seus estágios iniciais de desenvolvimento, podem resultar em má formação de folículos maduros, os quais produzem oócitos de má qualidade, podendo também resultar em baixa concentração de progesterona.

A concentração plasmática de progesterona, durante o ciclo estral que precede a inseminação, está intimamente correlacionada com a ocorrência da concepção. Consequentemente, a fertilidade está relacionada com a concentração de progesterona secretada pelo corpo lúteo. Se a função lútea é afetada pelo BNE, a fertilidade ou a taxa de concepção pode ser influenciada pelo BNE no início da lactação.

Butler e Smith (1989) mostraram que a perda severa da condição corporal após o parto influenciou a taxa de concepção no primeiro serviço. Vacas que apresentaram perda de condição corporal menor que 0,5 ponto, durante as primeiras 5 semanas após o parto, apresentaram taxa de concepção no primeiro serviço de 60% comparada com a taxa de concepção de 53 e 17% para as vacas que perderam 0,5 a 1,0 ou maior que 1,0 ponto de condição corporal, respectivamente. Por outro lado, a condição corporal acima de 4,0 pontos 1 a 2 semanas antes do parto não alterou o desempenho reprodutivo. Entretanto, os dados revelaram tendência de que as vacas gordas tiveram baixa taxa de concepção no primeiro serviço (Butler e Smith, 1989). Fonseca *et al.* (1983) concluíram que existe relação positiva entre o nível de progesterona no sangue 12 dias antes do primeiro serviço e a taxa de concepção no primeiro serviço. Essa taxa de concepção aumentou 12% para cada ng/mL de aumento na progesterona durante a última metade do ciclo estral antes do primeiro serviço. Adicionalmente, a progesterona aumentou 0,3 ng/mL para cada kg de aumento no peso corporal durante os primeiros 28 dias antes do primeiro serviço. Consequentemente, vacas que ganharam peso durante o mês anterior ao primeiro serviço apresentaram teores de progesterona mais altos do que as vacas que perderam peso.

Como regra geral, a suplementação de nutrientes ou não-nutrientes (aditivos, hormônios, etc) na dieta de ruminantes para melhorar o BE durante o início da lactação pode melhorar o desempenho reprodutivo. Por exemplo, o uso de ionóforos, bacteriostáticos que alteram o padrão de fermentação ruminal podem ser utilizados para melhorar o desempenho reprodutivo. Gallardo *et al.* (2005) testaram o efeito da adição de monensina (ionóforo) na reprodução de vacas a pasto. Os autores observaram que a percentagem de prenhez aumentou durante a primeira inseminação com a adição de monensina, fato esse associado à melhora no BE e, consequentemente, no ICC. Os autores sugeriram que a monensina pode ter um papel importante na fertilidade de vacas suplementadas a pasto. No entanto, outros pesquisadores não encontraram nenhum benefício na adição de monensina sobre a reprodução de vacas a pasto (Maas *et al.*, 2002). Diferenças entre estudos podem ser devidas ao nível de produção de leite e manejo nutricional (vacas a pasto suplementadas ou não com concentrado, por exemplo).

Suplementação lipídica

A suplementação com gordura nas dietas

de vacas tem sido uma prática nutricional muito utilizada desde a década de 60. Devido ao seu alto valor energético (9 cal/g), a gordura suplementar pode aumentar a concentração de energia da dieta e o balanço energético dos animais, melhorando, dessa forma, a fertilidade do rebanho. A adição de gordura na dieta pode ser oferecida em várias formas, dentre as quais o uso de sementes oleaginosas, como soja e caroço de algodão. Sais de cálcio (Ca^{++}) de ácidos graxos de cadeia longa (CaLCFA) permitem o aumento da densidade energética da dieta sem deprimir a função microbiana ruminal e podem evitar a hidrogenação ruminal dos ácidos graxos insaturados, principalmente os ácidos linoleicos (18:2) e linolênico (18:3).

Em virtude da alta exigência nutricional de novilhas de corte, tanto durante o terço final da gestação como durante o início da lactação, o uso de suplementação baseada em lipídios pode ser um método bastante adequado para se atingir a demanda de crescimento, lactação e reprodução pós-parto de vacas primíparas. A suplementação pré-parto com sementes de oleaginosa eleva a taxa de concepção subsequente de fêmeas de corte primíparas. Contudo, diferentes respostas no aspecto reprodutivo parecem ocorrer em consequência do tipo de lipídio usado na suplementação, o que acaba alterando o fluxo duodenal de ácidos graxos insaturados e a composição de ácidos graxos no plasma. O aumento do consumo de gordura aumenta a concentração de colesterol plasmático, o qual é precursor de progesterona. Os resultados obtidos por Staples *et al.* (1998) confirma o fato de que a suplementação com gordura melhora a secreção de progesterona (**Tabela 2**).

Tabela 2. Efeito da suplementação com gordura na concentração de progesterona no plasma (ng/mL).

	Dieta	
Item	**Controle**	**Gordura**
Dias de ciclo estral		
1 a 12	4.2^{a}	5.2^{b}
9 a 15	6.6^{a}	7.7^{b}
Semanas de lactação	Maior acúmulo	
8 a 20		
5 a 12	4.5^{a}	6.0^{b}
1 a 7	Maior acúmulo	
2 a 12	4.2^{a}	4.8^{b}

Fonte: Adaptado de Staples *et al.* (1998).

A manipulação da dieta, visando o aumento e eficiência reprodutiva em vacas de corte, tem sido focada com o objetivo de aumentar o balanço energético líquido devido à importância da energia no processo reprodutivo. As fontes de gordura, que contêm densidade energética mais elevada, estimulam o crescimento folicular, quando fornecidas para aumentar o balanço de energia. Lucy *et al.* (1992) descreveram dois mecanismos pelos quais a suplementação com gordura pode ser benéfica para o corpo lúteo:

1) Melhora na função folicular devido à diminuição do BNE, assumindo que a suplementação com gordura aumenta o BE, principalmente após o pico de lactação;

2) O corpo lúteo pode ser ativado diretamente pelo colesterol (precursor de progesterona), que é aumentado no sangue quando se suplementa gordura na dieta.

Novilhas da raça Holandesa apresentaram elevada concentração de progesterona no soro durante o meio e final da fase luteal do ciclo estral, quando foram alimentadas com 15% de sementes de girassol na dieta (Talavera *et al.*, 1985). A progesterona, secretada pelo corpo lúteo, é essencial à manutenção do estágio inicial da prenhez. Portanto, um terceiro mecanismo está relacionado à diminuição da síntese de 17β-estradiol com o consumo de gordura, já que o estradiol está associado com a sensitividade do corpo lúteo em relação à prostagladina (PG). Por último, e o mais provável mecanismo, é a relação entre ácidos graxos poli-insaturados (AGPI) e a síntese de PG (**Figura 6**). De fato, Robinson *et al.* (2002) sugeriram que os AGPI na dieta podem modificar vários parâmetros reprodutivos.

Os ácidos graxos também podem afetar os processos reprodutivos de maneiras não relacionadas à energia. Por exemplo, a maior disponibilidade de precursores dos ácidos graxos permite maior secreção de esteroide e eicosanoide, os quais podem alterar a função uterina e ovariana. Poucas pesquisas nessa área foram feitas com vacas de corte. No entanto, existem algumas hipóteses para explicar os mecanismos pelos quais a gordura da dieta influencia a eficiência reprodutiva de ruminantes de um modo geral.

A gordura suplementar da dieta pode aumentar o número total de folículos e estimular o crescimento e o tamanho do folículo pré-ovulatório. O diâmetro do folículo dominante, as concentrações de IGF-1 no estro e as concentrações de colesterol foram maiores em vacas alimentadas com dieta suplementada com C18:2, mas houve aumento no estradiol durante a fase folicular em vacas alimentadas com dieta suplementada com C18:3 (Robinson *et al.*, 2002). Assim sendo, os ácidos graxos influenciam o desempenho reprodutivo por meio de vários mecanismos. Não apenas têm efeitos diretos e indiretos sobre as funções ovarianas e uterinas, mas têm também efeitos diretos sobre a competência de desenvolvimento dos oócitos.

Durante um ciclo estral, o útero secreta prostaglandina $F_{2\alpha}$ ($PGF_{2\alpha}$) entre os dias 15 a 17 do clico. A secreção uterina de $PGF_{2\alpha}$ causa a regressão do corpo lúteo e a vaca então retorna a ciclar. Existe uma correlação negativa entre progesterona e $PGF_{2\alpha}$. Além disso, o aumento na concentração de progesterona no plasma está positivamente correlacionado com melhora na reprodução. Qualquer efeito da dieta sobre a produção de $PGF_{2\alpha}$ após o parto pode influenciar a fertilidade das fêmeas. Existem duas vias metabólicas principais pelas quais ocorre a síntese de PG: a via iniciada pelo ácido 18:2 (família ω-6), produzindo PG das séries 1 e 2, e a via iniciada pelo ácido 18:3 (família ω-3), produzindo PG da série 3 (**Figura 6**). A PG da série 2 é a mais importante na hora do parto. Dependendo do perfil de ácidos graxos da dieta, a proporção das séries de PG pode ser alterada. Como os efeitos metabólicos entre as séries de PG variam em intensidade e mecanismo de ação, a alteração da sua proporção pode alterar a quantidade de $PGF_{2\alpha}$ e, portanto, a eficiência reprodutiva dos animais.

Portanto, a $PGF_{2\alpha}$ secretada pelo útero é considerada um importante modulador na iniciação do ciclo estral após a parição. Pode-se obter melhora no desempenho reprodutivo de vacas logo após o parto com o fornecimento de precursores de PG, uma vez que as vacas retornam a ciclar mais cedo. No entanto, mais de 60% do 18:2 da dieta é hidrogenado pelas bactérias do rúmen. A infusão na veia jugular de um composto de soja que contém aproximadamente 50% de 18:2 aumentou o teor de PG no plasma, o número e o diâmetro dos folículos (Lucy *et al.*, 1990). Em contraste, o suplemento com CaLCFA não influenciou a concentração de PG ou LH, mas alterou o número de folículos médios (Lucy *et al.*, 1991b). Os autores sugeriram que isso pode ser ocasionado pela baixa concentração de 18:2 (9,5%; precursor do ácido araquidônico) na mistura de CaLCFA. Dados contrários aos publicados por Lucy *et al.* (1990) podem ser observados em experimentos *in vitro* (Cheng *et al.*, 2001). Portanto, a metodologia utilizada no estudo da influência do ácido 18:2 na síntese de PG deve ser sempre levada em consideração.

Por outro lado, em torno de 50% dos embriões morrem durante o início da gestação. Se um embrião estiver se instalado no útero, a secreção $PGF_{2\alpha}$ não ocorrerá na vaca prenhe, mecanismo esse conhecido como reconhecimento maternal da prenhez. Com o reconhecimento do embrião pelo útero, a $PGF_{2\alpha}$ não é secretada, e o corpo lúteo continua a produzir progesterona, mantendo vivo o embrião. O reconhecimento maternal da prenhez se dá pela comunicação do embrião com o útero. Qualquer falha de co-

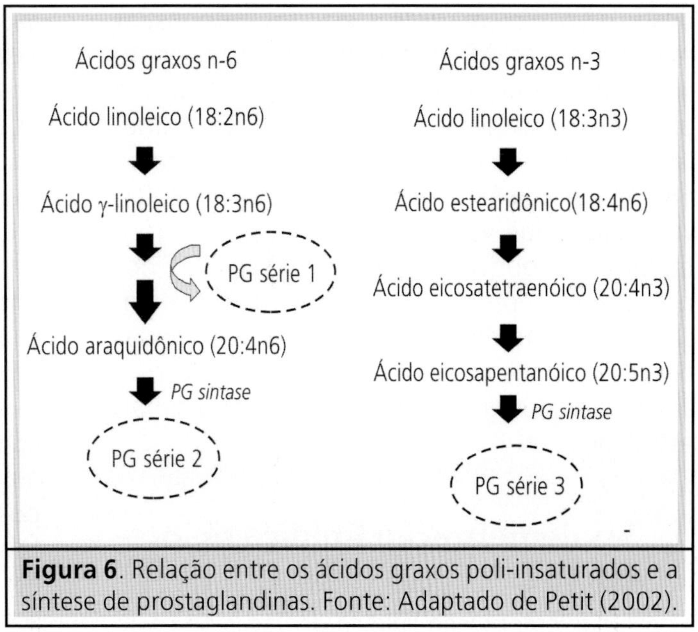

Figura 6. Relação entre os ácidos graxos poli-insaturados e a síntese de prostaglandinas. Fonte: Adaptado de Petit (2002).

municação no período inicial da gestação poderá ser fatal ao embrião. Após a implantação embrionária, ocorre a secreção de uma proteína chamada interferon-τ (bIFN-τ). Essa proteína inibe a secreção uterina de $PGF_{2\alpha}$, sendo fundamental para a sobrevivência embrionária. Embora a $PGF_{2\alpha}$ seja necessária para a vaca recomeçar a ciclar logo após o parto, práticas nutricionais que possam melhorar a capacidade de reconhecimento da prenhez pelas fêmeas (diminuição da secreção de $PGF_{2\alpha}$ após a implantação do embrião) poderão proporcionar aumento na sua eficiência reprodutiva do rebanho.

O aumento na concentração de AGPI pode influenciar a capacidade do útero de sintetizar $PGF_{2\alpha}$. A suplementação de gordura na dieta com altas proporções de 18:2, 18:3, ácido Eicosapentaenóico (EPA) e ácido docosahexanóico (DHA), depois dos 30 dias pós-parto, está propensa a melhorar os índices reprodutivos de vacas leiteiras. Pesquisas feitas com culturas de células e vacas leiteiras confinadas têm mostrado que os AGPI na dieta ou no meio de cultura causam diminuição da produção de $PGF_{2\alpha}$ pelas células uterinas. Essa observação está relacionada com a síntese de eicosanoides, os quais são provenientes dos AGPI encontrados na dieta e que não foram hidrogenados dentro do rúmen. Cheng *et al.* (2001) observaram maior efeito do ácido 18:2 na diminuição da síntese de PG *in vitro* comparado com 18:3, dados contrários aos observados por Lucy *et al.* (1990) em estudos *in vivo*. Porém, outros estudos demonstraram que os ácidos graxos ω-3 exercem efeito inibitório na síntese das PG da série 2. Robinson *et al.* (2002) observaram melhora nos parâmetros reprodutivos com a suplementação tanto de 18:2 quanto de 18:3. Contudo, Petit *et al.* (2001) verificaram que vacas suplementadas com fontes de 18:3 obtiveram melhores respostas nos parâmetros reprodutivos comparados com vacas suplementadas com fontes de 18:2. Essas diferenças podem ser devidas à proporção desses dois ácidos graxos nos tecidos dos animais estudados.

Suplementação lipídica no pré-parto

A suplementação lipídica de vacas de corte no final da gestação tem sido utilizada como método para aliviar os efeitos negativos da inadequada nutrição no pré-parto sobre a reprodução no pós-parto. Os dados apresentados na **Tabela 3** demonstram os efeitos da suplementação lipídica de vacas de corte no pré-parto.

Conforme pode ser observado na **Tabela 3**, a porcentagem de vacas detectadas em cio e a taxa de concepção no primeiro serviço não foram influenciadas com a suplementação de gordura nos dois meses finais da gestação. Somente em um experimento a taxa de prenhez foi maior nas vacas suplementadas. Hess *et al.* (2005) copilaram os dados de todos os experimentos citados nesta tabela, totalizando 140 vacas sem suplementação com gordura (controle) e 274 vacas que foram suplementadas. Os resultados mostram que houve melhora na taxa de prenhez (82,9% x 91,6%) quando as vacas foram suplementadas com fontes de gordura nos dois meses finais da gestação.

Outros pesquisadores também verificaram resultados semelhantes. Graham *et al.* (2001) reportaram que suplementando vacas de corte com soja grão inteiro 30 ou 45 dias pré-parto, aumentou a taxa de concepção no primeiro serviço (62,8 x 85,7% e 62,5 x 75%, respectivamente). Sumarizando dois estudos nos quais as vacas primíparas foram suplementadas com sementes de açaflor (ou falso-açafrão, *safflower*), que possue alto teor de ácido linoleico, Bellows (1999) relatou que a taxa de prenhez aumentou de 56% (89 vacas controle) para 70% (179 vacas suplementadas com a fonte de gordura). Resultados semelhantes também foram relatados por Lammoglia *et al.* (1997), que utilizaram as mesmas fontes de gordura para suplementar vacas primíparas. Dessa maneira, pode-se concluir que ocorre pelo menos 10,5% de aumento na taxa de prenhez quando se utilizam fontes de gordura nos dois últimos meses da gestação. Small *et al.* (2004) relataram que a suplementação lipídica para vacas no pré-parto em adequada condição corporal (5,1) no parto e que exibiram aumento (0,31) no escore de condição nos primeiros 60 dias de lactação, não aumentou o número de vacas que exibiram cio pós-parto, assim como a taxa de prenhez. Desta forma, a suplementação com fontes de gordura no pré-parto é uma prática de manejo que pode ser eficiente para melhorar a taxa de prenhez.

Tabela 3. Efeito da suplementação com fontes de gordura para vacas de corte durante a gestação sobre o ciclo reprodutivo subsequente.

Referência	Período de alimentação	Dieta base	Fontes suplementares de gordura	Resposta[a] Intervalo Pós-parto	Cio detectado	Concepção no 1° serviço	Taxa de prenhez
Bellows *et al.* (2001)	Exp. 1	Silagem de milho	Sorgo/farelo de soja	NI	68%	NI	79%
	65 dias	+ feno de gramínea	Semente de *safflower*		85%		97%↑
	pré-parto		(alto ác. linoléico)		76%		93%↑
			Grão de soja		76%		92%↑
			Semente de Girassol				
	Exp. 2	Silagem de milho	Sorgo/ farelo de soja	NI	66%	NI	90%
	68 dias	+ feno de alfafa	Semente de Girassol		55%		
	pré-parto						80%
Alexander *et al.* (2002)	Exp. 1	Feno de	Milho/farelo de soja	NS	83%		
	62 dias	*bromegrass*	Semente de Girassol/	66 dias	50%	55%	73%
	pré-parto		grão de soja		60%		
			Fonte de ácidos graxo livres				
	Exp. 2	Feno de	Milho/farelo de soja			38%	100%
	59 dias	*bromegrass*	Semente de Girassol/	NI	NI	71%	100%
	pré-parto		Grão de soja			60%	88%
			Fonte de ácidos graxo livres		NI	67%	91%
						71%	92%

[a]Variáveis respostas que apresentam o símbolo ↑ ao lado são maiores do que valores observados para outro(s) tratamento(s) dentro de cada estudo; NI = não informado; NS = não significativo.

Entretanto, a magnitude dessa resposta vai depender da quantidade e da fonte de gordura utilizada, além do estado nutricional dos animais, da qualidade e quantidade de matéria seca ingerida durante o período de suplementação, assim como da nutrição pós-parto.

Suplementação lipídica no pós-parto

Na **Tabela 4** são apresentados resultados de alguns estudos sobre o uso da suplementação lipídica para vacas de corte no pós-parto sobre a dinâmica folicular ovariana, função luteal e desempenho reprodutivo. Conforme pode ser observado, a atividade luteal aumentou em 3 dos 6 experimentos que avaliaram essa variável, em somente 1 dos 13 experimentos mencionados diminuiu a duração do anestro pós-parto quando as vacas foram suplementadas com gordura. Além disso, embora Williams (1989) tenha reportado que a suplementação com gordura aumentou o número de vacas que exibiram cio, cinco estudos não demonstraram esse efeito, e, em apenas 1 houve efeito negativo (Webb *et al.*, 2001).

Sumarizando os dados da **Tabela 4**, Hess *et al.* (2005) concluíram que a suplementação com gordura para vacas de corte pós-parto não diminuiu consistentemente o período de anestro pós-parto. A taxa de concepção ao primeiro serviço não foi influenciada pela suplementação. Nenhum dos estudos demonstraram efeito prejudicial na taxa de prenhez, e somente 1 demonstrou efeito positivo. A inconsistência ou falta de efeito nos resultados podem ser atribuídos ao número de animais utilizados em cada tratamento, que pode ter sido insuficiente para se obter resultado significativo, principalmente em se tratando de taxa de prenhez. Assim sendo, Hess *et al.* (2005) sumarizaram os trabalhos apresentados na **Tabela 4** e obtiveram 324 observações individuais, das quais 170 vacas foram suplementadas com gordura por 4 a 90 dias pós-parto. A taxa de prenhez não foi afetada pela suplementação e foi 82,9% para as vacas suplementadas e 83,8% para as que não foram suplementadas. Esses resultados são consistentes com a revisão de Funston (2004), que demonstrou que a resposta da suplementação com gordura para vacas de corte pós-parto é inconsistente. É importante ressaltar que a suplementação com gordura após o parto para vacas de corte não teve efeito prejudicial na reprodução. Esses dados foram obtidos em condições experimentais, nas quais as vacas foram alimentadas adequadamente; talvez em condições de campo, esses resultados pudessem ser favoráveis, uma vez que a nutrição nem sempre está adequada para atender às exigências nutricionais dos animais.

Proteína e reprodução

Em consequência do aumento na produção de vacas leiteiras nos últimos anos e, consequentemente, aumento nas exigências de energia e proteína pelos animais, dietas mais densas em nutrientes se fazem necessárias, acarretando aumento na concentração de proteína na dieta. No entanto, o excesso de proteína, além de aumentar o custo da ração, pode acarretar problemas na reprodução. Porém, nas condições brasileiras, principalmente com gado de corte, essa situação raramente ocorre. Mesmo assim, recomenda-se que seja garantido o adequado consumo desse nutriente.

Várias pesquisas têm sumarizado os efeitos do excesso de proteína bruta na dieta sobre o desempenho reprodutivo, principalmente com vacas leiteiras, uma vez que, em gado de corte mantidos em pastagens, esse excesso dificilmente ocorre. As fontes de nitrogênio que chegam ao rúmen compreendem o nitrogênio proteico (proteína verdadeira) e o nitrogênio não-proteico (NNP). O NNP é altamente degradável e usualmente é convertido em amônia. As fontes de proteína verdadeira podem escapar da degradação ruminal ou serem degradadas a peptídeos, aminoácidos e/ou amônia. Uma parte dessa amônia é convertida em proteína microbiana, dependendo de uma variedade de fatores, como o pH do rúmen, taxa de carboidratos fermentescíveis e taxa de diluição do fluido ruminal. A amônia, quando não é convertida em proteína microbiana, é absorvida pela parede ruminal e convertida, com custo energético, a ureia pelo fígado.

A amônia também é formada durante a gli-

Tabela 4. Dinâmica folicular, função luteal aparente e desempenho reprodutivo de vacas de corte consumindo rações com fontes suplementares de gordura durante o período pós-parto.

Referência	Período de alimentação	Fontes suplementares de gordura	Resposta[a]					
			Folículos ovarianos	Atividade luteal e Intervalo pós-parto	Hormônios reprodutivos	Cio normal	Concepção no 1º serviço	Taxa de prenhez
Williams (1989)	~ 48 dias	Milho inteiro Caroço de algodão inteiro	NI	38% 81%↑	$\uparrow P_4$	36%↑	NI	NI
Hightshoe *et al.* (1991)	~ 45 dias	Grão de sorgo Sabões de cálcio	0,25 a 10-15 mm 0,92 a 10-15 mm↑	NS	$\uparrow$LH e $P_4 \downarrow E_2$	33% 67%	NI	NI
Wehrman *et al*. (1991)	30 dias	Milho + milheto Caroço de algodão inteiro	NI	44% 62%↑	NI	NR	NI	NI
Carr *et al*. (1994)	Exp. 1 100 dias	Milho Caroço de algodão inteiro (4,3% EE) Caroço de algodão inteiro (5,3% EE) Caroço de algodão inteiro (6,3% EE)	NI	100% e 61 d 100% e 63 d 92% e 56 d 100% e 57 d	$= P_4$	67% 67% 67% 75%	NI	NI
Carr *et al*. (1994)	Exp. 2 100 dias	Farelo de algodão Caroço de algodão inteiro (5,3% EE) Caroço de algodão inteiro (8,3% EE)	NI	86% e 54 d 77% e 56 d 86% e 54 d	$= P_4$	82% 82% 64%	NI	NI
Ryan *et al*. (1995)	28 dias	Grão de sorgo Caroço de algodão inteiro	NI	53% 80%↑	NI	NR	NI	NI
De Fries *et al*. (1998)	45 dias	Milho + farelo de soja Gérmen de arroz	58% w/L 80% w/L, ↑M e L	NS	$= P_4$	NI	NI	71% 91%↑
Tjardes *et al*. (1998)	79 dias	Milho Óleo de fritura	NI	NI	NI	NI	NI	91% 75%
Filley *et al*. (1999)	7-11 dias	1 L de saline i.v. 1 L 20% óleo de soja i.v 1 L 50% dextrose i.v. 0,5 L 20% óleo de soja	NI	133 d 130 d 126 d 120 d	$\uparrow PGF_{2\alpha}$ d-7 e 11	NS	NS	100% 75% 80% 100%
Filley *et al*. (2000)	30 dias	Cevada Sabões de cálcio	NI	115 d 111 d	↑PGFM d-7 e 9	NS		68% 72%
Webb *et al*. (2001)	~ 48 d	Milho + farelo de soja Farelo de arroz Milho + lasalocida Farelo de arroz + lasalocida	2,5M↑ 1,88M= 1,41M↓ 1,38M↓	54 d 44 d↓ 42 d↓ 52 d	NS para P_4 e PGMF	82%↓ 65%= 65%= 38%↓	71% 60% 50% 73%	76% 75% 81% 67%
Bottger *et al*. (2002)	90 dias	Milho + farelo de soja Semente de cártamo (alto ác. linoléico) Semente de cártamo (alto ác. oléico)	NI	NS	NI	NI	NS	100% 92% 100%
Lloyd *et al*. (2002)	54 d	Milho + minerais orgânicos Milho + minerais quelatados Sais de Ca + minerais orgânicos Sais de Ca + minerais quelatados	NI	NI	NI	NI	76% 86% 71% 85%	94% 88% 92% 90%

[a]Variáveis respostas que apresentam o símbolo ↑ ou ↓ ao lado são maiores ou menores do que valores observados para outro tratamento(s) dentro de cada estudo; NI = não informado; NS = não significativo; P_4 = progesterona; E_2 = estradiol; PGFM = prostaglandina $F_{2\alpha}$; folículos ovarianos foram classificados como pequeno (S), médio (M) e grande (L).

coneogênese a partir da deaminação de aminoácidos e pode também contribuir para aumentar o teor de ureia no sangue. A concentração de amônia no sangue também está associada ao perfil de aminoácidos da proteína da dieta. Uma dieta que contém baixa proporção de aminoácidos essenciais pode acarretar em aumento na síntese de ureia. O balanço de aminoácidos da proteína na dieta também afeta o desenvolvimento da puberdade. Embora o mecanismo não seja conhecido, acredita-se que haja deficiência nos aminoácidos necessários à síntese de hormônios proteicos.

A concentração de amônia no sangue pode aumentar, se a capacidade do fígado em metabolizá-la estiver excedida. Acredita-se que teores altos de amônia e/ou ureia no sangue podem reduzir a eficiência reprodutiva em vacas leiteiras. Vacas multíparas talvez tenham maior dificuldade em detoxificar o excesso de amônia no sangue, quando comparadas às primíparas. A concentração de nitrogênio no leite em forma de ureia está positivamente correlacionada com a concentração de ureia sanguínea, e ambas são muitas vezes utilizadas como indicadores de deficiência no manejo da proteína dietética. O aumento na concentração de ureia no leite está associado com diminuição na taxa de prenhez.

A maioria dos pesquisadores tem avaliado as concentrações de nitrogênio ureico no sangue, plasma, ou soro. Ferguson (1991), utilizou 8 rebanhos que foram alimentados com dietas variando no teor de proteína e de proteína degradável, e concluiu que a taxa de concepção está relacionada com o teor de ureia no soro. O autor sugeriu que a fertilidade pode ser afetada se uma significante proporção das vacas do rebanho tiverem valores de ureia no soro acima de 20 mg/dL.

A degradabilidade da proteína bruta é tão importante quanto a quantidade total de proteína a ser fornecida, mas poucos estudos levaram em consideração a degradabilidade da proteína nas dietas. Alterando a proteína bruta da dieta, a proteína não degradável no rúmen ou ambas, pode-se influenciar a produção de leite, o consumo de MS ou ambos. Uma vez que o BE tem um importante impacto sobre a reprodução, os trabalhos que avaliam o efeito da proteína na reprodução devem também relatar os dados do BE para que se possam analisar os efeitos da energia e proteína sobre o desempenho reprodutivo.

A maioria dos estudos relacionados ao efeito da nutrição sobre a reprodução tem examinado o efeito da concentração da proteína dietética sobre o desempenho reprodutivo. Van Saun *et al.* (1993) examinaram os efeitos de se aumentar o consumo de proteína degradável durante as 3 semanas finais do período seco sobre o desempenho reprodutivo de vacas primíparas. A adição de proteína não degradável para aumentar a proteína bruta dietética total de 12,3% para 15,3% diminuiu o número de serviços por concepção de 2,1 para 1,2 ($P < 0,10$) e reduziu o período de serviço de 125 para 113 dias, embora essa diferença não seja significativa. Mudanças na condição corporal após a parição foram semelhantes entre os grupos. Esse fato sugere que os efeitos sobre a reprodução foram independentes do BE e devido às diferenças no consumo de proteína não degradável no rúmen.

Esses dados reforçam a teoria de Britt (1992a), segundo a qual a nutrição próxima à parição tem um importante efeito sobre o desenvolvimento do folículo que é mantido até a ovulação e sobre o desenvolvimento do corpo lúteo. Santos *et al.* (2001) avaliaram o efeito da concentração de proteína na dieta de vacas primíparas e multíparas durante o período de transição. Os tratamentos consistiram de duas dietas contendo 12,7 ou 14,7% de PB e 36 ou 40% de proteína não degradável no rúmen, respectivamente. Os parâmetros reprodutivos não foram influenciados pelas concentrações de proteína na dieta de vacas durante o período de transição. No entanto, os autores concluíram que a exigência de proteína é diferente entre as vacas primíparas e multíparas, em virtude do aumento na produção de leite das primíparas que recebem a dieta contendo maior concentração de proteína.

McCormick *et al.* (1999) estudaram o efeito da proteína não degradável no rúmen sobre o desempenho reprodutivo de vacas suplementadas a pasto. Os autores observaram que as vacas que consumiram excesso de proteína tiveram, em média, período de infertilidade em torno de 15 dias a mais quando comparadas com o grupo controle. No entanto, nenhuma diferença foi observada na taxa de concepção e período de infertilidade, quando somente a percentagem de proteína não degradável no rúmen na dieta foi aumentada.

A concentração de nitrogênio no fluido do trato genital pode estar relacionada com a concentração de nitrogênio no sangue. Consequentemente, concentrações excessivas de amônia ou ureia podem ser tóxicas para o óvulo, o espermatozoide, ou o embrião. Existe pouca informação disponível para suportar ou combater essa hipótese. O nitrogênio ureico vaginal foi 8,2 *versus* 20,9 mg/dL em vacas alimentadas com 13 ou 20% de proteína bruta (Carroll *et al.*, 1988). Entretanto, nenhuma diferença foi observada no nitrogênio ureico vaginal entre as vacas que emprenharam ou não. O fluido uterino de vacas alimentadas com 12 ou 23% de proteína bruta foi incubado com espermatozoide de bovino, óvulo, espermatozoide e embriões de camundongo, mas nenhum efeito foi observado na motilidade dos espermatozoides, fertilização dos óvulos ou desenvolvimento dos embriões (Swanson, 1989). Outras condições, tais como pH e conteúdo de minerais no ambiente uterino, podem ser influenciadas pelo teor de proteína e, subsequentemente, afetar a viabilidade dos embriões (Staples *et al.*, 1993).

A amônia, como um indutor da supressão do sistema imunológico, tem sido indicada como mecanismo em potencial para diminuir o desempenho reprodutivo quando as vacas são submetidas a teores altos de proteína bruta na dieta. Carrol *et al.* (1988) observaram que as vacas de primeira lactação que foram alimentadas com dieta contendo 20% de proteína bruta tiveram maior intervalo de dias para a primeira ovulação, comparadas com vacas nas mesmas condições alimentadas com 13% de proteína bruta.

Os efeitos da proteína na dieta sobre a reprodução não são consistentes. Entretanto, pode-se argumentar que existe redução na taxa de concepção com dietas excessivas em proteína bruta e/ou proteína degradável.

Vitaminas e minerais na reprodução

Os teores, tanto de vitaminas como de minerais, geralmente são questionados, quando o desempenho reprodutivo de um rebanho está comprometido. Embora as deficiências de vitaminas e minerais possam predispor os animais a problemas reprodutivos, poucas informações estão disponíveis a respeito das necessidades de nutrientes para um ótimo desempenho reprodutivo. A maioria dos dados é relativamente antiga. Pesquisas nessa área são difíceis, porque são caras, demandam muito tempo e as interações entre nutrientes são tão numerosas que dificultam as interpretações e extrapolações dos dados. Além disso, a fonte de minerais utilizada talvez influencie no desempenho dos animais. Fontes orgânicas são mais recomendadas devido à sua maior biodisponibilidade (relacionado com disponibilidade de absorção do mineral pelo animal). No entanto, vacas suplementadas com fontes orgânicas e inorgânicas de microminerais, por dois anos, apresentaram maior taxa de prenhez, comparadas com aquelas sem suplementação (Ahola *et al.*, 2004). Os autores concluíram que fontes orgânicas e inorgânicas não influenciaram nos resultados. Manspeaker *et al.* (1987) observaram que a suplementação de Cu, Zn e Mn aumentou a eficiência reprodutiva de vacas. Em decorrência da grande variabilidade na concentração e nas fontes de microminerais adicionados nos trabalhos de pesquisa, fica difícil sumarizar os dados.

A deficiência de vitamina A pode levar a baixas taxas de concepção, redução na duração da gestação e aumento na incidência de retenção de placenta. Experimentos conduzidos na Alemanha, na década de 70, indicaram a importância do β-caroteno na reprodução, uma vez que este é precursor para a síntese de vitamina A (Lotthammer, 1979). Esses experimentos foram iniciados, principalmente, porque se observou que o corpo lúteo contém altas concentrações de β-caroteno, e a concentração sanguínea de β-caroteno tem sido positivamente associada com fertilidade. Os benefícios do β-caroteno na reprodução incluem o aumento na intensidade do cio e taxa de concepção, diminuição do número de serviços por concepção, mortalidade embrionária, período de serviço e incidência de ovários císticos (Hurley e Doane, 1989). Os resultados das pesquisas realizadas na Alemanha foram promissores. Entretanto, a grande maioria dos trabalhos realizados nos EUA não demonstrou efeitos benéficos da suplementação com β-caroteno, encontrando-se, inclusive, efeito adverso do β-caroteno na reprodução.

O mecanismo de ação do β-caroteno na reprodução ainda não foi determinado. Hurley e Doane (1989) sugeriram que o β-caroteno pode agir como uma forma de vitamina local estocada no corpo lúteo. O caroteno pode estimular as células luteais a produzirem progesterona por meio do aumento da utilização do colesterol sanguíneo. É possível que o β-caroteno não tenha função no ovário. O tecido luteal é o mais ativo na esteroidogênese e é dependente do consumo de colesterol para a taxa máxima de síntese de progesterona. Mediante o fato de que a conversão de β-caroteno em vitamina A pelo intestino é baixa, as lipoproteínas bovinas são ricas em β-caroteno. Consequentemente, a alta concentração de β-caroteno no corpo lúteo é devida à sua alta taxa de consumo de lipoproteína. O β-caroteno é um aditivo relativamente caro, e não possui dados suficientes para sugerir que a reprodução seja melhorada significativamente para compensar o custo de suplementação. Entretanto, quando as vacas leiteiras são alimentadas com dietas que contém principalmente silagem de milho como volumoso, a incidência de cistos no ovário aumenta. Nesse caso, a suplementação pode compensar o custo. Em gado de corte, considerando-se que a estação de monta ocorre no período de maior disponibilidade e melhor qualidade da forragem, a suplementação de vitamina A e/ou β-caroteno torna-se desnecessária para o aumento da taxa de prenhez.

A vitamina E e o selênio têm funções antioxidantes. As membranas celulares ricas em ácidos graxos poli-insaturados (AGPI) são susceptíveis à peroxidação se não forem prevenidas pela presença desses antioxidantes. O conteúdo de vitamina E nos alimentos frescos é alto, principalmente nas forragens, mas ela se degrada rapidamente quando esses alimentos são estocados. Harrison e Hancock (1999) questionaram se injeções de selênio e vitamina E são necessárias quando o consumo de MS propicia adequada concentração desses componentes no sangue. Consequentemente, a suplementação pode ser necessária quando as vacas leiteiras recebem alimentos estocados. Já a deficiência de selênio ocorre em regiões geográficas em que as concentrações desse mineral são baixas. Embora a vitamina E e selênio tenham sido especulados como efetivos em uma variedade de funções reprodutivas, muitos desses resultados são inconclusivos. A maioria dos trabalhos tem examinado o papel desses nutrientes na prevenção de retenção de placenta. A prevenção de retenção de placenta é importante, porque metrites, involução uterina retardada, redução na taxa de concepção e aumento do intervalo entre partos podem resultar de vacas que tiveram retenção de placenta.

Considerações finais

Pode-se concluir que o estado nutricional da vaca é um fator que influencia decisivamente o desempenho reprodutivo. Porém, os danos causados pela má nutrição são muito mais graves, quando comparados aos efeitos causados pelo consumo excessivo de certos nutrientes.

No Brasil, essa questão tende a ser agravada em virtude do manejo inadequado das pastagens brasileiras e, principalmente, pela escassez de alimento durante a estação seca do ano. O consumo excessivo ou deficiente de energia, proteína, vitaminas, macro e microminerais tem sido relacionado com o desempenho reprodutivo deficiente. Entretanto, as respostas na reprodução a um inadequado consumo de nutrientes são raramente consistentes. Essa observação pode ser o resultado de interações entre nutrientes. Por exemplo, a absorção de um mineral em questão pode ser influenciada pelo teor de outros minerais na dieta basal, ou a quantidade de proteína que alcança o intestino delgado para ser absorvida pode estar sendo influenciada não somente pela quantidade de proteína bruta total e de proteína não degradável na dieta, mas também pela quantidade de carboidratos fermentescíveis na dieta.

O exato mecanismo pelo qual os efeitos mediadores da nutrição atuam sobre a reprodução permanece um enigma, porque os controles nutricionais sobre a reprodução das vacas de corte não são mediados por um simples nutriente, metabólito ou hormônio. A complexidade dos fatores deve ser considerada para entender a complexa coordenação da interface nutrição x reprodução. Nutricionistas devem oferecer alimentação balanceada para as vacas de corte no final da gestação e início da lactação, para prevenir um desempenho reprodutivo deficiente. As decisões para incluir específicos nutrientes por meio da suplementação devem ser baseadas no custo/benefício para não sobrecarregar financeiramente a atividade e, consequentemente, manter o sistema de produção de bovinos de corte sustentável.

Embora seja difícil determinar se determinado nutriente limita a reprodução por mecanismos comuns ou específicos, quantidades de nutrientes são necessárias para uma ótima eficiência reprodutiva. Segundo Hess *et al.*, (2005), as pesquisas têm mostrado que:

1) A nutrição pré-parto é mais importante do que a pós-parto em determinar o período de anestro pós-parto;

2) Energia dietética inadequada durante o final da gestação prejudica a reprodução, mesmo quando essa energia é suficiente durante a lactação;

3) O escore de condição corporal igual ou maior que 5 permite reserva corporal adequada para a reprodução pós-parto;

4) A reprodução de vacas de corte em lactação ficará prejudicada quanto maior for o balanço negativo de energia.

As vacas com condição corporal menor do que 5 na parição, certamente sofreram restrição nutricional no final da gestação. A condição corporal ao parto está altamente correlacionada com o período de anestro pós-parto. O plano de nutrição pré-parto pode afetar o desenvolvimento dos folículos e das ondas foliculares que ocorrerão na estação reprodutiva seguinte ao parto. É possível que o plano de nutrição pré-parto também afete a qualidade do oócito, tamanho e capacidade esteroidogênica do corpo lúteo.

Do ponto de visto prático, a condição corporal no início da estação reprodutiva é menos importante como uma ferramenta de manejo do que a condição corporal na parição, porque é muito mais difícil melhorar a condição corporal das vacas no período pós-parto do que no pré-parto. Considerando-se que a matriz precisa ficar prenhe novamente dentro de no máximo 80 dias para obtenção de um intervalo entre partos de 365 dias, aumentar a condição corporal nesse período, geralmente, requer mais tempo para que a vaca seja capaz de entrar em cio e conceber.

O delineamento experimental também pode ser uma das causas das inconsistências observadas nos resultados experimentais que envolvem nutrição e reprodução. Por exemplo, 150 animais por tratamento podem ser necessários para se obter uma diferença significativa de 5% na taxa de concepção. Ao revisar a literatura sobre interações da nutrição e reprodução, poucos trabalhos são encontrados com mais de 150 vacas. Consequentemente, pode-se cometer erros ao tirar conclusões de apenas um trabalho.

Na maioria das situações, os nutricionistas devem considerar resultados de um grande número de trabalhos para se concluir a respeito da influência da nutrição sobre a eficiência reprodutiva.

Referências bibliográficas

Ahola, J.K.; Baker, D.S.; Burns, P.D.; Mortimer, R.G.; Enns, R.M.; Whittier, J.C.; Geary, T.W.; Engle, T.E. Effect of copper, zinc, and manganese supplementation and source on reproduction, mineral status, and performance in grazing beef cattle over a two-year period. **J. An. Sci.**, v.82, p.2375, 2004.

Amsterdam, A.; May, J.V.; Schomberg, D.W. Synergistic effect of insulin and follicle stimulating hormone on biochemical and morphological differentiation of porcine granulosa cells *in vitro*. **Biol. Reprod.**, v.39, p.379, 1988.

Bearden, H.J.; Fuquay, J.W. **Applied Animal Reproduction**. 5th ed., 2000.

Bellows, R.A. Some effects of feeding supplemental fat to beef cattle. Proc. Range Beef Cows Symp. XVI, Greeley, CO.1999.

Boisclair, Y.R.; Rhoads, R.P.; Ueki, I.; Wang, J.; Ooi, J.G.T. Regulation of the acid-labile subunit of the 150-kDa IGF-binding protein complex and its role in the circulating IGF system. **J. An. Sci.**, v.79(E. Suppl.), p.E.41, 2001.

Britt, I.H. Reproductive efficiency in dairy cattle as related to nutrition and environment. **Proc. Adv. Nutr. Sem. for Feed Prof**, Wisconsin, Madison.pp.30. 1992a.

Britt, J.H. Impacts of early postpartum metabolism on folicular development and fertility. **The Bovine Practitioner**, v.24p.39, 1992b.

Britt, J.H. Follicular development and fertility: potential impacts of negative energy balance. **Proc. National Reproduction Symposium**, Pittsburgh, PA.103. 1994.

Buckley, F.; O'Sullivan, K.;Mee, J.F.; Evans, R.D.; Dillon, P. Relationships among milk yield, body condition, cow weight, and reproduction in spring-calved Holstein-Friesians. **J. Dairy Sci**., v.86, p.2308, 2003.

Butler, W.R.; Everett, R.W.; Coppock, C.E. The relationships between energy balance, milk production and ovulation in postpartum Holstein cows. **J. An. Sci.**, v.53, p.742, 1981.

Butler, W.R.; Smith, R.D. Interrelationships between energy balance and postpartum reproductive function in dairy cattle. **J Dairy Sci**., v.72, p.767, 1989.

Canfield, R.W; Butler, W.R. Energy balance and pulsatile LH secretion in early postpartum dairy cattle. **Domest. Anim. Endocrinol.**, v.7, p.323, 1990.

Carroll, D.J.; Barton, B.A.; Anderson, G.W.; Smith, R.D. Influence of protein intake and feeding strategy on reproductive performance of dairy cows. **J Dairy Sci**., v.71, p.3470, 1988.

Chase Jr., C.C.; Kirby, C.J.; Hammond, A.C.; Olson, T.A.; Lucy, M.C. Patterns of ovarian growth and development in cattle with a growth hormone receptor deficiency. **J. An. Sci.**, v.76, p.212, 1998.

Cheng, Z.; Robinson, R.S.; Pushpakumara, P.G.; Mansbridge, R.J.; Wathes, D.C. Effect of dietary polyunsaturated fatty acids on uterine prostaglandin synthesis in the cow. **J. Endocrinol.**, v.171, p.463, 2001.

Cunha, A.P.; Weis, R.R.; Segui, M.S. Restrição da amamentação, suplementação energética e níveis de progesterona plasmática em fêmeas bovinas pluríparas. **Revista Brasileira de Reprodução Animal**, v.27, p.414, 2003.

Diamond, M.P.; Webster, B.W.; Carr, R.K.; Wentz, A.C.; Osteen, K.G. Human follicular fluid insulin concentrations. **J. Clin. Endo. Metab.** 61, p.990, 1985.

Diconstanzo, A.; Williams, J.E.; Keisler, D.H. Effects of short or long-term infusion of acetate or proprionate on luteinizing hormone, insulin, and metabolite concentrations in beef heifers. **Journal Animal Science**, v.77, p.3050, 1999.

Diskin, M.G.; Mackey, D.R.; Roche, J.F.; Sreenan, J.M. Effects of nutrition and metabolic status on circulating hormones and ovarian follicle development in cattle. **Anim. Reprod. Sci.**, v.78, p.345, 2003.

Ellis, J.L.; Morrrow, R.E.; Garner, G.B.; Stricker, J.A.; Ellersieck, M.R. Supplemental feeding of spring-calving cows on tall fescue or tall fescue-red clover pastures. **J. An.l Sci.**, v.57, p.535, 1983.

Etherton, T.D. Somatotropic function: The somatomedian hypothesis revisited. **Journal Animal Science**, v.82(E. Suppl.), p.E239, 2004.

Ferguson, J.D. Nutrition and reproduction in dairy cows. **Vet. Clin. North Am. Food Anim. Pract.**, v.7, p.483, 1991.

Fonseca, F.A., Britt, J.H.; McDaniel, B.T.; Wilk, J.C.; Rakes, A.H. Reproductive traits of Holsteins and Jerseys. Effects of age, milk yield, and clinical abnormalities on involution of cervix and uterus, ovulation, estrous cycles, detection of estrus, conception rate, and days open. **J. Dairy Sci**., v.66, p.11281983, 1983.

Funston, R.N. Fat supplementation and reproduction in beef females. **J. An. Sci.**, v.82(E. Suppl.), p.E154, 2004.

Gallardo, M.R.; Castillo, A.R.; Bargo, F.; Abdala, A.A.; Maciel, M.G.; Perez-Monti, H.; Castro, H.C.; Castelli, M.E. Monensin for lactating dairy cows grazing mixed-alfalfa pasture and supplemented with partial mixed ration. **J. Dairy Sci**., v.88, p.644, 2005

Gnanapavan, S.; Kola, B.; Bustin, S.A.; Morris, D.G.; McGee, P.; Fairclough, P.; Bhattacharya, S.; Carpenter, R.; Grossman, A.B.; Korbonits, M. The tissue distribution of the mRNA of ghrelin and subtypes of its receptor, GHS-R, in humans. **J. Clin. Endocrinol. Metabol**., v.87, p.2988, 2002.

Graham, K.K.; Bader, J.F.; Patterson, D.J.; Kerley, M.S.; Zumbrunnen, C.N. Supplementing whole soybeans prepartum increases first service conception rate in postpartum suckled beef cows. **J. An. Sci.**, v.79(Suppl. 2), p.106. (Abstr), 2001.

Hammond, I.M.; Lino, I.; Baranao, S.; Skaleris, D.; Knigth, A.B.; Romanus, I.A.; Rechier, M.M. Production of insulin-like growth factors by ovarian granulosa cells. **Endocrinology**, v.117, p2553, 1985.

Haq, I.; Pate, J.L. Actions of insulin and growth hormone on the corpus luteum. **Dept. Dairy Sci. Res**. Highligths.pp.69. 1992.

Harrison, J.H.; Hancock, D.D. The role of selenium and vitamin E deficiency in postpartum reproductive diseases of the bovine. **Ohio State University Special Circular**, v.167, p.83, 1999.

Hawkins, D.E.; Petersen, M.K.; Thomas, M.G.; Sawyer, J.E.; Waterman, R.C. Subject: Can beef heifers and young postpartum cows be physiologically and nutritionally manipulated to optimize reproduction efficiency? http://www.asas.org/SAS/symposia/proceedings/0928.pdf. Accessed. 2000.

Hernandez, E.R., Resnick, C.E.; Holtzclaw, W.D.; Payne, D.W.; Adashi, E.Y. Insulin as a regulator of androgen biosynthesis by cultured rat ovarian cells: Cellular mechanism(s) underlying physiological and pharmacological hormonal actions. **Endocrinology**, v.122, p.2034, 1988.

Hess, B.W.; Lake, S.L.; Scholljegerdes, E.J.; Weston, T.R.; Nayigihugu, V.; Molle, J.D.C.; Moss, G.E. Nutritional controls of beef cow reproduction. **J. An. Sci.**, v.83(E. Suppl.):E90, 2005.

Houseknecht, K.L.; Baile, C.A.; Matteri, R.L.; Spurlock, M.E. The biology of leptin. A review. **J. An. Sci.**, v.76, p.1405, 1998.

Hurley, W.L.; Doane, R.M. Recent developments in the roles of vitamins and minerals in reproduction. **J. Dairy Sci.**, v.72, p.784, 1989.

Imakawa, K., Day, M.L.; Zalessky, D.D.; Clutter, A.; Kittok, R.J.; Kinder, J.E. Effects of 17 beta-estradiol and diets varying in energy on secretion of luteinizing hormone in beef heifers. **Journal of Animal Science**, v.64, p.805, 1987.

Keisler, D.H.; Lucy, M.C. Perception and interpretation of the effects of undernutrition on reproduction. **J. An. Sci.**, v.74(Suppl. 3), p.1, 1998.

Keisler, D.H.; Lucy, M.C. Perception and interpretation of the effects of undernutrition on reproduction. **J. An. Sci.**, v.74(Suppl. 3), p.1, 1998.

Lalman, D.L.; Williams, J.E.; Hess, B.W.; Thomas, M.G.; Keisler, D.H. Effect of dietary energy on milk production and metabolic hormones in thin, primiparous beef heifers. **J. An. Sci.**, v.78, p.530, 2000.

Lammoglia, M.A.; Bellows, R.A.; Grings, E.E.; Bergman, J.W.; Short, R.E.; MacNeil, M.D. Effects of dietary fat composition and content, breed and calf sex on birth weight, dystocia, calf vigor and postpartum reproduction of first calf beef heifers. **Proc. West. Sec. Amer. Soc. Anim. Sci.**, v.81, 1997.

León, H.V.; Hernandez-Cerón, J.; Keisler, D.H.; Gutierrez, C.G. Plasma concentration of leptin, insulin-like growth factor-I, and insulin in relation to changes in body condition score in heifers. **J. An. Sci.**, v.82, p.445, 2004.

Lotthammer, K.H. Importance of Beta-carotene for the fertility of dairy cattle. **Feedstuffs**, v.51, p.16, 1979.

Lucy, M.C.; Bilby, C.R.; Kirby, C.J.; Yuan, W.; Boyd, C.K. Role of growth hormone in the maintenance of follicles and corpora lutea. **J. Reprod. Fertil. Suppl.**, v.54, p.49, 1999.

Lucy, M.C.; Gross, C.T.S.; Thatcher, W.W. Effect of intravenous infusion of a soybean oil emulsion on plasma concentration of 15-keto-13, 14-dihydroprostaglandin F2-alfa and ovarian function in cycling Holstein heifers. Pages 119 *in* Livestock Reproduction in Latin America. International Atomic energy Agency, Vienna. 1990.

Lucy, M.C.; Staples, C.R.; Michel, F.M.; Thatcher, W.W. Energy balance and size and number of ovarian follicles detected by ultrasonography in early postpartum dairy cows. **J. Dairy Sci.**, v.74, p.473, 1991a.

Lucy, M.C.; Staples, C.R.; Michel, F.M.; Thatcher, W.W. Effect of feeding calcium soaps to early postpartum dairy cows on plasma prostaglandin F2 alpha, luteinizing hormone, and follicular growth. **J. Dairy Sci.**, v.74, p.483, 1991b.

Lucy, M.C.; Thatcher, W.W; Staples, C.R. Postpartum function: Nutritional and physiological interaction. **C. J. Amer. Dairy Sci. Assoc.**, Champaign, IL. 1992.

Lussier, J.G.; Matton, P.; Dufour, J.J. Growth rates of follicles in the ovary of the cow. **J. Reprod. Fertil**., v.81, p.301, 1987.

Maas, J.A.; McCutcheon, S.N.; Wilson, G.F.; Lynch, G.A.; Hunt, M.E.; Crompton, L.A. Effect of monensin sodium on lactational performance of autumn- and spring-calving cows. **J. Dairy Res.**, v.69, p.317, 2002.

Manspeaker, J.E.; Robl, M.G.; Edwards, G.H.; Douglass, L.W. Chelated minerals: Their role in bovine fertility. **Vet. Med.**, v.82, p.951, 1987.

McCann, J.P.; Hansel, W. Relationships between insulin and glucose metabolism and pituitary ovarian-functions in fasted heifers. **Biol. Reprod.**, v.34, p.630, 1986.

McCormick, M.E.; French, D.D.; Brown, T.F.; Cuomo, G.J.; Chapa, A.M.; Fernandez, J.M.; Beatty, J.F.; Blouin, D.C. Crude Protein and

Rumen Undegradable Protein Effects on Reproduction and Lactation Performance of Holstein Cows. **J. Dairy Sci.**, v.82, p.2697, 1999.

Olson, K.C. Range management for efficient production. **J. An. Sci.**, v.83, p.E107, 2005.

Petit, H.V. Effects of fatty acids on reproduction in the dairy cow: the good and the bad. Pacific Norhwest Anim. Nutr. Conf., Vancouver, DC, Canada.85. 2002.

Petit, H.V.; Dewhurst, R.J.; Proulx, J.G.; Khalid, M.; Haresign, W.; Twagiramungu, H. Milk production, milk composition, and reproductive function of dairy cows fed different fats. **Can. J. Anim. Sci.**, v.81, p.263, 2001.

Ponsart, C.; Khireddine, B.; Ponter, A.A.; Humblot, P.; Mialot, J.P.; Grimard, B. Influence of the type of energy supply on LH secretion, follicular growth and response to estrus synchronization treatment in feed-restricted suckler beef cows. **Theriogenology**, v.54, p.1373, 2000.

Poretsky, L.; Kalin, M.F. The gonadotropic function of insulin. **Endocrine Reviews**, v.8, p.132, 1987.

Rice, L.E. The effects of nutrition on reproductive performance of beef cattle. **Vet Clin North Am Food Anim Pract**., v.7, p.1, 1991.

Richards, M.W.; Wettemann, R.P.; Schoenemann, H.M. Nutritional anestrus in beef cows: body weight change, body condition, luteinizing hormone in serum and ovarian activity. **J. An. Sci.**, v.67, p.1520, 1989.

Roberts, A.J.; Nugent, R.A.; Klindt, J.; Jenkins, T.G. Circulating indulin-like growth factor I, insulin like-growth factor binding proteins, growth hormone, and resumption of estrus in postpartum cows subjected to dietary energy restriction. **J. An. Sci.**, v.75, p.1909, 1997.

Robinson, R.S.; Pushpakumara, P.G.; Cheng, Z.; Peters, A.R.; Abayasekara, D.R.; Wathes, D.C. Effects of dietary polyunsaturated fatty acids on ovarian and uterine function in lactating dairy cows. **Reproduction**, v.124, p.119, 2002.

Santos, J.E.; DePeters, E.J.; Jardon, P.W.; Huber, J.T. Effect of prepartum dietary protein level on performance of primigravid and multiparous Holstein dairy cows. **J. Dairy Sci.**, v.84, p.213, 2001.

Small, W.T.; Paisley; S.I.; Hess; B.W.; Lake; S.L.; Scholljegerdes, E.J.; Reed; T.A.; Belden, E.L.; Bartle, S. Supplemental fat in limit-fed, high grain prepartum diets of beef cows. Effects on cow weight gain, reproduction, and calf health, immunity, and performance. **Proc. West. Sec. amer. Soc. Anim. Sci.**, v.55, p.45-52, 2004.

Spicer, L.J.; Tucker, W.B.; Adams, G.D. Insulin-like growth factor-I in dairy cows: relationships among energy balance, body condition, ovarian activity, and estrous behavior. **J. Dairy Sci.**, v.73, p.929, 1990.

Staples, C.R.; Burke, J.M.; Thatcher, W.W. Influence of supplemental fats on reproductive tissues and performance of lactating cows. **J. Dairy Sci.**, v.81, p.856, 1998.

Staples, C.R.; Garcia-Bojalil, C.; Oldick, B.S.; Thatcher, W.W.; Risco, C.A. Protein intake and reproductive performance of dairy cows: a review, a suggested mechanism, and blood and milk urea measurements. 4th Annual Florida Ruminant Nutrition Symposium, Gainesville, FL. pp. 37. 1993.

Staples, C.R.; Thatcher, W.W.; Clark, J.H. Relationship between ovarian activity and energy status during the early postpartum period of high producing dairy cows. **J. Dairy Sci.**, v.73, p.938, 1990.

Sugino, T., Hasegawa, Y.; Kurose, Y.; Kojima, M.; kangawa, K.; Terashima, Y. Effects of ghrelin on food intake and neuro-endocrine function in sheep. **Anim. Reprod. Sci.**, v.82-83, p.183, 2004.

Swanson, L.V. Interactions of nutrition and reproduction. **J. Dairy Sci.**, v.72, p.805, 1989.

Talavera, F.; Park, C.S.; Williams, G.L.; Relationships among dietary lipid intake, serum cholesterol and ovarian function in Holstein heifers. **J. An. Sci.**, v.60, p.1045, 1985.

Thatcher, W.W.; Savio, J.D.; Staples, C.R.; Lucy, M.C.; Sota, R.L.D.L. Impacts of early pospartum metabolism on folicular development and fertility. **The Bovine Practitioner**, v.24, p.44, 1992.

Van Saun, R.J.; Idleman, S.C.; Sniffen, C.I. Effect of undegradable protein amount fed prepartum and pospartum production in first lactation Holstein cows. **J. Dairy Sci.**, v.71, p.1063, 1993.

Webb, R.; Garnsworthy, P.C.; Gong, J.G.; Armstrong, D.G. Control of follicular growth: Local interactions and nutritional influences. **J. A. Sci.**, v.82(E. Suppl.):E63, 2004.

Webb, S.M., Lewis, A.W.; Neuendorff, D.A.; Ramdel, R.D. Effects of dietary rice bran, lasalocid, and sex of calf on postpartum reproduction in Brahman cows. **J. An. Sci.**, v.79, p.2968, 2001.

Wettemann, R.P.; Bossis, I. **Subject: Energy intake regulates ovarian function in beef catlle**. http://www.asas.org/JAS/symposia/

proceedings/0934.pdf. Accessed 2000.

Wettemann, R.P.; Lents, C.A.; Ciccioli, N.H.; White, F.J.; Rubio, I. Nutritional and suckling-mediated anovulation in beef cows. **J. An. Sci.**, v.81, (E.Suppl. 2):E48, 2003.

Williams, G.L. Modulation of luteal activity in postpartum beef cows through changes in dietary lipid. **J. An. Sci.**, v.67, p.785, 1989.

Zulu, V.C.; Nakao, T.; Sawamukai, Y. Insulin-like growth factor-I as a possible hormonal mediator of nutritional regulation of reproduction in cattle. **J. Vet. Med. Sci.** v.64, p.657, 2002.

CAPÍTULO 31

Alexandre Vaz Pires
Professor Associado
Departamento de Zootecnia
ESALQ/USP. Piracicaba, SP
alvpires@esalq.usp.br

Clayton Quirino Mendes
Doutor em Ciência Animal e Pastagens
ESALQ/USP. Piracicaba, SP
cqmendes@esalq.usp.br

Rafael Canonenco de Araujo
Doutorando em Ciência Animal e Pastagens
ESALQ/USP. Piracicaba, SP
rcanonenco@hotmail.com

Ivanete Susin
Professora Associada
Departamento de Zootecnia
ESALQ/USP. Piracicaba, SP
ivasusin@esalq.usp.br

Fatores que afetam a eficiência reprodutiva de bovinos de corte

Introdução

Atualmente no Brasil as áreas agricultáveis passam por um processo de rápida e intensa valorização, em razão da redução dos subsídios agrícolas em diversos blocos econômicos mundiais e crescimento vertiginoso nas áreas cultivadas com cana-de-açúcar para abastecer o mercado sucroalcooleiro. Tais mudanças no cenário rural brasileiro têm exercido forte pressão sobre as áreas de pastagem, principalmente das regiões SE e CO.

A previsão é que o rebanho bovino nacional, que atualmente possui cerca de 202,2 milhões de cabeças (IBGE, 2009), apresente crescimento constante nos próximos anos. Consequentemente, para se manter dentre os maiores produtores e exportadores de carne bovina, a pecuária nacional deverá se apoiar no processo de intensificação. Apesar dos importantes avanços obtidos nos últimos anos, é preciso aumentar a eficiência de produção, a qual ocorrerá não apenas com o aumento da capacidade de suporte das pastagens, mas também com o aumento da eficiência reprodutiva dos rebanhos.

Devido aos aspectos reprodutivos, para a eficiência econômica e competitividade do sistema de produção, vacas de cria devem emprenhar entre 75 e 80 dias pós-parto para cumprir a meta básica de todo sistema de criação de bovinos de corte, que consiste na produção de um bezerro por vaca a cada ano. Dentro desse contexto, o anestro é o principal fator que dificulta a concepção de vacas dentro dos 80 dias pós-parto, tendo grande impacto sobre as perdas reprodutivas e, consequentemente, econômicas do rebanho.

A baixa eficiência reprodutiva compromete a eficiência produtiva, uma vez que aumenta o período de serviço, o intervalo entre partos, reduz a vida útil da matriz, aumentando a taxa de descarte de animais e os custos de produção.

Vários fatores influenciam os índices reprodutivos de bovinos de corte, afetando diretamente a taxa de prenhez (**Figura 1**). Como os parâmetros de eficiência reprodutiva são características de baixa herdabilidade, os componentes ambientais e de manejo são de grande importância para a melhoria do desempenho reprodutivo.

Considerando a importância da eficiência reprodutiva sob a economicidade da pecuária, neste capítulo serão discutidos alguns aspectos relacionados ao manejo reprodutivo de bovinos de corte, como a definição da época e duração da estação de monta, os aspectos relacionados ao comportamento sexual dos touros e as interações entre o par vaca/bezerro durante a amamentação; e também como os animais podem ser manejados dentro do sistema de produção para garantir máxima eficiência reprodutiva do rebanho, com consequente redução dos custos fixos e aumento da rentabilidade da pecuária de corte.

Estação de monta

A estação de monta é definida como o período estabelecido para que se obtenha concepção das matrizes do rebanho por meio da monta natural ou inseminação artificial. Constitui uma ferramenta de manejo eficaz para elevar a eficiência reprodutiva do rebanho. As vantagens em se definir uma estação de monta, vão além da parição em uma época do ano favorável do ponto de vista de condições ambientais. Trabalhar com a estação de monta, além de facilitar todo o manejo do rebanho, permite definir pontos de controle nas fases que envolvem a reprodução, contribuindo para melhorar a eficiência reprodutiva de todo o rebanho.

No uso da monta natural, a estação de monta evita o desgaste dos touros, principalmente porque estes são poupados em épocas em que as pastagens são menos produtivas. Além disso, outras vantagens da utilização da estação de monta é o aperfeiçoamento da fertilidade e produtividade do rebanho, em virtude da melhora no manejo nutricional e sanitário. Além disso, permite realização da reposição eficiente das matrizes e dos reprodutores, controle da reprodu-

Figura 1. Fatores que afetam a taxa de prenhez de bovinos de corte.

ção, parição e descarte das matrizes, controle do desempenho dos touros e profilaxia sanitária (Abreu *et al.*, 2003). Além disso, a estação de monta possibilita, mais facilmente, a identificação das vacas com problemas reprodutivos, facilitando o descarte de matrizes (Abreu *et al.*, 2006a).

Do ponto de vista da eficiência reprodutiva do rebanho de gado de corte, a implantação da estação de monta na propriedade, de maneira geral, apresenta as seguintes vantagens:

1. Concentrar os trabalhos de observação de cios monta e/ou inseminação artificial, facilitando a introdução e uso de técnicas de reprodução;

2. Explorar a seleção de reprodutores e matrizes, por intermédio da avaliação da fertilidade das fêmeas e touros, possibilitando, dessa forma, a adoção de um programa eficiente de seleção;

3. Concentrar os nascimentos em épocas mais convenientes do ano, combinando os períodos de parição e lactação com a época de melhor qualidade e disponibilidade de forragem. Conforme discutido no **Capítulo 7** da **Seção IV**.

Os sistemas extensivos de cria de bovinos de corte são pouco avaliados no Brasil. Abreu *et al.* (2006a) monitoraram propriedades de pecuária de cria no Pantanal, com introdução de diferentes tecnologias, especialmente a estação de monta, e verificaram redução na taxa de mortalidade de bezerros em até 5% ao ano. Com relação à taxa de natalidade, foram observados valores de 45 a 56% no início do trabalho e 65 a 70% após quatro anos de avaliação em diferentes propriedades.

Abreu *et al.* (2003) avaliaram alguns aspectos relacionados ao uso da estação de monta, por meio de simulação computacional, e os impactos bioeconômicos da introdução da estação de monta em sistemas de cria no Brasil Central e concluíram que a implantação da estação de monta proporciona melhora substancial na economicidade e na eficiência biológica do processo de produção de bezerros. Segundo os autores, a adoção dessa tecnologia é altamente vantajosa para o proprietário de fazendas de cria extensiva de gado de corte, graças ao impacto positivo no índice de natalidade. A implementação da estação de monta e os seus efeitos acumulados aumentam a margem bruta da atividade em 31%. Os autores ainda salientaram que, no contexto dos sistemas de cria extensiva, dificilmente se terá disponível uma tecnologia que seja capaz de promover tal impacto na atividade.

Relação entre estação de monta e a estação de parição

A escolha do período do ano a ser estabelecido como estação de monta deve ter, como critério prioritário, fatores que permitam o pleno funcionamento do sistema reprodutor da matriz e, para tanto, a disponibilidade de alimento é o fator determinante. Vacas que chegam ao parto com boa condição corporal e encontram condições adequadas de disponibilidade de alimento no pós-parto estarão aptas a retomar à atividade ovariana e conceber em período de serviço inferior a 90 dias, visando um intervalo de partos próximo de 12 meses, sinônimo de máxima eficiência reprodutiva.

É importante combinar o ciclo de produção com a qualidade e disponibilidade de forragem. É fato conhecido que as exigências nutricionais das matrizes são mais elevadas nos dois a três meses que antecedem o parto e, aproximadamente, o mesmo período após o parto. Portanto, para se obter redução do custo de produção, é importante que a disponibilidade de forragem em quantidade e qualidade coincida com a época de parição. Isto pode ser perfeitamente realizado em uma propriedade por meio do planejamento antecipado com a utilização da estação de monta e, consequentemente, da temporada de parição previamente determinada. Mais importante do que o mês de parição, deve ser respeitada a sazonalidade na produção de forragens, determinada pelas condições edafoclimáticas de cada região do país. O objetivo a ser alcançado é que as matrizes possam encontrar forragem disponível em quantidade e qualidade na sua fase mais crítica do ponto de vista produtivo e nutricional, ou seja, logo após o parto. Dessa forma, evitam-se baixos índices de natalidade dos bezerros, baixo peso de desmama e baixas taxas de concepção no início da estação de monta subsequente ou alto custo com suplementação.

Duração da estação de monta

A fisiologia reprodutiva da vaca e a duração das estações de monta interagem para influenciar a eficiência produtiva do par vaca/bezerro nos sistemas de produção de carne. Deutscher *et al.* (1991) realizaram um estudo de cinco anos, no qual foram avaliados os efeitos de três períodos de monta (30, 45 ou 70 dias) sobre o desempenho dos bezerros e a eficiência reprodutiva das vacas. A quantidade de kg de bezerros desmamados por vaca foi maior na estação de monta de 70 dias devido às altas taxas de prenhez e taxas de desmama comparadas com as estações de 30 e 45 dias.

A meta para maximizar a produtividade do rebanho de cria deve ser a obtenção de elevado índice de concepção nos primeiros 21 dias da estação de monta. Considerando o tempo de duração do ciclo estral da fêmea bovina e o ideal de que a concepção ocorra nos primeiros 21 dias da estação de monta, um período de 70 dias é suficiente para que ocorram três cios, sendo que pelos menos um deles resulte em gestação.

Outra recomendação importante é que o período de monta das novilhas (primíparas) deve ser antecipado em relação às vacas, iniciando 30 dias antes, e terminando, consequentemente, 30 dias antes. Avaliando a antecipação da estação de monta das primíparas em um modelo de simulação computacional sobre a rentabilidade da atividade de cria, Werth *et al.* (1991) observaram que a renda líquida foi maior quando a estação de monta das novilhas foi iniciada 3 semanas antes das vacas. Esse fato foi atribuído à menor taxa de reposição do rebanho, uma vez que a taxa de prenhez foi mais elevada. As vacas em lactação, com 2 anos de idade, têm mais tempo para retornar ao estro antes do início da segunda estação de monta, se colocada com o touro 3 semanas antes das outras vacas do rebanho. Dessa forma, as vacas com mais de 2 anos apresentam cio e concebem durante a segunda estação de monta, o que resulta no aumento da taxa de prenhez, em comparação com situações em que novilhas são colocadas em estação de monta ao mesmo tempo que as vacas.

Outro trabalho realizado por Deutscher *et al.* (1989), durante cinco anos, comparou as taxas de nascimento de vacas mestiças que tiveram 45 ou 75 dias de estação de monta. Os resultados demonstraram que a taxa de prenhez foi de 94,6%, no 70º dia da estação de monta *versus* 86,8% para o 45º dia da monta.

Adicionalmente, Oliveira *et al.* (2008) avaliaram touros jovens de raça Nelore em estação de monta com duração de 30, 60 ou 90 dias, com diferentes relações touro:vaca, e obtiveram taxas de gestação de 42, 68,4 e 84,1%, respectivamente.

A utilização de estação de monta mais curta têm sido apontada como ferramenta para melhorar a eficiência reprodutiva da vaca no rebanho. Para que estações de monta curtas sejam eficazes, uma alta porcentagem de vacas deve conceber durante o acasalamento. Vacas que parem mais tarde dentro da estação de parição e/ou apresentam intervalo de anestro pós-parto mais prolongado não terão a oportunidade de emprenhar durante uma estação de monta curta. Algumas dessas vacas irão conceber somente se a estação de monta for prolongada. Estações de monta maiores resultam, de forma geral, em maiores taxas de prenhez. Entretanto, as vacas que emprenharem mais tarde, irão parir mais tarde, resultando em bezerros mais novos e mais leves, considerando uma mesma data de desmama.

Essa situação leva a uma discussão sobre a relação existente entre a estação de monta e a taxa de nascimento do rebanho, a qual é influenciada por alguns fatores reprodutivos muito importantes, que se inter-relacionam e que devem ser considerados quando se trata do planejamento do manejo reprodutivo na pecuária de corte. Para obter mais informações entre as relações e impacto destes fatores sobre eficiência reprodutiva consulte o **Capítulo 7** da **Seção IV**.

Duração da gestação

A duração da gestação raramente é associada ao manejo, mas é influenciada pela raça e pelo genótipo, e sabe-se que a seleção para bezerros mais pesados tem uma tendência para selecionar gestações mais longas. Com relação à eficiência reprodutiva do rebanho, gestação mais longa retarda o primeiro cio pós-parto, diminuindo o número de períodos de estro durante a estação de monta.

Diferenças regionais em recursos nutricionais produzem diferentes expectativas para a duração do anestro pós-parto. No entanto, diferenças no genótipo do gado usado em áreas subtropicais, quando comparado com regiões temperadas, tendem a aumentar as variações observadas no desempenho reprodutivo. Áreas tropicias e subtropicias utilizam raças adaptadas ao seu meio ambiente. A adaptação inclui temperatura, parasitas e habilidade de sobreviver a períodos de baixa disponibilidade de nutrientes. Muitos desses genótipos apresentam maior tempo de duração de gestação como uma característica biológica. Como resultado, a população de gado bovino dessas áreas apresenta maior período de anestro pós-parto, assim como alongamento da duração da gestação, quando comparados com gado de regiões temperadas. O resultado do aumento dos valores de duração da gestação, somado ao período de anestro pós-parto, impõe o uso de estações de monta mais longas para que a porcentagem de nascimento seja elevada.

Analisando 183 registros de gestações, no período de 1976 a 1984, em rebanho Nelore, Zillo *et al.* (1986) estimaram a média para o período de gestação de 295 dias. Adicionalmente, Oliveira Filho *et al.* (1986), analisaram 208 períodos de gestação em rebanho de vacas Nelore, inseminadas no período de 1971 a 1983 e obtiveram média de 293 dias. Essa característica foi influenciada pela ordem de parição, de modo que, com o aumento da ordem do parto houve, de maneira progressiva, aumento na duração da gestação. Adicionalmente, avaliando o período de gestação de rebanhos da raça Nelore na região Amazônica Oriental do Brasil, Cavalcante *et al.* (2001) obtiveram valor de 285 dias.

Alencar e Burgner (1987) compararam o desempenho reprodutivo de fêmeas das raças Canchim e Nelore, na estação experimental da Embrapa Pecuária Sudeste e encontraram média de 294 dias para as fêmeas Nelore e de 289 dias para as Canchim. O efeito do grupo genético (raça) foi significativo para o período de gestação.

Aspectos relacionados ao touro

Adotando a estação de monta, o pecuarista define de forma criteriosa o melhor momento para que os animais sejam colocados em reprodução. Segundo Short *et al.* (1990), a estação de monta é a técnica de manejo de maior impacto na fertilidade pós-parto, sendo que fêmeas aptas à reprodução neste momento é o pré-requisito para alcançar eficiência reprodutiva. Entretanto, assim como as características reprodutivas da fêmea, as condições do macho não devem ser negligenciadas, uma vez que este será responsável pela transmissão de material genético e produção de grande número de descendentes.

Propriedades que adotam a monta natural durante a estação de acasalamento devem estabelecer avaliações preliminares dos reprodutores que serão utilizados, caso contrário poderão sofrer drásticas reduções das taxas de concepção e de natalidade, além de aumentar os custos de produção e diminuir a rentabilidade do sistema de produção de bezerros.

Relação touro:vaca

Considerando que a matriz deve produzir uma cria ao ano, e que essas devem emprenhar no início da estação de monta, além das condições físicas do reprodutor, a relação entre o número de vacas para cada touro é um fator de grande influência na eficiência reprodutiva do plantel.

Velloso (1983) comenta que no Brasil a recomendação técnica é que seja utilizado 1 touro para 20 vacas. Porém o autor afirma que não é raro encontrar propriedades que utilizam 1 touro para 40 ou mais fêmeas adultas. Entretanto, essa colocação é verdadeira para um pequeno número de rebanhos. De acordo com Santos *et al.* (2004), mais de 95% dos bezerros nascidos no Brasil são oriundos do acasalamento por monta natural e, na maioria das propriedades, a proporção touro:vaca utilizada é de 1:25. Essa baixa relação, estabelecida de forma aleatória e enraizada na cultura de grande parte dos pecuaristas brasileiros, faz com que muitos touros sejam utilizados nos rebanhos. Esse fato, além de aumentar o custo de produção do bezerro, prejudica a evolução da bovinocultura nacional, uma vez que é utilizado grande número de touros sem nenhum critério de seleção. Além disso, segundo Fonseca *et al.* (2000), a utilização de relação touro:vaca baixa resulta em subutilização dos touros, tornando a monta natural uma prática com reduzida eficiência econômica. Deste modo, proporções touro:vaca adequadas devem ser estabelecidas de acordo com o exame andrológico completo, a classificação criteriosa do touro, a verificação prévia do índice de cios do rebanho e as peculiariedades do manejo de cada fazenda (Barbosa *et al.*, 2007).

A utilização de maior número de vacas por touro permite selecionar reprodutores de alta eficiência reprodutiva, prática necessária para obtenção de produtos melhorados e com custos mais baixos (Franco *et al.*, 2006). Alguns trabalhos demonstraram que alteração da proporção touro:vaca interfere diretamente sobre o custo de produção do bezerro. De acordo com Galvani (1998), o aumento na relação touro:vaca de 1:30 para 1:90 resultou em redução de 21% no custo do bezerro. Da mesma forma, Fonseca *et al.* (1997a; 2000) observaram que a alteração na relação touro:vaca de 1:25 para 1:60 e 1:80 possibilitou redução no custo do bezerro desmamado em 18,6 e 22,8%, respectivamente. Esses autores concluíram que quanto menor a percentagem de touros em relação ao número de vacas do rebanho menor será o custo da cria desmamada, desde que mantida uma taxa de prenhez aceitável.

Tendo em vista a baixa relação touro:vaca utilizada nos rebanhos e o potencial reprodutivo da raça Nelore, base da bovinocultura brasileira, maior atenção tem sido dada por grupos de pesquisadores preocupados em criar mecanismos para aumentar a eficiência reprodutiva da pecuária de corte. Dentro desse contexto, conforme dados sumarizados e apresentados na **Tabela 1**, maior número de estudos vêm sendo realizados visando o aumento da proporção touro:vaca com o intuito de maximizar o potencial reprodutivo dos touros, aumentar a eficiência reprodutiva do rebanho e reduzir os custos de produção.

Costa Silva *et al.* (1993) avaliaram a aptidão reprodutiva de touros da raça Nelore na proporção touro:vaca de 1:37 e obtiveram taxas médias de gestação de 66,6% aos 30 dias, 86,7% aos 60 dias e 92,8% aos 90 dias de estação de monta, respectivamente. Adicionalmente, Silva (1994) encontrou taxa de fertilidade de 92,8% ao final de 90 dias, trabalhando com proporção de 60 vacas por touro; e Fonseca *et al.* (1997) utilizaram proporções de 1 touro para 40 vacas ou 1 touro para 60 vacas e obtiveram taxas de gestação de 48,3 e 59,6%; 78,3 e 91,3% e 87,7 e 95,0%, aos 30, 60 e 90 dias de estação de monta, respectivamente. Da mesma forma, Pineda *et al.* (1997b) demonstraram que variações na proporção touro:vaca entre 1:80 e 1:100 não alteraram os índices de gestação de vacas cruzadas com touros da raça Nelore.

Adicionalmente, Sereno *et al.* (2002) avaliaram alternativas de propoção touro:vaca na região do Pantanal brasileiro como forma de reduzir os custos de produção e observaram que ocorre subutilização dos touros com o uso da proporção de 1:10. Além disso, estes autores cocluíram que é possível gerar economia de 28,9 ou 35,6% se a proporção touro:vaca utilizada for de 1:25 ou 1:40, respectivamente.

Com o objetivo de ampliar a relação touro: vaca sobre a fertilidade do rebanho, Santos *et al.* (2004) avaliaram o potencial reprodutivo de touros da raça Nelore, submetidos às proporções touro:vaca de 1:25, 1:50, 1:75 e 1:100, e concluíram que as relações utilizadas não interferiram na taxa de gestação das fêmeas (**Tabela 1**).

Fonseca *et al.* (2000) avaliaram o desempenho reprodutivo de touros da raça Nelore utilizados em monta natural pelo aumento da relação touro:vaca e observaram que a eficiência reprodutiva de cada grupo experimental, avaliada pelas taxas de gestação aos 30, 60 e 90 dias da estação de monta, não divergiram entre si. Segundo os autores, esses dados reve-

Tabela 1. Efeito da proporção touro:vaca na taxa de gestação (%) de vacas submetidas à estação de monta com touros da raça Nelore.

Proporção touro:vaca	Nº de touros	Nº de vacas	30 dias		60 dias		90 dias		Referência
			N	%	N	%	N	%	
1:40	9	360	360	68,4	360	80,5	360	88,3	Fonseca *et al.* (1991)
1:37	14	518	416	66,4	542	84,2	518	91,4	Costa Silva *et al.* (1993)
1:40	5	300	174	48,3	282	78,3	316	87,7	Fonseca *et al.* (1997b)
1:60	9	360	179	59,6	274	91,3	285	95,0	
1:40	9	360	256	71,1	323	89,7	350	97,2	Pineda *et al.* (1997b)*
1:60	2	120	73	60,8	110	91,7	119	99,2	
1:51	14	714	454	63,6	585	81,9	651	91,2	Pineda *et al.* (2000)*
1:40	10	400	269	67,2	349	87,2	390	97,5	Fonseca *et al.* (2000)
1:80	05	400	248	62,0	338	84,5	374	93,5	
1:75	06	450	165	36,7	384	85,3	407	90,4	Santos *et al.* (1999)
1:100	06	600	196	32,7	504	84,0	530	88,3	
1:25	05	125	52	41,6	83	66,4	90	72,0	Santos *et al.* (2004)
1:50	05	250	104	41,6	164	65,6	175	70,0	
1:75	05	375	178	47,4	262	69,8	283	75,4	
1:100	05	500	192	38,4	322	64,4	340	68,0	
1:50	02	100	57	57,0	82	82,0	88	88,0**	Franco *et al.* (2006)
1:100	02	200	108	54,0	159	79,5	174	87,0**	
1:25	5	125	56	44,8	89	71,2	108	86,4	Oliveira *et al.* (2008)
1:40	5	200	91	45,5	139	68,5	168	84,0	
1:60	5	300	118	39,3	207	69,0	256	85,3	
1:80	5	400	165	41,2	266	66,5	330	82,5	

*21, 42 e 63 dias.**duração da estação de monta de 72 dias e não 90 dias.

lam que o touro Nelore vem sendo subutilizado no rebanho brasileiro, uma vez que touros bem selecionados por meio de exames andrológicos e comportamentais e bem manejados com as vacas em serviço, podem perfeitamente ser responsáveis pela cobrição de 80 fêmeas, em estação de monta de 90 dias.

Santos *et al.* (1999) avaliaram as taxas de prenhez de vacas mantidas em proporções touro:vaca de 1:75 e 1:100 e concluíram que a proporção touro:vaca não interferiu nas taxas de prenhez aos 30, 60 ou 90 dias da estação de monta. Da mesma forma, Franco *et al.* (2006) estudaram o desempenho reprodutivo de touros da raça Nelore desafiados por proporção de touro por vacas de 1:100 em estação de monta natural curta (72 dias), e observaram que as taxas de concepção não diferiram entre si, embora se esperasse que a elevada proporção de 100 vacas por touro, aliada à estação de monta mais curta que as recomendadas levassem os reprodutores à exaustão e, consequente redução da taxa de fertilidade das matrizes.

Ao analisar os efeitos econômicos dessas propostas de relação touro:vaca sobre o custo dos bezerros desmamados, Franco *et al.* (2006) apresentaram economia no custo de produção das crias de 25,6% entre as proporções de 1:100 (pesquisada) e 1:25 (simulada); e de 8,7% entre as proporções de 1:100 e 1:50 (grupo testemunha). Segundo esses autores, os touros da raça Nelore vêm sendo subutilizados no rebanho brasileiro, e o limite do potencial reprodutivo do touro Nelore ainda não foi atingido. Os autores afirmam ainda que touros da raça Nelore, quando de elevado potencial reprodutivo, são eficientes para cobrirem até 100 fêmeas em estação de monta curta.

Analisando os dados obtidos, observa-se heterogeneidade dos resultados. De acordo com Santos *et al.* (2004) as diferenças entre os resultados obtidos nos trabalhos de pesquisa podem ser explicadas, em parte, pela utilização de vacas solteiras, as quais, sem a presença do bezerro, podem alterar o seu comportamento reprodutivo hormonal em relação às vacas com bezerro ao pé. Além disso, diferenças na fertilidade do solo, na qualidade das pastagens e no tamanho dos lotes podem resultar em diferentes taxas de prenhez.

Apesar dessas diferenças, a análise dos resultados apresentados leva à conclusão de que o aumento da proporção touro:vaca é vantajosa e deve ser adotada como medida para aproveitar a capacidade reprodutiva dos touros, melhorar o material genético, aumentar a produção de bezerros e, consequentemente, a eficiência reprodutiva dos rebanhos, a qual, em última análise, será refletida diretamente no custo do bezerro desmamado e no retorno econômico da pecuária de corte.

Relação touro:vaca e hierarquia

Uma vez que no Brasil predominam os sistemas de cria realizados de forma extensiva e em propriedades com grandes áreas de pastagens, a influência da hierarquia sobre a taxa de fertilidade do rebanho é aspecto que deve ser considerado. Fonseca *et al.* (2000) levantou essa importante questão afirmando que, embora a hierarquia seja rigorosa na organização social dos bovinos, o grande número de fêmeas cobertas no início da estação de monta e uma possível exaustão dos touros no seu final, contribui para a não-interferência dos dominantes sobre os dominados, no sentido de evitar que estes realizem a cobrição de vacas em cio. Os autores afirmaram ainda que a utilização de acasalamentos coletivos (vários touros e muitas vacas na mesma pastagem) com elevada proporção de vacas por touro é prática viável nas grandes fazendas de cria do Planalto Central Brasileiro.

Avaliação do comportamento sexual dos touros

A maioria dos touros usados na pecuária de corte brasileira não são selecionados e testados quanto à libido, à capacidade de serviço, ao exame andrológico e ao ganho de peso. Na prática, esses fatos refletem na utilização de baixa relação touro:vaca, subutilização dos touros e, consequentemente, alto custo da cria desmamada. Segundo Bascunãn *et al.* (2008), o estudo do comportamento sexual de touros tem prestado grandes contribuições à zootecnia, pois fornece subsídios e parâmetros de grande relevância para avaliação da libido e da capacidade de serviço dos reprodutores. Portanto, a avaliação do comportamento sexual de touros deve ser critério adotado na pecuária para melhorar a eficiência reprodutiva dos rebanhos brasileiros.

Barbosa *et al.* (2001) relataram que o comportamento sexual é uma interação sócio-sexual influenciada por fatores genéticos, ambientais, nutricionais, hormonais, frequência de acasalamentos, acuidade sensorial, idade, experiência prévia do indivíduo e ordem de dominância social. O comportamento sexual envolve dois componentes: a libido, definida como espontaneidade ou avidez do macho em montar e efetuar a cópula, habilidade que se desenvolve da puberdade até a maturidade sexual, e a capacidade de serviço (CS), que é o número de montas (serviços completos) realizadas pelo touro em determinado tempo. Para Oliveira *et al.* (2007), com a identificação de touros de alta libido no rebanho é possível reduzir a duração da estação de monta e facilitar o manejo da propriedade, concentrando o período de nascimento. Dessa forma, é possível obter lotes de bezerros homogêneos e maior facilidade na comercialização desses animais, além de permitir o diagnóstico de problemas inerentes à cópula.

Chenoweth *et al.* (1979) compararam os testes de libido, capacidade de serviço e do tempo de reação para primeiro serviço em touros de corte jovens e concluíram que o teste de libido apresenta vantagens por avaliar e refletir melhor o comportamento dos touros. Adicionalmente, Barbosa *et al.* (1991) e Fonseca *et al.* (1996) afirmam que esse teste é a alternativa mais viável para avaliar o comportamento sexual dos touros, uma vez que realizaram estudos e encontraram altas correlações entre libido e capacidade de serviço de touros da raça Nelore. Da mesma forma, Salvador *et al.* (2008) avaliaram touros Nelore adultos em teste de libido realizado em curral e concluíram que o teste de libido aplicado foi eficiente em selecionar e privilegiar touros zebuínos com maior número de montas completas.

Com relação à taxa de prenhez, alguns estudos (Fonseca *et al.*,1996; Pineda *et al.*, 2000) avaliaram a libido de touros Nelore, em curral, e verificaram que machos de alta libido proporcionaram taxa de prenhez superior a 90%, quando comparados aos de baixa e média libido, em estação de monta de 63 dias, o que reforça a importância da realização desse teste. Pineda e Lemos (1994), ao utilizarem a proporção touro: vaca de 1:40 em acasalamento coletivo, observaram diferença de 11,5% nas taxas finais de gestação entre os lotes de alto e baixo comportamento sexual (libido e capacidade de serviço). Fonseca *et al.* (1996), ao usarem touros classificados como questionáveis e de alta habilidade de monta, na proporção touro:vaca de 1:80, obtiveram aos 63 dias de estação de monta 68,8 e 88,8% de taxa de gestação, respectivamente. Os altos índices de gestação obtidos demonstram que touros bons no exame andrológico e com habilidade de monta alta permitem reduzir sensivelmente o tempo de estação de monta, sem interferir na fertilidade do rebanho.

Chenoweth (1983) relatou que a libido e a capacidade de serviço em touros são fortemente influenciadas por fatores genéticos. Segundo esses autores, a libido aparentemente não está relacionada com as características seminais ou com a circunferência escrotal, sendo possível obter sêmen de boa qualidade de animais com baixa libido ou vice-versa. Essa proposição foi intensamente estudada para touros da raça Nelore em condições brasileiras e os resultados demonstraram-na verdadeira (Pineda e Lemos, 1994; Fonseca *et al.*,1996; Pineda *et al.*, 1997a; Galvani, 1998; Santos *et al.*, 2004), o que, segundo Santos *et al.* (2004) reforça o fato de o teste da libido ser apenas um complemento ao exame andrológico, utilizado para diagnóstico de problemas inerentes à cópula, na avaliação dos touros antes de se iniciar a estação de monta.

Valle Filho *et al.* (1997) avaliaram os perfis andrológicos e comportamentais de touros da raça Nelore entre cinco e seis anos de idade, criados extensivamente no Estado do Mato Grosso do Sul, e observaram que os grupos de touros de alta, média e baixa libido não diferiram quanto aos parâmetros seminais, peso corporal e circunferência escrotal, como confirmado pelas baixas correlações fenotípicas dessas características com a libido. Os resultados ressaltam a importância da avaliação clínica dos órgãos genitais, da análise do sêmen e da classificação andrológica por pontos, além dos aspectos zootécnicos na seleção de touros que se destinam à reprodução. Os autores afirmaram que a avaliação da libido deve ser um teste complementar contribuindo para o aumento de segurança no uso de um maior número de vacas por touro durante a estação de monta.

Estudos com touros da raça Nelore, realizados por Pineda *et al.* (1997b), demonstraram que variações na proporção touro:vaca entre 1:80 e 1:100 não alteraram os índices de gestação, quando foram utilizados touros com alta libido. Porém, quando foram utilizados touros com baixa libido, na proporção de 1:80, a taxa de concepção foi comprometida. Touros classificados como superiores podem servir um número maior de vacas na estação de monta, contribuindo para otimizar a utilização destes animais e reduzir os custos de produção.

O Colégio Brasileiro de Reprodução Animal (CBRA, 1998) recomenda a tabela elaborada por Pineda *et al.* (1997a) para avaliar a libido de touros zebuínos. De acordo com esta metodologia, o teste é realizado no curral, com período de observação de 10 minutos, atribuindo-se escores de 0 (sem interesse sexual) a 10 (duas ou mais montas com serviço completo). Entretanto, alguns trabalhos foram realizados para avaliar o tempo utilizado na avaliação da libido e demonstraram que o tempo de 15 minutos mostrou-se mais adequado do que o de 10 minutos. Santos *et al.* (2004) estudaram o efeito do tempo utilizado para avaliar a libido de touros da raça Nelore sobre a conduta sexual, frente às fêmeas, e sobre o comportamento sexual e a atividade de monta dos animais em acasalamento coletivo e constataram que o aumento de 10 para 15 minutos no tempo do teste aumentou as porcentagens de touros muito bons de 21,4 para 42,8% e excelentes de 3,6 para 5,4%; e reduziu o percentual de touros de libido boa de 42,9 para 25,0% ou questionável de 32,1 para 26,8%.

Da mesma forma, Oliveira *et al.* (2008) avaliaram touros jovens de raça Nelore quanto a libido em função do tempo e obtiveram valores de 55,7; 80,0 e 81,4% de touros com libido muito boa e excelente para os tempos de 10, 15 e

30 minutos de avaliação, respectivamente. Estes autores concluíram que o tempo de avaliação de 15 minutos é satisfatório para avaliação da libido.

Santos (2000) recomenda que, em animais com sangue zebu, o teste da libido não deve ser aplicado com a mesma metodologia utilizada para animais europeus, pois o tempo de duração do teste pode interferir nos resultados.

O comportamento sexual do touro, que, sabidamente exerce influência na fertilidade do rebanho, tem sido avaliado por meio da intensidade da libido, da capacidade de serviço e do comportamento sexual a campo (Salvador *et al.*, 2003). Touros que apresentam alta classificação quanto à libido e à capacidade de serviço, e que obtêm razoável pontuação andrológica, podem servir maior número de fêmeas durante a estação de monta, possibilitando, assim, maior pressão de seleção.

Testes de libido revelaram-se importantes testes complementares na avaliação do potencial reprodutivo de touros a serem utilizados em monta a campo. A associação entre o comportamento sexual a campo, o desempenho reprodutivo e a classificação final do teste de libido em curral, sugere que o teste é eficiente na avaliação da capacidade de monta de touros. Touros Nelore adultos com alta libido apresentam elevada frequência de monta completa a campo, com consequente reflexo na taxa de prenhez.

Influência da presença do touro na duração do anestro pós-parto

Diversos estudos demonstram que a presença do touro junto com as matrizes influencia o tempo de início do ciclo estral. Zalesky *et al.* (1984) observaram que vacas experientes expostas a touros, logo após a parição, iniciaram o ciclo de estro 21 dias antes do que as vacas não expostas aos touros até 53 dias após a parição (**Tabela 2**).

Tabela 2. Efeito da presença de touros na duração do anestro em vacas experientes após a parição.

	Exposta a touros		Isolada dos touros	
	1981	**1982**	**1981**	**1982**
Data média do parto	Abril	Março	Março	Março
Data média do início do ciclo estral	Maio	Abril	Junho	Maio
Média de dias entre a parição e o primeiro ciclo de estro	43 (±2)	39 (±2)	63 (±2)	61 (±3)

Fonte: Zalesky *et al.* (1984).

O estado nutricional da vaca antes da parição influencia o efeito da presença de touros depois da parição. Vacas alimentadas para manter ou ganhar peso nos últimos 90 dias de gestação foram expostas ou isoladas dos touros depois da parição (Stumpf *et al.*, 1992). As vacas alimentadas para manter o peso iniciaram o ciclo estral no mesmo momento após a parição, que as vacas que ganharam peso e foram expostas aos touros. Entretanto, para as vacas isoladas dos touros, o início do ciclo estral ocorreu mais tarde em vacas alimentadas para manter o peso do que nas vacas que ganharam peso.

Cupp *et al.* (1991) avaliaram a duração do anestro pós-parto em vacas expostas a touros jovens ou experientes e compararam com vacas isoladas de touros logo após a parição. Esses autores observaram que as vacas mantidas com touros jovens e experientes tiveram períodos mais curtos de anestro do que as vacas isoladas dos touros, conforme pode ser observado na **Tabela 3**.

A presença de touros também acelera a retomada do ciclo de estro depois da parição em vacas primíparas (Gifford *et al.*, 1989; Custer *et al.*, 1990). Provavelmente, a presença do touro estimula a liberação de gonadotrofina, a qual regula a função do ovário. Esse fato possivelmente ocorre como resultado de feromônios liberados pelos touros e detectados pelas vacas. Esse feromônio é recebido pelo hipotálamo, via neurônios, e interpretado como um sinal positivo para disparar a liberação de gonadotrofina. Entretanto, evidências indicam que a presença de touros não dispara a liberação de LH em vacas (Custer *et al.*, 1990). Estudos são necessários para provar como a presença do touro serve como sinal para estimular a iniciação do ciclo estral das vacas. Certamente, muito outros fa-

Tabela 3. Efeito da idade do touro em contato com vacas na duração do anestro depois da parição (dias pós-parto).

Tratamento	Dias Pós-Parto 1987	1988	1989	Média
Isoladas dos touros	67,7	72,8	77,2	72,3
Exposta a touros experientes	60,0	52,0	65,8	59,5
Exposta a touros jovens	55,4	60,0	69,1	61,8

Fonte: Cupp *et al.* (1991).

tores interagem com o hipotálamo para determinar o momento ideal para início do ciclo estral.

Influência da presença do touro na puberdade de novilhas

Em 1982, documentou-se que a urina de machos aplicada no orifício oronasal de novilhas durante o período de 8 semanas, promoveu a aceleração do aparecimento da puberdade (Izard e Vandenbergh, 1982). Logo, imaginou-se que a presença de feromônios na urina de touros poderia ser responsável pela aceleração do início da puberdade em novilhas.

Posteriormente, Roberson *et al.* (1991) identificaram que a taxa de crescimento das novilhas interagia com a exposição a touros na definição da idade na puberdade. De acordo com os autores, quanto menor o ritmo de crescimento de novilhas maior é o efeito da exposição a touros (**Tabelas 4** e **5)**.

É comum encontrar na literatura resultados bastante variáveis quanto ao efeito macho na aceleração da puberdade. Resultados negativos da exposição a touros na redução da idade na puberdade em novilhas (Bernardelli *et al.*, 1978; MacMillian *et al.*, 1979) podem, geralmente, ser explicados pelas diferenças de plano nutricional, peso animal e escore de condição corporal.

Amamentação e interações entre o par vaca/bezerro

Existente em quase todos os mamíferos, o anestro, por definição, é o intervalo de tempo após o parto necessário para que a fêmea se recupere da gestação anterior, preparando-se para a concepção e gestação vindouras. O anes-

Tabela 4. Efeito da exposição a touros sobre a porcentagem cumulativa de novilhas púberes no início da estação de monta aos 14 meses de idade.

	Número de novilhas	Idade inicial (dias)	Porcentagem de novilhas púberes por idade* 12 meses	13 meses	14 meses
Exposição	136	347	25	51,5	60,3
Sem exposição	131	349	10	22,9	29,8

*P<0,05. Adaptado de Roberson *et al.* (1991).

Tabela 5. Interação entre exposição a touros e taxa de crescimento em relação à idade e peso na puberdade de novilhas.

Item	Idade inicial (dias) Ano 1	Ano 2	Taxa de crescimento (kg/dia)	Idade na puberdade (dias)* Ano 1	Ano 2	Peso na puberdade (kg)**
Exposição, taxa acelerada	273	263	0,82	358	391	322
Exposição, taxa moderada	275	266	0,63	417	427	340
Sem exposição, taxa acelerada	272	264	0,77	427	428	363
Sem exposição, taxa moderada	274	264	0,65	456	441	369

*Exposição x Ano (P<0,05); Exposição x Taxa de crescimento (P<0,05). **Tratamento x Ano (P>0,10); Exposição x Taxa de crescimento (P>0,05); Efeito de exposição (P<0,05); Efeito de taxa de crescimento (P<0,05). Adaptado de Roberson *et al.* (1991).

tro é caracterizado pelo estado de aciclicidade ovariana, com completa inatividade sexual e sem a manifestação do estro. Em bovinos, a duração desse período é comumente mensurada pelo intervalo de tempo entre o parto e o primeiro estro detectado, sendo denominado intervalo pós-parto. É importante salientar que, sob o ponto de vista evolutivo, o anestro pós-parto é considerado como uma adaptação às condições limitantes do meio ambiente. Todavia, apenas sob a perspectiva produtiva é que sua existência torna-se um entrave econômico (Williams, 1990).

Na maioria das condições brasileiras, os prejuízos causados pelo extenso anestro pós-parto são ainda maiores, uma vez que o retorno ao estro é geralmente mais prolongado em animais *Bos indicus* do que *Bos taurus* (Chenoweth, 1994), da mesma forma que cruzas *Bos indicus/Bos taurus* também possuem menor anestro pós-parto do que fêmeas puras *Bos indicus* (Perotto *et al.*, 2006).

A extensão do anestro pós-parto é influenciada por diversos fatores, como estação do ano, raça, idade, número de parições anteriores, presença do macho, saúde animal, produção de leite, etc. Todavia, a nutrição e a amamentação são aquelas que desempenham papel mais importante (Short *et al.*, 1990).

O controle do intervalo pós-parto é complicado devido não somente aos vários fatores envolvidos, mas também porque os mesmos encontram-se inter-relacionados. Como exemplo, diferenças em aspectos nutricionais estão relacionadas à produção de leite e vice-versa. Da mesma forma, maior intensidade de mamadas está associada à menor produção de leite em vacas subnutridas (Loudon, 1987). Assim, a nutrição e a amamentação, em geral, inibem o retorno da atividade ovariana pós-parto de maneira sinérgica.

Influência dos mecanismos fisiológicos da amamentação sobre o anestro pós-parto

As repostas fisiológicas e comportamentais associadas à amamentação e os processos fisiológicos relacionados à produção de leite estão envolvidos na existência do anestro. A amamentação e a produção de leite afetam a atividade do hipotálamo, da hipófise e do ovário, inibindo o desenvolvimento folicular e prolongando o período de anestro (Montiel e Ahuja, 2005). Como exemplo, pode-se afirmar que o estímulo da mamada é um agravante, uma vez que vacas ordenhadas possuem intervalos pós-parto mais curtos que vacas quando amamentam. Sob aspectos práticos, basta a observação de que vacas leiteiras possuem, em geral, anestro pós-parto mais curto do que vacas de corte, já que as primeiras não amamentam suas crias ou, dependendo do sistema de produção, as amamentam por curtos períodos do dia.

Uma vez que vacas de corte não são comumente ordenhadas, os efeitos combinados da lactação e da amamentação serão referidos, neste texto, somente como efeitos da amamentação. Os mecanismos pelos quais a amamentação exerce seus efeitos são mais bem compreendidos por meio do esquema apresentado na **Figura 2**, que ilustra as etapas pelas quais a fêmea bovina passa ao longo de um ciclo estral.

Etapa 1: Período de duas a três semanas após o parto em que a pituitária (hipófise) restabelece suas reservas de gonadotrofinas, recompondo, juntamente com o hipotálamo, sua capacidade responsiva aos hormônios. Nesses primeiros 20 dias, o anestro é promovido simplesmente por fatores hormonais (depleção de LH na hipófise anterior), não estando diretamente ligado ao efeito da amamentação.

Nessa fase, o hipotálamo restabelece sua capacidade de liberar o hormônio liberador de gonadotrofina (GnRH) em resposta ao estímulo causado pelo aumento na concentração sanguínea de estrógeno. Da mesma forma, a pituitária torna-se novamente capaz de liberar o hormônio luteinizante (LH) em resposta ao GnRH. O hipotálamo passa a liberar pulsos de GnRH sob baixa frequência (a cada 4 a 8 horas). É importante ressaltar que os efeitos inibitórios da amamentação são atuantes no hipotálamo e não na pituitária (Zalesky *et al.*, 1990).

Ao final desse período, o ovário estará funcional, uma vez que o folículo irá ovular em reposta ao LH. Em contrapartida, mesmo com o sistema apto a prosseguir adiante, os efeitos inibitórios da amamentação impedem que as etapas seguintes aconteçam. No anestro de fêmeas bovinas, o desenvolvimento folicular está presente, todavia nenhum dos folículos ovarianos que iniciaram seu desenvolvimento se tornará maduro o suficiente para ovular (Montiel e Ahuja, 2005).

Etapas 2 a 6: Se a fêmea estiver livre dos efeitos inibitórios da amamentação, seja pelo desmame ou pela menor intensidade desses efeitos com o decorrer do tempo, uma série de eventos começa a acontecer. Tais eventos são os mesmos verificados antes do estro e da ovulação (Walters *et al.*, 1982b). A frequência dos pulsos de GnRH liberados pelo hipotálamo aumenta para um pulso a cada 1 ou 2 horas, seguido de aumento correspondente na frequência de pulsos de LH liberado pela pituitária. Esse aumento de estímulo permite ao ovário iniciar a maturação folicular, o que resulta em aumento da produção de estrógeno. Assim, o sistema hipotálamo-hipófise responde à elevação na concentração de estrógeno, promovendo uma liberação ovulatória de LH, juntamente com a manifestação do estro. Por fim, o folículo maduro responde à carga de LH, liberando um óvulo e, dessa forma, ocorrendo a ovulação.

Etapas 7a e 7b: Caso a fêmea conceba e torne-se prenhe, ocorrerão os processos de gestação e parição (Etapa 7b), seguidos do anestro pós-parto subsequente. Caso a fêmea não fique prenhe (por não ter sido posta em monta ou por falha na concepção), então a prostaglandina $F_{2\alpha}$ ($PGF_{2\alpha}$) promoverá a regressão do corpo lúteo e um novo ciclo estral se iniciará a partir da Etapa 2. Em alguns casos, a fêmea pode voltar ao anestro por motivos sazonais, nutricionais, etc.

O mecanismo pelo qual a amamentação inibe a fêmea bovina de prosseguir além da Etapa 1 é bastante complexo, não muito bem compreendido e, por isso, bastante estudado. A presença de sua cria e o ato de mamar geram uma série de mensagens metabólicas, neurais (tanto sensoriais como olfativas) e psicológicas. Essas mensagens combinadas aparentemente inibem o gerador de pulsos do hipotálamo, o que torna a frequência de pulsos de GnRH baixa. Essa baixa secreção pulsátil de GnRH é provocada pela

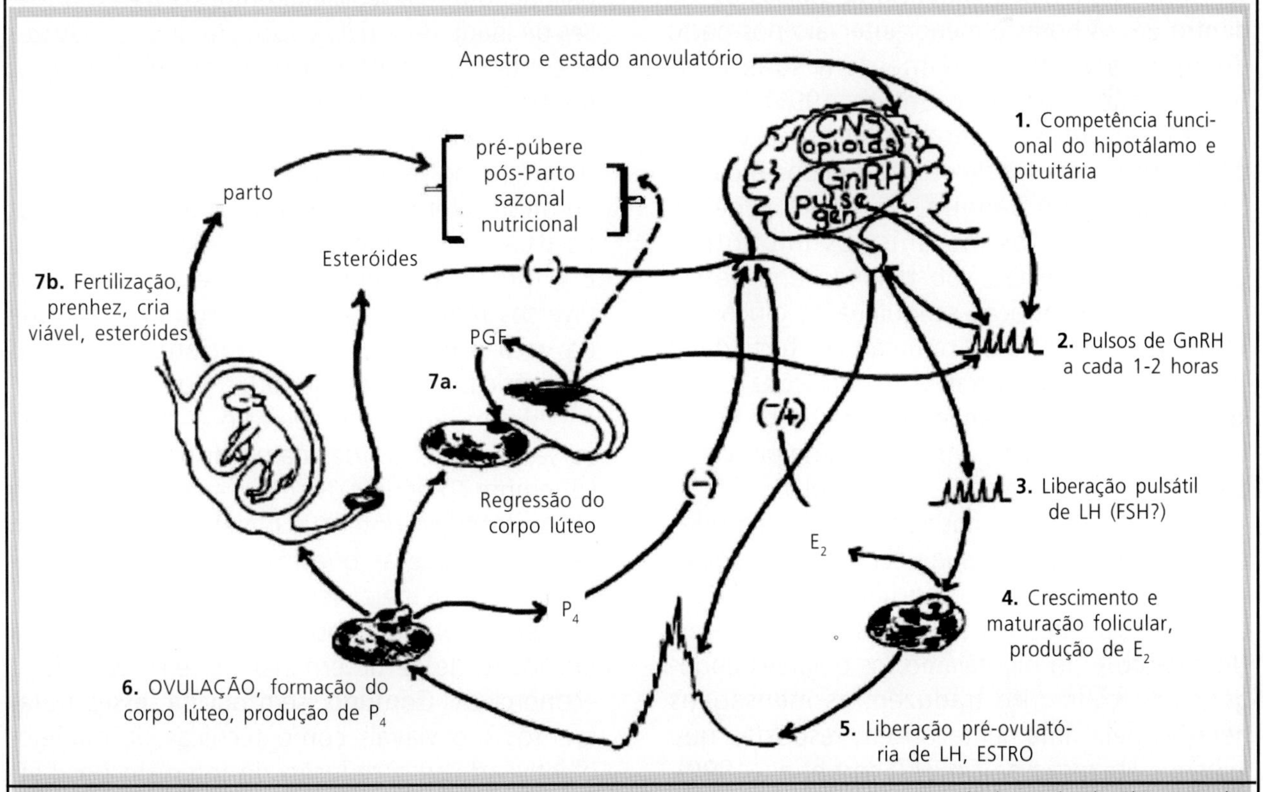

Figura 2. Esquema do controle hormonal do estro e da ovulação em vacas pós-parto. (Adaptado de Short *et al.*, 1990).

retroalimentação negativa dos estrógenos ovarianos que, consequentemente, afetam a pulsatilidade de LH (Walters *et al.*, 1982a; Wiltbank *et al.*, 2002).

É bem estabelecido na literatura o aumento da secreção pulsátil de LH entre 2 e 6 dias após a remoção do estímulo da mamada (Walters *et al.*, 1982b; Smith *et al.*, 1983; Williams *et al.*, 1987). Assim, alternativas ao método da desmama tradicional atuam aumentando a frequência de pulsos de LH, promovendo melhor desenvolvimento folicular. Vale ressaltar que as mensagens neurais, vindas diretamente do úbere durante a amamentação, não parecem possuir efeito significativo. Estudos demonstraram que somente a presença da cria ao pé de suas mães (sendo as mesmas mastectomizadas) promoveu inibição igual à gerada por crias amamentadas por mães intactas, demonstrando que o estímulo sobre o úbere não possui grande efeito inibitório (Viker *et al.*, 1989). De maneira semelhante, vacas que amamentam crias alheias e vacas incapazes de reconhecer suas próprias crias (por serem impedidas de verem e/ou cheirarem seus bezerros) apresentaram maior concentração sérica de LH, maior frequência de pulsos de LH dentro de 48 horas e menor intervalo pós-parto do que vacas que amamentam suas crias normalmente (Williams e Griffith, 1995).

Metabólitos, como a glucose e certos peptídeos chamados de opioides endógenos, ao circularem pelo sangue, são parcialmente responsáveis pelos mecanismos inibitórios. Quando vacas estão sob balanço energético negativo (concentração sanguínea de glucose < 30 mg/dL), verifica-se redução da fertilidade (McClure, 1970). Baixas concentrações circulantes de glicose suprimem a liberação de GnRH e, consequentemente, a frequência de pulsos de LH necessária ao crescimento folicular.

Opioides endógenos (encefalinas, endofirnas e dinorfinas), por sua vez, são substâncias químicas semelhantes à morfina que ajudam a traduzir sinais neurais em repostas fisiológicas. No cérebro e no hipotálamo, os opioides endógenos parcialmente traduzem as mensagens geradas pela amamentação em respostas que inibem a liberação de GnRH (Short *et al.*, 1990). Os opioides atuam diretamente na inibição dos neurônios responsáveis pela liberação de GnRH, suprimindo também a liberação de LH, por meio de sua atuação perante a pituitária anterior (Yavas e Walton, 2000b). Vacas em amamentação, comumente apresentam elevadas concentrações de opioides endógenos (Whittier, 1990; Yavas e Walton, 2000a; Yavas e Walton, 2000b). Segundo Whittier (1990), a remoção temporária do bezerro resulta no decréscimo das concentrações circulantes desses opioides na vaca. Da mesma forma, já se demonstrou que a administração de substâncias antagonistas aos opioides promoveu maior secreção de LH em vacas em anestro que estavam amamentando (Williams e Griffith, 1995).

Questões de ordem prática e econômica

Diversos são os métodos utilizados para a diminuição do efeito da amamentação sobre a eficiência reprodutiva de vacas de corte, sendo mais comum a forma de desmama precoce ou antecipada, interrompida ou temporária e controlada ou restrita. Tais práticas são empregadas em substituição ao método de desmama tradicional que é a realizada entre os 6 e os 8 meses de idade das crias, época em que as matrizes encontram-se em baixa produção de leite e os bezerros já estão bem desenvolvidos.

O intuito dessas práticas é o de melhorar o desempenho reprodutivo de fêmeas, tentando, ao mesmo tempo, minimizar os danos causados ao desenvolvimento da cria (Valle *et al.*, 1998). É importante salientar que a resposta aos diversos métodos varia de acordo com a idade da vaca e da cria, nível nutricional e reservas energéticas, além do genótipo dos animais.

Assim, ao se considerar o emprego das diversas práticas de desmama disponíveis, deve-se sempre computar os custos envolvidos em sua implantação, o potencial benefício biológico do seu emprego e as questões relacionadas à viabilidade de manejo dentro da propriedade, por fim, equacionando todas essas variáveis com a finalidade de se determinar os reais benefícios econômicos. Contudo, sem dúvida, esses tratamentos são viáveis como técnicas de manejo, objetivando-se a redução do intervalo pós-parto, desde que se considerem questões próprias de cada situação, como manejo da fazenda, tamanho da propriedade, dos lotes utilizados, deficiências de cada prática, etc.

Por outro lado, é importante chamar a atenção para o fato de que o problema mais corriqueiro encontrado em rebanhos com prolongado intervalo pós-parto é de questão nutricional. Em termos de partição e competição por nutrientes, o retorno da atividade ovariana pós-parto é a função corporal de mais baixa prioridade, quando comparada com as atividades vitais, de manutenção das reservas corporais, de crescimento, gestação e lactação. Sabe-se, também, que a amamentação agrava drasticamente os efeitos relacionados à má nutrição. Dessa forma, deficiências nutricionais e a baixa reserva corporal de nutrientes são os primeiros problemas a serem encarados, quando detectadas situações de animais com anestro pós-parto prolongado.

Por fim, é importante salientar que o uso desses métodos deve ser muito bem ponderado. Short *et al.* (1990) descreveram que as desvantagens de manejo e a possível perda econômica relacionada ao desempenho dos bezerros devem ser computadas juntamente com o aumento esperado nos índices reprodutivos, para que assim seja feita a adequada tomada de decisão. Perdas econômicas e problemas de manejo, como o aumento da incidência de doenças nos bezerros e a redução do peso à desmama podem ser verificados em certos casos (Castro e Haddad, 1998). Assim, recomenda-se que os métodos de desmama sejam usados apenas como última alternativa.

Desmama precoce ou antecipada

A desmama precoce ou antecipada é a prática de se apartar o bezerro de sua mãe bem mais cedo do que a tradicionalmente feita no Brasil, que é entre os 6 e 8 meses de idade das crias. De maneira geral, é feita quando os bezerros possuem entre 90 e 120 dias de idade, com peso vivo ao redor dos 100 kg. A desmama, tendo como base os 90 kg de peso vivo, parece ser um bom indicativo para a tomada de decisão, o que diminui drasticamente a mortalidade pós-desmama (Aroeira e Rosa, 1989).

A desmama precoce deve ser efetuada quando os bezerros apresentam idade igual ou inferior a três meses, produzindo dessa forma resultados satisfatórios em termos de elevados índices de concepção e, ao mesmo tempo, minimizando-se os prejuízos relacionados ao desenvolvimento dos bezerros. Assim, a técnica deve favorecer a vaca, mas ao mesmo tempo não prejudicar o bezerro.

A desmama logo após o parto, ou até 1 semana pós-parto, é extremamente eficiente na redução do anestro pós-parto, mas, em condições de campo, essa prática é totalmente descartada, decorrente dos problemas causados ao desenvolvimento dos bezerros (Bellows *et al.*, 1974).

É importante considerar que, ao se adotar a desmama precoce feita depois dos 90 dias de idade dos bezerros, já está se admitindo um intervalo entre partos maior que 12 meses, índice que não é desejável em sistemas de produção intensiva.

O objetivo principal dessa técnica é o de permitir que as fêmeas recuperem sua condição corporal e possam conceber ainda dentro do período de monta seguinte ao parto. Em geral, o emprego da desmama precoce ocorre em anos cuja oferta de forragem é muito baixa, o que poderia comprometer o sucesso da estação de monta subsequente.

A desmama precoce possui efeitos positivos sobre as reservas corporais da matriz. Vacas cujos bezerros são desmamados precocemente possuem maior peso e índice de escore corporal do que vacas que amamentam seus bezerros (Arthington e Kalmbacher, 2003). Em fêmeas *Bos indicus*, a desmama aos 2 ou 3 meses pós-parto reduziu a perda de peso corporal e de escore de condição corporal durante a estação seca. Em alguns casos, houve melhora nos índices de prenhez, todavia os resultados foram muito variáveis (Schilink *et al.*, 1988; Schilink *et al.*, 1994; Sullivan *et al.*, 1992).

Quando os bezerros são desmamados precocemente, aos três meses de idade, os índices de concepção podem ser aumentados em mais de 50%. Vacas desmamadas precocemente possuem também menor anestro pós-parto. Houghton *et al.* (1990) observaram que 75,7% das vacas ciclaram dentro de 60 dias pós-parto quando seus bezerros foram desmamados aos 30 dias de idade, em comparação a 20% das vacas que ciclaram dentro de 60 dias quando elas permaneceram amamentando normalmente. Da mesma forma, ao se encurtar o período de amamentação de 7 para 4 meses, verificou-se que o período necessário para o parto subsequente foi reduzido em 39 dias (Schotter e Williams, 1975).

A desmama precoce, sozinha ou em conjunto com tratamentos hormonais, reduz o intervalo entre o parto e o primeiro estro, aumenta a taxa de concepção e possui a tendência de reduzir o período de serviço (Williams, 1990). Na **Tabela 6** são apresentadas as vantagens obtidas pela desmama precoce no que diz respeito à maior eficiência reprodutiva da vaca.

Tabela 6. Porcentagem de prenhez e anestro para vacas que tiveram seus bezerros desmamados aos 3 ou 6 meses.

Idade na desmama	Nº de animais	% de prenhez	% de anestro
3 meses (precoce)	203	64,5^a	13,8^a
6 meses (tradicional)	480	21,5^b	60,4^b

Médias seguidas de mesma letra nas colunas não diferem entre si (P > 0,10) pelo teste do Qui-quadrado. Fonte: Pimentel *et al.* (1979).

Além de promover o aumento nos índices reprodutivos, essa prática também proporciona aumento na taxa de lotação, pois vacas solteiras necessitam de 40 a 60% menos nutrientes do que vacas em lactação (Valle *et al.*, 1998). Além disso, a antecipação na redução da lotação das pastagens é conseguida por meio da venda antecipada dos bezerros.

Segundo Aroeira e Rosa (1989), a desmama precoce só é viável caso o desenvolvimento dos bezerros não seja prejudicado de maneira irreparável. Logo, ao se tomar a decisão pelo uso da desmama precoce, automaticamente deve-se adotar a prática de suplementação dos bezerros. Nessas circunstâncias, seu custo deve sempre ser levado em consideração. A adoção do *creep feeding* é uma das alternativas para se reduzir o estresse da desmama precoce, almejando o aumento dos índices de concepção sem, em contrapartida, prejudicar o desenvolvimento dos bezerros.

Bezerros já são considerados ruminantes por volta dos 3 meses de idade. Esse fato sugere que animais desmamados nessa idade, mesmo sendo mais leves que bezerros desmamados aos 180-210 dias, já estão suficientemente adaptados à alimentação à base de forragem e concentrados. Logo, as diferenças de peso tenderiam a desaparecer ao longo do tempo, quando os bezerros atingissem os 12 meses de idade (Grenn e Buric, 1953; Fonseca *et al.*, 1987).

Em contrapartida, Aroeira e Rosa (1989) verificaram diferença significativa para peso vivo aos 12 meses, quando os bezerros foram desmamados aos 3 ou 7 meses de idade (**Figura 3**). Por outro lado, verificou-se mortalidade de 66% de bezerros desmamados aos 3 meses, valor excessivamente alto, sendo explicado pelo não uso de suplementação pós-desmama, aliada à desmama feita nos meses entre março e agosto.

Assim, verifica-se que para a viabilidade da desmama precoce, tanto o momento certo da tomada de decisão como o manejo dos bezerros pós-desmama devem ser encarados de forma bastante delicada, visto a fragilidade das crias nessa fase da vida. Pode-se verificar que a suplementação dos bezerros é praticamente obrigatória, sob o risco do aumento na mortalidade de bezerros sobrepujar qualquer melhora nos índices reprodutivos.

Sumarizando, a desmama precoce pode ser uma alternativa bastante interessante na redução do anestro pós-parto. Entretanto, essa ferramenta deve ser utilizada apenas em condições adversas, já que os custos de suplementação e o intenso manejo, associados aos bezerros pre-

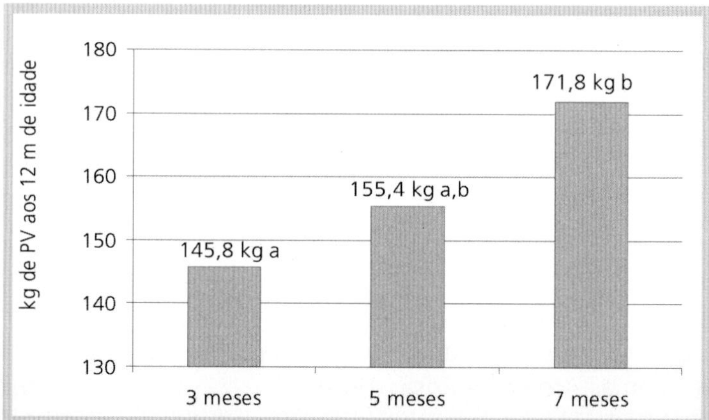

Figura 3. Influência da idade de desmama sobre o peso vivo das crias aos 12 meses de idades. Fonte: Aroeira e Rosa (1989).

cocemente desmamados, podem inviabilizar o uso desse método sob qualquer condição (Williams, 1990). Deve-se sempre considerar também que com o uso da desmama precoce aumentam-se os riscos de mortalidade de bezerros.

Desmama temporária ou interrompida

Essa técnica consiste basicamente na separação temporária do bezerro por um período de tempo que varia entre 48 e 72 horas, a partir dos 40 dias pós-parto, sendo repetido a cada 30 dias (Castro e Haddad, 1998). Entretanto, existem variações na época de aplicação, duração e número de repetições. Segundo Galina *et al.* (2001), a desmama interrompida pode se estender por até 96 horas.

A desmama temporária é também denominada de *Shang*. Nesse caso, normalmente a apartação dos bezerros é feita por 48 horas durante o período de estação de monta. Nesse caso, é comum o uso de tratamentos hormonais à base de progesterona com a finalidade de sincronizar a manifestação do cio. Estudos sobre o sinergismo da desmama temporária com o uso de dispositivos liberadores de progesterona demonstraram elevação da taxa de prenhez em protocolos de inseminação artificial em tempo fixo (Ereno *et al.*, 2007).

A remoção temporária do bezerro de sua mãe é viável em rebanhos não muito grandes, apresentando ainda a vantagem de ser uma técnica de baixo custo. Todavia, há o inconveniente de que novilhas de primeira cria podem rejeitar o bezerro após a apartação. Adicionalmente, boas cercas são necessárias para que a apartação se sustente durante todo período necessário. Os bezerros, quando separados, são mantidos em piquete anexo, devendo receber água de boa qualidade e concentrado à vontade.

A frequência da amamentação, intensidade ou sua duração são consideradas como determinantes na duração do anestro pós-parto (Williams, 1990). Assim, a retirada do estímulo da amamentação provoca aumento de liberação de LH, sendo esse aumento detectado 24 horas após a remoção dos bezerros (Walters *et al.*, 1982a). Já nas 48 horas após a retirada das crias, a concentração de LH nas vacas em anestro chega a teores semelhantes aos observados em vacas ciclando normalmente (Edward, 1985).

A eficácia da separação temporária depende do estado nutricional da vaca. Fêmeas que se encontram em escore de condição corporal menor do que 4 (escala de 1 a 9) não respondem ao tratamento. Também não se recomenda o uso de desmama temporária em vacas bem nutridas e com bom ECC. De acordo com Whisnant *et al.* (1985), a remoção do estímulo da amamentação supera a depressão da concentração de LH causada pela má nutrição; todavia, a concentração de LH em vacas bem alimentadas já é suficiente para causar a ovulação, fato que explica a ausência de efeito em condições de boa nutrição. A desmama interrompida feita em vacas bem nutridas tende a atuar mais na sincronização da atividade ovariana do que na antecipação da ovulação (Dode *et al.*, 1989).

De maneira geral, a técnica parece ser mais eficiente em vacas com escore de condição corporal entre 4 e 6 (escala 1 a 9). Por sua vez, em vacas muito magras ou gordas em excesso espera-se menor resposta, enquanto vacas primíparas devem ser mais responsivas que as multíparas (Santos e Santos, 2003).

Quanto aos resultados dessa prática, verificou-se taxa de prenhez de 97% para vacas submetidas à desmama interrompida por 72 horas (50 dias após o parto com repetição após 24 dias), sendo que o grupo controle apresentou taxa de prenhez de 72%. Contudo, diferenças não foram encontradas no segundo ano de experimento, provavelmente em virtude das fêmeas estarem sob melhores condições nutricionais (Dode *et al.*, 1989).

Por sua vez, Gregory e De Siqueira (1983) determinaram que o desmame interrompido proporcionou 91,6% de taxa de prenhez contra 67,7% para o grupo controle, quando utilizadas vacas com concentrações adequadas de albumina no sangue (indício de boa nutrição). Entretanto, o efeito do tratamento não foi constatado em matrizes cujas concentrações de albumina sérica eram subnormais, o que é indicador de má nutrição dos animais

Quando se utiliza a desmama interrompida, é importante chamar a atenção para a baixa eficiência do uso de anteparos metálicos ou plásticos nos focinhos dos bezerros, o que permite a permanência dos mesmos com as mães.

É sabido que não apenas a mamada, mas também sentidos como o olfato e a visão, assim como a simples presença do bezerro ao lado da mãe, influenciam os mecanismos hormonais que atuam na atividade ovariana (Short *et al.*, 1994; Hoffman *et al.*, 1996; Ruas *et al.*, 2000).

Vacas possuem anestro pós-parto mais longo comparadas à vacas sem bezerros, quando os mesmos são mantidos ao lado de suas mães, porém impedidos de mamar (**Figura 4**).

Um período mais curto é verificado quando os bezerros são temporariamente separados de suas mães, sem contato visual ou auditivo (Hoffman *et al.*, 1996). Curiosamente, a relação vaca/bezerro é tão intensa que chega ao ponto de se constatar diminuição nos efeitos inibitórios atuantes sobre a secreção de LH quando, por um período de dois a quatro dias, os bezerros verdadeiros das vacas foram substituídos por bezerros pertencentes a outras mães (Williams *et al.*, 1996).

Em relação ao impacto sobre o ritmo de crescimento das crias, a desmama interrompida apresenta menores efeitos deletérios do que a desmama precoce, uma vez que a apartação é realizada por curto período. Experimentos demonstraram que o peso vivo dos bezerros a desmama foi igual para o grupo submetido na desmama interrompida e para o grupo controle (Dunn Jr. *et al.*, 1985; Dode *et al.*, 1989).

Por fim, o benefício ou não da desmama interrompida está relacionado às condições nutricionais das matrizes em questão. Logo, os resultados podem ser influenciados pela época do ano, condições climáticas e pela oferta e qualidade de forragem. Também sempre se devem considerar as possíveis limitações de manejo que essa prática pode trazer.

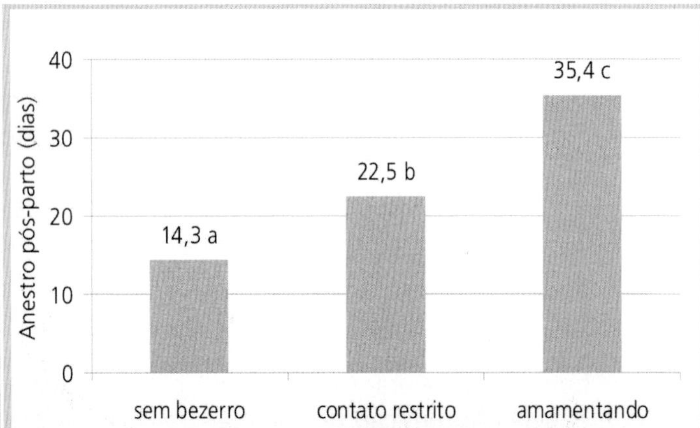

Figura 4. Influência da presença da cria no anestro pós-parto de vacas de corte. Contato restrito = bezerro em contato com a mãe, porém incapaz de mamar. Letras distintas diferem entre si com $P < 0{,}01$. Fonte: Hoffman *et al.* (1996).

Amamentação controlada ou restrita

Na manifestação do anestro pós-parto existe a evidência de que a quantidade de estímulos diários provocados pela amamentação é mais significativa do que a duração desses estímulos (Cubas *et al.*, 1985).

Um bezerro zebuíno chega a mamar mais de 8 vezes ao longo de um único dia. Justamente com o intuito de reduzir o número de estímulos diários produzidos pelo bezerro ao se alimentar é que surgiu a ideia da desmama controlada. Essa técnica baseia-se na apartação diária da cria, possibilitando que o bezerro encontre sua mãe para se alimentar apenas poucas vezes por dia, geralmente no período da manhã e da tarde.

O melhor exemplo do uso dessa técnica é o da criação de gado leiteiro sob baixos níveis de intensificação. Nesse caso, os bezerros ficam separados de suas mães, mantidos em piquetes independentes com acesso a cocho de sal, água e, eventualmente, algum tipo de suplementação concentrada. Geralmente, permite-se que os bezerros tenham apenas poucas horas de amamentação após a ordenha.

A prática da amamentação controlada pode apresentar resultados positivos em vacas com baixo escore de condição corporal e sob restrição nutricional, especialmente em vacas primíparas (Santos e Santos, 2003), atuando na redução do estresse da amamentação e, principalmente, reduzindo as exigências nutricionais (Valle, 1998). Em contrapartida, o efeito da amamentação controlada parece não promover efeitos significativos em vacas com adequado escore de condição corporal (Anderson e Lewis, 1991). Para vacas *Bos indicus* e *Bos taurus/Bos indicus*, a amamentação controlada é mais eficiente em novilhas primíparas do que em vacas multíparas (Montoni e Riggs, 1978; Randel, 1981). Um exemplo dos resultados positivos do uso da desmama controlada sobre os índices reprodutivos de vacas de corte é apresentado na **Tabela 7**.

Tabela 7. Porcentagem de vacas ciclando e taxa de prenhez de vacas aneloradas de acordo com o método de desmama.

Desmama	% de cio	% de prenhez
Tradicional	26	20
Controlada (2x/dia)	61	43

Fonte: Fonseca *et al*. (1981).

Pesquisas demonstraram que o aumento na fertilidade das vacas apenas ocorre quando as matrizes são submetidas ao tratamento de uma mamada diária, sendo que o uso de duas mamadas diárias apresenta índices de fertilidade semelhantes ao grupo controle (bezerros ao pé da vaca; Cubas *et al*., 1985). Williams (1990) também relatou que apenas o método de uma mamada diária é eficiente na redução do anestro pós-parto. Segundo o autor, apenas dois ou três estímulos diários já são suficientes para promover o atraso do primeiro estro pós-parto. A **Tabela 8** contém resultados de um estudo que avaliou o efeito da desmama controlada sobre a atividade ovariana pós-parto e o intervalo entre partos de vacas de corte (Browning Jr. *et al*., 1994).

Pesquisas com vacas zebuínas demonstraram que o tempo necessário para o aparecimento do primeiro estro em vacas que amamentam de forma irrestrita, 2 vezes por dia (2 horas cada) ou somente 1 vez por dia (2 horas) foi 169, 140 e 110 dias, respectivamente (Brito, 1974). Da mesma forma, vacas separadas de seus bezerros, durante todo o dia, permitindo-se a amamentação diária por apenas 30 minutos, apresentaram período de anestro de 69 dias, comparado a 116 dias para vacas que permaneceram com seus bezerros (Randel e Welker, 1976). Entretanto, a amamentação 2 vezes ao dia, mesmo sendo menos eficiente que a feita 1 vez ao dia, também parece possuir seus efeitos, já que a taxa de prenhez de vacas que amamentaram 2 vezes ao dia foi 33% maior que a taxa daquelas que amamentaram continuamente (Bastidas, 1984).

Por outro lado, a amamentação controlada apresenta efeitos negativos sob o desenvolvimento dos bezerros. Como exemplo, verificou-se que bezerros que mamaram 1 vez ao dia, 2 vezes ao dia e irrestritamente apresentaram peso vivo na desmama de 148,25; 158,76 e 173,08 kg, respectivamente, sendo que o grupo que mamou 1 vez ao dia diferiu significativamente do grupo irrestrito (Cubas *et al*., 1985). De forma semelhante, Marongiu *et al*. (2002) também verificaram que bezerros submetidos à amamentação controlada tiveram menor ganho de peso quando comparados aos animais submetidos à amamentação irrestrita (811 x 875 g/dia, respectivamente).

Em contrapartida, existe a evidência de que as diferenças de peso vivo das crias tendem a desaparecer ao longo do tempo. Bezerros submetidos a apenas uma mamada diária apresentaram-se mais leves quando comparados aos demais nas pesagens iniciais dos 5 e 12 meses de idade. Todavia, essa diferença significativa desapareceu quando as crias foram pesadas aos 24 meses de idade (Fonseca *et al*., 1987).

Essa constatação sugere que o tratamento de uma mamada diária promove restrição alimentar até a desmama. Porém, na fase de recria, esses animais possuem ganho de peso mais elevado graças ao menor estresse provocado

Tabela 8. Efeito da desmama controlada sobre a atividade ovariana pós-parto e o intervalo entre partos de vacas de corte.

	Desmama controlada	Amamentação irrestrita	Valor de *P*
Intervalo parto – 1° estro	41,9 ± 3	64,6 ± 3,9	0,001
% de vacas em estro aos 42 dias pós-parto	67	0	0,001
% de vacas em estro aos 73 dias pós-parto	100	56	0,005
% de vacas com intervalo entre partos menor que 365 dias	60	5	0,001
Intervalo entre partos médio (dias)	361,3 ± 7,7	395,4 ± 8,4	0,001

Fonte: Browning Jr. *et al*. (1994).

pela desmama e pelo desenvolvimento mais precoce da flora ruminal.

A desmama controlada pode ser utilizada na tentativa de se elevar os índices reprodutivos. Entretanto, o manejo dessa técnica é, sem dúvida, o mais limitante. Recomenda-se que seja usada apenas em rebanhos pequenos, em que é possível a apartação diária e o acompanhamento do desenvolvimento dos bezerros. O custo da suplementação dos bezerros também deve ser considerado, podendo ser mais um fator limitante ao uso dessa técnica.

Considerações finais

O longo intervalo entre partos é um dos índices que mais contribui para a redução da produtividade de uma fazenda de gado de corte, impedindo que se atinja a meta de produção de uma cria por vaca a cada ano. Nas condições brasileiras, o longo intervalo entre partos comumente verificado é, na maioria das vezes, fruto da subnutrição causada pela baixa oferta de forragem e inadequado manejo reprodutivo dos animais.

A estação de monta é prática indiscutível e imperativa em qualquer sistema comercial de criação de bezerros. Entretanto, deve ser utilizada juntamente com o correto manejo dos touros e, deve se combinar o ciclo de produção com a disponibilidade e qualidade de forragem. Exames sanitários, teste andrológico e de libido são essenciais para o sucesso reprodutivo das propriedades que utilizam o sistema de monta natural. De forma geral, verifica-se que é possível a utilização de maior número de vacas por touro quando comparado à proporção comumente verificada em rebanhos comerciais.

Técnicas relacionadas ao manejo da amamentação não devem ser utilizadas como solução ao mau manejo nutricional das matrizes de corte. Apenas em situações específicas e momentâneas de má nutrição das matrizes é que tais técnicas, como a desmama precoce, temporária ou amamentação controlada, podem ser consideradas. Estas práticas privilegiam sempre a mãe e visam manter a meta de um bezerro produzido por vaca ao ano.

A tomada de decisão deve ser criteriosa, constratando-se a viabilidade das alterações no manejo com o custo econômico (em geral relacionado à suplementação de bezerros). Além disso, o produtor deve se certificar de que a técnica empregada não esteja influenciando negativamente o desempenho dos bezerros e comprometendo a rentabilidade do sistema de criação. Desta forma, para cada situação, o produtor deve ter como objetivo reduzir o período de anestro das fêmeas e, ao mesmo tempo, garantir o máximo ganho de peso dos bezerros.

Referências bibliográficas

Abreu, U.G.; Lopes, P.S.; Torres, R.A.; Santos, H.N.Avaliação da introdução de tecnologias no sistema de produção de gado de corte no Pantanal. Desempenho e descarte de matrizes. **Revista Brasileira de Zootecnia**, v.35, n.6, p.2496-2503, 2006a.

Abreu, U.G.; Lopes, P.S.; Baptista, A.J.M.S.; Torres, R.A.; Santos, H.N.Avaliação da introdução de tecnologias no sistema de produção de gado de corte no Pantanal: análise de eficiência. **Revista Brasileira de Zootecnia**, v.35, n.3 (supl.), p.1242-1250, 2006b.

Abreu, U.G.; Martins, I.C.; Torres, R.A. Análise bioeconômica da introdução de período de monta em sistemas de produção de rebanhos de cria na região do Brasil Central. **Revista Brasileira de Zootecnia**, v.32, n.5, p.1198-1206, 2003.

Alencar, M.M.; Bugner, M. Desempenho produtivo das raças Canchim e Nelore II. Primeiro parto. **Pesquisa Agropecuária Brasileira**, v.22, n.8, p.867-872, 1987.

Anderson, P.; Lewis, M. Effects of body condition and energy intake on reproduction of beef cows. **Beef Cattle Management Update**, n.15, 1991.

Aroeira, J.A.D.; Rosa, A.N.Efeito da idade de desmama sobre o desenvolvimento de bezerros Nelore criados a campo. **Pesquisa Agropecuária Brasileira**, v.24, n.11, p.1349-1352, 1989.

Arthington, J.D.; Kalmbacher, R.S. Effect of early weaning on the performance of three-year-old, first-calf beef heifers and calves reared in the subtropics. **Journal of Animal Science**, v.81, n.5, p.1136-1141, 2003.

Barbosa, R.T.; Machado, R.; Bergamashi, M.A.C.M. Como calcular a proporção touro:vaca para a estação de monta de bovinos de corte. São Carlos, SP.EMBRAPA-Pecuária Sudeste, 2007. 10p.(EMBRAPA-Circular Técnica, 53).

Barbosa, R.T.; Alencar, M.N.; Barbosa, P.F.; Fonseca, V.O. Comportamento sexual de touros das raças Canchim e Nelore. **Revista Brasileira de Reprodução Animal**, v.15, n.3-4, p.151-157, 1991.

Barbosa, R.T. C**omportamento sexual, biometria testicular, aspectos do sêmen e níveis plasmáticos de testosterona em touros Canchim e Nelore**. 1987, 135 p.Dissertação (Mestrado em Medicina Veterinária) . Escola de Veterinária da Universidade Federal de Minas Gerais, Belo Horizonte.

Bascuñan, D.S.R.; Jorge, A.M.; Rocha, G.P.; Weschler, F.S.; Andrighetto, C. Comportamento sexual de touros Zebuínos e Angus em central de coleta e processamento de sêmen.**Revista Brasileira de Zootecnia**, v.37, n.2, p.254-260, 2008.

Bastidas, P.; Troconiz, J.; Verde, O.; Silva, O. Effect of restricted suckling on pregnancy rates and calf performance in Brahman cows. **Theriogenology**, v.21, n.2, p.13-25, 1984.

Bellows, R.A.; Short, R.E.; Urick, J.J.; Pahnish O.F. Effects of early weaning on postpartum reproduction of the dam and growth of calves born as multiples or singles. **Journal of Animal Science**, n.39, p.589-600, 1974.

Berardinelli, I.G.; Fogwell, R.L.; Inskeep, E.K. Effect of electrical stimulation or presence of a bull on puberty in beef heifers. **Theriogenology**, v.9, n.2, p.133-137, 1978.

Brito, R. Estudio de los efectos de la reducción del tiempo de permanencia del ternero junto a la vaca Cebú, sobre su actividad sexual y el desarrollo de sus crías. **Ciência Veterinária**, v.5, p.23–30, 1974.

Browning Jr., R.; Robert, B.S.; Lewis, A.W.; Neuendorff, D.A.; Randel, R.D. Effects of postpartum nutrition and once-daily suckling on reproductive efficiency and preweaning calf performance in fall-calving Brahman (*Bos indicus*) cows. **Journal of Animal Science**, v.72, n.4, p.984-989, 1994.

Castro, F.G.F.; Haddad, C.M. Técnicas para aumentar a eficiência reprodutiva em matrizes bovinas de corte. In: Tópicos em Ciência Animal e Pastagens 1. Ed: Araujo, E.T.; Vieira, A.C. CALQ. Piracicaba, SP.p.297-317. 1998.

Cavalcante, F.A.; Martins Filho, R.; Campello, C.C.; Lobo, R.N.B,; Araujo, G. Período de gestação em rebanho nelore na amazônia oriental. **Revista Brasileira de Zootecnia**, v.30, n.5, p.1451-1455, 2001.

Chenoweth, P.J. Sexual behavior of the bull: a review. **Journal of Dairy Science**, v.66, n.1, p.173-179, 1983.

Chenoweth, .J.; Brinks, J.S.; Nett, T.M. A comparison of the three methods of sex-drive in yearling beef bulls and relationships with testoterone and LH levels. **Theriogenology**, v.12, p.223-233, 1979.

Chenoweth, P.J. Aspects of reproduction in female *Bos indicus* cattle: a review. **Australian Veterinary Journal**, v.71, n.12, p.422-426, 1994.

Colégio Brasileito de Reprodução Animal – CBRA. **Manual para exame andrológico e avaliação de sêmen animal.** 2.ed. Belo Horizonte: CBRA, 1998. 49p.

Costa e Silva, E.V.; Fonseca, V.O.; Hermany, A. Avaliação andrológica de touros Nelore e aptidão reprodutiva: taxa de gestação. **Revista Brasileira de Reprodução Animal**, v.17, n.3/4, p.97-109, 1993.

Costa e Silva, E.V.; Sereno, J.R.B.; Costa, M.J.R. Comportamento sexual de touros nelore (*Bos taurus indicus*) e Pantaneiro (*Bos taurus taurus*) durante os procedimentos de teste de libido. **Revista Brasileira de Reprodução Animal**, v.23, n.3, p.214-216, 1999.

Cubas, A.C.; Mâncio, A.B.; Lesskiu, C.; Tahira, J.K. Efeito da amamentação controlada sobre a eficiência reprodutiva de vacas de corte no sul do Paraná. **Revista da Sociedade Brasileira de Zootecnia**, v.14, n.2, p.247-255, 1985.

Cupp, A.; Roberson, M.; Stumpf, T.; Wolfe, M.; Werth, L.; Kojima, N.; Kittok, R.; Kinder, J. Exposure to bulls of different ages on duration of postpartum anestrus in cows. **Nebraska Beef Cattle Report**, p.5-6, 1991.

Custer, E.E.; Berardinelli, J.G.; Short, R.E.; Wehrman, M.; Adair, R. Postpartum interval to estrus and patterns of luteinizing hormone (LH) concentrations in first-calf suckled beef cows exposed to mature bulls. **Journal of Animal Science**, v.68, n.5, p.1370-1377, 1990.

Deutscher, G.H.; Stotts, J.A.; Nielsen, M.K. Effects of breeding season length and calving season on range beef cow productivity. **Journal of Animal Science**, v.69, n.9, p.3453-3490, 1991.

Dode, M.A.N.; Valle, E.R.; Rosa, G.O. Efeito da interrupção temporária do aleitamento sobre a fertilidade de vacas de corte. **Revista Brasileira de Reprodução Animal**, v.13, n.2, p.109-120, 1989.

Dunn Jr., T.; Smith, M.F.; Garverick, H.A.; Folly, C.W. Effects of 72 hr calf removal and/or gonadotropin releasing hormone on luteinizing hormone release and ovarian activity in postpartum beef cows. **Theriogenology**, v.23, n.5, p.767-776, 1985.

Edward, S. The effects of short term calf removal on pulsatile LH secretion in postpartum beef cow. **Theriogenology**, v.23, n.5, p.777-785, 1985.

Ereno, R.L.; Barreiros, T.R.R.; Seneda, M.M.; Baruselli, P.S.; Pegorer, M.F.; Barros, C.M. Taxa de prenhez de vacas Nelore lactantes tratadas com progesterona associada à remoção temporária de bezerros ou aplicação de gonadotrofina coriônica equina. **Revista Brasileira de Zootecnia**, v.36, n.5, p.1288-1294, 2007.

Franco, C.S.; Fonseca; V.O.; Gaste, L. Potencial reprodutivo de touros Nelore acasalados coletivamente na proporção de um touro para 100 vacas. **Arquivo Brasileiro de Medicina Veterinária e Zootecnia**, v.58, n.6, p.1154-1161, 2006.

Fonseca, V.O.; Chow, L.A.; Andrade, V.J.; Norte, A.L. Efeito de diferentes métodos de amamentação sobre as eficiências produtiva e reprodutiva de um rebanho bovino de corte. **Arquivo Brasileiro de Medicina Veterinária e Zootecnia**, v.39, n.2, p.233-240, 1987.

Fonseca, V.O.; Chow, L.A.; Norte, A.L.; Lima, O.P.Efeito da amamentação sobre a eficiência reprodutiva de vacas zebu (*Bos indicus*). **Arquivos da Escola de Veterinária da UFMG**, v.33, n.1, p.165-171, 1981.

Fonseca, V.O.; Crudeli, G.A.; Costa e Silva, E.V.; Hermanny A. Aptidão reprodutiva de touros da raça Nelore (*Bos taurus indicus*) em monta natural: proporção touro:vaca 1:40 e fertilidade. **Revista Brasileira de Reprodução Animal**, v.15, n.1, p.103-108, 1991.

Fonseca, V.O.; Franco, C.S.; Bergmann, J.A.G.; Chow, L.A.; Assumpção, T.I. Potencial reprodutivo de touros da raça Nelore (*Bos taurus indicus*) acasalados com elevado número de vacas. **Arquivo Brasileiro de Medicina Veterinária e Zootecnia**, v.49, n.1, p.53-62, 1997a

Fonseca, V.O.; Santos, N.R.; Malinski, P.R. Classificação andrológica de touros zebus (*Bos taurus indicus*) com base no perímetro escrotal e características morfológicas de sêmen.**Revista Brasileira de Reprodução Animal**, v.21, n.2, p.36-39, 1997b.

Fonseca, V.O.; Franco, C.S.; Bergmann, J.A.G. Potencial reprodutivo e econômico de touros Nelore acasalados coletivamente na proporção de um touro para 80 vacas. **Arquivo Brasileiro de Medicina Veterinária e Zootecnia**, v.52, n.1, p.77-82, 2000.

Fonseca, V.O.; Pineda, N.R.; Proença, R.V.Libido, capacidade de serviço e potencial reprodutivo de touros da raça Nelore Bos taurus indicus em estação de monta curta, utilizando a proporção touro:vaca 1:50 e 1:80. In: Congresso Brasileiro das Raças Zebuínas, 2., 1996, Uberaba. **Anais...** Uberaba: ABCZ, 1996. p.21-22.

Galvani, F. **Desempenho reprodutivo de touros de alta libido da raça Nelore**. Viçosa, MG: Universidade Federal de Viçosa, 1998. 69p.Dissertação (Mestrado em Medicina Veterinária) - Universidade Federal de Viçosa, 1998.

Galina, C.S.; Rubio, I.; Basurto, H.; Orihuela, A. Consequences of different suckling systems for reproductive activity and productiity of cattle in tropical conditions. **Applied Animal Behaviour Science**, v.72, n.3, p.255-262, 2001.

Gifford, D.R.; D Occhio, M.J.; Sharpe, P.H.; Weatherly, T.; Pittar, R.Y.; Reeve, D.O. Return to cyclic ovarian activity following parturition in mature cows and first calf heifers exposed to bulls. **Animal Reproduction Science**, v.19, n.23-4, p.209-216, 1989.

Gregory, R.M.; De Siqueira, A.J.S. Fertilidade de vacas de corte com diferentes níveis de albumina sérica em aleitamento permanente e interrompido. **Revista Brasileira de Reprodução Animal**, v.7, n.1, p.47-50, 1983.

Grenn, W.W.; Buric, J. Comparative performance of beef calves weaned at 90 and 180 days of age. **Journal of Animal Science**, v.12, n.3, p.561-572, 1953.

Hoffman, D.P.; Stevenson, J.S.; Minton, J.E. Restricting calf presence without suckling compared with weaning prolongs postpartum anovulation in beef cattle. **Journal of Animal Science**, v.74, n.1, p.190-198, 1996.

Houghton, P.L.; Lemenager, R.P.; Horstman, L.A.; Hendrix, K.S.; Moss, G.E. Effects of body composition, pre- and postpartum energy level and early weaning on reproductive performance of beef cows and preweaning calf gain.**Journal of Animal Science**, v.68, n.5, p.1438-1446, 1990.

Instituto Brasileiro de Geografia e Estatística (IBGE), Censo Agropecuário 2006. Acessado em www.ibge.gov.br/home/estatistica/economia/agropecuaria, 2009.

Izard, M.K.; Vandenbergh, J.G. The effects of bull urine on puberty and calving rate in crossbred beef heifers. **Journal of Animal Science**, v.55, p.1160-1168, 1982.

Lopes, F.G.; Guimarães, J.D.; Costa, E.P.; Carvalho, G.R.; Miranda Neto, T. Avaliação andrológica por pontos e comportamento sexual em touros da raça Nelore. **Revista Brasileira de Zootecnia**, v.38, n.6, p.1018-1025, 2009.

Loudon, A. Nutritional effects on puberty and lactational infertility in mammals: some interspecies considerations. **Proceedings of the Nutrition Society**, v.46, p.203–216, 1987.

MacMillian, K.L.; Allison, A.J.; Struthers, G.A. Some effects of running bulls with suckling cows or heifers during the premating period. **New Zealand Journal of Experimental Agriculture**, v.7, p.121-124, 1979.

Marongiu, M.L.; Molle, G.; San Juan, L.; Bomboi, G.; Ligios, C.; Sanna, A.; Casu, S.; Diskin, M.G. Effects of feeding level before and after calving, and restricted suckling frequency on postpartum reproductive and productive performance of Sarda and Charolais x Sarda beef cows. **Livestock Production Science**, v.77, n.2-3, p.339-348, 2002.

McClure, T.J. An experimental study of the causes of a nutritional and lactational stress infertility of pasture-fed cows, associated with loss of body weight at about the time of mating. **Research in Veterinary Science**, v.11, p.247-254, 1970.

Montiel, F.; Ahuja, C. Body condition and suckling as factors influencing the duration of postpartum anestrus in cattle: a review. **Animal Reproduction Science**, v.85, n.1-2, p.1-26, 2005.

Montoni, D.; Riggs, J.K. Efecto del amamantamiento limitado sobre el comportamiento productivo y reproductivo de un rebaño Brahman.**Agronomía Tropical**, v.28, n.6, p.551–571, 1978.

Oliveira, C.B.; Guimarães, J.D.; Costa, E.P.; Siqueira, J.B.; Torres, C.A.A.; Carvalho, G.R.; Guimarães, S.E.F. Avaliação do comportamento sexual em touros Nelore: comparação entre os testes da libido em curral e do comportamento sexual a campo. **Revista Brasileira de Zootecnia**, v.36, n.1, p.32-42, 2007.

Oliveira, L.R.S.; Alves, K.S.; Gomes, D.I.; Almeida, J.M.; Chaves, R.M.; Freitas Neto, L.M.; Silva, A.C.J.; Oliveira, M.A.L.; Lima, P.F. Seleção de touros jovens Nelore por meio de exame zootécnico e andrológico e da eficiência reprodutiva durante uma estação de monta. **Medicina Veterinária**, v.2, n.3, p.25-31, 2008.

Oliveira Filho, E.B.; Duarte, F.A.M.; Gonçalves, A.A.M. Eficiência reprodutiva em um rebanho Nelore: período de serviço e intervalo entre partos. In: Reunião Anual da Sociedade Brasileira de Zootecnia, 23, **Anais...** Campo Grande: SBZ. 1986. p.362.

Perotto, D.; Abrahão, J.J.S.; Kroetz, I.A. Intervalo de partos de fêmeas bovinas Nelore, Guzerá x Nelore, Red Angus x Nelore, Marchigiana x Nelore e Simental x Nelore. **Revista Brasileira de Zootecnia**, v.35, n.3, p.733-741, 2006.

Pimentel, C.A.; Deschamps, J.C.; De Oliveira, J.A.; Cardelino, R.; Pimentel, M.A. Effects of early weaning on reproductive efficiency in beef cows. **Theriogenology**, v.11, n.6, p.421-427, 1979.

Pineda, N.R.; Lemos, P.F. Contribuição ao estudo da influência da libido e da capacidade de serviço sobre a taxa de concepção em Nelore. **Boletim da Indústria Animal**, v.51, n.1, p.61-68, 1994.

Pineda, N.R.; Lemos, P.F.; Fonseca, V.O. Comparação entre dois testes de avaliação do comportamento sexual (libido) de touros Nelore (*Bos taurus indicus*). **Revista Brasileira de Reprodução Animal**, v.21, n.4, p.29-34, 1997a.

Pineda, N.R.; Fonseca, V.O.; Proença, R.V.Potencial reprodutivo de touros de alta libido da raça nelore (*Bos taurus indicus*). **Revista Brasileira de Reprodução Animal**, v.21, n.2, p.45-48, 1997b.

Pineda, N.R.; Fonseca, V.O.; Proença, R.V.Potencial reprodutivo de touros Nelore: libido, capacidade de serviço e eficiência em acasalamentos com elevada proporção de vacas. **Revista Brasileira de Reprodução Animal**, v.24, n.1, p.44-51, 2000.

Randel, R.D. Effect of once-daily suckling on postpartum interval and cow–calf performance of first-calf Brahman × Hereford heifers. **Journal of Animal Science**, v.53, n.3, p.755-757, 1981.

Randel, R.D.; Welker, G.A. Once daily suckling effect on calf–cow performance. **Journal of Animal Science**, v.43, p.301, 1976 (Resumo).

Roberson, M.S.; Wolfe, M.W.; Stumpf, T.T.; Werth, L.A.; Cupp, A.S.; Kojima, N.; Wolfe, P.L.; Kittok, R.J.; Kinder, J.E. Influence of growth rate and exposure to bulls on age at puberty in beef heifers. **Journal of Animal Science**, v.69, p.2092-2098, 1991.

Ruas, J.R.M.; Marcatti Neto, A.; Amaral, R. Considerações sobre o manejo no pré e pós-parto de vacas de corte e seus reflexos sobre a eficiência reprodutiva. **Informe Agropecuário**, v.21, n.205, p.70-75, 2000.

Salvador, D.F.; Andrade, V.J.; Nogueira, L.A.G.; Vale Filho, V.R. Avaliação dos eventos sexuais de touros Nelore adultos em teste de libido realizado em curral. **Revista Brasileira de Ciência Veterinária**, v.15, n.1, p.15-20, 2008.

Salvador, D.F.; Andrade, V.J.; Vale Filho, V.R; Silva, A.S.; Costa e Silva, E.V. Avaliação da libido de touros Nelore adultos em curral e sua associação com características andrológicas e desempenho reprodutivo a campo. **Arquivo Brasileiro de Medicina Veterinária e Zootecnia**, v.55, n.5, p.588-593, 2003.

Salvador, D.F.; Andrade, V.J.; Vale Filho, V.R.; Quirino, C.R.; Ribeiro Filho, A.L.; Nogueira, L.A.G.; Silva, A.; Anchieta, M.C. Desempenho reprodutivo de touros da raça Nelore, submetidos à classificação andrológica por pontos (CAP), à libido e desafiados com alto número de fêmeas com estro sincronizado. **Revista Brasileira de Reprodução Animal**, v.25, p.185-187, 2001.

Santos, N.R. **Comportamento sexual de touros Zebu (*Bos taurus indicus*) a pasto**. 2001. 88p.Tese (Doutorado). Escola de

Veterinária, Universidade Federal de Minas Gerais, Belo Horizonte, MG.

Santos, N.R.; Henry, M.; Costa, M.P.; Zuin, L.F. Comportamento sexual de touros Nelore (*Bos taurus indicus*) em pasto frente a fêmeas com cio induzido por prostaglandina F2α?. **Revista Brasileira de Reprodução Animal**, v.23, n.3, p.216-218, 1999.

Santos, M.D. **Comportamento sexual, qualidade seminal e eficiência reprodutiva de touros da raça Nelore em regime de monta natural**. Viçosa, MG: Universidade Federal de Viçosa, 2000. 88p.Tese (Doutorado em Zootecnia) - Universidade Federal de Viçosa, 2000.

Santos, M.D.; Torres, C.A.A.; Ruas, J.R.M.; Silva Filho, J.M.; Costa, E.P.; Pereira, J.C. *et al*. Teste da libido e atividade de monta em touros da raça Nelore. **Arquivo Brasileiro de Medicina Veterinária e Zootecnia**, v.56, n.4, p.504-510, 2004.

Santos, F.A.P.; Santos, J.E.P.Efeitos da nutrição na reprodução de bovinos de corte em pastagens. In: **Volumosos na Produção de Ruminantes - "Valor alimentício de forragens"**. 1ª Edição. Ed: Reis, R.A.; Bernardes, T.F.; Siqueira, G.R.; Moreira, A.L. FUNEP.Jaboticabal - SP.p.123-164. 2003.

Schlink, A.C.; Gibson, D.S.; Liang, Z.J.; Dixon, R. Calf management strategies and reproductive performance in a northern Australian cattle herd. **Proceedings of the Australian Society of Animal Production**, v.17, p.326-329, 1988.

Schlink, A.C.; Houston, E.M.; Entwistle, K.W. Impact of long term early weaning on the productivity of *Bos indicus*-cross cows. **Proceedings of the Australian Society of Animal Production**, v.20, p.339, 1994.

Schotter, J.H.; Williams, W.T. The effect of early weaning of Brahman cross calves on calf growth and reproductive performance of the dam. **Australian Journal of Experimental Agriculture**, v.15, n.75, p.456-459, 1975.

Sereno, J.R.B.; Costa e Silva, E.V.; Mores, C.M. Reduction of the bull:cow ratio in the Brazilian Pantanal. **Pesquisa Agropecuária Brasileira**, v.37, n.12, p.1811-1817, 2002.

Short, R.E.; Bellows, R.A.; Staigmiller, R.B.; Berardinelli, J.G.; Custer, E.E. Physiological mechanisms controlling anestrus and infertility in postpartum beef cattle. **Journal of Animal Science**, v.68, n.2, p.799-816, 1990.

Silva, E.V.C. **Capacidade reprodutiva de touros Nelore: exame andrológico, teste de comportamento sexual e desafio de fertilidade**. 1994. 102f. Dissertação (Mestrado) - Escola de Veterinária da Universidade Federal de Minas Gerais, Belo Horizonte.

Smith, M.F.; Lishman, A.; Lewis, G.; Harms, P.; Ellersick, M.; Inskeep, E.; Wiltbank, J.; Amos, M. Pituitary and ovarian responses to gonadotropin releasing hormone, calf removal and progestogen in anestrous beef cows. **Journal of Animal Science**, v.57, n.2, p.418–424, 1983.

Stumpf, T.T.; Wolfe, M.W.; Wolfe, P.L.; Day, M.L.; Kittok, R.J.; Kinder, J.E. Weight changes prepartum and presence of bulls postpartum interact to affect duration of postpartum anestrus in cows. **Journal of Animal Science**, v.70, p.3133-3137, 1992.

Sullivan, R.M.; O'Rourke, P.K.; Robertson, D.L.; Cooke, D. Effects of once-yearly weaning on some aspects of herd productivity in an extensive herd in the semi-arid tropics of northern Australia. **Australian Journal of Experimental Agriculture**, v.32, n.2, p.149–156. 1992.

Valle, E.R. do. **Estação de monta para bovinos de corte no Brasil Central. Campo Grande, MS**. EMBRAPA-CNPGC, 1996. 3p.(EMBRAPA-CNPGC. CNPGC Divulga, 4).

Valle, E.R. do. **O ciclo estral de bovinos de corte e métodos de controle. Campo Grande, MS**. EMBRAPA-CNPGC, 1991. 24p.(EMBRAPA-CNPGC. Documentos, 48).

Valle, E.R. do; Encarnação, R. de O.; Thiago, L.R.L.S. **Métodos de desmama para aumento da eficiência reprodutiva de bovinos de corte. Campo Grande, MS**. EMBRAPA-CNPGC, 1994. 23p.(EMBRAPA-CNPGC. Documentos, 59).

Valle, E.Z.; Andreotti, R.; Thiago, L.R.L.S. **Estratégias para aumento da eficiência reprodutiva e produtiva de bovinos de corte**. Campo Grande, MS. EMBRAPA-CNPGC, 1998. 80p.(EMBRAPA-CNPGC. Documentos, 71).

Vale Filho, V.R. Andrologia no touro: avaliação genital, exame de sêmen e classificação por pontos. **Revista Brasileira de Reprodução Animal**, v.21, n.3, p.7-13, 1997.

Velloso, L. **Manejo da reprodução em bovinocultura de corte**. In: Bovinocultura de corte: Fundamentos da exploração racional. 3. ed. 1999. p.43-60.

Viker, S.D.; McGuire, W.J.; Wright, J.M.; Beeman, K.B.; Kiracofe, G.H. Cow-calf association delays postpartum ovulation in mastectomized cows. **Theriogenology**, v.32, n.3, p.467-474, 1989.

Werth, L.A.; Azzam, S.M.; Nielsen, M.K. Use of a simulation model to evaluate the influence of reproductive performance and management decisions on net income in beef production.**Journal of Animal Science**, v.69, n.8, p.4710-4721, 1991.

Walters, D.L.; Smith, M.F.; Harms, P.G.; Wiltbank, J.N.Effects of steroids and/or 48 h calf removal on serum luteinizing hormone concentrations in anestrous beef cows. **Theriogenology**, v.18, n.3, p.349-356, 1982a.

Walters, D.L.; Short, R.E.; Convey, E.M.; Staigmiller, R.B.; Dunn, T.G.; Kaltenbach, C.C. Pituitary and ovarian function in postpartum beef cows. II. Endocrine changes prior to ovulation in suckled and nonsuckled postpartum cows compared to cycling cows. **Biology of Reproduction**, v.26, n.4, p.647-654, 1982b.

Whisnant, C.S.; Kiser, T.E.; Thompson, F.N.; Hall, J.B. Effect of nutrition on the LH response to calf removal and GnRH. **Theriogenology**, v.24, n.5, p.565-573, 1985.

Whittier, J.C. Feeding and management of beef cattle during the winter period for optimum reproduction.In: **New Trends in Agriculture Conference**. Cape Girardeau. 1990.

Williams, G.L. Suckling as a regulator of postpartum rebreeding in cattle: A review. **Journal of Animal Science**, v.68, n.2, p.831-852, 1990.

Williams, G.L.; Gazal, O.S.; Guzman Vega, G.A.; Stanko, R.L. Mechanisms regulating suckling-mediated anovulation in the cow. **Animal Reproduction Science**, v.42, n.1-4, p.289-297, 1996.

Williams, G.L.; Griffith, M.K. Sensory and behavioural control of gonadotrophin secretion during suckling-mediated anovulation in cows. **Journal of Reproduction and Fertility**, v.49 (Suppl.), p.463–475, 1995.

Williams, G.L.; Koziorowski, J.; Osborn, R.G.; Kirsch, J.D.; Slanger, W.D. The postweaning rise of tonic luteinizing hormone secretion in anestrous cows is not prevented by chronic milking or the physical presence of the calf. **Biology of Reproduction**, v.36, n.5, p.1079-1084, 1987.

Wiltbank, M.C.; Gümen, A.; Sartori, R. Physiological classification of anovulatory conditions in cattle. **Theriogenology**, v.57, p.21-52, 2002.

Yavas, Y.; Walton, J.S. Induction of ovulation in postpartum suckled beef cows: A review. **Theriogenology**, v.54, n.1, p.1-23. 2000a.

Yavas, Y.; Walton, J.S. Postpartum acyclicity in suckled beef cows: A review. **Theriogenology**, v.54, n.1, p.24-55. 2000b.

Zalesky, D.D.; Day, M.L.; Garcia-Winder, M.; Imakawa, L.; Kittok, R.J.; D'Occhio, M.J.; Kinder, J.E. Influence of exposure to bulls on resumption of estrous cycles following parturition in beef cows. **Journal of Animal Science**, v.59, n.5, p.1135-1139, 1984.

Zalesky, D.D.; Forrest, D.W.; McArthur, N.H.; Wilson, J.M.; Morris, D.L.; Harms, P.G. Suckling inhibits release of luteinizing hormone-releasing hormone from the bovine median eminence following ovariectomy. **Journal of Animal Science**, v.68, n.2, p.444-448, 1990.

Zilo, L.R.; Oliveira Filho, E.B.; Duarte, F.A.M. Aspectos do desempenho reprodutivo de um rebanho nelore ligados à precocidade sexual e duração da gestação. In: Reunião Anual da Sociedade Brasileira de Zootecnia, 23, Campo Grande. **Anais...** Campo Grande: SBZ, 1986. p.360.

CAPÍTULO 32

Michael Lee Day
Department of Animal Sciences
The Ohio State University
Columbus - OH -USA
Day.5@osu.edu

Chad L. Gasser
Departament of Agriculture and Nutrition Sciences
Southern Utah University
Utah - USA
gasser@suu.edu

Davi E. Grum
Department of Animal Sciences
The Ohio State University
Columbus - OH - USA
grum.5@osu.edu

Alexandre Vaz Pires
Professor Associado
Departamento de Zootecnia
ESALQ/USP. Piracicaba, SP
alvpires@esalq.usp.br

Fatores que afetam a idade na puberdade em novilhas de corte

Introdução

A idade em que ocorrem a primeira cobertura e a concepção são determinantes primários da produtividade das novilhas, e a idade na puberdade é o principal fator que determina a competência da fêmea em sua primeira estação de monta. A idade em que as novilhas alcançam a puberdade varia, dependendo de numerosos fatores que incluem peso corporal, nutrição e manejo.

Do ponto de vista prático, a ocorrência da puberdade na fêmea é o apogeu final de uma série de eventos, que resultam em uma ovulação acompanhada por estro e função lútea normal (Moran *et al.*, 1989). A puberdade, entretanto, é muitas vezes imediatamente precedida por ciclos estrais curtos, que podem ou não ser acompanhados por ovulação ou estro (Kinder *et al.* 1995), mas, geralmente, resultam em curtos períodos de progesterona elevada, de duração variável (Berardinelli *et al.*, 1979, 1980). A regressão da estrutura lútea, que tem vida curta, é seguida por um aumento na secreção de LH e estradiol e é encerrada por um pico de LH pré-ovulatório. Ainda que a concepção possa ocorrer ao final do primeiro estro seguido por um ciclo estral de duração normal nas novilhas, foi mostrado que a competência reprodutiva aumenta até o 3º ciclo estral após a puberdade (Byerley *et al.*, 1987; Staigmiller *et al*, 1993).

Controle hormonal da puberdade

O estímulo necessário para a ocorrência da puberdade é um aumento na secreção de LH como resultado do aumento da liberação de GnRH pelo hipotálamo. O intervalo ao longo do qual esse aumento ocorre é denominado período peripuberdade (**Figura 1**; Day *et al.*, 1987) e inclui, aproximadamente, os 50 dias que precedem a puberdade nas novilhas (Day *et al.*, 1984; 1987). O aumento na secreção de LH durante a peripuberdade é o resultado de uma maior secreção de GnRH (Rodriguez e Wise, 1989). A puberdade é adiada pelo atraso no aumento da secreção de LH (Day *et al*, 1986) ou pela imunização das novilhas contra GnRH (Wettemann e Castree, 1994).

Está bem estabelecido que o aumento na secreção de LH em novilhas que ocorre na fase pré-puberdade é resultado de um declínio no *feedback* negativo do estradiol sobre GnRH/secreção de LH (Kinder *et al.*, 1995). Fatores que atrasam a puberdade, como a subnutrição (Day *et al.*, 1986; Kurz *et al.*, 1990), adiam o declínio peripuberdade do *feedback* negativo do estradiol e o aumento resultante na secreção de LH. O resultado da maior secreção de LH é um aumento do crescimento dos folículos ovarianos dominantes (Bergfeld *et al.*, 1994), resultando em concentrações sistêmicas de estradiol maiores, que induzem o pico pré-ovulatório inicial de LH (**Figura 1**).

Para permitir a ocorrência da sequên-

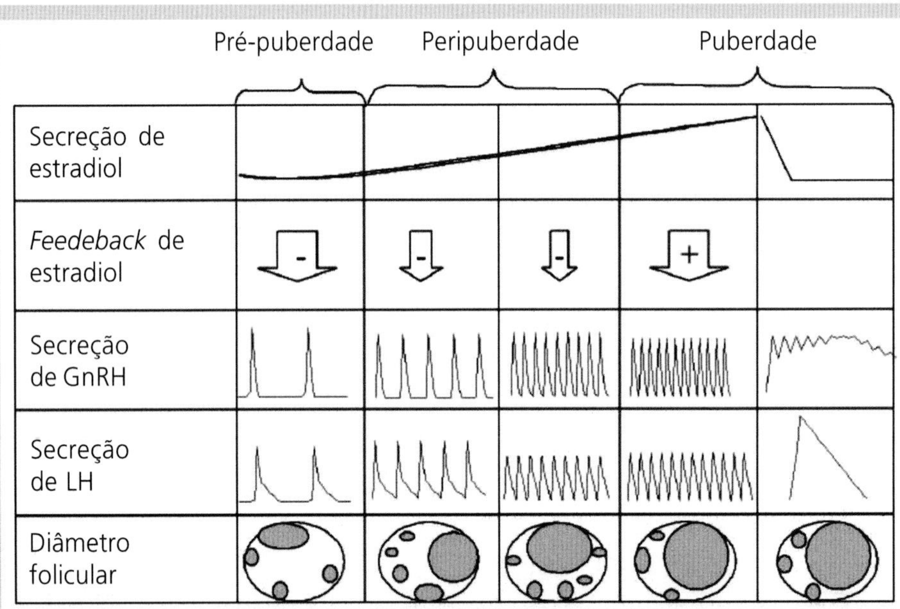

Figura 1. Alterações endócrinas durante o período peripuberdade que resultam em puberdade em novilhas. Esse período inclui aproximadamente os 50 dias que precedem a puberdade em novilhas. O sinal dentro das setas representando o *feedback* do estradiol indicam *feedback* negativo (-) ou positivo (+) sobre a secreção de LH, e a largura da seta indica o grau relativo de *feedback* negativo. A secreção de GnRH é altamente sensível ao *feedback* negativo do estradiol durante o período pré-puberdade. À medida que o período peripuberdade e o declínio no *feedback* negativo do estradiol associado se inicia, a secreção de GnRH e, consequentemente do LH, aumenta, resultando em um maior crescimento e secreção de estradiol pelos folículos ovarianos dominantes. Como resultado do declínio progressivo no *feedback* negativo do estradiol e aumento na secreção de LH durante o período peripuberdade, as concentrações de estradiol finalmente alcançam níveis suficientes para induzir o pico púbere de LH.

cia de eventos peripuberdade, mostrados na **Figura 1**, e que resultam no pico inicial de LH, é preciso que ocorra uma modificação na capacidade do hipotálamo de superar a inibição causada pelo estradiol.

A maioria das pesquisas tem-se concentrado na endocrinologia do período peripuberdade das novilhas e no impacto das influências ambientais sobre esse processo. Outras alterações dinâmicas, entretanto, ocorrem no eixo reprodutivo das novilhas durante o período desde o nascimento até o início do período peripuberdade (**Figura 2**; Day e Anderson, 1998).

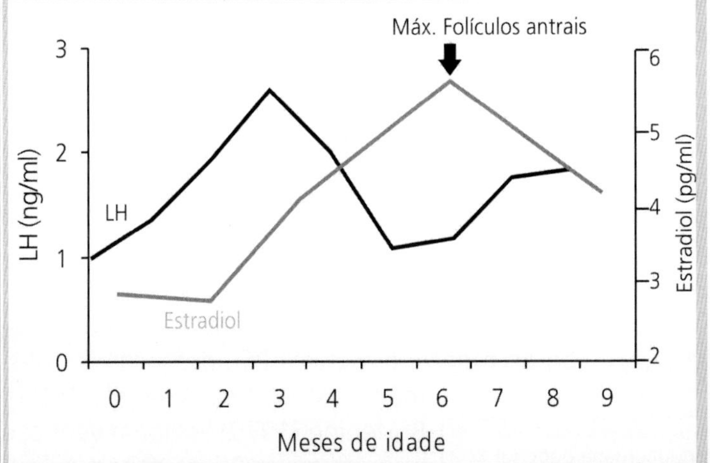

Figura 2. Alterações na secreção de hormônios reprodutivos e folículos ovarianos do nascimento até 9 meses de idade em novilhas. A seta marcada "Máx. Folículos Antrais" indica a idade em que o número máximo de folículos antrais é detectado nos ovários das novilhas. A figura baseia-se em dados de Erickson, 1966, Schams *et al.*, 1981 e Evans *et al.*, 1994a.

A secreção pulsátil de LH é estabelecida nas novilhas ao redor de 1 a 2 meses de idade (Anderson *et al.*, 1986), e a secreção de LH aumenta, depois disso, até 3 a 5 meses de idade (Schams *et al.*, 1981; Evans *et al.*, 1992; Evans *et al.*, 1994a). Subsequentemente, a secreção de LH diminui nas novilhas (Schams *et al.*, 1981; Evans *et al.*, 1992; Evans *et al.*, 1994a) e parece manter-se em nível relativamente baixo, estático, até o início do aumento de LH na peripuberdade (Day *et al.*, 1987). Em novilhas, folículos ovarianos na fase antral não foram observados ao nascimento (Desjardins e Hafs, 1969), mas estavam presentes com 15 dias a 1 mês de idade (Erickson, 1966; Evans *et al.*, 1992). Depois disso, o número de folículos antrais aumentou rapidamente até alcançar o pico com 3 a 4 meses idade, declinou até 7 a 8 meses de idade, e permaneceu estático durante a puberdade (Desjardins e Hafs, 1969; Erickson, 1966; Evans *et al.*, 1994a). O aumento nos folículos antrais foi acompanhado por um aumento na concentração sistêmica (Evans *et al.*, 1994a) e folicular (Dodson *et al.*, 1989) de estradiol. Os folículos cresceram em ondas durante o período do nascimento até a puberdade, e o diâmetro máximo do folículo maior e subordinado aumentou de 1 a 8 meses de idade (Hopper *et al.*, 1993; Evans *et al.*, 1992, 1994a, 1994b). A **Figura 3** (Day e Anderson, 1998) representa o modelo que serve como base para a pesquisa deste trabalho no campo do amadurecimento sexual das novilhas.

Parece que o *feedback* negativo do estradiol está presente em uma fase precoce da vida das novilhas e, em circunstâncias típicas com novilhas *Bos taurus*, em climas temperados, não diminui até aproximadamente 10 a 14 meses de idade. Baixos níveis de LH estão presentes durante o período *infantil*. As novilhas entram no período pré-puberdade, a secreção de LH aumenta, resultando em maior desenvolvimento folicular e aumento das concentrações periféricas de estradiol. Nesse momento, a presença do *feedback* negativo do estradiol é verificada por um declínio na secreção de LH com 3 a 6 meses de idade, em resposta à produção crescente de estradiol. Depois dessa fase de *desenvolvimento* do período pré-puberdade, a secreção de LH é estabilizada em nível relativamente baixo durante a fase *estática* do período pré-puberdade. Durante a fase estática, a ovulação não ocorre por causa do impedimento da secreção de LH pelo *feedback* negativo do estradiol. O declínio no *feedback* negativo do estradiol, na fase peripuberdade, leva a níveis de secreção de LH suficientes para estimular maior desenvolvimento folicular e secreção de estradiol. Essas alterações culminam com o pico pré-ovulatório de LH inicial, induzido pelo estradiol e pela ovulação puberal.

Idade na puberdade nos sistemas de produção dos Estados Unidos

Nos sistemas de produção padrão dos Estados Unidos, a maioria das novilhas é coberta com 13 a 15 meses de idade para que o parto ocorra com 22 a 24 meses de idade. Como foi demonstrado que a fertilidade aumenta até o terceiro ciclo estral após a puberdade (Byerley *et al.*, 1987; Staigmiller *et al.*, 1993), é desejável que a puberdade ocorra 30 a 60 dias antes do início da estação de monta (12 a 14 meses de idade), para otimizar a competência reprodutiva. A idade típica para a desmama no setor de pecuária de corte dos Estados Unidos está ao redor de 200 dias de idade. Assim sendo, a maioria dos estudos sobre as abordagens para otimizar a idade na puberdade tem sido concentrada no *período pós-desmame*. Foi claramente demonstrado que muitos fatores influenciam a idade na puberdade nas novilhas, incluindo nutrição, ganho de peso corporal (PC), taxa e momento de crescimento e efeitos sazonais.

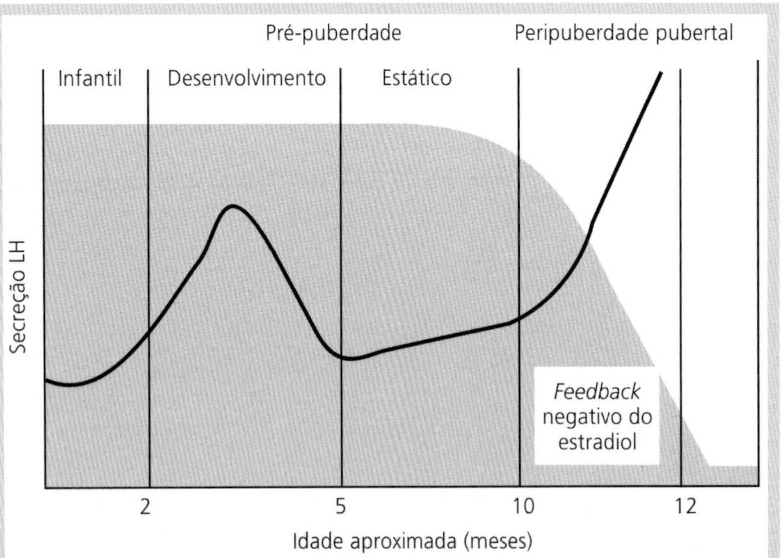

Figura 3. Modelo para os estágios de maturação sexual em novilhas. A área sombreada indica a sensibilidade da secreção de GnRH frente ao *feedback* negativo do estradiol. A mudança dos padrões de secreção de LH, durante o período pré-puberdade, é resultado do aumento da secreção de GnRH seguido pela maior produção de estradiol pelosd folículos ovarianos. O aumento de LH na peripuberdade é o resultado de um declínio no *feedback* negativo do estradiol sobre o LH.

Fatores ambientais durante o período pós-desmame que afetam a idade na puberdade

Fatores relacionados ao crescimento

Peso corporal. Smith *et al.* (1976) relataram que a idade e o PC à puberdade têm uma correlação positiva, com um coeficiente de 0,67 ± 0,24, o que não é uma surpresa, considerando-se a influência que tanto a idade como o PC exercem sobre a puberdade. De modo geral, tem sido recomendado que as novilhas alcancem aproximadamente 65% do seu PC adulto estimado no início de sua primeira estação de monta (Fox *et al.*, 1988; Patterson *et al.*, 2000).

Foi demonstrado que o arraçoamento das novilhas, por um período de 200 dias até o início da primeira estação de monta, tendo como objetivo alcançar um PC alvo maior antes da primeira cobertura, resulta em taxas de estro e prenhez mais altas nos primeiros 20 dias de cobertura, maiores taxas de prenhez ao final da estação de monta, e maiores PCs dos bezerros desmamados (Wiltbank *et al.*, 1985). Burfening (1979) também verificou que um maior PC na cobertura aumentou as taxas de estro, prenhez e sobrevida dos bezerros. Por outro lado, Funston e Deutscher (2004) relataram que reduzir o PC alvo em novilhas pode trazer oportunidades para redução de custos sem comprometer a reprodução. O objetivo do método de PC alvo é assegurar que a maioria das novilhas tenha atingido a puberdade antes da cobertura e baseia-se na influência do PC sobre a puberdade.

Ganho de peso corporal pós-desmame. Na maioria dos experimentos, detectou-se efeito do ganho de peso pós-desmame sobre a idade na puberdade. Foi demonstrado que aumentar a taxa de ganho de PC em novilhas durante o período pós-desmame antecipa a puberdade (Buskirk *et al.*, 1995; Hall *et al.*, 1995; Lammers *et al.*, 1999; Quintans *et al.*, 2004), além de trazer outros resultados positivos, como aumento das taxas de concepção na primeira cobertura (Fleck *et al.*, 1980; Buskirk *et al.*, 1995), aumento na produção de leite (Ferrell, 1982; Buskirk *et al.*, 1995), e aumento no PC de bezerros na desmama (Ferrell, 1982). Também são citados resultados potencialmente prejudiciais, como aumento da gordura mamária e da carcaça (Charles *et al.*, 1999) e diminuição da produção de leite (Lammers *et al.*, 1999). De maneira similar, a diminuição do ganho de PC teve como resultado puberdade mais tardia nessas novilhas do que nas novilhas *controle* (Quintans *et al.*, 2004). Em alguns casos, quando o maior PC pós-desmama reduziu a idade na puberdade, o PC na puberdade foi também maior (Dufour, 1975; Ferrell, 1982; Hopper *et al.*, 1993).

Em diversos experimentos, quando a taxa e/ou o momento do ganho de PC pós-desmama foi variado nas novilhas, o desempenho reprodutivo subsequente não foi comprometido (Lynch *et al.*, 1997; Freetly *et al.*, 2001). Por isso, foi sugerido que há um certo espaço para variação na taxa e no momento do ganho de PC das novilhas desde a desmama até a cobertura. Esse fato representa oportunidades potenciais para otimizar os recursos de ração e reduzir os custos de desenvolver novilhas de reposição.

Composição corporal. A composição corporal dos bovinos tem estreita relação com o estado nutricional, e tem sido sugerido que pode ser necessário haver certo teor crítico de gordura corporal para que a puberdade seja alcançada. Em revisão sobre o papel da gordura corporal na regulação da ovulação, Bronson e Manning (1991) concluíram que a hipótese de gordura corporal crítica não tem o suporte de estudos no homem ou em animais. O balanço energético foi considerado como importante componente na reprodução, propondo-se que a gordura não tem um papel direto sobre a ovulação. A composição corporal à puberdade não é constante entre as novilhas (Hall *et al.*, 1995), sendo influenciada pela dieta (Yelich *et al.*, 1995), raça (Simpson *et al.*, 1998) e diversos fatores ambientais (Brooks *et al.*, 1985). Brooks *et al.* (1985) propuseram que a composição corporal é útil para prever o PC na puberdade em novilhas de corte, mas os dados não apoiam a hipótese de uma composição corporal crítica.

Consumo da dieta e nutrientes específicos

Os efeitos da ingestão de nutrientes sobre a puberdade das novilhas são muitas vezes confundidos com o crescimento e o ganho de peso, criando desafios de interpretação. Quer seja através de efeitos diretos ou indiretos, a ingestão de nutrientes pode ter impacto importante sobre o processo da puberdade nas novilhas. Efeitos nutricionais independentes da taxa de crescimento têm sido observados quando as dietas foram continuamente ajustadas para manter um ganho de PC similar entre os tratamentos nutricionais (Lalman *et al.*, 1993). A maioria dos experimentos com tratamentos dietéticos, entretanto, não utilizou esse tipo de controle de ganho de PC.

Consumo de dieta. O teor de nutrientes consumidos durante o período pós-desmama, especialmente com relação ao consumo de energia, tem o potencial de exercer efeitos pronunciados sobre a puberdade em novilhas, como tem sido mostrado em múltiplos experimentos. Foi demonstrado que o aumento do consumo da dieta antecipa a idade na puberdade em novilhas (Yelich *et al.*, 1996; Shamay *et al.*, 2005), além de resultar em aumento das concentrações de LH (Yelich *et al.*, 1996), aumento das concentrações de IGF-I (Granger*et al.*, 1989; Yelich *et al.*, 1995, 1996), diminuição das concentrações de GH (Granger *et al.*, 1989; Yelich *et al.*, 1996), aumento do PC na puberdade (Greer *et al.*, 1983), aumento do escore de condição corporal (Short e Bellows, 1971; Simpson *et al.*, 1998), melhora das taxas de prenhez (Short e Bellows, 1971), além de diminuir a idade na primeira concepção (Simpson *et al.*, 1998). Em estudo de Penno *et al.* (1995), novilhas da raça Holandesa foram divididas em grupos com nível alto, médio e baixo de consumo da dieta, e os autores detectaram diferenças na proporção de novilhas que apresentavam ciclo estral com 11,5 e 15 meses de idade. Com 11,5 meses de idade,

95, 65 e 2% das novilhas estavam ciclando nos grupos com níveis alto, médio e baixo de consumo, respectivamente. Wiltbank *et al.* (1969) observaram uma interação entre o nível de nutrição e a raça das novilhas, tanto para a idade como para o PC na puberdade.

Lemenager *et al.* (1980) relataram que o aumento da ingestão de energia por meio da suplementação com milho resultou em prenhez mais cedo e aumento na taxa de concepção. A adição de concentrados ricos em energia na dieta, provavelmente, irá aumentar o teor de propionato disponível para o animal. Assim, a administração do ionóforo monensina, que au-menta a produção de propionato no rúmen, antecipou a puberdade (Moseley *et al.*, 1982; Lalman *et al.*, 1993) e aumentou a proporção de novilhas ciclando (Moseley *et al.*, 1977). Lalman *et al.* (1993), entretanto, demonstraram que a suplementação da dieta das novilhas com ácido propiônico não antecipou a idade da puberdade, em relação às novilhas controle, quando o ganho de PC foi mantido constante entre os grupos de novilhas. Talvez o nível de suplementação desse experimento não tenha sido suficiente para influenciar a puberdade. Por outro lado, os efeitos do propionato aumentado pela dieta sobre a puberdade em novilhas podem ser obtidos apenas quando é permitido um ganho maior de PC.

Alimentação em fase. Em alguns experimentos, os efeitos da administração a curto prazo ou a mudança de tratamentos da dieta durante o período pós-desmama foram testados em novilhas. Marston *et al.* (1995) observaram que o arraçoamento a curto prazo com uma dieta com alto nível de concentrado, iniciada entre 10 e 12 meses de idade, antecipou a puberdade em novilhas e também aumentou a taxa de prenhez e a produção de leite. Vários pesquisadores também testaram os efeitos da transição de um plano nutricional baixo para um plano elevado durante o período pós-desmama. Foi relatado que esta abordagem, aplicada entre 6 e 12 meses de idade em novilhas Holandesas em Israel, reduziu o ganho de PC geral, as concentrações de insulina, prolactina e IGF-I e retardou a puberdade (Barash *et al.*, 1994).

Em um sistema similar, as novilhas que passaram de um ganho de PC baixo para alto, da desmama (aproximadamente 7 meses de idade) até o início da estação de monta (aproximadamente 14 meses de idade), apresentaram taxas de prenhez similares às das novilhas com alto ganho de PC de forma contínua, mas, no segundo ano do estudo com duração de 2 anos, a puberdade foi retardada nas novilhas submetidas à transição (Lynch *et al.*, 1997). Freetly *et al.* (2001) relataram que a sobrevida dos bezerros foi reduzida em vacas criadas em um programa de desenvolvimento de novilhas em que a transição de consumo de baixo para alto nível de energia ocorreu entre a desmama e a cobertura, quando comparadas com vacas que foram criadas em um programa de consumo contínuo de energia em nível moderado.

Além disso, Chelikani *et al.* (2003) verificaram que as novilhas criadas dessa forma tiveram a puberdade retardada, bem como folículos maiores na primeira ovulação e corpos lúteos menores, com concentrações no pico de progesterona reduzidas no primeiro ciclo. Pode haver algumas vantagens econômicas nesse tipo de sistema de recria de novilhas mas, considerando-se os resultados desses experimentos, deve ser usado com muito cuidado.

Proteína suplementar. A adição de proteína suplementar nas dietas de novilhas tem sido sugerida como uma opção para influenciar a puberdade. Uma concentração elevada de proteína na dieta das novilhas tem tido sucesso em reduzir a idade na puberdade e aumentar o crescimento sem efeitos negativos sobre o desenvolvimento mamário (Radcliff *et al.*, 1997). Oyedipe *et al.* (1982) demonstraram que nível maior de proteína na dieta diminuiu a idade na puberdade em novilhas Zebu. Como relatado por Lalman *et al.* (1993), contudo, a suplementação das dietas das novilhas com proteína não degradável no rúmen fornecida pela farinha de sangue e pelo farelo de glúten de milho não adiantou a puberdade das novilhas.

Gordura suplementar. A gordura foi adicionada nas dietas das novilhas para testar seus efeitos sobre seu desenvolvimento. Lammoglia *et al.* (2000) verificaram que a gordura suplementar não afetou a idade na puberdade em novilhas, mas tendeu a aumentar a proporção de novilhas púberes na primeira cobertura. Também sugeriram que os efeitos da gordura suplementar podem ser dependentes da raça, por causa de uma interação entre a dieta e o touro, e especularam que as novilhas com menos gordura na composição corporal podem ter diferentes necessidades de gordura na dieta e podem beneficiar-se da gordura suplementar. Garcia *et al.* (2003) relataram que a gordura suplementar reduziu as concentrações de IGF-I e tenderam a retardar a puberdade nas novilhas. Com base nas evidências atuais, parece que podem existir alguns benefícios potenciais como resultado da gordura suplementar para o amadurecimento reprodutivo de novilhas, mas os resultados das pesquisas não têm sido consistentes.

Outros fatores

Estação do ano. A reprodução de bovinos não está limitada a certas estações do ano, como ocorre com algumas outras espécies, como ovinos e equinos. Ainda que o impacto da sazonalidade possa não ser grande em bovinos, há evidências de efeitos da estação sobre os processos reprodutivos em bovinos. Há relatos de que a estação tem um efeito sobre a concentração média de LH mas não sobre a frequência dos pulsos de LH (Day *et al.*, 1986b) em vacas adultas. Além disso, Day *et al.* (1986b) mostraram, em vacas ovariectomizadas, que as concentrações médias de LH e a amplitude dos pulsos de LH foram maiores em torno do equinócio da primavera e diminuíram no equinócio do outono.

Foi detectado um efeito da estação em que as novilhas nasceram na idade da puberdade (Schillo *et al.*, 1982, 1983), sendo que as novilhas que nasceram no outono, geralmente, alcançaram a puberdade com idades menores do que as nascidas na primavera. Também há relatos de que a estação do nascimento apresenta efeitos sobre o PC na puberdade (Arije e Wiltbank, 1971) e sobre a secreção de LH (Schillo *et al.*, 1982, 1983; Rawlings *et al.*, 2005). Além disso, Arije e Wiltbank (1974) sugeriram que a data de nascimento, um possível reflexo dos efeitos sazonais, pode ser útil para se prever a idade e o PC na puberdade. Também foi demonstrado que a estação, durante a qual a puberdade é alcançada, influencia a idade na puberdade em novilhas que foram criadas usando-se câmaras com ambiente controlado. Novilhas que foram submetidas às mudanças ambientais, da primavera até o outono com 6 a 12 meses de idade, eram mais jovens na puberdade do que as que tinham passado pelas mudanças ambientais do outono até a primavera durante o mesmo período de idade (Schillo *et al.*, 1983). A maior duração do fotoperíodo aumentou o crescimento ovariano e adiantou a puberdade em novilhas nascidas durante a primavera ou o verão (Hansen *et al.*, 1983). e o fotoperíodo mais longo também teve como resultado o atingimento da puberdade com um PC mais leve (Ringuet *et al.*, 1994) e aumentou a secreção de gonadotrofina em novilhas pré-púberes (Hansen *et al.*, 1982; Critser *et al.*, 1987). O tratamento com melatonina, durante 5 semanas, iniciando-se com 3,5 meses de idade, também teve sucesso em apressar a puberdade em novilhas (Tortonese e Inskeep, 1992).

A estação é composta por diversos fatores ambientais que mudam durante o ano, como a duração do dia (ou fotoperíodo), temperatura, índice pluviométrico e umidade, que podem, potencialmente, influenciar o desempenho e a reprodução dos bovinos. A amplitude das alterações sazonais varia de acordo com a localização geográfica, e também como de um ano para outro. Por isso, a detecção do efeito da estação sobre os bovinos no ambiente natural depende de diversas condições variáveis.

Exposição ao touro. A exposição física à presença de um touro também pode ter influência para induzir a puberdade em novilhas. Roberson *et al.* (1991) verificaram que a exposição ao touro apressava a puberdade, ainda que houvesse também efeito da interação entre a exposição ao touro e a taxa de crescimento. Os resultados não têm sido consistentes, uma vez que nenhum efeito da exposição ao touro foi detectada em alguns outros estudos (Roberson *et al.*, 1987; Wehrman *et al.*, 1996).

Como indicado acima, muitas pesquisas foram realizadas para otimizar o manejo das novilhas durante o período de tempo desde a desmama até a primeira cobertura. Contudo, mesmo quando o manejo das novilhas é o recomendado, ainda permanece uma grande variação no momento em que a puberdade é atingida. Porcentagens significantes de novilhas não atingem a puberdade com 15 meses de idade (Dow *et al.*, 1982), mesmo quando o manejo inclui um plano de nutrição relativamente alto (Roberson *et al.*, 1991). A falha em atingir a puberdade no momento adequado permanece como a principal razão para as novilhas não emprenharem na primeira estação de monta (Yelich *et al.*, 1996).

O período pre-desmama, maturação sexual e puberdade precoce

Ainda que uma proporção significativa de novilhas não alcance a puberdade com 15 meses de idade nos sistemas de produção norte-americanos, uma proporção relativamente alta de novilhas atinge a puberdade com idade bastante baixa (puberdade precoce; < 300 dias de idade). Wehrman *et al.* (1996) observaram que a puberdade precoce ocorreu em 25% das novilhas em um ano e em 8% das novilhas no ano seguinte. Nesse relato, os autores sugerem que a incidência de puberdade precoce estava relacionada com a taxa de crescimento das novilhas em torno da época do desmame. Day e Anderson (1998) observaram que 57 e 47% das novilhas tiveram puberdade precoce em dois anos consecutivos, quando desmamadas precocemente (3 a 4 meses de idade) e alimentadas com uma dieta rica em energia até aproximadamente 7 meses de idade.

A incidência de puberdade precoce foi muito maior do que a observada em outras novilhas do experimento, que foram desmamadas precocemente e alimentadas com uma dieta controle ou desmamadas com 7 meses de idade. Da mesma forma, Sexten *et al.* (2004) relataram que a desmama precoce em novilhas submetidas ao *creep feeding* aumentou a proporção de novilhas púberes com 8 meses de idade (81,3% *vs.* 59,4%), indicando que uma grande proporção de novilhas dos dois tratamentos atingiram a puberdade precocemente. De acordo com Sejrsen e Purup (1997), a puberdade inicia-se geralmente ao redor de 9 a 11 meses de idade em novilhas leiteiras, que são comumente desmamadas logo após o nascimento, o que também representaria uma alta incidência de puberdade precoce.

Essas observações relativamente recentes sobre o *status* nutricional, durante o período que precede a idade típica da desmama em novilhas, não ocorreram sem precedentes. Em pesquisas anteriores, Wiltbank *et al.* (1966) verificaram que o ganho de PC pré-desmama influenciou a idade na puberdade em novilhas, de forma mais consistente do que o ganho de PC pós-desmama, com o maior ganho de PC pré-desmama, resultando em um início mais precoce da puberdade. Outros pesquisadores também observaram uma redução na idade da puberdade com maior ganho de PC pré-desmama (Patterson *et al.*, 1992; Buskirk *et al.*, 1995; Arije e Wiltbank, 1971; Greer *et al.*, 1983; Patterson *et al.*, 1991). A possibilidade do *status* nutricional durante o período do nascimento até 7 a 8 meses de idade ter profundas influências sobre a idade na puberdade, em novilhas, não é uma surpresa, se forem consideradas as alterações dinâmicas que estão ocorrendo nesse período, como discutido anteriormente (**Figura 2**). Esse *período inicial de maturação*, que se estende até o início da fase estática (**Figura 3**), é crítico para o estabelecimento de muitos componentes do eixo reprodutivo. Nos últimos 6 anos, tem-se enfocado esta linha de pesquisa para obter um entendimento cada vez maior da maneira pela qual o *status* nutricional influencia o período inicial de maturação sexual.

Mecanimos da puberdade precoce

Foram realizados 4 experimentos para pesquisar os mecanismos ovarianos e endócrinos associados com a puberdade precoce em novilhas. Em vários anos sucessivos, foram usadas, nesses experimentos, novilhas mestiças Angus e Simental com *background* genético similar. Em cada experimento, foi usado um modelo de desmama precoce (DP) (2,5 a 3,5 meses de idade), com uma ração inicial durante 2 a 4 semanas e depois uma dieta rica em concen-trado (RC) (tratamento DPR), com o objetivo de estimular a puberdade precoce.

Na maioria dos casos, as comparações foram feitas com novilhas que eram desmamadas precocemente e alimentadas com uma dieta controle (CONT), que mantém os ganhos de peso corporal que teriam ocorrido, se os bezerros permanecessem com suas mães (tratamento DPC). As dietas usadas são descritas nas **Tabelas** de **1** a **4**.

Tabela 1. Dietas experimentais das novilhas.

Dieta[a]			
Item	**Inicial**	**RC**	**CONT**
Ingrediente, %			
Grãos de milho integral	50	60	30
Pellets de alfafa 13% PB	15	10	30
Pellets de casca de soja	15	10	30
Suplemento[b]	20	20	10
Análise química			
PB, %	17,2	14,1	14,1
NEm, Mcal/kg	1,93	20,02	1,70
NEg, Mcal/kg	1,29	1,37	1,09

[a] RC = dieta rica em concentrado; CONT = dieta controle. [b] Suplemento (**Tabelas 2, 3** e **4**).NEm = energia líquida metabolizável. NEg = energia líquida para ganho.

Tabela 2. Composição dos ingredientes do suplemento para a dieta inicial.

Ingrediente	**% Suplemento dieta inicial**
Milho, moído	7,373
Farelo de soja	76,295
Ureia	2,13
Calcário	2,213
Fosfato bicálcico	1,770
Sal oligoelementos minerais	2,213
Vitamina A-30	0,044
Vitamina D-3	0,044
Vitamina E	0,133
Selênio	0,221
Rumensin®80	0,075
KCl (Dyna K)	0,664
Dynamat	1,770
Gordura animal-vegetal	4,972
Total	**100,00**

Tabela 3. Composição dos ingredientes do suplemento para a dieta rica em concentrado.

Ingrediente	**% Suplemento dieta rica em concentrado**
Milho, moído	36,896
Farelo de soja	45,696
Ureia	1,988
Calcário	3,534
Fosfato bicálcico	1,767
Sal oligoelementos minerais	2,209
Vitamina A-30	0,044
Vitamina D-3	0,044
Vitamina E	0,133
Selênio	0,221
Rumensin®80	0,075
KCl (Dyna K)	0,663
Dynamat	1,767
Gordura animal-vegetal	4,963
Total	**100,00**

Tabela 4. Composição dos ingredientes do suplemento para a dieta controle.

Ingrediente	**% Suplemento dieta controle**
Milho, moído	21,607
Farelo de soja	51,270
Ureia	4,014
Calcário	----
Fosfato bicálcico	2,676
Sal oligoelementos minerais	4,460
Vitamina A-30	0,089
Vitamina D-3	0,089
Vitamina E	0,268
Selênio	0,446
Rumensin®80	0,152
KCl (Dyna K)	1,338
Dynamat	3,568
Gordura animal-vegetal	10,023
Total	**100,00**

Essa abordagem de desmama precoce e arraçoamento com uma dieta rica em concentrado foi muito eficaz na indução da puberdade precoce em novilhas (**Tabela 5**; Gasser *et al.*, 2006a; 2006b; 2006c; e 2006d).

Os resultados desses experimentos evidenciaram, claramente, que a maturação sexual pode ser substancialmente alterada por meio do manejo e da manipulação nutricional, iniciando-se com uma idade bastante precoce. Não se sabe

Tabela 5. Idade na puberdade e incidência de puberdade precoce (%) em novilhas desmamadas com 2,5 a 3,5 meses de idade e arraçoadas com uma dieta rica em concentrados (DPR) ou controle (DPC).

Experimento	DPR	DPC
Gasser *et al*. 2006a	262±10 (89%)	368±10 (0%)
Gasser *et al*. 2006b	252±9 (100%)	308±27 (56%)
Gasser *et al*. 2006c	262±18 (80%)	331±11(0%)
Gasser *et al*. 2006d	275±30 (67%)	385±14 (20%)

se os efeitos da dieta rica em concentrados ocorrem apenas pelas influências sobre o crescimento da novilha ou se os fatores qualitativos das dietas desempenham um papel crítico. Como exemplo, a influência das duas dietas sobre o peso corporal estudadas em um experimento (Gasser *et al*., 2006a) é apresentada na **Figura 4**.

As novilhas que apresentaram puberdade precoce nesses experimentos também tiveram um peso corporal muito mais leve na puberdade do que as novilhas que atingiram a puberdade depois de 300 dias de idade. O impacto direto da desmama precoce pode não ter sido uma influência importante na incidência da puberdade precoce, uma vez que, em um experimento (Gasser *et al*., 2006c), a desmama precoce não aumentou a incidência de puberdade precoce em novilhas alimentadas com a dieta controle, quando comparadas com novilhas que apresentavam crescimento similar, permanecendo com suas mães até a desmama, com aproximadamente 7 meses de idade. Gasser *et al*. (2005d) demonstraram que a desmama precoce e o uso de uma dieta rica em concentrados durante dois meses e meio, aproximadamente, seguida pela transição para a dieta controle também foi eficaz em antecipar a puberdade em novilhas. Esses resultados enfatizam as influências da nutrição durante o período inicial de maturação sobre a idade na puberdade.

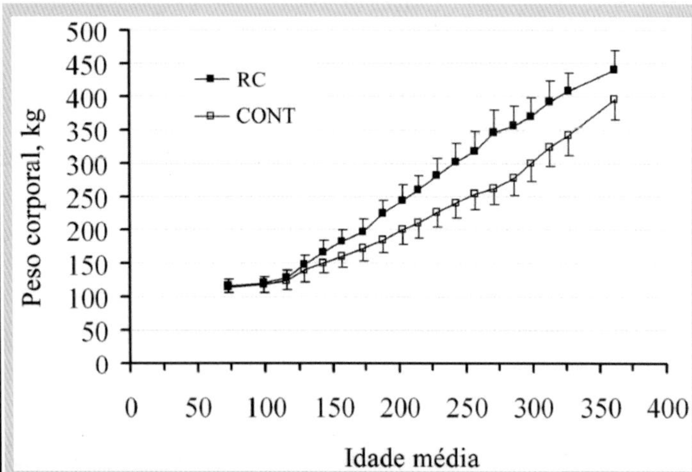

Figura 4. Peso corporal de novilhas da desmama precoce com 73 ± 3 dias de idade até a idade média de 362 dias. Todas as novilhas receberam a dieta inicial durante 26 dias após a desmama, mas sofreram depois uma transição para uma dieta rica em concentrados (RC) ou a dieta controle (CONT). O peso corporal de novilhas arraçoadas com a dieta RC foi maior ($P < 0,01$) do que o das novilhas CONT desde a idade de 188 dias até o final do período experimental (tratamento x idade, $P < 0,05$).

Endocrinologia da puberdade precoce

As alterações que ocorrem normalmente durante o período pré-puberdade (>10 meses de idade), quando as novilhas atingem a puberdade em uma idade típica, foram avaliadas em novilhas cuja puberdade precoce era esperada. No primeiro experimento (Gasser *et al*., 2006a), as novilhas que foram desmamadas precocemente e arraçoadas com a dieta rica em concentrados apresentaram frequência maior de pulsos de LH que levam à puberdade precoce, sugerindo que o aumento de LH que ocorre na peripuberdade, descrito na **Figura 3**, foi transferido para uma idade muito mais jovem. No segundo estudo (Gasser *et al*., 2006b), a maturidade ovariana foi acelerada durante o mesmo período, levando à puberdade precoce. Essa observação foi evidenciada pelo aumento no diâmetro máximo dos folículos ovarianos dominantes, pela maior duração das ondas de desenvolvimento folicular e por um aumento nas concentrações no pico de estradiol durante as ondas foliculares. Com base nesses achados, parece que foram aceleradas as alterações no desenvolvimento folicular anteriormente descritas como ocorrendo no período estático e na peripuberdade. No terceiro experimento (Gasser *et al.*, 2006c), a secreção de LH em novilhas ovariectomizadas, com implante do estradiol, que foram desmamadas precocemente e arraçoadas com uma dieta rica em concentrados, escaparam do *feedback* negativo do estradiol sobre a secreção de LH em uma idade menor. O final do *feedback* negativo do estradiol ocorreu em um momento similar àquele em que as novilhas com ovário intacto, que recebendo a mesma dieta, atingiram a puberdade. Com base nesses resultados, concluiu-se que um declínio acelerado no *feedback* negativo do estradiol sobre a secreção de LH é o mecanismo pela qual a desmama precoce e o arraçoamento com uma dieta rica em concentrados resulta em aumento da secreção de LH e desenvolvimento folicular ovariano e induz puberdade precoce em novilhas. Essencialmente, parece que, com esse tratamento, a antecipação do período peripuberdade de desenvolvimento em novilhas ocorre em idade menor.

A partir desses achados, é sugerido um modelo alternativo para a maturação sexual para situações em que as novilhas são submetidas a manejo para se conseguir, ou alcançar espontaneamente, a puberdade precoce (**Figura 5**).

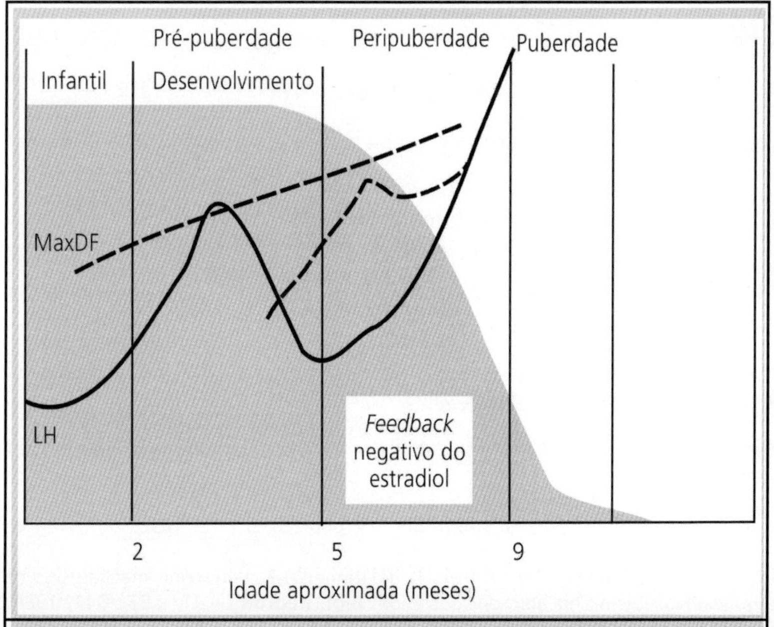

Figura 5. Modelo ajustado para atingir a puberdade precoce em novilhas. O período pré-puberdade passa para uma idade anterior, eliminando a fase estática que foi mostrada na **Figura 3**. MaxDF = diâmetro máximo dos folículos dominantes; E2 = concentrações periféricas de estradiol.

Especula-se que, se as novilhas atingirem precocemente a puberdade, a fase estática de desenvolvimento é eliminada ou substancialmente reduzida, facilitando a progressão de um período de maturação inicial diretamente para o período peripuberdade.

Puberdade em bovinos *Bos indicus*

Os mecanismos subjacentes que controlam a puberdade em novilhas *Bos indicus* parecem ser similares aos que foram descritos acima para as fêmeas *Bos taurus* (revisão de Nogueira, 2004). A faixa de idade na puberdade (16 a 40 meses) e a idade média na primeira parição (>40 meses) para bovinos Zebu sul-americanos, entretanto, é muito maior do que para *Bos taurus* em climas temperados. Diferenças genéticas, ambientais e nutricionais foram identificadas como sendo fatores significativos, que influenciam a idade relativa à puberdade entre bovinos *Bos indicus* e *Bos taurus*. Semelhante ao que foi observado em bovinos *Bos taurus* em climas temperados, contudo, alguns bovinos Zebu sul-americanos têm o potencial de apresentar puberdade precoce. Observou-se que 32% de novilhas Nelore ficam prenhes com 15 meses de idade e concluiu-se que essas novilhas passaram por puberdade precoce (Nogueira, 2004). A puberdade precoce em novilhas desse tipo parece estar relacionada a maior diâmetro folicular com 12 a 14 meses de idade (de Lucia *et al.*, 2002). Além disso, foi demonstrado que a desmama precoce de novilhas Zebu (3 meses) e o arraçoamento para alcançar ganhos de peso corporal característicos de *Bos taurus*, em climas temperados, resultaram em puberdade com idade média de 12,3 meses e PC de 233 kg (Fajersson *et al.*, 1991). Assim sendo, existe a possibilidade de que o manejo com uma abordagem de desmama precoce e o uso de dieta rica em concentrados na época adequada, durante a maturação sexual, poderia aumentar a incidência de parições com

2 anos de idade em animais *Bos indicus* sul-americanos. O momento e a duração apropriados desse aumento de ingestão de nutrientes, que poderiam hipoteticamente resultar na ativação precoce do sistema reprodutivo, ainda precisam ser estabelecidos para o gado Zebu sul-americano. Se na América do Sul as novilhas Zebu pudessem ser induzidas, de forma previsível, para alcançar a puberdade com 12 a 15 meses de idade e parir com 2 anos de idade, o impacto sobre a produtividade futura dos sistemas brasileiros de produção iria exigir considerações cuidadosas. O valor da indução da *puberdade precoce* com 12 a 15 meses de idade em bovinos desse tipo poderia variar entre regiões, ambientes e os recursos nutricionais disponíveis.

Referências bibliográficas

Anderson, L.H.; McDowell, C.M.; Day, M.L. Progestin-induced puberty and secretion of luteinizing hormone in heifers. **Biol. Reprod**., v. 54, p.1025-1031, 1996.

Arije, G.F.; Wiltbank, J.N. Prediction of age and weight at puberty in beef heifers. **Journal Animal Science**, v.38, n.4, p.803-810, 1974.

Arije, G.F.; Wiltbank, J.N. Age and weight at puberty in Hereford heifers. **Journal Animal Science**, v.33, p.401-406, 1971.

Barash, H.I.; Peri, A.; Gertler, Bruckental, I. Effects of energy allowance and cimaterol feeding during the heifer rearing period on growth, puberty and milk production. **Anim. Prod.** , v.59, p.359-366, 1994.

Berardinelli, J.G.; Dailey, R.A.; Butcher, R.L.; Inskeep, E.K. Source of circulating progesterone in prepubertal ewes. Biol. Reprod. 22:233-236, 1980.

Berardinelli, J.G.; Dailey, R.A.; Butcher, R.L.; Inskeep, E.K.Source of progesterone prior to puberty in beef heifers. **Journal Animal Science**, v.49, p.1276-1280, 1979.

Bergfeld, E.G.M.; Kojima, F.N.; Cupp, A.S.; Wehrman, M.E.; Peters, K.E.; Garcia-Winder, M., Kinder, J.E. Ovarian follicular development in prepubertal heifers is influenced by level of dietary energy intake. **Biol. Reprod.**, v.51, p.1051-1057, 1994.

Bronson, F.H.; Manning, J.M. The energetic regulation of ovulation: a realistic role for body fat. **Biol. Reprod.**, v.44, p.945-950, 1991.

Brooks, A.L.; Morrow, R.E.; Youngquist, R.S. Body composition of beef heifers at puberty. **Theriogenology**, v.24, p.235-250, 1985.

Burfening, P.J. Induction of puberty and subsequent reproductive performance. **Theriogenology**, v.12, p.215-221, 1979.

Buskirk, D.D.; Faulkner, D.B.; Ireland, F.A. Increased postweaning gain of beef heifers enhances fertility and milk production. **Journal Anlmal Science**, v.73, p.937-946, 1995.

Byerley, D.J.; Staigmiller, R.B.; Berardinelli, J.G.; Short, R.E. Pregnancy rates of beef heifers bred either on puberal or third estrus. **Journal Animal Science**, v.65, p.645-650, 1987.

Charles, S.L.; Vonnahme, K.A.; Yelich, J.V.; Dolezal, H.G.; Wetteman, R.P. Effect of growth rate on mammary gland development at puberty in beef heifers. Oklahoma State Anim. **Sci. Res. Report**, p.293-295, 1999.

Chelikani, P.K., Ambrose, J.D.; Kennelly, J.J. Effect of dietary energy and protein density on body composition, attainment of puberty, and ovarian follicular dynamics in dairy heifers. **Theriogenology**, v.60, p.707-725, 2003.

Critser, J.K., Block, T.M.; Folkman, S.; Hauser, E.R. Effect of photoperiod on LH, FSH, prolactin and melatonin patterns in ovariectomized prepubertal heifers. **J. Reprod. Fertil.,** v.81, p.29-39, 1987.

Day, M.L.; Anderson, L.H. Current concepts on the control of puberty in cattle. **J. Anim. Sci**. 76(Suppl. 3), p.1-15, 1998.

Day, M.L.; Imakawa, K.; Garcia-Winder, M.; Zalesky, D.D.; Schanbacher, B.D.; Kittok, R. J.; Kinder, J.E. Endocrine mechanisms of puberty in heifers. Estradiol negative "feedback" regulation of luteinizing hormone secretion. **Biol. Reprod**., v.31, p.332-341, 1984.

Day, M.L.; Imakawa, K.; Pennel, P.L.; Zalesky, D.D.; Clutter, A.C.; Kittok, R.J.; Kinder, J.E. Influence of season and estradiol on secretion of luteinizing hormone in ovariectomized cows. **Biol. Reprod**., v.35, p.549-553, 1986b.

Day, M. L., K. Imakawa, D. D. Zalesky, R. J. Kittok and J. E. Kinder. 1986. Effects of restriction of dietary energy intake during the prepubertal period on secretion of luteinizing hormone and the responsiveness of the pituitary to luteinizing hormone-releasing hormone in heifers. **Journal of Animal Science**, v.62, p.1641-1648.

Day, M.L.; Imakawa, K.; Wolfe, P.L.; Kittok, R.J.; Kinder, J.E. Endocrine mechanisms of puberty in heifers. Role of hypothalamo-pituitary estradiol receptors in the negative *feedback* of estradiol on luteinizing hormone secretion. **Biol. Reprod.**, v.37, p.1054-1065, 1987.

de Lucia, R.F.S.; Pereira, F.V.; Nogueira, G.P. Follicular population in precocious and nonprecocious Nelore heifers during prepubertal period. **Theriogenology**, v.57(Suppl.1), p.603, 2002.

Desjardins, C.; Hafs, H.D. Maturation of bovine female genitalia from birth through puberty. **Journal of Animal Science**, v.28, p.502-507, 1969.

Dodson, S.E.; McLeod, B.J.; Haresign, W.; Peters, A.R.; Lamming, G.E.; Das, D. Ovarian control of gonadotrophin secretion in the prepubertal heifer. **Anim. Reprod. Sci**., v.21, p.1-10, 1989.

Dow Jr., J.S.; Moore, J.D.; Bailey, C.M.; Foote, W.D. Onset of puberty in heifers of diverse beef breeds and crosses. **Journal of Animal Science**, v.5, p.1041, 1982.

Dufour, J.J. Influence of postweaning growth rate on puberty and ovarian activity in heifers. **Can. J. Anim. Sci.** , v.55, p.93-100, 1975.

Erickson, BH. Development and senescence of the postnatal bovine ovary. **Journal of Animal Science**, v.25, n.3, p.800-805.

Evans, A.C.O.; Adams, G.P.; Rawlings, N.C. 1994a. Endocrine and ovarian follicular changes leading up to the first ovulation in prepubertal heifers. **J. Reprod. Fertil.**, v.100, p.187-194, 1966.

Evans, A.C.O.; Adams, G.P.; Rawlings, N.C. Follicular and hormonal development in prepubertal heifers from 2 to 36 weeks of age. **J. Reprod. Fertil.**, v.102, p.463-470, 1994b.

Evans, A.C.O.; Adams, G.P.; Rawlings, N.C. Rawlings. Effects of naloxone on circulating gonadotropin concentrations in prepubertal heifers. **J. Reprod. Fertil.**, v.96, p.847-855, 1992.

Fajersson, P.; Barradas, H.V.; Roman-Ponce, H.; Cook, R.M. The effects of dietary protein on age and weight at the onset of puberty in Brown Swiss and Zebu heifers in the tropics. **Theriogenology**, v.35, p.845-855, 1991.

Ferrell, C.L. Effects of postweaning rate of gain on onset of puberty and productive performance of heifers of different breeds. **Journal of Animal Science**, v.55, p.1272-1283, 1982.

Fleck, A.T.; Schalles, R.R.; Kiracofe, G.H. Effect of growth rate through 30m months on reproductive performance of beef heifers. **Journal of Animal Science**, v.51, p.816-821, 1980.

Fox, D.G.; Sniffen, C.J.; O'Connor, J.D. Adjusting nutrient requirements of beef cattle for animal and environmental variations. **Journal of Animal Science**, v.66, p.1475-1495, 1988.

Freetly, H.C.; Ferrell, C.L.; Jenkins, T.G. Production performance of beef cows raised on three different nutritionally controlled heifer development programs. **Journal of Animal Science**, v.79, p.819-826, 2001.

Funston, R.N.; Deutscher, G.H. Comparison of target breeding weight and breeding date for replacement beef heifers and effects on subsequent reproduction and calf performance. **Journal of Animal Science**, v.82, p.3094-3099, 2004.

Garcia, M.R.; Amstalden, M.; Morrison, C.D.; Keisler, D.H.; Williams, G.L. Age at puberty, total fat and conjugated linoleic acid content of carcass, and circulating metabolic hormones in beef heifers fed a diet high in linoleic acid beginning at four months of age. **Journal of Animal Science**, v.81, p.261-268, 2003.

Gasser, C.L.; Grum, D.E.; Mussard, M.L.; Fluharty, F.; Kinder, J.E.; Day, M.L. Induction of precocious puberty in heifers: I. Enhanced secretion of lutenizing hormone. **Journal of Animal Science** (Submitted). 2005a.

Gasser, C.L.; Burke, C.R.; Mussard, M.L.; Behlke, E.J.; Grum, D.E.; Kinder, J.E.; Day, M.L. Induction of precocious puberty in heifers II: Advanced ovarian follicular development. **Journal of Animal Science** (Submitted). 2005b.

Gasser, C.L.; Bridges, G.A.; Mussard, M.L.; Dauch, D.M.; Grum, D.E.; Kinder, J.E.; Day, M.L. Induction of precocious puberty in heifers III: Hastened reduction of estradiol negative *feedback* on secretion of lutenizing hormone. **Journal of Animal Science** (Submitted).2005c.

Gasser, C.L.; Behlke, E.J.; Grum, D.E.; Day, M.L. Effect of timing of feeding a high-concentrate diet on growth and attainment of puberty in early-weaned heifers. **Journal of Animal Science** (Submitted). 2005d.

Granger, A.L.; Wyatt, W.E.; Craig, W.M.; Thompson Jr., D.L.; Hembry, F.G. Effects of breed and wintering diet on growth, puberty and plasma concentrations of growth hormone and insulin-like growth factor 1 in heifers. **Domest. Anim. Endocrinol.**, v.6, p.253-262, 1989.

Greer, R.C.; Whitman, R.W.; Staigmiller, R.B.; Anderson, D.C. Estimating the impact of management decisions on the occurance of puberty in beef heifers. **Journal of Animal Science**, v.56, p.30-39, 1983.

Hall, J.B.; Staigmiller, R.B.; Bellows, R.A.; Short, R.E.; Moseley, W.M.; Bellows, S.E. Body compositon and metabolic profiles associated with puberty in beef heifers. **Journal of Animal Science**, v.73, p.3409-3420, 1995.

Hansen, P.J.; Kamwanja, L.A.; Hauser, E.R. Photoperiod influences age at puberty of heifers. **Journal of Animal Science**, v.57, p.985-992, 1983.

Hansen, P.J.; Kamwanja, L.A.; Hauser, E.R. The effect of photoperiod on serum concentrations of luteinizing and follicle stimulating hormones in prepubertal heifers following ovariectomy and estradiol injection. **Theriogenology**, v.18, n.5, p.551-559, 1982.

Hopper, H.W.; Williams, S.E.; Byerley, D.J.; Rollosson, M.M.; Ahmed, P.O.; Kiser, T.E. Effect of prepubertal body weight gain and breed on carcass composition at puberty in beef heifers. **Journal of Animal Science**, v.71, p.1104-1111, 1993.

Kinder, J.E.; Bergfeld, E.G.; Wehrman, M.E.; Peters, K.E.; Kojima, F.N. Endocrine basis for puberty in heifers and ewes. In: Scaramuzzi, R. J., C. D. Nancarrow, and C. Doberska. (Eds.). Reproduction in Domestic Ruminants III. **J. Reprod. Fertil.**, (Suppl. 49), p.393. The Journals of Reproduction and Fertility, Ltd., Cambridge, UK. 1995.

Kurz, S.G.; Dyer, R.M.; Hu, Y.; Wright, M.D.; Day, M.L. Regulation of luteinizing hormone secretion in prepubertal heifers fed an energy-deficient diet. **Biol. Reprod.**, v.43, p.450-456, 1990.

Lalman, D.L.; Petersen, M.K.; Ansotegui, R.P.; Tess, M.W.; Clark, C.K.; Wiley, J.S. The effects of ruminally undegradable protein, propionic acid, and monensin on puberty and pregnancy in beef heifers. **Journal of Animal Science**, v.71, p.2843-2852, 1993.

Lammers, B.P.; Heinrichs, A.J.; Kensinger, R.S. The effects of accelerated growth rates and estrogen implants in prepubertal holstein heifers on estimates of mammary development and subsequent reproduction and milk production. **J. Dairy Sci.**, v.82, p.1753-1764, 1999.

Lammoglia, M.A.; Bellows, R.A.; Grings, E.E.; Bergman, J.W.; Bellows, S.E.; Short, R.E.; Hallford, D.M.; Randel, R.D. Effects of dietary fat and sire breed on puberty, weight, and reproductive traits of F1 beef heifers. **Journal of Animal Science**, v.78, p.2244-2252, 2000.

Lemenager, R.P.; Smith, W.H.; Martin, T.G.; Singleton, W.L.; Hodges, J.R. Effects of winter and summer energy levels on heifer growth and reproductive performance. **Journal of Animal Science**, v.51, p.837-842, 1980.

Lynch, J.M.; Lamb, G.C.; Miller, B.L.; Brandt Jr., R.T.; Cochran, R.C.; Minton, J.E. Influence of timing of gain on growth and reproductive performance of beef replacement heifers. **Journal of Animal Science**, v.75, p.1715-1722, 1997.

Marston, T.T.; Lusby, K.S.; Wetteman, R.P. Effects of postweaning diet on age and weight at puberty and milk production of heifers. **Journal of Animal Science**, v.73, p.63-68, 1995.

Moran, C.; Quirke, J.F.; Roche, J.F. Puberty in heifers: a review. **Anim. Repro. Sci.**, v.18, p.167-182, 1989.

Moseley, W.M.; Dunn, T.G.; Kaltenbach, C.C.; Short, R.E.; Staigmiller, R.B. Relationship of growth and puberty in beef heifers fed monensin. **Journal of Animal Science**, v.55, n.2, p.357-362, 1982.

Moseley, W.M.; McCartor, M.M.; Randel, R.D. Effects of monensin on growth and reproductive performance of beef heifers. **Journal of Animal Science**, v.45, p.961-968, 1977.

Nogueira, G.P. Puberty in South American *Bos indicus* (Zebu) cattle. **Anim. Repro. Sci.**, v.82-83, p.361-372, 2004.

Oyedipe, E.O.; Osori, D.I.K.; Akerejola, O.; Saror, D. Effect of level of nutrition on onset of puberty and conception rates of zebu heifers. **Theriogenology**, v.18, p.525-539, 1982.

Patterson, D.J.; Wood, S.L.; Randle, R.F. Procedures that support reproductive management of replacement beef heifers. **Proc. Am. Soc. Anim. Sci.**, 1999. Available at: http://www.asas.org/JAS/ symposia/proceedings/0902.pdf. Accessed June 22, 2005. 2000

Patterson, D.J.; Corah, L.R.; Brethour, J.R.; Higgins, J.J.; Kiracofe, G.H.; Stevenson, J.S. Evaluation of reproductive traits in *Bos taurus* and *Bos indicus* crossbred heifers: relationship of age at puberty to length of the postpartum interval to estrus. **Journal of Animal Science**, v.70, p.1994-1999, 1992.

Patterson, D.J.; Corah, L.R.; Brethour, J.R.; Spire, M.F.; Higgins, J.J.; Kiracofe, G.H.; Stevenson, J.S.; Simms, D.D. Evaluation of reproductive traits in *Bos taurus* and *Bos indicus* crossbred heifers: effects of postweaning energy manipulation. **Journal of Animal Science**, v.69, p.2349-2361, 1991.

Penno, J.W.; MacMillan, K.L.; Bryant, A.M. Effect of level of nutrition on age of puberty and reproductive performance of Friesian heifers. **Proc. N. Z. Soc. Anim. Prod.**, v.55, p.79-81, 1995.

Quintans, G.; Straumann, J.M.; Ayala, W.; Vazquez, A.I. Effect of winter management on the onset of puberty in beef heifers under grazing conditions. **15th International Congress Anim. Reprod.**, v.1, p.22. (Abstr.), 2004.

Radcliff, R.P.; Vandehaar, M.J.; Skidmore, A.L.; Chapin, L.T.; Radke, B.R.; Lloyd, J.W.; Stanisiewski, E.P.; Tucker, H.A. Effects of diet and bovine somatotropin on heifer growth and mammary development. **J. Dairy Sci.**, v.80, p.1996-2003, 1997.

Rawlings, N.C.; Bartlewski, P.M.; Aravindakshan, J.; Cook, S.J. The relationship between secretory patterns of gonadotrophic hormones and the attainment of puberty in bull and heifer calves born early or late during the spring calving season. **Anim. Reprod. Sci.**, v.86, p.175-186, 2005.

Ringuet, H.; Pelletier, G.; Brazeau, P.; Gaudreau, P.; Guilbault, L.A.; Morisset, J.; Couture, Y.; Petitclerc, D. Long-term effects of human growth hormone-releasing hormone and photoperiod on hormone release and puberty in dairy heifers. **Journal of Animal Science**, v.72, p.2709-2717, 1994.

Roberson, M.S.; Wolfe, M.W.; Stumpf, T.T.; Werth, L.A.; Cupp, A.S.; Kojima, N.; Wolfe, P.L.; Kittok, R J.; Kinder, J.E. Influence of growth rate and exposure to bulls on age at puberty in beef heifers. **Journal of Animal Science**, v.69, p.2092, 1991.

Roberson, M.S.; Ansotegui, R.P.; Berardinelli, J.G.; Whitman, R.W.; Mclnerney, M.J. Inflence of biostimulation by mature bulls on occurrence of puberty in beef heifers. **Journal of Animal Science**, v.64, p.1601-1605, 1987.

Rodriguez, R.E.; Wise, M.E. Ontogeny of pulsatile secretion of gonadotropin-releasing hormone in the bull calf during infantile and pubertal development. **Endocrinology**, v.124, p.248-256, 1989.

Schams, D.; Schallenberger, E.; Gombe, S.; Karg, H. Endocrine patterns associated with puberty in male and female cattle. **J. Reprod. Fertil.**, v.30, p.103-110, 1981.

Schillo, K.K.; Dierschke, D.J.; Hauser, E.R. Influences of month of birth and age on patterns of luteinizing hormone secretion in prepubertal heifers. **Theriogenology**, v.18, n.5, p.593-597, 1982. .

Schillo, K.K.; Hansen, P.J.; Kamwanja, L.A.; Dierschke, D.J.; Hauser, E.R. Influence of season on sexual development in heifers: age at puberty as related to growth and serum concentrations of gonadotropins, prolactin, thyroxine, and progesterone. **Biol. Reprod.**, v.28, p.329-341, 1983.

Sejrsen, K.; Purup, S. Influence of prepubertal feeding level on milk yield potential of dairy heifers: a review. **Journal of Animal Science**, v.75, p.828-835, 1997.

Sexten, W.J.; Faulkner, D.B.; Dahlquist, J.M. Creep feed protein level and weaning age affects replacement beef heifer performance. **Journal of Animal Science**, v.82(Suppl. 2), p.96. (Abstr.), 2004.

Shamay, A.; Werner, D.; Moallem, U.; Barash, H.; Bruckental, I. Effect of nursing management and skeletal size at weaning on puberty, skeletal growth rate, and milk production during first lactation of dairy heifers. **J. Dairy Sci.**, v.88, p.1460-1469, 2005.

Short, R.E.; Bellows, R.A. Relationships among weight gains, age at puberty and reproductive performance in heifers. **Journal of Animal Science**, v.32, n.1, p.27-131, 1971.

Simpson, R.B.; Chase Jr., C.C.; Hammond, A.C.; Williams, M.J.; Olson, T.A. Average daily gain, blood metabolites, and body composition at first conception in Hereford, Senepol, and reciprocal crossbred heifers on two levels of winter nutrition and two summer grazing treatments. **Journal of Animal Science**, v.76, p.396-403, 1998.

Smith, G.M.; Fitzhugh Jr., H.A.; Cundiff, L.V.; Cartwright, T.C.; Gregory, K.E. A genetic analysis of maturing patterns in straightbred and crossbred Hereford, Angus and Shorthorn cattle. **Journal of Animal Science**, v.43(2), p.389-395, 1976.

Staigmiller, R.B.; Bellows, R.A.; Short, R.E.; MacNeil, M.D.; Hall, J.B.; Phelps, D.A.; Bartlett, S.E. Conception rates in beef heifers following embryo transfer at the pubertal or third estrus. **Theriogenolog**y, v.39, p.315 (Abstr.), 1993.

Tortonese, D.J.; Inskeep, E.K. Effects of melatonin treatment on the attainment of puberty in heifers. **Journal of Animal Science**, v.70, p.2822-2827, 1992.

Wehrman, M.E.; Kojima, F.N.; Sanchez, T.; Mariscal, D.V.; Kinder, J.E. Incidence of precocious puberty in developing beef heifers. **Journal of Animal Science**, v.74, p.2462-2467, 1996.

Wettemann, R.P.; Castree, J.W. Immunization of heifers against gonadotropin releasing hormone delays puberty and causes the cessation of estrous cycles. **Anim. Reprod. Sci.**, v.36, p.49-59, 1994.

Wiltbank, J.N.; Roberts, S.; Nix, J.; Rowden, L. Reproductive performance and profitability of heifers fed to weigh 272 or 318 kg at the start of the first breeding season. **Journal of Animal Science**, v.60, p.25-34, 1985.

Wiltbank, J.N.; Kasson, C.W.; Ingalls, J.E. Puberty in crossbred and straightbred beef heifers on two levels of feed. **Journal of Animal Science**, v.29, p.602-605, 1969.

Wiltbank, J.N.; Gregory, K.E.; Swiger, L.A.; Ingalls, J.E.; Rothlisberger, J.A.; Koch, R.M. Effects of heterosis on age and weight at puberty in beef heifers. **Journal of Animal Science**, v.25, n.3, p.744-751, 1966.

Yelich, J.V.; Wetteman, R.P.; Dolezal, H.G.; Lusby, K.S.; Bishop, D.K.; Spicer, L.J. Effects of growth rate on carcass composition and lipid partitioning at puberty and growth hormone, insulin-like growth factor I, insulin, and metabolites before puberty in beef heifers.**Journal of Animal Science**, v.73:2390-2405, 1995.

Yelich, J.V.; Wetteman, R.P.; Marston, T.T.; Spicer, L.J. Luteinizing hormone, growth hormone, insulin-like growth factor-I, insulin and metabolites before puberty in heifers fed to gain at two rates. **Domest. Anim. Endocrinol.**, v.13. n.4, p.325-338, 1996.

CAPÍTULO 33

Uso de estrógeno exógeno visando coordenar o crescimento folicular, estro e ovulação

Michael Lee Day
Department of Animal Sciences
The Ohio State University
Columbus - OH - USA
day.5@osu.edu

Christopher R. Burke
Dexcel Ltda.
Hamilton - New Zealand
chris.burke@dairynz.co.nz

Alexandre Vaz Pires
Professor Associado
Departamento de Zootecnia
ESALQ/USP. Piracicaba, SP
alvpires@esalq.usp.br

Introdução

O componente central da maior parte dos progra mas de sincronização de estro em bovinos é a pro gesterona exógena, liberada a partir de um dispositivo intravaginal. As vantagens do uso de progestágenos são inúmeras (Day, 1998), mas décadas de pesquisas demonstraram que a progesterona, quando usada isoladamente ou em combinação com $PGF_{2\alpha}$, não proporciona o nível de controle do eixo reprodutivo que resulta em taxas normais de concepção e taxas ideais de submissão em vacas (Burke, 2003). Mais recentemente, foi demonstrado que a inclusão de estradiol em programas de sincronização, baseados em progesterona, permite superar muitos dos problemas e respostas negativas que surgem quando a progesterona é usada isoladamente. Diversas formas de estradiol (17β-estradiol, 17β-E; benzoato de estradiol, EB; cipionato de estradiol, ECP; e valerato de estradiol, EV) foram usadas para manipular o crescimento folicular, estro e ovulação para aumentar a eficácia dos programas de sincronização.

Como o desenvolvimento folicular é um processo dinâmico no animal, todos os estágios de desenvolvimento folicular estarão presentes no rebanho em um determinado momento de tempo. No rebanho, algumas das vacas estarão em anestro, enquanto outras estarão ciclando. Para aplicar um programa de sincronização de estro, o processo de desenvolvimento folicular precisa ser regulado em cada vaca individualmente e coordenado entre todas as vacas. Três processos-chave de desenvolvimento folicular que podem ser controlados com estradiol são a atresia folicular, a emergência folicular e a ovulação. A variação na resposta, observada quando se procura regular esses eventos foliculares, é um problema enfrentado por todos os métodos existentes de controle. Especificamente em relação ao uso do estradiol, algumas das fontes de variação do animal são conhecidas e incluem fatores tais como raça, tipo de produção, *status* reprodutivo e estágio do ciclo estral. Entretanto, pouco ou nada se sabe sobre as causas para essa variação ao nível folicular ou endócrino. Essa falta de conhecimento impede que melhoras sejam introduzidas nos programas de sincronização de estro.

Foi conduzida uma série de estudos para investigar os aspectos da função folicular quando o estradiol é usado para regular estrategicamente o desenvolvimento folicular. Neste trabalho, serão revisados alguns dos fatores responsáveis pela variação na resposta animal e alguns trabalhos de programas relativos à compreensão das causas dessa variação em nível folicular ou endócrino. Serão discutidos os aspectos do uso de estradiol para induzir atresia folicular, sincronizar a subsequente emergência de nova onda folicular e para induzir a ovulação como etapa final do programa de sincronização.

Dinâmica folicular em bovinos

Um folículo ovariano consiste de um oócito envolvido por várias camadas de células granulosas e tecais. Morfologicamente, o desenvolvimento folicular envolve um aumento no diâmetro do oócito com a proliferação sincronizada das células granulosas, assim como o aumento do fluido folicular preenche o *antrum*.

O desenvolvimento folicular inicia a partir do folículo primordial, que é caracterizado por uma camada simples de células granulosas achatadas. Com o desenvolvimento, esse folículo adquire mais camadas de células granulosas e com o formato cuboide. Nessa fase, as células granulosas começam a transcrever mRNA para produção de várias proteínas, tais como: Activina A, Folistatina, GDF9 (*Growth differentiation factor 9*, Fator 9 de diferenciação do crescimento) e BMP15 (*Bone morphogenic protein 15*, Proteína morfogênica óssea 15), as quais servem para suportar a proliferação das células granulosas (Braw-Tal 2002).

Com o desenvolvimento do folículo primário, este atinge a fase de folículo secundário, na qual ocorre a formação da zona pelúcida em torno do oócito. Com a continuação do desenvolvimento do folículo, ocorre a formação da cavidade folicular (cavidade antral) que ocorre na transição de folículo secundário para terciário. Com o aumento da cavidade folicular, o folículo terciário é denominado de folículo antral. É durante essa fase que o folículo adquire a capacidade de ovular se for exposto ao pico de LH. O folículo grande (folículo pré-ovulatório preenchido com fluido) é denominado folículo Graafiano, em homenagem a Regnier Graaf, que foi o primeiro a descrever o folículo antral em coelhas.

Até recentemente, acreditava-se que as fêmeas dos mamíferos nasciam com todos os oócitos disponíveis para ovulação ao logo da vida. Recentemente, pesquisadores têm questionado esse dogma, sugerindo que as células germinais proliferativas no ovário continuam produzindo folículos após o nascimento. Entretanto, esses dados ainda são controversos e mais pesquisas serão necessárias para a completa elucidação desse tópico.

Os oócitos são derivados da migração das células germinais primordiais do ovário na fase final do desenvolvimento embrionário. Esses oócitos permanecem na prófase da primeira divisão meiótica até ocorrer o pico de LH (Vanderhyden, 2002).

Em bovinos, esse desenvolvimento progressivo do folículo dominante ocorre em um processo cíclico que tem sido denominado de onda folicular. Durante cada fase do ciclo estral em bovinos, 2 ou 3 ondas foliculares podem ocorrer. Entretanto, tem sido observado que os animais podem desenvolver somente 1 ou até 5 ondas foliculares. O número de ondas foliculares durante o ciclo estral influencia o comprimento desse ciclo em bovinos. Vacas que desenvolvem 3 ondas foliculares têm um ciclo estral maior e ovulam folículos menores quando comparados com folículos ovulados provenientes de 2 ondas foliculares. O aumento da fertilidade tem sido observado em vacas leiteiras com 3 ondas, quando comparadas com duas ondas foliculares. O número de ondas foliculares no ciclo estral depende de vários fatores, entre os quais o estresse por causa do calor, o *status* nutricional e a raça do animal.

Em bovinos, a onda folicular é caracterizada por três fases distintas:

1) recrutamento de folículos;

2) seleção do folículo dominante e

3) dominância do folículo dominante.

Aumentando-se a concentração de FSH, ocorre estímulo para o recrutamento dos folículos primários nos ovários. Esses folículos recrutados são dependentes do FSH para a continuidade do crescimento e desenvolvimento. Após o recrutamento dos folículos, um deles (na maioria das vezes) é selecionado e adquire a dominância. Morfologicamente, ele se torna dominante quando atinge 8,5 cm de diâmetro. Várias mudanças funcionais ocorrem no folículo quando ele se torna dominante. Com a continuidade do crescimento do folículo dominante, diminui a sua dependência ao FSH mas adquire a dependência ao LH.

O mecanismo exato pelo qual um folículo recrutado obtém a dominância e continua a crescer, enquanto os demais sofrem atresia, ainda não está completamente elucidado.

Um vez que o folículo dominante foi selecionado, vários mecanismos estão presentes para assegurar a manutenção da dominância sobre os folículos subordinados. O aumento da secreção de estradiol pelo folículo dominante induz ao decréscimo da concentração de FSH, por meio do mecanismo de *feedback* negativo e da inibição da transcrição da activina na hipófise anterior, a qual é necessária para a síntese de FSH. As células granulosas do folículo dominante também produzem inibina, uma glicoproteína que suprime a síntese e a liberação FSH na hipófise anterior.

Em geral, a produção de estradiol e inibina pelo folículo dominante reduz a concentração de FSH circulante a teores abaixo do necessário para novos recrutamentos foliculares e continua o crescimento dos folículos subordinados. A retirada do folículo dominante remove o efeito negativo do estradiol e da inibina, o que resulta em um aumento do FSH e consequente recrutamento de uma nova onda folicular dentro de 48 horas (Burke *et al.*, 2003).

Após a obtenção da dominância, pode ocorrer duas coisas com esse folículo: ovular ou também sofrer atresia. Se a luteólise ocorreu, a concentração de progesterona circulante está diminuída; com isso, ocorre aumento da secreção de LH em decorrênicia do aumento da produção de estradiol pelo folículo dominante que irá agir no centro do pico pré-ovulatório para liberação do LH (hipotálamo) para liberar um pico de GnRH que, por sua vez, atuará na hipófise anterior, desencadeando a liberação de um pico de LH, que atuará sobre o folículo dominante no ovário, induzindo a ovulação. Entretanto, quando o CL está presente, consequentemente, a concentração da progesterona circulante está elevada e a secreção de LH é reduzida. Embora o folículo dominante possa sobreviver temporariamente em condições de baixa concentração de LH, essa baixa concentração de LH não pode suportar a continuidade do crescimento do folículo dominante. Nesse caso, o folículo dominante sofre atresia.

Uso de estradiol para induzir atresia de folículos dominantes

O estradiol é uma excelente ferramenta para reiniciar o desenvolvimento folicular na instituição de um programa de controle de estro por meio da indução de atresia de folículos ovarianos (Bo *et al.*, 1995a; 1995b). Um dos primeiros relatos sugerindo que o estradiol poderia induzir a atresia de grandes folículos ovarianos resultou de um estudo que utilizou injeções de 10 mg de valerato de estradiol para o estudo de cistos ovarianos em vacas leiteiras (Engelhardt *et al.*, 1989). O subsequente desenvolvimento da ultrassonografia transretal em vacas permitiu aos pesquisadores monitorar as respostas ovarianas ao estradiol *in vivo*. Os primeiros estudos avaliaram as fases iniciais do ciclo estral, durante o desenvolvimento do primeiro folículo dominante (FD; Bo *et al.*, 1995a). Foi demonstrado que a injeção de 17β-E induzia a atresia do FD e a emergência de uma nova onda folicular 4,3 ± 0,2 dias depois. O intervalo até a emergência da nova onda era consistente, independentemente do estágio de crescimento do FD no momento do tratamento com estradiol.

Novos tratamentos à base de progesterona foram desenvolvidos (i.e., dispositivo intravaginal de liberação de progesterona [CIDR, PRID], que incluía uma cápsula de gelatina contendo 10 mg de benzoato de estradiol (BE) afixada ao dispositivo para promover luteólise. Posteriormente, observou-se que, com a inclusão do estradiol, os fabricantes estavam inadvertidamente interferindo no desenvolvimento da onda folicular (Macmillan e Burke, 1996). Esse estudo de campo desencadeou uma série de experimentos destinados a caracterizar as respostas ovarianas a tratamentos que envolvem progesterona e estradiol (Burke *et al.*, 1997, 1998, 1999, 2000; Bogacz *et al.*, 1999).

Uma característica comum desses estudos foi que os tratamentos eram iniciados 13 dias após o estro sincronizado, tendo como objetivo verificar o surgimento ou não do desenvolvimento de uma nova onda folicular antes da ovulação. Assim, essa abordagem passou a ser chamada modelo do *turnover* da onda folicular no Dia 13 (Day e Burke, 2002). Antes desses estudos, não havia relatos sobre as respostas ovarianas aos tratamentos iniciados em fase média a final do ciclo estral, apesar desse estágio ser provavelmente o mais difícil e crítico de ser controlado em termos de dinâmica da onda folicular.

O primeiro desses estudos (Burke *et al.*, 1999) incluiu tratamentos iniciados no Dia 13 do ciclo estral e envolveu a inserção de um CIDR por cinco dias, com ou sem a cápsula contendo 10 mg BE, a cápsula isolada e um grupo controle não tratado. O *turnover* da onda folicular ocorreu em todos os animais tratados com a cápsula de BE e foi caracterizado pela emergência de uma nova onda de crescimento de folículos 4,0 ± 0,3 dias após o início do tratamento. Este estudo demonstrou que 10 mg BE administrados por via intravaginal eram eficazes para promover *turnover* da onda folicular e o crescimento de um FD saudável em vacas não lactantes. Entretanto, um estudo de campo com múltiplos rebanhos de vacas leiteiras em lactação cíclicas (Xu *et al.*, 1996) indicou que a cápsula de estradiol nem sempre era capaz de reiniciar o crescimento folicular em vacas em lactação.

Vacas leiteiras em lactação que foram injetadas por via im. com 2 mg de BE ao início do tratamento de 7 dias com CIDR apresentaram taxas de concepção equivalentes às de vacas cíclicas inseminadas após estro espontâneo (Day *et al.*, 2000). Além disso, as taxas de concepção das vacas que receberam uma injeção contendo 1 mg de BE tenderam a ser inferiores, se comparadas às taxas de concepção de vacas injetadas com 2 mg de BE no mesmo estudo.

De maneira geral, esses resultados sugerem que a cápsula de 10 mg de BE não representava um sinal adequado para *turnover* folicular em vacas leiteiras em lactação, mas que esse método talvez fosse adequado para vacas não lactantes. As respostas foliculares a 1 mg de BE por via im. foram posteriormente estudadas usando o Modelo de *turnover* folicular do Dia 13, considerado eficaz para promover uma nova onda de desenvolvimento folicular quatro a cinco dias depois em vacas leiteiras não lactantes (Burke *et al.*, 2000). Em outro experimento, esse modelo foi usado para comparar a eficácia do BE em doses de 0,5, 1 ou 2 mg/500 kg PC para induzir o *turnover* da onda folicular em vacas de corte secas (Bogacz *et al.*, 1999). Tanto 1 quanto 2 mg de BE foram altamente eficazes em induzir o *turnover* da onda folicular usando o modelo do Dia 13. O momento de emergência da nova onda de folículos ocorreu posteriormente com 2 comparado a 1 mg de BE. O *turnover* da onda folicular também ocorreu após a injeção de 1 mg de BE associada à inserção do CIDR em novilhas nas fases inicial, média e tardia do ciclo estral (Bogacz *et al.*, 2000).

A capacidade do estradiol de induzir o *turnover* da onda folicular depende de concentrações elevadas de progesterona na circulação. Isso foi claramente demonstrado em vacas que receberam uma injeção de 1 mg de BE no Dia 13 do ciclo estral e nenhum outro tratamento, ou uma dose luteolítica de $PGF_{2\alpha}$ às 0, 24 ou 48 horas depois da injeção de BE (Burke *et al.*, 1997). O *turnover* da onda folicular, sinalizado pelo número de animais que apresentaram 3 ondas de desenvolvimento folicular, foi induzido em todos os animais que não receberam $PGF_{2\alpha}$ e em todas as vacas (com exceção de uma) que receberam $PGF_{2\alpha}$ 48 horas depois do BE. Por outro lado, as vacas injetadas às 0 ou 24 horas depois do BE manifestaram ciclos estrais de duas, três e quatro ondas de desenvolvimento folicular e certa prevalência de desenvolvimento de folículos císticos que não conseguiram ovular.

Este estudo indicou que as concentrações de progesterona circulante precisam se manter elevadas por pelo menos 48 horas depois do tratamento com estradiol para que ocorra a indução do *turnover* da onda folicular, aumentando a possibilidade de ocorrência de luteólise espontânea, quando os tratamentos de sincronização de progesterona/estradiol forem iniciados. Da mesma forma, em estudo subsequente, avaliou-se a adição de uma fonte de progesterona exógena com uma injeção de 1 mg de BE durante a luteólise induzida no modelo da *onda folicular* no Dia 13 seria suficiente para facilitar o *turnover* da onda folicular induzido pelo estradiol (Burke *et al.*, 1998). Neste estudo, as vacas receberam uma dose luteolítica de $PGF_{2\alpha}$ no Dia 13 do ciclo estral e, em seguida, receberam apenas 1 mg de BE, apenas um CIDR por seis dias ou um CIDR mais uma injeção de 1 ou 2 mg de BE. Todas as vacas que não receberam a combinação de BE e CIDR apresentaram ciclos estrais com duas ondas de desenvolvimento folicular. Por outro lado, todas as vacas que receberam a combinação de uma injeção de 1 ou 2 mg de BE e o CIDR apresentaram ciclos estrais com três ondas de desenvolvimento folicular.

Este estudo demonstrou que, na ausência de progesterona endógena, as concentrações séricas de progesterona foram suficientemente elevadas pelo tratamento com CIDR para possibilitar *turnover* de onda folicular induzido pelo estradiol. Um estudo subsequente observou que uma injeção im. de 200 mg de progesterona, substituindo a inserção do CIDR no mesmo desenho experimental acima descrito, não foi suficiente para facilitar o *turnover* folicular induzido pelo estradiol (C. R. Burke, não publicado). Concluiu-se que a progesterona na circulação foi eliminada rapidamente demais para permitir que houvesse uma elevação sustentada de pelo menos 48 horas, que o estudo anterior havia demonstrado ser necessária para que o estradiol promovesse o *turnover* da onda folicular (Burke *et al.*, 1997). A maior parte das evidências sugere que a ação do estradiol na indução do *turnover* da onda folicular é mediada por meio de mecanismos sistêmicos que envolvem o eixo gonadotrópico. Em vacas ovariectomizadas, o tratamento com progesterona resultou em inibição eficaz, porém curta, da secreção de LH (i.e., 36 horas) e não houve efeito mensurável sobre a secreção de FSH (Burke *et al.*, 1996a).

A supressão de LH induzida pela progesterona foi prolongada por vários dias pela adição de BE ao início do tratamento com CIDR, e a secreção de FSH, também foi deprimida. O desenvolvimento folicular é inicialmente suportado pelo FSH, e a maior dependência do LH passa a ocorrer à medida que o FD amadurece (Findlay *et al.*, 1996; Gong *et al.*, 1996). Como a progesterona suprime a secreção de LH, mas não de FSH, folículos recém-desenvolvidos e ainda dependentes de FSH podem ser menos afetados pela progesterona na ausência de estradiol. Por outro lado, a supressão tanto de secreção de FSH quanto de LH pela administração de progesterona e estradiol em combinação, provavelmente, resulta em atresia independentemente da idade ou do diâmetro do FD.

Parece improvável que o estradiol pudesse ter um efeito direto em causar atresia de folículos ovarianos, pois as concentrações foliculares de estradiol em folículos não atrésicos são geralmente muito superiores às da circulação periférica (Ginther *et al.*, 1997a). Além disso, a administração de 17β-E diretamente no estroma ovariano adjacente ao FD não induz *turnover* da onda folicular (Bo *et al.*, 2000). Está claramente estabelecido que o BE interrompe o desenvolvimento e crescimento de FDs e que uma nova onda de desenvolvimento folicular sucede essa interrupção do crescimento do FD.

Foram conduzidos três experimentos para avaliar as alterações temporais que ocorrem no FD quando a dominância é suprimida para permitir novo crescimento folicular. A base subjacente a essa perda de dominância, após a administração de estradiol em bovinos, não havia sido previamente descrita. Os objetivos foram caracterizar as principais alterações bioquímicas, celulares e moleculares no FD ao ocorrer a perda de dominância após a administração de BE e as alterações associadas em concentrações sistêmicas de hormônios durante a perda de dominância. A partir desses experimentos (Burke *et al.*, 2005; 2006), determinou-se que a administração de uma dose de BE suprimiu as concentrações de LH e/ou FSH na circulação e promoveu uma perda rápida e sustentada na capacidade de FDs saudáveis produzirem estradiol. Um alvo primário dessa ação do BE foi sobre a aromatase, enquanto outros sítios da via esteroidogênica foram afetados de forma variável, dependendo do tipo de animal e/ou estágio do ciclo estral. A erosão da membrana granulosa foi maior no FD de animais tratados com BE, embora não tenham sido observadas diferenças na taxa de apoptose das células da granulosa, às 36 horas, ou no sinal potencial de desencadeamento de apoptose às 24 horas.

Ficou claro a partir dessa série de experimentos que o primeiro ou segundo dias após a administração de BE resulta em interrupção rápida e intensa da função esteroidogênica e do crescimento do folículo em razão da supressão de gonadotrofinas, sugerindo que a atresia ocorre em aproximadamente 36 horas. Nestes experimentos, entretanto, uma nova onda de desenvolvimento folicular só ocorreu quatro a cinco dias depois. Quando foi avaliada a literatura sobre o uso de vários métodos para reiniciar o desenvolvimento folicular, observou-se variação intra e interexperimentos (i.e., 2 a 5 dias) no intervalo entre o tratamento e a emergência de uma nova onda. Embora essa variação tenha sido considerada consequência de graus variáveis de atresia do FD, a consistência das respostas foliculares ao estradiol nestes estudos e o intervalo prolongado que se seguiu até a emergência sugerem que embora a indução da atresia no tratamento do FD com BE seja um requisito para novo desenvolvimento folicular, não é o único fator envolvido nesse processo.

Uso de estradiol e momento da nova onda folicular

Quando as concentrações de progesterona estão elevadas na circulação, o estradiol representa uma maneira eficaz de sincronização de uma nova onda de desenvolvimento folicular, se comparado a outros hormônios exógenos (Roche *et al.*, 1999; Martinez *et al.*, 2000). Dados anteriores de laboratório (Bogacz *et al.*, 1999) indicam que a eficácia do BE em induzir a atresia é dose-dependente até que se atinja um limiar de dosagem (i.e., 1 mg im./500 kg peso corporal [PC]), enquanto doses de BE superiores à necessária para promover atresia do FD de forma consistente (i.e., 2 mg im. /500 kg PC) resultam em maiores intervalos entre o tratamento e a emergência de uma nova onda folicular. Os experimentos descritos na seção anterior demonstraram que a perda da função estrogênica no FD após tratamento com BE é iniciada em 12 horas e se completa, geralmente, após 36 horas, mas que o efeito do BE em promover a atresia do FD não está necessariamente associado ao atraso da emergência de nova onda folicular. Assim, foi conduzido um experimento para testar a hipótese de que, na ausência de um FD funcional, o BE atrasa a emergência de uma nova onda folicular de forma dose-dependente, ao retardar a elevação de FSH que antecede a emergência de uma nova onda de desenvolvimento folicular (Burke *et al.*, 2003).

Aos 6 dias após a ovulação, todos os folículos ovarianos 5 mm em diâmetro foram aspirados em vacas de corte paridas (Dia [D] 0 e Hora [H] 0), e os animais receberam imediatamente 0 (0BE), 1(1BE), 2 (2BE) ou 4 (4BE) mg de BE im. / 500 kg de peso corporal. As concentrações de estradiol foram diferentes entre todos os tratamentos entre a H 24 e 72, aumentando ($P < 0,01$) com maiores doses de BE. O momento de pico do FSH ocorreu às H 29,3 ± 4,0; 53,3 ± 4,5; 81,1 ± 15,5 e 91,4 ± 8,2 para os tratamentos 0BE, 1BE, 2BE e 4BE, respectivamente, e a emergência de uma nova onda de desenvolvimento folicular ocorreu nos Dias 1,5 ± 0,2, 3,3 ± 0,3, 4,0 ± 0,6 e 4,4 ± 0,4, respectivamente. O tempo até o pico de FSH e emergência de uma nova onda de desenvolvimento folicular foi menor ($P < 0,05$) no tratamento 0BE, semelhante ($P > 0,1$) nos tratamentos 1BE e 2BE e mais longo ($P < 0,05$) no tratamento 4BE, em comparação aos tratamentos 0BE ou 1BE. O intervalo médio geral entre o pico de FSH até a emergência de uma nova onda de desenvolvimento folicular foi 15,7 ± 3,3 horas e não foi afetado por tratamento. As concentrações de estradiol às 24 horas antes da emergência da nova onda de desenvolvimento folicular não foram diferentes entre os animais tratados com BE (20,2 ± 5,5 pg/mL), mas menores ($P < 0,01$) no tratamento 0BE (1,6 ± 0,2 pg/mL).

No estudo acima descrito (Burke *et al.*, 2003), foi usado um modelo animal em que o FD sofreu ablação por aspiração folicular para avaliar os efeitos do BE sobre a secreção de FSH e sobre o momento de emergência de uma nova onda de desenvolvimento folicular ovariano, independentemente de influências que pudessem ser exercidas pelo FD que estava sofrendo atresia em resposta ao BE. Concordando com relatos anteriores (Bergfelt *et al.*, 1994), a aspiração do FD sem tratamento adicional desencadeou uma elevação rápida e bem definida de FSH com concentrações atingindo o pico em 29 horas e emergência de uma nova onda de desenvolvimento folicular às 36 horas. O momento da emergência da nova onda de desenvolvimento folicular e o aumento de FSH foram atrasados pelo BE que foi administrado no momento da aspiração. Além disso, esse intervalo foi prolongado com o aumento da dose de BE. Os resultados do presente estudo (Burke *et al.*, 2003) demonstram claramente que o BE retarda a elevação de FSH pós-ablação de forma dose-dependente e, consequentemente, o momento de emergência de uma nova onda de desenvolvimento folicular.

Os resultados deste estudo (Burke *et al.*, 2003), avaliados em conjunto com investigações anteriores às deste capítulo, permitem sugerir que o FD que sofre atresia após tratamento com estradiol tem impacto mínimo sobre o desenvolvimento folicular subsequente. O intervalo de 3,3 dias até a emergência de uma nova onda de desenvolvimento folicular após o tratamento com 1 mg de BE/500 kg de PC no presente estudo é praticamente idêntico aos intervalos relatados anteriormente, usando-se essa mesma dose em novilhas de corte (Burke et al., 2001) e em vacas de corte não lactantes ciclando normalmente (Bogacz *et al.*, 1999; Day e Burke, 2002), em que não foram realizadas aspirações foliculares. As evidências coletivas sugerem que qualquer potencial, influência do FD que esteja sofrendo atresia após tratamento com BE, é mascarado pelo impacto de concentrações elevadas de estradiol e desaparece antes que as concentrações de estradiol tenham sido suficientemente reduzidas para permitir o aumento dos níveis de FSH que estimulam a emergência de uma nova onda de desenvolvimento folicular.

Embora a inclusão de estradiol no início dos tratamentos à base de progestinas, ou durante a fase lútea do ciclo estral, geralmente promova a sincronização do momento de emergência de uma nova onda de desenvolvimento folicular, o intervalo até esta emergência é variável (**Tabela 1**).

Essa variabilidade pode ser devida a uma série de fatores, sendo os mais óbvios a formulação (Bo *et al.*, 2000; Vynckier *et al.*, 1990), via administração e dose de estradiol. A influência do tipo de animal sendo tratado e seu estado fisiológico e metabólico não foi diretamente investigada, mas quando se consideram diversos estudos, usando-se BE administrado por via intramuscular (**Tabela 1**), as respostas parecem ser afetadas pelo tipo de animal (leite *versus* carne) e estado de lactação ou gestação. Esses fatores são associados às diferenças em estado metabólico e às taxas de *clearance* hormonal. Assim, além das propriedades farmacológicas do estradiol administrado, diferenças no *clearance* de estradiol da circulação provavelmente também influenciam o ponto em que as concentrações de estradiol na circulação deixam de ser capazes de manter a supressão do aumento de FSH pré-emergência e, portanto, do momento da nova onda folicular.

Pode-se concluir que, após a administração de doses atretogênicas de BE, o momento de emergência da nova onda folicular vai depender do *clearance* do estradiol da circulação e do atingimento de nova concentração limiar míni-

Tabela 1. Intervalos desde o início do tratamento até a emergência de uma nova onda de desenvolvimento folicular ovariano em vacas e/ou novilhas tratadas com estradiol em diferentes estágios de desenvolvimento da onda folicular e durante períodos de elevação dos níveis de progesterona/progestágenos na circulação, derivados de fontes exógenas e/ou endógenas.

Estradiol[1] (dose/via)	Intervalo até emergência de nova onda (dias)	Animal[2]	Estágio de desenvolvimento da onda folicular	Referência
17 β-E (5 mg im.)	4,3 ± 0,2	Vacas/Novilhas de corte	Crescimento/ Dominância	Bo *et al.*, 1995 a e b
17β-E (5 mg im.)	3,4 ± 0,1	Novilhas	Aleatório	Martinez *et al.*, 2000
EB (1 mg im.)	3,0	Vacas em anestro em lactação	Diversos	Salfen *et al.*, 2001
EB (10 mg i.vag.)	4,0 ± 0,3	Vacas leiteiras	Crescimento/ Dominância	Burke *et al.*, 1999
EB (1 mg im.)	4,5 ± 0,2	Vacas leiteiras	Crescimento/ Dominância	Burke *et al.*, 2000
EB (1 mg im.)	2,8 ± 0,8	Novilhas leiteiras em lactação	Crescimento/ Dominância	Burke *et al.*, 1998
EB (2 mg im.)	3,2 ± 0,4	Novilhas leiteiras em lactação	Crescimento/ Dominância	Burke *et al.*, 1998
EB (1 mg im./500 kg PC)	3,1 ± 0,1	Novilhas de corte pré-púberes	Aleatório	Burke *et al.*, 2001
EB (1 mg im./500 kg PC)	3,2 ± 0,1	Novilhas de corte	Dominância	Burke *et al.*, 2001
EB (1 mg im./500 kg PC)	2,2 ± 0,2	Vacas em anestro em lactação	Aleatório	Burke *et al.*, 2001
EB (1 mg im./500 kg PC)	3,3 ± 0,5	Vacas de corte	Dominância	Bogacz *et al.*, 1999
EB (2 mg im./500 kg PC)	5,0 ± 0,3	Vacas de corte	Dominância	Bogacz *et al.*, 1999
ECP (0,5 mg im.)	6,50 ± 0,6	Vacas leiteiras em lactação	Crescimento	Thundathil *et al.*, 1998
ECP (1 mg im.)	5,80 ± 0,5	Vacas leiteiras em lactação	Crescimento	Thundathil *et al.*, 1998

[1]Estradiol: 17β-E (17β-estradiol); EB (benzoato de estradiol); ECP (cipionato de estradiol); via: (intramuscular); i. vag. (intra vaginal); PC (peso corporal). [2]Animal: não em lactação e ciclando, a menos que haja menção específica.

ma de estradiol que permita a ocorrência da elevação pré-emergência do FSH. A importância de usar uma dose *ideal* de estradiol para regular estrategicamente o desenvolvimento folicular é enfatizada pelo resultado.

Uso de estradiol para induzir estro e ovulação

Concentrações elevadas de estradiol na ausência de progesterona são as condições hormonais necessárias para manifestação de estro comportamental e pico pré-ovulatório de LH em vacas. Os esforços iniciais para estudar esse fenômeno usaram vacas ovariectomizadas para regular de forma mais precisa e conveniente as concentrações de esteroides ovarianos. Asdell *et al.* (1945) demonstraram que a administração de 0,1 mg de BE por via im. diariamente, por três dias, induzia o estro em vacas ovariectomizadas. Ray (1965) testou administrações únicas de 0,2 a 0,6 mg de BE por via im. em novilhas de corte ovariectomizadas e observou que a dose marginal seria 0,3 mg de BE (50% de resposta) para a indução dos sinais de estro. Doses de 0,4 mg de BE por via im. ou superiores induziam estro em todos os animais, enquanto 0,2 mg de BE por via im. não induzia estro em nenhuma novilha. Cook *et al.* (1986) relataram que o intervalo entre a administração de BE até o estro (15,5 horas) e a duração do estro (12 horas) foram independentes da dose que variou entre 0,125 e

2,4 mg de BE por via im. A dose farmacológica de 4,8 mg de BE por via im. prolongou a duração do estro para 20 horas, mas não reduziu o intervalo até sua manifestação.

Concordando com estudos anteriores (Ray, 1965; Carrick e Shelton, 1969), Cook *et al.* (1986) concluíram que a dosagem mínima necessária para a indução do estro em >80% das vacas ovariectomizadas era de 0,5 a 0,6 mg de BE por via im. Este limiar era independente de idade e maturidade do animal, uma vez que vacas e novilhas responderam de maneira semelhante ao protocolo de titulação de dose. Considerados em conjunto, esses estudos revelam que a indução do estro em vacas e novilhas ovariectomizadas por meio de estradiol exógeno é altamente eficaz. Entretanto, as características do estro em animais que respondem são influenciadas pela dose. Por exemplo, Nessan e King (1981), consistentemente, induziram estro em vacas holandesas ovariectomizadas pela administração de três injeções im. de 0,25 mg de BE com 12 horas de intervalo, e o aumento da dose desse protocolo de três injeções para 0,5 mg de BE aumentou a intensidade e duração da expressão do estro.

Observou-se um claro padrão bifásico de variação das concentrações de LH na circulação após a administração de estradiol em vacas ovariectomizadas (Beck e Convey, 1977). As concentrações de LH na circulação são inicialmente reduzidas entre duas e seis horas após a administração de estradiol e segue-se um aumento contínuo a partir de 14 horas pós-injeção que dura de 8 a 10 horas, atingindo o pico às 18,5 horas (Beck e Convey, 1977). Vacas com ovários intactos com concentrações basais de progesterona na circulação responderam de forma semelhante quanto à manifestação do estro após a administração de estradiol (Lammoglia *et al.*, 1998). O início da fase ascendente da curva de LH coincide com a manifestação do estro (Short *et al.*, 1973). O padrão bifásico de secreção de LH, após estradiol exógeno, não é observado durante o proestro espontâneo em vacas (Imakawa *et al.*, 1986), em que as concentrações de estradiol na circulação aumentam gradativamente (Kaneko *et al.*, 1991).

Lammoglia *et al.* (1998) derivaram doses *ideais* de BE para uso no anestro pós-parto em vacas de corte (1 mg de BE por via im.) e em novilhas peripúberes (0,4 mg de BE por via im.) para facilitar os eventos do estro e ovulação após um tratamento com progestágeno/PGF$_{2\alpha}$. Com essas doses, o intervalo entre a injeção de BE até o pico de LH foi de 22 horas. Embora a titulação da dose tenha demonstrado que a liberação de LH da pituitária era muito sensível ao BE, em nenhum caso houve elevação significativa nas concentrações de LH até pelo menos oito horas de concentrações elevadas de estradiol. Em relação ao intervalo entre a injeção de BE até as concentrações de pico de LH, as vacas ovariectomizadas responderam da mesma forma (Short *et al.*, 1973), sugerindo que os ovários não são essenciais nem interferem com a estimulação exógena do pico de LH com estradiol.

O estradiol é utilizado como rotina nos rebanhos leiteiros da Nova Zelândia para o tratamento de vacas leiteiras em anestro para facilitar a expressão do estro (McDougall *et al.*, 1992). A resposta de estro que ocorre depois de vários dias de tratamento com progesterona, via inserção de um CIDR, aumentou de 70% para mais de 90% pela adição de uma injeção im. de 1 mg de BE, 24 horas depois da retirada do dispositivo de liberação de progesterona. Grande parte dessa melhora foi atribuída à eliminação das *ovulações silenciosas* (i.e., ovulação que não é acompanhada por manifestações detectáveis de estro), pois as taxas de concepção não foram alteradas, ainda que a maior parte desses animais tenham sido inseminada. Assim, a melhora geral resultante da adição do estradiol foi atribuída ao maior número de animais sendo detectados em estro e submetidos a IA (Macmillan *et al.*, 1995; Day *et al.*, 2000).

Melhoras semelhantes em manifestação de estro comportamental resultaram da administração de estradiol a vacas de corte em anestro (Fike *et al.*, 1997) e novilhas de corte (Rasby *et al.*, 1998), previamente tratadas com CIDR. A lógica para o uso de BE depois da retirada da progesterona, acima descrita, para o tratamento de vacas leiteiras em anestro foi estendida para produzir uma maior precisão de sincronização de estro em vacas que já tinham começado a ciclar antes do tratamento (Day *et al.*, 2000).

Em vacas leiteiras de altíssima produção, o uso de estradiol depois do tratamento com progesterona é benéfico para eliminar o problema da baixa expressão do estro, típico de animais em estado de grande demanda metabólica. Um problema associado ao uso de estradiol para a facilitação da expressão do estro, depois do tratamento com progesterona, é a possibilidade de que esse estro não seja acompanhado de ovulação e desenvolvimento de um corpo lúteo normal. Um estudo recente, conduzido com vacas leiteiras em anestro na Nova Zelândia, relatou a incidência de *falsos cios* em 21,4% das vacas, embora altamente variável entre diferentes rebanhos (5 a 46%; Rhodes *et al.*, 2003).

As consequências negativas da indução de estro em um animal em anestro, mas que não ovule em seguida ou continue apresentando ciclos estrais, podem ser de dois tipos. Em primeiro lugar, a vaca não pode ficar prenhe, pois houve falha de ovulação. Em segundo lugar, se o animal permanecer em anestro, o encarregado pode supor que esta vaca está prenhe, pois não repetiu o estro. Embora existam várias razões em potencial para que não ocorra ovulação, uma clara possibilidade é a presença de um FD imaturo e que não responda no momento em que estradiol é administrado. Foram conduzidos três experimentos (Burke *et al.*, 2001) para testar a hipótese de que um FD maduro deve estar presente para que ocorra um estro induzido pelo estradiol e seja acompanhado de ovulação.

Os três experimentos foram realizados para investigar as respostas ao uso de BE para estimular estro e ovulação em vacas em diferentes estágios e incluíram grupos de novilhas peripúberes, novilhas ciclando e vacas de corte em anestro pós-parto (Burke *et al.*, 2001). Em todos os animais, o menor período prático para o teste de indução da ovulação com estradiol foi com folículos imaturos que haviam emergido dois dias antes, sem que houvesse necessidade de prever o momento de uma nova emergência folicular. O tratamento controle consistiu de animais em que a emergência havia ocorrido há 5 dias. Nas vacas em anestro que já tinham um FD imaturo no momento da administração do BE, o estro foi detectado em todas, mas menos da metade ovulou. Nas vacas que ovularam um FD imaturo, o corpo lúteo resultante foi menor e menos funcional, se comparado à ovulação de um FD maduro.

A hipótese foi aceita para vacas em anestro, e a falta de controle adequado do desenvolvimento folicular foi proposta como sendo pelo menos um dos problemas para o sucesso limitado do tratamento de vacas em anestro com progesterona e estradiol. A mesma linha de questionamento pode ser aplicada aos programas de sincronização de estro baseados em GnRH (tais como CO-Synch, Ovsynch) e tem sido extensamente investigada em laboratório (Day, 2005). Ao contrário de vacas em anestro, as respostas de estro e ovulação em novilhas pré-púberes ou pós-púberes que receberam BE não foram afetadas pelo grau de maturidade do FD (Burke *et al.*, 2001). Praticamente, todas as novilhas manifestaram estro e ovularam, e o momento desses eventos, em relação ao tratamento com BE, foi semelhante para os grupos com folículos em diferentes estágios de maturidade.

A natureza do ciclo estral seguinte em novilhas foi caracterizada somente quanto ao grau de normalidade de duração da fase lútea. Evans *et al.* (2003), entretanto, criaram um desenho experimental praticamente idêntico ao de Burke *et al.* (2001) em novilhas cíclicas e confirmaram que a duração do ciclo estral seguinte foi normal após a administração de BE, quando o folículo pré-ovulatório ainda era imaturo. Conclui-se que o estro comportamental é prontamente induzido com BE, independentemente do estado em que o animal se encontra. A maturidade do FD parece ter pouca influência sobre a ovulação do FD em novilhas, enquanto um FD imaturo, em vacas lactantes em anestro, tem menor probabilidade de responder ao estímulo ovulatório exógeno e o desenvolvimento do corpo lúteo é comprometido nas vacas que ovulam.

Considerações finais

Foi conduzida uma série de estudos para investigar aspectos de função folicular quando o estradiol é usado para regular de forma estratégica o desenvolvimento folicular ovariano. Mais especificamente, este trabalho e o de outros manteve o foco nas ações do estradiol em programas de sincronização de estro para induzir atresia folicular, sincronizar a subsequente emergência de uma nova onda folicular e induzir o estro e a ovulação como passo final do programa de sincronização. O estradiol exógeno induz rápidas mudanças nos folículos que apresentam indicação de atresia ao início do programa de controle de estro e induz estro quando administrado na última fase do programa. Na opinião dos autores deste estudo, esses são os aspectos mais consistentes dos usos do estradiol em programas de sincronização de estro. Por outro lado, enquanto o estradiol mostra-se muito consistente para reajustar o desenvolvimento folicular, o momento de emergência da próxima onda e a maturidade do folículo dominante ao final do programa de sincronização podem variar entre animais. Em novilhas, essa variação em maturidade não parece influenciar a capacidade de ovular em resposta ao tratamento final com estradiol, mas as vacas em anestro têm menor probabilidade de ovular folículos imaturos.

Consideram-se estes aspectos do uso de estradiol em sincronização de estro como os efeitos menos previsíveis e que podem limitar a eficácia de alguns programas. O uso de abordagens que limitem a variação em tempo de emergência da nova onda folicular, ou minimizem o impacto dessa variação sobre a probabilidade de ovulação e subsequente fertilidade, tem o potencial de otimizar a fertilidade em programas de IA em tempo fixo, baseados no uso de estradiol e progesterona.

Referências bibliográficas

Asdell, S.A.; Alba J.de; Roberts, J.S. The levels of ovarian hormones required to induce heat and other reactions in the ovariectomized cow. **Journal Animal Science**, v.4, p.277, 1945.

Beck, T.W.; Convey, E.M. Estradiol control of serum luteinizing hormone concentrations in the bovine. **Journal Animal Science**, v.45, p. 1096-1101, 1977.

Bergfelt, D.R.; Lightfoot, K.C.; Adams, G.P. Ovarian synchronization following ultrasoundguided transvaginal follicle ablation in heifers. **Theriogenology**, v.42, p.895-907, 1994.

Bo, G.A.; Bergfelt, D.R.; Brogliatti, G.M.; Pierson, R.A.; Adams, G.P.; Mapletoft, R.J. Local versus systemic effects of exogenous 17β-estradiol on ovarian follicular dynamics in heifers with progestogen implants. **Anim. Reprod. Sci.**, v.59, p.141-157, 2000.

Bo, G.A.; Adams, G.P.; Caccia, M.; Martinez, M.; Pierson, R.A.; Mapletoft, R. J. Ovarian follicular wave emergence after treatment with progestogen and estradiol in cattle. **Anim. Reprod. Sci.**, v.39, p.193-204, 1995a.

Bo, G.A.; Adams, G.P.; Pierson, R.A.; Mapletoft, R. J. Exogenous control of follicular wave emergence in cattle. **Theriogenology**, v.43, p.31-40, 1995b.

Bogacz, V.L.; Huston, J.E.; Grum, D.E.; Day, M.L. Effect of estradiol benzoate in combination with progesterone to induce follicular turnover at various stages of the estrous cycle. **Journal Animal Science**, v.(Suppl. 1)83, p.211 (Abstr.), 2000.

Bogacz, V.L.; Huston, J.E.; Grum, D.E.; Day, M.L. Identification of the optimal dose of estradiol benzoate in combination with a progestin to program follicular turnover in cyclic cattle. **Journal Animal Science**, v.(Suppl. 1)77, p.124 (Abstr.), 1999.

Braw-Tal, R. The initiation of follicle growth: the oocyte or the somatic cell? **Mol. Cell. Endocrinology**, v.187, p.11-18, 2002.

Burke, C.R. **Regulation of ovarian follicular development with estradiol in cattle**. Ph.D. Dissertation. The Ohio State University, Columbus, Ohio. Spring, 2003.

Burke, C.R.; Cárdenas, H.; Mussard, M.L.; Gasser, C.L.; Day, M.L. Steroidogenic changes and expression of messenger RNA encoding steroidogenic enzymes, gonadotrophin receptors and cell-death signalling in the dominant ovarian follicle during oestradiol-induced atresia in cattle. **Anim. Reprod. Sci.** (In Press). 2006.

Burke, C.R.; Cardenas, H.; Mussard, M.L.; Day, M.L. Histological and steroidogenic changes in dominant ovarian follicles during oestradiol-induced atresia in heifers. **Reproduc.**, v.129, p.611-620, 2005.

Burke, C.R.; Mussard, M.L.; Gasser, C.L.; Grum, D.E.; Day, M.L. Estradiol benzoate delays new follicular wave emergence in a dose dependent manner after ablation of the dominant ovarian follicle in cattle. **Theriogenology** (In Press). 2003.

Burke, C.R.; Mussard, M.L.; Gasser, C.L.; Grum, D.E.; Day, M.L. Effects of maturity of the potential ovulatory follicle on induction of oestrus and ovulation in cattle with oestradiol benzoate. **Anim. Reprod. Sci.**, v.66, p.161-174, 2001.

Burke, C.R.; Day, M.L.; Bunt, C.R.; Macmillan, K.L. Use of a low dose of estradiol benzoate during diestrus to synchronize development of the ovulatory follicle in cattle. **Journal Animal Science**, v.78, p.145-151, 2000.

Burke, C.R.; Boland, M.P.; Macmillan, K.L. Ovarian responses to progesterone and oestradiol benzoate administered intravaginally during dioestrus in cattle. **Anim. Reprod. Sci.**, v.55, p.23-33, 1999.

Burke, C.R.; Morgan, S.; Clark, B.A.; Rhodes, F.M. Effect of luteolysis on control of ovarian follicles using oestradiol benzoate and progesterone in cattle. Proc. **New Zealand Soc. Anim. Prod.**, v.58, p.89-91, 1998.

Burke, C.R.; Day, M.L.; Clark, B.A.; Bunt, C.R.; Rathbone, M.J.; Macmillan, K.L. Effect of luteolysis on follicle wave control using oestradiol benzoate in cattle. Proc. **New Zealand Soc. Endocrinol**., v.40, p.134 (Abstr.), 1997.

Burke, C.R.; Macmillan, K.L.; Boland, M.P. Oestradiol potentiates a prolonged progesteroneinduced suppression of LH release in ovariectomised cows.**Anim. Reprod. Sci.**, v.45, p.13-28, 1996a

Carrick, M.J.; Sheldon, J.N. Oestrogen-progesterone relationships in the induction of oestrus in spayed heifers. **J. Endocrinol.**, v.45, p.99, 1969.

Cook, D.L.; Winters, T.A.; Horstman, L.A.; Allrich, R.D. Induction of estrus in ovariecyomized cows and heifers: Effects of estradiol benzoate and gonadotropin releasing hormone. **Journal Animal Science**, v.63, p.546-550, 1986.

Day, M.L. Effects of strategies to synchronize ovulation on follicular development and fertility. 2005. Proceedings of the IX Course on New Approaches to Production and Reproduction in *Cattle:* 217-228. Uberlandia, Brazil, March 17-18, 2005.

Day, M.L. Estrous control and management of follicular growth with progesterone-based synchrony systems. Pages 10-33 in **Proc. of the 17th Annual Convention of the American Embryo Transfer Association**, October 16, 1998, San Antonio, TX. 1998.

Day, M.L.; Burke, C.R. Management of follicular growth with progesterone and estradiol within progestin-based estrous synchrony systems. Pages 101-117 in Factors Affecting Calf Crop: Biotechnology of Reproduction. M. Fields, R. Sand and J. Yelich, eds. CRC Press LLC, Boca Raton, FL. 2002.

Day, M.L.; Burke, C.R.; Taufa, V.K.; Day, A.M.; Macmillan, K.L. The strategic use of estradiol to enhance fertility and submission rates of progestin based estrus synchronization programs in seasonal dairy herds. **Journal Animal Science**, v.78, p.523-529, 2000.

Engelhardt, H.; Walton, J.S.; Miller, R.B.; King, G.J. Estradiol-induced blockade of ovulation in the cow: Effects of luteinizing hormone release and follicular fluid steroids. **Biol. Reprod.**, v.40, p.1287-1297, 1989.

Evans, A.C.O.; O'Keeffe, P.; Mihm, M.; Roche, J.F.; Macmillan, K.L.; Boland, M.P. Effect of oestradiol benzoate given after prostaglandin at two stages of follicle wave development on oestrus synchronization, the LH surge and ovulation in heifers. **Anim. Reprod. Sci.**, v.76, p.13-23, 2003.

Fike, K.E.; Day, M.L.; Inskeep, E.K.; Kinder, J.E.; Lewis, P.E.; Short, R.E.; Hafs, H.D. Estrus and luteal function in suckled beef cows that were anestrous when treated with an intravaginal device containing progesterone with or without a subsequent injection of estradiol benzoate. **Journal Animal Science**, v.75, p.2009-2015, 1997.

Findlay, J.K.; Drummond, A.E.; Fry, R.C. Intragonadal regulation of follicular development and ovulation. **Anim. Reprod. Sci.**, v.42, p.321-331, 1996.

Ginther, O.J.; Kot, K.; Kulick, L.J.; Wiltbank, M.C. Sampling follicular fluidwithout altering follicular fluid without *status* in cattle: Oestradiol concentrations early in the follicular wave. **J. Reprod. Fertil.**, v.109, p.181-186, 1997a.

Gong, J.G.; Campbell, T.A.; Bramley, T.A.; Gutierrez, C.G.; Peters, A.R.; Webb, R. Suppression in the secretion of follicle-stimulating hormone and luteinizing hormone, and ovarian follicular development in heifers continuously infused with a gonadotropin-releasing hormone agonist. **Biol. Reprod.**, v.55, p.68-74, 1996.

Imakawa, K.; Day, M.L.; Zalesky, D.D.; Garcia-Winder, M.; Kittock, R.J.; Kinder, J.E. Regulation of pulsatile LH secretion by ovarian steroids in the heifer. **Journal Animal Science**, v.63, p.162-168, 1986.

Kaneko, H.; Terada, T.; Taya, K.; Watanabe, G.; Sasamoto, S.;Hasegawa, Y.; Igarashi, M. 1991. Ovarian follicular dynamics and concentrations of oestradiol-17β, progesterone, luteinizing hormone and follicle stimulating hormone during the periovulatory phase of the oestrous cycle in the cow. Reprod. Fertil. Dev. 3:529-535.

Lammoglia, M.A.; Short, B.E.; Bellows, S.E.;Bellows, R.A.; MacNeil, M.D.; Hafs, H.D. Induced and synchronized estrus in cattle: Dose titration of estradiol benzoate in peripubertal heifers and postpartum cows after treatment with an intravaginal progesterone-releasing insert and prostaglandin $F_{2\alpha}$. **Journal Animal Science**, v.76, p.1662-1670, 1998.

Macmillan, K.L.; Burke, C.R. Effects of oestrous cycle control on reproductive efficiency. **Anim. Reprod. Sci.**, v.42, p.307-320, 1996.

Macmillan, K.L.; Taufa, V.K.; Day, A.M.; McDougall, S. Some effects of using progesterone and oestradiol benzoate to stimulate oestrus and ovulation in dairy cows with anovulatory anoestrus. **Proc. of the New Zealand Soc. of Anim. Prod.**, v.55, p.239-241, 1995.

Martinez, M.F.; Adams, G.P.; Kastalic, J.P.; Bergfelt, D.R.; Mapletoft, R.J. Induction of follicular wave emergence for estrus synchronization and artificial insemination in heifers. **Theriogenology**, v.54, p.757-769, 2000.

McDougall, S.; Burke, C.R.; Macmillan, K.L.; Williamson, N.B. The effect of pretreatment with progesterone on the oestrous response to oestradiol-17β benzoate in the post-partum dairy cow. **Proc. New Zealand Soc. Anim. Prod.**, v.52, p.157-160, 1992.

Nessan, G.K.; King, G.J. Sexual behaviour in ovariectomized cows treated with oestradiol benzoate and testosterone propionate. **J. Reprod. Fert.**, v.61, p.171-178, 1981.

Rasby, R.J.; Day, M.L.; Johnson, S.K.; Kinder, J.E.; Lynch, J.M.; Short, R.E.; Wettemann, R.P.; Hafs, H.D. Luteal function and estrus in peripubertal beef heifers given an intravaginal progesterone releasing insert with or without a subsequent injection of estradiol. **Theriogenology**, v.50, p.55-63, 1998.

Ray, D.E. Oestrous response of ovariectomized beef heifers to oestradiol benzoate and human chorionic gonadotrophin. **J. Reprod. Fert.**, v.10, p.329-335, 1965.

Rhodes, F.M.; McDougall, S.; Burke, C.R.; Verkerk, G.A.; Macmillan, K.L. Review: Treatment of cows with an extended postpartum anestrous interval. **J. Dairy Sci.** (In Press). 2003.

Roche, J.F.; Austin, E.J.; Ryan, M.; O'Rourke, M.; Mihm, M.; Diskin, M.G. Regulation of follicle waves to maximize fertility in cattle. **J. Reprod. Fert. Suppl.**, v.54, p.61-71, 1999.

Short, R.E.; Howland, B.E.; Randel, R.D.; Christensen, D.S.; Bellows, R.A. Induced LH release in spayed cows. **Journal Animal Science**, v.37, p.551-557, 1973.

Vanderhyden, B. Molecular basis of ovarian development and function. **Frontiers in Bioscience**, v.7, p.2006-2022, 2002.

Vynckier, L.; Debackere, M.; De Kruif, A.; Coryn, M. Plasma estradiol-17β concentrations in the cow during induced estrus and after injection of estradiol-17β, benzoate and estradiol-17β cypionate – a preliminary study. **J. Vet. Pharmacol. Therap**., v.13, p.36-42, 1990.

Xu, Z.Z.; Burton, L.J.; Macmillan, K.L. Reproductive performance of lactating dairy cows following oestrus synchronization with progesterone, oestradiol and prostaglandin. **New Zealand Vet. J.**, v.44, p.p.99-104, 1996.

CAPÍTULO 34

Aspectos fisiológicos dda reprodução de fêmeas bovinas e otimização da sincronização do estro e da ovulação

Allen Glen Bridges
Animal Sciences Department
Purdue State University
West Lafayete - ID - USA
allenbridges@purdue.edu

Michael Lee Day
Department of Animal Sciences
The Ohio State University
Columbus - OH - USA
Day.5@osu.edu

Alexandre Vaz Pires
Professor Associado
Departamento de Zootecnia
ESALQ/USP. Piracicaba, SP
alvpires@esalq.usp.br

Introdução

O uso da inseminação artificial em bovinos de corte tem aumentado com o decorrer dos anos. A utiliza ção de protocolos de sincronização de estro e/ou ovulação tem contribuído para este aumento. Entretanto, a fertilidade com o uso desses protocolos, principalmente com inseminação artificial em tempo fixo, ainda precisa ser melhorada. A falta de controle do desenvolvimento folicular em protocolos de sincronização de estro com o uso de GnRH, frequentemente resulta em uma ovulação de folículos pequenos e com fertilidade reduzida. O que contribui para essa fertilidade reduzida pode ser a diminuição do estradiol pré-ovulatório e da progesterona (Perry *et al.*, 2005). Quando as vacas são inseminadas em tempo fixo, geralmente folículos pequenos são induzidos a ovular, os quais produzem menos estradiol pré-ovulatório e resulta em um corpo lúteo menor que, consequentemente, produzirá menos progesterona.

Para se obter ótima fertilidade, é essencial que o útero funciona adequadademente. Assim sendo, a exposição sequencial à progesterona antes do estro concentração elevada de estradiol no estro, e concentração suficiente de progesterona, são essenciais para estabelecer o ambiente uterino apropriado para a sobrevivência do embrião. A inabilidade do útero suportar o desenvolvimento embrionário tem sido sugerido como a principal causa de infertilidade em bovinos submetidos a ovular folículos imaturos (Mussard *et al.*, 2003b). Ainda não estão completamente esclarecidos os mecanismos fisiológicos, pelos quais a redução da concentração do estradiol, antes da ovulação, e a diminuição da concentração de progesterona, após a ovulação, influenciam a habilidade do útero para manter o desenvolvimento e a sobrevivência do embrião.

Neste capítulo, pretende-se abordar aspectos fundamentais e aplicados da reprodução de gado de corte, tais como: ciclo estral, ações do estradiol e da progesterona no aparelho reprodutivo feminino e como esses esteroides coordenam a função uterina para assegurar a sobrevivência e o desenvolvimento do embrião e a otimização de programas de sincronização de estro e ovulação.

Ciclo estral em bovinos

Eixo hipotalâmico-hipofisário-ovariano: A função gonadal nas vacas é dependente da síntese e da liberação coordenada do GnRH pelo hipotálamo que induzirá a hipófise anterior a liberar pulsos de gonadotrofinas, Hormônio Estimulador do Folículo (FSH, *Folicule Stimulating Hormone*) e o Hormônio Luteinizante (LH, *Luteinizing Hormone*). Essas gonadotrofinas agem diretamente sobre células específicas dos ovários para induzir respostas, tais como produção de estradiol pelo folículo e/ou progesterona pelo corpo lúteo. Esses esteroides ovarianos podem regular a secreção de GnRH pelo hipotálamo tanto positiva como negativamente e/ou as secreções de gonadotrofinas pela hipófise anterior. Essas ações altamente coordenadas dos sistema endócrino são essenciais para o funcionamento reprodutivo e gonadal da vaca.

O GnRH é um hormônio decapeptídeo sintetizado no hipotálamo e liberado na forma de pulsos no sistema portal hipotalâmico-hipofisário para agir na hipófise anterior, induzindo-a a sintetizar e liberar LH e FSH. O sistema portal hipotalâmico-hipofisário permite uma passagem direta para a hipófise anterior, evitando, dessa maneira, a necessidade do GnRH entrar na circulação geral. A liberação de GnRH pelo hipotálamo é necessária para que a hipófise anterior sintetize e libere as gonadotrofinas. Embora o GnRH induza a liberação de ambos, LH e FSH, a frequência da liberação dos pulsos de GnRH pelo hipotálamo parece determinar a proporção de LH e FSH pela hipófise anterior. Baixa frequência do pulso de GnRH preferencialmente induz a liberação de FSH, enquanto alta frequência do pulso de GnRH induz a liberação de LH (Ferris and Shupnik, 2006).

A liberação de LH e FSH varia ao longo do ciclo estral. Durante o metaestro e o proestro, quando a concentração de progesterona na circulação é baixa, a amplitude do pulso de LH é baixa e a frequência é alta (20 a 30 pulsos/24 horas); entretanto, durante a fase luteal do ciclo estral, quando a concentração de progesterona na circulação é alta, os pulsos de LH são caracterizados como de alta amplitude, porém com baixa frequência (6 a 8 pulsos/24 horas). A frequência do pulso de GnRH e LH é maior durante o proestro do que durante a fase luteal média do ciclo estral, mas a amplitude média do pulso não difere entre as fases do ciclo estral. Durante o proestro, mais de 80% dos pulsos de GnRH resultam em pulsos de LH, entretanto, a proporção dos pulsos de GnRH concidente com os pulsos de LH diminui para menos de 60% durante a fase luteal. Em ambas as fases, nenhum pulso de LH se observa sem um pulso correspondente de GnRH.

Todos os pulsos de LH são liberados concomitantemente com os pulsos de FSH, mas existem pulsos de FSH separados dos pulsos de LH, sugerindo uma possível liberação de FSH não relacionada com o GnRH. Entretanto, mais estudos são necessários para identificar os possíveis agentes responsáveis por essa liberação.

As gonadotrofinas suportam o desenvolvimento folicular, crescimento e a produção de esteroides. O FSH estimula o recrutamento das ondas foliculares, enquanto o LH é necessário para os estágios finais do crescimento e desenvolvimento do folículo dominante. O LH estimula a síntese e liberação de estradiol pelo folículo dominante. Se for inibida a frequência de pulso do LH, durante o período pré-ovulatório, com um antagonista do GnRH (*Antarelix*), diminui a concentração do estradiol circulante. Além disso, o LH é responsável pelo desenvolvimento do corpo lúteo após a ovulação e é necessário para estimular a síntese inicial de progesterona. Diminuindo a secreção de LH, durante e após o pico de LH, ocorre inibição do desenvolvimento do corpo lúteo e a síntese de progesterona.

Os esteroides ovarianos, progesterona e estradiol, regulam a liberação de LH e FSH pela hipófise anterior. Por meio de um mecanismo de *feedback*, a elevação da concentração de progesterona inibe a frequência de pulso de LH. Durante a fase luteal, diminui a expressão dos genes receptores de GnRH na hipófise anterior. Ou seja, a elevação da concentração de progesterona circulante previne o mecanismo de *feedback* positivo, consequentemente causa decréscimo de receptores de GnRH na hipófise anterior.

A remoção do efeito inibitório da progesterona, tal como a luteólise, resulta em aumento da frequência de pulso de LH e aumento da concentração de estradiol durante o período pré-ovulatório. Stumpf e colaboradores (1993) trataram vacas ovariectomizadas com progesterona, estradiol, ou a combinação dos dois. O estradiol sozinho aumentou a concentração de LH e a frequência de pulsos, quando comparado com a progesterona. A combinação de estradiol e progesterona resultou em um descréscimo na concentração de LH e a frequência de pulsos quando comparado com vacas tratadas com a progesterona. Assim sendo, têm-se mostrado que o estradiol aumenta a receptividade da hipófise para o GnRH, com o aumento de receptores. A administração exógena de grande quantidade de estradiol resulta em um decréscimo imediato da secreção de LH.

Um pico de GnRH liberado pelo hipotálamo é responsável pela liberação do pico de LH pela hipófise anterior. Em vacas, esse pico coincide com a fase em que a vaca permite ser montada, ou seja, dia do estro. O decréscimo da concentração de progesterona por causa da luteólise, aumenta a secreção de LH e a permite aumentar a concentração de estradiol. Esse aumento da concentração de estradiol durante o proestro é necessário para induzir a liberação do pico de GnRH pelo hipotálamo (centro do pico pré-ovulatório de liberação de GnRH) e, consequentemente, liberar o pico de LH pela hipófise, o qual desencadeia a ovulação. O estradiol sensibiliza a hipófise anterior ao GnRH permitindo o aumento da liberação do LH em resposta ao pico de GnRH.

Ciclo estral: A duração ciclo estral em bovinos é de aproximadamente 21 dias, mas pode diferir entre animais, depende do número de ondas foliculares durante o ciclo estral. Durante esse ciclo, as fêmeas bovinas passam por uma série de modificações fisiológicas e hormonais que levam à ovulação do folículo dominante, desenvolvimento do corpo lúteo e a preparação do útero para a gestação. Existem duas principais fases no ciclo estral: Fase luteal, caracterizada pela prersença do corpo lúteo (CL) no ovário. Fase folicular, caracterizada pelo corpo lúteo, egredido e a presença de um folículo dominante pré-ovulatório.

A fase folicular é dividida em *proestro* e *estro*, e representa o período da luteólise até o pico de LH e ovulação. A fase luteal compreende a maioria do ciclo e vai desde a ovulação até a liberação de prostaglandina pelo útero e consequente regressão luteal. A fase luteal é dividida em *metaestro* que corresponde ao período da ovulação até o formação do corpo lúteo; e início, fase da secreção da progesterona, e o *diestro* que é caracterizado pela progesterona elevada até a luteólise.

O começo do ciclo estral (dia 0) é caracterizado pelas modificações comportamentais (estro), ou o período em que a fêmea está sexualmente receptiva ao macho ou a outra fêmea, ou seja, monta em outras fêmeas. No estro, ocorre o pico de produção de estradiol, principamente pelo folículo, o qual age no sistema nervoso central induzindo as modificações comportamentais e estimula o centro pré-ovulatório para liberação de LH, para induzir a ovulação. O pico pré-ovulatório de LH ocorre aproximadamente 2 a 6 horas após o início do estro. A ovulação ocorre entre 26 a 31 horas a partir do começo estro.

Após o estro e ovulação, o folículo ovulado sofre transformações celulares e desenvolve o corpo lúteo (CL) que produz progesterona. Após a ovulação, as células esteroidogênicas do CL pequenas e grandes, são derivadas das células da teca interna e das células granulosas do folículo ovulatório, respectivamente. As células grandes do CL produzem >80% da progesterona. Consequentemente, para maximizar a produção de progesterona luteal, é extremamente importante as células da granulosa até a ovulação. Isso é mais crítico porque poucas células luteais grandes sofrem mitose. O número de células da granulosa dentro do folículo ovulatório e o número de células grandes que desenvolvem no CL são semelhantes.

O aumento pré-ovulatório de estradiol durante o proestro aumenta o número de células da granulosa no folículo. Concentração elevada de estradiol durante o proestro evita as células da granulosa sofrerem apoptose, aumentando a progressão celular ao longo do ciclo. Esse fato indica que adequado estradiol durante o período pré-ovulatório pode ser um pré-requisito para o próprio funcionamento das células luteais no ciclo estral subsequente.

O desenvolvimento e manutenção do CL, assim como a produção de progesterona está diretamente relacionado ao LH. As células luteais pequenas, as quais expressam predominantemente os receptores de LH, são responsivas ao efeito luteotrópico do LH. A ligação do LH aos seus respectivos receptores nas células pequenas do CL inicia o sistema do segundo mensageiro, no qual a adenilciclase sintetase AMP-cíclico ativa a enzima apropriada necessária para a esteróidogênese (progesterona) através do colesterol. Entretanto, as células luteais grandes são hábeis para sintetizar progesterona sem a estimulação do LH. A elevação da progesterona, durante a fase luteal do ciclo estral, afeta negativamente a secreção do LH por meio da redução da frequência e amplitude dos pulsos de LH. Assim sendo, ocorre a inbição dos folículos em produzir concentrações elevadas de estradiol, prevenindo o estro, o pico de LH e, consequentemente, a ovulação.

Não havendo embrião, inicia-se a liberação de prostaglandina pelo útero, a regressão do CL e permite o aumento da frequência de pulsos de LH, que aumenta a concentração de estradiol, o qual estimula as modificações comportamentais do estro e a ovulação. Entre os dias 16 e 19 do ciclo estral, ocorre a síntese de prostaglandina pelo endométrio uterino e é transportada pela veia uterina que, por meio de uma troca contracorrente, passa para a artéria ovárica, que atuará no CL, promovendo a sua regressão; consequentemente ocorrerá a diminuição da concentração de progesterona circulante. Essa diminuição da progesterona e aumento do estradiol induz ao aumento do número de receptores para oxitocina no endométrio uterino. Concomitantemente, a oxitocina é liberada da hipófise posterior e liga-se aos seus receptores no endométrio, ativando o inositol (1,4,5- trifosfato diacylglicerol, sistema de segundo mensageiro), causando aumento da concentração e consequente liberação de prostaglandina, que, ao atuar no CL, resulta em liberar oxitocina, a qual amplifica a liberação pulsátil de prostaglandina que permite a completa regressão luteal (Bogacki *et al.*, 2002). Entretanto, mais estudos são necesários para elucidar o papel da oxitocina na regressão luteal.

Funções do estradiol e da progesterona na fase inicial da gestação

A perda embrionária na fase inicial da gestação é causada por diversos fatores, tais como: defeitos genéticos, doenças reprodutivas, estresse calórico, desbalanço hormonal, etc. A mortalidade embrionária, entretanto, pode ser exacerbada em alguns animais, como em vacas leiteiras de alta produção, e após a IA em tempo fixo, tanto em vacas de corte como em vacas leiteiras. Uma similaridade compartilhada por vacas leiteiras em lactação e vacas sincronizadas para IA em tempo fixo é que uma proporção desses animais tem teores circulantes mais baixos, tanto de estradiol pré-ovulatório como de progesterona na fase lútea média (Bridges *et al.*, 2008; Sartori *et al.*, 2004; Wolfenson *et al.*, 2004).

Em bovinos leiteiros, as concentrações de estradiol e progesterona na circulação são diminuídas pelo aumento do metabolismo esteroide, resultado de um maior consumo de ração e maior fluxo sanguíneo hepático (Sangsritavong *et al.*, 2002). Nas vacas com IA em tempo fixo, a diminuição do estradiol pré-ovulatório e das concentrações de progesterona na fase lútea média pode ser atribuída à dinâmica folicular durante os protocolos convencionais de sincronização do estro (Geary *et al.*, 2000) e da ovulação induzida, provenientes de folículos pequenos em alguns animais (Perry *et al.*, 2003b). Com relação aos animais *Bos indicus*, Segerson *et al.* (1984) relataram diminuição no estradiol da circulação e nas concentrações de progesterona em animais Brahman, quando comparados com vacas Angus; mas outros autores (Alvarez *et al.*, 2000) não observaram diferenças na concentração de esteroide na circulação. Vacas leiteiras em lactação (Lucy, 2001) e vacas de corte que foram induzidas a ovular folículos menores do que o habitual apresentam diminuição da fertilidade (Mussard *et al.*, 2002; Mussard *et al.*, 2003a; Perry *et al.*, 2003a).

À razão ou razões fisiológicas para a redução da fertilidade em animais com essas concentrações de esteroides alteradas pode-se incluir o comprometimento da qualidade do oócito ou o suporte uterino inadequado para o concepto em crescimento. Ainda que tenha sido sugerido que a qualidade do oócito é baixa em vacas leiteiras (Sartori *et al.*, 2002b), Rizos *et al.* (2005) não observaram diferenças na porcentagem de oócitos clivados ou rendimento de blastocistos entre vacas em lactação e novilhas nulíparas, quando foi feita a recuperação transvaginal de óvulos e a maturação e fertilização *in vitro*. Além disso, Sartori *et al.* (2006) observaram taxas de prenhez nos dias 25 e 32 (40,3 e 35,6%) e perda embrionária tardia (dias 25 a 26; 26,2 e 18,6%) similares em vacas leiteiras em lactação após a transferência de embriões ou a IA, respectivamente. Esses estudos inferem que, em vacas leiteiras, um ambiente uterino deficiente pode ser responsável por mortalidade embrionária maior e infertilidade subsequente.

Ambiente uterino: Neste trabalho, o termo *ambiente uterino* é usado referindo-se ao desenvolvimento endometrial e à secreção coletiva de substâncias pelas glândulas uterinas que são necessárias para a sobrevivência adequada do embrião/feto e a manutenção da gestação. Um ambiente uterino inadequado poderia causar a falha gestacional diretamente, por não proporcionar um ambiente adequado para o embrião e levar à sua morte, ou indiretamente por não dar o suporte adequado para o crescimento embrionário, o que poderia resultar em um concepto de menor tamanho e falha no processo de reconhecimento materno da gestação. Os esteroides reprodutivos estradiol e progesterona coordenam a função uterina. Durante o período pré-ovulatório, o estradiol serve para *programar* o útero na preparação para o desenvolvimento do embrião. Depois da *programação* uterina pelo estradiol, a progesterona funciona para coordenar e controlar a função uterina. Essa coordenação é chave, porque a sincronia entre o desenvolvimento uterino e o crescimento embrionário é crucial para a manutenção da gestação. Aparentemente, a exposição sequencial apropriada a concentrações ótimas de estradiol e progesterona é muito importante para a coordenação do ambiente uterino adequado para facilitar a manutenção da gestação.

Conforme mencionado, o ambiente uterino inadequado pode ser responsável pela mortalidade embrionária em vacas que foram induzidas a ovular folículos imaturos (Mussard *et al.*, 2002; Mussard *et al.*, 2003a, 2003b; Bridges *et al.*, 2008). A exposição sequencial à progesterona antes do estro, concentrações elevadas de estradiol no estro e concentrações suficientes de progesterona no ciclo estral subsequente são necessárias para estabelecer o ambiente uterino adequado para a sobrevivência do embrião. Além disso, alterar a exposição sequencial a esteroides ou limitar as concentrações de estradiol ou progesterona resulta em um ambiente uterino alterado e uma diminuição da probabilidade de sobrevivência do embrião. Esse processo parece ser interrompido em vacas leiteiras e em animais induzidos a ovular folículos imaturos, como é indicado pela diminuição do estrógreno na circulação e das concentrações de progesterona.

Papel do estradiol durante o proestro: O reconhecido impacto do estradiol sobre a função uterina inclui ações que alteram a morfologia do endométrio e efeitos que mudam a responsividade uterina a outros sinais endócrinos pela regulação da expressão do receptor hormonal. O estradiol pré-ovulatório induz o crescimento e o desenvolvimento das células epiteliais glandulares e da luz do endométrio, assim como induz aumento na síntese e secreção de proteína por essas células uterinas. O estradiol também é responsável por induzir a produção e secreção de glicoproteínas no oviduto, que parece ser fisiologicamente relevante para os processos envolvidos com a fertilização e o desenvolvimento inicial do embrião (Buhi, 2002).

Em bovinos (Robinson *et al.*, 2001) e em ovinos (Spencer e Bazer, 1995), o aumento pré-ovulatório de estradiol promove um aumento da expressão dos receptores de progesterona e estradiol dentro do útero. Ing e Zhang (2004) sugeriram que o aumento na regulação do receptor de progesterona induzido pelo estradiol era um processo fisiológico chave para permitir que secreções das glândulas endometriais sejam adequadas para dar o suporte à sobrevivência do embrião, em resposta ao aumento das concentrações de progesterona na fase lútea média. A concentração de estradiol durante o proestro também é crítica na determinação do tempo de vida do CL (Bridges *et al.*, 2008), uma vez que concentrações pré-ovulatórias insuficientes de estradiol podem alterar a expressão cíclica normal do receptor de progesterona e estradiol (Lamming e Mann, 1995), resultando em antecipação da liberação de prostaglandina $PGF_{2\alpha}$ e subsequente luteólise. Além disso, há outras funções do aumento pré-ovulatório de estradiol, como aumentar o mRNA do fator de crescimento semelhante à insulina (IGF-1) no útero (Robinson *et al.*, 2000) e oviduto (Pushpakumara *et al.*, 2002), o que aumenta a biodisponibilidade e funcionalidade de IGF-1 durante a fertilização e o início do desenvolvimento embrionário.

Papel da progesterona: Fisiologicamente, a concentração mínima de progesterona necessária para manter a gestação não foi determinada, mas a manutenção de um CL funcional é essencial para o sucesso de uma gestação. Concentrações menores de progesterona na fase lútea média foram detectadas em vacas não prenhes em comparação com vacas prenhes (Perry *et al.*, 2003b). Hommeida *et al.*, (2004) observaram taxas de prenhez menores em vacas que apresentaram atraso no aumento das concentrações de progesterona durante o início da fase lútea, após a inseminação. Mann e Lamming (1999) relataram que a suplementação de progesterona no início da gestação (dia 6) melhorou a fertilidade das vacas. Em ruminantes, o sinal para o reconhecimento materno da gestação (RMG) é feito por meio da secreção de interferon-tau (IFN-t) pelo embrião (Farin *et al.*, 1990). Há uma alta correlação entre as concentrações de progesterona na circulação e a secreção de IFN- t pelo embrião (Kerbler *et al.*, 1997). O tamanho do embrião dita a sua habilidade de produzir INF-t e, por isso, pode ser que os embriões menores não sejam capazes de produzir um sinal adequado para inibir a luteólise (Mann e Lamming, 1999). Além disso, vacas prenhes com concentrações detectáveis de IFN-t no dia 16 após a inseminação tiveram embriões maiores (Mann e Lamming, 2001). A administração de progesterona suplementar no início da gestação aumentou o tamanho e o desenvolvimento morfológico do concepto, a produção embrionária de IFN-t e a secreção de proteína uterina (Garrett *et al.*, 1988).

Interferon-tau também ativa numerosos genes no útero que podem ser importantes para o reconhecimento da gestação, crescimento embrionário, remodelagem uterina e aspectos posteriores da placentação e implantação. Em ovelhas, IFN-t faz a regulação ascendente do mRNA do receptor de prolactina no endométrio uterino (Martin *et al.*, 2004). O receptor de prolactina é responsável pela ligação do lactogênio placentário (Biener *et al.*, 2003), que estimula o desenvolvimento glandular uterino (Noel *et al.*, 2003) e induz a secreção do histotrofo ou *leite uterino* (Spencer *et al.*, 1999). O Interferon-tau também induz a produção de duas proteínas pelo útero, a proteína Mx (Hicks *et al.*, 2003) e ISG-15 (Austin *et al.*, 1996). Originalmente, considerada como tendo apenas uma atividade antiviral (Staeheli *et al.*, 1993), a secreção temporal da proteína Mx durante o início da gestação sugere que possa contribuir para a sobrevivência do embrião e a placentação. Ott *et al.* (1998) sugeriram que a Proteína Mx é regulada pela progesterona, porque no dia 1 do ciclo estral, quando a concentração de progesterona é menor, e no dia 15 do ciclo estral, quando a concentração do receptor de progesterona é menor, a Proteína Mx está reduzida em ovelhas que estão ciclando. A função exata da Proteína Mx não é clara, mas o momento de seu aparecimento sugere um envolvimento com o reconhecimento materno da gestação, maturação do embrião e placentação. A proteína uterina ISG-15 é um homólogo da ubiquitina que tem uma regulação ascendente no útero de vacas prenhes e se assemelha à secreção de IFN-t pelo embrião (Austin *et al.*, 2004). Em vacas prenhes, o mRNA de ISG-15 é evidenciado ao redor do dia 15, com teores máximos no dia 17, que permanecem elevados até o dia 21 (Hansen *et al.*, 1997). Ainda que a função fisiológica de ISG-15 seja atualmente desconhecida, ela é expressa apenas em animais prenhes em resposta a IFN-t (Austin *et al.*, 2004). A conjugação de ISG-15 com proteínas endometriais citosólicas ocorre em uma fase precoce da gestação, e pode ser crítica para a manutenção da gestação em fase inicial em ruminantes (Joyce *et al.*, 2005).

Depois da elongação do embrião e do reconhecimento materno da gestação, a progesterona controla as secreções uterinas obrigatórias para a sobrevivência do embrião. Coletivamente, as secreções do útero durante o início da gestação têm sido denominadas *histotrofo uterino* (Ing *et al.*, 1989). Em vacas, a implantação placentária não se completa antes do dia 27 da gestação (King *et al.*, 1980), por isso o histotrofo parece ser um elemento importante para o desenvolvimento embrionário inicial, após o reconhecimento materno da gestação e antes da placentação (Geisert *et al.*, 1988). Em ruminantes, a progesterona atua coordenando a secreção do histotrofo uterino por meio da regulação dos receptores uterinos de progesterona e induzindo a síntese e secreção de histotrofo (Robinson *et al.*, 2001). A coordenação desse processo pela progesterona é crítica em ruminantes, uma vez que a secreção de histotrofo induzida pela progesterona é inibida até que o receptor de progesterona esteja corretamente regulado (Johnson *et al.*, 2000).

A importância das secreções uterinas é enfatizada pela pesquisa conduzida com ovelhas *knockout* para glândula uterina (UGKO). Nas ovelhas UGKO, a ablação das glândulas uterinas previne as secreções uterinas (Gray *et al.*, 2000). O aspecto mais marcante é que em ovelhas UGKO não foram detectadas gestações no dia 25 depois de repetidas coberturas com machos férteis ou transferência de embrião sincronizada (Gray *et al.*, 2001, 2002). Dados de ovelhas UGKO sugerem que o desenvolvimento embrionário inicial (< 11 dias) pode ser independente do ambiente uterino e do histotrofo uterino, enquanto os estágios posteriores do desenvolvimento do embrião, antes da placentação, necessitam do histotrofo uterino para a sobrevivência embrionária (Gray *et al.*, 2001, 2002).

Um componente do histotrofo secretado pelo endométrio uterino, que é regulado pela progesterona, é a proteína do leite uterino (PLUT) (Ing *et al.*, 1989). A PLUT é uma glicoproteína e membro da família serpina de inibidores de serina protease (Peltier e Hansen, 2001). Em ovelhas, a secreção de PLUT pelo epitélio glandular do útero inicia-se entre os dias 15 e 17, e aumenta significativamente durante toda a gestação (Stewart *et al.*, 2000). Foi proposto que a produção de PLUT em vacas aparece ao redor do dia 18 da gestação (Ing *et al.*, 1989). Contudo, recentemente, relatou-se que o gene de expressão PLUT está significativamente elevado na porção cranial do útero bovino no estro (Bauersachs *et al.*, 2005). A secreção de PLUT aumenta durante toda a gestação e está positivamente correlacionada com a produção de lactogênio placentário pelo embrião (Stewart *et al.*, 2000). O *priming* com estradiol antes da exposição na progesterona não foi necessário nas ovelhas ovariectomizadas, tratadas com esteroide, para que houvesse a secreção de PLUT induzida pela progesterona (Ing *et al.*, 1989).

Dados em ovelhas também sugerem que a osteopontina (OPN) é um importante componente do histotrofo uterino que é regulado pela progesterona (Johnson *et al.*, 2000), e é importante para a implantação do embrião. Originalmente descoberto em osso, a OPN tem múltiplas funções dentro de sistemas biológicos, sendo o mais marcante o seu envolvimento com a adesão e comunicação célula a célula (Johnson *et al.*,

2003). Em ovelhas prenhes, o mRNA da OPN é detectável nas glândulas uterinas ao redor do dia 13, e a proteína está presente em lavados uterinos em torno do dia 15 (Johnson *et al.*, 1999), sugerindo um envolvimento com o crescimento e a implantação do concepto. A osteopontina serve como uma proteína matriz, permitindo a adesão entre o epitélio da luz e o trofoderme nos estágios iniciais da placentação (Johnson *et al.*, 2001). Em vacas, a OPN está presente no dia 16 da gestação, mas a sua função exata ainda não está totalmente esclarecida (Kimmins *et al.* 2004).

Taxa de concepção e mortalidade embrionária em gado de corte

Falha na prenhez em bovinos pode ser atribuída à falha na fertilização do oócito ou perda da prenhez durante a gestação. Perda na prenhez pode ser classificada como: perda embrionária, a qual envolve falha na prenhez antes do final do estágio de diferenciação da gestação (aproximadamente 42 dias da gestação) ou perda fetal que ocorre a partir dos 42 dias de gestação até parição. Se a perda embrionária ocorre até a fase de reconhecimento maternal da prenhez (15 a 17 dias de gestação), considera-se como perda embrionária precoce, nesse caso o intervalo entre os estros é frequentemente de até 24 dias. Entretanto, se a perda embrionária ocorre após o reconhecimento maternal, considera-se como perda embrionária tardia, e o intervalo entre estros é maior do que 24 dias.

Embora a taxa de fertilização em vacas de corte tenha variado bastante entre os trabalhos de pesquisa, a falha na fertilização parece representar somente uma pequena proporção dessa falha, se a inseminação ocorrer no período apropriado. Ayalon (1978) sumarizou resultados da literatura e concluiu que a falha na fertilização em gado de corte variou entre 0,0 a 3,4%, no primeiro serviço em novilhas, e entre 15 a 17% em vacas ciclando normalmente. A taxa de fertilização é menor em vacas primíparas do que multíparas.

Considerando-se que a taxa de fertilização em gado de corte seja em torno de 90%, e de 75 a 85% em gado leiteiro, aos 30 dias de gestação, encontram-se embriões viáveis em somente 50 a 60% em vacas de corte e 30 a 40% em vacas leiteiras que foram inseminadas em protocolos de sincronização de estro. Assim sendo, têm-se estimado que a mortalidade embrionária precoce representa 57% da perda de prenhez em bovinos (*Inskeep and Dailey*, 2005), sendo que a falha na fertilização e perda embrionária precoce contribui com 20 a 45% das falhas na prenhez e a perda embrionária tardia e fetal contribui com 8 a 17,5%. O momento exato em que ocorre a mortalidade embrionária precoce e a proporção de prenhez, que falha por causa dessa mortalidade embrionária, varia significativamente entre os trabalhos encontrados na literatura e é dependente de vários fatores, tais como: idade do animal, número de parições, dias pós-parto, estresse ambiental, etc, no gado leiteiro e de corte. É importante considerar que, embora a taxa de fertilização seja alta em gado de corte (~90%) uma proporção dos embriões fertilizados são considerados não viáveis quando se avaliam poucos dias após a fertilização. De acordo com *Inskeep and Dailey*, (2005), os embriões são mais susceptíveis à mortalidade durante o desenvolvimento da fase de mórula a blastocisto (5 a 8 dias).

Após a fase de blastocisto, a proporção de perda embrionária, do 8º ao 42º dia de idade, é pouco documentada. Dunne *et al.* (2000) concluíram que a maioria das perdas embrionárias em novilhas de corte ocorreu antes do dia 14 da gestação e que essas perdas embrionárias ocorrem antes ou imediatamente após o reconhecimneto maternal. Os mesmos autores concluíram que as vacas apresentaram 1,5 a 6,5% de perda embrionária e/ou perda fetal precoce. Entretanto, esses números são bem mais elevados em se tratando de gado leiteiro (Cerri *et al.*, 2003).

Fatores que afetam a perda da gestação em bovinos

Qualidade dos oócitos: A taxa de concepção é reduzida quando se induz a ovulação de folículos dominantes persistentes, pois esse óvulo comprometido prejudica a fertilização e resulta em desenvolvimento embrionário anormal, aumentando a mortalidade embrionária no estágio de 16 células. Assim sendo, a redução na fertlidade em virtude da ovulação de folículos persistentes ser devida à diminuição da qualidade dos oócitos, resultando em mortalidade embrionária precoce que ocorre em torno do estágio de 16 células. A maioria dos protocolos de sincronização de estro são programados para evitar o desenvolvimento e ovulação de folículos persistentes.

Para os oócitos serem viáveis, eles devem passar por um processo de maturação contínua através da foliculogeneses. Esses processos ocorrem em três estágios:

1) Crescimento do oócito, o qual ocorre nos folículos *pre-antral* primários e secundários;

2) Capacitação do oócito, o qual ocorre no folículo *antral* (terciário);

3) Maturação do oócito, o qual se inicia com o surgimento do pico de LH e é caracterizado pelo reinício da divisão celular meiótica. A exposição a esteroides ovarianos, além do normal, pode prejudicar o processo de maturação.

Tamanho do folículo e concentração de esteroides em bovinos submetidos à inseminação artificial em tempo fixo: Em decorrência dos desafios associados com eficiência da detecção de estro, muitos protocolos de sincronização de estro para inseminação artificial em tempo fixo (IATF) têm sido desenvolvidos para uso tanto em gado leiteiro como em gado de corte. A inseminação articial em tempo fixo permite que todos os animais no rebanho sejam inseminados em um determinado tempo, reduzindo assim os custos com mão de obra e os erros com a detecção do estro. A maioria dos protocolos de IATF implicam em controlar a dinâmica folicular e assim induzir a ovulação do folículo dominante. Até o momento, a maioria dos protocolos de IATF são o *Ovsynch* (Pursley *et al.*, 1997a) para o gado leiteiro e o *CO-Synch* (Geary *et al.*, 1998) em gado de corte.

Esses programas utilizam administração sequencial de GnRH, $PGF_{2\alpha}$, e uma segunda injeção de GnRH para sincronizar o desenvolvimento folicular, induzir a luteólise e a ovulação do folículo dominante, respectivamente. Para esstes protocolos serem efetivos, a dinâmica folicular deve ser efetivamente controlada com a administração de GnRH dado 7 dias antes da $PGF_{2\alpha}$. Assim sendo, essa sincronização desenvolve uma onda folicular em todos os animais tratados, permitindo o crescimento do folículo dominante que pode ser induzido a ovular com a segunda administração de GnRH 2 a 3 dias após a luteólise induzida pela aplicação de $PGF_{2\alpha}$.

A ineficiência do GnRH inicial para sincronizar o desenvolvimento folicular tem sido observada quando se usa somente o GnRH em protocolos de sincronização para IATF. Em torno de 20% das vacas, entre os dias 10 e 17 do ciclo estral, ovulam. Para que o pico de LH induzido pelo GnRH seja efetivo para induzir a ovulação de um folículo, este folículo deve ter receptores para LH. A aquisição de receptores para LH pelo folículo ocorre quando ele atinge em torno de 8,5 mm de diâmetro. Adicionalmente, tem-se sugerido que o folículo deva ter >10 mm em diâmetro para responder a aplicação de GnRH.

Em consequência de repetidas ondas de crescimento folicular durante o ciclo estral, um folículo de maturidade e tamanho adequado para responder ao GnRH nem sempre está presente no ovário. Vários autores têm reportado uma redução do efeito do GnRH entre os dias 1 a 4 e dias 10 a 15 do ciclo estral, períodos estes que correspondem à emergência da onda folicular e falta de folículo dominante. A falha do GnRH inicial em induzir a ovulação em protoclos de sincronização para IATF, tendo como base o GnRH, pode afetar as características do folículo dominante induzido a ovular pela segunda injeção de GnRH. A variação no diâmetro do folículo induzido a ovular, no protocolo acima citado, com o uso de CIDR, quando esse folículo for menor do que o recomendado, pode reduzir a fertilidade (Mussard *et al.*, (2007) e Perry *et al.*, 2007).

Embora a pesquisa conduzida por Mussard e colaboradores tenha levado a implementar um modelo animal controlado para manipular o tamanho do folículo ovulatório, variáveis além do tamanho do folículo ovulatório que podem influenciar a maturidade folicular, foram alteradas entre os tratamentos. Ao utilizar esse modelo em vacas induzidas a ovular folículos pequenos, os folículos foram também novos em idade e foram expostos a uma menor quantidade de estímulo gonadotrófico em decorrência de um decréscimo no período de proesto antes do GnRH induzir a ovulação.

Depois de uma série de estudos que compararam as taxas de prenhez com IA após a ovulação de folículos de diferentes tamanhos (Mussard *et al.*, 2002, 2003a, 2003b), concluíram que o tamanho do folículo ovulatório não era um preditor preciso de fertilidade. Quando os dados desses experimentos foram combinados (**Tabela 1**), ficou evidenciado que a duração do proestro, ou o período de alta secreção de gonadotropina e produção de estradiol que ocorre desde a luteólise até o pico de LH, prevê com mais precisão a fertilidade subsequente, independentemente do tamanho do folículo ovulatório. Esses experimentos iniciais levaram os estudiosos deste capítulo a continuar pesquisando de que forma a duração do proestro afetaria a fertilidade e as concentrações dos esteroides reprodutivos.

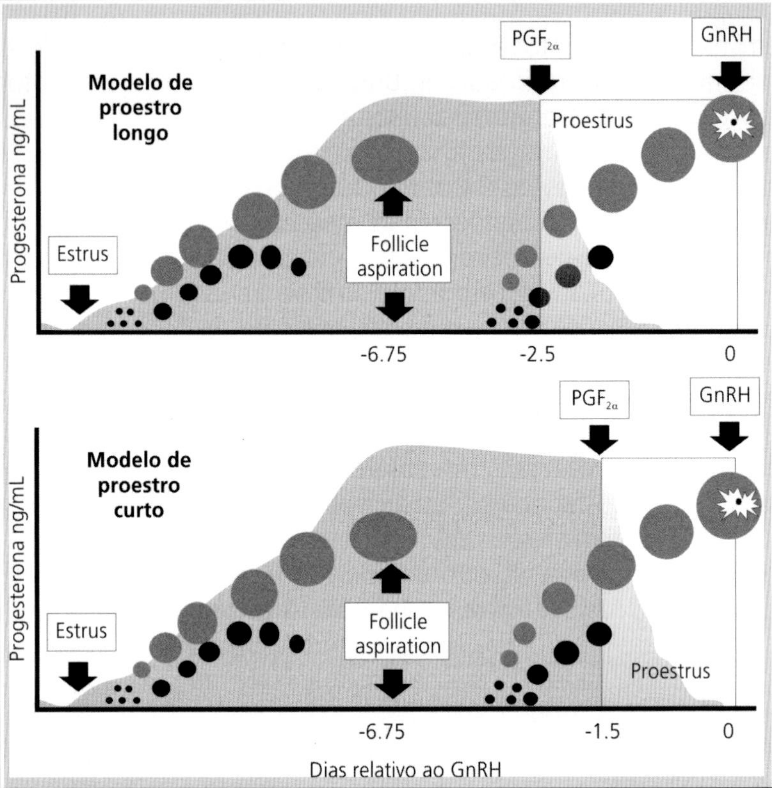

Figura 1.

A primeira investigação sobre o impacto da duração do proestro sobre a fertilidade foi desenhada para induzir a ovulação de grandes folículos ovarianos dominantes e de diâmetros semelhantes, depois que as fêmeas tiveram um proestro *longo* (PEL, 2,25 dias; n = 40) ou *curto* (PEC, 1,25 dias; n = 38), antes de uma ovulação induzida pela aplicação de GnRH (**Figura 1**). O tamanho do folículo ovulatório foi semelhante entre os tratamentos PEC (12,6 ± 0,2 mm) e PEL (12,9 ± 0,2 mm) no momento da administração de GnRH. Cinquenta por cento (20/40) das vacas no tratamento PEL conceberam, enquanto apenas 1 das 38 vacas no tratamento PEC ficou prenhe com a IA em tempo fixo. No tratamento PEC, houve um aumento na incidência de ciclo estral subsequente mais curto, semelhante a outros relatos em que a ovulação tinha sido induzida em fêmeas com proestro mais curto (Taponen *et al.*, 2003; Peters e Pursley, 2003). Em vacas com fases lúteas normais, houve não só diminuição na taxa de concepção nas vacas PEC, como também as concentrações de

Tabela 1. Resumo da duração do proestro, diâmetro do folículo ovulatório, idade e taxa de concepção.

Tratamentos	Taxa de Concepção*(%)	Duração do Proestro (Dias)	Diâmetro fol. no Proestro (Dias)	Idade do Folículo (Dias)
GnRH-10	4	1,0 ± 0,1	11,1 ± 0,2	5,4
GnRH-10	8	1,0 ± 0,1	11,1 ± 0,2	5,1
GnRH-13	57	2,2 ± 0,1	13,6 ± 0,2	6,6
GnRH-13	67	2,0 ± 0,1	13,7 ± 0,2	6,1
GnRH-10	76	3,3 ± 0,1	10,7 ± 0,1	5,1
SPON 100	100	4,7 ± 0,2	12,0 ± 0,3	6,0

Legenda: GnRH-10: animais induzidos a ovular um folículo de 10 mm com a utilização de GnRH; GnRH-13 = animais induzidos a ovular um folículo de 13 mm com a utlização de GnRH; SPON = animais que ovularam espontaneamente; *apenas inclui vacas com ciclo estral de duração normal).

progesterona no dia 12 do ciclo estral subsequente permaneceram mais baixas no tratamento PEC do que no tratamento PEL.

A base endócrina para a aparente relação entre a duração do proestro e a fertilidade foi pesquisada em um segundo experimento (Bridges *et al.*, 2008). Levantou-se a hipótese de que os animais com proestro de duração mais curta teriam menores concentrações de estradiol durante o período pré-ovulatório, um pico de LH induzido pelo GnRH de menor amplitude e concentrações diminuídas de progesterona durante o diestro. Foram utilizados os tratamentos PEC (n=8) e PEL (n=8) como descritos acima (**Figura 1**). O tamanho do folículo ovulatório não diferiu entre os tratamentos PEC (11,8 ± 0,3 mm) e PEL (12,4 ± 0,3 mm). Não se observaram diferenças no pico de LH induzido pelo GnRH entre os tratamentos. A incidência de ciclos estrais curtos tendeu ($P < 0,1$) a ser maior, e as concentrações de progesterona durante o ciclo estral subsequente tenderam ($P < 0,1$) a ser mais baixas no tratamento PEC do que no tratamento PEL, respectivamente. A diferença mais marcante entre os tratamentos foi que as concentrações de estradiol foram maiores ($P< 0,05$) no tratamento PEL do que no tratamento PEC durante as 32 horas que antecederam a administração de GnRH.

Por essa linha de pesquisa, pode-se concluir que diminuir a duração do proestro resultou na redução das concentrações tanto do estradiol pré-ovulatório como da progesterona da fase lútea que, por sua vez, resulta em diminuição da fertilidade. Como o estradiol e a progesterona desempenham papéis específicos no útero durante o início da gestação, formulou-se a hipótese de que a redução na fertilidade se deve à falha das vacas de estabelecer um ambiente uterino adequado para o desenvolvimento do embrião e para a manutenção da gestação. Essa hipótese tem o suporte de pesquisas usando transferência de embrião realizadas em laboratório destes pesquisadores e em laboratórios de outros pesquisadores. A próxima seção deste trabalho irá enfocar o papel do estradiol e da progesterona no útero durante a fase inicial da gestação em vacas, além das interações críticas entre o embrião em desenvolvimento e o útero. Praticamente, com base nos dados das pesquisas realizadas, sugere-se, que para a fertilidade máxima ser alcançada, é preciso otimizar a capacidade esteroidogênica do folículo ovulatório e do CL subsequente. Assim, na seção final será discutido um programa modificado de sincronização de estro, formulado para maximizar o estradiol pré-ovulatório e a progesterona lútea, na tentativa de aumentar as taxas de prenhez após a IA em tempo fixo.

Otimização dos programas de sincornização de estro e ovulação

A maximização das concentrações de estradiol pré-ovulatório e de progesterona na fase lútea resulta em melhor fertilidade. Assim sendo, os sistemas de sincronização de estro devem ser formulados de maneira a maximizar o potencial de produção *in vivo* tanto de estradiol pré-ovulatório como de progesterona na fase lútea. Uma abordagem potencial para aumentar a produção de estradiol pelo folículo ovulatório pode ser induzir a regressão do CL e remover os tratamentos com progesterona exógena mais próximo da emergência da onda folicular nos programas de sincronização de estro.

A probabilidade de que isso aumentaria a secreção de estradiol é apoiada pela verificação (Valdez *et al.*, 2005) de que, 4 dias após a emergência, os folículos dominantes aumentaram o estradiol intrafolicular e aumentaram a capacidade enzimática de produzir estradiol, em comparação com os folículos dominantes no dia 6 ou 8 depois da emergência. Por isso, a suspensão da progesterona mais precocemente do que em programas tradicionais pode resultar em secreção de estradiol similar ou aumentada, ainda que por folículos menores. Além disso, essa abordagem pode permitir o prolongamento do intervalo da regressão lútea até a indução do pico de LH com GnRH ou estradiol exógeno.

Esse aumento na duração do proestro resulta em estradiol elevado por um tempo mais prolongado e maiores concentrações de estradiol, consequentemente melhorando a fertilidade depois da ovulação induzida (Bridges *et al.*, 2008). Além disso, como o aumento das concentrações de progesterona foi evidenciado na maioria dos experimentos anteriores, quando a duração do proestro era prolongada, essa resposta também pode melhorar a fertilidade. Para reforçar essa abordagem, foi modificado um protocolo de sincronização de estro comumente utilizado para promover aumento nas concentrações de estradiol durante o proestro e, potencialmente, as concentrações de progesterona durante a fase lútea.

Foi formulada a hipótese de que diminuir o intervalo entre a administração de GnRH e o implante de CIDR e a retirada de $PGF_{2\alpha}$ e CIDR de 7 para 5 dias em um programa *CO-Synch* + CIDR aumentariam as taxas de prenhez, uma vez que aumentaria a produção de estradiol pelo folículo ovulatório, se a regressão luteal e retirada do CIDR ocorrer antes em relação a emergência da onda folicular. Esse benefício poderá ocorrer em virtude do potencial dos folículos jovens secretarem mais estradiol, quando comparados com folículos mais velhos, e também em virtude de um intervalo maior entre $PGF_{2\alpha}$ e a segunda injeção de GnRH. Com o protocolo de 5 dias *versus* 7 dias, os folículos estariam com 3 a 4 dias *versus* 5 a 6 dias de emergência, respectivamente.

Assim sendo, realizou-se uma comparação entre o desempenho reprodutivo, após a sincronização de estro com CO-Synch + CIDR 7 dias (7COSynch), e com CO-Synch + CIDR padrão de 5 dias (5COSynch), em quatro anos consecutivos nos mesmos rebanhos de vacas de corte em lactação (**Figura 2**).

No primeiro ano, os objetivos do experimento foram comparar o aparecimento do estro, o intervalo para o aparecimento do estro e a taxa

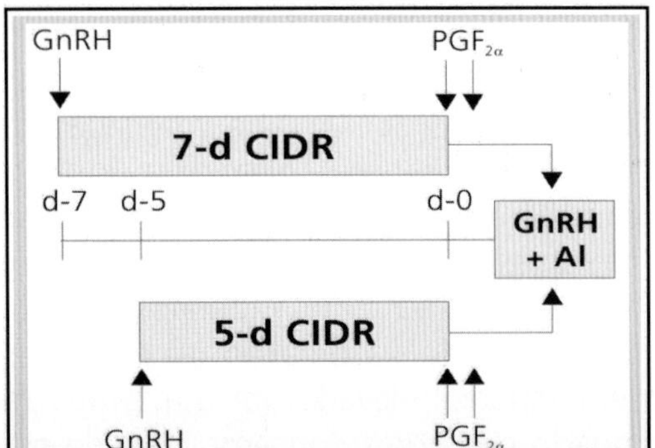

Figura 2. Esquema dos protocolos de sincronização de estro utilizados nos experimentos.

de concepção durante o período de sincronização, quando o intervalo do GnRH e a aplicação de prostaglandina no protocolo de sincronização de Select-Synch + CIDR foi reduzido de 7 (7SS) para 5 (5SS) dias. Neste experimento, 67% e 62% das vacas estavam ciclando quando foram submetidas aos tratamentos 7SS e 5SS, respectivamente. O intervalo da $PGF_{2\alpha}$ até o aparecimento de estro, a taxa de detecção de estro, a taxa de concepção e a taxa de prenhez na primeira inseminação não diferiram entre os tratamentos (**Tabela 2** e **Figura 3**). Mudando-se o intervalo da emergência do folículo dominante até estro e ovulação espontânea não influenciou a fertilidade, mesmo com folículos mais jovens e menores em diâmetro no programa de 5 dias. Perry *et al.*, (2005) também observou que, se as vacas exibirem estro espontaneamente, o diâmetro do folículo ovulatório não influenciará a taxa de concepção na inseminação artificial.

A distribuição de estro entre os tratamentos está apresentada na **Figura 3**.

A distribuição do estro (**Figura 3**) sugeriu que mais vacas no tratamento 5SS exibiram estro após 48 horas após a remoção do CIDR. A extenção do proesto aumentou as concentrações de estradiol circulante no tratamento 5CO-72 por causa de um suporte adicional de gonadotrofina para o folículo dominante. Outros pesquisadores também obtiveram melhora na fertilidade, quando os programas de sincronização foram modificados para promover aumento do suporte de gonadotrofina para o folículo dominante.

Uma vez que o intervalo da retirada do CIDR até o aparecimento do estro nos tratamentos 7SS e 5SS foram semelhantes no experimento I, utilizou-se o mesmo intervalo entre a $PGF_{2\alpha}$ e a inseminação artificial (60 horas) na comparação inicial entre o 5 e o 7 dia CO-Synch + CIDR (exp. II). As taxas de prenhez na inseminação artificial, em tempo fixo, foram semelhantes entre os protocolos 7CO-60 e 5CO-60 (**Tabela 3**), embora os folículos no tratamento 5CO-60 estivessem mais jovens no momento da segunda injeção de GnRH.

Nos experimentos III e IV, estendeu-se o intervalo entre $PGF_{2\alpha}$ e o GnRH para 72 horas no protocolo de 5 dias CO-Synch + CIDR e comparou-se com o intervalo padrão com o protocolo

Tabela 2. Desempenho reprodutivo de vacas de corte após a parto, submetidas ao protocolo de sincronização de estro 7 dias ou 5 dias Select-Synch + CIDR.		
	Tratamentos[a]	
	7SS	**5SS**
Vacas multíparas (e" 3 anos de idade), n	67	65
Vacas primíparas (2 anos de idade), n	12	12
Detecção de estro, %	91,1	83,1
Taxa de concepção, %	51,4	56,3
Taxa de prenhez no primeiro serviço, %	46,8	46,8
Taxa de prenhez no segundo serviço (15° ao 25° dia após IATF, %)		
Todas as vacas	62,0	68,8
Vacas ciclando	54,7[b]	75,0[c]
Vacas em anestro	76,9	58,6
Taxa de prenhez na estação de monta, %	82,3	85,7

[a]Todas as vacas receberam 100µg of GnRH e CIDR no Dia -7 (7SS) ou Dia -5 (5SS). No dia 0, CIDR foi retirado e aplicou-se $PGF_{2\alpha}$ (dinoprost tromethamine, 25 mg). As vacas foram inseminadas de acordo com o aparecimento de estro, no esquema tradicional de manhã e à tarde.[bc] Médias diferem entre os tratamentos, $P < 0.05$. Fonte: Adaptado de Bridges *et al.*, 2008.

de 7 dias. Nesses dois experimentos, assim como no experimento II, as vacas que estavam ciclando e em anestro foram identificadas pela determinação das concentrações séricas de progesterona. Além disso, para assegurar a regressão lútea, foram dadas duas injeções de $PGF_{2\alpha}$ com 12 horas de intervalo após a retirada do CIDR. Induzir a regressão lútea mais cedo depois do GnRH inicial e, portanto, mais cedo após a emergência folicular, poderia permitir que o folículo ovulatório estivesse com sua capacidade máxima de produção de estradiol quando a progesterona fosse removida. Depois da inseminação inicial em tempo fixo, foi feita a detecção de estro durante aproximadamente 30 dias e IA 12 horas após a observação do estro. Os touros para repasse foram então colocados com o rebanho.

Em anos consecutivos, a taxa de prenhez em protocolos de inseminação artificial em tempo fixo aumentou no tratamento 5CO-72, quando comparado com o 7CO-60. Em conjunto, o protocolo 5CO-72 aumentou a taxa de prenhez 10,5% em relação ao protocolo 7CO-60 (7CO-60, 187/312{59,9%}; 5CO-72, 214/304{70,4%} (**Tabela 3**). Esse aumento ocorreu em vacas primíparas e multíparas, assim como, nas vacas ciclando e em anestro.

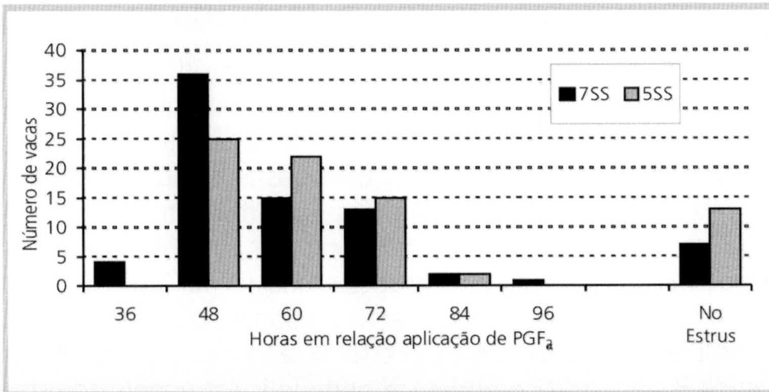

Figura 3. Distribuição de estro das vacas de corte após o parto, submetidas aos protocolos de sincronização, com 7 dias (7SS) ou 5 dias (5SS) Select-Synch + CIDR. Detecção visual de estro foi realizada duas vezes ao dia (manhã e à tarde), durante 7, dias após a aplicação de prostaglandina. Fonte: Adaptado de Bridges *et al.*, 2008.

Aproximadamente, 50% das vacas da Fazenda A e acima de 80% das vacas da Fazenda B estavam ciclando no início do experimento (**Tabela 3**). Entre as duas fazendas, no experimento IV, a distribuição de vacas que entraram em estro antes da inseminação artificial em tempo fixo (IATF), na IATF, ou que não entraram em estro, foi semelhante entre os tratamentos. Quando o estro foi detectado após a aplicação de $PGF_{2\alpha}$ até a IATF (**Figura 4**), o tempo do aparecimento do estro em relação a IATF foi maior no tratamento 5CO do que no tratamento 7CO e, no protocolo de 5 dias, a taxa de prenhez na IATF pa-

Tabela 3. Desempenho reprodutivo de vacas de corte pós-parto, recebendo protocolo de sincronização de estro 7 dias ou 5 dias CO-Synch + CIDR e a IATF, realizado em diferenres horários após a retirada do CIDR[a].

	7CO-60 *vs.* 5CO-60, Exp. II		**7CO-60 *vs.* 5CO-72, Exp. III**		**7CO-60 *vs.* 5CO-72, Exp. IV**	
Variáveis	**7 dia**	**5 dia**	**7 dia**	**5 dia**	**7 dia**	**5 dia**
N	111	112	111	105	201	199
Vacas ciclando, %	41,1	40,5	11,7	8,6	63,2	65,8
-Faz. A	-	-	-	-	85,3	82,7
-Faz. B	-	-	-	-	50,5	55,
TP na IATF, %	52,7	56,8	66,7[b]	80,0[c]	56,2[b]	65,3[c]
TP na IA[f], %						
Todas as vacas	69,4	67,3	80,2	84,8	79,9	77,8
Faz. A	-	-	-	-	76,0	84,0
Faz. B	-	-	-	-	82,3[d]	74,0[e]
TP Estação reprod, %	-	-	93,7	96,2	89,4	90,9
Todas as vacas	96,4	90,9	-	-	-	-
Vacas ciclando	93,3	97,7	-	-	-	-
Vacas em anestro	98,5[b]	86,2[c]	-	-	-	-

[a] As vacas em todos os experimentos receberam 100µg of GnRH e CIDR no Dia–7 (7CO) ou Dia –5 (5CO). No dia 0 o CIDR foi removido e administrado $PGF_{2\alpha}$. Uma segunda dose de $PGF_{2\alpha}$ foi dada para todas as vacas 12 horas após. TP = Taxa de prenhez. [bc] As médias diferem entre tratamentos dentro do experimento, P < 0.05. [de] As médias tendem (P = 0.08) a diferir entre tratamentos dentro do experimento.[f] Taxa de prenhez na IA (repasse), cio após a IATF.Fonte: Adaptado de Bridges *et al.*, 2008.

receu ser semelhante entre as vacas em estro 24, 18, 12 e 0 hora antes da IATF. A distribuição do estro e a taxa de prenhez na IATF, no protocolo 5CO-72, na Fazenda A, estão apresentadas na **Figura 5**. O aumento na taxa de prenhez nas respectivas categorias animais parece ser consistente.

O momento do estro em relação à IATF, foi maior no tratamento 5CO-72 (-11,6 ± 1,1 hr) do que no tratamento 7CO-72 (-8,3 ± 1,2 hr). A distribuição do estro das vacas da Fazenda A está ilustrada na **Figura 4**. Quando avaliadas as duas fazendas juntas, a proporção de vacas em estro antes da IATF ou não em estro, não diferiu entre os tratamentos. A taxa de prenhez na IATF foi aproximadaemente 9% maior (P<0,05) no tratamento 5CO-72 do que no tratamento 7CO-60 (**Tabela 1**). Na Fazenda A, a taxa de prenhez na IA (as que repetiram estro da IATF) tendeu a ser maior (P=0,08) no tratamento 7CO-60, comparado com o tratamento 5CO-72. Na Fazenda B, a taxa de prenhez na IA não diferiu entre os tratamentos. A taxa de prenhez não diferiu entre os tratamentos e não houve interações entre paridade, estado reprodutivo no início do experimento ou entre propriedades.

Quando comparado com o programa de 7 dias (7 d CO-Synch + CIDR), o programa de 5 dias (5 d CO-Synch + CIDR) aumentou a taxa de prenhez na IATF em 11%, quando duas doses de prostaglandina foram aplicadas.

Métodos alternativos para melhorar a fertilidade

Outros pesquisadores estudaram métodos alternativos para melhorar a fertilidade após a inseminação, alterando as concentrações de hormônio esteroide. Uma das abordagens mais amplamente estudadas é a administração de progesterona suplementar por meio de uma fonte exógena de progesterona como CIDR ou induzindo uma ovulação adicional e o desenvolvimento de um CL acessório, administrando GnRH ou hCG na primeira onda folicular depois do estro. Muitos pesquisadores formularam uma hipótese de que o fato de haver uma alta correlação entre as concentrações de progesterona e o desenvolvimento embrionário (Kerbler *et al.*, 1997), conclui que administrar progesterona suplementar no início da prenhez pode aumentar o desenvolvimento embrionário e as taxas de prenhez subsequentes. Na verdade, foi demonstrado que a administração de progesterona suplementar no início da gestação aumentou o tamanho do concepto, o desenvolvimento morfológico, a produção embrionária de IFN-T e a secreção de proteína uterina (Garrett *et al.*, 1988). A eficácia da progesterona suplementar para aumentar as taxas de prenhez aplicadas em testes de campo, entretanto, é menos clara. Em vacas leiteiras de alta produção, a administração de hCG no dia 5 ou 7 após a inseminação melhorou a taxa de prenhez (Sianangama e Rajamehendran, 1992; Santos *et al.*, 2001). Essa melhora foi devida ao desenvolvimento do CL acessório e um aumento da produção de progesterona luteal, como Santos *et al.* (2001) observaram um aumento de 5,0 ng/ml nas concentrações de progesterona na fase luteal média nos animais tratados com hCG. Usando-se novilhas de corte sincronizadas com MGA + $PGF_{2\alpha}$, Funston *et al.* (2005) também observaram um aumento nas concentrações de progesterona na fase luteal média, quando hCG foi administrado nos dias 8 (local 1) ou 9 (local 2) depois de $PGF_{2\alpha}$. As novilhas foram inseminadas aproximadamente 12 horas depois da observação do estro. Este estudo foi realizado em dois locais diferentes, tendo sido observada uma interação entre o tratamento e o local do estudo. No local 1, o hCG não teve efeito sobre a taxa de concepção (hCG, 65%; controle, 70%), mas no local 2 a taxa de concepção tendeu (P = 0,10) a ser maior nos animais tratados (hCG, 61%; controle, 50%). Em um estudo adicional, em que as novilhas foram sincronizadas com MGA + $PGF_{2\alpha}$, e a inseminação em tempo fixo foi feita 60 horas após o $PGF_{2\alpha}$, não foi observada nenhuma melhora na taxa de concepção, quando a hCG foi administrada no dia 6 após a IA em tempo fixo (Funston *et al.*, 2005). Nishigai *et al.* (2002) observaram taxas de prenhez mais altas na transferência de embriões em vacas *Japanese Black*, quando a hCG foi administrada no dia 6. Ainda que pareça que a injeção de hCG após a IA melhore as taxas de concepção, particularmente em vacas leiteiras em lactação, os resultados com outros métodos para aumentar a progesterona lútea são questionáveis. Sterry *et al.* (2005) não obtiveram nenhum aumento na taxa de concepção de vacas leiteiras com a colocação de um CIDR entre os dias 5 e 12, ou com a adminis-

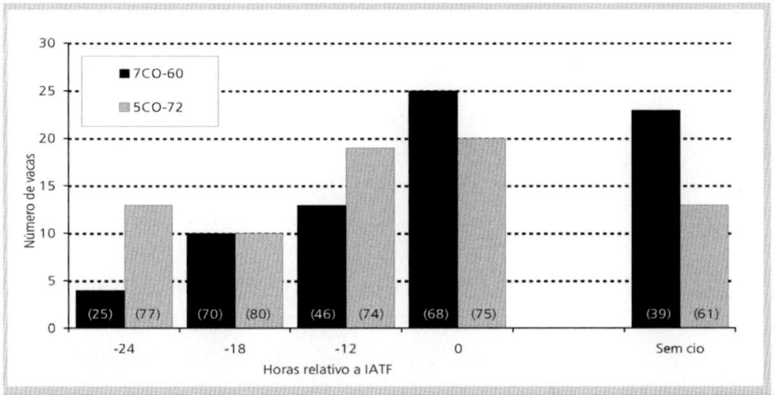

Figura 4. Distribuição do estro nas vacas pós-parto sincronizadas pelos protocolos de 7 dias (7CO-60) ou 5 dias (5CO-72) CO-Synch + CIDR (Exp. IV); na Fazenda A. A detecção de estro foi realizada duas vezes por dia (AM e PM), logo após a injeção de $PGF_{2\alpha}$ (cloprostenol sodium), até a relização da IATF. Fonte: Adaptado de Bridges *et al.*, 2008.

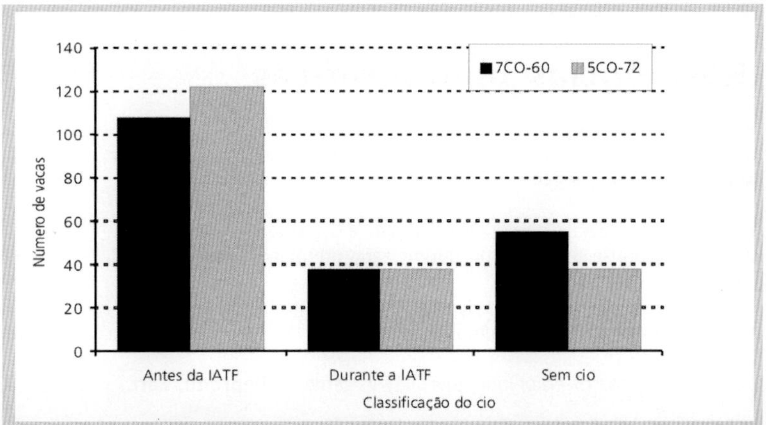

Figura 5. Distribuição do estro nas vacas pós-parto sincronizadas pelos protocolos de 7 dias (7CO-60) ou 5 dias (5CO-72) CO-Synch + CIDR (Exp. IV); a taxa de prenhez na IATF para as vacas em cada classificação do estro está reportada entre parênteses. Fonte: Adaptado de Bridges *et al.*, 2008

tração de GnRH nos dias 5 ou 7 depois da IA. Da mesma forma, Stevenson e Mee (1991) não observaram aumentos nas taxas de prenhez com IA, quando um PRID foi colocado em vacas leiteiras em lactação do dia 5 ao dia 13 ou nos dias 13 a 21 depois do estro. Outros autores (Robinson *et al.*, 1989) obtiveram melhoras nas taxas de prenhez com a inclusão de um dispositivo intravaginal de liberação de progesterona. De uma forma geral, não está clara a possibilidade de melhorar as taxas de prenhez pela utilização de uma progesterona exógena ou pela indução de um CL acessório. Dados científicos de peso sugerem que o aumento das concentrações de progesterona na fase lútea melhora a fertilidade. Contudo, muitos fatores podem contribuir para a variada resposta dos animais à progesterona suplementar. Em vacas leiteiras, as fontes exógenas de progesterona, como o CIDR, podem não aumentar as concentrações circulantes de progesterona até um nível que seja benéfico, em virtude de um rápido metabolismo hepático dos esteroides. Não se sabe se concentrações sub-ótimas de progesterona na fase lútea contribuem para a infertilidade em vacas de corte que ovulam espontaneamente. Não há dúvidas de que, em rebanhos com programas de IA em tempo fixo, os animais que são induzidos a ovular folículos imaturos terão concentrações reduzidas de progesterona (Vasconcelos *et al.*, 2001; Mussard *et al.*, 2002; Mussard *et al.*, 2003a, 2003b; Perry *et al.*, 2003b; Peters e Pursley, 2003; Perry *et al.*, 2005). Por isso, os efeitos benéficos da progesterona suplementar podem não ser observados em todas as situações.

Resumindo, tanto o estradiol pré-ovulatório como a progesterona lútea desempenham importantes funções fisiológicas no estabelecimento e manutenção da prenhez em bovinos de corte. Concentrações adequadas de estradiol são necessárias para preparar adequadamente o útero para a prenhez, enquanto as concentrações adequadas de progesterona são necessárias para induzir a produção uterina de histotrofo para a sobrevivência do embrião. O laboratório dos pesquisadores deste capítulo continua sua linha de pesquisas nessa área, num esforço para determinar o mecanismo pelo qual a redução do estradiol pré-ovulatório e da progesterona da fase lútea reduz a fertilidade dos bovinos. Esta pesquisa tem por foco a maneira pela qual esse meio hormonal altera o ambiente uterino e o crescimento embrionário subsequente. A importância de altas concentrações de estradiol pré-ovulatório e progesterona lútea não deve ser negligenciada na implantação de sistemas de sincronização de estro. Este trabalho inicial para melhorar os programas existentes de sincronização de estro sugere que pequenas modificações com o objetivo de aumentar a produção de estradiol pelo folículo ovulatório melhoram as taxas de prenhez com IA em tempo fixo.

Referências bibliográficas

Alvarez, P.; Spicer, L.J.; Chase Jr., C.C.; Payton, M.E.; Hamilton, T.D.; Stewart, R.E.; Hammond, A.C.; Olson, T.A.; Wettemann, R.P. Ovarian and endocrine characteristics during an estrous cycle in Angus, Brahman, and Senepol cows in a subtropical environment. **Journal Animal Science**, v.78, p.1291-1302, 2000.

Austin, K.J.; Ward, S.K.; Teixeira, M.G.; Dean, V.C.; Moore, D.W.; Hansen, T.R. Ubiquitin cross-reactive protein is released by the bovine uterus in response to interferon during early pregnancy. **Biol. Reprod.**, v.54, p.600-606, 1996.

Austin, K.J.; Carr, A.L.; Pru, J.K.; Hearne, C.E.; George, E.L.; Belden, E.L.; Hansen, T.R. Localization of ISG15 and conjugated proteins in bovine endometrium using immunohistochemistry and electron microscopy. **Endocrinolog**, v.145, p.967-975, 2004.

Ayalon, N. A review of embryonic mortality in cattle. **J. Reprodu. Fert.**, v.154, p.483-493, 1978.

Baruselli, P.S.; Reis, E.L.; Marques, M.O.; Nasser, K.L.F.; Bo, GA. The use of hormonal treatments to improve reproductive performance of anestrous beef cattle in tropical climates. **Anim. Reprod. Sci.**, v.82-83, p.479-486, 2004.

Bauersachs, S.; Ulbrich, S.E.; Gross, K.; Schmidt, S.E.M.; Meyer, H.H.D.; Einspanier, R.; Wenigerkind, H.; Vermehren, M.; Blum, H.; Sinowatz, F.; Wolf, E. Gene expression profiling of bovine endometrium during the oestrous cycle: detection of molecular pathways involved in functional changes. **J. Mol. Endocrin.**, v.34, p.889-908, 2005.

Biener, E.; Martin, C.; Daniel, N.; Frank, S.J.; Centonze, V.E.; Herman, B.; Djiane, J.; Gertler, A. Ovine placental lactogen-induced heterodimerization of ovine growth hormone and prolactin receptors in living cells in demonstrated by fluorescence resonance energy transfer microscopy and leads to prolonged phosphorylation of signal transducer and activator of transcription (STAT) 1 and STAT3. **Endocrinology**, v.144, p.3532-3540, 2003.

Bogacki, M.W.; Silva, W.J.; Rekawiecki, R.; Kotwica, J. Direct inhibitory effect of progesterone on oxytocin-induced secretion of prostaglandin F (2alfa) from bovine endometrial tissue. **Biol. Reprod.**, v.67, p.184-188, 2002.

Bridges, G.A; Hesser, L.A.; Grum; D.E.; Mussard, M.L.; Gasser, C.L.; Day, M.L. Decreasing the interval between GnRH to $PGF_{2\alpha}$ from 7 to 5 days and lengthening proestrus increases timed-AI pregnancy rates in beef cows. **Theriogenology**, v.69, p.843-851, 2008.

Buhi, W.C. Characterization and biological roles of oviduct-specific, oestrogen-dependent glycoprotein. **Reprod.**, v.123, p.355-362, 2002.

Cerri, R.L.A.; Galvo, K.N.; Juchem, S.O.; Chebel, R.C.; Santos, J.E.P. Timed AI (TAI) with estradiol cypionate (ECP) or insemination at detected estrus in lactating dairy cows. **J. Dairy Sci.**, v.86, (Suppl 1):121 (abstr. M12), 2003.

Dunne, L.D.; Diskin, M.G.; Sreena, J.M. Embryo and foetal loss in beef heifers between day 14 of gestation and full term. 2000.

Farin, C.E.; Imakawa, K.; Hansen, T.R.; McDonnel, J.J.; Murphy, C.N.; Farin, P.W.; Roberts, R.M. Expression of trophoblastic interferon genes in sheep and cattle. **Biol. Reprod.**, v.43, p.210-218, 1990.

Ferris, H.A.; Shupnik, M.A. Mechanisms for pulsatile regulation of the gonadotropin subunit genes by GnRH1. **Biol. Reprod.**, v.74, p.993-998, 2006.

Funson, R.N.; Lipsey, R.J.; Geary, T.W.; Roberts, A.J. Effect of administration of human gonadotropin after artificial insemination on concentrations of progesterone and conception rates in beef heifers. **Jornal Animal Science**, v.83, p.1403-1405, 2005.

Garrett, J.E.; Geisert, R.D.; Zavy, M.T.; Morgan, G.L. Evidence for maternal regulation of early conceptus growth and development in beef cattle. **J. Reprod. Fert.**, v.84, p.437-446, 1988.

Geary, T.W.; Downing, E.R.; Bruemmner, J.E.; Whittier, J.C. Ovarian and estrous response of suckled beef cows to the select synch estrous synchronization protocol. **Prof. Anim. Sci**., v.16, p.1-5, 2000.

Geary, T.W.; Whittier, J.C.; Lefever, D.G. Effect of calf removal on pregnancy rates of cows synchronized with the Ovsynch or Co-Synch protocol. **Jornal Animal Science**, v.81 (Suppl.1), p. 278 Abstr. 1086, 1998.

Geisert, R.D.; Zavy, M.T.; Biggers, B.G.; Garrett, J.E.; Wetteman, R.P. Characterization of the uterine environment during early conceptus expansion in the bovine. **Anim. Reprod. Sci.**, v.16, p.11-25,1988.

Gray, C.A.; Taylor, K.M.; Bazer, F.W.; Spencer, T.E. Mechanisms regulating norgestomet inhibition of endometrial gland morphogenesis in the neonatal ovine uterus. **Mol. Reprod. Dev.**, v.57, p.67-78, 2000.

Gray, C.A.; Taylor, K.M.; Ramsey, W.S.; Hill, J.R.; Bazer, F.W.; Bartol, F.F.; Spencer, T.E. Endometrial glands are required for preimplantation conceptus elongation and survival. **Biol. Reprod.**, v.64, p.1608-1613, 2001.

Gray, C.A.; Burghardt, R.C.; Johnson, G.A.; Bazer, F.W.; Spencer, T.E. Evidence that absence of endometrial gland secretions in uterine gland knockout ewes compromises conceptus survival and elongation. Reprod., v.124, p.289-300, 2002.

Hansen, T.R.; Austin, K.J.; Johson, G.A. Transient ubiquitin cross-reactive protein gene expression in the bovine endometrium. **Endocrinology**, v.138, p.5079-5082, 1997.

Hick, B.A.; Eetter, S.J.; Carnahan, K.G.; Joyce, M.M.; Assiri, A.A.; Carling, S.J.; Kondali, K.; Johnson, G.A.; Hansen, T.R.; Mirando, M.A.; Woods, G.L.; Vanderwal, D.K.; Ott, T.L. Expression of the uterine Mx protein in cyclic and pregnant cows, gilts, and mares. **Jornal Animal Science**, v.81, p.1552-1561, 2003.

Hommeida, A.; Nakao, T.; Kubota, H. Luteal function and conception in lactating cows and some factors influencing luteal function after first insemination. **Theriogenology**, v.62, p.217-225, 2004.

Ing, N.; Zhang, Y. Cell-specific expression of estrogen-responsive genes in the uteri of cyclic, early pregnant and ovariectomized ewes. **Theriogenology**, v.62, p.403-414, 2004.

Ing, N.H.; Roberts, R.M. The major progesterone-modulated proteins secreted into the sheep uterus are members of the serpin superfamily of serine protease inhibitors. **J. Biol. Chem.**, v.264, p.3372-3379, 1989.

Ing, N.H.; Francis, H.; McDonnell, J.J.; Amann, J.F.; Roberts, R.M. Progesterone induction of the uterine milk proteins: Major secretory proteins of sheep endometrium. **Biol. Reprod.**, v.41, p.643-654, 1989.

Inskeep, E.K.; Dailey, R.A. Embryonic death in cattle. **Vet. Clin. Food Anim.**, v.21:437-461, 2005.

Johson, G.A.; Bazer, F.W.; Jaeger, L.A.; Ka, H.; Garlow, J.E.; Pfarrer, G.; Spencer, T.E.; Burghardt, R.C. Muc-1, integrin, and osteopontin expression during the implantation cascade in sheep. **Biol. Reprod.**, v.65, p.820-828, 2001.

Johson, G.A.; Burghardt, R.C.; Bazer, F.W.; Spencer, T.E. Osteopontin: Roles in implantation and placentation. **Biol. Reprod.**, v.68, p.1458-1471, 2003.

Johson, G.A.; Spencer, T.E.; Burghardt, R.C.; Bazer, F.W. Ovine osteopontin: I. Cloning and expression of messenger ribonucleic acid in the uterus during the periimplantation period. **Biol. Reprod.**, v.61, p.884-891, 1999a

Johson, G.A.; Spencer, T.E.; Burghardt, R.C.; Taylor, K.M.; Gray, C.A.; Bazer, F.W. Progesterone modulation of osteopontin gene expression in the ovine uterus. **Biol. Reprod.**, v.62, p.1315-1321, 2000.

Joyce, M.M.; White, F.J.; Burghardt, R.C.; Muniz, J.J.; Spencer, T.E.; Bazer, F.W.; Johnson, G.A. Interferon stimulated gene 15 conjugates to endometrial cytosolic proteins and is expressed at the uterine-placental interface throughout pregnancy in sheep. **Endocrinology**, v.146, p.675-684, 2005.

Kimmins, S.; Lim, H.C.; Maclaren, L.A. Immunohistocemical localization of integrin alpha V and beta 3 and osteopontin suggests that they do not interact during embryo implantation in ruminants. **Reprod. Biol. Endocrin.**, v.2, p.19-32, 2004.

King, G.J.; Atkinson, B.A.; Robertson, H.A. Development of the bovine placentome from days 20 to 29 of gestation. **J. Reprod. Fertil.**, v.59, p.95-100, 1980.

Lamming, G.E.; Mann, G.E. Control of endometrial oxytocin receptors and prostaglandin F2 production in cows by progesterone and oestradiol. **J. Reprod. Fertil.**, v.103, p.69-73, 1995.

Lucy, M.C. Reproductive loss in high-producing dairy cattle: where will it end? **J. Dairy Sci.**, v.84, p.1277-1293, 2001.

Mann, G.E.; Lamming, G.E. The influence of progesterone during early pregnancy in cattle. **Reprod. Dom. Anim.**, v.34, p.269-274, 1999.

Mann, G.E.; Lamming, G.E. Relationship between maternal endocrine environment, early embryo development and inhibition of the luteolytic mechanism in cows. **Reprod.**, v.121, p.175-180, 2001.

Martin, C.; Pessemesse, L.; De La Llosa-Hermier, M.P.; Martal, J.; Djiane, J.; Charlier, M. Interferon-tau upregulates prolactin receptor mRNA in the ovine endometrium during the peri-implantation period. **Reprod.**, v.128, p.99-105, 2004.

Mussard, M.L.; Burke, C.R.; Gasser, C.L.; Behlke, E.J.; Colliflower, K.A.; Grum, D.E.; Day, M.L. Ovulatory response, luteal function and fertility in cattle induced to ovulate dominant follicles of early or late maturity. **Biol Reprod.**, v.68(Suppl. 1), p.332 Abstr. 535, 2003b.

Mussard, M.L.; Burke, C.R.; Day, M.L. **Ovarian follicle maturity at induced ovulation influences fertility in cattle**. In: Proceedings of the Annual Conference of the Society for Theriogenology, Columbus, OH, pp. 179-185. 2003a.

Mussard, M.L.; Burke, C.R.; Behlke, E.J.; Gasser, C.L.; Robison, A.R.; Kinder, J.E.; Day, M.L. Influence of premature induction of an LH surge with GnRH on ovulation, luteal function and fertility in cattle. **Biol. Reprod.**, v.66:(Suppl.1), p.266 Abstr. 415, 2002.

Mussard, M.L.; Burke, C.R.; Behlke, E.J.; Gasser, C.L.; ; Day, M.L. Influence of premature induction of a luteinizing hormone surge with gonadotropin-releasing hormone on ovulation, luteal function and fertility in cattle. **Jornal Animal Science**, v.85, p.937-943, 2007.

Nishigai, M.; Kamonae, H.; Tanaka, T.; Kaneda, Y. Improvement of pregnancy rate in Japanese Black cows by administration of hCG to recipients of transferred frozen-thawed embryos. **Theriogenology**, v.58, p.1597-1606, 2002.

Noel, S.; Herman, A.; Johnson, G.A.; Gray, C.A.; Stewart, M.D.; Bazer, F.W.; Gertler, A.; Spencer, T.E. Ovine placental lactogen specifically binds to endometrial glands of the ovine uterus. **Biol. Reprod.**, v.68, p.772-780, 2003.

Ott, T.L.; Yin, J.; Wiley, A.A.; Kim, H.; Gerami-Naini, B.; Spencer, T.E.; Bartol, F.F.; Burghardt, R.C.; Bazer, F.W. Effects of the estrous cycle and early pregnancy on uterine expression of Mx protein in sheep (*Ovis aries*). **Biol. Reprod.**, v.59, p.784-794, 1998.

Peltier, M.R.; Hansen, R.J. Immunoregulatory activity, biochemistry, and phylogeny of ovine uterine serpin. **Amer. J. Reprod. Immun.**, v.45, p.266-272, 2001.

Perry, G.A.; Smith, M.F.; Lucy, M.C.; Roberts, A.J.; MacNeil, M.D.; Geary, T.W. Effect of ovulatory follicle size at time of GnRH injection or standing estrus on pregnancy rates and embryonic/fetal mortality in beef cattle. **Proc. Western Sec., Amer. Soc. Anim. Sci.**, v.54, 2003a.

Perry, G.A.; Smith, M.F.; Roberts, A.J.; MacNeil, M.D.; Geary, T.W. Effect of ovulatory follicle size at time of GnRH injection on preovulatory serum concentrations of estradiol in beef cows detected or not detected in standing estrus. **Biol. Reprod.**, v.68(Suppl. 1), p.330 Abstr. 530, 2003b.

Perry, G.A.; Smith, M.F.; Roberts, A.J.; MacNeil, M.D.; Geary, T.W. Relationship between size of the ovulatory follicle and pregnancy success in beef heifers. **Jornal Animal Science**, v.85, p.684-689, 2007.

Perry, G.A.; Smith, M.F.; Lucy, M.C.; Green, J.A.; Parks, T.E.; MacNeil, M.D.; Roberts, A.J.; Geary, T.W. Relationship between follicle size at insemination and pregnancy success. **PNAS**, v.102, p.5268-5273, 2005.

Peters, M.W.; Pursley, J.R. Timing of final GnRH and the ovsynch protocol affects ovulatory follicle size, subsequent luteal function, and fertility in dairy cows. **Theriogenology**, v.60, p.1197-1204, 2003.

Pursley, J.R.; Wiltbank, M.C.; Stevenson, J.S.; Ottobre, J.S.; Garverick, H.A.; Anderson, L.L. Pregnancy rates per artificial insemination for cows and heifers inseminated at a synchronized ovulation or synchronized estrus. **J. Dairy Sci.**, v.80, p.295-300, 1997a.

Pursley, J.R.; Kosorok, M.R.; Wiltbank, M.C. Reproductive management of lactating dairy cows using synchronization of ovulation. **J. Dairy Sci.**, v.80, p.301-306, 1997b.

Pushpakumara, P.G.; Robinson, R.S.; Demmers, K.J.; Mann, G.E.; Sinclair, K.D.; Webb, R.; Wathes, D.C. Expression of the insulin-like growth factor (IGF) system in the bovine oviduct at oestrus and during early pregnancy. **Reprod.**, v.123, p.859-868, 2002.

Rizos, D.; Burke, L.; Duffy, P.; Wade, M.; Mee, J.F.; O'Farrell, K.J.; Macsiurtain, M.; Boland, M.P.; Lonergan, P. Comparisons between nulliparous heifers and cows as oocyte donors for embryo production *in vitro*. **Theriogenology**, v.63, p.939-949, 2005.

Robinson, N.A.; Leslie, K.E.; Walton, J.S.Effect of treatment with progesterone on pregnancy rate and plasma concentrations of progesterone in Holstein cows. **J. Dairy Sci.**, v.72, p.202-207, 1989.

Robinson, R.S.; Mann, G.E.; Lamiming, G.E.; Wathes, D.C. Expression of oxytocin, oestrogen and progesterone receptors in uterine biopsy samples throughout the oestrous cycle and early pregnancy in cows. **Reprod.**, v.122, p.965-979, 2001.

Robinson, R.S.; Mann, G.E.; Gadd, T.S.; Lamming, G.E.; Wathes, D.C. 2000. The expression of the IGF system in the bovine uterus throughout the oestrous cycle and early pregnancy. J. **Endocrin**., v.165, p.231-243

Sangsritavong, S.; Combs, D.K.; Sartori, R.L.; Armetano, E.; Wiltbank, M.C. High feed intake increases liver blood flow and metabolism of progesterone and estradiol-17 in dairy cattle. **J. Dairy Sci.**., v.85, p.2831-2842, 2002.

Santos, J.E.P.; Thathcer, W.W.; Pool, L.; Overton, M.W. Effect of human chorionic godadotropinon luteal function and reproductive performance of high-producing lactating Holstein dairy cows. **Jornal Animal Science**, v.79, p.2881-2894, 2001.

Sartori, R.; Rosa, G.J.; Wiltbank, M.C. Ovarian structures and circulating steroids in heifers and lactating cows in summer and lactating and dry cows in winter. **J. Dairy Sci.**, v.85, p.2813-2822, 2002a.

Sartori, R.; Haughian, J.M.; Shaver, R.D.; Rosa, G.J.; Wiltbank, M.C. Comparison of ovarian function and circulating steroids in estrous cycles of Holstein heifers and lactating cows. **J. Dairy Sci.**, v.87, p.905-920, 2004.

Sartori, R., Sartor-Bergfelt, R.; Mertens, S.A.; Guenther, J.N.; Parish, J.J.; Wiltbank, M.C. Fertilization and early embryonic development in heifers and lactating cows in summer and lactating and dry cows in winter. **J. Dairy Sci.**, v.85, p.203-2812, 2002b.

Sartori, R.; Gumen, A.; Guenther, J.N.; Souza, A.H.; Caraviello, D.X.; Wiltbank, M.C. Comparison of artificial insemination versus embryo transfer in lactating dairy cows. **Theriogenology**, v.65, p.1311-1311, 2006.

Segerson, E.C.; Hansen, T.R.; Libby, D.W.; Randel, R.D.; Getz, W.R. Ovarian and uterine morphology and function in Angus and Brahman cows. 1984. **Jornal Animal Science**, v.59, p.1026-1046.

Sianangama, P.C.; Rajamahendran, R. Effect of human chorionic gonadotropin administered at specific times following breeding on milk progesterone and pregnancy in cows. **Theriogenology**, v.38, p.85-96, 1992.

Spencer, T.E.; Bazer, F.W. Temporal and spatial alterations in uterine estrogen receptor and progesterone receptor gene expression during the estrous cycle and early pregnancy in the ewe. **Biol. Reprod.**, v.53, p.1527-1543, 1995.

Spencer, T.E.; Gray, A.; Johnson, G.A.; Taylor, K.M.; Gertler, A.; Gootwine, E.; Ott, T.L.; Bazer, F.W. Effects of recombinant ovine interferon tau, placental lactgen, and growth hormone on the ovine uterus. **Biol. Reprod.**, v.61, p.1409-1418, 1999.

Staeheli, P.; Pitossi, F.; Pavlovic, J. Mx proteins: GTPases with antiviral activity. **Trends Cell Biol.**, v.3, p.268-272, 1993.

Sterry, R.A.; Welle, M.L.; Fricke, P.M. Effect of GnRH or CIDR inserts administered early after first timed insemination on fertility of lactating dairy cows. **J. Dairy Sci.**, v. 88(Suppl 1), p.86 abstract, 2005.

Stevenson, J.S.; Mee, M.O. Pregnancy rates of holstein cows after postinsemination treatment with a progesterone-releasing intravaginal device. **J. Dairy Sci.**, v. 74, p.3849-3856, 1991.

Stewart, M.D.; Johnson, G.A.; Gray, C.A.; Burghardt, R.C.; Schuler, L.A.; Joyce, M.M.; Bazer, F.W.; Spencer, T.F. Prolactin receptor and uterine milk protein expression in the ovine endometrium during the estrous cycle and pregnancy. **Biol. Reprod.**, v.62, p.1779-1789, 2000.

Taponen, J.; Hjerppe, P.; Kopra, E.; Rodriguez-Martinez, H.; Katila, T.; Kindahl, H. Premature prostaglandin $F_{2\alpha}$ secretion causes luteal regression in GnRH-induced short estrous cycles in cyclic dairy heifers. **Theriogenology**, v.60, p.379-393, 2003.

Vasconcelos, J.L.; Sartori, R; Oliveira, H.N.; Guenther, J.G.; Wiltbank, M.C. Reduction in size of 2001. Reduction in size of the ovulatory follicle reduces subsequent luteal size and pregnancy rate. **Theriogenology**, v.56, p.307-314, 2001.

Wolfenson, D.; Inbar, G.; Roth, Z.; Kaim, M.; Bloch, A.; Brawtal, R. Follicular dynamics and concentrations of steroids and gonadotropins in lactating cows and nulliparous heifers. **Theriogenology**, v.62, p.1042-1055, 2004.

CAPÍTULO 35

Fisiologia do anestro e métodos hormonais para induzir a ciclicidade em bovinos

Michael Lee Day
Department of Animal Sciences
The Ohio State University
Columbus - OH - USA
day.5@osu.edu

Alexandre Vaz Pires
Professor Associado
Departamento de Zootecnia
ESALQ/USP. Piracicaba, SP
alvpires@esalq.usp.br

Introdução

Nos sistemas de produção sazonal, a proporção de novilhas de sobreano, que são pré-púberes, e vacas no pós-parto, que estão em anestro no início da estação de monta, varia muito entre um rebanho e outro e, no mesmo rebanho, de um ano para outro. A duração da estação de parição, o manejo nutricional e outras decisões de manejo podem influenciar o número de animais em anestro presentes. Entretanto, mesmo em rebanho com bom manejo, a incidência de anestro ainda é significativa.

O intervalo do anestro pós-parto compreende o período de tempo entre a parição e o primeiro cio pós-parto. Esse período pode variar entre 15 a 100 dias. A infertilidade e o anestro observados após o parto fazem parte de um complexo fenômeno controlado por diferentes fatores que agem tanto individual como conjuntamente, causando uma diminuição na reprodução potencial do rebanho. Embora alguns fatores não possam ser alterados, esses devem ser considerados na tomada de decisão sobre o manejo daqueles fatores que podem ser modificados, na tentativa de aumentar a eficiência reprodutiva dos animais. Em uma tomada de decisão, deve-se considerar os benefícios de um tratamento sobre a reprodução, bem como seu custo. Não é raro deparar-se com uma situação em que a máxima eficiência reprodutiva não é necessariamente a mais econômica.

O tempo pelo qual as fêmeas passam pelo anestro pós-parto também depende do sistema de criação empregado (leite ou corte). Os principais fatores estão relacionados com a estação (seca ou chuvosa), raça, idade ou paridade (primíparas ou multíparas), distocia, nível de produção de leite, presença de reprodutor, palpação uterina e a influência de problemas associados com a gestação anterior. Porém, os principais fatores responsáveis pela magnitude do anestro pós-parto são a nutrição e o tempo de amamentação. Todos esses fatores não estão isolados e podem atuar conjuntamente ou mesmo interagir entre eles, aumentando ou amenizando o anestro pós-parto.

Anestro pós-parto

A involução uterina é um dos mais importantes processos pelo qual o reinício dos ciclos estrais é modulado. No pós-parto, os processos associados com o retorno do útero, a uma situação de iniciar e suportar outra prenhez são complexos; e a inter-relação entre o útero e os ovários não está completamente elucidada. Giers e Marion (1968) determinaram que a preparação do útero para o restabelecimento da prenhez envolve três processos:

1) redução do tamanho;
2) perda de tecido; e
3) reconstituição dos tecidos.

A capacidade cíclica do ovário deve estar restabelecida com a involução uterina antes da próxima prenhez. Durante o período do balanço negativo de energia (BNE), o eixo hipotálamo-hipófise-ovário sofre várias mudanças que levam ao restabelecimento do ciclo estral. A secreção do hormônio folículo estimulante (FSH) pela hipófise, a qual induz a onda do desenvolvimento folicular, aumenta durante as primeiras 2 a 3 semanas após o parto. A frequência de secreção do hormônio luteinizante (LH) pulsátil aumenta justamente antes do primeiro pico ovulatório de LH, e a ovulação do folículo dominante ocorre entre 15 e 25 dias após o parto.

Após a parição, a concentração de progesterona e estrogênio circulante é baixa, assim como a taxa de excreção urinária do estrogênio diminui rapidamente. O reinício do desenvolvimento folicular ovariano, após a parição, depende largamente do estímulo das gonadotrofinas, FSH e LH. A fertilidade das fêmeas reside na taxa pela qual o hormônio liberador de gonadotrofinas (GnRH) é secretado, o que, por sua vez, influencia diretamente a taxa de secreção de LH. O consumo de energia afeta a concentração de LH no sangue. Os picos de LH são menos frequentes quando as fêmeas estão comendo menos do que o exigido pelo organismo. Fatores nutricionais que influenciam a taxa secretora desses dois hormônios têm um grande impacto na capacidade reprodutiva dos animais. A restrição alimentar diminui a frequência na qual o pulso de LH ocorre, resultado de um efeito direto na liberação de GnRH. Se os animais voltam a ter um regime alimentar adequado às suas exigências, os níveis desses hormônios no sangue também voltam ao normal.

Quando o desempenho reprodutivo de vacas primíparas e multíparas foi comparado, as vacas primíparas consumiram menos MS, produziram menos leite, e também tiveram maiores intervalos na primeira ovulação e primeiro cio, quando comparadas com as vacas multíparas (Lucy *et al.*, 1992). Entretanto, as vacas primíparas foram similares às multíparas em relação ao intervalo ao primeiro serviço, taxa de concepção no primeiro serviço, serviços/vaca, serviços/concepção e período de serviço.

Existem 4 fatores principais que contribuem para a infertilidade pós-parto. Os três primeiros, anestro, ciclo estral de curta duração e involução uterina, ocorrem no pós-parto, enquanto o último fator, denominado de infertilidade *per se*, não tem uma definição específica e é responsável por uma diminuição da fertilidade entre 20 a 30% em qualquer estro, independentemente do período após o parto.

O anestro pós-parto, principalmente em gado de corte, pode causar infertilidade por um longo período de tempo, o que pode até inviabilizar o sistema de criação, caso o problema não seja resolvido a tempo. Portanto, o anestro é um problema mais sério que a involução uterina e os ciclos estrais de curta duração.

A incidência de anestro pós-parto em vacas de corte em lactação é alta, no início da estação de monta, principalmente em vacas primíparas. Gasser *et al.* (2003) relataram que 44% das vacas *Bos taurus* em pós-parto estavam em anestro 7 dias antes do início da estação de monta. Outros autores (Lucy *et al.*, 2001) relataram uma porcentagem ligeiramente mais alta de vacas em anestro (53%) em um experimento que incluiu 851 vacas em pós-parto de 6 regiões dos Estados Unidos. Essa proporção variou muito de acordo com o local: de 17 a 67%. Nesse mesmo relato, 43% das 724 novilhas de sobreano (5 locais, com variação de 6 a 81%) eram pré-púberes 7 dias antes do início da estação da inseminação artificial. O número de fêmeas em anestro foi significativo e, ainda mais, esta proporção é variável de um ano para outro e de difícil de previsão.

Stevenson *et al.* (2002) utilizaram vários tratamentos hormonais em mais de 2.200 vacas para sincronizar o estro, a ovulação ou ambos, na tentativa de obter concepção durante a primeira semana de estação de monta e maximizar a proporção de vacas prenhes com touros geneticamente superiores por meio do uso da inseminação artificial. Como parte desses estudos, Stevenson e colaboradores mediram a incidência de vacas ciclando no início da estação de monta, antes da aplicação dos tratamentos hormonais. Os principais fatores que limitam a alta incidência de vacas ciclando no início da estação de monta são: idade e condição corporal da vaca, assim como o período pós-parto. Mesmo as vacas de primeira cria parindo 3 a 4 semanas antes em relação às demais vacas, a taxa de ciclicidade ainda é menor nas vacas de primeira cria. As vacas com escore de condição corporal menor do que 5 (1 = magra e 9 = gorda) também têm alta incidência de vacas em anestro (**Figura 1**).

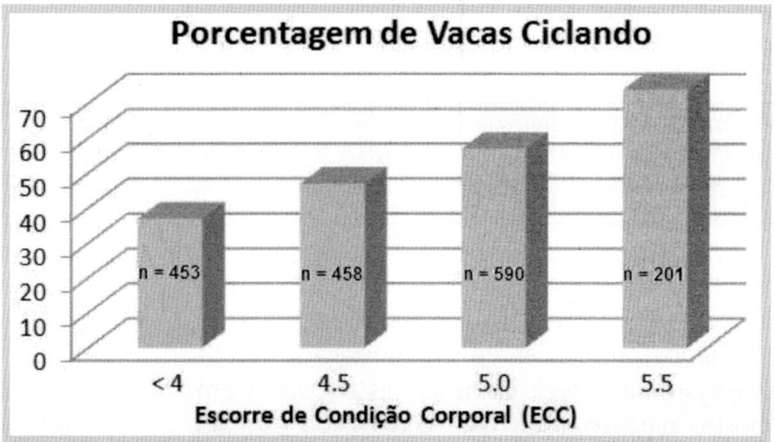

Figura 1. Porcentagem de vacas com bezerro ao pé ciclando baseado no ECC no início da estação de monta. Fonte: adaptado de Stevenson *et al.*, 2000.

Trabalhos publicados indicam que vacas devem parir com no mínimo escore de condição corporal 5 para evitar anestro pós-parto prolongado. As paridas com menos de 70 dias no começo da estação de monta estão propensas a estarem em anestro (**Figura 2**). Esses dados foram obtidos em rebanhos de vacas **Bos taurus** (Angus) nos EUA. No Brasil, de uma maneira geral, acredita-se que as taxas de vacas *Bos indicus* (Nelore), em anestro pós-parto, sejam ainda maiores.

Assim sendo, para sincronizar o estro com sucesso, no início da estação de monta em todo um rebanho de bovinos de corte, torna-se imperativo o uso de programas que induzem fêmeas em anestro a iniciar ciclos estrais férteis.

As mudanças fisiológicas que levam ao início espontâneo ou retomada da função reprodutiva em fêmeas em anestro têm sido pesquisadas e grande progresso vem sendo alcançado. Com o estudo de programas de controle de estro, muitas informações foram obtidas relativas ao impacto de hormônios exógenos sobre a sequência de alterações hormonais e

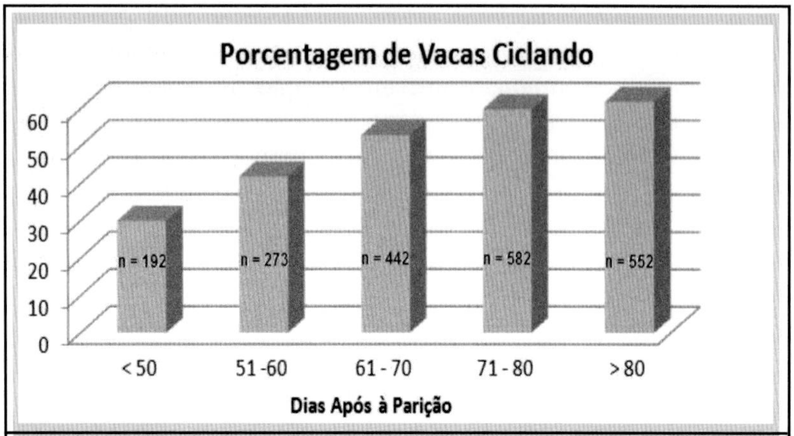

Figura 2. Porcentagem de vacas ciclando com bezerro ao pé, baseada nos dias pós-parto no início da estação de monta. Fonte: adaptado de Stevenson *et al.*, 2000.

ovarianas que levam à retomada dos ciclos estrais em fêmeas em anestro. Tem-se demonstrado que vários programas de sincronização, desenvolvidos para induzir ciclos estrais em vacas em anestro para coincidir com o início da estação de monta, induzem ciclos estrais de duração normal e fertilidade aceitável na maioria das vacas de corte em anestro.

Os mecanismos responsáveis pelo anestro no pós-parto e as alterações hormonais e fisiológicas necessárias para a retomada espontânea dos ciclos estrais em vacas no pós-parto foram recentemente revistas (Yavas e Walton, 2000; Rhodes *et al.*, 2003). Há um número considerável de informações disponíveis relativas aos mecanismos responsáveis pelo anestro e ao ciclo estral curto que precede o primeiro estro fértil. Um padrão semelhante à onda de crescimento folicular inicia-se nos ovários das vacas em pós-parto dentro de duas semanas depois da parição (**Figura 3**) e, na maioria das vacas de corte, várias ondas de crescimento ocorrem antes da primeira ovulação (Murphy *et al.*, 1990). Nas vacas com prolongados intervalos de anestro no pós-parto, o folículo dominante aumenta de diâmetro a cada onda sucessiva (Murphy *et al.*, 1990) pelo menos até a 4ª ou a 5ª ondas (Stagge *et al.*, 1995). As alterações nas concentrações de estradiol circulante, relacionadas com o padrão semelhante às ondas de crescimento folicular, não eram óbvias até a primeira ovulação após o parto (Stagg *et al.*, 1995) e a primeira ovulação pós-parto foi precedida por um aumento na frequência do pulso de LH (Walters *et al.*, 1982). A ovulação inicial após o parto é dependente da produção suficiente de estradiol pelo folículo dominante para estimular o pico de LH pré-ovulatório. O efeito acumulativo dessas alterações leva à primeira ovulação após o parto.

Na maioria das vacas, a primeira ovulação espontânea após o parto resulta em um ciclo estral *curto*, com uma duração de aproximadamente de 10 dias (**Figura 1**; Day *et al.*, 1990). A ovulação que leva ao ciclo curto é precedida por estro em apenas 20 a 30% das vacas. Foi demonstrado que o ciclo curto é resultado da liberação prematura de PGF2α pelo útero (Cooper

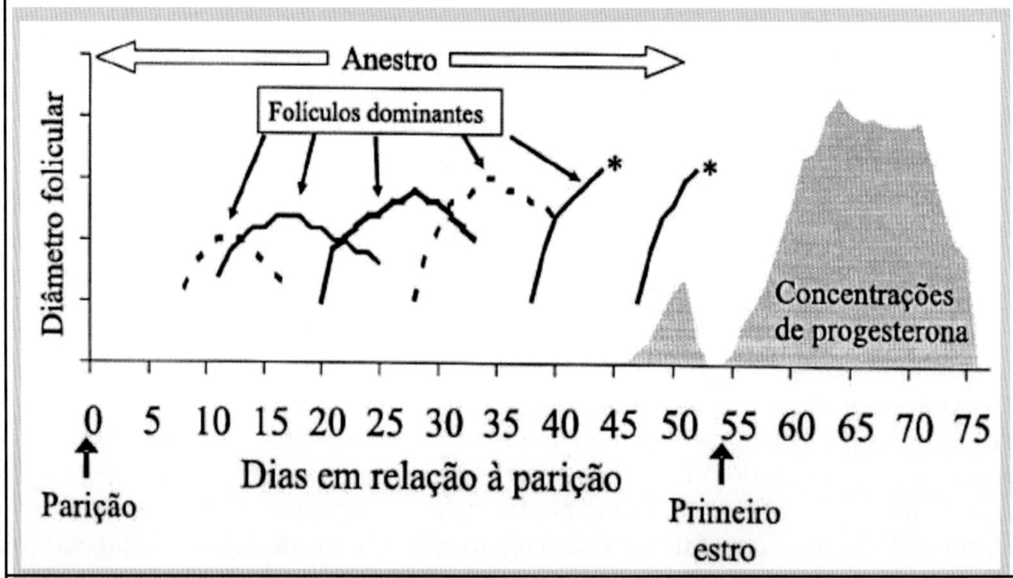

Figura 3. Desenvolvimento folicular e concentrações de progesterona.

et al., 1991), e que ocorre em virtude de concentrações insuficientes de progesterona (Zollers *et al.*, 1993) e estradiol (Mann e Lamming, 2000) durante o período que precede essa primeira ovulação. Durante a retomada espontânea dos ciclos estrais, o ciclo curto é importante para promover o estro na ovulação subsequente e assegurar que esse estro esteja associado a um ciclo de duração normal.

A indução com sucesso de ciclos estrais de duração normal em fêmeas em anestro requer que aspectos críticos das alterações responsáveis pela retomada espontânea estejam presentes. O padrão semelhante à onda de crescimento folicular está bem estabelecido no início do período pós-parto, e os folículos dominantes que se desenvolvem têm a capacidade de ovular. Na verdade, o folículo dominante da primeira onda que ocorreu depois da parição foi induzido para ovular em 100% das vacas que receberam uma única injeção de um análogo de GnRH durante a fase de crescimento do folículo (Crowe et al., 1993). O CL que se formou, após a ovulação induzida por GnRH, resultou, na maioria das vacas, em um ciclo curto. De forma similar, quando se usa hCG para induzir a ovulação, aproximadamente 30 dias após o parto, a maioria das vacas apresentou ciclos curtos (Hu *et al.*, 1990). Nas vacas em anestro, a indução da ovulação apenas com GnRH, estrógenos ou gonadotrofinas (na ausência de pré-tratamento com progestina) geralmente resulta em ciclos estrais curtos, inférteis. Os tratamentos que levam a um aumento das concentrações de progesterona antes da ovulação, aumento da secreção de LH durante o período pré-ovulatório e um maior crescimento folicular (mas controlado) e secreção de estradiol antes da indução do pico pré-ovulatório de gonadotropina são necessários para induzir com sucesso um ciclo estral de duração normal e fertilidade aceitável nas vacas em anestro.

Pré-tratamento com progestinas

O isolamento e a síntese de estrógeno (Allen and Doisy, 1923) e a progesterona (Corner e Allen, 1929) foram seguidos por estudos que revelaram que o estro pode ser atrasado e, consequentemente, sincronizado pela administração de progesterona exógena para bovinos e ovinos (Dutt e Casida, 1948). Assim sendo, progesterona ou progestina sintética foram injetadas, intravaginalmente liberadas ou fornecidas oralmente por um período até ultrapassar o cumprimento do ciclo estral para sincronizar o estro após a interrupção da administração da progestina para bovinos (Hansel e Beal, 1979). Em geral, quanto maior o período de administração de progestina para bovinos, maior é a taxa de sincronização de estro, mas menor é a fertilidade dos animais sincronizados (Fields *et al.*, 2002).

Após 25 anos de estudos com o uso de progestina por longo período para controlar o estro, decidiu-se abandonar esse protocolo reprodutivo em virtude da baixa fertilidade. Vários pesquisadores demonstraram pelo uso da ultrassonografia que a administração de progestina em níveis subluteais, por períodos maiores do que o ciclo estral, inibe o estro na ovulação, e sincroniza o estro em bovinos, mas induz à formação de folículos persistentes (Lucy *et al.*, 1990; Cupp *et al.*, 1992). O desenvolvimento do folículo persistente é causado pelo aumento da secreção pulsátil de gonadotrofina durante o período em que a progestina exógena está inibindo o estro e o corpo lúteo está regredido (Savio *et al.*, 1993). A baixa fertilidade das vacas inseminadas no protocolo de sincronização do estro por meio do uso de progestina por longo período é devida ao reinício prematuro da meiose no oócito ou ao desenvolvimento anormal dos embriões derivados de oócitos ovulados de folículos persistentes (Ahmad *et al.*, 1995; Revah e Butler, 1996).

A remoção do folículo persistente que se desenvolve durante a administração de progestina por período prolongado, ou causa a regressão do folículo dominante persistente e o desenvolvimento de uma nova onda folicular durante a administração de progestina, resulta no desenvolvimento normal do folículo ovulatório (Savio, *et al.*, 1993). Atualmente, está claro que, encurtando o período de administração de progestina ou utilizar métodos para regredir folículos persistentes e iniciar o desenvolvimento de uma nova onda folicular, melhora a fertilidade em bovinos tratados com progestinas exógenas para sincronizar o estro (Schmitt *et al.*, 1996).

As progestinas usadas com maior frequência em bovinos de corte são: acetato de melengestrol (MGA), norgestomet e progesterona administrada por meio do uso de dispositivos intravaginais.

O tratamento com progestina, durante o período imediatamente anterior à ovulação sincronizada (pré-tratamento com progestina), é o tratamento central nos programas de indução para bovinos em anestro. Na ausência de qualquer outro estímulo, a simples administração de progestina, durante 5 a 9 dias, irá induzir algumas fêmeas em anestro a ovular entre 2 a 6 dias depois do término do tratamento (Fike *et al.*, 1997). Além disso, em vacas que ovulam depois do pré-tratamento com progestina, o ciclo estral resultante, não é curto, terá duração normal, (Ramirez-Godineze *et al.*, 1981; Hu *et al.*, 1990).

Tanto antes como depois do pré-tratamento com progestina, um aumento de secreção de LH foi identificado como uma ação primária pela qual esse tratamento induz à retomada de ciclos estrais em fêmeas em anestro. O aumento da secreção de LH foi demonstrado tanto durante (Garcia-Winder *et al.*, 1986; Rhodes *et al.*, 2002) como depois (Roche *et al.*, 1981; Bruel *et al.*, 1993) do pré-tratamento com progestina (**Figura 2**). De forma semelhante, a secreção de LH foi aumentada durante e depois do pré-tratamento com progestina em novilhas pré-púberes (Anderson *et al.*, 1996; Hall *et al.*, 1997). Sugere-se que a maior secreção de LH em novilhas pré-púberes é o resultado das ações da progestina sobre os receptores hipotalâmicos de estradiol, que reduz o *feedback* negativo de estradiol e aumenta a secreção de LH (Day e Anderson, 1998).

O aumento do LH após o pré-tratamento com progestina é crítico, uma vez que representa o aumento em LH do proestro, e estimula a maturação de folículos pré-ovulatórios e o aumento da secreção de estradiol que precede o pico pré-ovulatório de LH. Roche *et al.* (1981) relataram que a ovulação ocorria em resposta ao pico induzido de LH nas vacas em que esse aumento foi detectado, ao passo que a ovulação não foi induzida em animais que não tiveram um aumento do LH após o pré-tratamento com progestina. Um aumento na secreção de LH, durante o proestro, em resposta ao pré-tratamento com progestina, entretanto, não assegura que a ovulação venha a ocorrer. Aumentos similares na secreção pulsátil de LH foram observados 24 horas depois do pré-tratamento com progestina em novilhas pré-púberes com 11 ou 12,5 meses de idade, mas a puberdade só foi induzida nas novilhas mais velhas (Hall *et al.*, 1997).

Atualmente, não está claro se o aumento na secreção de LH durante o pré-tratamento com progestina (Anderson *et al.*, 1996) é crítico para o sucesso na indução do ciclo estral em fêmeas em anestro. Há perguntas que ainda precisam ser respondidas: *é a dose de progestina administrada (concentrações periféricas que são alcançadas) ou é a duração do pré-tratamento que influencia a capacidade desse tratamento de estimular o eixo reprodutivo das fêmeas em anestro?*

O pré-tratamento com progestina também influencia o desenvolvimento de folículos ovarianos (**Figura 4**). As concentrações de estradiol, tanto na circulação como dentro do folículo dominante, são aumentadas com o pré-tratamento com progestina (Garcia-Winder *et al.*, L987; Inskeep *et al.*, 1988). Assim sendo, formulou-se

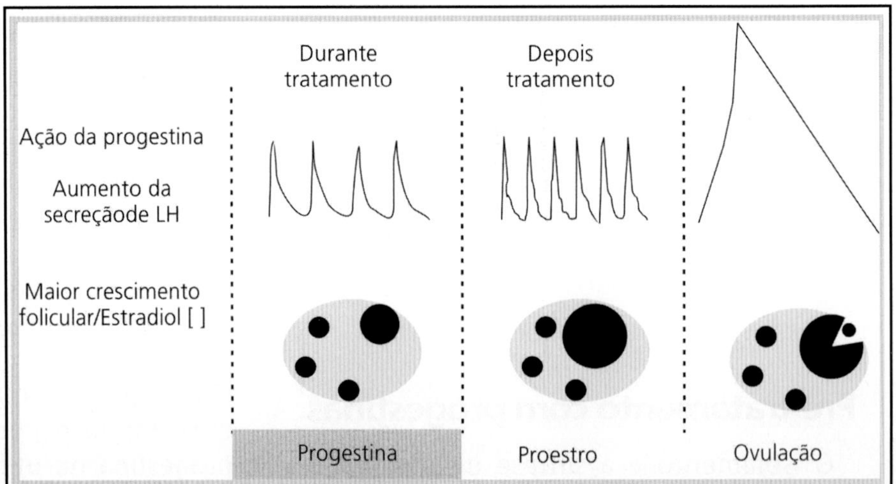

Figura 4. Retomada dos ciclos estrais induzida por progestina.

a hipótese de que o tratamento com progestina estimula o desenvolvimento e a maturação dos folículos dominantes, nas vacas em anestro, por intensificar a secreção de LH e estimular o desenvolvimento de receptores de LH e a secreção de estradiol (Rhodes *et al.*, 2003). Não é possível tirar conclusões claras com relação à influência do pré-tratamento com progestina sobre as ondas foliculares, uma vez que foi demonstrado que esse tratamento tanto influencia (Rivera *et al.*, 1998; Rhodes *et al.*, 2002) como interrompe (Yavas *et al.*, 1999) o padrão das ondas do desenvolvimento folicular.

A eficácia da exposição de curto prazo à progestina para induzir o início dos ciclos estrais, em vacas em anestro, variou de 0 a 66% em 15 relatos encontrados na literatura científica (Day, 1998). Houve uma variação quanto à duração e a dose do pré-tratamento com progestina, o tipo do animal, sistema de produção e o número de dias após o parto, no momento do tratamento, entre os diversos relatos e é provável que contribuam para a variação encontrada. Como indicado anteriormente, as questões relativas à dose e duração ainda precisam ser resolvidas. Perry *et al.* (2004) relataram que o tratamento com progesterona (CIDR®) foi significativamente mais eficiente do que MGA na indução do início de ciclo estral, em vacas em anestro, para prevenir a ocorrência de ciclos curtos. São necessários experimentos comparativos adicionais para determinar a eficácia relativa de progesterona e das progestinas sintéticas disponíveis.

Pico de LH induzido por GnRH ou estradiol

O pré-tratamento com progestina resultou em estro e ovulação em 45% das vacas de corte em anestro, no pós-parto, durante o período de 1 a 3 dias após a retirada da progestina (Lucy *et al.*, 2001). Resultados similares foram obtidos em vacas de corte em anestro que foram tratadas com um CIDR, durante 7 dias, com a ovulação sendo induzida em 55% e o estro detectado em 45% das vacas tratadas (Fike *et al.*, 1997). No mesmo experimento, um segundo grupo de vacas em anestro recebeu uma injeção de 1 mg de benzoato de estradiol (BE) 24 a 30 horas depois da retirada do CIDR. O BE, que induz um pico de LH, aproximadamente 20 horas após a injeção, aumentou a proporção de vacas que ovularam e apresentaram estro (71 e 78%, respectivamente).

Como alternativa, GnRH pode ser usado 48 a 60 horas depois do término do pré-tratamento com progestina para induzir um pico de LH. Consequentemente, quando as vacas foram tratadas com GnRH, aproximadamente 50 horas depois de um pré-tratamento com progestina, a proporção de vacas que ovulou foi maior do que com apenas o pré-tratamento com progestina (Smith *et al.*, 1987). A combinação do pré-tratamento com progestina e um pico de LH induzido com GnRH ou estradiol tem a capacidade de induzir ovulação em uma proporção maior de fêmeas em anestro do que pode ser conseguido com o pré-tratamento com progestina por si só. Algumas fêmeas em anestro apresentaram um aumento de LH depois do pré-tratamento com progestina, mas não ovularam (Hall *et al.*, 1997), sugerindo que o estímulo promovido pelo pré-tratamento com progestina não resultou em concentrações de estradiol suficientes para induzir o pico pré-ovulatório de LH.

Promover um estímulo para o pico de LH nesses animais que não são responsivos ao pré-tratamento só com progestina é eficaz em alguns, induzindo ovulação e formação de um CL com um tempo de vida normal. Promover um estímulo para induzir o pico de LH depois do pré-tratamento com progestina é um segundo componente importante para otimizar um programa de indução para fêmeas em anestro.

Restabelecimento do desenvolvimento folicular em fêmeas em anestro

Um outro tratamento que deve ser considerado em programas para induzir fêmeas em anestro a retomar o ciclo estral é a necessidade de controlar o padrão semelhante à onda de desenvolvimento folicular no início do pré-tratamento com progestina. Isso é conseguido nos atuais programas de sincronização com o uso de estradiol ou GnRH no início do pré-tratamento com progestina, para induzir a atresia ou ovulação de folículos dominantes existentes, levando à emergência síncrona de uma nova onda folicular (Roche *et al.*, 1999; Burke *et al.*, 2000).

Esse processo é importante para subverter o desenvolvimento de folículos persistentes durante o pré-tratamento com progestina em vacas cíclicas. Essa coordenação do desenvolvimento folicular também é importante em programas que usam GnRH ou estradiol para sincronizar a ovulação em programas de IA em tempo fixo. A necessidade ou a importância desse passo, especificamente para os programas de indução de fêmeas em anestro, ainda não foram bem definidas.

O uso de Benzoato de estradiol (BE), por exemplo, no início do pré-tratamento com progestina, em vacas leiteiras sazonais em anestro, não melhorou a taxa de concepção, mas atrasou a emergência de uma nova onda folicular por um período prolongado em algumas vacas (Rhodes *et al.*, 2002). Da mesma forma, inferiu-se que o intervalo da injeção de estradiol até a emergência da próxima onda folicular pode, na verdade, ter sido menor em vacas de corte em anestro do que em novilhas que estavam ciclando (Rivera *et al.*, 1998; Burke *et al.*, 2000). O tratamento com estradiol, no início de um tratamento com progestina, resultou em um controle mais preciso do desenvolvimento folicular durante o tratamento de sincronização em vacas em anestro do que foi conseguido apenas com a progestina (Rivera *et al.*, 1998).

O tratamento de vacas leiteiras sazonais em anestro com um análogo de GnRH no momento da colocação do CIDR, em um programa que incluiu BE depois da retirada do CIDR, melhorou a taxa de concepção no estro sincronizado em 17,6% (Xu *et al.*, 2000). Em vacas de corte em anestro, que receberam GnRH no momento da colocação do CIDR, as taxas de concepção na IA em tempo fixo subsequente foram similares para as vacas que ovularam e nas que não ovularam em resposta a esse tratamento inicial com GnRH (Stevenson *et al.*, 2003).

Em um grande grupo de vacas em pós-parto, incluindo vacas cíclicas e em anestro, uma injeção de GnRH no momento da colocação do CIDR aumentou a taxa de prenhez na IA em tempo fixo subsequente, em comparação com os animais que não receberam GnRH (Johnson *et al.*, 2000). O *status* reprodutivo no início dos tratamentos, entretanto, não foi avaliado neste estudo e, por isso, não foi possível determinar o impacto de GnRH em vacas cíclicas em comparação com as vacas em anestro. Ainda é preciso determinar se o tratamento com GnRH, no início do tratamento com progestina, irá aumentar a fertilidade de vacas de corte em anestro com a inseminação em tempo fixo. Do ponto de vista prático, como os rebanhos de corte geralmente consistem de uma mistura de vacas em anestro e vacas ciclando, e estas não são comumente identificadas antes do início dos tratamentos de sincronização, é recomendada a inclusão desse componente nos programas de IA em tempo fixo.

Requisitos dos programas para induzir a retomada dos ciclos estrais em fêmeas em anestro

Os tratamentos necessários para induzir fêmeas em anestro a iniciar o ciclo estral são apresentados de forma esquemática na **Figura 5**. O pré-tratamento com progestina é o componente central de todos os programas de indução, e é mais fácil de realizar com os implantes intravaginais que liberam progesterona como o CIDR. O pré-tratamento com progesterona contribui para o processo de indução por meio de múltiplas ações. O pré-tratamento com progestina assegura, na maioria das vacas, que a ovulação subsequente ao término da progestina tenha duração normal.

Os pequenos pulsos de LH que precedem o pico de LH são o resultado da retirada da progestina, e considera-se que esse aumento nos pulsos de LH estimule a maturação do folículo pré-ovulatório, aumentando as concentrações periféricas de estradiol. A elevação nas concentrações de estradiol contribui para que a ação do pré-tratamento com progestina resulte em um ciclo estral de duração normal. O efeito combinado destas respostas ao pré-tratamento com progestina é que, 24 a 72 horas depois da reti-

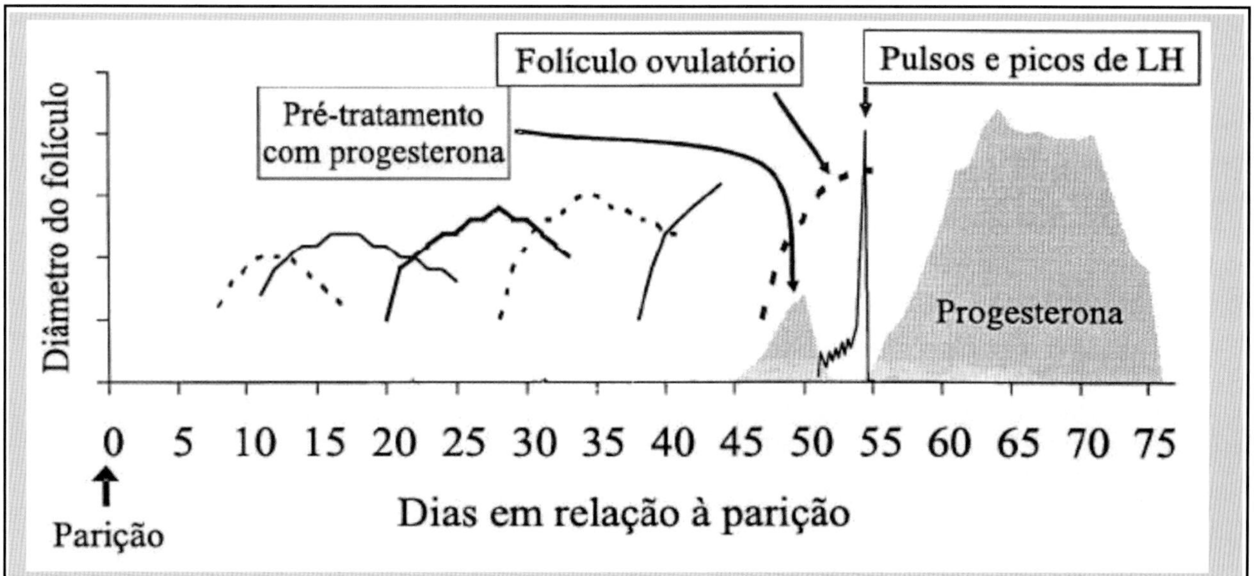

Figura 5. Requisitos para induzir vacas em anestro a ciclar.

rada da progestina, observa-se a presença de um folículo capaz de ovular em resposta a um pico de LH. Em alguns animais, o pico de LH é espontaneamente estimulado pelas crescentes concentrações de estradiol. Para aumentar o número de fêmeas que ovulam no momento desejado, entretanto, é necessário um segundo tratamento. Esse componente envolve tratamento com estradiol 24 a 48 horas ou com GnRH 48 a 72 horas depois da retirada da progestina, para induzir um pico de LH. O estradiol é dado mais cedo do que o GnRH, porque o pico de LH ocorre aproximadamente 20 horas depois do estradiol, mas inicia-se imediatamente quando GnRH é administrado. Como a maturidade do folículo ovulatório no momento do pico de LH induzido pode influenciar substancialmente a taxa de concepção (Mussard *et al.*, 2003), são importantes as abordagens que proporcionam um intervalo apropriado do final do pré-tratamento com progestina até o pico de LH para a maturação do folículo ovulatório. Um terceiro componente é o tratamento com estradiol ou com GnRH, no início da exposição à progestina (dia - 7), para restaurar o desenvolvimento folicular. Até onde se sabe, os benefícios desse tratamento, em vacas de corte em anestro, não foram definidos, mas o retorno em fêmeas cíclicas e para os programas de IA em tempo fixo já foram descritos. Assim sendo, esse tratamento será feito em rebanhos que incluem tanto fêmeas cíclicas como fêmeas em anestro. Finalmente, quando GnRH for usado no dia - 7, uma injeção de PGF2α, no dia 0 e outra 8 horas após, é essencial para promover a regressão do CL induzido por GnRH, e deve ser incluída quando estradiol for usado no dia - 7, exceto em casos nos quais apenas fêmeas em anestro forem tratadas (**Figura 6**).

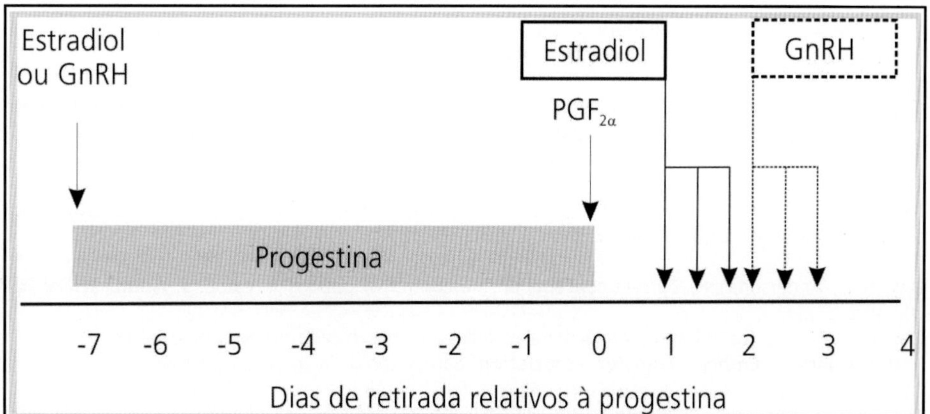

Figura 6. Programa de indução de ciclo estral para fêmeas em anestro.

Considerações finais

Os tratamentos que incluem pré-tratamento com progestina, seguidos por um pico de LH, devem induzir o início do ciclo estral na maioria das vacas de corte em anestro no pós-parto, submetidas a um bom manejo. O desempenho reprodutivo pode ser melhorado pela inclusão no início do programa de um tratamento para restaurar o desenvolvimento folicular. Múltiplos relatos indicam que as taxas de concepção no estro sincronizado de vacas de corte em anestro são aceitáveis e, muitas vezes, aproximam-se das taxas obtidas com vacas cíclicas que receberam tratamentos similares nos rebanhos sendo avaliados. É de se esperar que esse tratamento seja menos eficaz em vacas primíparas, em má condição corporal ou no início do período pós-parto, mas que resulte em prenhez e na retomada do ciclo estral em algumas vacas. Com as tecnologias existentes, as vacas em anestro em rebanhos de corte com bom manejo podem ser incluídas em programas de sincronização, com a expectativa de níveis aceitáveis de desempenho reprodutivo.

Referências bibliográficas

Ahmad, H.; Schrick, F.N.; Butcher, R.L.; Inskeep, E.K. Effect of persistent follicles on early embryonic losses in beef cows. **Biol. Reproduction**, v.52, p.1129, 1995.

Allen, E.; Doisy, E.A. An ovarian hormone. Preliminary report on its localization, extraction and partial purification, and action in test animals. **J. Am. Med. Assoc.**, v.81, p819, 1923.

Anderson, L.H.; McDowell, C.M.; Day, M.L. Progestin-induced puberty and secretion of luteinizing hormone in heifers. **Biol. Reproduction**, v.54, p.1025-1031, 1996.

Beal, W.E. Estrus synchronization of cyclic and anestrus cows with Syncro-mate-B. In: Factors affecting calf production: biotechnology of reproduction, edited by Fields, M. J.; Sand, R. S., and Yelich, J. V. 301p, CRC press LLC, New York, NY. 2002.

Breuel, K.F.; Lewis, P.E.; Inskeep, E.K.; Butcher, R.L. Endocrine profiles and follicular development in early weaned postpartum beef cows. **J. Reprod. Fertil**., v.97, p.205-212, 1993.

Burke, C R.; Day, M.L.; Bunt, C.R.; Macmillan, K.L. Use of a small dose of estradiol benzoate during diestrus to synchronize development of the ovulatory follicle in cattle. **J. Anim. Sci.**, v.78, p.145-151, 2000.

Burke, C.R.; Mussard, M.L.; Grum, D.E.; Day, M.L. Effects of maturity of the potential ovulatory follicle on the provocation of oestrus and ovulation in cattle with oestradiol benzoate. **Anim. Reprod. Sci.**, v.66, p.161-114, 2001.

Cooper, D.A.; Carver, D.; Villeneuve, P.; Silvia, W.J.; Inskeep, E.K. Effects of progestogen treatment on concentrations of prostaglandins and oxytocin in plasma from the posterior vena cava of post-partum beef cows. **J. Reprod. Fertil**., v.91, p.411-442, 1991.

Corner, G.W.; Allen, W.M. Physiology of corpus luteum II. Production of a special uterine reaction (progestational proliferation) by extracts of the corpus luteum. **Am. J. Physiology**, v.88, p.326, 1929.

Crowe, M.A.; Goulding, D.; Baguisi, C.; Boland, M.P.; Roche, J.F. Induced ovulation of the first postpartum dominant follicle in beef suckler cows using a GnRH analogue. **J. Reprod. Fertil.**, v.99, p.551-555, 1993.

Cupp, A.; Garcia-Winder, M.; Zamudio, A.; Mariscal, V.; Weherman, M.; Kojima, N.; Peters, K; Bergfield, E.; Hernandez, P.; Sanchez, T. Kittock, R. Kinder, J. Two concentrations of progesterone (P4) in circulation have a differential effect on the pattern of ovarian follicular development in the cows. **Biol. Reproduction**, v.45(Suppl. 1), v.106, 1992.

Day, M.L.; Dyer, R.M.; Wilson, G.W.; Pope, W. F. Influence of estradiol on duration of anestrus and incidence of short estrous cycles in postpartum cows. **Dom. Anim. End**., v.7, p.19-25, 1990.

Day, M.L.; Anderson, L.H. Current concepts on the control of puberty in cattle. **J. Anim. Sci.**, v.76 (Suppl. 3), p.1-15, 1998.

Day, M.L. Estrous control and management of follicular growth with progesterone based synchrony systems. **Proc.17th Ann. Conv. of the American Embryo Transfer Association**, San Antonio TX. p. 10-33, 1998.

Dutt, R.H.; Casida, L.E. Alteration of the estrual cycle in sheep by use of progesterone and its effect upon subsequent ovulation and fertility. **Endocrinology**, v.43, p.208.

Fike, K.E.; Day, M.L.; Inskeep, E.K.; Kinder, J.E.; Lewis, P.E.; Short, R.E.; Hafs, H.D. Estrus and luteal function in suckled beef cows that were anestrous when treated with an intravaginal device containing progesterone with or without a subsequent injection of estradiol benzoate. **J. Anim. Sci.**, v.75, p.2009-2015, 1997.

Garcia-Winder M.; Lewis, P.E.; Deaver, D.R.; Smith, V.G.; Lewis, G.S.; Inskeep, E.K. Endocrine profiles associated with life span of induced corpora lutea in postpartum beef cows. **J. Anim. Sci.**, v.62, p.1353-1362, 1986.

Garcia-Winder, M.; Lewis, P.E.; Townsend, E.C.; Inskeep, E.K. Effects of norgestomet on follicular development in postpartum beef cows. **J. Anim. Sci.**, v.64, p.1099-1109, 1988.

Gasser, C.L.; Behlke, E.J.; Burke, C.R.; Grum, D.E.; Mussard, M.L.; Day, M.L. Improvement of pregnancy rate to fixed-time artificial insemination with progesterone treatment in anestrous post-partum cows. **J. Anim. Sci.**, v.81(Suppl.2), p.45, 2003.

Giers, H.T.; Marion, G.B. Uterus of the cow after parturition: Involutional changes. **American Journal Veterinary Research**, v.29, p.83, 1968.

Hall, J. B.; Staigmiller R.; Short, R.E.; Bellows, R.A.; MacNeil, M.D.; Bellows, S.E. Effect of age and pattern of gain on induction of puberty with a progestin in beef heifers. **J. Anim. Sci.**, v.75, p.1606-1611, 1991.

Hansel, W.; Beal, W.E. **Ovulation control in cattle**. In: BARC Symposia III. Anim. Reprod. pp. 91. Allanheld, Osmun and Co., Montclair, NJ. 1979.

Hu, Y.; Sanders, J.D.; Kurz, S.G.; Ottobre, J.S.; Day, M.L. *In vitro* prostaglandin production by bovine CL destined to be normal or short-lived. **Biol. Reprod**., v.42, p.801-807, 1990.

Inskeep, E.K.; Braden, T.D.; Lewis, P.E.; Garcia-Winder, M.; Niswender, G.D. Receptors for luteinizing hormone and follicle-stimulating hormone in largest follicles of postpartum beef cows. **Biol. Reprod**., v.38, p.587-591, 1988.

Johnson S.K.; Grum, D.E.; Day, M.L. Addition of GnRH or an intravaginal progesterone insert to a GnRH-PGF synchronization system to enhance response to timed breeding in postpartum beef cows. **J. Anim. Sci.**, v.78 (Suppl. 1), p.218, 2000.

Lucy, M.C.; Thatcher, W.W.; Macmillan, K.L. Ultrasonic identification of follicular populations and return to estrus inearly postpartum dairy cows given intravaginal progesterone for 15 days. **Theriogenology**, v.34, p.325, 1990.

Lucy, M.C.; Thatcher, W.W.; Staples, C.R. Postpartum function: Nutritional and physiological interaction. **C. J. Amer. Dairy Sci. Assoc.**, Champaign, IL. 1992.

Lucy, M.C.; Billings, H.J.; Butler, W.R.; Ehnis, L.R.; Fields, M.J.; Kesler, D.J.; Kinder, J.E.; Mattos, R.C.; Shot, R.E.; Thatcher, W.W.; Wettemann, R.P.; Yelich, J.V.; Hafs, H.D. Efficacy of an intravaginal progesterone insert and an injection of $PGF_2\alpha$ for synchronizing estrus and shortening the interval to pregnancy in postpartum beef cows, peripubertal beef heifers and dairy heifers. **J. Anim. Sci.**, v.19, v.982-995, 2001.

Mann, G.E.; Lamming, G.E. The role of sub-optimal preovulatory oestradiol secretion in the aetiology of premature luteolysis during the short oestrous cycle in the cow. **Anim. Reprod. Sci**., v.64, v.171-180, 2000.

Murphy, M.G.; Boland, M.P.; Roche, J.F. Pattern of follicular growth and resumption of ovarian activity in postpartum beef suckler cows. **J. Reprod. Fertil**., v.90, v.523-533, 1990.

Mussard, M.L.; Burke, C.R.; Day, M.L. Ovarian follicle maturity at induced ovulation influences fertility in cattle. **Proc. of the Ann. Conf. of the Soc. for Theriogenology**, p.179-185, 2003.

Perry, G.A.; Smith, M.F.; Geary, T.W. Ability of intravaginal progesterone inserts and melengestrol acetate to induce estrous cycles in postpartum beef cows. **J. Anim. Sci.**, v.82, n.3, p.695-704, 2004.

Ramirez-Godinez, J.A.; Kiracofe, G.H.; McKee, R.M.; Schalles, R.R.; Kittok, R.J. Reducing the incidence of short oestrous cycles in beef cows with norgestomet. **Theriogenology**, v.15, p.613-623, 1981.

Revah, I.; Butler, W.R. Prolonged dominance of follicles and reduced viability of bovine oocytes. **J. Reprod. Fertility**, v.106, p.39, 1996.

Rhodes, F.M.; McDougall, S.; Burke, C.R.; Verkerk, G.A.; Macmillan, K.L. Treatment of cows with an extended postpartum anestrous interval. **J. Dairy Sci.**, v.86, p.1876-1894, 2003.

Rhodes, F.M.; Burke, C.R.; Clark, A.; Day, M.L.; Macmillan, K.L. Effect of treatment with progesterone and oestradiol benzoate on ovarian follicular turnover in postpartum anoestrous cows and cows which have resumed oestrous cycles. **Anim. Reprod. Sci.**, v.69, p.139-150, 2002.

Rivera, G.M.; Goni, C.G.; Chavas, S.B.; Ferrero, S.B.; Bo, G.A. Ovarian follicular wave synchronization and induction of ovulation in postpartum beef cows. **Theriogenology**, v.49, p.1365-1375, 1998.

Roche, J.F.; Ireland, J.; Mawhinney, S. Control and induction of ovulation in cattle. **J. Reprod. Fert. Suppl**., v.39, p.211-222, 1981.

Roche, J.F.; Austin, E.J.; Ryan, M.; O'Rourke, M.; Mihm, M.; Diskin, M.J. Regulation of follicle waves to maximize fertility in cattle. **J. Reprod. Fert. Suppl**., v.54, p.61-71, 1999.

Savio, J.D.; Thatcher, W.W.; Badinga, L.; de la Sota, R.L.; Wolfenson, D. Regulation of dominant follicle turnover during the oestrus cycle in cows. **J. Reprod. Fertility**, v.97, p.197, 1993.

Schmitt, E.J.P.; Diaz, T.; Drost, M.; Thatcher, W.W. Use of gonadotropin-release hormone agonist or human chorionic gonadotropin for timed insemination in cattle. **J. Anim. Sci.**, v.74, p.1084, 1996.

Smith, V.G.; Chenault, J.R.; McAllister, J.F.; Lauderdale, J.W. Response of postpartum beef cows to exogenous progestogens and gonadotropin releasing hormone. **J. Anim. Sci.**, v.64, p.540-551, 1987.

Stagg, K.; Spicer, L.J.; Sreenan, J.M.; Roche, J.F.; Diskin, M.G. Follicular development in long-term anestrous suckler beef cows fed two levels of energy postpartum. **Anim. Reprod. Sci**., v.38, p.49-61, 1995.

Stevenson, J.S. Use of GnRH to synchronize estrus and/or ovulation in beef cows with or without timed insemination. In: Factors affecting calf production: biotechnology of reproduction, edited by Fields, M.J.; Sand, R.S., Yelich, J.V. 301p, CRC press LLC, New York, NY. 2002.

Stevenson, J.S.; Lamb, G.C.; Johnson, S.K.; Medina-Britos, M.A.; Grieger, D.M., Harmoney, K.R.; Cartmill, J.A.; EL-Zarkouny Dahlen, C.R.; Marple, T.L. Supplemental norgestomet, progesterone or melengestrol acetate increases pregnancy rates in suckled beef cows after timed inseminations. **J. Anim. Sci.**, v.81, p.571-586, 2003.

Walters, D.L.; Short, R.E.; Convey, E.M.; Staigmiller, R.B.; Dunn, T.G.; Kaltenbach, C.C. Pituitary and ovarian function in postpartum beef cows. II. Endocrine changes prior to ovulation in suckled and nonsuckled cows compared to cycling cows. **Biol. Reprod.**, v.26, p.647-654, 1982.

XU, Z.Z.; Burton, L.J.; McDougall, S.; Jolly, P.D. Treatment of noncyclic lactating dairy cows with progesterone and estradiol or with progesterone, GnRH, prostaglandin F2a and estradiol. **J. Dairy Sci.**, v.83, p.464-470, 2000.

Yavas,Y.; Johnson, W.H.; Walton, J.S. Modification of follicular dynamics by exogenous FSH and progesterone and the induction of ovulation using hCG in postpartum beef cows. **Theriogenology**, v.52, p.949-963, 1999.

Yavas, Y.; Walton, J.S. Postpartum acyclicity in suckled beef cows: A review. **Theriogenology**, v.54, p.25-55, 2000.

Zollers, W.G.; Garverick, H.A.; Smith, M.F.; Moffatt, R.J.; Salfen, B.E.; Youngquist, R.S. Concentrations of progesterone and oxytocin receptors in endometrium of post partum cows expected to have a short or normal oestrous cycle. **J. Reprod. Fertil.**, v.97, p.329-337, 1993.

CAPÍTULO 36

Puberdade, maturidade sexual e utilização de touros em monta natural

José Domingos Guimarães
Professor Adjunto
Departamento de Veterinária
UFV. Viçosa, MG
jdguima@ufv.br

Introdução

Segundo Coulter *et al.* (1991), a reprodução é dez vezes mais importante que o melhoramento e cinco vezes mais importante que a melhoria de carcaça. Certamente, esta afirmação dos autores deve-se ao fato de quanto maior a eficiência reprodutiva do rebanho, menores intervalos de parição e menores índices de mortalidade até os 505 dias de vida, melhores serão os resultados alcançados nas áreas de melhoramento e produção.

Quando se avalia a atividade pecuária brasileira, essa preocupação aumenta em virtude de ser predominantemente composta pela bovinocultura de corte, seguida da pecuária de leite. É o segundo rebanho mundial com aproximadamente 130.971.961 de animais bovinos destinados à produção de carne (ANUALPEC, 2007).

De acordo com o presidente da Associação Brasileira dos Criadores de Zebu, a utilização de biotecnologias, tal como a inseminação artificial, encontra-se ainda em fase de expansão, e apenas 6 % dos rebanhos de corte e de leite são inseminados (ANUALPEC, 2007). O restante é servido por touros em regime de monta natural. Porém, há poucos rebanhos melhoradores destinados à produção de reprodutores, sendo capazes de produzir apenas 150.000 touros por ano, havendo um déficit anual de 1.350.000.

Certamente, essa escassez somente será suprida a médio ou longo prazo. Portanto a maximização dos reprodutores deixa de ser um assunto de caráter inteiramente científico ou de pequeno grupo de empresas rurais e passa a ser primordial sua adoção no manejo reprodutivo e produtivo como um todo.

Contudo, faz-se necessária a difusão dos conhecimentos dos fenômenos reprodutivos que acorrem do nascimento à senilidade desses animais, não de forma genérica, mas sim para cada região em que são criados, visto que o Brasil é um país extremamente extenso e bastante diversificado quanto à vegetação, clima e sistema de manejo.

Puberdade e maturidade sexual

Entre os processos reprodutivos, o mais importante é a idade na puberdade, por tratar-se da fase em que todo o trato reprodutivo sofre uma transformação estrutural em razão do início da produção dos espermatozoides, como também as concentrações gonadais e circulatórias de hormônios masculinos mostram-se compatíveis com os animais adultos. Da mesma forma, a idade na puberdade dos rebanhos, nas diversas regiões do Brasil, fornece noções conclusivas quanto à qualidade do manejo adotado para o rebanho. Há, na literatura mundial, varias definições de puberdade que é definida como a idade em que o animal apresenta concentrações hormonais elevadas de testosterona e início da produção gamética (Abdel-Raouf, 1960), desprendimento do frênulo peniano (Foote, 1969), primeiros espermatozoides no lúme do epitélio seminífero (Cardoso, 1977; França, 1987), primeiros espermatozoides nas caudas dos epididímos (Igboeli & Ralha, 1971) e primeiros espermatozoides no ejaculado (Backer *et al.*, 1955; Backer *et al.*, 1988). Porém, a maioria dos estudos emprega a definição de Wolf *et al.* (1965), em que os autores definem a puberdade como sendo a idade em que o animal apresenta um ejaculado com 10% de motilidade espermática e concentração espermática com no mínimo 50 milhões de espermatozoides (Lunstra *et al.*, 1988, Freneau, 1991, Guimarães, 1993). Tal definição tornou-se a escolhida no manejo dos animais, em virtude de abranger todas as definições anteriores e ser facilmente obtida por meio de coleta e avaliação de sêmen.

Diversos fatores de ambiente, tais como o manejo, nutrição, manejo sanitário, características climáticas, influenciam de forma marcante a idade na puberdade. Certamente, em condições de Brasil, o fator de maior impacto sobre a puberdade é a nutrição, em que os animais, desde a desmama, apresentam baixo índice de ganho de peso e desenvolvimento somático. Outro aspecto importante a ser considerado é o grau de sangue dos animais que, na maioria das vezes, são animais azebuados e a minoria são animais puros da subespécie *Bos taurus taurus* ou *Bos taurus indicus*. A idade no parto, a raça e habilidade materna e raça do pai são outros fatores que estão diretamente relacionados com a idade na puberdade, tanto nos machos, quanto nas fêmeas. Fato que torna importante a escolha do pai e da mãe na definição do acasalamento, de modo que pais precoces dão origem a descendentes também precoces.

Diversos estudos têm demonstrado idade muito avançada na puberdade nos animais zebuínos, estando em torno de 25 a 28 meses de idade, sendo essa muito elevada quando comparada aos taurinos (12 a 14 meses de idade, quando criados em condições de trópicos), contudo, mesmo os taurinos também se apresentam tardios com relação às raças taurinas criadas nas condições de clima temperado (8 a 10 meses de idade). Deve-se ressaltar que, em rebanhos zebuínos elite, cujos animais são criados em condições de manejo adequado, a idade na puberdade mostra-se muito próxima dos animais taurinos criados nas condições de trópicos, sendo relativamente comum a detecção da puberdade aos 10 meses de idade ou em idades ainda inferiores. Isso ocorre principalmente por dois motivos: primeiro, pelo fato dos animais destinados a reprodutores serem manejados de forma diferenciada, tal como melhor oferta de alimentos de qualidade; e segundo, pela adesão dessas propriedades a algum programa de melhoramento genético, pelo qual são detectados os melhores animais para o uso de cruzamentos estratégicos. Parece pouco, porém já suficiente para proporcionar a expressão do potencial genético de forma satisfatória.

Deve-se sempre ressaltar que os animais nas diversas fases de crescimento (infantil, puberal ou peripuberal, adolescência, maturidade sexual ou adulto e senilidade) devem ser criados de forma a suprirem suas necessidades fisiológicas para o crescimento e mantença. Animais muitos jovens e manejados de formas incorretas, com grandes restrições alimentares, passam por vários processos degenerativos, ocasionando grandes perdas do número de gonocitos (células primordiais dos machos), resultando em baixa população de células da linhagem espermatogênica e poucas camadas dessas células nos epitélios seminíferos (**Figura 1**) e, consequentemente, baixa produção espermática na fase adulta.

Em curto prazo, com programas de melhoramento ofertados por instituições privadas ou governamentais (**Tabela 1**), será possível alcançar idades precoces para esse parâmetro, em que diversos programas implantados no Brasil trazem, como um dos parâmetros reprodutivos avaliados, a idade na puberdade, principalmente com relação às fêmeas (PP14 – probabilidade de prenhez aos 14 meses). Exemplos positivos são descritos por Guimarães (1991), nos quais o autor observou idade na puberdade aos 12 meses de idade em animais da raça Gir, criados em regime semiextensivo, idade essa semelhante aos registros de Castro (1989) em animais da raça Nelore, porém criados em regime de pastagem.

Após a fase puberal, marcada mudança quantitativa e qualitativa ocorre no sentido de alcançar um platô, em que o potencial reprodutivo de um touro se faz presente. Observa-se, nesse período, o aumento do volume seminal, da motilidade espermática progressiva, do vigor, da concentração espermática total e do decréscimo das patologias espermáticas (Almquist & Amann, 1962; Lunstra & Echternkamp, 1982; Garcia *et al.*, 1987 e Freneau, 1991). Esse período pós-puberal, que corresponde à fase de adolescência, é bem caracterizado, após a puberdade, por baixos valores dos aspectos físicos do sêmen (motilidade e vigor espermático muito baixo e altos índices de anomalias espermáticas, em que se pode observar todos os tipos de alterações na morfologia espermática até o momento descritas (defeitos de acrossoma (*Knobbed sperm*, *pouch formation*, edema, vacuolização e ausência de acrossoma); defeitos de peça intermediária (*dag deffect*, desfribilização, aplasia segmentar da bainha mitocondrial, fratura e edema da peça intermediária); defeitos de cauda (fortemente enrolada e dobrada com ou sem gota e, principalmente, gotas protoplasmáticas proximais e distais) .

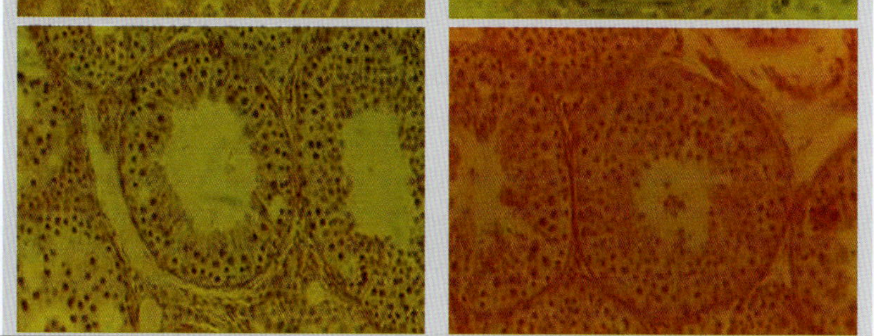

Figura 1. Cortes histológicos, hematoxilina-eosina (200X) de testículos de touros puberais (1, 2 e 3) e touros adultos (4) (Guimarães, 2008).

Esse fato ocorre em virtude da não-estruturação do epitélio seminífero (**Figura1**) e não perfeito funcionamento das células de Sertoli, sendo esta responsável pela nutrição, estruturação e deslocamento das células da linhagem esperma-

Tabela 1. Programas de avaliação genética no País

Projeto	Raça	1º Edição	Animais	Touros Rank	Instituição	Nº de DEPs
ABCZ Embrapa	Nelore	1984	1.219.160	20.456	Embrapa Gado de Corte	8
CFM	Nelore	1988	340.234	532	USP-Pirassununga	13
PMGRN	Nelore	1992	220.334	12.606	ANCP	13
PAINT	Nelore	1995	1.189.378	21.431	LAGOA DA SERRA	19
ALIANÇA	Nelore	1988	470.801	903	GENSYS	19
MUNDO NOVO	Nelore	1988	4.000	450	USP-Pirassununga	19
QUALITAS	Nelore	2002	48.448	178	NÚCLEO DE ZOOTECNIA	7
IZ	Nelore	2004	6.250	159	IZ-Sertãozinho	8
ABCZ Embrapa	Guzerá	1985	82.494	2.146	Embrapa Gado de Corte	8
PAGRG	Guzerá	2001	5.921	1.226	ANCP	8
ABCZ Embrapa	Gir	1985	58.830	1.859	Embrapa Gado de Corte	8
ABCZ-Leite	Gir	2003	4.244	53	Embrapa Gado de Leite	19
ABCZ Embrapa	Indubrasil	1985	23.657	858	Embrapa Gado de Corte	8
ABCZ Embrapa	Tapabuã	1985	91.345	1.496	Embrapa Gado de Corte	8

togênica no epitélio seminífero, como também pela não-maturação epididimária, sendo esse órgão responsável pela maturação dos espermatozoides durante o trânsito epididimário. No entanto, nessa fase, as concentrações de testosterona ainda não alcançaram o platô, sendo irregulares e ainda baixas. Contudo, durante 16 a 20 semanas, essas anomalias se reduzem a patamares aceitáveis, permitindo alto potencial fecundante do sêmen.

Já a maturidade sexual, diferentemente do fenômeno apresentado nas fêmeas, nas quais a maturidade sexual se estabelece imediatamente após a puberdade, ocorre em períodos diferentes da puberdade, normalmente entre 16 e 20 semanas após a puberdade (Lunstra & Echternkamp, 1982). Nessa ocasião, os animais alcançam a maturidade sexual e todo o aumento a *posteriori* na concentração espermática ocorre em razão do aumento do comprimento dos túbulos seminíferos (Cardoso, 1982). Segundo Austin & Short (1991), a maturidade sexual é alcançada quando o crescimento gonadal e corporal, juntamente com concentrações de testosterona e desenvolvimento sexual se estabilizam. Contudo, por maior aplicabilidade, a maioria dos estudos preconizam a maturidade sexual como a idade em que os animais apresentam-se com características seminais de, no mínimo, 50% de motilidade espermática progressiva e morfologia espermática com no máximo de 10 % de defeitos espermáticos maiores e 20 % de defeitos espermáticos menores (Blomm, 1973; Lunstra & Echternkamp, 1982; Garcia *et al.*, 1987 e Freneau, 1991).

Em animais de origem taurina, a maturidade sexual é alcançada em torno de 13 a 16 meses de idade, em condições de clima temperado, porém, em condições de trópicos, tal característica somente é atingida em torno de 16 a 20 meses de idade. (Freneau, 1991). Já, em animais de origem indiana, os animais mostram-se extremamente tardios com relação à maturidade sexual, atingindo-a somente entre 30 e 36 meses de idade, quando criados em manejo extensivo (Fonseca *et al.*, 1976; Vale Filho *et al.*, 1985).

Tal como a puberdade, essa característica é altamente influenciada por fatores de ambiente, principalmente nutrição e condições climáticas, em que se podem observar animais, na condição de trópicos, tão precoces quanto os animais de origem taurina, quando o manejo aos quais os animais são submetidos oferece o mínimo necessário para que possam expressar todo potencial genético.

Utilização de touros em monta natural

A monta natural, por ser o manejo predominante no rebanho bovino, merece atenção muito grande por parte dos técnicos responsáveis pela implantação do sistema de produção, visto que a reprodução é uma das etapas na cadeia produtiva. No entanto, nas condições de trópicos, a reprodução dos bovinos mostra-se de forma satisfatória economicamente, somente durante os períodos de maior oferta de forrageira, normalmente a estação reprodutiva corresponde de outubro (normalmente início das chuvas, na maioria dos Estados brasileiros) a fevereiro – março, totalizando um período de 105 dias, para que ocorra intervalo de parto de, no máximo, 12 meses, embora as fêmeas bovinas se mostrem poliestras contínuas (ciclam o ano inteiro). Conhecer todos os parâmetros que possam ser avaliados na classificação e na predição do potencial reprodutivo é fundamental para que se possa potencializar o uso de um reprodutor. Atualmente, tem-se priorizado as seguintes características: a libido, a capacidade de serviço, o perímetro escrotal e o certificado andrológico por pontos (CAP).

Comportamento sexual

Como mencionado anteriormente, em apenas 6% do rebanho nacional emprega-se a inseminação artificial e, no restante do rebanho, utiliza-se o manejo de monta natural. Neste contexto, os reprodutores são de fundamental importância na produção final do rebanho. Outro aspecto importante a ser considerado, de acordo com Geymonat e Mendez, (1987), é o fato de um touro acasalar em média com 25 fêmeas durante a estação de monta, sendo o responsável por mais de 80% do melhoramento genético que se pode alcançar nas características produtivas do rebanho.

O estudo comportamental em bovinos baseia-se em dois parâmetros: a libido e a capacidade de serviço. Chenoweth (1997) definiu a libido como a espontaneidade do macho em identificar, montar e efetuar a cópula com a fêmea; e a capacidade de serviço como o número de montas completas (cópulas) que o reprodutor é capaz de realizar em um determinado tempo.

Entre todas as características reprodutivas estudadas na bovinocultura de corte, provavelmente as características comportamentais são as que possuem o menor número de estudos (Pineda, 1995; Crudeli, 1990, Fonseca *et al.*, 1997; Pineda *et al.*, 1997), e pode-se aumentar consideravelmente os índices reprodutivos do rebanho, quando se utiliza a proporção touro/vaca correta. É consensual que a atual proporção touro-vaca de 1/25, predominante no manejo extensivo do rebanho brasileiro, não demonstra nenhum desafio aos reprodutores, principalmente aos de origem indiana, podendo ser aumentado, sem nenhum esforço, para uma proporção de 1/40 touro/vacas, o que significaria uma economia aos produtores rurais na aquisição e reposição dos reprodutores do rebanho e custo por bezerro desmamado. Ressalta-se que os estudos realizados por Galvani (1998) e Diniz (2002) apontam para proporções touro/vaca bem superiores, tais como 1:100 ou 1:120. Contudo, em manejos com maiores números de vacas, torna-se necessário o emprego de rodeio do lote de animais, possibilitando a detecção do estro com maior facilidade pelos reprodutores. Em manejos múltiplos, torna-se necessário também a homogeneização dos grupos de reprodutores, para que não ocorra dominância de forma muito marcante, favorecendo brigas, afastamento e inutilidade de muitos machos, o que acarretaria em baixa taxa de gestação pelo rebanho.

Segundo Hafez (1995), os animais de origem indiana possuem menor libido que os animais taurinos e, entre os últimos, os de aptidão leiteira mostram-se mais ativos sexualmente do que os de aptidão de corte. Tais conclusões vão ao encontro das observações feitas pelos estudos realizados no Brasil, nos quais animais da raça Nelore demonstraram baixa libido em testes feitos em currais, tanto para a libido como para a capacidade de monta (Barbosa, 1987; Fonseca, 1989; Crudeli, 1991). Tais observações também foram feitas por Lunstra (1984), em animais da raça Brahman e Africander, e o autor preconiza a realização de provas sob condições mais naturais e de maior duração. Dentro desse contexto, há diversos estudos com testes realizados com maiores tempos ou feitos diretamente no campo em condições naturais de manejo. De acordo com Diniz (2000), quando o teste da libido é efetuado com tempo de 20 minutos, há um aumento superior a 30 % de animais aprovados no teste; e Barbosa (2001), empregando teste em curral, porém com tempo de 3 horas de duração, verificou que as totalidades dos animais testados, efetuaram varias montas completas a partir de 58 minutos de prova. Certamente, diversos estudos devem ser conduzidos para determinar-se um tempo ótimo de teste, principalmente que venha a viabilizar esses testes, principalmente quando se pensa nos grandes rebanhos existentes no Brasil que, certamente, três horas de teste inviabilizariam qualquer tentativa de realização.

Atualmente, o Colégio Brasileiro de Reprodução (Manual de andrologia, 1998) preconiza dois testes da libido, sendo um destinado aos animais de origem taurina e outro para os de origem indiana. O primeiro (**Tabela 2**) segue os protocolos desenvolvidos por Osborne (1971), modificados por Chenoweth (1974); e o segundo (**Tabela 3**) foi desenvolvido por Pineda (1996), a partir de algumas modificações feitas no primeiro. O segundo, diferencia-se, além das pontuações no número de fêmeas, utilizando cinco fêmeas, entre as quais somente duas se encontram no estro e apenas uma contida.

Como pode ser observado nas tabelas, o protocolo para os animais zebuínos, embora seja uma referência, parece não ser definitivo, de modo que somente com escore 9 ocorre a primeira monta completa, acarretando uma maior pontuação para os sinais comportamentais de identificação e corte da fêmea em estro. Tal fato tem acarretado baixas correlações da classificação da libido com as taxas de prenhez, obtida na estação de monta, e até mesmo em um ciclo reprodutivo de 21 dias (Crudeli, 1991; Diniz, 2000; Barbosa, 2002), sendo necessários novos ajustes para o alcançe de um protocolo que avalia, com maior margem de segurança, a capacidade de serviço ou a libido dos animais zebuínos.

Em ambos os testes para animais de origem taurina ou zebuína, os animais são classificados como excelente (escore 9-10), muito bom (escore 7-8), bom (4-6) e com a libido questionável (0-3), de modo que se pode utilizar animais classificados como bons ou acima deste (escore 4-10).

Perímetro escrotal

O perímetro escrotal, durante muitos anos, foi rejeitado como uma das características reprodutivas a serem selecionadas em programa de seleção. Porém, atualmente, é altamente difundido, e seu emprego como um dos instrumentos de seleção é adotado por grande maioria dos pecuaristas, provavelmente, em decorrência de sua facilidade de obtenção e alta repetibilidade em suas mensurações (0,95) e não precisar de técnicos altamente qualificados para sua execução.

O aspecto mais difundido entre a comunidade científica é o fato de apresentar alta correlação (0,67 a 0,94) com a idade na puberdade dos seus descendentes, tanto nas fêmeas como nos machos (Rekwot *et al.*, 1988; Smith *et al.*, 1989). Embora correto, não se deve esquecer de que, quanto maior a perímetro escrotal, maior será a produção espermática e, consequentemente, maior o número de ejaculados férteis o animal apresentará. De acordo com Hahn *et al.* (1969), um reprodutor de origem taurina efetua duas montas completas por fêmea em estro; já Freneau (1991) observou, em média, 0,67

Tabela 2. Escore da libido em touros *Bos taurus taurus,* de acordo com a manifestação dos sinais fisiológicos do comportamento, quando exposto ou não à fêmea em cio.

Nota	Atitude
0	Sem interesse sexual.
1	Interesse sexual somente uma vez.
2	Interesse sexual mais de uma vez.
3	Ativa perseguisição pela fêmea, com persistente interesse sexual.
4	Uma monta ou tentativa de monta sem cópula.
5	Duas montas ou tentativas, mas sem cópula.
6	Mais de duas montas ou tentativas de monta sem cópula.
7	Um serviço seguido por nenhum interesse sexual.
8	Um serviço seguido de interesse sexual.
9	Dois serviços seguidos por nenhum interesse sexual.
10	Dois serviços seguidos por interesse sexual, incluindo montas, tentativas de montas ou serviço.

Fonte: Chenoweth (1974).

Nota	Atitude
0	Sem interesse sexual.
1	Interesse de fêmea em cio (cheio).
2	Cheiro e perseguisão insistente.
3	Tentativa de monta sem salto, com mugido, deslocamento ou masturbação.
4	Tentativa de monta sem salto, com pênis exposto.
5	Tentativa de monta com salto, sem pênis exposto.
6	Duas ou mais tentativas de monta com salto, sem pênis exposto.
7	Tentativa de monta com salto e pênis exposto.
8	Duas ou mais tentativas de monta com salto e pênis exposto.
9	Uma monta com serviço completo.
10	Duas ou mais montas com serviço completo.

Tabela 3 . Escore da libido em touros *Bos taurus indicus,* de acordo com a manifestação dos sinais fisiológicos do comportamento, quando expostos ou não à fêmea em cio.

Fonte: Pineda (1996).

montas completas; e outros estudos não diferenciaram desses estudos, apresentando uma amplitude de 0,6 a 3,2 montas por fêmea em estro (Guimarães, 1997; Barbosa, 2001). Quando se considera a capacidade de produção de quatro ejaculados diários pelo processo de espermatogênese, verifica-se que, quanto maior o perímetro, maior a produção de ejaculados férteis.

Dentro desse contexto, há uma preocupação muito grande na determinação de qual o perímetro ideal para cada fase de crescimento do animal e em que fase de desenvolvimento poder-se-ia selecionar por essa característica. Atualmente, o Colégio Brasileiro de Reprodução Animal preconiza uma tabela desenvolvida por Fonseca *et al.* (1989), destinada aos animais de origem indiana, e uma outra desenvolvida pela Sociedade de Theriogenologia (1976) para os animais dessa mesma origem. Para os reprodutores mestiços F*1,* oriundos de cruzamentos *Bos taurus taurus* x *Bos taurus indicus,* Guimarães (1997) recomenda a utilização do protocolo empregado para animais taurinos. Entretanto, para animais mestiços com diversos graus de sangue (compostos), não há até o momento nenhum protocolo a ser seguido, restando aos produtores seguir o bom senso e descartar os animais que estiverem muito abaixo da média do rebanho contemporâneo.

Reserva gonádica e extragonádica

Este parâmetro é, talvez, um dos mais importantes entre as características reprodutivas do macho bovino, por refletir o potencial de cobertura com sucesso que pode realizar durante determinado período ou estação de monta. Conhecendo a capacidade de reserva gonádica, pode-se estabelecer a relação touro/vaca, sem que haja diminuição da eficiência reprodutiva do rebanho.

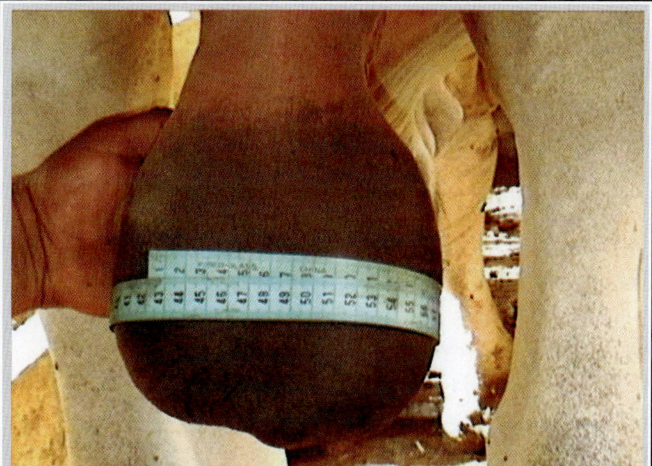

Figura 2. Perímetro escrotal em touro da raça Nelore criado em manejo extensivo (Guimarães, 2008).

Por meio desse conhecimento, Hahn *et al.* (1969) determinaram a produção espermática por grama de parênquima testicular por ejaculado, dia e semana; e Galloway (1989) determinou o número de ejaculados por dia, número de ejaculados por 21 dias e número de vacas cobertas com sucesso durante os 21 dias.

Nesse contexto, diversos estudos foram realizados em bovinos, tanto os de origem taurina como os de origem indiana (Hahn *et al.*, 1969; Galloway, 1989; Cardoso & Godinho, 1985; Berndtson & Igboeli, 1988; Palasz *et al.*, 1994; Freneau, 1996). A reserva gonádica e extragoná dica aumenta de forma acelerada da puberdade até a maturidade sexual; depois aumenta de forma gradativa até aproximadamente os sete anos de idade, quando então começa a diminuir de acordo com pequenas lesões (fibrose) que ocorrem normalmente em alguns túbulos seminíferos, sem contudo diminuir de forma marcante o potencial reprodutivo do reprodutor.

De acordo com MacMillan & Hafez (1968), após a maturidade sexual, o aumento da reserva gonádica ocorre por causa do aumento do peso testicular, sendo portanto, diferente do processo antes da maturidade, no qual ocorre a melhoria no processo espermatogênico (estruturação do epitélio seminífero, com aumento de camadas de células da linhagem espermatogênica).

Não diferente de todas as características reprodutivas, Igboeli & Rakha (1971) e Cardoso (1981) registraram valores bem inferiores de produção espermática total para animais de origem indiana, quando comparados aos touros de origem taurina. Segundo o último autor, isso se deve às menores mensurações apresentadas pela subespécie. Contudo, há uma tendência da produção por grama de parênquima testicular serem semelhantes entre as duas subespécies. Já os valores para os animais mestiços mostram-se próximos aos dos animais taurinos (Wildeus & Entwistle, 1983; Guimarães, 1997)

Em animais taurinos, a reserva espermática total encontra-se entre os valores de 2,83 a 5,26 x 10^9 células espermáticas por dia; nos animais de origem indiana, os valores de 2,3 a 10,14 x 10^9 células espermáticas por dia; e nos seus mestiços, concentrações espermáticas de 1,48 a 5,32 células espermáticas (Amann & Almquist, 1962; Igboeli & Rakha, 1971; Tegegne *et al.*, 1992; Berndtson & Igboeli, 1988 Freneau, 1996; Wildeus, 1993; Wildeus & Entwistle, 1982 e 1983; Guimarães, 1997). Certamente, as variações observadas devem-se às diferenças do peso testicular, observação essa corroborada pela alta correlação existente entre a produção espermática com o peso testicular.

De acordo com a metodologia de Hahn *et al.* (1969) e Galoway (1989), o número de vacas cobertas em um ciclo de 21 dias de estação reprodutiva varia de 30 até 80 fêmeas, de acordo com a perímetro escrotal. Em animais mestiços F1, Guimarães (1997) registrou uma amplitude de 17 a 70 coberturas por ciclo. Diante dessas observações, é sabido que a proporção touro/vaca tradicional de 1:25 é realmente muito baixa, sendo os reprodutores subutilizados.

Valores econômicos com proporção touro x vaca

Poucos estudos econômicos têm-se observado na literatura mundial, principalmente em condições de Brasil. Porém é unanimidade que os produtores rurais ganham em diversos aspectos, por exemplo, a economia sobre a redução do número de touros a serem adquiridos na ocasião da reposição do rebanho na estação de monta; maior pressão de seleção dos reprodutores utilizados; maior número de fêmeas gestantes no início da estação e, consequentemente, maior número de partos no início da estação de parto; maior ganho de peso dos animais desmamados ou na ocasião da venda, de acordo com o período do ano (Bergmann, 1993; Pineda, 1995; Pereira, 1996; Fonseca *et al.*, 1997; Galvani, 1998).

Adicionalmente, Barth (1997) preconiza que, para cada ciclo estral não detectado ou perdido, há perdas de 22 a 27 kg do peso final na desmama em bezerros de corte. Anteriormente, Blockey *et al.* (1989) verificou maior taxa de concepção e, consequentemente, maior percentual de parto precoce ou no início da estação e melhores preços na ocasião da desmama, quando utilizou uma proporção touro/vaca de 1:40, alcançando, dessa forma, ganhos adicionais de US$ 573,00 para cada 40 fêmeas ou US$ 14,32 por bezerro desmamado.

Já Fonseca *et al.* (1997), empregando uma proporção touro/vaca de 1:60 em um rabanho de 6.000 fêmeas, registraram uma redução de custo por bezerro desmamado de US$ 18,66. Da mesma forma, Galvani (1998) verificou um ganho por bezerro desmamado de US$ 51,37, correspondendo a um ganho de 48,54 %.

De acordo com Fonseca *et al.* (1995), quando se substitui a proporção touro/vaca tradicional de 1:25 para 1:40 ou 1:60, há uma redução no custo de produção por bezerro desmamado de 10,4 e 16,2%, respectivamente. Tais observações foram corroboradas, posteriormente, por Pineda (1996). Tais reduções ocorrem em consequência do menor número de touros utilizados na estação de monta. Segundo Bergmann (1993), quando se emprega a proporção touro/vaca de 1:40; 1:60; 1:80 e 1:100, obtém-se respectivamente, uma redução de 37,5; 57,5; 67,5 e 75% na aquisição de touros para a estação de monta.

Nestes estudos, os autores tomam como base de cálculo, com pequenas modificações entre os mesmos, a seguinte fórmula:

(rebanho base com 4.000 fêmeas e proporção touro/vaca de 1:40)

$$\hat{Y} = 100 \times 2.000 \text{ US\$} + [(20 \times 2.000 \text{ US\$} - 20 \times 600 \text{ US\$}) \times 5]$$

$$\hat{Y} = \text{US\$ } 340.000,00/ \text{ 5 anos}$$

Em que:

$\hat{Y}$ =

100 = número de touros necessários para 4.000 vacas em reprodução na proporção de 1:40;

20 = número de touros descartados anualmente, obedecendo a uma taxa de reposição de 20 %;

2.000 = custo de cada touro;

600 = valor da venda par abate dos touros descartados;

5 = período de cinco anos, quando todos os touros terão sido substituídos;

sendo no tradicional (1:25)

$$\hat{Y} = \text{US\$ } 544.000,00$$

Então, tem-se como diferencial de manejo o total de US$ 204.000,00 em cinco anos de produção, o que equivale a US$ 40.800,00 anuais.

Certamente, todos esses estudos levam à reflexão sobre o quanto os pecuaristas perdem economicamente por não adotarem um bom manejo dos reprodutores. Da mesma forma, os desafios imprimidos aos reprodutores para os estudos supracitados, indicam que, ainda, não se chegou à proporção touro/vaca ideal, e que os estudos devem continuar. Entretanto, não se deve esquecer de que, para qualquer aumento substancial nesses números, cuidados especiais devem ser adotados no manejo do rebanho, tais como rodeios diários do rebanho para facilitar a detecção do estro pelos machos (principalmente para lotes de animais acima de 200 fêmeas, prática esta já realizada por fazendas de grandes rebanhos). Durante a estação reprodutiva, principalmente nos três primeiros ciclos reprodutivos (43 dias de estação), os reprodutores perdem peso corporal de acordo com o número de acasalamentos. Porém isso não deve ser uma preocupação, pois há uma redução no número de coberturas/dia ou cobertura/ciclo no restante da estação, e não é suficiente para que os animais percam a libido. Durante o período entre as estações reprodutivas, os machos recuperam o peso corporal.

Certificado andrológico por pontos - CAP

O certificado andrológico por pontos atribui uma pontuação máxima baseada em três características reprodutivas, como a motilidade espermática progressiva (20 pontos), a morfologia espermática (40 pontos) e o perímetro escrotal (40 pontos), esta última de acordo com as idades dos reprodutores (**Tabelas 4** e **5**). Atualmente, o Colégio Brasileiro Reprodução Animal (CBRA), preconiza duas tabelas de pontuação, uma para animais da subespécie *Bos turus indicus*, segundo a tabela preconizada por Fonseca *et al.* (1989), e outra para animais da subespécie *Bos taurus taurus*, segundo os padrões indicados pela *American Society for Theriogenology* (1976).

Essas avaliações permitem a distribuição dos animais em quatro classes distintas: excelentes, muito bons, bons e questionáveis. Contudo, quanto se trata dos animais *Bos taurus indicus*, a pontuação do andrológico, tem demonstrado resultados poucos satisfatórios, nos quais os estudos não envidenciaram diferenças entre as classes de touros (Neville *et al.*, 1988; Crudeli *et*

Tabela 4. Certificado Andrológico por Pontos (CAP) *Bos taurus taurus.*

Característica	Excelente	Fraco
Motilidade	acima de 50% (30)	abaixo de espermática 70% (20)
Morfologia espermática		
Defeitos maiores	até 10%	acima de 29 %
Defeitos totais	até 25% (40)	acima de 59 % (3)
Perímetro escrotal		
12-14	acima de 34	abaixo de 30
15-20	36	31
21-30	38	32
> 30	39 (40)	34 (10)

Interpretação: satisfatório, 60 a 100 pontos; questionável, 30-50 pontos; insatisfatório, abaixo de 30 pontos. Proposta pela *American Society for Theriogenology*, 1976. Fonte: Chenoweth & Ball, 1980.

Tabela 5. Certificado Andrológico por Pontos (CAP) *Bos taurus indicus.*

Característica	Excelente	Fraco
Motilidade espermática	acima de 70% (20)	abaixo de 50% (3)
Morfologia espermática		
Defeitos maiores	até 10%	acima de 20%
Defeitos totais	até 15% (40)	acima de 30% (15)
Perímetro escrotal		
24-25	acima de 32	abaixo de 28
36-47	>34	<30
48-59	>36	<32
> 60	>38 (40)	<33 (10)

Interpretação: satisfatório, 40 a 100 pontos; questionável, <40 pontos. Fonte: Fonseca *et al.* (1989).

al., 1992; Costa e Silva *et al.*, 1993), com exceção da classe de animais questionáveis. Entretanto, enquanto não se determina uma tabela de classificação, acredita-se que a tabela proposta, possa ajudar os técnicos e pecuaristas a adotarem uma conduta de manejo com os reprodutores, evitando-se grandes prejuízos na eficiência do rebanho.

Idade ideal para iniciar a vida reprodutiva e a conduta de manejo dos animais

A idade ideal para os touros iniciarem sua vida reprodutiva sempre foi um gargalo na reprodução. Normalmente, a maioria dos produtores rurais esperam que os animais atinjam quatro anos de idade, independentemente de serem de origem indiana ou taurina (maturidade sexual tardia), mesmo em condições do manejo brasileiro, visto que, na maioria dos trabalhos, os animais alcançam a maturidade sexual entre os 30 e 36 meses de idade. Em fazendas que monitoram seu rebanho por meio de programas de melhoramento genético, os machos encontram-se maturos sexualmente em torno de 20 a 22 meses de idade, de modo que iniciam sua primeira estação reprodutiva em torno de 23 a 25 meses de idade.

Outro aspecto muito questionado é se o processo da espermatogênese será suficiente para a produção de espermatozoides para fecundar as vacas em uma estação de monta normal. Certamente não se deve esquecer de que o processo espermatogênico é dinâmico e contínuo após a puberdade. Portanto, acredita-se que, após a maturidade sexual, o processo espermatogênico seja suficiente para a produção espermática e garanta uma reserva extragonádica para a produção de ejaculados normais. Com essa conduta de manejo, haveria então pelo menos uma estação reprodutiva a mais durante a vida útil dos reprodutores, o que proporcionaria menor tempo para testar o potencial melhorador dos touros, como também o menor custo dos testes de progênie e, principalmente, maior produção/touro.

Portanto, pode-se aproveitar o potencial reprodutivo de touros a partir da maturidade sexual, porém, cuidados prévios devem ser adotados, como não utilizar animais jovens com fêmeas adultas e de estatura muito elevada com relação aos machos. Tais precauções evitam que fiquem com medo das fêmeas, principalmente pela dominância imposta por elas, pois muitas vezes os tourinhos apanham das fêmeas que,

Figura 3. Tourinhos desafiados em sua primeira estação de monta, em lotes de fêmeas novilhas de era anterior (Guimarães, 2008).

mesmo na ocasião do estro, não permitem a sua aproximação. Outro aspecto importante é não utilizar os tourinhos juntamente com machos adultos, quando a dominância é imediatamente imposta pelos adultos, fato esse que poderá ocasionar consequências sérias nos desempenhos sexuais futuros desses animais jovens.

A dominância é um dos fatores determinantes de baixa eficiência reprodutiva em rebanhos de corte numerosos, mesmo quando os reprodutores empregados são todos adultos e com experiência sexual anterior. Desse modo, para maximizar a utilização de um reprodutor no manejo múltiplo, realiza-se a padronização dos grupos de animais. Características como a idade, peso, tamanho e altura corporal, tamanho de chifres devem ser consideradas e, quanto mais homogênio for o grupo, menores serão as chances de ocorrer dominância e subordinação de forma muito acentuada, que possa influenciar sobre a taxa de prenhez. É muito comum, em fazendas com rebanho manejados em grupos grandes, touros classificados como subordinados ou vassalos ficarem sempre muito afastados das fêmeas ou mesmo adentrarem nas matas que rodeiam as pastagens.

Quando há dominância de forma marcante, torna-se necessária a identificação dos animais vassalos para que se formem grupos compostos somente por essa categoria. Para isso é indicado o teste de capacidade de serviço, pelo qual um grupo de reprodutores, sempre em maior número (2 touros) do que o número de vacas, são desafiados com fêmeas em estro, por período de 40 minutos, sendo realizado em piquetes, próximos do ambiente natural dos reprodutores.

Da mesma forma, independentemente se os reprodutores são jovens ou adultos, sempre se devem submeter os animais ao exame andrológico, para que se possa verificar se estão aptos à reprodução. De acordo com os padrões preconizados pelo Colégio Brasileiro de Reprodução (1998), os reprodutores estarão aptos à reprodução quando apresentarem um ejaculado com motilidade espermática mínima de 70%, defeitos espermáticos maiores e totais com concentrações máximas de 15 e 30 % e perímetro escrotal acima dos valores preconizados para a raça e para a idade na ocasião do exame andrológico.

Considerações finais

Sem dúvida, os recursos existentes para predizer o potencial reprodutivo dos reprodutores, além do seu real potencial melhorador, encontra-se ao alcance de todos os técnicos e produtores, sendo possível potencializar, de forma marcante, a maioria do manejo atual e o uso dos reprodutores, obtendo-se fertilidade muito satisfatória do rebanho.

Referências bibliográficas

AbdeL-Raouf, M. The posnatal development of reproductive organs in bulls with special reference to puberty (Including growth of hypophysis and adrenals). **Acta Endocr.**, v.49, p.11, 1960.

Almquist, J.O. & Amann, R.P. Effect of a high ejaculation frequency os sperm characteristics of Holstein bulls from puberty to two years of age. **J. Dairy Sci.**, v.45, p.688-689, 1962.

Anualpec 98-FNP. Anuário estatístico da produção animal. São Paulo: FNP, 1998.

Amann, R.P. & Almquist, J.O. Reproductive capacity of dairy bulls. Direct and indirect measurement of testicular sperm production. **J. Dairy Sci.**, v.45, p.774, 1962.

Backer, F.N.; Vandermark, N.L.; Salisbury, G.M. The effect of frequency of ejaculation on the semen production, seminal characteristics and libido of bulls during the first post-puberal year. **J. Dairy Sci.**, v.38, p.1000-1005, 1955.

Backer, J.F.; Stewart, T.S.; Long, C.R. *et al.* Multiple regression and principal components analysis of puberty and growth in catlle. **J. Anim. Sci.**, v.66, p.2167-2158, 1988.

Barth, A.D. Evaluation of potencial breeding soundness of bull. In: Youngquist, R.S. 1 ed. Current therapy in large animal. **Theriogenology**, p. 217-222, 1997.

Berndtson, W.E. & Igboeli, G. Spermatogenesis, sperm output and se,minal qialioty of Holstein bulls electroejaculated after administration of oxytocin. **J. Reprod. Fert.**, v.82, p.467-475, 1988.

Blockey, M.A.B. Relashionship between serving capacity of beef bulls as predicted by the yard test and their fertility during paddock mating. **Aust. Vet. J.**, v.66, p.348-351, 1989.

Blomm, E. The ultrastructure of same characteristic sperm deffects and proposal for a new classification of the bull spermiogram. **Nordisk Vet. Med.**, v.25, p.383-391, 1973.

Cardoso, F.M. **Desenvolvimento dos orgãos genitais masculinos de zebu (*Bos indicus*) da raça Nelore, do período fetal aos 36 meses de idade**. Escola de Veterinária-UFMG, Belo Horizonte, 1977. 113 p. (Dissertação de Mestrado em Medicina Veterinária).

Cardoso, F.M. & Godinho, H.P. Daily sperm production of zebus (*Bos indicus*) estimated by quantitative histology of the testis. **Theriogenology**, v.23, p.841-847, 1985.

Castro, V.M.; Vale Filho, V.R.; Reis, S.R. *et al.* Puberdade e início da maturidade sexual em touros Nelore, de dez a quatorze meses de idade. **Rev Bras. Reprod. Anim.**, v.1, p.183, 1989. Supl.

Chenoweth, P.J. Examination of bulls for libido and mating ability. In: Course Held at the University of Queensland Veterinary School, 1974. **Bulls**, p.1-5, 1974.

Costa e Silva, E.V.; Fonseca, V.O.; Hermany, A. *et al.* Avaliação andrológica de touros Nelore e aptidão reprodutiva: taxa de gestação. **Rev Bras. Reprod. Anim.**, v.17, p.97-109, 1993.

Crudeli, G.A. **Avaliação da aptidão reprodutiva de touros da raça Nelore e seu efeito sobre a taxa de gestação do rebanho**. Escola de Veterinária-UFMG. Belo Horizonte. 1990. 152p. (Dissertação de Mestrado em Medicina Veterinária)

Crudeli, G.A.; Fonseca, V.O.; Costa e Silva, E. *et al.* Efeito das características seminais e perímetro escrotal sobre a fertilidade de touros da raça Nelore. **Rev Bras. Reprod. Anim.**, v.15, p.125-132, 1991.

Crudeli, G.A.; Fonseca, V.O.; Costa e silva, E.V. *et al.* Aptidão reprodutiva de touros da raça Nelore. Efeito das características seminais e circunferência escrotal sobre a fertilidade de touros da raça Nelore. **Rev Bras. Reprod. Anim.**, v.16, p.33-39, 1992.

Fonseca, V.O.; Costa e Silva, E.V.; Hermany, A. *et al.* Classificação andrológica de touros zebus (*Bos taurus indicus*) com base na biometria testicular e características morfológicas do sêmen. Uma nova preposição. **Rev Bras. Reprod. Anim.**, v.1, p.187, 1989.

Fonseca, V.O.; Crudeli, G.A.; Costa e Silva, E.V. *et al.* Potencial reprodutivo de touros da raça Nelore (*Bos taurus indicus*) em monta natural proporção touro:vaca 1:40 e fertilidade. **Rev Bras. Reprod. Anim.**, v.15, p.103-108, 1991.

Fonseca, V.O. **Avaliação da capacidade reprodutiva de touros Nelore: aspectos andrológicos e comportamentais**. Escola de Veterinária-UFMG. Belo Horizonte, 1995, 37p. (Monografia).

Fonseca, V.O.; Pineda, N.R.; Proença, R.V. Libido, capacidade de serviço e potencial reprodutivo de touros da raça Nelore (*Bos taurus indicus*) em estação de monta curta, utilizando a proporção touro:vaca de 1:50 e 1:80. Congresso Brasileiro das raças Zebuínas. 2. Uberaba. 1996. **Anais.** Uberaba, 1996.

Fonseca, V.O.; Franco, C.S.; Bergmann, J.A.G. *et al.* Potencial reprodutivo de touros da raça Nelore (*Bos taurus indicus*) acasalados com elevado número de vacas. **Arq. Bras. Vet. Zoot.**, v.49, p.53-62, 1997.

França, L.R. **Desenvolvimento testicular de suínos da raça Piau, do nascimento aos 12 meses de idade**. Instituto de Ciências Biológicas-UFMG. Belo Horizonte. 1987, 79 p. (Dissertação de Mestrado em Morfologia).

Freneau, G.E. **Desenvolvimento reprodutivo de tourinhos Holandeses-PB e mestiços F1 Holandês x Gir desde os seis até os 21 meses de idade (Puberdade e pós-puberdade)**. Escola de Veterinária/UFMG. Belo Horizonte, 1991. 194p. (Dissertação de

Mestrado em Medicina Veterinária).

Freneau, G.E. **Biópsia testicular aberta efetuada na puberdade e na pós-puberdade e suas consequências sobre a gametogênese e o sêmen de touros Nelore**. Escola de Veterinária-UFMG, Belo Horizonte, 1996, 167 p (Tese de Doutorado em Ciências Animal).

Foote, R.H. **Phisiological aspect of artificial insemination**. In: FOOTE, R.H.; CUPPS, P. reproduction in domestic Animals, 2 ed. New York, Academia Press. 1969, p. 313-353

Galoway, D.B. Factors affecting fertility in bulls. **Rev. Bras. Reprod. Anim.**, v.1, p.27-46, 1989. Supl.

Galvani, F. **Desempenho reprodutivo de touros de alta libido da raça Nelore**. Departamento de Veterinária-UFV, Viçosa, 1998, 69 p. (Dissertacão de Mestrado em Medicina Veterinária).

Garcia, J.M.; Pinheiro, L.E.L.; Okuda, H.T. Body development and semen phisical and morphological characteristics of young Guzerá bulls. **Ars Veterinária**, v.3, p.47-53, 1987.

Guimarães, J.D. **Puberdade e maturidade sexual em touros da raça Gir, criados em condições semiextensivas.** Escola de Veterinária-UFMG. Belo Horizonte. 1993. 85 p.

Guimarães, J.D. **Avaliação andrológica e estudos quantitativos e qualitativo da espermatogênese de touros F1 mestiços Holandês x zebu e Red Angus x zebu**. Escola de Veterinária. Belo Horizonte, 1997, 236 p. (Tese de Doutorado em Ciências Animal)

Hafez, E.S.E. **Reprodução Animal**. 6 ed. São Paulo. Manole, 1995. 582 p.

Hahn, J.; Foote, R.H.; Seidel, G.E. Testicular growth and related sperm output in dairy bulls. **J. Anim. Sci.**, v.29, p.41-47, 1969.

Igboeli, G. & Rakha, A.M. Gonadal and extragonadal sperm reserves of indigenous central african bulls. **J. Reprod. Fert.**, v.25, p.107-109, 1971.

Lunstra, D.D.; Gregory, K.E.; Cundiff, L.V. Heridability estimates and adjustament factors for the effects of bull age of dam on yearling testicular size in breeds of bulls. **Theriogenology**, v.30, p.127-136, 1988.

Lunstra, D.D. & Echternkamp, S.A. Puberty in beef bulls: acrossome mprphology and semen quality in bulls of different breeds. **J. Anim. Sci.**, v.55, p.638-648, 1982.

Macmillan, K.L. & Hafez, H.D. Gonadal and extra gonadal sperm number during reproductive development of Holstein bulls. **J. Anim. Sci.**, v.27, p. 697-700, 1968.

Neville Jr., W.E.; Williams, D.J.; Richardon, K.L. *et al.* Relationship of breeding soundness evaluation score and its components with reproductive performance of beef bulls. **Theriogenology**, v.30, p.429-436, 1988.

Palasz, A.T.; Cates, W.F.; Barth, A.D. *et al.* The relationship between scrotal circunference and quantitative testicular traits in yearling beef bulls. **Theriogenology**, p.715-743, 1994.

Pereira, J.C.C. **Melhoramento genético aplicado na produção animal.** Belo Horizonte, 1996. 41 p.

Pineda, N.R. Eficiência reprodutiva e melhoramento genético. Dia de Campo, Marabá Agropastoril, 22/06/95, Lagoa da Serra, Marabá/PA, 1995.

Pineda, N.R. Provas de desempenho sexual, importância econômica e genética. **Ver. Bras. Reprod. Anim**., v.20, p.112-120, 1996.

Pineda, N.R.; Fonseca, V.O.; Proença, R.V. Potencial reprodutivo de touros de alta libido da raça Nelore (*Bos taurus indicus*). **Ver. Bras. Reprod. Anim**., v.21, p.45-48, 1997

Rekwot, P.I.; Oyedipe, E.O.; Akerejola, O.O. The effect of protein intake on body wight, scrotal circunference and semen production of Bunaji bulls and their Friesian cross in Nigeria. **Anim. Reprod. Sci.**, v.16, p.1-9, 1988.

Smith, B.A.; Brinks, J.S.; RIchardson, G.V. Relationship of sire scrotal circunference to offspring reproduction and growth.**J. Anim. Sci.**, v.11, p.2881-2885, 1989.

Tegegne, A.; Entwistle, K.W.; Mathew, A. *et al.* Seasonal influences on gonadal and extragonadal sperm reserves in small East African zebu (*Bos indicus*) bulls in Ethiopia. **Trop. Anim. Hlth. Prod.**, v.24, p. 216-222, 1992.

Wildeus, S. & Entwistle, K.W. postpubertal changes in gonadal and extragonadal sperm reserves in Bos indicus strain bulls. **Theriogenology**, v.17, p.655-667, 1982.

Wildeus, S. & Entwistle, K.W. A quantitative histological study of testicular and epididymal development in *Bos indicus* cross bulls. **Anim. Reprod. Sci.**, v.6, p.1-10, 1983.

Wildeus, S. Age-related changes in scrotal circunference, testios size and sperm reserves in bulls of the tropically adapted Senepol breed. **Anim. Reprod. Sci.**, v.32, p.185-195, 1993.

Wolf, F.R.; Almquist, J.D.; Hale, E.B. prepuberal behaviour and puberal characteristics of beef bulls on high nutrient allowance. **J. Anim. Sci.**, v.24, p.761-765, 1965.

Seção VIII

Cruzamentos

Marcílio Dias Silveira da Mota
Professor Doutor
Departamento de Melhoramento e Nutrição Animal
FMVZ/UNESP. Botucatu, SP
mdsmota@fca.unesp.br

Mário De Beni Arrigoni
Professor Adjunto
Departamento de Melhoramento e Nutrição Animal
FMVZ/UNESP. Botucatu, SP
arrigoni@fca.unesp.br

Antonio Carlos Silveira
Professor Titular
Departamento de Melhoramento e Nutrição Animal
FMVZ/UNESP. Botucatu, SP
acsilveira@fca.unesp.br

Cyntia Ludovico Martins
Professora Doutora
Departamento de Melhoramento e Nutrição Animal
FMVZ/UNESP. Botucatu, SP
cludovico@fca.unesp.br

CAPÍTULO 37

Utilização de cruzamentos na pecuária de corte

Introdução

A necessidade de mudanças na bovinocultura de corte, dos pontos de vista tecnológicos, econômicos, produtivos e ideológicos, foi iniciada a partir da implantação do plano de estabilização da moeda. Portanto, desde 1995, vem sendo vertiginosa a queda especulativa na bovinocultura de corte, pois, anteriormente a essa data, a falsa impressão de lucros fáceis nas práticas de compra e venda de bezerros, garrotes e bois magros, não permitia a proposta para inovações técnicas, adoção de sistemas de produção e muito menos dimensionamento dos custos.

A partir de 1997, vários sinais demonstraram que a substituição da especulação por técnicas de aumento de produtividade era necessária, uma vez que a lucratividade leva em consideração o patrimônio imobilizado (valor da propriedade) e gera regra básica: quanto maior o valor da terra, mais intensificado deve ser o sistema de produção, tanto para agricultura como para a pecuária ou integração agricultura-pecuária.

Trabalhos de pesquisa têm sido realizados sem (ou muito pouco) levar em consideração, do ponto de vista biológico, o caráter multidisciplinar da produção de carne bovina e, do ponto de vista econômico, o ciclo completo de produção, fatos esses que contribuem para a explicação de inconsistências entre os resultados, ressaltando a necessidade de se conduzir trabalhos, associando-se à pesquisa básica e aplicada dentro de modelos que contemplem o estudo integrado de diversos fatores que, uma vez identificados, tornem-se passíveis de melhora, podendo-se aumentar a eficiência, qualidade e economicidade de produtos e subprodutos originados da bovinocultura de corte.

A produção de bovinos de corte, no Brasil, identificava-se como atividade de pouco investimento tecnológico com baixos custos de produção e ocupação de grandes extensões de terras, caracterizando o primeiro sistema de exploração de bovinos que, por várias décadas, foi predominantemente o extensivo a pasto.

Porém, os resultados produtivos avaliados por índices zootécnicos revelou valores inferiores aos obtidos por outros países, tradicionalmente produtores de carne, principalmente quanto à idade na primeira cria, idade de abate e produção de carne por área.

Frente a esse diagnóstico, iniciaram-se propostas buscando a melhoria dos índices, como exemplo, fornecimento estratégico a pasto no período da seca com suplementos que continham fontes de nitrogênio não proteicas, associadas ao sal mineral, bem como a prática do semiconfinamento e confinamento, tendo como volumosos a cana-de-açúcar, o bagaço de cana, inicialmente *in natura* e depois hidrolisado ou tratado quimicamente, bem como silagens e subprodutos da agroindústria, prevalecendo a alta proporção de volumosos em relação ao concentrado, fornecidos para animais com mais de 36 meses de idade e alta porcentagem de sangue zebu.

A par disso, ocorriam avanços genéticos discretos no rebanho zebu, predominantemente Nelore, pois não era priorizada a precocidade quer na idade de primeira cria quer na idade de abate e sim no tamanho e peso na maturidade, como também as características raciais.

Como passos seguintes, foram feitas várias importações de reprodutores, matrizes e sêmen de diversas raças europeias, com o objetivo de cruzamento com as zebuínas, objetivando melhoria nos índices zootécnicos, com resultados favoráveis para os pecuaristas que utilizavam orientações técnicas e investimentos no manejo alimentar.

De qualquer forma, as estratégias utilizadas tiveram por objetivo aumentar a produtividade, porém, não priorizaram os fatores relacionados à qualidade das carcaças, talvez, por ser remunerado no sistema *vale quanto pesa*. Outro ponto é que se assumia o encaminhamento dos animais para o abate com mais que 18@, não sendo questionado o custo e a eficiência de produção, predominando animais castrados com mais de 4 anos de idade, independentes dos grupamentos genéticos. Também as barreiras sanitárias limitavam a comercialização da carne para mercados internacionais, caracterizando um produto de baixos custos de produção e de pouca qualidade.

Nos últimos cinco anos, vem-se constatando a necessidade do aumento de produtividade em todos os setores, porém, na bovinocultura de corte, há um confronto com a herança do extrativismo das pastagens que, ao longo dos anos, degradaram-se, diminuindo progressivamente as taxas de lotação, limitando a eficiência e a produtividade, requerendo novos investimentos do setor, composto principalmente por pequenos e médios produtores, sendo a maioria descapitalizada.

Por outro lado, atualmente, a modernização na comercialização imposta pelo mercado da carne requer acompanhamento minucioso de custos, rapidez no giro de capital, padronização, regularidade do produto, controle sanitário rigoroso e rastreabilidade, originando um confronto entre sistema de produção de *bois* e sistema de produção de carne de qualidade.

Ferreira (2004) cita que, do total de cabeças do rebanho brasileiro, 81% são animais destinados à produção de carne, sendo 12% provenientes de cruzamentos industriais, 69% de outros tipos e os 19% restantes são voltados à produção de leite.

Em pesquisa desenvolvida pelo mesmo autor, a qual englobaram o perfil do sistema de produção da carne bovina de qualidade, envolve os setores produtivos e industriais. Dentre vários fatores, o autor concluiu que as propriedades destinadas à produção de *bois* são pouco eficientes e apresentam baixos índices produtivos. Para reverter ou tornarem-se empresas de produção de carne, a adoção do potencial genético poderia atender nichos e modernizar a comercialização de carne. Por outro lado, a indústria, por meio de classificação de qualidade, deveria remunerar melhor os produtores de carne em comparação aos produtores de *bois*.

Na área científica, inúmeras pesquisas vêm contribuindo para o avanço da pecuária de corte brasileira que possui o maior rebanho comercial do mundo, cerca de 175 milhões de cabeça (média de várias fontes consultadas), ficando em quarto lugar quanto à produção e exportação de carne, sendo unânime a afirmação de que é o País de maior potencial, porém há necessidade de estudo mais detalhado das variáveis que compõem um sistema de produção de carne.

O tema grupamentos genéticos que incluem os cruzamentos e formação de animais bimestiços e compostos, visando ao aumento de produtividade e qualidade da carne bovina, foi motivo de mobilização (nos últimos cinco anos) da cadeia da carne, em que vários representantes de diversos segmentos tornaram-se defensores ou opositores à utilização de animais, produtos de cruzamento *Bos taurus taurus x Bos taurus indicus*. Atualmente, frente a um panorama de necessidade de produção em maior escala e de padronização requisitada para contratos de exportação e o crescente número de animais confinados, quer pelo avanço das áreas de cana-de-açúcar, quer pela estratégia de produção de carne na entressafra, foi retomada a discussão das características dos grupamentos genéticos dentro de sistemas de produção, enfocando resultados que incluem os aspectos de qualidade da carne, acrescenta informações que poderão contribuir para tomada de decisão de se considerar ou não a eficiência como fator de economicidade na produção de carne bovina.

Cruzamentos

Embora se possa definir apropriadamente cruzamentos como o acasalamento entre animais com parentesco menor que o médio na população, seu sentido mais comum tem-se referido ao acasalamento entre reprodutores de uma raça (ou combinação delas) com fêmeas de outra raça (ou combinação delas). Alguns autores também consideram cruzamento quando o acasalamento ocorre entre animais de linhagens (ou combinação delas) diferentes (Bourdon, 2000), ou mesmo espécies distintas (Simm, 1998), embora este último seja normalmente conhecido como hibridação (Giannoni e Giannoni, 1983).

Os cruzamentos apresentam-se como uma forma alternativa à seleção para se realizar melhoramento genético, embora não sejam estratégias que se excluam, já que os sistemas de cruzamentos requerem suporte de programas de seleção dentro de raças. Ao contrário da seleção, que se fundamenta no acúmulo de efeitos aditivos favoráveis ao longo das gerações, o cruzamento baseia-se, principalmente, em arranjos favoráveis dos efeitos de dominância a cada geração, de modo que esses efeitos muitas vezes ocorrem de imediato, mas não são acumulados de uma geração a outra (Kinghorn, 1993). Isso significa, basicamente, que os cruzamentos são bastante flexíveis para acompanhar alterações nos cenários de produção e mercado, além de promoverem a oportunidade para realizar, em uma geração, progresso que poderia levar várias gerações para ser alcançado por seleção dentro de raças.

Assim como o efeito principal da endogamia é a elevação da homozigose, o cruzamento, definido como um sistema de acasalamento oposto, promove aumento da heterozigose (e proporcional diminuição da homozigose) em uma população.

Razões para a utilização de cruzamentos

Aproveitar o mérito genético aditivo (efeito médio) das raças: Admitindo-se apenas o efeito aditivo em um cruzamento entre duas raças puras, espera-se que a progênie F1 apresente desempenho médio em determinado caráter, igual à média dos méritos nas raças parentais. Por exemplo, para produção de carne bovina, alguns mercados requerem carcaças intermediárias em tamanho de cortes e cobertura de gordura em relação às carcaças oriundas das raças puras. Normalmente, animais Nelore jovens produzem maior grau de acabamento na carcaça (milímetros de gordura) e menores cortes comerciais. Por outro lado, geralmente, animais Canchim jovens apresentam cortes comerciais maiores e grau de acabamento menor. Assim, encontrando-se um cruzamento adequado, o produto originado poderá apresentar carcaças com características medianas para a gordura e tamanho de cortes. Esquematicamente tem-se:

Raça	Espessura de gordura na carcaça (mm)
Nelore (N)*	6,5
Canchim (C)*	3,5
Cruzado (N x C)	(6,5 + 3,5) / 2 = 5,0

*Valores médios obtidos no sistema superprecoce, Unesp, Botucatu (2005).

Nesse sentido, animais intermediários entre essas raças podem ser mais lucrativos para o sistema de produção. Da mesma forma, em bovinos de leite, genótipos com porcentagens intermediárias de gordura e proteína podem ser mais interessantes economicamente.

Além disso, o efeito médio de raças é importante quando dois caracteres são negativamente correlacionados entre as raças, como no caso do cruzamento entre bovinos *Bos taurus* (alta produção e baixa rusticidade) e *Bos indicus* (baixa produção e alta resistência ao estresse e a doenças) para produção de carne em ambientes tropicais. (Swan e Kinghorn, 1992).

Explorar a heterose ou vigor híbrido: uma das mais importantes razões (se não a principal) para se realizar cruzamento é explorar a heterose ou vigor híbrido. Definida como o aumento no vigor de cruzados em relação à média das raças (linhagens) parentais, a heterose, na verdade, refere-se a qualquer desvio da aditividade (efeito médio das raças) em populações cruzadas. De modo simplificado, pode-se esquematizá-la da seguinte forma:

$$\textbf{Heterose (H)} = M_{cruzados} - ½\,(M_{P1}+M_{P2})$$

em que:

M representa as médias fenotípicas (ou genotípicas, considerando-se igual ambiente para todos os indivíduos) e *P1* e *P2* são as raças (linhas) parentais. Em termos de porcentagem:

$$\%H = [H\ /\ ½\,(M_{P1}+M_{P2})] \times 100$$

No exemplo da espessura de gordura na carcaça apresentado anteriormente, suponha-se que os cruzados (N x C) apresentem média para essa característica igual a 5,5 mm. Logo, a heterose desse cruzamento seria:

$$H = 5{,}5 - 5{,}0 = 0{,}5\ mm \quad \text{ou}$$
$$\%H = (0{,}5/5) \times 100 = 10\%$$

Isso significa que a progênie cruzada apresenta média de 0,5 mm acima da média dos parentais, ou 10% superior.

Esquematicamente tem-se:

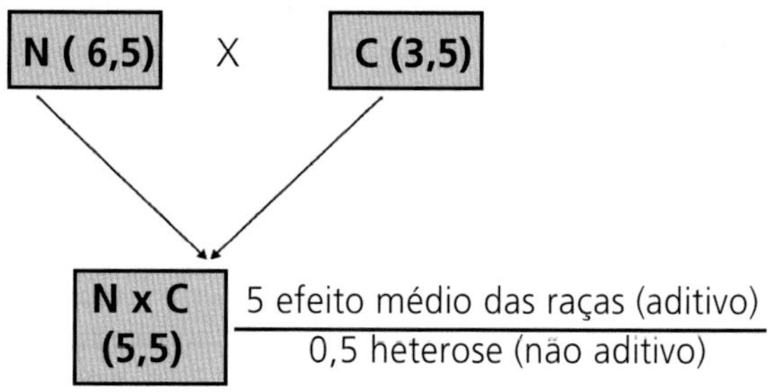

O componente *M cruzados* incluído na expressão de heterose apresentada representa a média entre os acasalamentos recíprocos. No exemplo anterior, seria obtida a partir da média entre os desempenhos das progênies oriundas de machos Nelore acasalados com fêmeas Canchim e vice-versa. As diferenças entre esses acasalamentos frequentemente são atribuídas às distintas habilidades maternas das raças envolvidas. Separando-se esses componentes, pode-se representar a porcentagem de heterose em uma característica da seguinte maneira:

$$\%H = [NC + CN - (NN + CC)/2]\ /\ (NN + CC)/2$$

em que:

NC = a média dos cruzados oriundos do

acasalamento entre machos Nelore e Canchim

CN = a média dos cruzados oriundos do acasalamento entre machos Canchim e fêmeas Nelore

NN = a média da raça Nelore

CC = a média da raça Canchim

Tipos de Heterose

Os vários tipos de heterose podem ser resumidos em:

a) Heterose direta ou individual → melhora no desempenho dos animais resultante do fato de serem em si cruzados, e que não é atribuível nem a efeitos maternos e paternos, nem a efeitos ligados ao sexo.

b) Heterose materna → refere-se à heterose em uma população atribuída ao uso de fêmeas cruzadas ao invés de puras. (isto é, aumento na produção de leite, melhora no ambiente pré e pós-natal, maior viabilidade da progênie, tamanho de ninhada maior, etc.) Normalmente, o benefício é mensurado na progênie.

c) Heterose paterna → refere-se a qualquer vantagem no desempenho da progênie oriunda do uso de reprodutores cruzados, ao invés de puros (maior libido, qualidade de sêmen, defesa de crias, etc.).

A magnitude da heterose varia, em parte, dependendo da característica envolvida. Em características produtivas, normalmente, seus valores encontram-se entre zero e 10%, enquanto em caracteres relacionados à fertilidade e viabilidade dos animais, os níveis podem chegar a 25% - 30% (**Tabela 1**). Na verdade, o efeito total da heterose no sistema de produção pode ser maior do que esses valores, uma vez que há efeito acumulado (direto, materno, paterno) sobre as características.

Uma vez que a heterose é um efeito não aditivo do cruzamento, especular a depressão endogâmica, normalmente, seus níveis tendem a ser inversamente proporcionais às estimativas de herdabilidade. Em caracteres de moderada a alta herdabilidade, nos quais proporcionalmente, há maior ação gênica aditiva (conformação, carcaça), o nível de heterose é baixo, ao passo que em características de baixa herdabilidade (reprodução, sobrevivência) seu valor tende a ser mais elevado (pouca ação gênica aditiva relativa) - **Tabela 2**. Assim, caracteres reprodutivos, por exemplo, os quais não são facilmente alterados por seleção (baixa herdabilidade), podem melhorar consideravelmente, em virtude dos efeitos heteróticos, quando se realiza cruzamentos.

Tabela 2. Estimativas de herdabilidade e heterose em alguns caracteres de interesse econômico em bovinos de corte.

Característica	Herdabilidade	Heterose Total (%)
Peso ao nascer	0,30	6
Produção de leite	0,20	9
Peso com um ano de idade	0,33	4
Peso da vaca na maturidade	0,50	1
Área de olho do lombo	0,42	2

Fonte: Harlam *et al.* (1999).

É importante ressaltar que a heterose mensura a diferença de desempenho entre cruzados e raças parentais, podendo, portanto, ser positiva, negativa ou nula. Valores positivos ou negativos muitas vezes dependem da maneira como se mensura a característica, e não estão necessariamente associados a efeitos favoráveis ou desfavoráveis. Por exemplo, valores positivos para ganho de peso em bovinos representam heterose favorável, ao passo que, se a medida fosse tomada como dias para atingir determinado peso (ou conversão alimentar), valores negativos seriam os desejáveis.

Tabela 1. Níveis médios de heterose para alguns caracteres em bovinos de corte.

Características	Heterose
Medidas de carcaça, mensurações esqueléticas, peso na maturidade	Baixa (0 a 5%)
Taxa de crescimento, pesos anteriores à maturidade, produção de leite	Média (5 a 10%)
Habilidade materna, reprodução, longevidade da fêmea, adaptabilidade	Alta (10 a 30%)

Heterose e Heterozigoses

Normalmente, do ponto de vista genético, heterozigose acontece quando os alelos em determinado *locus* apresentam-se funcionalmente distintos (por exemplo, bovinos mochos heterozigotos "Mm"). Estatisticamente, no entanto, pode-se considerar a heterozigose como a probabilidade de que alelos em determinado *locus* originem-se de raças diferentes (Fries, 1996). Nesse sentido, o acasalamento entre animais de duas raças gera progênie F1 com 100% de heterozigose, uma vez que, em cada *locus*, a probabilidade de que cada alelo do par seja oriundo de uma raça distinta é 1 ou 100%. Considerando-se um par de cromossomos, esquematicamente a heterozigose do acasalamento entre duas raças A e B poderia ser representada da seguinte forma (retângulos representam os cromossomos e as letras dentro deles a origem do gene com respeito à raça):

Raça A **Raça B**

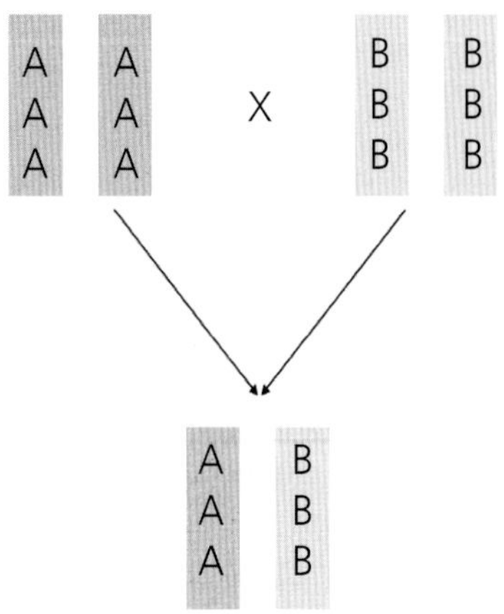

F1 (A x B)

Observe que em todos os *loci* um alelo é originário da raça A e o outro da raça B (100% de heterozigose por origem de raça).

Na verdade, os dois conceitos apresentados para heterozigose são relacionados, ou seja, a heterozigose por origem de raça é proporcional à alélica (Kinghorn, 1993). Ambas heterozigoses tendem a ser proporcionais à heterose, embora isso nem sempre ocorra.

Considerando-se que duas raças A e B são cruzadas e produzem a geração F1 que, acasalada entre si, gerará F2 (A x B → F1 x F1 → F2).

F1 **F1**

Os pareamentos possíveis em F2 são:

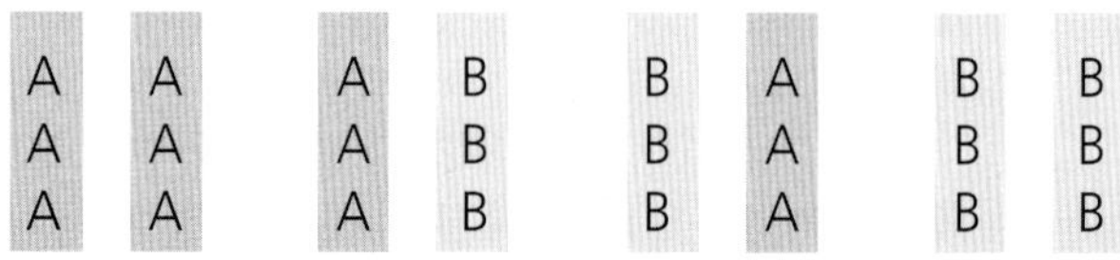

Constata-se que apenas nos dois pareamentos centrais ocorre heterozigose por origem de raças em F2, de modo que há duas possibilidades em quatro, ou seja 50% (em F1 a heterose e heterozigose por origem de raça são máximas e, em F2, ambas caem pela metade em relação à F1).

O nível de heterose também depende da diferença genética existente entre as raças, de modo que, quanto maior a distância entre elas (maior diferença de frequências gênicas), maior o vigor híbrido esperado no cruzamento. O quadro de Punnet, a seguir, ilustra esse aspecto. Consideram-se as frequências gênicas para determinado *locus* em uma Raça 1 como sendo p = 0,9 e q = 0,1, e o acasalamento entre essa raça e outras oito com diferentes frequências para o dado *locus*.

Observe que à medida que as diferenças de frequências gênicas (diferença genética) en-

Quadro 1. Esquema de Punnet.

		Raça 2		**Raça 3**		**Raça 4**		**Raça 5**		**Raça 6**		**Raça 7**		**Raça 8**		**Raça 9**	
		0,8	**0,2**	**0,7**	**0,3**	**0,6**	**0,4**	**0,5**	**0,5**	**0,4**	**0,6**	**0,3**	**0,7**	**0,2**	**0,8**	**0,1**	**0,9**
Raça1	0,9	*0,72*	0,18	*0,63*	0,27	*0,54*	0,36	*0,45*	0,45	*0,36*	0,54	*0,27*	0,63	*0,18*	0,72	0,09	*0,81*
	0,1	0,08	*0,02*	0,07	*0,03*	0,06	*0,04*	0,05	*0,05*	0,04	*0,06*	0,03	*0,07*	0,02	*0,08*	0,01	*0,09*
	h* =	0,26	0,34	0,42	0,50	0,58	0,66	0,74	0,82								

* h representa a heterozigose, soma das caselas sombreadas em cada acasalamento.

tre as raças crescem, aumentam também a heterozigose e, consequentemente, a heterose esperada (considerando-se linearidade entre ambas).

Base genética da heterose

Embora existam várias teorias e derivações para se explicar o fenômeno da heterose em animais domésticos (Euheterose, sobredominância, enzimática e de limiar) as duas mais relevantes são a da dominância e da epistasia.

Vários pesquisadores têm comentado que o modelo de dominância para explicar heterose é, ao mesmo tempo, o que mais se ajusta aos dados observados em animais e o mais simples. Por outro lado, outros autores (Sheridan, 1981; Hill, 1982 Sedcole, 1981, Fries *et al.*, 2000) têm explorado modelos particulares para explicar situações em que o modelo de dominância não se enquadra de maneira eficiente. Em geral, esses modelos baseiam-se em ação gênica epistática.

Modelo de dominância

O modelo de dominância como explicação para heterose parece ter sido proposto inicialmente por Bruce (1910), segundo Cunningham (1980), embora Rendel (1953) cite Jones (1917) como o primeiro a sugerir tal teoria.

Basicamente, essa teoria assume que, em determinados *loci*, diferentes genes tornaramse fixos nas diferentes raças (linhagens) ao longo do processo evolutivo. Fixação significa que todos os genes em uma determinada localização no cromossomo são idênticos. Assim, a ideia é que genes dominantes desejáveis, em algumas localizações do cromossomo, tornaram-se fixos em uma raça, enquanto outros menos desejáveis e recessivos fixaram-se nas mesmas localizações cromossômicas da outra raça. Por exemplo, considere 5 *loci* (A, B, C, D e E), com dominância completa, em duas raças I e II. Cada genótipo homozigoto dominante ou heterozigoto (já que há dominância completa) para determinado *locus* vale, por exemplo, duas unidades, ao passo que os genótipos homozigotos recessivos valem zero. A representação do acasalamento entre I e II poderia ser descrita da seguinte forma (**Tabela 3**).

A raça parental I vale 6 unidades (2 em virtude da AA, 2 de DD e 2 de EE) e a II 8 unidades (2 em virtude da BB, 2 de CC, 2 de DD e 2 de EE), e a média entre elas é 7 - (6+8)/2 = 0 unidades. A progênie cruzada apresenta valor igual a 10 (2 em cada um dos *loci*), já que há dominância completa. Assim, a heterose seria 10 - (6+8)2 = 3 unidades. Além disso, os *loci* D e E não apresentam alelos contrastantes nas raças I e II, de modo que não contribuem para a heterose, nesta teoria. Desconsiderando-se esses *loci*, o valor do vigor híbrido não se altera (raça I = 2, raça II = 4, cruzado = 6 e a heterose seria 6 - (2+4)/2 = 3 unidades). Apesar de os *loci* na maioria das vezes não apresentarem alelos com dominância completa e nem fixos de maneira contrastante nas diferentes raças (como no exemplo anterior), as poucas localizações onde isso acontece são capazes de gerar os níveis de heterose normalmente observados nos cruzamentos (Van Vleck, 1993).

Modelo epistático

Vários pesquisadores vêm procurando desenvolver modelos que incluam interações entre genes em dois ou mais *loci* para explicar a heterose. Normalmente, estes modelos não são muito satisfatórios, pois contêm muitos parâmetros para permitir verificação experimental. Além disso, os resultados produzidos são dependentes da suposição inicial acerca do número de *loci* envolvido, suas frequências gênicas relativas e a natureza das interações interlócus (Sheridan, 1981). A existência de epistasia, na verdade, não pode ser demonstrada, uma vez que não se pode individualizar os genes, sendo pos-

Tabela 3. Representação esquemática do cruzamento entre 2 raças, considerando-se 5 pares de genes.

Raça	Genes					Valor dos genes					Total
	A	B	C	D	E	A	B	C	D	E	
I	AA	Bb	cc	DD	EE	2	0	0	2	2	6
II	aa	BB	CC	DD	EE	0	2	2	2	2	8
Cruza I x II	Aa	Bb	Cc	DD	EE	2	2	2	2	2	10

sível apenas sua inferência a partir de modelos estatísticos descritivos, em experimentos complexos e de grande escala (Madalena, 2002)[1].

Procurando encontrar algum modelo teórico que possa explicar o desempenho pior que o esperado em F2, em populações de aves, Sheridan (1981) desenvolveu um modelo em que o mérito das raças (linhagens) parentais é, em alguma extensão, dependente da ação epistática do gene. No caso mais simples, o autor considerou a situação em que cada uma das duas linhas parentais é homozigota dominante para um diferente par de genes complementares. Por exemplo, considere 4 *loci* A, B, C e D em que existam efeitos epistáticos entre os dois primeiros (A e B) e entre os dois últimos *loci* (C e D). Genótipos com pelo menos um alelo dominante em cada um dos *loci* que interagem são vantajosos (valor 1) em relação aos genótipos em que isso não acontece (valor zero). Assim, tem-se:

***Loci* em epistasia**	**Genótipos**	**Valor**
A e B	A_B_	1
	A_bb = aaB_= aabb	0
C e D	C_D_	1
	C_dd = ccD_ = ccdd	0

Supondo-se o acasalamento entre duas raças 1 e 2, com as constituições genotípicas para esses *loci* mostrada a seguir, a heterose esperada em F1 e F2 (F1 x F1) seria:

Raça 1	**Raça 2**	**F1**	**F2**
AA = 1 BB	aa = 0 bb	Aa = 1 Bb	Com segregação completa = 0,5625
cc = 0 dd	CC = 1 DD	Cc = 1 Dd	Com segregação completa = 0,5625
Total	**= +1**	**+1**	**+2**

Em F1, todos os quatro *loci* não heterozigotos, e os dois pares de gene interlócus separados que eram vantajosos nos parentais estão presentes em todos os indivíduos. Na geração F2, por causa da segregação de apenas 1/8 (0,125 ou 12,5%) desses favoráveis, dois pares de *locus* sobrevivem intactos. O nível de heterose esperado é portanto reduzido dessa proporção. Assim, F2 retém somente 12,5% da heterose de F1.

Retenção de heterozigose e de heterose

A retenção de heterozigose (e de heterose, considerando-se linearidade entre ambas) pode ser calculada conhecendo-se as proporções das raças paternas e maternas envolvidas no cruzamento. Matematicamente, pode-se representá-la da seguinte forma:

$$RH_Z = 1 - \sum_{i=1}^{N} P_{Mi} \cdot P_{Fi}$$

em que:

RH_Z = retenção de heterozigose

P_{Mi} = proporção da raça i em reprodutores

P_{Fi} = proporção da raça i em reprodutoras

N = número de raças envolvidas

A retenção de heterozigose é máxima quando o componente $\Sigma P_{Mi} \cdot P_{Fi}$, que representa o grau de retrocruzamento envolvido no acasalamento, for nulo (não há retrocruza[2]).

Por exemplo, a retenção de heterozigose[3] (individual) em animais F1 provenientes do cruzamento entre machos da raça A e fêmeas da raça B seria:

$$\begin{aligned} \mathbf{RHZ} &= \mathbf{1 - (P_{M(A)} \cdot PF_{(A)} + PM_{(B)} \cdot PF_{(B)})} \\ &= \mathbf{1 - (1 \cdot 0 + 0 \cdot 1)} \\ &= \mathbf{1 \text{ ou } 100\%} \end{aligned}$$

Uma vez que a retenção é máxima, esse acasalamento não envolve retrocruza. Isso pode ser observado no quadro a seguir, em que o grau de retrocruza é dado pela soma das caselas na diagonal principal (em destaque), ou seja, em que os gametas carregam genes para as mesmas raças (0 + 0):

[1] Comunicação pessoal.

[2] retrocruza pode representar não só o acasalamento de um cruzado com um parental puro, mas também o de um animal (puro ou cruzado) com qualquer outro (puro ou cruzado) com o qual ele possui uma ou mais raças (linhagens) ancestrais em comum (Bourdon, 2000).

[3] quando a característica é influenciada também pela heterozigose materna (ou paterna) pode-se utilizar essa mesma expressão para se calcular as retenções de heterozigose materna (ou paterna). A retenção total é dada pelo somatório de todas elas.

Fêmea	Raça A (0)	Raça B (1)
Macho Raça A (1)	**0**	1
Raça B (0)	0	**0**

Os números entre ( ) representam as contribuições das raças no macho e na fêmea.

Em F2 (F1 x F1):

RHZ $= 1 - (P_{M(A)} \cdot PF_{(A)} + PM_{(B)} \cdot PF_{(B)})$
$= 1 - (½ \cdot ½ + ½ \cdot ½)$
$= ½$ **ou 50%** (metade da retenção de F1), representando um grau de retrocruza de 50% (¼ + ¼), conforme ilustrado no quadro a seguir.

Fêmea	Raça A (½)	Raça B (½)
Macho Raça A (½)	**¼**	¼
Raça B (½)	¼	**¼**

Os números entre ( ) representam as contribuições das raças no macho e na fêmea.

Da mesma forma, a retenção de heterozigose e o grau de retrocruza em progênies oriundas do acasalamento entre reprodutores bovinos ½ Nelore + ½ Angus com fêmeas ¼ Nelore + ¼ Angus + ½ Hereford - (N x A) x (H (N x A) - seriam:

RHZ $= 1 - (PM_{(N)} \cdot PF_{(N)} + PM_{(A)} \cdot PF_{(A)} + PM_{(H)} \cdot PF_{(H)})$
$= 1 - (½ \cdot ¼ + ½ \cdot ¼ + 0 \cdot ½)$
$= 1 - ¼ = 0{,}75$ **ou 75%**

e o grau de retrocruza:

Fêmea	Raça N (¼)	Raça A (¼)	Raça H (½)
Macho Raça N (½)	**1/8**	1/8	¼
Raça A (½)	1/8	**1/8**	¼
Raça H (0)	0	0	**0**

Os números entre ( ) representam as contribuições das raças no macho e na fêmea.

Logo, o grau de retrocruza será 1/8 + 1/8 = ¼, indicando que 25% dos genes na progênie serão oriundos da mesma raça, não ocorrendo heterozigose por origem de raça. Assim, 1 - 0,25 será a heterozigose esperada.

Heterose e ambiente

A magnitude da heterose observada pode variar conforme o ambiente no qual os animais são criados, esperando-se níveis mais elevados em ambientes menos favoráveis (Cunningham, 1981). Esse fato tem sido constatado em pesquisas com organismos de laboratório, seres humanos (anemia falciforme em ambientes nos quais há malária) e em animais domésticos (cruzamento entre raças bovinas tropicais e de clima temperado).

Considerando-se este último aspecto, Cunningham (1981) propôs um modelo (**Figura 1**) para diferentes heteroses e efeitos aditivos no cruzamento de duas raças bovinas, uma adaptada a condições tropicais (local) e outra adaptada a clima temperado (exótica), em ambientes favoráveis (bom nível nutricional, sanidade, controle de ecto e endoparasitas, etc.) e desfavoráveis (altas temperaturas, baixo nível nutricional, etc.).

Uma vez que a heterose é mensurada como um desvio dos cruzados em relação à média parental, o fato de diferir em ambientes distintos pode ser tanto ocasionado pelo desempenho dos cruzados, quanto das raças parentais. Sob certas condições severas de ambiente, o desempenho de um ou ambos parentais pode cair bastante, e os cruzados (F1) mostrarem considerável heterose. Por outro lado, em ambientes favoráveis à raça exótica, poderá produzir próximo ao seu potencial genético, mas a local não melhora significativamente seu desempenho, de forma que a superioridade de F1 em relação à média parental diminui. Assim, em ambientes desfavoráveis, a diferença de desempenho entre F1 e a raça local é principalmente devida à heterose, enquanto nos favoráveis é, fundamentalmente, decorrência de diferenças aditivas entre as raças. Essa observação pode ser explicada por limitações fisiológicas de estresse em ambientes pobres e potencial genético em ambientes favoráveis (Mason *et al.*, 1982).

Explorar a complementaridade de raças

Em termos gerais, complementaridade refere-se à utilização de características desejáveis de duas ou mais raças (ou combinação delas) a fim de alcançar uma frequência de genes favoráveis entre os cruzados maior do que se poderia encontrar dentro de uma única raça (ou combinação) (Halam *et al.*, 1999). Em outras palavras, os pontos fortes de uma ou mais raças podem ser utilizados para compensar fraquezas em outras raças.

Considerando-se essa definição, a primeira razão apresentada para se realizar cruzamentos (efeito médio de raças) poderia ser enquadrada como um tipo de complementaridade de raças. Nesse caso, a complementaridade seria simplesmente uma função aditiva dos méritos genéticos aditivos das raças parentais, de modo que o desempenho dos cruzados encontrar-se-iam exatamente na média dos parentais (ver efeito médio de raças).

Por outro lado, no entanto, em algumas ocasiões, a complementaridade de raças pode se apresentar como uma função multiplicativa dos méritos genéticos aditivos das raças parentais, conhecida também como *heterose econômica* (Val Vleck, 1993). Assim, os cruzados resultantes poderiam não ser superiores para uma característica isoladamente, mas no desempenho geral. Por exemplo, considerem-se duas raças bovinas (I e II) de carne cujos os animais sejam comercializados após a desmama, e três caracteres avaliados nelas e na progênie cruzada (**Tabela 4**).

Observe que os caracteres porcentagem de animais desmamados e peso na desmama complementam-se nas duas raças: em I há alta % de desmamados, mas com peso menor; e na II o contrário (vides setas). Assim, embora não haja heterose nesses caracteres isoladamente, o produto entre eles resulta em uma característica com heterose econômica. A descrição a seguir mostra esse aspecto.

% de desmamados	média parental = 75 média dos cruzados = 75	heterose = 0
peso na desmama	média parental = 235 média dos cruzados = 235	heterose = 0
kg vendido/fêmea	média parental = 174,5 média dos cruzados = 176,25	heterose = 1,75 kg ou 1%

A característica quilos vendidos por fêmea (a x b), na 3ª coluna, representa a multiplicação das outras 2 características (% de animais desmamados (a) e peso na desmama (b). Assim, 176,25 vêm do produto de 75% (desmamados) x 235, da mesma forma que 160 vêm da multiplicação de 80% x 200, e assim por diante.

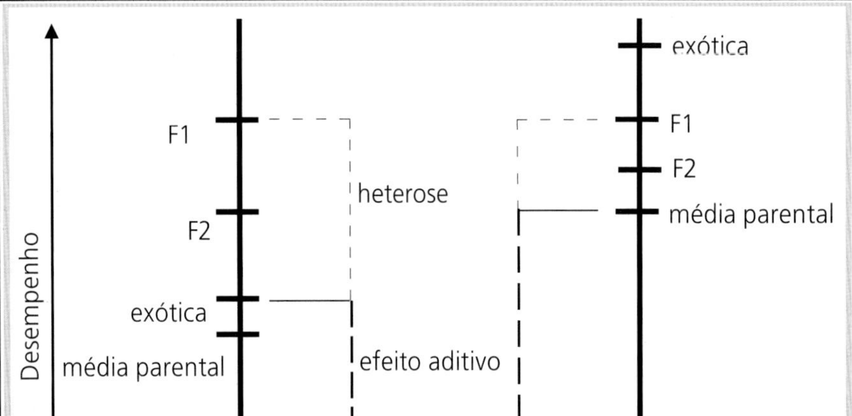

Figura 1. Representação de diferentes heteroses e efeitos aditivos no cruzamento de duas raças em ambientes favoráveis e desfavoráveis (adaptado de Cunningham, 1981).

Introdução de novo(s) gene(s) ou substituição de uma população (raça)

Embora seja possível introduzir genes específicos de uma população em outra, a partir de técnicas biomoleculares, os cruzamentos apresentam-se como uma alternativa quando as populações consideradas são compatíveis em termos reprodutivos.

Tabela 4. Descrição de três características de importância econômica em duas raças bovinas e na progênie cruzada.

Raça	% de animais desmamados (a)	Peso na desmama (kg) (b)	Quilos vendidos por fêmea (a x b)
I	80↑	200↓	160
II	70↓	270↑	189
Cruza (I x II)	75	235	176,25

A partir de uma série de retrocruzamentos de uma raça com outra, pode-se introduzir novos genes para caracteres desejáveis em uma população, ou substituí-la por outra.

Introdução de um novo gene

Imagine uma população de determinada raça bovina A em que se deseja introduzir um gene Z dominante (mocho) qualquer presente em uma raça B. Os genótipos dos animais sem o gene, portadores e homozigotos para ele são representados por _ _ ; Z _ e ZZ, respectivamente. Considere, inicialmente, que só estão disponíveis para acasalamento reprodutores heterozigotos da raça B. Assim,

Geração	Raça A	Raça B
0	População inicial de fêmeas_ _	Reprodutor portador de XZ _
1	50% _ _ 50% Z _	

Uma vez que o gene Z é dominante, após a primeira geração retiram-se os animais da reprodução e acasala-se a progênie selecionada Z _ novamente com animais da raça (A) sem o gene Z (_ _). Isso porque a retrocruza com animais Z _ (raça B) provocaria uma aproximação com essa raça na progênie da segunda geração, distanciando-a da raça A. E o objetivo não é substituir a raça A e criar a raça com o gene Z, mas apenas introduzi-lo em A. Dessa forma, as retrocruzas são sempre com esta raça (**Tabela 5**).

Ao longo das gerações, observa-se que maior proporção da progênie da raça A apresenta o gene desejável Z. Se a amostra inicial é grande e representativa, na maioria das vezes, três, ou no máximo quatro gerações de retrocruzamentos, são suficientes para introduzir um gene (Nicholas, 1987). Segundo esse autor, o passo seguinte do programa de introdução depende do tipo de ação gênica envolvido. Se o gene desejável é dominante (como no exemplo ilustrado), todos os descendentes com a característica desejável serão heterozigotos (Z _) que segregarão ao longo das gerações. Acasalando-se esses animais entre si (Z _) x (Z _), a etapa posterior será distinguir os animais homozigotos e heterozigotos produzidos nas gerações seguintes e eliminar da reprodução estes últimos.

Por outro lado, se o gene desejável é recessivo, trata-se simplesmente de se formar uma nova *variedade* a partir dos descendentes que apresentam a característica desejável e acasalá-los, pois, nas gerações posteriores, todos os animais serão homozigotos para o gene desejável.

Substituir uma população (raça, linhagem) ou proporção de genes (grau de sangue):

Em determinadas situações, por um motivo qualquer (mudança no cenário de produção e/ou mercado, necessidade ou vontade dos criadores, etc.), objetiva-se substituir a raça que vem sendo criada por uma outra. Existem, basicamente, duas formas de se fazer isto:

a) vender o rebanho atual inteiro de fêmeas e adquirir animais da raça desejada; e

b) substituir o rebanho gradativamente. Quanto a este último aspecto, duas situações devem ser consideradas (Simm, 1998):

1) se as fêmeas de reposição normalmente são adquiridas em outros rebanhos, pode-se substituí-las comprando aos poucos os animais da raça que se pretende passar a criar;

2) se a reposição das fêmeas é realizada no próprio rebanho, pode-se substituí-las a partir de cruzamentos contínuos ou absorventes, os quais envolvem seguidos retrocruzamentos com a raça desejada (**Tabela 6**).

Esse tipo de cruzamento foi bastante utilizado no Brasil Central para substituir os bovinos *Pé-duro* existentes por animais de raças zebuí-

Tabela 5. Esquema representando a introdução de um novo gene dominante em uma raça A, a partir do cruzamento com uma raça B.

Geração	Esquema de cruzamento			Proporção média da raça A na progênie com o gene desejável Z
0	A	x	B	
1	progênie selecionada		A	
	Z _	x	_ _	1 / 2
2	progênie selecionada		A	
	Z _	x	_ _	3 / 4
3	progênie selecionada		A	
	Z _	x	_ _	7 / 8
4	progênie selecionada		A	
	Z _	x	_ _	15 / 16
:	:	:	:	:
n	progênie selecionada		A	
	Z _	x	_ _	1 - (½) n

Fonte: Nicholas (1987 - adaptado).

nas trazidas por colonizadores portugueses (Giannoni e Giannoni, 1983), e estão entre as atuais opções de acasalamentos para se obter a raça bovina Canchim, desenvolvida pelo Núcleo da Embrapa de São Carlos, Estado de São Paulo. Animais da quarta geração são registrados com Canchim. A **Tabela 7**, a seguir, ilustra esse esquema.

O número de gerações de retrocruzamento necessário para que os animais possam ser considerados pela inscrição oficial, como *puros por cruzamento,* (conhecido como PC) varia, na maioria das raças, entre 4 e 5 (15/16 e 31/32). A questão de qual deve ser o número de gerações para que se possa aceitar os descendentes como *PC* é bastante discutível e, segundo Nicholas, (1987), completamente sem sentido. Isso porque, excetuando-se a progênie da primeira geração, em que todos os animais possuem 50% de genes de cada raça parental, nas demais não é possível precisar que proporção de genes migrantes tem determinado animal (repare que, na **Tabela 6**, após a primeira geração, todos os animais apresentam probabilidades entre ½ e 1). Evidentemente que as proporções médias são mais prováveis, mas é possível que um determinado animal da segunda geração tenha mais de 15/16 de seus genes migrantes e, com igual probabilidade apenas metade deles (½). Isso acontece em razão de a segregação dos gametas, nos cruzados da primeira geração e em todos demais subsequentes, originarem grande variedade de combinações que vão desde gametas que só possuem genes da raça existente, até os que contêm somente genes migrantes.

Assim, segundo esse autor, os criadores aumentariam as características de importância econômica mais rapidamente se parassem a absorção após o primeiro ou, no máximo, o segundo retrocruzamento e se concentrassem somente na seleção, permitindo que os genes migrantes encontrem sua própria proporção ótima para um sistema particular de produção. Além disso, retrocruzamentos repetidos tendem a eliminar todos os genes da população que se deseja substituir, considerando-se sua contribuição, principalmente em aspectos adaptativos, totalmente inútil para a raça migrante que se está desenvolvendo.

Formação de novos grupos genéticos (raças puras, compostas)

Embora o detalhamento de raças compostas seja apresentado em um item à parte mais adiante, é oportuno antecipar comentários a seu respeito, juntamente com a descrição de novas raças puras. Segundo Bourdon (2000), a diferen-

Tabela 6. Cruzamento contínuo visando à substituição da raça A pela B (migrante).

Geração	Mãe	Pai	Fração de genes da raça B* Mínima	Média	Máxima	Heterozigose (%)*
0	A	X B				
1	[AB]	X B	1/2	1/2	1/2	100
2	[(AB)B]	X B	1/2	3/4	1	50
3	[((AB)B)B]	X B	1/2	7/8	1	25
4	[(((AB)B)B)B]	X B	1/2	15/16	1	12,5
5	[((((AB)B)B)B)B]	X B	1/2	31/32	1	6,25
6	etc.		1/2	63/64	1	3,125

Tabela 7. Esquema para obtenção da raça Canchim a partir de cruzamentos contínuos ou absorventes.

Geração	Vaca		Touro
0	Zebu ou Charolês	X	Canchim
1	**" A "**	X	Canchim
2	**" T1 "**	X	Canchim
3	**" V "**	X	Canchim
4	Canchim		

Fonte: ABCCAN (2002) - adaptado.

ça básica entre uma nova raça pura e uma raça composta é que nesta não há somente preocupação em se melhorar o valor genético aditivo dos animais a partir de seleção (como em uma nova raça pura), mas também em se manter altos níveis de heterose. Isso significa que, se uma raça dita composta for exposta a intensos acasalamentos consanguíneos, com consequente diminuição de heterozigose (e heterose), poderá tornar-se simplesmente uma outra raça pura. Por outro lado, se os níveis de endogamia mantiverem-se reduzidos, a população não perderá sua habilidade de reter heterose e poderá continuar sendo chamada de composta.

Assim como nas raças compostas, a formação de novas raças puras justifica-se quando as existentes não estão bem adaptadas às condições econômicas e/ou ambientais do local onde são criadas, ou quando a utilização sistemática de cruzamentos não é fácil (Lôbo e Reis, 1989). Segundo esses autores, para o eficiente desenvolvimento de novas raças há necessidade de ampla disponibilidade de animais, uso de bons métodos de registro e constante atenção para a detecção de méritos e defeitos do rebanho. O número de gerações necessário para sua criação depende da eficiência dos métodos empregados e, em certa extensão, da sorte, uma vez que a justificativa para o uso de determinada raça dentro do programa de formação normalmente apresenta várias inconsistências quando submetida a questionamentos lógicos (Lôbo e Reis, 1989).

Em meados do século passado, vários trabalhos iniciaram-se no País, especialmente em bovinos, objetivando a formação de novas raças que combinassem a rusticidade das raças *zebuínas* com o potencial de produção das raças *europeias*. Naquela época, a proporção de genes (ou *grau de sangue*) comumente utilizada era 5/8 europeia e 3/8 zebuína, em função dos resultados obtidos na criação da raça Santa Gertrudis (5/8 Shorthorn + 3/8 Brahma) pelo *King Ranch*, localizado no Estado do Texas, Estados Unidos.

Exemplos de raças bovinas nacionais com essa proporção de genes são mostrados na **Tabela 8**, ao passo que alguns esquemas possíveis para obtenção dessa proporção encontram-se na **Tabela 9**.

Embora a maioria das espécies e sistemas de produção possa enquadrar-se em esquemas de cruzamento, usufruindo de seus benefícios, fatores biológicos e econômicos devem ser considerados antes de sua aplicação. Os problemas normalmente associados à utilização de cruzamentos referem-se à taxa reprodutiva (alguns sistemas podem não ser aplicáveis em espécies com baixa fertilidade), manejo adicional e falta de avaliação do mérito genético em animais não puros (Swan e Kinghorn, 1992). Alguns sistemas de cruzamento são descritos a seguir.

Sistemas de cruzamento

Antes de delinear qualquer programa de cruzamento é importante que se descreva o cenário de produção, determinado pelos objetivos, nível de tecnologia, exigências de mercado, disponibilidade e qualidade de mão de obra, número de animais, área disponível e ambiente de produção. A consideração desses fatores possibilita o estudo de prioridades em sistemas de cruzamento (Anderson, 1990). Por exemplo, se um criador de bovinos de corte possui propriedade com alimentação abundante e deseja comercializar bezerros desmamados todo ano, a produção de leite das vacas terá alta prioridade no sistema. Por outro lado, se a intenção do produtor é alimentar seus animais até o abate, vacas com produção de leite menor e a possibilidade de tomar vantagem do ganho compensatório pós-desmama poderá ser a melhor opção.

Da mesma forma, segundo o último autor, se a disponibilidade e qualidade da mão de obra são baixas, e as vacas observadas esporadicamente, a facilidade de parto (nascimento sem necessidade de assistência) deve ter prioridade alta, ao passo que, em rebanhos nos quais o trabalho é abundante e as fêmeas diariamente observadas, sua prioridade poderia não ser tão elevada.

Além disso, existem cenários de produção em que a melhor opção é simplesmente não realizar cruzamentos, e sim criar animais puros. Por exemplo, em grande parte dos países industrializados a maior fatia da exploração leiteira em bovinos origina-se de animais puros da raça Holandês (Bourdon, 2000).

Embora existam algumas divergências na literatura, pode-se distinguir os seguintes sistemas de cruzamentos (*figura ao lado*).

Sistemas de Cruzamento

- **Contínuos ou Absorventes**
  - → Introduzir gene
  - → Substituição de raça ou grupo genético
- **Rotacionais ou Alternados**
  - → Rotações no espaço
  - → Rotações no tempo
- **Terminais ou Específicos**
  - → Estáticos
  - → Rotacionais ou Rototerminais
- **Compostos**
  - → Puros
  - → Terminais

Fatores como níveis de heterose, complementaridade, consistência de desempenho, reposição de fêmeas, acurácia da predição genética e simplicidade devem ser considerados quando se avaliam os diferentes sistemas de cruzamentos mencionados (Bourdon, 1999). Nesse sentido, não serão feitas considerações desses aspectos para cruzamentos contínuos ou absorventes apresentados anteriormente, cujo objetivo é introduzir um novo(s) gene(s) ou substituir uma população por outra.

Tabela 8. Proporção de genes em algumas raças bovinas nacionais.

Raça	5/8 Europeia	3/8 Zebuína
Girolando	Holandês	Gir
Lavínia	Pardo - Suíço	Guzerá
Pitangueiras	Red - Poll	Guzerá
Ibagé	Angus	Nelore
Canchim	Charolês	Indu-Brasil *
		Guzerá
		Nelore

* principal raça zebuína utilizada.

<u>Escolha das raças</u>

As diferenças morfológicas, comportamentais, fisiológicas e zootécnicas entre as raças (grupos genéticos) podem ser atribuídas às distintas pressões de seleção às quais foram submetidas ao longo do processo evolutivo (Barbosa, 2000). Sob o ponto de vista genético, essas diferenças entre raças podem refletir não só alelos distintos existentes entre elas, mas também alelos semelhantes com frequências diferentes nas raças.

Tabela 9. Esquema para obtenção da proporção 5/8 europeia + 3/8 zebuína quando se dispõe de machos zebuínos (a) e quando não se dispõe (b).

a) com machos zebuínos				**b) sem machos zebuínos**			
Geração	**Esquema**			**Geração**	**Esquema**		
	Fêmea		**Macho**		**Fêmea**		**Macho**
0	Z	x	E	0	Z	x	E
1	½ E + ½ Z	x	Z	1	½ E + ½ Z	x	E
2	¾ Z + ¼ E	x	E	2	¾ E + ¼ Z	x	½E + ½ Z
3	5/8 E + 3/8		Z	3	5/8 E + 3/8		Z

A escolha das raças a se incluir nos sistemas de cruzamentos é passo inicial e de fundamental importância para obtenção de programas bem sucedidos. No entanto, essa escolha não envolve nenhuma regra específica, uma vez que raças (ou combinação delas) mais apropriadas para determinados rebanhos, sujeitos a condições particulares (alimentação, clima, espaço disponível, mercado, etc.), podem não ser as mais próprias para rebanhos sob circunstâncias distintas.

Por outro lado, o conhecimento do nível de desempenho esperado nas características de importância econômica das diferentes raças que se pretende utilizar é fundamental para a escolha das raças a se cruzar. Nesse sentido, pesquisadores norte americanos (Cundiff *et al.*, 1994 - ligados ao *Meat Animal Research Center* (MARC), *Clay Center* e Departamento de Zootecnia da Universidade de Nebrasca-Lincoln), considerando as diferenças de desempenho nas características: taxa de crescimento e tamanho na maturidade, relação carne magra (músculo) / gordura, idade na puberdade e produção de leite em bovinos, agruparam algumas das diversas raças em sete tipos biológicos (**Tabela 10**), para facilitar a visualização relativa entre seus desempenhos. Os desempenhos são ilustrados pela letra X, de forma que quantidades maiores dessa letra significam fenótipos relativamente mais altos para a característica (mínimo X, máximo XXXXX).

O ideal seria que os programas de cruzamentos acasalassem raças que se complementem, de modo que o produto gerado fosse mais completo e livre de problemas.

Cruzamento específico ou terminal estático

Esses sistemas de cruzamento, também conhecidos como industrial, utilizam um padrão específico de constantemente acasalar uma particular raça de machos com uma particular raça (ou combinação) de fêmeas. O resultado são progênies que não retornam ao sistema terminal com duas raças.

O cruzamento terminal com duas raças envolve o acasalamento entre fêmeas de uma raça (A, por exemplo), com machos puros de uma raça diferente (B), resultando em progênies (denominadas F1) que serão comercializadas (machos e fêmeas). Esquematicamente (A x B):

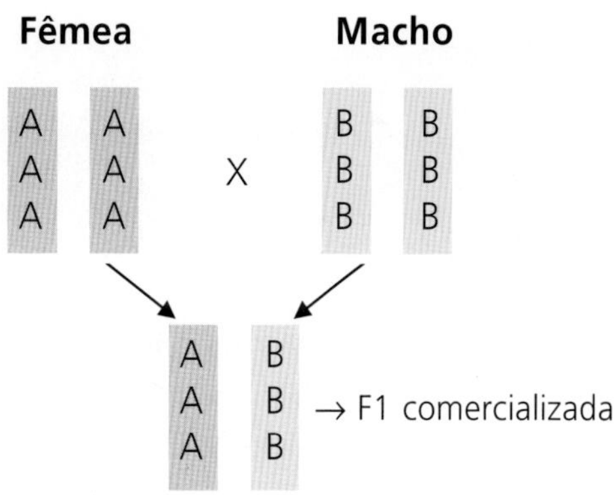

(½ A + ½ B)

Uma vez que somente progênies ½ A + ½ B são produzidas nesse sistema, se realizado de modo contínuo, há necessidade de se repor as fêmeas puras da raça A que ficam velhas, com falhas reprodutivas, morrem, etc., de outra fonte, já que o terminal não as produz. Por outro lado, esse sistema produz animais com 100% de heterozigose e heterose individual máxima, uma vez que os parentais são de raças distintas. Além disso, existe a possibilidade de se maximizar a complementaridade, buscando-se raças de reprodutores especializadas em características paternas e de fêmeas superiores em maternas.

A composição racial constante (½ A + ½ B)

Tabela 10. Caracterização de alguns grupos raciais bovinos de acordo com seu tipo biológico em quatro critérios.

Grupo racial	Tamanho na maturidade e Taxa de crescimento	Relação carne magra / gordura	Idade na puberdade	Produção de leite
Charolês	XXXXX	XXXXX	XXXX	X
Chianina	XXXXX	XXXXX	XXXX	X
Limousin	XXX	XXXXX	XXXX	X
Simental	XXXXX	XXXX	XXX	XXXX
Gelbvieh	XXXX	XXXX	XX	XXXX
Holandês	XXXX	XXXX	XX	XXXXX
Braunvieh	XXXX	XXXX	XX	XXXX
Sahiwal	XX	XXX	XXXXX	XXX
Brahman	XXXX	XXX	XXXXX	XXX
Nelore	XXXX	XXX	XXXXX	XXX
Brangus	XXX	XX	XXXX	XX
Sta Gertrudis	XXX	XX	XXXX	XX
South Devon	XXX	XXX	XX	XXX
Tarentaise	XXX	XXX	XX	XXX
Pinzgauer	XXX	XXX	XX	XXX
Red Poll	XX	XX	XX	XXX
Devon	XX	XX	XXX	XX
Hereford-Angus	XXX	XX	XXX	XX
Shorthorn	XXX	XX	XXX	XXX
Jersey	X	X	X	XXXXX
Longhorn	X	XXX	XXX	XX

produzida garante a uniformidade e consistência da progênie desse sistema, embora não explore a heterose materna, uma vez que as mães são puras (A).

A fonte de reposição de fêmeas puras (A) é o maior problema desse e de todos os cruzamentos terminais estáticos, uma vez que esses sistemas não as produzem. Assim, é necessário repô-las a partir de um segundo rebanho do mesmo criador, ou comprá-las de outros rebanhos. Em situações em que a área e a mão de obra são escassas, e a alimentação não é produzida na própria fazenda, a segunda alternativa (compra) pode ser mais conveniente, principalmente em rebanhos com tamanho reduzido, nos quais problemas com a consanguinidade podem ser contornados. No entanto, não criar a própria reposição significa depender da qualidade e preços oferecidos pelo mercado, muitas vezes não convidativos.

A alternativa de se separar parte do rebanho de fêmeas puras (entre 50% a 60%, em espécies uníparas) para acasalamento com machos da mesma raça (a fim de gerar fêmeas puras para reposição), e o restante para cruzamento com reprodutores de raça distinta, poderia resolver o problema da reposição, mas implicaria em manejos mais complicados (grupos diferenciados de criação) e diminuição na complementaridade e heterose do sistema como um todo (uma vez que apenas uma porcentagem das fêmeas está sendo acasalada com machos de outra raça). A utilização desse sistema com reposição é praticável em espécies múltiparas, nas quais poucas fêmeas são necessárias para produzir a reposição. O emprego de biotecnologias reprodutivas poderia auxiliar esse esquema em espécies uníparas. A **Figura 2**, a seguir, ilustra um terminal de duas raças com reposição.

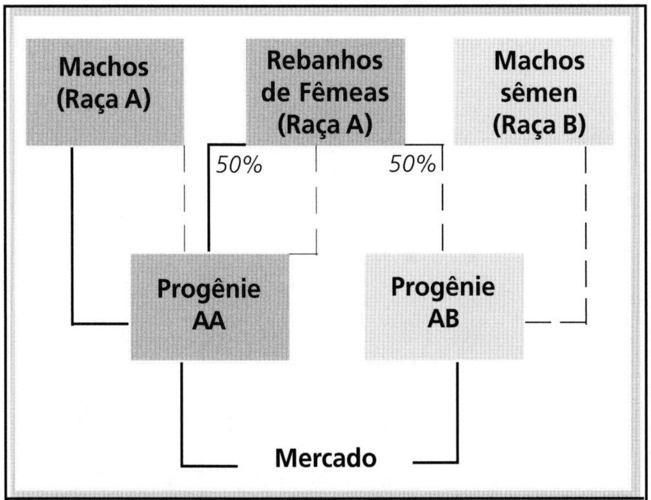

Figura 2. Diagrama de um sistema de cruzamento terminal com duas raças e reposição. Fonte: adaptado de Van Vleck *et al.* (1987).

Retrocruzamento

O retrocruzamento inicia-se como um terminal de duas raças (A e B) produzindo cruzados F1 (½ A + ½ B), cujas fêmeas, ao invés de vendidas, serão acasaladas com uma das raças parentais (**Figura 3**).

Nesse sistema, as mães das retrocruzas apresentam heterozigose e heterose máximas (pois são ½ A + ½ B), esperando-se alta habilidade materna. Porém, o fato de se acasalarem com machos (B) cuja composição racial compartilham em 50%, reduz a heterose individual das retrocruzas a 50% da máxima.

Se o criador adquire as fêmeas ½ A + ½ B de outros rebanhos (por exemplo de sistemas terminais com duas raças) e as acasala com a raça A, o sistema é tão simples quanto um terminal de duas raças, caso contrário o manejo torna-se mais complexo, pois há necessidade de pelo menos dois grupos de criação.

Assim como no terminal de duas raças (e todos os demais terminais estáticos), há necessidade de se adquirir reposição, pois o sistema não se autoperpetua. Normalmente, é utilizado quando se deseja alta proporção de uma particular raça bem adaptada ao ambiente de produção.

Terminal com três raças

O cruzamento terminal com três raças envolve o acasalamento de fêmeas F1 cruzadas (½ A + ½ B, por exemplo), com reprodutores de uma terceira raça (C, por exemplo) denominados terminais (**Figura 4**).

Esse sistema aproveita, inteiramente, tanto a heterose materna quanto a individual, pois as mães F1 (A x B) são cruzadas, e a raça reprodutor terminal com elas acasalada não tem qualquer composição racial em comum (C). Além dis-

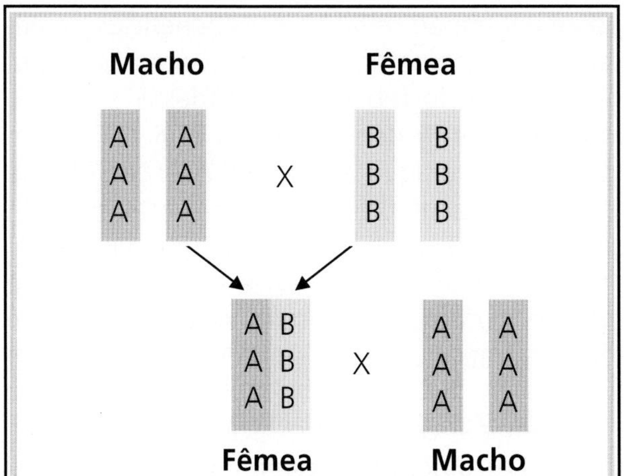

Figura 3. Retrocruzamento de progênies ½ A + ½ B com a raça parental B.

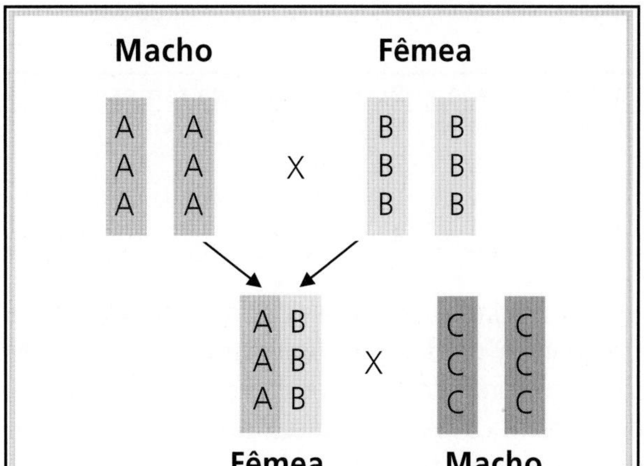

Figura 4. Esquema de um cruzamento terminal com três raças.

so, permite alta utilização da complementaridade de raças, uma vez que as raças paternas e maternas especializadas podem ser escolhidas por suas potencialidades para contribuição no cruzamento.

Na medida em que machos e fêmeas gerados no terminal com três raças (¼ A + ¼ B + ½ C) são vendidos, novamente tem-se o problema da reposição de animais (fêmeas, essencialmente). Se as fêmeas de reposição F1 são adquiridas de fontes externas, o sistema é simples e pode envolver apenas um grupo (local) de criação. Por outro lado, se a reposição é realizada dentro do próprio rebanho, o sistema torna-se de manejo complexo, e os níveis de heterose e complementaridade são sacrificados, quando se considera a população como um todo.

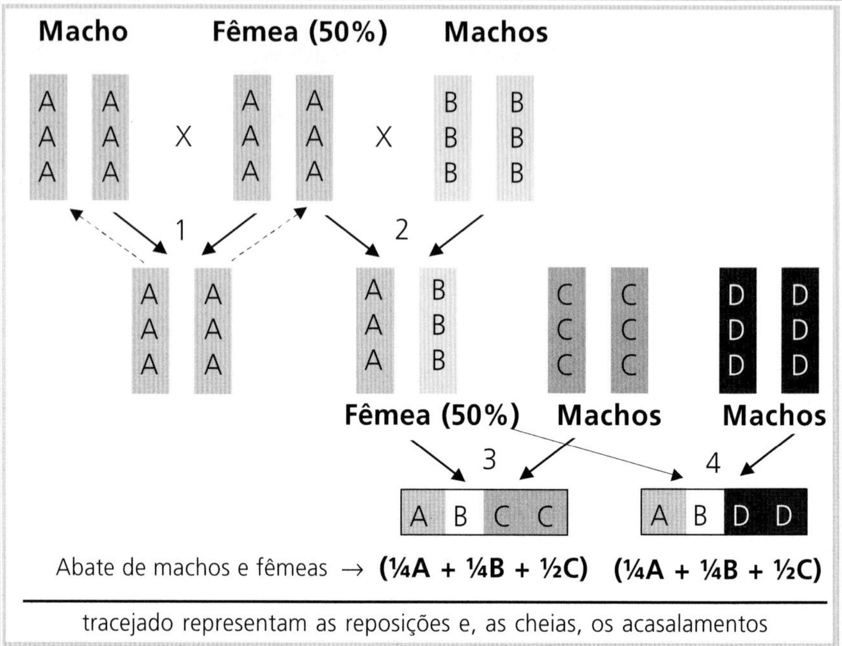

Figura 5. Esquema de um cruzamento terminal com três (quatro) raças e reposição. As setas em tracejado representam as reposições e, as cheias, os acasalamentos.

Um esquema de cruzamento terminal com três raças bovinas (que em algumas situações pode envolver uma quarta) e reposição de fêmeas está ilustrado a seguir (**Figura 5**)

Observe que, no sistema apresentado, as fêmeas são divididas em quatro unidades:

Macho	Fêmea	Porcentagem de fêmeas
1 - A	x A	25 → 50% das fêmeas AA
2 - B	x A	25
3 - C	x (B x A)	10 → 50% das fêmeas ½ A + ½ B
4 - D	x (B x A)	40

A unidade 1 gera fêmeas de reposição para si e para a unidade 2. As vacas dessa unidade são acasaladas com reprodutores de uma segunda raça - B (25% das fêmeas do rebanho), a fim de produzirem fêmeas cruzadas (B x A) das unidades 3 e 4. As porcentagens indicadas, no quadro acima, foram estabelecidas por pesquisadores da Universidade de Michigan - USA (Harlan *et al.*, 1994). A utilização de uma raça mais (no caso C) objetiva acasalar as fêmeas prímiparas a fim de evitar problemas de parto. Assim sendo, apenas uma porcentagem pequena (estabelecida pelos pesquisadores em 10%) das fêmeas cruzadas será acasalada com aquela raça, uma vez que o forte da exploração será com a raça D.

Esse sistema é bastante complexo do ponto de vista do manejo (4 raças, 4 grupos de criação se não há inseminação artificial) e limita a porcentagem do rebanho com benefícios da heterose: a materna pode ser aproveitada em apenas metade do rebanho (unidades 3 e 4), e a individual em ¾ dele (unidades 2, 3 e 4). Além disso, uma vez que aproximadamente 90% de todas as fêmeas produzidas por vacas puras A são requeridas para reposição, a pressão de seleção é bastante baixa entre as novilhas. Esse tipo de cruzamento é pouco recomendado em termos práticos.

Terminal com quatro raças

O cruzamento terminal com quatro raças consiste em se acasalar descendentes F1 provenientes de dois cruzamentos terminais com duas raças, a fim de produzir progênie para comercialização (**Figura 6**).

Uma vez que mães e pais da progênie gerada (¼ A + ¼ B + ¼ C + ¼ D) são cruzados, (½ A + ½ B) e (½ C + ½ D), respectivamente, esse

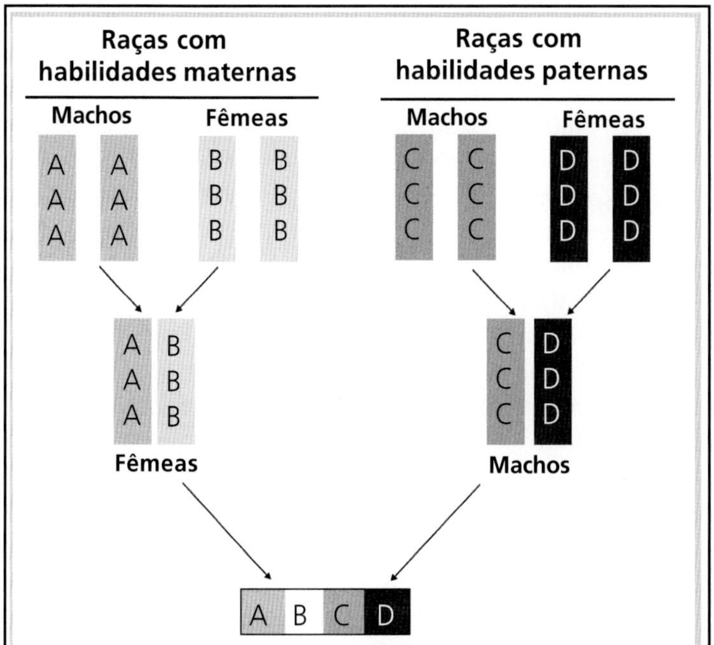

Figura 6. Esquema de um cruzamento terminal com quatro raças.

terminal permite não só o inteiro aproveitamento da complementaridade de raças e heterose individual, mas também das heteroses paterna e materna. Problemas com reposição seguem os mesmos princípios descritos para os outros terminais.

Embora bastante utilizado em avicultura, poucas espécies domésticas executam este sistema, principalmente em razão da dificuldade em se encontrar quatro populações distintas que apresentem mérito genético suficiente para justificar sua inclusão no cruzamento.

Assim, não obstante a exploração da heterose e complementaridade de raças serem máximas nesse sistema, é necessário ponderar se os descendentes (¼ A + ¼ B + ¼ C + ¼ D) realmente apresentam desempenho superior ao de outros cruzados terminais mais simples.

A **Figura 7**, ilustra-se esquema contendo todos os sistemas de cruzamentos terminais apresentados.

Entendendo-se que a compreensão se tornará mais simples, considerações acerca do sistema *terminal rotacional* ou *rototerminal* serão realizadas após a apresentação dos cruzamentos rotacionais (ou alternados) descritos a seguir.

Cruzamento rotacional ou alternado

Em vários momentos, os sistemas de cruzamento exigem dos criadores a tomada de decisões. Além de escolher qual raça incluir ou as características desejáveis, o produtor deve decidir como realizará a reposição dos animais, especialmente em espécies uníparas. Três situações são expostas nesse sentido: comprar reposição, acasalar uma proporção das fêmeas puras com machos da mesma raça (fatores comentados anteriormente), ou reter fêmeas cruzadas para a reposição. Qualquer uma delas pode ser viável, dependendo das circunstâncias envolvidas (número de animais, disponibilidade e qualidade de mão de obra, utilização de inseminação artificial, área, etc.).

Uma das formas de se realizar a retenção de fêmeas é a partir dos cruzamentos rotacionados, os quais consistem em uma forma de retrocruzamento na qual as raças de reprodutores são alternadas (rotacionadas) em uma sequência específica (Kinghorn, 1993).

Os rotacionais podem utilizar todas as raças de reprodutores simultaneamente (espaciais) ou em uma determinada sequência (temporais).

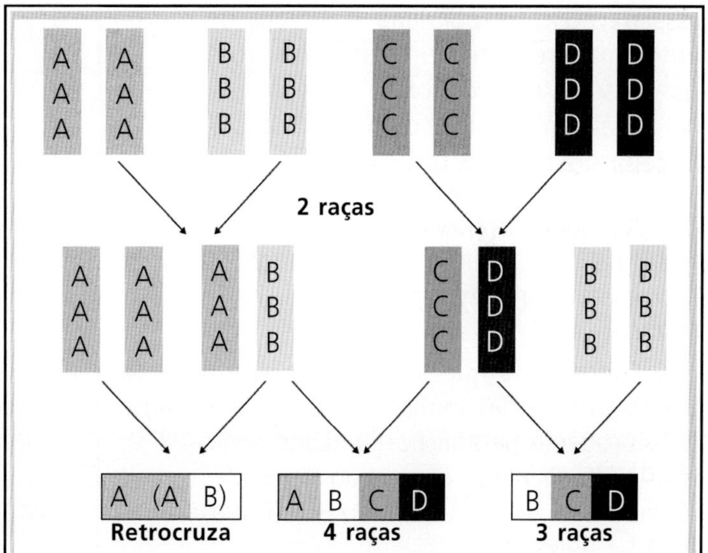

Figura 7. Esquema de cruzamentos terminais apresentados.

Rotacional espacial

Os rotacionais são ditos espaciais quando todas as raças de reprodutores que participam do sistema são empregadas simultaneamente (mas separadas em espaços distintos), e as fêmeas de reposição migram de seus locais de nascimento para acasalarem-se com machos de composição racial *mais distinta* das suas (Bourdon, 2000).

Rotacional espacial com duas raças

Nesse sistema, duas raças (A e B) são acasaladas, e as fêmeas de reposição retidas das progênies cruzadas (AB) acasalam-se com uma das raças parentais (A ou B), em retrocruzamentos alternados. A cada geração, as fêmeas de reposição acasalam-se com reprodutores de raça distinta daquela de seus pais (**Figura 11**).

Quando o rotacional é iniciado, as progênies F1 apresentam 100% de heterozigose, valor reduzido à metade na segunda geração em virtude do retrocruzamento com uma das raças parentais. A heterozigose varia ao longo das gerações posteriores com flutuações em cada uma delas, tornando-se menor até que a composição racial e a heterozigose alcancem um equilíbrio (aproximadamente após sete gerações). A proporção racial no equilíbrio é dada pela expressão $(2^{n-1}) / (2^{n-1})$, em que *n* é o número de raças que participam do rotacionado espacial. No exemplo mostrado com duas raças, a proporção no equilíbrio seria: $(2^{2-1}) / (2^{2-1}) = 2/3$. Essa fração corresponderia à da raça de reprodutor mais recentemente utilizada no sistema. Assim, se os machos forem da raça A, a progênie gerada no equilíbrio teria 2/3 dessa raça e metade disso (uma geração anterior) 1/3.

Da mesma forma, em rotacionais com três raças (A, B e C) ter-se-ia:

$$(2^{3-1}) / (2^{3-1}) = 4/7$$

Supondo-se que a sequência de utilização das raças paternas tenha sido A, B e por último C, a progênie gerada no equilíbrio seria 4/7 C, mais metade dessa proporção de B (2/7), mais metade dessa fração de A (1/7), ou seja;

4/7 C + 2/7 B + 1/7 A

A principal vantagem dos rotacionais de duas ou mais raças é a possibilidade de gerar fêmeas de reposição dentro do próprio sistema, não havendo necessidade de adquiri-las de outras fontes ou criá-las em um segundo rebanho especial. Por outro lado, as heteroses individuais e maternas não são máximas (no equilíbrio), pois pais e mães apresentam 1/3 de composição racial comum, de modo que apenas 2/3 do potencial de heterose pode ser atingido (67%). Além disso, normalmente, os rotacionais promovem pouca complementaridade e perda na uniformidade de desempenho, uma vez que a composição das raças varia consideravelmente dentro da população. Nesse sentido, se raças de tipo biológico semelhantes forem empregadas, objetivando aumentar a consistência do produto, não haverá possibilidade de se aproveitar a complementaridade. De modo contrário, se raças ma-

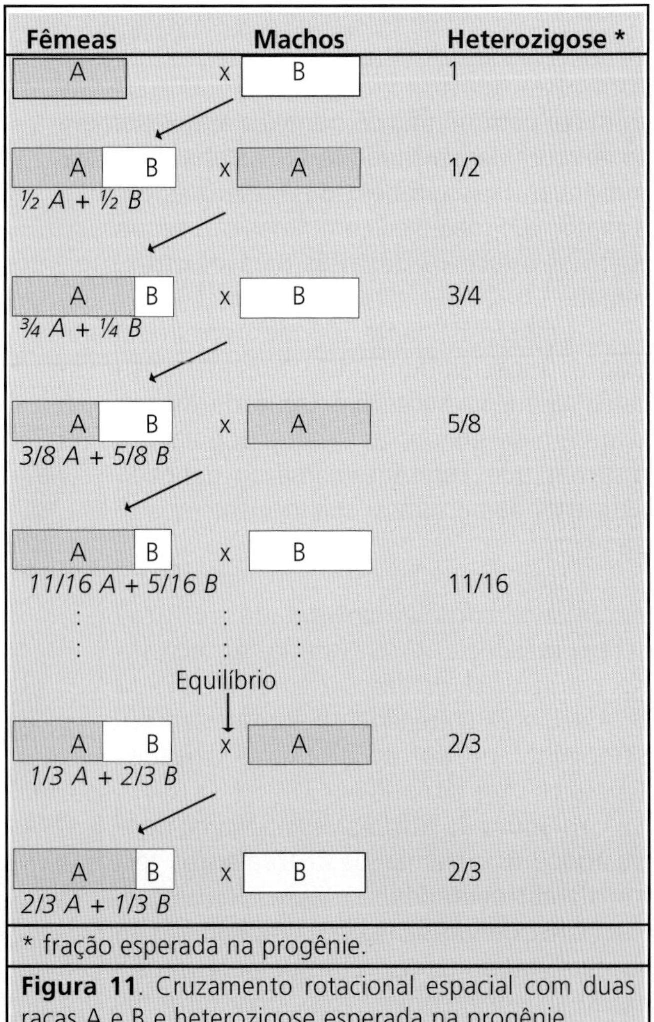

* fração esperada na progênie.

Figura 11. Cruzamento rotacional espacial com duas raças A e B e heterozigose esperada na progênie.

ternas e paternas especializadas forem utilizadas, visando à exploração da complementaridade, menor consistência no desempenho se espera. Portanto, complementaridade de raças e consistência de desempenho contrapõem-se nos sistemas rotacionados espaciais.

Uma vez que nesses sistemas mães e filhas são criadas simultaneamente, e suas composições raciais são distintas, deve-se separá-las espacialmente, ou seja, as filhas nunca devem permanecer no mesmo local de criação de suas mães (**Figura 12**). Assim, em um rotacional espacial com duas raças, pelo menos dois grupos de criação são necessários (se inseminação artificial não é praticada), e as fêmeas de reposição devem ser identificadas pela raça de seus pais e ano de nascimento.

Os rotacionados geralmente envolvem raças com características biológicas similares, a fim de diminuir as diferenças de requerimentos nutricionais e de manejo, nos locais de criação de fêmeas, e evitar mudanças acentuadas no tipo biológico produzido a cada geração. No entanto, deve-se lembrar que, quando raças de tipos biológicos mais semelhantes são empregadas, a oportunidade de aproveitamento do efeito médio de raças e complementaridade diminui.

De modo geral, em relação aos terminais, o manejo nos rotacionais é mais complexo, já que nos grupos de criação os animais apresentam diferentes proporções de genes das raças envolvidas. Isso pode levar a dificuldades adicionais no registro, arranjo de grupos de acasalamentos e alimentação dos animais com composição genética distinta (Simm, 1998).

Rotacional espacial com três raças

O rotacional de três (ou mais) raças segue o mesmo padrão apresentado para o de duas, acrescentando-se, simplesmente, uma terceira raça ao sistema (**Figura 13**).

Os níveis de heterose materna e individual alcançam 86% (no equilíbrio), uma vez que fêmeas e machos compartilham 1/7 em semelhança racial. Assim como no anterior, as fêmeas de reposição são geradas no próprio sistema, e as raças envolvidas devem ser de tipos biológicos razoavelmente similares.

No mínimo, três grupos de criação são necessários (se a inseminação artificial não é praticável), e as fêmeas de reposição, identificadas pela raça dos pais, acasaladas com reprodutores de composição racial mais distinta das suas (**Figura 14**).

Dificuldades de manejo em decorrência das diferentes proporções raciais são as mesmas, mas mais acentuadas que no rotacional de duas raças.

Embora os rotacionais mais comuns envolvam duas ou três raças, um número superior delas pode ser incluído. À medida que se aumenta o número de raças, os rotacionais geram maior heterose, mas o manejo torna-se muito complicado, e o tamanho do rebanho e a área necessária para criá-lo crescem proporcionalmente. Além disso, quando se pretende incluir mais raças no sistema rotacional, deve-se verificar se o ganho com o aumento da heterose é superior à diminuição do mérito genético aditivo em decorrência da adição de uma nova raça presumivelmente inferior àquelas que iniciam o sistema.

Rotacional no tempo

Ao contrário dos espaciais, nos rotacionais temporais as raças de reprodutores não são utilizadas simultaneamente, mas introduzidas em uma determinada ordem ao longo do tempo.

Em um rotacional no tempo com duas raças bovinas (A e B), poder-se-ia iniciar acasalan-

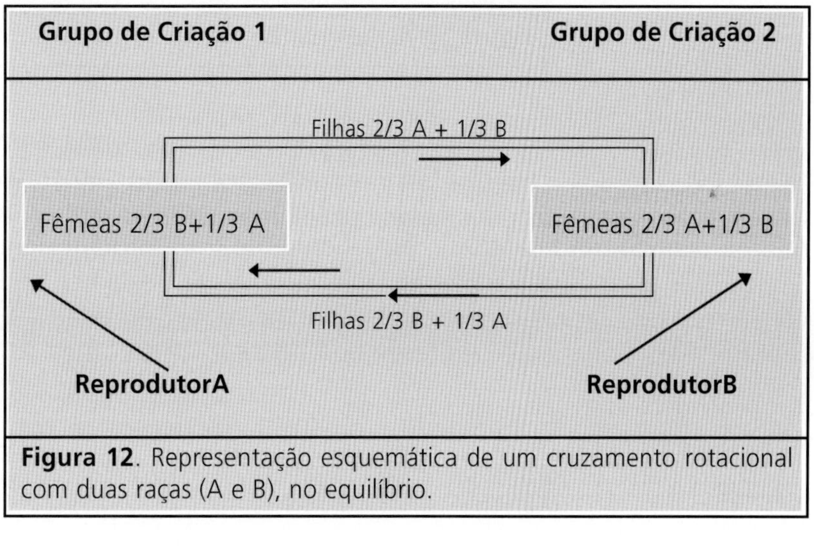

Figura 12. Representação esquemática de um cruzamento rotacional com duas raças (A e B), no equilíbrio.

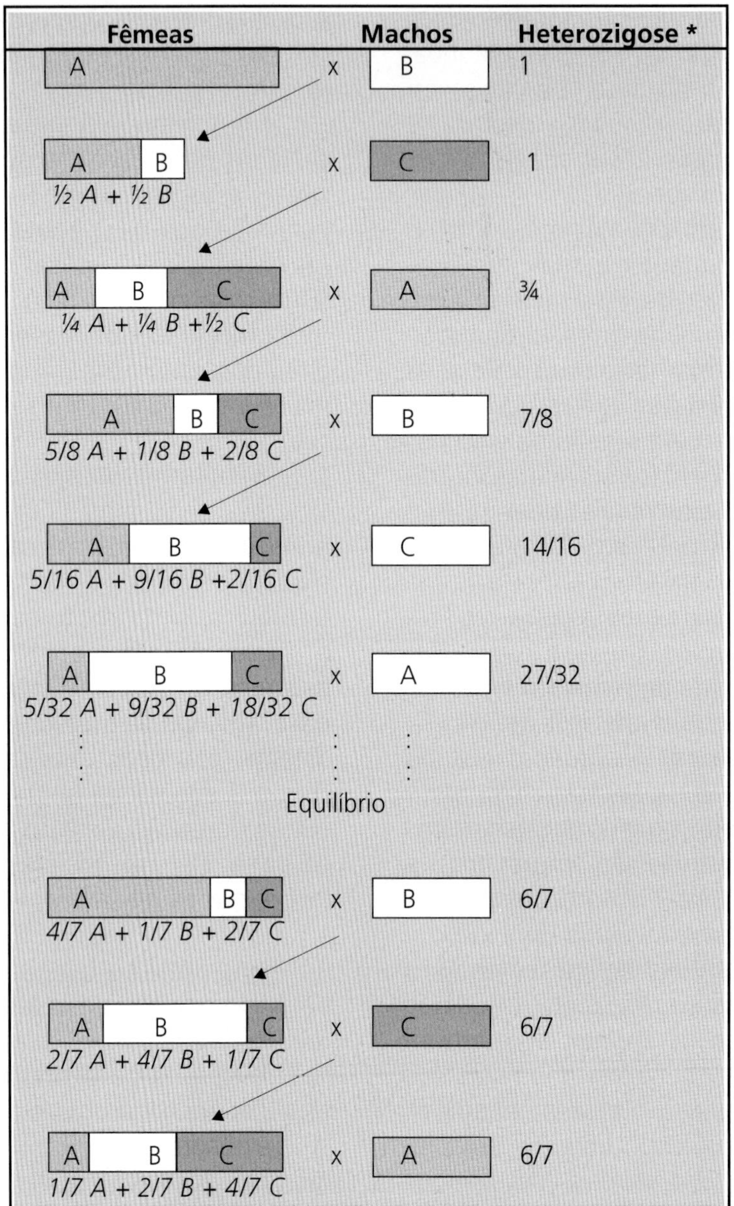

* fração esperada na progênie.

Figura 13. Representação esquemática de um cruzamento rota.

do-se todas as fêmeas com touros da raça A durante, por exemplo, quatro anos e, então, reprodutores da raça B passam a cobri-las por esse mesmo período, retornando-se, posteriormente, à raça A e assim sucessivamente. Iniciando-se com fêmeas da raça A, a rotação temporal dos reprodutores poderia ser representada da seguinte forma:

As letras indicam as raças rotacionadas e os subscritos representam reprodutores diferentes dentro delas. A cada dois anos, um novo reprodutor é introduzido a fim de evitar-se o acasalamento de fêmeas jovens com seus pais. A mesma raça de reprodutor é utilizada por quatro anos consecutivos (dois reprodutores) antes de uma outra raça ser introduzida. Se o esque-

Ano	1	2	3	4	5	6	7	8	9	10	11	12	13
Reprodutor	B_1	B_1	B_2	B_2	A_1	A_1	A_2	A_2	B_3	B_3	B_4	B_4	A_3

ma envolvesse uma terceira raça (C) , e novamente iniciasse com fêmea da raça A, ter-se-ia:

Ano	1	2	3	4	5	6	7	8	9	10	11	12	13	14	15
Reprodutor	B_1	B_1	B_2	B_2	C_1	C_1	C_2	C_2	A1	A1	A2	A2	B_3	B_3	B_4

Os rotacionais no tempo são bem mais simples que os espaciais: apenas um grupo de criação é suficiente, aplica-se a rebanhos de tamanho reduzido (mesmo com apenas 1 reprodutor), e nenhuma identificação da raça do pai ou ano de nascimento das fêmeas de reposição é necessária.

Normalmente, os rotacionais no tempo apresentam níveis de heterose mais baixos que os espaciais, em virtude da quantidade maior de retrocruzamentos envolvida. Nesse sentido, se as raças de reprodutores são rotacionadas em períodos longos, fêmeas mais jovens voltarão a se acasalar com a raça de seu pai, ao passo que, se os ciclos de mudança são curtos, as fêmeas mais velhas poderão ser novamente acasaladas com a raça de seus pais. Em bovinos de corte, Lamberson *et al.* (1993) reportaram heteroses individuais de 59 e 77% da máxima em rotacionados no tempo com duas e três raças, respectivamente. As heteroses maternas, seguindo-se a mesma ordem de apresentação anterior, foram 47 e 60% da máxima. Esses resultados referem-se à média dos vinte primeiros anos do sistema, e considera que um único reprodutor é utilizado a cada ano e sua raça alterada a cada quatro.

A reposição de fêmeas, complementaridade de raças e uniformidade de desempenho nos rotacionais temporais seguem as mesmas considerações descritas para os espaciais.

O número de combinações possível em um rotacional qualquer com **n** raças é dado por **n!**. Assim, em um rotacional com duas raças (A e B) existem duas possibilidades (2! → 2 x 1 = 2): ou se inicia com machos A e fêmeas B (A x B), ou ao contrário, machos B e fêmeas A (B x A). Da mesma forma, seis combinações (3! → 3 x 2 x 1= 6) são possíveis em rotacionados com três raças (A, B e C):

A B C	**B A C**	**C A B**
A C B	**B C A**	**C B A**

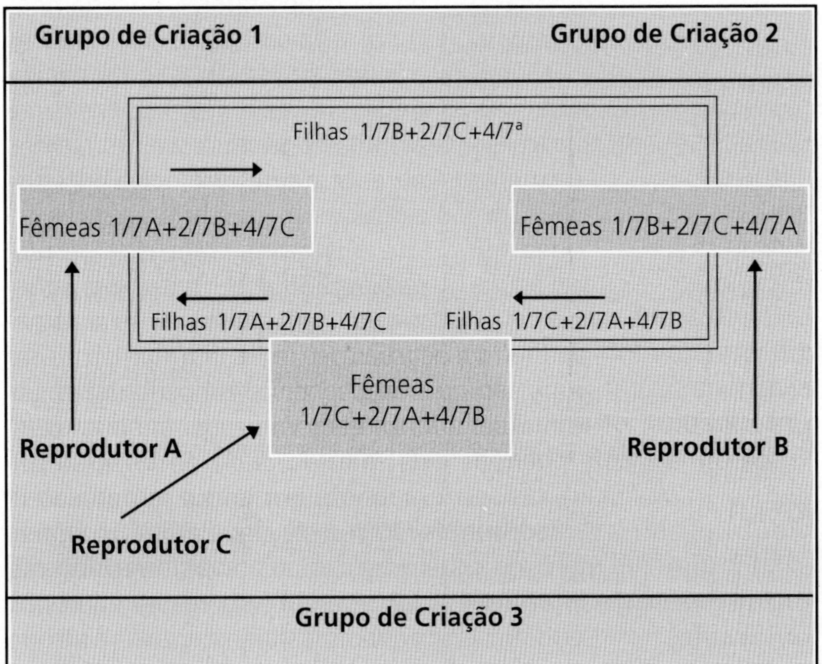

Figura 14. Representação esquemática de um cruzamento rotacional com três raças (A, B e C), no equilíbrio.

Rotacionais modificados

Em situações em que uma particular raça é altamente desejável (como no retrocruzamento), alterações no padrão dos rotacionados podem ser bastante úteis. Por exemplo, em um rotacional de três raças (A, B e C) , no qual a raça A destaca-se favoravelmente, pode-se empregá-la sempre na segunda vez, ou seja: B - A - C - A - B - A - C - A ... e assim por diante. Nesse tipo de rotacionado, a representação média da raça desejável nunca é inferior a 1/3 (**Tabela 11**), ao passo que nos rotacionais normais de três raças chega a 1/7 (**Figura 14**).

Terminal rotacional ou rototerminal

Os sistemas rototerminais são essencialmente uma união dos terminais com os rotacionais, carregando qualidades de ambos e complexidade de uma combinação.

Normalmente, três raças estão envolvidas, sendo que duas das participantes da fase rotacional devem apresentar alto mérito genético para características maternas (produção de leite, reprodução, longevidade, etc.), e, a da fase terminal, especializada em caracteres paternos (**Figura 15**).

Os machos gerados na fase rotacional do sistema são vendidos, ao passo que as fêmeas, retidas para reposição. Geralmente as mais novas são acasaladas com reprodutores de caracteres maternos (a fim de se minimizar problemas na parição - fase rotacional) e as mais maduras com reprodutores terminais (raças de maior porte), após os requerimentos de reposição serem satisfeitos.

Considerando-se que metade das fêmeas do rebanho é utilizada em cada uma das fases, a heterose esperada nesse sistema seria 83% da máxima (média entre os 66% do rotacional com duas raças e os 100% do terminal). Embora esse valor seja inferior ao do rotacional espacial com três raças (87%), a utilização de uma terceira raça altamente especializada em características paternas possibilita o aproveitamento da complementaridade de raças na fase terminal do sistema, podendo promover resposta total mais elevada.

Esse sistema requer manejo bastante complexo, com no mínimo três grupos de criação (se a inseminação artificial não é praticada) e necessidade de se identificar as fêmeas de acordo com o ano de nascimento e raça de seus pais. Além disso, ainda em relação aos rotacionais, uma proporção maior de fêmeas jovens deve ser mantida como reposição, diminuindo a magnitude do diferencial de seleção aplicado a elas.

A uniformidade das progênies na fase rotacional depende do grau de similaridade entre as raças maternas, enquanto na terminal esperam-se produtos mais consistentes, bem adaptados em rebanhos que utilizam inseminação artificial.

A escolha do sistema de cruzamento mais apropriado depende de vários fatores e, certamente, um único não é ideal para as diversas situações encontradas na prática. A tabela a seguir resume algumas considerações discutidas anteriormente nos diferentes sistemas.

Rotacionais em que participam reprodutores cruzados, ao invés de puros, proporcionam vantagem adicional em heterose (paterna) e consistência de desempenho, embora sejam limitados (ainda) pela carência de informações genéticas em animais não puros.

A retenção de heterozigose, nesses casos, pode ser calculada conhecendo-se o número de *tipos* de reprodutor e a quantidade de raças em cada um deles. Matematicamente:

Tabela 11. Cruzamento rotacionado com três raças, não convencional.

Pai	Composição racial da progênie no equilíbrio
A	2/3 A + 4/15 B +1/15 C ou 2/3 A + 4/15 C +1/15 B
B	1/3 A + 8/15 B + 2/15 C
C	1/3 A + 2/15 B + 8/15 C

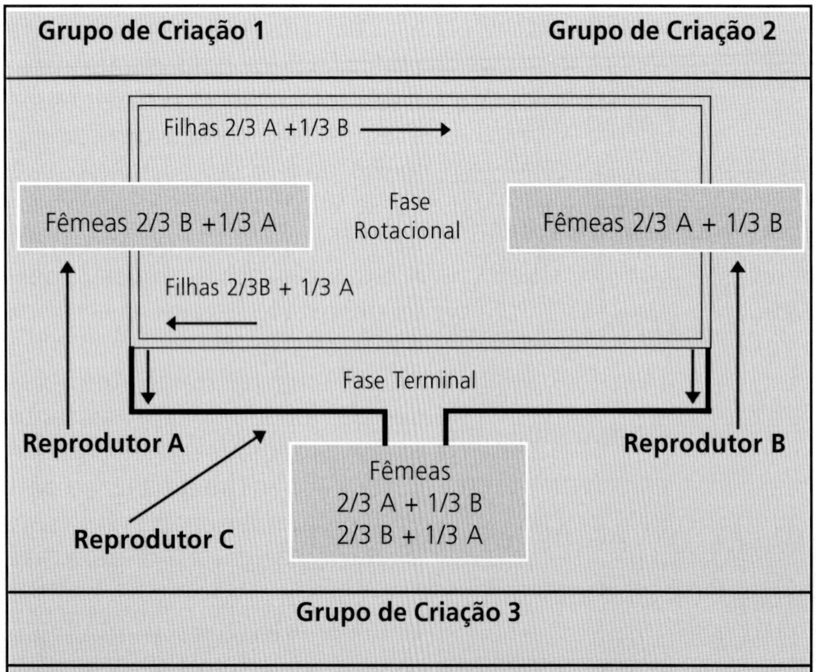

Figura 15. Representação esquemática de um cruzamento rototerminal com três raças.

Tabela 12. Considerações acerca dos sistemas de cruzamento.

Sistema de Cruzamento	Heterozigose (%) Progênie	Heterozigose (%) Mãe	Complementaridade	Reposição	Manejo
Terminal de 2 raças	100	0	máxima	difícil	simples#
Terminal de 3 raças	100	100	máxima	difícil	simples#
Terminal de 4 raças	100	100**	máxima	difícil	simples#
Retrocruzamento	50	100	média	difícil	médio
Rotacional de 2 raças	67	67	baixa	boa	médio
Rotacional de 3 raças	86	86	baixa	boa	difícil
Rototerminal					
Fase rotacional (2raças)	67	67	baixa		
Fase terminal (1 raça)	100	67	máxima	média	difícil
Rotacional no tempo com 2 raças **	59	47	baixa	boa	simples
Rotacional no tempo com 3 raças * *	77	60	baixa	boa	simples

* Este sistema também gera 100% de heterozigose paterna. ** Média de 20 anos, empregando-se somente 1 reprodutor a cada ano (valores reportados por Lamberso *et al.* (1993). # Considerando-se que a reposição de fêmeas não é realizada dentro do sistema, caso contrário torna-se mais complexo.

$$RHZ = \frac{m\,(2^n - 1) - 1}{m\,(2^n - 1)}$$

em que:

n é o número de tipos de reprodutores no sistema e

m é o número de raças presentes em cada tipo de reprodutor

Assim, em rotacionais com dois tipos de reprodutores, cada um composto por duas raças (por exemplo rotação, entre touros ½ Nelore + ½ Angus e ½ Hereford + ½ Brahman) a retenção de heterozigose seria:

$$RHZ = \frac{2\,(2^2 - 1) - 1 = 0{,}83 \text{ ou } 83\%}{2\,(2^2 - 1)}$$

No caso de existirem dois tipos de reprodutores, cada um formado por três raças, ter-se-ia:

$$RHZ = \frac{3\,(2^2 - 1) - 1 = 0{,}89 \text{ ou } 89\%}{3\,(2^2 - 1)}$$

Se a situação for a inversa, ou seja, três tipos de reprodutores, cada um composto por duas raças, então:

$$RHZ = \frac{2\,(2^3 - 1) - 1 = 0{,}93 \text{ ou } 93\%}{2\,(2^3 - 1)}$$

Essa expressão considera que nenhuma raça participa em mais de um tipo de reprodutor e que as raças em cada um deles estão presentes em igual proporção (Bourdon, 2000).

Compostos e cruzados

Os termos composto[4], sintético e híbrido, várias vezes utilizados de maneira permutável, objetivam designar novos grupamentos genéticos ou linhagens em animais domésticos e plantas. Em quaisquer dos casos referem-se a esquemas de acasalamento constituído para combinar caracteres desejáveis de duas ou mais raças em um *pacote*. Nesse sentido, poder-se-ia definir composto como *populações constituídas de duas ou mais raças designadas a reter heterose em gerações futuras, sem cruzamento, e mantidas como uma população pura* (Handley, 1997).

Nessa definição,

a) *reter heterose em gerações futuras* significa evitar acasalamentos endogâmicos,

[4] A Sociedade Brasileira de Melhoramento Animal, em simpósio realizado na cidade de Belo Horizonte, em maio de 2000, considerou mais próprio o termo composto.

a fim de que não se perca a vantagem heterótica inerente aos compostos (conforme descrito no tópico *formação de novos grupos genéticos*, a perda de heterozigose e heterose em virtude de acasalamentos consanguíneos pode tornar o composto simplesmente em uma nova raça);

b) *sem cruzamento* indica que os machos e fêmeas são de constituição racial semelhante (p.e. machos ½ A + ½ B x fêmeas ½ A + ½ B);

c) *mantida como uma população pura* quer dizer que esse sistema não difere da criação de uma raça pura e adapta-se igualmente bem independente do tamanho do rebanho (mesmo em locais onde há somente um reprodutor). Além disso, gera sua própria reposição, e o requerimento com respeito aos locais de criação é similar ao de uma raça pura.

Um aspecto importante de se comentar com relação aos compostos é sua distinção dos cruzados. *O que os difere?* A resposta dessa distinção torna-se facilitada, considerando-se o acasalamento entre duas raças (p.e. Nelore e Angus), descrito a seguir.

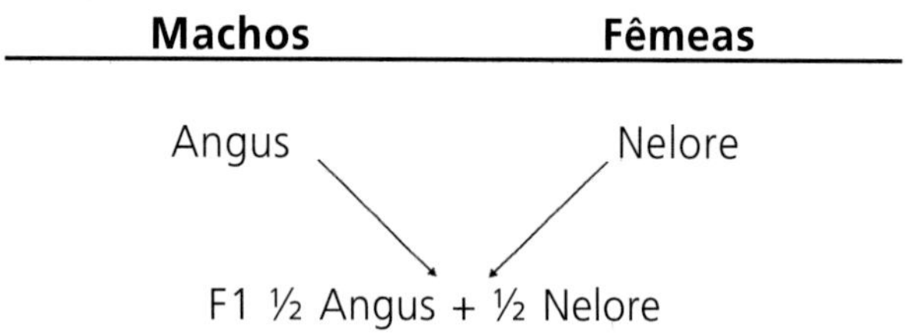

Até agora, considerou-se essa progênie ½ A + ½ N como cruzada (mestiça), uma vez que seu destino era venda (abate) ou acasalamento com animais de grupamento racial distinto do dela. Por exemplo:

Machos e fêmeas F1 (½ Angus + ½ Nelore) vendidos → terminal 2 raças.

Fêmeas F1 (½ Angus + ½ Nelore) x Nelore → retrocuzamento.

Fêmeas F1 (½ Angus + ½ Nelore) x Charolês → terminal com 3 raças. etc.

No entanto, caso machos e fêmeas ½ A + ½ N sejam retidos e acasalados entre si (machos ½ A + ½ N x fêmeas ½ A + ½ N), essa progênie poderia ser considerada composta. Isso significa que a progênie F1 (½ A + ½ N) torna-se composta (ao invés de cruzada) a partir do momento em que é acasalada com um grupamento genético semelhante, esperando-se reter algum grau de heterose em gerações futuras. Assim, não é a composição racial que estabelece o composto, mas o modo como se utiliza essa composição. Esquematicamente:

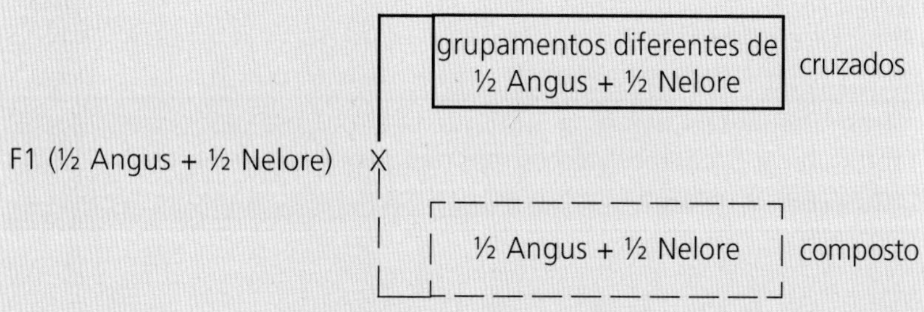

Embora o mais simples possa ser formado a partir do acasalamento entre si da geração F1, não é tafera fácil o desenvolvimento de um composto. Faz-se necessária uma investigação detalhada das raças existentes, a fim de verificar se já não existem raças disponíveis para utilização no ambiente específico que se pretende criar e sua aceitação de mercado. Alguns exemplos de compostos em bovinos são mostrados na **Tabela 14**.

Tabela 14. Exemplos de alguns compostos em bovinos.

Espécie	Constituição racial (*grau de sangue*)
Bovinos	
Charbray	13/16 Charolês + 3/16 Brahman
Balancer	½ Gelbvieh + ½ Angus
Braford	5/8 Hereford + 3/8 Brahman
RX3	½ Red Angus + ¼ Hereford + ¼ Red Holstein
Beefmaster	½ Brahman + ¼ Hereford + ¼ Shorthorn
Leachman St.	¼ Red Angus + ¼ Hereford + ¼ Gelbvieh + ¼ Simental
MARC I	¼ Braunvieh + ¼ Charolês + ¼ Limousin + 1/8 Hereford + 1/8 Angus

Os compostos vêm sendo empregados em

pequenos rebanhos a fim de se contornar as dificuldades de manejo dos terminais e rotacionais espaciais. Nesses sistemas, existem diferentes tipos de acasalamentos com respeito à raça, e manejo dos grupos de criação deve ser separado, ao passo que em compostos, após o ciclo inicial de cruzamentos se completar, o manejo é simples como o de uma raça pura (Swan e Kinghorn, 1992). Por outro lado, os compostos expressam heterose menor que os sistemas terminais e rotacionais que se utilizam do mesmo número de raças.

Retenção de heterozigose e heterose em compostos

A expectativa de heterose retida em raças compostas, assim como nos outros sistemas de cruzamento, é diretamente relacionada ao número de raças envolvido. Quanto mais raças participam de sua formação, maior a retenção esperada. A participação e as proporções de cada raça em um composto são determinadas pela ponderação entre o aumento do valor da heterose e a inclusão de raças que podem apresentar mérito genético inferior (Swan e Kinghorn, 1992).

Retomando-se a expressão de retenção de heterozigose (RHz) apresentada anteriormente, tem-se:

$$\mathbf{RH_Z = 1 - \sum_{i=1}^{N} P_{Mi} \cdot P_{Fi}}$$

em que:

P_{Mi} e P_{Fi} representam a proporção das (N) raças dos reprodutores e reprodutoras, respectivamente.

No entanto, uma vez que em compostos a constituição racial de machos e fêmeas é semelhante, os termos P_{Mi} e P_{Fi} são iguais. Assim, se $P_{Mi} = P_{Fi}$, então $P_{Mi} \cdot P_{Fi}$ é igual a Pi^2. Logo, a retenção de heterozigose (relativa a F1) em compostos pode ser expressa como[5]:

$$\mathbf{RH_Z = 1 - \sum_{i=1}^{N} Pi^2},$$

[5] quando cada uma das N raças tem igual participação (proporção de genes) no composto pode-se utilizar a expressão (N -1)/N.

em que:

Pi é a fração de genes de cada uma das N raças que contribuem para a formação do composto.

Exemplo: Qual a retenção de heterozigose dos seguintes compostos bovinos:

duas raças:

Balancer - ½ Gelbvieh + ½ Angus

RHz = 1 - [(½)2 + (½)2)] ou (2-1)/2, já que a participação das raças é equilibrada

Rhz = ½ ou 50%

Braford - 5/8 Hereford + 3/8 Brahman

RHz = 1 - [(5/8)2 + (3/8)2)]

RHz = 15/32 ou 46,9%

Braford' - ¾ Hereford + ¼ Brahman

RHZ = 1 - [(¾)2 + (¼)2)]

RHZ = 3/8 ou 37,5%

Embora formados por duas raças, esses compostos apresentam retenções bastante distintas, sendo maiores em grupos nos quais a participação de raças é mais equilibrada, como no caso do Balancer (metade para cada raça). No Braford, composições 5/8 + 3/8 retêm 9,4 % a mais de heterozigose do que as ¾ + ¼ , em que a participação da raça Hereford chega a 75% do total. Assim, considerando-se um mesmo número de raças, a retenção esperada será máxima sempre que a participação de cada uma delas for semelhante.

três raças:

Beefmaster - ½ Brahman + ¼ Hereford + ¼ Shorthorn

RHz = 1 - [(½)2 + (¼)2 + (¼)2)]

RHz = 5/8 ou 62,5%

quatro raças

Leachman Stabilize - ¼ Red Angus + ¼ Hereford + ¼ Gelbvieh + ¼ Simental

RHz = 1 - [(¼)2 + (¼)2 + (¼)2 + (¼)2)] ou (N -1)/N

RHz =3/4 ou 75%

A **Tabela 15** ilustra a retenção de heterozigose (relativa a F1) em diferentes compostos e rotacionais espaciais.

A retenção esperada na tabela acima são relativas a F1 após cruzamentos iniciais e subsequentes acasalamentos aleatórios entre si. As perdas de heterozigose acontecem entre as gerações F1 e F2 (ocasião em que se acasalam machos e fêmeas de mesma composição racial). Se a endogamia é evitada, após essa perda inicial a retenção deve se manter constante ao longo das gerações (RHz em F2=F3=...FG).

Tabela 15. Retenção esperada de heterozigose em alguns sistemas rotacionais e compostos.

Sistema	Retenção de heterozigose %
Rotacionados	
2 raças	66,7
3 raças	85,7
4 raças	93,3
Compostos	
2 Raças	
½ A ½ B	50,0
5/8 A 3/8 B	46,9
¾ A ¼ B	37,5
3 Raças	
3/8 A 3/8 B ¼ C	65,6
½ A ¼ B ¼ C	62,5
4 Raças	
¼ A ¼ B ¼ C ¼ D	75,0
½ A ¼ B 1/8 C 1/8 D	65,6
6 raças	
¼ A ¼ B 1/8 C 1/8D 1/8E 1/8F	81,3
8 Raças	
1/8 A 1/8 B 1/8 C ......1/8 H	87,5

Fonte: adaptado de Gregory *et al.* (1992).

O tempo requerido para a formação de compostos varia conforme o material genético disponível inicialmente. Por exemplo, se o criador deseja obter um composto com 4 raças (¼ A ¼ B ¼ C ¼ D) e existem disponíveis 2 grupos distintos de animais *meio sangue* (½ A + ½ B) e (½ C + ½ D), pode-se obter uma base composta já no ano seguinte. No entanto, se material genético dessa natureza não está disponível, sua formação pode levar vários anos.

No contexto de formação dos compostos, o conceito de raça nem sempre é importante, uma vez que várias raças podem ser potencialmente interessantes em sua composição, dificultando a definição da composição racial e avaliação genética dos animais. Nesse sentido, alguns projetos com compostos bovinos têm adotado o conceito de *tipo biológico*, agrupando as diferentes raças de acordo com suas semelhanças de tipo, função, fisiologia e aspectos de crescimento e reprodução (Ferraz *et al.*, 1999).

Esse é o caso do Montana Tropical, bovino de corte composto que vem sendo desenvolvido no Brasil desde 1994, a partir da união entre a Agro-pecuária Brasileira CFM Ltda e a Leachman Cattle Co., dos Estados Unidos, em que animais de diferentes raças foram alocados em quatro grupos representados pelas letras N A B C (Ferraz *et al.*, 1999).

Para serem considerados Montana Tropical®, os animais devem apresentar, no máximo, 25% da raça Nelore e composição racial com 50% abrangendo os grupos N e A (zebuínos + taurinos adaptados aos trópicos). Além disso, os animais deverão ser avaliados geneticamente e enquadrarem-se na regulamentação do Certificado Especial de Identificação e Produção, do Ministério da Agricultura e Abastecimento (Ferraz *et al.*, 1999).

Variabilidade

Concebidos a partir da contribuição de duas ou mais raças, os compostos apresentam varia-

Grupo	Raças	Contribuição
N	Gir, Guzerá, Indubrasil, Nelore, Tabapuã, Boran	alta rusticidade, resistência a parasitas, rendimento de carcaça
A	Afrikander, Belmont Red, Bonsmara, Caracu, Romo-Sinuano, Tuli	adaptabilidade aos trópicos, fertilidade e algumas características ligadas à qualidade da carne
B	Aberdeen Angus, Devon, Hereford, Red Angus, Red Poll, South Devon	precocidade sexual e de acabamento, qualidade de carcaça e carne, além de crecimento
C	Charolês, Gelbvieh, Limousin, Pardo-Suíço, Simental	alto potencial de crescimento e rendimento e qualidade da carcaça

bilidade de desempenho superior ao das raças puras que o formaram?

A resposta para essa pergunta depende da herança gênica envolvida na característica que se considera. Assim, os compostos tendem a ser mais variáveis que os puros em características influenciadas por poucos pares de genes, com fenótipos expressos em categorias (pelagem, presença ou não de chifres, etc.), ao passo que, em caracteres de herança poligênica (os quais abrangem a maioria das características de importância zootécnica), o nível de variabilidade tende a ser semelhante. Nesse sentido, resultados de pesquisas realizadas em bovinos de corte por Gregory *et al.* (1996), com nove raças taurinas (Red Poll, Hereford, Angus, Limousin, Braunvieh, Pinzgauer, Gelbvieh, Simental e Charolês) e três compostos gerados a partir delas (MARC I, II e III), indicaram que as populações compostas não eram significativamente mais variáveis que as puras, em nenhuma das características avaliadas (**Tabela 16**).

Além disso, esses pesquisadores relataram estimativas similares de herdabilidade e desvio-padrão genético entre as raças puras e compostas. Essa variação genética semelhante entre compostos e raças contribuintes para sua formação, foi atribuída ao grande número de pares de genes que afetam as características avaliadas, e indica a resposta à seleção próxima em ambos os grupos.

Composto terminal

Os compostos, em princípio, não se utilizam das diferenças de genótipos (complementaridade) entre machos e fêmeas parentais, já que suas composições raciais são semelhantes. No entanto, a criação de compostos simplesmente como uma *raça pura*, não é a única maneira de se explorá-lo comercialmente (Bourdon, 2000). Uma alternativa é o chamado Sistema Composto Terminal, em que fêmeas compostas com mérito superior em características maternas são acasaladas com reprodutores terminais de constituição racial distinta. As fêmeas de reposição são geradas a partir do acasalamento de reprodutores compostos com fêmeas compostas jovens, sendo o restante delas cruzadas com machos de raças especializadas em características paternas (**Figura 18**).

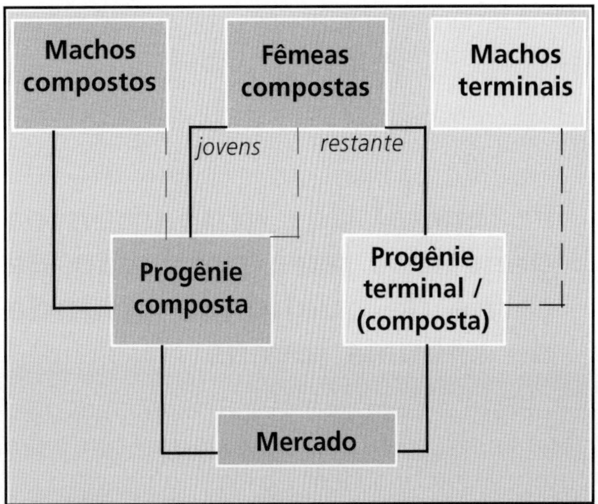

Figura 18. Representação esquemática de um sistema composto terminal.

Embora os compostos terminais exijam manejo mais complexo em relação aos compostos *normais* (conhecidos como compostos *puros*), eles possibilitam a exploração das diferenças genéticas entre raças paternas e maternas (complementaridade), além de heterose adicional.

Tabela 16. Comparação da variabilidade entre compostos e puros para alguns caracteres de importância econômica em bovinos de corte.

Característica	Puros			Compostos		
	Média	Desvio-padrão	Coeficiente de variação	Média	Desvio-padrão	Coeficiente de variação
Peso ao nascer (kg)	43,4	5,41	12,46%	44,8	5,67	12,66%
Peso na desmama -200 dias (kg)	238	23,8	10,0%	241	25,6	10,62%
Peso da carcaça (kg)	334	28,5	8,5%	340	17,9	5,3%
Rendimento de carcaça (%)	60,6	1,97	3,2%	60,8	2,1	3,45%
Pontos para maciez da carne*	5,08	0,65	12,79%	5,10	0,62	12,16%

* pontuação: 4 - ligeiramente rijo; 5 - ligeiramente macio; 8 extremamente macio.

Alguns compostos podem apresentar diferentes linhagens em seu interior, cada uma com ligeiras diferenças no que se refere à composição racial. Assim, quando as circunstâncias produtivas ou de mercado se modificam, os produtores comerciais podem alterar a composição genética de seus rebanhos, adquirindo reprodutores de linhagens distintas às suas, dentro do composto. Nesse sentido, comparados às raças puras, os compostos possuem a habilidade de introduzir novos genes mais rapidamente, alterando-se as proporções das raças formadoras, ou incorporando novas raças. Isso significa, em última instância, maior rapidez e flexibilidade em responder as alterações de mercado.

Potencial dos grupamentos genéticos para produção de carne de qualidade oriunda de animais jovens

Bliska e Gonçalvez (1998) afirmaram que, para aumentar-se a oferta de carne com bom potencial de qualidade, o direcionamento do setor produtivo deveria ser no sentido de redução na idade de abate. Os mesmos autores apontam o cruzamento entre raças zebuínas e taurinas para obtenção de animais jovens (precoces e superprecoces), aliando a maior velocidade de ganho de peso das raças europeias às características de rusticidade de animais zebuínos.

Nesse sentido, Arrigoni e Silveira (2005), compilaram vários resultados das pesquisas conduzidas envolvendo animais superprecoces, pertencentes a diversos grupos genéticos, confirmando, como se pode constatar na **Tabela 17**, que animais oriundos de cruzamentos, machos e fêmeas, respondem sob diversos parâmetros a condições intensivas de produção, ou seja, imediatamente após a desmama são submetidos ao confinamento com alta relação concentrado: volumoso.

Segundo Dransfield (1994), Marshall (1994) e Lansdell *et al.*, (1995), as raças zebuínas, de origem indiana, produzem carne menos macia que as raças taurinas de origem europeia, portanto, a raça também parece influenciar marcadamente a textura da carne devido principalmente à extensão da proteólise pós-abate.

Ao executar os cruzamentos, deve ser lembrado que: *Os ascendentes de um animal nos prediz o que o mesmo poderá ser; a observação de seu desempenho no ambiente informa o que o mesmo parece ser; somente sua progênie garante o que ele é* (Bacci, comunicação pessoal, 2004).

É bom lembrar que, pela revisão de vários resultados de pesquisa, nenhuma raça isoladamente mostra-se superior em todas as características para produção de carne bovina. Sistemas de cruzamento que exploram a heterose e a complementaridade e compatibilizam o potencial genético com restrições de mercado, alimentares e de clima, fornecem o meio mais efetivo de melhorar geneticamente a eficiência da produção.

Apesar dos técnicos e pesquisadores entenderem e divulgarem seus resultados de pesquisa, Bacci (2004) enfatizou e documentou que não existe mais raça, existe produção e produto. As raças são muitas, e algumas delas ganham destaque, mas nenhuma raça no mundo supera os resultados do cruzamento industrial.

O mesmo autor afirmou que o cruzamento industrial confirma-se como solução. O produtor precisa vencer seus velhos paradigmas e produzir boa carne, não importa a cor da raça. O melhor disso é que tudo acaba sendo uma engenharia genética que se aprende todo dia. Afinal, cruzamento industrial é buscar dois indivíduos de DNA diferentes, para produzir a heterose, que potencializa os genes positivos do animal. Na heterose, pode-se acrescentar rápido. A produção de carne está crescendo e pode dobrar esse ganho.

Os cruzamentos industriais deverão aumentar sua participação na composição da produção dos rebanhos brasileiros. Isso porque adaptam-se melhor aos sistemas intensivos de produção, têm maior velocidade de ganho de peso e mais precocidade sexual. O cruzamento industrial nos rebanhos subirá dos atuais 20% para cerca de 32% até 2012 (síntese de várias fontes).

A inseminação artificial (IA) também crescerá significativamente sobre a monta natural, promovendo o avanço dos cruzamentos termi-

Tabela 17. Resumo do desempenho de bovinos jovens de diferentes grupos genéticos e cruzamentos.

Parâmetros	Nelore	½ sangue Nelore				Sintéticos				Three Cross - Nelore		
		Brahman	Angus	Simental	Braunvieh	Sta Gertrudis	Brangus	Simbrasil	Canchim	Angus x Braunvieh	Angus x Brahman	Angus x Bosmara
Nº Animais	113	42	132	112	72	45	144	36	27	24	24	60
Idade Abate, (meses)	16	15	13,5	15	14,5	15,5	14	15	14	15	15	14
Peso carcaça, kg	250	253	252	259	253	248	260	261	285	255	253	263
Peso, @	16,6	16,8	16,8	17,2	16,8	16,5	17,3	17,4	19,0	17,0	16,8	17,5
Rendimento carcaça, (%)	56	56	56,8	57,7	56,8	54	56,3	56,0	56,6	55	55	56,3
AOL, cm2/100kg carc	25,7	27,1	28	28,9	29	27	28	28,8	30,5	27,8	26	28
EGS, mm	5,0	4,6	5,4	4,3	4,3	5,1	5,6	4,2	3,98	4,8	4,2	5,6
Maciez, *in natura*	4,0	4,0	3,5	3,8	3,9	3,7	3,4	3,9	3,98	3,7	3,9	3,5
Maciez, maturada (7d), kgf	3,0	2,92	2,78	2,8	2,89	2,9	2,7	2,97	2,74	2,8	2,9	2,8

Arrigoni e Silveira (2005).

nais. A receita será: vacas nelores inseminadas com raças europeias para a obtenção de máxima heterose (100%), com seus produtos F-1 (1/2 sangue) destinados a recria e engorda.

Contudo, são previstas alternativas para fortificar a participação genética das raças europeias na produção de carne, com os cruzamentos industriais entre raças adaptadas e raças não-adaptadas. Por outro lado, espera-se também um avanço das raças compostas. Entre as raças puras, a tendência é que haja crescimento nos cruzamentos de raças puras com raças adaptadas, visando ao sequestro de genes de adaptação, para inseri-los depois nos cruzamentos. Raças adaptadas ganharão espaço nos próximos anos (Bacci, 2004).

Animais de raças de tamanho grande e musculatura grossa têm taxas de crescimentos maiores (maior ganho de peso), porém são mais tardias para acumular gordura na carcaça, permanecendo por tempo superior no confinamento, tendo maior demanda por alimento. As raças de tamanho pequeno e musculatura moderada apresentam menores ganhos, porém são mais precoces em termos de acabamento de carcaça. Em alguns sistemas de cruzamento, o uso de raças de porte maior, porém com acabamento mais tardio, pode ser mais interessante do ponto de vista econômico, pois atinge maior peso de carcaça, devendo-se levar em conta que, no plano nutricional, há maior exigência desses animais. Por outro lado, raças terminadas mais precocemente, com peso mais leve e maior quantidade de gordura na carcaça, podem ser mais viáveis, principalmente do ponto de vista nutricional, pois o consumo de alimento é menor.

A combinação entre raças de maior porte e de pequeno porte pode prover animais com carcaças mais pesadas e boa cobertura de gordura. A estratégia com que se realizam os cruzamentos depende dos objetivos de cada propriedade. O cruzamento com raças de maior porte seja, talvez, mais indicado para o abate tanto de machos como de fêmeas, também chamado de cruzamento terminal. Resultados de pesquisa e simulações econômicas de Instituições como a Embrapa, demonstram que o cruzamento industrial permite incrementos na produtividade de até 25%.

O manejo nutricional adotado por parte das propriedades que utilizam o cruzamento industrial, geralmente é inadequado, tendo como base os animais de origem zebuína, que apresentam menores exigências nutricionais. Como consequência disso, o que tem sido observado são animais cruzados que, apesar do maior peso de carcaça, apresentam acabamento inferior aos zebuínos.

Também os traumas manifestados por parte dos pecuaristas, em decorrência da adoção dos cruzamentos sem planejamento, acrescido da falta de orientação técnica, fizeram com que eles, na maioria, voltassem a sistemas tradicionais de produção, pois esperavam que o desempenho dos cruzados fosse melhor que o do zebu, nas condições de exploração do zebu, o que, é claro, não funcionou.

Barbosa (2002) realizou levantamento de dados em diversos trabalhos nos quais comparavam as características produtivas de diferentes grupamentos genéticos de raças de corte em relação aos zebuínos puros. Os componentes produtivos considerados no trabalho são de peso de carcaça, idade e acabamento (espessura de gordura, mm) para animais terminados em confinamento ou pasto. O autor destaca que os animais cruzados foram abatidos com idade inferior aos zebuínos quando, para um mesmo peso de carcaças, observa-se menor grau de acabamento em praticamente todas as situações de cruzamento, independentemente de animais terminados a pasto ou em confinamento.

Enfatiza-se novamente que todos os resultados das pesquisas são indicadores que deverão fortalecer a tomada de decisão e, particularmente, no aspecto de produção de carne de qualidade, muitos fatores estão envolvidos, e que raramente são contemplados em uma única condução metodológica; portanto muitas vezes não são conclusivos e nem soberanos, tratando-se de vantagens e desvantagens da utilização de cruzamentos industriais.

Os resultados indicam que os animais de cruzamento industrial estariam sendo abatidos com o peso abaixo do ideal, para que apresentem a espessura ideal de gordura subcutânea (5 mm), ou o manejo nutricional estaria inadequado para as exigências. As raças europeias, por terem maiores taxas de crescimento e maior peso adulto em relação aos zebuínos, apresentam maiores exigências energéticas para que todo o seu potencial genético seja explorado.

Várias afirmações originadas de pesquisas conduzidas, inicialmente nos EUA e com maior frequência no Brasil, indicam que, além de permitir a produção de carcaças mais pesadas e melhor acabamento, o cruzamento origina carne com maior maciez e que a variação genética tem considerável influência na palatabilidade da carne. Esse atributo é determinante para a aceitabilidade pelo consumidor, devendo ser considerado quando diz respeito a mercados mais exigentes, como o europeu, por exemplo.

O banco de dados do MSA (*Meat Austrália Standart*) demonstra que, em condições comerciais, a porcentagem de *Bos indicus* (zebuinos) nos cruzamentos apresentavam grande efeito na palatabilidade da carne. Sessenta e três por cento das carcaças, oriundas de animais com 75% ou mais de sangue zebu, apresentaram baixa palatabilidade de acordo com testes em consumidores, enquanto em animais com menos de 25% de sangue zebu apenas 11% das carcaças foram reprovadas no teste.

No processo de tomada de decisão da escolha das raças para o programa de cruzamento industrial, segundo Bacci (2004), devem-se estudar as características (precocidade, rusticidade, etc.) mais adequadas aos objetivos do sistema de produção. Frequentemente, são observados insucessos em sistemas nos quais as raças escolhidas não eram as mais adequadas. É indiscutível a importância do zebu para a pecuária brasileira, sendo talvez o principal responsável pelo Brasil tornar-se exportador competitivo. Com cruzamento é possível melhorar a eficiência produtiva, agregar valores ao produto, e principalmente atender a mercados mais exigentes, tanto o externo como o interno.

O êxito no sistema de terminação em confinamento está calcado em alguns requisitos básicos: disponibilidade de animais com potencial para ganho de peso; disponibilidade de alimentos em quantidade e proporções adequadas, gerência, preços e mercado para o gado confinado. A eficiência no processo produtivo é um ponto fundamental para a manutenção das atividades, sendo que estudos com a finalidade de determinar o custo, a rentabilidade e a engorda de animais proporcionam aos produtores subsídios na tomada de decisão (Ferreira *et al.*, 2004).

A despeito do risco, o volume de animais confinados no Brasil vem aumentando: em 2003, foi de cerca de 7% e, para 2004, em torno de 14,5% (Agroanalysis, Out.2004). Com isso, mesmo com o desempenho extraordinário das exportações de carne bovina no ano de 2004, não foi possível sustentar os preços.

O Brasil consolidou-se como o maior exportador mundial de carne bovina, o volume das exportações representou em torno de 15% da produção. Isso significa que o grande formador do preço do boi continua sendo o consumidor doméstico. Assim, o baixo poder aquisitivo da população, entre outros fatores, contribuiu para regular a oferta e depreciar os preços (Agroanalysis Nov. 2004).

Outro ponto que vem sendo discutido em conjunto com a adoção dos sistemas de cruzamentos ou cruzamentos industriais é a necessidade da redução da idade de abate, que implica em intensificação do sistema, porque essa categoria jovem exige maior concentração de nutrientes na dieta, para que se possa, em tempo hábil, obter o peso de carcaça exigido ou incluir o nome de quem exige. Conforme Restle *et al.* (1999a), esse aporte de nutrientes na dieta dos animais jovens é compensado pela redução do tempo em que permanecem em confinamento, quando comparados com animais abatidos aos dois anos de idade. Esses animais jovens são biologicamente mais eficientes, convertendo melhor o alimento em ganho de peso, como demonstrado por Townsend (1991), que observou melhor conversão alimentar em animais de 10 meses, comparados aos de dois anos (4,7 *vs* 6,2), mas com ganho de peso diário similar (0,915 *vs* 0,942 kg/dia, respectivamente).

Segundo Quadros (1994), deve-se buscar a redução da idade de abate para tornar o sistema de produção mais eficiente, uma vez que a transformação dos alimentos consumidos em ganho de peso decresce com o aumento da idade do animal.

Euclides Filho *et al.* (2003) utilizaram informações provenientes de 188 animais pertencentes a dez grupos genéticos, avaliados em confinamento. Para as análises dos dados, os animais foram agrupados em três subconjuntos, considerando-se idade, sexo e dieta recebida. Os subconjuntos analisados foram:

1) animais inteiros de sobreano recebendo a ração a.: 39 Nelore (N), 12 Brangus (BR), 8 1/2 Simental-1/2 Nelore (SN), 8 1/2 Caracu-1/2 Nelore (CCN), 21 1/2 Valdostana-1/2 Nelore (VAN);

2) animais inteiros desmamados recebendo a ração b.: 12 N, 12 1/2 Canchim-1/4 Angus-1/4 Nelore (CAN), 16 1/2 Canchim-1/4 Simental-1/4 Nelore (CSN), 12 1/2 Braford-1/2 Brangus (BDBR), 12 1/2 Braford-1/4 Angus-1/4 Nelore (BDAN), 7 1/2 Brahman-1/4 Angus-1/4 Nelore (BHAN);

3) fêmeas desmamadas recebendo a dieta .b. em duas formulações, uma em que o concentrado representou 30% da MS e outra, em que o concentrado correspondeu a 50% da MS total.

Nesse caso, a análise incluiu 29 fêmeas, 15 CAN e 14 CSN. Para os animais dos subconjuntos 1 e 2, o concentrado foi fornecido para atender 50% da MS total da dieta. Os animais do subconjunto 1 apresentaram desempenhos semelhantes, com ganho de peso diário médio igual a 1,60 kg/dia e com conversão alimentar igual a 6,36 kg de MS ingerida/kg de ganho de peso. Para o ganho de peso diário médio e para a conversão alimentar, somente foram observadas diferenças entre os animais do subconjunto 2. O maior ganho de peso diário médio foi observado nos animais CSN (1,69 kg/dia), e as melhores conversões alimentares foram verificadas nos animais CSN e BHAN (4,76 kg de MS ingerida/kg de ganho de peso e 4,67 kg de MS ingerida/kg de ganho de peso, respectivamente). Para o subconjunto 3 não houve diferenças entre os grupos genéticos, mas a formulação da ração apresentou efeitos significativos importantes, especialmente, para conversão alimentar. Os animais da formulação com maior teor de concentrado apresentaram melhor conversão alimentar (5,58 kg *versus* 6,66 kg de MS ingerida/kg de ganho de peso).

Os autores concluíram e mais uma vez fortaleceram a afirmação de que sistemas de cruzamentos terminais que envolvem três ou mais raças podem se constituir em importantes componentes de sistemas de produção de bovinos de corte modernos.

Dentre as características de qualidade da carne bovina, a maciez assume posição de destaque, sendo considerada a característica organoléptica de maior influência na aceitação da carne por parte dos consumidores. A dureza da carne pode ser dividida em dureza residual, causada pelo tecido conjuntivo e outras proteínas do estroma, e dureza de actomiosina, causada pelas proteínas miofibrilares. Dentre os fatores que influenciam a maciez da carne, podem ser destacados a genética, a raça, a idade ao abate, o sexo, alimentação e os tratamentos *post-mortem*. A qualidade final da carne é resultante de tudo o que aconteceu com o animal durante toda a cadeia produtiva.

Segundo Alves (2005) a perda econômica anual associada com a dureza da carne é equivalente a US$ 7,64 por animal, ou US$ 217 milhões para a indústria de carne bovina norte-americana. No Brasil, a maciez da carne bovina começa a ser uma característica que tem importância cada vez maior, principalmente como resultado da abertura de mercado. A carne de animais com 75% de sangue zebuíno, ainda apresenta restrições de consumo para quem procura carnes macias; e trabalhos clássicos revelam que, após dez dias de maturação, apresentam força de cisalhamento semelhante ao da carne de animais Angus que não foram submetidos à maturação.

Pesquisa conduzida na UNESP, Botucatu (2004), avaliou a maciez da carne de dois diferentes grupos raciais - Aberdeen Angus e Nelore - abatidos nas idades de 13 e 24 meses - sistemas superprecoce e precoce (**Tabelas 18** e **19**). Por intermédio dessa pesquisa, pôde-se verificar que os animais abatidos pelo sistema superprecoce mostraram carne macia e dentro do padrão internacional - *shear force* abaixo de 4,0 - mesmo *in natura*, isto é, com apenas 24 horas de resfriamento, em qualquer dos grupos raciais. Observa-se também que a maturação, ainda que em 7 dias (o normal seriam 14 dias), às carnes dos bovinos superprecoces, sejam dos Angus, sejam dos Nelore, padronizam-se, mostrando extrema maciez - *shear force* abaixo de 3,0. Todavia, tal fato não se repete para os animais abatidos mais velhos - 24 meses - principalmen-

Tabela 18. Força de cisalhamento para grupos genéticos abatidos com diferentes idades e em três períodos *post mortem*.

Grupos genéticos	Períodos *post mortem*		
	24 horas	7 dias	14 dias
½ Aberdeen Angus			
13 meses	3,26	2,80	2,82
24 meses	4,5	3,12	3,00
Nelore			
14 meses	4,00	2,97	2,49
24 meses	4,88	4,50	4,00

Hadlich, 2004.

te os Nelore que apresentaram *shear force* alto.

Isso posto, exalta-se a qualidade da carne do novilho jovem, independentemente da raça, bem como o pequeno tempo necessário para a maturação e padronização da maciez, proporcionando, de um lado, segurança para a comercialização do produto e, do outro, menores custos operacionais no frigorífico.

Os valores de EGS (**Tabela 19**) para todos os grupos raciais foram maiores ou iguais a 4,5mm, o que os coloca na categoria mediana. Somente o grupo Nelore apresentou valor maior que 6 mm para essa característica, o que o coloca na categoria uniforme. A EGS dos animais, neste trabalho, evitaria os possíveis danos causados na carcaça pelo resfriamento da mesma. A gordura subcutânea vem se tornando um importante indicador de qualidade, já que influencia a velocidade de resfriamento da carcaça, comportando-se como um eficiente isolante térmico. Dessa forma, o valor mínimo de EGS exigido pelos frigoríficos nas especificações do programa de novilho superprecoce é de 3 a 10 mm, valor esse que foi atingido pelos animais do experimento.

Segundo Alencar (2004), mudar a forma da curva de crescimento de bovinos de corte não é tarefa fácil, em virtude do antagonismo genético existente entre os parâmetros da curva. As estimativas de herdabilidade para o peso assintótico (parâmetro A) e para a taxa de maturação (parâmetro k) são, respectivamente, de magnitude baixa a alta (0,05 a 0,69), e baixa a média (0,13 a 0,37), e a correlação genética entre eles é negativa (Silva *et al.*, 2000), indicando ser possível modificá-los pela seleção e que a seleção para aumentar um deles deve resultar em redução no outro, ou vice-versa.

O mesmo autor elege a maciez como prioridade a se considerar em programas que visam à produção de carne de qualidade e cita: *a maciez é um dos requisitos mais importantes na aceitação da carne por parte do consumidor, existem diferenças genéticas, por exemplo, quanto ao grau de marmoreio e a atividade da calpastatina, características que, entre outras, estão ligadas à maciez da carne. Os custos na obtenção dessas informações, entretanto, limitam sua utilização em programas de melhoramento. A determinação de critérios de seleção diretos ou indiretos para maciez de carne, de aplicação mais fácil, é um desafio a ser vencido pela pesquisa.*

Euclides Filho (1994) cita que, no contexto de pecuária de corte, possivelmente, quanto à

Tabela 19. Características de qualidade da carne de bovinos jovens pertencentes a diferentes grupos raciais (Garrido 2006).

Variáveis	Grupos raciais			
	Canchim	TQ	CN	Nelore
Maciez inicial, kg	2,48b	2,92ab	3,81a	2,69b
Maciez dia 7 maturação	2,14ª	2,34a	2,52a	2,05a
Área de Olho de Lombo, cm^2	91,30ª	84,60a 78,60ab	78,60ab	67,90b
EGS, mm	5,00ab	4,50b	5,10ab	6,90a
Marmorização	2,00a	2,00a	1,70a	2,10a
Lipídios totais, %	1,99ª	0,99b	1,44ab	1,60ab
PPC DIA 0, g	24,41 ab	30,48a 28,21 ab	28,21ab	17,84b
PPC DIA 7, g	30,19ª	30,47a	28,33a	16,58b

TQ = ¾ Canchim e ¼ Nelore; CN = ½ Canchim e ½ Nelore; EGS = Espessura de gordura subcutânea; PPC = Perdas por cozimento em gramas.Médias seguidas por letras distintas na mesma linha, diferem entre si pelo teste de Tukey (p<0,05).

definição, sintéticos e compostos representam à mesma coisa, ou seja, indivíduos e/ou grupos genéticos formados por meio de cruzamentos entre raças diferentes.

Em qualquer contexto, todavia, os cruzamentos têm-se constituído em uma ferramenta cada vez mais importante dentro da cadeia produtiva da carne bovina. No Brasil, o que se observa, nos últimos anos, é não só o crescimento do número de animais mestiços, mas, principalmente, que esse incremento tem sido resultante da estruturação de programas de cruzamentos bem elaborados e, em alguns casos, integrados com outros segmentos da cadeia produtiva da carne bovina. Uma avaliação retrospectiva, no entanto, permite verificar que essa alternativa de melhoramento genético tem apresentado, no Brasil, períodos de avanços intercalados com outros de estagnação ou mesmo, de retrocesso.

Posteriormente, Euclides Filho (1996) apresentou uma análise desses movimentos e concluiu que, possivelmente, a principal razão para isso tenha sido a falta de atenção para o entendimento e, especialmente, para a correta adequação do binômio genótipo-ambiente. A retomada que se observa hoje dessa alternativa com força renovada é, certamente, em parte, fruto dos resultados que produtores e técnicos vêm alcançando mais recentemente.

Entretanto, existe uma perspectiva de que essa seja uma posição com tendências de fortalecimento. Isso se deve, principalmente, à grande possibilidade de se promover uma mudança no conceito de produto final, norteador dos sistemas de produção. Esse que hoje é animal para abate deve, rapidamente, mudar para carne bovina de qualidade.

Transcrevendo o texto para uma fiel compreensão, o autor cita: *Ademais, este crescimento dos programas de cruzamentos é também reflexo da imposição que vem sendo exercida pelas forças da globalização. Assim, faz-se necessário que se produza carne de qualidade, em sistemas de produção que sejam capazes de se manter produzindo, de forma rentável, por diversas gerações. Isso, entre outras coisas, requer preocupação constante com o uso de animais adequados às condições do ambiente de produção, pois só assim, o sistema de produção será capaz de se manter. Para que o aspecto de rentabilidade seja observado há necessidade de que uma outra condição seja cumprida.*

Essa nova exigência relaciona-se com a capacidade de o produto final atender ao mercado consumidor. Tal fato, como ressaltou Euclides Filho (inédito), ampliou o binômio genótipo-ambiente, transformando-o no trinômio genótipo - ambiente - mercado e que, dentro desse enfoque, os cruzamentos têm-se constituído em uma forma ágil e rápida de se ajustar o componente genético à demanda geral que paira sobre a cadeia produtiva, ou seja, maior eficiência e eficácia de todos os segmentos.

Um manejo necessário, nas condições brasileiras, diz respeito a um bom programa de inseminações artificiais, fundamentais para o sucesso de projetos de cruzamento envolvendo raças europeias não adaptadas.

Alguns resultados, especialmente aqueles obtidos pelo *Meat Animal Research Center* (MARC) do USDA dos Estados Unidos, mostraram que, para muitas das características de importância econômica, em bovinos de corte, uma importante parcela da retenção de heterose está relacionada diretamente com a retenção de heterozigose.

A utilização da heterose, aparentemente, não se constituía em elemento de grande importância. Possivelmente, o vigor híbrido, naquela época, não era um elemento indutor da formação de raças por meio de cruzamentos. A atenção maior era voltada para o melhor aproveitamento da combinação sinérgica dos efeitos aditivos dos genes.

Às raças formadas com base nesse conceito, denominaram-se *sintéticas*. Essa talvez seja uma das razões para o fato de não se ter muitos exemplos de grupos genéticos formados, de forma orientada, pela combinação de maior número de raças, o que resultaria em retenção de maior percentual de heterozigose / heterose do que aquele conseguido com o uso de somente duas raças. No entanto, a partir dos anos oitenta, os resultados obtidos pelos pesquisadores do MARC começaram a exercer grande impacto no desenvolvimento dos novos programas de cruzamento, especialmente naqueles que tinham ou têm como objetivo a fixação de populações oriundas de cruzamentos. Nesse período ocorreram, simultaneamente, dois fatos. Primeiro, a comunidade americana passou a adotar o termo *composto* para representar as raças formadas por cruzamento e, segundo, uma retomada de programas de formação dessas novas raças, tendo como objetivo não só aperfeiçoar os efeitos aditivos, mas também capitalizar na heterose. Assim, passaram a ser favorecido os trabalhos de cruzamentos que envolvem maior número de raças. Possivelmente, essa combinação de fatores tenha sido responsável pelo confundimento, criado no Brasil, entre o número de raças envolvidas e os termos *raça composta* e *raça sintética*.

Segundo o Ministério da Agricultura e Abastecimento, existem ainda, vários outros trabalhos em andamento que têm como objetivo a formação de uma *nova raça*, mas que ainda não possuem registro. Dentre esses podemos mencionar os trabalhos desenvolvidos com a Mocha Guaporé (Chianina e Nelore) e com a Aquitânica (Maine Anjou e Caracu). Além disso, existem diversos programas em andamento no País que envolvem cruzamento de raças que utilizam, selecionam, e produzem diferentes *graus-de-sangue* como parte do processo de formação de uma nova raça que objetiva a fixação em proporções diferentes da clássica aproximação de 5/8 europeia - 3/8 zebuína. Podem-se citar como exemplos, trabalhos que visam à estabilização em 1/3 europeu - 2/3 zebu, 1/3 zebu - 2/3 europeu e, até mesmo, 5/8 zebu - 3/8 europeu.

Pesquisa apresentada por Alencar (2004), abordando cruzamentos industriais para produção de carne bovina, comparou o desempenho de várias características das raças taurinas, zebuínas e compostas. Os dados encontrados apontaram que os animais cruzados, em geral, são mais pesados, variando a diferença relativa dos F1. Alencar e Packer (2005) citam que, embora haja superioridade dos animais cruzados em relação aos puros, para várias características de desempenho, segundo Euclides Filho e Figueiredo (2003), o uso do cruzamento como forma de obter melhorias no segmento da pecuária tem sido motivo de controvérsias, em razão da não-observação do adequado ajuste do binômio genótipo-ambiente, da falta de objetivos definidos, da mão de obra e da falta de infraestrutura inadequada e do não-atendimento das exigências nutricionais dos animais com maiores potenciais de desempenho.

Atualmente, vem crescendo o número de informações oriundas de pesquisas envolvidas com características e atributos de qualidade da carne bovina, considerando o efeito de grupamentos genéticos e interações com sistemas de produção.

Nesse sentido, Souza (2005), avaliando o perfil de ácidos graxos e concentrações de CLA em diferentes pontos de deposição do tecido adiposo, em bovinos superprecoces das raças Nelore, Aberdeen Angus, ½ sangue Aberdeen Angus x Nelore, Brangus, ½ Simental x Nelore, Simbrasil, verificou que os animais de origem britânica apresentaram maiores quantidades de gordura subcutânea e intramuscular e menor área de olho de lombo que animais de origem continental, com valores intermediários para animais zebuínos. Os animais puros e cruzados de origem continental apresentaram um perfil de ácidos graxos mais insaturados e com maiores concentrações de CLA do que os Zebus e britânicos (**Tabela 20**). Porém, em estudo com animais Nelore, Aberdeen Angus, ½ sangue Aberdeen x Nelore, ½ sangue Pardo Suíço x Nelore e ½ sangue Brahman x Nelore, alimentados com diferentes períodos, mostrou que os animais Nelore, Angus puro e ½ sangue Aberdeen x Nelore tiveram maiores espessuras de gordura subcutânea que os demais grupos. As concentrações de CLA, mono e poliinsaturados foram afetadas pelo tempo de alimentação, aumentando as concentrações dos dois primeiros e diminuindo os poliinsaturados à medida que aumentou o tempo de confinamento. Angus puro teve menor concentração de CLA que ½ sangue Pardo-Suíço, ½ sangue Brahman e Nelore (**Tabelas 20** e **21**).

Goulart (2006) avaliou o desempenho e as características de carcaça de bovinos castrados Nelore e cruzados Bos taurus x Nelore, com 22 meses de idade, em sistema de confinamento terminal, e concluiu que os animais Aberdeen Angus x Nelore apresentaram melhor desempenho e acabamento de carcaça em relação a outros grupos genéticos, inclusive o Nelore puro. Cruzamentos entre raças britânicas e zebuínas foram superiores à raça zebuína pura, mesmo após período de nível nutricional muito baixo a pasto. Esse grupo demonstrou ser o mais interessante dentro de um sistema de produção com período a pasto e confinamento terminal. E que,

Tabela 20. Efeito de raça sobre o perfil de ácidos graxos, concentrações (mg/g) de CLA e ácidos graxos totais no tecido adiposo intramuscular.

Ácidos Graxos mg/g de lipídios	Angus Puro	Brangus	½ Angus x ½ Nelore	Nelore	Simental	Simbrasil	Simental Puro
C14:0	27,07a	28,96a	28,65a	38,91 a	26,10a	26,50a	26,37a
C16:0	285,1c	278,1 ab	266,6ab	277,3ab	253,0a	245,3a	257,8ab
C18:0	185,9 a	182,9 a	137,5a	150,8ab	147,0ab	145,2 ab	155,9ab
C18:1 trans11	27,43c	19,52ab	6,55a	9,78ab	--------	14,92 ab	20,31 ab
C18:2cis9cis12	49,85ab	42,60a	47,52 abc	38,25a	84,55bc	84,57 c	72,82bc
C18:2cis9trans 11	3,68	2,45	3,15	3,35	2,94	4,18	4,14
Ácidos graxos totais							
Saturados, % total	53,29 ab	52,63bc	46,02a	49,83abc	46,68 ab	45,29a	48,02abc
Insaturados, % total	46,71a	47,37ab	53,98 ab	50,14abc	53,32bc	54,70c	51,98abc
Monoinsaturados, %	84,87bcde	86,02cde	78,59abc	89,21e	74,88a	77,18ab	79,64abcd
Poli-insaturados, %	15,13 ab	13,98ab	21,41bcd	10,79a	25,12d	22,82 bcd	20,36bcd
Total, %	90,24	89,17	89,27	91,33	86,24	87,82	86,83

'Letras diferentes na mesma linha apresentam diferença significativa P<0,05.

Tabela 21. Efeito de raça sobre o perfil de ácidos graxos, concentrações de CLA e ácidos graxos totais no tecido adiposo subcutâneo.

Ácidos Graxos mg/g de lipídios	Angus Puro	Brangus	% Angus	Nelore	Simental	Simbrasil	Simental Puro
C14:0	42,40	37,20	38,74	44,80	45,24	40,13	35,50
C16:0	300,6°	276,0a	278,2a	272,7a	278,6a	247,9a	267,9a
C18:0	133,1	143,9	140,2	132,4	134,6	148,6	172,3
C18:1 trans 11	6,43	8,35	23,58	15,03	8,93	24,57	11,92
C18:2 cis 9 cis 12	26,15	14,27	17,48	14,57	14,40	16,23	18,18
C18:2 cis 9 trans 11	4,59a	4,01a	5,88ab	4,30a	6,63ab	7,96"	5,33ab
Saturados (% total)	50,76	49,33	48,58	49,73	50,43	47,15	52,40
Insaturados (% total)	49,20	50,66	51,41	50,27	49,56	52,85	47,57
Monoinsaturados (% insaturados)	92,53	95,84	94,67	95,56	94,94	94,60	94,15
Poli-insaturados (% insaturados)	7,47	4,16	5,33	4,44	5,06	5,40	5,85
Total	89,36	90,66	93,64	87,37	86,97	91,96	89,49

'Letras diferentes na mesma linha apresentam diferença significativa P<0,05.

diferente dos cruzamentos Angus x Nelore, os animais do cruzamento Simental x Nelore (SN) tiveram seu desempenho comprometido pelo período de baixo nível nutricional a pasto. Além dos cruzados SN terem desempenho igual ao Nelore, apresentaram maior proporção de gordura interna e acabamento em peso mais leve do que o esperado para este tipo biológico (**Tabela 22**).

Animais ½ Angus apresentaram maior proporção de gordura separável no corte das costelas e menor proporção de músculo (p<0,05), quando comparados com bovinos dos outros grupos genéticos. O peso tem grande influência sobre a composição corporal, pois a proporção de gordura aumenta com o aumento do peso do animal. Assim, a maior proporção de gordura separável em animais ½ Angus seria explicada pelo maior peso de abate desses animais. Entretanto, mesmo não havendo diferença (p>0,05) quanto ao peso final entre os grupos ½ Angus e ½ Simental, e na mesma idade, animais dos cruzamentos com Angus apresentaram maior precocidade na deposição de gordura na carcaça do que animais oriundos da raça paterna continental. Tal afirmação está de acordo com os valores encontrados de espessura de gordura subcutânea nesses dois grupos genéticos, que

Tabela 22. Características de carcaça de quatro grupos genéticos em terminação.

	Grupos genéticos			
	½ Angus/Nel	½ Canchim/Nel	Nelore	½ Simental/Nelore
Idade de abate, dias	759 [a]	743 [a]	765 [a]	749 [a]
Peso inicial carcaça quente**, kg	180 [a]	167 [b]	159 [b]	169 [ab]
Peso final carcaça quente**, kg	273 [a]	249 [b]	249 [b]	256 [ab]
Ganho carcaça, kg/dia	0,920 [a]	0,810 [b]	0,891 [ab]	0,860 [ab]
Rendimento carcaça inicial, %	53 [a]	55 [a]	54 [a]	53 [a]
Rendimento carcaça final, %	53 [b]	54 [ab]	55 [a]	53 [b]
Rendimento carcaça no ganho (% ganho peso em jejum)	54 [b]	54 [b]	58 [a]	54 [b]
AOL inicial, cm^2	53,6 [a]	50,0 [a]	54,0 [a]	57,4 [a]
AOL final, cm^2	57,5 [a]	60,4 [a]	59,1 [a]	61,0 [a]
AOL inicial, cm^2/100kg carcaça	29,1 [a]	29,8 [a]	27,1 [a]	28,7 [a]
AOL final, cm^2/100kg carcaça	21,4 [b]	24,3 [a]	23,8 [a]	24,1 [a]
EGS inicial, mm	0,2 [a]	0,2 [a]	0,2 [a]	0,0 [a]
EGS final, mm	8,8 [a]	4,4 [b]	4,4 [b]	4,0 [b]

** = Pesos da 1/2 carcaça esquerda imediatamente após o abate. ab-letras distintas na mesma linha indicam diferença estatística pelo LSMeans ao nível 5%.

foi o dobro nos animais ½ Angus em relação aos bovinos do grupo ½ Simental ao mesmo tempo. (**Tabela 22**).

Maior porcentagem de ossos no corte foi encontrada nos animais ½ Angus, ½ Canchim e ½ Simental, quando comparados com a raça Nelore. Entretanto, mesmo apresentando maior peso de abate (517, 492, 429 e 537 kg dos animais ½ Angus, ½ Canchim, Nelore e ½ Simental, respectivamente) aqueles animais eram inteiros e apresentaram menores percentuais de gordura no corte. Lanna *et al*. (1997) avaliaram a composição corporal de animais não castrados em ganho compensatório e não encontraram variação na composição física da carcaça entre os animais Nelore, Marchigiana x Nelore e mestiço da raça leiteira para a proporção de gordura separável (26,77, 23,51 e 25,06%, repectivamente), como encontrado neste trabalho.

Cucki (2006) avaliou os efeitos da proporção de sangue zebuíno (Nelore, three cross Angus x Nelore x Brahman, three cross Angus x Nelore x Braunvieh e Brangus) no desempenho produtivo, crescimento animal e as características de carcaça de bovinos jovens, criados no sistema de produção superprecoce, e encontrou que o melhor desempenho foi para os animais three cross Angus x Nelore x Braunvieh e Brangus (com menores proporções genótipo *Bos indicus*); e que os animais Nelore apresentaram maiores taxas de crescimento representadas pela área de olho de lombo. Todos os grupos genéticos tiveram similar cobertura de gordura subcutânea (**Tabela 23**).

Segundo Sainz (2005), a pecuária de corte no Brasil tem oportunidades e desafios enormes à sua frente. Por um lado, os mercados internos e externos demonstram tendências de cresci-

Tabela 23. Composição física do corte das costelas 9-10-11 de quatro grupos genéticos em terminação. (Cucki, 2006).

	Grupos genéticos				
	½ Nelore x ½ Angus	½ Nelore x ½ Canchim	Nelore	½ Nelore x ½ Simental	Erro Padrão
Músculo no corte, %	44,84	48,35 [a]	48,90 [a]	48,00 [a]	1,13
Gordura no corte, %	38,49 [a]	34,56 [b]	34,41 [b]	33,65 [b]	1,29
Osso no corte, %	17,66 [a]	17,08 [ab]	16,68 [b]	18,37 [a]	0,53

Letras distintas na mesma linha indicam diferença estatística pelo LSMeans ao nível 5%.

mento rápido. O *Intemational Food Policy Research Institute de Washington*, DC, projeta um crescimento de 200% na demanda mundial pela carne nos próximos 20 anos.

A importância das garantias de qualidade são demonstradas pelo sucesso de programas de carne certificada, por exemplo o *Certified Angus Beef®*, (CAB). Desde a sua implementação, em 1978, o CAB tem crescido uns 20% anualmente. No Brasil, o recém-lançado Programa de Qualidade Nelore Natural (PQNN) visa à exploração dessa tendência de mercado (Sainz, 2005).

Atualmente, esses programas representam o valor agregado da carne certificada, acima da carne como *commodity*, com um diferencial no preço. No futuro, a garantia de qualidade já não será um diferencial, mas uma condição básica para que o produto permaneça no mercado. Para garantir a segurança e a qualidade da carne, será necessário desenvolver programas de

1) rastreabilidade, e

2) de seleção genética para qualidade de carcaça. Essa proposta dirige-se ao segundo desses programas.

sequência dos preços diferenciados que o produtor recebe pela qualidade das carcaças. Trata-se do tradicional teste de progênie, com o abate dos filhos dos touros sendo avaliados e a coleta de dados referentes às suas carcaças. Esse processo é caro e demorado, sendo impossível gerar informações genéticas sobre um determinado animal antes dos 30 meses. Com o desenvolvimento da tecnologia de ultrassonografia torna-se mais fácil, rápido e barato fazer as medições de carcaça no próprio animal vivo, conseguindo assim dados há um ano de idade. A *American Angus Association,* dos Estados Unidos, adotou essa metodologia em 1974, e o *Breedplan,* da Austrália, a utiliza desde 1990 (Sainz 2005).

As características da carcaça que podem ser medidas no animal vivo por ultrassonografia são:

2 Área de olho do lombo (AOL)

2 Gordura de cobertura (*back fat*)

3 Gordura da garupa (*rump fat*)

1 Marmoreio

Essas medidas são tomadas nos seguintes locais:

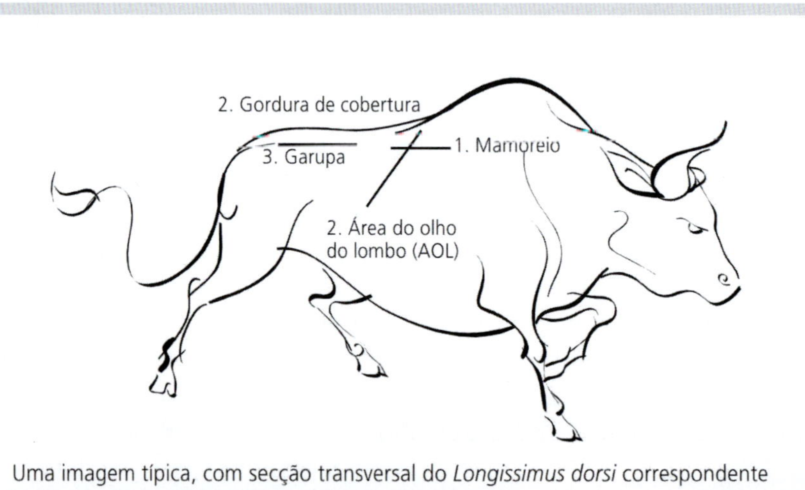

Uma imagem típica, com secção transversal do *Longissimus dorsi* correspondente

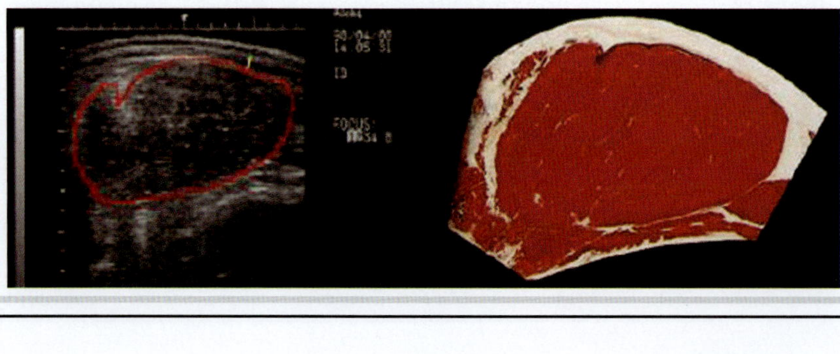

Seleção para carcaça

A seleção para qualidade de carcaça têm que ser muito clara quanto aos termos utilizados. Não se trata apenas de selecionar aqueles animais que apresentem fenótipos em que se acredita serem relacionados com uma carcaça de melhor qualidade. Da mesma forma que para selecionar para maior crescimento é necessário pesar os animais, para selecionar para qualidade de carcaça é necessário medir essa qualidade. Nos países desenvolvidos, essa seleção vem sendo feita há muitos anos, em con-

Para a utilização dessas medidas para avaliações genéticas, inicialmente, serão necessárias algumas pesquisas. Em virtude das características diferentes de cada raça, será necessário traçar padrões de desenvolvimento por ultrassonografia para os zebuínos, garantindo com isso mais confiabilidade e acurácia nos dados coletados. Várias raças já desenvolveram seus padrões e outras estão em processo de análise, indicando que o comportamento particular de cada raça exige que sejam desenvolvidas metodologias específicas para as mesmas. São apresentadas, abaixo, algumas raças que já definiram e outras que estão pesquisando a idade ideal para as medições de carcaça por meio da ultrassonografia (**Tabela 24**).

Tabela 24. Idades mínimas e máximas (dias) para avaliação por ultrassom para várias raças.

Raça	Machos(M)	Fêmeas(F)	M e F confinados
Angus	320 - 440	320 - 460	320 - 460
Canadian Angus	320 - 440	320 - 460	320 - 460
Brahman		idem	
Brangus		idem	
Chianina		idem	
Gelbvieh*	320 - 410	320 - 410	320 - 410
Limousin	330 - 450	330 - 450	330 - 450
Red Angus	320 - 440	320 - 460	320 - 460
Salers	330 - 450	330 - 450	335 - 395
Simental	330 - 440	330 - 440	330 - 440

*Medidas ajustadas de AOL e Gordura intramuscular, usando-se o *Beef Improvement Federation* (BIF) *Guidelines*. Fonte: *American Angus Association*, 2001.

Vantagens:

- As características de carcaça são de herdabilidade média - alta;
- Análise precoce dos animais para seleção sem necessidade de abate;
- Medida com um custo muito inferior e com maior rapidez, comparadas com o teste de progênie;
- Auxílio ao julgamento visual na pista.

Tabela 25. Herdabilidades e correlações genéticas das principais características da carcaça, medidas diretamente ou por ultrassonografia.

Características	Direto	Ultrassom	Correlação genética
Marmoreio	.37	.37	.77
Área de olho do lombo	.28	.36	.75
Cobertura de gordura	.24	.37	.71
% de rendimento de carne	.24	.36	-

Fonte: Ritchie, 2001.

Com o intuito de se tornarem mais competitivas, as associações de raças bovinas têm desenvolvido ou estão desenvolvendo programas de melhoramento genético para qualidade de carcaça (BIF, 2002). Esses programas são feitos pelo tradicional teste de progênie e/ou pelo uso da ultrassonografia. O ultrassom em tempo real tem muitas vantagens sobre o tradicional teste de progênie, tais como: a técnica é não-invasiva; tem um custo muito menor; ela possibilita a avaliação genética dos reprodutores antes mesmo do primeiro acasalamento (Hays *et al.*, 2000). Vários estudos têm demonstrado que o ultrassom é uma ferramenta objetiva e acurada na seleção para musculosidade, cobertura de gordura, marmorização e rendimento de carne a desossa (Herring *et al.*, 1998; Wilson *et al.*, 1998).

Considerações finais

Na verdade, um programa de cruzamento pode ser estabelecido sem que realmente se objetive um sistema específico de cruzamento. Com efeito, é possível realizá-lo a partir de estratégias de acasalamentos em que o mérito esperado da progênie é calculado para todos os acasalamentos possíveis entre animais candidatos, incorporando informações de heterose e efeitos de raça (Swan e Kinghorn, 1992). Embora nenhum sistema de cruzamento seja ideal para todas as situações, algumas recomendações gerais podem auxiliar no direcionamento mais apropriado. Três exemplos são descritos a seguir.

Estratégia geral para determinar o sistema de cruzamento correto (Sheridan, 1981)

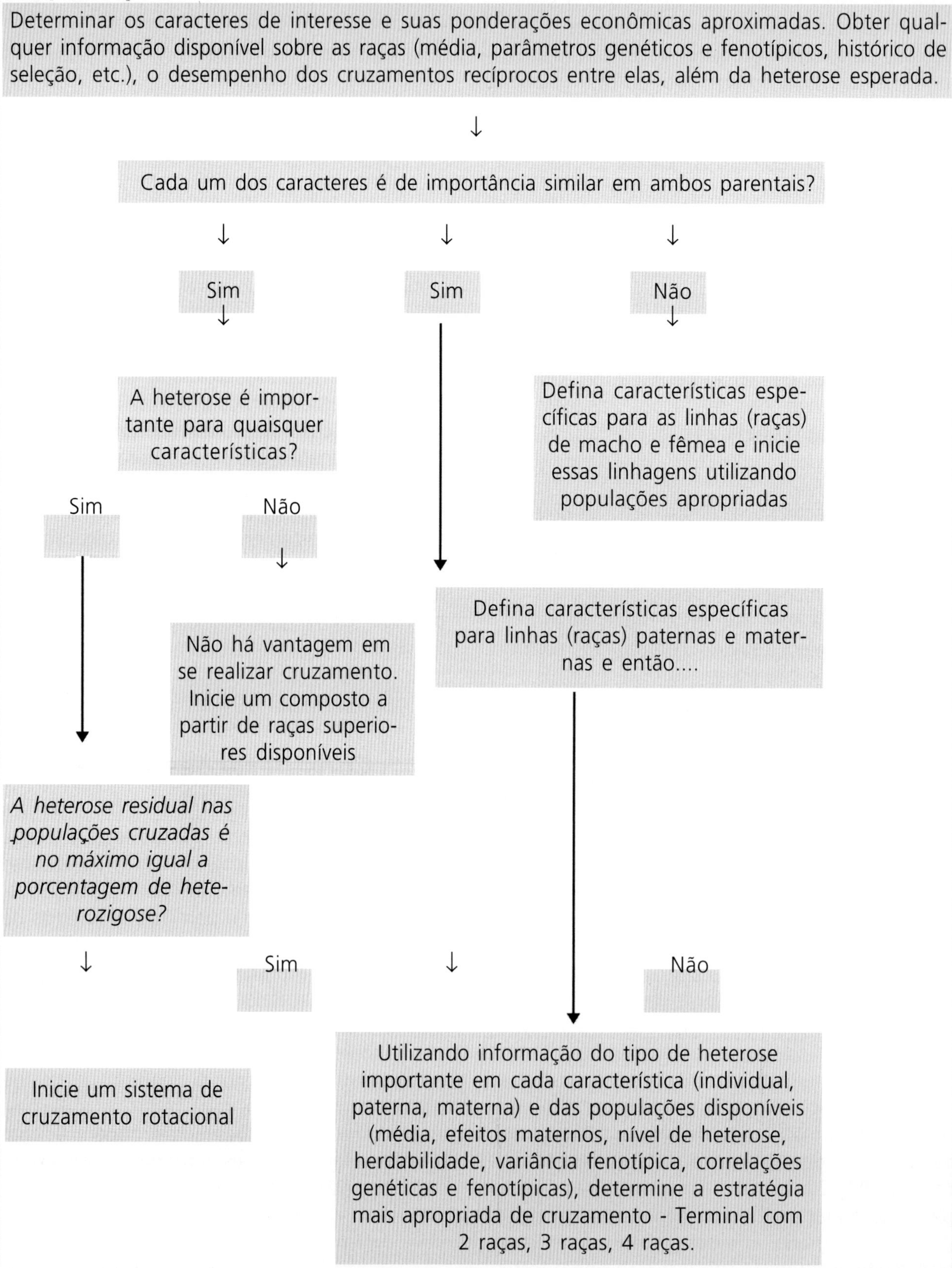

Opções de estratégia que envolvem cruzamento e seleção (Cunningham, 1981)

No ambiente esperado de criação (provável) o cruzado exótico é significativamente superior? → Não → Seleção na população local

↓ Sim

Que exótico é melhor?

↓

Que exótico é desejável? → 100% → Substitua a população e selecione a nova

↓ 100%

A heterose é importante? → Muito → *O sistema de cruzamento rotacional é praticável?*

↓ Sim

Seleção nas populações parentais

(*O sistema de cruzamento rotacional é praticável?*) → Não → Seleção no composto.

↓ Pouco

Forme uma população composta.

↓

Seleção no composto.

Recomendações gerais para a utilização de cruzamentos (Kinghorn, 1993)

Sistema	Utilização
Raças Puras	Quando nenhum cruzado é melhor.
Terminal com 2 raças	Quando a heterose direta é importante.
Terminal com 3 raças	Quando as heteroses direta e materna são importantes.
Terminal com 4 raças	Quando também a heterose paterna é importante.
Retrocruzamento	Quando apenas duas boas raças parentais estão disponíveis e/ou a heterose direta não é importante.
Rotacionais	Quando as fêmeas são muito caras, tanto para se adquirir, quanto para se produzir na mesma propriedade.
Compostos	Quando machos e fêmeas são muito caros.

Referências bibliográficas

ABCCAN.Associação Brasileira dos Criadores de Canchim. http://www.canchim.com.br/2002. Acessado em outubro de 2002.

AGROANALYSIS. São Paulo. **Mercado Futuro: O comportamento do boi gordo**. Novembro 2004, p.46-47.

AGROANALYSIS. São Paulo. **Pecuária: Confinamento X Semiconfinamento**. Outubro 2004, p.36-39.

Alencar, M.M. **Critérios de seleção e a moderna pecuária bovina de corte brasileira**. In: IV SIMPÓSIO NACIONAL DE MELHORAMENTO ANIMAL, 2002, Campo Grande 2002. CD-ROM

Alencar, M.M. Utilização de cruzamentos industriais na pecuária de corte tropical. In: SIMPÓSIO SOBRE BOVINOCULTURA DE CORTE, 5., 2004, Piracicaba. **Anais...**Piracicaba: Fealq, 2004. p.149-170.

Alencar, M.M.; Packer, I.U. Competitividade depende do cruzamento das raças. **Visão Agrícola**, Usp/Esalq, ano 2 Jan/Jun 2005, p.11-13.

Alves, D.D.; Tonissi, R.H.; Buschinelli, E.; de Goes, B.; Mancio, A.B.; Arrigoni, M.D.B.; Silveira, A.C. Bovino Precoce produz carnes mais macias. **Visão Agrícola**, Usp/Esalq, ano 2 Jan/Jun 2005, p.90-92.

Anderson, P.**Crossbreeding systems for beef cattle**. University of Minnesota, http://www.ansci.umn.edu, 1990, acessado em setembro de 2002.

Barbosa, P.F. Papel dos cruzamentos entre raças de corte. **Anais** III Simpósio Nacional de Melhoramento Animal, Belo Horizonte, MG, p.124-129, 2000.

Bacci, R.A. **Cruzamento industrial na pecuária de corte brasileira** (2004). www.nucleoestudo.ufla.br/nepec/Artigos/cruzamentos.pdf.

Bliska, F.M.M.; Gonçalves, J.P.Cadeia produtiva e qualidade de carne bovina no Brasil. In: Workshop sobre qualidade da carne e Melhoramento Genético de bovinos, 1. 1998, São Carlos, **Anais...**Campo Grande: Embrapa CNPGC, 1998.

Brondani, I.L.; Sampaio, A.A.M.; Restle, J.; Rodrigo Rosa, R.P.; *et al.*, . R. Bras. Zootec., v.33, n.6, p.2308-2317, 2004 (Supl. 3) Ciência Animal Brasileira v.6, n.3, p.135-149, jul./set. 2005.

Bourdon, R.M. Composites. **Revista Brasileira de Reprodução Animal**, v.23, n.2, p.122-127, 1999.

Bourdon, R.M. **Understanding Animal Breeding**. Prentice Hall, 2nd edition, 523p.2000.

Bruce, A.B. The mendelian theory of heredity and the augmentation of vigor. **Science**, v.32, p.627-628, 1910.

Cucki, T.O. **A eficiência do sistema superprecoce com bovinos de diferentes proporções do genótipo *Bos indicus***. Botucatu, 2006, 99p.Dissertação (Mestrado) - Faculdade de Medicina Veterinária e Zootecnia, Universidade Estadual Paulista.

Cundiff, L.V.; Gregory, K.E.; Kock, R.M. **Breeding cattle for improved product consistency**. National Cattlemen's Convention and Trade Show, Reno, Nevada, Estados Unidos, 26p., 1994.

Cunningham, E.P.The genetic basis of heterosis. **Proc. 2nd World Congress of Genetic Applied Livestock Production**, v.6, p.190-205, 1980.

Cunningham, E.P.**Selection and crossbreeding strategies in adverse environments**. In: Animal Resources Conservation and Management - FAO Animal Production and Health Paper, no 29, p.279-288, 1981.

Dransfield, E. Optimization of tenderisation, ageing an tenderness. **Meat Science**, v.36, p.105-121, 1994.

Dickerson, G.E. **Inbreeding and heterosis in animals**. Proc. of Animal Breeding and Genetics Symposium in Honour of Dr. J.L.Lush. ASAS, Champaign, IL, 54-77, 1973.

Ferraz, J.B.S.; Eler, J.P.; Golden, B.L. A formação do composto Montana Tropical. **Revista Brasileira de Reprodução Animal**, v.23. n.2, p.115-117, 1999.

Ferreira, M.M. **Fatores produtivos e industriais que interferem na qualidade da carne bovina**. Dissertação de Mestrado. Jaboticabal, Faculdade de Ciências Agrárias e Veterinárias, UNESP, 2004, 120p.

Filho, E.K.; Figueiredo, G.R.; Euclides, V.P.B. *et al.* Desempenho de Diferentes Grupos Genéticos de Bovinos de Corte em Confinamento. **R. Bras. Zootec.**, v.32, n.5, p.1114-1122, 2003.

Goulart, R.S. **Desempenho, características de carcaça e composição corporal e exigências líquidas de crescimento de bovinos Nelore e três cruzamentos *Bos taurus* x Nelore**. Piracicaba, 2006, 75p.Dissertação (Mestrado) - Escola Superior de Agricultura Luiz de Queiroz, Universidade de São Paulo.

Gregory, K.E.; Cundiff, L.V.; Kock, R.M. **Composite breeds to use heterosis and breed differences to improve efficiency of beef production**.Agriculture Research Service - USDA, 52p.1992.

Gregory, K.E.; Cundiff, L.V.; Kock, R.M. Genetic and phenotypic (Co)variances for growth and carcass traits of purebred and composite populations of beef cattle. **Journal of Animal Science**, v.73, p.1920-1926, 1995.

Hadlich, J. **Efeito da taxa de crescimento muscular e maciez da carne de diferentes grupos genéticos**. Dissertação de mestrado. Universidade Estadual Paulista, Faculdade de Medicina Veterinária e Zootecnia- Botucatu, 2004, 43 f.

Habndley, J. **Composite beef breeds: what are they and how do they work?** Ministry of Agricultural and Food, Ontario, Canada, 1997. http://www.gov.on.ca/omafra/english/livestock/index.htm, acessado em outubro de 2002.

Harlan, R.; Banks, B.D.; Busckirk, D.; Cowley, J. **Crossbreedind systems of beef cattle**. http://www.redangus.org/newredsite/crossbreedingprograms/crossbreed.html. acessado em outubro de 2002.

Kinghorn, B. The expression of "Recombination Loss"in quantitative traits. **Z. Tierzuchtg. Zuchtgbiol.**, v.97, p.138-143, 1980.

KKinghorn, B. **Design of livestock breeding programs** - Cap.19 Theory of breed utilisation.AGBU, University of New England, Armindale, Australia, p.187-203, 1993.

Fries, L.A. Maximizar heterozigose ou heterose? **Anais** I Simpósio Nacional de Melhoramento Animal, Ribeirão Preto, SP, junho de 1996, p.252-254.

Fries, L.A.; Hearnshaw, H.; Johnston, D.J.; Graser, H.U. Evidências de efeitos epistáticos sobre o peso ao desmame de cruzas *Bos indicus* X *Bos taurus* em ambientes subtropicais. **Anais** I Congresso Mundial Braford, Porto Alegre, RS, p.78- 88, 2000.

Giannoni, M.A.; Giannoni, M.L. **Genética e melhoramento dos rebanhos nos trópicos**. Editora Nobel, São Paulo, SP, 463p.1983.

Heinemann, R.J.B. **Influência do peso de abate nas características de qualidade de carcaça e carne do músculo Longissimus dorsi em novilhos Nelore e cruzados Limousin**.Dissertação de Mestrado. Instituto de Biociências, Letras e Ciências Exatas, São José do Rio Preto, Universidade Estadual Paulista: s.n., 2002, 123p.

Hill, W.G. Dominance and epistasis as components of heterosis. **Journal of Animal Breeding and Genetics**, v.99, p.160-168, 1982.

Jones, D.F. Dominance of linked factors as a means of accounting for heterosis. **Genetics**, v.2, p.466-479, 1917.

Lanna, D.P.Características de carcaça de bovinos de diferentes grupos genéticos em crescimento compensatório. In: REUNIÃO ANUAL DA SOCIEDADE BRASILEIRA DE ZOOTECNIA, 34.,1997, Juiz de Fora. **Anais...** Juiz de Fora:SBZ, 1997.p.349.

Lansdell, J.L.; Miller, M.F.; Wheeler, T.L. *et al.* Postmortem injection of calcium hloride effects on beef quality traits. **Journal of Animal Science**, v.73, n.6, p.1735-1740, 1995.

Lamberson, B.; Massey, J.; Whittier, J.C. **Crossbreeding systems for small herds of beef cattle**. Agricultural Publication G02040, Departament of Animal Science, University of Missouri-Columbia, 7p.

Lôbo, R.B.; Reis, J.C. New dairy cattle breeds in Brazil. Proc. Internation Symposium Utilisation of Animal Genetic Resources in Latin America. **Brazilian Journal of Genetics**, v.12, n.3, p.303-320, 1989.

Lush, J.L. **Animal Breeding Plans**. Iowa State College Press, 3th edition, 443p., 1945.

Marshall, D.M. Breed differences and genetic parameters of body composition traits in beef cattle. **Journal of Animal Science**, v.72, p.2745-2755, 1994.

Mason, I.L.; Buranendran, V.Breeding plans for ruminant livestock in tropics - Cap.6, Crossbreeding. FAO - **Animal Production and Health Paper**, n.34, p.65-89, 1982.

Nicholas, F.W. **Genética Veterinária**. Editorial ACRIBIA, Zaragoza, Espanha, 618p., 1987.

Rendel, J.M. Heterosis. **American Naturalist**, v.87, p.129-138, 1953.

Restle, J.; Vaz, F.N.; Pacheco, P.S. Uso de animais Zebuínos em cruzamentos de bovinos de corte no sul do Brasil. In: SIMPÓSIO BRASILEIRO SOBRE CRUZAMENTOS DE BOVINOS DE CORTE, I., 2003, Londrina-Pr. **Anais...** Londrina: Iapar, 2003. CD-ROM.

Rubiano, G.A.G. **Desempenho, características de carne e de carcaça de bovinos jovens de quatro grupos raciais no modelo biológico superprecoce**. Dissertação (mestrado)- Universidade Estadual Paulista, Faculdade de Medicina Veterinária e Zootecnia-Botucatu, 2006, 56 f.

Sedcole, J.R. A review of the theories of heterosis. Egypt. **Journal of Genetic Cytol.**, v.10, p.117-146, 1981.

Sheridam, A.K. Crossbreeding and heterosis. **Animal Breeding Abstracts**, v.49, n.3, p.131-144, 1981.

Simm, G. **Genetic improvement of cattle and sheep**.Farming Press, Ipswich, Reino Unido, 433p.1998.

Sousa, A.A. **Perfil de ácidos graxos e concentrações de CLA em diferentes grupos genéticos no sistema de produção superprecoce**. Botucatu, 2005, 72p.Tese (Doutorado) - Faculdade de Medicina Veterinária e Zootecnia, Universidade Estadual Paulista. Journal of Dairy Science, 75:624-639, 1992

Swan, A.; Kinghorn, B. Symposium dairy crossbreeding: evaluation and exploration of crossbreeding in dairy cattle.

Van Vleck, L.D.; Pollak, E.J.; Oltenacu, E.A.B. **Genetics for the Animal Science**. W.H. Freeman and Company, 391p.1987.

Van Vleck, L.D. **Selection index and introduction to Mixed Model Methods**. CRC Press Inc. Boca Raton, Florida, Estados Unidos, 481p., 1993.